Handbuch der Werkstoffprüfung

Herausgegeben
unter besonderer Mitwirkung
der Staatlichen Materialprüfungsanstalten Deutschlands
der zuständigen Forschungsanstalten. der Hochschulen
der Kaiser-Wilhelm-Gesellschaft und der Industrie
sowie der Eidgenössischen Materialprüfungsanstalt Zürich

Von

Erich Siebel

Dritter Band:

Die Prüfung nichtmetallischer Baustoffe

Springer-Verlag Berlin Heidelberg GmbH

1941

Die Prüfung nichtmetallischer Baustoffe

Bearbeitet von

E. Brenner, Stuttgart · A. Dietzel, Berlin · K. Egner, Stuttgart
W. Eißner, Ludwigshafen/Rh. · W. Erdmann, Berlin · O. Graf, Stuttgart
R. Grün, Düsseldorf · G. Haegermann, Berlin · H. Hecht, Berlin
A. Hummel, Berlin · F. Kaufmann, Stuttgart · F. Keil, Düsseldorf
A. Kieslinger, Wien · F. Kollmann, Eberswalde · R. Korn, Berlin
Th. Kristen, Braunschweig · J. Liese, Eberswalde · H. Mallison
Berlin · E. Mörath, Berlin · R. Nacken, Frankfurt am Main
F. de Quervain, Zürich · H. Reiher, Stuttgart · W. Rodel, Zürich
K. Stöcke, Berlin · R. Trendelenburg, München · A. Voellmy, Zürich
H. Wagner, Stuttgart · K. Walz, Stuttgart · F. Weise, Ludwigsburg

Herausgegeben von

Otto Graf

Mit 497 Textabbildungen

Springer-Verlag Berlin Heidelberg GmbH

1941

ISBN 978-3-662-35759-0   ISBN 978-3-662-36589-2 (eBook)
DOI 10.1007/978-3-662-36589-2

Vorwort.

Der vorliegende Band enthält eine Darstellung der Prüfverfahren für die nichtmetallischen Baustoffe. Diese Baustoffe sind sowohl nach ihrer Art als nach ihren Sorten sehr mannigfaltig. Außerdem hat jede Art der vielen Baustoffe besondere Anwendungsgebiete und besondere Eigenschaften; deshalb sind auch die Prüfverfahren vielgestaltig. Dazu kommt, daß die Herstellung der Baustoffe sowie ihre Auswahl und ihre Beurteilung in weitverzweigten Industrien und Gewerben erfolgt und erfolgen muß und daß die Prüfung der Baustoffe dementsprechend vielseitig zu gestalten und zu entwickeln ist.

Zunächst ist die Prüfung der seit alter Zeit viel gebrauchten Stoffe, nämlich der Hölzer, der natürlichen und der gebrannten Steine dargestellt; dann folgt die Prüfung der Kalke, der Gipse, der Zemente, der Mörtel und des Betons; hieran schließen sich die Prüfverfahren der Trasse, der Hochofenschlacken, der Magnesiamörtel, der Baugläser und der Anstriche. Es folgt die Beschreibung der Papiere und der Pappen als Baustoffe, ferner der Leime und schließlich der Teere und der Bitumen. Einzelne Abschnitte enthalten außerdem Prüfverfahren für Bauteile, soweit die zugehörigen Vorschriften Bedingungen für den Baustoff enthalten.

Da alle in Betracht kommenden Sachkundigen seit langer Zeit durch ihre Berufsarbeit in außerordentlichem Maße in Anspruch genommen sind, war es nötig, die für das vorliegende Buch erforderliche Arbeit weitgehend zu verteilen. Ich habe bei dieser Verteilung tatkräftige Bereitschaft gefunden. Die Aufgabe, durch Zusammenarbeit vieler Fachgenossen eine möglichst umfassende Darstellung der jetzt geltenden und der zur Zeit zu beachtenden Prüfverfahren der Baustoffe zu erhalten, war naturgemäß unter den Verhältnissen der letzten Zeit nicht leicht, vor allem weil eine erhebliche Zahl der Mitarbeiter zum Wehrdienst einberufen worden ist.

Es wird in der Zukunft an Hand des Buches möglich sein, leichter als bisher durch vergleichende Betrachtungen festzustellen, ob und wie gewisse Prüfverfahren zweckmäßig zu entwickeln sind; durch das Buch wird ferner angeregt, die Prüfungen auf benachbarten Gebieten sinngemäß abzustimmen. Mit der immer mehr hervortretenden Teilung der Aufgaben der Stoffprüfung entstehen nicht selten für verwandte Stoffe Unterschiede der Prüfverfahren, die nicht nötig sind.

Das vorliegende Buch soll allen, die an der Prüfung der Baustoffe interessiert sind, als Nachschlagebuch dienen, zunächst um die vorhandenen Erfahrungen in einfacher Weise nutzbar zu machen, weiterhin um die Grundlagen für die Entwicklung der Prüfverfahren festzuhalten, ferner um Anregungen für die Ausfüllung der Lücken unserer Erkenntnisse zu geben. Nicht zuletzt wird aufmerksam gemacht, daß die Prüfverfahren zur Beurteilung der Eignung der Stoffe im Bauwerk geeignet sein müssen und daß diese Eignung immer wieder nachgewiesen werden muß.

Stuttgart, im Herbst 1940.

OTTO GRAF
o. Professor an der Techn. Hochschule Stuttgart

Inhaltsverzeichnis.

I. Die Prüfung der Bauhölzer.

A. Verfahren zur Unterscheidung der Hölzer. Beurteilung des Holzgefüges.

Von Professor Dr. REINHARD TRENDELENBURG, Holzforschungsstelle der Technischen Hochschule München.

B. Bestimmung technisch wichtiger Wuchseigenschaften der Hölzer.

Von Dozent Dr.-Ing. habil. KARL EGNER, Institut für die Materialprüfungen des Bauwesens an der Technischen Hochschule Stuttgart.

G. Bestimmung der Elastizität der Hölzer.

Von Dozent Dr.-Ing. habil. **KARL EGNER**, Institut für die Materialprüfungen
des Bauwesens an der Technischen Hochschule Stuttgart.

II. Die Prüfung der natürlichen Bausteine.

A. Prüfung der mineral-chemischen Gefügeeigenschaften natürlicher Gesteine.

Von Dr.-Ing. habil. KURT STÖCKE, Wirtschaftsgruppe Steine und Erden, Berlin.

B. Prüfung des Raumgewichts (der Rohwichte) und der Festigkeitseigenschaften der natürlichen Steine.

Von Oberingenieur FRITZ WEISE, Institut für die Materialprüfungen des Bauwesens an der Technischen Hochschule Stuttgart.

C. Bestimmung der Wasseraufnahme, der Wasserabgabe und der Wasser-durchlässigkeit.

Von Oberingenieur FRITZ WEISE, Institut für die Materialprüfungen des Bauwesens an der Technischen Hochschule Stuttgart.

D. Feststellung der Längenänderungen der Gesteine.

Von Oberingenieur FRITZ WEISE, Institut für die Materialprüfungen des Bauwesens an der Technischen Hochschule Stuttgart.

E. Prüfung des Verhaltens der Gesteine bei hoher Temperatur.

Von Oberingenieur FRITZ WEISE, Institut für die Materialprüfungen des Bau-

III. Die Prüfung der gebrannten Steine.

(Mauerziegel, Klinker, Dachziegel, Platten, Kacheln, Rohre, Steinzeug und feuerfeste Steine.)

A. Prüfverfahren für gebrannte Steine.

Von Dr. HANS HECHT, Chemisches Laboratorium für Tonindustrie, Berlin.

B. Prüfung der gebrannten Baustoffe.

Von Dr. HANS HECHT, Chemisches Laboratorium für Tonindustrie, Berlin.

C. Prüfung von Mauerwerk aus Ziegeln.

Von Oberingenieur FRITZ WEISE, Institut für die Materialprüfungen des Bauwesens an der Technischen Hochschule Stuttgart.

C. Prüfung der Zemente auf ihre Zusammensetzung.

VI. Die Prüfung des Zementmörtels und des Betons.

A. Prüfung des Zuschlags und des Frischbetons.

B. Prüfung von erhärteten Betonproben von der Baustelle und aus dem Bauwerk.

Von Dozent Dr.-Ing. habil. KURT WALZ, Institut für die Materialprüfungen des
Bauwesens an der Technischen Hochschule Stuttgart.

C. Prüfung der Festigkeit des Betons, insbesondere im Laboratorium.

Von Dozent Dr.-Ing. habil. KURT WALZ, Institut für die Materialprüfungen des
Bauwesens an der Technischen Hochschule Stuttgart.

G. Prüfung des Widerstands des Betons gegen mechanische Abnutzung, gegen Witterungseinflüsse und gegen angreifende Flüssigkeiten.

Von Dozent Dr.-Ing. habil. KURT WALZ, Institut für die Materialprüfungen des Bauwesens an der Technischen Hochschule Stuttgart.

H. Prüfung der Wasserdurchlässigkeit, der Wasseraufnahme und der Rostschutzwirkung des Betons.

Von Dozent Dr.-Ing. habil. KURT WALZ, Institut für die Materialprüfungen des Bauwesens an der Technischen Hochschule Stuttgart.

VII. Die Prüfung von Traß, Ziegelmehl, granulierter Hochofenschlacke.

Von Dr. RICHARD GRÜN, Professor an der Technischen Hochschule Aachen,
Direktor des Forschungsinstituts der Hüttenzement-Industrie Düsseldorf.

X. Die Prüfung der Magnesiamörtel.

Von Dr. RICHARD GRÜN, Professor an der Technischen Hochschule Aachen,
Direktor des Forschungsinstituts der Hüttenzement-Industrie Düsseldorf.

XI. Die Prüfung von Glas.

A. Chemische und physikalische Prüfung von Gläsern für das Bauwesen.

Von Dozent Dr.-Ing. habil. ADOLF DIETZEL, Abteilungsvorsteher am Kaiser-Wilhelm-Institut für Silikatforschung, Berlin-Dahlem.

XII. Anstrichstoffe.

Von Professor Dr.-Ing, HANS WAGNER, Forschungsinstitut für Farbentechnik,
Kunstgewerbeschule, Stuttgart.

Normung S. 674. — Schrifttum S. 675.

XIII. Die Prüfung von Papier und Pappe als Baustoff.

Von Professor Dr.-Ing. RUDOLPH KORN, Staatliches Materialprüfungsamt, Berlin-Dahlem.

XIV. Die Prüfung der Leime.

Von Dr.-Ing. habil. EDGAR MÖRATH, Forschungsinstitut für Sperrholz und andere Holzerzeugnisse, Berlin.

XV. Die Prüfung von Teer und Asphalt.

A. **Prüfung der Steinkohlenteere und Steinkohlenteeröle als Baustoffe.**

Von Professor Dr. HEINRICH MALLISON, Technische Hochschule Berlin.

B. **Prüfung der Bitumen.**

Von dipl. ing., chem. Dr. WILHELM RODEL, Eidgen. Materialprüfungs- und Versuchsanstalt für Industrie, Bauwesen und Gewerbe, Zürich.

Über die Bedeutung und über die Entwicklung der Prüfverfahren für nichtmetallische Baustoffe.

Von **OTTO GRAF**, Stuttgart.

Mehr als auf anderen technischen Gebieten besteht im Bauwesen die Gepflogenheit, Mindesteigenschaften der Bauelemente und der Bauwerke durch Vorschriften festzulegen, die Eigenschaften der Baustoffe für bestimmte Aufgaben zu begrenzen, auch die Art ihrer Anwendung zu überwachen usw. Dies geschieht, weil bei mangelhaften Bauwerken Einsturzgefahr und damit Lebensgefahr für die Insassen bestehen kann oder weil die Menschen, welche ein mangelhaftes Haus als Wohnung oder Werkstätte benützen sollen, gesundheitliche oder wirtschaftliche Schädigungen erleiden müssen. Die Vorschriften über die Bauart und über die Abmessungen der Außenwände der Wohnhäuser, die Forderung nach baulichen Maßnahmen gegen die Ausbreitung des Feuers in Geschäftshäusern, die Vorschriften über die zulässige Anstrengung der Baustoffe und andere Bestimmungen geben ein Bild der Maßnahmen des Staates in der Technik des Bauwesens. Da dieser Weg nur sicher begangen werden kann, wenn eindeutige Gütebedingungen und Gütenormen für Baustoffe vorhanden sind, so ist es verständlich, daß die Prüfung der Baustoffe seit langer Zeit eine große Bedeutung hat. Auch der Umstand, daß die meisten Bauwerke lange Zeit gebrauchsfähig bleiben sollen, führt zu besonderen Maßnahmen.

Weiterhin ist wichtig, daß das neuzeitliche Bauen mit Beton, Eisenbeton und Stahl, auch mit Holz wesentlich durch den Umstand gefördert wurde, daß die Eigenschaften der Baustoffe mit gesteigerter Zuverlässigkeit in gewollten, verhältnismäßig engen Grenzen beherrscht werden und daß die Herstellung oder Auswahl von höherwertigen Baustoffen sicherer als früher durchführbar ist. Dieser Erfolg konnte nur verbürgt werden, nachdem die zugehörigen Prüfverfahren geschaffen waren. Es sei dazu an die Entwicklung der Bestimmungen des Deutschen Ausschusses für Eisenbeton oder der Vorschriften für den Bau der Fahrbahndecken der Reichsautobahnen erinnert.

Im einzelnen sei hier über die Bedeutung der Prüfverfahren noch folgendes bemerkt. Wenn ein Baustoff mit bestimmten Eigenschaften entstehen soll, so müssen seine Eigenschaften fortlaufend vom Beginn der Herstellung bis zum Einbau, in gewissen Fällen noch darüber hinaus, eindeutig, also zahlenmäßig so verfolgt werden, daß alle mangelhaften Stücke ausgeschieden oder verbessert werden können. Damit entstand die Gepflogenheit, das Prüfen nach den Bedürfnissen des Arbeitsganges zu unterscheiden, also

nach Werksprüfungen (Prüfungen im laufenden Betrieb),
nach Eignungsprüfungen oder Ausleseprüfungen
und nach Abnahmeprüfungen, schließlich
nach Entwicklungsprüfungen.

Außerdem ist zu beachten, daß die Prüfung die jeweils wesentlichen Eigenschaften erfassen muß und daß die bei der Prüfung gemachten Feststellungen ein zahlenmäßiges Bild für die Eignung im Bauwerk geben. Deshalb sind die Ergebnisse der Stoffprüfung von Zeit zu Zeit mit dem Verhalten der Stoffe im Bauwerk zu vergleichen, um zu erfahren, ob die Beurteilung der Stoffe nach den jeweils vorgeschriebenen oder üblichen Prüfungen dem wirklichen Verhalten genügend entspricht. Diese Bedingung ist sehr wichtig, weil das Prüfen der Stoffe bei der Entstehung in der Fabrik sowie bei der Lieferung und Abnahme stets mit abgekürzten Verfahren geschieht und weil volle Prüfungen meist viel Zeit erfordern. Dabei sei außerdem erinnert, daß die Entwicklung der Stoffe nicht selten von den jeweils bestehenden Gütenormen beeinflußt wird; die vorgeschriebenen Eigenschaften werden zum Wettbewerb mehr oder minder bevorzugt entwickelt, andere bleiben weniger beachtet; damit können Irrtümer in der Beurteilung der praktisch entscheidenden Eigenschaften der Baustoffe entstehen[1] oder wesentliche Lücken in der Beherrschung der Stoffe offen bleiben[2].

Das Gesagte wird im folgenden an Beispielen erläutert. Dabei wird auch gezeigt, daß nach einer folgerichtigen Betrachtung die künftige Entwicklung des Bauwesens von einer lebhaften Entwicklung der Werkstoffprüfung begleitet sein muß.

Abb. 1. Prüfung von Bauholz mit Schwindrissen.

1. Die Prüfung der Bauhölzer.

Die Eigenschaften der Bauhölzer sind bis vor kurzem entweder nach Gutdünken oder nach überlieferten handwerklichen Gepflogenheiten oder nach Handelsgebräuchen beurteilt worden. Das Ergebnis eines solchen Vorgehens war in hohem Maße von der Nachfrage, also von kaufmännischen Einflüssen abhängig. Die zulässige Anstrengung galt für Bauholz gemeinhin, mit einschränkenden Bedingungen, die keinerlei zahlenmäßige Beurteilung zuließen und die zum Teil unmöglich waren, deshalb unbeachtet blieben[3]. Um hier abzuhelfen, sind in Deutschland auf Grund von Feststellungen an Bauwerken und nach zahlreichen Versuchen mit Bauholz verschiedener Art die Gütenormen DIN 4074

---

[1] Vgl. Graf: Bautenschutz Bd. 6 (1935) S. 30.
[2] Oberbach: Teer- und Asphaltstraßenbau. Berlin 1939.
[3] Vgl. Graf in der 21. Folge der Schriftenfolge „Vom wirtschaftlichen Bauen", S. 14 f. 1938.

aufgestellt worden, welche die Feuchtigkeit der Hölzer, ihren Wuchs (Gewicht, Äste, Faserverlauf) u. a. m. in Abhängigkeit von der zulässigen Anstrengung begrenzen. Bevor DIN 4074 eingeführt wurde, mußten Prüfverfahren ausgearbeitet werden, die ermöglichen, eindeutig anzugeben, welche Feuchtigkeit das Holz hat, wie die in mannigfaltiger Form und Größe angeschnittenen Äste zu messen sind, wie der Faserverlauf ermittelt werden soll u. a. m. Weiterhin ergab sich, daß die Stufen der zulässigen Anstrengung erst dann mit voller Verantwortung so hoch als möglich gesetzt werden können, wenn die Bauelemente unter praktischen Umständen, also unter lang dauernder Last oder unter oftmals wiederholter Last oder unter gleichzeitiger Wirkung solcher Lasten geprüft sind[1]. Die volle Ausnützung der Werkstoffe erfordert tiefgehende Erforschung mit Prüfverfahren, die über das übliche weit hinausgehen. Unter anderem zeigt Abb. 1 die Prüfung von rissigem Holz, wie es praktisch zur Anwendung kommt. Der Vergleich mit der Tragfähigkeit von nicht gerissenem Holz ergibt, ob und wieviel die zulässige Anstrengung beim Vorhandensein von Rissen beschränkt werden muß.

2. Die Prüfung der natürlichen Steine.

Das Bauen mit natürlichen Steinen stützt sich vornehmlich auf Erfahrungen, die aus dem Verhalten alter Bauwerke gewonnen sind. Die neuzeitlichen Hilfsmittel zur Beurteilung der Gesteine sind bis jetzt nur bescheiden angewandt.

Abb. 2. Steinpflaster zur Ermittlung der Abnützung im Verkehr. Die Zahlen zeigen den Gewichtsverlust der Steine in Gramm.

Es ist heute noch üblich, vor der Anwendung von Gesteinen, die dem Bauherrn oder seinen Beauftragten nicht ausreichend bekannt sind, an bestehenden Bauwerken und bei örtlich erfahrenen Baumeistern das für die Auswahl und für die Anwendung Zweckmäßige zu erkunden.

In Wirklichkeit hat die Wissenschaft das zu rascher Entscheidung erforderliche Rüstzeug geschaffen; es ist jedem Steinlieferer möglich, die Kennzeichen seines Gesteinvorkommens nach technisch-wissenschaftlichen Grundsätzen und damit die Hilfsmittel zu erhalten, die dem sachkundigen Architekten und Ingenieur angeben, ob das Gestein unter bestimmten Verhältnissen genügend dauerhaft ist. In neuerer Zeit ist dazu DIN DVM 2100 erschienen, die angibt, welche Gesteinseigenschaften für bestimmte Bauaufgaben zu beachten und welche Mindesteigenschaften dabei zu verlangen sind.

Überdies ist beim Generalinspektor für das deutsche Straßenwesen eine sog. Steinbruchkartei im Entstehen, die einst für jeden Steinbruch die besonders wichtigen Angaben enthalten soll.

---

[1] Vgl. GRAF: Die Dauerfestigkeit der Werkstoffe und der Konstruktionselemente. Berlin 1929; ferner Mitt. Fachaussch. Holzfragen, Heft 20 (1938) S. 40; Heft 22 (1938) S. 15f.

Soweit Zweifel bestanden oder Lücken erkannt wurden, sind umfangreiche Untersuchungen ausgeführt oder eingeleitet worden. Unter anderem war auf der Straße (vgl. Abb. 2) zu verfolgen, ob die Prüfung des Abnutzwiderstandes durch Schleifen (DIN DVM 2108) für verschiedene Gesteine Verhältniszahlen liefert, die auch für die praktisch vorkommende Abnutzung gelten[1]. Dabei ist besonders wichtig, daß solche Versuche nur mit vielen Proben eine brauchbare Antwort liefern können. Abb. 2 zeigt dazu mit den auf den Pflastersteinen eingetragenen Zahlen, daß die Abnutzung im Betrieb naturgemäß sehr verschieden ausfällt. Darüber hinaus müssen vereinfachte Verfahren zur Abnahme der Steine durch die Verbraucher mehr als bisher entwickelt werden.

3. Prüfung des Zements.

Die Prüfung der Zemente nach den seit langer Zeit geltenden Zementnormen gibt nach den derzeitigen Erkenntnissen nur unzureichende Auskunft über die Eignung zum Betonstraßenbau, zur Herstellung von Betonwerksteinen,

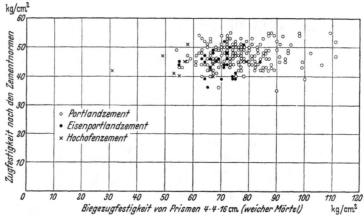

Abb. 3. Beziehungen zwischen der Zugfestigkeit des Prüfmörtels nach DIN 1164 mit der Biegezugfestigkeit des Prüfmörtels nach DIN 1165 und 1166.

auch in wichtigen Gebieten des Beton- und Eisenbetonbaues, weil mit dem bisherigen Normensand ein Mörtel entsteht, der weit ab von den praktischen Verhältnissen liegt und weil die Normenprüfung auf Zugfestigkeit keinen Aufschluß über die technisch wichtige Biegezugfestigkeit liefert (vgl. Abb. 3). Diese Erkenntnis ist schon längere Zeit vorhanden[2]. Man konnte jedoch erst bei Beginn des Baues der Reichsautobahnen daran gehen, ein Prüfverfahren aufzustellen, das die für den neueren Betonbau wichtigen Eigenschaften besser als bisher verfolgen läßt. Das seit 1934 entwickelte Prüfverfahren ist bereits im Sommer 1939 mit DIN 1165 und 1166 eingeführt worden. Allerdings zeigte sich auch hier wie auf anderen Gebieten, daß mit der Vertiefung der Erkenntnisse neue Aufgaben auftreten. Bei der Zementprüfung ist dies die Verfolgung der Betoneigenschaften, welche durch das Schwindvermögen des Zements beeinflußt sind. Hier hat sich gezeigt, daß die bisher angewandten Prüfverfahren zur Feststellung des Schwindmaßes bald weiterentwickelt werden müssen. Es ist nötig, umfassend festzustellen, wie der Einfluß des Schwindvermögens des Zements unter bestimmten Umständen zur Geltung kommt und wie dabei

---

[1] Vgl. GRAF: Bautenschutz, Bd. 6 (1935) S. 36; ferner Straßenbau Bd. 29 (1938) S. 371.
[2] Tonind.-Ztg. Bd. 51 (1927) S. 1565; ferner Beton u. Eisen Bd. 34 (1935) S. 89.

die Prüfung zweckmäßig zu gestalten ist. Unter anderem wird seit 1932 an großen Balken nach Abb. 4[1] und an Brücken beobachtet, welche Anstrengungen in den Eiseneinlagen durch das Schwinden des Betons hervorgerufen werden.

Abb. 4. Eisenbetonbalken zur Ermittlung der Spannungen, die in den Eiseneinlagen durch das Schwinden des Betons entstehen.

4. Prüfung des Straßenbetons auf Biegezugfestigkeit.

Die Bestimmung der Biegezugfestigkeit des Betons ist in Deutschland bis zum Beginn des Baus der Reichsautobahnen nur in Forschungsinstituten erfolgt; die Art der Bestimmung war überdies nicht einheitlich. Die Erfahrungen aus den letzten Jahren besagen, daß das Prüfverfahren zur Bestimmung der Biegezugfestigkeit nicht bloß hinsichtlich der Größe der Proben, der Lastanordnung usw. festzulegen ist, sondern es ist auch nötig, die Behandlung des Probekörpers bis ins einzelne zu vereinbaren. Dabei müssen unter anderem die Verhältnisse beim Austrocknen von Betonfahrbahnen als maßgebend angesehen werden (vgl. Abb. 5). Bevor die Bedingungen für die Behandlung der Probekörper

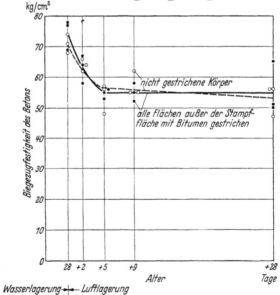

Abb. 5. Biegezugfestigkeit von Betonbalken 56 cm × 10 cm × 10 cm nach 28tägiger Wasserlagerung und anschließender Luftlagerung.

zuverlässig ausgesprochen werden konnten, war es nötig, zu prüfen, ob die in gewöhnlicher Weise ermittelte Biegezugfestigkeit des Betons bei Verwendung

---

[1] Vgl. u. a. Beton u. Eisen Bd. 33 (1934) S. 168.

verschiedener Baustoffe zu gleichen Verhältniszahlen führt wie die Biegezugfestigkeit, die bei oftmals wiederholter Belastung gilt oder noch besser diejenige,
die sich im Dienst einstellt[1].

5. Prüfung der künstlichen Steine auf Frostbeständigkeit.

Die Haltbarkeit der gebrannten Mauerziegel und Dachziegel, ebenso des
Betons und Eisenbetons ist bei vielen Bauteilen und Bauwerken von grundsätzlicher Bedeutung für die Wahl der Bauweise; überdies sind die Baukosten
von der Wahl der Bauweise wesentlich abhängig. Man weiß, daß Mauerziegel
oder Beton lieferbar sind, die praktisch unbegrenzt haltbar sind; aber es ist
nicht üblich, daß diese Bedingung immer erfüllt wird; man kann jedoch nur
ungefähr angeben, welche Eigenschaften der Mauerziegel für bestimmte Bauteile haben muß; man weiß damit, daß die Prüfverfahren zur Bestimmung der
Haltbarkeit der Entwicklung bedürfen, vor allem derart, daß die Feststellungen
auf die tatsächlichen Erfordernisse abgestimmt werden können. Im Grenzfall
ist bekannt, daß gebrannte Mauersteine nach DIN 105 in verputztem Mauerwerk der Frostprüfung nicht bedürfen; hier sind die Druckfestigkeit und die
Wärmeleitfähigkeit wichtiger.

6. Bestimmung der Größe feinster Teile.

Für verschiedene Stoffe (Zemente, Tone, Steinmehle, Böden) ist es nötig,
fortlaufend die Größe und Menge staubfeiner Teile zu ermitteln. Lange Zeit

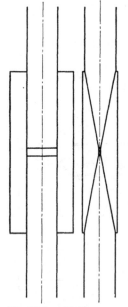

war es ausreichend, die Feinheit der Zemente, Steinmehle
usw. mit Sieben zu prüfen. Doch wurde dabei oft nur
ein kleiner Teil des zu prüfenden Stoffes erfaßt; der
größere Teil fiel durch das feinste Sieb. Die Trennung
der feinen Teile geschieht zur Zeit durch Windsichtung
oder durch Sedimentation oder mit Trübungsmessern.
Die Erforschung des Einflusses der Stufung der feinsten
Teile im Zement oder Beton ist erst in den Anfängen,
weil vorher eine Klarstellung über eine einfache zweckmäßige Bestimmung dieser Teile zu schaffen ist.

7. Leime und Leimverbindungen.

Die Prüfung der Leime erfolgt zur Zeit meist an sehr
kleinen Holzproben. Diese Prüfung geschieht entweder an
schräg zur Holzfaser geschnittenen Flächen oder an den
Stirnflächen kleiner Holzprismen oder an mehrteiligen
plan verleimten dünnen Brettstücken. Die Festigkeit des
Leimes kann an derartigen Probekörpern vergleichsweise
beobachtet werden, am besten wohl mit den Verleimungen
der Stirnflächen[2]. Die so gewonnenen Werte sind aber
praktisch nicht ausreichend; weil damit noch nicht er-

Abb. 6. Leimverbindungen zur
Aufnahme von Zuglasten.
Links unzweckmäßig, rechts
zweckmäßig.

kennbar ist, ob die Leime in mehr oder minder dünnen
Schichten, in Leimnestern usw. brauchbar sind, ob sie
beständig sind, ob die Widerstandsfähigkeit bei großen
Flächen hinreichend erscheint u. a. m.

Die Leimverbände werden mehr und mehr zur Herstellung hoch beanspruchter tragender Bauelemente herangezogen. Es war deshalb nötig, die

---

[1] Vgl. u. a. Straßenbautagung München, S. 157. 1938.
[2] Bei allen Leimprüfungen ist mehr als bisher auf die Innehaltung bestimmter Grenzen
der Temperatur und der Feuchtigkeit der Luft zu achten.

zweckmäßige Bauart der Leimverbindungen systematisch zu verfolgen (vgl. Abb. 6). Es erscheinen Richtlinien nötig, welche angeben, ob die Fähigkeiten des Handwerkers und seiner Aufsicht ausreichen, wenn zuverlässige und feste Leimverbindungen herzustellen sind[1].

8. Beurteilung des Teers und des Asphalts.

Die Kennzeichnung und Prüfung des Teers und des Asphalts für den Straßenbau geschieht nach DIN 1995 und 1996 in erster Linie nach der Viskosität.

Man weiß aus Erfahrung, daß derartige Prüfungen keinen vollen Aufschluß über die Eignung zum Straßenteer geben; es handelt sich streng genommen nur um Kurzprüfungen für Stoffe bestimmter Herkunft und bestimmter Entstehungsart. Der Lieferer muß deshalb fortlaufend weitergehende Untersuchungen anstellen; er muß überdies mit dem Straßenbauingenieur vergleichende Beobachtungen über das Verhalten in der Straße sammeln und auswerten. Auch hier erscheint das Bedürfnis nach einer Weiterentwicklung der Prüfverfahren.

9. Prüfgeräte.

Zur Prüfung der nichtmetallischen Baustoffe werden sehr viele Geräte gebraucht, sei es als Formen für die Herstellung von Probekörpern aus Zement, Kalk, Gips, Beton usw., sei es als eigentliche Prüfgeräte, z. B. für die Bestimmung des Erstarrungsbeginnes des Zements, der Feinheit des Zements, der Tone usw., für die Bestimmung der Biegezugfestigkeit der Mörtel, der Viskosität der Teere, des Berstdruckes der Papiere u. a. m. Hier gilt allgemein die wesentliche Bedingung, daß eine mäßige Abnützung der Geräte oder kleine Beschädigungen ohne nennenswerten Einfluß auf das Ergebnis sein sollen. Allerdings ist die Bedingung nicht immer erfüllbar. Doch sollte die Wiederinstandsetzung oder der Ersatz der abgenutzten Teile zuverlässig auch in kleineren Werkstätten ausführbar sein. Ein Beispiel des Fortschrittes ist dazu die Gestaltung der Mörtelformen nach DIN 1165 gegenüber denen in DIN 1164.

Bei der Anwendung hydraulischer Pressen zur Kraftäußerung sollten Mindestwerte für das Verhältnis der Länge zum Durchmesser der Kolben eingehalten werden; alle Kolben sollten ohne Liderung arbeiten. Damit ist es vor der Benutzung möglich, durch Drehen des Kolbens von Hand festzustellen, ob die Reibung des Kolbens in zulässigen Grenzen liegt. Die Kraftmesser sollen leicht prüfbar sein; diese Bedingung ist heutzutage leicht zu erfüllen; Röhrenmanometer sind billig, können in Reserve gehalten werden und sind einfach zu versenden.

Mit diesen Bemerkungen sei an die Bedeutung der Entwicklung und Normung der Prüfgeräte erinnert. Zweckmäßige Geräte erleichtern die Prüfung und vermindern die Fehler; durch die Schaffung geeigneter Geräte kann die Prüfung billiger werden, unter Umständen erst wirtschaftlich tragbar werden.

10. Zuverlässigkeit der Zahlenwerte der Prüfung. Abschätzung der Fehlergrenzen. Zahl der Proben für eine Prüfung. Bedeutung der Abweichungen der Einzelwerte einer Prüfung. Ungleichmäßigkeit der Eigenschaften eines Baustoffes.

Die Mindestwerte der Festigkeiten oder anderer Eigenschaften, die in den Gütenormen gefordert sind, werden oft erheblich überschritten. Dieses Mehr ist zu einem Teil die Folge besserer Eigenschaften der Stoffe, zu einem anderen

---

[1] Vgl. DIN 1052, Entwurf Januar 1940.

größeren oder kleineren Teil die Folge der Ausführung der Prüfvorschriften und oft nicht zuletzt des Umstandes, daß die geforderten Mindestwerte die eben noch brauchbaren oder noch zweckmäßigen Erzeugnisse unter Berücksichtigung zulässiger Fehlergrenzen des Prüfverfahrens abgrenzen. Wenn ein neues Prüfverfahren eingeführt werden soll, ist es üblich, zunächst in kleinem, dann in großem Kreis Vergleichsversuche anzustellen, um zu erfahren, welche Abweichungen der Einzelwerte und Mittelwerte auftreten, wenn derselbe Stoff an verschiedenen Orten durch verschiedene Männer zu gleichen oder verschiedenen Zeiten geprüft werden. Die Abweichungen sind oft sehr klein, wenn es sich um Prüfungen in wissenschaftlich und praktisch hochstehenden Versuchsanstalten handelt; sie sind oft groß, wenn der Kreis der Prüfenden viele andere

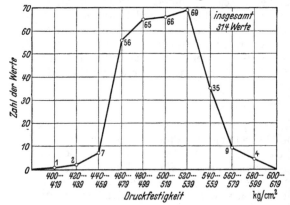

Abb. 7. Häufigkeit der Druckfestigkeit des Prüfmörtels nach DIN 1164 bei fortlaufender Anwendung in einer Zementfabrik.

Prüfstellen einschließt oder wenn das Verfahren große Mängel besitzt. Damit wird erinnert, daß die Handhabung der Geräte und die Prüfgeräte selbst so zu entwickeln sind, daß die persönlichen Einflüsse und die Einflüsse aus den Geräten unerheblich bleiben. Diese Bedingung ist schwer zu erfüllen. Man denke dabei an die Probenahme, an das Wiegen von Stoffen, an das Füllen von Formen, an den Einfluß der Temperatur auf die Entwicklung der Festigkeit der Kalke, Gipse, Zemente usw., an den Einfluß der Beschaffenheit der Druckflächen auf die Festigkeit spröder Körper, an die Einspannung von Proben u. a. m. Erst nach Ausscheidung dieser Einflüsse kann über die Gleichmäßigkeit oder Ungleichmäßigkeit bestimmter Erzeugnisse geurteilt werden.

Die Häufigkeit, die gemäß Abb. 7 aus laufenden Feststellungen einer Prüfstelle über die Normendruckfestigkeit von Zement entstanden ist, enthält nach dem Gesagten nicht bloß die Ungleichmäßigkeiten des Zements sondern auch die Einflüsse des Prüfverfahrens und der damit umgehenden Männer. Will man ein Urteil über die Größe der letztgenannten Einflüsse bekommen, so muß das Prüfverfahren mit besonders gleichmäßigem Prüfstoff zu verschiedenen Tageszeiten und an verschiedenen Tagen und mit verschiedenen Männern durchgeführt werden. Die dabei auftretenden Unterschiede geben im wesentlichen ein Bild der Größe der Einflüsse des Prüfverfahrens, der Prüfer und ihrer Helfer[1].

11. Über die Feststellung der Ursachen von Mißerfolgen.

Wenn mangelhafte Bauteile oder Bauwerke entstehen, können Mängel der Baustoffe mehr oder minder beteiligt sein. Der Nachweis, daß der Baustoff an einem Schaden beteiligt ist, kann nur geliefert werden, wenn die in Betracht kommenden Stoffe mit der Beschaffenheit, die zur Zeit der Lieferung vorhanden war, zur Verfügung stehen oder wenn bekannt ist, welche Beschaffenheit bei der Lieferung oder beim Einbau festgestellt war. Dies ist unter anderem wichtig bei Kalken und Zementen; diese ändern ihren Zustand bei und nach der Verwendung, auch werden sie mit anderen Stoffen so vermengt, daß eine nachträgliche Trennung und Beurteilung nicht selten unmöglich ist (vgl. unter anderem DIN DVM 2170).

---

[1] Vgl. auch Zement Bd. 25 (1936) S. 97f., sowie S. 317f.

Darüber hinaus zeigt sich selbstverständlich immer wieder, daß die normen-gemäßen oder bedingungsgemäßen Prüfungen Lücken aufweisen, mit denen in gewissen Fällen unzureichende Stoffe als noch brauchbar befunden werden. Man muß bedenken, daß die üblichen Prüfungen eben nur für die gewöhnlichen Zwecke ausreichen. Außerordentliche Aufgaben erfordern eine schärfere Aus-lese; sie erfordern ergänzende Prüfungen. Beispielsweise gibt die übliche Prü-fung der Zemente bei 18 bis 20° C keinen Aufschluß über das Verhalten der Zemente bei 35°, ebensowenig über das Verhalten der Zemente bei 5 bis 10° C. Wenn man die Zemente im Hochsommer oder im Winter im Freien verbraucht, so sind eben in wichtigen Fällen zusätzliche Feststellungen nötig. Schließlich ist zu beachten, daß die Stoffe nicht selten und über lange Zeit unter dem Ein-fluß von Normen entwickelt werden. Zum Beispiel sind die Zemente bis jetzt vornehmlich nach der Normendruckfestigkeit beurteilt worden, die mit einem Mörtel entsteht, der zur Zeit nicht mehr als zweckmäßig gilt. Wenn man diesem Mörtel Traß oder andere inerte Stoffe zusetzt, so steigt die Festigkeit, weil die feinen Stoffen die Hohlräume des Mörtels füllen. In praktischen Fällen ist diese poren-füllende Wirkung oft nicht möglich. Infolge-dessen ist die Prüfung mit dem alten Prüfsand nach DIN 1164 für Mischbinder falsch. Der Mörtel mit dem neuen Prüfsand nach DIN 1165 ist dagegen zweckmäßig.

12. Zur Beurteilung und Anwendung der Ergebnisse der Stoffprüfung.

Der Fernerstehende ist oft erstaunt, wenn die Auslegung der Ergebnisse der Stoffprüfung nur bedingt möglich ist. Dabei ist manchmal folgendes zu sagen. Die üblichen Prüfungen sind Vergleichsprüfungen für bestimmte Eigen-schaften, sofern vorher klargestellt ist, daß sich die betreffende Eigenschaft unter praktischen Verhältnissen ebenso ändert wie bei der Ver-gleichsprüfung. Beispielsweise weiß man, daß die Druckfestigkeit des Prüfmörtels nach DIN 1164 bei Verwendung verschiedenartiger Ze-mente mit der Druckfestigkeit des Betons nicht immer gleichläuft; wohl aber ist der Prüfmörtel nach DIN 1165 geeignet, auch mit

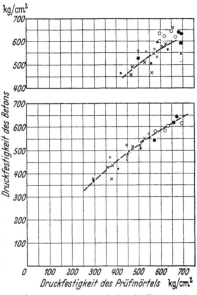

Abb. 8. Beziehungen zwischen der Druckfestig-keit des Prüfmörtels nach DIN 1165 und 1166 und der Druckfestigkeit des Betons.

sehr verschiedenen Zementen zu erkunden, welche Eignung in bezug auf die Druckfestigkeit des Betons vorliegt (vgl. Abb. 8[1]).

Noch schwieriger liegen die Verhältnisse beispielsweise beim Holz. Die Prüfung nach den Normen geschieht mit kleinen geradfaserigen Proben, um das Holz an sich zu beurteilen. Zum Bauwerk wird aber immer astiges, mehr oder weniger schräg-faseriges Holz verwendet. Die Festigkeit des Bauholzes ist deshalb viel kleiner als die der kleinen normengemäßen Probe. Die Beurteilung der Tragfähigkeit des Bauholzes ist deshalb schwierig; sie erfordert außer der Kenntnis der Bau- und Prüfvorschriften eine tiefgehende Erfahrung über den Baustoff selbst.

Diese Beispiele, aus vielen ähnlichen gewählt, erinnern uns, daß die Aus-nutzung der Feststellungen der Stoffprüfung nur mit gut begründeten technisch-wissenschaftlichen Erfahrungen möglich ist. In vielen Fällen muß zu der Stoff-prüfung noch die Prüfung der Bauelemente hinzutreten.

---

[1] Vgl. Forsch.-Arb. Straßenw. 1940, Bd. 27.

I. Die Prüfung der Bauhölzer.

A. Verfahren zur Unterscheidung der Hölzer. Beurteilung des Holzgefüges.

Von REINHARD TRENDELENBURG, München.

1. Allgemeines.

Von der großen Zahl einheimischer Holzarten werden als Bauholz hauptsächlich die Nadelhölzer Fichte, Tanne, Kiefer und Lärche sowie die Laubhölzer Buche und Eiche verwendet. Als Werkhölzer dienen neben den genannten Arten eine große Zahl von Laubhölzern, die sich entweder durch besondere Eigenschaften (Elastizität, Schlagfestigkeit, Härte u. a.) oder auch durch leichte Bearbeitbarkeit, geringes Quellen und Schwinden auszeichnen.

Die Hölzer der einzelnen Arten unterscheiden sich in ihrem Gefüge (anatomischem Aufbau) und können so makroskopisch (am besten unter Zuhilfenahme einer 10fach vergrößernden Lupe) oder mikroskopisch auch in kleinen und kleinsten Stückchen bestimmt werden. Für die Beurteilung der Eigenschaften ist die Kenntnis der Holzart erste Voraussetzung; daneben müssen aber die Schwankungen im Holzgefüge berücksichtigt werden, die sich sehr stark auf die technische Eignung des Holzes auswirken und die weitgehende Überschneidungen zwischen der Eigenart der einzelnen Arten mit sich bringen.

An größeren Holzkörpern (z. B. Bauholz) müssen für die Beurteilung auch die Lage und Größe der Äste, die Ausbildung des Kerns, der Jahrringbau und die Spätholzbildung herangezogen werden. Diese Merkmale ermöglichen meist auch die Bestimmung der Holzart, wenn keine Hilfsmittel zur genauen Untersuchung zur Verfügung stehen. Die liegenden Stämme schließlich sind schon nach ihrer Borke und nach der Breite und der Farbe von Kern und Splint zu unterscheiden.

2. Die für die Unterscheidung der Hölzer und die Beurteilung ihres Gefüges wichtigen Baumerkmale[1].

Die Zellen des Holzes entstehen im *Kambium*, einer feinen Schicht aus plasmareichen Zellen, die sich unterhalb der Rinde befindet und den ganzen Holzkörper des Stammes (einschließlich Ästen und Wurzeln) umkleidet. Die Kambiumzellen teilen sich durch Längswände und scheiden nach innen Holzzellen, nach außen Rindenzellen ab. Die Rinde wird durch den Holzzuwachs immer mehr gedehnt; sie reißt früher oder später in einer für die Holzart eigentümlichen Weise auf.

Wie die Zellen des Kambiums erstrecken sich auch die des Holzes in überwiegender Zahl mit ihrer Längsrichtung in die Längsachse des Baumes. Da sie

---

[1] BREHMER, W.: Hölzer. In J. v. WIESNER: Die Rohstoffe des Pflanzenreichs, Bd. 2, 4. Aufl. Leipzig 1928. — BÜSGEN, M. u. E. MÜNCH: Bau und Leben unserer Waldbäume. Jena 1927. — GAYER, K. u. L. FABRICIUS: Die Forstbenutzung, 13. Aufl. Berlin 1935. — KOLLMANN, F., Technologie des Holzes. Berlin 1936. — TRENDELENBURG, R.: Das Holz als Rohstoff; seine Entstehung, stoffliche Beschaffenheit und chemische Verwertung. München 1939.

lückenlos aneinander stoßen und an den Enden durchbrochen oder mit kleineren Öffnungen für den Wasserdurchtritt *(Tüpfeln)* versehen sind, können sie das für das Baumleben notwendige Wasser von den Wurzeln zur Krone leiten.

Auch für die Querverbindung der Zellen untereinander ist durch die ventilartigen Tüpfel in den seitlichen Zellwänden gesorgt, doch wird die hauptsächliche Stoffbeförderung in radialer Richtung (von der Rinde zum Stamminnern und umgekehrt) durch die Markstrahlen vorgenommen. Die Art der Tüpfelung der Zellen ist für die Unterscheidung von Einzelfasern (z. B. von Zellstoff) wichtig.

Die *Markstrahlzellen* sind quer zur Richtung der übrigen Zellen längsgestreckt; sie sind in ununterbrochener Reihe aneinandergefügt und in oft großer Zahl übereinander, oft auch nebeneinander geschichtet und bilden so die radial verlaufenden Markstrahlen. Am oberen und unteren Rand der Markstrahlen befinden sich bei manchen Arten rein für die Wasserleitung bestimmte Zellen (Markstrahltracheiden).

Die Markstrahlen haben mit dem in der Mitte des Baumes befindlichen *Mark*, der Markröhre, nichts zu tun; nur die Markstrahlen des ersten Jahrringes reichen bis zum Mark, die späteren entstehen mitten im Holz. Das Mark ist für die Eigenschaften des Holzes ohne Bedeutung; bei manchen Arten, z. B. tropischen, erreicht es 1 cm Dicke. Es wird oft auch Herz genannt. Die brau-

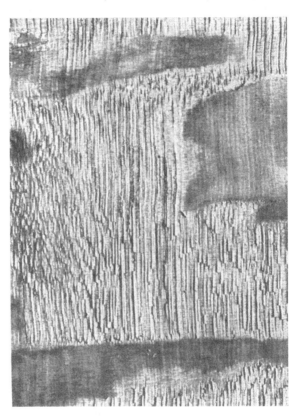

Abb. 1. Eiche, Radialschnitt schwach vergrößert. Frühholzgefäße als „Nadelrisse", zusammengesetzte Markstrahlen als „Spiegel".

nen „*Markflecken*" (Querschnitt) oder „Zellgänge" (Längsschnitt), die das Holz mancher Arten (Erle, Birke) „braunfleckig"[1] machen, sind Zellwucherungen in Fraßgängen von Insektenlarven; diese gehen von Parenchymzellen und Markstrahlzellen aus. Die Festigkeit des Holzes wird nicht beeinflußt; für die Bestimmung des Holzes sind sie nur bedingt brauchbar, da sie, zumal in den oberen Stammteilen, fehlen können.

Das Holz der *Nadelbäume* besteht überwiegend aus *einer* Zellart, den *Tracheiden*, die meist 3 bis 5 mm lang und sehr schmal sind. Diese werden am Anfang der Wuchstätigkeit des Baumes (im Frühjahr und Frühsommer) mit dünnen Wänden und zahlreichen großen Hoftüpfeln für den Wasseraustausch und die Wasserleitung ausgestattet (Frühholz), im Sommer aber (Juli und August) mit dicken Wänden und kleinen, spärlichen Tüpfeln (Spätholz). Diese beiden

---

[1] ESCHERICH, K. L.: Forstwiss. Zbl. Bd. 60 (1938) S. 693.

Zonen scheiden sich im Jahrring meist deutlich voneinander. Die Markstrahlen der Nadelhölzer sind einschichtig (d. h. eine Zellreihe breit, aber viele Zellreihen hoch).

Die meisten einheimischen Nadelhölzer (mit Ausnahme von Tanne und Eibe) besitzen *Harzgänge*, die teils in der Längsrichtung, teils in radialer Querrichtung verlaufen. Es handelt sich hier um Hohlgänge, die durch Auseinanderweichen anderer Zellen entstanden sind. Die Harzgänge sind mit Epithelzellen ausgekleidet, die den Balsam, das flüssige Harz, mit Druck in die Harzgänge absondern. Auf dem Querschnitt erscheinen sie als hellere oder dunklere Punkte, auf dem Längsschnitt als feine Streifen. Die einheimischen Laubhölzer besitzen keine Harzgänge.

Abb. 2. Eiche, Tangentialschnitt, schwach vergrößert. Fruhholzgefaße (Poren) als Nadelrisse, breite Markstrahlen als dunkle spindelformige Streifen.

Bei den *Laubhölzern* hat sich eine Arbeitsteilung der Holzzellen herausgebildet; weitlumige, kurze, oft tonnenförmige *Gefäßglieder* sind zu langen Gefäßen angeordnet, in denen das Wasser von den Wurzeln zur Krone aufsteigt. Völlig verschieden davon sind die längeren, dickwandigen *Sklerenchymfasern* (Hartfasern), die kein Wasser leiten können, sondern nur der Festigung dienen. Sie sind zwar wesentlich länger als die Gefäßglieder, erreichen aber selten mehr als 1 bis 2 mm Länge. Zwischen beiden gibt es Übergänge. Außerdem kommen längsgerichtete Parenchymzellen für die Stoffspeicherung und Umwandlung in oft viel größerer Menge als bei den Nadelhölzern vor.

Neben einschichtigen Markstrahlen, die bei Pappeln und Weiden allein vorkommen, gibt es auch mehrschichtige; bei Eiche und Buche ist die Zahl der nebeneinander gelagerten Markstrahlzellen oft sehr groß, es entstehen die breiten *Spiegelmarkstrahlen*, die ihre Bezeichnung dem Aussehen auf dem Radialschnitt (s. Abb. 1) verdanken. Auf dem Tangentialschnitt erscheinen sie als dunkle spindelförmige Flecken (s. Abb. 2 und 3). Die Anordnung der Zellen, ihr Durchmesser und ihre Länge sind für die Bestimmung der Holzarten maßgebend; zumal bei tropischen Laubhölzern genügt oft nur die Vereinigung zahlreicher Merkmale zur sicheren Feststellung.

Bei manchen Holzarten, wie Eiche, Esche, Robinie und Ulme, werden im Frühjahr vor dem Laubausbruch sehr große weitlumige Gefäße erzeugt, die sich als scharfer Ring im Frühholz abheben. Diese „ringporigen" Hölzer sind den „zerstreutporigen" Laubhölzern, wie Buche, Birke, Erle, Pappel, Ahorn, gegenüberzustellen, bei denen die Gefäße gleichmäßig im Holz zerstreut sind und auch innerhalb des Jahres nicht so stark in der Größe voneinander abweichen. Der Holzzuwachs dieser Arten beginnt erst später, nach dem Ausbruch der Knospen und der Ausbildung des Laubes.

Die vom Kambium abgegliederte Zelle erstreckt sich zunächst vor allem in radialer Richtung, dann werden vom Plasma Verdickungsschichten aus *Zellulose* auf die ursprüngliche Kambialwand abgelagert, die nach einigen Tagen oder Wochen durch *Lignineinlagerung* „verholzen". Nach dem Abschluß der Verholzung stirbt die Zelle in der Regel ab. Änderungen im anatomischen Aufbau (Wanddicke u. a.) sind dann nicht mehr möglich. Lediglich die Parenchymzellen behalten ihren lebenden Zellinhalt oft lange Jahre.

Für die Beurteilung des Holzes hinsichtlich seiner Haltbarkeit und Pilzfestigkeit ist die *Verkernung* besonders wichtig, die bei Kiefer z. B. im 25- bis 30jährigen Stamm beginnt. Unter *Kernholz* versteht man den inneren Teil des Stammes, der keine lebenden Parenchymzellen mehr enthält, durch Einlagerungen häufig dunkel gefärbt wird und sich nicht mehr an der Wasserleitung beteiligt. *Splint* ist der äußere lebende Teil des Stammes, der an der Stoffspeicherung und -beförderung teilnimmt und hellgelblich weiß gefärbt ist (Abb. 4 und 6). (Bei der Fichte ist der Kern gleich hell gefärbt, aber viel trockner als der Splint, bei Kiefer und Lärche ist er dunkler rötlichbraun bis braunrot und trockner, bei Eiche ist er zwar dunkler, nicht aber trockner als der Splint.) Die Breite des Splints ist für die Holzunterscheidung von Bedeutung.

Manche Laubhölzer zeigen im Querschnitt normalerweise keine ausgeprägten Farb- und Feuchtigkeitsunterschiede (Birke, Linde, Ahorn); bei ihnen gibt es den *falschen Kern* von dunkler Farbe, der meist auf Pilzwirkung zurückzuführen ist. Als Beispiel

Abb. 3. Rotbuche, Tangentialschnitt, schwach vergrößert. Breite Markstrahlen als dunkle spindelförmige Streifen. Holz wegen Fehlens der weiten Fruhholzporen nicht deutlich nadelrissig.

sei der Rotkern der Buche genannt; seine Begrenzung ist viel weniger regelmäßig als die des echten Kernes (Abb. 5).

Die *Rinde* kann dem Dickenwachstum des Baumes meist nicht lange folgen; es entsteht in ihr ein Korkkambium, das nach außen tote, lufthaltige Korkzellen abscheidet. Bei manchen Holzarten (Kiefer, Eiche) entsteht von einem gewissen Alter ab eine tiefrissige Borke (Abb. 4 und 6).

Der Holzzuwachs eines Jahres wird als dünne Schicht um den ganzen Schaft herumgelagert; im Querschnitt zeigt er sich als Ring, „*Jahrring*". Der Jahrringbau schwankt nach Standort und Erziehung in weiten Grenzen; er vermag die technischen Eigenschaften stark zu beeinflussen.

Die Äste breiten die Blätter und Nadeln im Licht aus; solange sie leben, ist das Holz des Astes fest mit dem Holz des Stammes verwachsen; man spricht von einem *weißen*, festverwachsenen Ast. Wenn dagegen der Ast abgestorben, aber noch nicht ganz abgebrochen ist, wächst er mitsamt seiner Rinde in den Stamm

Abb. 4. Eiche (Querschnitt) mit Borke, Splint und Kern; breitringiges, unregelmäßig gewachsenes Holz (ringporig mit breiten Spiegelmarkstrahlen).

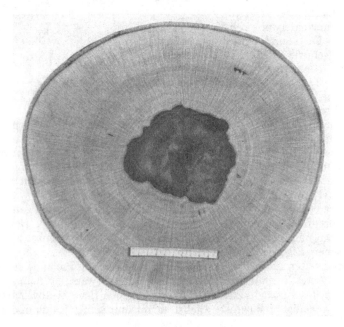

Abb. 5. Buchenholz mit unregelmäßigem, gezontem roten Kern und dunner, glatter Rinde. (Zerstreutporiges Holz mit weniger deutlicher Jahrringgrenze).

ein. Da die Rinde dann als schwarzer Ring um den Ast im Holz erscheint, nennt man den Ast nun *Schwarzast*. Dieser wird infolge des ungleichen Schwindens im Brett oft lose und fällt heraus (Durchfallast). Unter „Flügelast" versteht man einen längsdurchschnittenen Ast. Die Äste sitzen unregelmäßig am Stamm zerstreut (Lärche) oder regelmäßig in Quirlen (Kiefer, Weymouthskiefer).

Dieses Merkmal kann bei der Unterscheidung von Brettware herangezogen werden. Bei Werkholz ist der festverwachsene Ast wesentlich günstiger zu beurteilen als der Schwarzast. Bei Bauholz wirken beide Arten wegen des durch sie verursachten Faserverlaufs festigkeitsmindernd. Quirläste sind besonders nachteilig.

3. Unterscheidungsmerkmale am Stamm für wichtige Bauhölzer.

Bei Bauholz (Stangen, Grubenholz) kann es wichtig sein, die Holzarten im runden Zustand mit Rinde bzw. Borke zu unterscheiden. Hierzu bietet auch die

Tabelle 1. Unterscheidung der Hölzer am Stamm.

Holzart	Rinde	Borke	Kern und Splint
Fichte	rötlichbraun	rötlichgrau, dünne runde Schuppen mit schülferiger Oberfläche	Splint frisch sehr viel feuchter als Kern. In Farbe im trocknen Zustand kein Unterschied
Tanne	weißlichgrau bis graugrün mit Harzbeulen	weißlichgraue bis braune Schuppen, eckig, mit glatter Oberfläche	Splint frisch viel feuchter als Kern. Dieser im unteren Schaft oft als dunkler Naßkern ausgebildet; trocken in Farbe kein Unterschied
Kiefer	rötlichgrau	blättrig rötlichgrau, oben am Schaft gelbbraune, dünnschuppige Spiegelrinde, unten dickschuppige oder plattige, grau- bis rotbraune Borke. Grenzschicht der Borkeschuppen hell, lehmgelb	Splint frisch sehr viel feuchter als Kern. Kern rötlichbraun, am Stock unregelmäßig begrenzt, meist nur 30 bis 50% des Durchmessers einnehmend; Anteil nimmt gegen oben zunächst zu
Weymouthskiefer	schwarzgrau, glatt, glänzend	graue, längsrissige, nicht sehr dicke Tafelborke, innen rötlich	Kern trockner als Splint, aber feuchter als bei Kiefer. Farbe bräunlichrosa; Splint schmäler als bei Kiefer
Lärche	grau, glatt, glänzend	rötlichgraue, schuppige Borke, oft sehr dick und tiefrissig, auf ganze Stammlänge sich erstreckend; Grenzschicht der Borkeschuppen karminrot	Splint frisch viel feuchter als Kern. Kernfarbe dunkelrotbraun; Kernanteil am Stockdurchmesser 85 bis 90%, nach oben abnehmend, Begrenzung regelmäßig
Douglasie	grau bis olivgrün, glatt mit Harzbeulen	dunkelgraubraun, tief längs- und querrissig, Grenzschicht der Borkeschuppen ledergelb	Splint frisch viel feuchter als Kern; Kernfarbe bräunlichrosa, starke frühe Verkernung
Eiche	grünlichgrau bis silbergrau, mattglänzend (Spiegelrinde)	grau *Stieleiche:* unregelmäßig, tief und kurzrissig, hart, Rißgrund rot *Traubeneiche:* hellgrau, seicht und längsrissig, weich, Rißgrund gelblich	Kern gelblich bis dunkelbraun, regelmäßig begrenzt
Buche	glatt, grau geschlossen	schwache Borkenbildung selten (meist bei Weidbuchen, „Steinbuchen")	Holz rötlichweiß, normal kein Kern; häufig unregelmäßig gezonter Rotkern

Ausbildung von Kern und Splint eine Beihilfe. Der Kern ist vielfach bei der Fällung nur wenig dunkler als der Splint; er dunkelt aber rasch nach. Bei der Kiefer sieht der trockne Kern bei der Fällung sogar heller aus als der nasse Splint. Der Kernanteil ist für die Verwertung wichtig.

Weitere Holzarten finden sich in einer Übersicht von M. Schreiber[1], der auch hier im wesentlichen gefolgt wurde.

4. Unterscheidungsmerkmale am Holz.

a) Makroskopische (und Lupen-) Bestimmung.

Der Holzverbraucher hat meist kleinere bearbeitete Holzstücke ohne Rinde vor sich, die auch nicht immer die Gegenüberstellung von Kern- und Splintfarbe gestatten. Er muß das Holz nach seinem Gefüge bestimmen können, ohne ein Mikroskop zu Hilfe nehmen zu müssen. Für die Bestimmung ist an den Holzproben mit einem sehr scharfen Messer (oder einer Rasierklinge) ein glatter Querschnitt („Hirnschnitt") herzustellen. (Verquetschte Schnitte, geschliffene Oberflächen erschweren die Bestimmung oder machen sie unmöglich.) Anfeuchten läßt die Einzelheiten besser hervortreten. Die Bestimmungsübersicht ist auf Querschnittsmerkmalen aufgebaut, die für eine sichere Kennzeichnung kleiner Proben unerläßlich sind.

Zu berücksichtigen ist, daß das Holz in seinem Ringbau und seiner Zusammensetzung aus Einzelelementen stark schwankt, so daß auch in Härte und Gewicht große Unterschiede vorkommen. Letztere sind daher nicht immer sichere Anhaltspunkte; Astholz, Wurzelholz und Holz aus dem Stock haben vielfach anderen Aufbau.

Tabelle 2. Bestimmungsschlüssel[2] des Holzes wichtiger einheimischer Arten unter Benutzung der Merkmale des Querschnittbildes und einer etwa 10fach vergrößernden Lupe.

m. bl. A. mit bloßem Auge; u. d. L. unter der Lupe.

1. Holz aus einheitlichen Elementen (Tracheiden) in *radialer* Anordnung aufgebaut; Jahrringe deutlich abgegrenzt durch die Trennungslinie zwischen dunklem, dichtem (dickwandigem) Spätholz und hellem, lockerem (dünnwandigem) Frühholz . . .   2

1. Holz aus verschiedenartigen, *nicht radial* angeordneten Elementen aufgebaut, weitlumige Gefäße (Poren) in Festigungs- und Speichergewebe, das aus englumigen Zellen besteht, eingebettet; Jahrringe oft wenig deutlich   7

Nadelhölzer.

2. Längs-Harzgänge vorhanden, als helle Punkte erscheinend, besonders häufig in der äußeren Ringhälfte   3

2. Längs-Harzgänge fehlen (Wundharzgänge in tangentialen Reihen in abnormem Holz) . . . . Weißtanne (Abies pectinata)

3. Harzgänge groß, zahlreich; m. bl. A. deutlich sichtbar auf dem angefeuchteten Querschnitt als helle Punkte   4

3. Harzgänge klein, zerstreut; m. bl. A. kaum sichtbar   5

---

[1] Schreiber, M.: Forstbotanik in Wappes: Wald und Holz 1932, Bd. 1, S. 250.

[2] Dieser Bestimmungsschlüssel ist vereinfacht und gekürzt dem von M. Seeger und R. Trendelenburg herausgegebenen Holzatlas (Hannover 1932) entnommen, der zudem 40 Mikroaufnahmen aller wichtigen Hölzer von H. P. Brown und A. J. Panshin enthält. Ferner enthalten Bestimmungsübersichten bzw. Bilder: Chalk, L. u. J. B. Rendle: British hardwoods, their structure and identification. London 1929. — Gayer, K. u. L. Fabricius: Die Forstbenutzung, 13. Aufl. Berlin 1935. — Hartig, R.: Die Unterscheidungsmerkmale der wichtigeren in Deutschland wachsenden Hölzer. 2. Aufl. München 1883. — Herrmann, E.: Tabellen zum Bestimmen der wichtigsten Holzgewächse. 2. Aufl. Neudamm 1924. — Wilhelm, K.: Kennzeichen der wichtigsten einheimischen Hölzer. In Wappes: Wald und Holz, Bd. 1. Neudamm-Berlin-Wien 1932.

4. Holz weich, Spätholzbildung nicht ausgeprägt, Übergang zwischen Frühholz und Spätholz allmählich, Harzgänge sehr auffällig . . Kernholz gelblichweiß Weymouthskiefer (Pinus strobus), Kernholz braun Zirbelkiefer (Pinus cembra)

4. Holz (meist) hart, Spätholzbildung ausgeprägt, Übergang zwischen Frühholz und Spätholz scharf, Harzgänge nicht auffällig, Kernholz einige Zeit nach der Fällung rotbraun . . . . Kiefer (Pinus silvestris)

5. Holz sehr hellfarbig, etwas glänzend, ohne dunkle Kernfärbung; Spätholzbildung nicht scharf ausgeprägt, Übergang zwischen Früh- und Spätholz allmählich . . .
Fichte (Picea excelsa)

5. Holz mit dunkler Kernfärbung, nicht glänzend; Spätholzbildung scharf ausgeprägt, Übergang zwischen Früh- und Spätholz scharf 6

6. Kernholz rötlichgelb-rosenrot; Harzgänge in älterem Holz in kurzen, tangentialen Gruppen . . . . Douglasie (Pseudotsuga taxifolia)

6. Kernholz dunkel, rotbraun; Harzgänge meist einzeln . . . .
Europäische Lärche (Larix europaea)

Laubhölzer.

7. Frühholzporen deutlich größer als die Spätholzporen, an der Jahrringgrenze im Kreis gelagert; Holz *ringporig* 8

7. Frühholzporen nicht deutlich größer als die Spätholzporen, nicht im Kreis an der Jahrringgrenze; Holz *zerstreutporig* 14

8. Breite, zusammengesetzte, auffällige Markstrahlen vorhanden . . . .
Stieleiche und Traubeneiche (Quercus pedunculata und sessiliflora)

8. Breite, zusammengesetzte, auffällige Markstrahlen fehlen 9

9. Kernholz grünlich- oder gelblichbraun; Frühholzporen mit silberig glänzenden Thyllen angefüllt (mit Ausnahme der Splintporen) . . . .
Robinie (Robinia pseudacacia)

9. Kernholz nicht grünlich- oder gelblichbraun; Frühholzporen offen, nicht mit Thyllen angefüllt 10

10. Spätholzporen in welligen, konzentrischen, meist zusammenhängenden Bändern, durch Bänder von Festigungsgewebe getrennt . . . . . . Ulmenholz (Ulmus sp.)

10. Spätholzporen nicht in welligen konzentrischen Bändern oder nur an der Jahrringgrenze zu peripheren Reihen angeordnet 11

11. Spätholzparenchym u. d. L. als zahlreiche feine, helle, konzentrische Linien; Frühholzporen groß, oft um ihre mehrfache Weite voneinander entfernt, meist nur in einer tangentialen Reihe . . . . Hickoryarten (Hicoria spp.)

11. Spätholzparenchym nicht als feine konzentrische Linien; Frühholzporen zahlreich, in mehreren tangentialen Reihen 12

12. Kernholz rötlich; Größenübergang zwischen Früh- und Spätholzporen allmählich; Gefäße klein, unkenntlich m. bl. A., Markstrahlen deutlich sichtbar m. bl. A. .
Vogelkirsche (Prunus avium)

12. Kernholz weiß bis hell- oder dunkelbraun; Größenübergang zwischen Früh- und Spätholzporen scharf; Frühholzporen sichtbar, Markstrahlen kaum sichtbar m. bl. A. 13

13. Spätholzporen dickwandig, einzeln oder in radialen Gruppen von zwei bis drei (an der Jahrringgrenze häufig durch helle Parenchymlinien verbunden), Kernholz weiß bis hellbraun . . . . Esche (Fraxinus excelsior)

13. Spätholzporen dünnwandig, in hellen, schiefradialen, oft gegabelten Reihen; Kernholz dunkelbraun . . . . Edelkastanie (Castanea vesca)

14. Markstrahlen alle oder zum Teil breit und auffällig; die breitesten bedeutend breiter als die größten Poren 15

14. Markstrahlen schmal und fast von einheitlicher Breite; wenn uneinheitlich, so die breitesten ungefähr so breit wie die größten Poren 18

15. Große Markstrahlen glänzend, scharf begrenzt, auffallend, zahlreich, mit ziemlich engen Zwischenräumen 16

15. Große Markstrahlen matt, unscharf begrenzt, wenig auffallend, mitunter spärlich 17

16. Markstrahlen ungefähr gleich breit, mit gleichmäßigen Abständen; Kernholz hellrötlichbraun . . . . . . Platane (Platanus occidentalis und orientalis)

16. Markstrahlen in zwei Größen: sehr breit und sehr schmal; die breiten Markstrahlen durch viele schmale getrennt (Holz rötlichweiß, falscher Kern rotbraun)
Rotbuche (Fagus silvatica)

17. Jahrringe rund, an den breiten Markstrahlen etwas einwärts gezogen; breite Markstrahlen spärlich, Holzparenchym im Spätholz u. d. L. nicht sichtbar; Holz weich, leicht, häufig Markflecken vorhanden, Kernholz an der Luft sich tief rotgelb färbend, später rötlichbraun . . . Schwarzerle (Alnus glutinosa)

17. Jahrringe grobwellig (spannrückig), breite Markstrahlen zahlreich; Holzparenchym im Spätholz als feine, helle Linien u. d. L. sichtbar; Holz hart, schwer; Markflecken fehlen, Kernholz gelblich-weiß . . . .
Weißbuche (Carpinus betulus)

18. Frühholzporen etwas größer oder zahlreicher als die Spätholzporen (Holz halbringporig) 19

18. Poren fast gleichgroß und gleichmäßig durch den ganzen Jahrring verteilt (Holz typisch zerstreutporig) 20

19. Holzparenchym im Spätholz u. d. L. sichtbar als feine, helle, konzentrische Linien; Poren groß, m. bl. A. sichtbar, zerstreut; Kernholz dunkelbraun bis schwarzbraun . . . . Walnuß (Juglans regia)

19. Holzparenchym nicht sichtbar u. d. L. Gefäße klein, zahlreich, besonders im Frühholz gehäuft, Kernholz rötlich . . . . . Vogelkirsche (Prunus avium)

20. Markstrahlen m. bl. A. deutlich sichtbar, zum Teil ziemlich breit . . . .
Bergahorn (Acer pseudoplatanus u. a. Ahornarten)

20. Markstrahlen m. bl. A. nicht oder kaum sichtbar 21

21. Markstrahlen u. d. L. kaum sichtbar Pappeln und Weiden (Populus sp. u. Salix sp.)

21. Markstrahlen u. d. L. deutlich sichtbar 22

22. Poren deutlich breiter als die Markstrahlen, nicht gehäuft, oft zwei bis vier in radialen Gruppen vereint; Markflecken häufig . . Birke (Betula verrucosa und pubescens)

22. Poren nicht oder kaum breiter als die Markstrahlen, meist gehäuft, nicht in deutlich radialen Gruppen; Markflecken spärlich oder fehlend 23

23. Markstrahlen nicht gehäuft, an der Jahrringgrenze oft um viele Porenweiten von einander entfernt, ungleich breit, deutlich; Holz weich, weiß . . . .
Sommer- und Winterlinde (Tilia grandifolia und parvifolia)

23. Markstrahlen dicht gehäuft, gleich breit, wenig deutlich; Holz hart, mehr oder weniger rotbraun . . . . Holzbirne und Holzapfel (Pirus communis und Malus) Elsbeere (Sorbus torminalis) und andere Sorbusarten

Viel weniger einheitlich ist das Aussehen des Holzes im *radialen* und *tangentialen Längsschnitt*, da hier die Schnittrichtung, der Verlauf von Fasern und Jahrringen, die Bearbeitung und der Lichteinfall stark wechselnde Bilder entstehen lassen.

Im radialen Längsschnitt erscheinen die Jahrringe in gleicher 'Breite wie im Querschnitt, und zwar als parallele Streifen. Die Markstrahlen sind in ihrer Längsrichtung durchschnitten oder in der Regel in Teilen angeschnitten. [Breite Haufenmarkstrahlen ergeben dann die ,,*Spiegel*'' (Eiche, Buche) (Abb. 1).] Beim Ahorn rufen die zahlreichen, feineren Markstrahlen den Atlasglanz und die Querstreifung im radialen Längsschnitt hervor.

Ganz anders ist das Bild im tangentialen Längsschnitt; der Schnitt verläuft hier oft auf längere Strecken innerhalb eines Jahrringes und tritt dann in andere über. Infolge der nach oben abnehmenden Stammform und der völlig verschiedenen Stammrundung ergeben sich sehr ungleiche Zeichnungen, meist zusammenhängende gebogene Linien, in ungleichen Abständen übereinander gelagert (Fladenschnitt). Die Markstrahlen erscheinen im tangentialen Längsschnitt als dunkle spindelförmige Längsstreifen von verschiedener Länge und Dicke. Bei der Eiche sind sie über 1 cm lang, bei der Buche kürzer.

Die Gefäße werden im Längsschnitt der Länge nach geöffnet; die weiten Frühjahrsgefäße der Eiche oder Esche und anderer ringporiger Hölzer sowie die weiten Gefäße des Nußbaumes zeigen sich dem bloßen Auge als tiefe ,,*Nadelrisse*'' (Abb. 1 und 2).

Bei den Nadelhölzern, zumal bei den Kiefernarten, erscheinen die Harzgänge im Längsschnitt als verschieden lange, feine dunkle Längsstriche.

b) Mikroskopische Bestimmung[1].

Bei sehr kleinen Holzproben, bei denen der Querschnitt keinen Überblick über den Aufbau vermittelt, muß das Mikroskop zu Hilfe genommen werden, außerdem bei Arten, die sich bei den schwächeren Vergrößerungen einer Lupe nur schwer oder gar nicht unterscheiden lassen, wie Weiden und Pappeln. Kommt man aber bei den einheimischen Hölzern noch ohne die starken Vergrößerungen des Mikroskops aus, so ist dessen Hilfe bei der überwiegenden Zahl der tropischen Hölzer ganz unentbehrlich.

Hier sind es nun einmal die Merkmale des Querschnittes (Anordnung von Gefäßen, Parenchymzellen, Zellwanddicke, Zellweite u. a.), dann aber gerade auch die des radialen und tangentialen Längsschnittes (Markstrahlenbau, Gefäßglieddurchbrechungen, Tüpfelung, Parenchymzellen), die eine Bestimmung ermöglichen. Außerdem müssen die Zellen des Holzes aus ihrem Verband gelöst (mazeriert[2]) werden, um die Messung der Zellänge zu ermöglichen. Erleichtert wird dies durch Projektion der Fasern oder der Holzschnitte, z. B. im „Promar", auf den Arbeitstisch. Die Schnitte werden im Holzmikrotom hergestellt und, zumal wenn sie photographiert werden sollen, gefärbt[3].

Es folgen nun noch einige mikroskopische Merkmale wichtigerer einheimischer Hölzer, die zur Unterscheidung von ähnlich aussehenden Hölzern derselben Gattung oder nahestehender Gattungen dienen können. Nicht immer ist es möglich, die Arten einer Gattung nach mikroskopischen Merkmalen des Holzes zu unterscheiden, z. B. die Birkenarten. Übrigens ist auch Fichten- und Lärchenholz anatomisch gleich gebaut.

Tabelle 3. Unterscheidung der Hölzer unter dem Mikroskop.

Q. Querschnitt; t. L. tangentialer Längsschnitt; r. L. radialer Längsschnitt.

Tanne: Q. Harzgänge fehlen; t. L. Markstrahlen stets einschichtig; r. L. Markstrahlen nur aus Parenchymzellen bestehend.
Fichte: Q. Harzgänge mit dickwandigen Epithelzellen; r. L. Markstrahlen am oberen und unteren Rand mit Quertracheiden, deren Wände einfach sind.
Kiefer: Q. Harzgänge mit dünnwandigen Epithelzellen; r. L. am oberen und unteren Rand der Markstrahlen mehrere Reihen von Quertracheiden mit Hoftüpfeln. Bei Pinus silvestris und ähnlichen Arten sind die Quertracheiden mit zackig nach innen vorspringenden Wandverdickungen versehen; bei Pinus strobus, Pinus cembra u. a. fünfnadeligen Arten haben die Quertracheiden glatte Wände.
Douglasie: Harzgänge mit dickwandigen Epithelzellen. Spiralige Wandverdickungen in den Zellen des *Früh-* und Spätholzes. (Bei Lärche kommen diese fast nur in den Spätholzzellen vor.)
Stiel- und Traubeneiche (u. a. Weißeichen): Q. Spätholzgefäße dünnwandig, Thyllen (Füllzellen) in den Frühholzgefäßen des Kernholzes sehr häufig.
Roteichen: Q. Spätholzgefäße dickwandig, Thyllen in den Frühholzgefäßen des Kernholzes spärlich oder fehlend.
Pappelarten[4]: t. L. Markstrahlen einschichtig; r. L. alle Markstrahlzellen gleich hoch.
Weidenarten[4]: r. L. Die äußeren Zellreihen der Markstrahlen sind zum Teil auffallend kurz und hoch (ausgeprägtes Palisadenparenchym). Außerdem kommen auch in der Mitte

---

[1] BREHMER, W.: Hölzer. In J. v. WIESNER: Die Rohstoffe des Pflanzenreichs, Bd. 2, 4. Aufl. Leipzig 1928. — RITTER, W.: Beiträge zur Diagnose kleinster Mengen berindeten Holzes . . . Diss. Hamburg 1934. — *Holzeigenschaftstafeln* in „Holz als Roh- und Werkstoff"; fortlaufend.

[2] Dies geschieht durch längeres Erwärmen von streichholzgroßen Holzstückchen in einer Mischung aus 10%iger Salpetersäure und 10%iger Chromsäure in Wasser oder in verdünntem Wasserstoffsuperoxyd bis sich die Fasern voneinander lösen lassen. KISSER, J.: Cytologia Bd. 2 (1930) S. 56. Für rasches Arbeiten verwendet man das SCHULZEsche Gemisch (Kaliumchlorat, mit Salpetersäure übergossen).

[3] CHAMBERLAIN, C. J.: Methods in plant histology. Chicago 1932. — KISSER, J.: Die botanisch-mikrotechnischen Schneidemethoden. Handbuch der biologischen Arbeitsmethoden. XI. Teil 4, S. 391.

[4] Für Einzelheiten der Bestimmung, zumal des Holzes der einzelnen Arten siehe H. HERRMANN: Bot. Archiv Bd. 2 (1922) H. 1.

der Markstrahlen neben den niederen langgestreckten Parenchymzellen solche kurzen, hohen Palisadenzellen vor.

Roßkastanie: t. L. einschichtige Markstrahlen, manchmal im Etagenbau; Gefäße mit Spiralverdickungen, einfach durchbrochen.

Birke: t. L. leiterförmige Durchbrechung der Gefäßglieder; Wände sehr fein und dicht getüpfelt.

Ahorn: t. L. einfache Durchbrechung der Gefäßglieder, Spiralverdickungen in Gefäßen; Parenchym fehlend oder spärlich.

Linde: t. L. einfache Durchbrechung der Gefäßglieder, Spiralverdickungen in Gefäßen, Parenchymzellen häufig.

5. Beurteilung des Gefüges gesunder und kranker Hölzer.

a) Gesunde Hölzer.

Das Gefüge gesunder Hölzer wird nach dem Aussehen des Querschnittes (Hirnfläche) beurteilt. Der Schnitt soll mit möglichst scharfer Säge geschnitten sein; für genauere Bewertung ist es unerläßlich, wenigstens auf einen breiteren Streifen von Mark zur Rinde mit scharfem Messer eine glatte Oberfläche zu schaffen. Eine schwach vergrößernde Lupe (5- bis 10fach) erleichtert die Beurteilung wesentlich.

Das Gefüge des Holzes, sein Jahrringbau und seine Zusammensetzung aus den verschiedenen Zellen, zumal der Anteil an Festigungsgewebe ist für alle Eigenschaften maßgebend[1]; es bestimmt das Raumgewicht, damit das Schwinden und Quellen, sämtliche Festigkeitseigenschaften sowie die Elastizität, Härte und Spaltbarkeit, die Bearbeitbarkeit und den Abnützungswiderstand. Da das Raumgewicht ein guter Weiser für die wichtigsten dieser Eigenschaften ist, soll es im folgenden allein herangezogen werden.

Bei den Nadelhölzern sind Jahrringbreite, Jahrringverlauf sowie Beschaffenheit und Anteil an Spätholz gute Anhaltspunkte für die Gefügebeurteilung.

Gleichmäßigkeit der *Jahrringbreite*, zumal das Fehlen plötzlichen Wechsels von sehr breiten und sehr engen Jahrringen ist bei hochwertigem Werkholz wichtig. Bei plötzlich wechselnder Ringbreite kommen beim Trocknen infolge ungleichen Schwindmaßes Risse oder Jahrringablösungen vor. Stark ausmittiger (exzentrischer) Wuchs ist häufig mit Rotholzbildung und dann mit ungleichem Schwindmaß und ähnlichen Nachteilen verbunden.

Bei *Fichte*, ähnlich auch bei *Tanne, sinkt* das Raumgewicht mit *zunehmender Ringbreite*[2].

Insbesondere trifft dies zu a) für Holz eines bestimmten Stammquerschnittes, b) für Holz gleichartiger Stämme eines Standortes. Absoluter Maßstab ist die Ringbreite nicht, d. h. einer bestimmten mittleren Ringbreite entspricht auf verschiedenen Standorten verschiedenes Raumgewicht; Gebirgsholz ist bei gleicher Ringbreite leichter als Holz aus tieferen Lagen.

Auch Baumalter und Stammhöhe spielen hier mit herein; die engen Beziehungen zwischen Ringbreite und Raumgewicht verschwinden in der Kronengegend. Breite Jahrringe im Alter haben meist hohes Gewicht zur Folge; enge Jahrringe in der Jugend (bei Naturverjüngung z. B.) sind mit hohem Holzgewicht verbunden.

Fichtenholz hat verhältnismäßig wenig *Spätholz*, dessen Anteil am Holz in der Regel zwischen 10 und 25 % liegt. Mit steigendem Spätholzanteil nimmt das Raumgewicht zu. Nicht für alle Verwendungszwecke sind hohes Gewicht und hoher Spätholzanteil erwünscht; Fichten-Resonanzholz ist engringig, spätholzarm und hat leichtes Gewicht, aber verhältnismäßig hohen Elastizitätsmodul

---

[1] TRENDELENBURG, R.: Das Holz als Rohstoff; seine Entstehung, stoffliche Beschaffenheit und chemische Verwertung. München 1939.

[2] Die folgenden Ausführungen über die Ringbreite gelten für den Durchschnitt einer größeren Probenzahl, nicht für Einzelproben.

Bei *Kiefer* und *Lärche* sind die Verhältnisse anders: Spätholzanteil und *Gewicht* sind bei *mittleren* Ringbreiten *höher* als bei *breiten* oder *sehr engen Jahrringen*. So finden wir häufig im Innern des Baumes bei breiten Jahrringen leichtes Holz. In den mittleren Teilen des Querschnittes ist bei mäßigen Ringbreiten und hohem Spätholzanteil das Holz sehr schwer, während bei sehr alten Bäumen der äußere feinjährige Splint wieder sehr leichtes Gewicht aufweist. In den oberen Stammteilen ist das Gewicht stets viel kleiner als unten. Enge Jahrringe im Stamminnern sind ein sicheres Zeichen für hohes Gewicht (und meist auch für innere Astreinheit der Stämme). Der Spätholzanteil läßt sich

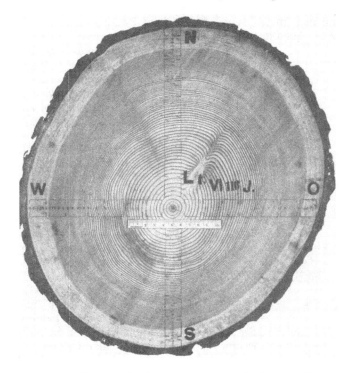

Abb. 6. Lärche (Querschnitt). Borke, Splint und Kern. Scharfe Grenze des Kernes. Deutliche Spatholzgrenze, Jahresringe gegen außen schmal und spatholzarm.

bei Lärche und Kiefer leicht abschätzen; bei Anteilen von 30% und mehr ist das Holz schwer und fest. Die Lärche bildet in der Jugend und in den oberen Stammteilen infolge höherer Spätholzanteile schwereres Holz als die Kiefer (Abb. 6).

Das *Rotholz* der Nadelhölzer ist hier noch zu erwähnen — auffallend rotbraun gefärbte Zonen, die sich meist halbmondförmig in einer Reihe von Jahrringen auf einer Stammseite finden. Wenn eine Fichte z. B. durch Wind in eine geneigte Lage versetzt wurde, erzeugt sie auf der gegen den Boden geneigten unteren Stammseite Rotholz, das durch aktiven Druck („Druckholz") den Stamm wieder in die lotrechte Lage bringt. Rotholz hat ein abnorm hohes Längsschwindmaß, ein geringes seitliches Schwindmaß und niedere elastische Eigenschaften, aber hohe Härte.

Bei den *Laubhölzern* liegen die Verhältnisse viel weniger einfach, da es hier mehr Zellarten gibt und das Gefüge nach dem äußeren Aussehen nur schwer zu beurteilen ist. Am besten geht es bei den *ringporigen* Laubhölzern — wie Eiche und Esche. Der Frühholzporenring ist zur Wasserbeförderung für den

Laubausbruch unerläßlich; er wird daher jährlich in ziemlich gleicher Breite erzeugt. Bei sehr engen Jahrringen (zumal älterer Bäume) besteht Eichenholz daher überwiegend aus den Frühholzporen; das Raumgewicht ist niedrig. Mit steigender Ringbreite nimmt das Gewicht dann stark zu, bis von etwa 2 bis 2,5 mm Ringbreite ab kein enger Zusammenhang zwischen Ringbreite und Gewicht mehr vorhanden ist, doch werden bei breiten Ringen nie so leichte Gewichte erzeugt wie bei schmalen. Bei Esche ist es ganz ähnlich; über 6 mm Ringbreite nimmt das Gewicht wieder ab. In der Jugend wird dagegen bei breiten sowohl wie bei schmalen Jahrringen schweres Holz gebildet.

Bei den *zerstreutporigen* Hölzern mit schwerem Holz — wie Buche und Ahorn — kann man in der Regel das höchste Raumgewicht im Stamminnern und eine gewisse Abnahme mit zunehmendem Alter bzw. abnehmender Ring-

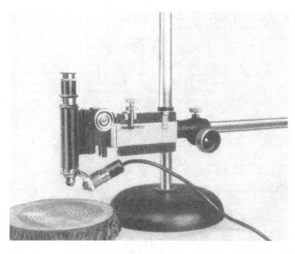

breite feststellen. Steigt in höherem Alter die Ringbreite, so nimmt auch das Gewicht wieder zu. Bei der Erle, einem zerstreutporigen, leichteren Holz, wird dagegen bei breiten Jahrringen vielfach leichteres Holz gebildet als bei schmalen.

Für die Messung der Ringbreiten und des Spätholzes von Stammscheiben sowie für einfachere Gefügebeurteilungen ist ein Meßgerät wie in Abb. 7 zweckmäßig[1]. Durch 2 Nonien ($^1/_{10}$ mm Genauigkeit) kann Früh- und Spätholz getrennt gemessen werden.

Abb. 7. Gerat zur Jahrring- und Spatholzmessung an Stammscheiben und zur Gefugebeurteilung bei schwacheren Vergroßerungen.

Wirkliche Klarheit vermag aber bei den Laubhölzern nur die *mikroskopische Untersuchung* an Mikrotomschnitten zu geben. Gefäßanteil und Gefäßweite, Wanddicke und Anteil der Sklerenchymfasern, Anteil an dünnwandigen Parenchymzellen und an Spätholzgefäßen u. a. sind zu messen. Der Anteil der Zellen kann so bestimmt werden, daß man den Mikrotomschnitt auf Papier projiziert, die Zellen ungefähr nachzeichnet, ausschneidet und die einzelnen ausgeschnittenen Teile wiegt[2]. Neuerdings gibt es auch eine Integriervorrichtung, die die Messung und Registrierung von Einzelbestandteilen des Holzes erleichtert („Sigma" der Firma Fueß, Berlin-Steglitz[3]).

Aus dem anatomischen Aufbau, z. B. der Anordnung der Zellen im Holz läßt sich bei tropischen (und anderen) Laubhölzern nur in begrenztem Maß auf technische Eigenschaften schließen[4]. Parenchymreiche Hölzer sind bei gleichem Gewicht härter als parenchymarme; das Raumgewicht ist auch hier immer noch der beste Weiser.

Die chemische Zusammensetzung beeinflußt verschiedene Festigkeitseigenschaften. Die Druckfestigkeit steigt mit dem Ligningehalt, Zugfestigkeit und Zähigkeit nehmen mit dem Zellulosegehalt zu[5]. Da die tropischen Laubhölzer

---

[1] Herstellung nach eigenen Angaben durch die Firma Leitz, Wetzlar.
[2] Auch hier leistet der Promar als einfaches Hilfsgerät gute Dienste.
[3] Huber, B. u. G. Prütz: Holz als Roh- und Werkstoff. Bd. 1 (1938) S. 377.
[4] Prütz, G.: Kolonialforstl. Mitt. Bd. 1 (1939) S. 347.
[5] Clarke, S. H.: Trop. Woods Bd. 52 (1937) S. 1. — Trendelenburg, R.: Holz als Rohstoff S. 98/99.

viel mehr Lignin enthalten als die der gemäßigten Zone, sind sie im Verhältnis zu ihrem Gewicht sehr druckfest, aber ziemlich spröde.

b) Kranke Hölzer[1].

Holz ist im Splint des *lebenden* Baumes durch den hohen Wassergehalt und den niedrigen Luftanteil sehr wirksam gegen Befall durch Pilze und Insekten geschützt. Das Kernholz ist trockner und luftreicher; es wird schon im stehenden Stamm von bestimmten Pilzen angegriffen, die durch die Wurzeln, durch Wundstellen oder Aststummel eindringen und die vielfach an das Holz der betreffenden Art besonders angepaßt sind („Kernholzspezialisten").

Nach der Fällung ist im Gegensatz hierzu das Splintholz der verkernten Holzarten viel mehr gefährdet als das Kernholz, da ihm die meist giftig wirkenden „Kernstoffe" fehlen. Insektenzerstörungen sind am Holz als Gänge verschiedenster Form und Weite leicht feststellbar. Unter krankem Holz soll hier nur Holz verstanden werden, das durch Pilzbefall verfärbt oder in seinen Eigenschaften anderweit verändert worden ist.

α) *Farbe*.

Nicht alle Farbänderungen sind Zeichen von beginnender Holzzersetzung; sie können rein *chemischer Natur* sein, oft schon als Folge der Einwirkung von Luftsauerstoff eintreten. Zu nennen ist z. B. die Rotfärbung des Erlenholzes nach der Fällung. Eichenholz wird bei Berührung mit Eisen blauschwarz (Tanninreaktion).

Die Rotfärbung des Buchenholzes beim *roten Kern* ist auf chemische Umwandlungen in den Parenchymzellen und auf üppige Thyllenbildung in den Gefäßen zurückzuführen (Abb. 5). Das Holz ist, wenn noch keine Grau- und Weißfärbung eingetreten ist, sogar dauerhafter als weißes Buchenholz.

Während der Rotkern oder falsche Kern sich im lebenden Baum als Abwehrmaßnahme des Holzes gegen Pilze bildet, ist die Verfärbung des „*Buchenstockens*" auf gefälltes Holz beschränkt. Es handelt sich hier gleichfalls zum Teil wohl um chemische Umwandlungen der Zellinhaltsstoffe unter Einfluß einer großen Zahl von Pilzen, die als beteiligt festgestellt wurden. Die rötliche, graubraune Verfärbung schiebt sich vom Hirnende gefällter Stämme aus zungenförmig ins Innere vor. Sie ist zunächst nur als Farbfehler zu bewerten, geht aber bald in eine Weißfäule über.

Gleichfalls durch Pilze hervorgerufen ist das *Verblauen* von Kiefernsplintholz; die Farbe kommt durch das üppige Pilzmyzel, das durch die Holzwände durchschimmert, zustande. Die Pilze (Ceratostomella-Arten) leben zumal in den Parenchymzellen von deren Inhaltsstoffen. Sie greifen die Zellwand nicht an, beeinträchtigen daher Festigkeit und Raumgewicht des Holzes nicht. Das Verblauen ist also lediglich ein Farbfehler, vorausgesetzt, daß das Holz sofort gut getrocknet wird.

Ganz anders liegen die Dinge bei den Verfärbungen des Holzes, die darauf zurückzuführen sind, daß Pilze die *Holzzellwand angreifen* und zersetzen. Man unterscheidet seit langem die *Rotfäulen* und die *Weißfäulen* nach der Farbe des zersetzten Holzes. Weiterhin wurde angenommen, daß die Weißfäulen dadurch gekennzeichnet sind, daß die Pilze das Lingin zersetzen und die Zellulose übrig lassen, die Rotfäule umgekehrt dadurch, daß die Zellulose angegriffen

---

[1] BAVENDAMM, W.: Erkennen, Nachweis und Kultur der holzverfärbenden und zersetzenden Pilze. Handbuch der biologischen Arbeitsmethoden. Abt. XII, Teil 2, II, Bd. 3. Berlin-Wien 1939. — BOYCE, J. S.: Forest Pathology. New York 1938. — HARTIG, R.: Lehrbuch der Pflanzenkrankheiten. Berlin 1900. — KOLLMANN, F.: Technologie des Holzes. Berlin 1936. — NEGER: Die Krankheiten unserer Waldbäume und wichtigsten Gartengehölze, 2. Aufl. Stuttgart 1924.

wird, während das Lignin dem Rest des Holzes die rote Farbe verleiht. Dies ist nur zum Teil richtig; zumal bei der Weißfäule wird auch die Zellulose angegriffen. Die weiße Farbe ist teilweise auf Entfärbung des Lignins zurückzuführen.

Die ausgesprochene Farbänderung des Holzes tritt bei diesen Fäulniserscheinungen erst ein, wenn das Holz in wesentlichen Bestandteilen bereits angegriffen wurde. Die sog. Rotstreifigkeit des Nadelholzes, die bei längerer feuchter Lagerung leicht auftritt, ist durch Lenzites-Pilze verursacht und führt nach anfänglich gelbbräunlichen, dann rötlichbraunen länglichen Farbstreifen zu völliger Holzzersetzung. Rot- und Weißfäulen werden durch eine große Zahl von Pilzen hervorgerufen.

β) Geruch.

Der Geruch kann auch dazu dienen, Pilzbefall des Holzes festzustellen, zeigt aber auch nur schon fortgeschrittene Stadien an und ist lediglich an frischen Schnittflächen kennzeichnend. Der Geruch ist oft für einzelne Arten kennzeichnend und nicht immer moderig unangenehm.

γ) Festigkeit.

Nicht jeder Pilzbefall bringt eine Festigkeitsminderung mit sich, wie oben bezüglich des verblauten Holzes bereits erwähnt wurde.

Pilze, die die Zellwandung angreifen, bringen oft sehr unangenehme Festigkeitseinbußen mit sich; feste Regeln über den Grad der Einwirkung lassen sich nicht aufstellen. Die einzelnen Festigkeitsarten verhalten sich verschieden; die Druckfestigkeit wird verhältnismäßig wenig beeinträchtigt, es folgen die Biege- und schließlich die Zug- und die Schlagbiegefestigkeit. Letztere ist so empfindlich, daß die Schlagbiegeprüfung einen Pilzbefall aufdecken kann, der äußerlich noch gar nicht zu sehen ist. Auch das Bruchgefüge bietet wertvolle Anhaltspunkte; glatter, rübenartiger oder muscheliger Bruch kann auf Pilzbefall weisen, zumal wenn die Holzstruktur eigentlich auf hohe Festigkeit deuten würde. Krankes Holz verliert weiterhin seine Härte und seine Spaltbarkeit. Die Einwirkung ist bei den einzelnen Pilzen verschieden. Der Hausschwamm bringt z. B. sehr rasche Festigkeitsabnahme mit sich[1].

δ) Raumgewicht und Wasseraufnahme.

Das Raumgewicht kann für die Anfangsstadien der Zersetzung des Holzes nicht als Maßstab dienen; man benützt es dagegen zur Kennzeichnung des Zersetzungsgrades von Holz bei Pilzversuchen. Stark angegriffenes Holz ist viel leichter als gesundes.

Schließlich kann auch durch Geschwindigkeit und Größe der Wasseraufnahme angegriffenes Holz von gesundem unterschieden werden[2]. Pilzkrankes Holz nimmt weit größere Mengen Wasser in kürzerer Zeit auf als gesundes.

ε) Mikroskopische Untersuchung.

Die mikroskopische Untersuchung von Längsschnitten wird vielfach unerläßlich sein. Die Pilzhyphen können durch besondere Färbeverfahren deutlich sichtbar werden[3]. Sie wachsen teils durch die Tüpfel von Zelle zu Zelle, teils durchstoßen sie die Zellwand, nachdem sie diese an den betreffenden Stellen durch Enzyme aufgelöst haben[4].

---

[1] Liese, J. u. J. Stamer: Angew. Bot. Bd. 16 (1934) S. 363.

[2] Möller, A. u. R. Falck: Hausschwammforschungen. Heft 3 (1909) S. 138. — Hartig, R.: Der echte Hausschwamm. Berlin 1885.

[3] Cartwright, K. St. G.: Ann. Bot. Bd. 43 (1929) April.

[4] Bailey, J. W. u. M. R. Vestal: J. Arnold Arboretum Bd. 18 (1937) S. 196.

B. Bestimmung technisch wichtiger Wuchseigenschaften der Hölzer.

Von KARL EGNER, Stuttgart.

1. Allgemeines. Mit der Aufstellung von Güteklassen für Hölzer, wie solche in den USA. schon seit längerer Zeit bestehen[1] und nun neuerdings auf Grund der Untersuchungen und Vorschläge von GRAF[2] auch in Deutschland eingeführt wurden (vgl. DIN 4074), entstand die Notwendigkeit, die Bestimmung der wichtigsten Wuchseigenschaften wie Ästigkeit, Faserverlauf und mittlere Jahrringbreite einheitlich festzulegen. In Deutschland sind zugehörige Vorschriften in DIN DVM 2181, in USA. in A.S.T.M. Designation D 245—33 enthalten.

2. Bestimmung der Ästigkeit. Zu unterscheiden ist die Erfassung des Einzelastes und diejenige von Astansammlungen. Im ersteren Falle wird übereinstimmend in Deutschland und USA. jeder Ast auf Grund seines

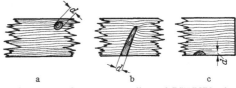

Schnittes mit der jeweils zur Betrachtung stehenden Längsfläche eingestuft; dabei ist, wie Abb. 1 a bis c zeigt, stets der kleinste Durchmesser d, bei angeschnittenen Ästen die Bogenhöhe d, in vollen mm mit Hilfe eines einfachen Maßstabes zu messen.

a   b   c

Abb. 1 a bis c. Messen von Aststellen nach DIN DVM 2181.

Im Hinblick auf Astansammlungen handelt es sich meist darum, über eine Teillänge vorgeschriebener Größe (im allgemeinen 15 cm) die Summe sämtlicher Astdurchmesser zu ermitteln. Wenn man diese Teillänge ausgehend von jedem möglichen Querschnitt des Prüfkörpers abträgt und die zugehörige Astansammlung gemäß Vorstehendem bestimmt, ergibt sich die Stelle der größten Astansammlung. Im allgemeinen geht dies außerordentlich rasch vor sich, da meist nach Augenschein die Stelle der größten Ansammlung erkenntlich ist und nur wenige Messungen zu deren endgültigen Festlegung erforderlich sind.

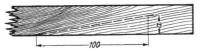
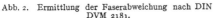

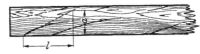

Abb. 2. Ermittlung der Faserabweichung nach DIN DVM 2181.

Abb. 3. Ermittlung der Faserabweichung an Schwindrissen bei Vorhandensein von Drehwuchs nach DIN DVM 2181.

3. Bestimmung des Faserverlaufes. Wenn kein Drehwuchs vorliegt, d. h. wenn die Fasern gerade verlaufen, gelingt es meist auf einfache Weise, deren Abweichung von der Längsachse (ausgedrückt in cm auf 1 m Länge) festzustellen (vgl. Abb. 2). Kleinere örtliche Abweichungen des Faserverlaufes sollten bei diesen Messungen, besonders wenn es sich um die Einstufung in Güteklassen handelt, nicht berücksichtigt werden; aus diesem Grunde darf die Meßlänge nicht zu klein gewählt werden.

---

[1] Vgl. A. KOEHLER: The properties and uses of wood. New York: McGraw Hill Book Comp. 1924.

[2] Vgl. Fußnote 2, S. 62.

Wenn Drehwuchs vorliegt, d. h. wenn die Fasern spiralig unter einem bestimmten Neigungswinkel um die Stammachse verlaufen, gestaltet sich die Messung der Faserneigung schwieriger. Sofern Schwindrisse vorhanden sind, die im allgemeinen in Richtung des Faserverlaufes auftreten, kann eine vereinfachte Messung durch Ermittlung der Neigung der Tangenten an die Schwindrisse in der Nähe der Außenkante vorgenommen werden (vgl. Abb. 3). Diese Schwindrisse verlaufen meist nicht geradlinig und sind in Flächenmitte weniger geneigt als an den Außenkanten. Genauere Werte der Faserneigung bei Drehwuchs werden erhalten, wenn ausgehend von einer Stirnfläche durch Abspalten eine Jahrringfläche auf eine bestimmte Länge l freigelegt wird. Auf der freigelegten Jahrringfläche ist der tatsächliche Faserverlauf mit bloßem Auge ersichtlich; Abb. 4 läßt dieses Verfahren erkennen. Vom Eckpunkt E aus wird eine Faser rückwärts verfolgt bis zum Einschnitt der Ausspaltung; die zugehörige Faserabweichung ist a/l und stellt die tatsächliche Abweichung gegenüber der Stammachse dar. Sofern allerdings die Längsachse der geschnittenen und zu prüfenden Holzstücke nicht mit der Stammachse zusammenfällt, ist sinngemäß auch noch diese Abweichung zu berücksichtigen.

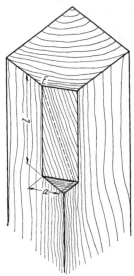

Abb. 4. Ermittlung der Faserabweichung bei Drehwuchs durch Abspalten längs einer Jahrringfläche.

4. Bestimmung der mittleren Jahrringbreite.

In jedem Holzquerschnitt weisen die Jahrringe mehr oder minder große Schwankungen der Breite auf. Technisch wichtig erscheint demnach die *mittlere* Jahrringbreite, vor allem im Hinblick auf die Abhängigkeit verschiedener Eigenschaften von dieser.

Das wohl genaueste Verfahren zur Feststellung der mittleren Jahrringbreite hat JANKA[1] angegeben. Hiernach ist zunächst die Summe aller Jahrringlängen L des zu prüfenden Querschnittes zu ermitteln; dies geschieht unter Zuhilfenahme eines „Curveometers" (Meßrädchens) am besten nach einem von JANKA angegebenen und vereinfachten Plan. Aus der so ermittelten Summe aller Jahrringlängen L und der Querschnittsfläche F ergibt sich die mittlere Jahrringbreite $b = F/l$.

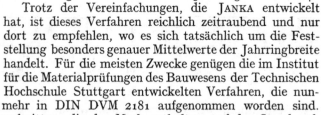

Abb. 5. Bestimmung der mittleren Jahrringbreite nach DIN DVM 2181 (das Mark liegt innerhalb des Querschnittes).

Trotz der Vereinfachungen, die JANKA entwickelt hat, ist dieses Verfahren reichlich zeitraubend und nur dort zu empfehlen, wo es sich tatsächlich um die Feststellung besonders genauer Mittelwerte der Jahrringbreite handelt. Für die meisten Zwecke genügen die im Institut für die Materialprüfungen des Bauwesens der Technischen Hochschule Stuttgart entwickelten Verfahren, die nunmehr in DIN DVM 2181 aufgenommen worden sind. Hiernach wird bei Querschnitten, die das Mark enthalten, auf den Strecken l_1 und l_2 (vgl. Abb. 5), die von den beiden Ecken der am weitesten vom Mark entfernten Breitseite durch das Mark gezogen werden, die Zahl der geschnittenen Jahrringe Z_1 und Z_2 festgestellt und als mittlere Jahrringbreite

$$b = \frac{l_1 + l_2}{Z_1 + Z_2}$$

errechnet.

---

[1] HADEK, A. u. G. JANKA: Untersuchungen über die Elastizität und Festigkeit der österreichischen Bauhölzer. Mitt. Forstl. Versuchsw. Österreichs, Heft 25, 1900.

Bei Querschnitten, die das Mark nicht enthalten, wird nach Abb. 6a bis c verfahren. Dabei gilt für Querschnitte nach Abb. 6a als mittlere Jahrringbreite

$$b = \frac{l_1 + l_2}{Z_1 + Z_2},$$

bei solchen nach Abb. 6b

$$b = \frac{2\,l_1 + l_2 + l_3}{2\,Z_1 + Z_2 + Z_3}$$

und bei Querschnitten nach Abb. 6c

$$b = \frac{l_1 + l_2' + l_2''}{Z_1 + Z_2' + Z_2''}.$$

Die Längen l_1, l_2 usw. sind jeweils in ganzen mm zu messen.

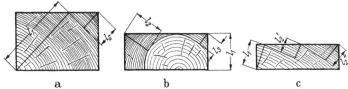

a   b   c

Abb. 6a bis c. Bestimmung der mittleren Jahrringbreite nach DIN DVM 2181 (das Mark liegt außerhalb des Querschnittes).

C. Ermittlung des Feuchtigkeitsgehaltes der Hölzer.

Von Karl Egner, Stuttgart.

1. Allgemeines.

Die große Bedeutung, die der Holzfeuchtigkeit und damit deren Ermittlung zukommt, erhellt aus der starken Abhängigkeit fast aller Festigkeitseigenschaften von der Holzfeuchtigkeit, der Abhängigkeit der Raumänderungen von Änderungen der Feuchtigkeit des Holzes, dem Einfluß der Holzfeuchtigkeit auf die Bearbeitbarkeit, Tränkung und Veredlung des Holzes, der Anfälligkeit des Holzes durch Fäulnispilze oberhalb einer für das Wachstum der Pilze erforderlichen Mindestfeuchtigkeit und der Abhängigkeit der Transportkosten von dem Feuchtigkeitsgehalt der Hölzer.

Der Feuchtigkeitsgehalt u wird heute ausnahmslos in Prozenten des Trockengewichtes angegeben, d. h. es ist

$$u = \frac{G_u - G_t}{G_t} \cdot 100\%,$$

wenn G_u das Gewicht eines Holzstückes mit dem Feuchtigkeitsgehalt u und G_t das Gewicht desselben Holzstückes im völlig trocknen Zustand (0% Feuchtigkeit) darstellt. Sofern, wie es früher mitunter üblich war, der Feuchtigkeitsgehalt x in Prozent des Naßgewichtes G_u angegeben wurde, kann die Umrechnungsformel

$$u = \frac{100\,x}{100 - x}$$

verwendet werden.

Genaue Werte der Holzfeuchtigkeit, wie sie vor allem für wissenschaftliche Untersuchungen benötigt werden, liefern nur die Verfahren der Entfernung des im Holz enthaltenen Wassers durch Trocknung oder durch Extraktion. Allerdings sind diese Verfahren verhältnismäßig zeitraubend und erfordern die Entnahme von Holzproben, d. h. Zerstörung des zu prüfenden Holzstückes; sie sind für viele Zwecke der Praxis nicht oder nur mit großen Schwierigkeiten anwendbar. Es wurden aus diesen Gründen in den vergangenen Jahren eine Reihe von Verfahren entwickelt, die die Holzfeuchtigkeit rasch und mit nur unwesentlicher Zerstörung bzw. Verletzung der zu prüfenden Holzstücke zu ermitteln gestatten; sie sind unter 3. und 4. mitgeteilt. Die Genauigkeit, die diese Verfahren liefern, wird häufig mit rd. ± 1 bis 2% (Feuchtigkeitsprozente! also nicht Prozente des Meßergebnisses) angegeben; in Wirklichkeit ist mitunter mit bedeutend größeren Abweichungen zu rechnen[1].

2. Ermittlung des im Holz enthaltenen Wassers durch Entfernung desselben.

a) Ort der Entnahme. Nur bei Hölzern mit verhältnismäßig kleinen Abmessungen (z. B. Normendruckkörpern) kann nach diesen Verfahren der Feuchtigkeitsgehalt an den gesamten Stücken ermittelt werden. In allen übrigen Fällen müssen aus den zu prüfenden Hölzern Proben entnommen werden, deren Wassergehalt festgestellt wird. Wenn die so ermittelte Holzfeuchtigkeit kennzeichnend für den *mittleren* Wassergehalt des zu prüfenden Stückes sein soll, hat die Entnahme nach bestimmten Richtlinien zu erfolgen. Es ist nämlich zu beachten, daß die Feuchtigkeit im Holz meist nicht gleichmäßig verteilt ist; Änderungen der Holzfeuchtigkeit treten am raschesten an den Hirnflächen und in deren Nähe ein; der Wassergehalt weicht daher an diesen Stellen meist besonders stark vom mittleren Wassergehalt der Holzstücke ab. Ähnliches gilt von den der Oberfläche benachbarten Querschnittzonen. Im allgemeinen wird man demnach Proben, aus deren Wassergehalt auf den *mittleren* Feuchtigkeitszustand des ganzen Holzstückes, dem sie entnommen wurden, geschlossen werden soll, nicht in der Nähe der Hirnenden und, wenn die Probestücke nicht den ganzen Querschnitt der zu prüfenden Hölzer umfassen sollen, nicht aus den Außenzonen des Querschnittes entnehmen. Schließlich ist noch wichtig, daß bei Festigkeitsprüfungen die Feuchtigkeitsproben möglichst in der Nähe der Bruchstelle entnommen werden sollen.

b) Art der Entnahme. Bewährt hat sich die Entnahme von rd. 2 bis 3 cm dicken *Scheiben* aus den zu prüfenden Hölzern (vgl. auch DIN DVM 2183); die dabei verwendeten Sägen müssen gut geschärft und ausgesetzt sein[2]. Die Voraussetzung, daß die für die Entnahme von Feuchtigkeitsproben benutzten Werkzeuge gut geschärft sind, muß um so besser erfüllt sein, je kleiner die zu entnehmenden Proben (besonders deren Abmessung in Faserrichtung) sind; die bei der Bearbeitung entstehende Wärme, die bei unscharfen Werkzeugen besonders groß ist, verursacht ein Verdunsten der Feuchtigkeit aus den Außenschichten der Proben[3, 4].

Häufig wird die Holzfeuchtigkeit an *Bohrspänen* ermittelt, die mit Hilfe eines Schneckenbohrers[3] entnommen werden. Unbedingtes Erfordernis bei

[1] Graf, O.: Messen der Holzfeuchtigkeit. Mitt. Fachaussch. Holzfragen beim VDI, Heft 25, 1940.

[2] Graf, O.: Mitt. Fachaussch. Holzfragen beim VDI, Heft 1/2, 1932.

[3] Suenson, E.: Bestimmung des Wassergehaltes in gelagertem Bauholz. Bautenschutz Heft 11, 1936.

[4] Bateman, E. u. E. Beglinger: Report of Committee 8—3 of the American Wood Preservers' Association, Jan. 1929.

dieser Entnahmeart ist das sofortige Wägen der Späne unmittelbar nach deren Entnahme. Selbst bei Einhaltung dieser Vorschrift lassen sich infolge der großen Oberfläche der Späne, besonders bei nassen Hölzern, deutliche Feuchtigkeitsverluste nicht vermeiden[1]. Dies gilt in erhöhtem Maß bei Verwendung

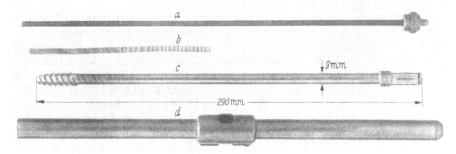

Abb. 1. Einzelteile eines Zuwachsbohrers. *a* Kernentnehmer, *b* entnommener Holzkern, *c* Bohrer, *d* Windeisen.

von Bohrern kleinen Durchmessers, weshalb die Bohrer mindestens einen Durchmesser von 20 mm haben sollen.

An Stelle von Scheiben oder Bohrspänen können den zu prüfenden Hölzern auch *Bohrkerne* mit Hilfe des sog. „Zuwachsbohrers" entnommen werden, der für Zwecke der Forstwirtschaft entwickelt wurde. Abb. 1 zeigt einen solchen Zuwachsbohrer, der Bohrkerne *b* von rd. 4,3 mm Dmr. liefert. Der mit *c* bezeichnete eigentliche Bohrer ist ein in einer scharfen Schneide endigendes Rohr mit einem mehrgängigen Schraubengewinde auf dem vorderen Teil der Außenfläche; die Arbeitsweise des Bohrers geht aus Abb. 2 hervor. Nach dem Eindrehen des Bohrers in das Prüfstück wird mit dem Kernentnehmer *a* der Bohrkern entnommen, während der Bohrer im Holz sitzt. Das Windeisen *d* (vgl. Abb. 1) für den Bohrer ist gleichzeitig Aufbewahrungshülse für *a* und *c*. Nach SUENSON[1] hat die Entnahme der Bohrkerne gegenüber den andern Entnahmearten, besonders der Entnahme von Sägespänen, 3 Vorteile, nämlich: 1. Geringe Erwärmung der im Bohrer liegenden Bohrkerne, 2. geringe Möglichkeit des Austrocknens, da im Bohrrohr fast keine Lufterneuerung stattfindet, 3. Verhältnis zwischen Oberfläche und Rauminhalt ist wesentlich günstiger als bei den Sägespänen.

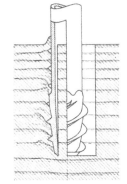

Abb. 2. Schematische Darstellung der Wirkungsweise des Zuwachsbohrers.

Allerdings ist das Gewicht der Bohrkerne außerordentlich klein; es beträgt bei lufttrocknen Hölzern meist nur rd. 0,07 g/cm Länge. Um hinreichend genaue Prüfergebnisse zu erhalten, müssen daher entsprechend feine Waagen zur Verfügung stehen oder es müssen Kerne großer Länge bzw. mehrere Kerne aus demselben Holzstück entnommen werden. Wenn eine Waage mit deutlichem Ausschlag für (p) mg zur Verfügung steht und ein Fehler in den Wasserprozenten von ± 1 zugelassen wird, so genügt nach SUENSON eine Länge der Bohrkerne von $(4\,p)$ cm[2]. Weiter ist zu beachten, daß mit den Zuwachsbohrern nur in grünem Holz befriedigend gearbeitet werden kann, da der Bohrwiderstand bei trocknen Hölzern, besonders bei trocknen schweren Laubhölzern, zu groß ist[2].

---

[1] Vgl. Fußnote 3, S. 28.　　[2] Vgl. Fußnote 1, S. 28.

Im Hinblick darauf, daß der Zuwachsbohrer für ganz anders geartete Bedürfnisse geschaffen worden ist, besteht immerhin die Möglichkeit einer Verbesserung durch Entwicklung eines für die Zwecke der Feuchtigkeitsermittlung besser geeigneten Bohrgerätes auf der Grundlage der Kernentnahme.

c) Feststellung der Feuchtigkeitsverteilung im Querschnitt. Die Feuchtigkeitsverteilung im Holzquerschnitt läßt sich im allgemeinen nur an Scheiben ermitteln, die den ganzen Querschnitt des zu prüfenden Holzes umfassen; die Gewichte von Bohrkernen und Bohrspänen sind so klein, daß im Hinblick auf die erforderliche Genauigkeit des Ergebnisses Unterteilungen nach der Bohrtiefe nicht möglich sind. Meist genügt es, wenn die zu untersuchende Scheibe nach 3 Zonen, einer Randzone, einer Kernzone und einer zwischen beiden liegenden

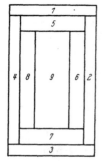

Abb. 3. Aufteilung von Scheiben in USA zur Ermittlung der Feuchtigkeitsverteilung.

Mittelzone aufgeteilt wird. Die Aufteilung hat mit möglichster Beschleunigung zu erfolgen; zweckmäßig werden die einzelnen Zonen durch Spaltmesser und Holzhammer abgetrennt. Unmittelbar nach der Aufteilung müssen die zu jeder Querschnittszone gehörigen Teilstücke gewogen werden.

Nach den amerikanischen Normen[1] müssen die Proben, an denen die Verteilung der Feuchtigkeit im Querschnitt ermittelt werden soll, ebenfalls in 3 Zonen aufgeteilt werden (vgl. Abb. 3). Dabei soll so vorgegangen werden, daß jede Zone $\frac{1}{3}$ des Querschnittes umfaßt, d. h. es muß mit der Bezeichnung von Abb. 3 sein: Fläche der Teilstücke $(1 + 2 + 3 + 4) =$ Fläche der Teilstücke $(5 + 6 + 7 + 8) =$ Fläche des Teilstückes 9.

d) Trocknung der Feuchtigkeitsproben. Die Trocknung der Feuchtigkeitsproben — Scheiben, Späne, Bohrkerne — erfolgt fast ausnahmslos durch heiße Luft in kleinen Trockenöfen, die elektrisch, mit Gas oder auf sonstige Weise geheizt werden. Die Temperatur im Trockenofen soll nach DIN DVM 2183 rd. 100 bis 103° C betragen; nach den amerikanischen Vorschriften für Bauhölzer[1] ist eine Temperatur von $98 \pm 3°$ C einzuhalten. Ähnliche Vorschriften für die Trockentemperatur gelten in den anderen Ländern. Erhöhungen der Trockentemperatur über die angegebenen Werte hinaus sind sorgfältig zu vermeiden. Die meisten im Handel befindlichen Trockenöfen sind mit einer selbsttätigen Vorrichtung für Temperaturregelung versehen.

Die Trocknung der Proben muß bis zum Gleichbleiben des Gewichtes derselben fortgeführt werden, d. h. es sind bei erstmaliger Trocknung von Proben bestimmter Holzart und Abmessungen mehrere Zwischenwägungen zur Ermittlung des Gewichtsverlaufes erforderlich. Für Proben mit ständig wiederkehrenden Abmessungen ergeben sich meist sehr bald Erfahrungswerte über die Dauer der Trocknung bis zum Erreichen des Trockengewichtes, so daß in diesen Fällen Zwischenwägungen nicht mehr erforderlich sind. So wird man im allgemeinen bei Scheiben von 25 mm Dicke mit höchstens 48 h Dauer der Trocknung zu rechnen haben. Will man eine Beschleunigung der Trocknung herbeiführen, so empfiehlt sich das Aufteilen der Proben (besonders bei Scheiben) durch Spalten in Teilstücke von rd. 2 mm Dicke; das Zerspanen der Proben mit dem Stecheisen erfordert erheblich mehr Zeit und besondere Aufmerksamkeit (Verlust kleiner abspringender Schnitzel). Nach Vorstehendem aufgespaltene Proben benötigen höchstens 4 h bis zum Erreichen des Trockengewichtes[2].

---

[1] Standard Methods of conducting static tests of timbers in structural sizes. A. S. T. M. Design. D 198—27.

[2] Vgl. Fußnote 2, S. 28.

Es ist darauf zu achten, daß die Trockenschränke gut gelüftet sind, damit die aus den Holzproben verdunstende Feuchtigkeit aus dem Ofen entweichen kann. Weiter sollen die Proben im Ofen so gelagert sein, daß sie möglichst allseitig von der Luft umspült werden können. Die Öfen dürfen nicht zu voll beschickt werden, da sonst die Gefahr besteht, daß sich Ansammlungen feuchter Luft bilden, die wiederum ungenügende Austrocknung der Proben zur Folge haben.

Unmittelbar nach Beendigung der Trocknung, d. h. nach der Entnahme der Proben aus dem Ofen müssen diese sorgfältig gewogen werden. Wenn in Ausnahmefällen nicht sofort gewogen werden kann, empfiehlt sich nach DIN DVM 2183 das Aufbewahren der Proben im Exsikkator über Chlorkalzium oder Phosphorpentoxyd bis zur Wägung.

Nach DIN DVM 2183 ist der Feuchtigkeitsgehalt auf 0,1 % genau zu ermitteln; hieraus ergibt sich die Empfindlichkeit der erforderlichen Waagen; z. B. sind für Proben mit rd. 10 g Trockengewicht Waagen mit einer Ablesegenauigkeit von $^1/_{100}$ g, für solche mit rd. 100 g Trockengewicht Waagen mit $^1/_{10}$ g Ablesegenauigkeit erforderlich. Wenn laufend Feuchtigkeitsproben zu prüfen sind, ist die Beschaffung von Schnellwaagen ratsam, wie solche heute in vielseitigen Ausführungen auf dem Markte sind. Für Zwecke der Praxis genügt häufig eine wesentlich geringere Anzeigegenauigkeit als die eben angegebene.

Die Trocknung der Feuchtigkeitsproben nach dem in diesem Abschnitt angegebenen Verfahren liefert allerdings nur bei solchen Hölzern brauchbare Ergebnisse, die keine oder nur unbeträchtliche Mengen an unter 100° C flüchtigen Inhaltsstoffen besitzen (vgl. den folgenden Abschnitt).

e) Extraktion der Feuchtigkeitsproben. Bei getränkten Hölzern, deren Imprägnierstoffe unter rd. 100° C ganz oder teilweise flüchtig sind, ferner bei Hölzern, die in deutlichem Maße Harze, Fette, ätherische Öle usw. enthalten, führt das Verfahren

Abb. 4. Gerät zur Bestimmung des Wassergehaltes mit Xylol.

der Feuchtigkeitsermittlung durch Trocknung zu Fehlern. Diese Fehler können den Betrag von 5 bis 10% des Trockengewichtes (Feuchtigkeitsprozente!) und unter Umständen noch mehr annehmen.

Zur Erzielung hinreichend genauer Ergebnisse entzieht man diesen Hölzern den Wassergehalt durch nicht mit Wasser mischbare Lösungsmittel wie z. B. Xylol, Toluol, Azetylentetrachlorid usw. Zur Abkürzung des Verfahrens müssen die Holzproben zerkleinert (zerspant oder zerspalten) werden. Sie werden zusammen mit dem Lösungsmittel in einem Destillierkolben erhitzt (vgl. Abb. 4). Das dem Holz entzogene Wasser, sowie das Lösungsmittel schlagen sich nach dem Entweichen aus dem Destillierkolben in einer mit einer Teilung versehenen Vorlage nieder, wobei sich das Wasser von dem schwereren oder leichteren Lösungsmittel trennt. Die Anordnung der Abb. 4 entspricht der Verwendung von Xylol, das leichter ist als Wasser, so daß sich letzteres unten absetzt. Über der Vorlage ist ein Kühler angeordnet, der für das Niederschlagen aufsteigender Dämpfe sorgt. Um Wasserverluste an den Verbindungsstellen der Vorrichtung zu vermeiden, sind diese durch Schliffe herzustellen. Da die verwendeten

Lösungsmittel zum großen Teil leicht entzündlich sind, ist der Kolben möglichst im Sandbad zu erwärmen; zweckmäßig ist ferner das Erhitzen durch eine elektrische Heizplatte, um offene Flammen zu vermeiden.

Die Erhitzung ist solange fortzusetzen, bis kein Wasser mehr sich niederschlägt; die abgeschiedene Wassermenge darf erst nach klarer Trennung zwischen Wasser und Lösungsmittel abgelesen werden. Zur Berechnung der Holzfeuchtigkeit in Prozent aus der ermittelten Wassermenge ist die Kenntnis des Trockengewichtes der Holzprobe erforderlich; als letzteres wird die Differenz von Anfangsgewicht der Probe und abgeschiedener Wassermenge angesehen.

Nachteilig ist die mehrstündige Dauer des Verfahrens und der Verbrauch an Lösungsmittel. Mitunter wird auch die Feuergefährlichkeit des meist verwendeten Xylols und die Notwendigkeit der Zerspanung der Holzprobe als lästig empfunden[1]. Immerhin bietet das Extraktionsverfahren die einzige Möglichkeit zur genauen Ermittlung des Wassergehaltes getränkter und harzreicher Hölzer und wird fast nur für die Untersuchung solcher Hölzer herangezogen.

3. Messung der Luftfeuchtigkeit.

a) Grundlagen der Verfahren. Wenn in einem Holzstück eine Bohrung angebracht und diese außen abgeschlossen wird, so tritt ein Ausgleich zwischen der Feuchtigkeit der Luft in der Bohrung und der Feuchtigkeit des Holzes der die Bohrung umgebenden Wände ein entsprechend den für das Gleichgewicht zwischen Holzfeuchtigkeit und relativer Luftfeuchtigkeit geltenden Beziehungen (Sorptionsisothermen[2]). Diese Beziehungen sind hinreichend erforscht, so daß auf die Holzfeuchtigkeit im Bereich der Bohrung mit großer Annäherung geschlossen werden kann, wenn die relative Luftfeuchtigkeit im Bohrloch bekannt ist. Da in den seltensten Fällen die Feuchtigkeit im Holzinnern gleichmäßig verteilt ist, ist anzunehmen, daß die Feuchtigkeit der Luft im Bohrloch sich entsprechend einem Mittelwert der Feuchtigkeit der Bohrlochwände einstellt.

b) Messung mit Hilfe von Hygrometern. Zur Messung mit dem in Abb. 5 dargestellten „Holzhygrometer" der Firma Lambrecht, Göttingen, bringt man eine Bohrung von mindestens 90 mm Länge und 6 mm Dmr. mit Hilfe eines Schlangenbohrers in dem zu prüfenden Holzstück an. Der Schaft des Stechhygrometers (5 mm Dmr.) gewährleistet durch das an seinem Ansatz befindliche konische Gewinde einen dichten Abschluß der Bohrung. Das Haarhygrometer stellt sich im Verlauf von ungefähr 10 bis 15 min auf die in der Bohrung herrschende Luftfeuchtigkeit ein. Die Ablesung an der Skala darf daher frühestens 10 min nach dem Einsetzen des Instrumentes erfolgen. Unter Berücksichtigung der im Holz herrschenden Temperatur kann auf der Skala unmittelbar die Holzfeuchtigkeit abgelesen werden, die im Durchschnitt bei der vom Instrument angezeigten Luftfeuchtigkeit zu erwarten ist. Das Instrument muß, wie alle Haarhygrometer, von Zeit zu Zeit nachgeprüft und entsprechend dem dabei erzielten Ergebnis nachgestellt werden[3]; diese Nachstellung läßt sich auf einfache Weise durch Drehen einer eigens dafür vorgesehenen Schraube bewerkstelligen. Wenn diese Forderung erfüllt wird, sind recht verläßliche und für die Zwecke der Praxis häufig genügend genaue Ergebnisse zu erwarten. Der Meßbereich des Instrumentes erstreckt sich auf rd. 3 bis zu 25 % Holzfeuchtigkeit; die Ablesegenauigkeit nimmt allerdings mit Annäherung an das Fasersättigungsintervall merklich ab, da in dessen Nähe große Änderungen der Holzfeuchtigkeit nur mehr geringe Änderungen der relativen Luftfeuchtigkeit hervorrufen.

---

[1] KOLLMANN, F.: Technologie des Holzes. Berlin: Julius Springer 1936.

[2] GRAF, O. u. K. EGNER: Versuche über die Eigenschaften der Hölzer nach der Trocknung, III. Teil. Mitt. Fachaussch. Holzfragen beim VDI Heft 19, 1937.

[3] Vgl. Fußnote 1, S. 28.

In USA. ist von DUNLAP[1] ein Holzhygrometer entwickelt worden, das auf derselben Grundlage wie das vorgenannte beruht. In die Bohrung des zu prüfenden Holzstückes wird allerdings kein Haarhygrometer, sondern eine Glasröhre eingebracht, an der ein aus Goldschlägerhaut bestehender und mit Quecksilber gefüllter Beutel befestigt ist. Die Goldschlägerhaut ist hygroskopisch, d. h. sie ändert ihre Größe mit Änderungen der umgebenden Luftfeuchtigkeit; diese Änderungen werden mittels des Quecksilbers auf eine Membran übertragen und durch letztere wiederum sichtbar gemacht. Auch hier kann an der Skala des Instrumentes sofort die wahrscheinliche Holzfeuchtigkeit abgelesen werden.

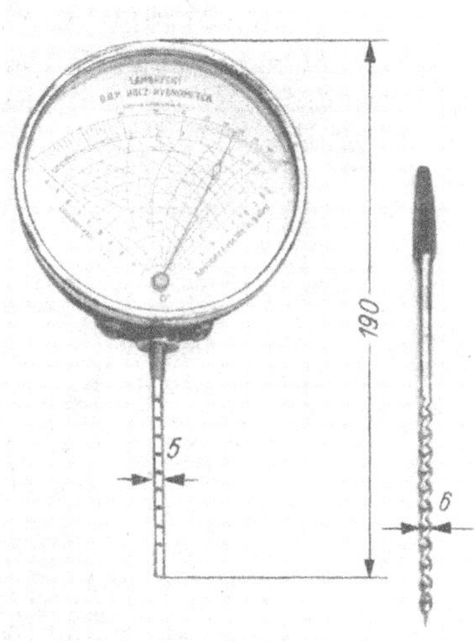

c) Messung durch hygroskopische Salze. Nach dem von Prof. Dr. ROTHER entwickelten Verfahren wird in eine rd. 10 cm tiefe Bohrung von 7 mm Dmr. in dem zu prüfenden Holzstück ein mit hygroskopischen Salzen belegter Papierstreifen eingebracht; die Salze nehmen je nach der relativen Feuchtigkeit der umgebenden Luft nach kurzer Zeit einen rosa bis blauen Farbton an. An Hand einer Vergleichsfarbskala kann unmittelbar auf die wahrscheinliche Holzfeuchtigkeit geschlossen werden. In Abb. 6

Abb. 5. Holz-Hygrometer der Firma Lambrecht A.G., Göttingen.

ist das sog. „Diakun"-Gerät der Firma Grau und Heidel, Chemnitz, wiedergegeben, das auf dem ROTHERschen Verfahren beruht. Nach Herstellung der Bohrung im Prüfstück mit Hilfe des Bohrers a (Bohrwinde erforderlich) wird das Halterohr b mit dem in Abb. 6 rechts liegenden Endstutzen auf die Bohrung aufgesetzt und durch Einschrauben befestigt. Vorher ist der stets dicht zu schließenden Vorratsröhre d einer der vorbehandelten Papierstreifen entnommen und in das am Halterohr b befestigte Glasröhrchen eingesetzt worden; dieser Papierstreifen wird nach dem Aufsetzen des Halterohres durch einen Schieber ganz in die Bohrung eingebracht. Nach Anschluß der Luftpumpe c an dem seitlichen Stutzen des Halterohres saugt man die zunächst noch in der Bohrung befindliche Luft ab und beläßt den Papier-

Abb. 6. Diakungerät zur Ermittlung der Holzfeuchtigkeit.

streifen rd. 10 min in der Bohrung; anschließend wird der Streifen in das Glasröhrchen zurückgezogen und mit der Vergleichsfarbskala e verglichen. Mit dem Gerät können Holzfeuchtigkeiten zwischen rd. 6 und 23% erfaßt werden, und zwar in Stufen von rd. 3%, bei einiger Übung auch in kleineren Stufen[2].

Im Gegensatz zu den unter b) angegebenen Geräten ist die Ablesung der Meßwerte beim Diakungerät subjektiven Schwankungen unterworfen. Weiter

---

[1] Vgl. Fußnote 4, S. 28.   [2] Vgl. Fußnote 1, S. 28.

ist zu beachten, daß die Eichung der Farbskala nur für Temperaturen im Holz von rd. 15 bis 25° C gilt. Das Gerät ist ähnlich den Holzhygrometern besonders für Kleinbetriebe geeignet, wo nicht laufende Feuchtigkeitsermittlungen durchzuführen sind und die meist 15 bis 20 min umfassende Meßdauer tragbar ist.

4. Messung elektrischer Eigenschaften.

a) Grundlagen der Verfahren. Die Dielektrizitätskonstante und der OHMsche Widerstand des Holzes sind, besonders im hygroskopischen Bereich, d. h. zwischen 0 und rd. 25% Feuchtigkeitsgehalt, in außerordentlichem Maße von letzterem abhängig[1]. Dies rührt daher, daß die genannten elektrischen Eigenschaften beim Wasser wesentlich andere Werte aufweisen als bei völlig trocknem Holz.

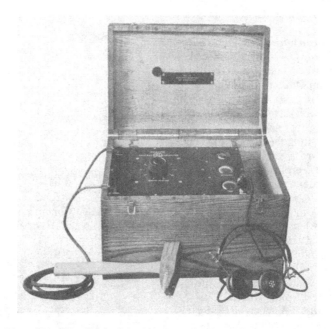

Abb. 7. Elektrisches Holzfeuchtigkeitsmeßgerat der General Electric Co., Schenectady/USA.

Man hat daher Geräte zur raschen Ermittlung dieser Eigenschaften bei Holz entwickelt, die auf Grund von Eichversuchen unmittelbar die Ablesung der Holzfeuchtigkeit gestatten, welche im Mittel bei den gemessenen elektrischen Eigenschaften zu erwarten ist.

b) Messung der Dielektrizitätskonstante. MÖRATH[2] hat ein bereits bestehendes Gerät zur Ermittlung des Wassergehaltes in körnigen Stoffen wie Getreide, Braunkohle usw., das auf der Messung der Dielektrizitätskonstante beruht, für die Prüfung der Holzfeuchtigkeit abgeändert und angewendet[1]. Das zu messende Holz wird dabei als Dielektrikum zwischen zwei Kondensatorplatten gebracht; die Feststellung der Dielektrizitätskonstante bzw. deren Änderung, erfolgt durch Abstimmung eines Schwingungskreises, dessen Frequenz von der Kapazität des Holzes abhängt[3]. Das Verfahren hat in der Praxis anscheinend wenig Eingang

---

[1] Vgl. Fußnote 1, S. 32.

[2] MÖRATH, E.: Beiträge zur Kenntnis der Quellungserscheinungen des Buchenholzes. Kolloidchem. Beih. Bd. 33 (1931) Heft 1—4, S. 144.

[3] NUSSER, E.: Die Bestimmung der Holzfeuchtigkeit durch Messung des elektrischen Widerstandes. Forschungsber. Holz Fachaussch. Holzfragen beim VDI Heft 5, 1938.

gefunden[1], da die zu prüfenden Bretter bzw. Holzstücke tadellos ebene und parallele Flächen besitzen müssen, da die Anzeige stark von äußeren Einflüssen (störende Kapazitäten) abhängt und die Apparatur sehr kompliziert ist, und da ungleichmäßige Verteilung der Feuchtigkeit im Holzinnern die Meßwerte stark beeinflußt[1].

c) Messung des OHMschen Widerstandes. Die ersten auf diesem Verfahren beruhenden Geräte zur raschen Ermittlung der Holzfeuchtigkeit sind in den, USA. entstanden. Das von der Firma C. J. Tagliabue Mfg. Co., Brooklyn entwickelte und heute noch auf dem Markt befindliche Gerät benützt Röhrenverstärkung mit Batterien als Stromquellen[1]. Die in einem bügelförmigen Handgriff eingesetzten, rd. 30 mm voneinander entfernten Nadelelektroden von rd. 7 bis 10 mm Länge werden in das Holz eingeschlagen. Mit einem Drehschalter, der auf Feuchtigkeitsstufen zwischen 7 und 24% eingestellt werden kann, wird das Meßergebnis festgestellt, wobei die richtige Einstellung an einem eingebauten Spannungsmesser ersichtlich ist. Das Gerät hat den Nachteil, daß sich bei starken Hölzern und Hölzern mit großem Feuchtigkeitsgefälle im Innern teilweise beträchtliche Meßfehler ergeben. Bei Hölzern mit gleichmäßiger Feuchtigkeitsverteilung beträgt

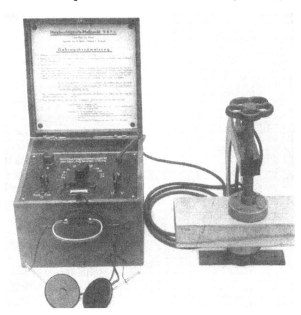

Abb. 8. Elektrisches Holzfeuchtigkeitsmeßgerät. (Nach NUSSER.)

die Meßgenauigkeit ±1,5%; teilweise sind jedoch für die deutschen Hölzer besondere Korrekturzahlen anzuwenden[2].

Auf Versuchen von Prof. NOWAK aufbauend[3] wurde das sog. „Hygrophon" entwickelt, das auf dem Prinzip des Mekapion-Röhrengerätes zur Messung hoher Widerstände beruht. Je nach dem Widerstand des Holzes wird ein Kondensator mehr oder weniger rasch entladen, wobei die Zahl der Entladungen je Minute ein Maß für die Holzfeuchtigkeit ist und festgestellt wird. Als Elektroden dienen Metallplatten, Schrauben oder Spitzen. Das Gerät kann an das 110- oder 220-V-Wechselstromnetz angeschlossen oder mit Batterien (Anodenbatterie 90 bis 135 V und Akkumulator 4 V) betrieben werden.

Auf dem Prinzip der Glimmlampenkippschaltung unter Verwendung der GEFFCKENSCHEN Glimmbrückenschaltung beruht das amerikanische „Blinker"-Meßgerät der General Electric Company Schenectady[4] und das in Deutschland

---

[1] Vgl. Fußnote 3, S. 34.
[2] BRENNER, E.: Versuche mit einem Gerät zur Bestimmung des Feuchtigkeitsgehaltes von Holz durch Messung des elektrischen Widerstands. Bautenschutz Jg. 1932, Heft 4.
[3] KEINATH: Feuchtigkeitsmessung in Holz auf elektrischem Wege. Arch. techn. Messen V (1932) S. 1281—1282.
[4] A moisture indicator for wood. Mech. Engng. Bd. 52 (1930) Sect. 2, Nr. 11.

entwickelte Gerät von Nusser[1]. Bei diesen Geräten wird ein Kondensator über den Holzwiderstand aufgeladen, bis die Zündspannung einer parallel geschalteten Glimmlampe erreicht und der Kondensator auf deren Abreiß-spannung entladen wird, worauf der Vorgang von neuem beginnt. Der zu messende Holzwiderstand liegt hinter einem beliebig einstellbaren Kondensator im sog. Meßkreis; die Kippfrequenz des letzteren, d. h. Zahl von Zündungen der Glimmlampe in der Zeiteinheit, wird mit der gleichbleibenden Frequenz des sog. Vergleichskreises in Übereinstimmung gebracht durch Verstellen der Kapazität des im Meßkreis liegenden Kondensators. Das amerikanische Gerät besitzt je eine Glimmlampe für den Meß- und für den Vergleichskreis, deren Frequenzen durch unmittelbare Betrachtung oder durch Abhören mit einem Kopfhörer leicht zu vergleichen sind. Das Gerät von Nusser hat nur eine Glimmlampe, die abwechselnd parallel zum Meß- oder zum Vergleichskreis gelegt werden kann; der Vorzug dieser Anordnung liegt besonders in der Ausschaltung fehlerhafter Einflüsse durch die Veränderlichkeit der Glimmlampen[1]. Das durch eine Batterie von 180 V betriebene amerikanische Gerät (vgl. Abb. 7) hat Elektroden in Form von 4 Stahlspitzen, die an einem Hammer befestigt sind und durch letzteren eingeschlagen werden. Ähnlich dem weiter oben genannten Gerät der Firma Tagliabue Mfg.

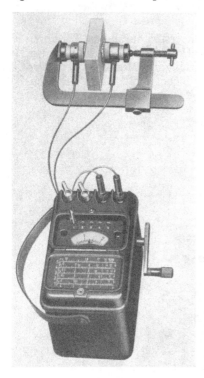

Abb. 9. Elektrisches Holzfeuchtigkeitsmeßgerat der Firma Siemens &Halske mit Plattenelektroden.

Co. sind durch diese Art der Messung bei dicken Hölzern und Hölzern mit großem Feuchtigkeitsgefälle im Innern fehlerhafte Meßergebnisse zu erwarten. Bei dem Gerät von Nusser (vgl. Abb. 8), das entweder für Batteriebetrieb oder für den

Abb. 10 a bis c. a Einschlagstempel mit Messerelektroden. b Elektroden ins Holz eingeschlagen. c Stempel von den Elektroden gelost.

Anschluß an Netzspannung geliefert wird, erfolgt die Kontaktgebung entsprechend den wissenschaftlich begründeten Feststellungen von Nusser[1] auf die wohl zweckdienlichste Weise, nämlich durch gegenüberliegende Spitzenelektroden; die Eindringtiefe dieser Spitzen soll zur Erfassung der mittleren Holzfeuch-tigkeit bei deutlichem Feuchtigkeitsgefälle im Holzinnern möglichst $1/10$ der Holzstärke (auswechselbare Elektroden für mehrere Dickenbereiche) betragen. Wenn gleichmäßig verteilte Feuchtigkeit zu erwarten ist, sind nach den Ergebnissen von Nusser gegenüberliegende Plattenelektroden am geeignetsten;

[1] Vgl. Fußnote 3, S. 34.

auch diese Elektrodenform kann bei dem Gerät nach NUSSER verwendet werden. Durch Messung mit gegenüberliegenden Plattenelektroden und anschließende Messung mit gegenüberliegenden Spitzenelektroden an derselben Stelle kann bei abweichenden Ergebnissen geschlossen werden, daß ein Feuchtigkeitsgefälle im Holz vorhanden ist, während Übereinstimmung der Meßergebnisse auf gleichmäßige Feuchtigkeitsverteilung im Holzinnern schließen läßt[1].

Von der Firma Siemens u. Halske, Berlin, ist in den letzten Jahren ein Gerät entwickelt worden, das auf demselben Grundprinzip wie die beiden vorgenannten beruht. Mit Hilfe eines Kurbelinduktors wird ein mehrere Meßbereiche umfassender Kondensator aufgeladen, der sich über eine Glimmlampe

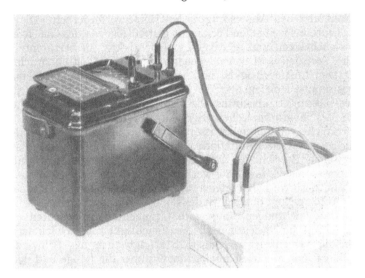

Abb. 11. Anschluß der Messerelektroden an das Holzfeuchtigkeitsmeßgerat der Firma Siemens & Halske.

entlädt. Die durch ein Zählwerk registrierte Zahl der Kurbelumdrehungen bis zum Aufleuchten der Glimmlampe ist ein Maß für die Holzfeuchtigkeit. Die Kontaktgebung geschieht durch gegenüberliegende, mit Staniol belegte Gummischeiben, die in einem Bügel angeordnet sind (vgl. Abb. 9). Neuerdings ist für das Gerät noch eine weitere Elektrodenart in Form von nebeneinanderliegenden, spitz zulaufenden Schneiden (Messerelektroden) geschaffen worden, die mit Hilfe eines Einschlagstempels ins Holz eingedrückt werden (vgl. Abb. 10). Nach Entfernung des Einschlagstempels werden die Schneiden durch Klemmen mit dem Gerät verbunden (vgl. Abb. 11). Durch diese Schneiden soll ähnlich den Spitzenelektroden des Gerätes von NUSSER ungleiche Feuchtigkeitsverteilung im Holzinnern berücksichtigt werden.

---

[1] Vgl. Fußnote 3, S. 34.

D. Ermittlung von Wasserabgabe und Wasseraufnahme, Schwinden und Quellen der Hölzer.

Von KARL EGNER, Stuttgart.

1. Allgemeines.

Für die Durchführung und Auswertung von Versuchen über die Wassergehalts- und Raumänderungen der Hölzer ist die Kenntnis des gesetzmäßigen Zusammenhanges 1. zwischen Holzfeuchtigkeit einerseits und relativer Luftfeuchtigkeit bzw. Lufttemperatur andererseits, 2. zwischen den Änderungen der Holzfeuchtigkeit und den Abmessungen der Hölzer erforderlich. Die Gesetze zu 1. können heute als weitgehend erforscht gelten (Kurven des Gleichgewichtes zwischen Holzfeuchtigkeit und relativer Luftfeuchtigkeit für bestimmte Temperaturen, auch „Sorptionsisothermen" genannt[1], [2]). Hiernach entspricht jedem Wert der relativen Luftfeuchtigkeit und Temperatur im Gleichgewichtszustand eine ganz bestimmte Holzfeuchtigkeit (über Hysterese vgl. Fußnote 5, S. 99). Oberhalb des Fasersättigungsintervalls (rd. 25 bis 35% Holzfeuchtigkeit), d. h. oberhalb des hygroskopischen Bereiches besteht kein stabiles Gleichgewicht; sofern nicht vollkommen wassergesättigte Luft vorliegt, muß demnach Austrocknung solcher Hölzer stattfinden. Zu 2. ist von Bedeutung, daß allein im hygroskopischen Bereich die Änderungen der Holzfeuchtigkeit mit Änderungen der Abmessungen des Holzes verbunden sind; die letztgenannten Änderungen sind praktisch verhältnisgleich den Änderungen der Holzfeuchtigkeit. Weiter ist die Abhängigkeit des Schwindens und Quellens von den verschiedenen anatomischen Hauptrichtungen (längs, radial, tangential) zu beachten. Schließlich sei noch darauf hingewiesen, daß die Feuchtigkeit im Holzinnern meist nicht gleichmäßig verteilt ist[3]; demgemäß erfolgt auch das Schwinden und Quellen im allgemeinen zunächst ungleichmäßig über die Länge und den Querschnitt der Proben.

2. Prüfverfahren und Größe der Probekörper.

Wenn die Ergebnisse von Versuchen über Wassergehalts- und Raumänderungen der Hölzer vergleichbar und reproduzierbar sein sollen, müssen

a) vor Beginn des Versuches eindeutige Feuchtigkeitsverhältnisse im Holz vorliegen und

b) die äußeren Bedingungen (Art der Lagerung, d. h. in Luft, Wasser usw., Temperatur, relative Luftfeuchte, Dauer der Lagerung) möglichst genau eingehalten werden.

Am einfachsten liegen die Verhältnisse bei kleinen Probekörpern, d. h. bei der *Werkstoffprüfung*. Die Bedingung a) wird hierbei, sofern es sich besonders um die Ermittlung der Quell- bzw. Schwindmaße handelt (d. h. des größten überhaupt möglichen Quellens bzw. Schwindens, bezogen auf die Abmessungen vor Beginn des Schwindens), erfüllt, wenn die Proben entweder ganz grün bzw. vollkommen wassersatt oder aber vollkommen trocken (gedarrt) sind. Allerdings läßt es sich nie erreichen, daß im grünen oder wassersatten Zustand die Proben einen vorgeschriebenen mittleren Feuchtigkeitsgehalt besitzen; wohl

---

[1] Vgl. Fußnote 5, S. 99.

[2] LUDWIG, K.: Beiträge zur Kenntnis der künstlichen Holztrocknung mit besonderer Berücksichtigung des Einflusses der Temperatur. Forschungsber. Fachaussch. Holzfragen beim VDI, Heft 1 (1933) S. 98 f.

[3] EGNER, K.: Beiträge zur Kenntnis der Feuchtigkeitsbewegung in Hölzern, vor allem in Fichtenholz, während der Trocknung unterhalb des Fasersättigungspunktes. Forschungsber. Fachaussch. Holzfragen beim VDI, Heft 2 (1934).

aber darf vorausgesetzt werden, daß keine Vergrößerung der Abmessungen über die nach dem Erreichen der Fasersättigung in allen Querschnittsteilen vorliegenden Maße hinaus erfolgt. Die Bedingung b) wird bei der Werkstoffprüfung erfüllt, wenn durch Trocknung das gesamte Schwindmaß bis zum völlig trocknen Zustand gesucht wird. Dabei kann dann zunächst, was zur Vermeidung von Zerstörungen zweckmäßig ist, eine Trocknung der grünen oder wassersatten Proben an der Luft erfolgen (französische Vorschriften[1]) oder die Trocknung sofort im Schrank, allerdings unter Einschaltung von Temperaturstufen (40, 70 und 100° im Verlauf von rd. 48 h, vgl. DIN DVM 2184), vorgenommen werden: wichtig ist jedenfalls, daß vollkommene Trockenheit der Proben am Schluß vorliegt, was bei Erreichen der Gewichtsbeständigkeit unter rd. 100° C Trockentemperatur der Fall ist (Vorsicht ist allerdings bei harzreichen Hölzern geboten, vgl. Abschnitt Ermittlung der Holzfeuchtigkeit).

Entsprechend Vorstehendem ist nach DIN DVM 2184 das Schwind- und das Quellmaß bei der Werkstoffprüfung an 1,5 cm hohen quadratischen Scheiben von 3 cm Seitenlänge (gleichzeitige Feststellung des tangentialen und des radialen Schwindmaßes durch Messung beider Mittellinien der Proben) zu ermitteln, die nach Vornahme der Ausgangsmessungen im grünen Zustand im Trockenschrank vollkommen ausgetrocknet (bis zur Gewichtsbeständigkeit) und hierauf durch mindestens zweiwöchige Lagerung unter Wasser völlig aufgequollen werden.

Ähnlich wird in USA. und in England vorgegangen; die zugehörigen Probekörper haben 2,5 cm Dicke, 10 cm Breite und 2,5 cm Höhe (Faserrichtung); meist wird nur der Schwindversuch vorgenommen, wobei Probekörper mit Jahrringen parallel zur Breitseite (Ermittlung des tangentialen Schwindmaßes) und solche mit Jahrringen parallel zur Dickenseite (Ermittlung des radialen Schwindmaßes) benutzt werden, da die Messung (mit Mikrometer) nur in der Breitenrichtung erfolgt. Zur Ermittlung des räumlichen Schwindmaßes werden in den beiden vorgenannten Ländern 15 cm lange Proben von 5×5 cm Querschnitt benutzt, deren Rauminhalt durch Eintauchen in ein auf einer Waage stehendes Wasserbad 1. im grünen Zustand und 2. nach Überziehen der völlig gedarrten Probe mit einem dünnen Paraffinüberzug (kurzes Eintauchen in heißes Paraffin) festgestellt wird.

Nach den französischen Prüfvorschriften ist das räumliche Schwinden und Quellen an Proben mit den Abmessungen 2×2×2 cm zu ermitteln; die Feststellung der Rauminhalte hat ebenfalls nach dem Verdrängungsverfahren, allerdings unter Verwendung von Quecksilber mit dem Gerät von BREUIL (vgl. Abb. 3 im Abschn. E) zu erfolgen. Ausgegangen wird hier vom lufttrocknen Zustand (V_1) und zunächst der wassersatte Zustand durch 48stündiges Lagern in Wasser herbeizuführen gesucht (V_2). Die angegebene Lagerdauer dürfte allerdings keine Gewähr für das Erreichen des völlig wassersatten Zustandes geben. An die Wasserlagerung schließt sich völlige Austrocknung durch Lagerung an der Luft und solche im Trockenschrank an (V_3). Aus den jeweils festgestellten Rauminhalten der Proben werden die Raumänderungen zwischen dem lufttrocknen bzw. dem wassersatten Zustand einerseits und dem völlig trocknen Zustand andererseits errechnet ($V_1 - V_3$, $V_2 - V_3$) und die zugehörigen Schwindmaße $\left(\text{z. B. } \dfrac{V_2 - V_3}{V_3}\right)$ bzw. Schwindmaßbeiwerte (Schwindmaß bezogen auf 1% Feuchtigkeitsänderung im hygroskopischen Zustand) ermittelt.

Wesentlich weniger einfach als bei der Werkstoffprüfung liegen die Verhältnisse bei der *Prüfung von Gebrauchsholz bzw. von fertigen Bauteilen.* Es ist hierbei

---

[1] Vgl. Fußnote 6, S. 66.

nur in seltenen Fällen möglich, die Bedingungen zu a) so zu erfüllen, daß reproduzierbare Ergebnisse entstehen. Dies hängt mit der Größe der Probestücke und der im allgemeinen nicht leicht zu überwachenden Verteilung der Feuchtigkeit im Holzinnern zusammen; weiter ist zu beachten, daß der Feuchtigkeitsaustausch mit zunehmender Größe der Probestücke in bedeutendem Maße verlangsamt wird, so daß die Erzielung einer gewünschten Feuchtigkeitsverteilung lange Lagerzeit erfordert; schließlich ist der Einfluß von Ungleichmäßigkeiten des Holzaufbaues (Raumgewicht, Harzgehalt, Verkernung, Äste usw.) zu berücksichtigen. Im Zusammenhang mit Vorstehendem ist verständlich, daß bei diesen Prüfungen der wassersatte Zustand oder die völlige Austrocknung der Probekörper in allen Querschnittsteilen kaum befriedigend zu erreichen ist; häufig würde dies auch nur zu unerwünschten Schädigungen (Aufreißen, starkes Verwölben usw.) führen. Man wird im allgemeinen die Prüfbedingungen nach Möglichkeit entsprechend den praktischen Erfordernissen wählen; in den meisten Fällen werden auf Grund der Schwankungen unserer Lufttemperatur und -feuchte Lagerungsbedingungen zu schaffen sein, die den Grenzfällen der zu erwartenden Luftfeuchtigkeiten nahe kommen. Es wird demnach häufig genügen, eine Wechsellagerung der Probestücke in feuchten und trocknen Räumen vorzunehmen. Die zugehörigen Lagerzeiten dürfen nicht zu kurz bemessen sein; übermäßig lange Lagerdauer bei den einzelnen Teillagerungen ist nur dann gerechtfertigt, wenn im Gebrauch solche Lagerzeiten unter dauernd besonders trocken oder besonders feucht bleibender Luft zu erwarten ist. Im Institut für die Materialprüfungen des Bauwesens an der Technischen Hochschule Stuttgart hat sich folgendes einfache Verfahren für die Vornahme solcher Wechsellagerungen bewährt. Als Feuchtraum wird ein dauernd feucht gehaltener Kellerraum benutzt, der im allgemeinen eine gleichbleibende relative Luftfeuchte von 95% bei Temperaturen wenig unter und meist über 10° C besitzt; als Trockenraum dient ein größerer, elektrisch beheizter Trockenschrank oder ein gasbeheiztes, gut abgedichtetes Zimmer, worin die Temperatur auf rd. 30° C gehalten wird, so daß sich dementsprechend niedrige Luftfeuchtigkeit einstellt, die allerdings gemäß der relativen Feuchte der Außenluft geringe Schwankungen erfährt; durchschnittliche Lagerdauer im Feuchtraum 4 Wochen, im Trockenraum 2 bis 3 Wochen. Erwünscht und zweckmäßig ist mehrfach wiederholter Wechsel der Lagerungen in Feucht- und Trockenraum. Zu letzterem ist noch zu beachten, daß ein Vergleich der Eigenschaften von Probestücken, die anfänglich nicht dieselbe Holzfeuchtigkeit bzw. Feuchtigkeitsverteilung aufweisen, beim ersten Wechsel der Lagerung noch nicht möglich ist, daß jedoch häufig gerade durch diese Wechsellagerung die Möglichkeit der Vergleichsfähigkeit beim zweiten und den folgenden Wechseln geschaffen wird. Mitunter kann auch das Bedürfnis vorliegen, eine mehr oder minder lange Wasserlagerung einzuschalten; sofern jedoch in der Praxis nicht dauernde oder lang anhaltende Lagerung unter Wasser zu erwarten ist, sollte diese nicht zu lange bemessen werden.

Vor Beginn und am Ende jeder Teillagerung sind die Gewichte der Probestücke zu ermitteln. Häufig empfiehlt es sich, auch zu verschiedenen Zeitpunkten während der Teillagerungen Zwischenwägungen vorzunehmen; dies ist dann unerläßlich, wenn Unterschiede der Geschwindigkeit von Wasseraufnahme bzw. -abgabe von Bedeutung sein können. Gleichzeitig mit den Wägungen sind in vielen Fällen Messungen der eingetretenen Quellungen bzw. Schwindungen erforderlich. Allgemein gültige Vorschriften über die Anordnung und Lage der zugehörigen Meßstellen können nicht gegeben werden, da die Erfordernisse in jedem Einzelfall verschieden sind. Dicken- und Breitenmessungen, die meist die größten Änderungen ergeben und am wichtigsten sind, müssen an verschiedenen über die Länge der Probestücke verteilten Querschnitten vorgenommen werden. Bei Prüfung von Körpern mit Verbindungsstellen ist auf die an letzteren stattfindenden Veränderungen besonderes Augenmerk zu richten und entsprechende Anordnung von Meßstellen zu treffen.

3. Erfordernisse für die zweckdienliche Prüfung.

Die Größe der Probekörper für den Schwind- und Quellversuch bei der Werkstoffprüfung ist nach DIN DVM 2184 so gewählt worden, daß die Proben in vielen Fällen unmittelbar aus den Biege- und Druckproben entnommen werden können (vgl. den vorhergehenden Abschnitt). Allerdings ist beim Arbeiten mit derart kleinen Proben zu beachten, daß die Messungen und besonders die Wägungen nach der Entnahme aus dem Trockenschrank bzw. aus dem Wasser rasch erfolgen müssen, da sonst infolge Feuchtigkeitsaustausches mit der umgebenden Luft fehlerhafte Ergebnisse entstehen können. Wenn Wert auf besonders genaue Meßergebnisse gelegt wird, empfiehlt sich die Abkühlung der aus dem Trockenschrank kommenden Proben in sog. Exsikkatoren über Chlorkalzium oder Phosphorpentoxyd. Die im Wasser gelagerten Proben müssen vor dem Wiegen und Messen an sämtlichen Flächen mit Fließpapier abgetupft werden.

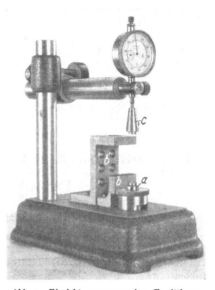

Abb. 1. Einrichtung zur raschen Ermittlung von Breiten- und Dickenänderungen.

Die Trockenschränke, in denen Trockenlagerungen vorgenommen werden, müssen gute Lüftungsmöglichkeit aufweisen, damit Erhöhungen der Luftfeuchtigkeit im Innern derselben vermieden werden. Wenn bei der Wasserlagerung, besonders bei den kleinen Proben für die Werkstoffprüfung, möglichst baldiges völliges Durchtränken der Proben mit Wasser erstrebt wird, ist es zweckmäßig, die Proben so in das Wasser zu stellen, daß die obere Hirnfläche eben noch über den Wasserspiegel emporragt, um die in den Proben enthaltene Luft entweichen zu lassen; später sind die Proben völlig einzutauchen.

Sämtliche Wassergehaltsänderungen sind in Prozenten der Darrgewichte anzugeben; bei großen Körpern, deren Darrgewichte versuchsmäßig nicht ermittelt werden, können diese aus den Ergebnissen sachgemäß entnommener und geprüfter Feuchtigkeitsproben errechnet werden. Nicht so einfach liegen die Verhältnisse bei den Maßänderungen; auch diese wird man zweckmäßig in Prozenten der Abmessungen im gedarrten Zustand angeben, sofern letztere bekannt sind. Bei größeren Probestücken ist dies allerdings nur selten der Fall, so daß häufig die bei den Einzellagerungen ermittelten Längen- oder Raumänderungen auf die Maße zu Beginn jeder Einzellagerung bezogen werden; dies ist allerdings deutlich zu bemerken.

Für die Vornahme der Längenmessungen, z. B. bei den in DIN DVM 2184 vorgeschriebenen Probekörpern, genügt in den meisten Fällen eine gute Schieblehre. Wenn größere Genauigkeit gewünscht wird, wird man zu Meßuhren oder Mikrometerschrauben greifen, die in zweckmäßigen Bügeln befestigt sind. Für Dickenmessungen hat sich im Institut für die Materialprüfungen des Bauwesens der Technischen Hochschule Stuttgart das in Abb. 1 dargestellte Instrument[1] bewährt, das vor allem die rasche Einstellung auf eine regelmäßig wiederkehrende oder zahlreiche ähnlich angeordnete Meßstellen gestattet. Die Anschlagwinkel *bb* dienen für das rasche Anlegen von Stäben bestimmter Abmessungen; sie sind auswechselbar. Vorteile des Gerätes sind der praktisch gleichbleibende Meßdruck und die kugelige Lagerung im Auflager *a* und im Druckstück *c*, wodurch Anpassung an Unebenheiten der Holzfläche gewährleistet wird.

Bei Prüfung größerer Körper wird man zweckmäßig an den Enden der für wichtig befundenen Meßstrecken Meßzäpfchen aus Metall mit kleinen konischen Eindrehungen befestigen (mit Hilfe von Leim, Siegellack oder Wachs), die die Spitzen vorhandener Setzdehnungsmeßgeräte aufzunehmen haben. Dieses Verfahren, das für Spannungsmessungen entwickelt wurde, hat sich auch zur Messung des Quellens und Schwindens bewährt; erforderlich ist genügender Meßbereich der Instrumente und Genauigkeiten von höchstens 0,01 mm (Meßuhren).

Für Sonderzwecke sind zur selbsttätigen Aufzeichnung des Verlaufes der Austrocknung bzw. der Probengewichte Waagen entwickelt worden, auf denen die Prüfstücke liegen und die mit einer Schreibtrommel verbunden sind (Laboratorium für Tonindustrie, Berlin). Weiter wurde ein Gerät entworfen[2], das die selbsttätige Aufzeichnung des Verlaufes der Quellung bzw. der Schwindung von kleinen Holzstückchen besorgt.

E. Bestimmung des Raumgewichtes der Hölzer.

Von FRANZ KOLLMANN, Eberswalde.

1. Allgemeines.

Das Raumgewicht ist nicht nur ein wichtiges physikalisches Merkmal der einzelnen Holzart, sondern es bestimmt auch viele Gebrauchseigenschaften, z. B. Quellen und Schwinden, die Tränkbarkeit gegen Schädlinge und Feuer, die Bearbeitbarkeit usw. Da ferner die statischen Festigkeitseigenschaften, insbesondere die Druckfestigkeit innerhalb unvermeidlicher Streuungen dem Raumgewicht des Holzes verhältnisgleich sind, erfordern Güteklassen zum mindesten für Bauholz höherer Tragfähigkeit zulässige untere Grenzwerte des Raumgewichtes. Nach O. GRAF[3] ist für Bauholz besonderer Wahl, das bis zu 50% höhere Anstrengungen ertragen soll als gewöhnliches Bauholz, ein Raumgewicht von mindestens 0,38 g/cm³ für Fichte, von mindestens 0,42 g/cm³ für Kiefer (ermittelt bei höchstens 20% Feuchtigkeit) zu verlangen.

Die Deutsche Reichspost schreibt vor, daß zum Bau hölzerner Antennenstützpunkte Kiefer (bei ebenfalls 20% Feuchtigkeit) ein Raumgewicht von mindestens 0,45 g/cm³, Lärche mindestens 0,50 g/cm³ haben muß. Diese Gewichte gelten für Holz mit Ästen. Der letzte Satz besagt, daß das Raumgewicht von Bauhölzern nicht an kleinen ast- und fehlerfreien Proben, sondern an größeren Stücken zu bestimmen ist. Ganze Bauteile werden allerdings nur in den seltensten Fällen für eine genaue und bequeme Raumgewichtsmessung in Frage kommen. Bewährt haben sich Abschnitte, wie sie im Sägewerk oder am Rüstplatz anfallen

[1] GRAF, O.: Versuche über die Eigenschaften der Hölzer nach der Trocknung. Mitt. Fachaussch. Holzfragen beim VDI, Heft 1/2, 1932.

[2] SCHWALBE, C. u. W. ENDER: Die Bestimmung der Quellung von Holz. Z. Sperrholz (1932) S. 37f.

[3] GRAF, O.: Mitt. Fachausschuß Holzfragen Bd. 17 (1937) S. 39f.; vgl. DIN Entwurf 1b E 4074.

mit einem Rauminhalt von etwa 1000 bis 20000 cm³. Daneben sind allerdings Raumgewichtsbestimmungen an kleinen, fehlerfreien Proben, wie sie zur Werkstoffprüfung verwendet werden, stets nützlich, da sie in größerer Zahl möglich sind und Aufschlüsse über die Verteilung des Raumgewichtes innerhalb eines Holzstückes, einer Lieferung, eines Wuchsgebietes oder einer Holzart geben. Körper für die Werkstoffprüfung haben in der Regel einen Rauminhalt von 12 bis etwa 375 cm³.

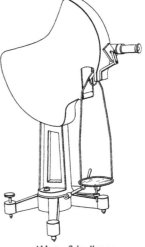

2. Wägung.

Das Raumgewicht ist mindestens auf zwei Dezimalstellen, besser auf drei genau zu bestimmen. Die Empfindlichkeit und damit die Art der zu verwendenden Waage ergibt sich somit aus der Probengröße. Für Bauholzabschnitte im obenerwähnten Rauminhaltsbereich ist jede oberschalige Tafelwaage, die auf 1 g genau wiegt, ausreichend. Genauer, aber infolge der unvermeidlichen Schwingungen unbequemer und im praktischen Betrieb mehr gefährdet sind gleicharmige Balkenwaagen, die als Präzisionswaagen ausgebildet sind. In Werkstoffprüfanstalten sind solche Waagen üblich. Eine höhere Genauigkeit als auf 0,01 g ist aber selbst bei kleinen Holzproben

Abb. 1. Schnellwaage
(Neigungswaage mit Öldampfung.)

für die Werkstoffprüfung nicht erforderlich, da man damit die dritte Dezimale bereits sicher erfaßt. Wertvolle Dienste können bei Reihenmessungen Schnellwaagen leisten, die gewöhnlich als Neigungswaagen gebaut und damit ohne Gewichte ablesbar sind (Abb. 1).

3. Messung des Rauminhaltes.

Nach DIN DVM 2182 ist der Rauminhalt durch Berechnung aus den Abmessungen der sauber bearbeiteten rißfreien Probe zu bestimmen. Bei Bauholzabschnitten genügt als Bearbeitung die vorhandene mittels Kreissägenschnitt. Wenn starke Schwindrisse vorhanden sind, ist es erforderlich, aus dem Abschnitt ein rißfreies Prisma herauszuarbeiten. Da bei Massenversuchen die Bearbeitung und Ausmessung der Proben sowie das Berechnen des Rauminhaltes

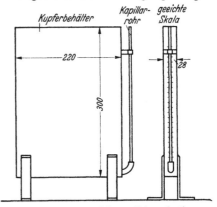

Abb. 2. Verdrängungsgefäß zur Volumenbestimmung.

sehr zeitraubend wird, zieht man teilweise das Verdrängungsverfahren heran. Mit Rücksicht auf die hygroskopischen Eigenschaften des Holzes gebietet aber die Anwendung der Wasserverdrängung größte Vorsicht. Für Holzscheiben gibt ein besonders gebautes Verdrängungsgefäß nach NIETHAMMER[1] brauchbare Näherungswerte (Abb. 2). Das Gefäß ist aber nur für Scheiben von bestimmter Dicke und annähernd gleichem Durchmesser anwendbar. Die Verdrängung von 1 cm³ Wasser läßt in dem Gefäß nach Abb. 2 den Wasserspiegel um 0,16 mm ansteigen. Ein als Haarrohr ausgebildetes Wasserstandsglas ist mit Strichen von 0,8 mm Abstand eingeteilt, d. h. es ist Ablesung auf 5 cm³, Schätzung auf

---

[1] NIETHAMMER, H.: Papierfabrikant Bd. 29 (1931) S. 557.

1 bis 2 cm³ möglich. Letzteres entspricht einer Genauigkeit von im Mittel 0,5%. Gedarrtes Holz lieferte bei dieser Art des Verdrängungsverfahrens um nur 1,79% größere Zahlen des Rauminhaltes als das Aus-messen. Geeicht wird das Gerät mit Meßkolben. Für kleine Proben zur Werkstoffprüfung wurde von Breuil[1] ein Gerät entworfen, das den Rauminhalt durch Tauchen in Queck-silber bestimmt (Abb. 3). In einem zylindrischen Stahl-behälter *a*, der oben mit dem Schraubdeckel *b* verschlossen ist, wird die Holzprobe (die beliebige, also auch unregel-mäßige Form haben kann) mittels eines Drahtbügels *f* unter den Quecksilberspiegel gedrückt. Der in dem waagerechten

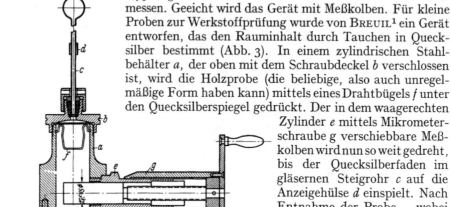

Abb. 3. Volumenmesser nach Breuil.

Zylinder *e* mittels Mikrometer-schraube *g* verschiebbare Meß-kolben wird nun so weit gedreht, bis der Quecksilberfaden im gläsernen Steigrohr *c* auf die Anzeigehülse *d* einspielt. Nach Entnahme der Probe — wobei das Zurückgießen etwa vom Holz mitgenommenen Queck-silbers nicht vergessen werden darf — wiederholt man das Spiel, der Unterschied der Mikrometerstellungen gibt den Rauminhalt. Der Kolbenquer-schnitt ist so gewählt, daß ein Teil-strich der Mikrometerschraube einem Volumen von 3 mm³ entspricht. Das Verfahren ist in Frankreich genormt. Es hat den Nachteil, daß poriges Holz (besonders an den Hirnschnittflächen) leicht Quecksilber aufnimmt, wo-durch nennenswerte Meßfehler ent-stehen.

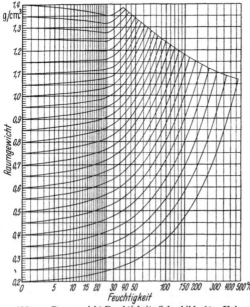

Abb. 4. Raumgewicht-Feuchtigkeits-Schaubild für Holz
nach Kollmann.

4. Berücksichtigung der Holzfeuchtigkeit.

Wie oben erwähnt, ist das Raum-gewicht von Bauholz bei 20 oder weniger Prozent Feuchtigkeit (be-zogen auf das Darrgewicht) zu be-stimmen. Bei der Werkstoffprüfung sind nach DIN DVM 2182 12% Feuch-tigkeit als „Lufttrockenheit" vor-geschrieben. Bei dieser Feuchtigkeit werden auch in den Vereinigten Staaten[2] alle physikalischen und mechanischen Holzprüfungen durch-

---

[1] Monnin, M.: Essais physiques, statiques et dynamiques des bois. Bull sect. Techn. aeron. 30 Paris Juli 1919. — L'essai des bois. Intern. Kongr. Materialprüfung S. 85f. Zürich 1932.

[2] Markwardt, L. J.: Comparative Strength Properties of Woods Grown in the United States, U. S. Dept. Agric. Washington DC 1930, Techn. Bull. Nr. 158. — Markwardt, L. J. u. T. R. C. Wilson: Strength and Related Properties of Woods Grown in the United States. U. S. Dept. Agric. Washington, D. C. 1935. Techn. Bull Nr. 479.

geführt. In Frankreich (und nach den zurückliegenden deutschen Normen) sind 15% üblich. Der Unterschied gegenüber 12% ist gering. Für wissenschaftliche Untersuchungen (z. B. auch zur Bestimmung der Festigkeitseigenschaften) ist es nötig, das Raumgewicht im Darrzustand, d. h. völlig wasserfrei, zu ermitteln. Zur Umrechnung des Raumgewichtes bei verschiedener Feuchtigkeit kann Abb. 4 nach Kollmann[1] dienen. Für wissenschaftliche und biologische Holzprüfungen ist ferner die sog. Raumdichtezahl, das Verhältnis des Darrgewichtes zum Volumen im frischen Zustand üblich[2].

5. Beurteilung der Meßergebnisse.

Die Beurteilung erfolgt für praktische Zwecke nach Mindestgrenzen des Raumgewichtes, für wissenschaftliche Forschungen und im Rahmen allgemeiner Vergleiche nach Lage im Schwankungsbereich einer Holzart, vgl. S. 42. Die Aufstellung von Häufigkeitskurven und ihr Vergleich mit vorliegenden ist zu empfehlen. Auf die einschlägigen Veröffentlichungen[3] sei verwiesen. Sichere äußere Kennzeichen für das Raumgewicht gibt es nicht, insbesondere berechtigen Jahrringbreite[4] und Spätholzanteil[5] nur zu sehr rohen Schlüssen.

F. Ermittlung der Festigkeitseigenschaften der Hölzer.

Von Karl Egner, Stuttgart.

1. Allgemeines.

Die Bauhölzer, die uns die Natur liefert, sind im allgemeinen mit einer mehr oder minder großen Zahl von Wuchsabweichungen (häufig als Holzfehler bezeichnet) behaftet, z. B. Äste, schräger Faserverlauf usw. Die Festigkeitseigenschaften werden durch diese Wuchsabweichungen maßgeblich beeinflußt. Für manche Zwecke, z. B. für die Beurteilung von Holzarten, Einflüssen des Standortes, forstlicher Erziehungsmaßnahmen, sowie verschiedener technologischer Maßnahmen wie Trocknung, Tränkung, Veredelung usw. ist es zur Erzielung einer möglichst sicheren Vergleichsgrundlage erforderlich, die Einflüsse der Wuchsabweichungen durch Wahl fehlerfreier Proben mit beschränkten Abmessungen auszuschalten. Andererseits hat die Festigkeitsprüfung der Bauhölzer in sehr vielen Fällen die Aufgabe, die Tragfähigkeit derselben in der Beschaffenheit der praktischen Verwendung, also behaftet mit den möglichen bzw. jeweils zulässigen Wuchsabweichungen, zu erkunden.

Gemäß vorstehendem muß bei der Bestimmung der Festigkeit, auch der Elastizität der Hölzer unterschieden werden zwischen der Prüfung fehlerloser Proben mit kleinen Abmessungen, der *Werkstoffprüfung*, und der Prüfung der Hölzer in der Beschaffenheit und mit den Abmessungen der praktischen Verwendung, auch als *Prüfung des Gebrauchsholzes* bezeichnet (vgl. DIN DVM 2180).

Die für die *Werkstoffprüfung* erforderlichen fehlerfreien Proben werden für viele Zwecke am sichersten aus Spaltstücken (Geradfaserigkeit) erhalten. Es ist erwünscht, daß die Jahrringe parallel einer Querschnittskante verlaufen.

[1] Kollmann, F.: Z. VDI Bd. 78 (1934) S. 1399.
[2] Trendelenburg, R.: Holz als Roh- und Werkstoff Bd. 2 (1939) Nr. 1, S. 12.
[3] Trendelenburg, R.: Z. VDI Bd. 79 (1935) S. 85; Papierfabrikant, Bd. 32 (1935) Nr. 9.
[4] Rochester, G. H.: The Mechanical Properties of Canadian Woods together with their Related Physical Properties Dept. Int., Can., For. Serv. Bull. 82, Ottawa 1933.
[5] Kollmann, F.: Technologie des Holzes, S. 48f. Berlin 1936.

Proben aus Hölzern mit ausgesprochener Splintbildung sollen entweder ganz dem Kern oder ganz dem Splint entnommen werden. Um vergleichbare Ergebnisse bei der Werkstoffprüfung zu erhalten, sollen nach DIN DVM 2180 die Probekörper bei der Prüfung entweder frisch (Holzfeuchtigkeit in allen Querschnittsteilen oberhalb des Fasersättigungspunktes) sein oder eine Feuchtigkeit von 12%, bezogen auf das Darrgewicht, aufweisen. In Frankreich ist es im allgemeinen üblich, die Festigkeitswerte bei 15% Holzfeuchtigkeit zu ermitteln oder sie auf diesen Zustand umzurechnen[1]. In jedem Falle ist die Feuchtigkeit zu ermitteln und zusammen mit dem jeweiligen Festigkeitswert anzugeben. Erwünscht ist ferner die Feststellung der mittleren Ringbreite, unter Umständen auch des Spätholzanteiles. Die Zahl der Probekörper soll wegen der nie völlig gleichmäßigen Beschaffenheit des Holzes mindestens 3 bis 5 betragen, bei großer Streuung der Versuchswerte dagegen wesentlich mehr. Bei Untersuchung ganzer Stämme ist die Lage der Proben im Stamm nach Höhe über dem Stockabschnitt und Entfernung vom Mark, die deutlichen Einfluß auf die meisten Holzeigenschaften hat, wichtig.

Bei der *Prüfung des Gebrauchsholzes* werden zweckmäßigerweise die Güteklassen nach DIN 4074 ermittelt. Sofern die Prüfergebnisse durch Wuchsabweichungen deutlich beeinflußt sind, sind diese (Größe, Zahl, Lage und Art der Äste, Risse, schräger Faserverlauf, Drehwuchs usw.) eindeutig zu bestimmen (vgl. auch DIN 2181). Die Holzfeuchtigkeit bei der Prüfung sollte den Verhältnissen des jeweiligen Verwendungszweckes entsprechen; sofern diese im allgemeinen stark schwanken, empfiehlt sich die Durchführung der Prüfung bei Holzfeuchtigkeiten entsprechend den vorkommenden Grenzwerten. Bei der Prüfung des Gebrauchsholzes ist ferner die Feststellung der mittleren Ringbreite erwünscht; hierzu ist DIN 2181 zu beachten. Bei Prüfung großer Probekörper ist häufig die Entnahme kleiner fehlerfreier Proben zur Vornahme von Werkstoffprüfungen erforderlich.

2. Ermittlung der Druckfestigkeit in Faserrichtung.

a) **Allgemeines.** Bei der großen praktischen Bedeutung, die der rasch und einfach zu ermittelnden Druckfestigkeit des Holzes in Faserrichtung, auch Längsdruckfestigkeit genannt, zukommt (Stützen, Druckglieder in Bauwerken usw.), ist zu beachten, daß der zahlenmäßige Zusammenhang zwischen ihr und den anderen Festigkeitseigenschaften des Holzes weniger sicher ist als bei vielen anderen, besonders den metallischen Baustoffen; immerhin ist aus den Ergebnissen des Druckversuches ein Schluß auf die Gesamtgüte des Holzes möglich.

b) **Prüfverfahren.** Die Ermittlung der Längsdruckfestigkeit erfolgt durchweg in Druckpressen, wobei mindestens eine der Druckplatten zwecks Selbsteinstellung beweglich, d. h. kugelig gelagert sein muß.

c) **Probenform und Probengröße.** Als Probekörper sind früher vielfach Würfel verwendet worden. Heute ist man fast überall zur Prismenform übergegangen, da die Würfelfestigkeit geringere praktische Bedeutung hat und beim Würfel die Beeinflussung des Spannungszustandes durch die Reibung zwischen den Druckplatten der Presse und den Druckflächen des Probekörpers besonders groß ist. Im Zusammenhang damit steht die Forderung, für die Entwicklung der bei der Zerstörung des Holzes durch Längsdruck typischen schiefen Abschiebungsflächen bzw. Gleitebenen genügende Länge zur Verfügung zu stellen[2].

---

[1] Cahiers des charges unifiés français relatifs aux bois, fascicule B₅ (1921). Commission permanente de standardisation. Ferner: Cahier des charges générales pour la fourniture des bois destinés aux appareils volants (1920/1926). Ministère des Travaux Publics. Service Technique de l'Aéronautique.

[2] RYSKA, K.: Einige Fragen aus dem Gebiete der technischen Prüfungsmethoden für Hölzer. Internat. Kongr. Materialprüfung, Zürich 1931. Edit. A. I. E. M., Zürich 1932.

Über den Einfluß der Probenhöhe im Verhältnis zur Querschnittsseite auf die Druckfestigkeit hat R. BAUMANN[1] ausgedehnte Versuche angestellt. Hiernach hat sich im Durchschnitt (Mittel aus 45 Holzproben) bei einer Höhe der Druckkörper gleich dem 3- bis 6fachen der Querschnittsseite eine um rd. 7% niedrigere Druckfestigkeit als bei den Würfeln ergeben; bei Verminderung der Druckkörperhöhe auf die Hälfte der Querschnittsseite ist eine um rd. 3%

höhere Festigkeit als die Würfeldruckfestigkeit aufgetreten. Ganz ähnliche Ergebnisse haben, wie Abb. 1 zeigt, die Untersuchungen RYSKAS[2] mit Douglastannen-, Tannen- und Fichtenholz geliefert.

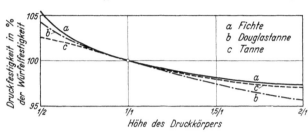

Abb. 1. Abhängigkeit der Druckfestigkeit von der Probenhöhe bei verschiedenen Hölzern nach RYSKA.

Neuere Untersuchungen des Instituts für die Materialprüfungen des Bauwesens an der T.H. Stuttgart haben bei Fichten- und Buchendruckkörpern mit nur 2 cm Querschnittsseite diese Feststellungen nicht durchweg erhärtet; dagegen war bei Druckkörpern aus Fichtenholz mit 8 cm Querschnittsseite eine Abnahme der Festigkeit mit zunehmender Probenhöhe feststellbar.

Eine Abhängigkeit der Längsdruckfestigkeit von der Körpergröße liegt bei Proben mit geometrisch ähnlichen Abmessungen aus gleichartigem Holz nicht vor, wenn deren Querschnitte mindestens einige Jahrringe enthalten[1, 3].

Entsprechend diesen Erkenntnissen ist in der *deutschen Norm* DIN DVM 2185 für den Druckkörper, der im allgemeinen ein Prisma von quadratischem Querschnitt sein soll, keine starre Körpergröße, vielmehr nur eine Begrenzung der Maße nach unten vorgeschrieben. So soll die Seitenlänge mindestens 2, besser mindestens 2,5 cm, und bei rasch oder unregelmäßig erwachsenen Hölzern mindestens 3 bis 4 cm betragen. Die Höhe der Druckprismen muß mindestens gleich der 1,5fachen, höchstens gleich der 3fachen Querschnittsseite sein.

Besonders bei der Prüfung des Gebrauchsholzes wird man häufig den Wunsch und das Bedürfnis haben, Druckprismen mit rechteckigem Querschnitt zu prüfen, z. B. bei Probstücken aus Balken, Stützen u. ä., die den ganzen Querschnitt der letzteren umfassen. Die Körperhöhe solcher Druckprismen, deren Querschnittsseiten a

Abb. 2. Druckprobe nach den französischen Normen.

und b sind, soll das 1,5fache von $\dfrac{a+b}{2}$ betragen.

Die *französischen Normen*[4] schreiben für Druckkörper Prismen von 2×2 cm Querschnitt und 3 cm Höhe vor (vgl. Abb. 2). Das Verhältnis zwischen Querschnittsseite und Höhe stimmt hiernach mit den deutschen Vorschriften gemäß DIN DVM 2185 überein.

Nach den *englischen Normen*[5], die zur Zeit überarbeitet werden, soll als üblicher Druckkörper das in Abb. 3 dargestellte Prisma verwendet werden.

[1] BAUMANN, R.: Die bisherigen Ergebnisse der Holzprüfungen in der Materialprüfungsanstalt an der T. H. Stuttgart. Forsch.-Arb. Ing.-Wes. (1922), Heft 231.

[2] Vgl. Fußnote 2, S. 46.

[3] CASATI, E.: Essais comparés sur éprouvettes de dimensions différentes de quelques essences de bois. Internat. Kongr. Materialprüfung, Zürich 1932, S. 121f.

[4] Vgl. Fußnote 1, S. 46.

[5] British Standard Specification for Methods of Testing Small Clear Specimens of Timber, No. 373, 1929. Brit. Engng. Stand. Assoc.

Allerdings sind auch kleinere Prismen gemäß Abb. 4 und 5 mit quadratischem oder rundem Querschnitt gestattet.   Bei den Proben nach Abb. 3 und 4 betragt die Höhe das 4fache der Querschnittsseite und übersteigt demnach das nach den deutschen Normen zulässige Maß, während die Probe nach Abb. 5 wesentlich gedrungener ist.

Der in Abb. 3 dargestellte Körper ist auch als üblicher Druckkörper in den *amerikanischen Normen*[1] vorgeschrieben. Außerdem ist hier ebenfalls ein Probekörper mit rundem, an den Enden allerdings in quadratische Form übergehendem Querschnitt nach Abb. 6 zulässig.   Der Vorteil der Druckkörper mit rundem Querschnitt soll in größerer Zuverlässigkeit der Ergebnisse bestehen; dem steht allerdings erhöhter Zeitaufwand für die Herstellung entgegen.

In den Normen der Böhmisch-Mährischen Normengesellschaft ist als Normendruckkörper ein Prisma von 5×5 cm² Querschnitt und 15 cm Höhe festgelegt (vgl. Abb. 7). Diese Probenform ist auch nach der deutschen Norm DIN DVM 2185 noch zulässig. Der *schwedische* Normenkörper besitzt eine Höhe von 20 cm bei 5×5 cm² Querschnitt[2].

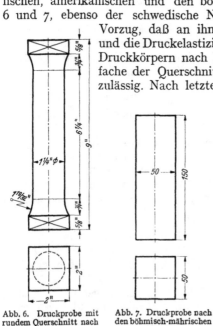

Abb. 3.   Abb. 4.   Abb. 5.
Abb. 3 bis 5. Druckproben nach den englischen Normen.

Die großen Probekörper nach den englischen, amerikanischen und den böhmisch-mährischen Normen, vgl. Abb. 3, 6 und 7, ebenso der schwedische Normendruckkörper haben zunächst den Vorzug, daß an ihnen gleichzeitig die Zusammendrückungen und die Druckelastizität ermittelt werden kann. Dies ist bei den Druckkörpern nach DIN DVM 2185, deren Höhe das Dreifache der Querschnittsseite unterschreitet, nicht möglich und zulässig. Nach letzterer Norm sollen für Elastizitätsversuche schlankere Prismen verwendet werden (vgl. unter G, 3). Man ist in Deutschland bei der Festlegung dieser Vorschrift von der Tatsache ausgegangen, daß im allgemeinen die Ermittlung der Druckfestigkeit im Vordergrund des Interesses steht und nur in verhältnismäßig wenig Fällen gleichzeitig die Druckelastizität ermittelt wird. Dadurch kann man mit der gedrungeneren, material- und zeitsparenden Prismenform für reine Druckfestigkeitsbestimmungen auskommen.

d) Erfordernisse für die zweckdienliche Prüfung. Die Bearbeitung der Druckprismen hat so zu erfolgen, daß die Druckflächen tadellos eben sind und außerdem parallel zueinander und senkrecht zur Körperachse verlaufen.

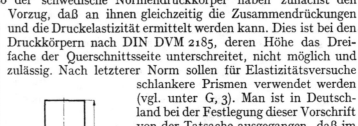

Abb. 6. Druckprobe mit rundem Querschnitt nach den amerikanischen Normen.

Abb. 7. Druckprobe nach den böhmisch-mährischen Normen.

---

[1] Standard Methods of Testing Small Clear Specimens of Timber. A. S. T. M. Stand., part. II, Nonmetallic Materials, 1933; A. S. T. M. Design. D 143—27.
[2] SCHLYTER, R. u. G. WINBERG: The strength of Swedish redwood timber (pine) and its dependence on moisture-content and apparent specific gravity. Medd. Provn. Anst. Stockh. 1929.

Ein Behobeln der Druck- und Seitenflächen ist nicht unbedingt erforderlich, vielmehr genügen einwandfrei geführte Sägeschnitte[1].

Vor Beginn des Druckversuches ist darauf zu achten, daß beide Druckplatten parallel zueinander liegen. Sofern beide Druckplatten beweglich sind, ist ein Ausrichten mit Hilfe der Wasserwaage zweckmäßig.

Die Steigerung der Belastung soll gleichmäßig und nicht zu rasch erfolgen. Nach DIN DVM 2185 soll bei Prüfungen ohne Feinmessungen die Druckbeanspruchung in der Minute um etwa 200 bis 300 kg/cm² zunehmen. Nach den französischen Normen[2] muß die Dauer des Druckversuches mindestens 2 min betragen. Die englischen[3] und amerikanischen[4] Normen schreiben ein bestimmtes Maß der Zunahme der Zusammendrückungen vor; die Belastung soll hiernach so gesteigert werden, daß bei den Prismen mit quadratischem Querschnitt in der Minute eine Zusammendrückung von 0,003″ ± 20% auf 1″ Probenlänge eintritt, während bei den Proben mit rundem Querschnitt nach Abb. 5 dieses Maß 0,008″ ± 20% auf 1″ Probenlänge betragen soll. Die nach den englischen und amerikanischen Vorschriften erforderliche Belastungsgeschwindigkeit kann somit nur eingehalten werden, wenn gleichzeitig die Zusammendrückung der Druckproben verfolgt wird. Hierzu ist zu sagen, daß der Einfluß der Belastungsgeschwindigkeit auf das Prüfergebnis nach den Feststellungen von CASATI[5] gering ist (vgl. die folgende Zahlentafel). Nach

Holzart	Proben-abmessungen	Ver-suchs-dauer	Belastungs-geschwindigkeit	Druck-festigkeit
	cm	sec	kg/cm²·min	kg/cm²
Tanne	5×5×5	270	100	450
		120	220	440
		25	1130	472
	2×2×2	300	80	406
		130	180	390
		15	1750	435
Erle	5×5×5	125	210	428
		60	440	450
		22	1300	486
	2×2×2	370	80	495
		120	245	490
		30	1000	500

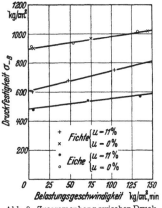

Abb. 8. Zusammenhang zwischen Druckfestigkeit und Belastungsgeschwindigkeit nach GHELMEZIU.

neueren Versuchen von GHELMEZIU[6] tritt mit der Geschwindigkeitserhöhung der Belastung eine deutliche Zunahme der Druckfestigkeit ein (vgl. Abb. 8). Diese Feststellungen dürfen wohl für geringe Belastungsgeschwindigkeiten (unterhalb rd. 150 kg/cm² · min) als richtig angesehen werden. Bei höheren Geschwindigkeiten scheint keine wesentliche Zunahme der Druckfestigkeit mehr einzutreten (vgl. die obigen Feststellungen CASATIs).

Aus dem nach Ermittlung der Querschnittsabmessungen mit Hilfe der Schieblehre errechneten Probenquerschnitt f und der bei der Prüfung festgestellten Höchstlast P_{max} ergibt sich die Druckfestigkeit $\sigma_{dB} = P_{max}/f$, die zweckmäßigerweise auf 1 kg/cm² genau angegeben wird. Zur näheren Beurteilung

---

[1] LANG, G.: Das Holz als Baustoff, sein Wachstum und seine Anwendung zu Bauverbänden. Wiesbaden: Kreidel 1915.
[2] Vgl. Fußnote 1, S. 46.   [3] Vgl. Fußnote 5, S. 47.
[4] Vgl. Fußnote 1, S. 48.   [5] Vgl. Fußnote 3, S. 47.
[6] GHELMEZIU, N.: Untersuchungen über die Schlagfestigkeit von Bauhölzern. Holz als Roh- und Werkstoff Bd. 1 (1938) Heft 15, S. 585f.

des Prüfungsergebnisses ist die *Kenntnis der Feuchtigkeit und des Raumgewichtes des geprüften Holzes unerläßlich.* Sofern Druckproben in reiner Prismen- oder Zylinderform entsprechend der Mehrzahl der heute in den verschiedenen Ländern gültigen Normen verwendet werden, läßt sich das Raumgewicht der Druckproben ohne großen Zeitaufwand ermitteln. Der Feuchtigkeitsgehalt kann bei den für die Werkstoffprüfung üblichen kleinen Probekörpern durch Darrung der ganzen Probe (ausgenommen sind stark harzhaltige und getränkte Hölzer, vgl. S. 31) festgestellt werden. Bei größeren Druckproben wird nach dem Druckversuch eine Scheibe aus jeder Probe herausgeschnitten, an der die Feuchtigkeit zu ermitteln ist.

Abb. 9. Astfreie Druckprobe aus Fichtenholz nach der Prüfung.

Abb. 10. Mit Ästen durchsetzte Druckprobe aus Fichtenholz nach der Prüfung.

Neben der Druckfestigkeit wird bei der Werkstoffprüfung die Gütezahl $\left(\dfrac{\text{Druckfestigkeit}}{\text{Raumgewicht } r_{12} \cdot 100}\text{ in km}\right)$ bei 12% Feuchtigkeitsgehalt festgestellt[1].

In Frankreich ist es außerdem vielfach üblich, neben dieser „statischen" Gütezahl (cote statique), eine weitere „spezifische" Gütezahl $\left(\dfrac{\text{Druckfestigkeit}}{(\text{Raumgewicht})^2 \cdot 100}\right)$ anzugeben (cote spécifique), welch letztere besonders für die Holzart charakteristische Werte liefern soll; allerdings werden in Frankreich beide Gütezahlen für den Zustand bei 15% Feuchtigkeitsgehalt errechnet[2].

Wenn eingehendere Kenntnis des Verhaltens von Hölzern bei Druckbeanspruchung gewünscht wird, vor allem bei vielen wissenschaftlichen Untersuchungen, ist die Kurve der Zusammendrückungen abhängig von der Druckbeanspruchung zu ermitteln. Näheres über die Messung der Formänderungen findet sich im Abschnitt G über die Elastizität der Hölzer. Wenn die Kurve der Zusammendrückungen bekannt ist, ist es möglich, aus dieser die sog. „Proportionalitätsgrenze" zu entnehmen.

e) Beurteilung der Bruchformen. Im Gegensatz zu den Verhältnissen bei manchen anderen Beanspruchungsarten (z. B. Schlag) ist eine äußerliche

---

[1] Über die Umrechnung von Druckfestigkeiten, die bei abweichender Feuchtigkeit (8 bis 18%) ermittelt wurden, auf den Zustand bei 12% gibt DIN DVM 2185 Auskunft.

[2] Vgl. Fußnote 1, S. 46.

Beurteilung der Holzgüte durch die Erscheinungen bei der Zerstörung unter Druckbeanspruchung, die im allgemeinen durch seitliches Ausknicken, Ineinanderschieben und Abgleiten schräg zur Druckrichtung bei einzelnen oder allen Faserbündeln gekennzeichnet ist, nicht möglich. Allerdings wird man bei Hölzern mit Wuchsabweichungen, insbesondere mit Ästen, unschwer aus dem Bruchbild beurteilen können, ob durch die Wuchsabweichungen eine Beeinflussung der Druckfestigkeit eingetreten ist. Der Vergleich der beiden Abb. 9 und 10, in denen eine astfreie und eine mit Ästen durchsetzte Druckprobe nach der Prüfung wiedergegeben ist, veranschaulicht dies.

Die Art der Bruchbildung, die vom Gefüge und von der Feuchtigkeit des Holzes abhängig ist, ist im einzelnen nicht einheitlich: Bildung einer oder mehrerer Gleitebenen, dazwischen liegende Spaltbrüche, Zustandekommen eines Sprengkopfes, Bartbildung an den Enden usw.[1, 2].

3. Ermittlung des Druckwiderstands quer zur Faserrichtung.

a) **Allgemeines.** Dem Druckwiderstand des Holzes quer zur Faserrichtung kommt nicht unwesentliche praktische Bedeutung zu. Er ist zu beachten u. a. bei Übertragung von Lasten über ein Sattelholz auf eine Stütze, über eine Stütze auf eine Fußschwelle usw.

Die Bezeichnung „Druckfestigkeit quer zur Faserrichtung" oder „Querdruckfestigkeit" ist irreführend. Eine Bruchfestigkeit bei Druckbeanspruchung quer zur Faserrichtung gibt es im allgemeinen nicht, da die Last meist beliebig gesteigert werden kann, ohne daß im Last-Verformungsbild ein Höchstwert erreicht wird[3]. Bei Druckbelastung quer zur Faser ist die Formänderung maßgebend.

Es sind folgende zwei Fälle zu unterscheiden: Vollbelastung, d. h. Belastung auf der ganzen Querfläche, und Teilbelastung, d. h. Belastung nur auf einem Teil der Querfläche[1]. In jedem dieser Fälle ist das Verhalten des Holzes deutlich verschieden.

b) **Prüfverfahren.** Entsprechend den vorstehenden Ausführungen muß, je nach den unter den praktischen Verhältnissen vorherrschenden

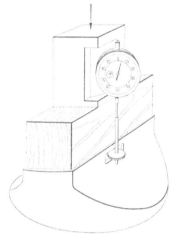

Abb. 11. Amerikanische Versuchsanordnung bei den kleinen Schwellendruck-Normenkörpern.

Belastungsverhältnissen, unterschieden werden zwischen vollbelasteten und teilbelasteten Probekörpern; es werden deshalb Druckversuche an Probekörpern, besonders an Würfeln, die über eine ganze Querfläche belastet werden, und Druckversuche an Schwellen vorgenommen. Wesentlich ist dabei, daß die Zusammendrückung in Abhängigkeit von der Belastung ermittelt wird.

Die deutsche Norm DIN DVM 2185 schreibt vor, daß sowohl beim Druckversuch an Würfeln, als auch beim Druckversuch an Schwellen die Spannung festzustellen ist, bei der eine Zusammendrückung um 1% auftritt. Die englischen, amerikanischen und böhmisch-mährischen Normen[4, 5] verlangen nur den Schwellenversuch, und zwar die Ermittlung der Spannung an der sog. „Proportionalitätsgrenze", die aus dem Schaubild Spannung — Zusammen-

---

[1] Vgl. Fußnote 1, S. 49.
[2] KOLLMANN, F.: Technologie des Holzes. Berlin: Julius Springer 1936.
[3] SUENSON, E.: Zulässiger Druck auf Querholz. Holz als Roh- und Werkstoff, 1. Jg. (1938) Heft 6, S. 213f.
[4] Vgl. Fußnote 5, S. 47.   [5] Vgl. Fußnote 1, S. 48.

4*

drückung entnommen werden soll; die Zusammendrückungen sind zu diesem Zweck bis zum Erreichen der 5%-Grenze aufzuzeichnen. Die in Amerika übliche Versuchsanordnung zur Messung der Zusammendrückungen bei Schwellenversuchen geht aus Abb. 11 hervor.

Abb. 12. Anordnung eines Schwellendruckversuches mit kleinen Normenproben in Schweden. (Nach Schlyter und Winberg.)

Die Spannung an der „Proportionalitätsgrenze" ist allerdings häufig nicht eindeutig feststellbar; hinzu kommt, daß in manchen Fällen gar keine „Proportionalitätsgrenze" auftritt[1]. Für die Feststellung der Zusammendrückungen genügt mit hinreichender Genauigkeit die laufende Messung der Druckplattenentfernung mit Hilfe üblicher Meßuhren; ein Beispiel[2] für dieses Vorgehen zeigt Abb. 12.

Die Meßanordnung bei amerikanischen Schwellenversuchen mit Bauhölzern geht aus Abb. 17 hervor.

c) **Probenform und Probengröße.** Der Einfluß der Höhe der Druckkörper auf den Druckwiderstand ist bei Beanspruchung quer zur Faserrichtung noch ausgeprägter als bei Beanspruchung in Faserrichtung. R. Baumann[3] hat hierüber Versuche an prismatischen Probekörpern mit quadratischer Grundfläche (Seitenlänge a) und Höhen h, die a, $2a$ und $3a$ betrugen, durchgeführt. Die Probekörper, die über den ganzen Querschnitt belastet wurden, lieferten z. B. für Kiefernholz folgende *Verhältniszahlen des Druckwiderstandes:*

Bei Belastung tangential zu den Jahrringen ist nach den Untersuchungen Baumanns mit zunehmender Körperhöhe bei gleichbleibendem Querschnitt eine wesentlich größere Abnahme des Druckwiderstandes als bei Belastung radial zu den Jahresringen zu erwarten.

Druckrichtung tangential zu den Jahrringen.

		Verhaltniszahlen des Druckwiderstandes		
		$h = a$	$h = 2a$	$h = 3a$
Kiefer	Splint	1	0,79	—
	Kern desselben Brettes . . .	1	0,97	0,63
	Kern	1	0,74	0,53

Ein Einfluß der Querschnittsgröße auf die Prüfergebnisse scheint bei gleichbleibendem Verhältnis $h:a$ nicht vorzuliegen, sofern es sich um Vollbelastung (gleichmäßig verteilte Belastung über den ganzen Probenquerschnitt) handelt.

Druckrichtung radial zu den Jahrringen.

		Verhaltniszahlen des Druckwiderstandes		
		$h = a$	$h = 2a$	$h = 3a$
Kiefer	Splint	1	0,98	0,80
	Kern desselben Brettes . . .	1	0,91	—
	Kern	1	0,86	—

Besonderes Augenmerk verdienen die Verhältnisse bei Teilbelastung (Schwellenversuch), die im Vordergrund praktischen Interesses stehen. Hier ist in erster Linie der Einfluß der Breite der Druckfläche zu beachten; Unter-

---

[1] Vgl. Fußnote 3, S. 51.   [2] Vgl. Fußnote 2, S. 48.   [3] Vgl. Fußnote 1, S. 47.

suchungen von GRAF[1] an Bauhölzern mit 18×18 cm² Querschnitt (vgl. Abb. 13) lassen erkennen, daß mit abnehmender Breite der Druckfläche eine deutliche

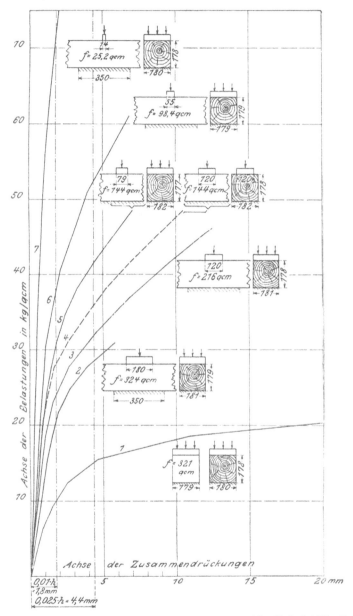

Abb. 13. Zusammenhang zwischen Belastung, Zusammendruckung und Lastfläche bei Schwellenholzern.
(Nach O. GRAF.)

Verringerung der Zusammendrückungen abhängig von der spezifischen Pressung, eintritt. Die Auflagerfläche der zu diesen Untersuchungen verwendeten Hölzer hatte, mit Ausnahme des Würfelversuches, durchweg eine Länge von 35 cm, während die Breite der oberen Druckplatten verändert wurde (vgl. Abb. 13).

---

[1] In BAUMANN-LANG: Das Holz als Baustoff, 2. Aufl. München: C. W. Kreidel 1927.

Die Erklärung für die geschilderten Ergebnisse ist nach Graf darin zu suchen, daß das neben der Belastungsfläche in der Faserrichtung gelegene Material der Schwellen in weitgehendem Maße zur Kraftübertragung herangezogen wird.

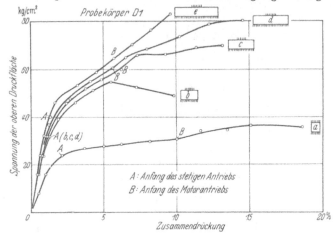

Abb. 14. Zusammenhang zwischen Belastung, Probenlänge und Zusammendrückung bei Schwellenhölzern.
(Nach Suenson.)

Eine Bestätigung und Erweiterung dieser Ergebnisse brachten die neuerdings von Suenson[1] durchgeführten Versuche an Fichtenbalken von 15×15 cm² Querschnitt. Hierbei wurde die Größe der oberen Druckfläche (15×15 cm²) bei allen Versuchen beibehalten, während die Länge der unteren Auflagerfläche, die stets gleich der Länge der Versuchskörper war, verändert wurde (15, 30, 45, 60 und 75 cm) (vgl. Abb. 14).

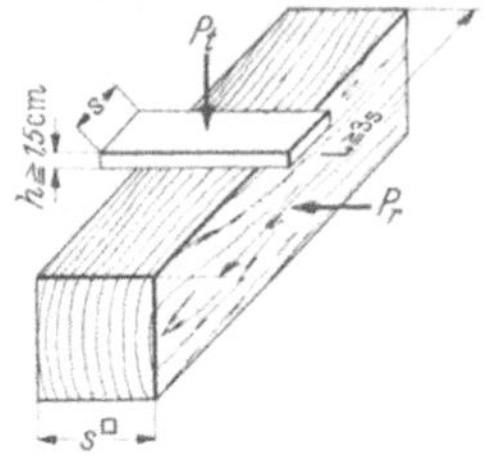

Die Höchstwerte der von den verschiedenartig belasteten Probekörpern ertragenen Spannungen sind demnach mit zunehmender Länge der Auflagerflächen größer ausgefallen. Dies ist eine Bestätigung dafür, daß bei dieser Art der Beanspruchung eine „Druckfestigkeit" im üblichen Sinne nicht vorliegt.

Der Druckversuch an vollbelasteten Probekörpern wird *in Deutschland* gemäß DIN DVM 2185 an Würfeln von mindestens 3 cm Seitenlänge vorgenommen.

Abb. 15.
Belastung der Schwellendruck-
körper nach DIN DVM 2185.

Für den Schwellenversuch schreibt DIN DVM 2185 prismatische Stäbe von quadratischem Querschnitt mit mindestens 5 cm Seitenlänge vor; die Probenlänge soll mindestens gleich der 3fachen Seitenlänge sein. Wie Abb. 15 zeigt, soll die Last auf den mittleren Teil des Probekörpers durch eine 1,5 cm dicke Platte (mit abgerundeten Längskanten, Rundungshalbmesser 1,5 mm) übertragen werden, deren Breite gleich der Querschnittskante des Probekörpers ist und deren Längsachse mit der Längsachse des Probekörpers einen rechten Winkel bildet. Die Jahrringe sollen nach Möglichkeit parallel einer Querschnittsseite des Probekörpers verlaufen, so daß die Belastungsrichtung entweder tangential oder radial zu den Jahrringen verläuft.

Die *französischen Normen*[2] schreiben für den Druckversuch quer zur Faserrichtung keinerlei Körperform und Abmessungen vor. Wenn Versuche gewünscht werden, sollen die Proben in Größe und Form den praktischen Verhältnissen am Verwendungsort entsprechend gewählt und auch sinngemäß entsprechend den tatsächlichen Verhältnissen (Voll- oder Teilbelastung) geprüft werden.

---

[1] Vgl. Fußnote 3, S. 51.   [2] Vgl. Fußnote 1, S. 46.

In *England und Amerika* werden für den Schwellenversuch prismatische Stäbe von 6″ Länge verwendet; die Querschnittsseite hat eine Länge von 2″. Die Belastung erfolgt ähnlich den deutschen Vorschriften gemäß Abb. 16 auf das mittlere Drittel der Probenlänge. Die Jahrringe sollen so verlaufen, daß die Belastung tangential zu diesen erfolgt.

Auch in den böhmisch-mährischen Normen sind, wie in den deutschen, englischen und amerikanischen Normen für den Schwellenversuch prismatische Stäbe von 15 cm Länge und 5×5 cm² Querschnitt vorgeschrieben; die Belastung erfolgt auf dieselbe Weise wie in den genannten Ländern.

Dieselben Verhältnisse sind für *Schweden* gültig[1].

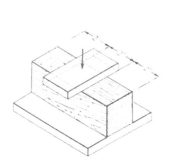

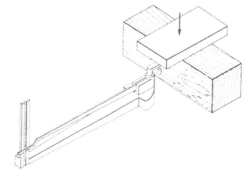

Abb. 16. Schwellendruckkorper nach den britischen Normen.

Abb. 17. Schwellendruckversuch mit Bauholzern nach den amerikanischen Normen.

Für Schwellenversuche an Probekörpern in Bauholzgröße und -beschaffenheit sind nur in den amerikanischen Normen[2] Richtlinien mitgeteilt worden. Hiernach sind Proben von rd. 75 cm Länge (30″) und möglichst großem Querschnitt zu entnehmen (über die Entnahme vgl. auch die Mitteilungen im Abschnitt Biegefestigkeit zur Aufteilung von großen Biegeproben). Die Last wird durch eine Metallplatte von rd. 15 cm Breite in Probenmitte auf eine sauber bearbeitete Fläche übertragen (vgl. Abb. 17).

d) Erfordernisse für die zweckdienliche Prüfung. Ähnlich den Erfordernissen bei den Prüfkörpern für den Druckversuch parallel zur Faserrichtung müssen die Druckflächen tadellos eben sein und parallel zueinander sowie zur Körperachse verlaufen. Für die Bearbeitung genügen sauber geführte Sägeschnitte.

Die beiden Druckplatten der Prüfpresse müssen vor Beginn des Versuches parallel zueinander ausgerichtet werden und in dieser Lage während des ganzen Versuches verharren.

Die Belastungsgeschwindigkeit soll nach DIN DVM 2185 in der Minute 10 kg/cm² betragen, nach den böhmisch-mährischen Normen bei Harthölzern 30 kg/cm² $\pm$ 25% , bei Weichhölzern 15 kg/cm² $\pm$ 25% (solange die Zusammendrückung unter 2% bleibt). Die französischen Vorschriften enthalten keine Angaben über die einzuhaltende Belastungsgeschwindigkeit. Nach den englischen[3] und amerikanischen[4] Normen ist die Steigerung der Belastung nicht entsprechend einer bestimmten gleichmäßigen Zunahme der Beanspruchung, sondern der Zusammendrückung zu wählen; letztere soll 0,024″ ($\pm$ 20%) in der Minute betragen, d. h. 1,2% der Probenhöhe zwischen den Druckplatten. Bei den Schwellenversuchen an Bauhölzern soll nach den amerikanischen Normen[2] die Belastungsgeschwindigkeit N nach der Beziehung

$$N = 0{,}0175 \ d^{4/9}$$

---

[1] Vgl. Fußnote 2, S. 48.

[2] Standard Methods of conducting static tests of timbers in strutural sizes. A. S. T. M. Design. D 198—27.

[3] Vgl. Fußnote 5, S. 47.   [4] Vgl. Fußnote 1, S. 48.

Abb. 18. Knickversuch mit langen Baugliedern in einer Presse stehender Bauart des Instituts für die Materialprüfungen des Bauwesens an der Technischen Hochschule Stuttgart.
(Nach O. Graf.)

gewählt werden, wobei d die Balkenhöhe darstellt (N und d in amerikanischen Zollmaßen).

Für die Feststellung der Spannung, bei der 1% Zusammendrückung auftritt, ist die Kenntnis der Abmessungen des Probekörpers und der Größe der Belastungsfläche f erforderlich. Aus der zugehörigen Last $P_{(1\%)}$ ergibt sich die Spannung

$$\sigma_{(1\%)} = \frac{P_{(1\%)}}{f}.$$

Zur näheren Beurteilung des Prüfungsergebnisses empfiehlt sich die Feststellung der Holzfeuchtigkeit und besonders *des Raumgewichtes*. Das Raumgewicht läßt sich aus dem Gewicht und den Abmessungen der Probe vor dem Versuch leicht ermitteln. Die Holzfeuchtigkeit, der hier bei weitem nicht die Bedeutung wie bei Druck in Faserrichtung zukommt, kann durch Darrung der ganzen Probe bestimmt werden (vgl. auch unter C). Bei Schwellenversuchen mit Bauhölzern sollen nach den amerikanischen Normen[1] aus jeder geprüften Probe in der Nähe der Zerstörungsstelle zwei Scheiben für die Feuchtigkeitsermittlung entnommen werden, von denen die eine zur Feststellung des mittleren Feuchtigkeitsgehaltes, die andere zur Ermittlung der Feuchtigkeitsverteilung über den Querschnitt (Feuchtigkeit in den Außenzonen, Zwischenzonen und im Kern, die jeweils ein Drittel der Querschnittsfläche umfassen) dient.

e) Beurteilung der Bruchformen. Eine Beurteilung der Holzgüte durch die Erscheinungen bei starker Querpressung ist nicht ohne weiteres möglich.

4. Ermittlung der Knickfestigkeit.

a) Allgemeines. Die Knickfestigkeit der hölzernen Druckglieder ist für die Praxis des Holzbaues (Ingenieurholzbauten, Bau von Feuerwehrleitern usw.) von großer Bedeutung. Man hat sich den Vorgang der Knickung so vorzustellen, daß mit Zunahme der Drucklast eine anfänglich verschwindend kleine Ausbiegung des Druckgliedes rasch anwächst, wobei das Gleichgewicht zwischen den Momenten der äußeren Last und der inneren Gegenkräfte überschritten wird[2]. Die Entstehung des die Ausbiegung verursachenden Biegungs-

[1] Vgl. Fußnote 2, S. 55.
[2] Bach, Jul.: Der Stand des Knickproblems stabförmiger Körper. Z. VDI Bd. 77 (1933) Nr. 23, S. 610f.

momentes ist selbst bei einwandfrei mittiger Belastung darauf zurückzuführen, daß die Kraftrichtung nie vollkommen mit der geometrischen Achse des Druckgliedes zusammenfällt und ferner der Baustoff selbst in seinem Aufbau praktisch nie gleichmäßig ist[1].

Genormte Prüfverfahren für die Ermittlung der Knickfestigkeit gibt es nicht. In besonderem Maße ist hier die Prüfung unter möglichst wirklichkeitsgetreuen Verhältnissen erforderlich, sowohl was die Abmessungen, die Beschaffenheit und den Aufbau der Druckglieder, als auch vor allem die Art der Belastung und Auflagerung betrifft.

b) Prüfverfahren. Die Ermittlung der Knickfestigkeit erfolgt in Druckpressen, deren größter lichter Abstand zwischen den Druckplatten den Einbau der zu prüfenden Druckglieder gestattet. Im allgemeinen sind zur Vermeidung des Einflusses der Schwerkraft stehende Druckpressen vorzuziehen; für die Prüfung langer Druckglieder (vgl. Abb. 18) werden häufig genügend hohe Pressen nicht vorhanden sein, so daß unter Umständen liegende Pressen herangezogen werden müssen (vgl. Abb. 19[2]). TETMAJER hat seine bekannten Versuche ebenfalls in liegenden Maschinen vorgenommen. Dabei wurde das Biegungsmoment infolge des Eigengewichtes der Knickglieder durch Anwendung von Gegengewichten ausgeglichen, die bei Körpern von mehr als 2,0 m Länge in den Drittelpunkten der Länge wirkten und zusammen $^4/_5$ des Balkengewichtes betrugen;

Abb. 19. Prüfmaschine liegender Bauart mit eingebautem langem Knickstab. (Nach M. Ros und J. BRUNNER.)

über Rollen laufende Seile waren auf der einen Seite mit geeigneten, die Knickglieder tragenden Bügeln und auf der anderen Seite mit den Gegengewichten verbunden[3]. Die Forderung, nur stehende Maschinen für Knickversuche zu verwenden[4], gilt daher nur eingeschränkt.

Nach der üblichen Unterscheidung der Einspannung von Knickstäben sind 4 Fälle möglich[4, 5], von denen Fall 2 mit beidseitiger Spitzen- oder Schneidenlagerung am häufigsten anzunehmen ist, da vollkommene Einspannung wohl äußerst selten vorhanden ist. In Wirklichkeit ist allerdings Spitzen- und Schneidenlagerung wiederum seltener als Flächenlagerung; bei letzterer sind häufig nur um Weniges höhere Knicklasten als bei ersteren zu erwarten[5].

Die Art der Lastübertragung an den Enden der Druckglieder ist zu beachten[6]. Man wird in manchen Fällen (Stangen, Stützen) den Erfordernissen der Praxis besonders nahe kommen, wenn zwischen die Enden der zu prüfenden

[1] Vgl. Fußnote 2, S. 51.

[2] Ros, M. u. J. BRUNNER: Die Knickfestigkeit der Bauhölzer. Internat. Kongr. Materialprüfung, Zürich 1932, S. 157f.

[3] TETMAJER, L. v.: Die Gesetze der Knickungs- und der zusammengesetzten Druckfestigkeit. Leipzig und Wien: Fr. Deuticke 1903.

[4] PETERMANN: Zur Lagerung der Druckplatten von Knickmaschinen. Bautechn. Stahlbau Bd. 4 (1931) Heft 16, S. 184f.

[5] Vgl. Fußnote 2, S. 56.

[6] GRAF, O.: Knickversuche mit Bauholz. Bautechn. Bd. 6 (1928) Heft 15 S. 209f.

Druckglieder und die beim Versuch festgelegten Druckplatten rohe Brettstücke eingelegt werden (vgl. Abb. 18)[1]. Die meist übliche Art der Auflagerung der Druckglieder auf starken Stahlplatten, die wiederum auf den Druckplatten der Prüfmaschine kugelig gelagert sind (vgl. Abb. 20), entspricht ungefähr den Verhältnissen, wenn die Druckglieder auf einem Fundament stehen und die Belastung
durch verhältnismäßig steife Druckplatten in diese Bauglieder
übertragen wird[2].

Abb. 20. Bewährte Art
der Auflagerung bei
Knickversuchen.
(Nach O. GRAF.)

Für Knickversuche mit Hölzern kommen im allgemeinen
folgende Möglichkeiten der Auflagerung in Frage: a) Spitzenlagerung, b) Schneidenlagerung, c) Kugellagerung und d) Flächenlagerung. Den Voraussetzungen des Belastungsfalles 2 entsprechen streng genommen nur die Lagerungen a) und b).
Während bei der auch von TETMAJER angewendeten Spitzenlagerung keinerlei Knickrichtung ausgezeichnet ist, wird bei
der Schneidenlagerung eine ganz bestimmte Knickrichtung
vorgeschrieben. Dieser Fall kann für die Prüfung von Baugliedern wichtig sein, die in Wirklichkeit so in irgendwelchen
Verbänden festliegen, daß praktisch ein Ausknicken nur in
einer ganz bestimmten Richtung möglich ist. Die Kugellagerung
wird heute im allgemeinen der Spitzenlagerung vorgezogen;
dabei ist zu beachten, daß auch die gehärteten Spitzen Abrundungen besitzen. Bei großen Knicklasten und kleinen
Spitzenoberflächen besteht die Gefahr der Bildung bleibender
Eindrückungen und daher der Entstehung großer Reibungskräfte. Für die
Ausbildung der Kugellagerung empfiehlt sich die Wahl nicht zu großer Stahlkugeln, die zweckmäßig auf der Druckplattenseite in kugeligen Ausdrehungen
gelagert sind, deren Radius R etwas größer ist als der Kugelradius r. Die
Kugeln sind so stark in diese Ausdrehungen (vor dem Knickversuch) einzu-
drücken, daß eine für die Knickkräfte genügend große
Kalottenoberfläche mit Radius r entsteht (vgl. Abb. 21).

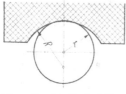

Abb. 21. Zweckmäßige Ausbildung
der Kugellagerung.

Für den Einbau der Druckglieder ist folgendes zu
beachten. Will man Versuche durchführen, die nach
Möglichkeit den Verhältnissen in der Praxis angepaßt
sein sollen, so wird man auf geometrisch-zentrischen
Einbau achten derart, daß der geometrische Schwerpunkt der Stirnflächen auf die Mitte der Druckplatten
zu liegen kommt, oder aber es werden vorgeschriebene
Exzentrizitäten geometrisch genau eingestellt. Trotz
geometrisch zentrischen Einbaues können die Ungleichmäßigkeiten des Holzes
(Äste, Risse, Krümmungen, verschiedene Verteilung des Spätholzes usw.)
Veranlassung zu ungleichmäßiger Verteilung der Druckspannungen und damit
zur Bildung einer „inneren Exzentrizität" geben, die starke Ausbiegungen
und damit eine Zerstörung vor Erreichen der größten Widerstandsfähigkeit
gegen Knickung verursacht[3]. Wenn dagegen die tatsächliche Knickfestigkeit
ermittelt werden soll, was besonders für viele Vergleichsversuche wichtig ist,
so muß das zunächst geometrisch-zentrisch eingebaute Druckglied so weit
aus der Achse der Maschine verschoben werden, bis die „innere Exzentrizität"

---

[1] GRAF, O.: Aus Versuchen mit hölzernen Stützen und mit Baustangen. Bauing.
Bd. 12 (1931) S. 862f.
[2] GRAF, O.: Versuche mit mehrteiligen hölzernen Stützen. Bauing. Bd. 10 (1936) Heft 1/2,
S. 1f.
[3] GRAF, O.: Druck- und Biegeversuche mit gegliederten Stäben aus Holz. Forsch.-Arb.
Ing.-Wes. Heft 319 (1930).

verschwunden ist. Die Herstellung dieses Zustandes kann entweder durch Ermittlung etwaiger Ausbiegungen unter verhältnismäßig niedrigen Lasten oder
durch Messung der Dehnungen auf den ver-
schiedenen Querschnittsseiten möglichst in
halber Höhe überwacht werden. Bei Prüfung
kleinerer Knickstäbe oder einer größeren
Zahl gleichartiger Druckglieder empfiehlt
sich für das Ausmerzen der „inneren Exzentrizität" das Anbringen von Stellschrauben an den Auflagerplatten gemäß Abb. 22,
die ein rasches und sicheres Verschieben
gewährleisten.

c) Probenform und Probengröße. Der
Einfluß von Körperform und Körpergröße
bei hölzernen Vollstäben auf deren Knickfestigkeit σ_k wird nach den heutigen Erkenntnissen für Belastungsfall 2 genügend genau
erfaßt durch die von EULER gefundene und für
schlanke Stäbe mit $\lambda > 100$ gültige Formel

$$\sigma_k = \frac{\pi^2 \cdot E}{\lambda^2} \left(\text{für Bauholz} \quad \sigma_k = \frac{987\,000}{\lambda^2} \right)$$

und die durch TETMAJER für gedrungene
Stäbe mit $\lambda < 100$ aufgestellte Beziehung
$\sigma_k = 293 - 1{,}94\,\lambda$.
Der Schlankheitsgrad λ wird aus der
Knicklänge l_k und dem Trägheitsradius i des
Querschnittes bzw. dem kleinsten Trägheits-
moment J und dem Querschnitt F des
Stabes folgendermaßen ermittelt:

$$\lambda = \frac{l_k}{i} = \frac{l_k}{\sqrt{\dfrac{J}{F}}} \,.$$

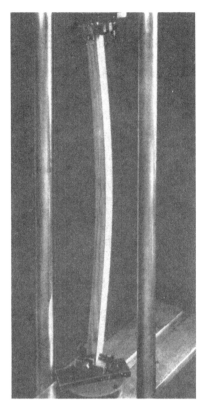

Abb. 22. Prüfung kleiner Knickstäbe.
(Nach O. GRAF.)

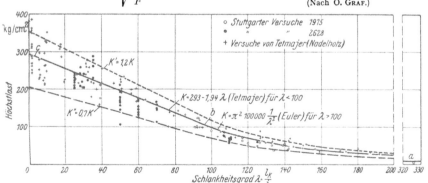

Abb. 23. Knickversuche mit Vollstäben. (Nach O. GRAF.)

Wie Abb. 23 zeigt, ist bei den für die Knickfestigkeit aufgestellten Beziehungen
ein durch die Eigentümlichkeiten des Holzes bedingtes, im Mittel innerhalb
der Grenzen ± 20 bis 30% liegendes Streufeld zu berücksichtigen.
Für das Verhalten mehrteiliger Stützen[1, 2], gestoßener und an der Stoßstelle
verlaschter Stützen u. ähnl. können allgemeingültige Beziehungen nicht angegeben

---

[1] Vgl. Fußnote 2, S. 58.   [2] Vgl. Fußnote 3, S. 58.

werden; hierzu sind Versuche unter den jeweils maßgebenden Verhältnissen durchzuführen.

d) Erfordernisse für die zweckdienliche Prüfung. Zur Erzielung brauchbarer Ergebnisse ist bei Knickversuchen in ganz besonderem Maße peinlich genaues Arbeiten erforderlich. Dies gilt in erster Linie für die Bearbeitung der Probekörper; die zur Auflagerung auf den Druckplatten kommenden Stirnflächen müssen möglichst genau senkrecht zur Stabachse verlaufen. Häufig werden tadellos geführte Kreissägenschnitte genügen; wenn sich bei der Nachprüfung mittels zuverlässiger Richtplatten deutliche Unebenheiten herausstellen, empfiehlt sich Nacharbeiten durch Bestoßen. Gerade in letzterem Falle ist jedoch große Vorsicht geboten, da hierbei die Gefahr zu starker Bearbeitung an den Ecken besteht.

Die Spitzen, Schneiden oder Kugeln, die zur Herbeiführung von Belastungsfall 2 benötigt werden, außerdem die zugehörigen Pfannen, Rillen oder Kugelschalen müssen sich in einwandfreiem Zustand befinden. Vor dem Versuche sind besonders letztere tunlichst und in genügendem Maße mit Talg einzufetten.

Der Einbau der Druckglieder hat sorgfältig zu erfolgen; gemäß den Ausführungen unter „Prüfverfahren" ist entweder auf geometrisch-zentrischen Einbau oder auf Einbau unter Berücksichtigung der „inneren Exzentrizitäten" zu achten. Hiervon unberührt ist der Einbau unter vorgeschriebenen äußeren Exzentrizitäten. Sowohl bei den zentrisch als auch den exzentrisch beanspruchten hölzernen Knickstäben besteht eine besondere Neigung, über Eck auszubiegen, d. h. die Diagonalebene ist bevorzugte Biegungsrichtung[1,2]. Dies ist mitunter beim Einbau zu berücksichtigen.

Die Belastungsgeschwindigkeit sollte nicht zu groß sein; Ros und Brunner[1] haben bei ihren Versuchen eine solche von 5 bis 10 kg/cm² in der Minute gewählt.

Die Knickfestigkeit σ_k wird aus der beim Versuch festgestellten Knicklast P_k gemäß der Beziehung

$$\sigma_k = \frac{P_k}{F}$$

berechnet, wobei die mittleren Abmessungen des Querschnittes F bekannt sein müssen.

Die französischen Normen[3] schreiben außerdem die Ermittlung des Koeffizienten η der Navier-Rankineschen Knickungsformel[2]

$$\sigma_k = \frac{\sigma_d}{1 + \eta \left(\dfrac{l}{i}\right)^2}$$

vor; zu diesem Zweck muß die Druckfestigkeit σ_k an Probekörpern festgestellt werden, die den Knickkörpern nach deren Prüfung zu entnehmen sind. Der Koeffizient η ergibt sich aus der umgewandelten Navier-Rankineschen Knickungsformel

$$\eta = \frac{\sigma_d - \sigma_k}{\sigma_k \cdot \left(\dfrac{l}{i}\right)^2}.$$

Für die richtige Beurteilung der Ergebnisse von Knickversuchen muß die Elastizität und die Beschaffenheit des Holzes (Faserverlauf, Äste, Schwindrisse, Veränderlichkeit der Elastizität über Querschnitt und Länge usw.) bekannt sein[4]. Die Elastizität ist zweckmäßig, besonders bei schlanken Druckgliedern durch den Biegeversuch, und zwar am ganzen Druckglied, also vor der Durchführung des Knickversuches, zu ermitteln; allerdings sollten dabei zur Vermeidung bleibender Dehnungen und deren Einfluß auf den Knickversuch nur

---

[1] Vgl. Fußnote 2, S. 57.   [2] Vgl. Fußnote 3, S. 57.
[3] Vgl. Fußnote 1, S. 46.   [4] Vgl. Fußnote 6, S. 57.

geringe Beanspruchungen, im allgemeinen nicht mehr als 100 kg/cm², hervorgerufen werden. Zwischen Elastizitäts- und Knickversuch sollte ein Zeitraum
von mindestens einigen Stunden liegen. Näheres über die Ermittlung der Elastizität in Abschn. G.

Im Hinblick auf die Holzbeschaffenheit ist folgendes zu beachten: Bei verhältnismäßig kurzen Druckgliedern sind die Eigentümlichkeiten von Bedeutung,
welche die Druckfestigkeit beeinflussen wie Zahl, Größe und Lage der Äste,
der Verlauf der Fasern, Anteil und Verteilung des Spätholzes, Vorhandensein
und Anteil von Rotholz, die Holzfeuchtigkeit u. ä.[1]. Der Einfluß der Wuchseigenschaften, besonders der Äste, soweit diese gut verteilt und verwachsen
sind, nimmt mit zunehmendem Schlankheitsgrad λ ab und ist bei $\lambda \geq 150$
nur mehr gering[2]. Im allgemeinen wird man hiernach nur bei ganz schlanken
Druckgliedern auf eine eingehende Ermittlung und Beschreibung der Wuchseigenschaften im Hinblick auf deren Einfluß auf das Ergebnis des Knickversuches
verzichten können.

5. Ermittlung der Zugfestigkeit in der Faserrichtung.

a) Allgemeines. Die Zugfestigkeit des Holzes wird verhältnismäßig selten
ermittelt, weil ihre Bestimmung mit einigen, wenn auch nicht wesentlichen
Schwierigkeiten verbunden ist und weil ihr nicht die Bedeutung zukommt wie
vielen anderen Holzprüfungen. Letzteres rührt besonders daher, daß die Zugfestigkeit in höherem Maße als andere Festigkeitseigenschaften des Holzes von
den Eigentümlichkeiten des Wuchses (Äste, Schrägfaserigkeit, Rotholz usw.)
beeinflußt wird. Die an fehlerfreien kleinen Proben ermittelten Werte geben
daher keinen zuverlässigen Anhaltspunkt für die Zugfestigkeit größerer mit
unvermeidlichen Wuchsabweichungen behafteter Stücke desselben Stammes.
Bei gewissen Aufgaben allerdings, für die von vornherein nur möglichst fehlerfreies
Holz in Betracht kommt (Flugzeugbau), ferner bei vergüteten Hölzern, bei
denen die Einflüsse der Wuchseigenschaften weitgehend verringert, also befriedigende Gleichmäßigkeit der Festigkeitseigenschaften über Querschnitt und Länge
erzielt wurde, wird man auf die Feststellung der Zugfestigkeit nicht verzichten.
Da in vielen Baugliedern, vor allem in Ingenieurholzbauten, Zugbeanspruchung
vorliegt, tritt wiederholt das Bedürfnis auf, den Widerstand dieser Bauglieder
größerer Abmessungen, behaftet mit all den in der Praxis vorliegenden Wuchs-
fehlern, gegenüber Zugkräften zu ermitteln. Für diese Aufgabe, die allerdings
mit nicht unwesentlichen Kosten verbunden ist, müssen genügend große und
leistungsfähige Prüfeinrichtungen zur Verfügung stehen; auch erfordert die
Einspannung großer Prüfstücke besondere Erfahrungen; Näheres hierzu enthalten die folgenden Abschnitte.

b) Prüfverfahren. Die Ermittlung der Zugfestigkeit zweckentsprechender
Probestäbe (vgl. den Abschnitt Probenform und Probengröße) erfolgt in Prüfmaschinen mit beweglich gelagerten Einspannvorrichtungen, welche die erforderlichen Zugkräfte auszuüben gestatten. Um zu vermeiden, daß der Bruch der
Probestäbe an den Einspannstellen erfolgt, erhalten sie an den Enden, den Stabköpfen, wesentlich vergrößerten Querschnitt. Nach den meisten, zur Zeit üblichen
Prüfverfahren werden diese Stabköpfe in den Einspannvorrichtungen der Prüfmaschine mit Hilfe von Beißkeilen befestigt. Sie werden demnach bei der
Prüfung durch die Beißkeile quer zur Stabrichtung gepreßt und übertragen
die Zugkräfte unter Ausnützung ihres Scherwiderstandes in die inneren Quer-

---

[1] GRAF, O.: Die Festigkeitseigenschaften der Hölzer und ihre Prüfung. Masch.-Bau
Betrieb Bd. 8 (1929) Heft 19, S. 641f.
[2] Vgl. Fußnote 3, S. 57.

schnittsteile. Im allgemeinen handelt es sich hierbei um Flachstäbe, also Probe-körper, deren Querschnittsseiten wesentliche Unterschiede aufweisen. R. BAU-MANN[1] hat bei härteren Hölzern Rundstäbe (vgl. Abb. 31) verwendet, deren

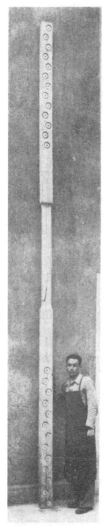

Stabköpfe mit Gewinden versehen waren; die Einspannung erfolgte in Beißkeilen, die ebenfalls mit Gewinde versehen waren. Bei weichen Hölzern hat auch BAUMANN Flachstäbe benutzt, an deren Stabköpfe zur Vermeidung von Be-schädigungen (unzulässige Zusammenpressungen usw.) Hirn-holzstücke angeleimt waren, die den Druck der Einspann-keile aufzunehmen hatten (vgl. Abb. 32 und 33). Versuche mit ähnlichen Probekörpern hat neuerdings O. GRAF vor-genommen[2] (vgl. auch Abb. 42c). Eine mit dem letzt-genannten Verfahren verwandte Art der Einspannung bzw. Krafteinleitung nehmen die Amerikaner vor; sie benutzen Probestäbe, deren Köpfe sog. Schultern besitzen, die auf den Einspannvorrichtungen der Prüfmaschine aufsitzen und die Zugkräfte in die Probe einzuleiten haben (vgl. Abb. 35). Die Anwendung von Beißkeilen entfällt bei diesem Prüf-verfahren; aber auch hier wird der Scherwiderstand der zwischen Schultern und Stabenden liegenden Holzteile für die Einleitung der Zugkräfte ausgenützt.

Bei großen Probekörpern können die genannten Ver-fahren der Einspannung bzw. Krafteinleitung aus nahe-liegenden Gründen nicht mehr angewendet werden. Man hilft sich bei ihnen im allgemeinen auf die Art, daß die Stab-köpfe zwischen Eisenlaschen gepreßt werden, die an ihren überstehenden Enden durch Bolzen mit der Prüfmaschine verbunden werden[3]. Die Eisenlaschen sollen dabei breiter sein als die Stabköpfe, um die für die Erzielung genügenden Reibungswiderstandes erforderlichen Schrauben ohne Schwä-chung der Stabköpfe aufnehmen zu können. Bei Probestäben mit mehr als 20 cm² kleinstem Querschnitt ist es kaum mehr möglich, die erforderlichen Zugkräfte lediglich durch die Reibung zwischen Eisenlaschen und Stabköpfen zu übertragen. Hier empfiehlt es sich, die Verbindung zwischen Stabköpfen und Eisenlaschen durch Stahldübel vorzu-nehmen[3]. Abb. 24 zeigt einen Probekörper mit 60 cm² kleinstem Querschnitt, bei dem die Einfräsungen in den Köpfen für solche Stahldübel deutlich sichtbar sind. Von der Anordnung durchgehender Bohrungen und durch-gesteckter Bolzen ist dabei zur Vermeidung von Schwä-

Abb. 24.
Zugstab mit 60 cm² klein-stem Querschnitt (Gesamt-länge 5,6 m, Lange der Einspannköpfe je 2,2 m). (Nach GRAF und EGNER.)

chungen in den Stabköpfen abzusehen; die Ausfräsungen an den Dübelstellen und zugehörigen Bohrungen dürfen sich nur auf geringe Tiefe erstrecken, damit der Quer-schnittsteil der Stabköpfe, der in der Fortsetzung der Fasern des eigentlichen Zugabschnittes liegt, nicht verletzt wird. Eisenlaschen, Dübel und Stabköpfe werden durch eine größere Zahl von Schrauben längs den Schmalseiten der Stabköpfe zusammengehalten.

---

[1] Vgl. Fußnote 1, S. 47.
[2] GRAF, O.: Tragfähigkeit der Bauhölzer und der Holzverbindungen. Mitt. Fachaussch. Holzfragen beim VDI, Heft 20, 1938.
[3] GRAF, O. u. K. EGNER: Über die Veränderlichkeit der Zugfestigkeit von Fichtenholz mit der Form und Größe der Einspannköpfe der Normenkörper und mit Zunahme des Querschnittes der Probekörper. Holz als Roh- und Werkstoff Bd. 1 (1938) Heft 10, S. 384f.

Für die Prüfung von großen Probestäben sind im allgemeinen stehende Prüfmaschinen nicht zur Verfügung; in diesem Falle müssen liegende Prüfeinrichtungen herangezogen werden. Es ist in letzterem Falle allerdings notwendig, daß die Eigengewichte der Einspannlaschen, Schrauben und Probekörper durch Gegengewichte ausgeglichen werden (vgl. Abb. 25).

c) Probenform und Probengröße. Über den Einfluß der Querschnittsgröße von Zugstäben auf die Zugfestigkeit liegen bis jetzt nur wenige Angaben vor. Bekannt war schon lange, daß die bei größeren Tragteilen unvermeidlichen Wuchsabweichungen eine bedeutende Festigkeitsabminderung bei Zugbeanspruchung zur Folge haben. Im Institut für die Materialprüfungen des Bauwesens in Stuttgart sind neuerdings zugehörige Untersuchungen mit fehlerfreien vergleichbaren Zugkörpern aus Fichtenholz und kleinsten Querschnitten von rd. 1,4, 10 und 60 cm² vorgenommen worden[1]. Die Probestäbe mit 10 cm² Querschnitt haben hiernach durchschnittlich um 17% geringere Werte der Zugfestigkeit ergeben als die kleinen Probestäbe (Einzelwerte 11, 14, 19 und 24%); bei den Probekörpern mit rd. 60 cm² Querschnitt betrug die Abminderung der Festigkeit gegenüber den kleinen Stäben im Mittel 36% (Einzelwerte 19, 26, 40, 42 und 52%). Es konnte gezeigt werden, daß die Zugfestigkeit der Körper mit großem Querschnitt weitgehend durch die Stelle des geringsten Zugwiderstandes im Querschnitt bestimmt wird. Mit dieser wichtigen Tatsache steht die obenerwähnte starke Abhängigkeit der Zugfestigkeit von Fehlstellen im Zusammenhang.

Abb. 25. Liegende Prüfmaschine mit eingebautem Zugstab von 60 cm² kleinstem Querschnitt. (Nach GRAF und EGNER.)

Im Hinblick auf die Form der Probestäbe wurden von verschiedenen Forschern eine Reihe abweichender Vorschläge gemacht. In den Abb. 26 bis 39 sind die von RYSKA[2] zusammengestellten wichtigsten Formen wiedergegeben, die Verwendung gefunden haben und zum Teil noch finden. Große Verschiedenheit weisen hiernach besonders die Stabköpfe auf. Zur Klarstellung des Einflusses von Größe und Form der Stabköpfe auf das Untersuchungsergebnis hat O. GRAF Versuche durchgeführt[3]. Hinsichtlich der Größe der Stabköpfe ergab sich, daß die Preßfläche bei Hölzern höherer Festigkeit nicht zu klein sein darf, (vgl. Abb. 40). Wird diese Forderung nicht beachtet, so werden die zu schmalen Stabköpfe verquetscht (vgl. Abb. 41 links) und reißen am Übergang des Stabkopfes vorzeitig auf; aller Wahrscheinlichkeit nach wird durch diese Zerstörung das Untersuchungsergebnis beeinflußt. Weitere Feststellungen von O. GRAF über den Einfluß von Größe und Gestalt der Stabköpfe sind aus Abb. 42 und 43 ersichtlich. Im Zusammenhang mit den Feststellungen von Abb. 42 ergibt sich

---

[1] Vgl. Fußnote 3, S. 62. [2] Vgl. Fußnote 2, S. 46. [3] Vgl. Fußnote 2, S. 62.

hiernach, daß die Breite der Stabköpfe möglichst schmal gehalten werden und nicht viel mehr als das Doppelte der Breite im eigentlichen Zugabschnitt betragen sollte (bei Stäben mit kleinstem Querschnitt 0,7×2,0 cm höchstens 5,0 cm). Auch die Dicke der Stabköpfe sollte nur wenig größer sein als die Dicke im eigent-

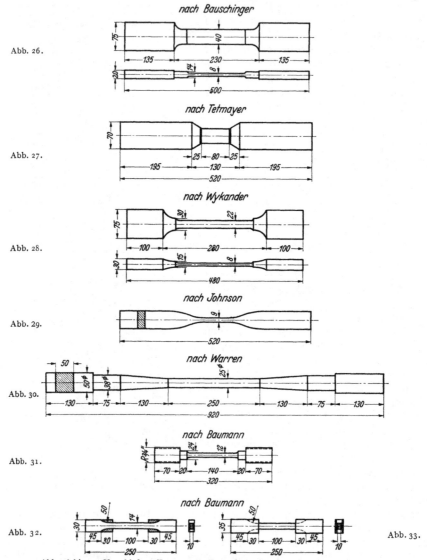

Abb. 26 bis 33. Verschiedene Formen von Zugproben. (Zusammengestellt von K. Ryska.)

lichen Zugabschnitt (bei den vorgenannten Stäben rd. 1,2 cm). Als hinreichende Preßfläche fand sich bei Stäben mit rd. 1200 kg/cm² Zugfestigkeit und 1,4 cm² kleinstem Querschnitt eine solche von 5×12 = 60 cm². Für Hölzer höherer Festigkeit sind unbedingt noch längere Stabköpfe erforderlich. Wie Abb. 42 weiter erkennen läßt, ist durch Anbringen von sog. Anleimern an den Stabköpfen, deren Faserrichtung in Richtung des Preßdruckes der Spannbacken verläuft (vgl. den mittleren Stab in Abb. 42), sowie durch Anordnung der Stabköpfe derart, daß die Zugkräfte durch Schulterdruck eingeleitet werden (vgl.

Abb. 42 rechts), keine Verbesserung der Untersuchungsergebnisse zu erwarten. Dies ist wertvoll für die Beurteilung der Ergebnisse, die mit Probekörpern nach Abb. 32 und 33 (Vorschlag von R. BAUMANN) oder nach Abb. 30, 35 und 36 (Krafteinleitung durch Schulterdruck) erzielt werden oder wurden.

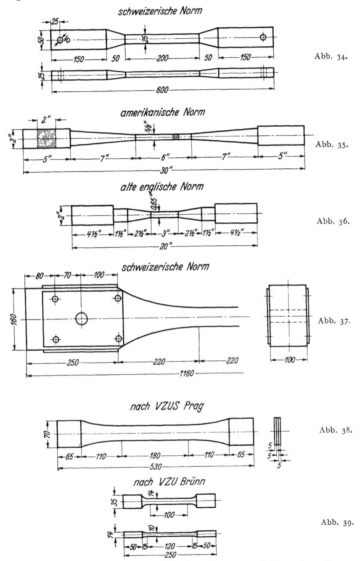

Abb. 34 bis 39. Verschiedene Formen von Zugproben. (Zusammengestellt von RYSKA.)

Der Vollständigkeit halber ist in Abb. 45 der Vorschlag von CASATI für die Ausbildung der Stabköpfe wiedergegeben; letztere haben Trapezform und erhalten zwei eingezogene Holzschrauben. Ähnlichkeit mit dieser Ausbildung der Stabköpfe bzw. diesem Einspannverfahren zeigen die Probekörper nach dem Vorschlag von FORSSELL[1], deren konische Stabköpfe in besonders aufgehängte Einspannbacken durch Schrauben festgespannt werden (vgl. Abb. 46 und 47).

---

[1] SCHLYTER, R.: Researches into durability and strength properties of Swedish coniferous timber. Internat. Kongr. Materialprüfung, Zürich 1932, S. 47f.

Nachteilig ist in letzterem Fall besonders das zeitraubende Einsetzen der Stabköpfe.

Die vorstehenden Feststellungen über die Wahl von Breite und Dicke der Stabköpfe sind auch bei Zugstäben großer Abmessungen (vgl. Abb. 24) zu beachten; allerdings können hier noch zusätzliche Gesichtspunkte auftreten, z. B. Wahl der Dicke mit Rücksicht auf die Verschwächungen etwa vorhandener

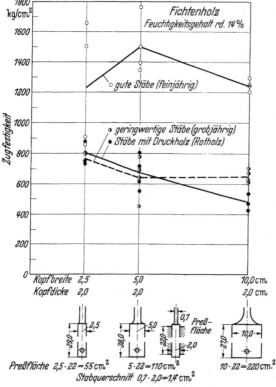

Abb. 40. Einfluß der Abmessungen der Stabköpfe auf die Zugfestigkeit. (Nach O. Graf.)

Dübel u. ä. Die bei hohen Lasten in den Stabköpfen auftretende Scherspannung muß bescheiden bleiben; Abb. 48 zeigt hierzu einen 1,7 m langen Stabkopf von 11×14 cm^2 Querschnitt (kleinster Querschnitt des Zugstabes rd. 60 cm^2), der bei einer Last von rd. 46 t, entsprechend einer rechnerischen Scherspannung von nur rd. 9,7 kg/cm^2, ausscherte[1].

In Deutschland wurde auf Grund der Untersuchungen von O. Graf[2] als Normenzugkörper gemäß *DIN DVM 2188* ein Flachstab von $0,7 \times 2,0$ cm^2 kleinstem Querschnitt mit Stabköpfen von $1,5 \times 5,0$ cm^2 Querschnitt festgelegt (vgl. Abb. 49). Die Länge der Stabköpfe muß hiernach 12 cm, bei Stäben, die hohe Zugfestigkeit erwarten lassen, mindestens 16 cm betragen. Die Probestäbe sollen so herausgearbeitet werden, daß die Achsen möglichst radial oder tangential zu den Jahrringen verlaufen[3] und die Fasern parallel zur Mittelachse liegen. Die Norm enthält weiterhin den Hinweis, daß bei größeren Probekörpern (Bauholz) die Einspannköpfe mindestens so groß sein müssen, daß die Pressung nicht größer als die Querfestigkeit des Holzes wird und der Scherwiderstand im Einspannkopf größer ist als der Zugwiderstand im geschwächten Querschnitt.

Die *englischen, französischen* und *böhmisch-mährischen* Normen[4,5] enthalten keinerlei Angaben über die Ermittlung der Zugfestigkeit in Faserrichtung[6].

Der in *Amerika* für Zugversuche vorgeschriebene Probekörper ist in Abb. 35 wiedergegeben. Mit rd. 75 cm Länge ist dieser Probestab wesentlich größer als der in Deutschland festgelegte (vgl. Abb. 49). Wie weiter oben mitgeteilt wurde, werden bei den amerikanischen Normenstäben die Stabköpfe durch Schulterdruck beansprucht, also nicht zwischen Beißkeilen gepreßt.

---

[1] Vgl. Fußnote 3, S. 62.   [2] Vgl. Fußnote 2, S. 62.
[3] Lang (vgl. Fußnote 1, S. 49) legte Wert darauf, ,,daß die Jahrringe möglichst rechtwinklig zu den Klemmbackenflächen lagen, was besonders für Weichhölzer wichtig ist. Die andere Möglichkeit, die Jahrringe parallel zu den Klemmbackenflächen zu legen, ist für Nadelhölzer mit breiten vorherrschend Frühholz enthaltenden Jahrringen ganz unbrauchbar.''
[4] Vgl. Fußnote 1, S. 46.   [5] Vgl. Fußnote 5, S. 47.
[6] Monnin, M.: L'essai des bois. Internat. Kongr. Materialprüfung Zürich 1932, S. 85f.

In *Schweden* wurde der in Abb. 50 dargestellte Probekörper als Normenkörper festgelegt[1], [2]. Zur Einspannung der konischen Stabköpfe werden zwei-

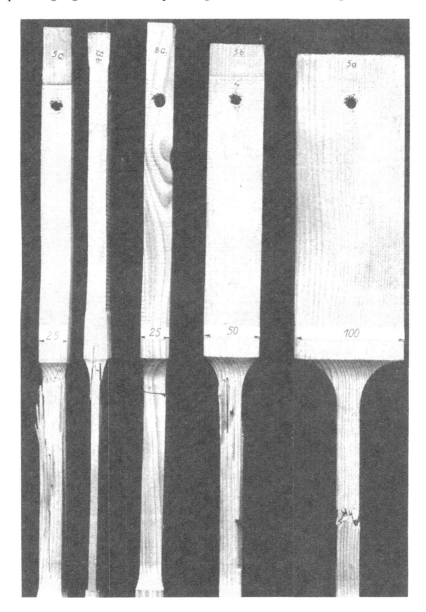

Abb. 41. Zustand der Stabköpfe nach den Zugversuchen zu Abb. 40. (Nach O. GRAF.)

teilige Spannfutter verwendet (vgl. Abb. 51), die sich wiederum unmittelbar in den Spannköpfen der Maschine festkeilen.

d) Erfordernisse für die zweckdienliche Prüfung. Die Bearbeitung der Probestäbe hat, vor allen Dingen im eigentlichen Zugabschnitt, d. h. im mittleren

---

[1] Vgl. Fußnote 1, S. 65.   [2] Vgl. Fußnote 2, S. 48.

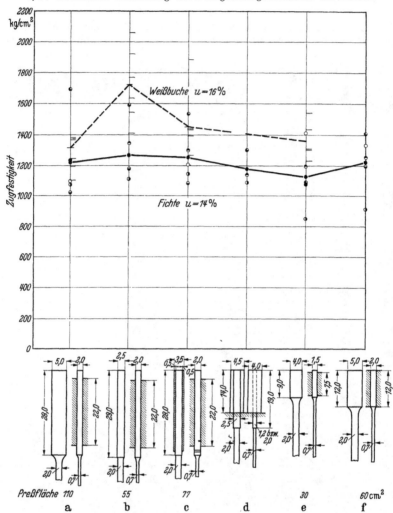

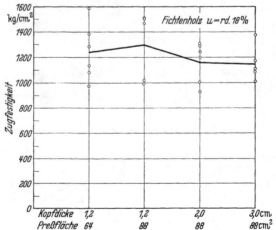

Abb. 42. Einfluß der Größe und Gestalt der Stabkopfe auf die Zugfestigkeit von Fichten- und Weißbuchenholz.
(Nach O. GRAF.)

Abb. 43. Einfluß der Dicke der Stabköpfe auf die Zugfestigkeit von Fichtenholz. (Nach O. GRAF.)

Stabteil, so sorgfältig als überhaupt möglich zu geschehen. Sofern es sich um Flachstäbe handelt, z. B. um den deutschen Normenstab, wird im allgemeinen

die Bearbeitung an der Fräsespindel unter Verwendung von Metallschablonen erfolgen. Jede kleinste Verletzung an der Oberfläche kann zum Ausgangspunkt eines frühzeitigen Bruches werden.

Sofern nicht Versuche über den Einfluß der Schrägfaserigkeit auf die Zugfestigkeit vorgenommen werden, ist darauf zu achten, daß die Fasern genau in Richtung der Stablängsachse verlaufen. Wenn die Probekörper nicht unmittelbar aus Spaltstücken entnommen werden, vergewissert man sich über den Faserverlauf zweckmäßig durch Abspalten kleiner Stücke an den Enden der zu prüfenden Hölzer. Selbst geringe Abweichungen des Faserverlaufes von der Stab- bzw. Kraftrichtung rufen erhebliche Verringerungen der Zugfestigkeit hervor[1].

Beim Einspannen der Probekörper in die Prüfmaschine müssen sorgfältig etwaige Exzentrizitäten vermieden werden. Die Längsachse der Probestäbe muß mit der Kraftrichtung übereinstimmen, d. h. es darf „das Vertrauen in die Beweglichkeit der kugeligen Lagerung der Probestäbe" nicht so groß sein, „daß von einer sorgfältigen Senkrecht- (oder Waagerecht-)Stellung des Stabes abgesehen und diese der selbsttätigen Wirkung des genannten Gelenkes überlassen wird. Die Folge sind zu geringe Werte

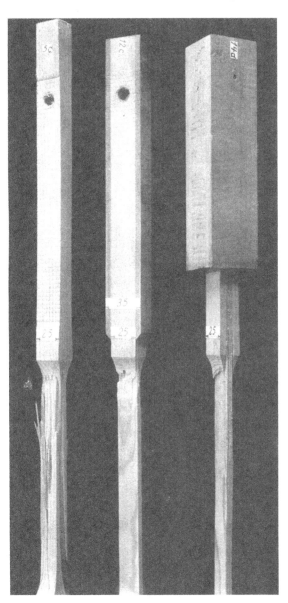

Abb. 44. Proben aus den Zugversuchen mit Fichtenholz nach Abb. 42. (Nach O. GRAF.)

für die Zugfestigkeit, da außer der beabsichtigten Zugspannung durch die schiefe Richtung der Zugkraft auch Biegung in den Stab gelangt"[2].

[1] Vgl. Fußnote 1, S. 47.

[2] BAUMANN, R.: Das Materialprüfungswesen und die Erweiterung der Erkenntnisse auf dem Gebiet der Elastizität und Festigkeit in Deutschland während der letzten vier Jahrzehnte. Beiträge zur Geschichte der Technik und Industrie. Jb. VDI Bd. 4 (1912).

Die Steigerung der Belastung muß gleichmäßig erfolgen und soll nach DIN DVM 2188 bei Prüfungen ohne Feinmessungen 600 kg/cm² in der Minute be-

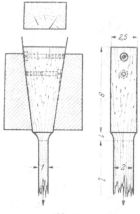

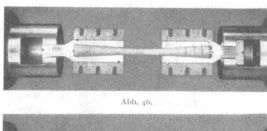

Abb. 46.

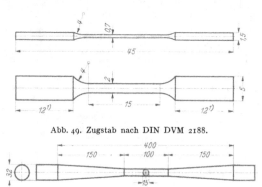

Abb. 45.
Vorschlag von CASATI fur die
Ausbildung der Stabkopfe.

Abb. 47.
Abb. 46 und 47. Vorschlag von FORSSELL fur die Einspannung
der Zugproben.

Abb. 48. Ausgescherter Einspannkopf
von 1,7 m Lange (rechnerische Scherspannung beim Bruch 9,7 kg/cm²).
(Nach GRAF und EGNER.)

tragen. Nach den amerikanischen Normen soll der bewegliche Einspannkopf der Prüfmaschine in der Minute einen Weg von rd. 0,12 cm machen; dabei ist zu berücksichtigen, daß in Amerika die Stabköpfe durch Schulterdruck und nicht durch Querdruck unter Zuhilfenahme von Beißkeilen beansprucht werden.

Um die Zugfestigkeit σ_{zB} aus der beim Bruch wirksamen Höchstlast P_{max} auf Grund der Beziehung

$$\sigma_{zB} = \frac{P_{max}}{F_0}$$

berechnen zu können, müssen die Abmessungen des Querschnittes F_0 im mittleren Stabteil vor Beginn der Prüfung ermittelt werden. Für die Aus-

Abb. 49. Zugstab nach DIN DVM 2188.

Maße in m.m.

Abb. 50. Zugprobe nach den schwedischen Normen.

messung des Querschnittes genügt die Schieblehre. Die Zugfestigkeit σ_{zB} wird üblicherweise auf 1 kg/cm² genau angegeben.

Wenn das Prüfungsergebnis richtig beurteilt werden soll, muß das Raumgewicht des geprüften Holzes bekannt sein. Zugehörige kleine Probekörper können nach der Prüfung der Zugprobe aus dieser entnommen werden. Wichtig ist weiter die Kenntnis der mittleren Jahrringbreite, des Spätholzanteiles und der Holzfeuchtigkeit. Letztere übt allerdings einen wesentlich geringeren Einfluß auf die Zugfestigkeit aus als auf die Druck- und Biegefestigkeit[1].

Für manche Zwecke, vor allem bei vielen wissenschaftlichen Untersuchungen, ist die Kenntnis der Dehnungen in Abhängigkeit von der Zugbeanspruchung erwünscht, besonders zur Ermittlung der Zugelastizität. Näheres hierüber findet sich in Abschn. G über die Elastizität der Hölzer.

e) Beurteilung der Bruchformen. Die Form des Bruches ist, selbst bei Probestäben aus demselben Stamm,

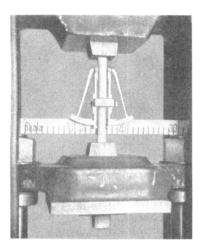

Abb. 51. Schwedischer Normenzugstab eingebaut in die Prüfmaschine. (Nach R. SCHLYTER.)

Abb. 52. Fichtenholz nach dem Zugversuch mit langfaserigem Bruch. (Nach O. GRAF.)

Abb. 53. Fichtenholz nach dem Zugversuch mit kurzfaserigem Bruch. (Nach O. GRAF.)

sehr verschieden; man unterscheidet langsplitterigen, kurzsplitterigen und stumpfen Bruch. Abb. 52 zeigt hierzu einen langsplitterigen, Abb. 53 einen stumpfen Bruch bei Fichtenholz[2]. Die beiden Proben haben annähernd dieselbe Zugfestigkeit geliefert und sind ein Beweis für die Unrichtigkeit der vielfach anzutreffenden Auffassung, die Größe der Zugfestigkeit könne ungefähr aus dem Bruchbild beurteilt werden.

6. Ermittlung der Zugfestigkeit quer zur Faserrichtung.

a) Allgemeines. Äußere Beanspruchungen des Holzes quer zur Faserrichtung werden in der Praxis sorgfältig vermieden, da bei dem leicht möglichen Auftreten radialer Risse der noch vorhandene seitliche Zusammenhalt des Holzes durch geringe Beanspruchungen dieser Art gefährdet würde. Aus diesem Grunde ist die praktische Bedeutung der Zugfestigkeit des Holzes quer zur Faserrichtung außerordentlich gering. In Deutschland werden zugehörige Prüfungen kaum

---

[1] Vgl. Fußnote 2, S. 62.

[2] GRAF, O.: Der Baustoff Holz. In: Bauen in Holz von HANS STOLPER, 2. Aufl. Stuttgart: J. Hoffmann 1937.

durchgeführt; auch enthalten die deutschen Normen keinerlei Angaben über diese Prüfungsart.

Auffallenderweise wird die Zugfestigkeit quer zur Faserrichtung gerade in den Ländern — England, Frankreich, Böhmen und Mähren — festgestellt[1, 2], die der Ermittlung der Zugfestigkeit in Faserrichtung keine Bedeutung zumessen und keine zur Zeit gültigen Vorschriften über letztere Prüfungsart erlassen haben. Außerdem ist der Zugversuch quer zur Faserrichtung in den amerikanischen Normen[3] enthalten.

b) Prüfverfahren, Probekörperform und -größe. Der in den amerikanischen, englischen und böhmisch-mährischen Normen vorgeschriebene Probekörper zur Ermittlung der Zugfestigkeit quer zur Faserrichtung ist samt den zur Einleitung der Kräfte erforderlichen besonderen Klauen aus Abb. 54 ersichtlich. Der kleinste Querschnitt des verwendeten Zugkörpers beträgt

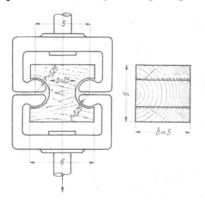

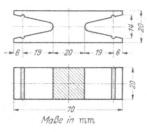

Abb. 54. Ermittlung der Querzugfestigkeit (Probekörper samt erforderlicher Einspannvorrichtung nach den amerikanischen, britischen und böhmisch-mährischen Normen.)

Abb. 55. Probekörper für die Ermittlung der Querzugfestigkeit nach den französischen Normen. (Alte Brüsseler Norm.)

hiernach $2,5 \times 5$ cm². Die Jahrringe sollen entweder tangential oder radial zur Kraftrichtung verlaufen. Die Belastung ist nach den amerikanischen und englischen Normen so zu steigern, daß der bewegliche Einspannkopf der Prüfmaschine in der Minute einen Weg von rd. 0,6 cm zurücklegt; nach den böhmisch-mährischen Normen soll die Beanspruchung im kleinsten Querschnitt des Zugkörpers in der Minute um 25 kg/cm² gesteigert werden.

In Frankreich ist für den Zugversuch quer zur Faserrichtung der Probekörper nach der Brüsseler Norm (vgl. Abb. 55) beibehalten worden, bei dem der kleinste Querschnitt eine Fläche von 2×2 cm² besitzt. Allerdings erhalten bei dem französischen Normenkörper sämtliche 6 Bohrungen Durchmesser von 4 mm[4].

7. Ermittlung der Biegefestigkeit.

a) Allgemeines. Ähnlich der Druckfestigkeit in Faserrichtung kommt der Biegefestigkeit und damit deren Ermittlung erhöhte Bedeutung zu. Dies rührt in erster Linie daher, daß ein großer Teil der Hölzer bei ihrer praktischen Verwendung wiederholt oder dauernd wirkende Biegelasten ertragen müssen. Hinzu kommt, daß die Biegefestigkeit, selbst bei größeren Abmessungen der Probekörper (Bauhölzer), verhältnismäßig einfach zu ermitteln ist und auch die Herstellung (Bearbeitung) der Probekörper keinerlei Schwierigkeiten bereitet.

Für die Beurteilung der Vorgänge beim Biegeversuch ist die Kenntnis der Verteilung von Zug-, Druck- und Scherspannungen im Prüfkörper unerläßlich. Die Abb. 56 bis 58 zeigen diese (unter vereinfachten Annahmen sich ergebenden)

---

[1] Vgl. Fußnote 1, S. 46.   [2] Vgl. Fußnote 5, S. 47.
[3] Vgl. Fußnote 1, S. 48.   [4] Vgl. Fußnote 6, S. 66.

Spannungen für die prüftechnisch wichtigen Fälle der Beanspruchung durch eine in Balkenmitte wirkende Einzellast (Abb. 56), durch zwei in gleichem Abstand von der Balkenmitte aufgebrachte Lasten (Abb. 57) und durch gleichmäßig über die ganze Balkenlänge verteilte Lasten (Abb. 58).

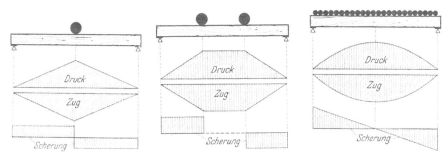

Abb. 56. Mittenlastanordnung.   Abb. 57. Zweilastanordnung.   Abb. 58. Gleichmaßig verteilte Last.
Abb. 56 bis 58. Verteilung der Zug-, Druck- und Scherspannungen uber die Auflagerlänge.
(Nach A. Koehler.)

Wie Abb. 59 erkennen läßt, fallen die Spannungs-Dehnungskurven für Zug- und Druckbeanspruchung bei Holz keinesfalls zusammen, so daß die in den Abb. 56 bis 58 dargestellten Spannungen auf der Zug- und auf der Druckseite, besonders bei höheren Lasten, wesentlich verschiedene Größe und Ausdehnung annehmen müssen. Wir ver-

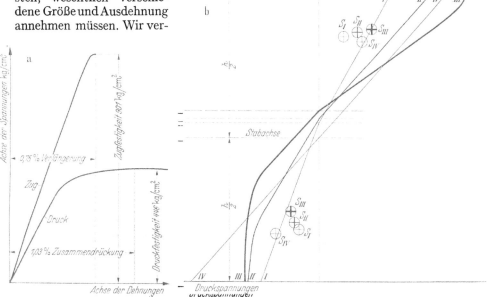

Abb.59. Spannungs-Dehnungs-Verlauf bei Holz fur Zug- und Druckbeanspruchung. (Nach R. Baumann.)

Abb. 60. Verteilung der Zug- und Druckspannungen uber den Querschnitt bei verschiedenen Biegelasten. (Nach R. Baumann.)

folgen den grundsätzlichen Verlauf der Spannungsverteilung über den Querschnitt biegebeanspruchter Hölzer mit Zunahme der Biegelast an Hand von Abb. 60 nach den von R. Baumann[1] gegebenen Erläuterungen:

---

[1] Vgl. Fußnote 1, S. 47.

„Linie I zeigt noch geradlinigen Verlauf der Spannungen auf der Zug- und Druckseite. Der Unterschied im elastischen Verhalten bei Zug- und Druckbeanspruchung (vgl. Abb. 59) bewirkt Verschiebung der neutralen Zone nach der Zugseite hin.

Linie II. Die Druckbeanspruchung ist so weit gestiegen, daß auf der Druckseite Faltenbildung zu beobachten ist. Der Verlauf der Spannungslinie ist auf der Druckseite sehr stark gekrümmt, auf der Zugseite noch fast geradlinig.

Linie III. Die Spannung auf der Zugseite erreicht den Wert der beim Zugversuch ermittelten Zugfestigkeit; der Stab bricht daher. Auf der Druckseite hat die Faltenbildung stark zugenommen.

Abb. 61. Belastung eines holzernen Versuchskörpers durch acht gleichmäßig über die Stützweite verteilte Biegelasten.

Linie IV. Spannungsverteilung nach der üblichen Gleichung für das biegende Moment, das der Linie III entspricht.“

Hieraus ergibt sich, daß 1. die Zugspannungen stets größer sind als die Druckspannungen, 2. die der üblichen Rechnung entsprechende Gerade der Biegungsspannungen zwischen beiden verläuft und 3. die Biegungsfestigkeit rechteckiger Stäbe im allgemeinen wesentlich größer ist als die Druckfestigkeit und kleiner als die Zugfestigkeit.

b) Prüfverfahren. Die Ermittlung der Biegefestigkeit erfolgt fast ausnahmslos an Stäben bzw. Balken, die zweiseitig beweglich gelagert sind. Die Belastung wird entweder durch eine Einzellast (Mittenlast) in der Mitte zwischen den Auflagern (Abb. 56) oder durch zwei gleich große und in gleichem Abstand von den Auflagern wirkende Lasten aufgebracht (Abb. 57). Mitunter entsteht das Bedürfnis, entsprechend manchen in der Praxis vorkommenden Lastverhältnissen, die Belastung gleichmäßig oder annähernd gleichmäßig über die Auflagerentfernung verteilt aufzubringen; zugehörige Prüfungen werden häufig mit Bauhölzern ausgeführt. Abb. 61 zeigt hierzu ein Ausführungsbeispiel.

Der Vergleich der Beanspruchungen bei Prüfung durch eine Einzellast in der Mitte und bei Prüfung durch 2 in gleicher Entfernung von der Mitte wirkende Lasten (vgl. Abb. 56 und 57) zeigt, daß im ersteren Falle die Biegebeanspruchung, ausgehend von den Auflagestellen, bis zu einem Höchstwert in der Mitte zwischen den Auflagern, d. h. an der Laststelle, anwächst. Im zweiten Fall ergibt sich ein gleichbleibender Wert der Biegespannung in dem Stabteil zwischen den beiden Laststellen. Bei Anwendung einer Mittenlast hängt hiernach die Bestimmung der Biegefestigkeit von erheblichen Zufälligkeiten ab, währenddem bei

Zweilastanordnung der Bruch an der schwächsten Stelle zwischen den beiden Laststellen eintritt[1]. Für die Prüfung des Bauholzes ist die Zweilastanordnung unumgänglich, aber auch für die Werkstoffprüfung ist sie anzustreben. Weitere Vorteile der Zweilastanordnung sind das Fehlen von Scherbeanspruchungen zwischen den beiden Laststellen (vgl. Abb. 57), was besonders für die Ermittlung des Elastizitätsmoduls von Bedeutung ist[2], und die Möglichkeit der Verwendung kleinerer Reiter für die Kräfteübertragung; letzteres ist bei Prüfung von Bauhölzern wichtig, da zur Vermeidung unzulässiger Verdrückungen bei Mittenbelastung häufig ein übermäßig großer Reiter angeordnet werden müßte.

Allerdings wird zur Werkstoffprüfung heute noch fast überall die Mittenbelastung angewendet (Deutschland, Amerika, England, Frankreich, Schweden, Böhmen und Mähren usw.), die einfacher vorzunehmen ist. Nach den englischen Vorschriften ist allerdings auch hier die Zweilastanordnung zulässig (bei etwas größeren Abmessungen des Probekörpers s. nächsten Abschnitt).

Ein weiterer Umstand ist zu beachten. Bei Stoffen wie Holz, die in Faserrichtung verhältnismäßig geringe Scherfestigkeit besitzen, darf bei kleinen Auflagerentfernungen die Scherbeanspruchung (vgl. Abb. 56) nicht außer Acht gelassen werden. Bei Auflagerentfernungen, die kleiner sind als das $n/2$-fache der Querschnittshöhe, besteht die Gefahr der Bruchbildung durch Überschreitung der Scherfestigkeit in der neutralen Zone; hierbei stellt n das Verhältnis der Druckfestigkeit zur Scherfestigkeit dar[3]. Wenn die Scherbeanspruchung möglichst geringen Einfluß auf das Ergebnis des Biegeversuches ausüben soll, was bei Ermittlung der reinen Biegefestigkeit selbstverständlich ist, darf demnach das Verhältnis der Auflagerentfernung zur Querschnittshöhe einen bestimmten Mindestwert nicht unterschreiten; im allgemeinen beträgt diese Verhältniszahl 14 bis 15 (s. auch die in den verschiedenen Ländern bestehenden Vorschriften).

c) Probenform und Probengröße. Wie die Ausführungen am Schluß des vorausgehenden Abschnittes erkennen lassen, besteht ein Einfluß des Schlankheitsgrades λ, d. h. des Verhältnisses der Auflagerentfernung l zur Querschnittshöhe h der Probekörper, auf deren Biegungsfestigkeit. R. BAUMANN hat diesen Einfluß bei verschiedenen Holzarten ermittelt; Abb. 62 zeigt die zugehörigen Werte für lufttrocknes Kiefernholz. Hieraus erhellt, daß bei größeren Werten des Schlankheitsgrades als 15 nur mehr ein geringes Anwachsen der Biegefestigkeiten zu erwarten ist, während die Abhängigkeit der Biegefestigkeit bei kleineren Werten l/h beträchtlich ist. Für den Vergleich von Biegefestigkeiten, die an Stäben verschiedenen Schlankheitsgrades ermittelt wurden, hat BAUMANN folgende Näherungsformel angegeben[4]:

$$\sigma_{Bl} = \sigma_B \left(1 + \frac{1}{\lambda} \right);$$

iherin bedeutet σ_{Bl} die Biegungsfestigkeit für einen langen Stab mit $\lambda \geq 40$ und σ_B die an dem kurzen Stab ermittelte Biegungsfestigkeit, sofern bei letzterem $\lambda \geq 10$ ist.

Im Hinblick auf die Beziehung zwischen dem Schlankheitsgrad und der Durchbiegung scheint es im allgemeinen zulässig zu sein, den Verlauf der Durchbiegung als parabolisch anzusehen[4] (vgl. auch Abb. 62).

Der Einfluß der Querschnittsgröße, d. h. der Querschnittshöhe h bei gleichbleibendem λ ist bis heute noch nicht restlos erfaßt. Nach den anscheinend nur unvollständig durch Versuchswerte erhärteten Feststellungen von TANAKA

---

[1] GRAF, O.: Bemerkungen zur Entwicklung der Prüfnormen. Holz als Roh- und Werkstoff Bd. 1 (1937) Heft 3, S. 99.

[2] Vgl. Fußnote 2, S. 46.

[3] FÖPPL, A.: Vorlesungen über technische Mechanik, Bd. 3; Festigkeitslehre, 9. Aufl., S. 116. Leipzig: J. B. Teubner 1922.

[4] Vgl. Fußnote 1, S. 47.

und später von MONNIN[1] ist selbst bei völlig fehlerfreiem Holz eine beträchtliche Abnahme der Biegefestigkeit mit zunehmender Querschnittshöhe (bei gleichbleibendem λ) zu erwarten; CIZEK[2] hat diese Beziehungen im doppelt logarithmischen System aufgetragen (vgl. Abb. 63). Noch größer als bei fehlerfreien Hölzern (Hölzer erster Wahl, für Flugzeugbau, Wagenbau) ist der Abfall der Biegefestigkeit nach TANAKA und MONNIN bei Hölzern zweiter Wahl (handelsübliches Bau- und Schreinerholz) und vollends solchen dritter Wahl (sehr astige Abfallhölzer) (vgl. die verschiedenen Kurvenzüge in Abb. 63). Auf Grund von Untersuchungen des FOREST Products Laboratory in Amerika ist bei fehlerfreien Hölzern in Bauholzabmessungen (structural timbers) eine um 20 bis 40% geringere Biegefestigkeit zu erwarten als bei den kleinen Normenstäben (small clear specimens)[2]. Neuere englische Arbeiten bestätigen diese Feststel-

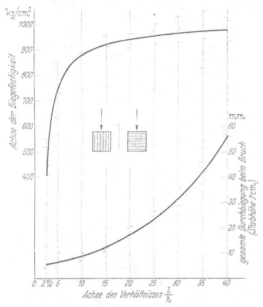

Abb. 62. Abhängigkeit der Biegefestigkeit vom Schlankheitsgrad (Verhältnis der Stützweite zur Probenhöhe) bei Kiefernholz. (Nach R. BAUMANN.)

lungen[3]. Bei den Untersuchungen CIZEKS[2] mit Probekörpern von 4×4 cm² und 2×2 cm² Querschnitt sind Unterschiede der durchschnittlichen Biegefestigkeit nicht beobachtet worden.

Als Normenstäbe für die Werkstoffprüfung sind zur Zeit in den einzelnen Ländern Probekörper mit recht verschiedenen Abmessungen und Auflagerentfernungen vorgeschrieben.

Nach *DIN DVM 2186* soll der Biegeversuch für die Werkstoffprüfung an Proben von quadratischem Querschnitt mit einer Seiten-

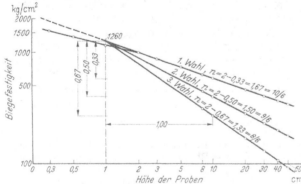

Abb. 63. Abhängigkeit der Biegefestigkeit von der Probenhöhe nach den Annahmen von MONNIN. (Nach L. CIZEK.)

länge s = mindestens 2, besser 3 bis 4 cm und einer Länge L = 18 s vorgenommen werden; die Auflagerentfernung soll mindestens 15 s betragen (vgl.

¹ Vgl. Fußnote 6, S. 66.
² CIZEK, L.: Diskussionsbeitrag zum Bericht MONNIN. Internat. Kongr. Materialprüfung, Zürich 1932, S. 178f.
³ CHAPLIN, C. J. u. E. H. NEVARD: Strength tests of structural timbers. Part III. Development of safe loads and stresses, with dates on baltic redwood and Eastern Canadian spruce. Forest products research records, Nr. 15. London 1937.

Abb. 64). Eine starre Festlegung der Probenabmessungen ist demnach in Deutschland nicht erfolgt.

In *Amerika* betragen die Abmessungen des Biegestabes $5 \times 5 \times 76$ cm³ ($2 \times 2 \times 30''$), die Auflagerentfernung rd. 71 cm (28''). Das Verhältnis $l/h = 14$ ist hiernach etwas kleiner als bei den deutschen Normenstäben.

Der in *England* für Mittenbelastung vorgeschriebene Normenstab hat dieselben Abmessungen wie der amerikanische. Bei dem in England

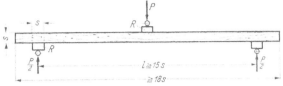

Abb. 64. Biegeversuch bei der Werkstoffprüfung. (Nach DIN DVM 2186.)

außerdem üblichen Biegeversuch mit Zweilastanordnung (vgl. die Ausführungen im Abschnitt Prüfverfahren) beträgt die Auflagerentfernung $l =$ rd. 91 cm (36''), die Entfernung der Laststellen von den Auflagern rd. 15 cm (6'') und die Stablänge $L =$ 101,6 cm (40''). Die Entfernung zwischen den beiden Laststellen beträgt hiernach ²/₃ der Auflagerentfernung.

Der *französische* Normenstab hat die Abmessungen $2 \times 2 \times 30$ cm³ und wird mit einer Auflager-

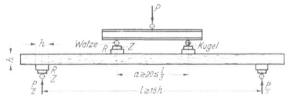

Abb. 65. Biegeversuch bei der Prüfung von Gebrauchsholz nach DIN DVM 2186.

entfernung $l = 24$ cm geprüft; das Verhältnis l/h beträgt hiernach nur 12.

In *Schweden* wird die Biegefestigkeit bei der Werkstoffprüfung an fast denselben Probekörpern wie in Amerika ermittelt (Abmessungen $5 \times 5 \times 75$ cm³, Auflagerentfernung $l =$ 70 cm, $l/h = 14$).

d) Prüfverfahren und Probenabmessungen bei Bauhölzern. Von besonderer Bedeutung ist die Ermittlung der Biegefestigkeit für Bauhölzer; die amerikanischen Normen[1] bezeichnen die Biegeprüfung als die wichtigste Prüfung eines Bauholzes. Aus Gründen, die im Abschnitt „Prüfverfahren" mitgeteilt wurden, kommt für Bauhölzer die Beanspruchung

Abb. 66. Prüfanordnung bei schwedischen Biegeversuchen mit Bauholz. (Nach SCHLYTER und WINBERG.)

durch eine Mittenlast nicht in Frage[2]. Im allgemeinen wird die Zweilastanordnung gewählt.

Nach *DIN DVM 2186* ist auch für Bauhölzer (Kantholz oder Rundholz) ein Mindestverhältnis $l/h = 15$ vorgeschrieben; die Laststellen sollen von der

---

[1] Vgl. Fußnote 2, S. 55.

[2] Allerdings ist in Frankreich auch für die Prüfung großer Probestücke (essais spéciaux sur pièces fabriquées ou sur grosses éprouvettes; vgl. Fußnote 6, S. 66) die Mittenbelastung beibehalten worden; vorgeschrieben ist dabei ein Verhältnis $l/h = 12$.

Mitte einen Abstand $a/2$ besitzen, wobei a mindestens 20 cm, jedoch nicht größer als $l/3$ ist (vgl. Abb. 65). In *Schweden* ist als Mindestverhältnis für Bauhölzer $l/h = 14$ wie bei den der Werkstoffprüfung dienenden Probestäben beibehalten worden; Abb. 66 zeigt einen Prüfbalken mit den Abmessungen $6 \times 20 \times 300$ cm³

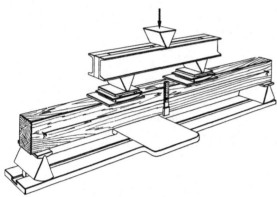

und die zugehörige Prüfeinrichtung bei schwedischen Versuchen[1].

Nach den *amerikanischen* Normen[2] soll bei der Prüfung von Bauhölzern ein Verhältnis l/h zwischen 11 und 15, am besten 14 angewendet werden. Als zweckmäßige Auflagerentfernung wird eine solche von rd. 4,5 m empfohlen, wofern nicht im Hinblick auf praktische Verhältnisse andere Abmessungen sich als notwendig erweisen. Die zugehörigen Einrichtungen für die Lastübertragung und Auflagerung, wie sie in Amerika vorgeschrieben sind, gehen aus Abb. 67 hervor.

Abb. 67. Biegeprufung von Bauhölzern nach den amerikanischen Normen.

e) Erfordernisse für die zweckdienliche Prüfung. Die Bearbeitung der Biegestäbe für die Werkstoffprüfung erfolgt zweckmäßig mit der Kreissäge; ein Behobeln ist im allgemeinen nicht erforderlich. Die größeren Probekörper in den Abmessungen der Bauhölzer weisen meist Gattersägen- oder Bandsägenschnitt auf. Sofern letztere etwas verdreht bzw. windschief sind, werden

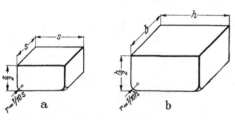

Abb. 68 a und b. Reiter fur die Lastubertragung auf die Biegekörper. a fur die Werkstoffprüfung (vgl. Abb. 64), b fur die Prüfung von Gebrauchsholz (vgl. Abb. 65).

den zweckmäßig zwischen dlen Unterlagsplatten an den Laststelen bzw. den Auflagern einerseits und den zugehörigen Rollen oder Schneiden andererseits Keile oder Beilagen derart eingelegt, daß eine gleichmäßige Lastübertragung gewährleistet ist.

Beim Einlegen der Prüfkörper in die Maschine ist Sorge zu tragen, daß die Resultierenden der äußeren Kräfte in der die Längsachse der Prüfkörper enthaltenden Symmetrieebene liegen.

Um örtliche Verdrückungen auf ein Mindestmaß herabzusetzen, sind zwischen die Druckstücke und die Probekörper, sowie zwischen Probekörper und Auflager Unterlagsplatten bzw. Reiter aus Hartholz oder Stahl einzulegen[3]. Die für die Werkstoffprüfung nach DIN DVM 2186 (vgl. Abb. 64) vorgeschriebenen Reiter gehen nach Form und Abmessungen aus Abb. 68a, die für die Bauholzprüfung (vgl. Abb. 65) vorgeschriebenen aus Abb. 68b hervor. Zwischen diesen Unterlagsplatten und den Auflagern müssen Rollen bzw. Walzen angeordnet werden, um dort genügende Beweglichkeit zu gewährleisten. Ähnlich wird in Deutschland auch an den Laststellen verfahren (vgl. die Abb. 64 und 65, ferner auch die aus schwedischen Versuchen stammende Abb. 66).

---

[1] Vgl. Fußnote 2, S. 48.   [2] Vgl. Fußnote 2, S. 55.

[3] In den französischen Normen ist für den auch bei großen Probekörpern beibehaltenen Biegeversuch mit Mittenbelastung (s. Fußnote 6, S. 66) lediglich vorgeschrieben, daß bei Höhen des Stabquerschnittes über 5 cm ein Reiter unter dem Druckstück vorzusehen ist.

Sofern die Biegeprüfung an Rundholz vorgenommen werden soll, müssen nach DIN DVM 2186 Reiter verwendet werden, die der Probenform angepaßt sind.

Die amerikanische Art der Auflagerung bei der Werkstoffprüfung zeigt Abb. 69. Hiernach erfolgt die Auflagerung auf abgerundeten Schneiden unter Zwischenschaltung von je zwei Auflagerplatten, zwischen denen wiederum Walzen geringen Durchmessers liegen; die Höhe der Auflagerplatten samt Walzen soll rd. 32 mm ($1\frac{1}{4}''$) betragen, so daß sich eine Entfernung von rd. 57 mm ($2\frac{1}{4}''$) zwischen der neutralen Zone der Biegestäbe und den Schneidenauflagern ergibt. Die amerikanische Auflagerung zeichnet sich dadurch aus, daß 1. nur unwesentliche Reibungskräfte zwischen der Probe und den Auflagern entstehen können und 2. die Entfernung der neutralen Zone der Proben vom Drehungsmittelpunkt an den Auflagern vorgeschrieben ist. Ob und inwieweit wesentliche Einflüsse

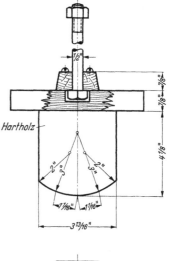

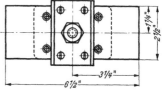

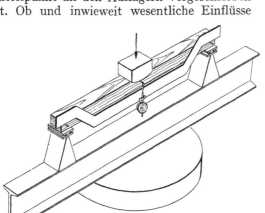

Abb. 69. Prüfung kleiner, fehlerfreier Biegeproben nach den amerikanischen Normen.

Abb. 70. Reiter nach den amerikanischen Normen für die Biegeprüfung kleiner, fehlerfreier Proben.

auf das Untersuchungsergebnis hierdurch vermieden werden, ist allerdings unbekannt; es wäre zu begrüßen, wenn hierüber durch Untersuchungen Klarheit geschaffen würde. Auch der Reiter für die Übertragung der Last in Probenmitte ist in Amerika auf besondere Art ausgebildet (vgl. Abb. 70); die Wölbung der Auflagerfläche dieses aus hartem Apfelbaumholz bestehenden Reiters läßt gewisse Verdrückungen des Biegestabes an der Laststelle als unvermeidlich erscheinen. Allerdings werden durch diese Art der Reiterausbildung die theoretischen Voraussetzungen (ununterbrochenes Ansteigen des Biegemomentes bis zur Probenmitte) besser erfüllt als bei Anordnung ebener Auflagerflächen.

In den englischen Normen[1] sind keine näheren Angaben über die Ausbildung der Auflager enthalten, sondern lediglich der allgemeine Hinweis, daß das Probestück an den Auflagern der Biegewirkung frei folgen können muß ohne Beeinträchtigung durch Reibungskräfte, die unter Umständen Längsspannungen hervorrufen. Das Druckstück in der Mitte (Reiter), das auf der Probe aufliegt,

---

[1] Vgl. Fußnote 5, S. 47.

soll dieselbe Form haben wie der Fallhammer beim Schlagversuch (s. Abschnitt Schlagfestigkeit).

Die französischen Normen[1] schließlich schreiben lediglich vor, daß der Rundungshalbmesser an den Auflagern und an der Laststelle 15 mm betragen soll.

Auch für die Prüfung von Bauhölzern sind in Amerika schneidenförmige Auflager vorgeschrieben (vgl. Abb. 67), zwischen denen und dem Probekörper rd. 15 cm (6″) breite Metallplatten von mindestens 12 cm Dicke vorzusehen sind; die Schneidenauflager können, wie aus der Abbildung ersichtlich ist, eine geringe Schaukelbewegung machen, was die zusätzliche Anordnung von Walzen wie bei der Werkstoffprüfung in gewissem Maße überflüssig macht. An den Laststellen liegen zunächst dünne Stahlplatten, deren Dicke bei Balken bis zu 15 cm Höhe rd. 3 mm, bei höheren Balken bis zu rd. 5 mm betragen darf. Auf diesen Stahlplatten liegen die aus hartem Apfelbaumholz bestehenden Reiter, die ähnlich denen für die Werkstoffprüfung (vgl. Abb. 70), mit gewölbten Auflagerflächen vorgeschriebener Rundungshalbmesser versehen sind. Zwischen den Reitern und den Schneidendruckstücken sind wiederum Walzen und Platten angeordnet, von denen die oberen mindestens 32 mm dick sein müssen.

Bei der Werkstoffprüfung soll der Probestab nach DIN DVM 2186 so aufgelegt werden, daß die Probe tangential zu den Jahrringen belastet wird. Die amerikanischen, englischen und böhmisch-mährischen Normen schreiben demgegenüber vor, daß die Last radial zu den Jahrringen wirken soll und die dem Mark näher gelegenen Jahrringe in der Druckzone liegen müssen. Ähnlich den deutschen verlangen die französischen Normen die Belastung tangential zu den Jahrringen, und zwar aus folgenden Gründen[2]: 1. Es ist häufig unmöglich zu unterscheiden, welche Jahrringe dem Mark näher liegen und 2. ist die Formänderungsarbeit bei Belastung tangential zu den Jahrringen ein Minimum. Ein Einfluß der Jahrringlage auf die Größe der Biegefestigkeit scheint nach den ausgedehnten Versuchen BAUMANNs[3] nicht vorzuliegen; zu ähnlichen Feststellungen kam auch CASATI[4].

Die Belastungsgeschwindigkeit bei der Werkstoffprüfung und bei der Prüfung des Bauholzes soll nach DIN DVM 2186 rd. 400 bis 500 kg/cm² je Minute betragen. In Frankreich wird bei der Prüfung des Normenbiegestabes so vorgegangen, daß in der Sekunde eine Lastzunahme von 1 bis 2 kg erfolgt; umgerechnet auf die Sollabmessungen des Normenstabes entspricht dies einer Zunahme der Beanspruchungen von 270 bis 540 kg/cm² in der Minute. Die böhmisch-mährischen Normen schreiben eine Zunahme der Beanspruchung von 300 kg/cm²±25% in der Minute vor. In Amerika, England und Schweden wird die Laststeigerung derart vorgenommen, daß eine gleichmäßige Zunahme der Einsenkungen und nicht wie in Deutschland, Frankreich und Böhmen und Mähren eine gleichmäßige Zunahme der Biegebeanspruchung eintritt. In Amerika und England soll diese Zunahme bei der Werkstoffprüfung rd. 2,5 mm (0,1″)±25% in der Minute betragen, in Schweden rd. 1 mm. Für die Prüfung von Bauhölzern enthalten die amerikanischen Normen besondere Vorschriften hinsichtlich der Geschwindigkeit der Laststeigerung. So soll bei Balken bis zu rd. 10 cm Höhe, die Wuchsabweichungen besitzen, oder fehlerfreien Balken bis zu 20 cm Höhe die Zunahme der Dehnung der äußeren Fasern 0,0015 cm/cm in der Minute betragen, bei höheren Balken 0,0007 cm/cm in der Minute.

Die Biegefestigkeit σ_{bB} wird im allgemeinen aus der NAVIERschen Formel

$$\sigma_{bB} = \frac{M_b}{W}$$

---

[1] Vgl. Fußnote 1, S. 46.   [2] Vgl. Fußnote 6, S. 66.
[3] Vgl. Fußnote 1, S. 47.   [4] Vgl. Fußnote 3, S. 47.

in der vereinfachenden Annahme berechnet, daß die dieser Beziehung zugrunde liegenden Voraussetzungen in erster Annäherung auch bei Biegebeanspruchung von Holz zutreffen (M_b größtes Biegemoment, W Widerstandsmoment des Stabquerschnittes). Für den Fall der Mittenbelastung eines Stabes von rechteckigem Querschnitt (Breite b, Höhe h cm) und der Stützweite l durch eine Last P erhält man[1]

$$\sigma_{bB} = \frac{3\,P\cdot l}{2\,b\,h^2},$$

und bei einem Stab von rechteckigem Querschnitt bei Zweilastanordnung (Entfernung $a/2$ der beiden Laststellen von der Mitte)

$$\sigma_{bB} = \frac{3\,P}{2}\cdot\frac{(l-a)}{b\,h^2}.$$

Für die Ermittlung der Querschnittsabmessungen b und h genügt im allgemeinen die Schieblehre.

Sofern es sich nicht lediglich um die Ermittlung der Biegefestigkeit handelt, ist die Kenntnis des Spannungs-Durchbiegungs-Schaubildes von Wichtigkeit. Aus diesem Schaubild wird durch einfaches Planimetrieren die Biegungsarbeit

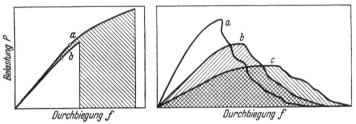

Abb. 71. Biegearbeit von Holz. (Nach KOLLMANN.)

bis zur Höchstlast in cmkg/cm² entnommen (vgl. den linken Teil von Abb. 71). Mitunter wird auch die gesamte Formänderungsarbeit bis zum völligen Trennungsbruch ermittelt (vgl. Abb. 71 rechts). Hinsichtlich der Durchbiegungen ist folgendes zu beachten. Wenn die Durchbiegungen nicht zur Ermittlung des Elastizitätsmoduls dienen sollen, genügt deren Feststellung auf 0,1 cm genau (vgl. auch DIN DVM 2186). Im allgemeinen ist es bei den für die Werkstoffprüfung zur Verwendung kommenden kleinen Maschinen möglich, mit Hilfe eines an der Maschine angebrachten, die Verschiebungen des Druckkolbens anzeigenden Zeigers samt Maßstab die Einsenkungen des Probestabes laufend festzustellen. Dabei werden allerdings eventuell eintretende Verdrückungen an den Auflagern und an der Laststelle das Meßergebnis beeinflussen; sofern Reiter und Unterlagsplatten vorschriftsmäßiger Größe angewendet werden, kann man diesen Fehler als nicht bedeutend hinnehmen. Etwas größer wird der von solchen Verdrückungen und sonstigen Einflüssen (nicht ganz gleichmäßiges Aufliegen, Verdrehungen usw.) herrührende Fehler bei der Prüfung von Bauhölzern sein. Man geht zur Vermeidung dieser Einflüsse so vor, daß

---

[1] Die französischen Normen schreiben die Berechnung der Biegefestigkeit (σ'_{bB}) bei Mittenbelastung auf Grund der Untersuchungen von TANAKA und MONNIN (s. Fußnote 6, S. 66) nach der Formel

$$\sigma'_{bB} = \frac{3\,P\,l}{2\,b\,h^{10/6}}$$

vor. Weiter ist nach den französischen Normen die Berechnung einer „Steifezahl" l/f (f Durchbiegung beim Bruch), einer „Biegungszahl" $\dfrac{\sigma'_{bB}}{100\cdot r}$ (r Raumgewicht) und einer „Zähigkeitszahl" $\dfrac{\sigma'_{bB}}{\sigma_{dB}}$ erforderlich (alle Werte auf 15% Feuchtigkeitsgehalt umgerechnet).

zunächst über beiden Auflagern je in der Mitte der Balkenhöhe dünne Draht-
stifte eingeschlagen und über sie ein feiner Draht gelegt wird, der durch an-
gehängte Gewichte gespannt wird[1]. Mittels eines in Balkenmitte senkrecht
befestigten Maßstabes ist es möglich, durch waagerechtes Visieren über die
Oberkante des Drahtes die jeweiligen Durchbiegungen zu ermitteln. Ähnlich
wird auch in Amerika bei der Bauholzprüfung verfahren[2]. Die Meßanordnung
für die Ermittlung der Durchbiegungen bei der amerikanischen Werkstoffprüfung
geht aus Abb. 69 hervor und ist mit dem letztgenannten Verfahren verwandt.
Die hierbei zu erzielende Genauigkeit ist so groß, daß das Verfahren sich für
die Ermittlung des Elastizitätsmoduls eignet. Es kann jedoch auch allgemein
für die rasche Ermittlung der Durchbiegungen bei der Werkstoffprüfung
empfohlen werden.

Die meisten Normen fordern die Angabe der Art des Bruches (splittrig,
zackig oder glatt); zweckmäßig ist die Darstellung des Bruches auf dem Prüf-
bogen durch eine Skizze, aus der auch das Mitwirken etwaiger Wuchseinflüsse
(Äste, Schrägfaser usw.) erkenntlich sein muß.

Infolge der starken Abhängigkeit der Biegefestigkeit von der Holzfeuchtigkeit und vom Raumgewicht ist die Ermittlung dieser beiden Eigenschaften für
die Beurteilung der Biegefestigkeit unerläßlich; das Raumgewicht kann bei der
Werkstoffprüfung durch Wiegen der Probe kurz vor oder nach der Biegeprüfung
und Errechnung des Rauminhaltes aus den ermittelten Probenabmessungen
mit genügender Genauigkeit festgestellt werden. Zur Messung der Holzfeuchtigkeit wird eine rd. 2 cm dicke Scheibe in der Nähe der Bruchstelle entnommen und
dem Darrversuch unterworfen. Mitunter soll eine vorhandene Biegeprobe gleichzeitig zur Prüfung der Druckfestigkeit dienen; man wird in diesem Fall nach der
Biegeprüfung die erforderlichen Druckproben aus den unzerstörten Proben-
teilen entnehmen und kann, da die Holzfeuchtigkeit leicht nach dem Druckversuch durch Darrung der ganzen Druckproben festgestellt werden kann, auf
die Entnahme besonderer Feuchtigkeitsproben aus der Biegeprobe verzichten,
wofern die Gewichte der Druckproben sofort nach der Entnahme ermittelt
wurden.

Die amerikanischen Normen für die Bauholzprüfung[2] schreiben vor, daß
aus dem meist mindestens 5 m langen Prüfbalken nach dessen Prüfung am einen
Ende ein rd. 1,5 m langer Abschnitt zu entnehmen ist, aus dem wiederum eine
rd. 75 cm lange Probe für die Durchführung eines Schwellendruckversuches und
zwei Probekörper mit den Abmessungen von rd. $15 \times 15 \times 60$ cm³ für die Feststellung der Längsdruckfestigkeit herausgeschnitten werden. Aus einem am
anderen Ende des großen Biegebalkens entnommenen, rd. 1,3 m langen Abschnitt werden 6 Stäbe mit den Abmessungen von rd. $5 \times 5 \times 130$ cm³ herausgeschnitten, aus denen für die Durchführung der Werkstoffprüfung je 1 Biegeprobe, je 1 Druckprobe für Ermittlung der Längsdruckfestigkeit und je 2 Scherproben (1 mit radialer Scherfläche und 1 mit tangentialer Scherfläche), außerdem insgesamt 3 Druckproben für Ermittlung der Schwellendruckfestigkeit
und 3 Proben für die Härteprüfung zu entnehmen sind. Für die Messung der
Holzfeuchtigkeit des großen Biegebalkens sollen in der Nähe der Bruchstelle zwei
rd. 2,5 cm dicke Scheiben über den ganzen Querschnitt herausgeschnitten
werden, die zur Feststellung der mittleren Holzfeuchtigkeit und des Feuchtig-
keitsgefälles (Feuchtigkeit in drei je $1/3$ der Querschnittsfläche umfassenden
Schichten) dienen.

f) Beurteilung der Bruchformen. Neben seltenen Bruchformen, die deutlich auf verhältnismäßig geringe Zug- oder Druckfestigkeit schließen lassen (Zerstörung im wesentlichen nur in der Zug- oder in der Druckzone), sind als

---

[1] Vgl. Fußnote 1, S. 47.   [2] Vgl. Fußnote 2, S. 55.

wichtigste Arten der Zerstörung beim Biegeversuch der langfaserige (splittrige) und der kurze oder glatte (spröde) Bruch zu unterscheiden. Häufig weisen Proben mit langfaserigem Bruch höhere Werte der Biegefestigkeit und umgekehrt solche mit sprödem Bruch geringere Biegefestigkeit auf; doch darf dieser Hinweis nicht verallgemeinert werden.

8. Ermittlung der Scherfestigkeit.

a) Allgemeines. Die Kentnis des Scherwiderstandes der Hölzer, der sog. Scherfestigkeit, ist für die Praxis der Holzbaues unentbehrlich, besonders im Hinblick auf die Erfordernisse bei der Gestaltung der Holzverbindungen (Schrauben- und Dübelverbindungen, Versätze usw.). Dabei ist unter Scherfestigkeit die Widerstandsfähigkeit gegen eine Kraft, bezogen auf 1 cm², zu verstehen, welche versucht, zwei miteinander verwachsene Holzteile in der

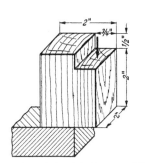

Abb. 72. Einschnittiger Scherkorper nach den amerikanischen Normen.

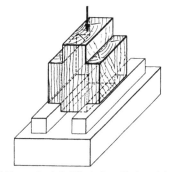

Abb. 73. Zweischnittiger, doppelt abgesetzter Scherkörper.

Faserrichtung gegeneinander zu verschieben[1]. Allerdings ist die Erzielung reiner Scherbeanspruchung bei den bisher bekannten Prüfverfahren für den Scherversuch nicht möglich, da durch die mehr oder minder große Umlenkung der Kräfte Biegemomente entstehen. Das Vorhandensein dieser Biegemomente, die durch Querspannungen aufgenommen werden müssen, ist bei Stoffen wie Holz, die geringe Querfestigkeit (insbesondere sehr kleine Querzugfestigkeit) besitzen, bedenklich, da hierdurch das Ausscheren begünstigt wird[2].

b) Prüfverfahren. Die heute üblichen Prüfverfahren zerfallen in zwei große Gruppen: Prüfung von einschnittigen und Prüfung von zweischnittigen Probekörpern, d. h. Körper, bei denen die Abscherung in einer oder gleichzeitig in zwei Ebenen stattfindet. Abb. 72 zeigt den amerikanischen Normenkörper, der zur ersten Gruppe gehört und einmal abgesetzte Körperform besitzt. Die Scherkraft wirkt auf die abgesetzte Stirnfläche in Richtung des eingezeichneten Pfeiles. Die Art der Prüfung eines zweischnittigen Probekörpers ist in Abb. 73 bei zweimal abgesetzter Körperform dargestellt. Hier wirkt die Belastung auf den nicht abgesetzten, mittleren Teil der oberen Querschnittsfläche, während die Auflagerung des Probekörpers auf den beiden äußeren, abgesetzten Teilen der unteren Stirnfläche erfolgt. Die Prüfung wird in den meisten Fällen in kleinen Druckpressen der üblichen Bauart vorgenommen (ausgenommen in Frankreich, s. unten).

---

[1] EHRMANN, W.: Über die Scherfestigkeit von Fichten- und Kiefernholz. Forschungsber. Fachaussch. Holzfragen beim VDI, Heft 4.
[2] HARTMANN, F.: Zuschrift zum Thema: Versuche mit geleimten Laschenverbindungen aus Holz. Holz als Roh- und Werkstoff Bd. 1 (1938) Heft 15, S. 601.

Während die Prüfung der zweischnittigen Probekörper, wie Abb. 73 zeigt, ohne irgendwelche Zusatzeinrichtungen erfolgen kann, sind für die Prüfung aller einschnittigen Probekörper Einspannvorrichtungen erforderlich. Die Abb. 74 bis 79 enthalten verschiedene Anordnungen von Einspannvorrichtungen[1]. Bei der in Amerika üblichen Anordnung nach Abb. 74 wird ein gleitend geführter Scherstempel verwendet, der gleichzeitig das nach außen wirksame Kippmoment aufzunehmen hat, während der Probekörper unten gegen eine Anschlagleiste gedrückt wird. Durch die dem Scherstempel zugewiesene Zusatzaufgabe der Aufnahme des Kippmoments findet seitliche Reibung zwischen Probekörper

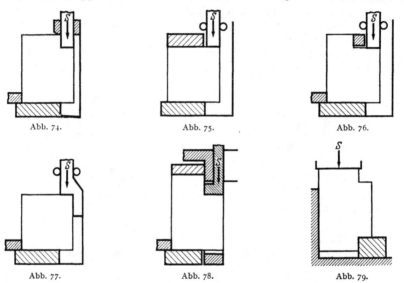

Abb. 74.   Abb. 75.   Abb. 76.

Abb. 77.   Abb. 78.   Abb. 79.

Abb. 74 bis 79. Verschiedene Anordnungen von Einspannvorrichtungen. (Zusammengestellt von Ehrmann.)

und Scherstempel statt, so daß zu hohe Werte für die Scherfestigkeit errechnet werden. Das Kippmoment wird bei der Anordnung nach Abb. 75 durch zwei den Probekörper festhaltende Platten übernommen. Abb. 76 zeigt die englische Normenanordnung, bei der das Kippmoment durch je eine oben und unten wirkende Anschlagleiste aufgenommen wird; bei dieser Anordnung entstehen durch die große Ausladung hohe Biegemomente. Bei der Anordnung nach Abb. 77 wird das Kippmoment wiederum durch den gleitend geführten Scherstempel aufgenommen; allerdings ist die nicht abgesetzte Körperform wie im Falle der Abb. 75 ungünstig. Abb. 78 gibt die schwedische Prüfanordnung wieder; hier wird die Probe sowohl zwischen zwei Druckplatten gefaßt, als auch durch je eine untere und eine obere Anschlagleiste gehalten (Verbindung der Anordnungen nach Abb. 75 und 76). Der Scherstempel ist unter der oberen Anschlagleiste zur Vermeidung großer Hebelarme bis an die Längsfläche des Einschnittes herangeführt[2]. Die zugehörige Einspannvorrichtung ist ziemlich kompliziert; sie gewährleistet jedoch recht zuverlässige Prüfergebnisse. Bei der Anordnung nach Abb. 79 wird man im allgemeinen durch zusätzliche Reibungskräfte zu hohe Prüfwerte erhalten.

Einen weiteren Vorschlag für die Ausbildung des zweischnittigen Scherkörpers hat Gaber[3] gemacht (vgl. Abb. 80); es scheint, daß bei diesem Körper

---

[1] Vgl. Fußnote 1, S. 83.   [2] Vgl. Fußnote 2, S. 48.
[3] Gaber, E.: Versuche über die Schubfestigkeit von Holz. Z. VDI Bd. 73 (1929) Nr. 26, S. 932f.

infolge hohen Widerstandsmomentes keine nennenswerten Biegespannungen entstehen können, so daß fast reine Scherspannungen (nach GABER ,,Schubspannungen") auftreten. Nachteilig ist die umständliche und zeitraubende Herstellung des Probekörpers.

Eine weitere beachtenswerte Ausbildung für zweischnittige Scherkörper ist aus Abb. 81 ersichtlich[1], [2]. Die Prüfung dieses Probekörpers ist ebenfalls einfach zu bewerkstelligen, die Herstellung desselben jedoch schwierig.

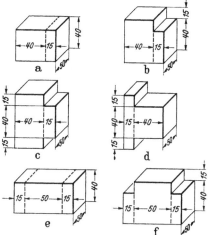

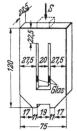

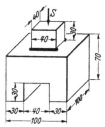

Abb. 80. Zweischnittiger Scherkorper nach dem Vorschlag von GABER.

Abb. 81. Zweischnittiger Scherkörper nach dem Vorschlag von BROTERO.

Abb. 82 a bis f. Probekorper fur die Scherversuche von EHRMANN.

c) **Probenform und Probengröße.** Aufschlußreiche Untersuchungen über den Einfluß der Probekörperform auf die Scherfestigkeit hat EHRMANN[1] mit Probekörpern nach Abb. 82, außerdem mit solchen nach Abb. 84 (deutsche Normenkörperform), Abb. 80 und 81 durchgeführt. Sämtliche Körper waren aus lufttrocknem, einwandfrei vergleichbarem Buchenholz (mittlere Druckfestigkeit 515 kg/cm²) gefertigt; die Abmessungen der Scherflächen und die ermittelten Scherfestigkeiten (Mittelwerte von durchschnittlich 6 Probekörpern) sind aus nebenstehender Zahlentafel zu entnehmen.

Hiernach ist ein deutlicher Einfluß der Körperform bzw. Einspannungsart vorhanden. Die größten Meßwerte haben die nicht abgesetzten Probekörper

Ausbildung des Scherkörpers nach Abb.	Scherflache		Mittlere Scherfestigkeit
	Breite cm	Lange cm	kg/cm²
82 a	5	4	139
82 b	5	4	119
82 c	5	4	109
82 d	5	4	128
82 e	5	4	132
82 f	5	4	112
84	5	4	112
81	4	4	123
80	2,25	3,5	78

nach Abb. 82a und e geliefert, während die Körperform nach Abb. 80 auffallend niedere Festigkeitswerte ergab Die Untersuchungen bestätigten die Brauchbarkeit der deutschen Normenkörperform, die außerdem den Vorzug der Einfachheit in Herstellung und Prüfung besitzt. Ferner ist wichtig, daß bei Anordnung sauber abscherender Kräfte keine wesentlichen Unterschiede zwischen ein- und zweischnittiger Scherung bestehen.

Weitere Untersuchungen von EHRMANN ergaben, daß der Einfluß des Scherflächenabstandes praktisch gering ist, weshalb es zweckmäßig erscheint, bei zweischnittigen Körpern den Abstand der Scherflächen im Hinblick auf die erforderliche Probengröße klein zu halten.

---

[1] Vgl. Fußnote 1, S. 83.
[2] BROTERO: Estudo dos caractéres physikos mechanicos das madeiras. Boletim No. 8, 1932.

Der Einfluß der Probekörpergröße, d. h. der Länge der Scherfläche, ist von Graf[1] an zweischnittigen Probekörpern nach Abb. 83 aus lufttrocknem Fichtenholz erkundet worden. Nach diesen Ergebnissen nimmt die Scherfestigkeit mit zunehmender Länge der Scherflächen erheblich ab. Ähnliche Feststellungen

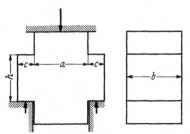

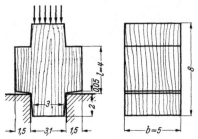

Abb. 83. Zweischnittige Scherkörper für Versuche uber den Einfluß der Körpergröße. (Nach O. Graf.)

Abb. 84. Scherkörper nach DIN DVM 2187.

hat auch Ehrmann[2] gemacht, der bei zweischnittigen Buchenkörpern eine Abnahme der Scherfestigkeit von 107 kg/cm² bei 3 cm Scherlänge auf 88 kg/cm² bei 8 cm Scherlänge ermittelte. Diese Zahlen und die bei Versuchen mit Holzverbindungen gewonnenen Aufschlüsse[3, 4] machen aufmerksam, daß der Scher-

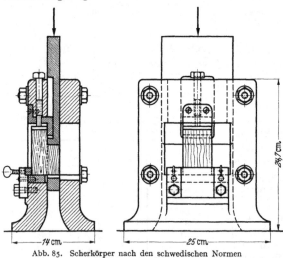

widerstand von Bauhölzern aus den Ergebnissen der Prüfung von Normenkörpern kaum beurteilt werden kann.

Die Form und Abmessungen des deutschen Normenscherkörpers nach DIN DVM 2187 gehen aus Abb. 84 hervor; jede der beiden Scherflächen umfaßt bei 4 cm Länge rd. 20 cm². Bei der Festlegung dieses Körpers wurden die neueren Forschungsergebnisse berücksichtigt, wonach der Abstand der Scherflächen fast ohne Bedeutung ist und demnach gering sein kann.

Abb. 85. Scherkörper nach den schwedischen Normen mit Einspannvorrichtung.

In den böhmisch-mährischen Normen ist ebenfalls ein zweischnittiger, zweimal abgesetzter Scherkörper mit denselben Abmessungen der Scherflächen und sonst ähnlichen Abmessungen wie beim deutschen Normenkörper festgelegt worden.

Der amerikanische Normenscherkörper ist mit allen Abmessungen in Abb. 72 dargestellt; zu seiner Prüfung wird eine Einspannvorrichtung mit Wirkungsweise nach Abb. 74 verwendet. Die Nachteile dieses Einspannverfahrens (zu hohe Meßwerte!) wurden weiter oben dargelegt.

---

[1] Graf, O.: Wie können die Eigenschaften der Bauhölzer mehr als bisher nutzbar gemacht werden? Welche Aufgaben entspringen aus dieser Frage für die Forschung? Holz als Roh- und Werkstoff Bd. 1 (1937) Heft 1/2, S. 13f.
[2] Vgl. Fußnote 1, S. 83.   [3] Vgl. Fußnote 3, S. 62.
[4] Graf, O.: Dauerversuche mit Holzverbindungen. Mitt. Fachaussch. Holzfragen beim VDI, Heft 22, 1938.

Der englische Normenscherkörper unterscheidet sich nur durch ein Maß vom amerikanischen: die Breite des Einschnittes (Abmessung senkrecht zur Scherfläche) beträgt nicht $^3/_4''$, sondern $1^1/_8''$. Die Wirkungsweise der zur Prüfung dieses Körpers vorgeschriebenen Einspannvorrichtung geht aus Abb. 76 hervor. Die Länge der Scherfläche beträgt hiernach beim amerikanischen und englischen Normenkörper rd. 5 cm und ist wenig vom deutschen verschieden.

Dieselbe Form und fast dieselben Abmessungen der Scherfläche wie der englische und amerikanische weist der schwedische Normenscherkörper auf. Durch die vorzügliche, wenn auch etwas verwickelte Einspannvorrichtung[1] nach Abb. 85 werden zuverlässige Meßwerte gewährleistet (Wirkungsweise nach Abb. 78).

Der französische Normenkörper für die Ermittlung der Scherfestigkeit ist ein Stab mit den Abmessungen $0,5 \times 2 \times 15$ cm; er besitzt 3 Einschnitte von je 5 mm Länge (Abmessung in Richtung der Stabachse), die sich über die ganze Breite des

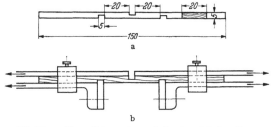

Abb. 86a und b. a Scherprobe nach den französischen Normen. b Scherprobe mit zugehöriger Einspannvorrichtung.

Stabes (2 cm) und bis auf eine Tiefe erstrecken, die der halben Stabdicke entspricht[2]. Die beiden äußeren Einschnitte gehen von derselben Breitseite aus, während der zwischen ihnen liegende Einschnitt auf der gegenüberliegenden Breitseite angebracht wird (vgl. Abb. 86a). Zwischen je zwei aufeinanderfolgenden Einschnitten liegt eine Scherfläche von 2 cm Länge und 2 cm Breite. Die Prüfung hat in einer kleinen Zerreißmaschine zu erfolgen (vgl. Abb. 86b). Die bei diesem Prüfverfahren ermittelten Werte der Scherfestigkeit können nicht ohne weiteres mit den an Normenscherkörpern anderer Länder festgestellten Werten verglichen werden.

d) Erfordernisse für die zweckdienliche Prüfung. Die Bearbeitung der Scherproben erfolgt am besten auf der Kreissäge. Sämtliche Druck- und Auflageflächen müssen tadellos eben sein; eine leichte Abschrägung der letzteren (vgl. Abb. 84) ist zweckmäßig, damit die Wirkungsebene der Kraft möglichst nahe an die gewünschte Scherfläche herankommt[3]. Wichtig ist ferner, daß die Scherflächen genau parallel zur Lastrichtung verlaufen, und daß die Absätze scharf eingeschnitten sind, da sich bei geringer Ausrundung schon wesentlich höhere Festigkeiten ergeben[3]. Durch die bei rascher Trocknung auftretenden Radialrisse kann bei Proben für radiale Scherung leicht eine bedeutende Herabsetzung der Scherfestigkeit eintreten; die Lagerung der Probekörper muß daher besonders sorgfältig überwacht werden (häufiges Umlagern, gleichmäßige Luftumspülung usw.).

Da die Scherfestigkeit deutlich von der Lage der Scherfläche zu den Jahrringen abhängt, wird vorgeschrieben, daß die Prüfung mit Probekörpern vorzunehmen ist, deren Scherflächen entweder tangential oder radial zu den Jahrringflächen liegen, am besten aber mit Probekörpern beider Schnittarten.

Die Druckplatten der Prüfpresse sind vor Beginn der Untersuchungen horizontal auszurichten.

Die Steigerung der Belastung soll nach DIN DVM 2187 etwa 60 kg/cm² je Minute, nach den böhmisch-mährischen Normen dagegen nur 25 kg/cm² ± 25 % je Minute betragen. Die amerikanischen und englischen Vorschriften schreiben auch bei dieser Prüfung die Steigerung der Belastung nach solcher Art vor,

---

[1] Vgl. Fußnote 2, S. 48. [2] Vgl. Fußnote 6, S. 66. [3] Vgl. Fußnote 1, S. 83.

daß ein gleichmäßiges Fortschreiten der beweglichen Druckplatte eintritt. Hiernach soll die Bewegung dieser Druckplatte in der Minute 0,015″ ±20% betragen.

Die Abmessungen der Scherflächen der Proben (Breite b, Länge l) sind mit der Schieblehre vor der Durchführung des Scherversuches zu ermitteln. Aus der bei letzterem sich ergebenden Höchstlast P_{max} wird die Scherfestigkeit τ_{aB} nach der einfachen Beziehung

$$\tau_{aB} = \frac{P_{max}}{l \cdot b} \text{ (beim einschnittigen Probekörper)}$$

bzw.

$$\tau_{aB} = \frac{P_{max}}{2\, l \cdot b} \text{ (beim zweischnittigen Probekörper)}$$

errechnet (l und b Mittelwerte) und auf 0,1 kg/cm² genau angegeben.

Da Holzfeuchtigkeit und Raumgewicht einen wesentlichen Einfluß auf die Scherfestigkeit ausüben, ist die Kenntnis derselben zur Beurteilung der Ergebnisse des Scherversuches unentbehrlich. Zweckmäßig wird die Holzfeuchtigkeit an den abgescherten Holzteilen ermittelt, wie die amerikanischen Normen vorschreiben.

9. Ermittlung der Schlagbiegefestigkeit.

a) Allgemeines. Der Widerstand des Holzes, bezogen auf 1 cm² Querschnittsfläche, gegenüber schlagartig auftretenden Lasten wird als Schlagfestigkeit bezeichnet. Solche schlagartig einwirkende Lasten können vorwiegend Druck-, Zug- oder Biegungsspannungen hervorrufen; bei Holz wurde bisher vor allem, entsprechend den praktischen Erfordernissen, der Widerstand gegenüber schlagartiger Biegebeanspruchung, die Schlagbiegefestigkeit, beobachtet und untersucht. Die Schlagbiegefestigkeit spielt mitunter eine wichtige Rolle bei Hölzern in Fahr- und Flugzeugen, in verschiedenen Bauwerken (Brücken, Funktürmen usw.), zu Werkzeugen, Leitern, Sportgeräten usw.

Hölzer mit großer Schlagbiegefestigkeit werden im allgemeinen als zäh, solche mit geringer Schlagbiegefestigkeit als spröde bezeichnet. Dabei ist zu beachten, daß es weder vollkommen spröde, noch vollkommen zähe Holzarten gibt; selbst bei besonders und vorwiegend zähen Hölzern wie Hickory und Esche ist große Sprödigkeit, ja sogar in ein- und demselben Stück sprunghaft Übergang von Zähigkeit zu Sprödigkeit anzutreffen[1]. Diese kurzen Feststellungen zeigen die Bedeutung an, die der Ermittlung der Schlagbiegefestigkeit zukommt. Monnin[2] vertritt sogar die Auffassung, daß die Schlagbiegefestigkeit den besten Weiser für die Holzgüte darstellt; er hat weiter zu beweisen versucht, daß der „gesamte lebendige Widerstand", d. h. die gesamte statische Biegearbeit bis zum völligen Trennungsbruch (vgl. Abb. 71) ein Integralwert aller mechanischen Eigenschaften ist und bei gleichen Probestababmessungen sowie gleicher Abrundung der Auflager und der Hammerschneide der Schlagbiegearbeit gleichkommt[2, 3]. Ghelmeziu[3] stellt demgegenüber fest, daß der deutlich erkennbare Einfluß der Belastungsgeschwindigkeit auf alle Festigkeitseigenschaften die Unmöglichkeit dieser Gleichsetzung beweise; weiter seien die dynamischen Bruchbiegespannungen, die gesamte Durchbiegung und der Elastizitätsmodul beim Schlagbiegeversuch wesentlich größer als die entsprechenden statischen Werte und schließlich könne die Arbeit vom statischen Bruch bis zur völligen Trennung des Biegestabes nicht mehr als eindeutige Veränderliche des Widerstandes ermittelt werden.

---

[1] Kollmann, F.: Über die Schlag- und Dauerfestigkeit der Hölzer. Vortrag bei der Holztagung am 27. November 1936 in Berlin. Mitt. Fachaussch. Holzfragen beim VDI, Heft 17 (1937) S. 17 f.
[2] Vgl. Fußnote 6, S. 66.   [3] Vgl. Fußnote 6, S. 49.

b) Prüfverfahren. Für die Ermittlung der Schlagbiegefestigkeit werden entweder Fallhämmer oder Pendelhämmer verwendet. Die Prüfung mittels des Fallhammers wird in Amerika fast ausschließlich, in England und in Böhmen und Mähren neben der mittels Pendelhammer vorgenommen; in Deutschland und Frankreich erfolgt die Prüfung ausschließlich mit dem Pendelhammer.

Das in Amerika meist benutzte Schlagwerk Bauart HATT-TURNER geht aus Abb. 87 hervor. Nach den amerikanischen Normen ist bei der Prüfung, die je nach der Widerstandsfähigkeit der Prüfstücke entweder mit einem Fallhammer von 50 lb. oder von 100 lb. Gewicht durchgeführt wird, folgendermaßen zu verfahren: Zunächst wird ein Schlag aus einer Höhe von 1″ ausgeführt und weitere Schläge aus stufenweise um 1″ gesteigerter Fallhöhe zugegeben. Nach Vornahme des Schlages aus 10″ Höhe wird die Fallhöhe um 2″ gesteigert, bis entweder vollständiger Bruch eintritt oder aber der Probestab sich um 6″ durchbiegt. Ganz ähnlich wird in England vorgegangen.

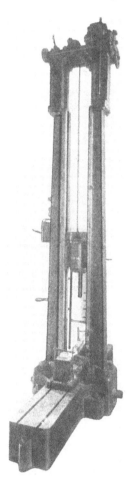

Abb. 87. Amerikanisches Schlagwerk mit Fallhammer. (Nach A. KOEHLER.)

Bei der Prüfung mit dem Pendelschlaghammer erfolgt die Zerstörung des Probestückes durch einen einzigen Schlag; im allgemeinen genügen Schlagwerke, bei denen die verfügbare Arbeit des Hammers unmittelbar vor dem Auftreffen auf das Probestück 10 mkg beträgt. Aus der Aufschwinghöhe des Hammers nach der Zerstörung des Probestückes, die durch einen Schleppzeiger angezeigt wird, kann an einer geeichten Skala die zum Durchschlagen benötigte Arbeit unmittelbar abgelesen werden (vgl. Abb. 88)[1].

Die Amerikaner haben ebenfalls eine auf dem Grundgedanken des schwingenden Pendels beruhende Schlagprüfmaschine entwickelt[2]. Sie unterscheidet sich von den üblichen Pendelmaschinen mit der aus Abb. 88 hervorgehenden Wirkungsweise dadurch, daß die Probe nicht durch das Pendel selbst geschlagen wird; letztere erhält vielmehr die zu ihrer Zerstörung bzw. Prüfung erforderliche Schlagarbeit durch ein Seil, das an einer um die Pendelachse drehbaren und mit dem Pendel verbundenen Trommel befestigt ist. Kurz vor dem Durchschwingen des Pendels durch die Vertikallage wird das vorher durchhängende Seil gestrafft und dadurch die Probe der Schlagbiegebeanspruchung unterworfen. Durch die Wahl verschiedener Pendellängen und verschiedener Ausgangsstellungen des Pendels (30, 45, 60° zur Vertikalen) kann die Maschine für mehrere Bereiche der Zähigkeit eingestellt bzw. können Probestücke durch bestimmte Schlagarbeit beansprucht werden.

Die Ermittlung der Schlagbiegefestigkeit mit dem Pendelhammer ist außerordentlich rasch durchführbar; auch kann das Gerät leicht nachgeeicht werden. Die Prüfung mit dem Fallhammer hat den Vorzug, daß mehrere Eigenschaften gemessen werden können: Elastizitätsmodul, dynamische Biegespannung bis

[1] OSCHATZ, H.: Holzprüfmaschinen. 1. Maschinen zur zügigen Beanspruchung. Holz als Roh- und Werkstoff Bd. 1 (1938) Heft 11, S. 421 f.

[2] MARKWARDT, L.: New toughness machine. Its aid in wood selection. Wood Working Industries, Jamestown, N. Y., Bd. 2 (1926) S. 31 f.

zur Elastizitätsgrenze, größte Fallhöhe, Arbeit bis zur Elastizitätsgrenze[1];
allerdings ist diese Prüfung sehr zeitraubend und enthält ungeklärte Einflüsse
(mehrfache Schläge).

Die dynamische Biegefestigkeit läßt sich auch bei der Prüfung mit dem
Pendelhammer ermitteln, und zwar durch die Messung der Auflagerkräfte der

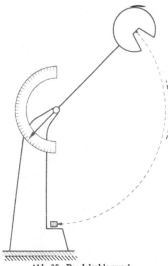

Schlagbiegeprobe nach der von Breuil angegebenen Methode, die Ghelmeziu[1] folgendermaßen beschreibt: „Eine Auflagerstütze ist nach-
giebig und lehnt sich mit einer Kugelfläche von
10 mm Dmr.[2] gegen einen Weichaluminiumstab
mit bekannter Brinellhärte. Der Druck auf die
Stütze beim Schlagversuch erzeugt im Alumi-
niumstab einen Kugeleindruck, aus dessen —
durch Meßmikroskop ermittelten—Durchmesser
sich rückwärts die Druckkraft errechnen läßt.“

Durch Messung der dynamischen Biegekräfte
auf die eben angegebene Weise und Ermittlung
der Schlagbiegefestigkeiten von gut vergleichbaren Fichtenproben hat Casati[3] festgestellt,
daß die Brucharbeit ziemlich unabhängig von
der Schlaggeschwindigkeit und von dem Gewicht des Pendelhammers ist.

Hinsichtlich der Ausbildung der Hammerschneide hat Seeger[4] angegeben, daß die Versuchswerte durch Verwendung einer sehr
schlanken Schneide nicht beeinflußt werden.

Abb. 88. Pendelschlagwerk.

Es scheint jedoch auf Grund der Ergebnisse neuerer Untersuchungen[1], daß
durch kleine Abrundungen der Auflager und der Hammerschneide stärkere

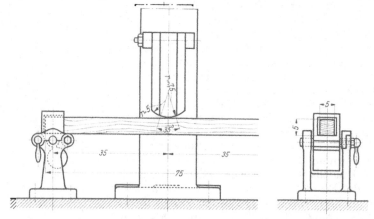

Abb. 89. Anordnung der Schlagversuche mit dem Fallwerk in Amerika und England.

Eindrückungen und damit größere Arbeitsverluste eintreten, während bei
größeren Abrundungen keine reine Biegebeanspruchung mehr erfolgt. Aus

---

[1] Vgl. Fußnote 6, S. 49.
[2] Nach den französischen Normen soll eine Stahlkugel mit rd. 6 mm Dmr. verwendet werden.
[3] Vgl. Fußnote 3, S. 47.
[4] Seeger, R.: Untersuchungen über den Gütevergleich von Holz nach der Druckfestigkeit in Faserrichtung und nach der Schlagfestigkeit. Forschungsberichte Fachaussch.
Holzfragen beim VDI, Heft 4, 1936.

diesem Grunde ist in DIN DVM 2189 als Rundungshalbmesser für Auflager und Hammerschneide 1,5 cm vorgeschrieben worden; dieselbe Abrundung ist in den französischen Normen[1] festgelegt.

Die Ausbildung des Fallhammers und der Auflager, wie sie in Amerika, England und in Böhmen und Mähren üblich ist, geht aus Abb. 89 hervor.

Die in England außerdem übliche Prüfung durch Pendelschlag mit Hilfe des sog. „Izod-Gerätes" zeigt Abb. 90 (über die hierzu übliche Probenart vgl. nächsten Abschnitt).

Für den Vergleich von Schlagbiegefestig-keiten, die mit dem Fallhammer bzw. mit dem Pendelhammer (amerikanischer oder englischer Bauart) ermittelt wurden, sind neuerdings em-pirisch gefundene Umrechnungsbeziehungen entwickelt worden[2].

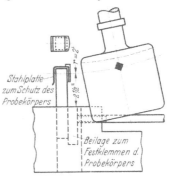

Abb. 90. Pendelschlagprüfung nach den britischen Normen.

c) Probenform und Probengröße. Fast in allen Ländern werden für den Schlagbiegever-such glatte prismatische Probestäbe mit qua-dratischem Querschnitt verwendet. Lediglich bei der in England üblichen Pendelschlagprüfung (vgl. Abb. 90) werden Probestäbe verwendet, die eine Kerbe, ungefähr in Stab-mitte, erhalten haben. Diese Kerbe mündet an ihrem Grund in eine Bohrung von $^{1}/_{8}$" Dmr. und wird im übrigen durch einen Sägeschnitt hergestellt; $^{5}/_{8}$ des Querschnittes bleiben unverletzt[3].

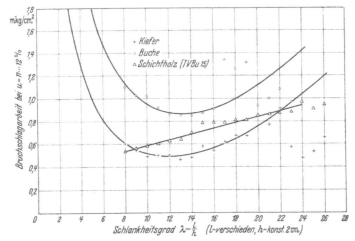

Abb. 91. Abhängigkeit der Schlagbiegefestigkeit vom Schlankheitsgrad. (Nach GHELMEZIU.)

Im Hinblick auf die Abmessungen der Probekörper ist in Analogie zum statischen Biegeversuch von besonderem Interesse der Einfluß des Verhält-nisses Stützweite zur Stabhöhe (Schlankheitsgrad) auf das Prüfergebnis. Die von MONNIN[4] angegebene Zunahme der Schlagbiegefestigkeit mit der Auflager-länge konnte von SEEGER[5] bei Schlankheitsgraden $\lambda = 12$, 18 und 24 nicht nachgewiesen werden. Nach den neuesten Untersuchungen von GHELMEZIU[2] sollen sich jedoch die Angaben KOLLMANNs[6] bestätigen, wonach die Schlagbiege-

---

[1] Vgl. Fußnote 1, S. 46. [2] Vgl. Fußnote 6, S. 49. [3] Vgl. Fußnote 5, S. 47.
[4] Vgl. Fußnote 6, S. 66. [5] Vgl. Fußnote 4, S. 90. [6] Vgl. Fußnote 1, S. 88.

festigkeit einen Mindestwert bei einem gewissen Schlankheitsgrad ($\lambda = 11$ bis 14) erreicht; gedrungenere Stäbe ($\lambda < 11$ bis 14) liefern zu große Meßwerte infolge höherer Energieverluste (Eindrücke der Auflager und der Hammerschneide in das Holz), schlankere Stäbe ($\lambda > 11$ bis 14) lassen andere Einflüsse erkennen (Reibung der Proben an den Auflagern usw.) (vgl. Abb. 91). Der von Monnin[1] für den Schlagbiegeversuch vorgeschriebene Schlankheitsgrad $\lambda = 12$ scheint hiernach richtig gewählt zu sein; er ist auch in DIN DVM 2189 beibehalten worden. Bei der in Amerika und England üblichen Fallhammerprüfung ist $\lambda = 14$.

Ungeklärt scheint bis jetzt noch der Einfluß der Probenbreite zu sein. Während Baumann[2] bei Fichtenholz von 0,8 bis 2,0 cm Breite einen Einfluß der letzteren auf die Schlagbiegefestigkeit nicht erkennen konnte, fand Ghelmeziu[3] bei Kiefernstäben von 1 bis 4 cm Breite eine Zunahme um rd. 40% je 1 cm Breitensteigerung.

In Deutschland und Frankreich betragen die Abmessungen der Schlagbiegeproben $2 \times 2 \times 30$ cm und die Auflagerlänge 24 cm (lichter Abstand der Auflager 21 cm). Die englischen Proben für den Pendelschlagversuch (vgl. Abb. 90) haben die Abmessungen $^7/_8 \times {}^7/_8 \times 6''$ und die amerikanischen und englischen Proben für die Fallhammerprüfung $2 \times 2 \times 30''$ (Auflagerlänge $28''$).

d) Erfordernisse für die zweckdienliche Prüfung. Grundbedingung für einwandfreie Arbeitsweise jeder Schlagbiegeprüfmaschine (Fall- oder Pendelhammer) ist das Vorhandensein eines soliden Fundamentes, mit dem die Maschine fest verbunden (verschraubt) sein muß.

Pendelschlagprüfmaschinen erfordern sorgsame Wartung (Schutz der Lager gegen Verschmutzen, Ölen derselben usw). und vor Beginn einer Versuchsreihe Nachprüfen der Zeigereinstellung, der Aufschwinghöhe und der Zeigerreibung.

Die Bearbeitung der Schlagbiegeproben erfolgt zweckmäßig mit der Kreissäge.

Zur Vermeidung von Unfällen soll bei Pendelhämmern erst die Probe aufgelegt und dann der Hammer in seine Ausgangsstellung gebracht werden.

Der Schlag des Fallhammers soll nach den amerikanischen, englischen und böhmisch-mährischen Normen senkrecht zu den Jahrringen, d. h. in Markstrahlrichtung, erfolgen; dabei soll die dem Mark näher liegende Probenseite vom Hammer getroffen werden.

Der Schlag des Pendelhammers wird im allgemeinen tangential zu den Jahrringen geführt. Dazu ist zu sagen, daß die bei tangentialer Schlagrichtung erhaltenen Werte weniger streuen[3]. Die radial zerschlagenen Stäbe zeigen häufig Spaltbrüche (zu geringe Meßwerte) oder unvollständigen Bruch, d. h. die Probe wird nicht in zwei Stücke getrennt, weshalb die Außenteile an den Auflagern Reibung verursachen und die noch zusammenhängende Probe auf der Hammerschneide weiter bewegt wird (zu hohe Meßwerte[3, 4]). Bei den Nadelhölzern ergeben sich in tangentialer Schlagrichtung geringere Werte der Schlagbiegefestigkeit als in radialer Schlagrichtung, während sich diese Unterschiede bei den Bauhölzern häufig verwischen[4].

Aus der von der Probe aufgenommenen Schlagarbeit A in mkg und dem vor dem Versuch ermittelten Probenquerschnitt F_0 in cm² (Feststellung der Abmessungen mit der Schieblehre) ergibt sich die Schlagbiegefestigkeit

$$a = \frac{A}{F_0} \left(\frac{\text{mkg}}{\text{cm}^2} \right).$$

Die Kenntnis des Raumgewichtes der Probe, das in einfacher Weise aus dem Gewicht und den Abmessungen der letzteren errechnet wird, ist für die Beurteilung der Schlagbiegefestigkeit erforderlich. Erwünscht ist häufig weiter

---

[1] Vgl. Fußnote 6, S. 66.   [2] Vgl. Fußnote 1, S. 47.
[3] Vgl. Fußnote 6, S. 49.   [4] Vgl. Fußnote 4, S. 90.

die Angabe des prozentualen Spätholzanteiles. Auf die Ermittlung der Holzfeuchtigkeit kann häufig verzichtet werden, da der Einfluß der letzteren auf die Schlagbiegefestigkeit nach unseren heutigen Erkenntnissen verhältnismäßig gering ist [1].

Bei der Prüfung mit Hilfe von Fallhämmern werden im allgemeinen Fallhöhe, Probendurchbiegung, Rücksprunghöhe usw. mit Hilfe eines Selbstschreibegerätes aufgenommen. Aus den sich ergebenden Aufzeichnungen soll dann nach

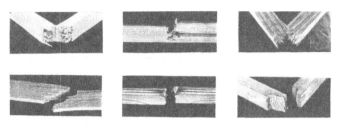

Abb. 92. Holzer hoher und solche geringer Schlagbiegefestigkeit. (Nach O. GRAF.)

den in Frage kommenden Normen (Amerika, England) die Spannung an der Proportionalitätsgrenze, der scheinbare Elastizitätsmodul, die bis zur Proportionalitätsgrenze verbrauchte Arbeit usw. ermittelt werden.

e) Beurteilung der Bruchformen. Die bei der Schlagbiegeprüfung erhaltenen Bruchformen sind im allgemeinen kennzeichnend für die Höhe der Schlagfestigkeit (vgl. Abb. 92). Hölzer mit hoher Schlagfestigkeit (zähe Hölzer) zeigen langfaserigen, Hölzer mit geringer Schlagfestigkeit (spröde Hölzer) kurzfaserigen, glatten oder treppenförmigen Bruch.

10. Ermittlung der Spaltfestigkeit.

a) Allgemeines. Spalthölzer werden vorwiegend in industriellen Betrieben verwendet [2]. Mit der Einführung der Nagelbauweise im Ingenieurholzbau wurde der Spaltfestigkeit auch im Bauwesen Beachtung geschenkt, da das Holz beim Einschlagen von Nägeln zweifellos auf Spalten beansprucht wird [3].

b) Prüfverfahren, Probenform und Probengröße. Eine Norm für die Durchführung des Spaltversuches besteht in Deutschland nicht. Meist erfolgt die Prüfung nach dem Vorschlage von NÖRDLINGER (vgl. Abb. 93). Bei diesem Probekörper wird die Bruchlast festgestellt, die erforderlich ist, um durch zwei in den Nuten senkrecht zur Längsachse des Probekörpers angreifende Zugkräfte die beiden Schenkel auseinanderzureißen [4]. Es handelt sich demnach um einen

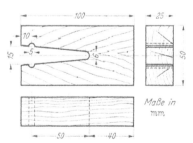

Abb. 93. Spaltprobe nach NÖRDLINGER.

Biegeversuch, bei dem die Zugfestigkeit des Holzes quer zur Faser entscheidend ist [5]; dazu ist zu beachten, daß beim praktischen Spaltvorgang, für den die Verwendung eines keilartig wirkenden Werkzeuges bezeichnend ist, letzteres der im Entstehen begriffenen Trennungskluft nachfolgt und sie vergrößert [4].

---

[1] Vgl. Fußnote 4, S. 90.   [2] Vgl. Fußnote 1, S. 49.
[3] STOY, W.: Spaltversuche an Holz. Z. VDI Bd. 79 (1935) Nr. 48, S. 1443 f.
[4] Vgl. Fußnote 2, S. 51.
[5] GRAF, O.: Prüfung von Holz. Arch. techn. Messen Bd. 5 (1936), Lfg. 56, T. 21, V 997—1.

Der in Frankreich für den Spaltversuch vorgeschriebene Normenkörper hat dasselbe Aussehen wie der Probekörper nach Nördlinger, ist jedoch wesentlich kleiner. Die äußeren Abmessungen sind $2 \times 2 \times 4,5$ cm[3], die eigentliche Spaltfläche[1] umfaßt nur 2×2 cm[2].

Der Probekörper für Spaltversuche nach den amerikanischen und englischen Normen ist in Abb. 94 dargestellt zusammen mit der in Amerika üblichen Einspannvorrichtung. Der Abstand der äußeren Querzugkräfte von der Spaltfläche ist bei diesem Probekörper auffallend klein, die Spaltfläche dagegen reichlich bemessen.

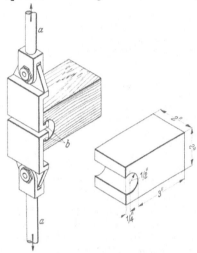

Ein Prüfverfahren, das die in der Praxis beim richtigen Spaltvorgang auftretenden Verhältnisse hinreichend erfaßt, besteht hiernach bis heute noch nicht.

c) **Erfordernisse für die zweckdienliche Prüfung.** Die Herstellung der Probekörper für Spaltversuche und deren Einbau in die Prüfmaschine erfordert Vorsicht im Hinblick darauf, daß die Spaltfläche nicht vor Beginn der Prüfung unzulässige Beanspruchungen und damit unter Umständen Lockerungen erfährt.

Nach den englischen Normen sind Probestücke sowohl mit radialer als auch mit tangentialer Spaltfläche herzustellen und zu prüfen.

Abb. 94. Spaltprobe nach den amerikanischen und britischen Normen mit zugehöriger Einspannvorrichtung.

Die Belastungsgeschwindigkeit beträgt in Amerika und in England $0,25'' \pm 25\%$ in der Mitte.

Die Spaltfläche F_0 ist vor dem Versuch mit der Schieblehre zu ermitteln und die Spaltkraft S (Bruchlast) beim Versuch festzustellen. Damit ergibt sich als Spaltfestigkeit

$$s = \frac{S}{F_0}$$

Die Spaltfestigkeit ist vom Raumgewicht fast gar nicht, von der Holzfeuchtigkeit in deutlichem Maße abhängig. Es empfiehlt sich daher bei Spaltversuchen, die Holzfeuchtigkeit an je einem der abgespaltenen Teilstücke zu bestimmen.

11. Ermittlung der Drehfestigkeit.

a) **Allgemeines.** Die Drehfestigkeit ist zu beachten bei vielen Hölzern, die im Flugzeugbau und im Hochbau Verwendung finden, ferner bei hölzernen Wellen, Windflügeln usw. Die Drehversuche ergeben reinere Zahlen für die Scherfestigkeit des Holzes als die üblichen Abscherversuche, da hier keinerlei störende Biegemomente zusätzlich wirksam sind[2].

b) **Prüfverfahren.** Die Ermittlung der Drehfestigkeit erfolgt auf den üblichen Torsionsprüfmaschinen. Erforderlich ist dabei eine genaue Kraftanzeige zur Feststellung des unmittelbar beim Bruch wirksamen größten Drehmomentes M_t. Über die Ermittlung des Verdrehmoduls G findet sich Näheres im Abschnitt Elastizität.

c) **Probenform und Probengröße.** Drehungsversuche an Rundstäben sind schon von Baumann vorgenommen worden[3]. Huber[4] machte jedoch nicht mit

---

[1] Vgl. Fußnote 6, S. 66. [2] Vgl. Fußnote 1, S. 49. [3] Vgl. Fußnote 1, S. 47.
[4] Huber, K.: Verdrehungselastizität und -festigkeit von Hölzern. Z. VDI Bd. 72 (1928), Nr. 15, S. 500 f.

Unrecht geltend, daß bei der Bearbeitung auf der Drehbank schon durch den Drehstahl eine verdrehende Beanspruchung auf das Holz ausgeübt wird, die besonders bei Weichholz- und Querstäben eine mehr oder minder starke Beschädigung hervorrufen kann, so daß die Versuche mit Rundstäben unrichtige Werte ergeben können. In DIN DVM 2190, der einzigen für Drehversuche bestehenden Vorschrift, sind dementsprechend für den Drehversuch Proben von quadratischem Querschnitt (Seitenlänge 2 cm, Probenlänge 40 cm, Meßlänge 20 cm in der Mitte des Stabes) festgelegt worden. Dazu ist zu beachten, daß infolge der Anisotropie des Holzes selbst kreisförmige Stabquerschnitte bei der Verdrehung nicht mehr eben bleiben[1] und sich bei rechteckigen Querschnitten noch verwickeltere Verhältnisse ergeben.

d) Erfordernisse für die zweckdienliche Prüfung. Die Bearbeitung der Probekörper für Drehversuche darf nur mit gut geschliffenen Werkzeugen erfolgen; HUBER[2] hat die Körper für seine umfangreichen Drehversuche durch „vorsichtiges Sägen, Hobeln und Feilen" hergestellt. Da der Faserverlauf einen sehr großen Einfluß auf die Drehfestigkeit ausübt, müssen bei üblichen Drehversuchen die Fasern des Holzes gerade sein und parallel zu den Kanten verlaufen; in DIN DVM 2190 wird aus diesem Grunde empfohlen, die Proben aus Spaltstücken anzufertigen.

Aus dem an der Prüfmaschine abgelesenen Drehmoment M_t beim Bruch in cmkg und der mit der Schieblehre festgestellten mittleren Seitenlänge s des Querschnittes in cm errechnet man bei Proben mit quadratischem Querschnitt die Drehfestigkeit

$$\tau_{tB} = \frac{9\,M_t}{2\,s^3}\ \text{kg/cm}^2\,.$$

Sowohl Raumgewicht als auch Holzfeuchtigkeit üben einen wesentlichen Einfluß auf die Drehfestigkeit aus[1,2]; die Ermittlung der zugehörigen Werte bei den Drehproben erscheint daher unerläßlich.

12. Ermittlung der Dauerfestigkeit.

a) Allgemeines. Für die Beurteilung der Widerstandsfähigkeit der Hölzer im Gebrauch sind Dauerversuche unerläßlich. Außerdem ist ein tiefgehender Einblick in das Wesen der Festigkeit ohne Kenntnis des Verhaltens bei Dauerbeanspruchung nicht möglich[3].

Entsprechend den Verhältnissen, die bei der Verwendung der Hölzer vorherrschen, sind auch die Bedingungen bei Dauerversuchen zu gestalten. Es wird also beachtet werden müssen, ob die Widerstandsfähigkeit bei vorwiegend ruhenden Lasten (Dauerstandsfestigkeit) oder bei vorwiegend wechselnden Lasten zu erkunden ist. In letzterem Fall ist außerdem zu unterscheiden, ob es sich um Wechsel der Beanspruchung zwischen Zug und Druck (Wechselfestigkeit) oder um Wechsel zwischen verschiedenen Spannungen derselben Beanspruchungsart (Zug, Druck usw.) handelt; mitunter erfolgt Wechsel zwischen dem spannungslosen Zustand und einer gleichbleibenden oberen oder unteren Spannungsgrenze (Ursprungsfestigkeit). Neben Druck-, Zug- und Biegebeanspruchung ist auch mitunter das Verhalten von Hölzern bei Scher- und Drehbeanspruchungen unter ruhenden oder bewegten Lasten, ferner bei Dauerschlagbeanspruchung zu erkunden.

b) Prüfverfahren. Verhältnismäßig einfach gestaltet sich die Ermittlung der *Dauerfestigkeit unter ruhender, langwirkender Druck-, Zug-, Biege-, Scher- und*

---

[1] Vgl. Fußnote 2, S. 51. [2] Vgl. Fußnote 4, S. 94.
[3] OSCHATZ, H.: Holzprüfmaschinen. 2. Maschinen zur wechselnden Beanspruchung. Holz als Roh- und Werkstoff Bd. 1 (1938) S. 454f.

Drehbeanspruchung. Im Falle der Biegebeanspruchung wird man dabei häufig auf den Einbau in Prüfmaschinen verzichten und durch Anhängen von Gewichten (unter Umständen mit Belastungsbühnen) die Prüfung vornehmen. Entsprechend der von ROTH[1] bei Druck- und Biegeversuchen mit Eichen- und Tannenhölzern gemachten Feststellung, daß ruhende Dauerlasten intensivere und nachhaltigere Wirkungen hervorbringen als in entsprechender Höhe lang dauernd wechselnde Lasten ist die Bedeutung der ruhenden Dauerbelastung nicht zu unterschätzen. Es empfiehlt sich, ganz besonders bei Dauerbiegeversuchen, die Formänderungen laufend zu messen, da insbesondere Größe und Verlauf der bleibenden Formänderungen von Einfluß auf die Dauerfestigkeit sind. Entsprechend dem von WÖHLER, dem eigentlichen Begründer des Dauerversuchswesens[2], geschaffenen Verfahren sind zur Ermittlung der Dauerfestigkeit eine Reihe von Probekörpern verschieden hohen Beanspruchungen zu unterwerfen. Die dabei erzielten Ergebnisse werden in einem Schaubild zusammengefaßt, und zwar sind die höchsten Beanspruchungen, die bei den einzelnen Probekörpern zum Dauerbruch geführt haben, bei ruhender Belastung über der Gesamtdauer der Lasteinwirkung, bei wechselnder Belastung über der Zahl der Lastspiele aufzutragen. Sofern Abszissen und Ordinaten logarithmisch geteilt sind, ergeben sich besonders übersichtliche und einfache Verhältnisse.

Zur Ermittlung der *Dauerfestigkeit bei ständig wechselnder Beanspruchung* sind besondere Prüfmaschinen erforderlich (vgl. Bd. I, Abschn. IV, Prüfmaschinen für schwingende Beanspruchung). Für Druck- und Zugbeanspruchung sind solche Maschinen seit längerer Zeit, besonders für die Bedürfnisse des Stahlbaues, entwickelt worden; sie sind im allgemeinen auch für die Dauerprüfung von Hölzern verwendbar[2]. Wesentlich wichtiger ist die Wechselfestigkeit bei Biegebeanspruchung. Hier sind zwei Arten der Prüfung möglich: Die Umlaufbiegeprüfung und die Flachbiegeprüfung. Im ersten Falle werden Rundstäbe geprüft, welche unter Biegebelastung fortdauernd gedreht werden[2, 3]; im zweiten Falle werden Flachstäbe ununterbrochen in einer Ebene hin- und hergebogen[4, 5]. Zugehörige Prüfmaschinen (Umlauf- und Planbiegemaschinen) sind neuerdings für die besonderen Bedürfnisse der Holzprüfung entwickelt worden[6].

Die Prüfmaschinen für die Dauerprüfung der Hölzer können nach ihrer Arbeitsweise in zwei Gruppen unterteilt werden[6]:

1. Maschinen mit gleichbleibender Belastung,
2. Maschinen mit gleichbleibender Verformung.

Die Maschinen der ersten Gruppe arbeiten einfacher und eindeutiger, unabhängig von Veränderungen der Probekörper; sie führen nach dem Auftreten von Anrissen infolge der höheren Beanspruchung des Restquerschnittes einen raschen Bruch herbei und sind besonders für Überblickversuche geeignet. Bei den Maschinen der zweiten Gruppe wird der Probestab nach Eintritt von Anrissen infolge der gleichbleibenden Verformung immer weniger beansprucht.

Neben Maschinen für Dauerdrehbeanspruchung[6] haben solche für Dauerschlag eine gewisse Bedeutung. So hat Krupp ein kleines Dauerschlagwerk[2] entwickelt,

---

[1] ROTH, PH.: Dauerbeanspruchung von Eichenholz- und von Tannenholzprismen in Faserrichtung durch konstante und durch wechselnde Druckkräfte und Dauerbiegebeanspruchung von Tannenholzbalken. Diss. 1935. Karlsruhe.
[2] GRAF, O.: Die Dauerfestigkeit der Werkstoffe und der Konstruktionselemente. Berlin: Julius Springer 1929.
[3] KRAEMER, O.: Dauerbiegeversuche mit Hölzern. DVL-Jahrbuch 1930, S. 411f.
[4] Vgl. Fußnote 1, S. 65.
[5] KOZANECKI, STEF.: Essais de fatigue du bois. Sprawozdania Inst. Badan Techn. Lotnictwa Bd. 9 (1936) S. 35—43.
[6] Vgl. Fußnote 3, S. 95.

auf dem im allgemeinen Rundstäbe mit einer Rundkerbe geprüft werden (vgl. Bd. I, Abschn. III C, 2 b). Im Institut für die Materialprüfungen des Bauwesens an der Technischen Hochschule Stuttgart ist diese für die Prüfung metallischer Baustoffe entwickelte Einrichtung auch zur Prüfung von Hölzern für Sonderzwecke verwendet worden, wobei ebenfalls Probekörper der genannten Form gewählt wurden. Der Probestab kann außerdem nach jedem Schlag automatisch um einen beliebigen Winkel gedreht werden.

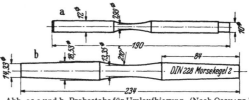

Abb. 95 a und b. Probestabe für Umlaufbiegung. (Nach Oschatz.)

c) Probenform und Probengröße. Da irgendwelche Normen für die Durchführung von Dauerversuchen mit Holz bis heute noch nicht vorliegen, waren auch die zu den bisher durchgeführten Untersuchungen verwendeten Probekörper nach Form und Abmessungen recht uneinheitlich. Außerdem ist bis heute noch nichts über den Einfluß der Probekörpergröße auf die Ergebnisse von Dauerversuchen bekannt.

GRAF[1] hat für die Ermittlung der Dauerdruckfestigkeit Prismen von $10 \times 10 \, \text{cm}^2$ Querschnitt und 20 cm Höhe, ROTH[2] solche von 6×6 bzw. $14 \times 14 \, \text{cm}^2$ Querschnitt und 16 bzw. 40 cm Höhe verwendet.

Unter lang wirkender Biegebelastung sind von GRAF[1] 1,7 m lange Stäbe mit $4 \times 4 \, \text{cm}^2$ Querschnitt untersucht worden, von ROTH[2] Balken mit $6 \times 11 \, \text{cm}^2$ Querschnitt und 1,1 m Länge (letztere auch für wechselnde Biegelasten). Für die

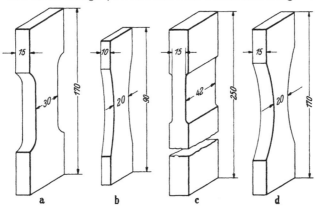

Abb. 96 a bis d. Probestäbe für Flachbiegung. (Nach Oschatz.)

Ermittlung der Dauerfestigkeit in Umlaufbiegemaschinen werden neuerdings die in Abb. 95 dargestellten Rundstäbe verwendet, während für die Prüfung in Flachbiegemaschinen die Probestabformen nach Abb. 96 in Frage kommen[3].

d) Erfordernisse für die zweckdienliche Prüfung. Die Bearbeitung der Probekörper für Dauerversuche muß sehr sorgfältig erfolgen. Der Einfluß von Oberflächenverletzungen, Querschnittsveränderungen usw. ist allerdings noch nicht geklärt; er sollte jedoch wohl nicht unterschätzt werden[4], wenn auch auf Grund der praktischen Erfahrung die Kerbempfindlichkeit der Hölzer verhältnismäßig gering zu sein scheint.

---

[1] Vgl. Fußnote 2, S. 96. [2] Vgl. Fußnote 1, S. 96.
[3] Vgl. Fußnote 3, S. 95. [4] Vgl. Fußnote 3, S. 96.

Holzfeuchtigkeit und Raumgewicht sind im allgemeinen von derselben Bedeutung wie bei den statischen Versuchen; ihre Ermittlung ist demnach bei jedem Versuch erforderlich.

Die Streuungen der Versuchsergebnisse bei Dauerversuchen können nach den Untersuchungen von KRAEMER[1] auf ein Mindestmaß herabgedrückt werden, wenn dafür gesorgt wird, daß die Probekörper einer Versuchsreihe gleiche Holzfeuchtigkeit und gleiches Raumgewicht, außerdem nach Möglichkeit gleiche Jahrringbreite und gleichen Spätholzanteil aufweisen.

Bei Versuchen mit wechselnder Belastung ist der Einfluß der Belastungsgeschwindigkeit bzw. der Zahl der in der Zeiteinheit erfolgenden Belastungswechsel noch nicht ausreichend geklärt. ROTH[2] konnte bei Dauerdruckbeanspruchung einen solchen Einfluß auf die Versuchsergebnisse im Bereich von 20 bis 120 Lastwechsel je Minute nicht feststellen.

Ebenfalls noch nicht eindeutig geklärt ist die Frage, welche Zahl der Lastwechsel für die Feststellung erforderlich ist, ob der Probekörper eine bestimmte Beanspruchung (Dauerfestigkeit) beliebig lange erträgt[3]. Diese Lastwechselzahl scheint nach den heutigen Erkenntnissen wesentlich geringer zu sein als bei den metallischen Werkstoffen. Während bei den Untersuchungen SCHLYTERs[4] mit Flachbiegestäben zur Ermittlung der Dauerfestigkeit Lastwechselzahlen von rd. 3 Millionen erforderlich waren, dürften nach den Versuchen amerikanischer Forscher[5] und denen von KRAEMER[1] bedeutend geringere Lastwechselzahlen (z. B. 300000 bis 500000) in vielen Fällen zur Beurteilung genügen; die zugehörigen Zahlen scheinen im Zusammenhang mit dem Raumgewicht des Holzes zu stehen.

13. Bestimmung der Härte.

a) Allgemeines. Es handelt sich hier im allgemeinen nicht um die Härte (Widerstand gegenüber dem Eindringen eines fremden Körpers) als physikalische Größe[6]. Die Härtebestimmung soll vielmehr in erster Linie zur vergleichsweisen Ermittlung wichtiger Festigkeitseigenschaften (in erster Linie der Druckfestigkeit, u. a. auch, wie BAUMANN[7] vermutete, der Zugfestigkeit) dienen[8]. Im Zusammenhang damit hofft man, die einfach und rasch durchzuführende Härteprüfung für die Abnahme der Hölzer, im besonderen für die Abnahme von fertigen Holzteilen, heranziehen zu können[9, 10]. Weiter sei darauf hingewiesen, daß die Seitenhärte vielfach als Maßstab für den Abnutzungswiderstand angesehen wird, zu dessen einheitlicher Ermittlung heute noch keine einfach und rasch durchführbaren Prüfverfahren bestehen.

Die zahlreichen Forschungen über die Ermittlung der Holzhärte haben bis heute noch nicht zu einem befriedigenden Ziel geführt; die in die deutsche Vornorm DIN DVM 3011 aufgenommene Härtebestimmung durch den Kugeldruckversuch nach BRINELL ist wegen der ihr anhaftenden Mängel fallen gelassen worden. Es besteht immerhin die Hoffnung, daß mit Zunahme unserer Erkenntnisse über die Vorgänge bei der Holzprüfung die den früher üblichen Verfahren der Härteprüfung anhaftenden Fehler vermieden und eine vielseitig verwendbare neue Methode gefunden wird.

b) Prüfverfahren. Für die Ermittlung der Holzhärte, selbst nur im Hinblick auf die vergleichsweise Ermittlung der Holzfestigkeit, kommen lediglich Ver-

---

[1] Vgl. Fußnote 3, S. 96.   [2] Vgl. Fußnote 1, S. 96.   [3] Vgl. Fußnote 2, S. 96.
[4] Vgl. Fußnote 1, S. 65.   [5] Vgl. Fußnote 2, S. 51.
[6] NÖRDLINGER, H. (Die technischen Eigenschaften der Hölzer. Stuttgart 1860.) bestritt das Vorhandensein einer absoluten Holzhärte und wies auf den Einfluß der verschiedenen Werkzeuge auf die Härte hin.
[7] Vgl. Fußnote 1, S. 47.   [8] Vgl. Fußnote 5, S. 93.
[9] Vgl. Fußnote 1, S. 49.   [10] Vgl. Fußnote 1, S. 61.

fahren in Betracht, die auf der Messung der Widerstandsfähigkeit des Holzes gegenüber Eindrücken beruhen[1], d. h. Verfahren zur Feststellung der Eindruckhärte. Folgende Verfahren sind bisher vorgeschlagen bzw. angewendet worden:

α) *Verfahren nach* JANKA[2]. Ein Stempel, dessen unteres Ende eine Halbkugel von 11,284 mm Dmr. (1 cm² Querschnitt) bildet, wird genau bis zum Übergang der Halbkugel in den Zylinder desselben Durchmessers ins Holz eingedrückt (vgl. Abb. 97). Die Belastung im Augenblick des völligen Eindringens der Halbkugel ins Holz wird abgelesen und als Kugelhärte nach JANKA (in kg/cm²) bezeichnet; die Ermittlung dieses Meßwertes ist leicht zu bewerkstelligen, da der Druck nach dem völligen Eindringen der Halbkugel infolge des Anliegens der großen Holz- und Stahlflächen (vgl. Abb. 97) plötzlich stark ansteigt[1].

Das Verfahren der Härteprüfung nach JANKA ist noch heute in den amerikanischen, englischen und böhmisch-mährischen Vorschriften als Normenprüfung enthalten. Sie soll hiernach an Proben von 2×2×6″ Größe (in den genannten Ländern als Probekörper für den Schwellendruckversuch vorgeschrieben) vorgenommen werden. Je zwei Eindrücke sind auf einer tangentialen Seitenfläche, auf einer radialen Seitenfläche und auf jeder der beiden Hirnflächen bei einer Geschwindigkeit des Eindringens von 0,25″ in der Minute auszuführen. Die böhmisch-mährischen Normen schreiben die Belastungsgeschwindigkeit entsprechend einer Laststeigerung von 100 kg in der Minute vor.

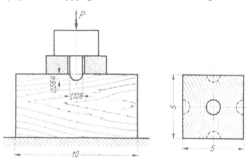

Abb. 97. Härteprüfung. (Nach JANKA.)

β) *Verfahren nach* BRINELL. Bei diesem Verfahren wird eine berußte Stahlkugel mit 10 mm Dmr. verwendet, auf die im allgemeinen eine Kraft von 50 kg, bei sehr harten Hölzern eine solche von 100 kg und bei sehr weichen Hölzern lediglich eine Kraft von 10 kg einwirkt. Aus dem mit der Lupe festzustellenden Durchmesser des Eindruckes[3] wird an Hand einer Tabelle die Kugeleindruckfläche ermittelt; die auf die Flächeneinheit der Eindruckfläche bezogene Kraft wird als Brinellhärte (kg/mm²) bezeichnet[4]. Auf Grund der Untersuchungen von MÖRATH[5], der auf dieses schon vor dem JANKA-Verfahren bestehende Kugeldruckprüfverfahren zurückgegriffen hatte, wurde letzteres in die inzwischen nicht mehr erneuerte DIN-Vornorm C 3011 aufgenommen. Nach letzterer waren auf den Hirn-, Spiegel- und Wölbflächen je 9 Eindrücke vorzunehmen, die bei den Hirnflächen mindestens 25 mm voneinander und vom Rande, bei Spiegel- und Wölbflächen mindestens 50 mm voneinander und vom Rande entfernt sein sollten.

---

[1] HOEFFGEN, H.: Härteprüfung des Holzes durch Stempeldruck. Holz als Roh- und Werkstoff Bd. 1 (1938) Heft 8, S. 289f.

[2] JANKA, G.: Zbl. ges. Forstwes. Bd. 9 (1906) S. 193, 241 und Bd. 11 (1908) S. 443.

[3] Bei unrunden Eindrücken sollte nach der nicht mehr verfolgten DIN-Vornorm C 3011 für den Einzelversuch der mittlere Durchmesser maßgebend sein.

[4] Die Brinellhärte H kann bei Anwendung einer Kugel von D (mm) Dmr. und einer Belastung P (kg) aus dem Durchmesser d (mm) der Eindruckfläche nach der Formel

$$H = \frac{2\,P}{\pi \cdot D\left(D - \sqrt{D^2 - d^2}\right)}$$ berechnet werden.

[5] MÖRATH, E.: Studien über die hygroskopischen Eigenschaften und die Härte der Hölzer. Mitt. Holzforschungsstelle T. H. Darmstadt Heft 1, 1932.

γ) Beurteilung der Prüfverfahren nach Janka *und* Brinell. Nach Stamer[1] nehmen die Härtezahlen bei Nadelhölzern mit wachsender Eindringtiefe ab, während sie bei den Laubhölzern praktisch wenig von der Eindringtiefe abhängen. Man erhält demnach bei den Nadelhölzern nach dem Verfahren von Janka zu kleine Härtezahlen. Zu Beginn des Eindringens der Kugel findet fast ausschließlich Druckbeanspruchung des Holzes in Richtung der äußeren Kraft statt; bald aber tritt Beiseiteschieben von Fasern (Spaltwirkung) und Beanspruchung zunehmender Faserverbände auf Druck schräg bis quer zur Faser hinzu[1], was besonders bei den Nadelhölzern eine Verringerung des Holzwiderstandes herbeiführt. Die genannten, sich überlagernden Beanspruchungen rufen im Verein mit den unbekannten Reibungskräften eine verhältnismäßig große Streuung der Meßwerte hervor[2]; hinzu kommt, daß die bei Nadel- und bei Laubhölzern ermittelten Härtezahlen keine einheitliche Beziehung erkennen lassen[3] und nach Kollmann[4] keine gerechte Abstufung verschieden dichter Hölzer ergeben.

Beim Verfahren nach Brinell, das technisch weniger einfach durchführbar ist als das Janka-Verfahren[3] werden infolge der geringeren Eindringtiefe wesentlich kleinere seitliche Beanspruchungen hervorgerufen. Das Verfahren besitzt jedoch schwerwiegende Nachteile, die Pallay[3] folgendermaßen zusammenfaßt: 1. Die zum Eindrücken der Kugel vorgeschriebenen dreierlei Belastungskräfte machen das Verfahren unsicher und schaffen keine einheitliche Vergleichsgrundlage. 2. Die Errechnung der Härtezahlen aus Belastung und Durchschnittsdurchmesser des Eindruckes ist, besonders bei der Seitenhärte, ungenau. 3. Die 10-mm-Kugel ist für die vorgeschriebenen kleinen Belastungen nicht groß genug, um brauchbare Durchschnittswerte zu liefern.

δ) Vorschlag von Krippel. Eine Art Verbindung von Janka- und Brinell-Verfahren stellt der Vorschlag von Krippel[3] dar. Vom Janka-Verfahren wird die Wahl einer festen Eindringtiefe übernommen, die aber, ähnlich dem Brinell-Verfahren, nur einen Teil des Kugelhalbmessers betragen darf, so daß die Härtezahl bei allen Hölzern ungefähr in der gleichen Weise vom Verhältnis Eindringtiefe : Kugelhalbmesser abhängt. Um bessere Durchschnittswerte zu erhalten, soll eine wesentlich größere Kugel verwendet werden. Krippel hält auf Grund der Versuche von Pallay[3] für zweckmäßig, daß ein Druckstempel in Form einer Kugelkalotte benützt wird, deren Höhe 2 mm (Eindringtiefe) und deren Oberfläche 2 cm² beträgt (Durchmesser der Grundfläche der Kugelkalotte 15,5 mm, Durchmesser der Kugel 31,8 mm, Verhältnis der Eindringtiefe zum Radius der Kugel 0,126). Ob sich das Verfahren von Krippel durchsetzen wird, ist besonders im Hinblick auf die sachlichen Feststellungen von Stamer[1] zweifelhaft, wonach die Kugeldruckhärte für Holz nicht als endgültige Lösung der Frage der Holzhärteprüfung angesehen werden kann.

ε) Verfahren von Chalais-Meudon. Nach dem in die französischen Vorschriften für die Holzprüfung aufgenommenen Verfahren von Chalais-Meudon wird der Eindruck eines Stahlzylinders von 3 cm Dmr. verfolgt, dessen Längsachse parallel zu der zu prüfenden Oberfläche verläuft, der sich außerdem über die ganze Breite der zu prüfenden Oberfläche erstreckt (im allgemeinen werden in Frankreich die üblichen Normenstäbe von 2×2 cm² Querschnitt geprüft) und mit 100 kg je cm Auflagelänge des Zylinders belastet wird. Bei weichen Hölzern

---

[1] Stamer, Johs.: Die Kugeldruck-Härteprüfung von Holz. Masch.-Bau Betrieb Bd. 8 (1929) S. 215 f.

[2] Vgl. Fußnote 5, S. 99.

[3] Pallay, N.: Über die Holzhärteprüfung. Holz als Roh- und Werkstoff Bd. 1 (1938) Heft 4, S. 126 f.

[4] Kollmann, F.: Holzprüfung. Z. VDI Bd. 81 (1937) Nr. 3, S. 64 f.

beträgt die Last nur 50 kg je cm Auflagelänge; die ermittelten Werte der Eindringtiefe sind dann zu verdoppeln. Geprüft werden meist nur die radial verlaufenden Seitenflächen, während in Frankreich die Härte parallel zur Faser ganz aufgegeben und durch die Druckfestigkeit in Faserrichtung ersetzt werden soll. Aus der Breite l der Eindruckrinne wird die Eindringtiefe t nach der Beziehung $t = 15 - \frac{1}{2}\sqrt{900 - l^2}$ errechnet und die Härte nach CHALAIS-MEUDON $N = 1/t$ angegeben.

Für die Seitenhärte scheint dieses in Deutschland bisher noch kaum verfolgte Verfahren recht brauchbare Werte zu liefern. Vermutlich wird aber durch die Anwendung verschiedener Belastungskräfte für harte und weiche Hölzer die Vergleichsgrundlage gestört (vgl. die Bemerkungen zum BRINELL-Verfahren). Eine Verbesserung und Vereinfachung des Verfahrens erscheint möglich, wenn die Erzielung einer vorgeschriebenen Eindringtiefe angestrebt und die Ermittlung der hierzu erforderlichen Einpreßkraft vorgeschrieben würde.

ϑ) *Vorschlag von* HOEFFGEN. In der Erkenntnis, daß die Beziehung zwischen der Längsdruckfestigkeit und der Eindruckhärte der Hirnholzfläche um so klarer und eindeutiger wird, je mehr bei der Härteprüfung die Holzfasern rein in ihrer Längsrichtung gedrückt werden, hat HOEFFGEN[1] Eindrückversuche mit Stempeln vorgenommen, die ebene Grundflächen aufweisen. Das Verfahren scheint nach den bis jetzt vorliegenden, im Prüfraum erzielten Ergebnissen erfolgversprechend zu sein. Um die Anwendung desselben auch auf Holzlagerplätzen, Baustellen usw. zu ermöglichen, hat GABER[2] das von BAUMANN[3] geschaffene Schlaghärteverfahren herangezogen und Stempel mit $0,3 \times 1,2$ cm² Einpreßfläche vorgeschlagen. Die Stempelhärteprüfung kann hiernach unter Umständen berufen sein, wertvolle Dienste bei der Durchführung von Abnahmeversuchen zu leisten.

14. Prüfung des Abnützwiderstandes.

a) Allgemeines. Die Abnützung der Hölzer erfolgt im praktischen Betrieb, wie schon BAUMANN[4] feststellte, unter recht mannigfaltigen Verhältnissen [Beanspruchung durch Begehen oder Befahren, durch Schüttgüter der verschiedensten Art, durch bewegte Massen (Webschützen), bei hohen und geringen spezifischen Belastungen usw.]. Es wird demnach wohl stets ein unerreichbares Ziel bleiben, den Abnützwiderstand der Hölzer für alle Zwecke der Praxis durch einen sog. „Standardversuch" ermitteln zu können. Wesentlich für die Abnützung ist die Reibung, wobei allerdings stoßartige Beanspruchungen mitwirken können und die Härte und Oberflächenbeschaffenheit der jeweils mit dem Holz in Berührung kommenden Körper neben vielen anderen Einflußfaktoren (Feuchtigkeit, Wärmeabführung, Geschwindigkeit des Gleitens usw.) zu beachten ist. Ehe die zugehörigen wissenschaftlichen Erkenntnisse, die auf diesem Gebiete noch recht lückenhaft sind, weiter gediehen sind, bleibt im allgemeinen für die Eignungsprüfung der Hölzer, die im praktischen Dienst vorwiegend der Abnützung unterworfen sind, nur der Weg offen, die Versuchsanordnung den jeweiligen Verhältnissen am Abnützorte anzugleichen[5], wozu sich in vielen Fällen eines der unten beschriebenen Prüfverfahren eignen kann.

b) Prüfverfahren. α) *Prüfung auf der Schleifscheibe.* Für dieses älteste Abnützprüfverfahren werden im allgemeinen Würfel von 7 cm Kantenlänge[6] verwendet, die durch eine Kraft von 30 kg gegen die rotierende Gußeisenscheibe

---

[1] Vgl. Fußnote 1, S. 99. [2] GABER, E.: Zbl. Bauverw. Bd. 55 (1935) S. 85.
[3] Vgl. Fußnote 1, S. 47. [4] Vgl. Fußnote 1, S. 53. [5] Vgl. Fußnote 2, S. 51.
[6] Nach der inzwischen nicht mehr erneuerten DIN-Vornorm DVM 3009 sollte der Feuchtigkeitsgehalt dieser Würfel (oder Scheiben von 1 cm Dicke) rd. 15% betragen.

der von Bauschinger und Böhme entworfenen Maschine gedrückt werden[1]
(vgl. Abb. 14, S. 169). Auf die Scheibe wird je nach 10 Umdrehungen 20 g
Normenprüfschmirgel als Schleifmittel gegeben, der die eigentliche Abnützung
besorgt. Als Maßstab für den Abnützungswiderstand gilt der Gewichtsverlust,
den die Probe während der Behandlung auf der Schleifscheibe erfährt.

Der schwerwiegende Nachteil dieses Verfahrens, auch wenn als Schleifmittel
Glaspapier benutzt wird, beruht darin, daß sich im Holz in deutlichem Maße
Schleifmittelteilchen festsetzen, die den Abnützwiderstand der zu prüfenden
Holzoberfläche infolge der Reibung von Schleifmittel im Holz gegen Schleifmittel auf der Scheibe oder am Papier erhöhen[2]. Wohl werden bei der Abnützung in der Praxis mitunter auch Stoffe
ins Holz eingedrückt (Staub, Schmutz usw.),
doch ist deren Härte meist nicht besonders groß.

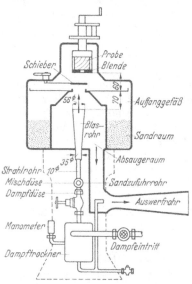

Abb. 98. Einrichtung zur Abnützprüfung
mit dem Sandstrahlgebläse.

β) Prüfung mit dem Sandstrahlgebläse.
Als Ergänzung zu dem Prüfverfahren mit
der Schleifscheibe wurde im Jahre 1900 im
Hinblick auf die Notwendigkeit der Erfassung von Stoßwirkungen[3] die Prüfung
durch das Sandstrahlgebläse geschaffen,
das entweder durch Dampf- oder durch
Luftdruck betrieben werden kann. Nach
der inzwischen nicht mehr erneuerten DIN-
Vornorm C 3009 war dabei die zu prüfende
Holzfläche (Hirn-, Spiegel- oder Wölbfläche)
mit einer kreisrunden Blende abzudecken
derart, daß eine freie Fläche von 28 cm²
entstand. Das Probestück mußte während
der 2 min dauernden Prüfung zur Erzielung
gleichmäßiger Beanspruchung über dem
Sandstrahl langsam gedreht werden, wobei
unter rd. 3 at Dampfdruck bzw. rd. 2 at
Luftdruck in der Minute 2,9 kg Normen-
sand (0 bis 0,75 mm Körnung, Raumgewicht eingerüttelt 1,69 bis 1,81 kg)
bewegt werden sollten. Die Prüfeinrichtung ist mit den üblichen Maßen der
Probestückentfernung bzw. Blasrohröffnung in Abb. 98 schematisch dargestellt.
Auf Grund der Probengewichte vor und nach der Prüfung waren Gewichtsverlust je Flächeneinheit, bzw. mit Hilfe des zu ermittelnden Raumgewichtes
der Probe der Raumverlust je cm² der abgenützten Fläche anzugeben.

Lang[3] war der Auffassung, daß die Prüfung mit der Schleifscheibe und diejenige mit dem Sandstrahlgebläse zusammen erforderlich sind, um die Eignung
einer Holzart für Fußböden zu ermitteln. Nach den heutigen Erkenntnissen
kann jedoch auch die Berücksichtigung beider Verfahren keinen sicheren Anhalt
für eine solche Eignung geben. Bei der Prüfung mit dem Sandstrahlgebläse
werden im allgemeinen die weichen Frühholzzonen stark abgebaut und aus-
gehöhlt, während die harten und widerstandsfähigen Spätholzschichten kaum
oder nur in wesentlich geringerem Maße abgenützt werden; dabei ist verständlicherweise die Lage der Fasern und Jahrringe in der angegriffenen Fläche von
großem Einfluß[4]. Besonders wenn Flächen mit stehenden Jahrringen angeblasen
werden, wird der Unterschied des Abnützwiderstandes von Früh- und Spätholz
deutlich; das Probestück zeigt dort nach dem Versuch im Querschnitt ein etwa

---

[1] Vgl. auch DIN DVM 2108.   [2] Vgl. Fußnote 5, S. 99.   [3] Vgl. Fußnote 1, S. 49.
[4] Vgl. Fußnote 1, S. 61.

kammartiges Profil[1]. Im praktischen Betrieb ist es jedoch meist so, daß gerade das widerstandsfähige Spätholzgerüst die weichen Holzteile schützt[2], da die Abnützung im allgemeinen flächig, d. h. mehrere Jahrringe umfassend, erfolgt und nicht durch punktweisen Aufprall kleiner scharfkantiger Quarzkörner wie bei der Sandstrahlprüfung[1]. Ferner treffen letztere im allgemeinen senkrecht auf die Prüffläche auf, während in den meisten Fällen der Praxis (z. B. Fußböden, Webschützen usw.) ein mehr oder weniger regelmäßiges Schleifen längs der Holzoberfläche stattfindet. Weiter weist KOLLMANN[1] darauf hin, daß eine Umrechnung des Blasverlustes auf den mittleren Raum- bzw. Dickenverlust über der abgenützten Fläche wertlos ist, da ja der Abtrag nicht gleichmäßig über die ganze Fläche erfolgt.

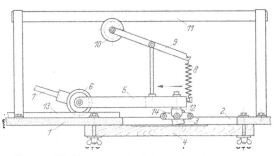

Abb. 99. Einrichtung zur Ermittlung des Abnützwiderstandes von Parketthölzern. (Nach SACHSENBERG.)

γ) *Ermittlung der Seitenhärte.* Wie schon im Abschn. 13 angedeutet wurde, wird die Seitenhärte vielfach als Maßstab für den Abnützwiderstand angesehen[3]. Zugehörige Prüfverfahren sind dort angegeben. Es kann sich naturgemäß nur um verhältnismäßig rohe und lediglich zu Vergleichszwecken dienende Ermittlungen handeln, die allerdings den Vorteil rascher Durchführung besitzen.

δ) *Prüfung durch Abreiben nach* SACHSENBERG. Zur Ermittlung des Abnützwiderstandes von Parketthölzern hat SACHSENBERG[4] die in Abb. 99 schematisch dargestellte Vorrichtung entworfen, bei der das zu prüfende Holzstück *4* durch das hin- und hergehende, federbelastete Reibstück *3* aus Widiastahl beansprucht wird. Das Reibstück ist so gelagert, daß während des in Richtung des Pfeiles verlaufenden Arbeitshubes eine stets gleichmäßige Anstellung der rechtwinkligen Schneide eintritt, während sich beim Rückhub das Reibstück auf der ganzen

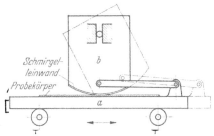

Abb. 100. Im Institut für die Materialprüfungen des Bauwesens an der Technischen Hochschule Stuttgart entworfenes Gerät zur Abnützprüfung von Hölzern.

Fläche anlegt, so daß die Reibwirkung vernachlässigbar ist. Die Abnützung wird durch die Tiefe der eingegrabenen Rinne an mehreren Meßstellen nach 10000 Hüben gemessen.

Das Verfahren liefert allem Anschein nach Prüfergebnisse, die mit den praktischen Erfahrungen im Einklang stehen; die Abweichungen der bei den Versuchen von SACHSENBERG erhaltenen Einzelwerte waren bei ein — und derselben Holzart verhältnismäßig klein. Als Vorteil dieses Verfahrens darf wohl gelten, daß keinerlei Schmirgel- oder Quarzkörner auf die zu prüfende Holzoberfläche einwirken.

ε) *Prüfung durch Abreiben mit einer Schlupfvorrichtung.* Im Institut für die Materialprüfungen des Bauwesens der Technischen Hochschule Stuttgart, ist

---

[1] KOLLMANN, F.: Eine neue Abnützungsprüfmaschine. Holz als Roh- und Werkstoff, Bd. 1. (1937/38) Heft 3, S. 87f.
[2] Vgl. Fußnote 4, S. 100.   [3] Vgl. Fußnote 5, S. 99.
[4] SACHSENBERG, E.: Die Abnutzungshärte von Parketthölzern. Holzbearb.-Masch. Bd. 5. (1929) Heft 44, S. 553f.

im Jahre 1930 das in Abb. 100 schematisch dargestellte Prüfgerät für die Ermittlung der Abnützung von Linoleum und Holz entworfen und seither zu
zahlreichen Untersuchungen herangezogen worden. Der zu untersuchende
Probekörper wird auf dem Schlitten *a* befestigt, der auf Rollen gelagert ist
und von Hand zwischen zwei Anschlägen hin- und herbewegt werden kann.
Mit dem Schlitten ist durch einen Hebel das drehbare Laststück *b* verbunden,
das auf seiner kreisbogenförmigen Unterseite mit feiner Schmirgelleinwand
belegt ist und auf dem Probekörper aufsitzt. Bei der Prüfung, d. h. beim Hin-
und Herbewegen des Schlittens wird die Unterseite des Laststückes dauernd
mit Schlupf auf dem Probekörper abgewickelt. Nach einer gewissen Zahl von
Hüben muß die Schmir-
gelleinwand auf der
Unterseite des Last-
stückes ausgewechselt
werden. Die Abnützung
wird durch den bei der
Prüfung hervorgerufe-
nen Gewichtsverlust
ausgedrückt.

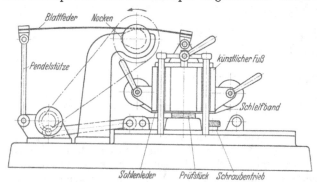

Abb. 101. Schematische Darstellung der Abnützprüfmaschine nach Kollmann.

Das Verfahren hat
den Vorteil der Einfach-
heit und der kurzen Ver-
suchsdauer, da meist
nach mehreren hundert
Hüben eine für die Be-
urteilung genügende Abnützung eingetreten ist. Die Schlupfbewegung zwischen
Laststück und Probekörper entspricht in erster Annäherung der Bewegung
beim Begehen von Fußböden. Nachteilig ist wiederum die Verwendung der
Schmirgelleinwand, doch wird ein einseitiges Festsetzen von Schmirgelpulver
dadurch vermieden, daß sowohl beim Vorwärtshub als auch beim Rückwärts-
hub Abnützung stattfindet.

ζ) *Prüfung mit dem Abnützgerät nach* Kollmann. In Amerika bemühte man
sich schon seit längerer Zeit eine der Wirklichkeit angenäherte Abnützungs-
prüfung mit besonderer Berücksichtigung der Verhältnisse beim Begehen von
Fußböden zu finden[1]. Mehrjährige Versuche Kollmanns[2] führten in Deutschland zur Schaffung eines Schleifgerätes, das den natürlichen Abnützungsvorgang
mit Schleif- und Trittwirkung nachahmt. Die Wirkungsweise dieses Abnütz-
gerätes, das schematisch in Abb. 101 wiedergegeben ist, beruht darin, daß ein an
einer Blattfeder aufgehängter, auf der Unterseite mit Kernsohlenleder und darauf
mit Siliziumkarbidschleifband versehener eiserner Fuß abwechselnd aufgesetzt
und angehoben wird, während das in einen Schlitten eingespannte Probestück
durch einen Kurbeltrieb hin- und herbewegt wird. Der bei der Abnützung entstehende Schleifstaub wird abgesaugt. Jeweils nach 2500 Hüben (Ablesung an
einem Zählwerk) findet Wägung des Probestückes und Messung der Dicke an
mehreren Meßstellen statt; die Versuche sind im allgemeinen auf 20000 Hübe
auszudehnen.

Das Gerät[3] soll gut wiederholbare Ergebnisse liefern. Ob es für die Normenprüfung von Holz entsprechend dem Vorschlag Kollmanns[2] herangezogen
werden kann, müssen ausgedehnte Vergleichsversuche erweisen.

---

[1] Vgl. Fußnote 2, S. 51.   [2] Vgl. Fußnote 1, S. 103.
[3] Herstellung durch das Chemische Laboratorium für Tonindustrie, Abteilung Prüf-
maschinenbau, Berlin.

G. Bestimmung der Elastizität der Hölzer.

Von Karl Egner, Stuttgart.

1. Allgemeines.

Alle festen Stoffe erleiden Formänderungen unter dem Einfluß äußerer Kräfte. Elastische Formänderungen sind solche, die nach Wegnahme der äußeren Kräfte, unter deren Einfluß sie entstanden, wieder verschwinden. Der Spannungszustand, bis zu dem sich ein Stoff eben noch elastisch verhält, d. h. nur geringe bleibende Formänderungen erfährt, wird als „Elastizitätsgrenze" bezeichnet. Allerdings treten diese bleibenden Formänderungen in dem noch als elastisch angesehenen Bereich bei den technisch wichtigen Stoffen in verschiedenem, meist deutlich erkennbarem Maß auf. Mitunter wird daher auch der als elastisch geltende Bereich durch eine obere Grenze der zulässigen bleibenden Formänderungen festgelegt.

Die Dehnungen ε des Holzes sind bei niederen Spannungen σ letzteren verhältnisgleich, d. h. es gilt in diesem Bereich das Hookesche Gesetz:

$$\sigma = \frac{\varepsilon}{\alpha} = E \cdot \varepsilon.$$

Der Beiwert α stellt hierbei die „Dehnungszahl" dar; trotz der Einwände Bachs[1] hat sich fast durchweg der Kehrwert der Dehnungszahl, der sog. „Elastizitätsmodul" $E = 1/\alpha$ (Dimension kg/cm²) durchgesetzt[2]. Der Elastizitätsmodul ist ein reziprokes Maß für die Größe der elastischen Formänderungen eines Stoffes bei Zug-, Druck- und Biegebeanspruchung.

Das Maß der elastischen Formänderungen bei Schubbeanspruchung wird im allgemeinen durch die „Schubzahl" γ bzw. deren Kehrwert, den „Schubmodul" G, ausgedrückt, der die Verhältnisgleichheit zwischen Schubspannung τ und Bogenmaß ϑ der Schiebung kennzeichnet:

$$\tau = G \cdot \vartheta.$$

Bei Holz liegt im Gegensatz zu den isotropen Stoffen die Beziehung zwischen dem Elastizitätsmodul E und dem Schubmodul G nicht eindeutig fest; letzterer muß jeweils gesondert ermittelt werden. Allerdings ist zu beachten, daß die Werte G, die unter Zugrundelegung der für isotrope Stoffe geltenden Gesetzmäßigkeiten aus Verdrehungsversuchen ermittelt werden, oft beträchtlich von dem tatsächlichen Schubmodul abweichen. Kollmann[3] hat daher für die aus Verdrehversuchen ermittelten Werte G die Bezeichnung „Drillungsmodul" vorgeschlagen; in DIN DVM 2190 ist die Bezeichnung „Verdrehmodul" gewählt worden.

2. Prüfverfahren.

Zur Feststellung des Elastizitätsmoduls bzw. des Schubmoduls (oder Verdrehmoduls) ist die Kenntnis der Dehnungen bzw. Schiebungen (oder Verdrehwinkel) bei Spannungen unterhalb der Proportionalitätsgrenze erforderlich. Allerdings ist der Elastizitätsmodul der Hölzer bei Zug-, Druck- und Biegebeanspruchung (E_Z, E_D, E_B) deutlich, wenn auch nicht in hohem Maß, verschieden (vgl. hierzu Abb. 59 in Abschn. F). Am häufigsten wird der Elastizitätsmodul E_B bei Biegebeanspruchung wegen der größeren praktischen Bedeutung und der Einfachheit der Versuchsdurchführung ermittelt (meist ist $E_Z > E_B > E_D$).

---

[1] Bach, C. v.: Elastizität und Festigkeit. 8. Aufl. Berlin: Julius Springer 1920.

[2] Lang (vgl. Fußnote 1, S. 49) hat für E die bisher sonst kaum beachtete Bezeichnung „Federung" oder „Federmaß" gebraucht.

[3] Vgl. Fußnote 2, S. 51.

Bei *Zug- und Druckbeanspruchung* wird die einem bestimmten Spannungs-unterschied $\Delta\sigma = \sigma_2 - \sigma_1 = \dfrac{P_2 - P_1}{F_0}$ (σ_1 bzw. σ_2 sind die den äußeren Kräften P_1 bzw. P_2 entsprechenden Spannungen, $F_0 =$ Probenquerschnitt vor dem Versuch) entsprechende Dehnung ε aus den Längenänderungen Δl einer Meßstrecke (Länge l_1 vor dem Versuch) nach der Beziehung $\varepsilon = \dfrac{\Delta l}{l_1}$ berechnet. Es ergibt sich demnach

$$E_Z \text{ bzw. } E_D = \frac{\sigma_2 - \sigma_1}{\varepsilon} = \frac{\Delta\sigma}{\dfrac{\Delta l}{l_1}} = \frac{(P_2 - P_1) \cdot l_1}{F_0 \cdot \Delta l}.$$

Bei *Biegebeanspruchung* können aus den Dehnungen auf der Zug- bzw. Druckseite ebenfalls die Werte E_Z bzw. E_D festgestellt werden; dies setzt aber voraus, daß das Biegemoment über die ganze Meßlänge konstant ist, was im allgemeinen bei Zweilastanordnung und Lage der Meßstrecken zwischen den beiden Einzellasten der Fall ist (vgl. Abb. 57 in Abschn. F). Weitaus am häufigsten wird jedoch der Elastizitätsmodul E_B aus den Durchbiegungen f in der Mitte der Stützweite ermittelt.

Wenn die Belastung durch eine Einzellast P in der Mitte der Stützweite erfolgt, ergibt sich der Elastizitätsmodul E_B für die Laststufe $(P_2 - P_1)$ aus der Differenz Δf der zugehörigen Durchbiegungen nach der Formel:

$$E_B = \frac{1}{48} \frac{(P_2 - P_1) \cdot l^3}{(\Delta f) \cdot J}$$

($l =$ Stützweite, $J =$ axiales Trägheitsmoment des Querschnittes).

Bei *Drehbeanspruchung* von Stäben mit quadratischem Querschnitt von d Kantenlänge ist der Verdrehmodul G auf der Meßstrecke von l Länge für die Momentenspanne $(M_{d_2} - M_{d_1})$ aus der Differenz $\Delta\psi$ der zugehörigen Verdrehungswinkel nach der Formel

$$G = 7{,}12 \frac{(M_{d_2} - M_{d_1}) \cdot l}{(\Delta\psi) \cdot d^4}$$

zu berechnen (vgl. DIN DVM 2190).

Zweckmäßig wird bei den Elastizitätsversuchen so verfahren, daß die Probekörper zunächst durch eine geringe Anfangslast P_1 belastet werden (z. B. von solcher Höhe, daß Beanspruchungen von rd. 5 bis 10 kg/cm² entstehen). Vor der Durchführung der ersten Laststufe $(P_2 - P_1)$, für die die zugehörigen Formänderungen ermittelt werden sollen, ist die Anfangsablesung (Länge der Meßstrecke l_1 bei Zug- und Druckbeanspruchung, Durchbiegung f_1 bei Biegebeanspruchung und Verdrehungswinkel ψ_1 bei Drehbeanspruchung) zu machen. Nach Erreichen der Last P_2 erfolgt die zweite Ablesung (Werte l_2, f_2, ψ_2); es können dann die auf der Laststufe $(P_2 - P_1)$ eingetretenen *gesamten* Formänderungen ($\Delta l_{\text{ges}} = l_2 - l_1$, $\Delta f_{\text{ges}} = f_2 - f_1$, $\Delta\psi_{\text{ges}} = \psi_2 - \psi_1$) errechnet werden. Anschließend ist auf die Anfangslast P_1 zu entlasten; die zugehörigen Ablesungen (l'_1, f'_1, ψ'_1) zeigen meist, daß nach Rückkehr zur Ausgangslast P_1 die ursprünglichen Meßwerte nicht mehr ganz erreicht werden, sondern geringe *bleibende* Formänderungen ($\Delta l_{\text{bl}} = l'_1 - l_1$, $\Delta f_{\text{bl}} = f'_1 - f_1$, $\Delta\psi_{\text{bl}} = \psi'_1 - \psi_1$) vorliegen. Die *federnden* Formänderungen ($\Delta l_{\text{fed}} = l_2 - l'_1$, $\Delta f_{\text{fed}} = f_2 - f'_1$, $\Delta\psi_{\text{fed}} = \psi_2 - \psi'_1$) sind der Berechnung des Elastizitätsmoduls bzw. des Verdrehmoduls zugrunde zu legen. Das häufig anzutreffende, einfachere Vorgehen, die Berechnung des Elastizitäts- bzw. Verdrehmoduls mittels der gesamten Formänderungen vorzunehmen, ist wohl einfacher; es liefert jedoch nicht einwandfreie Kennziffern des elastischen Verhaltens (vgl. die Mitteilungen zu Beginn dieses Abschnittes über das Wesen elastischer Formänderungen), so daß die auf diese Weise ermittelten Werte des Elastizitätsmoduls bzw. Verdrehmoduls besonders gekennzeichnet werden müssen. BACH[1] weist darauf hin, daß in diesem Falle der Begriff Elastizitätsmodul überhaupt nicht verwendet werden kann; zutreffenderweise sollte man dann dessen reziproken Wert heranziehen und ihn als „Dehnungszahl der gesamten Dehnungen" bezeichnen.

Nach Vornahme der Messungen auf der ersten Laststufe $(P_2 - P_1)$ empfiehlt es sich, weitere Laststufen $(P_3 - P_1, P_4 - P_1$ usw.) anzuordnen und jeweils die zugehörigen gesamten, federnden und bleibenden Formänderungen festzustellen; zweckmäßig werden die auf die erste folgenden Laststufen als ganze Vielfache der ersten gewählt, d. h. $(P_3 - P_1) = 2 (P_2 - P_1)$, $(P_4 - P_1) = 3 (P_2 - P_1)$ usw. Für alle untersuchten Laststufen, die selbstverständlich noch unter der Elastizitätsgrenze liegen müssen, sind die zugehörigen Werte des Elastizitätsmoduls festzustellen. BAUMANN[2] hat nach dem Vorbilde BACHs bei seinen umfassenden Elastizitätsversuchen auf jeder Laststufe solange Wechsel zwischen Belastung und Entlastung vorgenommen, bis sich die Werte der gesamten, bleibenden und ganz besonders der federnden Formänderungen nicht mehr änderten, also Ausgleich eintrat. Man erhält so „die federnden Formänderungen in gleicher Weise, wie sie bei wiederholter Belastung im Betriebe auftreten".

Im Gegensatz zu dem oben geschilderten „Belastungswechselverfahren" nach BACH, das die im Hinblick auf gewisse Erfordernisse der Praxis und für die Kennzeichnung der verschiedenen Hölzer wertvollen, *reinen* elastischen (federnden) Formänderungen, außerdem die Größe und Ausbildung der wichtigen bleibenden Formänderungen zu ermitteln gestattet[3], wird in Amerika[4] und England[5] wesentlich einfacher bei der Feststellung der Elastizität der Hölzer vorgegangen. Die Belastung während der Versuche erfolgt dort ununterbrochen, d. h. ohne Einschaltung von Entlastungen; aus dem Spannungs-, Dehnungs-(Durchbiegungs-)Schaubild wird die Spannung an der sog. „Proportionalitätsgrenze" entnommen und der „Elastizitätsmodul" aus letzterer und der zugehörigen (gesamten) Formänderung berechnet. Die dabei „stillschweigend gemachte Annahme, daß die ganze erzeugte Formänderung elastisch sei, trifft nun bekanntlich nicht zu"[3] (vgl. weiter oben).

In Frankreich wird der Ermittlung des Elastizitätsmoduls keine Bedeutung zuerkannt; es ist dort lediglich für das Verhalten bei Biegebeanspruchung der Begriff einer „Steifezahl" geschaffen worden[6].

3. Probenform und Probengröße.

Die Ermittlung des Elastizitäts- und Verdrehmoduls geschieht im allgemeinen an den für die Feststellung der Zug-, Druck-, Biege- und Drehfestigkeit vorgeschriebenen Probekörpern. Häufig ist jedoch die Höhe der Probekörper für die Druckfestigkeit zu gering, um eine genügende Meßlänge für die Ermittlung der Zusammendrückungen zu gewährleisten (vgl. auch das hierüber im Abschnitt Druckfestigkeit Gesagte). In DIN DVM 2185 ist daher festgelegt worden, daß die Druckelastizität an prismatischen Stäben von quadratischem Querschnitt zu bestimmen ist, deren Länge zwischen dem 3- und dem 6fachen der Querschnittsseite liegt, wobei als Meßlänge das mittlere Drittel der Länge dienen soll. Letztere Vorschrift sollte sinngemäß möglichst auch auf die Zugprobe angewendet werden.

Der Einfluß der Probekörperform und -größe auf den Elastizitätsmodul ist besonders bei Biegebeanspruchung zu beachten. Hier ist es wieder das Verhältnis Auflagerentfernung l zur Querschnittshöhe h der Probekörper, d. h. der

---

[1] Vgl. Fußnote 1, S. 105.   [2] Vgl. Fußnote 1, S. 47.   [3] Vgl. Fußnote 2, S. 69.
[4] Vgl. Fußnote 1, S. 48.   [5] Vgl. Fußnote 5, S. 47.   [6] Vgl. Fußnote 6, S. 66.

sog. Schlankheitsgrad λ, der seinen Einfluß infolge der Wirkung von Schubspannungen bei niederen Werten von λ geltend macht. Nach den Feststellungen von Bach[1] und Baumann[2] kann unter der rohen Annahme, daß das Verhältnis des Elastizitätsmoduls zum Schubmodul bei Holz im Mittel 17 beträgt, die Beziehung

$$E = \frac{(\Delta P) \cdot l}{(\Delta f) \cdot b \cdot h} \cdot [0,25 \cdot \lambda^2 + 5,1]$$

zur Umrechnung der mit kurzen prismatischen Stäben (Querschnitt $b \cdot h$) erlangten Ergebnisse auf die bei längeren Probekörpern zu erwartenden Werte dienen. Eine solche Umrechnung erscheint erforderlich, wenn der Schlankheitsgrad λ kleiner als 15 ist.

4. Erfordernisse für die zweckdienliche Prüfung.

Die Belastungsdauer bei Elastizitätsversuchen übt einen Einfluß auf die Ergebnisse aus, insofern mit Zunahme derselben eine Zunahme der gesamten und bleibenden Formänderungen eintritt[2]. Einheitliche Festlegung der Belastungsdauer für alle Laststufen erscheint demnach unerläßlich; die Belastungsdauer soll jedoch auch nicht zu gering sein, um deutlich das Entstehen und die Größe der bleibenden Formänderungen verfolgen zu können. Als zweckmäßig wird eine Belastungsdauer von $1^1/_2$ bis 2 min empfohlen.

Für die Messung der Formänderungen stehen heute eine große Anzahl von Instrumenten zur Verfügung (vgl. Abschn. VI, Bd. I dieses Werkes). Wohl die größte Genauigkeit ist nach wie vor mit Spiegelgeräten zu erzielen. Wichtig ist, daß die Formänderungen der Probekörper auf zwei entgegengesetzten Seiten gemessen werden, da u. a. im allgemeinen nicht mit genau zentrischer Kraftübertragung zu rechnen ist[1]. Einzelheiten über die Messung der Durchbiegungen beim Biegeversuch finden sich im Abschnitt „Biegefestigkeit".

Größere Temperaturschwankungen während der Vornahme von Elastizitätsversuchen sind zu vermeiden, wenn auch der Temperatureinfluß bei Holz geringer ist als bei vielen anderen Baustoffen[3].

Holzfeuchtigkeit und Raumgewicht müssen jeweils ermittelt werden, da beide deutlichen Einfluß auf den Elastizitätsmodul ausüben.

H. Prüfung des Verhaltens des Holzes gegen Pilze und Insekten.

Von Johannes Liese, Eberswalde, und Werner Erdmann, Berlin.

Als Erzeugnis der lebenden Natur und aufgebaut als organische Masse wird das Holz im Freien durch seine natürlichen Feinde im Laufe der Jahre abgebaut und in seine ursprünglichen Ausgangsstoffe, insbesondere Wasser und Kohlensäure, zerlegt. Bei dieser Veränderung gehen die für den Baustoff so wichtigen mechanischen Eigenschaften frühzeitig und weitgehend verloren, so daß die Wirtschaft dasjenige Nutzholz besonders schätzt, das durch natürliche Schutzstoffe gegen derartige Zerstörungen bereits in gewissem Umfang gesichert ist. Zu diesen Hölzern gehören besonders das Eichenholz, das Lärchenholz und das Kiefernholz, wobei aber darauf hingewiesen werden muß, daß der Splint dieser Hölzer derartige Stoffe nicht enthält und daher besonders geschützt werden muß.

---

[1] Vgl. Fußnote 1, S. 105.   [2] Vgl. Fußnote 1, S. 47.
[3] Vgl. Thunell, Bertil: Temperaturens inverkan på böjhållfastheten hos svenskt furuvirke. Svenska skogsvårdsföreningens tidskrift 1940.

1. Die wichtigsten Nutzholzzerstörer.

Als die wichtigsten Feinde des Holzes kommen die *Pilze* in Betracht, die die unter dem Namen *Fäulnis* oder *Vermorschung* bekannten Zerstörungen bewirken. Aus der großen Zahl dieser sog. echten holzzerstörenden Pilze sind besonders zu nennen: in Gebäuden der Kellerschwamm (Coniophora cerebella) und der Porenhausschwamm (Polyporus vaporarius = Poria vaporaria), die vielfach in Neubauten bei feuchtem Holz auftreten, ferner der echte Hausschwamm (Merulius domesticus = Merulius lacrimans), der vorwiegend in Altbauten zu finden ist. Wichtige Erreger der sog. Lagerfäule an im Freien lagerndem Holz sind die Blättlinge (Lenzitesgruppe), die an erkranktem Holz nur durch ihre Fruchtkörperbildungen zu erkennen sind. Sie greifen vorwiegend Fichtenholz an, kommen aber auch bei Kiefernholz vor. Für Kiefernkernholz ist besonders der Zähling (Lentinus squamosus) gefährlich. Diese Pilze bauen bei Vorhandensein günstiger Lebensbedingungen das Zellgerüst des Holzes weitgehend ab und vernichten somit seine Festigkeit. Aber auch harmlose Pilzarten, die sich lediglich von den wasserlöslichen Zellinhaltstoffen ernähren, die Zellwand selbst dagegen nicht angreifen und daher auch keinen wesentlichen Festigkeitsverlust bewirken, können unter Umständen unerwünscht sein. Hierhin gehören z. B. die Bläuepilze, die besonders im Kiefernsplint auftreten können und diesen blau oder schwarz verfärben.

Neben den Pilzen können auch gewisse *Insekten* als wichtige Zerstörer des Holzes sich bemerkbar machen; von ihnen seien für tropische Gegenden die weißen Ameisen (Termiten) und im übrigen im Kiefernsplintholz und Fichtenholz vor allem der Hausbock erwähnt. Besonders in letzter Zeit ist mehrfach auf den Hausbock und seine Schäden in Deutschland hingewiesen worden[1], da man bei statistischen Erhebungen über Hausbockkrankheit in Gebäuden zu unerwartet hohen Zahlen gekommen ist[2]. Indessen dürfte diese Gefahr wesentlich überschätzt worden sein, da bei der Erhebung alle einmal vom Hausbock befallenen Häuser aufgezählt wurden, ganz gleich, wann der Befall erfolgt, und ob noch lebende Larven vorhanden waren. Da wirksame Hausbockbekämpfungen umfangreiche und kostspielige Maßnahmen erfordern, so ist immer sorgfältig zu prüfen, ob der Befall tatsächlich noch besteht oder ob er inzwischen zum Stillstand durch Absterben der Larven gekommen ist[3].

2. Chemischer Holzschutz.

Da die natürlichen Schutzstoffe gegen Pilz- und Insektenbefall nur bei bestimmten Holzarten und, wie bereits erwähnt, auch nur dann im Kernholz vorhanden sind, da sie ferner unter natürlichen Verhältnissen im Freien auch nur eine begrenzte Wirksamkeit besitzen, ist in vielen Fällen eine *künstliche Schutzbehandlung* des Holzes mit besonderen chemischen Mitteln dringend erforderlich. Die Möglichkeit, die Lebensdauer des Holzes durch chemische Schutzbehandlung zu verlängern, war schon früh erkannt worden; von einer eigentlichen erfolgreichen Holzschutzbehandlung kann allerdings erst seit etwa 100 Jahren gesprochen werden, als die ersten Patente über Mittel und Verfahren

---

[1] HESPELER, O.: Mitt. Fachaussch. Holzfragen Heft 17 (1937) S. 114. — KAUFMANN, O.: Mitt. Fauchaussch. Holzfragen Heft 21 (1938) S. 62. — HESPELER, O.: Die technische Hausbockbekämpfung in Gebäuden. Berlin: Verlagsanstalt des Deutschen Hausbesitzes 1936.

[2] Erhebungen des Verbandes öffentlicher Feuerversicherungsanstalten in Deutschland über den Befall des deutschen Gebäudebestandes durch den Hausbockkäfer (Hylotrupes bajulus) 1936/37; ferner A. FRANZKE: Die Hausbockkäferfrage im Jahre 1938, herausgegeben vom Verband öffentlicher Feuerversicherungsanstalten in Deutschland.

[3] ESCHERICH, K.: Holzhandelsblatt Bd. 69 (1938) S. 1—3. — SCHUCH, K.: Z. Holz als Roh- u. Werkstoff Bd. 2 (1939) S. 235.

erteilt wurden, die auch jetzt noch in zum Teil abgeänderter Form Anwendung finden. So sind das *Steinkohlenteeröl* sowie das *Quecksilbersublimat* wirksame Schutzmittel gegen Pilzbefall und bereits seit über 100 Jahren in Anwendung. Besonders waren es die Bahn- und Postverwaltungen, die für die Schwellen und Stangen ihrer Strecken und Leitungen schon frühzeitig die Holzschutzverfahren anwandten. Daher liegen hier auch die längsten praktischen Erfahrungen vor[1]. Auch in anderen Zweigen der Technik fand der Holzschutz mehr und mehr Beachtung. Infolge des steigenden Nutzholzbedarfs und der daraus sich ergebenden Holzverknappung ist der Holzschutz heute zu einem wichtigen Faktor in der Erhaltung unserer Werkstoffe geworden.

In den letzten Jahrzehnten sind daher von der chemischen Industrie zahlreiche weitere Schutzmittel entwickelt worden, von denen sich auch viele in der Praxis sehr gut bewährt haben. Die Mittel sind teils *öliger* oder ölartiger Beschaffenheit, teils sind es wasserlösliche Salze oder Salzgemische. Zu den erstgenannten gehören die *Karbolineen*, die jedoch nur für den Anstrich in Betracht kommen, und die aus einem Gemisch von chlorierten Napthalinen bestehenden Mittel (Xylamon). Bei den *Salzen* ist die pilzwidrige Wirksamkeit von *Kieselfluorzink*, *Kieselfluormagnesium*, *Fluornatrium*, *Chlorzink*, *Arseniaten* und *Kupfervitriol* allgemein bekannt. Ihre Anwendung ist jedoch wegen ihrer Auslaugbarkeit nur unter gewissen Umständen erfolgversprechend. Durch verschiedene Zusätze anderer Chemikalien sind zahlreiche Handelspräparate entstanden, die für besondere Holzschutzzwecke Vorteile bieten. Einige von ihnen kommen auch für vorbeugende Schutzmaßnahmen gegen holzzerstörende Insekten und deren Bekämpfung in Betracht.

3. Prüfung des chemischen Holzschutzes im allgemeinen.

Für die *Beurteilung* neuer Mittel und ihrer Wirksamkeit bei verschiedenen Anwendungsverfahren sind Prüfungen notwendig. Am sichersten würde ein Großversuch Auskunft geben; indessen verlangt dieser viel Zeit, da die neuen Holzschutzmittel dem Holz im allgemeinen mindestens eine 20jährige Gebrauchsdauer verschaffen; er würde daher eine Beurteilung der Wirksamkeit erst nach einer sehr langen Zeit zulassen. Mit einem solange dauernden Versuch ist aber weder dem Hersteller noch dem Verbraucher gedient. Aus diesem Grunde wurden für die Untersuchung von Holzschutzmitteln *Schnellprüfverfahren* entwickelt, wie sie auch für andere Werkstoffe bestehen oder angeregt werden. Diese werden im Laboratorium durchgeführt und erlauben in etwa $1/2$ Jahr bereits eine Beurteilung der Brauchbarkeit eines neuen Mittels im Vergleich zu bereits bekannten. Entsprechend den beiden Gruppen holzzerstörender Organismen, den Pilzen und Insekten, müssen derartige Untersuchungen verschiedene Wege einschlagen.

Die wichtigste Eigenschaft eines Holzschutzmittels ist seine pilz- bzw. insektenwidrige Kraft. Daher ist die Untersuchung der Mittel in dieser Hinsicht die wichtigste Prüfung. Außer der ausreichenden *Schutzkraft* sind an die Mittel aber noch eine Reihe weiterer Anforderungen zu stellen, z. B. genügende Dauerwirksamkeit, neutrales Verhalten gegen andere Baustoffe, gute Verarbeitungsmöglichkeit sowie Unschädlichkeit gegenüber Mensch und Tier. Diese Nebenanforderungen können je nach dem Verwendungszweck des Holzes verschieden sein, und daher werden auch die Prüfungen entsprechend durchzuführen sein. Die Ausarbeitung aller Prüfvorschriften ist noch nicht abgeschlossen; es sind jedoch in den letzten Jahren Fortschritte erzielt worden, die die

---

[1] Winnig, K.: Arch. Post Telegr. 1934, S. 1. — Z. Holz als Roh- u. Werkstoff Bd. 2 (1939) S. 272. — Liese, J.: Z. Forst- u. Jagdwes. Bd. 66 (1934) S. 79.

einheitliche Beurteilung der pilz- und insektenwidrigen Wirksamkeit von Holzschutzmitteln ermöglichen und die baldige Beendigung der noch ausstehenden Arbeiten erhoffen lassen.

4. Mykologische Kurzprüfung von Holzschutzmitteln mit dem Röhrchenverfahren.

Die wissenschaftliche Untersuchung von Holzschutzmitteln gegen Pilzbefall im Laboratorium wurde erstmalig von NETZSCH in größerem Umfang durchgeführt, als er in seiner Doktor-Dissertation [1] auf die hohe Bedeutung der Fluorsalze als Holzschutzmittel hinwies. Er arbeitete teils mit Malzextrakt-Agar

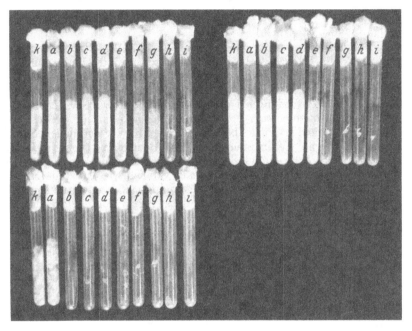

Abb. 1. Verschiedenes Verhalten einiger Pilze gegenuber dem gleichen Giftstoff. Die Röhrchen enthalten Kupfervitriol in folgenden Konzentrationen: 1. Röhrchen *k* 0, 2. Rohrchen *a* 0,01%, 3. Röhrchen *b* 0,05%, 4. Röhrchen *c* 0,1%, 5. Rohrchen *d* 0,25%, 6. Röhrchen *e* 0,5%, 7. Rohrchen *f* 0,75%, 8. Röhrchen *g* 1,0%, 9. Röhrchen *h* 1,5%, 10. Rohrchen *i* 2%. Links oben Versuch mit Polyporus sulfureus, rechts oben Versuch mit Polyporus vaporarius, links unten Versuch mit Trametes serialis. (I. G. Farbenindustrie AG., Uerdingen.)

als künstlichem Nährboden, der mit bestimmten Konzentrationen des zu untersuchenden Mittels vergiftet wurde, teils mit kleinen Holzklötzchen, die mit dem Mittel zuvor getränkt wurden. Das Verhalten eines wichtigen holzzerstörenden Pilzes, der in Reinkultur aufgeimpft wurde, zu diesen vergifteten Nährböden gab dann die Möglichkeit einer Beurteilung.

Auch von anderen Stellen wurde in dieser Zeit das Untersuchungsverfahren mit dem vergifteten Malzextrakt-Agar-Nährboden benutzt; durch Verwendung verschiedener, steigender Konzentrationen wurde festgestellt, bei welcher Giftmenge ein Pilzwachstum nicht mehr möglich ist. Auf diese Weise wurden für die verschiedenen Testpilze die sog. Hemmungswerte des betreffenden Giftstoffes ermittelt.

Für die endgültige Beurteilung eines Mittels wird dieses Verfahren heute nicht mehr benutzt. Jedoch eignet es sich infolge seiner Einfachheit und der

---

[1] NETZSCH: Naturw. Zeitschr. Land- u. Forstw. Bd. 8 (1910) S. 377—389.

kurzen Versuchsdauer für die Durchführung von Vorversuchen, die einen ungefähren Vergleich eines neuen, in seiner Wirkung noch nicht abschätzbaren Mittels gegenüber einem ähnlich zusammengesetzten alten ermöglichen sollen.

Die Einzelheiten der Versuchsdurchführung sind seit langem festgelegt[1]. Die Nährböden werden aus vorgeschriebenen Mengen von Malzextrakt, Agar-Agar und destilliertem Wasser zubereitet, dann mit dem zu untersuchenden Giftstoff vermischt und in die Versuchsröhrchen gefüllt.   Jede Reihe besteht aus 10 oder 11 Röhrchen, von denen eines zur Kontrolle des Pilzwachstums unvergifteten Nährboden enthält. Die Beimpfung der Nährböden muß spätestens 3 bis 5 Tage nach ihrer Herstellung erfolgen.   Je nach den besonderen Zwecken, denen das Holzschutzmittel dienen soll, werden die Versuchspilze ausgewählt. Die Abb. 1 zeigt drei Röhrchenreihen mit Schwefelporling, Porenhausschwamm und der Reihentramete, bei denen die verschiedenen Hemmungsgrenzen in Erscheinung treten.

Dieses Röhrchenverfahren hat infolge seiner verhältnismäßig leichten Handhabungsmöglichkeit mehrere Jahrzehnte hindurch größte Verwendung gefunden.   Indessen hat sich allmählich gezeigt, daß die nach diesem Verfahren erzielte Wertbeurteilung keineswegs mit den Beobachtungen an entsprechend behandelten Nutzhölzern im Freien übereinstimmte.   So zeigten sich z. B. die Dinitrophenolverbindungen, nach der Agarmethode untersucht, äußerst wirksam gegen holzzerstörende Pilze, bei den Freilandversuchen dagegen nicht. Diese Beobachtung gab Veranlassung, bei der Beurteilung von Holzschutzmitteln auf das natürliche Nährsubstrat für holzzerstörende Pilze, das Holz selbst, zurückzugreifen.   Man arbeitete deshalb, ähnlich wie es bereits NETZSCH getan hatte, mit *Holzklötzchen*, die mit bestimmten Konzentrationen des zu untersuchenden Mittels getränkt und dann dem Angriff holzzerstörender Pilze ausgesetzt wurden.   Wie sehr sich die Ergebnisse beider Arbeitsweisen unterscheiden, zeigen folgende Zahlen.

	Hemmungsgrenze für Kellerschwamm bei der	
	Agarmethode	Klötzchenmethode
gegen Fluornatrium	0,18%	0,18%
gegen Steinkohlenteeröl	0,04%	1,5%

Die Darstellung beweist gleichzeitig, daß die auf künstlichem Nährsubstrat erzielten Werte zum Teil ganz erheblich niedriger liegen als es bei den Klötzchen der Fall ist.

5. Mykologische Kurzprüfung von Holzschutzmitteln mit dem Klötzchenverfahren.

Das zuerst in Deutschland ausgearbeitete und weiter entwickelte Klötzchenverfahren fand in dem ebenfalls für Holzschutzfragen stark interessierten Amerika zunächst eine völlige Ablehnung.   Dies gab im Jahre 1930 Veranlassung, eine internationale Tagung in Berlin zur Besprechung der Arbeitsweise abzuhalten, an der sich Vertreter von 9 verschiedenen Kulturstaaten beteiligten.   Auf ihr wurde das Klötzchenverfahren einstimmig als das allein brauchbare anerkannt, da es praktisch verwertbare Ergebnisse liefert.   Dem Röhrchenverfahren wurde nur für orientierende Vorversuche noch eine gewisse Bedeutung zuerkannt[2]. Die Ergebnisse der damaligen Beratungen sind zugleich mit den einheitlichen Arbeitsvorschlägen im Jahre 1935 veröffentlicht worden.   Nachdem in den letzten Jahren einige weitere Verbesserungen vorgenommen worden sind, ist

---

[1] Angew. Chemie, Beiheft Nr. 11.   Berlin 1935.
[2] Vgl. auch RABANUS: Angew. Botanik Bd. 13 (1931) S. 352.

das Prüfverfahren im Jahre 1939 beim Deutschen Verband für die Material-prüfungen der Technik als DIN DVM 2176, Blatt 1, herausgegeben worden.

Entsprechend den individuellen Unterschieden zwischen den Organismen gleicher Art mußten zunächst von den wichtigsten holzzerstörenden Pilzarten diejenigen Pilzstämme ausgesucht werden, die eine besonders große Wüchsig-keit zeigten und das Holz besonders schnell zersetzten. Denn es ist selbst-verständlich, daß bei derartigen Schnellprüfverfahren für das Holz möglichst ungünstige Verhältnisse ausgewählt werden müssen. Von den zahlreich zur Verfügung stehenden Reinkulturen holzzerstörender Pilze wurden auf diesem Wege ganz bestimmte Pilzstämme ausgewählt, mit denen jetzt an allen Forschungsstellen gearbeitet wird; hierdurch ist eine wichtige Voraussetzung dafür geschaffen, daß die Ergebnisse verschiedener Unter-suchungsorte vergleichbar werden.

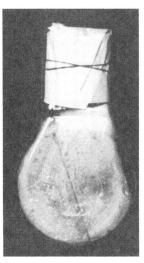

Das weitere Arbeitsprogramm befaßte sich mit der genauen Festlegung der Arbeitsweise. Als Kultur-gefäße wurden die sog. Kolle-Schalen bestimmt, die nach dem Mediziner Professor KOLLE genannt, be-reits vor dem Weltkriege zur Untersuchung von Holzschutzmitteln empfohlen worden waren. Um stets gleichmäßige Kulturbedingungen zu schaffen, mußte Gestalt und Größe der Schalen genau vor-geschrieben werden. Diese Schalen werden zunächst mit einem geeigneten Nährboden versehen, der ent-weder aus einer Malzextrakt-Agarlösung oder aus Holzschliffpappe besteht; die bekannten Bierunter-setzer passen, einmal durchgeschnitten, gerade in die Schalen hinein und bieten, mit einer Malz-extraktlösung getränkt, einen sehr guten Nährboden für Pilze (Abb. 2).

Abb. 2. Kolle-Schale: Der Nährboden (Bieruntersetzer) vom Hausschwamm überzogen.

Besondere Beachtung mußte ferner den Klötzchen geschenkt werden. Es wurde dabei vornehmlich auf das Kiefernsplintholz zurückgegriffen, da dieses sich leicht durchtränken läßt, bei richtiger Auswahl anatomisch wenig Änderungen zeigt und dem wichtigsten Nutz-holz angehört. Damit zwischen Versuchsklötzchen keinerlei Unterschiede vor-handen sind, muß die Auswahl des Kiefernstammes und seine Zerlegung mit größter Umsicht erfolgen. Die Versuchsklötzchen haben eine Größe von $5,0 \times 2,5 \times 1,5$ cm. Sie werden zunächst bei $105°$ bis zur Gewichtskonstanz getrocknet und nach dem Erkalten im Exsikkator auf $^1/_{10}$ g genau gewogen. Die Tränkung der in der Tränkflüssigkeit untergetauchten Klötzchen erfolgt durch Anwendung von Vakuum unter Zuhilfenahme einer Wasserstrahlpumpe unter der Glasglocke auf einem Pumpenteller (Abb. 3); bei wasserlöslichen Mitteln wird ein Vakuum von 60 cm Quecksilbersäule und 20 min Dauer gehalten. An-schließend wird Normaldruck hergestellt; die Klötzchen bleiben dann noch etwa $^1/_2$ h in der Flüssigkeit untergetaucht, damit sie sich ganz mit der Im-prägnierlösung vollsaugen. Alsdann werden sie herausgenommen, oberflächlich abgetupft und sofort gewogen. Aus der Gewichtszunahme wird unter Berück-sichtigung der Klötzchengröße und Konzentration der Tränkflüssigkeit die Menge des Schutzstoffes in kg/m³ berechnet. Bei Untersuchungen wasserunlöslicher Stoffe sind gegen Pilze unwirksame, leicht flüchtige Lösungsmittel (z. B. Azeton) oder entsprechende Emulsionsträger (z. B. Sulfitablauge) zu verwenden. Die Höhe des Vakuums während der Imprägnierung muß bei leicht flüchtigen Stoffen entsprechend niedriger gehalten werden. Nach der Tränkung bleiben die Klötzchen, bei deren Tränkung ein organisches Lösungsmittel verwendet worden ist, solange an der Luft liegen, bis dieses möglichst vollständig verdunstet ist. Bei wasserlöslichen Präparaten erfolgt die Trocknung langsam unter Benutzung von Glasgefäßen, um die etwaige Bildung schwer auslaugbarer Salzverbindungen möglichst zu begünstigen.

Bei Untersuchung eines Mittels ist häufig zunächst durch Vorversuche zu klären, bei welcher geringsten Giftmenge etwa ein Pilzbefall nicht mehr eintritt. Um diese Konzentration herum werden etwa 10, meist in gleichmäßiger Weise steigende Verdünnungen festgelegt, mit denen je ein Klötzchen getränkt wird. Für einen Versuch sind dementsprechend auch meist 10 Kolle-Schalen erforderlich. Diese werden nach Sterilisierung

Abb. 3. Pumpenteller mit Glasglocke; unter der Glocke stehen 4 Schalen mit untergetauchten Holzklotzchen.

Abb. 4. Kultur des Porenhausschwammes in einer Kolleschale mit zwei eingebauten Holzklotzchen; das rechte unbehandelt und vollig uberwuchert; das linke mit einem wirksamen Impragniermittel behandelt und daher frei von einem Pilzbefall.

mit dem ausgewählten Versuchspilz beimpft; ist dieser zu einem den Schalenboden bedeckenden Pilzrasen ausgewachsen, erfolgt der Einbau der Klötzchen. In jede Schale gelangen 2 Klötzchen, ein getränktes und ein nichtbehandeltes, rohes; letzteres dient dazu, um aus der Stärke der Zerstörung ein Urteil über die Tätigkeit des Pilzes zu gewinnen (Abb. 4). Um eine Diffusion des Mittels aus dem behandelten Klötzchen in den unter dem Pilzrasen befindlichen Nährboden zu verhindern, werden die Klötzchen auf Glasbänkchen gelegt.

Da bei allen diesen Arbeiten eine Fremdinfektion unbedingt vermieden werden muß, erfordert die Durchführung eine große Sorgfalt und Übung. Die mit den Klötzchen versehenen Schalen werden mit entsprechenden Wattepfropfen geschlossen und bei etwa 60 bis 70% relativer Luftfeuchtigkeit und einer Temperatur von etwa 20° 4 Monate lang aufbewahrt; alsdann erfolgt der Ausbau. Die Klötzchen werden dabei von anhaftendem Pilzgewebe befreit und ihr Festigkeitsgrad in einfacher Weise, z. B. durch Eindrücken des Fingernagels, beurteilt. Anschließend werden sie zunächst lufttrocken und dann absolut trocken gemacht und gewogen. Der Unterschied zwischen dem Anfangsgewicht und dem Endgewicht ergibt den Gewichtsverlust; dieser ist um so größer, je geringer die

Wirkung der benutzten Giftlösung war; hinreichend geschützte Klötzchen zeigen keinen Gewichtsverlust. ·Der Grenzwert, d. h. die Grenze des Pilzangriffes, wird durch Angabe der beiden benachbarten Konzentrationen, die einen Angriff noch gestatten bzw. ausschließen, festgelegt; ausgedrückt wird er in kg Schutz-stoff je m³ Holz. Die Abb. 5 zeigt die Klötzchen einer Versuchsreihe nach ihrem Ausbau. Im übrigen sind auch die äußerlich erkennbaren Zerstörungen zu berücksichtigen. Gewichtsverluste unter 5% liegen, sofern keine äußerlich erkennbaren Zerstörungen vorhanden sind, innerhalb der Fehlergrenze.

Bei Verwendung hochkonzentrierter Tränkstofflösungen muß die durch die Imprägnierung entstehende Gewichtserhöhung der Klötzchen berücksichtigt

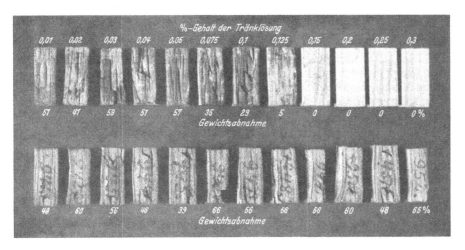

Abb. 5. Ausgebaute Klötzchenreihe; die ubereinander gelagerten Klotzchen waren zusammen in einer Kolle-Schale. In der oberen Reihe befinden sich die getränkten Klötzchen (Konzentrationen 0,01 bis 0,3%), in der unteren Reihe die rohen Klötzchen. Die Gewichtsabnahme in Prozenten des Anfangsgewichtes ist unter den Klötzchen angegeben. Versuchspilz der Kellerschwamm (Coniophora cerebella). Versuchsdauer 4 Monate. (Rutgerswerke AG., Berlin.)

werden; desgleichen muß bei verdunstbaren Mitteln der während des Versuches entstehende Verlust durch Verdunstung beachtet werden. Hierfür sind be-sondere Arbeitsweisen festgelegt. Schließlich wird vorgeschrieben, daß die Be-urteilung nicht mit einer Pilzart allein erfolgen darf, sondern entsprechend ihrem verschiedenen Verhalten mehrere wichtige Pilzarten heranzuziehen sind. Für Prüfung von Schwammschutzmitteln in Gebäuden werden z. B. stets drei Pilzarten, der echte Hausschwamm, der Kellerschwamm und der Tannen-blättling benutzt.

Das soeben in kurzen Zügen geschilderte Verfahren ermöglicht trotz der für biologische Versuche unvermeidbaren Fehlerquellen eine einwandfreie, den natürlichen Verhältnissen entsprechende Beurteilung von Holzschutzmitteln. Eine große Zahl von Holzschutzmitteln ist nach diesem Verfahren bereits ge-prüft[1]. Neben der vergleichenden Feststellung über die Wirksamkeit neuer Mittel gegenüber den bereits seit längerer Zeit bewährten Mitteln interessiert auch die aus dem ermittelten Hemmungswert zu ziehende Folgerung für die praktische Anwendung der Mittel. Da die aus Kiefernsplintholz bestehenden Versuchsklötzchen mit dem Schutzmittel durchtränkt werden, gibt der Hem-mungswert die notwendige Mindestmenge in kg/m³ Kiefernsplintholz an. Bei den im Hochbau verwendeten Hölzern ist es im allgemeinen jedoch nicht möglich und auch nicht erforderlich, das Holz völlig zu durchtränken. Zudem kommt

---

[1] LIESE, J.: Mitt. Fachaussch. Holzfragen Heft 21 (1938) S. 95.

für den Schutz des Bauholzes in den meisten Fällen auch nur das Anstrichverfahren in Betracht. Hierfür ist die Angabe wichtig, welche Schutzmittelmenge je m² Oberfläche aufgebracht werden muß. Für die Umrechnung kann folgender Weg angewandt werden. Der Schutzstoff ist in solcher Menge aufzutragen, daß Dielenholz auf mindestens 5 mm Tiefe und splintiges Balkenholz auf mindestens 10 mm Tiefe geschützt werden kann. In ersterem Falle ist die als Hemmungswert ermittelte Menge durch 200, im letzteren durch 100 zu teilen. Beispielsweise bei einem Hemmungswert von 1,5 kg/m³ wären danach 7,5 g bzw. 15 g je m² Holzoberfläche erforderlich. Dies gilt jedoch nur für Salze oder Salzgemische, die nicht verdunsten und für den Fall, daß die Hölzer in der Nutzungslage nicht in nennenswertem Umfang der Gefahr der Auslaugung ausgesetzt sind. Bei solchen Mitteln, die verdunsten, muß selbstverständlich ein größerer Sicherheitszuschlag gewählt werden.

Wie bereits erwähnt wurde, hat sich das Verfahren für die Schnellbeurteilung von Holzschutzmitteln gut bewährt. Das vor einigen Jahren von dem Italiener Breazzano[1] beschriebene und das im Jahre 1938 von den Amerikanern Waterman und Mitarbeitern[2] veröffentlichte Verfahren bietet, wie die vorgenommenen Prüfungen ergeben haben, keinen Vorteil gegenüber dem Klötzchenverfahren.

6. Bestimmung der Auslaugbarkeit.

Wenn nach dem Klötzchenverfahren die Brauchbarkeit eines Mittels für die Schädlingsbekämpfung und den vorbeugenden Schutz festgestellt ist, so ist für die praktische Anwendbarkeit vor allem die Frage der Dauerwirksamkeit der Schutzmittel von Bedeutung. Hier ist entsprechend der Art der Schutzstoffe die Auslaugbarkeit und die Verdunstung von Wichtigkeit. Der im Deutschen Verband für die Materialprüfungen der Technik bestehende Arbeitsausschuß ist damit beschäftigt, auch für diese Untersuchungen Normvorschriften auszuarbeiten. Bisher liegt ein Entwurf für die Bestimmung der Auslaugbarkeit vor (DIN DVM 2176, Blatt 2), die nach einem chemischen und einem mykologischen Verfahren vorgenommen werden kann. Das mykologische Verfahren ist das wichtigere, weil hierbei die Versuchsklötzchen nach der erschöpfenden Auslaugung dem Angriff holzzerstörender Pilze ausgesetzt werden, während bei dem chemischen Verfahren durch die Analyse der Waschwässer die Auslaugungsgeschwindigkeit und der größte Auslaugungsverlust bestimmt wird. Wenn es daher nicht notwendig erscheint, beide Verfahren anzuwenden, so ist das mykologische Verfahren zu benutzen.

a) Chemisches Verfahren zur Bestimmung der Auslaugbarkeit.

Das Verfahren beruht darauf, mit Holzschutzmitteln getränktes, zerkleinertes Holz zunächst stufenweise, dann erschöpfend auszulaugen, um die Auslaugungsgeschwindigkeit und den größten Auslaugverlust zu ermitteln.

Hierzu werden 10 Normklötzchen aus Kiefernsplintholz, wie sie für die mykologische Kurzprüfung nach DIN DVM 2176, Blatt 1, benutzt werden, im Vakuum mit der Tränkungsflüssigkeit getränkt. Die Aufnahme an Flüssigkeit wird durch Wägen der Klötzchen vor und nach der Tränkung ermittelt. Dann werden die Klötzchen sofort durch Aufspalten in Stäbchen zerkleinert und, soweit die Tränkung mit wasserlöslichen Salzen erfolgte, in ein Glasgefäß so gelegt, daß sie allmählich lufttrocken werden. Zur Einleitung der Auslaugung

[1] Breazzano, A.: Bollettino della R. Statione di Patologia Vegetale, anno XIV nuova serie, 1934 (XII), n. 2; Rivista Tecnica delle Ferrovie Italiane, anno XXII, vol. XLIII, n. 6. 15. giugno 1933 (XI).

[2] Watermann u. Mitarb.: Industr. Engng. Chem. Bd. 10 (1938) S. 306.

werden die Stäbchen unter Vakuum mit destilliertem Wasser vollgetränkt und mit dem Wasser in eine weithalsige Glasflasche gebracht. Das Wasser wird nach festgelegten Zeiten erneuert, wobei in bestimmten Zwischenzeiträumen die Hölzer ohne Wasser in der geschlossenen Flasche bleiben. Das Wasser wird jeweils getrennt analysiert, um die Menge der ausgelaugten Bestandteile zu ermitteln.

b) Mykologisches Verfahren zur Bestimmung der Auslaugbarkeit.

Das mykologische Verfahren unterscheidet sich von dem chemischen dadurch, daß nicht die Waschwässer auf ausgelaugte Bestandteile des Schutzmittels untersucht, sondern die Versuchsklötzchen nach erschöpfender Auslaugung dem Angriff holzzerstörender Pilze gemäß S. 113 ausgesetzt werden. Die Versuchsklötzchen werden mit dem Schutzstoff getränkt und in der bereits geschilderten Weise getrocknet. Um die Diffusion der wasserlöslichen Bestandteile des Mittels sofort zu ermöglichen, werden die Klötzchen unter Vakuum mit Wasser vollgetränkt und dann bis zu 10 mit gleicher Lösungskonzentration getränkte Klötzchen zusammen in Glasflaschen gelegt, wo sie mit Wasser übergossen werden. Die Glasflaschen werden häufig umgeschüttelt, das Wasser wird täglich zweimal erneuert, nach 5 Tagen werden die Klötzchen herausgenommen und verbleiben 2 Tage an der Luft. Dann werden sie wieder vollgetränkt und der Vorgang wiederholt sich in gleicher Weise noch 3 Wochen lang, so daß die gesamte Auslaugung etwa 4 Wochen in Anspruch nimmt.

Die Waschwässer werden nicht untersucht, dagegen empfiehlt es sich, bei Anwendung höherer Ausgangskonzentrationen durch Wägen den Auslaugverlust eines Klötzchens einer Reihe zu ermitteln. Der durch Auslaugen der Holzinhaltstoffe bewirkte Gewichtsverlust kann erfahrungsgemäß mit 1% angenommen werden.

Die anschließende mykologische Prüfung erfolgt nach dem Klötzchenverfahren. Bei erschöpfend ausgelaugten Klötzchen tritt bisweilen an der dem Pilzrasen zugekehrten Seite eine örtliche Pilzeinwirkung auf. Diese kann vernachlässigt werden, wenn der Gewichtsverlust unter 5% beträgt. Tiefer gehende Zerstörungen sind jedoch als Pilzangriff zu werten, auch wenn der Gewichtsverlust unter 5% liegt.

Die Durchführung des Auslaugversuches kommt nur für solche Holzschutzmittel in Frage, die für den Schutz von Holz, das im Freien den Witterungseinflüssen und somit der Auslaugung ausgesetzt ist, angewandt werden sollen. Bei allen Mitteln, die innerhalb von Gebäuden benutzt werden, sind diese Anforderungen an das Schutzmittel nicht zu stellen. Für im Freien verbautes Holz verwendet man tunlichst schwer auslaugbare Mittel. Diese besondere Eigenschaft wird zumeist durch chemische Zusätze erreicht, die eine Bindung der Schutzmittel an die Holzfaser bewirken.

7. Prüfung anderer Eigenschaften der Holzschutzmittel.

Während bei der Beurteilung der Dauerwirkung für die Salze die Auslaugung zu beachten ist, ist bei den organischen Holzschutzmitteln häufig die *Verdunstbarkeit* von Bedeutung. Dies gilt insbesondere für diejenigen Mittel, deren Wirksamkeit zum Teil auf ihrer Einwirkung in Gas oder Dampfform beruht, wie dies z. B. bei gewissen Hausbockbekämpfungsmitteln der Fall ist. Hier ist die Feststellung der Verdunstungsgeschwindigkeit zweckmäßig, um daraus Folgerungen für die Dauerwirkung ziehen zu können. Zur Zeit ist der Arbeitsausschuß im DVM damit beschäftigt, für diesen Nachweis einheitliche Bestimmungen auszuarbeiten. Auch hier sind zwei Wege denkbar, nämlich entweder das mit dem Schutzstoff versehene Holz nach erschöpfender Verdunstung mykologisch zu prüfen oder aber die Verdunstungsgeschwindigkeit sowie den maximalen Verdunstungsverlust bei einer bestimmten Versuchstemperatur zu bestimmen. Welches Verfahren endgültig festgelegt wird, läßt sich noch nicht übersehen, da zur Zeit noch verschiedene Vorversuche laufen.

Von den Holzschutzmitteln verlangt man im allgemeinen noch folgende Eigenschaften. Sie sollen keine schädlichen Einwirkungen auf das Holz selbst und andere Baustoffe, die mit dem geschützten Holz in Berührung kommen, ausüben. Bei Verwendung in Gebäuden müssen *gesundheitliche Schäden* auf Mensch und Tier ausgeschlossen sein. Die *Entflammbarkeit* darf durch die Behandlung nicht erhöht werden. Bei Verwendung von Tränklösungen in eisernen Tränkgefäßen ist der *Eisenangriff* zu beachten.

Für die Ausarbeitung ist die *Streich-* und *Spritzfähigkeit* der Mittel und die Ermittlung der *Eindringtiefe* in das Holz von Bedeutung. Weitere Prüfungen können erforderlich werden, wenn die Mittel noch besondere Eigenschaften, wie wasserabweisende Wirkung, haben sollen, oder aber unter besonderen Verhältnissen, z. B. im Gartenbau, angewandt werden, wo das Verhalten dem pflanzlichen Wachstum gegenüber für die Beurteilung der Anwendbarkeit ausschlaggebend sein kann. Sollen Mittel gleichzeitig gegen Pilze, Insekten und Feuer wirken, so sind die einzelnen Prüfungen getrennt durchzuführen.

8. Prüfung der Holzschutzmittel gegen den Hausbock.

Die Untersuchungen von Holzschutzmitteln gegen Insektenbefall beschränken sich im allgemeinen auf die Feststellung der Wirkung gegen den Hausbock. Sie sind erst in neuerer Zeit stärker in Angriff genommen worden, da früher auf die durch den Hausbock verursachten Schäden nur wenig geachtet worden ist. Auch bei Prüfung derartiger Mittel hat man stets auf lebende Larven zurückgegriffen. Wegen der Schwierigkeit, Hausbocklarven in genügender Menge zu erhalten, sind gelegentlich auch die Larven anderer Käfer, z. B. des Kornkäfers, benutzt worden; doch hat man hiervon in neuerer Zeit Abstand genommen. Ferner wird hier gleichfalls mit Holzklötzchen gearbeitet, die von möglichst gleichmäßiger Beschaffenheit sein sollen.

Die Untersuchung selbst geht ja nach dem beabsichtigten Zweck verschiedene Wege; es sind zu unterscheiden die Prüfungen auf vorbeugende Schutzwirkung und zur Bekämpfung der Hausbocklarven in bereits befallenen Hölzern. Die Arbeitsweise ist bisher bei den einzelnen Untersuchungsstellen nicht ganz einheitlich, was im Hinblick auf die Neuartigkeit dieses Arbeitsgebietes zunächst durchaus berechtigt ist[1]; die Unterschiede sind aber nicht erheblich, so daß zu erwarten ist, daß in absehbarer Zeit auch hier eine Vereinheitlichung erfolgen wird.

Zur Prüfung von Mitteln auf vorbeugende Schutzwirkung werden kieferne Splintklötzchen bestimmter Größe auf einem Pumpenteller mit dem zu prüfenden Mittel imprägniert bzw. 7 Tage lang getaucht; Anfangs- und Endgewicht und die benutzte Konzentration geben Auskunft über die Aufnahme an Schutzstoff. Anschließend bleiben die Klötzchen 4 Wochen lang im Trocknen bei Zimmertemperatur; erst dann werden lebende Larven angesetzt. Hierzu werden zwei Klötzchen bereits vor der Tränkung auf den Längsflächen mit etwa 3 mm tiefen, symmetrisch verlaufenden Rillen versehen; in diese kommen die Larven, wobei beide Klötzchen mit ihren Längsflächen zur Deckung gebracht werden (Abb. 6). In geeigneter Weise wird dafür gesorgt, daß die Larven nicht herausfallen und genügend Widerstand finden, um sich in das Holz hineinbohren zu können. Die ersten Klötzchen werden nach 4 Wochen, die anderen nach

---

[1] Trappmann, W.: Mitt. Biol. Reichsanst. Bd. 55 (1937) S. 171—174. — Liese, J.: Mitt. Biol. Reichsanst. Bd. 55 (1937) S. 175—178. — Schulze, B. u. G. Becker: Holz als Roh- und Werkstoff Bd. 1 (1938) S. 382—384.

8 Wochen durch Spalten geöffnet. Dabei wird festgestellt, wieviel Larven lebend, schwach lebend oder tot sind. Kontrollversuche mit nichtbehandeltem Holze werden gleichzeitig angesetzt, um Vergleichsmöglichkeiten zu haben.

Will man nun die Wirkung einer oberflächlichen Behandlung, wie sie sich durch einen Anstrich ergibt, feststellen, so erfolgt ein kurzes Eintauchen der Klötzchen während 3 s; im übrigen verläuft der Versuch ebenso, wie vorher beschrieben. Um die Dauer der Wirksamkeit zu beurteilen, werden soviel behandelte und unbehandelte Klötzchen vorbereitet, daß während der folgenden 10 Jahre jährlich mehrere Nachprüfungen erfolgen können.

Während diese Arbeitsweise der Prüfung der Mittel auf vorbeugende Schutzwirkung dient, werden für die Untersuchung der Mittel auf *Abtötungserfolg* andere Wege beschritten. Es ist vorgeschlagen, Holzklötzchen, die aus vom Hausbock befallenen Dachstühlen entnommen werden, nach Vorschrift des Herstellers mit dem Mittel zu behan-

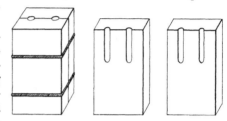

Abb. 6. Proben zur Prüfung von Holzschutzmitteln gegen den Hausbock.

deln und an ihnen nach einiger Zeit durch Aufspalten festzustellen, ob die im Innern vorhandenen Larven durch die Einwirkung des Mittels zum Absterben gebracht worden sind. Besser dagegen sind die Versuche mit zunächst gesunden Holzklötzchen, in die zuvor künstliche lebende Larven gebracht worden sind. Anschließend werden die Hirnseiten mit Paraffin abgedeckt und die Klötze dann in die zu untersuchende Flüssigkeit kurz getaucht bzw. mit ihr bespritzt. Eine lange Behandlung kann hier nicht vorgenommen werden, da diese auch in der Praxis bei dem bereits verbauten Holzteil nicht möglich ist; es wird daher nach diesem Verfahren dasjenige Mittel am besten abschneiden, das eine große Tiefenwirkung zeigt, also verhältnismäßig tief in das Holz eindringt und die hier vorhandenen Larven zum Absterben bringt.

Diese Prüfverfahren sind erst in den letzten Jahren ausgearbeitet worden; wegen der Dringlichkeit der Untersuchungen sind sie von der im Jahre 1936 gebildeten Arbeitsgemeinschaft zur wissenschaftlichen Förderung der Hausbockbekämpfung als Richtlinien für die amtliche Prüfung von Mitteln gegen den Hausbockkäfer bezeichnet worden. Im Hinblick auf die bisher vorliegenden geringen Kenntnisse auf diesem Gebiet ist mit einer gewissen Änderung in der Folgezeit zu rechnen. Auf jeden Fall wird es auch hier möglich sein, ähnlich wie bei der Schwammprüfmethode, später einmal eine einheitliche Arbeitsweise als allgemein anerkannte Prüfnorm für Hausbockschutzmittel vorzuschreiben.

9. Zusammenfassung.

Abschließend kann festgestellt werden, daß die besprochenen Prüfverfahren schon sehr wichtige Ergebnisse erbracht und die Wirtschaft vor vielen Schäden bewahrt haben. Daß die nach dem Kurzverfahren geprüften und gut befundenen Mittel anschließend in einem Außenversuch weiter beobachtet werden müssen, ergibt sich von selbst. Auf dem Gebiet des Pilzschutzes haben derartige Außenversuche im allgemeinen eine gute Bestätigung der bei dem Klötzchenverfahren gemachten Feststellungen ergeben, was auch darauf zurückzuführen ist, daß bewußt bei diesem Verfahren möglichst ungünstige Verhältnisse für das Holz bzw. sehr günstige für den Pilz ausgewählt worden sind. Die Wirtschaft wird auf jeden Fall in Zukunft durch diese Untersuchungsmöglichkeit vor unangenehmen Überraschungen geschützt bleiben und andererseits in die Lage versetzt werden, den so nötigen Holzschutz in bester Weise mit den besten Mitteln ausführen zu können.

J. Prüfung von Mitteln, welche die Entflammbarkeit der Hölzer ändern sollen.

Von FERDINAND KAUFMANN, Stuttgart.

Holz ist ein brennbarer Baustoff[1], der bei genügender Erhitzung entflammt und unter Wärmeabgabe verbrennt. Weil diese Eigenschaft bei einem Baustoff unerwünscht ist, hat man Schutzmittel hergestellt, die dem Holz eine größere Widerstandsfähigkeit im Feuer geben sollen[2]. Um die Güte eines solchen Schutzmittels beurteilen zu können, sind besonders folgende Eigenschaften festzustellen:

1. Schutz gegen das Entflammen des Holzes,
2. Schutz gegen das Weitertragen der Flammen,
3. Schutz gegen das Verbrennen des Holzes,
4. Schutz gegen das Nachflammen und Nachglimmen,
5. Haltbarkeit der Schutzmittel gegenüber den Einflüssen von Wasser, Luftfeuchtigkeit, mechanischen Beanspruchungen, hohen Raumtemperaturen im Dachgeschoß usw.

Es muß dabei bekannt sein, bei welcher Menge des Schutzmittels und welcher Art der Auftragung die gewünschte Wirkung erzielt wird. Ferner sollten durch die Anwendung des Schutzmittels keine Schäden entstehen. Das Schutzmittel darf vor allem nicht giftig sein und Metalle nicht angreifen.

1. Allgemeines über die Verbrennung von Holz.

Bei der Untersuchung und Beurteilung von Entflammungsschutzmitteln ist zu beachten, daß die Vorgänge beim Erwärmen und Verbrennen von Holz vielgestaltig und noch nicht vollständig geklärt sind, so geläufig ihre Erscheinung auch sein mag[3].

Bei etwa 170° beginnt die Destillation des Holzes; es entweichen Bestandteile in gasförmigem Zustand. Das Holz färbt sich dunkler und verkohlt. Fichtenholz entwickelt bei 260° bereits brennbare Gase, die entzündet werden können. Bei einer Temperatur von etwa 400° entflammen diese Gase von selbst an der Luft. Die Temperatur, bei der Flammen entstehen können, liegt hiernach für Fichtenholz zwischen 260 und 400° C[4]. Die Flammen entstehen bei der chemischen Verbindung (Verbrennung) der Holzgase mit dem Sauerstoff der Luft. Dieser Vorgang erfolgt unter großer Wärmeentwicklung. Es werden etwa 4400 kcal je kg verbranntem Holz frei. Die Gase erhitzen sich dabei auf über 1000° C[5]. Die Stärke der Flammenbildung ist abhängig von der Menge der entweichenden brennbaren Gase.

---

[1] Vgl. DIN 4102, Blatt 1. — SCHWARTZ: Handbuch der Feuer- und Explosionsgefahr, 4. Aufl. 1936, S. 305. — HENNE: Einführung in die Beurteilung der Gefahren bei der Feuerversicherung von Fabriken und gewerblichen Anlagen, 5. Aufl. 1937.

[2] DAIMLER: Bautenschutz Bd. 9 (1938) S. 1. — KOHSAN: Feuerschutz Bd. 14 (1934) S. 74. — AMOS: Bautenschutz Bd. 5 (1934) S. 73. — METZ-SCHLEGEL: Gasschutz u. Luftschutz Bd. 3 (1933) S. 296. — HAUSEN: Bautenschutz Bd. 5 (1934) S. 49. — MOLL: Holztechn. Bd. 14 (1934) S. 87. — KUNTZE: Farbe u. Lack Bd. 39 (1934) S. 147. PAQUIN: Z. VDI Bd. 78 (1934) S. 60. — WAGNER: Feuerschutz Bd. 15 (1935) S. 181. — FLÜGGE: Die gesamte Schutzbehandlung des Holzes, 1938.

[3] MENZEL, H.: Theorie der Verbrennung. Dresden 1924.

[4] JENTZSCH: Werft Reed, Hafen Bd. 12 (1931) S. 45. — KAUFMANN: Bautenschutz Bd. 3 (1932) S. 89. — DAIBER: Z. VDI Bd. 65 (1921) S. 1289. — SCHLÄPFER: Grundsätzliches über die Verbrennung von Holz, 1936.

[5] Es ist schwierig die genaue Flammentemperatur zu bestimmen; sie wird z. B. für Kohlenstoff in Luft zu 2095° C und für Wasserstoff in Luft zu 2130° C angegeben; vgl. SCHWARTZ: Handbuch der Feuer- und Explosionsgefahr, 4. Aufl., S. 35.

Im allgemeinen wird das Holz von außen nach innen erwärmt. Die Geschwindigkeit der Erwärmung kann je nach der Stärke des Feuers und der Größe des Holzkörpers sehr verschieden sein[1]. Bei der Zersetzung des Holzes entsteht zuerst Holzkohle als Rückstand, die aber bei weiterer Erhitzung ebenfalls verbrennt.

Die Wirkung der Schutzmittel besteht vor allem darin, die Flammenbildung zu verzögern und dadurch die Ausbreitung des Feuers zu hemmen. Die Verbrennung an sich kann nicht verhindert werden, wenn das Holz die entsprechenden Temperaturen z. B. 260°, erreicht hat[2]. Ferner soll ein gutes Schutzmittel das Nachglimmen und Nachflammen des Holzes verringern.

2. Über die Prüfung der Feuerschutzmittel.

Eine unmittelbare Bestimmung der Wirkung eines Schutzmittels, z. B. auf Grund der chemischen Zusammensetzung, ist noch nicht möglich, weil die wirklich maßgebenden Eigenschaften bisher zu wenig bekannt sind[3]. Es wird deshalb allgemein so verfahren, daß das Verhalten von behandelten und unbehandelten Hölzern im Feuer vergleichsweise beobachtet wird. Der Unterschied in der Widerstandsfähigkeit gibt dann ein Maß für die Wirkung des Schutzmittels.

Weil es bei der Wahl der Probekörper und der Feuerbeanspruchung viele Möglichkeiten gibt, und weil das Ziel der einzelnen Versuche oft recht verschieden war, sind zahlreiche Prüfverfahren angewandt worden[4]. Die Entwicklung geht jedoch jetzt dahin, möglichst eindeutige Beanspruchungen zu wählen und das Verhalten der Probekörper während und nach der Feuereinwirkung zahlenmäßig festzulegen. Es soll erreicht werden:

1. auf Grund von Kurzprüfungen über die Wirkung der Schutzmittel Angaben zu machen, die für die Praxis brauchbar sind,

2. für die angebotenen Schutzmittel eine genügend sichere Auswahl in bezug auf ihre Güte zu ermöglichen,

3. durch eine Eignungsprüfung unbrauchbare Mittel vom Vertrieb auszuschließen.

Die wichtigsten Verfahren und die zu beachtenden Einflüsse bei der Prüfung werden im folgenden kurz beschrieben.

a) Die Art der Probekörper.

1. **Verwendetes Holz.** Es werden im allgemeinen die Holzarten benützt, für die das Schutzmittel verwendet werden soll. In Deutschland wird hauptsächlich mit Kiefern- und Fichtenholz gearbeitet. Bei einigen Forschungsarbeiten sind jedoch auch andere Hölzer untersucht worden[5]. Das Kiefernholz ist für Vergleichsversuche weniger geeignet als das Fichtenholz, weil der schwankende Harzgehalt die Verbrennung und Flammenbildung beeinflußt.

---

[1] FOLKE: Feuerschutz Bd. 14 (1934) S. 178. — ECKER: Feuerschutz Bd. 15 (1935) S. 206. BRÜCKNER u. LÖHR: Z. VDI Bd. 80 (1936) S. 1275.

[2] Vgl. GRAF u. KAUFMANN: Z. VDI 1937, S. 531. — ZAPS: Feuerschutz Bd. 19 (1939) S. 3.

[3] Vgl. METZ: Holz als Roh- und Werkstoff Bd. 1 (1938) S. 217f. — METZ: Mitt. Fachaussch. Holzfragen Nr. 21 (1938) S. 70. — MARUELLE: Timber News a. Sawmill Chronicle 45, Nr. 2044 (1937) S. 928; Holz als Roh- und Werkstoff Bd. 1 (1938) S. 202.

[4] Vgl. American Wood-Preservers' Assoc. 33. Ann. Meeting, S. 292. — Eine praktisch vollständige Bibliographie des gesamten internationalen Schrifttums findet man in der Veröffentlichung der American Wood-Preservers' Assoc. 32. Ann. Meeting, S. 428 u. 33. Ann. Meeting, S. 300. Eine wertvolle Abhandlung ist während der Korrektur erschienen, vgl. METZ: Holzschutz gegen Feuer und seine Bedeutung im Luftschutz. VDI-Verlag 1939.

[5] Vgl. METZ: Mitt. Fachaussch. Holzfragen, Heft 13 (1936) S. 14. — SCHLEGEL: Untersuchungen über die Grundlagen des Feuerschutzes von Holz. Diss. T. H. Berlin 1934.

Es ist nötig, das Raumgewicht und die Feuchtigkeit des Holzes in engen, vorgeschriebenen Grenzen zu halten. Auch Äste, große Harzgallen oder sonstige Fehler sind zu vermeiden, weil sie die Vergleichbarkeit der Versuchsergebnisse in Frage stellen. Ferner ist zu beachten, ob das Holz rauh gesägt, glatt gesägt oder gehobelt ist.

2. Form und Größe der Probekörper. Die Holzkörper, die im behandelten und unbehandelten Zustand geprüft worden sind, hatten die mannigfaltigsten Formen und Größen.

Es sind Dachkammern und Dachstühle[1] in bauwerksmäßigen Abmessungen hergestellt worden, um die Verhältnisse bei einem Brand möglichst naturgetreu nachzuahmen.

Stützen und Balken wurden in üblicher Größe, unter den zulässigen Nutzlasten, dem Feuer ausgesetzt[2], um die Tragfähigkeit bei einem Brand zu ermitteln.

Für Schauversuche sind häufig Bretterhäuschen aufgebaut worden[3].

Bei wandartigen Probekörpern bis zu 100×200 cm Seitenlänge wird der Durchgang des auf einer Seite wirkenden Feuers beobachtet[4].

Um eine bessere Feuerführung und einen gleichmäßigeren Feuerangriff als bei den bisher erwähnten Versuchen möglich ist zu erreichen, sind schlotartige Probekörper verwendet worden. Beim Verfahren nach Schlyter wirkt das Feuer zwischen 2 senkrechten Holzbrettern und beim Lattenverschlagverfahren im Innern eines aus Dachlatten zusammengenagelten Kamins (vgl. Abschn. 3c).

Eine Führung der Flammen wird ferner erreicht, wenn man prismatische Stäbe senkrecht in einem durchlöcherten Rohr anordnet. Auf diese Weise sind Stäbe mit 4×20 bis 200×200 mm Querschnitt und 100 bis 1000 mm Länge geprüft worden[5]. Für besondere Aufgaben sind dann noch andere Probekörper verwendet worden, die einzeln oder aufeinandergeschichtet dem Feuer ausgesetzt wurden[6].

b) Behandlung und Lagerung der Probekörper.

1. Auftragen der Schutzmittel. Die Behandlung des Holzes erfolgt nach den Anweisungen der Herstellerfirmen. Wenn ein Schutzmittel gestrichen oder gespritzt werden kann, ist das Anstreichen besser, weil dann die aufgetragene Menge sicherer bestimmt werden kann. Neuere Versuche haben gezeigt, daß die Wirkung des Schutzmittels nicht davon abhängig ist, ob gestrichen oder gespritzt wurde, wenn in beiden Fällen die gleiche Menge auf dem Holz aufgetragen war. Es ist darauf zu achten, daß die vorgeschriebene Schutzmittelmenge je m² Oberfläche auch tatsächlich aufgebracht wird. Die dazu erforderliche Anzahl der Anstriche ist anzugeben, damit ersichtlich ist, welcher Arbeitsaufwand entsteht.

2. Lagerung der Probekörper. Einzelne Schutzmittel und auch das Holz sind hygroskopisch. Um einen gleichmäßigen Feuchtigkeitsgehalt zu erhalten,

---

[1] Drögsler: Mitt. Wiener Städt. Prüfungsanst. f. Baustoffe Bd. 1 (1938) S. 2. — Drögsler: Mitt. Fachaussch. Holzfragen Nr. 21 (1939) S. 106. — Schlyter: Dtsch. Zimmermeister Bd. 39 (1937) S. 612. — Seger: Brandversuche an Holzbauten, Zürich 1937; Holz als Roh- und Werkstoff Bd. 1 (1938) S. 208.

[2] Ingberg, Griffin, Robinson u. Wilson: Technol. Pap. U. S. Bur. Stand., Bd. 184 (1921) B. u. E. 1923, S. 18. — Graf: Bautenschutz Bd. 3 (1932) S. 113f.

[3] Seger: Techn. Rundschau (Bern) Bd. 17 (1937) S. 9.

[4] Vgl. DIN 4102, Ausgabe 1934.

[5] Truax u. Harrison: Proc. Amer. Soc. Test. Mat. Bd. 29, Teil I, S. 973. — Metz: Mitt. Fachaussch. Holzfragen, Heft 13 (1936) S. 24. — Graf u. Kaufmann: Z. VDI Bd. 81 (1937) S. 532. — Metz: Holz als Roh- und Werkstoff Bd. 1 (1938) S. 217.

[6] Vgl. Sparwirtsch. Bd. 16 (1938) Heft 2 S. 53—55; Holz als Roh- und Werkstoff Bd. 1 (1938) S. 323. — Folke: Feuerschutz Bd. 14 (1934) S. 178. — Metz: Holzschutz gegen Feuer, S. 102.

sollten die Probekörper in einem Raum mit gleicher Temperatur und Luftfeuchtigkeit gelagert werden. Am besten bei 18 bis 20° C und $F = 55\%$ relativer Luftfeuchtigkeit. Die gleichen Verhältnisse müßte auch der Prüfraum haben.

Um festzustellen, ob die Schutzmittel längere Zeit ihre Wirkung behalten, wird meist ein Teil der Probekörper im Bauwerk gelagert, z. B. auf dem Dachboden.

Will man schneller ein Urteil gewinnen und vergleichbare Lagerungsverhältnisse haben, dann empfiehlt es sich, die Probekörper wechselweise für je 14 Tage in zwei Räumen zu lagern, deren relative Luftfeuchtigkeit etwa 30% und etwa 95% beträgt. Es ist aber darauf zu achten, daß vor der Feuerprüfung die Hölzer mindestens 2 Wochen wieder bei 18 bis 20° C und 55% Luftfeuchtigkeit lagern, damit die Versuchsergebnisse mit den früheren Feststellungen verglichen werden können.

c) Die Feuereinwirkung auf das Holz.

1. Art des Feuers. Entsprechend den Verhältnissen im Bauwerk wurde als Brenngut Holzwolle, gespaltenes Holz oder Gerümpel verwendet. Bei Versuchen, bei denen die Feuereinwirkung möglichst gleichmäßig sein sollte, ist mit Leuchtgasflammen oder Ölbrennern gearbeitet worden[1]. Es war dabei meist eine unmittelbare Berührung der Flammen mit dem Probekörper vorhanden.

Sollte die Wirkung von strahlender Wärme untersucht werden, dann sind Drahtkörbchen mit Holzwolle, Koksöfen oder elektrische Heizkörper aus Silitstäben angewandt worden[2].

Es ist zu beachten, daß die Erwärmung des Holzes und damit die Geschwindigkeit der Verbrennung von der Art des Feuers abhängig ist. Gasflammen ergeben höhere Flammentemperaturen als ein Holzfeuer.

2. Stärke der Feuereinwirkung. Die Stärke des Feuerangriffes wird hauptsächlich von dem Temperaturfeld bestimmt, das den Probekörper umgibt. Grundsätzlich ist zu unterscheiden, ob das Holz einem Entstehungsfeuer oder einem bereits voll entwickelten Brand ausgesetzt werden soll.

Bei einem Entstehungsfeuer wird man besonders das Weitertragen der Flammen an der Oberfläche beobachten wollen. Die Probekörper werden dabei einem örtlich begrenzten Feuerangriff ausgesetzt, der jedoch so groß ist, daß bei einem unbehandelten Holz der ganze Probekörper nach einiger Zeit zur Entflammung kommt.

Eine Feuerbeanspruchung nach DIN 4102, Ausgabe 1934, entspricht einem Großfeuer, das sich unabhängig von dem geschützten Holz zu voller Stärke entwickelt und das nach 15 min bereits eine Raumtemperatur von 750° erzeugt hat.

3. Dauer der Feuereinwirkung. Im allgemeinen wurde die Dauer der Feuereinwirkung so gewählt, daß bei dem unbehandelten Probekörper eine weitgehende Zerstörung entstand, oder bis der Probekörper von selbst weiterbrannte. Je nach der Art des Feuers und der Größe der Probekörper ergaben sich verschiedene Zeiten, die allerdings gegenüber den im Bauwerk möglichen Brandzeiten kurz waren[3].

---

[1] Über Feuerung mit flüssigen Brennstoffen vgl. Zement Bd. 28 (1939) S. 105. — Über Gasbrenner vgl. E. SACHS: Industrieglasbrenner und zugehörige Einrichtungen, 1937.
[2] SCHULTZE-RHONHOF: Mitt. Fachaussch. Holzfragen Heft 17 S. 125. — METZ: Holzschutz gegen Feuer, S. 103.
[3] Vgl. S. H. INGBERG: Quart. Nat. Prot. Assoc. Bd. 22 (1928) Nr. 1, Nach diesen Versuchen ist die Dauer eines Brandes von der Menge des vorhandenen und verbrennenden Brandgutes abhängig. Es werden dazu folgende Angaben gemacht.
Gesamter brennbarer Inhalt des Brandraumes: 49 73 98 147 196 244 293 kg/m² Bodenfläche,
Dauer des Brandes: 1 $1\frac{1}{2}$ 2 3 $4\frac{1}{2}$ 6 $7\frac{1}{2}$ h.
Dabei steigt die Raumtemperatur rasch auf über 1000° C.

d) Beobachtungen während der Versuche.

1. Zeit bis zur Entflammung des Holzes. Die Verzögerung der Entflammung kann am besten bestimmt werden, wenn der Zeitpunkt der Entflammung beobachtet wird. Dies ist aber nur dann eindeutig möglich, wenn das Feuer die zu beobachtende Holzfläche nicht bedeckt.

2. Geschwindigkeit des Weitertragens der Flammen. Das Weitertragen der Flammen ist beim Versuch möglichst zahlenmäßig zu ermitteln, weil dadurch eine wesentliche Wirkung des Schutzmittels erfaßt werden kann. Bei neueren Versuchen gibt die am oberen Ende des Probekörpers gemessene Temperatur ein Maß für die Flammenbildung. Es wäre jedoch anschaulicher, wenn außerdem die Höhe der Flammen, von der Zündstelle aus gemessen, ermittelt würde.

3. Geschwindigkeit der Verbrennung. Am deutlichsten zeigt sich die Wirkung des Feuers am Gewichtsverlust des Holzes. Bei neueren Prüfverfahren wird deshalb die Gewichtsabnahme des Probekörpers in kurzen Zeitabständen gemessen. Bei zeichnerischer Auftragung der Ergebnisse zeigt sich die Wirkung eines Schutzmittels sehr deutlich, wenn man die Linien der behandelten Probekörper mit denen der unbehandelten vergleicht. Die Größe der Fläche unter diesen Linien gibt ein Maß für das Verhalten des Probekörpers während des Versuches. Aus dem Gewichtsverlust kann ferner die Brenngeschwindigkeit ermittelt werden[1]. Dabei ist zu unterscheiden zwischen der Brenngeschwindigkeit in Gewichtsprozenten je Minute und in kg je Minute[2].

4. Nachflammen und Nachglimmen. Nach dem Entfernen der Feuerquelle wird die Zeitdauer des Nachflammens und Nachglimmens ermittelt. Es ist zu beachten, daß die Lufttemperatur, die Luftbewegung und die Helligkeit im Versuchsraum diese Zeiten stark beeinflussen können. Das Erlöschen der Flammen und die Dauer des Nachglimmens sind z. B. weitgehend von der abkühlenden Wirkung der Raumluft abhängig. Bei Vergleichsversuchen ist deshalb darauf zu achten, daß stets die gleichen Verhältnisse vorliegen.

5. Endgewichtsverlust. Die Summe der Feuereinwirkungen ist aus dem Gewichtsverlust des Holzes am Ende des Versuches zu erkennen. Bei zusammenstürzenden Probekörpern ist dieser Wert davon abhängig, wie die Reststücke übereinanderliegen. Es ist deshalb zweckmäßig, nach einer angemessenen Zeit den Versuch zu beenden und den bis dahin ermittelten Gewichtsverlust zur Bewertung heranzuziehen.

e) Feststellungen über die schädlichen Wirkungen des Schutzmittels.

1. Schädliche Wirkungen beim Verarbeiten des Schutzmittels. Besonders beim Spritzen kann das Schutzmittel als Atemgift wirken und gesundheitliche Schäden verursachen; auch sind Hauterkrankungen möglich. Nach DIN 4102, Ausgabe 1939, dürfen die Schutzmittel keine Gifte der Giftklasse I[3] enthalten. Im übrigen sind die Vorschriften, die für die Anwendung von Farben und Lacke gelten, zu beachten.

2. Korrosionsfördernde Wirkung auf Metalle. Manche Schutzmittel verursachen eine rasche Korrosion der Metalle. Schrauben, Nägel, Beschläge usw. werden angegriffen und mehr oder weniger zerstört[4]. Nach DIN 4102, Ausgabe 1939, ist ein besonderer Versuch auszuführen, um die Wirkung des Schutzmittels

---

[1] Vgl. Metz: Mitt. Fachaussch. Holzfragen, Heft 13 (1936) S. 15.
[2] Vgl. Kaufmann: Mitt. Fachaussch. f. Holzfragen, Heft 17 (1937) S. 139.
[3] Vgl. Polizeiverordnung über den Handel mit Giften, Abt. Giftstoffe.
[4] Vgl. Metz: Holzschutz gegen Feuer, S. 59.

auf Stahl festzustellen. Es werden blanke Stahlbleche in die fertigen Lösungen getaucht. Ferner werden an dem Probekörper, für die Wiederholungsprüfungen, Stahlblechstreifen und ein Nagel befestigt, um die korrosionsfördernde Wirkung des Schutzmittels bei längerer Lagerung zu ermitteln.

3. Entwicklung schädlicher Gase bei der Feuereinwirkung. Manche Schutzmittel werden im Feuer zersetzt und bilden teilweise giftige Gase[1], durch die eine Schädigung der Löschmannschaften möglich wäre. Es muß jedoch angenommen werden, daß bei einem Brand in den Rauchgasen stets Gifte enthalten sind[2]. Die vom Schutzmittel entwickelten Gifte werden aber mengenmäßig stets geringer sein, so daß die in DIN 4102 enthaltene Bestimmung über den Gehalt an Giftstoffen als ausreichend angesehen werden kann.

f) Auswertung der Versuchsergebnisse.

Die Versuchsergebnisse werden bei den neueren Prüfverfahren zahlenmäßig nach ihrer Wertigkeit zusammengefaßt. Aus dem Vergleich der Ergebnisse beim behandelten und unbehandelten Probekörper ergibt sich die Wirkung des Schutzmittels, die am einfachsten durch eine Wertziffer ausgedrückt wird[3]. Nach Festlegung der Grenzwerte kann dann das Schutzmittel als gut, genügend oder ungenügend bezeichnet werden. Ungenügende Schutzmittel sind vom Vertrieb auszuschließen.

3. Beschreibung der wichtigsten Prüfverfahren.

Aus der großen Vielzahl der entwickelten Prüfverfahren waren für die Anforderungen in Deutschland nur wenige brauchbar. Nach eingehenden Vorarbeiten und nach zahlreichen Versuchen können folgende Prüfverfahren als brauchbar bezeichnet werden[4].

a) Feuerrohrverfahren mit Stäben $1 \times 2 \times 100$ cm (vgl. Abb. 1, S. 126)[5].

Der einzelne Versuchsstab hängt in einem Rohr aus Drahtgewebe senkrecht an einer Waage und wird an der unteren Stirnfläche 4 min den Flammen eines Bunsenbrenners ausgesetzt. In Abständen von 30 s wird die Temperatur am oberen Ende des Stabes und der Gewichtsverlust gemessen. Bei einem unbehandelten Holzstab waren im allgemeinen nach 4 min 75 bis 80% des Anfangsgewichtes verbrannt. Nach dem Abstellen der Zündflammen wird die Dauer des Nachflammens und Nachglimmens beobachtet.

b) Verfahren mit zwei parallel gestellten Holztafeln (vgl. Abb. 2, S. 127)[6].

Zwei Tafeln aus ungehobeltem Fichtenholz mit je 15×100 cm Seitenlänge und 2,0 cm Dicke werden parallel zueinander mit 5 cm Abstand senkrecht auf eine Waage gestellt. Die 10 cm tiefer hängende Tafel wird nahe der unteren Stirnfläche den Flammen eines Gasbrenners ausgesetzt, dessen Gasverbrauch etwa 15 l/min beträgt. Diese Zündflamme wirkt 15 min.

---

[1] Zum Beispiel Ammoniak, das bereits bei einer Konzentration von 5 bis $10^0/_{00}$ rasch tödlich wirkt, vgl. BREZINA: Die gewerbliche Vergiftung und ihre Bekämpfung, S. 27. Stuttgart 1932.

[2] Zum Beispiel Kohlenoxyd, das bereits bei einer Konzentration von $4^0/_{00}$ tödlich wirken kann, vgl. BREZINA: a. a. O. S. 27.

[3] Vgl. METZ: Mitt. Fachaussch. Holzfragen, Heft 13 (1936) S. 44 ff. — GRAF u. KAUFMANN: Z. VDI Bd. 81 (1937) S. 531.

[4] Vgl. METZ: Holzschutz gegen Feuer, S. 102ff.

[5] Abgeändertes Verfahren nach TRUAX und HARRISON, vgl. Proc. Amer. Soc. Test. Mater. Bd. 29, Teil II, S. 973.

[6] Vgl. SCHLYTER: Mitt. Statens Provningsanst., Stockh. Bd. 66 (1935) S. 10:3.

Es wird der Gewichtsverlust, die Entflammung der unbeheizten Platte, die Temperatur an den oberen Stirnflächen, die Dauer des Nachflammens

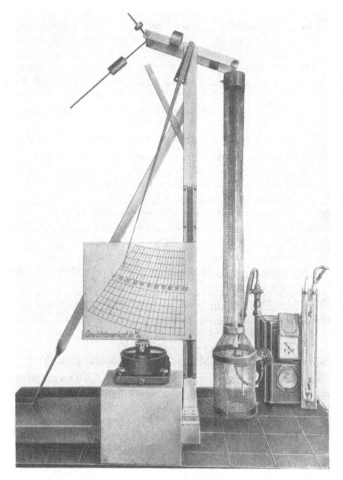

Abb. 1. Versuchsanordnung fur das Feuerrohrverfahren.

und Nachglimmens ermittelt. Bei diesem Verfahren sind bei unbehandeltem Holz nach 60 min rd. 90% des Probekörpers verbrannt.

c) Lattenverschlagverfahren mit Dachlatten (vgl. Abb. 3, S. 127)[1].

Insgesamt 13 Dachlatten mit je $20 \times 50 \times 1000$ mm Kantenlänge werden so zusammengenagelt, daß ein Lattenverschlag gemäß Abb. 3 entsteht. Der Probekörper wird auf eine Waage gestellt und im Innern durch einen ringförmigen Leuchtgasbrenner beheizt. Der Gasverbrauch wird auf 80 l/min eingestellt. Die Gasflamme wirkt 15 min. Es wird wie bei dem Feuerrohrverfahren die Gewichtsabnahme, die Temperatur am oberen Ende und die Dauer des Nachflammens und Nachglimmens gemessen. Bei unbehandeltem Probekörper beträgt der Gewichtsverlust nach 25 min Brenndauer rd. 90%.

[1] Dieses Verfahren wurde von der I.G. Farbenindustrie vorgeschlagen und ist jetzt genormt worden, vgl. DIN 4102, Ausgabe 1939.

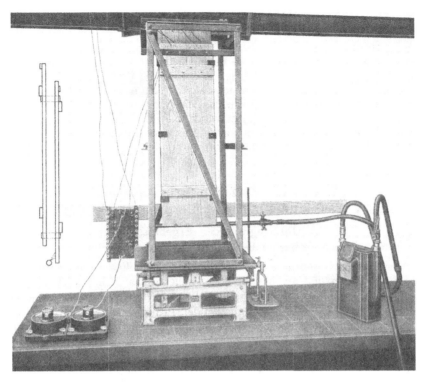

Abb. 2. Versuchsanordnung für das Verfahren mit parallelen Holztafeln.

Abb. 3. Versuchsanordnung für das Lattenverschlag-Verfahren.

d) Bretterwandverfahren[1].

Eine Bretterwand mit 1×2 m Seitenlänge dient als Abschluß einer Brandkammer[2], die mit einem Ölbrenner so beheizt wird, daß die Raumtemperatur in 15 min auf 750° C steigt. Nach dieser Zeit wird die Wand entfernt und das Nachflammen und Nachglimmen beobachtet. Weil die ganze Prüffläche gleichzeitig dem Feuer ausgesetzt wird, kann das Weitertragen der Flammen an der Oberfläche des Holzes nicht beobachtet werden. Auch Gewichtsbestimmungen sind während des Versuches nicht möglich. Das Verfahren kann jedoch Unterlagen dafür geben, wie eine solche Bretterwand den Durchgang des Feuers verhindert[3].

4. Mängel der jetzigen Prüfverfahren und Vorschläge für die weitere Entwicklung[4].

a) Übertragung der Ergebnisse auf das Verhalten bei einem wirklichen Brand.

Die Versuche nach den im Abschn. 3 beschriebenen Verfahren ermöglichen vor allem eine Bewertung und Auswahl der angebotenen Schutzmittel.

Die Versuchsergebnisse können aber nicht unmittelbar auf den Brandfall im Bauwerk übertragen werden, weil die bei den Prüfungen angewandte Art der Feuerbeanspruchung nur eine der vielen Möglichkeiten der Brandeinwirkung darstellt.

Es wird zunächst angenommen, daß die Schutzmittel mit den besten Prüfungszeugnissen sich auch im Bauwerk am günstigsten verhalten. Es sind jedoch noch weitere Arbeiten notwendig, um die Übertragung des Prüfungsbefundes auf den tatsächlichen Brandfall zu ermöglichen. Zunächst ist es erforderlich, die Feuerbeanspruchung in Entstehungsfeuer, mittleren Brand und Großbrand zu unterteilen[5], damit die mögliche Wirkung der Schutzmittel abgegrenzt werden kann. Bei diesen Brandklassen sind die Dauer der Feuereinwirkung und die an der Holzoberfläche wirksamen Temperaturen festzulegen[6].

Besonders wichtig ist, nachdem nun eine große Zahl von Holzbauwerken und Dachstühlen bereits mit Schutzmitteln behandelt sind, diese bei und nach einem Brandfall eingehend zu beobachten. Durch planvolle Zusammenarbeit der Prüfstellen mit der Feuerwehr könnten wertvolle Unterlagen gesammelt werden, um die tatsächliche Wirkung der Schutzmittel bei den verschiedenen Brandfällen zu erkennen. Die Prüfverfahren sind dann so auszubauen, daß für die gewählten Brandklassen die Größe der Probekörper und die Art und Stärke der Feuerbeanspruchung den praktischen Verhältnissen entsprechen.

---

[1] Dieses Verfahren war bis 1939 in DIN 4102, Ausgabe 1934, für die Prüfung von Feuerschutzmitteln vorgesehen.

[2] Vgl. auch ASA. Stand. A 2—1934. A.S.T.M., C 19—33. Bei der Brandkammer ist zu beachten, ob genügend Luftsauerstoff für die Verbrennung des Holzes vorhanden ist, oder ob der Brandraum vollständig mit Abgasen gefüllt ist.

[3] Vgl. KRISTEN u. KOHSAN: Feuerschutz Bd. 17 (1937) S. 35. — BROWN, C. R.: J. Res. Nat. Bur. Stand. Bd. 20 (1938) Nr. 2, S. 217; Holz als Roh- und Werkstoff Bd. 1 (1938) S. 409. SCHULZE: Z. VDI Bd. 78 (1934) S. 23. — Feuerschutz Bd. 18 (1938) S. 124. — METZ: Holzschutz im Feuer, S. 120.

[4] Vgl. auch METZ: Mitt. Fachaussch. Holzfragen Nr. 17 (1937) S. 142.

[5] Vgl. SCHLYTER: Mitt. Statens Provningsanst., Stockh., Bd. 66 (1935). — Bauing. Bd. 18 (1937), S. 46.

[6] Nach den bisherigen Beobachtungen kann nur für das Entstehungsfeuer eine Wirkung des Schutzmittels vorausgesetzt werden.

b) Die Veränderung der Schutzwirkung in Abhängigkeit von der Zeit und den Raumverhältnissen.

Bei den derzeitigen Prüfverfahren kann die Lebensdauer eines Schutzmittels nur vergleichsweise bestimmt werden. Es muß aber bekannt sein, wann eine Behandlung zu wiederholen ist, damit nicht eine Schutzwirkung vorausgesetzt wird, die längst nicht mehr vorhanden ist. Es sollte an behandelten, aber verschieden beanspruchten Hölzern im Bauwerk beobachtet werden, ob das Schutzmittel abblättert, ausblüht, aufweicht, abläuft usw. Ferner empfiehlt es sich, im Bauwerk Probekörper gemeinsam mit dem Holz zu behandeln und zu lagern. Im Alter von 1, 2, 5 und 10 Jahren sind dann die Prüfungen über die Schutzwirkung zu wiederholen[1].

Es fehlt ein Verfahren, um ein bereits behandeltes Holz im Bauwerk auf die vorhandene Wirkung der Schutzbehandlung zu prüfen.

Es gibt folgende Möglichkeiten, deren Brauchbarkeit noch zu prüfen ist.

1. Das behandelte Holz wird mit einem Handhobel bis zu 2 mm Tiefe abgehobelt, bis etwa 100 g Späne entstehen. Diese Späne werden nach Lagerung bei 20° C und $F = 55\%$ in einem Drahtkorb an eine Waage gehängt und von unten entzündet. Die Flammenbildung und der Gewichtsverlust zeigen beim Vergleich mit unbehandeltem Holz, welche Schutzwirkung vorhanden ist.

2. Aus größeren Holzbalken werden Probekörper herausgeschnitten und geprüft[2].

3. An senkrechten Stützen oder Wänden kann das Holz den Flammen einer Lötlampe ausgesetzt werden. Es ist dann das Weitertragen der Flammen zu beobachten. Derartige Versuche müssen mit genügenden Schutzmaßnahmen erfolgen, damit kein richtiger Brand entsteht. Die Lufttemperatur und die Luftbewegung können das Weitertragen der Flammen weitgehend beeinflussen und sollten deshalb möglichst gleich gehalten werden.

K. Prüfung von holzhaltigen Leichtbauplatten.

Von Franz Kollmann, Eberswalde.

1. Allgemeines.

Die holzhaltigen Leichtbauplatten können in folgende Gruppen eingeteilt werden[3]:

1. Holzwolleplatten (mit mineralischen Bindemitteln);
2. Pappeplatten;
3. Faserdämmplatten;
4. Halbharte Faserplatten;
5. Faserstoffhartplatten; a) $^3/_4$ harte Platten, b) harte Faserplatten, c) extra harte Faserplatten;
6. Faserstoffzementplatten (mit und ohne Asbest).

Die Prüfungsverfahren der verschiedenen Platten überschneiden sich teilweise; sie sind deshalb gemeinsam behandelt.

---

[1] Vgl. DIN 4102, Ausgabe 1939.
[2] Proc. Amer. Soc. Test Mater. Bd. 37 (1937) Teil 1, S. 756; Holz als Roh- und Werkstoff Bd. 1 (1938) S. 485.
[3] Kollmann, F., E. Mörath u. W. Zeller: Holzhaltige Leichtbauplatten. 3. Aufl. Berlin 1938.

2. Bestimmung von Größe, Abmessungen, Maßabweichungen, Farbe.

In DIN 1101 sind die Abmessungen, Gewichte und Eigenschaften festgelegt. Die Messung und Überwachung von Länge und Breite erfolgt mit geeichtem Maßstab oder Bandmaß. Die Dicke wird mit Hilfe einer Schieblehre von mindestens 10 cm Schenkellänge bestimmt. DIN 1101 schreibt weiter vor, daß die Holzwolleplatten rechtwinklig, planparallel und vollkantig sein müssen; sie dürfen vom rechten Winkel, gemessen auf 50 cm Kantenlänge, höchstens 3 mm abweichen. Zur Messung genügen Winkel und Meterstab. Abmessungen und Gewichte sind aus 5 Proben zu ermitteln. Diese Vorschrift ist sinngemäß auch auf die Pappe-, Faserstoff- und Hartplatten zu übertragen. Einheitliche Vorschriften für Größe und Abmessungen fehlen hier allerdings und lassen sich infolge der Anwendung sowohl des metrischen als auch des englischen Maßsystems bei der Herstellung nur schwer erzielen. Dickenmessungen der Dämmplatten auf $1/10$ mm, der Pappeplatten und Hartplatten auf $1/100$ mm genau. Die Dicke ist zweckmäßig an vier Eckpunkten eines Plattenausschnittes und in dessen Mitte zu messen; die Meßzahlen sind zu mitteln. Die Dickenmessungen werden zweckmäßig zusammen mit der Raumgewichtsbestimmung vorgenommen.

Die Beurteilung der Farbe erfolgt bei allen Leichtbauplatten, soweit überhaupt erforderlich, nur nach Augenschein. Lediglich bei gipsgebundenen Holzwolleplatten wird gelegentlich der Nachweis von Farbzusätzen zum Bindemittel (z. B. Ruß) analytisch erbracht.

3. Ermittlung des Raum- und Flächengewichts.

Die Flächengewichte und die daraus errechneten Raumgewichte für lufttrockne Holzwolleplatten sind in DIN 1101 angegeben. Die Durchschnittsgewichte dürfen die angegebenen Werte um nicht mehr als 10% überschreiten: einzelne Platten dürfen bis zu 20% schwerer sein. Gewichtsabweichungen nach unten sind nicht begrenzt. Für die Faserstoffplatten wird zur Zeit nebenstehende Einteilung nach dem Raumgewicht empfohlen[1].

Art der Platten	Raumgewicht kg/m³
Faserdämmplatten	230—350
Halbharte Faserplatten . .	500—850
$3/4$ harte Faserplatten . .	850—950
Harte Faserplatten . . .	950—1050
Extra harte Faserplatten .	über 1050

Pappeplatten haben ein Raumgewicht von 550 bis 700 kg/m³, mit Zement gebundene Faserplatten kommen im Raumgewicht bis auf 1400 kg/m³. Bestimmt wird das Raumgewicht in der Regel an Plattenausschnitten von 10 × 10 [cm²], und zwar durch Wägen auf mindestens 0,1 g und Berechnung des Rauminhaltes aus den Abmessungen (s. oben). Die betreffenden Probekörper können anschließend zu Wässerungsversuchen dienen. Es ist vorgeschlagen (und wird sowohl in größeren Erzeugungsstätten als auch in Materialprüfungsanstalten so gehalten) mit Rücksicht auf die hygroskopischen Eigenschaften der holzhaltigen Platten einen festen Bezugszustand zu schaffen. Sie sollen deshalb vor der Prüfung 5 Tage in einem Raum von 20° C Temperatur und 65% relativer Luftfeuchtigkeit lagern. Soweit die Einhaltung dieser Luftfeuchtigkeit in größeren Räumen auf Schwierigkeiten stößt, kann man auch größere Exsikkatoren und Glasdosen zur Lagerung benutzen[2], in denen entweder Ammoniumnitrat (NH_4NO_3) in gesättigter Lösung mit Bodenkörper oder ein Schwefelsäurewassergemisch

---

[1] Mörath, E.: Vortr. Holztagg 1938, vgl. Holz als Roh- und Werkstoff Bd. 1 (1938) S. 611/612.

[2] Kollmann, F.: Technologie des Holzes, S. 728. Berlin: Julius Springer 1936.

(35%ig, spez. Gewicht 1,264) für einen 65% relativer Luftfeuchte entsprechenden gleichbleibenden Dampfteildruck sorgt.

4. Bestimmung der Feuchtigkeit, Wasseraufnahme, Quellung.

Die Feuchtigkeit marktgängiger Holzwolleplatten liegt, bezogen auf das Darrgewicht, gewöhnlich zwischen 8 und 15%, im Mittel etwa bei 10%. Die Feuchtigkeit wird nach DIN DVM 2183 ermittelt (s. S. 28). Bei der praktischen

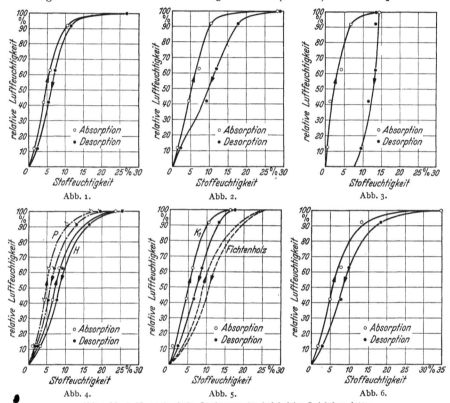

Abb. 1.   Abb. 2.   Abb. 3.

Abb. 4.   Abb. 5.   Abb. 6.

Abb. 1 bis 6. Hygroskopische Isothermen für holzhaltige Leichtbauplatten.
Abb. 1. Holzwolleplatten mit Zementbindung. Abb. 2. Holzwolleplatten mit Magnesitbindung. Abb. 3 Holzwolleplatten mit Gipsbindung. Abb. 4. Faserdämmplatten (H Nadelholzfaser, P Platte aus Wurzelholz; — · — Stubbenfasern). Abb. 5. Hartplatten (K_1 Masonite) im Vergleich zu Fichtenholz. Abb. 6. Pappeplatten.

Beurteilung der Zahlen ist zu berücksichtigen, daß die Feuchtigkeit der Bauplatten ebenso wie die von Holz von der Temperatur und relativen Feuchtigkeit der umgebenden Luft abhängt (Abb. 1 bis 6).

Leicht zu untersuchen ist die Aufnahme von Feuchtigkeit aus gesättigter Luft, indem man Plattenausschnitte von 10×10 [cm²] in einen dicht verschlossenen Blech- oder Glaskasten auf einen Rost über Wasser legt. Die Gewichts- und Maßänderungen — letztere mit möglichst niedrigem, gleichbleibendem Meßdruck — werden von Zeit zu Zeit bestimmt und in Schaulinien aufgetragen; sie zeigen die Wasseraufnahme sowie Quellung.

Die Lagerung unter Wasser ist für die Holzwolleplatten infolge ihrer gröberen Kapillaren ein ungeeignetes Prüfverfahren, es sei denn, daß man nur feststellen will, wie sich dabei die Bindefestigkeit verändert. Bei Faserstoffplatten (besonders bei Hartplatten), ist die Tauchprüfung aber üblich; sie wird an quadratischen

Stücken von 100 mm Kantenlänge vorgenommen, deren Rand vor der Untersuchung paraffiniert wird. Es wird dann die gewichtsmäßige Wasseraufnahme und die Quellung (letztere als Mittel einer größeren Anzahl von Messungen an genau bezeichneten Stellen) nach 2 h oder als Veränderliche der Tauchzeit bestimmt. Nach dem Herausnehmen aus dem Wasserbad ist das überschüssige anhaftende Wasser mittels weichem Filtrierpapier oberflächlich abzutupfen. Quellungswerte von Faser- und Pappeplatten zeigt die nachstehende Zahlentafel 1.

Zahlentafel 1. Quellungswerte von Faser- und Pappeplatten.

Plattenart	Zunahme der Abmessungen [%] bei 1 Gew.-% Wasseraufnahme						Beziehung gilt für den Feuchtigkeitsbereich von 0% bis ...%
	in der Länge und Breite			in der Dicke			
	min	mittel	max	min	mittel	max	
Faserplatten .	0,013	0,036	0,072	0,41	0,89	1,43	25
Pappeplatten .	0,022	0,030	0,038	0,27	0,29	0,33	70

Das Bureau of Standards in Washington[1] fordert demgegenüber, daß ein Probestück von 76×330 mm zuerst 72 h in Luft von etwa 30% relativer Feuchte und dann 72 h in wasserdampfgesättigter Luft aufbewahrt wird. Die Länge des Probestückes soll sich dabei um nicht mehr als 0,7% verändern.

5. Ermittlung des Elastizitätsmoduls und der Zusammendrückbarkeit.

Die Bestimmung des Elastizitätsmoduls E hat nur für Pappeplatten und Hartplatten praktisch Bedeutung. Sie erfolgt zweckmäßig in Verbindung mit dem Biegeversuch.

Bei Extrahartplatten liegt der E-Modul etwa bei 65000 kg/cm².

Bei Holzwolleplatten ist infolge ihres ungleichmäßigen Gefüges die

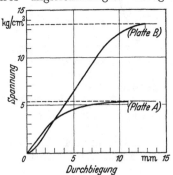

Abb. 7. Spannung-Durchbiegungsschaubilder für Holzwolleplatten.

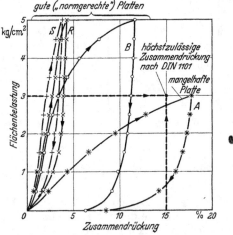

Abb. 8. Zusammendrückung von Ausschnitten aus Holzwolleplatten unter Flächenbelastung.

Berechnung des E-Moduls wertlos, jedoch können hier für Vergleiche Spannung-Durchbiegungsschaubilder nützlich sein (Abb. 7).

DIN 1101 schreibt für Holzwolleplatten die Untersuchung der Zusammendrückbarkeit vor. Die Prüfung ist einfach und zweckmäßig, da sie einen sehr anschaulichen Maßstab für die innere Festigkeit der Platten gibt. Geprüft werden Ausschnitte aus der Plattenmitte von 10×10 [cm²] zwischen Stahlplatten, von denen eine kugelig gelagert ist. Die Zusammendrückung, eine

[1] Inceborg, H. M. C.: Tekn. Ukebl. Bd. 78 (1931) Nr 99, S. 36.

Minute nach dem Auflegen der Last abgelesen, darf unter 3 kg/cm² Belastung nicht mehr als 15% der Plattendicke betragen. 5 Proben sind zu untersuchen. Der von der Norm angelegte Maßstab ist milde. Die Zusammendrückung liegt im Mittel unter 15%. Aufschlußreich ist die Aufnahme von Schaubildern, die die Zusammendrückung in Abhängigkeit von der Flächenpressung bei der Belastung und Entlastung wiedergeben (Abb. 8). In Anbetracht der elastischen Nachwirkung kann es zweckmäßig sein, 24 h nach der Entlastung nochmals eine Dickenmessung auszuführen. Unter Platten mit annähernd gleichem Raumgewicht werden jene die höchste innere Festigkeit besitzen, die zwischen der Belastungs- und der Entlastungskurve die kleinste Hysteresisschleife besitzen. Führt man die Versuche an mehrfach gefrorenen und wiederholt aufgetauten, zuerst in feuchter Luft gelagerten Platten sowie an normalen Platten durch, so gibt der Vergleich der Schaubilder einen brauchbaren Aufschluß über die *Frostbeständigkeit.*

6. Bestimmung der Biegefestigkeit, Zugfestigkeit und Druckfestigkeit.

Die Biegeprüfung ist wichtig, da Biegebeanspruchungen in der Praxis bei der Verwendung von holzhaltigen Bauplatten zu freitragenden Wänden sowie als Dielen auf Holzbalkendecken vorkommen. Holzwolleplatten werden gemäß DIN 1101 frei drehbar gelagert, auf zwei Stützen von der Stützweite $l = 66$ cm, in der Mitte mit einer über die ganze Breite wirkenden Einzellast belastet. Das Mittel aus drei Versuchen ist zu bilden.

In Anbetracht der sehr erheblichen Ungleichmäßigkeit der porigen Platten kann die so errechnete Biegefestigkeit nur als eine Gütezahl aufgefaßt werden. Zu beachten ist ihre starke Abhängigkeit von der Plattendicke und Stützweite. Die mittleren Biegefestigkeiten

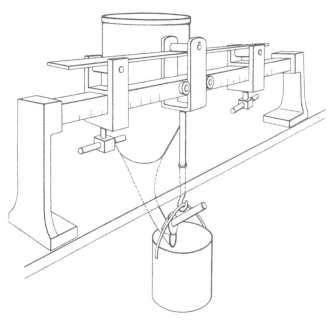

Abb. 9. Schema einer Biegeprüfmaschine für Faserstoffplatten

marktgängiger Holzwolleplatten liegen in der Regel über den Werten der Normen.

Für die Ermittlung der Biegefestigkeit von Faserstoffplatten wurden bereits sehr zweckmäßige Maschinen entwickelt (Abb. 9).

Als Auflager dienen Rollen von 20 mm Dmr. Die Prüfstreifen sind in der Regel 50 mm breit. Der Auflagerabstand liegt üblicherweise zwischen 150 und 200 mm (bis 250 mm). Es ist zweckmäßig die Prüfstücke nicht nur in einer Plattenrichtung, sondern auch senkrecht dazu zu schneiden. Randstreifen sollen nicht geprüft werden, da sie besonders bei Hartplatten eine wesentlich verringerte Festigkeit gegenüber der Plattenmitte aufweisen.

Die Zerreißfestigkeit wird an rechteckigen Probestreifen (20 bis 30 mm Dicke; 200 mm Länge, Einspannlänge 100 bis 180 mm) bestimmt.

In Sonderfällen wird auch die Druckfestigkeit von Hartplatten ermittelt, wozu aber Prismenkörper durch Verleimen von mehreren Platten herzustellen sind. Das Verfahren ist deshalb recht fraglich in seinen Ergebnissen und hat auch praktisch nur untergeordnete Bedeutung. Einige Richtzahlen von Festigkeitsprüfungen an Faserstoffplatten gibt Zahlentafel 2.

Zahlentafel 2. Festigkeitseigenschaften von Faserstoffplatten.

| Plattenart | Raumgewicht | Biegefestigkeit kg/cm² | | | Druck-festig-keit | Zug-festig-keit | Bemerkungen |
	kg/m³	kleinste	größte	imMittel	kg/cm²	kg/cm²	
Faserdämmplatten. .	200—400	20	40	35	—	—	Auf Lang- oder Rundsieb-maschine er-zeugt
Faserdämmplatten K₄	300	—	32	—	30	16	Auf Pressen er-zeugt
Faserhartplatten K₃ .	560—600	110	125	115	110	35	—
Faserextrahartplatten K₂	1030—1050	—	—	310		—	Normale Ober-flächenhärte
Faserextrahartplatten K₁	1030—1050	560	600	590	545	335	Oberfläche be-sonders gehär-tet, E-Modul: 65 000 kg/cm²
Pappeplatten	550—700	110	290	210	—	—	Mehrschichtig verklebt
Faserstoffzement-platten.	1230—1380	175	200	185	—	—	

7. Bestimmung der Dauerfestigkeit und Schlagbiegefestigkeit.

Dauerfestigkeitsprüfungen wurden bisher an holzhaltigen Baustoffen (in Frage kommen dafür nur Hartplatten) noch nicht vorgenommen oder zum mindesten noch nicht veröffentlicht. Da bei der Verwendung solcher Platten im Flugzeugbau, die erwogen wird, Dauerbeanspruchungen vorkommen, wären entsprechende Untersuchungen erwünscht[1].

Für die Bruchschlagarbeit [mkg/cm²] mit Hilfe eines Pendelhammers sind 30 cm lange Probestücke (24 cm Stützweite) von 3 cm Breite vorherrschend und auch zur Normung vorgeschlagen.

8. Bestimmung der Härte und des Abnützungswiderstands.

Die Härte wird zweckmäßig nach FRIEDRICH[2] mit einem abgeänderten Brinellverfahren geprüft. Da die Eindruckstellen der Prüfkugeln keinen scharfen Rand besitzen, kann nicht wie bei Metallen der Durchmesser des Eindruckes bestimmt werden, sondern man muß mit Hilfe einer Sondermeßuhr die Eindrucktiefe messen. Derartige Uhren besitzen eine einstellbare Nullhöhe und werden durch einen Fuß gehalten. Bei der Messung wird dieser Fuß mehrfach in verschiedener Richtung über den Eindruck weggeschoben, nachdem zuerst auf Null eingestellt wurde. Auf diese Weise läßt sich leicht die tiefste Eindruckstelle finden. Wichtig ist auch die Einhaltung bestimmter Belastungs- und

---

[1] Vgl. H. OSCHATZ: Holz als Roh- und Werkstoff Bd. 1 (1938) S. 454 und F. KOLLMANN: siehe Fußnote 2, S. 130; jedoch S. 17—30.

[2] FRIEDRICH, K.: Holz als Roh- und Werkstoff Bd. 2 (1939) S. 131.

Zahlentafel 3. Ergebnisse von Härteprüfungen an Faserplatten
(nach FRIEDRICH).

Nr.	Art der Platte	Härtezahlen (Eindrucktiefen in 10^{-1} mm)	
		1 min nach der Entlastung	10 min nach der Entlastung
1	Deutsche Extrahart	16,5 (10— 25)	13,5 (8— 21)
2	Amerikanische Extrahart	24 (10— 34)	21 (9— 29)
3	Schweizerische Hart	26 (25— 27)	23,5 (22— 25)
4	Deutsche Hart	28,5 (17— 42)	26,5 (15— 41)
5	Amerikanische Hart	31 (24— 33)	26,5 (19— 30)
6	Schwedische Hart	31 (22— 36)	28 (18— 34)
7	Englische $^3/_4$-Hart	59 (55— 60)	54 (53— 54)
7 a	Englische $^3/_4$-Hart	30,5 (26— 35)	26 (23— 29)
8	Französische Halbhart	75 (73— 80)	67 (65— 70)
9	Schweizerische Halbhart	177 (159—198)	169 (159—187)
10	Laboratoriums-Halbhart	155 (149—169)	147 (143—160)

Entlastungszeiten, sowie bestimmter Kugelgrößen. FRIEDRICH schlägt vor, einen Preßdruck von 40 kg genau 1 min lang wirken zu lassen, und zwar auf eine 5-mm-Kugel bei den Extrahartplatten, auf eine 10-mm-Kugel bei Halbhartplatten. $^3/_4$-Hartplatten können mit beiden Kugeln geprüft werden. Die Messung der Eindrucktiefe wird genau 1 min oder 10 min nach der Entlastung durchgeführt. Ergebnisse zeigt Zahlentafel 3.

Bei weicheren Plattensorten ist der Preßdruck geringer zu wählen. Hier können sich überhaupt Schwierigkeiten durch die starke Verdichtung der Fasern unter der Kugel ergeben, vor allem wenn die Plattendicke klein ist.

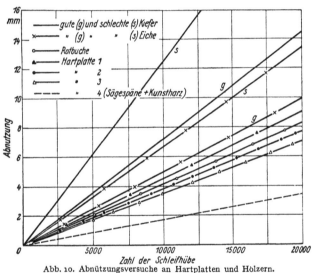

Abb. 10. Abnützungsversuche an Hartplatten und Hölzern.

Der Abnützungswiderstand ist besonders bei Hartplatten zu prüfen, die als Ersatz von Vollholz und Sperrholz für Fußbodenbeläge, Möbelteile (z. B. Tischplatten), Wandverkleidungen, Schalungen, im Bootsbau usw. Verwendung finden. Die Bewährung auf all diesen Gebieten hängt eng mit der Höhe des Abnützungswiderstandes zusammen. Prüfungen können mit einer Maschine nach KOLLMANN[1] durchgeführt werden. Abb. 10 zeigt einige Ergebnisse von Abnutzungsversuchen an Hartplatten, deren Abnutzungswiderstand sogar höher liegt als der des besonders widerstandsfähigen Buchenholzes. Bei den Prüfungen ist allerdings zu beachten, daß Platten, welche Firnisse, Paraffin, Gummi, Linoxyn oder ähnliche Stoffe enthalten, das Schleifband verschmieren und damit die Ergebnisse verfälschen können.

---

[1] KOLLMANN, F.: Holz als Roh- und Werkstoff Bd. 1 (1937) S. 87.

9. Ermittlung der Wärmeleitfähigkeit.

Die Wärmeleitzahl von Holzwolleplatten ist nach DIN 1101 im POENSGEN-schen Plattenprüfgerät an mindestens 2 lufttrocknen Abschnitten einer 2,5 cm dicken Platte zu ermitteln, unter Angabe des Raumgewichtes bei den Bezugs-temperaturen von 0, 10, 20 und 30°. In gleicher Weise lassen sich alle Arten von Faserstoffplatten untersuchen[1].

10. Ermittlung der Schalldämmung.

Ebenso wie die Prüfung der Wärmeleitfähigkeit bleibt die Prüfung der schalltechnischen Eigenschaften (Schalldämmung und Schallschluckung) beson-deren Laboratorien vorbehalten; seitens der Erzeuger, Abnehmer und Ver-braucher werden sie nicht durchgeführt. Es muß deshalb auf die einschlägigen Veröffentlichungen verwiesen werden[2].

11. Bestimmung des Widerstands im Feuer.

Die Feuersicherheit wird mit Großbrandproben nach DIN 4102 untersucht. Im Brandraum steigt dabei die Temperatur nach einer genau festgelegten Ein-heitskurve allmählich an und soll nach 15 min 750°, nach 30 min 880° betragen.

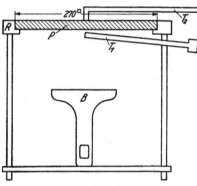

Abb. 11. Versuchsanordnung zur Prüfung von Faserstoffplatten auf Entflammbarkeit (schematisch).
B Brenner; P Plattenmuster; R Rahmen; T_1 und T_2 Thermoelemente.

Die Platten werden in entsprechenden kon-struktiven Verbindungen als Wand- oder Deckenteile mit verschiedenartigem Verputz usw. geprüft. Da all diese Großversuche sehr teuer sind, wird in der Praxis auch mit kleinen Brandproben gearbeitet. Eine ein-fache Ausführung ist die, Abschnitte von 25×25 cm² auf ein Gestell zu legen, und von unten mit einer Bunsenbrennerflamme (auf rund 1000° Temperatur eingestellt) 20 min zu erhitzen. Die Temperatur ist auf der Feuerseite und der Gegenseite mittels Thermoelementen zu messen. Auch ver-putzte Platten sind auf diese Weise zu prüfen. Zur Beurteilung des Verhaltens dienen allgemeine Beobachtungen über das Verhalten während des Brandes und danach, sowie der Gewichtsverlust.

Auch für Faserstoffplatten ist eine ähnliche Versuchsanordnung vielfach im Gebrauch (Abb. 11), die annähernd den Britischen Standardvorschriften (Nr. 476) entspricht. Ein Plattenstück von 15×15 cm² Größe wird dabei von unten durch Abbrennen einer bestimmten Menge Alkohol beheizt. Der verbrannte Teil darf eine bestimmte Größe nicht überschreiten.

12. Bestimmung der Schwammsicherheit.

Die Schwammsicherheit läßt sich an Plattenausschnitten von 10×10 cm² durch Infektionsversuche feststellen. Dabei sind gleichgroße Fichtenholz-stücke zur Kontrolle zu benutzen. Um Zufälligkeiten ausscheiden zu können, ist jede Versuchsreihe dreimal zu wiederholen. Platten- und Holzmuster sind außer-dem vor dem Versuch durch kurzes Einlegen in Wasser anzufeuchten und mit

[1] CAMMERER, J. S.: Holz als Roh- und Werkstoff Bd. 1 (1938) S. 209.
[2] CAMMERER, J. S. u. W. DÜRRHAMMER: Gesundh.-Ing. Bd. 59 (1936) S. 648. — Siehe auch Fußnote 1.

strömendem Dampf zu entkeimen. Die starken Unterschiede im Verhalten von gewöhnlichem Fichtenholz und einer magnesitgebundenen Holzwolleplatte nach

Abb. 12. Zustand von Fichtenholz (links: allseitig überwuchert) und einer magnesitgebundenen Holzwolleplatte (rechts ohne jeden Mycelzuwachs) nach Impfung mit Hausschwam-Mycel und dreiwochiger Kultur (Aufnahme R. GISTL).

dreiwöchiger Kultur zeigt Abb. 12[1]. Faser- und Hartplatten können auch mittels des Klötzchenverfahrens[2] geprüft werden.

13. Sonstige Prüfungen.

Nach DIN 1101 dürfen Holzwolleplatten keine Bestandteile enthalten, die auf andere üblicherweise mit den Platten in Berührung kommende Bauteile und Anstriche schädlich wirken. Einheitliche Prüfverfahren gibt es hier noch nicht. Vorgeschlagen ist die Messung der filtrierten Auslaugflüssigkeit auf ihren p_H-Wert, die Titration mit anschließender Berechnung der Alkalität auf Natriumhydroxyd und Kalziumhydroxyd sowie die mengenmäßige Analyse auf freie Sulfate und freie Chloride[3]. Daneben können Freilandversuche durchgeführt werden. Faserstoffplatten sind stets praktisch neutral, da sie nur Holzfasern und Kunstharzbindemittel enthalten. In gewissen Fällen ist der Mindestbiegehalbmesser von Faserstoffplatten von Bedeutung. Er wird geprüft und zusammen mit der Plattendicke angegeben. Als technologische Prüfungen sind weiter zu nennen die Nagelbarkeit (Angabe des zulässigen Randabstandes als Veränderliche der Nageldicke), die Bearbeitbarkeit mit zerspanenden Werkzeugen sowie die Verputzbarkeit.

---

[1] GISTL, R.: Wärme- u. Kältetechn. Bd. 40 (1938) Nr 2, S. 11—12.

[2] LIESE, J., A. NOWAK, F. PETERS, A. RABANUS zusammen mit KRIEG und PFLUG: Toximetrische Bestimmungen von Holzkonservierungsmitteln. Angew. Chem. Bd. 48 (1935), S. 2, Beih. 11; vgl. auch DIN DVM E 2176.

[3] KOLLMANN, F. u. G. JUST: Holz als Roh- und Werkstoff Bd. 1 (1938) S. 339.

II. Die Prüfung der natürlichen Bausteine.

A. Prüfung der mineral-chemischen Gefüge-eigenschaften natürlicher Gesteine.

Von KURT STÖCKE, Berlin.

Allgemeine Gesichtspunkte[1].

Die technischen Eigenschaften natürlicher Gesteine werden bestimmt durch:

a) die das Gestein aufbauenden „gesteinsbildenden" Mineralien,
b) die Art der Zusammenfügung dieser Mineralien zum Gesteinsganzen,
c) die geologische Ausbildung des Gesteins im natürlichen Gesteinsmassiv.

Aus diesem Grunde ist zur Beurteilung eines Natursteins, der als Werkstoff ausgenutzt werden soll, die Kenntnis dieser 3 Faktoren notwendig, und eine Untersuchung ist nach diesen 3 Richtungen hin vorzunehmen. Während die Bestimmung der einzelnen technischen Eigenschaften von Naturstein durch Normen geregelt ist, können für die Ermittlung der angegebenen Gesteins-eigenarten in bezug auf die Gesteinstechnik nur allgemeine Anleitungen gegeben werden. Durch das Normenblatt DIN DVM 2101 sind solche Richtlinien auf-gestellt worden. Die Arbeitsmethoden fallen aus dem rein technischen Rahmen heraus und gehen in das Naturwissenschaftliche, Subjektive hinüber. Grund-züge jedoch für die Untersuchung des Steinvorkommens in der Natur, über die Ermittlung der gesteinsbildenden Mineralien, des Chemismus der Gesteine, ihrer *Gefügeeigenschaften*, des Erhaltungszustandes der Mineralien, dürfen dem Gesteinstechniker nicht fremd bleiben, da dies die naturgegebenen Grundeigen-schaften des technisch zu nutzenden Werkstoffes sind.

Die Besprechung der einzelnen Untersuchungsabschnitte soll in der Reihen-folge vorgenommen werden, wie sie sich zwangläufig in der Untersuchungspraxis ergibt.

---

[1] BARTH, CORRENS u. ESKOLA: Die Entstehung der Gesteine. Berlin: Julius Springer 1939. BERG: Welche petrographischen Eigenschaften sind für die technische Eignung der Gesteine von besonderer Bedeutung? Internat. Kongr. Materialprüfung, Zürich 1931, S. 550—555. — DITTLER: Gesteinsanalytisches Praktikum. Berlin-Leipzig: de Gruyter & Co. 1933. — GRAF u. GOEBEL: Schutz der Bauwerke gegen chemische und physikalische An-griffe. Berlin: Wilhelm Ernst & Sohn 1930. — GRENGG: Anwendung mineralogischer und petrographischer Erkenntnisse auf die technische Materialprüfung nichtmetallischer organischer Stoffe. Internat. Kongr. Materialprüfung, Zürich 1931, S. 526—540. — GRÜN, RICHARD: Chemie für Bauingenieure und Architekten. Berlin: Julius Springer 1939. — HOLLER: Über Abhängigkeit der technologischen Gesteinseigenschaften von der Ge-fügeregelung. Z. dtsch. geol. Ges. Bd. 85 (1935) S. 447. — NIGGLI u. QUERVAIN: An-wendung mineralogischer und petrographischer Erkenntnisse auf die technische Material-prüfung nichtmetallischer organischer Stoffe. Internat. Kongr. Materialprüfung, Zürich 1931, S. 541—549. — REINISCH: Petrographisches Praktikum. Leipzig: Gebrüder Bornträger 1912. — RINNE, F.: Gesteinskunde. 12. Aufl. Leipzig: Jänecke 1938. — ROSENBUSCH: Elemente der Gesteinslehre. Stuttgart: Schweizerbart 1923. — STÖCKE, K.: Wechsel-beziehungen zwischen Gefüge und technischen Eigenschaften von Gestein. Fortschr. Min. Bd. 17 (1932) S. 450. — WEINSCHENK: Die gesteinsbildenden Mineralien. Freiburg: Herder & Co. 1915.

1. Die geologisch-petrographischen Untersuchungen im Feld.
Vorkommen des Gesteins und Probenahme.

Je nach der Entstehung durch Erstarren aus feuerflüssigem Magma oder durch Absatz von Mineral- und Gesteinsmassen im Wasser und nachträgliches Verfestigen dieser Aufschüttungen oder Ausfällungen unterscheidet man:

1. Erstarrungsgesteine.
2. Sedimentgesteine.

Untergeordnet technisch ist noch eine dritte Gruppe von Gesteinen, die durch Gebirgsdruck und Temperatur umgewandelt sind und unter die Gruppe

Abb. 1a und b. Natursteinuntersuchungen im Bruch und am Werkplatz Granit. Gewinnung von Werkstucken (Schlesien).

a Dickbankige Absonderung, große Werkstucke. b Zerlegen der Blöcke in kleinere Werkstücke (Keilarbeit).

„metamorphe Gesteine" oder „kristalline Schiefer" zusammengefaßt werden (vgl. Tabelle 1, 2, 3).

Vorkommen. Die Erstarrungsgesteine erhalten ihre natürliche Aufteilung durch Schrumpfen der abkühlenden Mineralschmelzmasse und nachträglich durch gebirgsbildende (Druck-, Zug-, Scher-)Kräfte. So entstehen horizontale Lagerbankung und vertikale Quer- und Längsklüftung. Mitunter sind Bankung und Klüftung nur schwach ausgeprägt und fehlen fast, so daß die aufgeschlossene Gesteinswand von Erstarrungsgesteinen dann einen sehr geschlossenen, kaum aufgeteilten Eindruck macht. Meist aber ist irgendeine Aufteilung in der Waagerechten oder Senkrechten beim Gewinnungsbetrieb wahrzunehmen. Vom Abstand dieser

Klüfte untereinander hängt die Größe der gewinnbaren Werkstücke ab. Auch die Gewinnungsarbeit, die Spaltbarkeit, wird maßgeblich (sogar durch versteckte „latente" Klüftung) beeinflußt (Abb. 1).

Ist diese Klüftung, wie in der Abbildung, regelmäßig, und stehen die Klüfte senkrecht zueinander, so ist das für das Gewinnen großer Werkstücke sehr vorteilhaft; schneiden sie sich dagegen quer und in kleinen Abständen, so wird eine Bruchwand so zerstückelt, daß nur noch Rohgut für Schotter- und Splittherstellungen gewonnen werden kann (Abb. 2).

Abb. 2. Stark zerklüfteter Granit. Schotterrohgut.

Abb. 3. Basaltbruch im Westerwald. Säulenabsonderung.

Eine andere wichtige, immer wiederkehrende Absonderungsart ist die der Säulenabsonderung, die vornehmlich bei Basalten, mitunter auch bei Porphyren, auftritt (Abb. 3).

Sedimentgesteine, z. B. Sandsteine und Grauwacken, die durch Absatz von Gesteinstrümmern der Erstarrungsgesteine, anderer älterer Sedimentgesteine bzw. kristalliner Schiefer gebildet werden oder durch chemische Ausfällung, z. B. viele Kalksteine und Gips, oder aber durch Anhäufung von Resten organischer Lebewesen, z. B. Muscheln, Korallen usw., entstanden sein können,

Abb. 4. In feinkörnigem Granit gangförmige helle Nachschübe von grobem Pegmatit-Gestein.

Abb. 5a und b. Verschiedenartige Schichtausbildung von Sandstein (Trier).
a Schlechte Gewinnung von kleinen Werkstucken. b Gute Gewinnung von großen Werkstucken.

haben stets eine mehr oder weniger deutliche Schichtung. Wechseln die Bedingungen in dem Raum, in dem sich die Gesteine bilden (Sedimentationsraum), so macht sich dies im Ansatz unterschiedlicher Schichtbildungen bemerkbar. Daher kommt es, daß bei Absatz- und Schichtgesteinen Mineralzusammensetzung, Korngröße und Gepräge, oft sogar die Farbe des Gesteins von Bank zu Bank in der Senkrechten sich ändern. Bei Erstarrungsgesteinen ist die Gesteinsausbildung, abgesehen von kleineren Nachschüben jüngerer Eruptivgesteine, die

Abb. 6. Plattig abgesonderter Dachschiefer.

das alte Massiv durchdringen (Abb. 4), meist viel gleichmäßiger.

Durch die Austrocknung der meist im Wasser abgesetzten Sedimente (Sandsteine, Kalksteine, Tongestein) und durch Einwirkung gebirgsbildender Kräfte sind diese auch durch senkrechte Klüfte aufgeteilt. Für die Abmessungen gewinnbarer Werkstücke sind Schichtmächtigkeiten und Kluftabstand von ausschlaggebender Bedeutung (Abb. 5). Die Schichtmächtigkeit kann soweit heruntergehen, daß nur noch plattige Werkstücke — z. B. Dachplatten — hergestellt werden können (Abb. 6).

Die Absonderung der kristallinen Schiefer, wozu Gneise, echte Marmore, Hornfelse, Quarzite und insbesondere auch die Dachschiefer gehören, ähnelt entweder der der Erstarrungsgesteine oder der der Sedimente, je nachdem, aus welcher Gesteinsart sie entstanden sind.

Nachstehende Zusammenstellungen enthalten die wichtigsten Punkte für eine Steinbruchbeurteilung.

a) Erstarrungsgesteine.

1. *Lagerungsform:* massig und ausgedehnt oder nur als Gang oder Decke ausgebildet.

2. *Absonderung:* Mächtigkeit der Bänke, säulige oder kugelige Ausbildung.

3. *Abstand der Klüfte und Anordnung derselben:* schief oder rechtwinklig.

4. Bestimmung der größtmöglichen *Werkstückgewinnung.*

5. Etwaige *Wasserführung* der Klüfte und Beschaffenheit des Gesteins in der Nähe der Klüfte.

6. *Beschaffenheit des Gesteins* hinsichtlich Farbe, Korngröße und Gefüge. Unbrauchbare Ausbildungen.

7. Frische bzw. *Verwitterungsgrad* des Gesteins.

b) Schichtgesteine.

1. *Lagerungsform:* waagerecht, geneigt oder gefaltet.

2. *Absonderung:* Mächtigkeit der Schichten, paralleler Verlauf oder schiefer Verlauf der Schichtflächen zueinander (diskordant).

3. *Abstand der Klüfte und Anordnung derselben:* schief oder rechtwinklig.

4. bis 7. wie unter A.

Die Tabelle 1, 2 und 3 enthalten die wichtigsten technisch verwertbaren Gesteinstypen und ihre geologischen, mineralogischen und chemischen Eigenarten, in denen der Gesteinsname und die technischen Eigenschaften begründet sind.

Probenahme. Soll ein Gesteinsvorkommen hinsichtlich seiner technischen Verwertbarkeit beurteilt werden, so müssen die Proben, die für die technologische Prüfung zu entnehmen sind, auch wirklich dem in der Natur anstehenden Gesteinsmassiv, das Werkstein, Pflaster, Packlage oder Schotter liefern soll, entsprechen. Es genügt nicht, eine sog. Durchschnittsprobe aus einem Vorkommen

Abb. 7. Schema der Probenahme in einem Basaltbruch für Dünnschliffuntersuchungen und technische Prüfungen.

zu nehmen, wenn die Ausbildung einzelner Bänke unterschiedlich ist und der eine Teil des Bruches Werksteine, der andere Pflaster und ein dritter vielleicht nur Packlage und Brechermaterial liefert. Immer muß man sich vor Augen halten, daß der Naturstoffstein an sich nicht mehr veränderbar ist, sondern daß er seinen Entstehungsprozeß im Laufe der erdgeschichtlichen Epochen durchgemacht hat, und daß er nach der Gewinnung, d. h. nach dem Lösen aus dem Steinmassiv, nur noch in seiner Form und Abmessung und in der Oberflächenbearbeitung nach dem Willen des Verbrauchers veredelt werden kann.

An dem Beispiel eines Basaltbruches (Abb. 7) soll klar gemacht werden, wie die Proben zweckmäßig zu nehmen sind. Immer sind zu unterscheiden:

a) Proben, an denen lediglich nach den Verfahren der Mineralogie und Petrographie und gegebenenfalls auch nach chemischen Verfahren Mineralzusammensetzung, Gefüge und Chemismus ermittelt werden sollen und

b) Proben, an denen technologische Untersuchungen auszuführen sind.

Für die Proben zu a) werden Handstücke in Abmessungen von etwa $15 \times 8 \times 3$ cm geschlagen; für die Proben zu b) Blöcke von etwa Großpflastersteinausmaß und Schotter nicht unter 50 kg entnommen.

Tabelle 1. Erstarrungsgesteine.

geologische Merkmale	Farbe	hell						dunkel
	spez. Gewicht	niedrig ~ 2,6 ←——————— ~ 3 ———————→ hoch ~ 3,4						
	Kieselsäuregehalt	≧ 60 %		~ 55 %				≦ 50 %
	Feldspatarten	Orthoklas, Albit (Alkalifeldspäte)			Plagioklas		ohne Feldspat	
					Natronkalkfeldspat	Kalknatronfeldspat		
	andere für die Gesteinsarten wichtige Aufbaumineralien	Biotit oder Muskowit oder beide Glimmer mitunter Hornblende		Nephelin oder Leuzit Biotit mitunter Hornblende	Hornblende	Augit	Nephelin oder Leuzit Augit	Olivin Augit
		mit Quarz	ohne Quarz	ohne Quarz			mehr oder weniger Olivin	
(Decke, Kegel, Kuppen, Gänge · vorwiegend porphyrisch · Magma erstarrt an der Erdoberfläche · tertiär und jünger / Ergußgesteine) junge		Liparit	Trachyt	Phonolith	Andesit	Feldspatbasalte	feldspatfreie Basalte, Nephelin- und Leuzitbasalt	Limburgit
vortertiär / Ergußgesteine · alte		Quarzporphyr	Quarzfreier Porphyr, Keratophyr	—	Porphyrit	Melaphyr Diabas	—	Pikrit
mächtige Massive · gleichmäßig körnig · im Erdinneren · meist paläozoisch / Tiefengesteine		Granit	Syenit	—	Diorit	Gabbro	—	Peridotit Olivinfels

Weiter unten wird ausgeführt werden, wie wichtig die Entnahme von Handstücken neben der der zur eigentlichen technologischen Prüfung dienenden Proben ist, und wie eine gesteinstechnische Beurteilung eines Vorkommens erst durch allgemein petrographische Untersuchung dieser aus den verschiedenen Bruchteilen stammenden Proben abgerundet wird[1].

---

[1] Hoppe, W.: Ausgestaltung und Ziel der technischen Gesteinsprüfung. Steinindustr. u. Steinstraßenb. Bd. 31 (1936) S. 333.

Tabelle 2. Sediment-, Schicht- oder Absatzgesteine.

Gesteinsart	Mineralogisch-geologische Kennzeichnung
A. Locker-Gesteine- (rollig).	
Sand	Mineral- und Gesteinsbruchstücke, mehr oder weniger abgerundet, Korngröße bis 3 mm
Kies	desgl., Korngröße 3 bis 30 mm
Schotter	desgl., Korngröße über 30 mm
Geschiebe	Gesteinsblöcke
Kieselgur	lose Anhäufung abgestorbener Kieselalgen
B. Bindige Gesteine.	
Ton	Verwitterungsrückstand feldspathaltiger Gesteine (Tonerde-Kieselsäure-Gel); von Eisensalzen und organischen Substanzen mehr oder weniger durchsetzt und verschiedenfarbig
Schieferton	verfestigt und geschiefert, Übergang zu Tonschiefer
Letten	etwas sandig, bröckelig
Lehm	Ton + Sand
sandiger Lehm . . .	mehr Sand, „leichter" Lehm
toniger Lehm	mehr Ton, „schwerer" Lehm
Geschiebelehm . . .	mit Steingeschieben durchsetzter eiszeitlicher Lehm (Moränen)
Löß	poröse Staubablagerung durch Kalk bis 25% verkittet
Lößlehm	entkalkter Löß
Mergel	Sand + Ton + Kalk, wenn Ton- und Sandgehalt hinter Kalkgehalt sehr zurücktritt
Kalkmergel	Übergang zum Kalkstein kalkig-lehmiger mit Geschieben
Geschiebemergel . . .	durchsetzte Ablagerung (Moräne)
C. Fest-Gesteine.	
Tongesteine	sehr kleine < 10 μ Quarz- und Ton-Mineralien mit Glimmer durchsetzt
Tonschiefer	deutlich geschichtet und geschiefert
Sandschiefer	rauher, Quarzbestandteil höher und gröber bis 20 μ
Dachschiefer	ausgeprägte Schieferung, dünn- und großplattig spaltend; vgl. auch kristalline Schiefer Tabelle 3
Kalkgesteine	Hauptbestandteil Kalziumkarbonat; Aufbaumineralien pflasterartig gefügt oder durch kalkig, kieseliges oder auch toniges Bindemittel verkittet, daher verschieden fest
dichter Kalkstein . .	dicht und oft dickbankig, meist polierbar
Muschelkalk	mit Muscheln und Schalenresten durchsetzt
Schaumkalk	poröser Kalkstein
Kalksinter-Travertin .	stark porig, zum Teil von großen Hohlräumen durchsetzt
Rogenstein	rundliche rogenähnliche Kalkspat-Konkretionen
Sprudelstein	desgl., besonders große Konkretionen
Flaserkalk	knotiger Kalkstein mit Tonschieferflasern durchsetzt
Mergelkalk	toniger Kalkstein
Kreide	stark abfärbender weicher Kalkstein aus Schalentierresten aufgebaut
Kieselkalk	dichter, sehr fester, durch Kieselsäure gebundener Kalkstein, im technischen Sinne polierbarer großblockiger Kalkstein, wissenschaftlich vgl. kristalline Schiefer Tabelle 3
Marmor	
Dolomit	Aufbaumineralien außer Kalziumkarbonat noch Magnesiumkarbonat
Gips	Kalzium*sulfat* + 2 H₂O
Anhydrit	Kalzium*sulfat* ohne Wasser

Tabelle 2. (Fortsetzung.)

Gesteinsart	Mineralogisch-geologische Kennzeichnung
Quarzgesteine	Hauptmineral Quarz, entweder pflasterartig gefügt oder durch Kieselsäure, Kalk- oder Tonsubstanz verkittet, daher verschiedene Festigkeitseigenschaften
Sandstein	verschiedener Färbung, je nach Eisengehalt weiß, gelb bis bräunlich
roter Mainsandstein .	ausgesprochen roter Sandstein
Stubensandstein. . .	(wenn locker, zum Scheuern und Fegen der Stuben)
Buntsandstein . . .	Sandstein der Buntsandsteinformation, meist rötlich oder geflammt
Quadersandstein . .	Sandstein des Elbsandsteingebirges, großquadrig
Schilfsandstein . . .	gelblicher, auch grünlich gestreifter Sandstein
Grünsandstein . . .	glaukonithaltiger, meist kalkgebundener Sandstein
Grauwacke	grob, fremde Gesteinstrümmer (Tonschiefer, Quarzit u. a.) enthaltend
Konglommerat	grobkörnige, betonartig ausgebildete Sandsteine
Arkosesandstein. . . .	feldspat- und glimmerreiche Sandsteine
Quarzit	dichte, fettglänzende, annähernd 100% Quarz enthaltend; vgl. kristalline Schiefer, Tabelle 3
Kieselschiefer (Lydit) .	dichte, meist schwarze, auch bunte, verkieselte Schiefer aus mikroskopisch feinen Kieselpanzer-Tierresten

Tabelle 3. Kristalline Gesteine, auch kristalline Schiefer oder metamorphe Gesteine.

Gesteinart	Mineralogisch-geologische Kennzeichnung	Muttergestein
Gneise	schiefrig ausgebildete kristallinkörnige feldspat-, quarz-, glimmer-, hornblende-haltige Gesteine mit Granat u. a.	granitartige Erstarrungs- oder feldspat-quarzhal-tige Sedimentgesteine
Augengneis . . .	flaserige Augentextur	
Granulit	körnig bis dicht, sonst wie oben	
Amphibolith. . . .	gestreckte, kristalline Hornblende + Plagioklas	Hornblendegestein, Dia-bas
Serpentin	gestreckt, oftmals faserig	Peridotit
Quarzit.	kristallin bis dicht erscheinend	Sandstein
Marmor im eigent-lichen Sinne. . .	kristallin, fein- bis grobkörnig	Kalkstein
Hornfels	dicht erscheinend, mikrokristallin	mergelige Kalke oder Grauwacken

Zur Grobbeurteilung der Güte von Gesteinen können folgende Allgemein-merkmale herangezogen werden:

Merkmal	Gut	Schlecht
Farbe	rein, kräftig	schmutzig, matt
Geruch beim Anhauchen.	keiner	erdig, tonig
Frische Bruchfläche . . .	muschelig, eben, gleichmäßig mit glänzenden Mineralien	hakig, kugelig, stichig mit stumpfen Mineralien
Härte und Zusammenhang	nicht ritzbar, schwer zu zer-schlagen, flache Stücke nicht zu zerbrechen	ritzbar, leicht zu zerschlagen, flache Stücke zu zerbrechen, besonders leicht, wenn durch-feuchtet (Bindemittel tonig)
Verwitterungskruste . . .	fehlt oder dünne Haut	dicke, meist gebleichte Kruste
Abrieb	gering	viel Staub, bei Feuchtigkeit schmierig

Bei der Probenahme und Untersuchung der Lagerstätte, d. h. des Steinbruches, ist bei den einzelnen Gesteinsarten auf folgendes besonders zu achten:

a) Granit: mattfarbige Stücke, rostige Verfärbung, feuchte Stücke = Wassersöffer.

b) Porphyr: tonig zersetzte Stücke, mattfarbige Einsprenglinge = Verwitterungsbeginn.

c) Basalt: Helle Flecken, spinnwebartige Risse, kleinkugelige Absonderung = Sonnenbrand.

d) Diabas: Zerdrückte Zonen, tonig-schmierige Abgleitungsflächen = weitgehende Serpentinisierung, Erweiterungsgefahr im Wasser.

e) Grauwacke: Tonschiefereinlagerungen, toniges Bindemittel = ungleichmäßige Festigkeit, Wassererweichen.

f) Sandstein: Einlagerung von eisenschüssigen Bändern und Tongallen = Verfärbung, Schwächezonen.

g) Kalkstein: stark saugende Porosität, kreidig-mergeliges Abfärben = wenig wetterbeständig.

2. Die gesteinsbildenden Mineralien, deren Kennzeichen und die Untersuchungsmethoden.

Wie im vorigen Abschnitt kurz erwähnt, werden die Gesteine nach ihrer Entstehung und nach ihrer Mineralzusammensetzung eingeteilt. Verhältnismäßig wenige Mineralien aus dem großen Mineralreich sind bei der Gesteinsbildung als Hauptbestandteile beteiligt (Tabelle 4). Da der Gesteinstechniker soweit kommen muß, daß er bei der Namennennung eines Gesteins schon eine ungefähre Vorstellung von seinen technischen Eigenschaften hat, und daß er weiß, wie sich die Mineralbestandteile mechanischen Beanspruchungen und den physikalisch-chemischen Einflüssen der Witterung gegenüber verhalten, muß er über die Methoden der Mineralfeststellung im Bilde sein.

Eine alleinige *chemische* Untersuchung, d. h. die sog. Bauschanalyse, die die gesamten chemischen Elemente des zu untersuchenden Gesteins angibt, nützt dem Gesteinskundler wenig. Ein Quarzporphyr hat ungefähr dieselbe chemische Zusammensetzung wie ein Granit; ein Basalt kann eine ähnliche chemische Zusammensetzung (Tabelle 5) aufweisen wie ein Diabas — und trotzdem unterscheiden sich die Gesteinsarten erheblich in ihrem Gefüge und damit in ihren technischen Eigenschaften und in ihrer technischen Verwendungsmöglichkeit voneinander. Die Bauschanalyse kann nur bei einfach zusammengesetzten Gesteinen etwas nützen, z. B. können in Marmor oder Kalkstein aus der Analyse leicht etwa enthaltener Quarz oder Tonbestandteile ermittelt werden. In einem Quarzit oder quarzitischen Sandstein kann der Prozentgehalt an SiO_2, Al_2O_3 und Fe_2O_3 zur Beurteilung als Rohstoff für feuerfeste Steine wichtig werden.

Bei *Dachschiefer* ist allgemein die chemische Feststellung von Kohlensäure, entsprechend kohlensaurem Kalk ($CaCO_3$), gebundenem Schwefel oder Sulfatschwefel, entsprechend Schwefelkies (FeS_2), zur Beurteilung der Karbonat- und Schwefelkiesanteile notwendig.

Bei kompliziert zusammengesetzten Gesteinen nützt eine Gesamtanalyse an Kieselsäure (SiO_2) oder an Tonerde (Al_2O_3) allein nichts, sondern erst durch den Befund einer mikroskopischen Untersuchung können die Anteile der Kieselsäure, die als Quarz ausgeschieden, oder die zum Feldspat gehören und die Verteilung der Anteile der Tonerde auf die einzelnen Silikate festgestellt werden.

Auf die *optische* Ermittlung der einzelnen Mineralien, die in Tabelle 5 angeführt sind, sei hier nicht eingegangen, sondern nur auf das in der Fußbemerkung

Tabelle 4. Gesteinsbildende Mineralien.

Mineralien	Einfache Merkmale für Faustbestimmung	H^1	s^2	Mineralogische Merkmale
A. Farblose oder heller.				
Quarz	Bruch muschelig speckglänzend, mit Messer nicht ritzbar	7	2,65	hexagonal; angreifbar nur durch Flußsäure und Ätzalkalien
Feldspatgruppe . .	weiß, rötlich, grünlich glänzende Spaltflächen			nur durch Flußsäure angreifbar bis auf Albit
Orthoklas . . .	oft größere Tafeln oder Leisten	⎫	2,55	Spaltwinkel 90°, Kalifeldspat
Plagioklase . . .	mit Messer schwer ritzbar,	⎬ 8	2,50	Spaltwinkel schief, Natron →
Albit→Anorthit	wenn frisch, angewittert		bis	Kalk-Feldspat, letzterer an-
	leichter	⎭	2,75	greifbar durch Salzsäure
Feldspatvertreter				
Leuzit	weiß, rundliche Körner ohne Vergrößerung schwer erkennbar	5,5 bis 6	2,50	Ikositetraeder, durch Säuren leicht löslich
Nephelin	hellgrau, kurze Säulen schwer erkennbar		2,60	4- und 6seitige Säulen, durch Säuren leicht löslich
Glimmergruppe				
Muskowit. . . .	hell, silbrig, blättrig, mit Eisennagel ritzbar	3	2,7 bis	tafelig, monoklin, Kaliglimmer
Serizit	fein schuppig	2,5	2,0	so gut wie unlöslich
Kalkspat	meist weiß, glänzende Spaltflächen, braust mit HCl	3	2,75	vollkommen spaltbar nach Rhomboeder $CaCO_3$
Dolomit	desgl., braust nur mit heißer HCl, zuckerkörnig	4	2,9	$CaMg (CO_3)_2$
Gips (Anhydrit) .	durch Fingernagel ritzbar, härter, meist farbig	2 3	2,3 2,95	$CaSO_4 \cdot 2 H_2O$ Merklin, $CaSO_4$ rhombisch
Chlorit	fettig, grünlich seidenglänzend	1,5	2,8	Eisenmagnesiumsilikate, Umwandlungsmineral
B. Farbige, dunkle.				
Augit	schwarz, 8seitiger Umfang, Spaltring 90°	⎫ 5 bis 6	3,0 bis	monokline Pyroxengruppe
Hornblende	braunschwarz, 6seitiger Umfang, gute Spaltung 120°	⎭	3,5	monokline Amphibolgruppe
Biolit-Glimmer . .	braunschwarz, blättrig, durch Eisennagel ritzbar	3	3,2	Eisenmagnesia-Glimmer in konz. Schwefelsäure löslich
Olivin	grünliche Körner, lebhaft glänzend	6	3,5	rhombisches Magnesiaeisensilikat, löslich in Salzsäure
Granat.	lebhaft rote Körner, in metamorphen Gesteinen häufig	7	4	Mischmineralien aus Fe, Mg, Mn, Cu, Cr, Al und Kieselsäure; regulär
Glaukonit	grüne rundliche Körnchen in heißer Schwefelsäure löslich	3	2,8	wasserhaltiges Kaliumeisensilikat, amorph
C. Metallische.				
Schwefelkies . . .	speisgelb, Strich bräunlich	6,5	5,1	regulär FeS_2 Pyrit
Magnetkies	schwarzbraun, Pulver magnetisch	4	4,6	hexagonal FeS
Braueisen	rostbraun, im Gestein oft erdig oder dicht	4,5	3,8	als Umwandlung aus Biotit $2 Fe_2O_3 \cdot 3 H_2O$ in Granit; färbt Sandstein

angegebene Schrifttum verwiesen[3, 4]. Zur qualitativen Ermittlung der Bestandteile genügt oft schon die Untersuchung eines frisch geschlagenen Hand-

---

[1] Härte nach Mohs.   [2] Spezifisches Gewicht.
[3] Weinschenk: Das Polarisationsmikroskop. Freiburg: Herder & Co. 1925.
[4] Sandkühler: Einführung in die mikroskopische Gesteinsuntersuchung. Stuttgart: Ferdinand Enke 1935.

Tabelle 5. Beispiele gleicher chemischer Zusammensetzung
verschiedenartiger Gesteine.

	SiO_2	Al_2O_3	Fe_2O_4	CaO	MgO	K_2O	Na_2O
Biotitgranit . .	67,7	16,1	5,2	1,7	1,0	5,1	3,9
Trachyt	68,8	16,1	4,9	1,9	1,1	3,2	4,0
Gabbro	49,1	15,9	10,5	10,5	6,6	0,3	2,3
Basaltlava . . .	49,7	16,5	14,5	10,7	5,0	0,6	3,0

stückes mit der Lupe. Im Laboratorium verwendet man besser noch die Binokularlupe (Abb. 8), da diese ein freies Arbeiten mit beiden Händen gestattet, und der Untersuchende in der Lage ist, bei Vergrößerung und plastischer Ansicht einzelne Mineralien zu ritzen, zu spalten oder auch zu lösen.

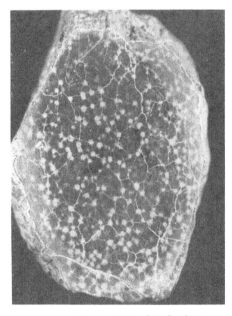

Abb. 8. Binokularlupe uber Gesteinsprobe auf beweglichem Kugeltisch. Vorteil: plastisches Bild — freie Handhabe.

Abb. 9. Angeschliffene und behandelte Basaltprobe. Charakteristisch fur Sonnenbrand[1].

Die Anschliffuntersuchung unter dem Binokular an polierten Stücken gibt schon oft guten Einblick in das Grobgefüge. Zur Ermittlung von Sonnenbranderscheinungen (Abb. 9), bei dem das polierte Gestein wie im Abschnitt „Verwitterung" angegeben, behandelt wird, ist sie besser geeignet als die Dünnschliffmethode. Zur Feingefügeuntersuchung muß man sich jedoch des Polarisationsmikroskops bedienen. An Dünnschliffen — etwa $2/100$ bis $4/100$ mm dünngeschliffene Gesteinssplitter von etwa 5 cm² Ausmaß, die mit Kanadabalsam (Lichtbrechung wie Glas) auf einen Objektträger geklebt sind — können mit Hilfe des Mikroskops die Einzelbestandteile, deren Erhaltungszustand und der Gefügeaufbau genauestens studiert und festgelegt werden (Abb. 10). Mit Hilfe der modernen Ausmeßvorrichtungen, dem Planimeterokular (Abb. 11 a und b) und dem Mikrometerokular (Abb. 12), sowie mit den verfeinertenIntegriervorrichtung (Abb. 13)

[1] Aus PUKALL: Z. Min. Bd. 2 (1940) S. 282.

lassen sich auch quantitative Feststellungen von hoher Genauigkeit durchführen.
Seit der Einführung dieser Methode durch Rosiwal[1], der Weiterausbildung
durch Hirschwald[2] bis zu den
modernen Ausplanimetrierein-
richtungen mit Zählwerk ist die
Methode so verfeinert worden,
daß man für die technische Gesteinsuntersuchung chemisches

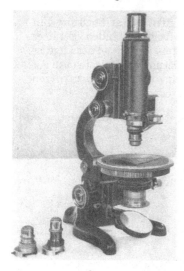

Abb. 10 a bis c. An Dünnschliffen ermittelte Gefugebilder.
a Gesteinsmikroskop. b Verschränkte Mineralleisten. c Verwitterter Einsprengling.

Analysieren fast vollkommen entbehren kann. Alle Verfahren beruhen darauf, daß
die Flächensummen der einzelnen Gefügebestandteile ermittelt werden, und daß

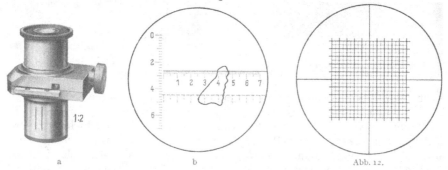

Abb. 11a und b. Planimeterokular. a Okular mit Planimetereinrichtung.   Mikrometerokular.
b Verschiebbare Einteilung mit auszumessendem Gemengteil.   Abb. 12.

diese Flächen nach dem zuerst von Délesse ausgesprochenen Gesetz dem Volumen
der Bestandteile verhältnisgleich sind. Das überblickte Feld wird durch das

[1] Rosiwal: Verhandlung der geologischen Reichsanstalt, S. 143. Wien 1898.
[2] Hirschwald: Handbuch der bautechnischen Gesteinsprüfung. Berlin: Gebrüder
Bornträger 1912.

Okularmikrometer in Meßlinien zerlegt, und die einzelnen Abstände dieser Parallellinien werden für jedes Mineral ausgemessen und zusammengezählt. Der Schliff wird am besten mittels Kreuzschlitten mit Millimetereinteilung in der Objekttischebene des Mikroskops in zwei zueinander senkrechten Richtungen bewegt. Grundsätzlich ist es gleich, ob man die alte HIRSCHWALDsche Planimetermethode oder eine mechanische mit moderner Integriervorrichtung anwendet, doch bedeutet die Anwendung der letzteren bei dem Auszählen der vielen Bestandteile eines Gesteinschliffes eine erhebliche Zeitersparnis.

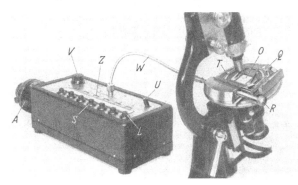

Abb. 13.
Automatische Integriereinrichtung am Tisch des Polarisationsmikroskops.
O Objekt; *T* Objekttisch; *Q* Zahntrieb des Kreuzschlittens; *R* Spindel fur Motorantrieb; *W* biegsame Welle zur Zahlvorrichtung; *A* Antriebsmotor; *V* Regulierknopf; *U* Umschalter fur Vor- und Rückwärtstransport des Objektes; *L* bzw. *S* Tasten fur Vorschub der verschiedenen Mineralarten; *Z* Zahlvorrichtung.

3. Gesteinsgefüge und technische Eigenschaften.

Wenn die mikroskopische Untersuchung einmal den Zweck hat, eindeutig die Mineralzusammensetzung und das Gefüge und somit den Namen des Gesteins festzulegen und zur Einordnung in eine gewisse Gesteinsgruppe hilft, so ist andererseits das mikroskopische Untersuchungsverfahren *deswegen* so wichtig, weil aus der Mineralzusammensetzung und aus der Art, wie die Mineralien zu dem Gesteinsganzen zusammengefügt sind, weitgehend auf die technischen Eigenschaften geschlossen werden kann. Abgesehen von der dritten Aufgabe: auf Grund des Befundes der Porosität und Mineralerhaltung eine Diagnose der voraussichtlichen Wetterbeständigkeit zu stellen, ist die technische Auswertung des Gefügebildes der wichtigste Punkt der mineral-optischen Untersuchungsverfahren. Nimmt man das Beispiel des erwähnten Basaltbruches (Abb. 7) und vergleicht die Dünnschliffe aus den an verschiedenen Stellen entnommenen Proben, so ist aus dem Vergleich der Bilder, ohne sich um die Mineralzusammensetzung zu kümmern, zu erkennen, wie die technischen Eigenschaften von dem Gefüge beeinflußt werden. Abgesehen davon, daß an einer Stelle im Bruch der gefürchtete Sonnenbrand eindeutig nachgewiesen werden konnte — dieser Bruchteil ist auf Grund des Befundes von der Gewinnung auszuscheiden — können gruppenweise die Ausbildungsarten des Basalts zusammengefaßt und technologisch eingeteilt werden (Abb. 14 bis 21).

Grundsätzlich gibt ein verzahntes, feinkörniges Gefüge (vgl. Abb. 19) ein festes, hochwertiges Gestein, ein Gefüge mit ungleichmäßiger Mineralausbildung von grober Beschaffenheit und ungenügender Verzahnung ein wenig festes Material ab.

Die beiden Granitschliffe (Abb. 22 und 23) zeigen noch einmal den Einfluß der Körnigkeit und der Verzahnung auf die Festigkeitseigenschaften. Wenn im allgemeinen feinkörniges Material größere Festigkeiten als grobes aufweist, so gilt dies hinsichtlich der Schlagfestigkeit nur bis zu einem gewissen Grenzfall. Mikrokristalline, ins Glasige gehende Gefügeausbildungen geben sehr wenig schlagfeste, spröde Gesteine ab (Abb. 24).

Ein richtungslos körniges Gefüge (Abb. 25a) ist für die Beanspruchung des Gesteins nach allen Richtungen hin günstiger als ein Gestein, dessen Mineralbestandteile nach einer bestimmten Richtung geregelt sind (Abb. 25b). Derartige Gesteine weisen große Unterschiede in den Festigkeitseigenschaften, je nach Richtung des Kraftangriffes zur Schieferungsebene, auf.

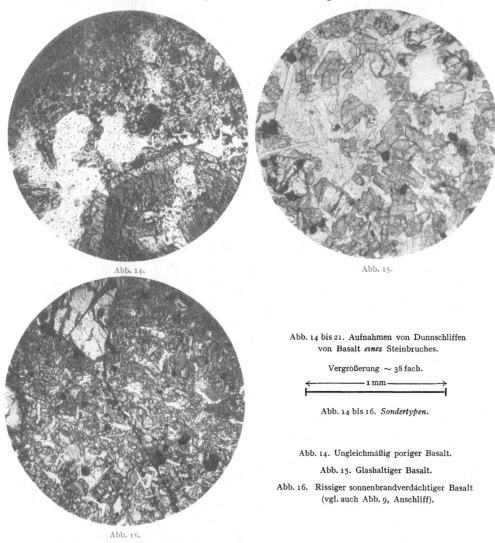

Abb. 14.

Abb. 15.

Abb. 14 bis 21. Aufnahmen von Dunnschliffen von Basalt *eines* Steinbruches.

Vergrößerung ∼ 38 fach.

←————————— 1 mm —————————→

Abb. 14 bis 16. *Sondertypen.*

Abb. 14. Ungleichmäßig poriger Basalt.

Abb. 15. Glashaltiger Basalt.

Abb. 16.   Rissiger sonnenbrandverdächtiger Basalt (vgl. auch Abb. 9, Anschliff).

Abb. 16.

Beim porphyrischen Gefüge liegen in feinkristalliner, mit bloßem Auge dicht scheinender Grundmasse Einsprenglinge (Abb. 26). Sind die Einsprenglinge klein, und bindet die kristalline Grundmasse gut, so sind die Porphyre ebenfalls sehr feste Gesteine.

Ist dagegen die Grundmasse porig, und sind die Einsprenglinge im Verhältnis zur Grundmasse zahlreich und groß, dazu vielleicht auch noch rissig wie auf Abb. 27, so ist keine hohe Festigkeit zu erwarten. Derartige poröse Gesteine haben aber den Vorteil der guten Wärmehaltung.

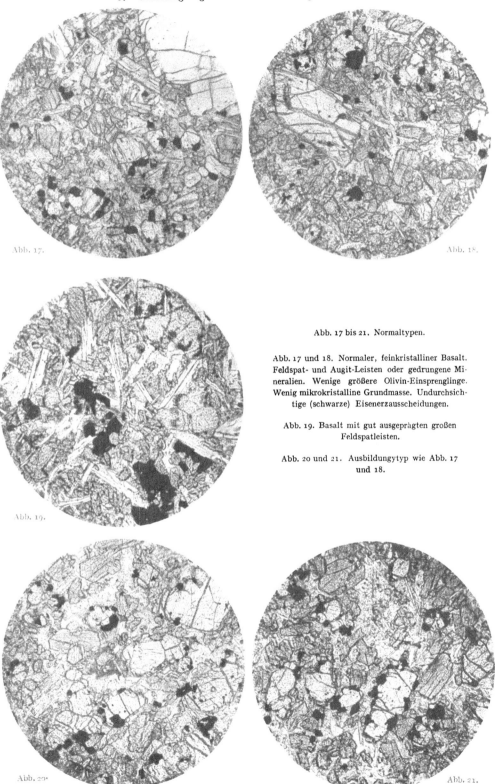

Abb. 17.

Abb. 18.

Abb. 19.

Abb. 17 bis 21. Normaltypen.

Abb. 17 und 18. Normaler, feinkristalliner Basalt. Feldspat- und Augit-Leisten oder gedrungene Mineralien. Wenige größere Olivin-Einsprenglinge. Wenig mikrokristalline Grundmasse. Undurchsichtige (schwarze) Eisenerzausscheidungen.

Abb. 19. Basalt mit gut ausgeprägten großen Feldspatleisten.

Abb. 20 und 21. Ausbildungtyp wie Abb. 17 und 18.

Abb. 20.

Abb. 21.

Abb. 22. Feinkörniger, gleichmäßig richtungsloser Granittyp. Druckfestigkeit: 2600 kg/cm²;
Schlagbiegefestigkeit: 12 Schläge bis zur Zerstörung.

Abb. 23. Unregelmäßige Mineralausbildung im Granit; grobe Ausscheidungen wechseln mit feinen Partien;
Druckfestigkeit: 1600 kg/cm². Schlagfestigkeit: 8 Schläge bis zur Zerstörung.

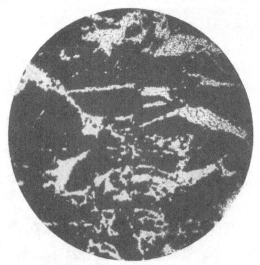

Abb. 24. In glasiger Grundmasse „schwimmen" wenige kristalline Partien. Druckfestigkeit: 3800 kg/cm²;
Schlagfestigkeit: 6 Schläge bis zur Zerstörung.

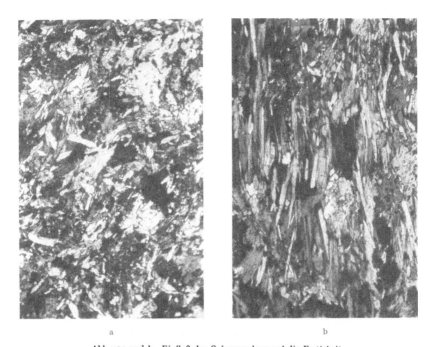

a   b

Abb. 25 a und b. Einfluß der Gefugeregelung auf die Festigkeit.

a Richtungslos körniges Gefuge. Druckfestigkeit: senkrecht zur Lagerfläche 2800 kg/cm²; parallel zur Lagerflache
2800 kg/cm². b Schiefriges Gefuge. Druckfestigkeit: senkrecht zur Schieferungsebene etwa 2460 kg/cm²; parallel
zur Schieferungsebene etwa 1600 kg/cm². Biegefestigkeit: senkrecht zur Schieferungsebene etwa 300 kg/cm²; parallel
zur Schieferungsebene 90 kg/cm².

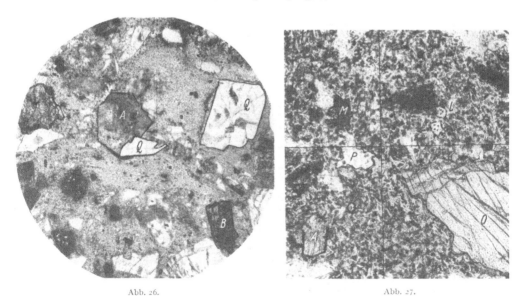

Abb. 26.   Abb. 27.

Abb. 26. Porphyrgefuge. Dichte Grundmasse, kleine Einsprenglinge. Druckfestigkeit: 3000 kg/cm².
A Augit; *Q* Quarz; *B* Biotit.

Abb. 27. Basaltlava mit zahlreichen, zum Teil großen rissigen Einsprenglingen. Druckfestigkeit: 400 kg/cm²,
Porengehalt: 22 Raum-%.
L Leuzit; *M* Magnetit; *P* Pore; *A* Augit; *O* Olivin.

Für Sedimentgesteine ist neben der eigentlichen Mineralzusammensetzung die Art des Gefüges sehr ausschlaggebend. Man unterscheidet Gesteine mit unmittelbar gebundenen Komponenten und Gesteine, deren Aufbaumineralien durch ein Bindemittel verkittet werden.

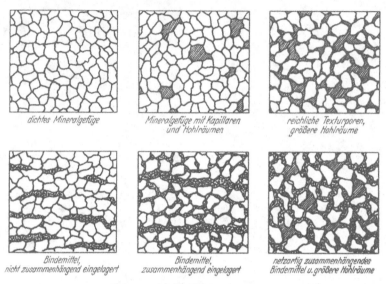

dichtes Mineralgefüge   Mineralgefüge mit Kapillaren und Hohlräumen   reichliche Texturporen, größere Hohlräume

Bindemittel, nicht zusammenhängend eingelagert   Bindemittel, zusammenhängend eingelagert   netzartig zusammenhängendes Bindemittel u. größere Hohlräume

Abb. 28. Sandsteintypen. Vom pflasterartig verwachsener Quarzbindung zur tonig-kalkigen Verkittung.

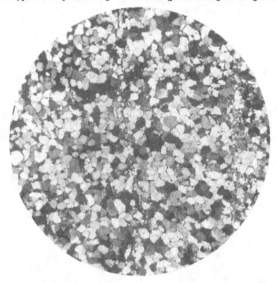

Abb. 29. Sandstein mit dichtem kieseligem Mineralgefüge, „Pflastergefuge". Druckfestigkeit: 1200 kg/cm².

a) Sandsteine. Das verschiedene Gefüge der Sandsteine geht aus Abb. 28 hervor. Das Bindemittel kann, soweit es vorhanden ist, kieselig, kalkig oder tonig sein. Kieseliges Bindemittel gibt höchste Festigkeiten (Abb. 29), toniges die niedrigsten, zumal bei durchfeuchteten Gesteinen.

b) Kalksteingefüge. Die Kalkspatkörner können ebenfalls — wie aus Abb. 30 hervorgeht — unmittelbar verzahnt sein, wie in den Marmoren, oder es kann ein

Bindemittel aus Kalkspat oder Ton vorhanden sein. Tonige Durchsetzung ist festigkeitsherabsetzend, ähnlich wie beim Sandstein. Einen Übergang zu den Sandsteinen bilden die kieselsäuredurchdrungenen Kalke, die sog. Kieselkalke von hohen Festigkeiten.

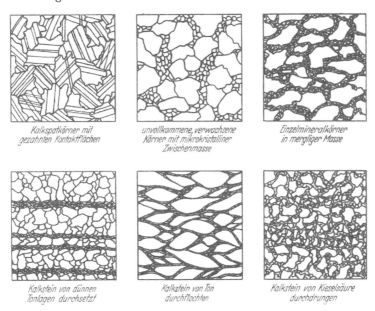

Abb. 30. Gefugetypen von Kalkstein (Marmor, Mergel, Kieselkalk).

c) Die *Schiefer*[1] haben ein ganz besonderes Gefüge. Hier sind die Komponenten in einer bestimmten Richtung angeordnet (Abb. 31). Bei der Entstehung

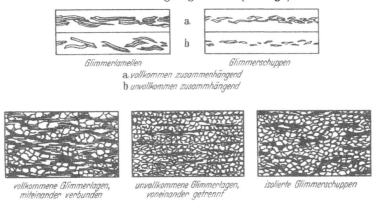

Abb. 31. Gefugetypen von Tonschiefer.

sind die Schiefer, welche Tongesteine darstellen, ausgewalzt worden, wobei sich die Glimmerlamellen ausgerichtet haben. Von der Anordnung dieser Glimmerlamellen hängt in hohem Grade die Festigkeit, insbesondere die Biegefestigkeit, auf die ja Dachschiefer beansprucht werden, ab (Abb. 32).

---

[1] BERG: Die petrographische Untersuchung der Dachschiefer. Geol. u. Bauw. Bd. 5 (1933) S. 165.

4. Ausbau des mechanisch-mineral-optischen Verfahrens.

Der Vorteil der vergleichenden Gefügeuntersuchungen ist der, daß man all-
mählich dahin kommt, von dem Gefügebild eines mechanisch genau definierten
Gesteins auf das voraussichtliche Verhalten von ähnlich oder anders aufgebauten
Gesteinsausbildungen eines Vorkommens zu schließen.

Abb. 32. Dachschiefer. Ausgewalzte Quarzkomponenten. Zusammenhängende Glimmerlamellen.
Wenig organische Bestandteile. Biegefestigkeit senkrecht zur Schieferung: 890 kg/cm².

Der Gesteinstechniker braucht nur noch wenige Proben der Hauptgewinnungs-
stellen technologisch nach jeder Richtung zu untersuchen und die Gefügebilder
dieser Proben mit denen der Handstücke aus anderen Bruchteilen zu vergleichen.
Er ist trotzdem in der Lage, schnell, sicher und unter Vermeidung hoher Unter-
suchungskosten ein umfassendes Urteil über die zweckmäßige Verwertung eines
technisch zu nutzenden Natursteinvorkommens zu fällen[1, 2].

B. Prüfung des Raumgewichts (der Rohwichte), und der Festigkeitseigenschaften der natürlichen Steine.

Von FRITZ WEISE, Stuttgart.

1. Zweck der Prüfungen, Bedeutung und Bewertung der Prüfverfahren.

Alle Prüfungen sollen dem Hauptzweck dienen, für die Beurteilung des
Gesteins und für seine zweckmäßige Verwendung zahlenmäßige und vergleichbare Unterlagen zu schaffen. Bei der Durchsicht des umfangreichen Schrifttums zeigt sich, daß die hauptsächlichen Prüfverfahren in den meisten Ländern

---

[1] STÖCKE: Geologe und Ingenieur bei der technischen Gesteinsprüfung. Z. prakt.
Geol. Bd. 46 (1938) S. 21f.
[2] BREYER: Auswertung und Beweiskraft von Gesteinsprüfungen. Baugilde Bd. 20
(1938) S. 477.

eine gewisse Ähnlichkeit zeigen, wenn sich auch ein großer Teil der vorliegenden Ergebnisse nicht ohne weiteres vergleichen läßt, weil die Abmessungen der Probekörper, Einzelheiten der Versuchsdurchführung usw. unterschiedlich sind [1-5]. Bei der Beurteilung von neuen Vorschlägen ist besonders zu beachten, daß es bei der Prüfung von Natursteinen darauf ankommt, allgemein gültige Vergleichswerte zu erzielen und nicht nur Zahlenwerte, die für eine einzige Prüfstelle unter bestimmten prüftechnischen Bedingungen Geltung haben. Die Normung der Prüfverfahren für Natursteine und die allgemeine Anwendung der Normen an allen Prüfstellen ist deshalb wichtig, ohne daß damit der technische Fortschritt gehemmt zu werden braucht. Bei der Bearbeitung von DIN DVM 2100 (Richtlinien zur Prüfung und Auswahl von Naturstein) trat die Notwendigkeit scharf hervor, die Prüfungen nach genormten Verfahren durchzuführen, weil es sonst nicht möglich ist, Ergebnisse miteinander zu vergleichen, die an verschiedenen Prüfanstalten ermittelt wurden. In diesem Normblatt wird ferner angegeben, welche Prüfungen durchzuführen sind, wenn Gesteine für bestimmte Bauaufgaben ausgewählt werden sollen.

Da bei der Prüfung von Natursteinen Streuungen der Einzelwerte auftreten, gilt in der Regel das arithmetische Mittel aus den Einzelwerten zur Beurteilung der jeweiligen Gesteinseigenschaft. Die Bildung dieses Durchschnittswertes ist einfach. Richtiger wäre die Ausgleichsrechnung nach der Methode der kleinsten Quadrate [6]. Allerdings gehören dazu weit mehr Einzelversuche als üblich. Die Frage der Bildung des richtigen Durchschnittswertes hat unter anderem schon vor langer Zeit A. MARTENS erörtert [7], vgl. auch H. BURCHARTZ und G. SAENGER [8] sowie E. FRANKE [7b]) und F. KAUFMANN [7c]).

Die von E. GABER [9] angeregte Aufstellung von Güteziffern zur Bewertung der Gesteine hat in dieser Form noch keinen allgemeinen Eingang gefunden, weil die Auffassungen über die Bewertung der einzelnen Gesteinseigenschaften nicht einheitlich sind, vgl. auch die von E. NEUMANN [10] wiedergegebenen Bewertungsmaßstäbe von PAPE und SCHEUERMANN. Dazu kommt, daß die nach den einzelnen Prüfverfahren ermittelten Gesteinseigenschaften der verschiedenen Gesteine nicht im unmittelbaren Zusammenhang stehen; z. B. kann die Druckfestigkeit von Kalkstein und Granit nahezu gleich sein, während die Abnutzbarkeit des Kalksteins erheblich größer ist als die des Granits [11].

2. Vorbereitung der Probekörper.

Die Probekörper für die im folgenden beschriebenen Prüfungen sind nicht mit Hammer und Meißel durch Handarbeit, sondern mit entsprechenden

[1] Deutsche Normen DIN DVM 2100 bis 2105, 2107 bis 2110, 2201 bis 2206.

[2] Normen (Standards) der American Society for Testing Materials C 97—36, C 99—36, C 100—36, C 102—36, C 120—36, C 121—31 sowie Vornormen (Tentative Standards) C 98—30 T, C 101—32 T, C 103—32 T.

[3] Englische Norm 706—1936.

[4] NEUMANN, E.: Z. VDI Bd. 70 (1926) S. 1369; Bd. 72 (1928) S. 642.

[5] VESPERMANN, J.: Technische Eigenschaften der natürlichen Gesteine und der Hochofenschlacke und ihre Bewertung für Straßenbauzwecke nach Forschungsergebnissen in verschiedenen Ländern. Berlin: Union Deutsche Verlagsgesellschaft 1936.

[6] JORDAN: Handbuch der Vermessungskunde, 1. Bd. Stuttgart: Metzler (1920) u. H. Hoeffgen: Abgekürzte Verfahren zur mechanischen Prüfung von Straßenbaugesteinen. Diss. T. H. Karlsruhe 1929; sowie in Steinbruch u. Sandgrube Bd. 29 (1930) Heft 27—36.

[7] MARTENS, A.: Mitt. Mat.-Prüf.-Amt Groß-Lichterfelde Bd. 29 (1911) S. 249, ferner in seinem Buch Materialienkunde für den Maschinenbau, 1. Teil, S. 435. Berlin: Julius Springer 1898. b) Meßtechn. Bd. 16 (1940) S. 113. c) Zement Bd. 29 (1940) S. 469.

[8] BURCHARTZ, H. u. G. SAENGER: Straßenbau Bd. 22 (1931) S. 233 u. 257.

[9] GABER, E.: Zbl. Bauverw. Bd. 47 (1927) S. 241.

[10] NEUMANN, E.: Z. VDI Bd. 70 (1926) S. 1369.

[11] GRAF, O.: Betonstraße Bd. 12 (1937) S. 28, Abb. 10.

Maschinen durch Sägen (Würfel und prismatische Probekörper) oder Bohren (Zylinder) aus größeren Gesteinsblöcken herauszuarbeiten, vgl. unter anderem die Vorschrift der amerikanischen Vornorm ASTM C 101—32 T[1]. Die Abb. 1

Abb. 1. Gesteinssäge mit Schneidscheiben.

zeigt eine Gesteinssäge mit Schneidscheiben und die Abb. 2 eine Gattersäge mit Stahlblechstreifen. Die Schneidscheiben haben Stahlblechscheiben — nach einem DRP. auch Stahldrahtgewebe — als Kerne; am Umfang sind die Scheiben

Abb. 2. Steinsage mit hin- und hergehenden Sageblattern.

entweder mit Diamanten besetzt oder mit einem ringförmigen Belag (Breite rd. 50 mm, Dicke rd. 4 bis 10 mm), der Siliziumkarbid enthält. Mit Diamant-Schneidscheiben ist die Arbeitsleistung größer als mit Siliziumkarbid-Schneidscheiben, allerdings sind die Diamant-Schneidscheiben erheblich teurer. Bei den Stahlblechstreifen der Gattersäge werden als Schleifmittel Stahlschrot, Stahlkugeln oder Quarzsand benützt, man kann auch mit Diamanten besetzte Blechstreifen verwenden. Auf reichliche Wasserzufuhr ist beim Sägen und beim

---

[1] Book of ASTM Tentative Standards S. 550, 1938.

Schleifen besonders zu achten. Bei der Verwendung von Siliziumkarbid-Schneid-scheiben muß das Korn des Belages und die Kornbindung dem zu trennenden Gestein angepaßt sein, d. h. es müssen z. B. für Kalksteine Scheiben mit grobem Korn und für Quarzite Scheiben mit feinem Korn verwendet werden; leider ist die Körnungsbezeichnung durch die Lieferfirmen noch nicht einheitlich. Die zweckmäßigste Umdrehungszahl bzw. die beste Umfangsgeschwindigkeit der Schneidscheiben sind für die verschiedenen Gesteine verschieden. Die Umfangsgeschwindigkeit beträgt meist rd. 30 bis 45 m/s. Eingehende und lehr-reiche Versuche über die Steinbearbeitung sind im betriebswissenschaftlichen Institut der Technischen Hochschule Dresden durchgeführt worden. Nach eigenen Erfahrungen und nach dem Beitrag von K. RÖDER[1] „Untersuchungen über das Steintrennen mittels umlaufender Siliziumkarbidscheiben" gilt etwa folgendes:

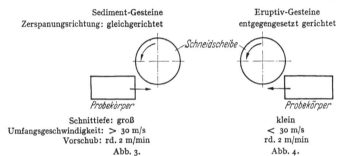

Sediment-Gesteine — Zerspanungsrichtung: gleichgerichtet — Schneidscheibe — Probekörper — Schnittiefe: groß — Umfangsgeschwindigkeit: > 30 m/s — Vorschub: rd. 2 m/min — Abb. 3.

Eruptiv-Gesteine — entgegengesetzt gerichtet — Probekörper — klein — < 30 m/s — rd. 2 m/min — Abb. 4.

Abb. 3 und 4. Arbeitsweise beim Trennen von Steinen mit umlaufenden Siliziumkarbidscheiben.

Das Schneiden von Gesteinen mittels Reibwärme[2] hat noch keine weitere Verbreitung gefunden.

Nach dem Heraussägen bzw. Herausbohren der Probekörper müssen die Druckflächen sorgfältig eben geschliffen werden.

3. Ermittlung des Raumgewichts (der Rohwichte).

Das Raumgewicht oder die Rohwichte — das Wort Rohwichte gilt nach DIN 1306 — ist das Gewicht der Raumeinheit des trocknen Stoffes einschließ-lich der Hohlräume. Es wird für regelmäßig geformte Probekörper durch Wiegen (Genauigkeit 0,1%) und Messen (Genauigkeit 0,25%) bestimmt, vgl. unter anderem DIN DVM 2102 und Önorm B 3102. Beispiel: Würfeliger Probekörper mit den Kantenlängen $6,02 \times 6,03 \times 5,99$ cm, Rauminhalt $V = 217,4$ cm³; Gewicht G im lufttrocknen Zustand $570,5$ g; Raumgewicht oder Rohwichte $\gamma = 570,5 : 217,4 = 2,62$ g/cm³. Über die Bestimmung der Rohwichte von unregelmäßig geformten Probekörpern, ferner des spezifischen Gewichtes oder der Reinwichte γ_0 — das Wort Reinwichte gilt nach DIN 1306 — vgl. Abschn. II F 7, S. 181.

4. Ermittlung der Druckfestigkeit.

Die Druckfestigkeit der Steine ist der Quotient aus der zur Zerstörung des Probekörpers erforderlichen Kraft P_{max} und dem Querschnitt F des Probekörpers; sie wird in kg/cm² bzw. für Länder mit englischen Maßen in Pfund/Quadratzoll = lb./sq. in. ausgedrückt (100 lb./sq. in. = 7,031 kg/cm² oder

---

[1] Ber. betriebswiss. Arb. Bd. 10, Berlin: VDI-Verlag 1933. Auszug aus diesen Arbeiten siehe O. GRAF: Z. VDI Bd. 78 (1934) S. 359.
[2] STEINMANN, H.: Untersuchungen über das Schneiden von Gesteinen mittels Reib-wärme. Diss. T. H. Braunschweig 1935.

1 kg/cm² = 14,223 lb./sq. in.). Sie ist die am häufigsten festgestellte Gesteinseigenschaft und ein wichtiges Hilfsmittel zur Beurteilung eines Gesteins (vgl. z. B. DIN DVM 2100). Der Druck soll in der Regel auf die Lagerfläche wirken, also bei geschichteten Gesteinen senkrecht zur Schichtung; in manchen Fällen ist es erwünscht, die Druckfestigkeit auch gleichlaufend zur Schichtung zu ermitteln.

In Deutschland wird die Druckfestigkeit fast ausschließlich an Würfeln ermittelt; die Kantenlänge der Würfel soll mindestens 4 cm betragen (vgl. DIN DVM 2105), bei porigen Gesteinen (Basalttuff, Kalktuff) wird sie zweckmäßig zu rd. 10 cm, mindestens aber zu 6 cm gewählt. Der Einfluß der Körpergröße ist bei Würfeln mit 4 bis 6 cm Kantenlänge aus dem gleichen Gestein nicht erheblich. Die Druckfestigkeit von Würfeln mit 6 cm Kantenlänge soll nach H. Burchartz und G. Saenger[1] um rd. 5% kleiner sein als die Druckfestigkeit von Würfeln mit 4 cm Kantenlänge; nach eigenen, nicht veröffentlichten Erfahrungen sind die Unterschiede zum Teil noch geringer; sie liegen im üblichen Bereich der Streuungen. Bei größeren Unterschieden der Kantenlänge gilt auch für Naturstein die Erfahrung, daß die Druckfestigkeit abnimmt, wenn die Abmessungen des Probekörpers zunehmen. In Österreich sind Würfel und Zylinder zulässig, Kantenlänge bzw. Durchmesser und Höhe rd. 5 cm, vgl. Önorm B 3102. Die englischen Normen schreiben Zylinder vor, Durchmesser = Höhe = 1″ = 25,4 mm, vgl. British Standard Specification Nr. 706 — 1936. Nach den amerikanischen Vornormen C 98—30 T[2] und C 101—32 T[3] sind Würfel und Zylinder zulässig, Kantenlänge = Durchmesser = Höhe = 2¹/₂″ = 63,5 mm.

Auf die Notwendigkeit, die Druckflächen sauber zu bearbeiten, wird nur vereinzelt ausdrücklich hingewiesen, z. B. in ASTM C 109—34 T[4]. Die Druckflächen der Probekörper und die Druckflächen an der Prüfmaschine müssen eben sein, dürfen aber nicht poliert, auch nicht eingefettet sein, sonst sinkt die Druckfestigkeit infolge verringerter Oberflächenreibung. Die Härte der Prüfflächen an der Prüfmaschine wird in den Normen nicht genannt; sie sollte nach unserer Erfahrung mindestens der Brinellhärte von 200 kg/mm² entsprechen, wie sie für den Amboß zu Schlagversuchen nach DIN Vornorm DVM Prüfverfahren B 2107 verlangt wird.

Mit Rücksicht auf die mögliche Streuung der Versuchswerte soll die Zahl der Probekörper nach DIN DVM 2105 mindestens 5 betragen, in anderen Ländern werden zum Teil 3 Probekörper für ausreichend erachtet. Wegen der Bildung der Mittelwerte und der Beurteilung der Ergebnisse vgl. Abschn. II B 1.

Die Druckfestigkeit wird vorwiegend an lufttrocknen Probekörpern bestimmt, vielfach allerdings auch an wassergesättigten Probekörpern, sowie an Probekörpern im wassergesättigten Zustand nach der Durchführung des Frostversuches, vgl. DIN DVM 2104 und 2105. Zum Trocknen werden die Probekörper im Trockenschrank bis zur Gewichtsgleiche getrocknet; die Temperatur im Trockenschrank soll dabei nach DIN DVM 2105 100° C, nach Önorm B 3102 110° C, nach ASTM C 97—36[5] 110 bis 120° C betragen. Nach der Entnahme aus dem Trockenschrank müssen die Probekörper mindestens 12 h bei Zimmertemperatur auskühlen, bevor sie geprüft werden. Steine, bei denen die Gefahr der Zersetzung besteht, wenn sie erhitzt werden, sind nach Önorm B 3102 im luftverdünnten Raum über konzentrierter Schwefelsäure bei Zimmertemperatur zu trocknen. Zur Wassersättigung s. Abschn. II C 1 a und zum Frostversuch s. Abschn. II G 4 c, S. 195.

---

[1] Burchartz, H. u. G. Saenger,: Straßenbau Bd. 22 (1931) S. 233 u. 257.
[2] Book of ASTM Tentative Standards, S. 547, 1938.   [3] Wie Fußnote 2, aber S. 550.
[4] Wie Fußnote 2, aber S. 477.   [5] Book of ASTM Standards, Teil 2, S. 144, 1936.

Die Belastungsgeschwindigkeit soll nach DIN DVM 2105 12 bis 15 kg/cm²
in 1 s, nach Önorm B 3102 10 kg/cm² in 1 s betragen.

5. Ermittlung der Biegezugfestigkeit.

Da bei den Natursteinen wie bei allen spröden Körpern die Druckfestigkeit
größer ist als die Zugfestigkeit, tritt bei der Biegeprüfung der Bruch durch
Überschreiten der Biegezugfestigkeit ein. Die Prüfung wird an prismatischen
Probekörpern vorgenommen, die mit einer im mittleren Querschnitt wirkenden
Last bis zum Bruch belastet werden. Die Biegezugfestigkeit ist der Quotient
aus dem Biegemoment der Bruchlast und dem Widerstandsmoment des Bruchquerschnittes. Wenn beim Biegeversuch die Elastizität des Gesteins festgestellt
werden soll, muß im mittleren Teil des Probekörpers ein gleichbleibendes Biegemoment wirken; es sind dann 2 Lasten anzuordnen, deren Abstand größer als
die Meßstrecke ist, auf der die Dehnungen gemessen werden.

Die Größe der Probekörper ist in Deutschland nur teilweise genormt; für
Dachschiefer gilt DIN DVM 2205. Hierbei werden quadratische Platten geprüft
(Kantenlänge 20 cm, Dicke h 5 bis 7 mm), sie lagern auf Stahlkugeln, die im
Kreis (Dmr. $d = 120$ mm) angeordnet sind; die Belastung wirkt in der Mitte und
wird mit einem runden Belastungsstempel ($d_0 = 3.0$ cm) übertragen. Nach
einer von C. BACH in seinem Buch „Elastizität und Festigkeit", § 61, sowie
im Normblatt angegebenen Formel beträgt die vergleichende Biegefestigkeit

$$\sigma_B = \frac{4.5}{\pi}\left(1 - \frac{2\,d_0}{3\,d}\right)\cdot\frac{P}{h^2}.$$

Für σ_B rd. 200 kg/cm² wird damit P rd. 42 kg, wenn $h = 0.5$ cm.

Nach Önorm B 3102 werden quadratische Prismen verlangt, dabei soll die
Länge L das Vierfache der Kantenlänge des quadratischen Querschnittes sein,
Auflagerentfernung $l = 3\,b$. Während der Drucklegung wurde der Entwurf zu
DIN DVM 2112 ausgearbeitet. Hiernach sind Prismen mit quadratischem Quer-
schnitt zu prüfen, Kantenlänge mindestens $4 \times 4 \times 16$ cm (diese Abmessungen
sind in Berlin-Dahlem und in Stuttgart seit längerer Zeit üblich). Wenn die
Abmessungen der Prismen bei unregelmäßigem oder grobkristallinem Gefüge
der Gesteine größer gewählt werden, soll die Länge L des Prismas wie nach
Önorm B 3102 das 4fache der Kantenlänge des quadratischen Querschnitts sein;
Auflagerentfernung $l = 3.5\,b$. In Amerika sind nach ASTM Standards C 99—36[1]
plattenförmige Probekörper zu prüfen (Länge l 12″ = 305 mm, Breite b
4″ = 102 mm, Dicke 1″ = 25 mm). Die Auflagerentfernung beträgt 10″ (254 mm),
vgl. auch ASTM C 101—32 T[2]; ASTM C 120—31[3] gilt für Schiefer; die Größe
der Probekörper aus dem für Schalttafeln bestimmten Gestein soll z. B.
$12 \times 1^{1}/_{2} \times 1''$ ($305 \times 38 \times 25$ mm) und aus Dachschiefer $12 \times 4'' \times$ Schiefer-
dicke sein, Auflagerentfernung 10″ = 254 mm.

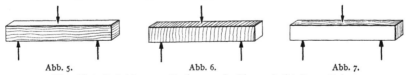

Abb. 5.   Abb. 6.   Abb. 7.
Abb. 5 bis 7. Probekörper zur Bestimmung der Biegezugfestigkeit von Steinen.

Bei geschichteten Steinen ist die Biegezugfestigkeit nötigenfalls in 3 Richtungen zu bestimmen, s. Abb. 5 bis 7.

[1] Book of ASTM Standards, Teil 2, S. 147, 1936.
[2] Book of ASTM Tentative Standards S. 550, 1938.
[3] Book of ASTM Standards, Teil 2, S. 161, 1936.

Für den Zustand der Probekörper bei der Prüfung (lufttrocken, wassergesättigt und wassergesättigt nach dem Frostversuch) gilt dasselbe wie für die Druckfestigkeit (vgl. II B 4, S. 162).

Die Belastungsgeschwindigkeit soll nach Önorm B 3102 10 kg/cm² in 1 s, nach ASTM C 120—31 und C 99—36 100 lb. in 1 min (45,3 kg in 1 min) betragen, das sind mit den oben angegebenen Maßen 0,4 kg/cm² in 1 s; ich halte eine Steigerung von rd. 2 bis 3 kg/cm² in 1 s für angemessen.

6. Ermittlung der Zugfestigkeit.

In der Praxis werden Gesteine selten Zugbeanspruchungen unterworfen; die Feststellung der Zugfestigkeit (Bruchbelastung P_{max} : Querschnitt F) kommt deshalb nur in Ausnahmefällen in Betracht.

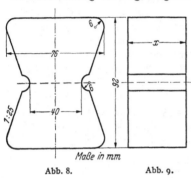

Nach Önorm B 3102 sind Probekörper nach Abb. 8 und 9 zur Bestimmung der Zugfestigkeit vorgeschrieben. Die Anfertigung dieser und der früher von J. Hirschwald[1] vorgeschlagenen Probekörper ist zwar schwieriger als die Anfertigung von prismatischen Probekörpern, wie sie in der wiederholt erwähnten amerikanischen Vornorm C 101—32 T vorgeschrieben sind (Querschnitt 37 × 37 mm, Länge 250 mm) oder wie sie H. Krug[2] zu seinen Versuchen benützt hat (Querschnitt 30 × 25 mm, Länge 250 mm); erfahrungsgemäß brechen aber prismatische Körper oft an der Einspannstelle.

Maße in mm

Abb. 8.   Abb. 9.

Abb. 8 und 9. Probekörper zur Bestimmung der Zugfestigkeit von Steinen.

7. Ermittlung der Scherfestigkeit (Schubfestigkeit, Spaltfestigkeit).

Die Scherfestigkeit[3] ist der größte Widerstand eines Baustoffes gegen das Trennen durch scherende Kanten; sie wird meist nach Abb. 10 ermittelt und als

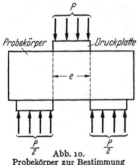

P_{max} : $2 b h$ berechnet; die bei dieser Versuchsanordnung mit auftretende Biegezugspannung wird nicht berücksichtigt. J. Hirschwald hat eine Versuchseinrichtung beschrieben, bei der nur eine Scherfläche entsteht[1]. Die Begriffe „Schubfestigkeit" und „Scherfestigkeit" werden manchmal für die gleiche Beanspruchung verwendet, obwohl schon seit langer Zeit[4] und wiederholt auf den Unterschied hingewiesen wurde.

In Nordamerika sind zur Bestimmung der Scherfestigkeit nach ASTM C 102—36[5] 2 Prüfverfahren zulässig. Nach „Modified Johnson Shear Tool" werden rechteckige Prismen (Länge 7″ = 178 mm, Breite 1″ = 25 mm, Höhe 2″ = 51 mm) sinngemäß nach Abb. 10

Abb. 10.

Probekörper zur Bestimmung der Scherfestigkeit von Steinen.

geprüft. Nach „Dutton punching shear device" werden Reststücke der Biegekörper (vgl. Abschn. II B 5) mit einem runden Stempel von 2″ = 51 mm Dmr. durchlocht.

---

[1] Hirschwald, J.: Handbuch der bautechnischen Gesteinsprüfung (Zugkörper s. S. 66, Scherkörper s. S. 65). Berlin: Gebrüder Borntraeger 1912.

[2] Das Festigkeitsverhalten spröder Körper bei gleichförmiger und bei ungleichförmiger Beanspruchung. Diss. T. H. Stuttgart 1938.

[3] Vgl. u. a. E. Gaber: Bauing. Bd. 10 (1929) S. 548.

[4] Mörsch, E.: Der Eisenbetonbau, 2. Aufl. (1906) S. 34, 6. Aufl. Bd. 1, 1. Hälfte (1923) S. 87. Stuttgart: Konrad Wittwer; ferner E. Seybold: Über die Scherfestigkeit der spröden Baustoffe. Diss. T. H. Stuttgart 1933. Auszug in Z. VDI Bd. 78 (1934) S. 30.

[5] Book of ASTM Standards, Teil 2, S. 155, 1936.

Bei der Bestimmung der Scherfestigkeit wirkt die angreifende Kraft meist senkrecht zur Schichtung des Gesteins, bei der Bestimmung der Spaltfestigkeit dagegen gleichlaufend zur Schichtung. Für die *Spaltfestigkeit* von Schiefer hat H. SEIPP[1] vor langer Zeit ein Prüfverfahren vorgeschlagen, bei dem die Kraft bestimmt und in kg/cm² der Probefläche umgerechnet wird, die nötig ist, um eine Gesteinsprobe mit einem Stahlkeil von bestimmten Abmessungen zu spalten. Das Verfahren hat aber keine allgemeine Anwendung gefunden, ist auch nicht in die für Dachschiefer geltenden Normblätter DIN DVM 2201 bis 2206 aufgenommen worden.

8. Ermittlung der Schlagfestigkeit.

Die Schlagfestigkeit, ermittelt an Würfeln mit 4 cm Kantenlänge, wird seit 1933 in Deutschland nach DIN Vornorm DVM Prüfverfahren B 2107 festgestellt. Die Schlagfestigkeit soll ein Maßstab für die Zähigkeit der Gesteine sein. Das Verfahren wurde seinerzeit von FÖPPL in München entwickelt; er verwendete Würfel mit 3,5 cm Kantenlänge.

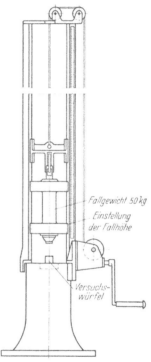

Die Würfel werden nach Abb. 11[2] in einem Fallwerk auf einen Amboß gesetzt und mit mehreren Schlägen eines 50 kg schweren Fallbären zerstört. Der Fallbär muß beim Rücksprung sicher aufgefangen werden. Die Schlagarbeit A soll beim 1. Schlag 2 kgcm für 1 cm³ Rauminhalt des Probekörpers betragen; damit wird die Fallhöhe h_1 beim 1. Schlag 0,04 cm für 1 cm³ Rauminhalt. Die Fallhöhe wird mit jedem folgenden Schlag um den Betrag der Fallhöhe beim 1. Schlag gesteigert, bis der Bruch des Probekörpers eintritt. Die Schlagfestigkeit $S = A : V$; A bedeutet die gesamte Schlagarbeit bis zur Zerstörung des Würfels (er gilt als zerstört, wenn die Rücksprunghöhe nicht mehr zunimmt oder wenn er stark beschädigt ist). Nach Beobachtungen in Stuttgart ist das Maß der Rücksprunghöhe kein sicheres Merkmal für die bevorstehende Zerstörung der Würfel. Mit den angegebenen Versuchsbedingungen wird die Schlagfestigkeit $S = n \, (n + 1)$ in kgcm/cm³ angegeben. n ist die Anzahl der zur Zerstörung erforderlichen Schläge; die Zahl der zur völligen Zertrümmerung erforderlichen Schläge ist ebenfalls anzugeben (in der Regel wird der Würfel beim nächsten auf die Zerstörung folgenden Schlag zertrümmert). Sind z. B. 10 Schläge bis zur Zerstörung und 11 Schläge bis zur Zertrümmerung erforderlich, so ist $S = 10 \cdot 11 = 110$ kgcm/cm³.

Abb. 11. Fallwerk zur Feststellung der Schlagfestigkeit von Würfeln.

Das Verfahren ist wiederholt kritisiert worden, weil die Streuungen der Einzelwerte zu groß seien[3]. Für die Prüfung von Schotter hat die Reichsbahn

---

[1] SEIPP, H.: Die Wetterbeständigkeit der natürlichen Bausteine und die Wetter: beständigkeitsproben mit besonderer Berücksichtigung der Dachschiefer, S. 111. Jena-Hermann Costenoble 1900.

[2] Mit Genehmigung des Verfassers dem Buch entnommen: WIELAND, G. u. K. STÖCKE: Merkbuch für Straßenbau. Berlin: W. Ernst u. Sohn 1934.

[3] SCHMEER: Mitt. dtsch. Materialprüf.-Anst. Heft 1 (1928) S. 10; ferner Steinindustrie Bd. 26 (1931); STÜBEL S. 293; STÖCKE S. 337; SCHMEER S. 348, sowie STÜBEL Bd. 27 (1932) S. 34.

ein besonderes Prüfverfahren eingeführt, vgl. DIN DVM 2109, siehe auch Abschn. II F, S. 186.

Dauerschlagversuche vgl. Abschn. II B 9, auf dieser Seite.

In Amerika werden Probekörper mit dem Stoßapparat von Page geprüft (Hammer von 2 kg Gewicht, Fallhöhe beim 1. Schlag 1 cm, bei den folgenden Schlägen jeweils um 1 cm zunehmend). Die Ergebnisse lassen sich nicht mit den bei anderen Prüfverfahren ermittelten Werten vergleichen[1].

9. Ermittlung der Dauerfestigkeit.

a) Dauerschlagfestigkeit.

Um festzustellen, inwieweit sich die Druckfestigkeit eines Gesteins ändert, wenn es vorher durch Hammerschläge beansprucht wird, hat K. Krüger[2]

Abb. 12. Maschine zur wiederholten Druckbelastung von Prismen.

vorgeschlagen, auf Würfel mit 4 cm Kantenlänge mit dem Fallhammer von 50 kg Gewicht 500 Schläge aus 2 cm Fallhöhe auszuüben und dann die Druckfestigkeit zu bestimmen. Die Druckfestigkeit dieser Würfel ist mit entsprechenden Werten zu vergleichen, die an Würfeln ermittelt werden, die keiner Schlagbeanspruchung unterworfen waren.

In Karlsruhe hat E. Gaber für Würfel mit 3 cm Kantenlänge ein Hammerschlagwerk verwendet, das in seinem grundsätzlichen Aufbau dem für die Zementnormenprüfung üblichen Gerät entspricht[3]; Schlaghöhe 27 cm.

---

[1] Vespermann, J.: Technische Eigenschaften der natürlichen Gesteine und der Hochofenschlacke und ihre Bewertung für Straßenbauzwecke. Berlin: Union Deutsche Verlagsanstalt 1936.

[2] Krüger, K.: Asphaltstraßenbau. Leipzig 1926.

[3] Gaber, E.: Bauingenieur Bd. 18 (1937) S. 130.

b) Dauerdruckfestigkeit.

O. GRAF hat Dauerdruckversuche mit Gesteinsprismen durchgeführt, die nach Abb. 12 und 13 oftmals belastet wurden, dabei ist besonders der Einfluß der oftmals wiederholten Belastung auf die Elastizität der Gesteine verfolgt worden[1]. Die Abb. 12 und 13 stellen zwar keine neuzeitliche Bauart von Dauerprüfmaschinen dar; die Maschinen haben aber durch langjährige Betriebszeit (seit 1925) ihre Brauchbarkeit bewiesen. Neuere Bauarten von Dauerprüfmaschinen vgl. Bd. I, Abschn. I B 9, III, IV.

c) Dauerbiegefestigkeit.

Berichte über Dauerbiegeversuche mit Gesteinen sind noch nicht bekanntgeworden.

10. Prüfung der Mauerwerksfestigkeit.

Da Natursteinmauerwerk hauptsächlich auf Druck beansprucht wird, erstrecken sich die bisher bekanntgewordenen, in Karlsruhe[2], in Stuttgart[3] und in Zürich[4] mit Quadermauerwerk und regelmäßigem Schichtenmauerwerk durchgeführten Versuche auf die Feststellung der Druckfestigkeit bei verschiedener Größe und Form der Probekörper; in Stuttgart sind schon vor langer Zeit Versuche mit Bruchsteinmauerwerk durchgeführt worden[5]. Mit Rücksicht auf die Anwendung des Natursteinmauerwerks in der Praxis sollten die Probekörper zwar möglichst groß gewählt werden; ihre Abmessungen sind aber durch die Höchstlast der in den einzelnen Prüfstellen vorhandenen und geeigneten Prüfmaschinen begrenzt (zur Zeit Berlin-Dahlem 600 t im Betrieb, 1000 t im Bau; Dresden 1000 t, Karlsruhe 500 t, Stuttgart 1500 t).

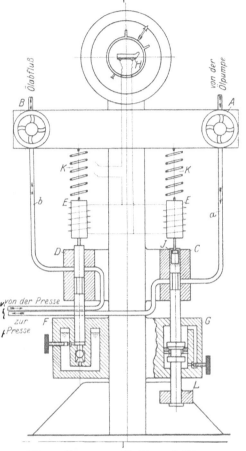

Abb. 13. Steuerung zur Maschine nach Abb. 12.
A Belastungsventil, Regulierung der Belastungsgeschwindigkeit; *B* Entlastungsventil, Regulierung der Entlastungsgeschwindigkeit; *C* und *D* Schieber; *E* Elektromagnete; *F* Ölbremse zur Einstellung der Zeit, während der die Höchstlast wirksam ist; *G* Ölbremse zur Einstellung der Zeit der vollständigen Entlastung; *H* Quecksilberunterbrecher; *J* lose Kupplung; *L* Gewicht. Belastung: Stromkreis geschlossen, Elektromagnet öffnet durch Schieber *C* Leitung *a*, Drucköl fließt in die Presse, Schieber *D* geschlossen. Entlastung: Stromkreis unterbrochen, Federn *KK* schließen Schieber *C* und öffnen Schieber *D*, Öl fließt durch Leitung *b* von der Presse fort.

Im Normblatt DIN 1053 wird verlangt, daß Mauerwerksprobekörper mit quadratischer Grundfläche (Seitenlänge $a = 30$ cm) und der Höhe $h = 3a = 90$ cm

---

[1] GRAF, O.: Die Dauerfestigkeit der Werkstoffe und der Konstruktionselemente. Berlin: Julius Springer 1929.
[2] GABER, E.: Straße Bd. 2 (1935) S. 810; Bd. 4 (1937) S. 51; Bauztg. 1937, S. 392; 1938, S. 363; Bauingenieur Bd. 18 (1937) S. 130.
[3] SCHAECHTERLE, K.: Bauingenieur Bd. 19 (1938) S. 441.
[4] MOSER: Mitt. E. M. P. A. Zürich, Heft 14 (1915) S. 389.
[5] GRAF, O.: Die Druckfestigkeit von Zementmörtel, Beton, Eisenbeton und Mauerwerk, S. 74 u. 77. Stuttgart: Konrad Wittwer 1921.

aufzumauern und zu prüfen sind, um hiernach die zulässige Anstrengung von Mauerwerk zu bestimmen. Dabei sind Fugenweite und Mauermörtel nach dem beabsichtigten Verwendungszweck zu wählen.

Über Prüfung von Mauerwerk aus Ziegeln vgl. Abschn. III C, S. 325.

11. Ermittlung der Elastizität.

Für Versuche zur Bestimmung der Elastizität der Gesteine können die gleichen Geräte verwendet werden, die für derartige Versuche an Metallen üblich sind, vgl. Bd. I, Abschn. VI. Vielfach sind Spiegelgeräte nach Martens im Gebrauch; über die richtige Anordnung der Geräte, auch über Fehlermöglichkeiten beim Ansetzen dieser Geräte vgl. z. B. H. Scholz[1], ferner DIN 1605, Bl. 2 und DVM Prüfverfahren A 112, A 118. Für Elastizitätsmessungen an Gesteinen sind oft auch Geräte einfacherer Art verwendet worden, weil der Elastizitätsmodul der Gesteine meist kleiner ist als bei den Metallen. Derartige Geräte, zum Teil von Bauschinger und C. Bach entwickelt, sind im ausgedehnten Maß von C. Bach[2] und O. Graf[3] verwendet worden. In der Materialprüfungsanstalt Stuttgart hat E. Brenner[4] ein Gerät mit der Übersetzung rd. 1 : 500 entwickelt, das sich ebenfalls gut bewährt hat.

Nach dem amerikanischen Normblatt ASTM C 100—36[5] werden für Elastizitätsversuche Einrichtungen mit Meßuhren verwendet. Diese Einrichtungen sind zwar in der Handhabung einfach, sie sind aber nicht immer ausreichend; neuere hochwertige Geräte mit Meßuhren zum vielseitigen Gebrauch haben unter anderem O. Graf[6], G. Weil[7] und K. Leich[8] beschrieben.

In den meisten Fällen wird die Druckelastizität bestimmt; C. Bach hat vielfach mit den gleichen Meßeinrichtungen auch die Zugelastizität verfolgt[2]; Bauschinger berichtete schon vor langer Zeit über Biegeelastizität[9].

Die Abmessungen der Probekörper zu Elastizitätsversuchen sind bis jetzt sehr verschieden gewählt worden; im genannten amerikanischen Normblatt wird angegeben: Abmessungen der zur Bestimmung der Druckelastizität verwendeten Prismen $3^1/_2 \times 3^1/_2 \times 12''$ ($89 \times 89 \times 305$ mm) und der zur Bestimmung der Biegeelastizität verwendeten Platten: Länge $12''$ (305 mm), Breite $4''$ (112 mm), Dicke $1''$ (25 mm), Auflagerentfernung $10''$ (254 mm). Über die Durchführung von Elastizitätsversuchen vgl. auch Abschn. I G und VI D.

12. Prüfung des Abnutzwiderstandes.

Die Feststellung der Abnutzbarkeit ist für Straßenbaugesteine besonders wichtig. Es sind deshalb zahlreiche Verfahren in den verschiedenen Ländern entwickelt worden[10, 11]. Hier wird nur auf die Prüfung von würfeligen Probekörpern durch *Schleifen* und mit dem *Sandstrahl* eingegangen; über die Prüfung von Schotter vgl. Abschn. II C; über die Verschleißprüfung von metallischen Werkstoffen vgl. Bd. I, Abschn. V D und Bd. II, Abschn. VII A.

[1] Scholz, H.: Mitt. Kohle- u. Eisenforschg. Bd. 1 (1935/37) S. 171.
[2] Bach, C.: Elastizität und Festigkeit, § 8, 1. bis 9. Aufl. Berlin: Julius Springer 1889 bis 1924.
[3] Graf, O.: Bautechn. Bd. 4 (1926) Heft 33—38.
[4] Graf, O.: Dtsch. Aussch. Eisenbeton, Heft 44 (1920) S. 23.
[5] Book of ASTM Standards, Teil 2, S. 150, 1936.
[6] Graf, O.: Forschungsges. dtsch. Straßenwes. Heft 5 (1936) S. 5.
[7] Weil, G.: Forschungsges. dtsch. Straßenwes. Heft 6 (1936) S. 13.
[8] Leich, K.: Z. VDI Bd. 80 (1936) S. 1128.
[9] Bauschinger: Mitt. mechan.-techn. Labor. polytechn. Schule München 1884, 10. Heft, Mitt. XII.
[10] Neumann, E.: Z. VDI Bd. 70 (1926) S. 1369; Bd. 72 (1928) S. 642.
[11] Graf, O.: Straßenbau Bd. 18 (1927) S. 563; Bd. 21 (1930) S. 579.

a) Abnutzung durch Schleifen.

Bei der Bestimmung der Abnutzbarkeit durch Schleifen wird der Probekörper in eine Haltevorrichtung eingespannt und unter Pressung gegen eine gußeiserne Scheibe gepreßt. Die waagerecht liegende Scheibe dreht sich um eine senkrechte Achse. Vor Beginn des Versuches wird die Scheibe mit einem Schleifmittel bestreut. Diese grundsätzliche Anordnung hatten schon die älteren Verfahren BAUSCHINGER und AMSLER, ebenso das Verfahren DORRY[1]. es ist auch bei der BÖHME-Schleifscheibe beibehalten worden. Während bei de; BAUSCHINGER- und bei der AMSLER-Prüfmaschine gleichzeitig 2 Probekörper eingebaut und geprüft werden, wird an der BÖHME-Scheibe jeweils nur 1 Prober körper geprüft. E. GABER[2] und H. HOEFFGEN[3] haben die Bauart der Schleifdreh- und Schleifstoßmaschine aus der AMSLERschen Maschine entwickelt-

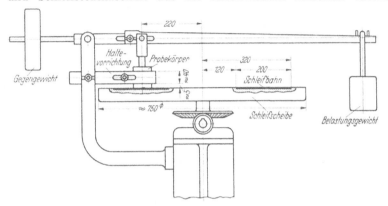

Abb. 14. Maschine zur Feststellung der Abnutzbarkeit durch Schleifen nach DIN DVM 2108.

Die oben genannte und in Abb. 14 dargestellte BÖHME-Maschine ist bei dem in Deutschland nach DIN DVM 2108 genormten Verfahren vorgeschrieben, auch in Polen gilt diese Maschine als normengemäße Abnutzmaschine. Bei der Verschiedenheit der einzelnen Prüfungseinrichtungen und der verwendeten Schleifmittel konnten vor der Normung die am gleichen Gestein in verschiedenen Prüfstellen ermittelten Ergebnisse nicht unmittelbar miteinander verglichen werden; erst die nach umfangreichen Vorversuchen[4, 5] erfolgte Einführung des genormten Verfahrens nach DIN DVM 2108 ermöglicht seit 1933 diesen Vergleich. Die Bedenken, daß die nach dem genormten Verfahren ermittelten Ergebnisse nicht genügend mit den Beobachtungen in der Praxis übereinstimmen[6], sind durch langjährige Beobachtungen widerlegt worden[7]. Selbstverständlich kann keine völlige Übereinstimmung erwartet werden, weil die Versuchsbedingungen von Pflasterstraßen nicht so eindeutig sein können, wie in einer Prüfstelle.

Das genannte Normblatt DIN DVM 2108 enthielt zunächst nur genaue Angaben über das Schleifen von trocknen Probekörpern; es ist inzwischen nach einem Vorschlag von O. GRAF durch Vorschriften über die Prüfung von nassen Probekörpern ergänzt worden. Bei dieser Prüfung wird die Schleifscheibe

[1] Vgl. Fußnote 10, S. 168.   [2] GABER, E.: Zbl. Bauverw. Bd. 47 (1927) S. 241.
[3] HOEFFGEN, H.: Abgekürzte Verfahren zur mechanischen Prüfung von Straßenbaugesteinen. Diss. T. H. Karlsruhe 1929; Steinbruch u. Sandgrube Bd. 29 (1930) Heft 27—36.
[4] Vgl. Fußnote 11, S. 168.   [5] KRÜGER, L.: Straßenbau Bd. 21 (1930) S. 588.
[6] BREYER, H.: Zement Bd. 24 (1936) S. 186, 203, 624 u. 766.
[7] GRAF, O.: Bautenschutz Bd. 6 (1935) S. 36; Straßenbau Bd. 29 (1938) S. 371. — STÖCKE, K.: Bautechn. Bd. 16 (1938) S. 509.

in bestimmter gleichbleibender Weise angefeuchtet. Die Abnutzbarkeit der nassen Probekörper beträgt je nach der Gesteinsart im Mittel etwa das Doppelte der Werte, die an den entsprechenden trocknen Probekörpern ermittelt werden.

Nachstehend folgt ein Beispiel über die normengemäße Prüfung eines Gesteins; zur Erleichterung der Übersicht sind hier nicht die Einzelwerte für jeden Probekörper, sondern nur die Mittelwerte von 3 Probekörpern angegeben.

Probekörper aus Granit h, Schleiffläche $F = 50,3$ cm², Raumgewicht (Rohwichte) $\gamma = 2,68$ g/cm³. Bei den geringen Abweichungen der Schleiffläche F vom Sollwert $F_0 = 50,0$ cm² kann das Ergebnis am Schluß verhältnisgleich auf den Sollwert umgerechnet werden.

Gewichtsabnahme durch 110 Umdrehungen der Schleifscheibe (152 m Schleifweg)   4,1 g
Gewichtsabnahme durch weitere 110 Umdrehungen . . . .   4,4 g
Gewichtsabnahme durch weitere 110 Umdrehungen . . . .   4,9 g
Gewichtsabnahme durch weitere 110 Umdrehungen . . . .   4,5 g
Gewichtsabnahme durch insgesamt 440 Umdrehungen (608 m Schleifweg) . . .   17,9 g

das sind $17,9 : 2,68 = 6,68$ cm³ auf $F = 50,3$ cm², folglich 6,6 cm³ für $F_0 = 50$ cm². In manchen Fällen ist es — besonders zum Vergleich mit älteren Feststellungen erwünscht, die Abnutzbarkeit auf 1 cm² Schleiffläche zu beziehen, das wären in diesem Fall $6,6 : 50 = 0,13$ cm³/cm² = 0,13 cm. Die Höhe des geprüften Probekörpers hätte demnach beim Versuch um 0,13 cm = 1,3 mm abgenommen.

Nach der Önorm B 3102 kann die Abnutzbarkeit wahlweise auf der Scheibe nach BAUSCHINGER, BÖHME oder DORRY festgestellt werden. Um dabei vergleichsmäßige Werte zu erhalten, sind die Versuchsergebnisse unter Beachtung der unter den gleichen Versuchsbedingungen an einem Normengranit erzielten Abnutzung umzurechnen. Ich halte diese Umrechnung nicht für zweckmäßig; das Verfahren nach DIN DVM 2108 halte ich für richtiger (nur eine Prüfmaschine gilt, für die der Arbeitsgang eindeutig festgelegt ist).

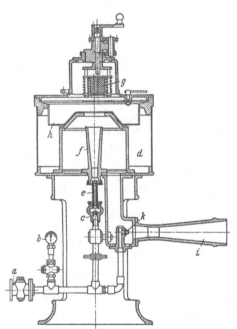

Abb. 15. Sandstrahlgebläse mit Preßluftbetrieb.
a Druckluftzufuhr; b Manometer; c Mischduse; d Sammelbehalter fur Sand; e Blasduse; f Mantelrohr; g Probekörper; h Blecheinsatz; i Absaugstutzen für Staub; k Blasduse.

b) Abnutzung im Sandstrahl[1,2].

Bei der Bestimmung der Abnutzbarkeit durch Schleifen wird die Schleiffläche gleichmäßig abgenützt, wie es angenähert der Abnutzung auf der Straße entspricht; die harten Gesteinsteile vermindern die Abnützung. Bei der Prüfung im Sandstrahlgebläse wird Quarzsand 2 min mit dem Dampfstrahl (3 atü) oder dem Preßluftstrahl (2 atü) gegen die Probefläche geblasen und wirkt dabei, wenn das Gestein aus Mineralien von verschiedener Härte besteht (wie z. B. Granit), besonders auf die weicheren Gesteinsteile. Die Probefläche hat

[1] GARY, M.: Mitt. Mat.-Prüf.-Amt Groß-Lichterfelde Bd. 16 (1898) S. 243; Bd. 19 (1901) S. 211; Bd. 22 (1904) S. 103; ferner DIN Vornorm DVM Prüfverfahren für Holz, C 3009, Ausg. Febr. 1934.
[2] FABER: Z. VDI Bd. 75 (1931) S. 542.

6 cm Durchmesser, entsprechend einer Fläche von 28 cm². In Deutschland wird
von dem Quarzsandvorkommen, aus dem der Normalsand zur Zementprüfung
gewonnen wird, nach den Vorschlägen von Gary die Körnung verwendet, die
durch das Sieb mit 121 Maschen/cm² fällt; Maschenweite 0,54 mm; nach der
oben genannten DIN Vornorm C 3009 soll der Sand durch das Prüfsieb 0,75
DIN 1171 fallen (frühere Bezeichnung Prüfsiebgewebe Nr. 8 DIN 1171), lichte
Maschenweite 0,75 mm. Die Bauart eines mit Dampf betriebenen Sandstrahlgebläses findet sich S. 102, Abb. 98; die Abb. 15 zeigt ein mit Preßluft be-
triebenes Sandstrahlgebläse. Nach der Önorm B 3102 wird gröberer Sand verwendet (Durchgang durch das Sieb mit 1,40 mm Maschenweite, Rückstand
auf dem Sieb mit 0,63 mm Maschenweite); die abzunützende Fläche hat 4,0 cm
Durchmesser, ihr Flächeninhalt demnach 12,6 cm².

Die beim Abnützversuch durch Schleifen und im Sandstrahl ermittelten
Werte stehen — wie zu erwarten ist — nicht im unmittelbaren Zusammenhang.
Der Sandstrahlversuch ist zwar in manchen Fällen zweckmäßig, kommt aber
nach meiner Ansicht als Normprüfverfahren nicht in Betracht[1]. Die von
O. Graf[1] sowie später von E. Gaber und H. Hoeffgen erwähnte Vergleichs-
prüfung mit Spiegelglas ist zweckmäßig und an verschiedenen Prüfstellen
eingeführt.

C. Bestimmung
der Wasseraufnahme, der Wasserabgabe und der Wasserdurchlässigkeit.

Von Fritz Weise, Stuttgart.

1. Wasseraufnahme.

a) Wasseraufnahme bei normalem Luftdruck.

Die in verschiedenen Ländern üblichen Verfahren zur Bestimmung der
Wasseraufnahme sind untereinander ähnlich, vgl. die deutschen Normblätter
DIN DVM 2103 und 2203, das österreichische Normblatt B 3102, die ameri-
kanischen Vorschriften ASTM C 97—36[2] und C 101—32 T[3], ferner Abschn. II C,
II D, III. Die von J. Hirschwald[4] früher entwickelten Verfahren — die zum
Teil schon H. Seipp[5] zusammengestellt hat — sind bei der Abfassung der
deutschen Normen beachtet worden.

Nach den genannten Verfahren werden die Probekörper zunächst bis zur
Gewichtsbeständigkeit getrocknet; Temperaturen nach DIN DVM 2103 und
2203 100°; nach Önorm 3102 110° oder, wenn die Gefahr der Zersetzung besteht,
Trocknen bei Zimmertemperatur im Vakuum über konzentrierter Schwefelsäure;
nach ASTM 110 bis 120° C. Nach dem Erkalten kommen die Probekörper solange unter Wasser bei Zimmertemperatur, bis sie wassergesättigt sind. Destilliertes Wasser ist zwar nicht immer vorgeschrieben, aber zweckmäßiger als Leitungswasser. Die Probekörper dürfen nicht sofort ganz unter Wasser getaucht
werden, sondern nach und nach, damit die Luft aus den Poren entweichen
kann. Nach DIN DVM 2103 sind die Probekörper zunächst bis zu etwa $^1/_4$ ihrer

---

[1] Graf, O.: Straßenbau Bd. 18 (1927) S. 563.
[2] Book of ASTM Standards S. 144, 165, 1936.
[3] Book of ASTM Tentative Standards S. 550, 1938.
[4] Hirschwald, J.: Handbuch der bautechnischen Gesteinsprüfung, S. 110. Berlin:
Gebrüder Bornträger 1912.
[5] Nach H. Seipp: Die Wetterbeständigkeit der natürlichen Bausteine. Jena: Hermann
Costenoble 1900.

Höhe in das Wasser einzusetzen. Nach 1 h soll der Wasserspiegel bis zur Hälfte, nach einer weiteren Stunde bis zu $^3/_4$ der Höhe des Probekörpers steigen. 22 h nach Beginn der Wasserlagerung werden die Proben völlig unter Wasser gesetzt und nach weiteren 2 h, also 24 h nach Beginn der Wasserlagerung, zum erstenmal gewogen. Nach Önorm B 3102 darf das Wasser die Probekörper nach 6 h völlig bedecken.

Die Wassersättigung gilt als erreicht, wenn die Probekörper nach ASTM C 97—36 2 Wochen in destilliertem Wasser gelagert haben und nach Önorm B 3102 dann, wenn das Gewicht des Probekörpers in 24 h um nicht mehr als 5% zunimmt[1]. In DIN DVM 2103 wird verlangt, daß das Wägen alle 24 h bis zur Gewichtsbeständigkeit zu wiederholen ist.

Für die Genauigkeit beim Wägen genügt die in den deutschen Normen vorgeschriebene Grenze: 0,1%. Die Gewichtszunahme durch die Wasserlagerung wird meist in Hundertteilen des Gewichtes der trocknen Proben, öfters auch in Hundertteilen des Raumes als A_r angegeben; A_r wird auch „scheinbare Porosität" genannt, vgl. das Beispiel unter c, ferner DIN DVM 2102 und 2202, sowie Abschn. II G, S. 194.

b) Verschärfte Wasseraufnahme.

Bei den unter a beschriebenen Verfahren dauert es oft längere Zeit, bis das Ergebnis vorliegt, auch werden dabei die Poren nur zum Teil mit Wasser gefüllt. Deshalb sind z. B. in den deutschen Normen DIN DVM 2103 und 2203 und in der österreichischen Norm B 3102 noch andere Verfahren beschrieben, um die Wasseraufnahme rascher festzustellen.

Zur Bestimmung der *Wasseraufnahme in kochendem Wasser* werden die vorher getrockneten Probekörper zunächst etwa 1 h so in destilliertem Wasser gelagert, daß der Wasserstand rd. $^3/_4$ der Höhe des Probekörpers beträgt. Dann wird so viel Wasser nachgefüllt, daß die Probekörper ganz mit Wasser bedeckt sind und während des 2stündigen Kochens (gemäß Önorm nach 3stündigem Kochen) auch mit Wasser bedeckt bleiben. Sie erkalten im Wasser und werden dann gewogen.

Zur Feststellung der *Wasseraufnahme unter Druck* sind die Probekörper zunächst zu entlüften. Entlüftet werden die Probekörper etwa 2 h unter destilliertem Wasser im luftverdünnten Raum bei 20 mm Quecksilbersäule. Der Unterdruck wird am einfachsten mit einer Wasserstrahlpumpe erzeugt. Nach dem Entlüften bleiben die Probekörper rd. 2 h im entlüfteten Wasser bei normalem Luftdruck, dann werden sie 24 h einem Überdruck von 150 at ausgesetzt. Die nach diesem Verfahren festgestellte Wasseraufnahme ist größer als die Wasseraufnahme bei normalem Luftdruck. Bei der Wasseraufnahme unter Druck wird auch der von J. Hirschwald[2] eingeführte und in DIN DVM 2104 über-

---

[1] Die 5% gelten für die weitere Gewichtszunahme in 24 h, bezogen auf die bei der vorausgegangenen Wägung festgestellte Gewichtszunahme. Beispiel: Gewicht des trocknen Probekörpers 800,0 g, Gewicht des wassergelagerten Probekörpers nach 48stündiger Wasserlagerung 817,4 g, nach 72stündiger Wasserlagerung 819,7 g und nach 96stündiger Wasserlagerung 820,1 g.

Wasseraufnahme nach 48 72 96 h
17,4 19,7 20,1 g
das sind 2,17 2,46 2,51%.
Die Wasseraufnahme nimmt innerhalb 24 h zu um 0,29 0,05%.
Von der 48. bis zur 72. h beträgt die Gewichtszunahme (0,29 : 2,17) · 100 = 13%, von der 72. bis zur 96. h (0,05 : 2,46) · 100 = 2%. Der Probekörper gilt also in diesem Fall nach 96 h als wassergesättigt.

[2] Hirschwald, J.: Handbuch der bautechnischen Gesteinsprüfung, S. 114, 202. Berlin: Gebrüder Bornträger 1912.

nommene „Sättigungsbeiwert S" bestimmt. S ist der Quotient aus der Wasseraufnahme bei normalem Luftdruck und der Wasseraufnahme unter Druck, vgl. das Beispiel unter c. Nach den Beobachtungen von HIRSCHWALD soll S bei frostbeständigen Steinen nicht größer sein als 0,80 (theoretisch sollte es genügen, wenn S nicht größer ist als 0,89).

c) Beispiele für die Feststellung der Wasseraufnahme.

Bezeichnungen nach den deutschen Normen DIN DVM 2103 und 2203; zur Prüfung sind nach diesen Normen von jedem Gestein mindestens 5 Probekörper zu verwenden; die Probekörper sollen möglichst gleich groß sein, Rauminhalt jedes Probekörpers mindestens 50 cm³.

α) Wasseraufnahme bei normalem Luftdruck.

Gewicht des trocknen Probekörpers . . . . $G_{tv} = 540,5$ g
Gewicht des Probekörpers nach 24stündiger Wasserlagerung. . . . . . . $G_{24} = 563,1$ g
Gewicht des Probekörpers nach Eintritt der Gewichtsbeständigkeit . . . $G_s = 564,7$ g
Wasseraufnahme . . . . $A = 24,2$ g
Wasseraufnahme in Hundertteilen des Gewichtes des trocknen Probekörpers . . . . $A_g = (100 \cdot A) : G_{tr} = 4,5\%$.

Wenn das Raumgewicht[1] r des trocknen Gesteins 2,60 g/cm³ beträgt, wird die Wasseraufnahme in Hundertteilen des Raumes (scheinbare Porosität)

$$A_r = r \cdot A_g = 2,60 \cdot 4,5 = 11,7 \%.$$

β) Wasseraufnahme in kochendem Wasser.

Gewicht des trocknen Probekörpers . . . . $G_{tr} = 535,0$ g
Gewicht des Probekörpers nach dem Kochen . . . . $G_k = 562,3$ g
Wasseraufnahme . . . . $A_k = 27,3$ g
Wasseraufnahme in Hundertteilen des Gewichtes des trocknen Probekörpers . . . . $A_{kg} = (100 \, A_k) : G_{tr} = 5,1\%$
Wasseraufnahme in Hundertteilen des Raumes (scheinbare Porosität), wenn $r = 2,60$ . . . . $A_{kr} = r \cdot A_{kg} = 13,3\%$

γ) Wasseraufnahme unter Druck und Sättigungsbeiwert.

Gewicht des trocknen Probekörpers . . . . $G_{tr} = 553,5$ g
Gewicht des Probekörpers nach der Wasseraufnahme unter Druck . . . . $G_d = 582,8$ g
Wasseraufnahme . . . . $A_d = 29,3$ g
Wasseraufnahme in Hundertteilen des Gewichtes des trocknen Probekörpers . . . . $A_{dg} = (100 \, A_d) : G_{tr} = 5,3\%$
Wasseraufnahme in Hundertteilen des Raumes (scheinbare Porosität) . . . . $A_{dr} = r \cdot A_{dg} = 13,8\%$
Sättigungsbeiwert $S = A_g : A_{dg} = 0,85$.

Mit diesem Gestein müßte der Frostversuch nach DIN DVM 2104 durchgeführt werden, weil $S > 0,80$.

2. Wasserabgabe.

Die Wasserabgabe eines Gesteins ist wesentlich von den Einflüssen der umgebenden Luft abhängig (Feuchtigkeitsgehalt, Temperatur, bewegte oder ruhende Luft). Im deutschen Normblatt DIN DVM 2103 und in den Richtlinien für die Beschaffenheit von Hochofenschlacke als Straßenbaustoff (vgl. Abschn. VIII, S. 584) wird ein entsprechendes Prüfverfahren mit genau bestimmten

---

[1] Nach DIN 1350 bzw. 1356 und DIN DVM 2102 gilt für Raumgewicht (Rohwichte) das Zeichen γ und für spezifisches Gewicht (Reinwichte) das Zeichen γ_0; hier werden die in DIN DVM 2103, 2202 und 2203 benützten Zeichen verwendet.

Versuchsbedingungen angegeben. Hiernach werden die nach Abschn. II C 1 wassergetränkten Proben in einem Exsikkator = Austrockner (Dmr. rd. 150 mm, nutzbare Höhe rd. 100 mm) über rd. 98%iger Schwefelsäure bis zur Gewichtsbeständigkeit bei rd. 20° C getrocknet; Menge der Schwefelsäure im Exsikkator rd. 500 cm³. In Abständen von 24 h sind die Probekörper zu wiegen und die Schwefelsäure zu erneuern. Die Bedeutung der Wasserabgabe sollte nach meiner Ansicht nicht überschätzt werden; im Schrifttum sind nur wenige Ergebnisse veröffentlicht, die nicht zur eindeutigen Beurteilung ausreichen.

3. Bestimmung der Wasserdurchlässigkeit.

Die Wasserdurchlässigkeit von natürlichen Steinen wird nur selten bestimmt, weil die meisten Steine praktisch wasserundurchlässig sind. J. STINY[1] und O. KRISCHER[2] haben die Angelegenheit verfolgt, ohne bestimmte Prüfverfahren anzugeben. Grundsätzlich kommt das für Beton übliche, in DIN Vornorm 4029 beschriebene Verfahren in Betracht, vgl. Abschn. VI, H, S. 526.

D. Feststellung der Längenänderungen der Gesteine.

Von FRITZ WEISE, Stuttgart.

1. Messen der Längenänderungen, die beim Durchfeuchten und beim Austrocknen entstehen.

Die Längenänderungen können entweder mit optischen oder mit mechanischen Meßeinrichtungen gemessen werden. Die Bauart des von J. HIRSCHWALD beschriebenen Mikroskopkomparators[3] gilt grundsätzlich heute noch; ähnliche Geräte haben O. GRAF[4] und A. GUTTMANN[5] zum Messen der Längenänderungen von Beton verwendet, vgl. auch A. HUMMEL im Abschn. VI F. Neuere derartige Geräte haben G. BERNDT[6] und M. KURREIN[7] beschrieben. Die Meßmarken können nur in wenigen Fällen unmittelbar in der Oberfläche der Probekörper eingeritzt werden; in der Regel müssen die Meßmarken mit dem Diamant in schmale Glasplättchen eingeritzt werden; die Glasplättchen sind dann aufzukitten.

Die grundsätzliche Bauart der mechanischen Meßmaschinen ist aus den Abb. 1 und 2 ersichtlich. Der Probekörper wird auf geeigneter Unterlage zwischen zwei verschiebbare Meßköpfe A und B gelegt; der Meßkopf B trägt einen Fühlstift C, der Meßkopf A die Meßschraube D. Der Anpreßdruck wird bei dieser Maschine durch Beobachtung des Flüssigkeitsstandes im Kapillarrohr F geregelt.

Beim Messen der Längenänderungen mit mechanischen Meßmaschinen müssen die Probekörper an beiden Enden Meßzapfen mit kugeligen Endflächen

[1] STINY, J.: Technische Gesteinskunde, S. 423. Wien: Julius Springer 1929.

[2] KRISCHER, O.: Z. VDI Bd. 82 (1938) S. 373.

[3] HIRSCHWALD, J.: Handbuch der bautechnischen Gesteinsprüfung, S. 274. Berlin: Gebrüder Bornträger 1912.

[4] GRAF, O.: Beton und Eisen Bd. 20 (1921) S. 73.

[5] GUTTMANN, A.: Zement Bd. 7 (1918) Heft 9 u. 12; Bd. 19 (1930) Heft 12 u. 13.

[6] BERNDT, G.: Grundlagen und Geräte technischer Längenmessungen, 2. Aufl. Berlin: Julius Springer 1929.

[7] KURREIN, M.: Meßtechnik, Heft 2 der Werkstattbücher, 3. Aufl. Berlin: Julius Springer 1932. Aus diesem Buch sind die Abb. 1 und 2 entnommen.

tragen. Die Meßzapfen können entweder aus den Endflächen der Probekörper mit dem Diamant gedreht und dann poliert werden oder es sind besondere Meßzäpfchen aus nichtrostendem Stahl in entsprechende Löcher mit Hilfe von

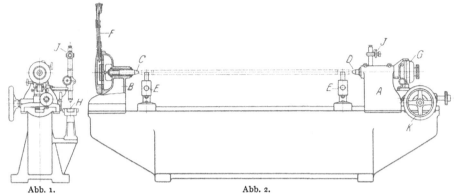

Abb. 1.　　　　　　　　　　Abb. 2.

Abb. 1 und 2. Mechanische Meßmaschine für kleine Längenänderungen.

Zement einzusetzen. Im ganzen erfordern derartige Messungen gute Meßmaschinen mit einer Genauigkeit von $\pm 1\,\mu$ oder weniger; ferner ist große Erfahrung und besonders sorgfältiges Arbeiten nötig, weil die Längenänderungen der Gesteine beim Durchfeuchten und beim Austrocknen sehr klein sind.

2. Messen der Längenänderungen der Gesteine beim Erwärmen.

Einrichtungen zum Messen der Längenänderungen bis zur Temperatur von rd. 100° C sind zahlreich beschrieben worden[1-4]. Die Wärmedehnzahlen der Gesteine werden vielfach durch Messen der Längenänderung des Versuchskörpers mit Hilfe von Spiegeln oder auf anderem Weg im Vergleich zu der bekannten Längenänderung des Quarzglases ermittelt.

Längenänderungen der Gesteine unter höheren Temperaturen hat K. Endell[5] im elektrisch beheizten Ofen beobachtet; die Messungen sind mit Hilfe von Kippspiegeln ausgeführt worden, vgl. auch S. 276.

E. Prüfung des Verhaltens der Gesteine bei hoher Temperatur.

Von FRITZ WEISE, Stuttgart.

Allgemeingültige Prüfverfahren zur Feststellung des Verhaltens der Gesteine bei hoher Temperatur sind nur für Dachschiefer im deutschen Normblatt DIN DVM 2204 angegeben; hiernach werden die Probekörper 25mal abwechselnd im Trockenschrank bis 100° erhitzt und in Wasser von Zimmertemperatur abgeschreckt. J. HIRSCHWALD hat — vgl. S. 622 und 749 seines

[1] EBERT, H.: Glastechn. Ber. Bd. 13 (1935) S. 73.
[2] GERDIEN u. W. JUBITZ: Wiss. Veröff. Siemens-Konzern, Bd. 8 (1929) Heft 2, S. 218.
[3] BOLLENRATH, F.: Z. Metallkde. Bd. 25 (1933) S. 163.
[4] SIEGLERSCHMIDT, H.: Z. Instrumentenkde. Bd. 45 (1925) S. 374, Bd. 56 (1936) S. 408; Metallwirtsch. Bd. 17 (1938) S. 155.
[5] ENDELL, K.: Dtsch. Aussch. Eisenbeton, Heft 60, 1929; ferner Zement Bd. 15 (1926) S. 823.

mehrfach erwähnten Buches — ähnliche Versuche durchgeführt; K. STÖCKE[1] hat die Gesteine im elektrisch beheizten Ofen bis 900° erhitzt und nach dem Abkühlen die Festigkeit bestimmt. Vor längerer Zeit hatte M. GARY[2] Sandsteinwürfel in einfacher Weise auf einem eisernen Rost über offenem Koksfeuer bis rd. 500° erhitzt und nach dem Abkühlen ihre Druckfestigkeit festgestellt. H. BUSCH[3] berichtet eingehend über eigene und fremde Brandversuche mit Gesteinen und mit anderen, nicht brennbaren Baustoffen.

F. Prüfung von Sand, Kies, Splitt und Schotter.
Von KURT WALZ, Stuttgart.

1. Allgemeines.

Bei diesen Stoffen handelt es sich um Haufwerke, deren Eigenschaften durch die Größe, Form und Oberfläche der Einzelteile, durch den Anteil einzelner Korngruppen, sowie durch die Art des Gesteins bedingt sind.

Untersuchungen und Prüfungen sind nötig: allgemein vor Beginn der Gewinnung und von Fall zu Fall besonders im Hinblick auf Lieferungsvereinbarungen und auf den Verwendungszweck (als Zuschlag zu Beton, als Gestein für Teer-, Asphalt- und Schotterstraßen, als Bettungsstoff usw.).

2. Untersuchung der Lagerstätten[4].

Der Errichtung von Werken für die Gewinnung der Stoffe haben Ermittlungen über den Umfang und die durchschnittlichen Eigenschaften des Vorkommens vorauszugehen.

a) Sand-, Kies- und Schottervorkommen.

Da es sich gewöhnlich um Ablagerungen zertrümmerten Gesteins handelt (von Seen, Wasserläufen, Flußterrassen, Moränen usw.), ist mit örtlich wechselnden Verhältnissen hinsichtlich Mächtigkeit, Kornaufbau und Gesteinseigenschaften zu rechnen. Aufschluß wird durch Probeschürfungen (Schlitze und Schächte), Bohrungen[5] und durch Beachten der geologischen Entstehungsmöglichkeiten erhalten (Zuziehung eines Geologen).

Die Proben sind genügend groß zu entnehmen, so daß die für die Beurteilung wichtigsten Untersuchungen (vgl. Abschn. 3, ferner Abschn. 5 u. f.) zuverlässig durchgeführt werden können.

b) Gestein aus Brüchen.

Die Brüche, aus denen künstlich zerkleinertes Gestein gewonnen wird, sind ähnlich zu untersuchen[6], wobei besonders darauf zu achten ist, ob Schichten

---

[1] STÖCKE K.: Steinindustr. u. Steinstraßenb. Bd. 27 (1932) S. 115.

[2] GARY, M.: Mitt. Kgl. techn. Versuchsanst. Berlin Bd. 16 (1898) S. 293.

[3] BUSCH, H.: Feuereinwirkung auf nicht brennbare Baustoffe und Baukonstruktionen. Diss. T. H. Stuttgart 1935.

[4] Vgl. auch STINY: Geologie u. Bauwesen Bd. 2 (1930) S. 1; Richtlinien für die Bewertung von Sand- und Kiesvorkommen (Quarzsand und Quarzkies) bei der Einheitsbewertung 1935. Tonind.-Ztg. Bd. 69 (1937) S. 776.

[5] Vgl. auch DIN Vornorm 4021, Grundsätze für die Entnahme von Bodenproben; DIN Vornorm 4022 Einheitliche Benennung der Bodenarten und Aufstellung der Schichtverzeichnisse.

[6] BIERHALTER, KRÜGER, OHSE, SKOPNIK, STÖCKE: Wie prüft man Straßenbaustoffe? 1932, S. 3 (Beitrag von KRÜGER); ferner DIN DVM 2101.

und Zonen mit schlechtem Gestein vorkommen und ob diese im Steinbruchbetrieb ausgeschieden werden können. In solchen Fällen soll später an Splitt- und Schotterproben aus dem Betrieb untersucht werden, inwieweit die Stoffe, wie angenommen, hinreichend frei von minderwertigem Gestein geliefert werden.

Die Eigenschaften des Gesteins selbst werden an größeren Probestücken aus dem Aufschluß untersucht, vgl. Abschn. A bis E und G.

Wenn möglich, ist außerdem durch praktische Versuche festzustellen, welche Kornform und Körnung beim Brechen vorzugsweise entstehen (abhängig von der Art des Brechens und dem Zustand des Brechers).

3. Probenahme bei Haufwerken.

Bei der Probenahme aus dem Haufwerk (Lagerung in Silos, in Bunkern, auf Haufen usw.) ist ein Vielfaches der erforderlichen Prüfgutmenge an verschiedenen Stellen der Schüttung nach Höhe und Tiefe zu entnehmen (Menge abhängig von der Gleichmäßigkeit und der Größe der Schüttung)[1].

Am einfachsten ist es, die Durchschnittsproben laufend während der Einlagerung zu ziehen. Bei der Entnahme gemischtkörniger Stoffe aus hohen Schüttungen ist zu beachten, daß starke Entmischung vorliegen kann (bei Kegelschüttung sind in den unteren Schichten und am Böschungsfuß gewöhnlich gröbere Teile)[2].

Die gewonnene Probemenge wird gut durchgemischt, in einem Kreis gleichmäßig ausgebreitet und durch zwei senkrechte Durchmesser in 4 gleich große Ausschnitte geteilt. Das in 2 gegenüberliegenden Ausschnitten befindliche Schüttgut wird entfernt, der Rest wieder gemischt, ausgebreitet, aufgeteilt usw. (Kreuzverfahren)[3]. Dies wird solange fortgesetzt, bis ungefähr die für eine bestimmte Prüfung erforderliche Menge entstanden ist.

Für feinere Stoffe finden sich weitere, jedoch seltener anwendbare Verfahren (Trennen des Schüttstromes[4], Trennen auf Keilrutschen[5]).

4. Einteilung und Bezeichnung.

Die gewonnenen Stoffe werden, abhängig vom Verwendungszweck, häufig in besondere Korngruppen aufgeteilt. Eine Korngruppe ist gekennzeichnet, nach unten durch das Prüfsieb, auf dem die Körner liegen bleiben, und nach oben durch das Prüfsieb, durch das die Körner noch hindurchgehen, z. B. Körnung 15 bis 30 mm. Zum Nachprüfen werden Maschensiebe (vgl. DIN 1171) für Körnungen unter 1 mm und Rundlochsiebe (vgl. DIN 1170) für Körnungen von 1 mm und darüber benutzt[6] (vgl. auch Abschn. 5). Sand, Kies und zerkleinerte Stoffe werden im einzelnen nach DIN 1179 eingeteilt. Doch ist, nach dem folgenden Auszug, die Bezeichnung und Aufteilung je nach dem Verwendungszweck verschieden. Für die meisten Zwecke des Betonbaues ist die Aufteilung nach noch größeren Korngruppen als in DIN 1179 angegeben ist, ausreichend.

---

[1] Vgl. auch Amer. Soc. Test. Mat. Standards Bd. II (1936) S. 1092 D 75—22.

[2] Entmischen bei der Einlagerung und beim Abziehen, vgl. GARVE: Tonind.-Ztg. Bd. 60 (1936) S. 1143.

[3] Zweckmäßig auf einem Tuch durchzuführen (Durchmischen durch abwechselndes Anheben an verschiedenen Seiten).

[4] BAADER: Meßtechn. Bd. 11 (1935) S. 61.

[5] Amer. Soc. Test. Mater., Standards, Suppl. 1937 (S. 153) D 271—37 (Verfahren für Kohle).

[6] Die Siebe werden durch die Weite der Sieböffnung in Millimeter und die entsprechende DIN-Nummer bezeichnet, also z. B. 0,2 DIN 1171 (Maschensieb) oder 15 DIN 1170 (Rundlochsieb).

Zusammenstellung nach DIN 1179.

Natürliche Stoffe		Körnung mm	Zerkleinerte Stoffe	
I. Allgemeine Bezeichnungen.				
Sand	Mehlsand	< 0,06	Mehl	Mehl
	Mehlsand	0,06 bis 0,09	Mehl	
	Feinsand	0,09 bis 0,2	Mehl	
	Mittelsand	0,2 bis 1	Brechfeinsand	Brechsand
	Grobsand	1 bis 3	Brechgrobsand	
Kies	Feinkies	3 bis 7	Feinsplitt	Splitt
	Mittelkies	7 bis 10	Feinsplitt	
	Mittelkies	10 bis 15	Grobsplitt	
	Mittelkies	15 bis 30	Grobsplitt	
	Grobkies	30 bis 40	Feinschotter	Schotter
	Grobkies	40 bis 50	Grobschotter	
	Grobkies	50 bis 60	Grobschotter	
	Grobkies	60 bis 70	Grobschotter	
Überlauf		> 70	—	Überlauf
Mittelkiessand		< 30	—	—
Kiessand (Grobkiessand)		< 70		
II. Sonderbezeichnungen.				
A. Betonzuschläge.				
Betonsand	Betonfeinsand	< 1	Betonfeinsand	Betonbrechsand
	Betongrobsand	1 bis 3	Betongrobsand	
	Betongrobsand	3 bis 7	Betongrobsand	
Betonkies	Betonfeinkies	7 bis 30	Betonsplitt	
	Betongrobkies	30 bis 70	Betonsteinschlag	
Betonkiessand		< 70	—	
B. Gleisbettungsstoffe der Reichsbahn[1].				
Gleiskiessand		1 bis 30	Gleisschotter II (20 bis 35)	
Gleiskies		7 bis 50	Gleisschotter I (35 bis 70)	

Im Ausland werden häufig die Siebe der American Society for Testing Materials (A.S.T.M.) benutzt. Diese weisen gegenüber DIN 1179 eine noch weitergehende Unterteilung auf [2].

5. Prüfung der Kornzusammensetzung.

a) Siebsätze.

Die Kornzusammensetzung von Korngemischen wird durch eine Reihe von Sieben mit bestimmter Weite ermittelt (Aufteilen nach Korngruppen und Ermittlung des Gewichtes derselben).

---

[1] Vgl. auch vorläufige besondere Lieferungsbedingungen für Gleisbettungsstoffe. Deutsche Reichsbahn 1933.

[2] Amer. Soc. Test. Mat. Tentative Standards 1938 (S. 1607) E 11—38 T. Oft wird dort aber auch in der Benennung (z. B. im Betonbau) nur zwischen feinem und grobem Anteil unterschieden (getrennt durch das Sieb mit 4,8 mm lichter Weite). Für Lieferzwecke sind bestimmte Korngruppen und Kurzbezeichnungen mit dem zulässigen Anteil an Über- und Unterkorn angegeben; Zuschlag für den Straßenbau, vgl. Amer. Soc. Test. Mat. Tentative Standards 1938 (S. 910 bis 928) D 448—37 T, D 485 bis D 489—38 T und D 182—38 T. Vergleichszahlen für die verschiedenen Siebe (Deutsche, A.S.T.M., englische) bei ROTHFUCHS: Bitumen Bd. 9 (1939) S. 88.

Die Abstufung der Siebe hängt gewöhnlich vom Verwendungszweck des Gekörnes ab. Für Betonzuschlagstoffe vgl. z. B. DIN 1045. Die Siebfolge ist in anderen Fällen verschieden (vgl. Abschn. 4) [1].

Bei der Umrechnung der Körnungsanteile von Maschensieben (DIN 1171) auf solche bei Rundlochsieben (DIN 1170) ist zu beachten, daß bei gleicher Siebweite mit dem Maschensieb eine größere Korngruppe (Durchgang in der Diagonalen) erfaßt wird. Zur Umrechnung liegen Erfahrungswerte vor [2].

Im ganzen ist bei allen Siebversuchen zu beachten, daß bei der Trennung der Körner durch die Siebe nur die Breite b des Kornes erfaßt wird. Über die Dicke und Länge des Kornes (damit über seinen Rauminhalt) wird kein Aufschluß erhalten. In besonderen Fällen ist daher die Kornform zu ermitteln (vgl. Abschn. 6).

b) Siebversuch.

Das getrocknete und gewogene Gemisch wird in die in bestimmter Folge zusammengestellten Siebe (Siebsatz, d. s. übereinandergestellte Siebe je mit Rahmen, größtes Sieb oben) geschüttet und abgesiebt [3].

Die Prüfgutmenge soll mindestens betragen, z. B. für Körnungen bis 1 mm 500 g, bis 7 mm 1000 g, bis 15 mm 2000 g, bis 40 mm 3000 g und über 40 mm je nach dem Größtkorn 5000 g und mehr. Der Rückstand auf jedem Sieb wird über einer Papierbahn auf Reinheit nachgesiebt, dann gewogen. Die auf einem Sieb (z. B. 3 DIN 1170) liegen gebliebene und durch das nächst größere Sieb des Siebsatzes (z. B. 7 DIN 1170) durchgegangene Korngruppe wird entsprechend diesen Sieben bezeichnet (z. B. Körnung 3 bis 7 mm) und in Gewichtsprozenten der gesamten Prüfgutmenge ausgedrückt. Mittelwerte aus 3 Siebungen.

Zweckmäßig wird die ermittelte Kornzusammensetzung als Sieblinie angegeben [3] (d. i. der Durchgang durch die einzelnen Siebe; also z. B. anstatt Körnung 0 bis 0,2 mm = 5%; 0,2 bis 1 mm = 21%, 1 bis 3 mm = 36% usw. Anteil 0 bis 0,2 mm = 5%, 0 bis 1 mm = 26%, 0 bis 3 mm = 62% usw. Durch Aufzeichnen auf Millimeterpapier oder im logarithmischen Maßstab wird eine gute Übersicht erhalten. Auch eine Auswertung des Siebversuches nach einer sog. Körnungsziffer ist möglich (vgl. unter Abschn. VI A, 1 d).

Weist ein Gemisch staubfeine Anteile in größerer Menge auf, so lassen sich diese nicht immer genügend absieben (gegenseitiges Anhaften und Haften an gröberen Teilen). In solchen Fällen wird zweckmäßig aufgeschlämmt und naß gesiebt [4].

Zur Untersuchung der Körnung des Durchganges durch das Sieb 0,060 DIN 1171 ($\leqq 60\ \mu$) sind Verfahren entwickelt worden, bei denen mit Trübungsmessung, mit Sichtung (Ermittlungen über die Beziehung zwischen Korngröße und Sinkgeschwindigkeit in Flüssigkeiten und im Luftstrom), mit der Ermittlung

---

[1] Amerikanische Siebfolge und Siebversuch für Betonzuschlagstoffe vgl. Amer. Soc. Test. Mater. Standards Bd. II (1936) S. 353, C 41—36.

[2] Vgl. SAENGER: Straßenbau Bd. 19 (1928) S. 31; ROTHFUCHS: Zement Bd. 23 (1934) S. 670; ferner Bitumen Bd. 9 (1939) S. 88.

[3] Vgl. GRAF: Der Aufbau des Mörtels und Betons, 3. Aufl. (1930) S. 113. Anweisung für Mörtel und Beton, AMB., Deutsche Reichsbahn, 2. Aufl., 1936 § 20 u. 55. Ähnlich vgl. Amer. Soc. Test. Mater. Tentative Standards 1938 (S. 636) C 136—38 T.

[4] Zum Beispiel durch das Sieb mit 0,09 mm Maschenweite (0,09 DIN 1171), vgl. Entwurf DIN DVM 2160, Tonind.-Ztg. Bd. 61 (1937) S. 889; ähnlich nach Amer. Soc. Test. Mater. Supplement 1937 (S. 99), C 117—37. (Ermittlung des Durchganges durch das Sieb mit 0,074 mm Maschenweite).

des spezifischen Gewichtes der Suspension, mit Vergrößerung und Projektion usw. gearbeitet wird [1, 2].

6. Kornform und Beschaffenheit der Kornoberfläche.

In manchen Fällen ist die Kornform zu beachten (Einfluß auf den Widerstand gegen Schlag und Druck; Größe der Oberfläche der Teile) [3].

Im allgemeinen genügt die Beurteilung nach Augenschein (bei feinen Stoffen unter dem Mikroskop) und die Angabe, ob die Körner z. B. vorwiegend gedrungen (kugelförmig, würfelig) oder splittrig (plattig, flach, lang) sind. (Bei überschlägigen Prüfungen können die nach Augenschein schlecht geformten Teile ausgelesen und als Anteil des Gemisches angegeben werden.) Außerdem ist anzugeben, ob es sich um abgerundete Körner oder um solche mit hervortretenden Kanten handelt.

Soll in besonderen Fällen die Form der gröberen Körner zahlenmäßig gekennzeichnet werden, so geschieht dies zweckmäßig durch Ausmessen von 3 zueinander senkrechten Achsen, vgl. Entwurf DIN DVM 1991: Mit der Schieblehre werden an 50 Körnern die Länge l, die Breite b und die Dicke d gemessen. Diese 3 Abmessungen können als die Kanten des dem Korn umschriebenen kleinsten Prismas aufgefaßt werden.

Die Werte $d:b$ geben an, inwieweit ein Korn flach, die Werte $l:b$ inwieweit ein Korn lang erscheint. Bewertet wird nach dem Anteil der Körner, die nach den von Fall zu Fall aufzustellenden Grenzwerten für $d:b$ (z. B. $< 0,5$) und $l:b$ (z. B. $> 1,5$) als zu flach bzw. zu lang erscheinen [4].

Zur Überprüfung späterer Lieferungen ist es zweckmäßig, die in einer bestimmten Gewichtsmenge vorhandene Kornzahl zu ermitteln (Abhängigkeit des Korninhaltes von der Kornform) [4].

Andere Verfahren zur Kennzeichnung der Kornform [5] geben meist weniger Aufschluß oder sie sind zu umständlich.

Für die Ermittlung der Beschaffenheit der Kornoberfläche (Rauhigkeit, Kantigkeit usw.) liegen mehrere Vorschläge vor [6]. Bestimmungen dieser Art werden jedoch praktisch selten nötig.

---

[1] Vgl. z. B. *Sichtung im Luftstrom:* Gonell: Z. VDI Bd. 72 (1928) S. 945. — *Sichtung in Flüssigkeiten:* Andreasen: Kolloidchem. Beihefte Bd. 27 (1928) S. 349; Zement Bd. 19 (1930) S. 698 (Pipettemethode). — Harkort: Kolloidchem. Beihefte Bd. 27, Heft 6—12; ebenso Ber. dtsch. Keram. Ges. Bd. 8 (1927) S. 6. — Szinger u. Weil: Tonind.-Ztg. Bd. 61 (1937) S. 565. — Haegermann: Tonind.-Ztg. Bd. 57 (1933) S. 541. — *Trübungsmessungen von Suspensionen* (mittlere Korngröße, mittlere Oberfläche): Wagnersches Turbidimeter, vgl. Amer. Soc. Test. Mater. Tentative Standards 1938 (S. 483) C 115—38 T (Trübung in Abhängigkeit von der Absetzzeit); Verfahren von Klein: Vgl. Proc. Amer. Soc. Test. Mater. Bd. 34, II, (1934) S. 303; ebenso E. von Gronow: Tonind.-Ztg. Bd. 62 (1938) S. 362 (Lichtschwächung durch die gesamte Suspension). — *Reflexionsmessungen:* Hornke: Tonind.-Ztg. Bd. 60 (1936) S. 911. — *Messungen mit Hilfe des spezifischen Gewichtes der Suspension (Senkwaage):* Stand. Spec. Highway Mater. Washington 1935 (S. 222), Verfahren T—88. — Straßenbau Bd. 30 (1939) S. 362. — *Vergrößerung:* Andreasen: 1. Mitt. N. I. V. M. 1930, D, S. 156. — Heyd: Tonind.-Ztg. Bd. 61 (1937) S. 1138 (Netzmikroskop). Tillmann: Mitt. staatl. techn. Versuchsamt Wien, 1934, S. 23 (Projektion).

[2] Eine zusammenfassende Darstellung gebräuchlicher Verfahren lieferte Harkort: Forschungsarb. Straßenwes. Bd. 15 (1939); vgl. ferner Gessner: Die Schlämmanalyse, Bd. 10, Kolloidforschung in Einzeldarstellungen (1931).

[3] Über die Größe der Oberfläche bestimmter Korngruppen vgl. DIN 1995 IIc 6.

[4] Näheres vgl. Walz: Straßenbau Bd. 30 (1939) S. 1 und Entwurf DIN DVM 1991.

[5] Vgl. Walz: Straßenbau Bd. 30 (1939) S. 1. Nach Nr. 812—1938, British Standard Methods wird die Kornform mit festen Lehren ermittelt.

[6] Vgl. Stiny: Die Auswahl und Beurteilung der Straßenbaugesteine, S. 7f. 1935.

7. Bestimmung des Raumgewichtes (Rohwichte), des spezifischen Gewichtes (Reinwichte), und des Hohlraumgehaltes.

a) Raumgewicht R des Haufwerkes.

Die Ermittlung des Raumgewichtes R wird nötig bei der Umrechnung von Gewichts- auf Raummengen und umgekehrt (Gewicht und Raum von Schüttgütern, Kennzeichnung der Stoffe usw.).

Das Raumgewicht R des Haufwerkes ergibt sich aus Gewicht G und Raummenge V der Schüttung (einschließlich der Hohlräume) als $R = G/V$[1].

Das Raumgewicht eines Haufwerkes ist abhängig vom Raumgewicht (Rohwichte) des Gesteins (vgl. b) von der Kornzusammensetzung[2], vom Verdichtungsgrad (Schüttdichte), von der Kornform, vom Feuchtigkeitsgehalt[2] (wesentlich bei feinkörnigen Stoffen) usw.

Zur Ermittlung von R werden Gefäße bekannten Inhaltes benutzt, in die das Gekörn entsprechend der in Frage kommenden Lagerungsweise (z. B. lufttrocken oder lagerfeucht, lose geschüttet, eingerüttelt, eingeschlämmt) gefüllt wird.

Nach DIN DVM 2110 stehen nebenstehende zylindrische Meßgefäße zur Verfügung[3].

Diese Gefäße gelten für den Regelfall.

Um besondere praktische Verhältnisse besser zu treffen, sind oft größere Gefäße zu benutzen[4]. Jeder Versuch ist mindestens 3 mal auszuführen (Mittelwert).

Für die Kornung	Inhalt	Abmessungen in mm	
mm	dm³	d_i	h_i
bis 7	1	124	83
über 7 bis 30	5	216	136
über 30	10	266	180

b) Raumgewicht (Rohwichte) r des trocknen Gesteins[5].

α) Für dichtes Gestein wird das Raumgewicht r am einfachsten durch folgende Feststellungen ermittelt:

$G =$ Gewicht einer beliebigen Menge des Gekörnes (z. B. rd. 1 bis 3 kg),

$J =$ Hohlraumgehalt eines Meßgefäßes.

$H =$ Wassermenge, die nach dem Einfüllen des Gekörnes in das Gefäß noch zugegossen wird (Hohlraumgehalt im Gekörn; Einfüllen unter Stochern und Erschüttern zur Entfernung von Luftblasen[6]),

$V = J - H =$ Raum der festen Anteile. Gesteinsraumgewicht $r = G/V$.

β) V kann auch als Auftrieb ermittelt werden (Auftrieb des in einen Drahtkorb gefüllten Gekörnes; Entfernung anhaftender Luftblasen),

$G =$ Gewicht des getrockneten Gekörnes vor dem Versuch,

$G_o =$ Gewicht des Gekörnes nach Wasserlagerung (mattfeucht abgetrocknet, ohne Oberflächenwasser)[7],

---

[1] Praktisch wird R gewöhnlich in kg/dm³ bzw. t/m³ angegeben. Über Bezeichnung und Bedeutung vgl. in anderen Fällen DIN 1306.

[2] Vgl. WALZ: Beton u. Eisen Bd. 36 (1937) S. 200 f.; HUMMEL: Das Beton-ABC, 2. Aufl. 1937, S. 88.

[3] Vgl. auch Amer. Soc. Test. Mater. Tentative Standards 1938 (S. 657) C 29—38 T.

[4] In größeren Gefäßen als nach DIN DVM 2110 entstanden nach unseren Feststellungen zum Teil höhere Raumgewichte.

[5] Einschließlich der im Gestein vorhandenen Poren und Hohlräume. Über die Ermittlung an regelmäßigen Körpern durch Ausmessen vgl. DIN DVM 2102 und Abschn. B.

[6] Bei feinporigem Gestein sind die Einzelteile nach Ermittlung von G mindestens 1 Tag unter Wasser zu lagern, dann Einzelteile durch Trocknen der Oberfläche, durch Abtropfen, Abschleudern usw. vom Oberflächenwasser befreien. Nur anwendbar für Körnungen über 7 mm. H kann auch durch Erdöl oder Quecksilber (Eindrücken des Gesteins) bestimmt werden.

[7] Die Ermittlung an feinem Gekörn kann ähnlich oder entsprechend wie nach c geschehen. Der wassergelagerte Sand wird hierzu nach 24 h an der Oberfläche rasch getrocknet [er ist an der Oberfläche trocken, wenn er keine Kohäsion mehr aufweist, vgl. Amer. Soc. Test. Mater. Tentative Standards 1938 (S. 654) C 128—36 T]; vgl. auch Fußnote 5, S. 182.

G_w = Gewicht des wassergelagerten Gekörnes unter Wasser.

$V = G_o - G_w$; $r = G/V^1$.

γ) Für die genauere Bestimmung des Gesteinsraumgewichtes bei Körnungen mit feinporigem Gestein werden die Körner zweckmäßig mit heißem Paraffin umhüllt bzw. eingebettet. (Kurzes Eintauchen der möglichst kalten Gesteinsstücke[2].) Die Ermittlung des Raumes V des Gesteines geschieht dann unter Berücksichtigung des vom Paraffin eingenommenen Raumes entweder wie bereits beschrieben für H (Meßgefäß mit Wasser) oder mit der Auftriebsmethode:

G = Gewicht des Gekörnes vor dem Versuch; G_P = Gewicht samt Paraffin; V = Raum des Gekörnes; V_P = Raum des Paraffins = $(G_P - G) : 0{,}93$ [3]; P_1 = Gewicht (einschließlich Paraffin) unter Wasser;

$V = G_P - P_1 - V_P$; $r = G/V$.

c) Spezifisches Gewicht (Reinwichte).

Das spezifische Gewicht s (Gesteinsstoff ohne Hohlräume) wird an zerkleinertem Gestein (Durchgang durch das Sieb 0,2 DIN 1171) ermittelt, vgl. auch DIN DVM 2102. (Ermittlung des Raumes des bei 110° getrockneten Pulvers in einem Raummesser [4]).

In allen Fällen ist bei Gekörnen mit verschiedenen Gesteinsarten auf gute Durchschnittsproben zu achten.

d) Hohlraumgehalt.

α) *Im Haufwerk.* Rechnerisch ergibt sich der Hohlraumgehalt aus Schütt- und Gesteinsraumgewicht zu $H = \left(1 - \dfrac{R}{r}\right) \cdot 100$ (in Raumprozenten) oder bei Körnungen über 7 mm durch Versuch wie unter b, α (Ermittlung der zum Füllen der Hohlräume des Haufwerkes erforderlichen Flüssigkeitsmenge).

β) *Im Gestein.* Der Hohlraumgehalt im porigen Gestein ergibt sich aus dem Gesteinsraumgewicht und dem spezifischen Gewicht zu $H_s = \left(1 - \dfrac{r}{s}\right) \cdot 100$. Bei dichten Gesteinen ist r und s praktisch gleich groß.

8. Bestimmung der Wasseraufnahme des Gesteins und des Oberflächenwassers.

a) Wasseraufnahme des Gesteins.

Das Gekörn wird, bis keine Gewichtszunahme mehr festzustellen ist, unter Wasser gelagert (Probemenge ähnlich wie in Abschn. 5 b), dann oberflächlich getrocknet [5] (bei gröberem Korn Abtrocknen mit einem Tuch, oder kurzes

---

[1] Ähnlich vgl. Amer. Soc. Test. Mater. Tentative Standards 1938 (S. 651) C 127—36 T.

[2] Bei grobporigem Gestein ist dieses Verfahren weniger brauchbar, weil auch die außen liegenden Poren ausgefüllt werden und damit nicht als Gesteinsraum erfaßt sind. Grobe Poren werden nach Ermittlung von G_o zweckmäßig mit einer weichen Masse (Fett, Plastilin, oder ähnlichem) ausgestrichen. Das die Poren umgebende Gestein wird dabei nicht abgedeckt. An den so vorbereiteten Gesteinsstücken wird dann G_w wie unter β) bestimmt, usw.; vgl. auch DIN 1996 II, A, 2 b; Walz: Beton u. Eisen Bd. 40 (1941) Heft 1.

[3] Je nach dem Schmelzpunkt verschieden; wird am zweckmäßigsten gesondert bestimmt (z. B. durch Ausgießen eines Gefäßes bekannten Inhalts).

[4] Geräte vgl. Bierhalter, Ohse, Skopnik, Stöcke: Wie prüft man Straßenbaustoffe? S. 12, 1932 (Beitrag von Krüger); Wawrziniok: Handbuch des Materialprüfungswesens, 2. Aufl., 1923, S. 588 (mehrere Verfahren).

[5] Feine Körnungen können als oberflächentrocken bezeichnet werden, wenn sie keine Kohäsion mehr besitzen, d. i. wenn sie z. B. beim Einstampfen in eine konische Blechform nach Abheben derselben auseinanderfließen; vgl. Woolf: Proc. Amer. Soc. Test. Mater. Bd. 36 II (1936) S. 411; vgl. auch Fußnote 7, S. 181.

Trocknen im heißen Luftstrom) und gewogen; Gewicht G_o. Die Wasseraufnahme W ohne Oberflächenwasser ergibt sich bei weiterem Trocknen bei rd. 110° C bis zur Gewichtsgleichheit (Gewicht G) als $W = \dfrac{G_o - G}{G} \cdot 100$ (Gew.-%) [1]. Wegen des Einflusses verschiedene Gesteinsraumgewichtes wird die Wasseraufnahme besser in Raumprozenten ausgedrückt, d. i. $W_R = \dfrac{G_o - G}{V} \cdot 100$. In besonderen Fällen wird auch die Wasseraufnahme entlüfteter Proben unter hohem Wasserdruck ermittelt, vgl. DIN DVM 2103.

b) Oberflächenwasser.

Der Gehalt des Gekörnes an Wasser, das sich an der Oberfläche befindet, hat einen wesentlichen Einfluß auf die Lagerungsdichte und damit auf das Raumgewicht [2] (insbesondere bei Sand, verursacht durch die Wirkung des kapillar verteilten Wassers). Das kleinste Raumgewicht findet sich gewöhnlich bei lagerfeuchtem Material (z. B. bei Sand und Kiessand mit 2 bis 5 Gew.-% Wasser), es ist am größten bei trocknem und wassersattem Stoff (vgl. auch Abschn. 7a). Zur Beurteilung des Raumgewichtes eines feinkörnigen Schüttgutes ist daher immer dessen Gehalt an Oberflächenwasser anzugeben. Über die Anrechnung des Oberflächenwassers bei der Betonherstellung vgl. Abschn. VI, A, 2, c.

Das Oberflächenwasser wird in der Regel durch Trocknen der Oberfläche des lagerfeuchten Gekörnes ermittelt [3]. Nach Augenschein soll dabei die Oberfläche nur noch schwach mattfeucht erscheinen.

Ist G_f das Gewicht im lagerfeuchten Zustand, G_o jenes nach raschem Trocknen der Oberfläche (am besten durch strömende Heißluft), so ist das Oberflächenwasser $W_o = \dfrac{G_f - G_o}{G_f} \cdot 100$ (Gew.-% des feuchten Gekörnes; Raum-% vgl. a).

Bei anderen Verfahren wird das Oberflächenwasser für feinkörnige Stoffe mit Hilfe einer Meßflasche und des Raumgewichtes des feuchten Gesteins (vgl. 7b) ermittelt [4], ferner durch Wägen an der Luft und unter Wasser unter Berücksichtigung des Gesteinsraumgewichtes [5]. Vgl. auch Abschn. 7b.

9. Prüfung der stofflichen Beschaffenheit.
a) Gröbere Bestandteile.

Für eine überschlägige Beurteilung der stofflichen Beschaffenheit des Gekörnes (Witterungsbeständigkeit, Härte, Festigkeit) genügt im allgemeinen die Untersuchung nach Augenschein. (Beurteilung nach den Eigenschaften der gesteinsbildenden Mineralien, Kornbindung, Struktur usw.; Ritzen mit dem Messer, Widerstand beim Zerschlagen, geben in diesem Sinn über die mechanischen Eigenschaften meist hinreichend Aufschluß.)

Gemische aus verschiedenem Gestein werden nach Augenschein in Körner gleicher Eigenschaften (gute und minderwertige Anteile) getrennt; der Anteil letzterer wird angegeben. Eine solche Trennung ist, besonders bei feinem Gekörn, auf Grund des meist geringeren Raumgewichtes des minderwertigen Gesteines möglich, wenn nach den in Flüssigkeiten verschiedenen spezifischen Gewichtes schwimmenden oder absinkenden Körnern getrennt wird. Als Flüssigkeiten (zum Teil teuer) kommen in Frage Methylenjodid $s = 3{,}32$, Bromoform

---

[1] Entsprechend vgl. Amer. Soc. Test. Mater. Tentative Standards 1938 (S. 651 u. 654) C 127—36 T bzw. C 128—36 T.

[2] Vgl. WALZ: Beton u. Eisen Bd. 36 (1937) S. 200; HUMMEL: Das Beton-ABC, 2. Aufl. 1937, S. 88.

[3] Vgl. WALZ: Deutscher Ausschuß für Eisenbeton, Heft 91 (1938) S. 12.

[4] Standards Amer. Soc. Test. Mater. 1936 II (S. 357) C 70—30. — BENDEL: De Ingenieur (Beilage Beton) Bd. 6 (1938) S. 82.

[5] Vgl. BROCK: Rock Products, Nr. 13 (1932) S. 44; Auszug in Zement Bd. 22 (1933) S. 170.

$s = 2,9$; Zinkchlorid $s = 1,95$, Chloroform $s = 1,52$. (Zwischengewichte werden durch Verdünnung mit Benzol, Toluol, Xylol usw. eingestellt [1] [Prüfung mit der Senkwaage]). Bei der Untersuchung müssen die Körner gut benetzt sein. In besonderen Fällen sind mineralogische Prüfmethoden [2] (vgl. Abschn. A u. G) und chemische Feststellungen [3] nötig bzw. es sind physikalisch-mechanische Prüfungen anzuwenden, vgl. Abschn. 10 u. f.

b) Feinverteilte Bestandteile [4].

Die Gegenwart von *organischen Stoffen* und Humus wird durch Einlegen des Gekörnes in 3%ige Ätznatronlösung festgestellt. Der Grad der Verunreinigung ist an der Färbung (gelb bis braunrot) zu erkennen [5]. (In gewissen Fällen soll jedoch ein Färbung auch durch eisen- oder manganschüssige Bestandteile entstehen.)

Feinverteilte Verunreinigungen (Lehm, Ton, Gesteinsstaub usw.) werden, für die meisten Fälle ausreichend, am einfachsten durch gründliches Aufschlämmen bestimmt (vgl. auch Abschn. 5 b). Das Waschwasser wird solange erneuert, bis es klar bleibt. Die im Waschwasser vorhandenen Stoffe (Sammeln des Waschwassers, Abgießen des klaren Wassers nach dem Absetzen der Stoffe) werden bei rd. 110° getrocknet, gewogen und in Prozenten des gesamten Trockengewichtes des untersuchten Gekörnes ausgedrückt [6].

Für bestimmte Fälle werden als Verunreinigungen (z. B. Lehm und Ton bei Betonzuschlagstoff) jene Teile bezeichnet, die durch feinmaschige Siebe (z. B. mit 0,09 oder 0,074 mm Maschenweite, vgl. Abschn. 5 b) hindurchgespült werden können.

Das Abgeschlämmte kann chemisch und mikroskopisch auf seine Bestandteile untersucht werden.

10. Prüfung der Widerstandsfähigkeit gegen Frosteinwirkung.

a) Allgemeines (vgl. auch Abschn. G).

Abgesehen von der seltener in Erscheinung tretenden Zermürbung durch temperaturbedingte häufige Raumänderungen, treten Frostschädigungen vorwiegend bei durchfeuchtetem Gestein (Frostsprengung durch Gefrieren des Wassers im porigen Gestein, auch durch Erweichung) auf. Soweit frostgefährdete Bestandteile nicht durch Auslesen ermittelt wurden (angewitterte und weiche Körner; tonige, mergelige, auch weiche kalkige Bestandteile; schiefriges und feingeschichtetes Gestein; Körner mit viel Glimmer usw., vgl. Abschn. 9 a), kann das Gekörn durch den Frostversuch oder den Kristallisierversuch geprüft werden [7].

---

[1] Vgl. RINNE: Gesteinskunde, 11. Aufl., S. 81, 1928; Stand. Spec. Highway Mat., Washington 1935 (S. 98), Verfahren T—10 (Verwendung von Zinkchlorid, $s = 1,95$, zur Ermittlung des Anteils von Schiefer). Der Gehalt an Kohle und Braunkohle kann auch (mit Tetrachlorkohlenstoff) ermittelt werden, vgl. Amer. Soc. Test. Mater. Tentative Standards 1938 (S. 634) C 123—36 T.

[2] KRÜGER: Mineraltechnik für Bauingenieure 1929. — RINNE: Gesteinskunde, 11. Aufl., S. 56 f., 1928.

[3] Zum Beispiel bei Zuschlagstoff zu Beton der Sulfide und Sulfate enthalten kann. [Über die Untersuchung vgl. Entwurf DIN DVM 2160: Tonind.-Ztg. Bd. 61 (1937) S. 889; ferner Abschn. VII, A, 1.]

[4] Über die Beurteilung bei Betonzuschlagstoffen, vgl. Abschn. VI, A, 1.

[5] KLEINLOGEL, HUNDESHAGEN, GRAF: Einflüsse auf Beton, 3. Aufl., S. 323, 1930; ähnlich Amer. Soc. Test. Mater. Standards, II, 1936 (S. 350) C 40—33.

[6] Die Amer. Soc. Test. Mater. ersetzte dieses etwas willkürliche Verfahren durch C 117—37, vgl. Abschn. 5 b (Nasse Siebung).

[7] Wenn es sich um gebrochenes Gekörn handelt, wird die Prüfung an größeren Gesteinsstücken vor dem Brechen nach Abschn. G vorgenommen.

Über beide Versuche liegen jedoch noch nicht hinreichende, zum Teil auch widersprechende Erfahrungen vor. Die Versuche sind daher nicht ausschließlich zur Beurteilung der Frostbeständigkeit von Gekörn zu benutzen, vgl. auch Abschn. G. Wenn durch diese Versuche Schädigungen entstehen, kann unter gewissen Umständen auf praktisch wenig beständiges Gestein geschlossen werden [1]. In Fällen, in denen zweifelhafte Bestandteile nach Augenschein vorliegen, in denen aber durch den Frost- oder Kristallisierversuch keine Schädigungen entstanden, ist das Gestein auf alle Fälle nach petrographischen Methoden (Art und Erhaltungszustand der Mineralien usw. vgl. Abschn. A u. G) zu untersuchen.

b) Prüfgut.

Je nach der Körnung werden 500 bis 5000 g des bei 110° C getrockneten Gekörnes für die Prüfung benutzt. Bei gemischtkörnigem Stoff wird die Kornzusammensetzung vor dem Versuch ermittelt, sofern nicht eine nach bestimmten Körnungen künstlich zusammengesetzte Probe benutzt wird. Bei gröberem Gekörn (Kies, Schotter) kann noch die Anzahl der Teile bestimmt werden.

c) Prüfung durch Gefrieren und Auftauen.

Die mindestens 24 h unter Wasser gelagerte Probe wird (in einem Behälter oder feinmaschigen Drahtkorb) abwechselnd gefroren und in Wasser aufgetaut. Man kann hierbei entsprechend DIN DVM 2104 vorgehen, vgl. Abschn. G, 4; doch erscheint es in Anbetracht der kleinen Teile möglich, die Einwirkungsdauer herabzusetzen; auch ist eine schärfere Temperatureinwirkung angebracht [2]. Die Wechsel sind möglichst oft, z. B. 50mal, vorzunehmen.

d) Kristallisierversuch.

Durch den Kristallisierversuch werden entsprechend wie beim Gefrieren Sprengkräfte in den Poren erzeugt [3]. Die getrocknete Probe wird in gesättigte Natrium- oder Magnesiumsulfatlösung von rd. 21° C eingelegt. Nach 18 h kommt das Gekörn bei rd. 110° C in den Trockenofen. Nach dem Trocknen und Abkühlen wird die Einlagerung in die Lösung wiederholt usw.[4]. Die Wechsel sind möglichst oft, z. B. 10mal, vorzunehmen. Nach dem Versuch wird die Probe zur Entfernung des Salzes gründlich gewaschen bzw. in Wasser eingelagert (Nachweis von Salz im Waschwasser durch $BaCl_2$, weißer Niederschlag).

e) Feststellungen beim Frost- und Kristallisierversuch.

Die Kornzusammensetzung des bei 110° C getrockneten Prüfgutes bzw. dessen Stückzahl wird nach dem Versuch bestimmt. Für eine Bewertung kann auch die Körnungsziffer (vgl. 5) benutzt werden. Aus der Verfeinerung des Gekörnes nach dem Versuch (Vergleich der Siebzahlen, der Körnungsziffer oder der Kornzahl vor und nach dem Versuch) ist der Umfang der Zerstörung der Körner

---

[1] Vgl. WALZ: Betonstraße Bd. 14 (1939) S. 215.

[2] Nach Amer. Soc. Test. Mater. Tentative Standards 1938 (S. 639) C 137—38 T wird die Probe abwechselnd 2 h lang einer Temperatur von — 25 bis —30° C ausgesetzt und 30 min lang in Wasser von + 24 bis + 27° C aufgetaut.

[3] Die Sprengkräfte entstehen, nicht wie oft angenommen wird, beim Trocknen, sondern beim Einlagern in die Lösung. (Umbildung des beim Trocknen entstandenen wasserfreien Salzes in das Dekahydrat unter Raumvermehrung.) Konzentration der Lösung und Temperaturverhältnisse spielen eine Rolle; vgl. SCHMÖLZER: Mitt. staatl. techn. Versuchsamt, Wien, Jahrg. 25 (1936) S. 14; HOFMANN: Lehrbuch der anorganischen Chemie, 7. Aufl. S. 427, 1931. — Der Kristallisierversuch ist als deutsche Norm vorgesehen (DIN Entwurf DVM 2111).

[4] Vgl. Amer. Soc. Test. Mater. Tentative Standards 1938 (S. 645) C 88—37 T.

(Absplitterung, Zerfall) zu erkennen. Zweckmäßig werden diese Feststellungen durch Untersuchung der Körner nach Augenschein ergänzt (Veränderung der Farbe, Abwitterung, Risse, mürbes Gefüge usw.).

Es erscheint angebracht, versteckte Schädigungen, die sich bei widerstandsfähigeren Gesteinen nicht genügend zeigen, durch eine nachfolgende mechanische Beanspruchung aufzudecken. Dazu wird die Probe nach dem Frost- oder Kristallisierversuch, dem Kollerversuch oder Schlagversuch (vgl. Abschn. 12 u. 13) unterworfen. Die erhaltene Zertrümmerung wird mit der von Gekörn verglichen, das nicht durch den Frost- oder Kristallisierversuch beansprucht wurde. Es ist jedoch angebracht, die Beanspruchung beim üblichen Koller- oder Schlagversuch zu vermindern, damit die Schädigungen deutlich werden (Kollerversuch ohne Stahlkugeln, Schlagversuch bei geringer Fallhöhe)[1].

11. Prüfung der Widerstandsfähigkeit gegen hohe Temperatur.

In besonderen Fällen muß Widerstandsfähigkeit gegen hohe Temperatur bituminöser Deckenbau, Zuschlag für Beton zu Kaminen, Brandmauern usw.) nachgewiesen werden. Die Prüfung[2] geschieht durch Erhitzen des Gekörnes im Ofen auf 200, 300 und 500° C (je eine Probe gesondert). Die Einwirkungsdauer soll mindestens 1 h betragen, das Abkühlen erfolgt bei Zimmertemperatur. Der Versuch wird mindestens 5mal wiederholt. Die Beurteilung kann, ähnlich wie in Abschn. 10 durch Siebung und nach Augenschein erfolgen. Zur Erfassung versteckter Schäden wird die Probe zweckmäßig anschließend einer mechanischen Beanspruchung unterworfen (vgl. Abschn. 12 u. 13).

12. Prüfung des Widerstands gegen Schlag und Druck.

a) Versuche am einzelnen Korn.

Jedes Korn wird in einem kleinen Fallwerk dahin geprüft, ob es, auf einer kugeligen Unterlage aufliegend, von einer geführt herabfallenden Kugel zertrümmert wird[3]. Der Schlag wirkt in Richtung der kleinsten Abmessung des Kornes; die Schlaghöhe ist von letzterer abhängig. Prüfung einer Durchschnittsprobe von 50 Körnern. Die Anzahl der beschädigten Körner dient zur Bewertung.

Entsprechend wie bei diesem Schlagversuch werden die Körner auch einem gleichbleibenden Druck (abhängig von der Korngröße) ausgesetzt[4].

Beide Verfahren können naturgemäß nicht die Bedingungen erfüllen, die an ein exaktes Prüfverfahren für die Ermittlung einer Materialkonstanten gestellt werden. Die Art der Auflagerung, die je nach der Form der Körner sehr unterschiedlich ist, ist von wesentlichem Einfluß. Doch dürfte bei Gekörn aus verschieden festem Gestein immerhin ein wertvoller Aufschluß über den Gehalt an festeren und weniger festen Anteilen zu erhalten sein.

b) Schlag- und Druckversuch am Steingekörn.

Das in einen Stahlzylinder eingefüllte Gekörn wird durch Schläge eines Fallbären oder durch gleichmäßig steigenden Druck (über einen Schlagkopf bzw.

---

[1] Vgl. WALZ: Betonstraße Bd. 12 (1937) S. 80; ferner Betonstraße Bd. 14 (1939) S. 215.
[2] Vgl. BIERHALTER, KRÜGER, OHSE, SKOPNIK, STÖCKE: Wie prüft man Straßenbaustoffe? Berlin 1932, S. 18 (Beitrag von STÖCKE). — Über die Prüfung von Gekörn aus verschiedenem Gestein unter höheren Temperaturen, vgl. BUSCH: Feuereinwirkung auf nichtbrennbare Baustoffe und Baukonstruktionen. S. 138, Berlin 1938.
[3] Stand. Spec. Highway Mater., Washington 1935 (S. 96), Verfahren T—6.
[4] Stand. Spec. Highway Mater., Washington 1935 (S. 97), Verfahren T—8.

Druckstempel auf das Gestein wirkend) beansprucht [1]. Der Zertrümmerungsgrad wird durch Ermittlung der Kornzusammensetzung bzw. der Körnungsziffer vor und nach dem Versuch bestimmt (vgl. auch Abschn. 5 b).

Beim Vergleich verschiedener Gesteine ist zu beachten, daß die Kornform und Kornzusammensetzung des Prüfgutes (gleichkörnig oder gemischtkörnig), auch die Prüfmenge (Verwendung von Gestein mit verschiedenem Raumgewicht) von Einfluß auf das Ergebnis ist. Sollen daher nur die spezifischen Gesteinseigenschaften ermittelt werden, so sind möglichst gleich beschaffene (besonders zusammengesetzte) Gemische zu verwenden.

13. Prüfung des Abnutzwiderstands beim Kollern.

Der Abnutzwiderstand des Gekörnes wird in Kollerbehältern (Kollertrommeln) ermittelt. Eine Probe bekannter Kornzusammensetzung wird mit oder ohne [2] Stahlkugeln in einen, um eine Achse drehbaren Zylinder eingefüllt und durch Drehen des Zylinders umgewälzt. Die Verfeinerung der Körnung nach einer bestimmten Anzahl von Umdrehungen wird ermittelt (Vergleich der Sieblinien oder Körnungsziffern vor und nach dem Versuch).

Der zylindrische Behälter kann schräg [3] oder gleichlaufend zur Drehachse angeordnet sein [4], er kann einen gewellten [5] oder glatten Mantel besitzen. Dieser kann zur Abführung des Staubes gelocht sein [6]. Die Abnutzung wird auch an feuchten Proben unter Zufuhr von Wasser vorgenommen [7].

Die Ergebnisse werden außer vom spezifischen Abnutzwiderstand des Gesteins, von der Kornform, von der Korngröße, von der Kornzusammensetzung, von der Härte (gegenseitiger Abrieb), von der Probemenge, von der Größe der Trommel, von der Umlaufgeschwindigkeit usw. beeinflußt. Im ganzen sind Vergleichsversuche daher nur unter streng einheitlichen Bedingungen durchzuführen [8].

14. Besondere Prüfungen auf mechanische Widerstandsfähigkeit.

Die Prüfungen nach Abschn. 12 und 13 geben die Beanspruchungen der Praxis nur zum Teil wieder. Weitergehende Aufschlüsse werden erhalten, wenn die Verfahren mehr der Praxis angepaßt werden (z. B. Nachahmung der Beanspruchung beim Stopfen von Gleisbettungsstoffen, beim Darüberfahren von Zügen, Verwendung der Stoffe im Anlieferungszustand).

In solchen Fällen wird der Schotter in dichte, große Behälter eingefüllt und ähnlich wie in der Praxis mit der Stopfhacke bearbeitet [9] oder durch rasch aufeinanderfolgende Lastwechsel längere Zeit beansprucht [10]. Der Zertrümmerungsgrad wird durch Vergleich der Körnung vor und nach dem Versuch bestimmt.

---

[1] Vgl. DIN DVM 2109, gültig für Gekörn von 30 bis 60 mm. Sinngemäß können auch andere Korngemische geprüft werden, vgl. z. B. WALZ: Betonstraße Bd. 14(1939) S. 215.

[2] Vgl. WALZ: Betonstraße Bd. 12 (1937) S. 80; ferner Betonstraße Bd. 14 (1939) S. 215.

[3] DEVAL-Abnutztrommel, vgl. Amer. Soc. Test. Mater. Tentative Standards 1938 (S. 932) D 289—37 T bzw. Amer. Soc. Test. Mater. Standards 1936, II (S. 1040), D 2—33.

[4] Los Angeles-Abnutztrommel, vgl. Amer. Soc. Test. Mater. Tentative Standards 1938 (S. 629) C1 31—38 T.

[5] Vgl. frühere DIN DVM 2106.

[6] Vgl. ÖNORM B 3102, 12.

[7] Vgl. ÖNORM B 3102; 12, 13.

[8] Vgl. WOOLF u. RUNNER: Public Roads Bd. 16 (1935) S. 125.

[9] WAWRZINIOK: Handbuch des Materialprüfungswesens für Maschinen- und Bauingenieure, 2. Aufl., 1923, S. 392. — PIRATH: Verkehrstechn. Woche Bd. 22 (1928) S. 285.

[10] PIRATH: Fortschr. Eisenbahnw. Bd. 87 (1932) S. 444.

15. Vorschriften über die Eigenschaften des Gesteins.

a) Betonzuschlagstoff.

Für *Beton- und Eisenbeton* bestehen keine bestimmt gefaßten Forderungen. Nach DIN 1045 sollen die Betonzuschläge lediglich genügend fest und wetterbeständig sein.

Bei *Betonfahrbahndecken* [1] wird für den Oberbeton ein Gestein mit mindestens 1500 kg/cm² Druckfestigkeit verlangt, für den Unterbeton soll die Druckfestigkeit mindestens 800 kg/cm² betragen (Druckversuch vgl. DIN DVM 2105 und unter Abschn. B).

Für den Oberbeton darf das Gestein außerdem keinen größeren Abnutzwiderstand als 0,20 cm haben (ermittelt nach DIN DVM 2108). Ist eine Prüfung des Abnutzwiderstandes des Gesteins selbst nicht möglich (z. B. bei Kies), so ist nachzuweisen, daß der daraus hergestellte Beton im Alter von 6 Wochen nach DIN DVM 2108 bei trocknem Schleifen keine größere Abnutzung als 0,35 cm, bei nassem Schleifen als 0,65 cm ergibt.

Der Gehalt an minderwertigem Gestein soll beim Unterbeton 5% und beim Oberbeton 2% nicht überschreiten [2].

Über den zulässigen Anteil fremder Bestandteile (Lehm, Ton, Kohle usw.) finden sich Angaben in den einschlägigen Betonvorschriften, vgl. Abschn. VI, A, 1.

b) Straßenbaugesteine.

Die zugehörigen Vorschriften und Richtzahlen (für Schotter, Splitt usw.) sind in DIN DVM 2100 enthalten.

G. Prüfung der Wetterbeständigkeit der Gesteine.

Von FRANCIS DE QUERVAIN, Zürich.

1. Allgemeine Bemerkungen.

Die Prüfung eines Gesteins auf die Wetterbeständigkeit, d. h. auf die Widerstandsfähigkeit gegenüber den Zerstörungen, welche die Einwirkungen aus der Lufthülle erzeugen, weicht grundsätzlich von den meisten anderen Materialprüfungen ab. Dies hat in der Hauptsache folgende Gründe:

a) Das zu prüfende Material, der natürliche Stein, ist von einer nahezu unbegrenzten Mannigfaltigkeit in mineralogischer Zusammensetzung und innerem Aufbau. Zudem ist er als Naturprodukt ein fertiger, nur ganz ausnahmsweise veränderbarer Stoff.

b) Die Gesteinsverwitterung ist ein sehr verwickelter Vorgang. Sie wird durch sehr zahlreiche physikalische und chemische Einwirkungen verursacht, die weder in ihrer Einzel- noch in der Gesamtwirkung zahlenmäßig genau erfaßbar sind.

c) Die atmosphärischen Einflüsse sind großen Schwankungen unterworfen, nicht nur nach den allgemeinen Klimaverhältnissen, sondern auch in ganz kleinem Bereiche, ja sogar erheblich an einem Bauwerk je nach Lage gegenüber der vorherrschenden Windrichtung, der Sonne, dem Regen usw.

---

[1] Vgl. Anweisung für den Bau von Betonfahrbahndecken 1939; Direktion der Reichsautobahn.

[2] Über den Einfluß der Korngröße und des Anteils frostunbeständigen Gesteins vgl. WALZ: Betonstraße Bd. 14 (1939) S. 215.

Das Ziel der Wetterbeständigkeitsprüfung besteht weniger darin, Zahlenwerte zu vermitteln, da diese in zu loser Beziehung zur Verwitterungsfestigkeit stehen. Vielmehr müssen die physikalisch-technologischen Eigenschaften derart mit nur zum Teil zahlenmäßig erfaßbaren stofflichen Feststellungen kombiniert werden, daß sie dem Prüfenden eine möglichst zutreffende Beurteilung gestatten. Zur richtigen Deutung der Ergebnisse der Einzelversuche ist es notwendig, daß der Prüfende mit dem Wesen der Gesteinszerstörung vertraut ist. Bei der großen Verwickeltheit des Verwitterungsvorganges ist es überaus schwer, die Gesamtheit des Prozesses im Auge zu behalten; es ist stets die Gefahr vorhanden, daß man sich nach irgendwelchen auffallenden, aber nur örtlich bedingten Beobachtungen und Erfahrungen einseitig festlegt. Dies erklärt es, daß auf manche Veröffentlichung über ein Verfahren der Wetterbeständigkeitsprüfung oder über die Bedeutung einzelner Einwirkungen für die Verwitterungsfrage eine Erwiderung folgt.

Von der Literatur wird, abgesehen von einigen Hauptwerken, nur die neue aufgeführt. Deren Verzeichnisse enthalten die älteren, oft wertvollen Arbeiten.

2. Kurze Übersicht der Verwitterungsvorgänge [1].

a) Die äußeren Einwirkungen.

Folgende Einwirkungen aus der Luft kommen für die Gesteinsverwitterung im weiten Sinne in Betracht:

α) Temperaturschwankungen, in West- und Mitteleuropa von etwa $-30°$ bis über $50°$ (Strahlungswärme);

β) Regenfall, insbesondere Schlagregen;

γ) Luft- und Bodenfeuchtigkeit;

δ) Frost;

ε) Chemische Einwirkungen der normalen Bestandteile der Atmosphäre ohne Wasser (CO_2, O);

ζ) chemische Einwirkungen der künstlich in die Lufthülle gebrachten Gase, weit vorwiegend Rauchgase, worin neben CO_2 wirksam die schweflige Säure und die daraus durch Oxydation entstandene Schwefelsäure;

η) Einwirkung fester Teilchen (Ruß, Staub, Sand);

ϑ) Wirkungen des Windes (meist in Verbindung mit β oder η);

ι) Wirkungen des Lichtes;

$\varkappa$) Einwirkungen von Pflanzen und Tieren aller Art.

Von diesen Einwirkungen sind in großen Städten und industriereichen Ortschaften folgende für die Zerstörungen besonders wichtig: β, γ, δ, ζ und η. Unerläßlich für die meisten Gesteinsverwitterungsvorgänge ist die Anwesenheit von Wasser in flüssiger oder gasförmiger Form.

b) Die Zerstörungsformen an den Gesteinen.

Ganz kurz betrachtet weist die Gesteinszerstörung an Bauwerken folgende Formen auf:

α) Die *Absandung*. Darunter wird verstanden der Zerfall des Gesteins in die Einzelmineralkörner.

---

[1] POLLAK, V.: Verwitterung in der Natur und an Bauwerken. Wien 1923. — KAISER, E.: Chemie der Erde Bd. 4 (1929) S. 290. — KIESLINGER, A.: Zerstörungen an Steinbauten. Leipzig u. Wien: F. Deutike 1932. — SCHAFFER, R. J.: Building Research, Spec. Rep. 18, London 1932. — STEINMETZ, A. u. A. STOIS: Umschau Bd. 40 (1936) S. 703. — SCHMÖLZER, A.: Korrosion u. Metallsch. Bd. 13 (1937). — Chemie der Erde Bd. 10 (1936) S. 479. N. I. V. M., „London Congress" 1937, S. 356. — QUERVAIN, F. DE: Hoch- und Tiefbau, 1938, S. 78, 197, 289.

β) Die *Zerbröckelung*. Mit diesem Ausdruck bezeichnet man den Zerfall des Gesteins in Kornhaufwerke kleinerer oder größerer Dimensionen. Bei schichtiger oder schieferiger Textur des Gesteins haben die Bröckel oft die Form von Blättern, weshalb man von Abblätterung spricht. Der Anfangszustand der Zerbröckelung ist die Rißbildung.

γ) Die *Schalenbildung*. Für diese weitverbreitete Zerstörungsform ist die Bildung einer Lockerungszone parallel der Gesteinsoberfläche in wenigen mm bis cm Tiefe charakteristisch. Diese bewirkt ein leichtes Abfallen der äußeren Gesteinsschale. Schalen, die eine Stoffzufuhr erfahren haben, bezeichnet man oft als Rinden oder Innenkrusten, im Gegensatz zu Abschalungen durch Temperatureinflüsse oder durch Schwinderscheinungen.

δ) Die *Auslaugung*. Diese umfaßt die durch chemische Auflösung entstandenen Zerstörungsformen.

ε) Die *Krustenbildung*. Als Krusten werden hier ausschließlich Bildungen außerhalb der Gesteinsoberfläche verstanden (Außenkruste). Es sind Auflagerungen von verschiedenen Stoffen, die mehr oder weniger stark mit dem Gestein verbunden sind. Sie sind allgemein verbreitet, am meisten bei kalkigen Gesteinen als oft durch Ruß geschwärzte Gipsüberzüge oder als Kalksinterbildungen.

ζ) *Verfärbungen*. Sie sind an sich keine Zerstörungsformen, sind jedoch in ästhetischer Beziehung wesentlich und hängen zudem oft mit eigentlichen Zerstörungen zusammen.

η) *Ausblühungen*. Als Ausblühung bezeichnet man das Auftreten von meist weißen, leicht löslichen Salzen in lockeren Haufwerken.

In der Regel treten mehrere der genannten Zerstörungsformen gleichzeitig auf.

c) Wichtige beim Verwitterungsvorgang sich abspielende Reaktionen.

α) Der Feuchtigkeitsrhythmus [1], d. h. das sich stets wiederholende Wandern der Feuchtigkeit nach innen bei der Durchfeuchtung und wieder nach außen beim Austrocknen und die damit verbundene Verschiebung von im Wasser gelösten Stoffen (Säuren und Salzen). Hauptursache der Rindenbildung.

β) Die Vorgänge beim Übergang von Wasser zu Eis und die dadurch ausgelösten Kräfte.

γ) Die auflösende Wirkung von schwefliger Säure und Schwefelsäure aus den Rauchgasen (ganz untergeordnet auch anderer Säuren) auf viele Mineralien.

δ) Schwindungs- und Quellungserscheinungen bei Wasserabgabe bzw. -aufnahme, besonders bei Gesteinen mit Anteil an tonigen (pelitischen [2]) Mineralien.

ε) Der Druck auskristallisierender Salzneubildungen, besonders beim Übergang von wasserfreien zu hydratisierten Salzen. Praktisch wichtig sind vor allem Natrium- und Magnesiumsulfat mit ihren Hydratformen.

ζ) Ungleiche Temperaturausdehnung in verschiedener Richtung innerhalb eines Mineralkornes (z. B. bei Kalkspat) oder von Mineral zu Mineral. Nur bei grobkörnigen Gesteinen unter Umständen Zerstörungen bewirkend.

η) Verschiedene Erwärmung der obersten Gesteinsschichten gegenüber dem Gesteinsinnern.

ϑ) Lösende Einwirkungen pflanzlicher Säuren.

---

[1] KIESLINGER, A.: Zerstörungen an Steinbauten. Leipzig u. Wien: F. Deuticke 1932.
[2] Mit „pelitisch" bezeichnet der Petrograph eine Korngröße $< 0{,}02$ mm. Der Ausdruck pelitisch hat gegenüber dem häufig in ähnlichem Sinne gebrachten Wort „tonig" den großen Vorteil, daß über das Stoffliche gar nichts angedeutet wird, während man bei „tonig" unwillkürlich an Ton im keramischen Sinne denkt.

ι) Verschiedene mechanische Einwirkungen (Windkorrosion, Tropfenfall usw.).

$\varkappa$) Durch Licht erzeugte chemische Einflüsse.

Die meisten dieser Beanspruchungen sind als Einzelwirkung sehr klein, durch ihre ungezählte Wiederholung bilden sie eine Dauerbeanspruchung und führen zur Zerstörung.

3. Die petrographische Prüfung.

Zur petrographischen Prüfung werden hier alle Feststellungen gerechnet, die ohne Zuhilfenahme irgendwelcher Instrumente mit Ausnahme der optischen (Lupe, Mikroskop) an dem Stein durchführbar sind. Diese Prüfung ist somit eine reine Stoffprüfung (vgl. Abschn. II, A).

Die Beurteilung der Wetterfestigkeit nur durch petrographische Verfahren ist nur in einem gewissen, je nach Gesteinsart verschiedenen Umfang möglich. Die Beurteilung wird um so zuverlässiger, je eingehender der prüfende Petrograph sich mit dem Gebiete der Gesteinsverwitterung befaßt hat, und anderseits auch mit den zu prüfenden Gesteinen und deren Mannigfaltigkeit auch im kleinen vertraut ist. Es ist meist unzweckmäßig (geschieht aber oft), Gesteinsproben an weit entfernte oder in ganz anderer wissenschaftlicher Richtung orientierte petrographische Institute zur Beurteilung zu übersenden.

Die petrographische Gesteinsprüfung in Beziehung auf Wetterbeständigkeit wurde von HIRSCHWALD[1] begründet. Erst in neuerer Zeit hat sie allgemeiner die ihr zukommende Bedeutung erhalten[2].

Die petrographische Prüfung hat stets als erste zu erfolgen, sie gibt die Anhaltspunkte für das weitere Vorgehen. Sie ist am billigsten und braucht am wenigsten Zeit. Wenn irgend möglich, hat die petrographische Prüfung am Orte der Gewinnung, also im Steinbruch zu beginnen. Sehr wichtig ist auch die genaue Untersuchung der Werkstücke. Oft wird man sich allerdings mit eingesandten kleinen Probestücken begnügen müssen, da die Aufträge entsprechend lauten. Man wird in diesem Falle im Zeugnis nachdrücklich darauf hinweisen, daß die Feststellungen nur für das eingesandte Material gelten, was aber oft nicht daran hindert, daß diese als viel allgemeiner gültig aufgefaßt werden.

a) Die Prüfung im geologischen Verband.

Die Prüfung des Gesteins im geologischen Verband, also meist an der Gewinnungsstelle, erfordert neben petrographischen auch geologisch-technische Kenntnisse. Nach den selbstverständlichen Feststellungen der allgemeinen geologischen Verhältnisse und der Unterschiede in der Gesteinsbeschaffenheit innerhalb der einzelnen Bänke oder Lagen des Bruches (für die Probenahme besonders wichtig) wird man folgenden für die Wetterfestigkeit wichtigen Fragen näher treten.

[1] HIRSCHWALD, J.: Die Prüfung der natürlichen Bausteine auf ihre Wetterbeständigkeit. Berlin: W. Ernst & Sohn 1908. — Handbuch der bautechnischen Gesteinsprüfung. Berlin: Gebr. Bornträger 1912.

[2] Die natürlichen Bausteine und Dachschiefer der Schweiz. Beitr. Geol. Schweiz, Lief. 5, 1915. — GRENGG, R.: Abhandlungen praktischer Geologie und Bergwirtschaftslehre, Bd. 15. Halle: W. Knapp 1928. — KRÜGER, K.: Mineraltechnik für Bauingenieure. Berlin 1929. — STINY, J.: Technische Gesteinskunde. Berlin u. Wien: Julius Springer 1929. — GRENGG, R.: 1. Mitt. B, N. I. V. M., 1930, S. 13. — NIGGLI, P.: 1. Mitt. B, N. I. V. M., 1930, S. 1. — FINKH, L.: 1. Mitt. B, N. I. V. M., 1930, S. 21. — BERG, G.: N. I. V. M., Kongreß Zürich, Kongreßbuch 1932, S. 550. — KIESLINGER, A.: Zerstörungen an Steinbauten. Leipzig u. Wien: F. Deutike 1932. — STINY, J.: Die Auswahl und Beurteilung der Straßenbaugesteine. Wien: Julius Springer 1935. — KNIGHT, B. H.: Road aggregates, their uses ans testing. London: E. Arnold 1935.

α) Untersuchung des natürlichen Verwitterungsverlaufes am Fels. Dabei ist allerdings stets zu berücksichtigen, daß dieser oft wesentlich anders verläuft als am Bauwerk. Mehrfach beobachtet man, wie in der Natur trotz starker Durchnässung und Möglichkeit der Frosteinwirkung der Zerfall langsamer von statten geht. Schalenförmige Abwitterung, die am Bauwerk die Regel sein kann, fehlt oft auch an sehr alten Steinbruchwänden (Ursache: anderer Feuchtigkeitsrhythmus, Fehlen von Rauchgasen). Bei kristallinen Gesteinen vor allem ist die Feststellung wichtig, ob das Material nicht aus der bisweilen tief reichenden Verwitterungsschwarte gebrochen wird.

β) Gestein aus Störungszonen (Ruscheln, Verwerfungen usw.) weist oft innere Veränderungen und damit leichtere Verwitterbarkeit auf. Bei den weiteren Prüfungen können diese Veränderungen, da sie am Handstück oft wenig auffallen, aber für die Wetterfestigkeit von großer Wichtigkeit sind (Mikroporen), unter Umständen übersehen werden. Die berüchtigten, rasch zerfallenden Wassersöffergranite entstammen oft solchen Störungszonen [1].

γ) Bei den Basalten tritt Sonnenbrand oft nur in Schloten, nicht in Decken, oder nur in bestimmten Teilen von Decken auf [2]. Sonnenbrenner können somit in einigen Steinbrüchen eines Vorkommens auftreten, in andern nicht, sogar innerhalb eines Bruches kann nur eine Wand dieses unbrauchbare Material liefern. Diese Feststellungen setzen ganz besondere lokale Kenntnisse des Prüfenden voraus.

δ) Bei sehr spröden Gesteinen (z. B. sehr feinkristallinen kompakten Kalksteinen) ist die Beobachtung, auf welche Weise das Material hereingewonnen wird, nicht überflüssig. Starke Erschütterungen (durch zu brisante Sprengmittel, beim Wandfällen) erzeugen unter Umständen feinste, kaum sichtbare Haarrisse, die später zu Schäden führen können.

b) Die Prüfung am Werkstück oder Handstück.

Die Prüfung von bloßem Auge oder mit der Lupe an den bearbeiteten Werkstücken, bei Straßenbaumaterial an größeren Bruchsteinen, ist der an kleinen Handstücken vorzuziehen. Falls, was die Regel ist, eine mikroskopische Dünnschliffuntersuchung sich anschließt, kann auf einige der untenstehenden Feststellungen verzichtet werden. Diese sind so zahlreich, daß sie hier nur aufgezählt werden können.

α) Zusammensetzung (Mineralbestand), mit besonderem Augenmerk auf von vornherein leicht zersetzliche oder auslaugbare Mineralien (Schwefelkies, Gips) und auf die Frische von wichtigen Gemengteilen (Feldspäte, Nephelin).

β) Verteilung und räumliche Anordnung der Bestandteile (Struktur und Textur). Zu achten ist auf lagigen Aufbau verschiedener Beschaffenheit (dünne Mergellagen in Kalksteinen, glimmerreiche Lagen in Schiefern usw.). Auch hier mit bloßem Auge kaum sichtbares Lager kann sich durch raschere Verwitterung bemerkbar machen, wenn das Gestein am Bauwerk auf den Spalt gestellt wird. (Deshalb ist bei solchen Gesteinen schon im Steinbruch das Lager zu zeichnen.)

γ) Auftreten von verheilten oder offenen Rissen, Adern, Nähten (zackig verlaufende, bisweilen mit toniger Substanz belegte Risse, bei Kalksteinen sehr häufig), welligen Tonhäuten usw. Solche Gebilde bedeuten meist eine Verminderung der Widerstandsfähigkeit, brauchen aber auch nicht zu scharf beurteilt zu werden. Bei vielen Vorkommen lassen sie sich nicht vermeiden.

---

[1] ZELTER, W.: Abhandlungen praktischer Geologie und Bergwirtschaftslehre, Bd. 1. Halle: W. Knapp 1927.
[2] HOPPE, W.: Z. dtsch. geol. Ges. Bd. 87 (1935) S. 452.

δ) Bruchflächenbeschaffenheit. Sie gibt einen Hinweis auf die Porenausbildung und die Sprödigkeit. Für viele Sonnenbrennerbasalte (jedoch nicht für alle) ist eine graupelige, unebene, höckerige Oberfläche charakteristisch[1].

ε) Beschaffenheit der bearbeiteten Oberfläche. Zahlreiche Abblätterungen an sonst als wetterfest bekannten Gesteinen sind auf oberflächliche Lockerung und Rißbildung bei unzweckmäßigem Bearbeiten zurückzuführen.

c) Die mikroskopische Gesteinsprüfung.

α) Allgemeines.

Eine nähere Untersuchung oberflächlich sichtbarer Eigenschaften nimmt man am zweckmäßigsten mit dem Binokularmikroskop vor. Die eigentliche Gesteinsprüfung wird indessen am Dünnschliff mit dem Polarisationsmikroskop durchgeführt. Falls ein Dünnschliff nicht zur Verfügung steht, kann auch die Untersuchung eines Pulverpräparates unter Umständen nützliche Dienste leisten. Auf die mikroskopische Technik der Gesteinsuntersuchung kann hier nicht eingegangen werden. Darüber siehe die unten[2] angegebenen Werke sowie S. 151 f.

Bei allen Gesteinen wird man Mineralbestand, Mengenverhältnis und Größe der Mineralien, gegenseitige Beziehungen der Bestandteile (Struktur), Auftreten von Hohlräumen und deren Form, Haarrisse, Spannungs- und Zertrümmerungserscheinungen feststellen. Die wichtige Mikroporosität ist allerdings im Dünnschliff am schwierigsten zu erfassen oder gar zu messen.

Die im einzelnen weiter möglichen oder notwendigen Feststellungen sind so zahlreich und nach Gestein verschieden, daß sie hier nicht aufgeführt werden können.

β) Verfahren von HIRSCHWALD.

Weitgehenden Gebrauch von mikroskopisch-petrographischen Bestimmungen für die Beurteilung der Wetterbeständigkeit machte HIRSCHWALD[3]. Er suchte besonders die Bindungs-, Struktur- und Texturverhältnisse und (bei Sandsteinen) Menge und Verteilung des Zementes einzeln in Typen zu gliedern. Die zahlreichen Einzeltypen stellte er dann zu einer Art Formel zusammen. Jedem Einzeltyp wurde dann eine Bewertungszahl (positive oder negative) zugeschrieben, deren Summe mit der von HIRSCHWALD aufgestellten Wetterbeständigkeitsklassifikation in Beziehung gebracht werden konnte.

Die Methode hat viel zum exakten mikroskopischen Beobachten angeleitet und in zahlreichen Fällen zutreffende Urteile abzugeben gestattet. Dennoch hat sie sich nicht allgemeiner durchgesetzt, da ihr verschiedene Mängel anhaften. Die Hauptnachteile liegen einerseits in ihrer Kompliziertheit, andererseits in der unklaren Definition des Gesteinstypen. Diese erfolgte vielfach nach morphologischen Eigenschaften, die in Bildern festgehalten wurden, die entweder (Zeichnungen) sehr stark schematisiert, oder (Mikrophotographien) zu undeutlich sind. Dieser Umstand fällt etwas weniger auf, wenn die Bestimmungen an gleichartigen Gesteinen ausgeführt werden wie sie zur Aufstellung der Typen dienten, als vielmehr dann, wenn Gesteine aus Gegenden mit ganz anders gearteten geologischer Geschichte untersucht werden müssen. So verwertete HIRSCHWALD z. B. hauptsächlich Sandsteine aus einem nicht orogenen Gebiet (Trias

---

[1] STÜTZEL, H.: Z. dtsch. geol. Ges. Bd. 87 (1935) S. 473.
[2] ROSENBUSCH, H., WÜLFING, O. MÜGGE: Mikroskopische Physiographie der petrographisch wichtigen Mineralien. Stuttgart: E. Schweizerbart 1924/27. — RINNE, F. u. M. BEREK: Anleitung zu optischen Untersuchungen mit dem Polarisationsmikroskop. Leipzig 1934.
[3] HIRSCHWALD, J.: Handbuch der bautechnischen Gesteinsprüfung. Berlin: Gebr. Bornträger 1912.

und Kreide aus Mittel- und Norddeutschland). Will man dagegen Sandsteine, die im Vorland einer Faltung abgelagert wurden, oder die gar nach der Ablagerung gefaltet wurden (z. B. alpine Sandsteine) nach Hirschwald bewerten, so versagt die Methode in den meisten Fällen.

4. Die physikalisch-technischen Prüfverfahren.

Die folgenden physikalisch-technischen Prüfungen können für die Beurteilung der Wetterfestigkeit wesentliche Daten vermitteln: Porositäts- und Wasseraufnahmebestimmungen, Festigkeitsprüfungen, Frostproben, Wärmewechsel-, Schwind- und Quellungsmessungen. Dazu kommen noch einige weniger wichtige oder übliche Ermittlungen. Hier werden nur die Frostproben der Ausführung nach eingehender besprochen.

a) Porosität- und Wasseraufnahme.

Für die Fragen der Wasserzirkulation, der Wanderung von Salzen, der Frostgefährlichkeit ist die Kenntnis der Porosität und der Wasseraufnahmefähigkeit wichtig. Maßgebender als der wahre Porositätswert sind Ausbildung und Verteilung der Poren. Auf diese kann aus folgenden Größen geschlossen werden: *Sättigungsziffern, scheinbare Porosität* und Verteilungskoeffizient. Es ist:

$$\text{Sättigungsziffer} = \frac{\text{Wasseraufnahme bei normalem Druck}}{\text{Wasseraufnahme unter hohem Druck}}.$$

Nach DIN DVM 2103 wird die Wasseraufnahme unter Druck bei 150 at nach Entlüftung der Probekörper durchgeführt. Es ist auch vorgeschlagen worden, an deren Stelle einfach die aus der Porosität berechnete Wasseraufnahme zu setzen, was nur geringe Unterschiede ergibt. Die Sättigung wird auch mit 100 multipliziert in Prozent angegeben. Die Bestimmung des Sättigungskoeffizienten hat sich ganz allgemein eingeführt; sie ist für die theoretische Frostprobe wichtig. Im wesentlichen dasselbe (beim Vergleich mit der wahren) vermittelt die

$$\text{Scheinbare Porosität} = \frac{\text{Wasseraufnahme bei normalem Druck}}{\text{Gesteinsvolumen}}.$$

Von Hirschwald[1] ist für seine theoretische Frostprobe noch die Verteilungsziffer eingeführt worden:

$$\text{Verteilungsziffer} = \frac{\text{Wasseraufnahme} // \text{-Schichtung (Schieferung)}}{\text{Wasseraufnahme} \perp \text{-Schichtung (Schieferung)}}.$$

Über die Versuchsanordnung zu deren Bestimmung siehe dort. Jetzt wird diese Prüfung wohl selten mehr durchgeführt.

Neuerdings wird besonders in England der Prüfung von Gestein auf *Mikroporen* (Mikroporosität) besondere Aufmerksamkeit geschenkt[2]. Die Messung erfolgt nach hydrostatischen Methoden[3]. Als Mikropore wird eine Pore definiert von unter 0,005 mm Weite, was einer kapillaren Steighöhe von ungefähr 600 mm entspricht. Vielleicht könnten auch elektrische Leitfähigkeiten zur Messung der Mikroporosität herangezogen werden[4]. Die Mikroporosität kann ganz unabhängig von der Gesamtporosität sein. Die Trennung der Mikro- von der Makro- bzw. Gesamtporosität sollte unbedingt allgemein eingeführt werden.

Für die Frage der Innenkrusten oder Rindenbildung kann die Feststellung der *Reichweite* des normalen *Eindringens* der Regenwassertränkung von Be-

---

[1] Vgl. Fußnote 3, S. 193.
[2] Schaffer, R. J.: Building Research, Spec. Rep. 18. London 1932.
[3] Schaffer, R. J.: N. I. V. M., „London Corgress" 1937, S. 363.
[4] Schmölzer, A.: Korrosion u. Metallsch., Bć. 13 (1937).

deutung werden. KIESLINGER[1] schlug zu diesem Zwecke vor, eine Gesteinsplatte während 1 h mit 1 mm Wasser zu überschichten und dessen Eindringtiefe zu bestimmen. Dazu sind Farbstofflösungen zu verwenden, die durch die pelitischen Gesteinsgemengteile nicht abfiltriert werden (z. B. Eosinlösung).

b) Festigkeitsprüfungen.

Von der Überschätzung des Zusammenhanges zwischen den Festigkeiten und der Wetterbeständigkeit ist man schon seit einiger Zeit abgekommen. Aus Festigkeitswerten allein läßt sich tatsächlich kaum eine Beziehung zu dieser ableiten. In Sonderfällen kann aber doch die Kenntnis und der Vergleich der Festigkeiten dem Prüfenden wertvolle Anhaltspunkte liefern. Die Quotienten aus Druck-(oder Biegezug-)festigkeit am wassergesättigten und trocknen Gestein bezeichnet man als Erweichbarkeitsziffer. Ist sie gering, so deutet dies auf stets verdächtige Häufung von tonigen Teilen. Diese Größe ist zur theoretischen Frostprüfung benützt worden. Einen gewissen Festigkeitsabfall im wassergesättigten Zustand zeigen auch Gesteine, die frei von tonigen Teilchen sind. In gewissen Fällen kann der Abfall des Elastizitätsmoduls als treffender Maßstab für einen die Frostbeständigkeit beeinflussenden Lockerungsgrad dienen. Größere Erfahrungen darüber liegen nur bei Beton vor. Über die Druckfestigkeit nach dem Ausfrieren siehe S. 197.

c) Die Frostbeständigkeitsprüfungen.

α) Allgemeines.

Die Prüfung der Gesteine auf ihre Frostfestigkeit ist von jeher eine der Hauptaufgaben der Wetterbeständigkeitsprüfung gewesen. Über die physikalischen Grundlagen der Frosteinwirkungen können hier nur wenige Bemerkungen erfolgen. Schon seit langer Zeit wurde für die Zerstörung von dem Frost ausgesetzten Gestein die Volumvergrößerung des Wassers beim Übergang zu Eis und die dabei auftretenden Druckkräfte verantwortlich gemacht. Eis von 0° nimmt unter Atmosphärendruck einen Raum von 1,09 ein gegen 1 bei Wasser unter gleichen Bedingungen. Auf dieser Tatsache beruht die von HIRSCHWALD zuerst geäußerte Ansicht, daß eine Sprengwirkung von gefrierendem Wasser erst eintreten kann, wenn die Gesteinsporen zu über 90% mit Wasser gefüllt sind oder einen Sättigungskoeffizienten von über 0,9 besitzen. Erst in neuerer Zeit hat man sich näher mit den in Porenwasser führenden Gesteinen bei Temperaturen unter 0° abspielenden Vorgängen befaßt und deren verwickelten Verlauf erkannt[2]. Dessen exakte Erfassung ist nur zum kleinsten Teile möglich. Außer dem vollständigen Überblick des P-V-T-Diagramms des Ein-Stoffsystems H_2O wäre dazu eine genaue Kenntnis der Porositätsverhältnisse (Porenform, Porenoberfläche, Verbindung der Poren unter sich und mit der Außenwelt), ferner der Elastizitätsverhältnisse und der Ausdehnungskoeffizienten des Gesteinsmaterials notwendig. Je nachdem ob der Übergang von flüssiger zu fester Phase rasch oder langsam erfolgt, ob er sich unter Atmosphärendruck (also in offenen Poren in der Randzone des Gesteins) oder unter erhöhtem Druck bei tieferen Temperaturen (bei Poren im Innern nach Auftreten eines äußeren Eispanzers) sich abspielt, sind die Beanspruchungen verschieden. Maximale Drucke treten beim Festwerden der Schmelze bei —22° auf, doch folgt praktisch wohl immer ein

---

[1] KIESLINGER, A.: Geol. u. Bauwes., Bd. 1 (1929) S. 95.
[2] SCHMÖLZER, A.: Mitt. staatl. techn. Versuchsamt Wien, Jahrg. 17 (1928) S. 99. — FILLUNGER, P.: Geol. u. Bauwes., Bd. 1 (1929) S. 234. — KIESLINGER, A.: Geol. u. Bauwes., Bd. 3 (1931) S. 199. — HONIGMANN, E. J. M.: Z. öst. Ing.- u. Archit.-Ver. Bd. 84 (1932) S. 44. — ROSCHMANN, R.: Diss. T. H. Stuttgart 1933.

Druckausgleich und damit ein Gefrieren bei weniger tiefen Temperaturen. Grenz-fälle einer unendlich langsamen Abkühlung, bei der keine Druckkräfte auftreten und einer unendlich raschen, bei der jedes Gestein mit einer ganz wassergefüllten Pore zersprengt wird, hat FILLUNGER untersucht. Die dazwischen liegenden sich in der Natur abspielenden Fälle entziehen sich einer exakten Behandlung. HONIGMANN machte darauf aufmerksam, daß Zugspannungen neben den Druck-kräften möglich sind. Kühlt sich nämlich das bei Atmosphärendruck bei 0° gebildete Eis weiter ab, so sind solche Zugspannungen denkbar (da sich das Eis bei weiterer Abkühlung zusammenzieht), wenn die Haftung des Eises an der Oberfläche der Poren groß genug ist, um ein Ablösen zu verhindern und das Gestein, was wohl stets der Fall ist, einen geringeren Ausdehnungskoeffizienten besitzt als das Eis. Zum näheren Studium der angedeuteten Verhältnisse muß auf die zitierten Arbeiten mit weiteren Literaturangaben verwiesen werden. Auch die große Literatur über Bodenfrost ist für diese Fragen zu beachten, z. B. die Untersuchungen von BESKOW[1].

β) Die praktischen Frostprüfungen.

Die praktische Frostprüfung stellt eine Gebrauchsprüfung dar, sie vermittelt keine Zahlenwerte über Gesteinseigenschaften, sondern nur Angaben für Ver-gleichszwecke. Man ist bei diesen Prüfungen einerseits bestrebt, die Vorgänge wie sie sich im Freien abspielen, möglichst nachzuahmen, anderseits ist man doch gezwungen die Versuche in rationeller Zeit durchzuführen. Dies zwingt zu einer gegenüber den natürlichen Verhältnissen verschärften Versuchsanordnung. Diese Verschärfung erzielt man auf dreierlei Weise: 1. Durch stärkere Poren-füllung (wenigstens für durchschnittliche Verhältnisse an Hochbauten), 2. durch tiefere Temperaturen als sie in der Regel auftreten und 3. durch größere Ab-kühlungsgeschwindigkeit. Um vergleichbare Resultate zu erhalten, ist neben gleicher Wassersättigung (die erheblich vom Verhältnis von Oberfläche zum Raum der Körper abhängig ist), Innehaltung einer konstanten Abkühlungs-geschwindigkeit wesentlich. Dies ist indessen auch bei ganz einheitlicher Kühl-schranktemperatur kaum zu erzielen, da der Abkühlungsvorgang von einer sehr großen Zahl von Veränderlichen abhängt, wie z. B. der Frostraumgröße, dem Raum der Oberfläche, dem absoluten Wassergehalt, der spezifischen Wärme der Prüfkörper usw.[2].

DIN DVM 2104 sieht für die praktische Frostprüfung 25maliges Gefrieren von wassergesättigten Probekörpern bei —15° vor, mit Wiederauftauen da-zwischen in Wasser von +15°. Der Wärmeabfall im Frostraum ist so zu regeln, daß die Mindesttemperatur in 4 h erreicht wird, diese muß während 2 h gehalten werden. Maßgebend für die Beurteilung sind bei wenig beschädigten Proben die gesamten Gewichtsverluste (in Prozent). Wesentlich sind indessen auch die Formen der Zerstörungen. Starke Beschädigungen (Durchreißen, völliger Zerfall) sind besonders zu vermerken, hier sind zahlenmäßige Angaben nicht sinnvoll. Die Frostprüfung kann unterbleiben, wenn das Gestein weniger als 0,5% Wasser aufnimmt. In seltenen Fällen können allerdings Gesteine bei sehr geringem Wassergehalt bei ungünstigen Porenverhältnissen durch Frost zerstört werden.

Viele europäische Anstalten prüfen nach ähnlichen Richtlinien. Die Zahl der Abkühlungen von 25 hat sich in vielen Ländern eingebürgert, bisweilen ist sie auch geringer (Belgien z. B. 20, Frankreich 15). Wechselnder ist die Minimal-temperatur. Man findet Angaben zwischen —12 und —25°.

---

[1] BESKOW: Sver. Geol. Unders. Ser. C, Arsbok, 1935 (mit deutscher Zusammenfassung).
[2] ERLINGER, E. u. H. KOSTRON: Tonind.-Ztg., Bd. 57 (1933) S. 389. — KOSTRON, H. u. E. ERLINGER: Geol. u. Bauwes., Bd. 5 (1933) S. 71.

Es ist vorgeschlagen worden, je nach Verwendungszweck des Gesteins die Zahl der Fröste oder die Temperatur zu verändern, doch dürfte dabei ein Vergleich unmöglich werden. Eine andere Anregung geht dahin, das Auftauen nach jedem zweiten Frost in Wasser von nur wenigen Grad durchzuführen (um den natürlichen Verhältnissen näherzukommen)[1].

Wesentlich abweichende Versuchsanordnungen sind ebenfalls mehrfach im Gebrauch. Am U.S. Bureau of Standards wird der Frostwechsel (Abkühlen der Probekörper bei —6° während 8 h, Auftauen in Wasser von 20°) bis zu einem gewissen Zerfallstadium fortgesetzt[2]. Die Zahl der Einzelversuche wird als Frostindex bezeichnet. In England (Building Research Station) werden die wassergesättigten Proben über Nacht in eine Kältemischung von —12° gebracht und nach dem Auftauen die Veränderungen vermerkt[3]. Um die etwas langwierige Frostprobe mit dem 25maligen Gefrieren zu umgehen, ist von K. SPAČEK[4] eine beschleunigte Prüfung vorgeschlagen worden. Die im Vakuum mit Wasser gesättigten Proben werden in fester Kohlensäure (Temperatur unter —50°) abgekühlt, während nur 8 min, darauf während 7 min in Wasser von 40° aufgetaut. Der Einzelversuch dauert somit nur 15 min und wird 5mal wiederholt. Diese Methode besitzt nach HONIGMANN vor allem den Nachteil, die Negativdrücke (Zugspannungen) zu verhindern.

Die Frostprobe mit dem 25maligen Gefrieren wird besonders bei Gesteinen für den Straßen- und Tiefbau oft noch durch die Druckfestigkeitsbestimmung an den ausgefrorenen Probekörpern ergänzt, die natürlich die Frostprobe ohne wesentliche Veränderungen bestanden haben müssen. Tritt ein Druckabfall der ausgefrorenen Körper gegenüber den nicht auf Frost beanspruchten von über 15% ein, so gilt das Material als frostverdächtig. Den Quotienten aus beiden Bestimmungen bezeichnet man auch als Frostbeständigkeitsgrad. Nicht selten beobachtet man indessen, daß die Druckfestigkeit der ausgefrorenen Würfel höher liegt als der nicht auf Frost beanspruchten. Ob dies auf Entspannungserscheinungen beruht, die durch das wiederholte Gefrieren und Wiederauftauen bewirkt wurden, oder auf zufälligen Differenzen innerhalb des beträchtlichen Streuungsbereiches bei Druckfestigkeitsbestimmungen, bleibe dahingestellt.

Die praktische Frostprobe ist trotz der Unübersichtlichkeit der Vorgänge eine im ganzen zuverlässige Prüfung in der Hinsicht, daß sie frostunbeständiges Gestein zu erkennen gestattet. Für Material, welches die Prüfung gut besteht, ist dies allerdings weniger sicher. Einmal weil die Werkstücke mit Fehlstellen behaftet sein können, die im Prüfgut nicht vorhanden waren, dann weil die Zahl der Fröste in unserem Klima in einem Jahr die Zahl der Prüffröste wesentlich übersteigt, vor allem aber, weil am Bauwerk andere Einwirkungen der Frostbeanspruchung vorarbeiten können.

γ) Die theoretische Frostprobe.

Von HIRSCHWALD[5] ist eine theoretische Frostprüfung ausgearbeitet worden. Dazu waren für ihn maßgebend die drei Größen: Sättigungskoeffizient, Erweichbarkeitsziffer und Verteilungskoeffizient. In Schematas (s. S. 220 des genannten Werkes) arbeitete er die Beziehungen dieser Werte zu seinen Wetterbeständigkeitskategorien aus. Allgemeiner hat sich die theoretische Beurteilung der Frostbeständigkeit nach dem Sättigungskoeffizienten allein eingebürgert. Frostgefährlich sind die Gesteine vor allem, wenn dieser Wert über 0,9 liegt. Da aber

---

[1] HONIGMANN, E. J. M.: Z. öst. Ing.- u. Archit.-Ver., Bd. 84 (1932) S. 44.
[2] KESSLER, W. A.: 1. Mitt. B, N. I. V. M., 1930, S. 37.   [3] Vgl. Fußnote 2, S. 194.
[4] SPAČEK, K.: Allg. Bauztg., Bd. 8 (1931) S. 3. — N. I. V. M., Kongreß Zürich, Kongreßbuch 1932, S. 579.
[5] Vgl. Fußnote 3, S. 193.

die Porenfüllung natürlich im Gestein nicht gleichmäßig ist, d. h. ein Teil der Poren mehr als 90%, ein anderer weniger als 90% Wasser enthält, ist es zweckmäßig (und durch Versuche auch vielfach bestätigt), den Grenzwert tiefer zu setzen. Allgemein betrachtet man den Wert 0,8 als maßgebend. Es gibt aber auch Gesteine, die auch bei einer noch tieferen Sättigungsziffer noch genügend ganz mit Wasser gefüllte Poren enthalten, die Frostschäden verursachen können, während andere auch bei höherer Sättigung praktisch frostbeständig sind. Der Wert 0,8 ist deshalb durchaus nur als Mittel zu bewerten.

d) Die Wärmewechselprobe.

Die Prüfung von Gesteinen auf die zerstörenden Einflüsse von Temperaturwechseln sind in unserem Klima nur in wenigen Fällen notwendig. Am meisten können grobkörnige Gesteine durch rasche, oft wiederholte Temperaturschwankungen gelockert werden, vor allem ist dies an grobkörnigen Marmoren, die zu Fassadenverkleidungen dienten[1], ferner an Eruptivgesteinen mit sehr großen Einsprenglingen von Feldspäten[2] (z. B. an Trachyten) beobachtet worden. Es ist vorgeschlagen worden, die Gesteine 25mal auf 150° zu erhitzen, was etwa der 2—3fachen Höchsttemperatur von Steinen entspricht. Bei 150° können schon gewisse irreversible Veränderungen in den Mineralien vor sich gehen (Wasserabgabe). Zwischen den Erhitzungen wandte H. SEIPP[3] sogar Abkühlung auf —40° der trocknen Probekörper an. Andere Versuche gehen nur auf 60°[2] und Abkühlung auf Zimmertemperatur. Allgemein angewandt wird die Wärmewechselprobe bei Dachschiefern[4] (25malige Erwärmung auf 150°, Abschrecken in Wasser von Zimmertemperatur).

e) Quellungs- und Schwindungsmessungen.

Über den Anteil der Quellungs- und Schwindungsvorgänge bei der Wasseraufnahme bezw. -abgabe an den Gesteinszerstörungen ist erst in letzter Zeit eingehender diskutiert worden[5]. Nach SCHAFFER[6], der diesen Vorgängen eine erhebliche Bedeutung zuweist, wird die Prüfung in England oft durchgeführt und für die Beurteilung herangezogen. Vergleichsserien zeigen, daß besonders Sandsteine eine erhebliche Quellung besitzen können.

f) Verschiedene weitere physikalisch-technologische Prüfverfahren.

α) Von A. ROSIVAL[7] wurde ein Verfahren ausgearbeitet, um die *Frischheit* der Gesteinsbestandteile zu ermitteln. Zu diesem Zwecke verglich er die theoretische Härte mit gemessenen Härtezahlen (durch Schleifen). Die Methode hat heute keine praktische Bedeutung.

β) Die Widerstandsfähigkeit von *Dachschiefern* gegen *Hagelschlag* wird durch Vorrichtungen gemessen, die durch Fallenlassen von kleinen Stahlkugeln die natürliche Beanspruchung nachzuahmen bestreben[8].

γ) Messungen von *Temperaturbewegungen* und *Wärmeleitfähigkeiten* in Gesteinen sind für verschiedene Fragen wertvoll, bisher aber nur vereinzelt durchgeführt worden[9].

---

[1] KESSLER, D. W.: Bur. Stand. Techn. Paper, No 123, 1919. — KIESLINGER, A.: Öst. Bauztg., Bd. 9 (1933) S. 269.
[2] GRÜN, R.: Chem.-Ztg., Bd. 57 (1933) S. 401.
[3] SEIPP, H.: Die abgekürzte Wetterbeständigkeitsprobe der Bausteine. München: R. Oldenbourg 1937.
[4] GRENGG, R.: Abhandlungen praktischer Geologie und Bergwirtschaftslehre, Bd. 15. Halle: W. Knapp 1928.
[5] KIESLINGER, A.: Geol. u. Bauwes., Bd. 5 (1933) S. 49.   [6] Vgl. Fußnote 2, S. 194.
[7] Vgl. Fußnote 4, S. 198.   [8] ROMANOWICZ, H.: 1. Mitt. B, N. I. V. M., 1930, S. 32.
[9] ROSCHMANN, R.: Diss. T. H. Stuttgart 1933.

δ) Zur Ermittlung der Veränderungen an *polierten Gesteinen*[1] sind vergleichende Glanzmessungen angewandt worden.

5. Die physikalisch-chemischen Prüfungen.

a) Die chemische Analyse.

Vollständige chemische Gesteinsanalysen sind nur in Einzelfällen für die Beurteilung der Wetterbeständigkeit notwendig. Bei den Basalten z. B. ist die Sonnenbrandneigung in gewissem Umfang von der chemischen Zusammensetzung abhängig. Für viele Teilfragen ist jedoch die Kenntnis der Anwesenheit bestimmter Stoffe sehr wesentlich, besonders zur Stützung petrographischer Feststellungen. Man wird sich dabei mit Teilanalysen begnügen, oder gar nur mit gewissen qualitativen Reaktionen. Eine Analyse ohne petrographische Untersuchung ist nur in wenigen Fällen sinnvoll. Regelmäßig wird die chemische Prüfung bei den Dachschiefern durchgeführt (Bestimmung von CaO, FeO, Fe_2O_3, S, CO_2, C).

HIRSCHWALD[2] führte eine sehr große Zahl von Teilanalysen durch zur näheren Charakterisierung der Bindemittelsubstanzen (nach Menge und Zusammensetzung) von Sandsteinen. Er arbeitete dazu eine Art rationelle Analyse aus, indem er Auszüge von konzentrierter Schwefelsäure untersuchte, ferner auch wäßrige und Sodaauszüge. Aus seinen Vergleichen dieser Bindemittelanalysen mit den Wetterbeständigkeitskategorien der Gesteine erhält man allerdings nicht den Eindruck von engeren Beziehungen. Auszugsanalysen sind auf alle Fälle immer mit Vorsicht zu bewerten, da unter Umständen auch unerwünschte Bestandteile angegriffen werden. Zur Feststellung von Sonnenbrandbasalten sind in neuerer Zeit ebenfalls Wasser- und Säureauszüge analysiert worden[3].

Sehr wichtig sind chemische Analysen von verwitterten Gesteinen an Bauwerken zur Ermittlung des Verwitterungsablaufes (Vergleich mit frischem Gestein).

b) Prüfungen über die Einwirkungen der Rauchgase.

Es sind schon zahlreiche Verfahren ausgearbeitet worden, um die Einwirkungen der Rauchgase auf Gesteine zu prüfen. Ebenso wurde über den Wert von solchen Bestimmungen viel diskutiert. Eingehend beschriebene Versuchsanordnungen stammen von H. SEIPP[4] *(Agenzienprobe)*. Er läßt SO_2, CO_2 und O_2 gemischt auf die periodisch durchfeuchteten, in Flaschen befindlichen Probekörper während 11 h einwirken und bestimmt den Gewichtsverlust der Proben. Dieser setzt sich einerseits zusammen aus den in Lösung gegangenen Stoffen (beim Versuch in destilliertem Wasser gesammelt), den verflüchtigten Stoffen (CO_2) und den abgefallenen festen Teilchen. Anderseits umfaßt er noch die zugeführten Stoffe (Bildung von Sulfaten, besonders Gips, im Gestein, Sauerstoffaufnahme bei Oxydationen usw.). Der Gehalt der Probekörper an diesen Neubildungen muß durch chemische Analysen vor und nach dem Versuch bestimmt werden. Der „wahre Stoffverlust" ist somit: Anfangsgewicht minus (Gewicht nach Versuch plus zugeführte Stoffe). Für alle Einzelheiten der Versuchsanordnung und deren Besonderheiten bei gewissen Gesteinen sei auf die erwähnten Publikationen hingewiesen.

---

[1] SCHMÖLZER, A.: Fortschr. Mineral., Bd. 18 (1934) S. 34.   [2] Vgl. Fußnote 1, S. 191.
[3] STÜTZEL, H.: Steinindustr. u. Straßenb., Bd. 29 (1934) S. 261 und Z. dtsch. geol. Ges. Bd. 87 (1935) S. 473.
[4] SEIPP, H.: Die abgekürzte Wetterbeständigkeitsprobe der Bausteine. Frankfurt: H. Keller 1905 u. München: R. Oldenbourg 1937.

Häufig läßt man SO_2 (neben feuchter Luft) allein auf den Stein einwirken. Bei Dachschiefern wird zur Beurteilung die *Schwefligsäureprobe* allgemein herangezogen. Die Probestücke werden z. B. in einem Glasgefäß über einer wäßrigen Lösung von schwefliger Säure geprüft und Gewichtsverlust und andere Änderungen vermerkt[1]. Bei Karbonatgehalt tritt dabei häufig ein Aufspalten ein. Auch für Bausteine kommt in gewissen Fällen die Beanspruchung durch SO_2 mit nachfolgendem Vergleich der Druckfestigkeit gegenüber unbeanspruchten in Frage. In England[2] (Building Research Station) werden die Steine während 100 Stunden mit 5% SO_2 enthaltender feuchter Luft behandelt und darauf (nach Oxydation) der Gehalt an SO_3 bzw. SO_4' bestimmt.

Bei allen Beanspruchungen durch schweflige Säure kommen die Kalksteine und kalkigen Sandsteine zu schlecht weg, indem sie naturnotwendig große Gewichtsverluste aufweisen müssen, während dem ja schon längst bekannt ist, daß rißfreie reine Kalksteine sehr widerstandsfähige Gesteine sein können. Man kann deshalb kalkige Gesteine bei Säureproben nur unter sich vergleichen.

R. Grün[3] wies auf die Bedeutung der Einwirkung von CO_2 allein auf gewisse Gesteine hin. Er arbeitete ein Verfahren aus, um diese zu prüfen. Dazu behandelte er die nassen Gesteine im Autoklaven bei einem CO_2-Druck von 10 at und bestimmte die gelösten Anteile.

c) Kristallisierversuche.

In vielen Ländern, vor allem in England und Amerika wird der sogenannten Kristallisationsprüfung eine große Bedeutung beigemessen[4]. Sie besteht (nach Vorschlag Orton) in wiederholter abwechselnder Lagerung der Probekörper in 14%iger Natriumsulfatlösung und darauffolgender Trocknung bei 110°. Das Verfahren kennzeichnet die Beständigkeit des Gesteins gegen die innerhalb der Poren zur Auswirkung kommenden Druckkräfte; die Versuchsergebnisse laufen einigermaßen parallel den Frostprüfungen. Der Vorgang besteht im wesentlichen darin, daß sich bei 110° in den Gesteinsporen aus der wäßrigen Natriumsulfatlösung das wasserfreie Salz ausscheidet. Beim Einlegen der Probekörper in die 14%ige Natriumsulfatlösung kristallisiert das wasserfreie Salz unter Aufnahme von 10 Molekülen Wasser in Glaubersalz um, wobei die bedeutende Volumenvermehrung wirksam wird. Die Trocknung der Körper erfordert verschiedene Vorsichtsmaßnahmen, damit das Salz nicht ausblüht und damit aus dem Stein entfernt wird. Andere Vorschriften benützen Magnesiumsulfat zur Tränkung; auch Kalziumsulfat wurde benützt; beide beanspruchen den Stein weit schwächer.

In England mit dem rauchgasreichen aber relativ frostarmen Klima wird der Kristallisationsprüfung eine größere Bedeutung beigemessen als den Frostprüfungen[2].

d) Färbemethoden.

Zur Feststellung von Einlagerungen von pelitischen Partikeln (mergeligtonige Bestandteile in Sedimenten, feinstkörnige Umwandlungsprodukte in Eruptivgesteinen) werden oft Färbemethoden angewandt[5]. Die Gesteine werden während einer bestimmten Zeit in die Farbstofflösung gelegt, dann oberflächlich abgetrocknet und zerschlagen. Zur Sichtbarmachung pelitischer Teile sind

---

[1] Vgl. Fußnote 4, S. 198.   [2] Vgl. Fußnote 2, S. 194.   [3] Vgl. Fußnote 2, S. 198.

[4] Orton, E.: Proc. Amer. Soc. Test. Mater., Bd. 19 (1919) S. 268. — Schmölzer, A.: Chemie der Erde, Bd. 10 (1936) S. 479. — Mitt. staatl. techn. Versuchsamt Wien, Bd. 25 (1936) S 14.

[5] Liebscher, L.: Geol. u. Bauwes., Bd. 6 (1934) S. 104. — Kieslinger, A.: Geol. u. Bauwes., Bd. 1 (1929) S. 95.

Farbstofflösungen anzuwenden, die von diesen abfiltriert werden, wobei allerdings die Eindringtiefe beschränkt bleibt. Verwendet wurden u. a. alkoholische Lösungen von Nigrosin (4%). HIRSCHWALD[1], der große Gesteinsserien mit Färbemitteln behandelte, unterschied eine Anzahl von Färbungstypen, teils die Verteilung der pelitischen Anteile kennzeichnend, teils die Porenformen aufdeckend. Die Färbungen werden zweckmäßig im Anschluß an die petrographische Prüfung durchgeführt. Bei dunklen Gesteinen versagt die Färbemethode. A. SCHMÖLZER[2] machte die Tränkungen sichtbar durch Verwendung fluoreszierender Flüssigkeiten (Mineralöle, Fluoreszeinlösung) vermittels der Ultralampe.

e) Die Prüfung der Basalte auf Sonnenbrand.

Ein Sondergebiet der Wetterbeständigkeitsprüfung von großer Wichtigkeit betrifft die Feststellung, ob ein Basalt sonnenbrandverdächtig ist. Die Prüfung besteht darin, die beim Sonnenbrand entstehenden bekannten Flecken auf künstliche Weise in kurzer Zeit sichtbar zu machen. Es sind schon viele Verfahren vorgeschlagen worden, die alle in mehr oder weniger zahlreichen Fällen die gewünschte Wirkung erzielten[3]. Solche Mittel chemischer Art sind: Kochen in a) destilliertem Wasser, b) verdünnter Salzsäure, c) Ammonkarbonat, d) Natronlauge während mehrerer Stunden bis Tage, e) Lagerung in kohlensäurehaltigem Wasser oder Bikarbonatlösung während mehreren Tagen. HOPPE und STÜTZEL halten das Kochen in Wasser für das zweckmäßigste, auch Lagerung in Bikarbonatlösung ergab gute Resultate. Schärfere Mittel wie Salzsäure und Natronlauge greifen alle Gesteinsgläser (nicht nur das „labile Restglas") und auch weitere in Basalten auftretende Gesteinsmineralien (Nephelin, Olivin usw.) an, was unter Umständen zu Täuschungen führen kann. Über Austauschreaktionen zur Erkennung des Sonnenbrandes siehe die Arbeit von HOLLER[4]. Dieser Autor führte auch Entwässerungsbestimmungen durch, um Sonnenbrenner zu erkennen. Bei diesen verlaufen die Kurven stetig (wie bei Zeolithen), die normalen Basalte verlieren das Wasser absatzweise.

6. Die kombinierten Prüfverfahren.

a) Die natürliche Wetterbeständigkeitsprobe.

Bei der natürlichen Wetterbeständigkeitsprobe oder dem Dauerlagerversuch werden die Steinproben einfach im Freien der Witterung ausgesetzt. Nach bestimmten Zeitabschnitten werden Gewichtsverluste und Aufnahmen von Fremdstoffen bestimmt und andere Veränderungen (Rißbildungen, völliger Zerfall usw.) notiert. Diese langwierigen Verfahren können allerdings kaum mehr als Materialprüfungen im üblichen Sinne bezeichnet werden.

Es sind schon zahlreiche zum Teil Jahrzehnte dauernde Versuche mit Natursteinen durchgeführt worden[5]. Zur Feststellung der Besonderheiten der großstädtischen Verwitterung wurden gleichzeitig Proben an verschiedenen Stellen unter verschiedenen klimatischen Bedingungen ausgesetzt. Die meisten Versuchsreihen hatten allerdings als Hauptziel weniger die Verwitterung am unbehandelten Naturstein als vielmehr die Wirkungsweise der Steinschutzmittel festzustellen. Inwieweit die „natürlichen" Prüfungen an Steinen, die weder Größe noch Form noch Umgebung (was sehr wesentlich) haben können wie im Bauwerk, den

---

[1] Vgl. Fußnote 3, S. 193.   [2] SCHMÖLZER, A.: Die Steinindustrie, S. 196. 1927.
[3] HOPPE: Vgl. Fußnote 2, S. 192. — STÜTZEL: Vgl. Fußnote 1, S. 193.
[4] HOLLER, K.: Z. prakt. Geol., Bd. 38 (1930) S. 17.
[5] RATHGEN, F. u. J. KOCH: Verwitterung und Erhaltung von Werksteinen. Berlin: Verlag Zement und Beton 1934. — BREYER, H.: Steinindustr. u. Straßenb., Bd. 32 (1937) S. 356 u. 375.

wirklich natürlichen Verhältnissen entsprechen, ist jedenfalls etwas fraglich. Für wertvoller werden regelmäßige Beobachtungen an Bauwerken gehalten, deren Steine nach Alter und Herkunft genau bekannt sind. Sie geben trotz der ungleichartigen Bedingungen, unter denen sie auch an einem einzigen Gebäude stehen und der Schwierigkeit der quantitativen Messungen der Veränderungen wahrscheinlich ohne die großen Kosten der Versuchsreihen Resultate, die denen der Dauerlagerversuche überlegen sind.

b) Die abgekürzten Wetterbeständigkeitsproben.

Als abgekürzte Wetterbeständigkeitsproben bezeichnet man die Verfahren, die durch Einwirkenlassen der äußeren Hauptverwitterungsagenzien in konzentrierter Form auf die Steinprobe eine Bewertung anstreben. Eingehend hat sich H. SEIPP[1] mit der Ausarbeitung von solchen abgekürzten Verfahren befaßt. Durch Beanspruchung der Gesteine auf Temperaturwechsel und Frost und durch Einwirkenlassen durch möglicherweise schädliche Anteile der Luft und der Rauchgase suchte er den Wetterbeständigkeitsgrad ziffernmäßig zu erfassen. Sein Prüfungsverfahren zerfällt in zwei Teile: 1. Die Wärmewechselprobe kombiniert mit der Frostprobe, 2. die abgekürzte Agenzienprobe.

Die Wärmeprobe, die immer zuerst vorgenommen wird, erfolgt wie S. 198 angegeben. Sofern bei dieser keine nennenswerten Schäden festzustellen sind werden die Proben dem Frostversuch im wesentlichen nach DIN 2104 unterworfen. Auf die Frostprobe folgt dann, falls der Frostangriff nicht zu stark ist, die chemische Probe nach den S. 199 mitgeteilten Vorschriften. Maßgebend für die Beurteilung der Gesteine sind die summierten Gewichtsverluste bei den verschiedenen Prüfungen. Bei der Frostprobe muß auch die Form der Zerstörung weitgehend berücksichtigt werden. Es wird dann an zwei Bewertungstafeln versucht, ein Urteil über die voraussichtliche Bewährung abzugeben. Noch wesentlich vielseitiger in den Einwirkungen ist ein Schnellverfahren, bei dem die verschiedenartigsten (künstlich erzeugten) Einwirkungen (Regen, Wind, Frost, Hitze, Rauchgase, Wasserdampf, Wärmestrahlung, Ultraviolettstrahlen usw.) auf die Prüfstücke abwechslungsweise losgelassen werden. Die beschriebene Anlage[2], die auch größere Werkstücke zu prüfen gestattet, kann gewissermaßen mit 90facher Zeitraffung arbeiten; in 2 Wochen soll im Laboratorium 3mal der ganze Jahreslauf durchschritten werden.

Es ist gegen die abgekürzten Methoden eingewendet worden, daß sie einerseits in der Wirkung viel schärfer seien, anderseits aber doch nicht die Reaktionen, wie sie sich in langen Zeiträumen am Baumwerk abspielen, vor allem nicht den Feuchtigkeitswechsel und das Verhalten des Gesteins dagegen, zu prüfen vermögen. Bei gleichzeitiger mehrfacher Beanspruchung des Gesteins geht überdies die Übersicht über die einzelne Einwirkung vollkommen verloren.

c) Die Aneinanderreihung von Einzelprüfungen.

Obschon, wie einleitend bemerkt wurde, die Verwickeltheit der Gesteinsverwitterung einen systematischen Prüfgang sehr erschwert ist die Prüfstelle doch gezwungen die Einzelversuche zu einem solchen aneinanderzureihen, wenigstens für die Fälle mit allgemeiner Fragestellung nach der Wetterbeständigkeit. Als Beispiel sei der Normalgang nach dem DIN DVM-Verfahren (2101 bis 2105) erwähnt[3]. Dieser Gang schreitet von den einfacheren und billigeren

---

[1] Vgl. Fußnote 4, S. 199.

[2] GREMPE, P. M.: Steinbruch und Sandgrube, Bd. 13 (1935) S. 163.

[3] STÖCKE, K.: Steinindustr. u. Straßenb., Bd. 32 (1937) S. 315 u. N. I. V. M., „London Congress" 1937, S. 360.

(petrographischen) Prüfungen zu den teureren (mechanisch-technischen) Versuchen vor; er kann abgebrochen werden, sobald die für den Verwendungszweck verlangte Wetterfestigkeit, soweit dies nach den normierten Methoden eben möglich ist, beurteilt werden kann. Das DIN-Verfahren legt besonderen Wert auf die Frostprüfungen, während z. B. der an der Building Research Station befolgte Gang die Prüfungen gegen die direkten und indirekten Rauchgaseinwirkungen in den Vordergrund stellt, was die verschiedenen klimatischen Verhältnisse wiederspiegelt. Ferner sei auf die folgende Übersicht hingewiesen.

Übersicht der je nach Verwendungszweck notwendigen oder erwünschten Prüfungen.

	Fassaden- und Monumentsteine	Bordsteine, Boden- platten	Wasserbau, allg. Tiefbau	Pflaster- steine, Schotter	Dach- schiefer
Petrographische Untersuchung .	N	N	N	N	N
Ermittlungen über Verhalten am Bauwerk	E	E	E	E	E
Porosität und Wasseraufnahme .	N	N	N	N	N
Theoretische Frostbeständigkeit .	N	N	N	N	N
Praktische Frostbeständigkeit .	N	N	N	N	N
Druckprüfung nach Frosteinwir- kung		E	E	E	
Wärmewechselprobe					E
Chemische Untersuchungen . .					E
Schwefligsäureprobe, unter Um- ständen Rauchgasprüfung nach Seipp	N (S) E (L)	E (S)	E (S)		E
Kristallisierversuch	E (S)				

Wo nicht anders vermerkt, ist die Ausführung der technischen Prüfungen nach DIN verstanden. N bedeutet notwendig, E erwünscht. Die Tabelle berücksichtigt nur die allgemeiner vorkommenden Fälle und die gebräuchlicheren Prüfverfahren. In Sonderfällen sind Ergänzungsprüfungen erwünscht oder notwendig (z. B. Ermittlung des Sonnenbrandes). S bedeutet in Großstädten oder industriereichen Zonen, L in ländlichen Gebieten.

7. Schlußbemerkungen.

An Untersuchungen und Verfahren für den weiteren Ausbau der Wetterbeständigkeitsprüfung sind in erster Linie folgende weiter zu verfolgen:

Porositätsverhältnisse, vor allem der mikroskopisch schwer erfaßbaren Mikroporosität und der Porenoberflächen;

Versuche über Feuchtigkeits- und Salzwanderungen im Gestein;

Versuche über die Einflüsse des Schwindens und Quellens;

Systematische Versuche zur besseren Erfassung der ganzen Frostfrage.

Vor allem wichtig ist indessen eine weit eingehendere Kenntnis des Verwitterungsablaufes in Großstadt und ländlichen Gebieten. Dazu sind noch eine Unmenge von vorurteilslosen Beobachtungen und Bestimmungen notwendig. Dabei ist es viel wertvoller, wenn der einzelne in einem kleinen Bezirk jede Verwitterungserscheinung studiert, als wenn er in weiten Regionen mit starkem Wechsel des Baumaterials und Klimas nur einige alte Bauten aufsucht und daran einige besonders auffällige Verwitterungsmerkmale betrachtet.

Sehr wünschenswert ist auch eine gründlichere Schulung der für die Prüfung in Betracht kommenden Ingenieure oder Petrographen auf dem Gebiet der Gesteinsverwitterung. Dazu gehören als Unterrichtsübungen Beobachtungen am Bauwerk und Untersuchungen an verwitterten Steinen.

H. Steinschutzmittel.

Von Alois Kieslinger, Wien.

1. Allgemeines.

Unter Steinschutzmitteln versteht man Überzüge oder Tränkungen, welche die Oberfläche und die oberflächennahen Teile des Steines in einer Weise beeinflussen, daß dadurch die Widerstandsfähigkeit gegen alle Verwitterungseinflüsse im weitesten Sinne des Wortes erhöht, somit die Lebensdauer des Steines verlängert wird.

Im einzelnen erstreben die mannigfaltigen Verfahren, den Stein wasserdicht oder besser nur wasserabweisend zu machen, seine Oberfläche in Verbindungen zu verwandeln oder mit solchen zu überziehen, die mit schädlichen Wirkstoffen von außen, besonders den Rauchgasen, möglichst wenig reagieren oder aber die unvermeidlichen Reaktionsprodukte zu harmlosen Verbindungen neutralisieren, endlich auch (besonders bei Sandsteinen) das natürliche Bindemittel des Steines verbessern und so die Kornbindungsfestigkeit erhöhen.

Die zahlreichen im Handel befindlichen Mittel und die einander oft erheblich widersprechenden Erfahrungen, die man damit gemacht hat, sind hier nicht zu behandeln und können dem anhangsweise angeführten Schrifttum entnommen werden. Es möge hier eine kurze Übersicht der wichtigsten Verfahren[1] genügen:

a) Überzüge und Tränkungen, die den Stein wasserabweisend oder wasserdicht machen. Ölfarbanstriche, Öle verschiedener Art (z. B. Leinöl, Standöle, Tekaole), zum Teil mit flüchtigen Lösungs- oder Verdünnungsmitteln), Wachse oder Harze in flüchtigen Lösungsmitteln, durch Erwärmen verflüssigt, in Form von Emulsionen usw., Kaseïnverbindungen.

b) Tränkungsverfahren, die die Porenräume des Steines mit einer chemisch widerstandsfähigen Haut auskleiden sollen, gleichzeitig die Kornbindungsfestigkeit erhöhen.

1. Durch das Mittel allein: Wasserglas, Kieselsäureester usw.

2. Durch Reaktion mehrerer, meist nacheinander aufgetragener Mittel: Natriumsilikat + Kalziumchlorid, Arsensäure + Wasserglas, alkoholische Seifenlösung + Aluminiumazetat, Avantfluat + Fluat.

3. Durch Reaktion des Mittels mit Bestandteilen des Steines (besonders dem Karbonatanteil): Fluate.

c) Verfahren, welche die Zwischenprodukte der Verwitterung in harmlose Form überführen. Bariumhydroxid bindet das Sulfation zum unlöslichen Ba-Sulfat.

2. Prüfung der Steinschutzmittel.

a) Bedingungen. Von einem brauchbaren Steinschutzmittel wird gefordert, daß es

1. den angestrebten Zweck einigermaßen erreicht, d. h. den behandelten Steinen im Vergleich zu den unbehandelten eine längere Widerstandsfähigkeit gegen Schadenseinflüsse verleiht, mindestens auf einige Jahre;

---

[1] In Anlehnung an R. J. Schaffer: The weathering of natural building stones (bes. S. 82—90). London: H. M. Stationary Office 1932.

2. daß durch die Behandlung keinerlei (sich erst oft nach Jahren zeigende) Schädigung eintritt, vor allem keine Begünstigung der Krustenbildung, keine Quellungsrisse usw.;

3. daß die durch die Behandlung vielfach unvermeidlichen Änderungen der Oberfläche (Farbe, Glanz usw.) in erträglichen Grenzen bleiben.

Die *Prüfverfahren* haben nun die Frage zu beantworten, wie weit ein bestimmtes Steinschutzmittel an einer bestimmten Gesteinsart diese Forderungen erfüllt. Es ist von vornherein verfehlt, von einem Schutzmittel gleiche Erfolge bei sehr verschiedenartigen Gesteinsarten in verschiedener Wetterlage und unter sonst abweichenden Verhältnissen zu erwarten.

Die derzeit möglichen oder üblichen Prüfverfahren lassen sich im folgenden Schema übersichtlich betrachten:

Untersucht wird		Zeitpunkt der Untersuchung	Art der Untersuchung				
			chemisch	physikalisch	Aussehen, Erhaltungszustand	Gewichtsänderung	technologisch (Festigkeitseigenschaften)
das Schutzmittel selbst			+	+	—	—	—
der imprägnierte Stein	an kleinen Probekörpern	nach Abschluß der Imprägnierung	+	+	+	—	+
		nach künstlicher Verwitterungseinwirkung	+	+	+	+	+
		nach natürlicher Verwitterungseinwirkung	+	+	+	+	+
	an kleineren oder größeren Bauteilen	nach natürlicher Verwitterungseinwirkung	—	—	+	—	—

b) **Die Untersuchung des Schutzmittels selbst** erfolgt in erster Linie chemisch, sofern es sich um ein Mittel unbekannter Zusammensetzung handelt. Hieran schließen sich chemisch-physikalische Proben über Trockenfähigkeit, Verfilmungsgrad, wasserabweisende Wirkung usw. ,,Diese Prüfungen geben im allgemeinen rasch darüber Aufschluß, ob die betreffenden Mittel überhaupt mit einiger Aussicht auf Erfolg angewendet werden können" (STOIS, 1937)[1]. Bei Leinöl z. B. ist der beim Trocknen entstehende Linoxynfilm ziemlich stark hydrophil; diese unangenehme Eigenschaft kann aber durch entsprechende Beimischungen stark herabgedrückt werden (STOIS, 1933, 1934)[2]. Bei Mitteln,

---

[1] STOIS, A.: Die Keilprobe. Eine neue Form der Prüfung von Steinschutzmitteln im Naturschnellversuch. Bautenschutz Bd. 8 (1937) S. 97—103.

[2] STOIS, A.: Über Versuche mit Steinschutzmitteln. Prüfung der Wirkungsweise und Dauerhaftigkeit von Steinschutzmitteln mittels Zugfestigkeit. Bautenschutz Bd. 4 (1933) S. 1 f. — Leinöl als Steinschutzmittel. Bautenschutz Bd. 5 (1934) S. 32—35. — Die Westminsterabtei erhält ein Milchbad. Bautenschutz Bd. 5 (1934) S. 58—61. — ,,Ölsteinfarbe", Leinöl und Steinschutz. Bautenschutz Bd. 6 (1935) S. 121 f. — Verwitterung und Steinschutz. In REIS: Die Gesteine der Münchener Bauten und Denkmäler. Veröffentl. Ges. Bayer. Landeskunde, S. 199—224. München 1935.

die, wie z. B. die Fluate, mit dem Kalkgehalt des Steines reagieren sollen, muß dieser vorher quantitativ bestimmt werden, um eine richtige Dosierung zu ermöglichen[1].

Eine Reihe wertvoller Beobachtungen und Vergleiche ergeben sich dadurch, daß man gleiche Mengen der Tränkungsmittel auf Filterpapier auftropfen läßt; so können Färbung, allfällige kristalline oder amorphe Ausscheidungen, Bildung von Rändern, Stärke der Wasserabweisung usw. in einfachen Versuchen verglichen werden [2]. Für Tränkungsverfahren, bei denen das Schutzmittel mit dem Untergrund chemisch reagieren soll, läßt sich dieses Verfahren durch entsprechende Präparierung des Filterpapieres erweitern [3]. Ebenso lassen sich im Laboratorium die Temperaturbereiche feststellen, innerhalb derer z. B. Lösungen wachsartiger organischer Stoffe am besten zur Verwendung kommen [3].

c) **Die Prüfung des imprägnierten Steines** unmittelbar nach vollendeter Behandlung erstreckt sich zunächst auf den Grad der Tränkung, die Eindringungstiefe des Schutzmittels und seine physikalischen Auswirkungen. Dabei ist zu beachten, daß in der Praxis an Bauwerken die Behandlung nicht so sorgfältig und den optimalen Bedingungen entsprechend durchgeführt werden kann wie im Laboratorium. Die Reichweite der Eindringung kann ohne weiteres durch Aufspalten imprägnierter Stücke [1], in feinerem Maße auch an Dünnschliffen beobachtet werden.

Der Grad, bis zu dem ein Stein oder steinähnlicher Stoff (z. B. auch ein Mörtel) wasserabweisend gemacht wurde, kann durch künstliche Beregnung geprüft werden [4] oder durch das Verhalten eines auf die geprüfte Fläche aufgebrachten Tropfens [5].

Die wiederholt aufgestellte Forderung, ein Stein solle durch die Imprägnierung zwar *wasserabweisend, aber nicht wasserdicht* gemacht werden, setzt eine Prüfung auf *Wasserdurchlässigkeit* voraus. Die bisher hierfür üblichen Geräte haben nicht durchaus befriedigt. Grobe Vergleichszahlen können etwa dadurch erhalten werden, daß behandelte und unbehandelte Probestücke vergleichend auf *Wasseraufnahme* untersucht werden [6].

Die durch die Behandlung erzielte „*Verhärtung*" bzw. Erhöhung der Kornbindungsfestigkeit wurde durch Erprobung der Druckfestigkeit und Abnutzbarkeit [6, 7], durch Behandlung mit Sandstrahlgebläse, besser durch Bestimmung der Zugfestigkeit an Proben von der üblichen Achterform [8] nachgewiesen.

Wichtig für die Denkmalpflege sind auch die *Farbänderungen* durch die Imprägnierung. Die häufig eintretende Nachdunklung läßt allerdings mit der Zeit nach, so daß ein Urteil nicht sofort gefällt werden kann. Unerwünscht ist auch ein auffälliger Glanz, der durch allzu starke Tränkung mit manchen

---

[1] Koch, J.: Steinschutz durch Tränkung. Baugilde Bd. 20 (1938) S. 660—663.

[2] Kirchner: Schutzanstriche gegen Schlagregen. Bautenschutz Bd. 3 (1932) S. 11—14 (Einwand und Erwiderung dazu ebendort, S. 64).

[3] Rick, A. W.: Prüfung von Tränkmitteln gegen Schlagregendurchfeuchtung. Bautenschutz Bd. 3 (1932) S. 118—120. — Die wesentlichen Fehler bei der Verarbeitung der Baustoffschutzmittel und ihre Erkennung. Bautenschutz Bd. 3 (1932) S. 131—135.

[4] Tillmann, R. u. L. Rister: Versuche über die Schlagregensicherheit geschützter Außenwände. Öst. Bauztg Bd. 9 (1933) Heft 27, S. 229—232; Heft 29, S. 245—247; Heft 30, S. 253—255; Heft 31, S. 261—263.

[5] Seipp, H.: Über Steinrinden und ihre Prüfung. Steinbruch Bd. 15 (1920) S. 348—350, 369f., 385—387.

[6] Berichte über Untersuchungen mit Steinerhaltungsmitteln und deren Wirkungen. Mit einem Vorwort herausgegeben von der Sächsischen Kommission zur Erhaltung der Kunstdenkmäler. Dresden: Gerhard Krühtmann 1907.

[7] Schmidt, K.: Über Steinschutz bei natürlichen und künstlichen Werkstoffen. Zbl. Bauverw. Bd. 48 (1928) S. 619f.

[8] Stois, 1933: Vgl. Fußnote 2, S. 205.

Mitteln eintreten kann. Alle diese Änderungen können leicht an Probeplättchen vergleichend beobachtet werden [1].

d) Beobachtungen bei natürlicher oder künstlicher Verwitterung. Der Wunsch nach vergleichender Beobachtung an verschiedenen Steinen wie auch verschiedenen Mitteln hat seit langem zur Verwendung von entsprechend kleinen Prüfkörpern geführt, die der natürlichen Verwitterung ausgesetzt (meist einfach auf dem Dach der Prüfanstalten) oder auch einer beschleunigten künstlichen Verwitterungsprobe unterworfen werden. Diese Versuche liefern nur relative Vergleichswerte: bei der tatsächlichen Verwendung am Bauwerk kommen zu den Verwitterungseinflüssen noch die sehr verwickelten Vorgänge des „Feuchtigkeitsrhythmus" [2], des wechselnden Temperaturgefälles, der verschiedenen Wetterlage usw.

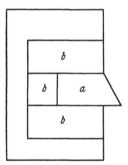

Abb. 1. Nasenformige Probekörper.
(Nach RATHGEN-KOCH 1934.)

Abb. 2. Probekorper in Form von großen Pfeilern. (Nach Building Research Board, Report for 1926.)

e) Form der Probekörper. Bei den Versuchen verschiedener Anstalten kamen teils Würfel, vorwiegend aber flachprismatische Plättchen zur Anwendung. Die Größen sind durchaus verschieden, z. B. bei den Berliner Versuchen Würfel von 5 cm Seitenlänge, Plättchen [3] von 7 × 3 × 1 cm. Ferner wurden auch nasenförmige Gesteinskörper hergestellt. Wo später eine Zugfestigkeitsprobe stattfinden soll, wird bis jetzt die gebräuchliche Achterform der Zugkörper verwendet. Bei den Versuchen des Building Research Board kommen unter anderem große prismatische Pfeiler mit angearbeiteter Deckplatte zur Verwendung (Report for 1926, S. 28). Eine grundsätzlich neue Form stellen die Keile bei den Versuchen von STOIS vor [4]. Sie haben eine Länge von 26 cm

---

[1] Vgl. Fußnote 1, S. 206.

[2] KIESLINGER, A.: Zerstörungen an Steinbauten ihre Ursachen und ihre Abwehr. Leipzig u. Wien: Franz Deuticke 1932.

[3] RATHGEN, F. u. J. KOCH: Verwitterung und Erhaltung von Werksteinen. Beiträge zur Frage der Steinschutzmittel. Berlin: Verlag Zement u. Beton G.m.b.H. 1934.

[4] STOIS 1937: Vgl. Fußnote 2, S. 205.

bei einer Grundfläche von 4×10 cm, wodurch bei dem schmalen Keilwinkel von nicht ganz 9° eine äußerst dünnwandige Schneide entsteht. Wird zur Vergleichung verschiedener Mittel ein an sich möglichst empfindlicher Stein genommen, so ergeben sich schon nach ganz kurzer Zeit eindeutige Wirkungen, die eine engere Wahl zwischen den verschiedenen Mitteln ermöglichen.

f) Aufstellung der Probekörper. In jenen Fällen, in denen Gewichtsverlust, Reaktionsprodukte oder dgl. bestimmt werden sollen, muß eine Anordnung getroffen werden, die ein Abhandenkommen dieser Stoffe verhindert. Gesteinsprismen werden in entsprechende Glasschalen oder Blechkästchen eingepaßt, Steinwürfel auf einem Rost in Porzellanbechern untergebracht usw.[1,2]. Die Aufstellung erfolgt unter Erwägung der Wetterlage, mit jeweiligen Maßnahmen gegen Beschädigung durch Wind, Vögel usw.

g) Künstliche Verwitterungsprüfung. Eine der häufigsten beschleunigten Verwitterungsproben ist die Frostprobe, mit der unbehandelte und imprägnierte Steine

Abb. 3. Keilformige Probekorper. (Nach Stois 1936.)

Abb. 4. Glaskasten fur Probeplattchen. (Nach Rathgen-Koch 1934.)

vergleichend untersucht werden [3-5]. Die Beeinflussung mit oft wiederholtem Wärmewechseln und verschiedenen chemischen Agenzien wurde besonders von Seipp ausgebaut[6]. Freilich ist es noch äußerst fraglich, wie weit derartige

[1] Vgl. Fußnote 3, S. 207.

[2] Hirschwald, J.: Handbuch der bautechnischen Gesteinsprüfung. Berlin: Gebrüder Bornträger 1912.

[3] Vgl. Fußnote 6, S. 206.

[4] Hanisch, H.: Die Kesslerschen Fluate als Frostschutzmittel unserer Bausteine. Mitt. Technol. Gewerbemuseum Heft 1 (1909) S. 44—46 und Tonind.-Ztg. Bd. 33 (1909) S. 540.

[5] Dementjew, K. u. M. Merkulov: Die Fluate und der Portlandzement. Tonind.-Ztg. Bd. 33 (1909) S. 871f.

[6] Seipp, H.: Die Wetterbeständigkeit der natürlichen Bausteine und die Wetterbeständigkeitsproben. Jena: Hermann Costenoble 1900. — Die abgekürzte Wetterbeständigkeitsprobe der natürlichen Bausteine, mit besonderer Berücksichtigung der Sandsteine. Frankfurt a. M.: H. Keller 1905. — Die abgekürzte Wetterbeständigkeitsprobe der Bausteine. München: R. Oldenbourg 1937.

Methoden, die den Zeitfaktor durch Verstärkung anderer Einflüsse ersetzen wollen, Schlüsse auf das Verhalten bei der natürlichen Verwitterung zulassen.

Eine besonders in England seit einem Jahrhundert beliebte künstliche Verwitterungsprobe ist die Tränkung mit auskristallisierenden Salzlösungen nach BRARD, die „crystallisation tests"[1].

Die künstliche Verwitterungsprüfung ist besonders dort am Platze, wo es sich um die Prüfung von Steinen und Steinschutzmitteln handelt, die einer starken industriellen Beanspruchung ausgesetzt sind[2].

h) Kriterien für das Maß der Verwitterung. An erster Stelle steht die vergleichende Beobachtung des *Erhaltungszustandes* von unbehandelten und behandelten Proben. Verfärbungen, Abbröselungen, Abblätterungen, Risse usw. lassen weitgehend schon Schlüsse zu, die mindest zu einer starken Einengung der in Frage kommenden Mittel führen. Besonders rasch und deutlich treten diese Erscheinungen an den Keilen auf[3]. Bei den umfangreichen langjährigen Untersuchungen RATHGENs diente der *Gewichtsverlust* als Maßstab der Verwitterung. Dabei muß selbstverständlich die vorherige durch die Tränkung erfolgte Gewichtsvermehrung berücksichtigt werden. (Genauer bei RATHGEN-KOCH, 1934, S. 67 f.) Jedenfalls ist auch eine Gewichtsvermehrung durch Verwitterungseinflüsse gelegentlich festzustellen.

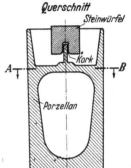

Abb. 5. Befestigung von Probewürfeln in Porzellanbechern. (Aus RATHGEN-KOCH 1934 nach HIRSCHWALD 1912.)

Ein zahlenmäßiger Ausdruck über die Festigkeitsveränderungen von behandelten und unbehandelten Steinen wird besonders durch die Zugfestigkeitsprobe erlangt[4]. Früher wurden vielfach auch die anderen üblichen technologischen Werte als Maßstab für den Erfolg des Schutzmittels herangezogen, so Druckfestigkeit (trocken, wassersatt und gefroren), Abnützbarkeit, Wasseraufnahme.

i) Der Naturversuch an Bauwerken und Denkmälern. Vorteile: Tatsachenbefund, der alle Fehler des vereinfachenden Versuches an kleinen Probekörpern vermeidet.

Nachteile: Risiko von Schäden an wertvollen Objekten. Lange Zeitdauer, vor deren Ablauf keine Aussage gemacht werden kann. Gültigkeit nur für die örtlichen Verhältnisse (bestimmter Stein in bestimmter Wetterlage). Schwierigkeit der Deutung und Bewertung des Versuchserfolges.

Wiederholt wurde von zuständiger Seite betont[5,6], daß die Kleinversuche an Probestücken und die Großversuche an Bauteilen beide nebeneinander berechtigt und wichtig sind. Unter allen Umständen hat der Kleinversuch vorauszugehen, der — unbeschadet aller Vieldeutigkeit mancher Ergebnisse — doch schon eine negative Auswahl, ein Ausscheiden der sicher unzulässigen Schutzmittel ermöglicht.

Die Auswahl geeigneter Versuchsstellen an älteren Bauwerken ist ungemein schwierig[7]: Nötig ist vor allem eine gewisse Größe, weil bei Behandlung etwa

---

[1] HÉRICART, THURY DE: Über das BRARDsche Verfahren. Ann. Chémie, Paris, Bd. 38 (1828) S. 160.

[2] GRAF, OTTO u. HERMANN GOEBEL: Schutz der Bauwerke gegen chemische und physikalische Angriffe. Berlin: W. Ernst & Sohn 1930.

[3] Vgl. Fußnote 1, S. 203.   [4] STOIS 1933: Vgl. Fußnote 2, S. 203.

[5] HÖRMANN, H.: Denkmalpflege und Steinschutz in England. München: G. D. W. Callwey 1928.

[6] STOIS 1937: Vgl. Fußnote 1, S. 203.

[7] HÖRMANN, H.: Der Steinschutzgroßversuch am Bauwerk. Bautenschutz Bd. 7 (1936) S. 73—82.

nur einzelner Quadern randliche Einflüsse störend sind. Die Behandlung mehrerer Werkstücke nebeneinander ist auch mit Rücksicht auf die unvermeidliche Ungleichmäßigkeit des Steines nötig. Ferner sollen die sehr verschiedenartigen Wetterlagen am Bauwerk einigermaßen berücksichtigt werden. Auch sollen diese Probestellen jederzeit leicht der Beobachtung zugänglich bleiben. Weiter dürfen künstlerisch oder geschichtlich besonders wichtige Bauteile oder Plastiken nicht als Versuchsobjekte benutzt werden. Auch bei sehr großen Bauten ist es schwierig, eine entsprechende Anzahl von Flächenstücken zu bestimmen, die allen Anforderungen gerecht werden.

Es ist schließlich nicht überflüssig, darauf hinzuweisen, daß auch gleichartige unbehandelte Flächen zur vergleichenden Beobachtung kommen müssen. Wird dies unterlassen und z. B. ein kleineres Denkmal gänzlich mit einem Schutzmittel imprägniert, dann hat man nach längerer Zeit keinerlei Kriterium, ob eine bestimmte Verwitterungserscheinung trotz oder infolge einer Imprägnierung eingetreten ist oder ob sich diese überhaupt nicht wesentlich ausgewirkt hat.

Die zu imprägnierenden Flächen müssen vorher entsprechend gereinigt werden, ferner von vornherein technisch fest sein. Die Einzelheiten des Arbeitsvorganges beim Aufbringen der verschiedenen Schutzmittel können hier nicht behandelt werden.

Um einigermaßen brauchbare Aussagen zu erhalten, sind genügend lange Beobachtungszeiten nötig (nicht unter etwa 5 Jahren). Die bösartigste und häufigste „Verwitterungskrankheit", die Krustenbildung, ist ja gerade dadurch gekennzeichnet, daß zunächst eine Verhärtung und Verdichtung der Oberfläche erfolgt, die noch immer vielfach als „Schutzhaut" bezeichnet wird. Erst nach längerer Zeit werden, dann aber sehr rasch, die Merkmale der „subkutanen" Verwitterung ersichtlich (ausführlich bei Kieslinger, 1932). So manche vermeintliche Schutzmittel fördern diese Entwicklung, indem sie durch Bildung einer künstlichen Kruste der Verwitterung Jahrzehnte Arbeit abnehmen. Zweifellos aber sieht der so behandelte Stein in den ersten Jahren recht vorteilhaft aus. Die besonders bei den Erzeugerfirmen von derartigen Mitteln beliebten Lichtbilder „vor und nach der Behandlung" sind also ziemlich wertlos.

k) Kriterien für den Erfolg einer Behandlung. Bei Bauwerken wird sich die Beurteilung des Erfolges im allgemeinen auf die Beobachtung beschränken müssen, die alle Änderungen der Farbe und Oberfläche (Abblättern, Absanden, Auftreten von Rissen usw.) unter fortwährendem Vergleich mit gleich gelegenen (und selbstverständlich auch petrographisch gleichen) unbehandelten Gesteinsteilen sorgfältig abzuwägen hat. Wohl nur in Ausnahmefällen können kleinere Proben für chemisch-physikalische technologische Untersuchungen entnommen werden [1].

3. Weiteres Schrifttum über Steinschutzmittel.

Bauschinger: Einheitliche Untersuchungsmethoden bei der Prüfung von Bau- und Konstruktionsmaterialien usw. München 1884 und Dresden 1886.

Baines, Sir F.: Notes on the nature, decay and preservation of stone National Ancient Monuments Year Book. London: The Wykeham Press 1927.

Building Research Board: London: Reports H. M. Stationary Office 1927f.

Church, A. H.: Improvements in the means of preserving stone, brick, slate wood, cement, stucco, plaster, whitewash and colour wash from the injurious action of atmospheric and other influences. Brit. Pat. 220 vom 28. I. 1862.

---

[1] Die Literatur der Denkmalspflege ist erfüllt von Berichten über die Erfolge und Mißerfolge solcher Behandlungen. Leider fehlen nur zu oft ausführliche Berichte mit Einzelangaben über die näheren Umstände der Imprägnierung.

Von vorbildlicher Genauigkeit sind die Berichte über die langjährigen Beobachtungsreihen verschiedener deutscher Staatsbauverwaltungen (Sachsen 1907, Rathgen-Koch 1934, Hörmann 1936, Zahn 1936).

CHURCH, A. H.: Copy of memoranda by Prof. CHURCH F. R. S. furnished to the First Commissioner of H. Maj. Works etc., concerning the treatment of decayed stonework in the Chapter House, Westminster Abbey. Parliamentary Paper Cd 1889, H. M. Stationary Office. London 1904.

DESCH, C. H.: The preservation of building stone. Soc. Chem. Ind. Bd. 37 (1918) S. 118.

DREXLER: Steinzerstörungen und Steinschutz am Regensburger Dom. Z. Denkmalpflege u. Heimatschutz Bd. 31 (1929) S. 44.

EIBNER, A.: Entwicklung und Werkstoffe der Wandmalerei vom Altertum bis zur Neuzeit. München 1926.

EIBNER, A.: Zur Frage der Möglichkeiten konservierender Behandlung stark verwitterter mittelalterlicher Steinbauten usw. Zbl. Bauverw. Bd. 47 (1927) S. 481—485.

FELDMANN, R.: Ein Jahr Enkaustik. Z. Denkmalpflege u. Heimatschutz Bd. 31 (1929) S. 46.

FRÖDE, F. W.: Das Konservieren der Baumaterialien sowie der alten und neuen Bauwerke und Monumente. Sammlung „Technische Praxis". Wien: Waldheim Eberle 1910.

GREGOW: Peintures pétrifiantes au silicate d'éthyle. Peintures, Pigmente, Vernis 116—117. (Paris?) 1937.

GRÜN, R.: Die Verwitterung von Steinen. Denkmalpflege Bd. 5 (1931) S. 168.

GÜLDENPFENNIG: Der Zustand des Kölner Domes und die Arbeit der Dombauhütte. Vortrag Tag für Denkmalpflege und Heimatschutz. Berlin 1930.

HAUENSCHILD, H.: Die KESSLERschen Fluate. Polytechn. Buchhandlg. Berlin, 1. Aufl. 1892, 2. Aufl. 1895.

HEATON, N.: The preservation of stone. J. roy. Soc. Arts Bd. 69 (1921) S. 124—139.

HEBBERLING: Das Wichtigste vom Korrosionsschutz. Ein Merkbüchlein für Baufachleute und alle an der Sachwerteerhaltung interessierten Kreise. München: Callwey 1936.

HEMMINGWAY, H. W.: Process for preserving or treating stone and like building materials and for producing cement. Brit. Pat. 28284/1910.

HENGST, GUIDO: Fassadenbehandlung. Bautenschutz Bd. 3 (1932) S. 14—16.

HERTEL, B.: Die Wiederherstellungsarbeiten am Kölner Dom. Z. Denkmalpflege u. Heimatschutz 1936, Heft 3.

HIRSCHWALD, J.: Die Prüfung der natürlichen Bausteine. Berlin 1908.

HOFFMANN: Speech at Royal Institute of British Architects Builder Bd. 19 (1861) S. 103—105.

KESSLER, L.: A process of hardening soft calcareous stones by means of silico fluorides of insoluble oxide bases. C. R. Acad. Sci., Paris Bd. 96 (1883) S. 1317—1319.

KIESLINGER, A.: Kugeldruckprobe an Gesteinen. Geol. u. Bauwes. Bd. 7 (1935) Heft 2 S. 65—78.

KÜHN, K.: Steinverwitterung und Steinsicherung. Denkmalpflege Bd. 2 (192/728) S. 77—84.

LAURIE, A. P.: Stone decay and the preservation of buildings. Soc. Chem. Ind. Bd. 44 (1925) S. 86—92.

LAURIE, A. P. and C. RANKIN: The preservation of decaying stone. Chem. Soc. Ind. Bd. 37 (1918) S. 137.

LAURIE, A. P.: The Quarry and Surveyors' and Contractors' Journal Bd. 33 (1938) Nr. 380 S. 375—378.

LETHABY, W. R.: The preservation of national monuments. Builder Bd. 138 (1930) S. 1142—1143.

LILL: Erhaltungsmaßnahmen am Fürstenportal des Domes zu Bamberg. Bayer. Heimatschutz Bd 32 (1936) S. 192.

LINDE: Oberflächenschutz. Bad. Landesgewerbeamt Karlsruhe 1938.

MANSCHKE, R.: Untersuchungen über den Schutz von Baumaterialien. Bautenschutz Bd. 3 (1932) S. 54—56.

OCHS: Zum Anstrich des Werksteines als Schutz gegen Verwitterung. Denkmalpflege Bd. 18 (1911) Nr. 3.

OEFTRING, G.: Steinverwitterung und Steinerhaltung. Zbl. Bauverw. Bd. 48 (1928) S. 256 f.

OEFTRING, G.: Das Sterben der Steine. Bautenschutz Bd. 4 (1933) S. 1—10. (Erwiderung darauf von STOIS: ebenda Bd. 5 (1934) S. 32—35.)

OHLE u. C. R. PLATZMANN: Tag für Denkmalpflege und Heimatschutz (Würzburg 1928), S. 134. Berlin 1929.

PLATZMANN, C. R.: Steinschutz und Steinkonservierung. Z. Denkmalpflege u. Heimatschutz Bd. 31 (1929) S. 41—42.

POLLACK, VINCENZ: Verwitterung in der Natur und an Bauwerken. Sammlung „Technische Praxis" Bd. 30. Wien: Waldheim Eberle 1923 und Leipzig u. Wien: Otto Klemme 1923.

POWYS, A. R.: The repair of ancient buildings. London: J. M. Dent & Sons, Std. 1929.

QUIETMAYER: Über Gesteinsverwitterung und Schutzmittel dagegen. Rev. Bâtiment. Nr. 50—52 (1924).

Rathgen, F.: Die Konservierung von Altertumsfunden, 1. Aufl. Berlin 1898, 2. Aufl. Berlin u. Leipzig 1926. — Bericht über die Erhaltung von Altertumsfunden. 4. Tag. Denkmalpflege, Stenogr. Ber. 87—97, Berlin 1903. — Über Versuche mit Steinerhaltungsmitteln 11. Tag. Denkmalpflege, 118—123. Berlin 1910. — Über Versuche mit Steinerhaltungsmitteln. 12. Tag. Denkmalpflege 117—125. Berlin 1912. — Über Versuche mit Steinerhaltungsmitteln. Z. Bauw. Bd. 60 (1910) S. 607—622, Bd. 63 (1913) S. 66—82, Bd. 65 (1915) S. 221—252, Bd. 66 (1916) S. 349—358, Bd. 69 (1919) S. 443—459. — Über Versuche mit Steinschutzmitteln. Tonind.-Ztg Bd. 41 (1917) S. 146f., 153f., 169f. — Die Pflege öffentlicher Standbilder. Berlin u. Leipzig: de Gruyter & Co. 1926. — Steinverwitterung und Steinschutzmittel. Zbl. Bauverw. Bd. 48 (1928) S. 253—256. — Steinschutz durch Leinöl und Wachs. Z. Denkmalpflege u. Heimatschutz Bd. 31 (1929) S: 51—52.

Ros, D. de and F. Barton: Improved methods of hardening and preserving natural and artificial stones. Brit. Patent 260031/1926.

Rossmann: Über Wesen, Eigenschaften und Erfahrungen mit Tekaolen. Angew. Chemie Bd. 50 (1937) S. 246—248.

Schmid, H.: Enkaustik und Fresko auf antiker Grundlage. München: G. D. W. Callwey 1926.

Schmid, H.: Steinschutz und Enkaustik. Z. Denkmalpflege u. Heimatschutz Bd. 31 (1929) S. 46—48.

Setz, M.: Über Konservierungsmittel zum Schutz der aus natürlichem Gestein aufgeführten Bau- und Bildwerke gegen Verwitterung. Öst. Wochenschrift öffentl. Baudienst Heft 27 (1909) S. 411—413.

Steinlein: Schutz der Natursteine durch Wachs. Bauzeitung Heft 13 (1927).

Stone Preservation Committee, Report of the London: H. M. Stationary Office 1927.

Stützel, H.: Steinschutzerfahrungen an den Domen in Regensburg und Passau. Steinindustr. u. Straßenb. Bd. 31 (1936) S. 455f.

Tucholski: Ölfarbenanstrich auf Sandstein. Z. Denkmalpflege u. Heimatschutz Bd. 31 (1929) S. 48.

Wrba: Tag für Denkmalpflege und Heimatschutz (Würzburg 1928), S. 148. Berlin 1929.

Würth: Steinkonservierung durch das Enkaustikverfahren. Köln. Ztg 1928, Nr. 482. — Steinkonservierung mittels Leinöl. Dtsch. Maltechn. Ver. 1930, Sonderheft 5. — Steinschutz und Anstrich. Bauwelt Bd. 26 (1935) S. 647—648.

Zahn, K.: Steinschutz und Bautechnik in der Denkmalpflege. München 1928. — Leinöl als Steinschutzmittel. Zbl. Bauverw. Bd. 49 (1929) S. 37—39. — 10 Jahre Steinschutz am Regensburger Dom. Bautenschutz Bd. 7 (1936) S. 1—10.

Zahn und Drexler: Leinöl und Leinölmischungen als Schutzmittel für Natursteine. Angew. Chemie Bd. 50 (1937) S. 681—686.

J. Eignungsprüfung der Gesteine für bestimmte Aufgaben der chemischen Industrie.

Von **Willy Eissner**, Ludwigshafen a. Rh.

1. Die Eignungsprüfung.

Die Frage nach der Eignung eines natürlichen Gesteins für den Bereich der chemischen Industrie tritt auf, wenn ein Bau allgemeiner Art den besonderen Bedingungen dieser Umgebung (etwa den in die Luft gelangenden Gasen, Dämpfen, Flugstauben) nachhaltig ausgesetzt ist, ganz besonders, wenn der Bauteil als technische Vorrichtung eine ganz bestimmte Aufgabe zu erfüllen hat; es besteht dabei kein grundsätzlicher sondern nur ein Größenunterschied.

Ebensowenig läßt sich die *chemische* Eignungsprüfung gänzlich loslösen von gewissen anderen, die teils vorauszugehen haben, teils zu ihrer Ergänzung und Auswertung notwendig werden. — Das sind, neben der Auswahl im Bruch, vor allem die *mineralogisch-petrographische* Untersuchung und bestimmte *physikalische* Prüfungen. Es kann dabei nicht ausbleiben, daß die letztgenannten zuweilen für den besonderen Zweck auch besonders wichtig sind. Doch soll von den *zusätzlichen* Prüfungen nur das Notwendigste besprochen werden.

Demgemäß ist nun folgendes mehr oder weniger ausführlich zu erörtern:

I. Auswahl im Bruche.

II. Mineralogisch-petrographische Untersuchung.

Bestandteile (gesteinsbildende und zufällige), Bindemittel, Porenzement; Struktur, Textur, Korngröße, -form und -bindung; Verwitterungszustand; Porenanordnung; Schichtung.

III. Chemische Widerstandsfähigkeit.

a) Säuren, Basen, Salze (Lösungen);

b) Wasser;

c) Gase;

d) Flugstaube;

e) andere Chemikalien; Schmelzen.

IV. Physikalische Werte.

a) Wasseraufnahme und -abgabe, Porosität;

b) Raum- und spezifisches Gewicht;

c) Frostbeständigkeit;

d) Temperaturbeanspruchung, Schmelz- oder Erweichungspunkt;

e) Erweichung;

f) Druck-, Zug- und Biegefestigkeit.

2. Auswahl im Bruche.

Bei der oft auch im gleichen Bruche wechselnden, ja zuweilen ganz unterschiedlichen Beschaffenheit der natürlichen Gesteine kann aus einer einzelnen, etwa zugesandten Bemusterung kein eindeutiger Schluß über das betreffende Vorkommen gezogen werden. Ein Einblick in die Verhältnisse und Möglichkeiten des Bruches ist also notwendig. Es sei hier nur noch betont, daß sich ein Wechsel vom Guten zum Schlechten zuweilen innerhalb überraschend enger Bereiche vollzieht; solche Vorkommen scheidet man besser von der weiteren Erörterung aus (vgl. auch S. 138 u. ff. sowie S. 188 u. f.).

3. Mineralogisch-petrographische Untersuchung.

Die mineralogisch-petrographische Untersuchung hat den Zweck, zunächst den Einblick in das im Bruche ausgewählte Gestein zu vertiefen und gegebenenfalls die Auswahl weiter einzuengen, um Zeit und Kosten zu sparen, bevor man an die anderen Prüfungen herangeht; nach erfolgtem Angriffsversuch — zuweilen auch schon in Zwischenabschnitten — sind dessen Wirkungen vergleichend festzustellen. — Sie umfaßt im wesentlichen:

a) Anfertigung von Dünnschliffen [1].

Mit bloßem Auge oder der Lupe geht eine Betrachtung voraus, die hier vor allem den Zweck hat, einen wirklichen Durchschnitt des Gesteins bei der Auswahl für den Schliff zu erfassen (Zufälligkeiten wie Anhäufung ein und desselben Minerals, Schlieren, Linsen usw. dabei vermeiden); bei groben oder sehr groben Bestandteilen empfiehlt es sich deshalb, mehrere Dünnschliffe anzufertigen. — Wenn man auch diese Arbeit vergeben kann, so ist es doch sehr ratsam, sie selbst auszuführen, da man in ihrem Verlaufe bereits wertvolle Aufschlüsse über Abnutzbarkeit des Gesteins, Härte, Kornverband (im Sinne der Bindefestigkeit), Ausbrechen von Bestandteilen u. ä. erhält. Es kommt z. B. auch vor, daß

---

[1] Reinisch, R.: Petrographisches Praktikum, S. 1, 1914.

sich durch die Beanspruchung beim Schleifen Spaltrisse bilden, die im unbeanspruchten Gestein also nicht vorhanden sind oder daß sich solche vermehren; dieser Vorgang entzieht sich bei Fremdanfertigung der Beobachtung und veranlaßt Fehlschlüsse.

Die Durchprüfung des Dünnschliffes stellt die mineralogisch-petrographische Analyse dar; der Zustand der einzelnen Bestandteile ist vor und nach dem Angriffsversuch festzustellen (s. a. S. 219 und 223, Schlußbemerkung).

Nur ausnahmsweise wendet man neben dem Dünnschliff die Untersuchung des gepulverten Gesteins an; am ehesten noch, wenn man Wert auf die Ermittlung des gewichtsmäßigen Anteils oder des spez. Gewichtes eines, mehrerer oder aller im einzelnen legt. In diesem Falle zerkleinert man das Gestein durch Zerstoßen und Zerdrücken (nicht Reiben!) soweit, bis die gewünschten Mineralien als Splitter, möglichst nicht mehr verbunden mit anderen, vorliegen. Ihre weitere Trennung erfolgt dann teils mit dem Magneten, teils mit schweren Lösungen[1]; auf diesem Wege auch die Ermittlung des spez. Gewichtes nach dem Schwebeverfahren.

b) Prüfung im Dünnschliff.

1. Mineralführung. Aus der Art der einzelnen Minerale kann, wenn ihre chemischen und physikalischen Eigenschaften bekannt sind, im grundsätzlichen auf jede jeweils zu erwartende Widerstandsfähigkeit geschlossen werden. Wenn also das eine oder andere angreifbare Mineral vorherrscht, scheidet das Gestein besser aus. Die mengenmäßige Bestimmung kann durch Ausmessen im Dünnschliff nach dem Verfahren von Rosival oder Shand[2] erfolgen. — Zu berücksichtigen sind gegebenenfalls die zuweilen erst im Dünnschliff erkennbaren Störungsfolgen tektonischer Beanspruchung auf Zug, Druck und vor allem auf Biegung bei Faltungen. Sie sind ihrerseits nicht selten der Anlaß zu verminderter physikalischer wie chemischer Widerstandsfähigkeit. — Bei Trümmergesteinen ist besonders auch auf das Bindemittel (Bindezement) und den außerdem nicht selten vorhandenen Porenzement (vgl. a. S. 223, Erweichung) zu achten. Solche mit leicht angreifbarem oder stark aufquellendem Bindezement, aber auch mit reichlichem Porenzement sind z. B. von vornherein bedenklich[3].

2. Verwitterungszustand. Alle Bestandteile sollen möglichst „frisch" sein; bereits angewitterte unterliegen gewöhnlich rasch fortschreitender, weiterer Zerstörung. Auch *Spaltrisse* (vgl. S. 221, Porosität) bieten Gelegenheit zu Angriffen, indem sie das Eindringen von Flüssigkeiten oder gelösten Stoffen in das Gestein begünstigen.

3. Struktur, Textur, Korngröße, -form und *-bindung.* Unterschiede in dem durch Art, Form, Größe, Lage und Anordnung (Struktur) und Verbindungsweise (Textur) bedingten, inneren Gefüge der Bestandteile bewirken, auch bei gleicher mineralischer und chemischer Zusammensetzung, oft ein recht verschiedenartiges Verhalten. Ganz eindeutige Richtlinien lassen sich hierzu schwer angeben. Feinkörnige Gesteine mit eckigen, auch länglichen Formen, die „richtungslos körnig" angeordnet sind, zieht man im allgemeinen grobkörnigen Arten, rundlichen oder blättrigen Formen, einer glattrandigen Kornbindung und gleichlaufender Anordnung der Bestandteile vor. Andererseits können, z. B. bei schroffen Temperaturwechseln, falls es die übrigen Anforderungen zulassen, blasige oder schlackige Strukturen vorteilhaft sein. — Bei Gesteinen mit *mittelbarer* Kornbindung soll diese stets durch eine entsprechende Menge von Bindemittel gewährleistet sein. Es besteht bei grobkörnigen Sorten die Gefahr, daß

---

[1] Reinisch, R.: Petrographisches Praktikum, S. 125, 1914.
[2] Vgl. J. Stiny: Technische Gesteinskunde, S. 400, 1929.
[3] Porenzement, Struktur, Textur usw. s. Graf u. Goebel: Schutz der Bauwerke, S. 5f., 1930.

durch *unmittelbare* Kornberührung *Poren* und damit Locker- und Angriffsstellen im Sinne mechanischer und chemischer Widerstandslosigkeit auftreten.

4. Porenanordnung. Poren sind vor allem dann bedenklich, wenn sie nicht in sich geschlossen sind, sondern untereinander im Zusammenhang stehen oder, wie oft bei Schichtgesteinen, gleichlaufend angeordnet sind (leichtes Durchdringen von Lösungen).

5. Schichtung. Bei Schichtungen ist stets Vorsicht geboten. Da oft die einzelnen Lagen innerhalb weniger Zentimeter aufeinanderfolgen, besondere Absonderungen von Bestandteilen leicht angreifbarer Art oder auch Orte geringer Bindung zu den Nachbarschichten vorhanden sind, weisen Schichtgesteine entsprechend häufig schwache Stellen auf.

4. Allgemeines zur chemischen und physikalischen Prüfung.

Bevor wir auf Einzelheiten zu sprechen kommen, sei folgendes, grundsätzlich für beide Prüfungen Gültige vorausgeschickt:

Abgesehen von der zeitlichen Dauer wird man die Bedingungen schärfer gestalten als sie dann tatsächlich auftreten. Das ist wohl selbstverständlich. Nicht so selbstverständlich ist aber oft das Ausmaß der Überschreitung. Es sei beispielsweise darauf hingewiesen, daß manche Säuren von hohem Gehalte (Schwefelsäure) infolge ihres dann geringeren Dissoziationsgrades öfters weniger angreifen als verdünntere. — Salzsäure stellt sich bei 110° fest auf diesen Siedepunkt mit einem Gehalte von 20,24% ein; es ist also (gewöhnlicher Druck vorausgesetzt) weder eine höhere Temperatur, noch bei dieser ein anderer Gehalt erreichbar. — Wechsel im Gehalte sind meist gefährlicher als eine gleichbleibende, selbst stärkere Zusammensetzung. — Bewegte (fließende) Angreifer wirken oft ganz überraschend kräftiger als ruhende. — Häufiger, vor allem aber schneller Temperaturwechsel innerhalb kleiner Grenzen beansprucht gewöhnlich ein Gestein mehr, als ein seltenerer, allmählicher mit weiterem Bereiche.

Die Untersuchungsproben beläßt man nicht in der Form, wie sie gerade anfallen — es handle sich denn um ganz einfache und einzelne Übersichtsprüfungen —, sondern man gestaltet sie, je nachdem, zu Würfeln, Quadern, Säulen, Platten u. a. Da man zum mindesten Probe und Gegenprobe, wenn nicht eine Vielheit, prüft, soll sich die Gleichheit der Bedingungen auch auf Form und Größe erstrecken; es werden ja zudem alle Vergleiche und rechnerischen Auswertungen einfacher. — Beim Herrichten der Probstücke ist darauf zu achten, daß sie nicht bis zur unmittelbaren Annäherung an das gewünschte Maß grob herunter- oder herausgeschlagen werden. Ein solches Verfahren ruft zusätzliche mechanische Zerstörungen (Sprünge, Spaltrisse) hervor, die schließlich ein falsches Bild über den Ausgangszustand vermitteln und im gleichen Sinne den Prüfungsablauf beeinflussen. Man schneide entweder mit der Gesteinsschneidemaschine die erforderliche Form so heraus, daß zunächst je Fläche mindestens noch 5 mm Spielraum bleiben, oder schleife mit der umlaufenden Grobscheibe auf höchstens 10 mm Annäherung herunter, um dann mit zunehmend feinerem Schleifverfahren (auf Eisen- und schließlich Glasplatte), die endgültige Fläche und Größe zu erreichen. Der Einwand, daß diese Maßnahmen wenigstens in den Fällen, wo das betreffende Gestein auch nur grob behauen zur Verwendung gelangt, nicht nötig seien, ist nicht stichhaltig; denn in der Wirklichkeit handelt es sich dann um gewöhnlich ganz andere Ausmaße in der Dicke, so daß dort noch genügend unbeanspruchte Schicht zur Verfügung steht. — Es lassen sich außerdem auch schon im Verlaufe eines Angriffsversuches an zuvor glatten, nicht polierten Flächen die Stellen besser beobachten, an denen die Wirkung zuerst und zumeist einsetzt.

5. Die chemische Prüfung.

Bei der Prüfung auf chemische Widerstandsfähigkeit gibt es bezüglich der Stückgröße und -form keine bestimmten Vorschriften. Beide richten sich hier am besten nach dem Zwecke, im übrigen — und das ist häufig aus Gründen der Beschaffbarkeit und der Kosten notwendig — nach Ausmaß und Gestalt der anzuwendenden Geräte[1].

Erfahrungsgemäß hat man es bei chemischen Widerstandsfähigkeitsprüfungen im wesentlichen mit folgenden zu tun.

a) Säuren, Basen, Salzlösungen.

Diese drei Gruppen können zusammengefaßt werden, weil bei ihnen der Gang der Prüfung grundsätzlich der gleiche ist. Er soll, da er besonders häufig vorkommt und manche der anderen ähnlich verlaufen, gleich hier ausführlicher behandelt werden:

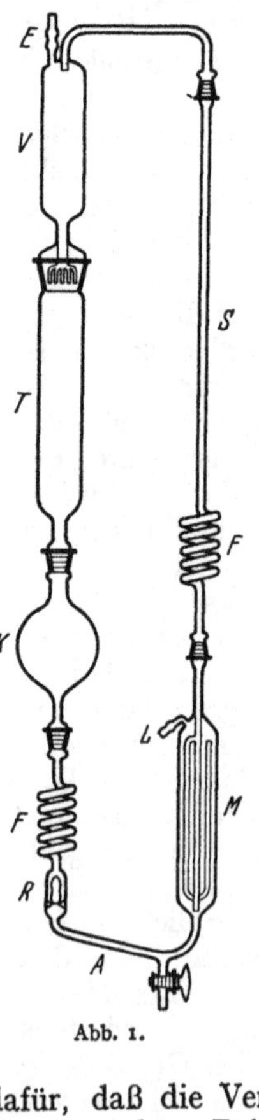

Abb. 1.

Wenn ein Gestein auf Grund der mikroskopischen Untersuchung (die nötige Druckfestigkeit vorausgesetzt) geeignet erscheint, fertigt man die erforderlichen Probestücke an; falls am Schlusse mit Druckprüfungen zu rechnen ist, Würfel, sonst besser Platten. An ihnen wird zunächst das Gewicht nach 24stündigem Trocknen bei 105 bis 110° (man überzeuge sich nochmals, daß nichts abbröckelt!), der Rauminhalt, Raum- nebst spez. Gewicht und die Porosität bestimmt. — Je nachdem nun das Gestein dem Angriff einer ruhenden, fließenden oder unter Druck stehenden ·Lösung (dieser Ausdruck wird hier wie im folgenden allgemein für Säure, Base oder Salzlösung gebraucht, solange es sich nicht um Schmelzen handelt) ausgesetzt sein wird, wählt man die Art des Gerätes.

Im ersten und einfachsten Falle mag bereits ein mit Uhrglas bedecktes Becherglas genügen, in das man die Stücke so einbaut, daß die Lösung allseitig Zugang findet. Das wird erreicht, indem man die Proben entweder auf zwei Glasstäbe stellt oder mit Glasperlen (gehacktem Glas) umgibt. Meist freilich, besonders wenn die Lösung im Siedezustand sein muß, benutzt man statt des Becherglases besser einen Weithals-Erlenmeyer mit (unter Umständen eingeschliffenem) Rückflußkühler. — Bei fließenden Lösungen hat sich eine mit Druckluft betriebene Glasvorrichtung recht gut bewährt. — Sie besteht (s. Abb. 1) aus einem Turm T, in den die Probestücke übereinander (gegebenenfalls noch nebeneinander) zwischen Glasperlen eingesetzt werden, und an dessen Vorderwand man gleichzeitig ein Thermometer einbaut. Der Verteiler V sorgt, neben der Glasperlfüllung, dafür, daß die Versuchsstücke von der Lösung möglichst gleichmäßig berieselt werden. E ist ein Entlüftungsstutzen, durch den sowohl die bei L in die Mammutpumpe eingeführte Druckluft wie vielleicht aus dem Turm hochsteigende Dämpfe entweichen können. — Der von unten her bis etwa zur

---

[1] Bei starken Säuren müssen z. B. sämtliche Verbindungen zwischen Gefäßen und Leitungen durch Glasschliffe (keinesfalls mit Gummischläuchen) bewerkstelligt werden. Ein solcher hat aber, wenn nicht eine sehr kostspielige (außerdem sehr empfindliche) Sonderanfertigung vorgenommen wird, eine lichte Weite von höchstens 60 mm; durch diese muß das Probestück hindurch. Da vielleicht mit einer Raumvergrößerung desselben während eines Versuches zu rechnen ist, käme z. B. bei Würfelform eine Kantenlänge von nicht über 40 mm in Frage.

Mitte durch eine Asbestumhüllung geschützte Kolben K wird nötigenfalls mit einem (nicht gezeichneten) Gasringbrenner oder auch elektrisch beheizt. — Nachdem die Probestücke in den Turm eingebracht sind, wird die Vorrichtung, bis auf den Verteiler, zusammengebaut und durch den Turm soviel Lösung eingefüllt, daß sie die Pumpe ganz und den Kolben etwa zur Hälfte einnimmt. Nunmehr setzt man den Verteiler auf und läßt die Druckluft langsam ein. Das Rückschlagventil R sperrt dann der Lösung den Weg nach dem Kolben und zwingt sie, ihren Lauf über das Steigrohr S durch den Verteiler in den Turm und von dort erst in den Kolben zu nehmen. Sind Pumpe und Steigrohr leergelaufen, so kann die Druckluft bei E entweichen, das Ventil sich öffnen und der Lösung wieder den Zugang zur Pumpe freigeben; das Spiel beginnt von vorn[1].

Die Prüfungslösungen müssen, je nach Lage der Dinge, mehr oder weniger oft erneuert werden, wie auch Wechsel im Gehalt und solche der Temperatur zu berücksichtigen sind. Eine allgemein gültige Regel läßt sich hier nicht angeben. Die Tatsache des (in der Wirklichkeit häufigen) dauernd frischen Zufließens ist beim Versuch, wegen der dann aufzuwendenden Mengen, gewöhnlich nicht einzuhalten. Man gleicht in solchen Fällen an, indem man z. B. die Bedingungen entsprechend verschärft (vgl. S. 215) — also etwa den Gehalt von 30% auf 33%, die Wärmegrade von 75° auf 80° einstellt — und die betreffende Lösung öfters (etwa alle 12 oder 24 Stunden) erneuert. Einen vielleicht notwendigen Temperatur*wechsel* hat man ja sehr leicht durch Regeln der Heizung in der Hand; dem Wechsel im Gehalt kommt man nach, indem die Lösungen mit regelmäßiger Wiederholung entsprechend ausgetauscht werden. Die angewandte Lösungsmenge soll im Verhältnis zur Oberfläche der Probestücke eher zu reichlich als zu knapp sein (als ungefährer Anhalt diene: Je 100 cm² Oberfläche 200 bis 500 cm³ Lösung).

Über die zeitliche Ausdehnung eines Angriffsversuches vermag man von vornherein noch weniger eindeutige Angaben zu machen. Abgesehen von Gelegenheiten, bei denen von selbst ein sehr rascher Entscheid eintritt, muß vor allem davor gewarnt werden, sich täuschen zu lassen, weil vielleicht in einer gewissen Zeit noch keine Wirkung nachweisbar ist (etwa in wenigen Tagen). Es hat sich unter anderem herausgestellt, daß bei Prüfung von Graniten gegenüber Salpetersäure oft erst nach 3000 h ein sicheres Urteil zu erhalten war (vgl. jedoch hierzu S. 223, Schlußbemerkung).

Sollte es, außer den bisher in Betracht gezogenen Möglichkeiten, erforderlich sein, eine solche Prüfung zugleich unter Druck vorzunehmen, so verwendet man dazu geeignete Druckgefäße; bei kleinen Stücken und nicht allzu hohen Drucken Bombenrohre, sonst Autoklaven, die für bewegte Lösungen möglichst eine Rührvorrichtung besitzen sollen (vgl. auch unter b, Wasser).

Nach Abschluß des Versuches werden die Probestücke mindestens 24 Stunden lang in fließendem Wasser gewässert. — Es gibt nun Fälle, in denen ein Gestein dieses Wässern nicht verträgt. Das kann einmal darauf beruhen, daß zwischen Gesteinsbestandteilen und der betreffenden Angriffslösung wasserlösliche Salze oder solche entstanden sind, die mit Wasser ihrerseits zunächst Hydrate bilden. Beides führt dann naturgemäß (durch Herauslösen oder Raumzunahme) zur Zerstörung. Ein solches Gestein ist entweder überhaupt nicht brauchbar, oder zum mindesten nicht, falls es dem Wechsel mit Wasser oder wasserverdünnteren Lösungen ausgesetzt sein wird. Zum anderen kann, wenn man aus Prüfungsgründen z. B. Säuren von sehr hohem Gehalt (Schwefelsäure) angewandt hat, das Wasser von der in den Gesteinshohlräumen sitzenden Säure sehr gierig aufgenommen werden. Dabei treten fast immer plötzliche und oft recht starke

---

[1] Siehe auch STINY: Technische Gesteinskunde, S. 511, 1929.

Temperaturerhöhungen (unter Umständen bis zur Dampfbildung) auf; jene und die damit verbundene Ausdehnung vermögen das Gestein zu sprengen. Eine aus einem entsprechenden Gestein erbaute und einer solchen Säure ausgesetzte Vorrichtung darf dann (z. B. zu Reinigungszwecken) keinesfalls unmittelbar mit Wasser oder verdünnter Säure in Berührung kommen. Das Wässern ist durchführbar, wenn man mit dem Säuregehalt *allmählich* bis zum reinen Wasser heruntergeht.

Nach dem Wässern wird 24 Stunden bei 105 bis 110° getrocknet, auf jeden Fall bis zur Gewichtsbeständigkeit, und anschließend wieder die eingangs erwähnten Werte bestimmt, außerdem Dünnschliffe angefertigt.

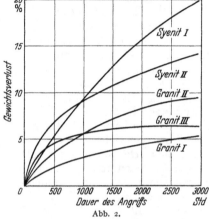

Abb. 2.

Zur Beurteilung zieht man in erster Linie den allgemeinen Zustand (Risse, Sprünge, Abbröckelungen), den Gewichtsverlust und den Porositätsgrad heran, in zweiter Linie das spez. Gewicht (Druckfestigkeit und andere erwünschte Angaben).

Ein starker Gewichtsverlust, d. h. ein solcher von über 5%, ist im allgemeinen bedenklich. Ausnahmen sind aber möglich. Um einen sicheren Entscheid fällen zu können, sollten deshalb auch *während* eines Angriffsversuches die wesentlichen Werte, vor allem Gewichtsverlust und Porosität, innerhalb gewisser Zeitabschnitte (z. B. bis zu 1000 h alle 200, bis zu 2000 h dann alle 500, und gegebenenfalls nochmals nach 3000 h) ermittelt werden. Der kurvenmäßig eingetragene Verlauf gestattet dann einen sehr wertvollen Einblick und vor allem auch Ausblick in das Verhalten und auf den voraussichtlich weiteren Gang, so daß möglicherweise eher abgebrochen und fernerer Zeitaufwand erspart werden kann. — Manche Gesteine verlieren anfangs ziemlich stark an Gewicht[1], weil hier und da spezifisch schwere Bestandteile (z. B. Magnesia-Eisenglimmer) zuerst zerstört werden. Sind diese aber regellos verteilt und ist das Gestein nicht porös, so ist es mit der Vernichtung der an der Oberfläche sitzenden gewöhnlich zu Ende und damit nicht selten auch mit dem Gewichtsverlust. So kann es vorkommen, daß ein Gestein z. B. zwar bis zu einer gewissen Zeit bereits 5% seines Gewichtes eingebüßt hat, während ein anderes bis dahin nur 3% verlor; aus dem weiteren Verlauf, vielleicht schon aus der Lage der entsprechenden Kurve, wird aber ersichtlich, daß jenes keine nennenswerte Abnahme mehr erfahren wird, indes dieses noch recht deutlich eine weitere erwarten läßt und zwar so, daß sogar ein Überschneiden eintreten wird.

Vgl. hierzu Abb. 2: Gemäß dem Stande nach Ablauf von einer Woche (= 168 h) wäre die Güterreihe auf Grund des Gewichtsverlustes: Gr. I, Gr. II, Sy. I, Gr. III, Sy. II; nach rd. 1000 h ist aus den Richtungen der Kurven und ihrem gerade beginnenden Überschneiden als voraussichtliche Folge Gr. I, Gr. III, Gr. II, Sy. II, Sy. I zu entnehmen, wobei die Unbrauchbarkeit der beiden Syenite bereits entschieden und die von Granit II wahrscheinlich ist. Nach 2000 h ist noch eine Verschiebung zwischen Granit I und III zu erwarten und erst gegen 3000 h läßt sich mit Sicherheit entscheiden, daß Granit III (Verlust innerhalb der Fehlergrenze verharrend) der beste ist, Granit I mindestens noch weiter Verluste haben wird und Granit II nicht verwendbar ist.

Starke Streuungen der entsprechenden Werte zwischen Probe und Gegenprobe(n) — bei Gewichtsverlusten z. B. über 1% — deuten auf einen merklichen Wechsel in der Mineralverteilung oder anderer Eigenschaften des betreffenden

---

[1] Siehe auch GRAF u. GOEBEL: Schutz der Bauwerke, S. 22f., 1930.

Gesteins hin und warnen zu besonderer Vorsicht. — Es ist andererseits möglich, daß keine erhebliche Änderung im Gewicht und auch in der Porosität erfolgt, weil sich im Gestein neue Verbindungen gebildet haben. Das braucht nicht unbedingt schädlich zu sein, wenn z. B. bald ein Endzustand erreicht wird und das Gestein eben nur mit ein und derselben Lösung in Berührung bleibt (jedoch Druckfestigkeit?; vgl. auch S. 217/18, Wässern).

Das Anfertigen und Auswerten eines Dünnschliffes vom angegriffenen Stück ist zur Ergänzung der obenerwähnten Dinge notwendig. Man stellt nicht nur Veränderungen der Bestandteile und des Gefüges, vielleicht auch das gänzliche Verschwinden mancher Minerale und Neubildungen fest, sondern gewinnt so auch wertvolle Erfahrungen, die unter anderem geeignet sind, bei künftigen Fällen Zeit zu sparen (vgl. S. 223, Schlußbemerkung).

Ob man der chemischen Widerstandsfähigkeitsprüfung außerdem eine chemische Analyse vorausgehen und am Schluß dann auch nachfolgen läßt, hängt von den Umständen ab. In Zweifelsfällen oder zur Ergänzung und Bereicherung von Erfahrungen ist die quantitative Analyse durchaus von Nutzen. *Was* dabei bestimmt wird, ist einerseits durch die Zusammensetzung des Gesteins hinsichtlich seiner Bestandteile und deren Veränderung, andererseits vom Zweck, dem es dienen soll, bedingt. Es läßt sich, häufig gerade bei einfachen Gesteinen, auf mikroskopischem Wege dieser oder jener Gehalt nicht sicher genug ermitteln, weil er sich etwa in den optischen Eigenschaften kaum bemerkbar macht, was nicht hindert, daß sich auch recht geringe Mengen chemisch nachhaltig schädigend auswirken. So ist es z. B. bei Kalksteinen oder kalkführenden Sandsteinen oft sehr wertvoll, den Anteil nicht bloß an Kalk und Kohlensäure sondern vor allem auch an Magnesia und Eisen zu kennen; dort, wo diese alle Bindemittel sind, spielt ihre Menge im Verhältnis zur Kieselsäure und ihre Zusammensetzung eine ausschlaggebende Rolle. — Man muß sich freilich andererseits darüber klar sein, daß bei der häufig verwickelten und außerdem nicht selten schwankenden Zusammensetzung schon der einzelnen Mineralien, verbunden mit ihrem Mengenwechsel im Gestein, aus der chemischen Analyse dann nur angenäherte Schlüsse zu ziehen sind. — Wenn man einmal die chemische Analyse eines Gesteins vornimmt, dann sollte auch eine solche der benutzten Angriffslösung, besonders am Schlusse, erfolgen.

b) Wasser.

Der Angriff von Wasser allein ist hier in der Hauptsache vom Gesichtspunkt der Hydrolyse aus zu betrachten. Die mit zunehmender Wärme sich steigernde Aufspaltung in Wasserstoff- und Hydroxylionen, derzufolge sich Wasser gegenüber schwachen Säuren oder Basen selbst als Säure oder Base verhält, ermöglicht Angriffe, die, besonders in Dampfform und bei Druck, ganz beträchtlich werden können.

Die Prüfung[1] erfolgt ähnlich wie unter a) beschrieben, solange es sich nicht um die Dampfform handelt. Dabei ist zu berücksichtigen, daß die gewöhnlich vom Wasser mitgeführten Verunreinigungen (Kohlensäure, gelöste Salze) zusätzlich wirken. — Den Wasser*dampf* leitet man am besten durch weite Glasrohre, in welche die Proben eingesetzt werden. Um sich etwa niederschlagendes Wasser zu entfernen, gibt man dem Rohre eine leichte Neigung und läßt das Wasser an der tiefsten Stelle zugleich mit dem Dampfe abziehen. — Hat man es mit Dampf unter Druck zu tun, dann ist entweder ein Bombenrohr oder ein Autoklav zu verwenden. Die Probestücke sollen im letzten

---

[1] Es wird hier wie im folgenden vorausgesetzt, daß jeweils zu Beginn und Ende die übrigen notwendigen Werte bestimmt werden.

Falle auch in Glasgefäßen stehen, damit sie nicht mit dem Stoffe des Autoklaven in Berührung gelangen, wodurch weitere, nicht zugehörige Veränderungen eintreten können.

c) Gase.

Zur Prüfung auf Widerstandsfähigkeit gegenüber Gasen oder Gemischen solcher baut man die Proben ebenfalls in weite Glasrohre ein, die mit Zu- und Ableitung versehen sind, und setzt sie dem entsprechenden Gasstrom unter Berücksichtigung von Dichte, Menge und Temperatur aus. Ein gegebenenfalls vorhandener Gehalt an Feuchtigkeit ist unbedingt einzubeziehen, da feuchte Gase oft ungleich stärker als trockne angreifen (Chlor). — Bei gleichzeitig notwendigem Druck verfährt man wie beim Wasserdampf. Wenn dann der erforderliche Druck nicht mittels der anzuwendenden Temperatur erreicht wird, muß er entweder durch Anschließen einer Druckflasche oder sogar mit einem Kompressor erzielt werden (Feuerungsgase s. physikalische Prüfung d, S. 222).

Erwähnt sei, daß hierher auch die in die Luft gelangenden Gase (Kohlensäure, Schwefeldioxyd, Stickoxyde usw.) gehören, deren Menge im Bereich chemischer Anlagen örtlich manchmal ziemlich groß und dann entsprechend wirksam ist.

d) Flugstaube.

Unter Flugstaub muß alles verstanden werden, was an festen Bestandteilen in die Luft und zum Absatz gelangen kann (Flugasche, Salze, Ätzkalk, Erze u. a.). Im allgemeinen denkt man hierbei in erster Linie an das Ansammeln auf Gesimsen, Vorsprüngen, in Fugen u. dgl., erst dann z. B. an Staubkanäle, Schornsteine und andere Einrichtungen, die es sehr unmittelbar mit Flugstauben zu tun haben.

Freilich greift trockener Flugstaub chemisch nicht an. Andererseits kann der zerstörende Einfluß in Gegenwart von Feuchtigkeit ganz erhebliche Ausmaße annehmen.

Wenn der Staub gänzlich wasserlöslich ist (z. B. viele Salze) oder die nichtlöslichen Teile offenbar unwirksam sind, erfolgt die Prüfung wie unter a) mit entsprechenden Lösungen.

Manche, zunächst harmlos erscheinende Flugstaube (Aschen, Erze) zersetzen sich in Gegenwart von Wasser und vor allem von ihm mitgeführter Bestandteile wie Kohlensäure, Schwefeldioxyd usw. ihrerseits; die durch Umsetzung entstehenden Erzeugnisse können sowohl saure wie basische Eigenschaften haben. — Da in diesem Zusammenhang kaum jemals erhöhte Temperatur (außer sommerlicher), noch Druck und nennenswerte Bewegung in Frage kommen, genügt es, die zu untersuchenden Stücke in geeigneten Gefäßen mit dem breiartigen Flugstaub zusammenzubringen. Hier wird es öfters angebracht sein, neben der mikroskopischen Untersuchung, eine chemische Analyse vorzunehmen, damit man die Zusammensetzung des Staubes genau kennt und auch weiß, welche Bestandteile das zum Anteigen dienende Wasser enthalten muß. — Ein häufiger Wechsel des Ansatzes und zeitweises Umrühren ist wegen der geringen Austauschgeschwindigkeit innerhalb eines Breies notwendig.

Bewegter Flugstaub kann natürlich, vor allem wenn er harte und scharfkantige Bestandteile mit sich führt, auch rein mechanisch (abschleifend, aushöhlend) wirken.

e) Andere Chemikalien. Schmelzen.

Die Zahl selbst der Chemikalien, die in dem in Rede stehendem Sinne in Frage kommen kann, ist weder mit den bisher erwähnten erschöpft, noch durch willkürliches Herausgreifen weiterer dahin zu vervollständigen, daß damit wesentlich andere Prüfungsverfahren aufzuzeigen wären. — Zu erörtern bleibt nur noch der *geschmolzene* Zustand:

Die Prüfung ist im allgemeinen verhältnismäßig einfach. Man bringt die Proben in Behälter aus Stoffen, die selbst nicht von der Schmelze angegriffen werden (Glas, Schamotte, Graphit, Metall u. a.). Wegen der meist vorhandenen Zähigkeit ist (langsames) Umrühren zu empfehlen. Bei wasserhaltigen Schmelzen muß nötigenfalls mit Rückflußkühlung für gleichbleibenden Wassergehalt gesorgt werden. — Nach Abschluß wird die Schmelze von der Probe, falls noch möglich, durch Lösen in Wasser entfernt, wobei man bereits einen ersten Einblick in die Wirkung jener erhält (ohne weiteres ablösbar, fest verbunden, überhaupt nicht mehr trennbar). Recht wesentlich ist hier der Dünnschliff, den man gern aus der Grenzzone zwischen Schmelze und Gestein entnimmt, weil so ein gutes Bild über die etwa eingetretene Wechselwirkung zwischen beiden erhalten werden kann.

6. Die physikalische Prüfung.

Im Gegensatz zu den chemischen schreiben manche physikalische Prüfungsarten (vgl. S. 212) bestimmte Formen und Ausmaße vor. Im allgemeinen werden beide Anforderungen vereinbar sein. Gegegenenfalls wird man hier den chemischen Belangen den Vorrang lassen und es in Kauf nehmen, die physikalischen Werte nach der dann vorhandenen Möglichkeit zu bestimmen und sie auf das übliche Maß umzurechnen. — In Frage kommen folgende Prüfungen[1]:

a) Wasseraufnahme und -abgabe; Porosität [2].

Porös sind auch die scheinbar dichtesten Gesteine. Es braucht sich dabei nicht nur um Hohlräume im engsten Sinne (Poren, Löcher) zu handeln, sondern hierher gehören auch die oft nachträglich entstandenen Spaltrisse u. dgl. Ein Gestein aber, das durchlässig ist oder wird, ist in vielen Fällen innerhalb chemischer Anlagen nicht brauchbar.

Über die Wasseraufnahme kann man sich zunächst rasch unterrichten, indem man (zuvor bei 105° bis zum Gewichtshalten) getrocknete Stücke von beispielsweise 2:2:5 cm etwa 1 cm tief in eine Farblösung einstellt. Die Höhe, die Steiggeschwindigkeit und auch die Farbtiefe sind dann ein Ausdruck für die Wasseraufnahmefähigkeit.

Während die Wasseraufnahme einen freiwilligen Vorgang darstellt, der bei genauer Ermittlung, wie auch die Wiederabgabe, ziemlich langwierig ist (da man jeweils bis zur Unveränderlichkeit warten muß), erfolgt die Bestimmung der Porosität unter Zwang mit dem Zweck, auch die feinsten Hohlräume zu erfassen. Sie ist aber eine wertvolle Ergänzung zum chemischen Angriffsversuch, weshalb sie sowohl eingangs festgelegt, wie laufend verfolgt werden sollte. — Zu ihrer Ermittlung stellt man sich Platten von geringer Dicke, etwa 5:5:1 cm her, indem man größere Stücke auf diese Maße (je nach der Härte mit Karborund o. a. auf einer Eisenplatte) herunterschleift, keinesfalls aber, wegen der dann zusätzlich hervorgerufenen Risse, herunterschlägt; die Flächen sollen nicht mehr grob rauh, sondern ziemlich glatt, nur nicht poliert sein. — Man trocknet dann auch wieder bei 105°, läßt im Exsikkator erkalten und wägt (möglichst auf der analytischen Waage). Anschließend bringt man das Stück in eine nichtangreifende Flüssigkeit, meist Wasser, von bekanntem spez. Gewicht so, daß es völlig eintaucht, und erhitzt unter gleichzeitiger Anwendung von Vakuum bis zum

---

[1] Vgl. DIN DVM 2102 bis 2105.
[2] Siehe auch GRAF u. GOEBEL: Schutz der Steine, S. 9. — STINY: Technische Gesteinskunde, S. 423 u. 427, 1929.

Sieden der Flüssigkeit, läßt abkühlen und entspannt. Diese Maßnahme wiederholt man, ohne das Stück aus dem Bade zu nehmen, mindestens noch zweimal, um sicher zu sein, daß alle Hohlräume erfaßt sind. Nach dem letzten Abkühlen wird die Probe äußerlich gut und rasch abgetrocknet und sofort gewogen. Anschließend trocknet man mit 5 bis 10° über dem Siedepunkt der angewandten Flüssigkeit, läßt im Exsikkator erkalten und wägt erneut.

Dieser Wert wird im allgemeinen mit dem nach der ersten Trocknung übereinstimmen. Ist das nicht der Fall, so heißt ein Gewichtsverlust, daß Teile in Lösung gegangen sind; Gewichtszunahme bedeutet entweder, daß bei den angewandten Bedingungen nicht alles Wasser wieder abgegeben, also besonders festgehalten oder sogar chemisch gebunden wurde (vgl. auch S. 217/18 über das Wässern).

Der Unterschied zwischen den beiden letzten Wägungen ergibt die aufgenommene Flüssigkeitsmenge, woraus sich, mit Berücksichtigung ihre spez. Gewichtes, in bekannter Weise der Raum- und damit der Poreninhalt berechnen läßt. Man drückt ihn in Raum- und oder Gewichtsprozenten aus oder auch, indem man den Quotienten aus Poren- und Gesteinsinhalt bildet.

b) Raum- und spezifisches Gewicht.

Die Bestimmung des spez. Gewichtes kann man ohne viel Mehrarbeit mit der der Porosität verbinden; sie bedeutet meist eine recht brauchbare Ergänzung (vgl. auch S. 218).

c) Frostbeständigkeit.

Vgl. dazu unter Abschn. II G, S. 195 f.

d) Temperaturbeanspruchung.

Schmelz- oder Erweichungspunkt. Eine Prüfung ist nur dann erforderlich, wenn verhältnismäßig starke Temperaturwechsel und diese innerhalb kurzer Fristen zu erwarten sind (vgl. S. 217). Es empfiehlt sich dann, die Proben in einer Dicke zu wählen (Würfel), die den wirklichen Verhältnissen möglichst entspricht; denn es ist hier, neben dem Temperaturwechsel an sich, die Trägheit, mit der die tieferen Schichten gegenüber den äußeren jeweils nachhinken und die damit auftretenden Spannungen, die zu Zerstörungen führen; hinzu kommt natürlich der Unterschied im Ausdehnungswert der einzelnen Bestandteile.

Die Prüfung muß sich den Verhältnissen angleichen und kann demnach verschieden sein. Da es, wie gesagt, im wesentlichen um rasche Änderungen geht, taucht man beispielsweise die Stücke in eine (chemisch neutrale) Flüssigkeit von geeignetem Siedepunkt (z. B. Trichlorbenzol, 216°) ein. Sie werden, das eine Mal kurze, das andere Mal längere Zeit, darin belassen und gelangen dann sofort in eine entsprechend kühle Umgebung (meist die gleiche Flüssigkeit). Den Vorgang wiederholt man unter Umständen bis zu 25mal. — Statt der Eintauchflüssigkeit verwendet man, falls es sich um sehr hohe Temperaturen handelt, gas- oder elektrisch beheizte Öfen und bläst nach dem Erhitzen entweder einen kräftigen Kaltgasstrom ein oder man bringt, wenn auch ein zeitlich sehr schroffer Wechsel in Frage kommt, die Proben sofort wieder in ein flüssiges Kühlmittel. — Eine ergänzende Druckprüfung wird in ungewissen Fällen (meist verrät sich mangelnde Widerstandsfähigkeit in Sprüngen oder Zerspringen) erforderlich.

Ermittlung des Schmelz- oder Erweichungspunktes. Einen bestimmten Schmelzpunkt besitzen die natürlichen Gesteine, da sie sich überwiegend aus mehreren verschiedenen Bestandteilen zusammensetzen, selten. Die meisten erweichen zunächst, manche (z. B. Kalksteine, Dolomite) zersetzen sich zuvor. Bei an sich einheitlichen Arten (Tonen) wird der Schmelzpunkt durch Verunreinigungen (Eisen, Quarz u. a.) zuweilen ganz erheblich herabgesetzt.

Zur Bestimmung stellt man sich säulen- oder kegelförmige Proben her und erhitzt diese allmählich unter gleichzeitiger Beobachtung durch ein Schaufenster. Die Wärmegrade werden mit dem Thermoelement oder Pyrometer gemessen, bei Erweichungen besser mit Segerkegeln verglichen[1].

Wenn die Widerstandsfähigkeit gegenüber *Feuerungsgasen* oder anderen von sehr hoher Temperatur zur Erörterung steht, wendet man diese selbst als Heiz- oder geheizte Gase an, da in diesem Falle meist zugleich chemische Angriffe stattfinden (vgl. S. 220).

e) Erweichung.

Es handelt sich hierbei zunächst um die physikalische Einwirkung von Wasser, wobei gewisse Gesteine, vor allem solche mit Bindezementen (tonige, erdige, mergelige) erweichen, zum Teil plastisch werden (Ton). Ähnliche Erscheinungen können natürlich auch Lösungen und andere Flüssigkeiten hervorrufen. Die Folge ist oft eine erhebliche Minderung der Druckfestigkeit.

Zur Bestimmung der Erweichung zieht man die Druckfestigkeit heran[1] (vgl. auch S. 162).

f) Druck-, Zug- und Biegefestigkeit (vgl. dazu S. 161 bis 164).

Die Gelegenheiten, bei denen von natürlichen Gesteinen, neben ihrem chemischen Widerstandsvermögen, zugleich eine ausgesprochene bauliche Tragfähigkeit gefordert wird, sind selten; gegebenenfalls lassen sie sich durch entsprechende Ausmaße berücksichtigen. Im übrigen verlaufen diese Werte mit den Ergebnissen der chemischen Prüfung meist durchaus gleichsinnig. — Nur in Grenz- oder Zweifelsfällen (s. oben) ermittelt man daher die betreffenden Größen[2].

7. Schlußbemerkung.

1. Es kam wiederholt zum Ausdruck, daß bei den Prüfungen auf chemische Widerstandsfähigkeit oft sehr lange Zeiten erforderlich sind, um einen sicheren Entscheid herbeiführen zu können. Dieser meist unangenehmen Tatsache ist nur zu begegnen, wenn man die mineralogisch-petrographische Auswertung mit der chemischen Analyse gleichlaufen läßt. Auf solche Weise gewonnene vergleichende Erfahrungen ermöglichen es dann bei späteren Untersuchungen zumeist allein an Hand der Dünnschliffuntersuchung innerhalb weniger Tage zu entscheiden, während man sonst immer wieder Wochen, ja Monate braucht.

2. Chemisch und physikalisch gänzlich unangreifbar ist selbstverständlich kein Gestein. Es kann sich also bei den besprochenen Prüfungen nur darum handeln, jeweils die Art und den Umfang des Angriffes zu deuten und festzulegen und sich demgemäß über die Verwendbarkeit schlüssig zu werden.

Im übrigen ist es möglich, die Ausdauer eines Gesteins durch sorgsame Behandlung zu verlängern und sie auch in so manchen Fällen durch besondere Schutzmaßnahmen zu erhöhen[3].

---

[1] Siehe auch STINY: Technische Gesteinskunde, S. 511, 1929.
[2] STINY: Technische Gesteinskunde, S. 441 f., 1929.
[3] GRAF u. GOEBEL: Schutz der Bauwerke, S. 18 f., 1930.

III. Die Prüfung der gebrannten Steine.
(Mauerziegel, Klinker, Dachziegel, Platten, Kacheln, Rohre, Steinzeug und feuerfeste Steine.)

A. Prüfverfahren für gebrannte Steine.

Von Hans Hecht, Berlin.

1. Vorbemerkungen.

Im folgenden Abschnitt handelt es sich um *grobkeramische* Erzeugnisse, die aus Ton oder tonigen Rohstoffen sowie künstlich zusammengestellten tonigen Massen nach verschieden weit getriebener Aufbereitung durch Formen, Trocknen und Brennen erzeugt werden. Ausgangsstoffe sind demgemäß Ton, Tongestein, Lehm und Magerungsstoffe, wie Sand, Quarz, Gesteinsbruch und gebrannter Ton in verschiedenen Körnungsgraden. Kennzeichnend ist: Formbare Ausgangsmasse, Brennen zwischen 850 und 1400°, Erzeugung eines hochporösen bis gesinterten Erzeugnisses. Es werden folgende Gruppen behandelt:

1. Mauerziegel als Voll-, Loch-, Hohl-, Decken- und poröse Ziegel für Hintermauerung und Vormauerung, auch plattenförmige Gebilde für Zwischenwände.

2. Klinker für dichtes, besonders tragfestes Mauerwerk und für Boden- und Straßenbelag.

3. Dachziegel als Biberschwänze, Strangfalz- und Preßfalzziegel flacher und gewellter Form (Mulden, Pfannen, Mönche und Nonnen).

4. Platten für Wände und Fußböden, Rohre, Kabelschutzhauben, Kacheln, Heizofen-Baustoffe, Steinzeug für Bauzwecke u. a. m.

5. Feuerfeste Erzeugnisse.

Die letzte Gruppe wird nur kurz mit den wichtigsten Prüfungen behandelt, da im vorliegenden Buch eine Beschränkung auf Baustoffe im engeren Sinne geboten ist. Vom Porzellan wird abgesehen.

2. Richtlinien für die Beurteilung der gebrannten Steine.

Bei Mauerziegeln werden meist nur die Gestalt, das Wasseraufnahmevermögen, die Festigkeit als Druck- oder Biegefestigkeit und die Frostbeständigkeit, gegebenenfalls der Gehalt an löslichen Salzen beachtet.

Zur Beurteilung der Anwendbarkeit weiterer Prüfverfahren und für die Auswertung der Ergebnisse, die überhaupt aus der Prüfung gewonnen werden, müssen noch einige allgemeine Bemerkungen vorausgeschickt werden.

Auf Grund der Herstellung aus plastisch zu verarbeitenden natürlichen Rohstoffen, die teilweise nur eine geringe Aufbereitung erfahren, ferner durch die besonderen Verformungsarten, Einflüsse beim Trocknen und Brennen ergeben sich zwangsläufig große Abweichungen. Nach der Art der Erzeugnisse, die vielfach etwas grober Natur sind, können auch die Prüfergebnisse nur grob sein. Es kann deshalb nur eine Genauigkeit mit entsprechender Streuung erwartet werden. Zuverlässige Regeln sind nur durch Großzahlforschung zu erhalten. Welche Schwankungen bei Ziegeln und Steinen beispielsweise möglich sind, erläutern die folgenden drei statistischen Darstellungen:

Abb. 1[1] bringt eine Anordnung der Druckfestigkeitsergebnisse von 43 Mauerziegel- und Klinkersorten, von denen je 10 einzelne Steine nach DIN 105 auf Druckfestigkeit geprüft worden sind. Eingetragen sind der Mittelwert als starke

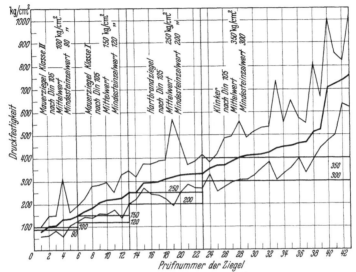

Abb. 1. Streuung der Ziegeldruckfestigkeit.

Linie, der Niedrigstwert als untere und der Höchstwert als obere Linie. Die Kurvenzüge lassen die Grenzstreuungen bei je 10 Proben erkennen. Außerdem gibt die folgende Zahlenaufstellung die Beziehung des Mindest- und Höchstwertes auf den Mittelwert in Hundertsteln.

Streuung der Druckfestigkeit von Ziegeln und Klinkern (Mindest- und Höchstwert in Hundertsteln des Mittelwertes bei 10 Einzelwerten jeder Prüfung):

Reihen	1	2	3	4	5	6	7	8	9	10	11
Mindestwert	75	62	81	46	79	85	85	76	76	72	79
Höchstwert .	130	146	137	214	121	132	136	153	138	135	114

Reihen	12	13	14	15	16	17	18	19	20	21	22
Mindestwert	61	81	88	92	82	80	72	61	78	87	82
Höchstwert .	145	139	125	128	127	130	127	179	145	113	117

Reihen	23	24	25	26	27	28	29	30	31	32	33
Mindestwert	81	94	69	74	76	75	75	79	86	90	69
Höchstwert .	124	108	114	132	128	139	120	125	129	127	168

Reihen	34	35	36	37	38	39	40	41	42	43	
Mindestwert	74	79	87	72	78	86	68	69	86	82	
Höchstwert.	124	144	124	118	160	127	142	119	112	134	

[1] HECHT: Tonind.-Ztg. Bd. 62 (1938) S. 1104.

Abb. 2[1] stammt aus den Vorarbeiten für die britische Ziegelnormung. Die Druckfestigkeiten für 188 Ziegel aus einem Brand sind als Rechtecke aufgetragen, deren Höhe der Anzahl Ziegel gleicher Druckfestigkeit entspricht. Die Druckfestigkeit ist in Tonnen angegeben. Die Grenzwerte betragen etwa 80 und 180% des Mittelwertes.

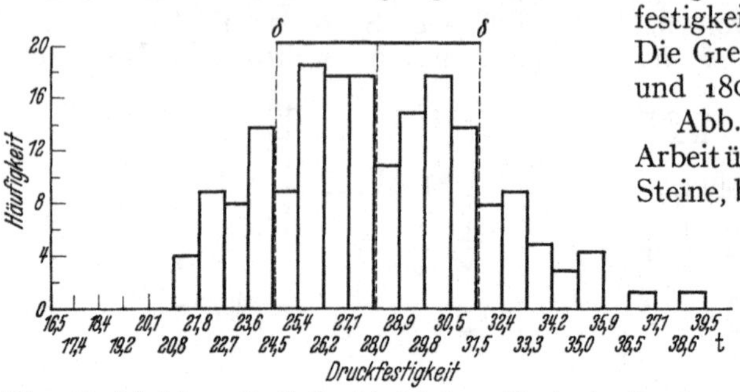

Abb. 3[2] ist einer amerikanischen Arbeit über die Prüfung feuerfester Steine, bei denen grundsätzlich geringere Schwankungen erwartet werden sollten, entnommen. Es handelt sich um die Häufigkeit der Biegefestigkeitswerte von 270 Steinen eines Brandes. In dem Bereich 20% oberhalb und unterhalb des Mittelwertes befinden sich in diesem Fall 83% Steine aus der gleichen Herstellung.

Abb. 2. Häufigkeitskurve für die Druckfestigkeit von Ziegeln eines Brandes.

Auf Grund solcher Beobachtungen muß sich der Prüftechniker bei der Beurteilung von Eigenschaftszahlen für grobkeramische Erzeugnisse stets bewußt sein, wie sehr es hier auf die Erfassung richtiger Durchschnittsproben und auf ein großes Zahlenmaterial ankommt und wie andererseits große Toleranzen berechtigt sind. Deshalb kann auch die Treffsicherheit der Prüfung nur begrenzt sein. Es ist eben nicht immer möglich, Mängel der Aufbereitung völlig auszuschließen. Es ergeben sich Ungleichmäßigkeiten in der Masse. Fehler in der Verformung führen zu Störungen des Gefüges. Beim Trocknen und Brennen können Risse entstehen. Vor allem bedingt die BrennschärfeUnterschiede, wie die Beispiele

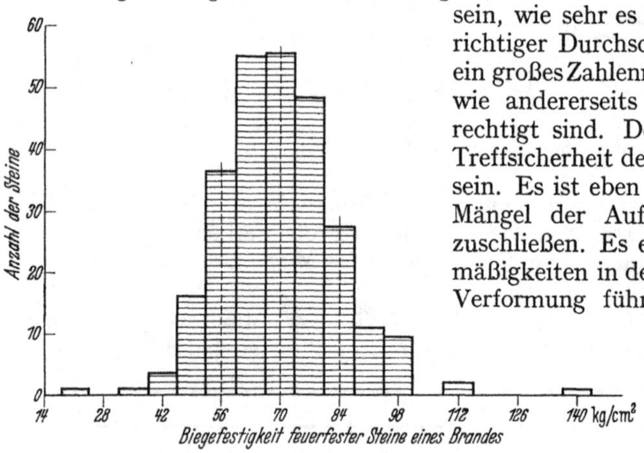

Abb. 3. Biegefestigkeit feuerfester Steine eines Brandes in kg cm².

Abb. 2 und 3 lehren. Keramische Baustoffe können deshalb nicht wie ein auf Grund gleichmäßiger Homogenisierung oder im Schmelzfluß entstehender Werkstoff beurteilt werden. Stets müssen die Entstehung aus Naturstoffen, das Verarbeiten sehr großer Massen und der teilweise sehr geringe Wert der Ware mit berücksichtigt werden. Starre Sollzahlen können wirtschaftlich Schaden anrichten. Die Gefahr einer allzu strengen Auslegung veranlaßt die Erzeuger, vorbeugend auf niedere Werte zu dringen. Wichtiger als der Mittelwert ist zumeist, daß ein Mindestwert nicht unterschritten wird und die Streuungen zwischen Höchst- und Mindestwert in mäßigen Grenzen gehalten werden, daß also mit anderen Worten das Erzeugnis, soweit es die Umstände seiner Rohstoffe und seiner Herstellung gestatten, ein möglichst gleichmäßiges ist. Es wäre erwünscht, allgemein neben zulässigen Abweichungen auch eine Wiederholung der

---

[1] WILDSON: Trans. Ceram. Soc. Bd. 31 (1932) S. 341.
[2] Manual A.S.T.M. Stand. Refr. Mat. (1937), S. 110.

Prüfungen zu erlauben, wenn die erste Prüfung nicht erfüllt ist. Das Normblatt DIN 1086 sagt darüber:

„Wenn bei der Prüfung auf eine Eigenschaft eins unter höchstens sechs Einzelergebnissen und je ein weiteres Ergebnis für die folgenden 7 bis 11, 12 bis 16 usw. Einzelergebnisse eine größere Abweichung zeigen als die obengenannten Abweichungen, so sind dafür zwei neue Proben aus derselben Lieferung bzw. aus demselben Lieferungsteil zu ziehen, die beide den obigen Bedingungen entsprechen müssen."

Weiter ist aus diesem Normblatt sinngemäß zu übernehmen, daß Probestücke mit sichtbaren äußeren Mängeln nicht verwendet werden sollen; dagegen sollen geringere äußere Fehler, durch die die Verwendbarkeit des Steines im Gebrauch nicht beeinträchtigt werden würde, die Abnahme nicht behindern dürfen. Hierunter fallen Kantenbeschädigungen, kleine Ausbruchsstellen, feine Risse.

3. Probenahme und Probenvorbereitung.

Da die Probenahme dieser groben Baustoffe, deren Wert die Entsendung des Fachmannes zur Entnahmestelle (Fabrik, Lagerplatz, Bauplatz) oft nicht verträgt, meist durch Nichtfachleute erfolgen muß, sind Richtlinien nötig. Bei Lagerung im Stapel hat eine Zählung oder Schätzung der Steinanzahl zu erfolgen. Entsprechend der Menge ist der Stapel in Untergruppen aufzuteilen, damit je 1000 Steine eine gewisse Menge, selbstverständlich nicht nur von außen, erfaßt wird. Zu entnehmen sind 1 bis 2 Steine auf 1000, bei großen Mengen 0,1 bis 0,3 $^0/_{00}$. Zu vermerken sind die Art der Lagerung, die Menge, die Entnahmestelle, die Zahl der entnommenen Steine und die gewählte Kennzeichnung. Bei größeren Steinen und bei Untersuchungen, die nur ein Teilstück des zu begutachtenden Formkörpers benötigen, können Abschnitte genommen werden, die aber möglichst nicht durch Abschlagen zu gewinnen sind. Bei Schiedsuntersuchungen und bei technologischen Prüfungen, deren Ergebnis durch eine mechanische Vorbehandlung beeinflußt werden kann, darf das Zerteilen nur durch Sägen erfolgen (vgl. DIN 1061). Lesenswert ist hierzu ein Aufsatz von BAADER[1] über die Technik der Probenahme.

Schon bei der Entnahme der Proben ist auf äußere Mängel und Unterschiede zu achten. Auffällige Formabweichungen, Risse, Klang, ungleichmäßige Färbung sind zu vermerken. Unverkennbare Verschiedenheiten, vor allem bezüglich Klang und Farbe, können Veranlassung geben, mehrere Probereihen zu wählen, z. B. Schwachbrand, Normalbrand, Scharfbrand, nach der Höhe des Klanges beim Anschlagen oder nach der Änderung der Farbe (von Rot nach Braun, Blaßrot nach Gelb). Für jede einzelne Prüfung sollten 10 Steine vorgesehen werden, obgleich in verschiedenen Normenvorschriften je 6 oder 5 als ausreichend erachtet werden.

Beziehungen zur Menge der zu begutachtenden Ziegel finden sich in einigen amerikanischen Normen; z. B. sollen nach A.S.T.M. C 112—36 5 Ziegel für jede Ofenkammer oder 100 t genommen werden. A.S.T.M. C 62—37 T verlangt bei 100000 Ziegeln 2 Reihen zu je 5, bei mehr als 500000 nur 5 für je 100000. Für Klinker ist der Einheitssatz mit 15000 angegeben.

Nur bei wenigen Prüfungen, z. B. Biegefestigkeit, Porositätsermittlung, Frostbeständigkeit, können Ziegel so, wie sie vorliegen, verwendet werden. Zumeist sind besondere Prüfkörper herzustellen, Würfel, plattenförmige oder zylinderförmige Prüfstücke zu fertigen, oder die Ziegel sind zu halbieren. Es mag deshalb auch auf bewährte Einrichtungen für die Zurichtung der Prüfstücke hingewiesen werden (vgl. S. 247). Für die meisten keramischen Baustoffe kommen

---

[1] BAADER: Meßtechn. Bd. 11 (1935) S. 48, 61.

Steinsägen mit Schneiderädern aus Siliziumkarbid, für besonders harte und dichte Stoffe besondere Diamantschneideräder in Frage. Zweckmäßig ist zur Ergänzung eine kleine Schneidevorrichtung mit 2 parallellaufenden Schneide- oder Schleif- rädern, die trocken betrieben wird und in Rücksicht auf ihre Kleinheit auch frei- händiges Arbeiten gestattet. Dazu kommt eine elektrische Tischbohrmaschine (Abb. 4) mit Diamanthohlbohrer für die Herstellung von Zylindern (5 oder 3,57 cm Dmr.) sowie der tiegelartigen Versuchsstücke für Verschlackungsver-

suche an feuerfesten Erzeugnissen. Der Bohrer wird von Hand in den auf dem Tisch ein- gespannten Stein eingeführt. Benutzt werden Hohlbohrer mit besonderer Fassung der Dia- manten und Spülbüchse (Fabrikat Winter- Hamburg). Aus Amerika[1] ist neuerdings der Vorschlag gekommen, zum Ausbohren der Prüflinge aus besonders dichtem und hartem Sintergut Kupferrohr und Siliziumkarbid- pulver zu benutzen.

4. Prüfung der äußeren Beschaffenheit.

Die Festlegung der äußeren Beschaffen- heit gibt in doppelter Hinsicht wertvolle Aufschlüsse. Zunächst ermöglicht der äußere Befund schon eine erste Eingliederung in eine der großen Gruppen der Tonwaren,

Abb. 4.
Elektrische Tischbohrmaschine für Herstellung von Prüfzylindern und Hohlkörpern.

und außerdem lassen sich häufig weitgehende Erkenntnisse über die Güte der zu prüfenden Erzeugnisse und gegebenenfalls über vor- handene Mängel gewinnen. Einen Anhalt über das Vorgehen bei dieser äußer- lichen Betrachtung soll folgende beispielsmäßige, aber keineswegs erschöpfende Aufzählung ergeben.

1. Formhaltigkeit (winkelgerechte Gestalt, ob ebenflächig, verzogen, ein- gesunkene Flächen, Aufblähungen, Schmelzstellen).

2. Oberflächenbeschaffenheit (glatt, rauh, saugend, dicht, glasig, glänzend; körnige oder stückige Fremdstoffe, Ausplatzungen, Ausschmelzungen, Ver- färbungen, Salzbelag und Anflüge).

3. Klang beim Anschlagen.

4. Rissigkeit (durchgehende oder Oberflächenrisse, klaffende Risse, Haar- risse).

5. Bruch beim Durchschlagen nach Verlauf und Gefüge des Bruches (z. B. Schichtung, nach bestimmten Richtungen spaltend durch Ungleichmäßigkeit der Masse oder Formung; Art des Bruches: Glatt oder rauh, fein- oder grob- körnig, scharfkantig, muschelig, splitterig, Vorhandensein von Löchern oder Spalten).

6. Farbe außen und innen.

Die Mehrzahl dieser Angaben ist rein beschreibend. Trotzdem ist ihr Ver- merk wichtig, einerseits als Gütehinweis, andererseits zur Erklärung auffälliger Eigenschaftswerte. Rissigkeit und ungleichmäßiges Gefüge (Struktur) beein- flussen fast alle Eigenschaften. Der Zustand der Oberfläche wirkt auf das Saugvermögen, damit z. B. auf die Haftfähigkeit des Mörtels, ferner auf die Festigkeit.

[1] Shank: Amer. Soc. Test. Mat. Proc. (1935) S. 533.

Der Klang kann mit den modernen akustisch-elektrischen Meßeinrichtungen auch zahlenmäßig festgelegt werden. Gewisse Schwierigkeiten schon sprachlicher Art bieten von jeher die Farbangaben. Deshalb sind seinerzeit die von der Eidgenössischen Materialprüfungsanstalt[1] herausgegebenen Farbtafeln für gebrannte Tone sehr begrüßt worden. Eine feste Grundlage schuf dann die OSTWALDsche[2] Farblehre. Für genaue Messungen von Farbe und Schwarz-Weißgehalt nach dieser kann das Stufenphotometer[3] von PULFRICH dienen, das sich ferner zur Glanzmessung[4] eignet, für die auch die Photozelle herangezogen worden ist. Diese ist z. B. in dem von LANGE konstruierten lichtelektrischen Reflexionsmesser zur Ermittlung des Weißgehaltes ausgenutzt worden. HARKORT[5] berichtet über dessen Eignung in der Keramik auf Grund von Versuchen und betont vor allem den Wert für die Kennzeichnung der Brennfarbe von weißbrennenden Tonen und der Farbe von Wandplatten. Für die Messung des Farbgehaltes sind Farbfilter hinzugefügt worden. Die entstandenen Apparate beschreiben ROGERS[6] und FUJII-KANEKOTO[7]. Vielleicht werden solche Einrichtungen bald allgemein erschwinglich, so daß die mühselige Beschreibung der Farben mit unklaren Ausdrücken durch eine Ziffer oder eindeutige Benennung ersetzt werden kann.

5. Prüfung des Formats (Abmessungen und Gewicht).

Bei Steinen, die einem allseitig rechtwinklig begrenzten Körper entsprechen, genügt zur Festlegung des Formats die einfache Längenmessung, wobei Länge, Breite und Höhe bzw. Dicke in dieser Reihenfolge in Zentimeter angegeben werden. Die Messung selbst erfolgt mit einer Genauigkeit von 1 mm. Bei Ringziegeln und einfachen Keilziegeln wird in gleicher Weise vorgegangen. Wenn auch für Ringziegel im Normblatt DIN 1057 neben den Kantenlängen der Krümmungshalbmesser mit vorgeschrieben ist, kann dieser für die Festlegung des Formates, wie sie für die Kennzeichnung des zu prüfenden Körpers gebraucht wird, doch entbehrt werden. Gegebenenfalls ist die Kimmung zu verzeichnen. Bei feuerfesten Wölbsteinen schreibt das Normblatt DIN 1082 eine bestimmte Reihenfolge der Abmessungen vor, nämlich Keilseiten, Länge, Breite.

Die Feststellung der Abmessungen erfolgt entweder am einzelnen Stein mit Maßstab oder Schublehre, gegebenenfalls in verschiedenen Höhenlagen nach Einfügung von planparallelen Unterlagen für die Schublehre, falls größere Genauigkeit benötigt wird, oder die Messung wird an einer Mehrzahl hinter-, neben- oder übereinandergelegter Steine ausgeführt. Das Normblatt DIN 105 für Mauerziegel sagt diesbezüglich: Die Länge wird gemessen an 2 × 4 beliebig aneinandergelegten, die Breite und Höhe an je 10 an- und aufeinandergelegten Ziegeln. Ähnlich ist die Anweisung der niederländischen Mauerziegelnormen N 520[8].

Bei Hohlziegeln, Hohlkörpern und allen komplizierten Formen ist eine Zeichnung zu geben. Lochungen sind zweckmäßig mit einem Planimeter zu messen, störende Grate sind zu beachten.

[1] Mitt. Eidgen. Mat.-Prüf.-Anst. 1907 Heft 11.
[2] OSTWALD: Ber. d. D. K. G. Bd. 1 (1920) Heft 3, S. 5.
[3] LEHMANN u. WERTHER: Ber. d. D. K. G. Bd. 13 (1932) S. 311. — PULFRICH: Ber. d. D. K. G. Bd. 14 (1933) S. 314.
[4] PULFRICH: Ber. d. D. K. G. Bd. 14 (1933) S. 311.
[5] HARKORT: Sprechsaal Bd. 68 (1935) S. 17.
[6] ROGERS: Ceram. Ind. Bd. 24 (1935) S. 170.
[7] FUJII-KANEKOTO: Rep. Imp. Ceram. Exper. Inst. Bd. 16 (1936) S. 1.
[8] Tonind.-Ztg. Bd. 61 (1937) S. 25.

Nach der britischen Ziegelnorm[1] 657—1936 wird wie folgt gemessen. Es sollen 3 Reihen von je 8 trocknen, nebeneinandergelegten Ziegeln als Läufer-, Strecker- und Rollschicht gemessen werden. Es ist die sich ergebende Gesamtlänge mit Mindest- und Höchstwert vorgeschrieben. Falls auffällige Verkrümmungen vorliegen oder die Messung durch Buckel usw. unsicher wird, ist das zu vermerken. Nach den schwedischen Ziegelnormen[2] ist auf Verkrümmungen durch Anlegen von zwei parallelen Platten zu achten.

Bei Dachziegeln ist nach DIN DVM 2250 Verkrümmung bzw. Flügeligkeit mit Meßkeil zu messen. Eingehende Vorschriften für Verkrümmungsmessung enthalten die amerikanischen Vornormen für feuerfeste Steine[3] A.S.T.M. C 134—38.

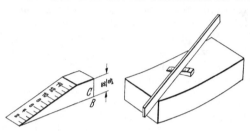

Abb. 5. Meßkeil zur Feststellung der Verkrümmung.

Es sind die Maße des zu benutzenden Meßkeiles angegeben. Die Messung selbst erfolgt nur auf der konkaven Seite des Steines, und zwar durch Auflegen eines Stahllineales in beiden Diagonalen unter Zwischenschieben des Meßkeiles (Abb. 5). Die Verkrümmung wird als Bruch aus dem mit Meßkeil ermittelten Wert und der Länge der Diagonale angegeben.

Bei kleineren Körpern und genau festzulegenden Formatgrößen ist zu Taster, Schublehre mit Mikrometerschraube und zum Winkelmesser zu greifen. Betreffs Winkelmessung genügt bei grobkeramischen Baustoffen Ablesung auf 1°. Die genaueren Meßverfahren, die insbesondere bei der Raumbeständigkeitsprüfung und bei Platten zur Ermittlung der Ebenflächigkeit ausgebildet worden sind, werden S. 274 und 317 behandelt.

Das Gewicht wird bisweilen am lufttrocknen Ziegel (Dachziegel = Vornorm DIN DVM 2250) ermittelt. In der Regel wird jedoch von völlig trocknen, also bei höherer Temperatur vorgetrockneten Steinen ausgegangen. Es genügt Wägung auf 1 g, bei größeren Körpern, die wesentlich schwerer als der Normalziegel sind, auf 0,1% des Gewichtes.

6. Spezifisches Gewicht, Raumgewicht, Porositätsmessungen.

Für die begriffliche Festlegung dieser Eigenschaften kann von dem für die feuerfesten Baustoffe aufgestellten Normblatt DIN 1065 ausgegangen werden. Ferner sei auf die Richtlinien des Materialprüfungsausschusses der Deutschen Keramischen Gesellschaft vom Jahre 1927[4] und auf die entsprechenden Normblätter für natürliche Gesteine DIN DVM 2102 sowie 2103 verwiesen (vgl. S. 161). Sinngemäß sind folgende Vorschriften zu übernehmen:

Das *spezifische* Gewicht (Reinwichte[5] s) — der Quotient aus dem Gewicht und dem Rauminhalt der zu prüfenden porenfreien Stoffprobe — wird mittels Pyknometers an der feingepulverten Stoffprobe bestimmt und für die Bezugstemperatur von 20° angegeben.

Hierzu ist eine Probemenge von 200 bis 1000 g unter Vermeidung von Verlusten auf etwa 2 mm Korngröße zu zerkleinern. Die Entnahme dieser Durchschnittsprobe erfolgt gleichmäßig über die gesamte Bruchfläche unter Ausschaltung etwaiger oberflächlicher Verunreinigungen. Durch mehrfaches Vierteln

[1] Tonind.-Ztg. Bd. 60 (1936) S. 413.   [2] Tonind.-Ztg. Bd. 56 (1932) S. 1044.
[3] Tonind.-Ztg. Bd. 63 (1939) S. 114.
[4] Ber. d. D. K. G. Bd. 8 (1927) S. 101; ferner niederländische Vorschriften Stichting voor Materiaalonderzoek Mededeling Nr. 9, VII (1935) S. 31 f.
[5] Vgl. DIN 1350.

wird die gesamte Menge auf etwa 30 g herabgebracht und dieses Probegut weiter gepulvert, bis das gröbste Korn etwa 0,1 mm mißt.

Das *Raumgewicht* (Rohwichte[1] *r*) — der Quotient aus dem Gewicht und dem Rauminhalt einschließlich Porenraum der zu prüfenden Stoffprobe — wird errechnet aus dem Gewicht (*G*) und dem Rauminhalt (*V*) eines bei 105 bis 110° bis zur Gewichtskonstanz getrockneten Steines bzw. Steinstückes nach der Formel:

$$r = \frac{G}{V}.$$

Der Rauminhalt (*V*) wird nach dem Quecksilber- oder Wasserverdrängungsverfahren bestimmt. Beim Quecksilberverdrängungsverfahren wird mit Probekörpern von mindestens 25 cm³ und einer geeigneten Apparatur gearbeitet, die eine Ablesegenauigkeit von ± 0,05 cm³ gestattet. Der Rauminhalt des Körpers ergibt sich aus dem Unterschied der Höhe des Quecksilberspiegels vor und nach dem Eintauchen des Körpers, wobei die Menge des etwa in die Poren eingedrungenen Quecksilbers dem Rauminhalt des Körpers hinzuzuzählen ist. Für das Wasserverdrängungsverfahren werden Probekörper von mindestens 250 cm³ Rauminhalt verwendet, die nach dem Verfahren zur Bestimmung des Wasseraufnahmevermögens (*W*) mit Wasser gesättigt sind. Die von dem wassersatten Prüfkörper verdrängte Wassermenge wird mittels eines Gefäßes ermittelt, das eine Ablesegenauigkeit von ± 0,25 cm³ hat.

Die *Gesamtporosität* (*P*), wahre Porosität, d. h. das Verhältnis des Gesamtporenraumes (Summe der offenen und geschlossenen Poren) eines Körpers zu seinem Rauminhalt, ausgedrückt in Prozenten des letztgenannten, wird errechnet aus dem spezifischen Gewicht (*s*) und Raumgewicht (*r*) nach der Formel

$$P = \frac{s - r}{s} \cdot 100\% .$$

Die *scheinbare Porosität* (*P_s*), d. h. das Verhältnis des offenen Porenraumes eines Körpers zu seinem Rauminhalt, ausgedrückt in Prozenten des letztgenannten, wird errechnet aus dem Wasseraufnahmevermögen (*W*) und dem Raumgewicht (*r*) des Körpers nach der Formel:

$$P_s = r \cdot W.$$

Hierbei gilt als Wasseraufnahmevermögen (*W*) das Verhältnis der von einem Körper bis zur erfolgten Sättigung aufgenommenen Wassermenge zu seinem Trockengewicht in Hundertsteln des Trockengewichts.

Die für diese Bestimmung in Frage kommende Ermittlung der Wasseraufnahme erfolgt beispielsweise in der nachstehend beschriebenen Form. Der Prüfkörper, der möglichst glatte Begrenzungsflächen und mindestens 100 cm³ Rauminhalt haben soll, wird bis etwa $^1/_4$ seiner Höhe in destilliertes, luftfrei gekochtes Wasser von Zimmertemperatur eingelagert, das man in Abständen von etwa $^1/_2$ h allmählich auffüllt, so daß der Körper nach 2 h völlig mit Wasser bedeckt ist. Alsdann wird 2 h lang gekocht, wobei die Proben nicht mit dem überhitzten Boden des Gefäßes in Berührung kommen sollen. Das verdampfende Wasser ist zu ergänzen. Nach dem Kochen läßt man den Prüfkörper in dem Wasser auf Zimmertemperatur abkühlen, tupft ihn ab, bis an der Oberfläche keine Wassertropfen mehr zu bemerken sind, und wägt ihn. Man erhält so das Gewicht des wassersatten Körpers (*G_w*). Die Trocknung des Prüfkörpers bei 105 bis 110° C bis zur Gewichtskonstanz und die Bestimmung des Trockengewichtes (*G*) werden zweckmäßig vor dem Kochen vorgenommen. Das Wasseraufnahmevermögen ergibt sich aus der Formel:

$$W = \frac{(G_w - G)}{G} \cdot 100\% .$$

---

[1] Vgl. DIN 1350.

Zur Bestimmung des *spezifischen Gewichtes* muß luftfrei gekochtes destilliertes Wasser benutzt werden; Erhitzen im Wasserbad ist dafür die bequemste Form. Vielfach wird die Entfernung der Luft auch durch Absaugen gefördert. DIN 1065 schreibt allerdings vor, daß dieser Kunstgriff bei Schiedsuntersuchungen nicht zur Anwendung kommen soll. Das gesuchte spezifische Gewicht (s) ergibt sich aus der Formel:

$$s = \frac{G}{(P_2 + G) - P_1}$$

worin bedeutet:

G das Trockengewicht der eingefüllten Stoffmenge in g,

P_1 das Gewicht des mit Stoff und Wasser beschickten Pyknometers in g,

P_2 das Gewicht des nur mit Wasser beschickten Pyknometers in g.

Es sind mindestens zwei Bestimmungen auszuführen. Temperaturunterschiede sind nur in Höhe von 2° zulässig. Der Wert wird mit zwei Dezimalen angegeben. Es wurde ausdrücklich auf die Zweckmäßigkeit von feinstgepulvertem Gut hingewiesen, damit das wahre spezifische Gewicht erfaßt wird und auch die kleinsten Poren beseitigt werden.

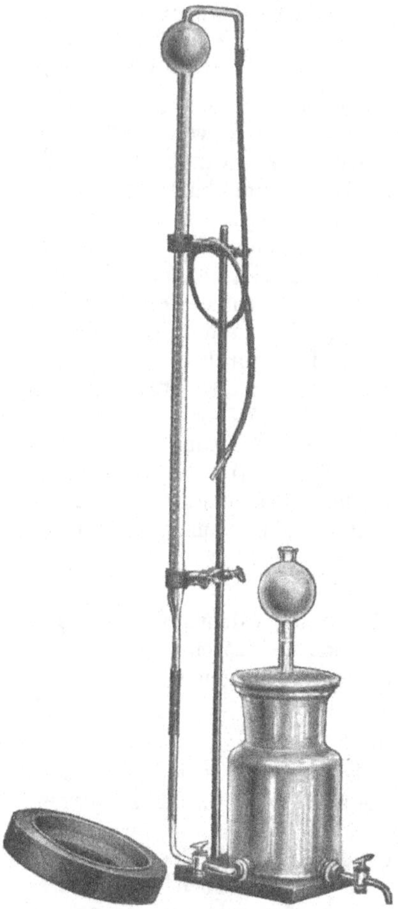

Zahlreiche Flüssigkeitsvolumenometer sind angegeben worden, um das etwas umständliche Arbeiten mit dem Pyknometer entbehrlich zu machen. Als Beispiel sei das Instrument nach Erdmenger-Mann[1], ferner dessen Abart nach Dorsch[2] benannt. Wenn nach der Art des zu prüfenden Stoffes, z. B. bei Vorhandensein von freiem Kalk oder Magnesiumoxyd, Wasser als Flüssigkeit unstatthaft ist, ist das spezifische Gewicht der verwandten organischen Flüssigkeit zu berücksichtigen.

Abb. 6. Seger-Volumenometer.

Zur *Raumgewichtsbestimmung* wird meist das Wasser- bzw. Quecksilberverdrängungsverfahren benutzt. Bei den für diese ausgebildeten Verfahren und Geräten kommt es darauf an, den Einfluß der Poren auszuschalten, sie also entweder zu verschließen oder vorher so weit mit Flüssigkeit zu füllen, daß keine Aufnahme während des Versuches stattfindet. Zum Verschließen diente früher vielfach ein Paraffinüberzug, an dessen Stelle auch Stearin, Harz usw. treten können. Ein anderer Weg besteht in der gesonderten Ermittlung der aufgenommenen Flüssigkeitsmenge. In manchen Fällen genügt auch Längenmessung mit der Schublehre und Errechnung des Rauminhaltes aus den Längenmaßen, wenn Körper mit rechtwinkliger Begrenzung vorliegen oder solche leicht herzustellen sind und eine ausreichende Körpergröße benutzt werden kann.

---

[1] Wawziniok: Handbuch des Materialprüfungswesens (Berlin) 1923. S. 589.
[2] Dorsch: Tonind.-Ztg. Bd. 54 (1930) S. 627.

Für das Wasserverdrängungsverfahren gelten als altbewährt die Volumenometer nach SEGER und LUDWIG, in denen mit verhältnismäßig großen Steinproben und solchen ganz beliebiger Form gearbeitet werden kann. Zunächst
ist das Trockengewicht der Proben festzustellen, dann sind
sie durch Kochen in Wasser ausreichend mit diesem zu
sättigen. Das SEGER-Volumenometer (Abb. 6) besteht aus
einer weithalsigen Flasche mit Ablaßhahn und einem Ver-
bindungshahn zu der in $^1/_{10}$ cm³ geteilten Meßbürette, die
oben kugelförmig erweitert ist. Zur Versuchsausführung
wird so viel Wasser in die Apparatur gegeben, daß es im
Glasrohr des Glasstopfens und in der Meßbürette auf den in
gleiche Höhe gebrachten Null- bzw. Meßmarken steht. Dann
wird eine der Probengröße entsprechende Wassermenge mit
dem Gummischlauch in die Meßbürette gesaugt und der Ver-
bindungshahn zwischen Bürette und Glasflasche geschlossen.
Ist die Probe sehr groß, so wird außerdem eine entsprechende Menge Wasser durch den Ablaßhahn aus der
Flasche entfernt. Nach dem Einbringen der Probe wird so
viel Wasser in die Flasche gelassen, bis die Meßmarke im
Glasrohr erreicht ist. Die in der Bürette verbleibende

Abb. 7.
LUDWIG - Volumenometer.

Wassermenge wird abgelassen, gegebenenfalls die Menge des durch den Ablaßhahn entfernten Wassers ebenfalls gemessen und der ersten Menge hinzugerechnet.
Die verdrängte Wassermenge entspricht dem Volumen des Probekörpers.

Einfacher sind die Gestaltung des LUDWIG-Volumeno-
meters und die Arbeitsweise
mit diesem, da die Bürette
weggelassen ist. Das Volumenometer (Abb. 7) besteht nur
aus dem zylindrischen Gefäß a,
auf dessen ebengeschliffenen
oberen Rand ein kegelförmiger
Deckel c paßt, der nach oben
in ein kurzes Rohr mit Marke o
und einen kleinen Trichter aus-
läuft. Für eine Messung wird das
Volumenometer zunächst bis
zur Marke gefüllt, sodann wird
durch Hahn b in ein gewogenes
Becherglas so viel Wasser abgelassen, daß der mit Wasser
gesättigte Versuchskörper in
das Gefäß eingelegt werden
kann, schließlich aus dem
Becherglas wieder bis zur Marke
aufgefüllt. Das Gewicht des im
Becherglas verbleibenden Wassers entspricht dem gesuchten
Volumen des Probekörpers.

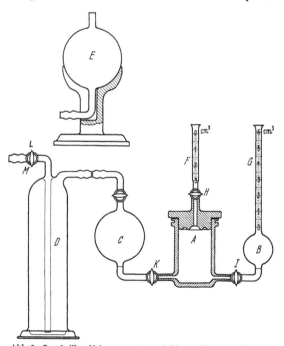

Abb. 8. Quecksilber-Volumenometer nach MIEHR, KRATZERT, IMMKE.

Quecksilbervolumenometer sind in zahlreichen Ausführungen entwickelt
worden, z. B. von STEINHOFF und MELL[1], MIEHR-KRATZERT-IMMKE[2], REICH[3],

[1] STEINHOFF u. MELL: Werkstoffausschuß Ber. Eisenhüttenleute, Nr. 44 (1924).
[2] MIEHR, KRATZERT u. IMMKE: Tonind.-Ztg. Bd. 50 (1926) S. 1425.
[3] REICH: Tonind.-Ztg. Bd. 53 (1929) S. 665.

Bennie[1]. Das Gerät von Miehr-Kratzert-Immke (Abb. 8) besteht aus dem Meßgefäß A für die Probe mit Deckel, der eine kurze Bürette F trägt, weiter den

beiden Gefäßen B und C für das zu verdrängende Quecksilber, Druckgefäß D und Niveaugefäß E. Auf dem kugelförmigen Gefäß B, dessen Inhalt bekannt sein muß, ist die eigentliche Meßbürette G angebracht. Druckgefäß und Niveaugefäß sind durch einen 1 m langen Druckschlauch miteinander verbunden. Sämtliche Gefäße sind durch Hähne gegeneinander abzuschließen, M und L beiderseits des Druckgefäßes, K und I beiderseits des Meßgefäßes, H unterhalb der Aufsatzbürette F. Für die Vornahme einer Messung wird das Niveaugefäß in der Höhenlage des Apparates nahezu vollgefüllt. Außerdem wird das Gefäß A teils bei abgenommenem Deckel, teils durch die Bürette F bei entsprechender Einstellung der Hähne K und I so gefüllt, daß das Quecksilber an den Marken in den Kapillaren und der Nullmarke von F steht. Werden die Hähne K und I nunmehr wieder geöffnet, so verteilt sich das Quecksilber über die drei benachbarten Gefäße, und der zylindrische Probekörper kann in A eingebracht werden. Durch Heben des Druckgefäßes wird das Quecksilber aus C bis zur Kapillare verdrängt. Mit

Abb. 9. Quecksilber-Volumenometer nach Bennie.

dem vorher ermittelten Inhalt des Gefäßes B ergibt nunmehr der Quecksilberstand in den beiden Büretten das durch den Probekörper verdrängte Volumen Quecksilber. Zur Ausmessung bzw. Auswägung des Gefäßes B ist für den Hahn I ein Dreiwegküken vorhanden. Nach der Messung wird die Probe herausgenommen und durch Senken sowie Heben des Niveaugefäßes die ursprüngliche Einstellung des Quecksilbers an den Kapillaren wieder hergestellt. Die alsdann in

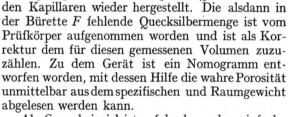

der Bürette F fehlende Quecksilbermenge ist vom Prüfkörper aufgenommen worden und ist als Korrektur dem für diesen gemessenen Volumen zuzuzählen. Zu dem Gerät ist ein Nomogramm entworfen worden, mit dessen Hilfe die wahre Porosität unmittelbar aus dem spezifischen und Raumgewicht abgelesen werden kann.

Als Gegenbeispiel ist auf das besonders einfache Quecksilbervolumenometer nach Bennie[1] zu verweisen. Dieses setzt sich nach Abb. 9 nur aus den drei Teilen, Gefäß a für die Probe, kalibriertes Meßrohr b und dem Überwurfschraubverschluß c mit Gummidichtung, zusammen. Bei der Benutzung wird das Volumenometer umgedreht, eine bestimmte Menge Quecksilber eingegossen, die Probe in das Gefäß a gelegt und der Verschluß fest aufgesetzt. Für die Ablesung wird das Gerät in den Untersatz d gestellt.

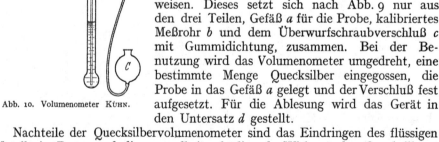

Abb. 10. Volumenometer Kühn.

Nachteile der Quecksilbervolumenometer sind das Eindringen des flüssigen Metalls in Poren und die gesundheitsschädigende Wirkung des Quecksilbers. Vielfach ist ohne Tränkung der Versuchsstücke mit einem Dichtungsstoff, z. B. geschmolzenem Wachs[2], nicht auszukommen. Deshalb hat Kühn[3] den Vorschlag gemacht, das Quecksilber durch kleinen Bleischrot zu ersetzen. Die

---

[1] Bennie: Trans. Ceram. Soc. Bd. 37 (1938) S. 37.
[2] Lux: Tonind.-Ztg. Bd. 54 (1930) S. 208.   [3] Kühn: Tonind.-Ztg. Bd. 51 (1927) S. 71.

Brauchbarkeit dieses Verfahrens hängt von der Kleinheit und Beweglichkeit des Bleischrotes ab. Von anderer Seite ist Zirkonsand vorgeschlagen worden.

Von Kühn stammt auch ein auf Gas- bzw. Luftexpansion beruhendes Volumenometer zur Bestimmung des spezifischen Gewichts.

Die in Abb. 10 schematisch dargestellte Vorrichtung[1] beruht darauf, daß eine bestimmte Luftmenge, um ein bestimmtes Volumen vergrößert, ein entsprechendes Vakuum ergibt. Das Glasgefäß A mit aufgeschliffenem Deckel I wird mit dem Probegut in Pulverform gefüllt, das völlig trocken sein muß. Hahn G wird geöffnet und der Dreiweghahn F so gestellt, daß Gefäß A mit B verbunden und D abgesperrt ist. Nun hebt man das mit Quecksilber gefüllte Niveaugefäß C, welches durch Gummischlauch mit B verbunden ist, bis das Quecksilber Marke 1 erreicht, wartet einige Sekunden, schließt Hahn G und läßt das Quecksilber wieder bis zur Marke 2 sinken. Das Quecksilbermanometer E zeigt nun auf der entsprechend geeichten Skala direkt das wirkliche Volumen des Steinmaterials an, das mit dem Gewicht der Prüfprobe zum spezifischen Gewicht führt. Das Gefäß D dient für die Anpassung an den herrschenden Luftdruck.

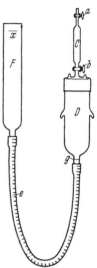

Abb. 11. Vorrichtung zur Bestimmung der Porigkeit kleiner Proben durch Gasausdehnung nach MacGee.

Die Gasaustreibung mittels Vakuums ermöglicht, das Volumen, die Porosität und auch das spezifische Gewicht am ganzen Stein oder an kleineren Steinstücken zu ermitteln, und gestattet schnelle Bestimmungen. Diese Verfahren eignen sich deshalb insbesondere zur Betriebskontrolle. Außerdem sind sie für Forschungen über die Beziehungen zwischen wahrer und scheinbarer Porosität und zur Vervollständigung der Messung mit Flüssigkeiten besonders wertvoll. Das war auch der Grund für ihre Bevorzugung in Amerika. Es sind dafür als Beispiel die Arbeiten von Washburn und Bunting[2], Pressler[3], Navias[4], McGee[5] zu nennen, in denen entsprechende Volumenometer und Porosimeter beschrieben sind, die einerseits auf der Messung der ausgetriebenen Luft beruhen, andererseits auf der Ermittlung des Druckabfalls, der durch das Expandieren des die Poren füllenden Gases in ein gemessenes Volumen Luft hervorgerufen wird. Aus diesen Arbeiten sollen zwei von McGee angegebene Apparate als Beispiele beschrieben werden.

Mit der in Abb. 11 dargestellten Vorrichtung wird die Porosität kleiner Versuchsstücke durch Messung der mittels Vakuums herausgesaugten Luft bestimmt. Das Gefäß D, auf dessen Deckel sich die durch die Hähne a und b verschließbare Bürette C befindet, ist durch einen Gummischlauch e mit der Bürette F verbunden.

Zu Versuchsbeginn ist die Apparatur so mit Quecksilber zu füllen, daß es bei Niveaugleichheit der Nullpunkte g und x mit diesen abschließt. Alsdann ist der Probekörper in das Gefäß D einzubringen und die Bürette F bei offenen Hähnen a und b so weit zu heben, daß das Quecksilber mit dem Hahn b abschließt. Die verbrauchte Quecksilbermenge gibt das Gesamtvolumen des Probekörpers = V. Dann läßt man durch Heben der Bürette F das Quecksilber bis zum Hahn a

[1] Vgl. Fußnote 3, S. 234.
[2] Washburn u. Bunting: J. Amer. Ceram. Soc. Bd. 5 (1922) S. 112, 527.
[3] Pressler: J. Amer. Ceram. Soc. Bd. 7 (1924) S. 154, 447.
[4] Navias: J. Amer. Ceram. Soc. Bd. 8 (1925) S. 816.
[5] McGee: J. Amer. Ceram. Soc. Bd. 9 (1926) S. 814; Bd. 11 (1928) S. 499. — Tonind.-Ztg. Bd. 61 (1937) S. 103.

steigen. Nach Schließen des Hahnes a wird die Bürette F so weit gesenkt, bis der Quecksilberstand bei g steht. Das entstandene Vakuum saugt die in der Probe enthaltene Luft heraus, die Luft wird durch Heben der Bürette F in die Bürette C geschafft und bei geschlossenem Hahn a nochmals Vakuum erzeugt. Die herausgesogene Luftmenge g wird gemessen und ergibt das Porenvolumen der untersuchten Probe $= v$. Die Porosität der Probestücke ist $= 100 \cdot \dfrac{v}{V}$. Die Zuverlässigkeit des Ergebnisses ist davon abhängig, daß die feinsten Poren für

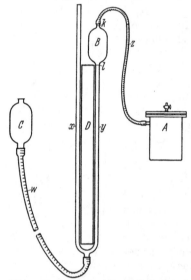

das Vakuum zugänglich sind, andererseits das Quecksilber unter Atmosphärendruck in die Poren nicht eindringen kann.

Das in Abb. 12 dargestellte Porosimeter nach McGee ermöglicht die Prüfung ganzer Ziegel nach dem zweiten Prinzip der Drucksenkung. Zur Aufnahme des zu prüfenden Steines dient ein Stahlblechbehälter A, dessen Innenabmessungen nur wenig größer sind als die Masse eines Normalsteines. Der Behälter kann durch einen mit Hahn versehenen Stahlblechdeckel luftdicht verschlossen werden. B ist ein gläserner Ausdehnungskolben von etwa 250 cm³ Inhalt, D ein gewöhnlicher Zentimetermaßstab und C das mit Gummischlauch W angeschlossene Ausgleichs- bzw. Niveaugefäß. x und y ist das aus Glasrohr gebildete Manometer. Die Verbindung zwischen dem Gefäß A und B wird durch das Kapillarrohr Z hergestellt. Im Ausgleichsgefäß C muß

Abb. 12. Vorrichtung zur Porigkeitsbestimmung an ganzen Ziegeln durch Gasausdehnung nach McGee.

sich beim Versuchsbeginn so viel Quecksilber befinden, daß der Kolben B bei Niveaugleichheit von B und C bis zur Marke k gefüllt ist.

Alsdann wird der Probekörper in den Behälter A gebracht, der Deckel aufgesetzt und der Hahn geschlossen. Das Niveaugefäß C wird dann so weit gesenkt, daß das Quecksilber bis zur Marke l fällt. Die Druckdifferenz (R) in den Manometerschenkeln x und y wird auf der Skala D abgelesen. Außerdem muß der Inhalt des Behälters A und des Ausdehnungsgefäßes B bekannt sein bzw. vorher ermittelt werden. Zur Berechnung der Steinsubstanz s des Ziegels wird der Wert R vom Barometerstand abgezogen, der bei der Messung herrscht $= p$. Das Volumen der nach Schließen des Hahns im Probebehälter A befindlichen Luft a ist gleich dem Quotienten: $p \cdot B/R$, worin B den Rauminhalt des Ausdehnungskolbens von der Marke k bis zur Marke l darstellt. Der von den festen Anteilen des Prüfkörpers eingenommene Raum s ist danach: $A - a$. Die Porigkeit des Prüfkörpers in Volumenprozenten ist $100 \cdot (V - s)/V$. Das Gesamtvolumen des Steines V, das für die Berechnung auch gebraucht wird, soll nach der Literaturstelle nur durch Ausmessen ermittelt werden. Aus etwa der gleichen Zeit stammt die sehr gut ausgebildete Konstruktion eines Gasporosimeters von Esser und Piwowarsky[1].

Eine einfachere, den gleichen Zwecken dienende und im wesentlichen nur aus zwei Exsikkatoren bestehende Vorrichtung haben Miehr, Immke und Kratzert[2] angegeben und mit deren Hilfe sehr genaue Messungen bezüglich scheinbarer und wahrer Porosität ausführen können. Neuerdings hat der Engländer

[1] Esser u. Piwowarsky: Stahl u. Eisen Bd. 46 (1926) S. 565.
[2] Miehr, Immke u. Kratzert: Tonind.-Ztg. Bd. 52 (1928) S. 1566.

SWALLOW[1] ein den amerikanischen Konstruktionen ähnelndes Gerät zur Bestimmung der Porosität durch Gasexpansion angegeben. Diese Meßgeräte sind für weitgehend verdichtete keramische Baustoffe, unter den früher gemachten Voraussetzungen, geeignet und lassen bei solchen erkennen, inwieweit geschlossene Poren vorhanden sind.

7. Prüfung der Wasseraufnahmefähigkeit und der Porosität.

Die Wasseraufnahmebestimmung allein erfaßt die Porosität nur unvollkommen, nämlich nur, soweit offene, dem Wasserzutritt zugängliche Poren vorhanden sind. Die *Porosität* aber ist die Summe aller Hohlräume. Der Grad der Wasseraufnahme ist bedingt durch das angewandte Verfahren, nämlich Einlagern, Kochen, Mitbenutzung von Vakuum, Überdruck, höhere Erhitzung, Zeitdauer solcher Behandlung usw. Je nach Art

1. der Poren (großlöcherig, kanalförmig, kleine, aber verbundene Löcher, haarfeine, kapillare und in das Mikrobereich fallende Kanäle, sich aus einem weiteren Kanal verjüngende, schließlich kapillar werdende Schläuche, Trennung durch dünne Scheidewände),

2. der Struktur (Risse, Spalten, Löcher, ungleichmäßige Scherbenart),

3. der Scherbeneigenschaft (saugend oder dicht),

4. der Brennhaut und deren Durchbrechung durch Risse oder den Grad ihrer Geschlossenheit ist der Verlauf der Wasseraufnahme; diese kann schnell bis nahe zum Höchstwert steigen. Es

Abb. 13. Porengestaltung nach DODD.

ergeben sich oft große Unterschiede zwischen dem Wasseraufnahmevermögen beim Einlagern und Kochen. Einige Formen offener und geschlossener Poren zeigt die einer Arbeit von DODD[2] entnommene Abb. 13. Aber auch Kochen braucht noch nicht zur Füllung der gesamten offenen Poren zu führen; oft ergibt sich noch ein erheblicher Unterschied bei Mitheranziehung von Vakuum oder Überdruck. Durch Unterdruck werden dem Wasser engste Kanalausläufe eröffnet, aber auch Scheidewände durchbrochen. Das letzte kann auch durch zu starkes Erhitzen und plötzliches Abschrecken (z. B. Einwerfen überhitzter Proben in Wasser[3]) und bei Frostbehandlung eintreten. So erklärt sich die bisweilen als überraschend erachtete Zunahme der Wasseraufnahme nach der Gefrierprüfung.

Das „Wasseraufnahmevermögen" ist also keineswegs ein fester Begriff oder Wert, sondern ist vom Verfahren abhängig, infolgedessen ein Mittel, um Verschiedenheiten im inneren Aufbau von Stoffen zahlenmäßig zu erfassen. Es kann daher auch behauptet werden, daß die verschiedenen Stufen des Sättigungsgrades Berechtigung haben. Die bei kurzzeitigem oder längerem Einlagern bei gewöhnlicher Temperatur sich einstellende Wasseraufnahme ist für den Bautechniker wichtig, da es bei der üblichen Verwendung selten zu einer vollständigen Durchtränkung kommt, vielmehr der Grad der unmittelbar oder nach kürzerer Zeit erfolgenden Wasseraufnahme richtunggebend ist. Die praktisch erschöpfende Wasseraufnahme ist eine eigentliche Materialeigenschaft. Sie ist nach amerikanischen Forschungen, insbesondere von MCBURNEY, für das Verhalten beim Gefrieren wichtig. Besteht ein bemerkenswerter Abstand zwischen der Wasseraufnahme durch Einlagern und Kochen, so bleibt Raum in dem Ziegel für die

[1] SWALLOW: Trans. Ceram. Soc. Bd. 36 (1937) S. 384.
[2] DODD: Refr. Journ. Bd. 13 (1937) S. 293.
[3] LAVERGNE: Tonind.-Ztg. Bd. 54 (1930) S. 91 u. 116.

Ausdehnung des gefrierenden Wassers. Ein solcher Ziegel gilt als frostsicher. Man kann also theoretisch von drei Arten Porosität sprechen: Die der unmittelbaren Flüssigkeitserfüllung (z. B. durch Einlagern in Wasser), die der vollständigen Flüssigkeitserfüllung (z. B. durch Kochen in Wasser) und drittens die der wahren Porosität, die auch die geschlossenen Poren erfaßt. Bei den meisten grobkeramischen Baustoffen ist die Sachlage allerdings einfacher, da diese seltener geschlossene Poren enthalten. Solche treten im allgemeinen erst bei verdichteten, klinkerartigen Erzeugnissen und Steinzeug auf, die bei ungenügender Aufbereitung oder Entlüftung kleine Luftbläschen einschließen oder infolge beginnenden Blähens gaserfüllt sein können.

Zunächst soll das Wasseraufnahmeproblem an porösen Baustoffen nach Art des Mauerziegels behandelt werden. In Zahlentafel 1 sind die Prüfungsbedingungen mehrerer Länder für Mauerziegel, einige verwandte Erzeugnisse und feuerfeste Steine zusammengestellt, und zwar nach den Gesichtspunkten: Ganzer Ziegel oder Teilstück, Probenanzahl, Art der Vortrocknung und als Wichtigstes die Art der Wasseraufnahmebestimmung, ob durch Einlagerung oder Kochen. Soweit es sich um Mauerziegel handelt, sind nur die Normblattbezeichnungen eingesetzt. Ob ganze Ziegel oder Teilstücke verwendet werden, ist durch Einsetzen des Zeichens + ausgedrückt. Dasselbe Zeichen ist auch bei der Trocknung benutzt, falls keine bestimmte Erhitzungstemperatur angegeben ist. Bei der Wasseraufnahmebestimmung ist die Dauer der Behandlung angegeben, soweit eine solche verlangt ist, je nach der Art der Vorschrift bei der Einlagerung in kaltes Wasser oder für Kochen. Vereinzelt werden beide Arbeitsweisen zusammen angewandt.

Die Zahlentafel 1 zeigt für Mauerziegel ein Überwiegen der Einlagerungsvorschrift. Mit Einlagerung begnügen sich außer Deutschland auch die Schweiz, Schweden, Jugoslawien, Polen, Japan, Südafrika. Kochen hat bei Mauerziegeln nur Böhmen-Mähren vorgeschrieben. Neuerdings ist auch Amerika dazu übergegangen. Bevor hierzu kritisch Stellung genommen wird, sollen erst einige kennzeichnende Arbeitsweisen eingeschaltet werden, wobei bezüglich der Ermittlung des Wasseraufnahmevermögens durch Kochen auf das Verfahren für feuerfeste Erzeugnisse nach DIN 1065, das bereits auf S. 231 beschrieben wurde, zu verweisen ist.

Nach DIN 105 werden mindestens fünf Ziegel so lange bei 110° C getrocknet, bis sich keine Gewichtsabnahme mehr ergibt und damit das tatsächliche Trockengewicht feststeht. Mit der Einlagerung in Wasser wird frühestens 12 h nach der Entnahme aus dem Trockenschrank begonnen. Die Ziegel werden aufrecht stehend bis zur Hälfte ihrer Länge in Wasser gestellt (zu verwenden ist, wenn auch nicht vorgeschrieben, destilliertes oder Regenwasser). 2 h nach Beginn der Wasserlagerung wird Wasser bis auf Dreiviertel der Ziegelhöhe zugefüllt, nach 22 h kommen die Ziegel völlig unter Wasser. Nach Ablauf von 24 h seit dem Einbringen in Wasser werden die Ziegel erstmalig gewogen. Das Tränken und Wiegen wird dann so lange wiederholt, bis keine weitere Gewichtszunahme festzustellen ist. Für die Bestimmung des Naßgewichtes werden die Ziegel oberflächlich mit einem ausgedrückten Schwamm oder feuchten Leinenlappen abgetupft. Die Wasseraufnahmefähigkeit wird in Prozenten, auf $1/10$% abgerundet, bezogen auf das Trockengewicht, angegeben. Für die Neubearbeitung des Normblattes DIN 105 und ebenso für das neu herauskommende Blatt DIN 4151 „Lochziegel für belastetes Mauerwerk" ist eine Änderung des Prüfverfahrens vorgeschlagen: Nach Ablauf von insgesamt 6 Tagen seit Beginn der Wasserlagerung, die nach der bisherigen Vorschrift eingeleitet wird, werden die Ziegel wieder gewogen. Die Wasseraufnahmefähigkeit wird in Prozenten, auf $1/10$ abgerundet, bezogen auf das Trockengewicht, angegeben. Es soll also in Zukunft einheitlich die Prüfung der Wasseraufnahmefähigkeit 6 Tage seit Beginn der Wasserlagerung als beendet angesehen werden.

Nach der böhmisch-mährischen Normenvorschrift[1] werden die getrockneten Ziegel in Wasser von Zimmertemperatur eingelagert, das durch allmähliches Erhitzen im Lauf 1 h zum Sieden gebracht und dann 5 h lang im Kochen gehalten wird. Nach Beendigung dieser Behandlung bleiben die Ziegel noch weitere 24 h im Wasser. In USA. wurden nach der älteren A.S.T.M.-Norm C 67—31 Mauerziegel 5 h lang in Wasser von 15,5 bis 30° C eingelagert. Diese Behandlungsform ist dann auf längere kalte Lagerung und außerdem Kochen umgestellt worden (Norm C 67—35 T). In einem anderen amerikanischen Normblatt C 112—36, das vor allem für Hohlziegel gilt, wird die Kochzeit auf 1 h bemessen. Für Kanalisationsziegel (C 32—37 T) gilt 5stündiges Kochen.

Zahlentafel 1. Ermittlung der Wasseraufnahme.

	Ganzer Ziegel	Teilstucke	Proben-Anzahl	Trocknung °C	Einlagern in Wasser h	Kochen in Wasser h
Deutschland:						
DIN 105	+		5	110	24 bis Sättigung	
Hourdis DIN 2501		+	5	+	nach und nach bis Sättigung	
Dränrohre						
DIN 1180 ...	+ oder	+		105/110	24 und	1
FeuerfesteBaustoffe						
DIN 1065 ...		+		105/110	2 und	2
Österreich:						
3201	+		5	+	bis Sättigung	
Böhmen-Mähren: ..	+		5	105/110		5, anschließend Einlagern 24
Niederlande:						
N 521	+		5	100	4	
Frankreich:						
Afnor B 2—1 ...	+		7	100	48	
USA.:					5	
C 67—31	+		5	100/105	24 außerdem	
C 67—35 T	+		5	110/105		5
Hohlziegel		+				
C 112—36 ...	+		5	100		1
Kanalziegel						
C 32—37 T ...	+		5			5
FeuerfesteBaustoffe						
C 20—33	+		5	110		2
		+				

Es ergibt sich somit, daß die Frage der zweckmäßigsten Wasseraufnahmebestimmung immer noch voll im Fluß ist. Unter Berücksichtigung der vorher für die verschiedenen Formen angegebenen Gründe neigt der Verfasser zur Anwendung der Kochbehandlung. Es dürfte empfehlenswert sein, Wassereinlagerung und, nach Erreichung des Sättigungszustandes bei Zimmertemperatur, Kochen vorzusehen, so daß beide Zahlen als Kennzahlen dienen können. Diese Form ist als Ergebnis der amerikanischen Forschungen, insbesondere McBURNEYS[2], bereits in dem *C/B*-Verhältnis der A.S.T.M.-Norm C 62—37 T festgelegt; es handelt sich um den Quotienten der Wasseraufnahme nach 24-stündiger Einlagerung in kaltem Wasser und 5stündigem Kochen. Dieses

---

[1] Tonind.-Ztg. Bd. 56 (1932) S. 1218.

[2] Tonind.-Ztg. Bd. 60 (1936) S. 863. — Techn. News Bull. Bur. Stand. Nr. 231 (1936) S. 62. — Bull. Amer. Ceram. Soc., Bd. 17 (1938) S. 210. — Techn. News Bull. Bur. Stand. Nr. 250 (1938) S. 20.

Verhältnis soll für Ziegel mit vollständiger Frostbeständigkeit höchstens 0,80 betragen. (Vgl. hierzu Arbeiten von DRÖGSLER[1] über die Wasseraufnahme von Mauerziegeln, ferner Versuche von OLIVER und ROBERTS[2] über solche Versuche an feuerfesten Steinen und Fußbodenplatten.)

Daß bei dichteren Erzeugnissen Kochbehandlung unentbehrlich ist, braucht nicht gesondert hervorgehoben zu werden. Für Steinzeug ist diesbezüglich auf das Normblatt DIN 1230 für Kanalisations- und Steinzeugwaren hinzuweisen, das für die Wasseraufnahmeermittlung die Vorschrift des Normblattes DIN 1065 übernommen hat und Bruchstücke von mindestens 100 cm³ Rauminhalt

Abb. 14. Druckprüfgerät zur Bestimmung der Saugfähigkeit.

vorschreibt, bei denen also Bruchflächen zum Eintritt des Wassers zur Verfügung stehen. Zu beachten ist die Anweisung des Materialprüfungsausschusses der Deutschen Keramischen Gesellschaft[3], daß möglichst von Glasur und Brennhaut befreite Bruchstücke benutzt werden sollen. Eine eingehendere Beschreibung der für Steinzeug angebrachten Arbeitsweise gibt LUDWIG[4]. Bei völligem Sintergut schließlich ist das Aufsaugverfahren für Farblösungen unter Druck heranzuziehen.

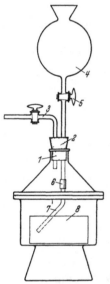

Die Vorschrift des Materialprüfungsausschusses der Deutschen Keramischen Gesellschaft[5] empfiehlt, von Glasur befreite Proben mit frischen Bruchflächen in eine 1%ige Lösung von Fuchsin in Methylalkohol einzulegen, zunächst 2 h Unterdruck einwirken zu lassen, dann 3 h bei gewöhnlichem Luftdruck zu lagern und schließlich 20 h lang einem Überdruck von 200 at auszusetzen. Die so behandelten Proben werden mit ungefärbter Flüssigkeit nachgespült und dann zur Begutachtung durchgeschlagen. Nach dem VDE-Blatt 0446 soll die Hochdruckeinwirkung 600 at h betragen, wobei mindestens ein Druck von 150 at zur Anwendung zu bringen ist. Abb. 14 zeigt einen neueren Hochdrucktränkungsapparat. Zu erkennen sind: das Druckgefäß mit seinem zweigriffigen Schraubdeckel, die durch Armkreuz zu betätigende Preßpumpe mit einem rückwärts angebrachten Füllgefäß, um das Ansaugen von Luft zu vermeiden. Das links

Abb. 15. Vakuumprüf-gerät zur Bestimmung des Wasseraufnahme-vermögens.

neben der Apparatur stehende Körbchen dient zum Aufnehmen der Probekörper. Der lange Schraubdeckel ist mit einer Gummidichtung versehen, die so gestaltet ist, daß sie infolge Differentialwirkung unter höherem Druck als die Flüssigkeit selbst steht, so daß Flüssigkeits- und damit Druckverluste während des Versuches vermieden werden. Ein Schraubventil sperrt während der Dauer des Versuches die Verbindung zwischen Pumpe und Druckgefäß.

[1] DRÖGSLER: Tonind.-Ztg. Bd. 61 (1937) S. 444.
[2] OLIVER u. ROBERTS: Trans. Ceram. Soc. Bd. 35 (1936) S. 337.
[3] Ber. d. D. K. G. Bd. 8 (1927) S. 103.
[4] LUDWIG: LUNGE-BERL, Chemisch-technische Untersuchungsmethoden (1932) S. 13
[5] Ber. d. D. K. G. Bd. 8 (1927) S. 106.

Im Gegensatz zu diesen Methoden steht das Verfahren zur Bestimmung des Wasseraufnahmevermögens keramischer Isolierstoffe für die Elektrotechnik[1]. Zur Ausführung des Versuches dient ein Vakuumexsikkator etwa 200 mm Dmr. mit Tubus am oberen Ende des Deckels (Abb. 15), der durch einen doppelt durchbohrten Gummistopfen *2* verschlossen wird. Durch die eine Bohrung führt ein rechtwinklig gebogenes Glasrohr *3* mit Hahn zur Vakuumpumpe, durch die andere das Ablaufrohr des Kugeltrichters *4*, das bis in das Probekörperaufnahmegefäß *8* verlängert ist. Der Kugeltrichter wird mit luftfrei gekochtem, destilliertem Wasser gefüllt. Bruchstücke der zur Untersuchung stehenden Stoffe werden 3 h bei 150° getrocknet, gewogen und in das Aufnahmegefäß *8* eingebracht. Dann wird der Exsikkator auf mindestens 50 mm Wassersäule evakuiert und dieser Unterdruck eine Viertelstunde lang gehalten. Nach Ablauf dieser Zeit läßt man aus dem Kugeltrichter allmählich Wasser zulaufen, bis die Probekörper vollständig bedeckt sind. Hierauf läßt man langsam Luft einströmen, bis der Atmosphärendruck erreicht ist. Die Probekörper bleiben dann weitere 12 h unter Wasser bei Luftdruck und werden alsdann in entsprechender Weise gewogen. Das Verfahren zeichnet sich durch große Einfachheit aus und dürfte Anlaß geben, seine Zweckmäßigkeit auch für grobkeramische Erzeugnisse, wie Klinker, säurefestes Steinzeug usw., zu erproben.

Zur Vervollständigung soll auf einige weitere neuzeitliche Verfahren der Porositätsermittlung hingewiesen werden, nämlich auf das Arbeiten mit durchdringender Strahlung[2] und Emanation[3], schließlich auf das Auszählen feinster Poren bei dichtem Scherben an der angeschliffenen Probe auf mikroskopischem Wege[4], nach Vorgang von KÖNIG[5] bei Mineralien.

8. Prüfung der Wassersaugfähigkeit.

Eine andere Form der Wasseraufnahmebestimmung ist die Wasseransaugung. Wenn bei bestimmten Arbeitsvorschriften für die Wasseraufnahmebestimmung, wie auch in DIN 105, die Ziegel zunächst nur zum Teil, nämlich bis zur Hälfte, in das Wasser eingestellt werden, wird die Ansaugung durch Kapillarkräfte ausgenutzt, um erst die Luft aus den Poren herauszuschieben. Die übliche Form zur Bestimmung der Wasseransaugung besteht darin, den Ziegel senkrecht in ein flaches Wasserbad einzustellen. Der praktische Wert dieser Eigenschaft liegt darin, daß die Anbindung des Mörtels an die Mauersteine, also die Haftfähigkeit an der Fuge und der Zusammenhalt des Mauerwerks, wesentlich durch die Oberflächensaugfähigkeit bestimmt wird. Diese wird jedoch vielfach durch die sog. Brennhaut, Anflüge und besonders mechanisch bestimmte Oberflächenbeschaffenheit, die sich z. B. aus der Einwirkung des Abschneidedrahtes auf die Ziegelmasse ergibt, gegenüber dem Scherbeninnern verändert. Bei der Erforschung der Wasseransaugung muß man sich also nicht nur um das Verhalten der Außenflächen, sondern auch um den Zustand im Scherbeninnern kümmern. Wenn auch vielfach die Beobachtung der Steighöhe an ganzen Ziegeln üblich ist, erscheint doch die Verwendung von aus dem Innern herausgeschnittenen Platten[6] empfehlenswerter, da sich herausgestellt hat, daß die Ansauggeschwindigkeit der Randzone der Innenzone gegenüber sowohl vorauseilen als auch nachbleiben kann.

---

[1] Prüfvorschriften zur Eigenschaftstafel keramischer Isolierstoffe für die Elektrotechnik, herausgegeben von der Wirtschaftsgruppe Keramische Industrie, Berlin, September 1939.
[2] AUSTIN: J. Amer. Ceram. Soc. Bd. 19 (1936) S. 29.
[3] HAHN, O.: Kolloidchem. Beihefte Bd. 32 (1931) S. 403. — GRANE u. RIEHL: Z. anorg. allg. Chem. Bd. 233 (1937) S. 365.
[4] SAWADOWSKAJA: Saw. Lab. (1937) S. 1021.
[5] KÖNIG: Arch. Eisenhüttenw. Bd. 7 (1933/34) S. 441.
[6] HECHT: Tonind.-Ztg. Bd. 62 (1938) S. 1116.

Der Versuchsverlauf ist folgender: 5 ganze, vorher bei 105° C getrocknete Ziegel oder aus deren Inneren parallel zur Lagerfläche herausgeschnittene Platten von 15 bis 20 mm Dicke werden aufrecht in eine Wanne mit einer Wasserschicht von 10 bis 30 mm Tiefe gestellt. Durch eine Niveauflasche oder Überlauf ist die Höhe der Wasserschicht ständig gleichzuhalten, das aufgesaugte Wasser also zu ergänzen. Temperatur und Luftfeuchtigkeit sind während des Versuchs gleichzuhalten, z. B. Lufttemperatur 18 bis 20° C, Luftfeuchtigkeit 50 bis 60% der Sättigungsmenge. Luftbewegung ist zu verhüten. In dem Prüfraum darf also kein Zug herrschen. Vermerkt wird, in welchem Zeitverlauf und bis zu welcher Höhe das Wasser in den geprüften Steinen hochsteigt. Es ergeben sich so Höhenzeitkurven.

Eingehender haben sich HALLER[1] und HECHT[2] mit der Untersuchung der kapillaren Saughöhe und den aus den Ergebnissen zu schließenden Folgerungen befaßt. Diese Prüfung ist auch in die Schweizer Lieferungsbedingungen für Dachziegel aufgenommen worden. HALLER hat an der genannten Literaturstelle Formeln angegeben, die eine Berechnung des Durchmessers der Kapillaren — bei Annahme bestimmter Voraussetzungen — zulassen. Wertvolle Beobachtungen über das Aufsaugen bringt eine neuere Arbeit von McBURNEY und EBERLE[3], die auch den Vorschlag enthält, die Zeit zu bestimmen, innerhalb der 1 cm³ Wasser von 5 cm² Ziegeloberfläche aufgesaugt wird. Es handelt sich dabei um die von MEYER[4] schon 1933 für die Begutachtung von Klinkern empfohlene Einlaufzeit. MEYER hatte vorgeschlagen, eine Fläche von 3×3 cm durch einen Dichtungsrand abzugrenzen, z. B. Paraffin, und auf die so bemessene Fläche mit einer Pipette 1 cm³ Wasser zu bringen.

9. Prüfung der Wasserabgabe.

Es liegt hier ein Gegenstück zur stufenweisen Wasseraufnahme bzw. Wasseransaugung vor. Praktisch bedeutsam sind Bestimmung und Verlauf dieses Verhaltens für die *Austrocknung* von Bauten.

Zu dem Versuch sind zweckmäßig 10 Ziegel zu verwenden, die durch Kochen in Wasser völlig gesättigt werden. Die Ziegel werden trocken und nach völliger Sättigung gewogen, dann in einem geschlossenen Raum bei Lufttemperaturen von 18 bis 20° C und einer Luftfeuchtigkeit von 50 bis 60% der Sättigungsmenge ohne Luftbewegung aufbewahrt und täglich gewogen, bis der Feuchtigkeitsgehalt praktisch nicht mehr abnimmt. Luftbewegung[5] ist also auch hier zu vermeiden und kann nur für besondere Beobachtung in Frage kommen; in jedem Fall würde sie den gleichförmigen Verlauf bei dem einzelnen Ziegel stören. Neben den vollständigen Kurven, die den Abfall der im Ziegel verbliebenen Wassermenge, bezogen auf das Trockengewicht, von Tag zu Tag darstellen, kann bisweilen bereits die Angabe der Tagesanzahl für die Erreichung des Halbwertes, des Viertelwertes von 1 und 0,1% Wassergehalt lehrreich genug sein.

10. Prüfung der Durchlässigkeit.

Die Porosität der gebrannten Bausteine ist keineswegs identisch und läuft vielfach nicht einmal parallel mit ihrer Durchlässigkeit für Flüssigkeiten und Gase, diese wiederum kann je nach dem benutzten Durchtrittsmittel unterschiedlich sein. Im allgemeinen genügt es, die Durchlässigkeit für Wasser und Luft zu betrachten.

[1] HALLER: Die Dachziegel aus gebranntem Ton, Zürich 1937, S. 10.
[2] HECHT: Tonind.-Ztg. Bd. 62 (1938) S. 1117/18.
[3] McBURNEY u. EBERLE: Bull. Amer. Ceram. Soc., Bd. 17 (1938) S. 210.
[4] MEYER: Klinker und Fuge, Berlin 1933, S. 26.
[5] WAWRZINIOK: Handbuch des Materialprüfungswesens, 1923, S. 375.

Von anderen Gasen, die bei feuerfesten Stoffen eine Rolle spielen und auch wegen der höheren Einwirkungstemperaturen andere Prüfungsverfahren notwendig machen, kann abgesehen werden.

Zumeist genügt das Arbeiten mit geringem Druck; es sollen aber auch Einrichtungen beschrieben werden, die höhere Druckbelastung zulassen. Die Durchlässigkeit eines Ziegels oder Steines ist von dem Wasseraufnahmevermögen verschieden, weil für das Durchdringen die Form der Poren und Kanäle, nicht aber so sehr ihr Gesamtinhalt eine Rolle spielt. Ferner wirken mit der Eintrittswiderstand, die Reibung in den kapillaren Röhrchen und das Vorhandensein von Scheidewänden, die als halbdurchlässig oder selbst undurchlässig bei Zugänglichkeit von verschiedenen Seiten die Aufnahme von Wasser nicht zu stören brauchen, dem Durchtritt jedoch bei geringem Druck einen unüberwindlichen Widerstand entgegensetzen, andererseits bei höherem Druck durchbrochen werden können. Deshalb kann auch nicht überraschen, wenn der Durchtrittsverlauf nicht gleichmäßig mit der Zeit erfolgt, z. B. ab- oder zunimmt[1]. Nach alledem ist die Durchlässigkeit als eine besondere Eigenschaft zu betrachten, deren Erforschung

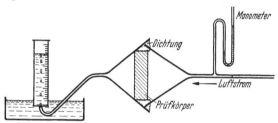

Abb. 16. Luftdurchlässigkeitsprüfeinrichtung für aus Ziegeln herausgeschnittene Scheiben.

für die Erkenntnis des inneren Aufbaues und nicht nur für die Enthüllung von Löchern, Spalten und Rissen wichtig ist. Aus Ergebnissen von Durchlässigkeitsversuchen kann übrigens auch der mittlere Durchmesser der durchgehenden Poren berechnet werden. Angaben dazu finden sich in einer Arbeit von BARTSCH[2].

Für das Versuchsergebnis ist die Entnahmestelle des Prüfstückes bedeutsam; denn nicht nur Strukturmängel, sondern auch die Herstellungsart kann bei gleichem Massenaufbau die Durchlässigkeit verändern, so z. B. bei auf der Strangpresse hergestellten Ziegeln in der Strangrichtung und senkrecht dazu. Bei Vergleichsversuchen ist also auf gleichförmige Orientierung der Proben zu achten. Bei auf nassem Wege hergestellten Ziegeln zeigt zumeist die Oberfläche eine stärkere Verdichtung als das Ziegelinnere; diese kann genügen, um Luftdurchtritt bei mäßigem Druck völlig zu verhindern. So erklärt sich, daß bei Hohl- und Lochziegeln[3] vielfach eine höhere Dichtigkeit im Luftdurchblasversuch beobachtet wird als bei Vollziegeln gleichen Materials und gleicher Verarbeitung.

Der Durchlässigkeitsversuch wird entweder an ganzen Ziegeln oder an Teilstücken ausgeführt. Am wichtigsten ist, die Außenflächen luft- und wasserdicht zu verschließen, bis auf die Ein- und Austrittsstellen mit den vorgesehenen Abmessungen. Es werden z. B. Trichter (Abb. 16) aufgekittet und zum Verschließen Anstriche mit Paraffin, heißem Bitumen, Bitumenlösung usw. aufgebracht. Der Druck wird durch kleine Luftpumpen, Druckluftflaschen mit Reduzierventil, nötigenfalls unter Zwischenschaltung des erforderlichen Wassergefäßes, aufgebracht. Die durchgetretene Menge des Wassers oder der Luft wird entweder auf der Eintrittsseite ermittelt oder auf der Austrittsseite unmittelbar in einem Meßgefäß aufgefangen.

[1] STULL u. JOHNSON: Techn. News Bull. Bur. Stand., Nr. 250 (1938) S. 20. — HECHT: Tonind.-Ztg. Bd. 62 (1938) S. 1118.

[2] BARTSCH: Tonind.-Ztg. Bd. 57 (1933) S. 1158.

[3] HECHT: Tonind.-Ztg. Bd. 62 (1938) S. 1128.

Da Tränken und Anstreichen zeitraubend sind, bisweilen wiederholt werden müssen und die Versuchsstücke dadurch für andere Ermittlungen meist ungeeignet werden, sind neuerdings auch Einrichtungen geschaffen worden, in die zylindrische Prüfkörper oder auch Halbsteine unmittelbar ohne Seitenschutz eingebaut werden können.

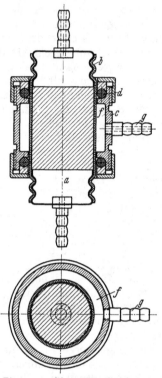

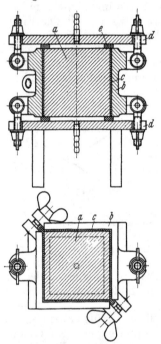

Abb. 17. Einspannvorrichtung für halbe Mauerziegel zur Ermittlung der Luftdurchlässigkeit unter Vermeidung besonderer Dichtungsanstriche.

Abb. 18. Einspannvorrichtung für zylindrische Prüfkörper zur Ermittlung der Luftdurchlässigkeit unter Vermeidung besonderer Dichtungsanstriche.

Abb. 16 zeigt die Luftdurchlässigkeitsprüfung[1] an einem dünnen Scherbenstück, das zwischen 2 Trichtern eingekittet ist. Auf der rechten Seite hat man sich eine kleine Luftpumpe vorzustellen. Der Luftdruck wird durch ein Auslaßventil auf die gewünschte Größe, zumeist 20 oder 50 mm Wassersäule, eingestellt. Die durchgetretene Luftmenge wird in der pneumatischen Wanne gemessen. Mit Einrichtung nach Abb. 16 können auch Scheiben von Ziegeldicke (6,5 cm) geprüft werden. Da aber nicht überall die Einrichtungen zur Herstellung solcher runden Scheiben von etwa 10 cm Dmr. vorhanden sind, benutzt man halbe Ziegel oder Ziegelstücke von 10,5 cm Seitenlänge, auf die beiderseits Trichter von etwa 10 cm Dmr. aufgekittet werden. Bei Benutzung von Blechtrichtern mit Flansch, Gummidichtungsringen und Klemmverschlüssen kann das Aufkitten entbehrt werden. Es bleibt aber die Notwendigkeit, die Anschlußstellen und die Seitenflächen sorgfältig mit Wachs, heißem Paraffin oder Asphalt zu dichten. Für die Wasserdurchlässigkeitsprüfung kann ebenfalls das Trichterverfahren dienen. Das nach oben gerichtete Abfallrohr des Trichters ist dann mit einem Niveaugefäß zu verbinden, mit dessen Hilfe eine gleichmäßige Höhe der auflastenden Wasserschicht eingestellt wird. Gemessen wird die Zeit bis zum Durchtritt des Wassers und die dann anschließend in der Zeiteinheit ausfließende

[1] Tonind.-Ztg. Bd. 54 (1930) S. 1330.

Wassermenge. Die Abb. 17 und 18 zeigen Einspannvorrichtungen[1], die Verschmieren ersparen. Im ersten Fall wird der halbe Normalziegel *a* in einen viereckigen, diagonal geteilten Rahmen *b* mit Gummidichtung *c* eingespannt. Oben und unten werden durch Anschrauben an den viereckigen Rahmen Abschlußplatten *d* befestigt, die mittels Gummidichtung *e* fest gegen die Lagerflächen des zu prüfenden Ziegels gepreßt werden. Bei der zweiten Ausführung nach Abb. 18 befindet sich der zylindrische Prüfkörper *a* in dem Gummischlauch *b*. Ein seitliches Durchströmen von Luft wird dadurch verhütet, daß um den Gummischlauch die Hülse *c* mit den Gummidichtungen *d* gepreßt wird und in den Hohlraum *f* durch den Stutzen *g* Preßluft von höherem Druck als dem Prüfdruck eingeblasen wird. Die Preßluft drückt den Gummischlauch *b* in jede Unebenheit des Zylindermantels und verhindert ein seitliches Austreten der Prüfluft. Die unmittelbar erhaltenen Ergebnisse des Durchlässigkeitsversuches werden auf cm³ je cm² in der Stunde umgerechnet.

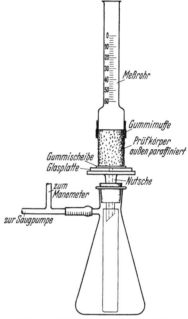

Mit der Einrichtung[2] Abb. 19 können zylinderförmige Prüfkörper von Steindicke auf Wasserdurchlässigkeit bis zu einer Druckbelastung von fast ´10 m Wassersäule geprüft werden. Es genügt Dichtung des Zylindermantels mit Paraffin usw. Die Boden- und Deckflächen können infolge der nutschenartigen Ausbildung des Untersatzes und des Anschlusses des oberen Meßrohres mit Gummimuffe unverändert bleiben, so daß der gleiche Prüfkörper zunächst für die Prüfung der Luftdurchlässigkeit, sodann für Wasseraufnahme-, Raumgewichts- und Porositätsbestimmungen dienen kann. Diese gleichzeitige Bestimmung der aufgezählten vier Eigenschaften sollte, wenn irgend möglich, stets angestrebt werden. Der Durchmesser des Prüf-

Abb. 19. Wasserdurchlassigkeitsprüfeinrichtung für zylindrische Probekörper unter beliebiger Belastung bis etwa 1 at.

zylinders ist mit 50 mm vorgesehen. Der Wasserdruck wird mit einer Saugpumpe erzeugt. Er kann durch Ventilreglung in weiten Grenzen verändert werden. An dem oberen Meßrohr kann abgelesen werden, wieviel Wasser zur Erfüllung des Prüfkörpers mit Flüssigkeit benötigt wird. Sowohl oben als auch in einem in die Saugflasche eingesetzten zylindrischen Gefäß kann die in der Zeiteinheit durchgetretene Wassermenge festgestellt werden.

Soll mit Wasserdruck von mehreren Atmosphären geprüft werden, so ist der für die Betonprüfung entwickelte Wasserdurchlässigkeitsprüfer heranzuziehen (vgl. S. 526 f).

Andere Verfahren für Wasserdurchlässigkeitsermittlung werden bei der Dachziegelprüfung beschrieben (vgl. S. 308).

Aus der sehr umfangreichen Literatur über Durchlässigkeitsversuche an feuerfesten Stoffen wird zur weiteren Unterrichtung auf Arbeiten von KANZ, MIEHR und IMMKE, BARTSCH, CLEWS und GREEN[3] hingewiesen.

---

[1] HECHT: Tonind.-Ztg. Bd. 61 (1937) S. 279/280.

[2] HECHT: Tonind.-Ztg. Bd. 62 (1938) S. 1119.

[3] KANZ: Werkstoffausschußbericht V. dtsch. Eisenhüttenl. Nr. 149 u. Mitt. Forschungsinstitut Verein. Stahlwerke Bd. 2, Lfg. 1 (1930). — MIEHR: Ber. d. D. K. G. Bd. 12 (1931) S. 29. — BARTSCH: Ber. d. D. K. G. Bd. 12 (1931) S. 619; Bd. 14 (1933) S. 471. — CLEWS u. GREEN: Trans. Ceram. Soc., Bd. 32 (1933) S. 295; Bd. 33 (1934) S. 21, 56, 479.

11. Allgemeines über die Prüfung der Festigkeiten gebrannter Steine.

Für alle Festigkeitsprüfungen an keramischen Baustoffen ist entscheidend, daß diese Stoffe spröde und oft inhomogen sind, zum Teil sogar mehrschichtig gestaltet werden oder werden müssen. Außerdem erfolgt die praktische Benutzung nicht nur in trocknem Zustande, sondern auch feucht, unter Witterungseinflüssen der verschiedensten Art, in niederer Temperatur bis herab zu etwa — 25° C und nach oben oft bis etwa 400° C, im Falle des Schadenfeuers bis etwa 1000° C, wobei noch nicht an die feuerfesten Baustoffe gedacht ist. Dieses weite, vom Baustein überdeckte Gebiet hat die Materialprüfung noch nicht erschöpfend durchforscht. Bekannt ist aus zahlreichen Arbeiten die festigkeitsverringernde Wirkung der Feuchtigkeit. Naß geprüfte Ziegel sind nicht nur weniger druckfest (sog. Erweichungskoeffizient), sondern die Festigkeit geht auch bei wiederholtem Nässen unter Umständen stetig zurück, selbst wenn die Prüfung jeweils nach vorherigem Trocknen der Probekörper erfolgt. Neue Arbeiten hierzu stammen von Esse, Filossofow und dem englischen Bau-Forschungs-Amt[1]. Derartige Erfahrungen sind aber sicher nur bei einem sehr großen Prüfungsmaterial zu sammeln; bei geringerer Probenanzahl können sich völlig irreführende Zufallsbeobachtungen ergeben.

Die Festigkeit wird durch die sogl Struktur der Bauziegel,. Ungleichmäßigkeiten der Masse, Verwindungen in der Strangrichtung, Risse und Spalten beeinflußt. Bei feuerfesten Steinen, die im allgemeinen einheitlicher sind, hat Cäsar[2] entsprechende Versuche durchgeführt und den Einfluß von Rissen in der Richtung der Druckbelastung und senkrecht dazu geprüft.

Weiterhin wird das Festigkeitsergebnis durch die Oberflächengestaltung in starkem Maße bestimmt, je nachdem ob diese rauh, matt, hochglänzend poliert, verglast oder glasiert ist. Glasurbelag erhöht im allgemeinen die Festigkeit, wie das vor allem bei Porzellan durch verschiedene Arbeiten[3] nachgewiesen worden ist.

Es ist auch bekannt, daß Schmieren der Druckflächen die Druckfestigkeit infolge Änderung des Reibungswiderstandes zwischen Preßplatten und gedrückten Flächen des Probekörpers verändert. Wawrziniok[4] sagt darüber etwa: „Vermindert man die Reibung durch Einschmieren der Druckflächen mit dickem Öl od. dgl., so erfolgt der Bruch der Probekörper bei einer viel niedrigeren Belastung. Bei Gesteinen beträgt die Verminderung der Tragfähigkeit bis zu 50%. Das abweichende Verhalten ist an der Art des Bruches zu erkennen. Während bei nicht geschmierten Flächen die bekannten Doppelpyramiden entstehen, zerspringen Steinwürfel mit geschmierten Druckflächen parallel zur Druckrichtung." Bei Festigkeitsprüfungen keramischer Baustoffe muß also sorgfältig Beschmutzung mit Öl verhütet werden. Zu beachten ist ferner der Einfluß von Form und Größe des Probekörpers sowie der Geschwindigkeit des Lastanstieges auf den Festigkeitswert je cm². Bei der Beschreibung von Versuchen sind daher stets diese Daten mit anzugeben, um einwandfreie Vergleichsunterlagen zu schaffen.

---

[1] Esse: Tonind.-Ztg. Bd. 60 (1936) S. 441 u. 457. — Filossofow: Stroit. Materialy Bd. 12 (1936) S. 46. — Engl. Bau-Forschungs-Amt; Tonind.-Ztg. Bd. 62 (1938) S. 678.
[2] Cäsar: Ber. d. D. K. G. Bd. 17 (1936) S. 370.
[3] Hecht: Ber. d. D. K. G. Bd. 6 (1925) S. 123. — Gerold: Keram. Rdsch. Bd. 33 (1925) S. 188. — Rowland: Ceram. Ind. Bd. 28 (1937) Nr. 3 S. 216.
[4] Wawrziniok: Handbuch des Materialprüfungswesens, Berlin 1923, S. 100. — Tonind.-Ztg. Bd. 33 (1909) S. 454. — Burchartz: Tonind. Ztg. Bd. 51 (1927) S. 1028. — Burchartz: Bericht über den Material-Prüfungs-Kongreß Amsterdam, Haag 1928, S. 315. — Groothoff: Tonind.-Ztg. Bd. 51 (1927) S. 1418; Bd. 52 (1928) S. 1961; Bd. 53 (1929) S. 430.

12. Prüfung der Druckfestigkeit.

Bei Mauerziegeln wird die Druckfestigkeit zumeist an Proben ausgeführt, die durch Übereinandermauern von zwei Ziegelhälften erhalten werden. Diese Probenform ist der praktischen Verwendung der Ziegel und Bausteine im Verband mit Mörtel angepaßt; auch ergab sie sich aus den Abmessungen des Normalsteines, der bei dieser Anordnung zu einem Prüfkörper von würfelähnlicher Form führt. Das Verfahren erscheint unmittelbar völlig sicher. Zum Zersägen der Steine genügen einfache Vorrichtungen; Vermauern und Abgleichen sind nicht umständlich. Es muß jedoch hervorgehoben werden, daß dieses Verfahren entgegen dem ersten Eindruck mit Unsicherheiten und Schwierigkeiten verknüpft ist. Die Art des Zerschneidens, des Mörtels und dessen Erhärtungsverlauf, die Dicke der Fuge und der Abgleichschichten, das Mörtelalter und der Zustand des Probekörpers im Augenblick der Prüfung können sich stark auswirken, so daß eingehende Vorschriften notwendig sind. Keinesfalls ergibt diese Druckfestigkeitsprüfung die reine Materialfestigkeit, so daß aus diesem Grund die Benennung „Körperfestigkeit" vorgeschlagen ist. Es sind auch andere Probekörperformen erwogen worden, nämlich die Prüfung ganzer Ziegel, halber Ziegel, übereinandergemauerter ganzer Ziegel, herausgesägter Würfel, herausgebohrter Zylinder usw.; bei den letzten beiden kommt es ausschlaggebend auf die Entnahmestelle und die Zurichtung der Prüfkörper an. Es ist hierüber eine sehr umfangreiche Literatur entstanden, die jedoch kein einheitliches Bild ergibt, da vielfach der nachteilige Einfluß der Struktur nicht beachtet wurde oder beachtet werden konnte. Diese kann nämlich einerseits am ganzen Stein stärker in Erscheinung treten, andererseits aber auch am Teilstück, wenn dies besonders ungünstig beeinflußten Zonen entnommen ist. Zu verweisen ist dazu auf Arbeiten von BURCHARTZ, GROOTHOFF, DRÖGSLER, HECHT[1]. Der herausgesägte Würfel und auch der herausgebohrte Zylinder werden im allgemeinen beim Fehlen von Struktur höhere Festigkeiten als der Normprüfkörper ergeben, erscheinen aber für die bautechnische Beurteilung nicht zweckentsprechender. Anders ist die Sachlage bei homogenen Erzeugnissen, Klinkern und sorgfältig aufbereiteten keramischen Baustoffen, bei denen auch mit hohen Festigkeitswerten zu rechnen ist. Neben dem Einfluß der Körperform ergibt sich aus diesen Arbeiten auch die Mitwirkung des Zementes, der Fugengestaltung und der Lagerungszeit.

Das Sägen der Probekörper erfolgte früher mit Gatter oder Bügelsäge, dann kam das Schneidrad in Aufnahme. KOSTRON[2] hat vergleichend Würfel aus Ziegeln mit einer gezahnten Bügelsäge und Silizium-Karbid-Schleifscheiben hergestellt, im ersten Fall trocken, im zweiten Fall naß arbeitend. Die Festigkeitswerte waren bei den mit Bügelsäge gefertigten Würfeln günstiger. Die Beobachtung soll nicht verallgemeinert werden, sie weist aber darauf hin, daß bei Streitfällen auch die Herstellung der Prüfkörper zu beachten bzw. in die Normen eine bindende Vorschrift über das Zersägen aufzunehmen ist. Das Verkitten und Bemörteln geschieht jetzt zumeist mit hochwertigem Portlandzement oder Tonerdezement[3]. Folgendes einfache Verfahren erbringt gute Ergebnisse: Auf eine mit einem nassen Papierblatt überzogene oder gefettete dicke Glasplatte oder Stahlplatte wird der steife Mörtel gegeben, die eine Ziegelhälfte eingedrückt, in der Waage ausgerichtet und abgewartet, bis der Mörtel abgebunden ist. Dann wird die zweite Hälfte mit der vorgeschriebenen Fugenstärke

---

[1] Tonind.-Ztg. Bd. 54 (1930) S. 1331. — DRÖGSLER: Tonind.-Ztg. Bd. 54 (1930) S. 157, 177; Bd. 55 (1931) S. 1184; Bd. 57 (1933) S. 629. — BURCHARTZ: Tonind.-Ztg. Bd. 56 (1932) S. 583, 613, 635. — HECHT: Tonind.-Ztg. Bd. 62 (1938) S. 325.

[2] KOSTRON: Tonind.-Ztg. Bd. 57 (1933) S. 760.

[3] BURCHARTZ: Tonind.-Ztg. Bd. 56 (1932) S. 583. — BLOCH: Tonind.-Ztg. Bd. 57 (1933) S. 688. — KALLAUNER: Tonind.-Ztg. Bd. 57 (1933) S. 786.

aufgemauert, wobei bisher noch keine festen Vereinbarungen bestehen, ob die Schnittflächen nach derselben Seite oder entgegengesetzten Seiten liegen sollen. Nach genügendem Erhärten wird der Probekörper umgedreht und die zweite Abgleichschicht in der gleichen Weise auf einer Glasplatte hergestellt. Diese Arbeitsweise hat den Vorteil, daß sie von der Ziegeldicke unabhängig ist und sich die Stärke der Fuge sowie der Abgleichschichten sicher überwachen läßt. Bei anderen Arbeitsweisen werden parallele Schienen und gehobelte eiserne Unterlagen und Auflagen benutzt. In der niederländischen Norm N 521 ist ein besonderer Rahmen vorgeschrieben. Die Vorrichtung ist auf das in den Niederlanden vorgesehene Vermörteln mit geschmolzenem Schwefel (unter Zugabe von Sand) zugeschnitten. Dieses Verfahren war vor Jahrzehnten auch in Deutschland üblich, um schnell Ergebnisse zu erhalten und das Nässen und Trocknen der Ziegel zu umgehen, ist aber ebenso wie Blei-, Papp- und andere Zwischenlagen verlassen worden.

Bezüglich einer künstlichen Trocknung nach dem Vermörteln bestehen verschiedene Ansichten. Die deutsche Norm verwirft sie ausdrücklich. Nach anderen Normen bestehen keine Bedenken dagegen, sobald der Mörtel gut erhärtet ist.

Für die Ermittlung der Druckfestigkeit werden heute fast ausschließlich hydraulische Prüfmaschinen benutzt, die dem Normblatt DIN 1604 genügen müssen. Die Wahl des Leistungsbereiches ist abhängig von der Größe des Probekörpers und seiner Festigkeit. Die Größe der Probekörper ist in den verschiedenen Normen festgelegt. Sie nimmt im allgemeinen mit steigender Festigkeit und zunehmender Homogenität des Materials ab. Den größten Probekörper findet man bei Mauersteinen, der gemäß DIN 105 durch das Aufeinandermauern zweier Ziegelhälften entsteht. Bei Pflasterklinkern wird ein würfelförmiger Probekörper von 40 mm Kantenlänge, bei feuerfesten Stoffen ein zylindrischer Probekörper von 50 mm Dmr. und bei Porzellan zumeist ein zylindrischer oder würfelförmiger Probekörper 16 bis 20 mm Dmr. bzw. 10 bis 20 mm Kantenlänge benutzt. Auf Grund dieser Probekörpergrößen und der zugehörigen Materialfestigkeiten ergibt sich unschwer die Wahl einer geeigneten Prüfmaschine. Man benutzt daher für die Durchführung von Druckfestigkeitsversuchen an feuerfesten Baustoffen im allgemeinen 10- und 20-t-Maschinen, bei Druckfestigkeitsversuchen an Porzellan, anderem Sintergut und sonstigen feinkeramischen Stoffen mit sehr hohen Festigkeiten 20-, 30- und 60-t-Maschinen, bei Pflasterklinkern und anderen hochfesten grobkeramischen Stoffen die gleichen Pressengrößen und bei Mauersteinen, je nachdem es sich um Hintermauerungsziegel, Vormauerziegel, Hartbrandziegel oder Bauklinker handelt, solche von 60-, 100- und 200-t-Leistung.

Bei den kleineren Prüfmaschinen bis 60 t einschließlich wird vorzugsweise das Konstruktionsprinzip des eingeschliffenen Kolbens verwendet. Nur für einfachere Betriebsversuche benutzt man das Martenssche Prinzip mit Ledermanschettendichtung, das auch bei Prüfmaschinen für Biegefestigkeitsversuche an Ziegeln und Dachziegeln im allgemeinen genügt. Festigkeitsprüfmaschinen mit eingeschliffenem Kolben, wie sie Bd. I, Abschn. B beschrieben sind, müssen bei Verwendung entsprechender Meßgeräte über einen prüffähigen nutzbaren Arbeitsbereich bis in die niedrigsten Laststufen hinein verfügen.

Die Preßplatten sollen gehärtet und geschliffen sein. Die untere, mit Zentrierkreuz versehene Preßplatte liegt im allgemeinen auf dem Kolben auf; die obere Preßplatte ist an einer im oberen Querhaupt durch Handrad verstellbaren Spindel befestigt und kugelig gelagert. Die Kraftmessung erfolgt — soweit nicht andere Meßinstrumente, z. B. das Pendelmanometer, bevorzugt werden — durch zwei einzeln absperrbare Manometer, von denen das eine als Arbeits-, das andere als Kontrollmanometer dient. Macht der Umfang der Versuche die volle Ausnutzung des prüffähigen Arbeitsbereiches der Maschine notwendig, so empfiehlt es sich, außer den Manometern, die für die Benutzung der Maschine bis zur Höchstlast benötigt werden, für den unteren Lastbereich ein Niederdruckmanometer zu verwenden, das für etwa 20% der Höchstlast der Maschinenleistung vorgesehen ist. Auch dieses Manometer ist einzeln absperrbar. Bei Verwendung einer 20-t-Prüfmaschine also soll dieses Niederdruckmanometer für eine Höchstbelastbarkeit von etwa 4 t eingerichtet sein.

Der Kraftantrieb der Maschinen erfolgt entweder von Hand oder durch stufenlos arbeitende Elektroregelpumpe. Beide Antriebe müssen so ausgebildet sein, daß der Lastanstieg stoßfrei innerhalb der in den Normen vorgeschriebenen Geschwindigkeitsgrenzen geradlinig gesteigert werden kann. Beim Handantrieb wird zweckmäßigerweise ein Ölfüllgefäß, bei beiden Antriebsarten außerdem ein Ölrückflußventil vorgesehen, um ein sanftes Zurückgleiten des Kolbens nach dem Versuch zu ermöglichen, so daß das schädliche Einsaugen von Luft verhindert wird.

Die Genauigkeit der Prüfmaschine mit eingeschliffenem Kolben soll ± 1% innerhalb des prüffähigen Meßbereiches der jeweils verwendeten Lastanzeigeinstrumente betragen.

Für die größeren Pressen mit festem Querhaupt von 100-, 200- und 300-t-Leistung wird im allgemeinen die für diese Maschinen bewährte Konstruktion nach MARTENS mit Ledermanschettendichtung verwendet. Sie werden entweder als Ein- oder Doppelkolbenmaschinen gebaut und sind aus der allgemeinen Baustoffprüfung (z. B. Betonprüfung) bekannt. Ihr Antrieb erfolgt ebenfalls von Hand oder maschinell durch stufenlos arbeitende Elektroregelpumpe. Die Genauigkeit dieser Maschinen soll innerhalb des prüffähigen Meßbereiches der verwendeten Lastanzeigeinstrumente ± 2% betragen. Sind die zuerst beschriebenen Maschinen im allgemeinen nur für Probekörper bis zur Größe übereinandergemauerter Mauersteinhälften gebaut, so können bei den schwereren Pressen Probekörper bis 200 mm Kantenlänge und mehr geprüft werden.

Für die Prüfung ganzer Mauersteinkörper dienen die großen, auch sonst für die Baustoffprüfung benutzten 300- und 500- usw. t-Prüfmaschinen mit beweglichem Querhaupt, die im Bd. I, S. 43 besprochen sind.

Zur leichteren Übersicht der verschiedenen Festigkeitsprüfformen sind die Normenvorschriften verschiedener Länder auszugsweise in Zahlentafel 2 zusammengestellt. Diese Tafel enthält nicht nur die einfachen Bausteine, sondern auch Prüfungsvorschriften für feuerfeste Steine. Überwiegend wird die Körperfestigkeit am Mauerkörper aus zwei aufeinandergemauerten Hälften erhalten. In der Tafel ist die Art des benutzten Mörtels benannt; auch sind Angaben über die Fugendicke enthalten; ferner ist die Anzahl der zur Prüfung vorgeschriebenen Steine eingetragen. Völlig abweichend verfahren bei den gewöhnlichen Vollmauerziegeln Böhmen-Mähren und die Vereinigten Staaten von Nordamerika. Die erstgenannten hatten sich für den herausgesägten Würfel entschieden, Amerika benutzt den halben Ziegel.

Für Deutschland schreibt das Mauerziegel-Normblatt DIN 105 folgendes vor: 10 Ziegel werden quer zur Länge gehälftet, die Hälften mit Zementmörtel aus 1 Raumteil Zement und 1 Raumteil Sand zu würfelähnlichen Körpern knirsch aufeinandergemauert und die der Mauerfuge parallelen Druckflächen mit dem gleichen Mörtel abgeglichen. Auf Druckfestigkeit darf erst nach ausreichendem Erhärten der lufttrocknen (nicht künstlich getrockneten) Körper geprüft werden. Für die Neuausgabe der Normblätter DIN 105 und 4151 ist vorgeschlagen, daß den Abgleichschichten und der Fuge bis zur Prüfung eine ausreichende Zeit (im allgemeinen 7 Tage) zum Erhärten und Austrocknen gelassen wird.

Zahlentafel 2. Normenvorschriften.

	Mauer-korper aus 2 Halften	Ziegel oder Ziegelteile	Anzahl	Fuge	Abgleichmasse
Deutschland:					
DIN 105	+		10	knirsch	Zementmörtel
Deckenziegel DIN 1046 .		ganze, stehend	6		
Ringziegel DIN E 1058 .		ganze über-einander	10	knirsch	Zementmörtel
Feuerfeste Baustoffe					
DIN 1067		Zylinder: Dmr. 5 cm; *h* 4,5 cm	10	—	Geschliffene Flächen
Österreich:					
Önorm B 3201	+		5	1 cm	Zementmörtel
Radialziegel Önorm					
B 3203.		ganze	5	1 cm	Zementmörtel
Böhmen-Mähren		Würfel 5 cm	10	—	—
Schweiz	+			2—3 mm	
Niederlande:					
N 521	+		10	6 mm	Schwefelmörtel
Schweden	+		10	5 mm	Zementmörtel
Frankreich:					
Afnor B 2—1	+		7		Zement (Pappe)
USA.:					
C 67—31		*halbe Ziegel*	5		Gips
Hohlziegel C 112—36 . .		ganze Ziegel	5		Gips
Feuerfeste Baustoffe					
C 133—37 T		ganze, stehend	5		Gips

Für Deckenziegel ist das Normblatt DIN 1046 ,,Bestimmungen für Ausführung von Steineisendecken" Paragraph 13 heranzuziehen. In diesem heißt es: ,,Die Druckfestigkeit ist auf den wirklichen Steinquerschnitt (nach Abzug etwa vorhandener Hohlräume) zu beziehen. Sie wird bestimmt als Mittelwert aus der Druckfestigkeit von mindestens 6 Steinen von gleicher Form und Beschaffenheit und von gleichen Abmessungen wie die für die Bauausführung vorgesehenen. Bei Steinformen, deren Querschnitt von einem Ende zum andern wechselt, sind jedoch die Probesteine vor der Prüfung zu Körpern gleichbleibenden Querschnitts zu bearbeiten (z. B. durch Kürzung). Bei der Prüfung muß der Druck in der Richtung ausgeübt werden, in der die Steine im Bauwerk überwiegend beansprucht werden. Bei Steinen für kreuzweise bewehrte Decken ist die Prüfung für beide Beanspruchungsrichtungen getrennt durchzuführen. Der Mittelwert muß mindestens 175 kg/cm², der kleinste Wert muß mindestens 140 kg/cm² sein."

Bei Hohlziegeln, Lochziegeln und anderen für aufgehendes Mauerwerk dienenden, beliebig gestalteten Steinen ist nach DIN 4110 D 2 ,,Technische Bestimmungen für Zulassung neuer Bauweisen" die Druckrichtung entsprechend der Verwendung im Bauwerk zu wählen. Die Druckfestigkeit soll auf den vollen Druckquerschnitt (ohne Abzug der Hohlräume) bezogen werden. Infolgedessen kann also eine Prüfung dieser Ziegelsorten nach drei verschiedenen Richtungen in Frage kommen. Außerdem ist aber auch vielfach üblich, Teilstücke zu benutzen, falls solche in würfelähnlicher Form zu gewinnen sind.

Ringziegel für Schornsteinbau werden nach dem Normblatt DIN E 1058 (Ersatz für das ältere Normblatt DIN 1056) zu je zwei mit Zementmörtel knirsch aufeinandergemauert und entsprechend DIN 105 abgeglichen. Falls die Ringziegel gelocht sind, bleibt der Lochquerschnitt für die Berechnung der Druckfestigkeit unberücksichtigt. Die Neubearbeitung des Normblattes DIN 105 ergab die Notwendigkeit, auch die Eigenschaften der ,,Lochziegel für belastetes Mauerwerk" zu erfassen. Für diese wird das Normblatt DIN E 4151 geschaffen. Nach dem Entwurf dient als Maßstab der Druckfestigkeit der Mittelwert aus der Prüfung von 10 Ziegeln gleicher Art. 10 Prüfkörper (10 bzw. 20 Ziegel) werden entsprechend ihrer Druckbeanspruchung im Mauerwerk auf Druckfestigkeit geprüft, also rechtwinklig zur Lagerfuge. Querlochziegel werden demnach in Richtung der Löcher, Langlochziegel rechtwinklig zu ihnen auf Druck beansprucht. Bei der Prüfung von 65 mm hohen Querlochziegeln werden die Probekörper entsprechend den Vorschriften des Normblattes DIN 105 angefertigt. Höhere Querlochziegel und Langlochziegel werden als Einzelziegel geprüft. Die Prüfkörper werden mit einer Laststeigerung von 5 bis 6 kg je cm^2 je Sekunde bis zum Bruch belastet.

Die gleiche Geschwindigkeit des Lastanstieges ist auch für die Neuausgabe des Normblattes DIN 105 vorgesehen.

Die Vorschriften der Oenorm B 3201 für die Druckfestigkeitsbestimmung an Ziegeln unterscheiden sich von dem Verfahren nach DIN 105 durch die Verwendung einer dickeren Fuge beim Aufeinandermauern der Ziegelhälften und durch das künstliche Trocknen der Körper vor dem Abdrücken. Auch werden nur 5 Ziegel halbiert und die zusammengehörigen Hälften mit Zemenmörtel (1 Raumteil feiner Quarzsand und 1 Raumteil hochwertiger frühhochfester Portlandzement) aufeinandergemauert (Fugendicke 10 mm). Die Druckflächen des so erhaltenen Körpers werden mit demselben Mörtel abgeglichen (Abgleichschicht nicht stärker als 5 mm). Nach zweitägigem Lagern der Körper bei Zimmertemperatur in feuchter Luft und fünftägigem Aufbewahren an zugfreier Luft werden sie bei 100 bis 110° bis zur Gewichtskonstanz getrocknet.

Die schwedische Norm schreibt einen besonderen Faktor für die Berechnung der Druckfestigkeit vor, der die Abweichung von der genauen Würfelform berücksichtigt.

Die französische Normvorschrift behandelt nicht nur den Vollziegel, sondern gibt auch nähere Anweisungen für die Prüfung von Loch- und Hohlziegeln. Es heißt darüber: Lochziegel können auch durch entsprechendes Aufeinandermauern und Abgleichen ganzer Ziegel geprüft werden. Hohlziegel werden senkrecht zu ihrer größten Länge gehälftet und entweder 1. die Hälften selbst abgedrückt, wenn die Dicke der Hohlziegel etwa ihrer Breite entspricht, oder 2. es werden 2 oder 3 Hälften mit Zement knirsch aufeinandergemauert (beim Ausnahmeformat 40×150×300 mm sind 4 Hälften aufeinanderzumauern), um etwa würfelförmige Körper zu erhalten. Dieses Verfahren wird angewendet, wenn die Steindicke gleich der Hälfte der Steinbreite oder merkbar geringer ist. In beiden Fällen sind die Druckflächen mit einer dünnen Zementschicht eben zu gestalten, die die etwa vorhandenen Riffelungen um nicht mehr als 1 mm überdecken darf. Beim Druckversuch werden zwischen die Druckflächen der Prüfkörper und die Druckplatten der Prüfmaschine völlig trockne Pappblätter von 2 mm Dicke gelegt. Beachtlich ist hier, daß zum Abgleichen nicht Zementmörtel, sondern reiner Zement verwendet werden soll.

Die amerikanische Grundnorm für die Prüfung von Ziegeln, A.S.T.M.-Norm C 67—31 „Prüfungsverfahren für Ziegel," verwendet halbe Ziegel. Zur Vorbereitung für die Festigkeitsprüfung werden die den ursprünglichen Lagerflächen entsprechenden Druckflächen zunächst mit einem dünnen Schellackanstrich versehen, um Feuchtigkeitsaufnahme des Ziegels aus dem Abgleichmörtel zu verhindern. Zum Abgleichen dient Gipsbrei, der in dünner Schicht aufgebracht wird, und zwar in der einleitend beschriebenen Weise auf Glas- oder Metallplatten, die vorher geölt oder mit Wachspapier bedeckt worden sind. Sollten die Prüfstücke Mörtelgruben oder Vertiefungen durch Stempeleindruck aufweisen, so sind diese vorher mit reinem Portlandzementbrei auszufüllen, der vor der Prüfung mindestens 24 h lang erhärten muß. Infolge der Verwendung der halben Ziegel können im allgemeinen die Bruchstücke vom Biegeversuch verwendet werden. Für die Geschwindigkeit der Druckbelastung gilt eine Zunahme von 140 kg/cm² je Minute, und diese Vorschrift soll auch als erfüllt gelten, wenn der Hub des Kolbens der verwendeten hydraulischen Prüfmaschine nicht mehr als 1,3 mm je Minute beträgt. Diese Kolbenbewegung wird zweckmäßigerweise durch eine entsprechende Vorrichtung (Abb. 20) verfolgt. Die Aufwärtsbewegung des Kolbens der Prüfmaschine wird auf eine Skala übertragen, die in $^1/_{10}$ mm eingeteilt ist und $^1/_{100}$ mm schätzen läßt.

Hohlziegel werden nach der amerikanischen Prüfungsnorm A.S.T.M. Norm C 112—36 „Prüfung von Hohlmauerziegeln mit parallelen Lochungen" als ganze Ziegel geprüft, entweder senkrecht oder parallel zur Achse der Lochungen,

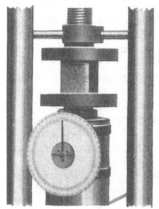

Abb. 20. Vorrichtung zum Beobachten der Kolbenbewegung.

unter Berücksichtigung der bei der Benutzung im Mauerwerk einwirkenden Belastung. Für die Berechnung der Festigkeit wird von dem Gesamtquerschnitt einschließlich aller Lochungen ausgegangen; nur bei Deckenziegeln (C 57—36) wird ebenso wie in Deutschland verfahren, von den Lochungen also abgesehen. Zur Vorbereitung der Prüfkörper für die Druckfestigkeitsermittlung werden zunächst Unebenheiten und schräge Flächen mit hochwertigem Portlandzementmörtel ausgeglichen. Dann werden Gipskappen von etwa 3 mm Dicke als Ausgleichschichten angebracht.

Von Vorschriften für die Prüfung feuerfester Steine sind in die Zahlentafel 2 lediglich die deutschen und nordamerikanischen aufgenommen, da andere nicht bekannt sind. In Deutschland wird nach DIN 1067 „Bestimmung der Druckfestigkeit feuerfester Baustoffe" bei Zimmertemperatur mit zylindrischen Prüfkörpern von 50 mm Dmr. und 45 mm Höhe gearbeitet, die aus dem mittleren Teil der zu prüfenden Steine durch Ausbohren und planparalleles Abschleifen der Endflächen gewonnen werden. Die eine Grundfläche des unbearbeiteten Prüfkörpers soll von einer Außenfläche des zu prüfenden Steines stammen, also mit Brennhaut versehen sein. Abgleichschichten sind ausdrücklich verboten. Die Drucksteigerung ist im Mittel mit 20 kg/cm² je Sekunde vorgeschrieben. Einen ganz anderen Weg ist Amerika gegangen. Hier wird der Stein als Ganzes stehend geprüft. Die A.S.T.M.-Norm C 133—37 T „Kaltdruckfestigkeit und -biegefestigkeit feuerfester Erzeugnisse" benutzt einen Stein von den Abmessungen 22,9 × 11,4 × 6,3 cm oder einen aus größeren Steinen herausgeschnittenen Prüfkörper dieser Abmessungen. Die Kopfflächen werden zunächst mit einem Schellackanstrich versehen und dann mit einer Gipsschicht abgeglichen; an deren Stelle sind bei annähernd ebenen und parallelen Kopfflächen aber auch Pappscheiben von 6,3 mm Dicke zulässig.

Der Überblick über diese verschiedenen Arbeitsweisen führt dazu, für Mauersteine an der Körperprüfung des Normblattes DIN 105 festzuhalten und diese nur bezüglich der Zerteilungsweise, der Vermörtelung, Zementart und Dicke der Abgleichschichten sowie schließlich der Abbindezeit des Mörtels und der Trocknungsform zu vervollständigen.

Das gilt aber nur für eigentliche Ziegel bis zu den Bauklinkern. Bei Pflasterklinkern und anderen Erzeugnissen mit hoher Druckfestigkeit kann nur das Herausschneiden von kleineren Würfeln in Frage kommen, z. B. mit 40 oder 50 mm Seitenlänge, entsprechend den Vorschriften über die Druckfestigkeitsprüfung an Natursteinen. Noch weiter ist bezüglich der Körpergröße für den

Druckfestigkeitsversuch bei feinkeramischen und Sintererzeugnissen zurück-
zugehen, für die zylindrische Probekörper gleichen Durchmessers und gleicher
Höhe von 10 bis 20 mm oder Würfel von 10 bis 20 mm Kantenlänge Verwendung finden. Die Richtlinien des Materialprüfungsausschusses der Deutschen
Keramischen Gesellschaft[1] sehen zylindrische Probekörper 16 mm Dmr. und
16 mm Höhe und die Prüfvorschriften der Wirtschaftsgruppe Keramische Industrie[2] zylindrische Probekörper 25 mm Dmr. und 25 mm Höhe vor.

13. Prüfung der Biegefestigkeit.

Die Biegefestigkeitsprüfung ist verhältnismäßig einfach auszuführen. Sie
ist eine der wenigen Untersuchungsformen, die am üblichen Baustein unmittelbar
vorgenommen werden können. Die anfallenden
Bruchstücke können, insbesondere wenn ein gleichmäßiges Durchbrechen erfolgt ist, für weitere
Prüfungen verwendet werden. Die Biegefestigkeit
ist auch bautechnisch von Bedeutung und vor
allem als bequeme Werkprobe wichtig. Trotzdem
ist die Biegefestigkeitsprüfung sonderbarerweise bei
der Bausteinprüfung stiefmütterlich behandelt worden. In die Normung der Ziegel ist sie nur von Österreich und den Vereinigten Staaten von Nordamerika
aufgenommen worden. Die Biegefestigkeitsprüfung

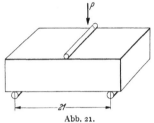

Abb. 21.
Schema der Biegefestigkeitsprufung.

kann nach dem einfachen Schema gemäß Abb. 21 durchgeführt werden. Der
zu prüfende Ziegel wird in trocknem Zustande flach auf zwei Auflager mit
einem Abstande von 200 mm gelegt und auf der oberen Seite in der Mitte
mittels eines gleichartigen Auflagers be-
lastet. Der Ziegel kann bei formgerechter
Gestalt unmittelbar verwendet werden.
Ist er zu ungleichmäßig, so sind etwa
20 mm breite Leisten aus Zement oder
Gips von möglichst nicht mehr als 5 mm
Dicke anzubringen. Anschleifen ist nicht

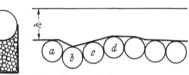

Abb. 22. Kugelkette nach ALBRECHT.

zu empfehlen. Geringe Unebenheiten werden durch die Beweglichkeit der Auflager
ausgeglichen. Innerhalb gewisser Belastungsgrenzen sind auch statt der normalen
Seitenauflager die sog. Kugelketten nach ALBRECHT[3] verwendbar. Die Auflager
werden von einer Kette von Kugeln gebildet. Diese Kugeln ruhen ihrerseits in
einem Bett kleinerer Kugeln. Die kleinen Kugeln sind innerhalb des Bettes beweglich. Wenn ein unebener Körper auf das zu einer Kugelkette aufgelöste Auflager
gedrückt wird, so haben die größeren Kugeln das Bestreben, den Unebenheiten
des Körpers auszuweichen. Die Beweglichkeit der kleinen Kugeln ermöglicht,
die entstandenen Höhenunterschiede der größeren Kugeln auszugleichen. Schematisch zeigt diesen Vorgang die Abb. 22. h ist die Durchschnittshöhe des
unebenen Körpers, a, b, c, d ... ein zur Kugelkette aufgelöstes Seitenauflager.
Links wird die Einbettung der größeren Kugeln in den kleineren Kugeln angedeutet. Die Bewegung der größeren Kugeln kommt zur Ruhe, wenn im Bett
der kleineren Kugeln die dichteste Kugelpackung erreicht ist und alle größeren
Kugeln an dem Probekörper satt anliegen. Von diesem Augenblick an ist die
Lagerung starr, als würde ein normales Auflager verwendet.

---

[1] Ber. d. D. K. G. Bd. 8 (1927) S. 45.
[2] Prüfvorschriften zur Eigenschaftstafel keramischer Isolierstoffe für die Elektrotechnik, herausgegeben von der Wirtschaftsgruppe Keramische Industrie, Berlin, September
1939.
[3] ALBRECHT: Tonind.-Ztg. Bd. 54 (1930) S. 673.

Für den Biegeversuch mit Ziegeln sind Sondervorrichtungen geschaffen worden. Eine derartige Biegefestigkeitsprüfeinrichtung für eine Höchstlast von 3·t, die sowohl für die Prüfung von Mauersteinen der verschiedensten Formate, als auch Klinkern sowie Dachziegeln aller Art usw. geeignet ist, zeigt Abb. 23. Der Prüfkörper ruht auf zwei Seitenauflagern, die gegeneinander verschiebbar sind, um Prüfungen mit verschiedenen Auflagerabständen ausführen zu können. Mindestens eins der beiden Auflager ist um seine Achse beweglich, das gleiche ist von dem Mittelauflager zu fordern, damit sich die Auflager etwaigen Ungleichförmigkeiten des Prüfkörpers anpassen können. Im oberen Querhaupt sind Zylinder und Kolben hängend angeordnet. Die genaue Einstellung des Mittelauflagers erfolgt durch eine im Kolben befindliche Stellspindel. Der Druck wird von Hand mittels einer Spindelpreßpumpe erzeugt. Der Kolben wird durch eine besondere von Hand betätigte Rückzugsvorrichtung, die während des Versuchs auf den Kolben ohne Einwirkung ist, in seine Ausgangsstellung zurückgeführt. Die Kraftmessung erfolgt durch Manometer.

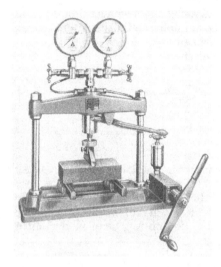

Abb. 23. 3 t-Biegeprüfmaschine.

Im übrigen gelten auch für diese Prüfmaschinen sinngemäß die an Druckfestigkeitsprüfmaschinen zu stellenden Anforderungen (vgl. S. 248f.).

In den österreichischen Ziegel-Normblättern 3201 bis 3203 ist über die Biegefestigkeitsprüfung folgendes gesagt: „5 Ziegel werden bei 200 mm Spannweite in der Mitte belastet. Zur gleichmäßigen Verteilung der Last über die ganze Ziegelbreite werden, falls die Ziegel nicht ganz eben sind, 20 mm breite Leisten aus Portlandzement oder Gipsmörtel angebracht. Auf diese kommen zunächst Flacheisen von 10 mm Breite, damit die Leisten bei der Prüfung nicht durch die Auflager zerdrückt werden.''

Nach der amerikanischen A.S.T.M.-Norm C 67—31 wird mit einem Abstand von 17,8 cm gearbeitet. Die unteren Auflager sollen so gestaltet sein, daß sie längs und quer freie Beweglichkeit haben. Unter das obere Auflager wird ein stählernes Verteilungsstück von 38 mm Breite und 6,4 mm Dicke gelagert, dessen Länge der Ziegelbreite entspricht. Die Geschwindigkeit der Auflagerannäherung soll während der Belastung nicht größer sein als 1,3 mm in der Minute. Eine Ausführungsform der Auflagerausbildung aus dem angezogenen Normblatt ist in Abb. 24 wiedergegeben. An einem Stahlstab sind mit Schrauben zwei gußeiserne Blöcke in vorgeschriebenem Abstand befestigt, auf denen gußeiserne Auflager, die an der Unterseite gerundet sind, lagern. Für die Biegefestigkeitsprüfung feuerfester Steine ist in dem amerikanischen Normblatt C 133—37 T eine etwas andere und einfachere Ausbildung der Unterlage mit Zentrierschrauben dargestellt.

In der Forschung und Literatur[1] hat vor allem die Beziehung zwischen Druckfestigkeit und Biegefestigkeit eine Rolle gespielt. Mit gewissen Einschränkungen,

[1] McBurney: J. Amer. Ceram. Soc. Bd. 12 (1929) S. 217; Tonind.-Ztg. Bd. 54 (1930) S. 1331. — Drögsler: Tonind.-Ztg. Bd. 56 (1932) S. 1112; Bd. 57 (1933) S. 629; Bd. 58 (1934) S. 904; Bd. 60 (1936) S. 234. — Bergström: Tonind.-Ztg. Bd. 58 (1934) S. 110. — Hecht: Tonind.-Ztg. Bd. 62 (1938) S. 338.

insbesondere für Ziegel ähnlichen Festigkeitsgrades, kann, solange Rohstoff und Herstellungsweise unverändert bleiben, für Ziegel ein und desselben Werkes ein bestimmtes, konstantes Verhältnis angenommen werden.

Die Biegefestigkeitsprüfung wird ferner an kleinen, aus fertigen Erzeugnissen herausgesägten oder besonders hergestellten Prüfkörpern, z. B. 160×40×40 mm, ausgeführt. Diese Versuchsform ist angebracht, wenn nach einer vorhergehenden Prüfung anderer Art, z. B. der Wetterbeständigkeitsprüfung oder Biegeprüfung des ganzen Steines, noch das Verhalten an Teilstücken erforscht werden soll. DRÖGSLER[1] hat sich besonders eifrig mit solchen Versuchen befaßt.

Die Biegefestigkeit ist auch an Streifen aus Platten oder an Rohren zu prüfen (z. B. Dränrohren). Im niederen Festigkeitsbereich kann für diese Versuchsausführung die Zugfestigkeitsmaschine Frühling-Michaelis nach Einbau einer Biegefestigkeitsprüfvorrichtung dienen. Bei Fußbodenplatten und anderen plattenförmigen Erzeugnissen wird die Biegefestigkeitsprüfung außerdem in abgewandelter Form ausgeführt. Die Platten werden auf ein kreis-

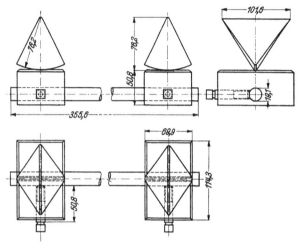

Abb. 24. Auflagerausbildung für die Biegefestigkeitsprüfung nach der A.S.T.M.-Norm C 67—31.

förmiges Auflager, das als ALBRECHTsche Kugelkette (vgl. S. 253) ausgebildet ist, gelegt und mit einem von oben wirkenden Kugelstempel zentrisch belastet. Eine solche Biegefestigkeitsprüfung ist für Schamotteplatten im Normblatt DIN E 1299 vorgesehen. Der Durchmesser der Kugelkette von Kugelmitte zu Kugelmitte beträgt 120 mm, der Durchmesser der Kugel des von oben wirkenden Stempels ist 50 mm.

Die Richtlinien des Materialprüfungsausschusses der Deutschen Keramischen Gesellschaft[2] empfehlen für feinkeramische Stoffe runde Prüfstäbe von 10 mm Dmr. und 500 mm Länge (zweckmäßiger wären vierkantige), die bei einer Auflagerentfernung von 400 mm belastet werden.

Die Prüfvorschrift der Wirtschaftsgruppe Keramische Industrie[3] schreibt Stäbe von 120 mm Länge vor, und zwar je nach Herstellungsart der zugehörigen Erzeugnisse mit einem kreisrunden Querschnitt von 10 mm oder einem annähernd ovalen Querschnitt mit einer längeren Achse von 10 mm und einer kürzeren Achse von 8 mm. Die Probekörper werden mit 100 mm Auflagerabstand (Auflagerdurchmesser 10 mm) mittellastig durch ein Auflager auf Biegefestigkeit geprüft bei einer Laststeigerung von 5 kg je Sekunde. Die Biegefestigkeit wird in kg/cm² berechnet.

Allgemein anerkannt ist die Biegefestigkeitsprüfung bei Flachwaren, also z. B. Dachziegeln; hierüber ist bei diesen zu sprechen.

---

[1] DRÖGSLER: Tonind.-Ztg. Bd. 58 (1934) S. 904.
[2] Ber. d. D. K. G. Bd. 8 (1927) S. 48.
[3] Prüfvorschriften zur Eigenschaftstafel keramischer Isolierstoffe für die Elektrotechnik, herausgegeben von der Wirtschaftsgruppe Keramische Industrie, Berlin, September 1939.

14. Prüfung der Zugfestigkeit.

Die Zugfestigkeit ist auf grobkeramischem Gebiet bisher vernachlässigt worden, trotzdem sie neben der Biege- und Scherfestigkeit im Mauerwerk, z. B. bei Überspannung von Öffnungen und bei Decken, eine Rolle spielt. Gewisse Schwierigkeiten der Formgestaltung und die Befürchtung, wegen der Inhomogenität des Ziegelmaterials unzuverlässige Ergebnisse zu erhalten, wirken hemmend. Zweckmäßig erscheinen prismatische Stäbe 160×40×40 mm, die nach Anbringen konischer Verstärkungen aus Zement an den Enden auf Zugfestigkeitsmaschinen mit besonderen Einspannklauen zerrissen werden können (vgl. die amerikanischen Normen für die Zugfestigkeitsprüfung von Natursteinen — A.S.T.M. Norm C 103 bis 32 T). Einfacher ist das Arbeiten mit Körpern, ähnlich den Achterkörpern der Mörtelprüfung (Abb. 25). Zur Herstellung dieses Körpers wird zunächst eine Platte von dem zu prüfenden Ziegel in der angegebenen

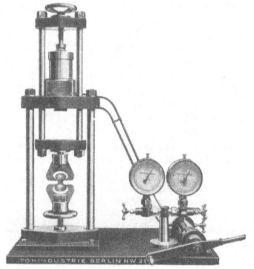

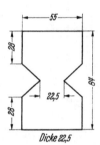

Abb. 25. Prüfkörper für Zugfestigkeitsprüfung an Ziegeln.

Abb. 26. Hydraulische Zerreißmaschine mit eingeschliffenem Kolben für 3 bzw. 5 t.

Dicke abgeschnitten, diese auf Rechteckform gebracht, und dann werden die winkelförmigen Einschnitte mit einem kleinen Schneidrad herausgearbeitet. Bei Anwendung solcher Körper ist eine Prüfung nach allen drei Achsen des Ziegels möglich. Die Ergebnisse haben sich als überraschend gleichmäßig gezeigt, wenn Struktur nicht vorhanden ist. Umgekehrt wird solche durch den Versuch deutlicher erkennbar.

Bei Sintergut erfolgt, soweit nicht, wie z. B. an Isolatoren, die Versuche am gebrauchsfertigen Stück ausgeführt werden, die Zugfestigkeitsprüfung an gesondert hergestellten Prüfkörpern entweder von Achter- oder Rotationsform mit etwa 3 cm² Querschnitt. Auch hier kann auf die Richtlinien des Materialprüfungsausschusses der Deutschen Keramischen Gesellschaft[1] und die Vorschriften der Wirtschaftsgruppe Keramische Industrie[2] verwiesen werden. Vielfach üblich sind Knüppel mit verdickten Enden, also hantelartige Stabkörper. Einschnürungsstelle und Anlageflächen sind gegebenenfalls nachzuschleifen, beim Einspannen sind Kupferplättchen anzulegen. Die Bestimmung der Zugfestigkeit geschieht mittels Zerreißmaschinen. Eine hydraulische Zerreißmaschine für 3 bzw. 5 t zeigt Abb. 26. Dargestellt ist die Prüfung eines Rotationskörpers. An Stelle der abgebildeten Klauen können auch solche für Knüppel oder Gehänge

---

[1] Ber. d. D. K. G. Bd. 8 (1927) S. 46.
[2] Prüfvorschriften zur Eigenschaftstafel keramischer Isolierstoffe für die Elektrotechnik, herausgegeben von der Wirtschaftsgruppe Keramische Industrie, Berlin, September 1939.

für Biegefestigkeits- und Scherfestigkeitsversuche eingebaut werden. In dem Raum zwischen der oberen Traverse und dem unteren Querhaupt des Gehänges können Druck- und Kugeldruckversuche ausgeführt werden.

15. Prüfung der Scherfestigkeit.

Die Scherfestigkeit hat bei grobkeramischen Erzeugnissen im allgemeinen keine Beachtung gefunden, da zumeist Zerstörung vor Eintritt des Scherens durch Biegebeanspruchung oder Verdrehung bei diesen spröden Werkstoffen erfolgt. Einige Versuchsergebnisse eines Scherversuches mit einschnittigem Angriff hat neuerdings HECHT[1] gegeben (vgl. auch S. 265).

16. Prüfung der Kugeldruckfestigkeit.

Die Kugeldruckprobe ist für Klinker versucht worden. Sie kann aber brauchbare Ergebnisse überhaupt nur bei glatten Flächen ergeben; sie eignet sich also für normale Bauziegel nicht ohne weiteres.

Für Pflasterklinker sind folgende Prüfformen[2] in Erwägung gezogen worden: Lagerung der Klinker zwischen zwei Kugeln von 20 mm Dmr., die auf den Flachseiten in der Mitte der Flächen angreifen, und andererseits Anbringung einer dünnen Gipsschicht auf der einen Lagerseite und Belastung der anderen mit der Kugel.

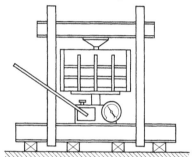

Abb. 27. Kugeldruckprobe an Pflasterklinkern, die in drei Reihen in ein Sandbett eingelagert sind und von denen der mittlere belastet wird. (Schematische Anordnung nach EHLGÖTZ.)

Bei einer anderen Gestaltung, die EHLGÖTZ[3] in seinem Buch „Klinkerstraßen" beschreibt, wird mit einer Pflasterlage von Klinkern gearbeitet. 6 Klinker werden entsprechend Abb. 27 in einen Kasten mit Sand eingebettet. Auf den mittelsten Klinker kommt eine Kugel von 19 mm Dmr., und dann wird der Kasten als Ganzes gegen ein Widerlager gedrückt.

Nach dem Untersuchungsvorschlag der Deutschen Keramischen Gesellschaft[4] sollen als Prüfkörper runde Platten von etwa 80 mm Dmr. und 10 mm Dicke gesondert hergestellt werden. Die Flächen müssen planparallel geschliffen sein. Diese Platten werden zwischen zwei Stahlkugeln von etwa 32 mm Dmr. gelagert und die Bruchbelastung in Kilogramm ermittelt. Für Klinker wie für alle grobkeramischen Erzeugnisse überhaupt dürfte es für die Beurteilung des *praktischen* Verhaltens zweckmäßiger sein, von der Anfertigung besonderer Probekörper abzusehen und Prüfverfahren zu wählen, die das Studium der Eigenschaften am Erzeugnis selbst ermöglichen.

17. Prüfung der Torsionsfestigkeit.

Die Torsionsfestigkeit wird — vornehmlich an feuerfesten und feinkeramischen Stoffen — an vierkantigen oder runden Stäben, die im Mittelteil eingeschnürt sein können, ermittelt. Die Probekörper werden in Klauen eingespannt, von denen die eine festgelagert ist und die andere senkrecht zur Achse gedreht werden kann. Die Richtlinien der Deutschen Keramischen Gesellschaft[5] bringen

---

[1] HECHT: Tonind.-Ztg. Bd. 62 (1938) S. 1105.
[2] SANDER: Tonind.-Ztg. Bd. 58 (1934) S. 106.
[3] EHLGÖTZ: Klinkerstraßen, Berlin 1932, S. 55.
[4] Ber. d. D. K. G. Bd. 8 (1927) S. 45.   [5] Ber. d. D. K. G. Bd. 8 (1927) S. 47.

quadratische Stäbe von 16 mm Seitenlänge und 120 mm Länge in Vorschlag. Als Maß für die Torsionsfestigkeit gilt die Belastung beim Bruch in kg, bezogen auf den cm² des beanspruchten Querschnitts.

Abb. 28. Torsionsmesser nach Endell-Staeger zur Bestimmung elastischer und plastischer Verdrehung feuerfester Steine bei Zimmer- und erhöhter Temperatur.

Über Versuche an feuerfesten Stoffen, die mit einer üblichen Torsionsmaschine und Spiegelapparaten vorgenommen worden sind, berichtete Krüger[1] zur gleichen Zeit, als Endell und Müllensiefen[2] den Torsionsmesser nach Endell-Staeger bekanntgaben (Abb. 28 und 29).

Auf einer eisernen Grundplatte sind die Träger *1, 2* und *3* befestigt. In dem Träger *1* ist die Drehachse *4* gelagert, die an dem einen freien Ende das Spannfutter *5* trägt. Diesem gegenüber sitzt der Träger *2*, dessen Kopf ebenfalls als Spannfutter dient. In diese beiden Spannfutter wird der Probestab *6* zentriert und eingespannt. Auf der Drehachse sitzt das Rad *8*, diesem gegenüber, in dem Träger *3* gelagert, das Rad *9*. Über die beiden Räder läuft ein Drahtkabel zur Aufnahme der Belastungsgewichte. Mit der Drehachse ist der Trägerarm *10* fest verbunden, dessen freies Ende die in ganze Millimeter geteilte, mittels Mikroskops *12* zu beobachtende durchsichtige Glasskala *11* trägt. In der

Abb. 29. Torsionsmesser nach Endell-Staeger zur Bestimmung elastischer und plastischer Verdrehung feuerfester Steine bei Zimmer- und erhöhter Temperatur.

Bildfeldblende des Mikroskops sitzt ein Okularmikrometer. Die Mikroskopvergrößerung ist so einjustiert, daß ein Intervall der Skala *11* gleich der ganzen Länge des Okularmikrometers ist und damit ein Intervall des Okularmikrometers 0,1 mm entspricht; geschätzt werden 0,01 mm.

Zur Prüfung dienen Stäbe mit 15×15 mm Querschnitt und 130 mm Länge, die mit Diamantsäge aus den feuerfesten Steinen herausgeschnitten werden.

Zur gleichen Zeit haben Roberts und Cobb[3] eine ähnliche Vorrichtung gebaut, die ebenso wie die von Endell-Staeger auch für hohe Temperaturen, und zwar bis herauf zu 1500° verwendbar ist. Der Apparat ist neuerdings ver-

---

[1] Krüger: Ber. d. D. K. G. Bd. 14 (1933) S. 6.
[2] Endell u. Müllensiefen: Ber. d. D. K. G. Bd. 14 (1933) S. 16.
[3] Roberts u. Cobb: Trans. Ceram. Soc. Bd. 32 (1933) S. 22; dazu Ergänzungen: Trans. Ceram. Soc. Bd. 35 (1936) S. 182; Bd. 37 (1938) S. 296.

einfacht und auch für Scherversuche dienstbar gemacht worden. Bemerkenswert sind die Einspannklauen mit kardanischer Aufhängung des Prüfstabes.

18. Ermittlung der Elastizität.

Auf die Elastizität soll, unabhängig von den Festigkeitsermittlungen, bei denen sie mit in Erscheinung tritt, aber im Anschluß an diese eingegangen werden. Einerseits hat die Entwicklung der Prüftechnik gezeigt, daß bei grobkeramischem Gut mit nicht allzu komplizierten Einrichtungen wohl brauchbare Messungen möglich sind. Andererseits kann heute kein Zweifel mehr bestehen, daß Elastizitätsunterschiede bei den verschiedenen grobkeramischen Erzeugnissen, je nach Aufbau und Herstellung, vorhanden sind. Für feuerfeste Baustoffe hat die Ermittlung der Elastizitätswerte jedenfalls höchst überraschende Ergebnisse gebracht.

Zunächst galten allerdings die grobkeramischen Baustoffe für die normalen praktischen Bauzwecke als unelastisch oder so wenig elastisch, daß Elastizitätsermittlungen nicht notwendig erschienen und kaum vorgenommen wurden. Die Inhomogenität dieser Stoffe war auch ein Hemmnis; es wurde vielleicht nicht ohne Grund angenommen, daß reproduzierbare Werte unwahrscheinlich wären. Genaue Messungen aber erfordern große meßtechnische Erfahrung und kostspielige Apparate, die bei dem groben Material fehl am Platze erschienen. So erklärt sich, daß die Elastizitätsbestimmungen erst im feinkeramischen Gebiet bei den aus sorgfältiger Feinaufbereitung hervorgegangenen Porzellan- und Steingutmassen sowie an Glasuren ausgeführt wurden. Man arbeitete nach den folgenden beiden Verfahren: Man maß die Durchbiegung längerer Stäbe in der Mitte oder die Aufbiegung an den Enden mit Spiegelapparaten bzw. Mikroskop (vgl. Richtlinien des Materialprüfungsausschusses der Deutschen Keramischen Gesellschaft[1]); die an dieser Stelle vorgeschlagenen runden Stäbe sind zweckmäßiger durch vierkantige zu ersetzen.

Vor etwa 10 Jahren ist dann das Problem für feuerfeste Stoffe von mehreren Seiten aufgegriffen, und es sind einfache Apparate geschaffen worden, die Messungen nicht nur bei Zimmer-, sondern auch bei hoher Temperatur ermöglichen. Der Elastizitätsmodul kann aus der elastischen Biegung, Zusammendrückung, Dehnung oder Verdrehung ermittelt werden, d. h. in einem solchen Lastbereich, daß die durch die Belastung im Versuch eingetretene Gestaltsänderung nach Aufhören der Kraftwirkung wieder verschwindet. ENDELL und MÜLLENSIEFEN sowie KRÜGER berichten an den im Abschn. 17 benannten Literaturstellen auch über die Elastizität feuerfester Stoffe, wobei ENDELL die elastische Verdrehung und plastische Verformung angibt. KRÜGER arbeitet mit dem Druck- und Torsionsversuch, ENDELL und MÜLLENSIEFEN mit der Torsionsmessung.

Von amerikanischen Forschern wurde der Biege- und Zugversuch angewendet. HEINDL und PENDERGAST[2] maßen die Durchbiegung von Stäben mit Hebelapparaten und neuerdings mit Meßuhren. HEINDL und MONG[3] führten Zugversuche an stabförmigen Körpern mit verbreiterten Enden aus; die Dehnung wurde optisch bestimmt.

Durch die Einführung der Meßuhren ist der Zusammenbau der Apparate verhältnismäßig einfach geworden, besonders bei Biegungsversuchen.

Mit Meßuhren erfolgt auch die Elastizitätsmessung im Druck- und Biegeversuch natürlicher Steine nach der A.S.T.M.-Norm C 100—36.

---

[1] Ber. d. D. K. G. Bd. 8 (1927) S. 48.
[2] HEINDL u. PENDERGAST: J. Res. Nat. Bur. Stand. Bd. 13 (1934) S. 851; Bd. 19 (1937) S. 353.
[3] HEINDL u. MONG: J. Res. Nat. Bur. Stand. Bd. 17 (1936) S. 463.

19. Prüfung der Haftfähigkeit.

Das Haftvermögen zum Mörtel ist bei Ziegeln und anderen Bausteinen, Klinkern, Fußboden- und Wandplatten wichtig. Abb. 30 zeigt drei verschiedene Formen der Prüfung. GERMER[1] hat eine besondere Einspannvorrichtung hinzugefügt. Eine gute Lösung stellt die Einspannvorrichtung von DITTMER (Abb. 31) dar, die BURCHARTZ[2] folgendermaßen beschreibt: „Die Vorrichtung besteht aus zwei nach Art von Schraubzwingen gestalteten eisernen Bügeln a. Durch den kürzeren Schenkel der Bügel sind Schrauben b geführt, die an einem Ende in Kugellagern bewegliche Platten c tragen, während ihr anderer gewindeloser Teil durch die längeren Schenkel der Bügel reibungslos hindurchgeführt ist. Mit den längeren Bügelschenkeln sind die Widerlager d aus U-Eisen zugleich mit den an den Außenseiten

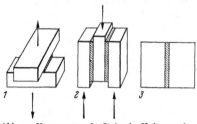

Abb. 30. Vermauerung der Steine für Haftversuche.

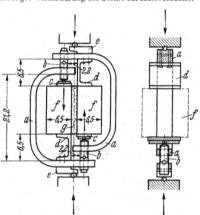

Abb. 31. Einspannvorrichtung für Scherversuche
nach DITTMER. Maße in cm.

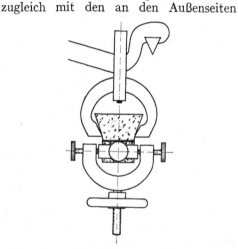

Abb. 32. Form kleiner Haftkorper und Einspannung für
Haftfestigkeitsbestimmungen im Zugfestigkeitsprufer
FRUHLING-MICHAELIS.

angebrachten Kugellagern e fest vernietet. Die Klemmplatten c und die Widerlager d dienen dazu, den Probekörper ff unverrückbar festzuhalten. Die beiden Bügel a bewegen sich zwangsläufig parallel gegeneinander. Die Kugellager e sind so angeordnet, daß der auf sie ausgeübte Druck durch die Mitte der Mörtelfuge g des Probekörpers geleitet wird.

Zwecks Ausführung des Versuches werden die Probekörper in die Vorrichtung eingesetzt und durch Anziehen der Schrauben b festgeklemmt. Das Ganze wird in eine hydraulische Presse eingebaut. Durch den auf die Kugellager ausgeübten Druck werden die beiden Steinhälften des Probekörpers in der Fuge gegeneinander verschoben. Das Verhältnis der aufgewendeten Bruchlast zur Haftfläche ergibt den Grad des Haftens zwischen Stein und Mörtel."

Kleinversuche können auch im Zugfestigkeitsapparat FRÜHLING-MICHAELIS mit Körpern der in Abb. 32 dargestellten Ausbildung vorgenommen werden, wobei der eine Teil ganz aus Mörtelmasse bestehen kann.

Als Versuchsergebnis wird die Last geteilt durch die Fläche angegeben, wobei Bemerkungen über die Mörtelart, die Vermauerungsweise (naß, feucht,

[1] GERMER: Tonind.-Ztg. Bd. 31 (1907) S. 1184.
[2] BURCHARTZ: Tonind.-Ztg. Bd. 51 (1927) S. 307.

trocken), die Lagerungszeit und Lagerungsbedingungen, die Fugendicke und die Art des Bruches — ob glattes Abreißen oder durch den Mörtel hindurch — nicht fehlen dürfen.

20. Ermittlung der Härte.

Unter Härte wird bekanntlich der Widerstand eines Körpers gegenüber dem Eindringen eines anderen härteren Körpers verstanden.

In Anlehnung an die Gesteinsprüfung wird die Härteskala nach Mohs benutzt. Diese Prüfung kann bei keramischen Stoffen nur brauchbare Beobachtungen geben, wenn angeschliffene Stellen, möglichst polierte, zur Verfügung stehen.

Abb. 33. Ritzharteprüfer nach Martens.

Für Messungen nach dem Ritzverfahren kommt der Martenssche Ritzhärteprüfer (Abb. 33) in Betracht. Bei diesem Apparat wird ein belasteter Diamant auf die in einem Schlitten gelagerte Probe gedrückt und durch Wechsel der Belastung im Reihenversuch die einer bestimmten Strichbreite entsprechende Last ermittelt. Die Messung erfolgt mikroskopisch mit Okularschraubenmikrometer. Bei dichten, verhältnismäßig einheitlichen Materialien sind mit dem Apparat sehr zuverlässige Ergebnisse zu erhalten, genau geschliffene Diamanten vorausgesetzt.

Andere in Betracht kommende Prüfungsverfahren sind die Rückprallmessung, der Angriff mit Korngut in mäßig bemessenem Umfang und der Bohrversuch. Über Rückprallgeräte wird im Band I, S. 396, berichtet.

21. Prüfung des Abnutzwiderstandes.

Die Abnutzungsprüfung an keramischen Stoffen wird ausgeführt

1. als Schleifversuch,
2. als Sandstrahlversuch,
3. als Abmahl- oder Trommelversuch,
4. durch Bearbeitung mit Werkzeugen.

Für den *Schleifversuch* dienen rotierende, vornehmlich gußeiserne Scheiben, gegen die der Prüfkörper, zumeist eine quadratische Platte, gedrückt wird. Geschwindigkeit der Schleifscheibenbewegung, Anzahl der Umdrehungen, Größe der Belastung der Probekörper und Menge sowie Beschaffenheit des Schleifkornes sind jeweils festgelegt. Zu nennen sind die Schleifscheiben von Bauschinger, Böhme, Amsler und die amerikanische Dorry-Maschine.

Die Schleifscheibe nach BAUSCHINGER, die im Prinzip wie die nach BÖHME arbeitet, wird heute nicht mehr gebaut, da die letzte durch das Normblatt DIN DVM 2108 genormt ist und allgemein auch für keramische Baustoffe Verwendung findet. Das Normblatt sah bisher trocknes Arbeiten vor. Studienarbeiten[1] haben dazu geführt, neben dem Trockenverfahren das Naßschleifen einzuführen und es mit in das Normblatt DIN DVM 2108 „Prüfverfahren für natürliche Gesteine (Abnutzbarkeit durch Schleifen)"[2] aufzunehmen.

Die Abnutzungsprüfmaschine nach AMSLER sowie die amerikanische DORRY-Maschine[3], die in gewissem Sinne nur eine Abwandlung der ersten darstellt, arbeiten an und für sich nach dem Prinzip der BÖHME-Maschine, jedoch mit dem Unterschied, daß die Schleifscheibe als Schleifring ausgebildet ist und sich außerdem

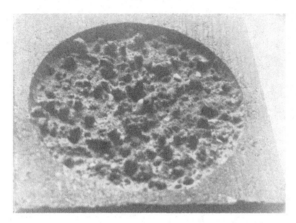

Abb. 34 Stein nach dem Sandstrahlversuch.

die Probekörper während des Versuchs um ihre eigene Achse drehen. Beide Maschinen können, wie auch die BÖHMEsche Maschine, für Naß- und Trockenschliff benutzt werden. Im Gegensatz zu dem Prüfverfahren nach DIN DVM 2108 wird bei der AMSLER-Maschine als Schleifgut gemahlener Quarzsand benutzt, als Drehzahl der Maschine sind 1000 Umdrehungen angegeben. Da die kreisförmige Bewegung einer Schleifbahn an und für sich nicht der praktischen Beanspruchung durch Rad oder Stoß entspricht, sind öfter hin- und hergehende und andere Vorrichtungen erwogen worden.

So wird bei dem von EBENER[4] vorgeschlagenen Abnutzungsverfahren der sich drehende Probekörper durch rollende Reibung belasteter Kugeln beansprucht.

Die *Sandstrahlprüfung*, bei der körniger Quarzsand unter starkem Druck gegen den Prüfkörper geschleudert wird, ist von GARY in die Prüfung der keramischen Baustoffe eingeführt worden. Näheres über diese Einrichtung vgl. S. 170.

Üblich sind folgende Versuchsbedingungen: Druck des Dampfes oder der Luft 3 atü, Versuchsdauer 2 min. Maß für die Abnutzbarkeit: Quotient aus dem Gewichtsverlust der Proben und dem Raumgewicht in cm³ je cm². Prüfmuster vom Sandstrahlversuch zeigen andere Unterschiede als durch Schleifen geprüfte, da, wie Abb. 34 erkennen läßt, härtere Teile und körnige Einlagerungen stehen bleiben, sich also keine gleichmäßige Abnutzung über die Fläche ergibt. Anstatt Quarzsand kann auch härteres Schleifkorn, z. B. Korund, Siliziumkarbid, benutzt und dadurch die Wirkung noch verstärkt werden.

Einen Übergang zur Abnutzungsprüfung bildet das bei Glasuren angewandte Sandrieselverfahren nach Vorschlag SCOTT[5], gewissermaßen als zarte Form des

1 Tonind.-Ztg. Bd. 63 (1939) S. 11.
2 Das Normblatt DIN DVM 2108 ist im Oktober 1939 neu erschienen.
3 Tonind.-Ztg. Bd. 51 (1927) S. 1332.   4 PLATZMANN: Bau-Kurier Nr. 18 (1939).
5 SCOTT: J. Amer. Ceram. Soc. Bd. 7 (1924) S. 342.

Sandstrahlverfahrens. Die Prüfung erfolgt nach den vom Materialprüfungsausschuß der Deutschen Keramischen Gesellschaft gegebenen Richtlinien[1] auf
einer Fläche von 10 cm Dmr., auf die Sand aus einem Trichter mit in der Weite
verstellbarem Schlitz aus einer Höhe von 185 cm herabrieselt. Die Probeplatte
wird im Winkel von 22,5° zur Horizontalen auf-
gestellt. Zum Abrieseln kommen 30 kg Zementnormensand innerhalb einer Zeit von 15 min.
Zahlenmäßig wird das Ergebnis durch die Gewichtsabnahme festgehalten. Der Versuch kann
durch Änderung der Sandmenge, der Fallhöhe
und der Zeitdauer abgewandelt werden. Da die
Gewichtsbestimmung recht ungenau ist, hat
HARRISON[2] einerseits Messung der Glasurschicht-
dicke mit Mikroskop vorgeschlagen, andererseits
stufenweise Abstimmung der eingetretenen Mat-
tierung mit Glanzmessung. HARRISON benutzte
einen auf dem Polarisationsprinzip beruhenden
Glanzmesser. KRÜGER[3] hat den GOERTZ-Glanz-
messer mit Graukeil benutzt. Besonders geeignet
sind die jetzt leicht zugänglich gewordenen
Glanzmesser mit Photozelle. Außer Sand können

Abb. 35.
Gewellte Trommel für den Abriebversuch
an würfelförmigen Prüfkörpern.

auch andere Mineralien verwendet werden; sehr empfohlen wird Feldspat[4].

Zu erwähnen ist noch das Gerät nach MACHENSEN[5], das einen Hochdruck-
Sandstrahlabnutzungsapparat für eine kleine Fläche darstellt, mit genauer
Tiefenmessung. Ein Mittel-
ding stellt die Aufschleu-
derung des Sandes durch
Schleuderrad[6] dar.

Die *Abmahl- und Trom-
melverfahren* werden vielfach als Rattlerprüfung
bezeichnet. Diese Form der
Abnutzungsermittlung hat
sich bisher in Deutschland
nicht eingeführt. Die ge-
wellte Trommel, die für die
Untersuchung von Hoch-
ofenschlacke und Naturge-
steinen als Gleisbettungs-
material bestimmt war
(DIN E 1397), ist auch in
der Grobkeramik nur we-
nig angewandt worden. Es

Abb. 36. Amerikanischer Rattler für Pflasterklinker-Prüfungen.

handelt sich um die Trommel nach Abb. 35. Als Prüfkörper dienen Würfel von
etwa 40 mm Seitenlänge. Fünf derartige völlig getrocknete Würfel werden
gewogen und $1/_2$ h (nach anderen Vorschlägen mit 6000 Umdrehungen) in der
Trommel, die 45 Umdrehungen je Minute ausführt, bearbeitet. Weitere Mahlkörper werden also nicht zugefügt. Als Maß der Abnutzung gilt der Gewichts-

[1] Ber. d. D. K. G. Bd. 8 (1927) S. 51.
[2] HARRISON: J. Amer. Ceram. Soc. Bd. 10 (1927) S. 777.
[3] KRÜGER: Ber. d. D. K. G. Bd. 14 (1933) S. 10.
[4] SHARTIS u. HARRISON: Techn. News Bull. Bur. Stand. Nr. 247 (1937) S. 118.
[5] LITINSKY: Prüfanstalt für feuerfeste Materialien, Leipzig 1930, S. 92.
[6] SPENCER-STRONG: J. Amer. Ceram. Soc. Bd. 19 (1936) S. 112.

verlust in Prozenten gegenüber dem Anfangsgewicht, nachdem die Stücke durch Siebe von 35, 7 und 1 mm Maschenweite vom Abgemahlenen befreit sind. Wichtig für die Beurteilung ist der Zustand der geprüften Körper, der also genau festzuhalten ist. Eine ähnliche Trommelprüfung beschreibt Wawrziniok[1]. Gerth[2] hat neuerdings vorgeschlagen, dem Prüfkörper beim Umlauf in der Trommel bestimmte Wege vorzuschreiben, und erhofft davon eine Beseitigung der Schwankungen, mit denen das Prüfverfahren immer noch behaftet ist.

Mehr hat sich das Ausland mit dem Trommelverfahren befaßt. Dies ist für die Gesteinsprüfung in mehreren Ländern eingeführt, in den Vereinigten Staaten von Nordamerika auch für die Prüfung der Pflasterklinker. Der in der A.S.T.M.-Norm C 7—30 beschriebene „Rattler" bildet im Innern ein Vieleck aus 14 Stahlplatten; der Durchmesser des Vielecks ist 73 cm, die Breite 50,8 cm. Die Maße, Gewichte und Stoffeigenschaften sind in der Norm bis ins kleinste vorgeschrieben, vor allem auch, bei welchem Abnutzungsgrad die Platten und Mahlkugeln ausgewechselt werden müssen. Der Rattler wird mit 10 ganzen Pflasterklinkern, 10 gußeisernen Kugeln von je 3,4 kg Gewicht und 245 bis 260 kleineren Kugeln von 0,34 kg Gewicht beschickt und macht dann 1800 Umdrehungen innerhalb 30 min. Abb. 36 zeigt das Äußere der Maschine

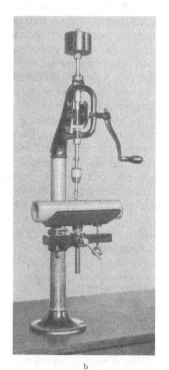

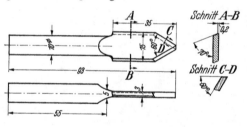

a   b

Abb. 37 a und b. Einrichtung zur Bestimmung der Bohrfestigkeit nach Zunker.

Ermittelt wird das Gewicht der Klinker vor und nach dem Versuch. Hierbei sind Stücke, die weniger als 450 g wiegen, auszuscheiden. Es rechnen nur die größeren Stücke, deren Zahl nicht mehr als 12 betragen soll. Es wird also darauf gesehen, daß die Klinker angemahlen, aber nicht in einzelne Stücke zerschmettert werden. Sinn der Prüfung ist, vor allem die Gleichförmigkeit der Erzeugnisse zu erkennen.

Andere Trommelmaschinen der amerikanischen Prüfung für Schottergut sind die sog. Los-Angeles-Maschine und die Deval-Abnutzungsmaschine. Das Prüfverfahren in der Los-Angeles-Maschine[3] unterscheidet sich vom Rattlern durch die Verwendung geringerer Probemengen. Die Deval-Maschine[4] enthält zwei schräg gestellte Trommeln von 20 cm Dmr. und 34 cm Höhe (Neigung zur Achse 30°), in der die Bearbeitung ohne Mahlkörper stattfindet.

Kurz zu besprechen sind das *Bohr- und das Meißelverfahren*. Die Prüfung durch Bohren hat Zunker für Dränrohre eingeführt (DIN 1180). Diese Prüfart

[1] Wawrziniok: Handbuch des Materialprüfungswesens, Berlin 1923, S. 393.
[2] Gerth: Steinindustrie u. Steinstraßenbau Bd. 25 (1935) S. 385.
[3] A.S.T.M.-Norm C 131—37 T.   [4] Schlyter: Tonind.-Ztg. Bd. 51 (1927) S. 1331.

ist zunächst als materialfremd und ohne Beziehung zur wirklichen Beanspruchung betrachtet worden. Das ist zutreffend, soweit man nur an die Oberflächenhärte und an die Aufgabe des Dränrohres denkt. Tatsächlich ist das Verfahren brauchbar, außerordentlich einfach und vor allem geeignet, Festigkeit und Widerstand gegen Eindringen in verschiedene Tiefenschichten des keramischen Scherbens[1] zu erforschen. Die Zuverlässigkeit des Verfahrens hängt von der Güte und Schärfe der Bohrer ab, die sich sehr schnell abnutzen. Deshalb ist im Normblatt DIN 1180 vorgeschrieben, daß der Bohrer nach zwei Prüfungen neu angeschliffen werden soll. Abb. 37a und b zeigen nach dem Normblatt DIN 1180 die Ausbildung des Bohrers und die Bohrmaschine. Der Bohrer wird mit 5 kg belastet und macht 167 Umdrehungen in der Minute. Die Prüfdauer beträgt 1 min. Die Tiefe des Bohrloches wird mit einer Tiefenlehre gemessen.

Ein zweites Verfahren der Prüfung durch Bearbeiten ist der Angriff mit Meißel, den SHAW, BAUR und SHAW[2] bei feuerfesten Steinen bei gewöhnlicher und hoher Temperatur angewandt haben.

22. Prüfung der Schlagfestigkeit.

Abb. 38. Fallapparat nach MARTENS.

Die Schlagfestigkeit ist wichtig, vornehmlich bei Pflastermaterial. Sie kommt aber auch bei Dachziegeln (auftreffender Hagel), Kabelschutzhauben und Rohren, die durch Schläge mit der Hacke zerstört werden können, und bei flächigem feinkeramischen Material als Maßstab für den Widerstand gegen Stoß in Frage. Die älteste Form eines Schlagfestigkeitsprüfgerätes, das auch heute noch benutzt wird, ist der MARTENSsche Fallapparat (Abb. 38). Der zu prüfende Körper wird in ein Sandbett eingedrückt, das Fallgerät darauf gestellt, und mit den birnenförmigen gußeisernen Fallkörpern werden mit festgelegtem Krümmungsradius der Birne Schläge aus verschiedener Höhe ausgeübt. Gearbeitet wird mit Gewichten von $^1/_2$, 1, 2, 3 und 5 kg. Ermittelt wird die Zahl der Schläge, die bei einem bestimmten Gewicht zur Zerschmetterung des Prüfkörpers führt, und aus der Fallhöhe sowie dem Gewicht die Schlagarbeit errechnet. Diese Prüfeinrichtung hat sich nicht nur für plattenförmige keramische Erzeugnisse bewährt, sondern auch für Pflasterklinker. Eine Weiterentwicklung dieser einfachen Apparatur zeigt der Fallapparat für die Prüfung von Kabelschutzhauben nach DIN 279 (S. 315). Die verschiedenen, in neuerer Zeit entstandenen Kugelfallapparate sind nichts anderes als Abarten dieser Einrichtung, nur mit Abwandlung der Unterlagen und Einspannung des Prüfstückes sowie der Führung und Auslösung der Kugel. Bisweilen wird der Rücksprung mit beobachtet.

Auch auf die Prüfeinrichtung für Natursteine nach DIN DVM 2107 sei verwiesen (vgl. S. 165).

Bei der amerikanischen PAGE-Maschine[3] handelt es sich ebenfalls um ein Fallwerk, aber von kleinerem Ausmaß.

Zu orientierenden Untersuchungen kann der Schlagversuch mit dem BÖHME-HAMMER-Apparat (DIN 1164) oder der Ramme nach KLEBE ausgeführt werden. Schläge mit dem HAMMER-Apparat auf die Schmalseiten von Pflasterklinkern und Zählung der bis zum Zerbrechen erforderlichen Anzahl von Schlägen haben scharfe Unterschiede erkennen lassen.

[1] HECHT: Tonind.-Ztg. Bd. 62 (1938) S. 1105.
[2] SHAW, BAUR u. SHAW: J. Amer. Ceram. Soc. Bd. 13 (1930) S. 427.
[3] Tonind.-Ztg. Bd. 51 (1927) S. 1332.

23. Prüfung der Schlagbiegefestigkeit.

Für diese Prüfung dienen Pendelschlagwerke und stabförmige, gesondert hergestellte oder aus dem Baustoff selbst herausgearbeitete Prüfkörper. In den Richtlinien der Deutschen Keramischen Gesellschaft[1] werden runde Stäbe von 16 mm Dmr. und 220 mm Länge empfohlen; zweckmäßiger sind vierkantige. Der Pendelhammer entstammt der Metallprüfung. Abb. 39 zeigt die Schopper-

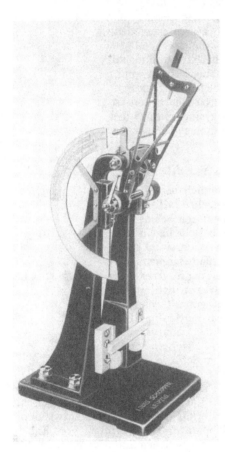

sche Ausführung für 10 cm/kg. Das als Pendellinse ausgebildete Schlaggewicht weist eine Schneide auf, die den Prüfstab von der Seite her trifft, wenn der Pendelschwerpunkt die Ruhelage durchläuft. Aus dem Gewicht der abgelesenen Fallhöhe und der durch einen Schleppzeiger angezeigten überschüssigen Energie läßt sich die Schlagarbeit in cm/kg/cm² berechnen. Die Pendelschlagprüfung gibt bei einheitlichem keramischen Probematerial sehr gut übereinstimmende Werte. Bartsch[2] hat darauf hingewiesen, daß die ermittelten Werte nur scheinbare Festigkeitswerte darstellen, da ein Teil der Arbeit in kinetische Energie umgewandelt wird. Er hat durch Rechnung die wahre Schlagarbeit ermittelt und empfiehlt, diese Rechnung stets durchzuführen, da die wahren Werte größere Verschiedenheiten zeigen sollen. Damit die Berechnung möglich ist, sind bei allen derartigen Versuchen das Gewicht und die genaue Form des benutzten Prüfkörpers anzugeben.

Pendel-Schlaggeräte haben auch für flächige und Hohlkörper Anwendung gefunden, unter anderem mit pendelnd aufgehängter Kugel für die Ermittlung der Boden- und Kantenfestigkeit von Tellern. Rieke-Mauve

Abb. 39. Pendelhammer nach Schopper.

gaben einen derartigen Apparat mit linsenförmigem Schlagkörper[3] an, den die Abb. 40 zeigt. Bei der Bodenprüfung ist der Teller mit der Hand auf den Unterlagen festzuhalten. Derartige Geräte können selbstverständlich auch für die Prüfung von Platten dienen.

24. Prüfung des Verhaltens beim Erhitzen und Abkühlen.

Die keramischen Baustoffe sind als im Feuer entstandene Erzeugnisse nicht brennbar.

Sie werden in dem Normblatt DIN 4102 „Widerstandsfähigkeit von Baustoffen und Bauteilen gegen Feuer und Wärme" grundsätzlich als feuerhemmend

---

[1] Ber. d. D. K. G. Bd. 8 (1927) S. 49.
[2] Bartsch: Ber. d. D. K. G. Bd. 17 (1936) S. 281; Bd. 18 (1937) S. 465.
[3] Ber. d. D. K. G. Bd. 7 (1926) S. 251.

und feuerbeständig anerkannt. Dabei gilt nachstehende Stufenfolge der Beständigkeit gegen Feuer und Wärme. Feuerhemmend sind Bauteile, die $^1/_2$ h, feuerbeständig solche, die $1^1/_2$ h und hochfeuerbeständig diejenigen, die 3 h einseitiger Feuereinwirkung widerstehen, ohne daß der Zusammenhang verlorengeht, das Feuer durchgelassen und die Tragfähigkeit des Bauteiles vernichtet wird. Im einzelnen heißt es unter anderem noch, daß Wände und Decken aus

vollfugig gemauerten Steinen, auch Steinen mit Hohlräumen, bei mindestens 6 cm Dicke ohne besonderen Nachweis als feuerhemmend zu betrachten sind. Die Feuerbeständigkeit wird ohne Nachweis angenommen, wenn es sich um Wände oder Decken aus vollfugig in Kalkzementmörtel gemauerten Steinen ohne Hohlräume von mindestens 12 cm Dicke handelt. Soweit besondere Prüfungen notwendig sind, gibt das Normblatt 4102 schließlich Richtlinien für Brandversuche (vgl. Abschn. VI, K S. 546 f).

Wichtig ist sodann, daß sich beim schroffen Erhitzen oder Abkühlen Risse und Absplitterungen ergeben

Abb. 40. Schlagfestigkeitsprufer fur flache Proben nach RIEKE-MAUVE.

können. Da für Mauerziegel eine Untersuchung auf Beständigkeit gegen Erhitzen und Abkühlen bisher nicht entwickelt worden ist, soll von den Verfahren, die für andere keramische Erzeugnisse ausgebildet worden sind, ausgegangen werden. Angewandt werden folgende Behandlungen:

1. Langsames oder schnelles Erhitzen ganzer Steine in einem Versuchsofen, im wesentlichen durch strahlende Wärme, weniger mit unmittelbarer Flammenbespülung.

2. Einseitiges Erhitzen nach 1.

3. Erhitzen auf bestimmte Temperatur in erwärmtem Gas oder in Dampf oder in Flüssigkeit (Wasser, Öl, Metall).

4. Arbeiten nach Ziffer 1 bis 3 mit Teilstücken.

5. Abschrecken der erhitzten Proben durch Überführung in ruhende Luft, in strömende Luft, in mit Wasserstaub beladene Luft, in kaltes Wasser durch Bespritzen oder Eintauchen, durch Eintauchen in eine erwärmte Flüssigkeit zwecks Verringerung des Temperaturgefälles, Lagern auf einer Metallplatte.

Verschiedenheiten ergeben sich durch die angewandte Temperatur, die Zeitdauer und Art der Erhitzung oder Abkühlung, die Erhitzungseinrichtung und das in dieser benutzte, die Wärme übertragende Mittel. Zumeist werden Erhitzung und schroffe Abkühlung verbunden; dabei werden jedoch mehrere Angriffsbedingungen übereinandergelagert. Es ist sorgfältig zu prüfen, ob eine Erhitzungs- oder Abkühlungsform tatsächlich schroff ist, falls man eine solche anwenden will und von ihr spricht; so braucht das Einbringen eines ganzen kalten Steines in einen selbst glühenden Ofen noch keineswegs schroff zu sein, wenn dieser Ofen eine kleine Wärmekapazität besitzt. Völlig erfüllt ist das Erfordernis schneller Erhitzung beim Einbringen kleiner Körper in ein gegenüber der Masse des Körpers großes Metallbad. Bei der Abschreckung glühender Steine in Wasser wird andererseits der Angriff durch das Leidenfrostsche Phänomen abgemildert. Sichtbare Veränderungen zeigen sich in Rissen, Sprüngen, Absplitterungen und Zerfallen. Die letzten beiden können auch zahlenmäßig durch den sich ergebenden Gewichtsverlust erfaßt werden. Feine Risse können durch Farblösungen sichtbar gemacht werden. Zur zahlenmäßigen Feststellung der eingetretenen Gefügeänderung, Umlagerungen oder Lockerung des Zusammenhalts werden die Festigkeit[1] vor und nach der Behandlung, Druckfestigkeit, Zugfestigkeit, Biegefestigkeit, und zwar vor allem diese, schließlich auch die Schlagbiegefestigkeit ermittelt.

Es werden nun als Beispiele einige Prüfverfahren unabhängig von der Reihenfolge ihrer Entstehungsgeschichte beschrieben, und zwar an erster Stelle solche für einheitliche, d. h. nicht mehrschichtige, also nicht glasierte Baustoffe.

Der Materialprüfungsausschuß der Deutschen Keramischen Gesellschaft empfiehlt in seinen Richtlinien[2] von 1927 zur Prüfung grobkeramischer Massen zylindrische oder würfelförmige Körper von etwa 50 mm Höhe und 50 mm Dmr. Diese sollen auf 100° und höhere Temperatur, mit Steigerung der Temperatur bei jedem folgenden Versuch um 10° und mehr, erhitzt und durch Einwerfen in kaltes Wasser abgeschreckt werden. Die Behandlung ist also ziemlich schroff. Als Maßstab der Beständigkeit gilt das Temperaturintervall, bei dem sich Zerstörung ergibt, oder die Anzahl von Abschreckungen, die bei wiederholter Erhitzung auf eine bestimmte Temperatur erforderlich sind; gegebenenfalls soll auch der eintretende Gewichtsverlust festgestellt werden.

Nach längeren Vorarbeiten wurde für feuerfeste Steine ein Verfahren zur Bestimmung des Widerstandes gegen schroffen Temperaturwechsel in dem Normblatt DIN 1068, Temperaturwechselbeständigkeit (T.W.B.) festgelegt. Die Prüfung soll entweder an ganzen Steinen des sog. Normalformats oder an herausgebohrten zylindrischen Probekörpern von 36 mm Dmr. und etwa 60 mm Höhe erfolgen. Die ganzen Steine werden zu einem Drittel ihrer Länge in einem indirekt beheizten Ofenraum mit einer gleichmäßig auf 950° C gehaltenen Temperatur erhitzt. Das mittlere Drittel des Steines soll sich dabei in einem Rahmen aus feuerfestem Baustoff befinden, das letzte Drittel aus dem Ofen herausragen, also der kühlenden Außenluft ausgesetzt sein. Der Stein bleibt 50 min im Ofen und wird dann mit seinem rotglühenden Ende 3 min lang 5 cm tief in fließendes Wasser von 10 bis 20° C getaucht. Nach einer 5 min währenden Zwischenzeit werden Erhitzen und Abschrecken wiederholt, bis mindestens 50% der der Behandlung ausgesetzten Kopfseite des Probesteines abgeplatzt sind. Die zylindrischen Probekörper werden ganz im Ofen erhitzt und ebenfalls durch Eintauchen in Wasser abgeschreckt. Hier werden Erhitzen und Abschrecken bis zum Zerbrechen des Prüfkörpers wiederholt.

Die Zahl der erreichten Abschreckungen gilt als Abschreckzahl entsprechend DIN 1068.

Ganze Steine lassen deutlicher Gefügeeinflüsse, sog. Struktur, erkennen, ebenso die Wirkung bereits vorhandener Risse und geben verständlicherweise eine geringere Abschreckzahl.

---

[1] Spotts McDowell: Amer. Inst. Min. Eng. II 1917. — Steger: Ber. d. D. K. G. Bd. 3 (1922) S. 250. — Goodrich: J. Amer. Ceram. Soc. Bd. 10 (1927) S. 784. — Parmelee u. Westman: J. Amer. Ceram. Soc. Bd. 11 (1928) S. 884. — Skola: Tonind.-Ztg. Bd. 52 (1928) S. 2018. — Bartsch: Ber. d. D. K. G. Bd. 18 (1937) S. 465.

[2] Ber. d. D. K. G. Bd. 8 (1927) S. 56.

In der Abb. 41 ist ein für die Prüfung geeigneter Abschreckofen mit Silitstabheizung dargestellt, in dem gleichzeitig drei Steine geprüft werden können.
Bei gewissen feuerfesten Steinen, wie Silika- und Magnesitsteinen, ist diese
schroffe Behandlung nicht anwendbar. Die Abschreckung erfolgt entweder
durch Anblasen mit Luft oder Auf-
setzen der glühenden Steine auf eine
kalte Eisenplatte. In England[1] ist die
letzte Form überhaupt als Abschreckbehandlung empfohlen worden. Andere
Abwandlungen betreffen das Arbeiten
mit einer Druckluftwasserbrause[2] für
einen gleichmäßigeren Verlauf des Ab-
schreckens, Verwendung eines wasser-
durchflossenen Kühlgefäßes[3], Arbeiten
mit zwei Öfen[4], in denen eine verschieden hohe Temperatur herrscht,
wobei in diesem letzten Fall kleine
stabförmige Körper genommen werden,
deren Veränderung durch Biegefestigkeitsprüfung erforscht wird.

MÖSER[5] benutzt als Kennzeichen
für den Abschreckverlauf die Durchdringbarkeit. Er arbeitet mit zylindrischen Prüfkörpern, die eine trichter-
förmige Aussparung von $^3/_4$ der Prüf-
körperhöhe besitzen, so daß sich ein
Prüfkörper nach Abb. 42 ergibt. Die

Abb. 41. Erhitzungsofen für Abschreckversuche
nach DIN 1068 mit Silitstabheizung.

Durchdringbarkeit wird mit Wasser ermittelt und vermerkt, wann sich das
Wasser beim Eintauchen des Prüfkörpers in ein Gefäß mit Wasser am Grunde
des Trichters zeigt. Außerdem werden auftretende Risse vermerkt. Die gleichzeitige Erforschung von Zerstörungen durch das Abschrecken und der Einwirkung von Flüssigkeit auf den
Versuchskörper ermöglicht auch
gewisse Schlüsse auf seine Kor-
rosionsbeständigkeit in dem
durch Temperaturwechselein-
flüsse geschädigten Zustand.
Diese Arbeitsweise erscheint erwähnenswert, da sie einen besonderen, von den sonst benutzten Wegen verschiedenen
weist.

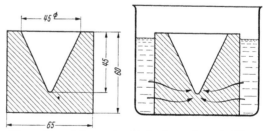

Abb. 42. Versuchskörper für Abschreckversuche nach MÖSER.

In den Vereinigten Staaten von Nordamerika war früher ein dem genormten
deutschen Verfahren ähnelndes mit einzelnen, nur teilweise erhitzten Steinen
üblich. Da seine Ergebnisse den praktischen Beobachtungen nicht entsprachen,
ging man nach Vorarbeiten von PHELPS[6] zunächst dazu über, eine ganze Anzahl

---

[1] BENNIE: Trans. Ceram. Soc. Bd. 36 (1937) S. 395.
[2] MIEHR, KRATZERT u. IMMKE: Tonind.-Ztg. Bd. 52 (1928) S. 56, 77.
[3] Ber. d. D. K. G.. Bd. 17 (1936) S. 516.
[4] ELLIOT u. MONTGOMERY: J. Can. Ceram. Soc. Bd. 6 (1937) S. 44.
[5] Feuerungstechn. Bd. 24 (1936) S. 9—20.
[6] PHELPS, SWAIN u. FERGUSON: J. Amer. Ceram. Soc. Bd. 14 (1931) S. 389 [vgl. Tonind.-Ztg. Bd. 56 (1932) S. 542].

von Steinen in einen Rahmen einzuspannen, der als Decke eines Versuchsofens diente. Nachher wurde dann das in der A.S.T.M.-Norm C 38—36 niedergelegte Wandverfahren entwickelt. Die zu prüfenden Steine werden als quadratisches Feld von etwa 45 cm Seitenlänge in eine Wand mit Kaolin als Mörtel mit einer Fugenstärke von nur 1,6 mm Dicke eingemauert. Dahinter wird eine Füllung mit Isoliermasse in Steindicke angebracht. Zwei derartige Wände werden vor einem doppelseitigen Ofen 24 h vorerhitzt, z. B. auf 1400 oder 1600°. Nach Beendigung der Erhitzung bleiben die Versuchswände noch 8 h vor dem Vorerhitzungsofen.

Diese Vorerhitzung hat den Zweck, die sich im praktischen Betrieb durch Hitze allein ergebenden Veränderungen an den Prüfsteinen herbeizuführen, bevor sie der Abschreckbehandlung unterworfen werden. Für das Abschrecken dient ein zweiter Ofen (Abb. 43), der nur auf der einen Seite offen ist. Neben ihm befinden sich zwei Luftblase- und Wasserstaubvorrichtungen. An dem auf der Abb. sichtbaren Gerüst werden zwei vorerhitzte Versuchswände abwechselnd vor den

Abb. 43. Abschreckvorrichtung fur die amerikanische Temperaturwechselbestandigkeitsprüfung an wandformigen Platten.

Heizofen und eine Kühlvorrichtung gefahren und nun in einem bestimmten Zeit- und Erhitzungsverlauf erhitzt und gekühlt. Die Blasvorrichtungen werden für die Kühlung 125mal innerhalb 10 min der Prüfwand genähert und von ihr entfernt. Nach der besonderen, beispielsweise in den A.S.T.M.-Vorschriften C 107—36 und C 122—37 vorgezeichneten Behandlung werden die Versuchswände auseinandergenommen und die einzelnen Steine zur Bestimmung des eingetretenen Verlustes gewogen.

Zur Verschärfung des Angriffes wird nach den Marinevorschriften (McGEARY[1]) Ton als Mörtelmasse benutzt, keine isolierende Hinterfüllung angebracht, und nach dem Abschrecken werden mit den Fingern alle Teile entfernt, die nur noch losen Zusammenhalt zeigen.

Dieses amerikanische Wandverfahren besitzt zweifellos große Vorteile vor der Prüfung einzelner Steine und von Teilstücken, es ist nur sehr kostspielig.

Als Gegenstück dazu ist die ältere Wandprüfung des schwedischen Materialprüfungsamtes[2] zu erwähnen, die zum eigentlichen Baustein zurückgeht, denn bei dieser hat man die Oberflächenveränderung an der Feuerseite und den Wärmeverlauf in verschieden zusammengestellten Ziegelwänden ermittelt. Mauern von 2 m Breite und 3 m Höhe, eingespannt in einen Eisenrahmen und durch hydraulische Pressen unter einen Druck von beispielsweise 3 bis 5 kg/cm² gesetzt, werden vor einen Gasregenerativofen gefahren und nach dem Erhitzen mit Wasser abgespritzt. Abb. 44 zeigt den Grundriß des Ofens mit einer vor diesen gesetzten Wand und im Querschnitt die Preßeinrichtung unter der Wand.

---

[1] Bull. Amer. Ceram. Soc. Bd. 16 (1937) S. 335.
[2] SCHLYTER: Tonind.-Ztg. Bd. 53 (1929) S. 1184; Bd. 56 (1932) S. 74.

Die Prüfung größerer Steinverbände ist vorteilhaft und, soweit die Kosten tragbar sind, wünschenswert. Bei kleinen Teilstücken ist der Einfluß der Struktur, die vielfach die einzige Ursache für das Versagen ist, ausgeschaltet. Das deutsche Normenverfahren für feuerfeste Steine eignet sich weniger für eigentliche Bausteine. Bei solchen wäre eher an die Verwendung von zwei zusammengemauerten Steinen, die mit der Läuferseite in den Erhitzungsofen eingesetzt

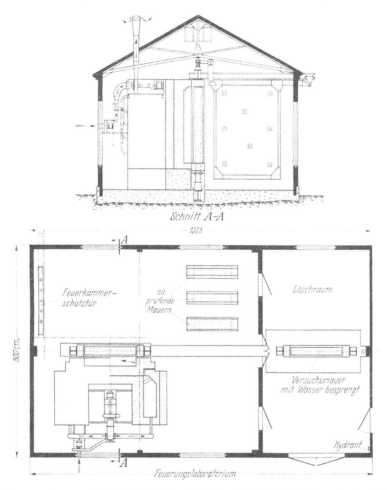

Abb. 44. Erhitzungs- und Abschreckeinrichtung des Schwedischen Materialprufungsamtes fur Wände von 2×3 m Flache.

werden, zu denken, sodann an eine Abschreckung nur durch Luft oder Wasserstaubbehandlung, nicht jedoch durch Eintauchen in Wasser.

Soweit es auf die Prüfung des Stoffes allein, ohne Rücksicht auf Inhomogenität, ankommt, wäre auf ein neueres Verfahren von STEGER[1] zu verweisen. STEGER verwendet Prüfkörper von 25 mm Dmr. und 25 mm Höhe, die er in ein Metallbad eintaucht und nach der Erhitzung nicht abschreckt, sondern in Kieselgur langsam abkühlen läßt. Er beschränkt sich also auf schroffes Erhitzen. Das Verfahren ist für einheitliche Stoffe zuverlässig und ergibt große

---

[1] Chem. Fabrik Bd. 11 (1938) S. 508.

Unterschiede, so daß eine Gruppierung nach Klassen möglich war. Es zeichnet sich durch Einfachheit und Schnelligkeit aus.

Für die Prüfung mehrschichtiger, glasierter Stücke auf Verhalten gegenüber Temperatursturz ist an erster Stelle die HARKORT-Probe[1] zu nennen. Nach dieser werden Bruchstücke der glasierten Proben, beispielsweise Kacheln, Steingutscherben usw., auf Temperaturen bis 200° erhitzt und unmittelbar in kaltes Wasser gebracht. Die Temperatur, bis zu der die Erhitzung ausgeführt werden kann, bevor sich Risse in der Glasur ergeben, gilt als Kennzeichen für die Haltbarkeit. Die Sichtbarkeit der Risse wird durch Anfärben erleichtert. Eine Verbesserung dieses Verfahrens bedeutet der Vorschlag von BARTA[2], der die erhitzten plattenförmigen Prüfkörper auf ein Quecksilberbad legt.

Die bereits einleitend erwähnte Vorschrift des Materialprüfungsausschusses der Deutschen Keramischen Gesellschaft verweist noch auf becherförmige Prüfkörper und gibt damit den Anschluß an die Temperaturwechselbeständigkeitsprobe bei Schalen und ähnlichen Hohlkörpern.

Für Isolatoren ist in den Vorschriften VDE 0446 von 1929 abwechselndes Erhitzen in warmem Wasser (80 bis 85° C) und Abschrecken in kaltem Wasser (10 bis 15° C) vorgesehen.

Soweit homogene, insbesondere gesinterte, Geräte vorliegen, kann die Temperaturwechselbeständigkeit auch rechnerisch erschlossen werden, ausgehend von den thermischen Widerstandskoeffizienten nach der WINKELMANN-SCHOTTschen Formel[3]. Mit ihrer Übertragung und Abänderung[4] für keramische Stoffe haben sich NORTON, ENDELL und STEGER befaßt.

25. Ermittlung von bleibenden Raumänderungen (Schwinden und Quellen).

Hier ist nicht nur an die Längen- oder Volumenänderungen gedacht, die durch thermische Einflüsse allein entstehen, sondern auch an solche, die sich aus der Einwirkung von Feuchtigkeit und inneren Umlagerungen (Alterungserscheinungen), gegebenenfalls aus allen diesen Erscheinungen zusammen ergeben. Es sind deshalb Nachschwinden und Nachwachsen, ausgehend vom Lieferungszustand des Baustoffes, für verschiedene Temperaturverhältnisse zu messen.

Zuerst entstand der BAUSCHINGER-Taster, der in seiner üblichen Ausführung für rechteckige Prismen von 10 cm Länge und 5 cm² Querschnitt eingerichtet ist, aber auch für große Prüfkörper gefertigt werden kann. Die Prismen sind aus den Bausteinen herauszuschneiden, trocken, ohne Erwärmung, damit sie bei der Fertigung keine Änderungen erfahren. An den Schmalseiten sind kleine Vertiefungen für Körnerplättchen aus nichtrostendem Metall, Achat oder Glas vorzusehen, die der genauen Anlage der Meßspitzen dienen. Hauptbestandteil des in Abb. 45 dargestellten Apparates ist der bügelförmige Taster A, dessen rechter Schenkel die Mikrometerschraube B trägt, während der linke Schenkel den Sitz eines empfindlichen Fühlhebels E bildet. Der kürzere Arm des Fühlhebels endet in der schwach abgerundeten Tasterspitze und wird durch die am längeren Arm wirkende Blattfeder D der Meßschraube mit konstanter Kraft entgegengedrückt. Der zu messende Prüfkörper wird zwischen Fühlhebel und Mikrometerschraube eingeführt und auf einem Ansatz des Säulenstativs H, an dem der Taster ausbalanciert hängt, mit Hilfe von Klammern fest gelagert. Die beiden Tasterspitzen werden in die Körner der Plättchen eingeführt, und

[1] Sprechsaal Bd. 47 (1914) S. 443.   [2] BARTA: Keram. Rdsch. Bd. 43 (1935) S. 311.
[3] Ann. Phys. u. Chem. Bd. 51 (1894) S. 730.
[4] NORTON: J. Amer. Ceram. Soc. Bd. 8 (1925) S. 29. — ENDELL-STEGER: Glastechn. Ber. Bd. 4 (1926) S. 43. — ENDELL: Glastechn. Ber. Bd. 11 (1933) S. 179.

durch Drehen der Mikrometerschraube *B* wird der Fühlhebel *C* auf der bei *F* angebrachten Skala zum Einspielen gebracht. An der Meßtrommel der Mikrometerschraube können $^1/_{200}$ mm abgelesen und $^1/_{1000}$ mm geschätzt werden. In Rücksicht auf diese Meßgenauigkeit ist Gleichhaltung der Temperatur wichtig und in der Regel eine Korrektur für die Ausdehnung des Prüfkörpers und des Bügels vorzunehmen.

Die Vervollkommnung der Meßuhren hat den Bau leichter bedienbarer Apparaturen ermöglicht. Als Beispiel für eine solche ist auf das Schwindmeßgerät nach GRAF-KAUFMANN (vgl. S. 407) hinzuweisen. Dieses ist für prismatische Prüfkörper mit den Abmessungen $160 \times 40 \times 40$ mm bestimmt. An den Kopfseiten der Prismen werden in Aushöhlungen Meßzäpfchen aus nichtrostendem Stahl eingekittet.

Für besonders feine Längenmessungen sind außerdem optische Meßinstrumente geschaffen worden (vgl. unter anderem S. 276, sowie S. 500f.).

Für die Prüfung der Körper aus den zu untersuchenden Bausteinen stehen folgende *Behandlungsformen* zur Erwägung: Temperaturunterschiede zwischen —20° und 100° in trockner Atmosphäre oder in Wasser, Lagerung an feuchter Luft, Gefrieren in wassergesättigtem Zustand (wiederholt), Dampfbehandlung, und zwar in strömendem Dampf oder bei erhöhtem Druck. Die letzte Form, die Autoklavbehandlung, hat für die Beurteilung der Dauerhaftigkeit und Wetterbeständigkeit, nämlich bei glasierten Stoffen, z. B. Wandplatten, in neuerer Zeit Bedeutung gewonnen. Bei glasierten Körpern genügt zumeist die Beobachtung auf Rissebildung.

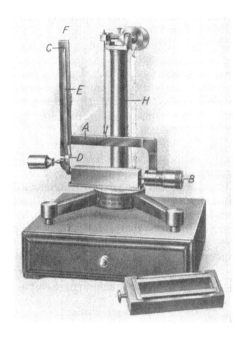

Abb. 45. Tasterapparat nach BAUSCHINGER.

Das Verfahren mit Dampfbehandlung unter erhöhtem Druck zur künstlichen Erzeugung bzw. Vergrößerung von Spannungen zur schnellen Herbeiführung von Veränderungen, die sonst erst in längerer Zeit verlaufen, ist in Amerika[1] ausgebildet worden und hat sich als wertvolle Beständigkeitsprüfung glasierter Körper herausgestellt. Es ist eine vorzügliche Wetterbeständigkeitsprobe, denn die geschilderte Behandlung beeinflußt sowohl den Scherben als auch die Glasur. Zweckmäßig wird die Feuchtigkeitsaufnahme des Scherbens mit bestimmt. Besonders aufschlußreich ist die sich ergebende Längenänderung, die an stabförmigen Prüfkörpern gemessen wird. Es genügt eine 1stündige Behandlung im Autoklav bei 10,5 atü. Wird diese Einwirkung, ohne daß sich Haarrisse in der Glasur ergeben, überstanden, so kann das Erzeugnis als dauernd haarrissefrei betrachtet werden. Bei Anwendung niederen Druckes ist eine längere Behandlungsdauer geboten. Die Drucksteigerung beim Versuch darf nicht zu schnell erfolgen. Der angegebene Prüfdruck soll nicht vor einer halben, möglichst erst in 1 h· erreicht werden.

---

[1] SCHURECHT: J. Amer. Ceram. Soc. Bd. 11 (1928) S. 271; Bd. 12 (1929) S. 596.

Zusammenfassende Aufsätze über dieses Prüfverfahren finden sich in der Keramischen Rundschau[1] und im Sprechsaal[2].

Was durch Dampf in kurzer Zeit und in leicht meßbarer Form herbeigeführt wird, braucht im Bauwerk selbst erst in langen Zeiträumen vor sich zu gehen. Will man im Bau selbst, z. B. an Boden- oder Wandbelag, entsprechende Messungen ausführen, so sind zunächst Meßmarken anzubringen oder Meßplättchen bzw. Einsteckhülsen in den Belag einzukitten, die die Anlagepunkte für entsprechend gestaltete längere Meßstäbe (oder optische Messung) abgeben.

Um reine Temperaturfolgen handelt es sich bei den feuerfesten Baustoffen, soweit die Längen- oder Raumänderungen ermittelt werden sollen, die sich bei der betriebsmäßigen Verwendung ergeben können, bzw. festzustellen ist, ob das betreffende Erzeugnis genügend hoch gebrannt ist, um nicht im Betriebsofen merkliche Nachschwindung oder Ausdehnung, die auch nach dem Erkalten noch bestehen bleibt, zu erleiden. Nach dem für diese Prüfung geschaffenen Normblatt DIN 1066 begnügt man sich mit einer verhältnismäßig wenig genauen Meßweise. Es kann wahlweise Messen der Längenänderung mit der Schieblehre oder Volumenmessung nach dem Quecksilber- oder Wasserverdrängungsverfahren erfolgen.

Die Prüfkörper für die Längenmessung werden aus den zu prüfenden Steinen herausgeschnitten oder gebohrt. Sie sollen zwei durch Schleifen geglättete planparallele Flächen von 10 bis 11 cm² aufweisen, deren Abstand etwa 10 cm beträgt. Vor und nach dem Erhitzen wird dieser Abstand an mindestens 3 Stellen mit der Schieblehre gemessen. Das Mittel wird auf die erste Dezimale abgerundet und das Ergebnis als prozentuale Ab- oder Zunahme der ursprünglichen Länge angegeben. Für die Rauminhaltmessung werden Prüfkörper beliebiger Gestalt verwendet, deren Rauminhalt für das Quecksilberverdrängungsverfahren mindestens 100 cm³, für das Wasserverdrängungsverfahren mindestens 250 cm³ betragen soll. Ist V_0 der Rauminhalt des Körpers in cm³ vor dem Erhitzen und V_1 der des Körpers nach dem Erhitzen, so ist das bleibende prozentuale

$$\text{Nachschwinden } NS = 100 \left(1 - \sqrt[3]{\frac{V_1}{V_0}} \right)$$

$$\text{Nachwachsen } NW = 100 \left(\sqrt[3]{\frac{V_1}{V_0}} - 1 \right)$$

beides abgerundet auf die erste Dezimale.

Bei der Längenmessung stören vorstehende Körnchen und Aufblähungen. Übereinstimmung und Reproduzierbarkeit sind nicht gut, was allerdings mehr durch das Erhitzungsverfahren, das in dem Normblatt noch nicht scharf genug festgelegt ist, bedingt ist. Jedenfalls hängen Bemänglungen[3] mehr mit diesem Teil der Behandlung als mit der Meßweise selbst zusammen.

Nach der amerikanischen A.S.T.M.-Norm C 20—33 werden Halbwürfel von 6,3 cm Seitenlänge benutzt, deren Volumen durch Wasserverdrängung nach 2stündigem Kochen in Wasser ermittelt wird, indem Wägung der getränkten Prüfkörper unter Wasser und an der Luft geschieht. Die amerikanische Normung kennt aber auch in A.S.T.M.-Norm C 113—36 die Längenmessung mit Schieblehre an ganzen Steinen, wobei nur eine Genauigkeit von 0,5 mm verlangt wird.

Zur Erzielung höherer Genauigkeit haben VICKERS und SUGDEN[4] Lagerung auf Stahlkugeln und Messung mit Meßuhr vorgeschlagen. Auf der Unterseite des zu prüfenden Steines werden 3 konische Vertiefungen gebohrt, die eine

[1] Keram. Rdsch. Bd. 40 (1932) S. 215, 229.
[2] Möhl: Sprechsaal Bd. 70 (1937) S. 71, 83.
[3] Miehr: Tonind.-Ztg. Bd. 53 (1929) S. 871.
[4] Vickers u. Sugden: J. Soc. Glass Technol. Bd. 17 (1933) S. 320.

gute Anlage für die Stahlkugeln abgeben. 3 Stahlkugeln sind auf einer ebenen Stahlplatte angeordnet, über ihnen der Stein, der auf der oberen Seite in einer vierten Vertiefung eine weitere Stahlkugel enthält, an die mit Hilfe eines Stativs, das sich an der Grundplatte befindet, die Meßuhr herangebracht wird. Diese Meßweise hat vor der mit Schieblehre den Vorteil, daß planparallele Endflächen entbehrlich sind; auch können einzelne hervorstehende Körnchen nicht stören, wenn Festigkeit und Gefüge des Steines überhaupt das Ausbohren gleichartiger Anlagekreise an die Kugeln gestatten. Bei der Ermittlung von Längenänderungen ist übrigens zu beachten, daß diese in verschiedener Richtung des Bausteins, verursacht durch die Verformungsart und Inhomogenität, abweichend sein können, so daß gegebenenfalls nach drei Achsen zu prüfen ist. Zur Ermittlung der Raumänderung der porenfreien Substanz ist vom spezifischen Gewicht vor und nach der Behandlung, deren Einfluß ermittelt werden soll, auszugehen. Dieses Verfahren kommt vor allem für die Erforschung von Modifikationsänderung und innerer Umwandlung in Frage, also vor allem bei quarzreichen oder aus Quarz hergestellten Steinen.

26. Ermittlung der vorübergehenden Raumänderungen (Wärmeausdehnung).

Im Gegensatz zu der Raumänderung, die nach bestimmter Behandlung bestehen bleibt, handelt es sich bei der vorübergehenden Größenänderung zunächst um die eigentliche thermische Ausdehnung, die beim Erwärmen eintritt und beim Erkalten wieder zurückgeht. Der Wärmeausdehnungskoeffizient keramischer Baustoffe ist klein und von der Temperatur abhängig, dabei sowohl reversibel als auch irreversibel. Es gibt also keramische Scherben, die während der Erhitzung ihren Ausdehnungskoeffizienten ändern, aber zu ihrer früheren Zustandsform zurückkehren, und andererseits solche, die nicht wieder zurückgehende Umwandlungen erleiden.

Die Bestimmung der Wärmeausdehnung erfolgt in einem Erhitzungsapparat, der die Einstellung einer gleichförmigen Temperatur für einen nicht zu kleinen Prüfkörper und eine genaue Ablesung der eintretenden Verlängerung ermöglicht, und zwar durch Längenmessung, z. B. mit Fühlhebel und Spiegelapparaten, auf rein optischem Wege durch Anvisieren von Meßmarken oder durch Interferenzvorgänge. Die Wärmeausdehnung wird meist als mittlere lineare Ausdehnung der Längeneinheit für ein bestimmtes Temperaturintervall angegeben. Dieses ist stets mit zu vermerken. Bei nicht stetiger Wärmeausdehnung ist die mittlere lineare Ausdehnung für die einzelnen Temperaturintervalle, in denen sie nahezu stetig verläuft, zu verzeichnen, oder es sind die Werte für je 100° anzugeben.

Für niedere Temperaturen kann der Fühlhebelapparat von FUESS dienen. In diesem können 10 cm lange Stäbe auf ihre ganze Länge einer genau festgelegten Temperatur ausgesetzt werden. Die eintretende Verlängerung wirkt auf einen Fühlhebel, der mit einem über eine Skala spielenden Zeiger verbunden ist. Der Prüfstab bzw. das Erhitzungsbad ruht auf einer Mikrometerschraube, mit deren Hilfe eine genaue Einstellung erfolgt. Der Zeiger dient also nur zur Festlegung des Nullpunktes. Die Längenänderung wird an der Mikrometerschraube abgelesen.

Für feuerfeste Baustoffe, bei denen die reversible oder irreversible Ausdehnung bis zu 1000° oder weit höher zu erforschen war, sind so zahlreiche Apparate angegeben worden, daß nur die Grundlagen für die Konstruktion und wenige beispielsmäßige Ausführungen beschrieben werden können. Zur Erhitzung der prismen- oder stabförmigen Prüfkörper von meist unter 10 cm Länge dienen Röhrenöfen mit elektrischer Beheizung durch Widerstandsdrähte, Kohlegrieß oder Silitstäbe, für die höchsten Temperaturen Kohlerohr- oder Zirkonoxydöfen. Die Messung der Längenänderung erfolgt direkt oder indirekt. Zu den direkten Methoden, bei denen jegliche Übertragungsmittel fehlen, dienen Kathetometer

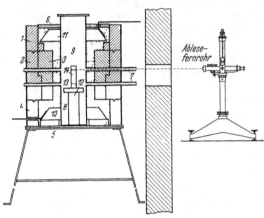

und Komparator, mit deren Hilfe zwei Meßmarken, Platinspitzen oder die Kanten von Einschnitten anvisiert werden. Aus dem Jahre 1924 stammt die Einrichtung des Chemischen Laboratoriums für Tonindustrie[1], die Messungen bis 1600° C ermöglicht. Abb. 46 zeigt den Ofen und das Kathetometer, die entfernt voneinander und wärmeisoliert gegeneinander so aufzustellen sind, daß die Meßmarken des Prüfkörpers durch die Visierrohre beobachtet werden können. Der Ofen ist der bekannte Kohlegrießwiderstandsofen. In der Achse der Visierrohre sind auf der anderen Seite des Ofens gleich-

Abb. 46. Kathetometer-Verfahren fur Messung der Warmeausdehnung in hoher Temperatur.

artige, durch Glimmerscheiben verschlossene Rohre angebracht, die mit diffusem Licht einer Beleuchtungslampe erhellt werden. In niederer Temperatur sind die Meßmarken dann dunkel auf hellem Hintergrund, in höherer Temperatur hell auf dunklem Hintergrund zu erkennen. Mit der Einrichtung können gleichzeitig zwei Prüfkörper gemessen werden.

Beim Komparatorverfahren, das mit zwei Fernrohren arbeitet, wurde zunächst ein horizontaler Rohrofen[2] verwendet. Endell[3] ist zur senkrechten Aufstellung des Prüfkörpers in einem Silitstabofen übergegangen. Die Messung der Längenänderung erfolgt

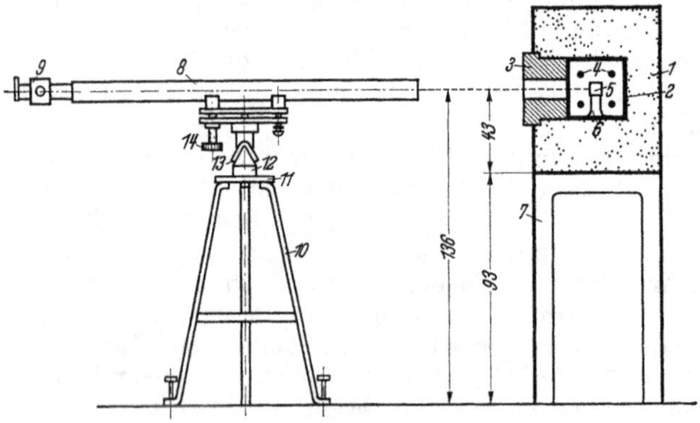

Abb. 47. Komparator-Verfahren fur Messung der Warmeausdehnung in hoher Temperatur.

nach Abb. 47 mit zwei Fernrohren 8 mit parallelen optischen Achsen. Beide Fernrohre besitzen Reiter 13, mit denen sie auf der Dreikantschiene 12 gleiten, so daß der waagerechte Abstand der optischen Achse in bestimmten Grenzen geändert werden kann. Bei der Messung wird dieser Abstand genau auf die Entfernung der beiden Meßmarken oder bei Anvisierung der Endflächen des Prüfkörpers auf dessen Länge eingestellt. E. Lux[4] hat einen Kohlerohrofen benutzt und dadurch das Temperaturbereich noch weiter erhöht. Salmang und Gareis[5] sind mit dem Kurzschlußofen sogar über 2000° gekommen.

[1] Tonind.-Ztg. Bd. 49 (1925) S. 452; Bd. 52 (1928) S. 712.
[2] Rieke: Keram. Rdsch. Bd. 22 (1914) S. 143.
[3] Endell-Steger: Ber. 124 des Werkstoff-Aussch. d. V. dtsch. Eisenh. — Endell: Feuerfest-Ofenbau Bd. 5 (1929) S. 3.
[4] Ber. d. D. K. G. Bd. 13 (1932) S. 549.   [5] Sprechsaal Bd. 68 (1935) S. 439.

Für die indirekten Methoden, die zumeist Quarzglas oder auch Graphitstab-übeträger benutzen, sind folgende Formen zu nennen: 1. Vergleichen des Probekörpers mit einem Vergleichskörper und Anzeige durch Spiegel oder Mikroskopbeobachtung. — 2. Hebelübertragung, Anschluß an einen Meßstab, Meßuhr oder Messen der Hebelbewegung mit Spiegel bzw. Prisma bei Fernrohr- oder Mikroskopablesung. Zu 1 zählen die Differentialdiatometer, bei denen sich der Prüfstab in einem Quarzglasrohr befindet und die Verschiebung des Quarzstabes, der an ihm sitzt, gegenüber dem Rohr gemessen wird.

Zu Ziffer 2 ist als einer der ersten Apparate der Hebelapparat von STE-GER[1] (Abb. 48) zu nennen. In dem Rohrofen 2 mit Drahtwicklung befindet sich der Prüfkörper 6 zwischen Quarz-glasstempeln 4 mit wassergekühlten Köpfen 5. Die Verschiebung des oberen Stempels überträgt sich auf den um 8 drehbaren Arm 7, wodurch der Zeiger 14 betätigt wird. Später ist die Einrichtung registrierend[2] ausgestaltet worden. MIEHR, KRATZERT und IMMKE[3] haben den Ofen mit Platindrahtwick-lung versehen und dadurch das Temperaturbereich bis 1470° erweitert. Der Einfluß der Quarzausdehnung muß bei solchen Apparaten durch empirische

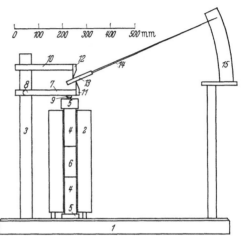

Abb. 48. Ausdehnungsmessung mit Hebelübertragung.

Eichung ausgeglichen werden. REICH[4] verwandte den Kohlegrießwiderstands-ofen und zwei Prüfkörper, durch die ein waagebalkenartiger Hebel betätigt wurde, dessen Verlagerung er mit zwei Fernrohren maß.

Sehr genau arbeiten die Interferenz- und die neuerdings entwickelten röntgeno-graphischen Methoden. Die Interferenzmessung geht auf FIZEAU zurück und wurde auch von LE CHATELIER angewandt. MERITT[5] hat in neuerer Zeit eine auch für höhere Temperaturen geeignete Vorrichtung geschaffen, bei der sich ein kleiner Ring oder drei gleich lange Stückchen des zu prüfenden Steines zwischen zwei planparallelen und polierten Quarzglasplatten befinden. Diese sind in einem kleinen Winkel zueinander gelagert, so daß eingestrahltes ein-farbiges Licht Interferenzentwicklung zeigt. Bei Erhitzung dieses Systems in einem Ofen wandern die Interferenzlinien entsprechend der Ausdehnung des Prüfkörpers, und so kann aus der Messung der Streifen die Wärmeausdehnung berechnet werden. Dieses Meßverfahren hat den Vorteil, daß mit geringen Probemengen, auch selbst Scherben- und Glasurbruchstücken, gearbeitet werden kann.

27. Messen der Wärmeleitfähigkeit[6].

Die Wärmedurchlässigkeit und die durch sie bedingte Wärmedämmung, andererseits die sich in der Verknüpfung mit der Dichte und der spezifischen Wärme ergebende Temperaturleitfähigkeit haben für die keramischen Baustoffe

[1] Stahl u. Eisen Bd. 45 (1925) S. 254.
[2] Sprechsaal Bd. 58 (1925) S. 806. — LITINSKY: Prüfanstalt für feuerfeste Materialien, Leipzig 1930 S. 78.
[3] Tonind.-Ztg. Bd. 51 (1927) S. 417   [4] Ber. d. D. K. G. Bd. 13 (1932). S. 157.
[5] MERITT: Scient. Pap. Bur. of Stand. Nr. 485 (1924) [vgl. Tonind.-Ztg. Bd. 48 (1924) S. 1134]. — MERITT: J. Res. Bur. of Stand. (1933) S. 59.   [6] Vgl. auch S. 535f.

und Baukonstruktionen außerordentliche Bedeutung. Die Messungen ergaben zunächst vielfach Unstimmigkeiten aus der Verschiedenheit der Methoden, der Nichtbeachtung von Feuchtigkeitsgehalten und vor allem aus dem Umstand, daß als Vergleichsbasis oft die 25-cm-Ziegelwand gewählt war. Als Vergleich kann selbstverständlich nur die Wärmeleitzahl λ dienen. Die Wärmeleitzahl

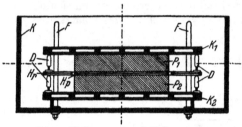

gibt die Anzahl großer Kalorien an, die in der Stunde eine 1 m² große und 1 m dicke Platte beim Temperaturgefälle von 1° zwischen den beiden Plattenseiten und bei Verhinderung seitlicher Ableitung von Wärme im Dauerzustand durchströmen. Unerläßlich ist neben der Zahl λ die Angabe des Meßverfahrens. Ferner sind zur Beurteilung der gemessenen Werte unbedingt auch der Feuchtigkeitsgehalt, die Porosität und

Abb. 49. Plattenapparat nach R. POENSGEN.

das Raumgewicht mitzuteilen. Bei niederem Raumgewicht ist der Einfluß des Stoffes gering, entscheidend vor allem die Art der Poren und Lufträume, die entweder durch das Gefüge oder ihre Anzahl sowie die Verteilung von Löchern und

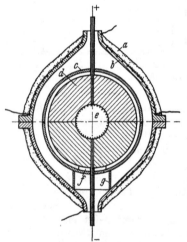

Hohlräumen bedingt sind. Für den Bautechniker am wichtigsten ist die Wärmeleitfähigkeit der Konstruktion, also von Stein und Mörtel im Verband (vgl. S. 536). Da aber auch als Grundvergleich das Verhalten des einzelnen Steines oder des Materials (was vor allem für die feuerfesten Baustoffe gilt) wichtig ist, sollen einige zu solchen Prüfungen in Frage kommende Verfahren beschrieben werden.

Die Ermittlung der Wärmeleitfähigkeit kann bei veränderlichem oder im stationären Wärmezustand erfolgen. Im ersten Fall wird die Temperaturleitfähigkeit erhalten. Bevorzugt ist allgemein das stationäre Verfahren, bei dem die Wärmemengen auf elektrischem oder kalorimetrischem Wege nach Erreichung eines gleichförmigen Wärmestromes ermittelt werden. Nach der Form der Meßkörper sind das Hohlkugel-, Hohlzylinder- und Plattenverfahren zu unterscheiden.

Abb. 50. Wärmeleitfähigkeitsmessungen an halbkugelförmigen Prüfkörpern nach EUCKEN-LAUBE-GOLLA.

Mit einer kurzen Beschreibung des letztgenannten, und zwar in der von POENSGEN angegebenen Form mit Randheizung, wird die Übersicht der Verfahren begonnen.

Abb. 49 zeigt die schematische Anordnung des POENSGEN-Apparates. P_1 und P_2 sind zwei plattenförmige Prüfkörper, zwischen denen sich ein Heizkörper H_p von der gleichen Querschnittsform befindet. Dieser ist ringförmig von einem weiteren Heizkörper H_r umgeben. Auf den Außenseiten der Versuchsplatten liegen die Kühlplatten K_1 und K_2, die beim Arbeiten in höherer Temperatur, aber auch durch eingebaute Heizkörper elektrisch geheizt werden können. Sie sind nur als Kühlplatten bezeichnet, weil sie die kühle Außenseite gegenüber der beheizten Innenseite abgeben. Wesentlich ist vor allem der Heizring, der Randverluste verhindert. An den Heiz- und Kühlplatten liegen Thermoelemente, mit denen die Ein- und Austrittstemperatur für die zu prüfenden Platten gemessen wird. Die Temperaturen für H_p und H_r werden durch getrennte Regelung der Heizströme gleichgestimmt. Aus der dem inneren Heizkörper zugeführten Stromstärke und Spannung des Heizstromes ergibt sich die im stationären Zustand abgegebene Wärmemenge. Die weiteren gezeichneten Teile dienen nur der Lagerung des Apparates in dem Kasten K.

Die physikalisch-technische Reichsanstalt hat den POENSGEN-Apparat für runde Platten abgewandelt. Auf diese Form des Meßverfahrens ist in den Richtlinien des Materialprüfungsausschusses der Deutschen Keramischen Gesellschaft von 1927[1] verwiesen.

Die kalorimetrische Messung beim Plattenverfahren hat GOERENS[2] angewandt.

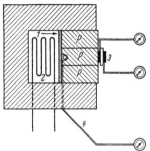

Eine Form des Kugelverfahrens für die Prüfung feuerfester Stoffe bei Temperaturen bis 1300° haben EUCKEN, LAUBE und GOLLA[3] angegeben, deren praktische Durchbildung aus der Abb. 50 zu ersehen ist. Die halbkugelförmigen Prüfkörper d müssen gesondert aus dem zu prüfenden Material gefertigt werden. Sie schließen in einem Hohlraum den Heizkörper e, eine mit Rillen und Platindrahtbewicklung versehene Kugel, ein. In der Berührungsebene der beiden Halbkugeln sind in mehreren konzentrischen Kreisen Thermo-

Abb. 51. Anordnung zur Messung der Warmeleitfähigkeit mit Warmeflußmesser nach LAMORT.

elemente in genau gemessenem Abstand eingelegt. Der Meßkörper wird von einer Hohlkugel aus Metall c umhüllt, und diese wiederum ist von einem Außenheizkörper b umschlossen. Der Außenheizkörper besteht aus nahezu halbkugelförmigen Steingutschalen mit Drahtbewicklung und ist nach außen durch einen Asbestbelag a isoliert. Gemessen werden der dem Heizdraht der innersten Kugel zugeführte Strom und die Temperatur in drei Zonen der Meßkugel. Aus diesen Werten läßt sich nach Eintritt des stationären Zustandes die Wärmeleitfähigkeit für die genau einzustellende Temperaturstufe berechnen.

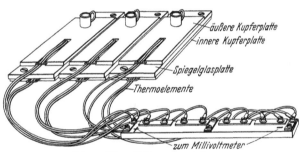

Abb. 52. Warmeflußmesser nach LAMORT.

Die bisher beschriebenen Verfahren erfordern größere Platten oder die besonders gefertigten Kugelkörper. Demgegenüber ist es bei der kalorimetrischen Messung der durchtretenden Wärmemenge leichter möglich, mit kleineren Körpern zu arbeiten, die sich aus Steinen von Normalformat anfertigen lassen. Eine derartige Apparatur ist im Institut für Gesteinshüttenkunde, Aachen[4], ausgebildet worden.

Einfacher ist die Handhabung des Wärmeflußmessers nach LAMORT. Abb. 51 zeigt die Anordnung der Apparatur, wie sie vom Chemischen Laboratorium für Tonindustrie benutzt wird, Abb. 52 gesondert den Wärmeflußmesser selbst. In die Öffnung eines elektrisch beheizten Ofens (Abb. 51) sind drei Normalsteine P eingesetzt, die hinten an einer Platte aus Siliziumkarbid 1 anliegen. Die Heizung

[1] Ber. d. D. K. G. Bd. 8 (1927) S. 55.
[2] Ber. 34. Hauptvers. Ver. dtsch. Fabr. feuerfester Prod., (1914) S. 92.
[3] EUCKEN-LAUBE: Tonind.-Ztg. Bd. 53 (1929) S. 1599. — GOLLA-LAUBE: Tonind.-Ztg. Bd. 54 (1930) S. 1411.
[4] ESSER, SALMANG u. SCHMIDT-ERNSTHAUSEN: Sprechsaal Bd. 64 (1931) S. 127. — SALMANG-FRANK: Sprechsaal Bd. 68 (1935) S. 225.

erfolgt elektrisch durch Heizdrähte *2*. Die Siliziumkarbidplatte sorgt für einen gleichförmigen Temperaturübergang. Die Messung wird an dem mittleren Stein ausgeführt, der auf der Vorderseite den Wärmeflußmesser *3* trägt. Außerdem ist er auf der Rückseite mit einer oder mehreren Rillen versehen, in die Thermoelemente *4* eingelagert sind. Das LAMORT-Gerät (Abb. 52) besteht aus einer bis drei Meßzellen, jede Meßzelle aus einer Spiegelglasplatte, die beiderseits mit Kupferplatten belegt ist; an diesen sind ebenfalls Thermoelemente befestigt. Das zwischen den beiden Kupferplatten nach Erreichung des stationären Zustandes sich ergebende Wärmegefälle erbringt zusammen mit der Temperatur auf der Heizseite des Prüfsteines die Zahl λ nach der Formel

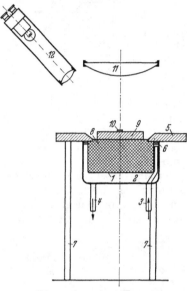

$$\frac{140 \cdot (t_i - t_a)}{(T - t_i) \cdot \dfrac{100}{d}},$$

in der T die Heiztemperatur auf der Rückseite des Prüfkörpers, t_i die innere Meßstelle, t_a die äußere Meßstelle des LAMORT-Gerätes und d die wirksame Dicke des geprüften Steines ist.

Von den Verfahren, die nicht stationär arbeiten und daher die Temperaturleitfähigkeit ergeben, erscheint sehr zweckmäßig und deshalb erwähnenswert das von STEGER[1] auf Grund von Vorarbeiten der schwedischen Forscher PYK und STÅLHANE[2]. Die STEGERsche Arbeitsweise und Vorrichtung erfordern nur kleine plattenförmige Prüfkörper. Die Messung ist schnell in wenigen Minuten mit

Abb. 53. Apparat zur Messung der Temperaturleitfähigkeit von keramischen Stoffen nach STEGER.

ausreichender Genauigkeit durchzuführen, so daß die Ermittlung von Wärmeleitfähigkeitswerten nicht viel Zeit benötigt. Um von der Temperaturleitfähigkeit zur Wärmeleitfähigkeit zu kommen, ist allerdings noch die Ermittlung des Raumgewichts und der spezifischen Wärme notwendig. Der Grundgedanke des Verfahrens besteht darin, einen kleinen plattenförmigen Prüfkörper des keramischen Baustoffes plötzlich auf einer dampfbeheizten Quecksilberschicht zu erwärmen und die Zeit zu bestimmen (mit Stoppuhr), nach der die nicht erhitzte Seite eine bestimmte Temperatur zeigt. Zur Feststellung der Temperatur an der oberen Fläche des Prüfkörpers dient Diphenylamin oder ein anderes organisches Salz mit einem Schmelzpunkt von etwa 50°. In Abb. 53 ist *8* das Quecksilberbad, das in einem doppelwandigen Erhitzungsgefäß *1*, *2* durch Dampf erhitzt wird. Ist die Badflüssigkeit auf Dampftemperatur gebracht worden, so wird der Prüfkörper *9*, in dessen Mitte ein Diphenylaminkristall *10* lagert, auf das Quecksilber gelegt. Mit der Stoppuhr wird die Zeit bis zum Schmelzen des Kristalls gemessen. Der Schmelzvorgang ist durch Lupe *11* an dem mit Beleuchtungsapparat *12* erhellten Kristall zuverlässig zu erkennen. Die Temperaturleitfähigkeit ergibt sich dann nach folgender Formel:

$$a = \frac{\text{Dicke}^{1,7} \cdot 0,41}{\text{Schmelzzeit}} \ \frac{\text{cm}^2}{\text{sec}}$$

0,41 ist in dieser Formel eine Konstante, die durch Eichung des Apparates mit Stoffen bekannter Temperaturleitfähigkeit erhalten wird. Das Verfahren ist auch für höhere Temperaturen anwendbar, z. B. mit elektrisch beheizten Metallbädern bis etwa 400°.

[1] Ber. d. D. K. G. Bd. 16 (1935) S. 596.   [2] Tekn. T. Bd. 62 (1932) S. 285.

Die Entwicklung dieses Prüfgebietes ist nachzulesen in dem Werk „Die Keramik im Dienste von Industrie und Volkswirtschaft", Braunschweig 1933, S. 435ff., den Mitteilungen aus dem Forschungsinstitut der Vereinigten Stahlwerke Dortmund (Kanz) 1925 und 1932; SALMANG (s. o.); CAMMERER: Die konstruktiven Grundlagen des Wärme- und Kälteschutzes im Wohn- und Industriebau. Berlin 1936.

Von ausländischen Vorschlägen sind zu nennen: Die A.S.T.M.-Norm D 325—31 T (Vergleichsverfahren); WILKES 1933[1] (kalorimetrisch); FINCK 1935 und 1937[2] (Plattenverfahren); NICHOLLS 1936[3] (Bericht über Gemeinschaftsversuche mit 7 verschiedenen Vorrichtungen); Britische Norm für chemisches Steinzeug Nr. 784—1938 (Würfel- und Plattenverfahren); WEH 1937[4] (vereinfachte Form des POENSGEN-Plattenverfahrens).

Schwierigkeiten bietet die Ermittlung der Wärmeleitfähigkeit bei Hohlsteinen. Deshalb beschränkt man sich bei diesen vielfach auf die Berechnung[5]. BRUCKMAYER[6] weist darauf hin, daß die Rechnung sehr beträchtliche Abweichungen ergeben kann, und empfiehlt als Ersatz Modellversuche mit Metallfolie, die dem Hohlstein nachgebildet ist. Diese werden auf elektrische Leitfähigkeit geprüft und nach empirischen Grundlagen daraus die Wärmeleitfähigkeit errechnet.

28. Messen der spezifischen Wärme.

Unter spezifischer Wärme eines Körpers versteht man diejenige Wärmemenge, die erforderlich ist, um 1 g Substanz um 1° C zu erwärmen. Sie entscheidet über den Wärmeverbrauch bei der Erhitzung und der Abkühlung und ist besonders wichtig bei Baustoffen, denen eine Speicherungsaufgabe zukommt, wie Kacheln. Die spezifische Wärme ist von der Temperatur abhängig. Sie wird als Mittelwert für ein bestimmtes Temperaturintervall angegeben.

Die Bestimmung geschieht an gekörntem Gut nach rein physikalischen Methoden, zumeist kalorimetrischen, nach dem Mischverfahren oder elektrisch, z. B. aus der elektrischen Energie, die notwendig ist, um der Versuchssubstanz eine bestimmte Temperatur zu verleihen.

Einfache kalorimetrische Laboratoriumsverfahren, deren Genauigkeit aber nur für praktische Zwecke ausreicht, sind von TSCHAPLOWITZ[7] und LUDWIG[8] angegeben worden. Eine einfache Anweisung findet sich auch in dem englischen Normblatt für chemisches Steinzeug Nr. 784—1938.

Die spezifische Wärme feuerfester Stoffe bei höherer Temperatur ist von MIEHR, KRATZERT und IMMKE[9] nach dem Wassermischverfahren ermittelt worden.

STEGER empfiehlt das Dampfkalorimeter[10], bei dem die latente Wärme des Wasserdampfes zur Erhitzung des Prüfkörpers ausgenutzt und die Menge des verbrauchten Wasserdampfes durch Wägung des niedergeschlagenen Wassers festgestellt wird. STEGER hebt hervor, daß die Methode schnell geht und kaum Korrekturen erfordert. Der Prüfkörper hängt an einer Waage innerhalb des von Dampf durchströmten Gefäßes. Es ist vorgesorgt, daß nur der vom Versuchsstück für dessen Erwärmung kondensierte Dampf zur Wägung kommt.

---

[1] J. Amer. Ceram. Soc. Bd. 16 (1933) S. 125.
[2] J. Amer. Ceram. Soc. Bd. 18 (1935) S. 6; Bd. 20 (1937) S. 378.
[3] Bull. Amer. Ceram. Soc. Bd. 15 (1936) S. 37.
[4] Gen. Electr. Rev. Bd. 40 (1937) S. 138.
[5] CAMMERER: Konstruktive Grundlagen des Wärme- und Kälteschutzes im Wohn- und Industriebau, Berlin (1936) S. 37.
[6] Gesundh.-Ing. Bd. 60 (1937) S. 157.   [7] Sprechsaal Bd. 56 (1923) S. 104.
[8] BERL-LUNGE: Chemisch-technische Untersuchungsmethoden (1932) S. 189.
[9] Tonind.-Ztg. Bd. 50 (1926) S. 1671.   [10] Ber. d. D. K. G. Bd. 16 (1935) S. 601.

Die ziemlich umfangreiche Literatur über spezifische Wärme ist, soweit sie bis 1928 erschienen ist, in einem Aufsatz in den Berichten der Deutschen keramischen Gesellschaft[1] nachzulesen.

29. Messen von inneren Spannungen.

Das Vorhandensein von Spannungen verrät sich durch Risse oder Auftreten von Rissen bei der Lagerung oder beim Gebrauch. Spannungen sind erkennbar bisweilen durch optische Beobachtung, insbesondere bei durchsichtigen Körpern, durch Abschreckprüfungen und bei mehrschichtigen Stoffen durch getrennte

Abb. 54. Meßkörper fur den keramischen Spannungsmesser nach STEGER.

Messung der Ausdehnung sowie Elastizität von Scherben und Glasur. Im letzten Fall wird jedoch der Einfluß der Übergangsschicht nicht erfaßt. Es war daher ein außerordentlicher Fortschritt, als STEGER[2] 1928 ein einfaches Meßverfahren für die bei mehrschichtigen keramischen glasierten, engobierten oder mit anderen Überzügen versehenen Stoffen auftretenden Spannungen angab.

Das Prüfverfahren nach STEGER erfordert besondere Meßstäbe[3] entsprechend Abb. 54. Bei der Herstellung der Formen sind Trocken- und Brennschwindung der Masse zu berücksichtigen. Die Meßkörper selbst werden durch Einstreichen der Masse im plastischen Zustand in Gipsformen gefertigt. Für feinkörnige Massen dienen Probekörper mit den in der Abb. 53 angegebenen Abmessungen.

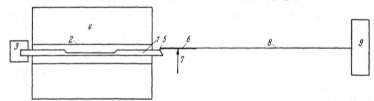

Abb. 55. Schema des keramischen Spannungsmessers nach STEGER mit Anzeigung durch Zeiger und Skala.

Bei Massen mit gröberem Korn und bei Verarbeitung durch Pressen oder Gießen wird die Dicke des Stabes nahezu verdoppelt, die Breite auf das 1,7fache erhöht. Dieser größere Prüfstab kommt besonders für feuerfeste Massen mit Überzügen von Schutzanstrichen oder von geschmolzenen Aschen oder Schlacken in Frage. Die bei der Prüfung auftretende Krümmung des Stabes kann mechanisch oder optisch (z. B. direkt mittels Mikroskops) gemessen werden.

Abb. 55 zeigt das Schema einer einfachen Ausführung des Meßgerätes mit mechanischer Vergrößerung durch einen Zeiger und Ablesung der Biegung an einer Skala.

Der Meßstab *1* wird in die Klemme *3* eingespannt. Bei *5* liegt auf seiner Oberkante ein Anschlag auf, der durch Drehung des Waagebalkens *6* um die Achse *7* die Krümmung des Meßstabes auf den Zeiger *8* überträgt. Die Größe der Zeigerbewegung wird auf der Skala *9*, deren Nullpunkt in der Mitte liegt,

---

[1] Ber. d. D. K. G. Bd. 9 (1928) S. 285.   [2] Ber. d. D. K. G. Bd. 9 (1928) S. 203.
[3] Keram. Rdsch. Bd. 45 (1937) S. 467.

abgelesen. Die Erhitzung des Meßstabes erfolgt in einem elektrischen Röhren-
ofen *4*, die Temperaturmessung durch ein in den Ofen eingeschobenes Thermoelement.

Vor dem Erhitzen muß die Brennhaut auf der unteren Seite des glasierten
Teiles des Meßstabes, zweckmäßig mittels Sandstrahlgebläses, entfernt werden,
da die Brennhaut selbst mit dem Scherben Spannungen geben und somit die
Meßergebnisse fälschen kann. Die Messungen können unter Erhitzung des Meßstabes oder bei der Abkühlung erfolgen, wobei zwei verschiedene Kurven erhalten
werden. Die Temperatursteigerung bei der Erhitzung soll etwa 3 bis 5° je Minute
betragen und die Zeigerstellung an der Skala jeweils bei den vollen 20° abgelesen
werden. Ändert der Zeiger bei Temperaturen von 600 bis 700° seine Stellung bei
mehreren aufeinanderfolgenden Ablesungen nicht mehr, so ist die Messung
beendet. Für die Spannungsmessung während der Abkühlung wird der Meßstab
im Ofen mit einer Geschwindigkeit von rund 20°/min bis zum Stillstand des
Zeigers im allgemeinen auf etwa 700 bis 800° erhitzt. Die Abkühlung wird dann
mit dem Regelwiderstand so geregelt, daß ein Temperaturgefälle von 3 bis 5°/min
entsteht. Unterhalb 500° wird der Regelwiderstand abgeschaltet und der Ofen
der natürlichen Abkühlung überlassen, die bei den unteren Temperaturen durch
einen schwachen Luftstrom beschleunigt werden kann.

Nach einigen Versuchen erkennt man, welche Zeigerbewegung Neigung der
Glasur zu Absprengungen (*A*) oder Haarrissen (*H*) angibt, nämlich:

	Bei der Erhitzung	Abkühlung
+ -Zahlen	*H*	*A*
— -Zahlen	*A*	*H*

Bei gesinterten Massen (Steinzeug, Porzellan) liegt die Entspannungs-
temperatur der Glasur (Stillstand des Zeigers) dicht neben der Erweichungstemperatur des Meßstabes. Der dünne flache Meßstab biegt sich beim Übergang
in einen hochzähflüssigen Zustand langsam durch, wobei der falsche Eindruck
entsteht, als ob die Glasur Neigung zu Haarrissen zeigt. Bei Steinzeug oder
Porzellan muß man daher zunächst an unglasierten, sorgfältig von der Brennhaut
befreiten Stäben aus derselben Masse den Beginn der Durchbiegung ermitteln.

Da sich die Meßergebnisse nur bei Stäben mit völlig gleichen Abmessungen
und gleichen Elastizitätsmoduln vergleichen lassen, schlägt STEGER vor, die
unmittelbar erhaltenen Werte auf einen Einheitskörper von 100 mm Länge,
14,815 mm Breite und 3 mm Dicke bei einem Elastizitätsmodul (Biegung) von
5000 kg/mm² zu beziehen[1].

BLAKELY[2] kittet zwei Probestäbe an einem Ende zusammen, so daß ein
stimmgabelartiger Prüfkörper entsteht, bei dem der Abstand der Gabelspitzen
gemessen wird.

Spannungsmessungen nach dem STEGERschen Verfahren sind zweckmäßig
mit der auf S. 272 behandelten HARKORT-Prüfung und der Autoklavprobe, die
auf S. 273 besprochen wird, in Vergleich zu setzen.

Eine andere Form der Spannungsmessung hat SCHURECHT[3] angegeben, nämlich einen ringförmigen Prüfkörper von 5 cm Dmr., der auf der Außenseite
glasiert wird. Nach dem Brennen werden auf der Außenseite zwei Meßmarken angebracht, etwa in 0,6 cm Abstand, und zwischen diesen der Ring
aufgeschnitten. Die Entfernung der Marken wird mikroskopisch vor und nach

[1] Ber. d. D. K. G. Bd. 16 (1935) S. 287 (enthält die Umrechnungsformeln).
[2] J. Amer. Ceram. Soc. Bd. 21 (1938) S. 243.
[3] SCHURECHT-POLE: J. Amer. Ceram. Soc. Bd. 13 (1930) S. 369.

dem Aufschneiden gemessen. Steht die Glasur unter Druckspannung, so verringert sich der Abstand der Marken, bei Zugspannung vergrößert er sich. Spannungen des Scherbens selbst werden an einem unglasierten Körper erforscht[1]. Auch diese Methode soll gute Ergebnisse für den praktischen Betrieb liefern.

30. Prüfung des Verhaltens bei hoher Temperatur.

Die keramischen Baustoffe haben keinen wahren Schmelzpunkt. Je nach ihrer chemischen Zusammensetzung und der Stoffmischung, aus welcher der Stein entstanden ist, ergibt sich ein Erweichungsintervall, dessen Verlauf von verschiedenen weiteren Bedingungen abhängt, z. B. Grad der Homogenisierung der Masse, Kornaufbau des Scherbens, Atmosphäre des Erhitzungsraumes, vor allem aber von der Erhitzungsgeschwindigkeit. Es gibt also keinen festen Schmelzpunkt, sondern nur einen durch die Prüfungsbedingungen bestimmten Erweichungszustand. Die älteste, wenn auch nach dem heutigen Stand der Forschung allein nicht mehr ausreichende, praktisch aber unentbehrliche Form eines als Schmelzen geltenden Erweichungszustandes wird durch den Kegelschmelzpunkt dargestellt. Dieser hat sich aus dem Vorbild des Segerkegels ergeben.

a) Ermittlung des Kegelschmelzpunktes.

Segerkegel sind keramische Körper von der Form dreiseitiger langgestreckter Pyramiden mit abgestumpfter Spitze, deren Höhe 6 bzw. 2,5 cm beträgt. Sie stellen Silikatgemische dar und werden aus Gemengen verschiedener keramischer Stoffe, wie Kaolin, Quarz, Feldspat, anderen Flußmitteln und künstlich hergestellten Fritten, so zusammengesetzt, daß sich eine an Schwerschmelzbarkeit zunehmende Reihe ergibt. Mit Schmelzen ist ein derartiges Erweichen gemeint, daß der sich neigende Segerkegel mit der Spitze die Unterlage berührt. Im allgemeinen schmelzen die Kegel in Abständen von 20 bis 30°; die ganze Kegelskala umfaßt das Gebiet von 600 bis 2000°. Wenn auch zu den Segerkegeln Temperaturen in Celsiusgraden angegeben werden, so muß doch streng berücksichtigt werden, daß diese Temperaturwerte nur für die bestimmten Erhitzungsbedingungen gelten.

Kennzeichnend für den Kegelschmelzpunkt ist also das Niedergehen des kegelförmigen Prüfkörpers ohne jede Belastung, ausschließlich durch Hitzeeinwirkung und sein Eigengewicht.

Bei den üblichen Baustoffen kommt dem Schmelzen und Erweichen keine praktische Bedeutung in der Verwendung zu; trotzdem kann die Ermittlung des Kegelschmelzpunktes zur sicheren Einordnung der Stoffe wertvoll sein. Eine bedeutsame Materialeigenschaft bildet dieser für die feuerfesten Baustoffe, bei denen der Begriff „Feuerfestigkeit" für den Kegelschmelzpunkt geprägt worden ist.

Feuerfest werden seit alters her solche Baustoffe genannt, deren Schmelzpunkt nicht unter Segerkegel 26 liegt (entsprechend einem Segerkegelschmelzpunkt von 1580° C). Diese Begriffsbestimmung ist in das Normblatt DIN 1061 „Allgemeines zu den Prüfverfahren für feuerfeste Baustoffe" aufgenommen worden. Die Feuerfestigkeitsbestimmung selbst ist durch das Normblatt DIN 1063 geregelt, aus dem folgende Vorschriften hier eingeschaltet werden:

Die Prüfkörper erhalten die Gestalt und Größe von kleinen Segerkegeln mit etwa 2,5 cm Höhe. Sie werden aus Bruch- oder Schnittstücken des zu prüfenden Steines durch Knipsen oder Schleifen hergestellt. Die Prüfkegel werden zusammen mit Segerkegeln in einem elektrischen Kohlegrießwiderstandsofen erhitzt, bis völliges Zusammensinken oder Umbiegen des Prüfkörpers

---

[1] Davis-Lueders: J. Amer. Ceram. Soc. Bd. 15 (1932) S. 34.

eintritt, wobei dessen Spitze die Unterlage leicht berühren soll. Oberhalb Segerkegel *26* hat die Beheizung des Ofens so zu erfolgen, daß der Temperaturanstieg
von Kegelschmelzpunkt zu Kegelschmelzpunkt mindestens 5 und höchstens
10 min währt. Das Heizrohr muß mindestens 500 mm hoch und innen 60 mm
weit, die Zone gleichmäßiger höchster Erhitzung mindestens 120 mm lang sein.
Die Prüfkegel und Segerkegel werden (z. B. mit einer Schamottemasse) auf eine
Platte aufgekittet, wobei die kürzeste Kante der Segerkegel senkrecht stehen
muß. Diese Anweisung ist besonders wichtig. Es sind mehrere Vergleichsprüfungen durchzuführen, so daß nicht nur das Ergebnis für den im Schmelzver-
halten entsprechenden Segerkegel, sondern auch für
den nächstniedrigeren und nächsthöheren vorliegt.

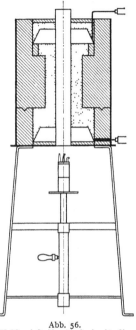

Besonders zu beachten an der Vorschrift sind das
Arbeiten mit Stückproben und das ausdrückliche Verbot, die Prüfkegel aus zerkleinerter Masse zu fertigen,
da dies vielfach einen niedrigeren Schmelzpunkt zur
Folge haben würde. Nur beim Mörtel und bei unge-
formten Massen ist deren unmittelbare Verformung
zum Prüfkegel erlaubt. Das zugelassene Erhitzungs-
intervall von Kegelschmelzpunkt zu Kegelschmelzpunkt von 5 bis 10 min ist etwas weit und zweckmäßig noch schärfer zu fassen. Bei der Abhängigkeit
des Ergebnisses von der Erhitzungsgeschwindigkeit
können sich nämlich schon dadurch bei zusammengesetzten Massen nicht unbeträchtliche Unterschiede
ergeben. Weiter muß beobachtet werden, ob unterhalb der beginnenden Erweichung Ausschmelzungen,
sog. Aussaigerungen, auftreten, die gegebenenfalls zur
Folge haben, daß der scheinbare Kegelschmelzpunkt
viel höher liegt, als der Durchschnittsmasse entspricht.
Ein besonders wichtiger Teil des Prüfverfahrens
ist die genaue Festlegung eines Ofens mit elektrischer
Beheizung. Der früher übliche DEVILLEsche Gebläse-
ofen ist damit für Schiedsprüfungen ausgeschaltet.
Der allgemein benutzte Kohlegrießwiderstandsofen
ist in Abb. 56 dargestellt. Er ist auf einem Gestell

Abb. 56.
Kohlegrießwiderstandsofen für die
Feuerfestigkeitsbestimmung.

aufgebaut, so daß die Platten mit den Prüfkegeln von unten eingeführt und nach
unten herausgenommen werden. Dadurch kann ein ganz schwacher Luftstrom
erzeugt werden, da eine möglichst neutrale oder schwach oxydierende Atmosphäre wünschenswert ist. Die Elektroden, konische Eisenblechringe, liegen in
dem erweiterten oberen und unteren Ofenteil in Kohlegrieß eingebettet. Im
mittleren Teil ist der Querschnitt verjüngt. Für Temperaturen über Segerkegel *38* werden Graphitelektroden benutzt. Bei richtiger Bedienung des Ofens
bietet es keine Schwierigkeiten, eine gleichmäßige Temperaturverteilung am
Rohrumfang zu erzielen. Zur Ausschaltung von Ungleichmäßigkeiten ist von
russischer Seite vorgeschlagen worden, den die Kegel tragenden Untersatz
rotieren zu lassen.
Nach dem englischen Prüfverfahren werden Kegel von 51 mm Höhe benutzt.
Die Temperatur wird wesentlich schneller gesteigert, nämlich 10° je Minute.
Der Ofen ist völlig frei gelassen. Das letzte gilt auch für die amerikanische Norm
zur Ermittlung des sog. Pyrometerkegelwertes A.S.T.M. C 24—35. Es können
Öfen mit Gas- oder Ölfeuerung benutzt werden, und es ist nur vorgesehen, daß
die Flammen die Kegel nicht bespülen dürfen. Genau vorgeschrieben ist die
Temperatursteigerung, die in Rücksicht auf den andersartigen Aufbau der in

Amerika benutzten, den deutschen Segerkegeln nachgebildeten Prüfkegel von Kegel zu Kegel beträchtlich schwankt. Ein weiterer Unterschied ist die Benutzung zerkleinerten Gutes. Die Steinmasse soll bis 0,2 mm Korngröße zerkleinert werden, und aus diesem Feingut sind, gegebenenfalls mit organischen Bindemitteln, Versuchskegel von den Größenabmessungen der kleinen Segerkegel zu fertigen. Auch in Amerika wird die Neigung der Kegel bei der Aufstellung beachtet.

Die Vorschrift der Niederlande ist im wesentlichen der deutschen angepaßt. Es sind jedoch wahlweise Stück- und Pulverkegel zugelassen; die Kegelabmessungen sind noch schärfer als bei uns umrissen.

b) Prüfung des Erweichens.

Mit Erweichen wird die Eigenschaft von keramischen Massen und Erzeugnissen bezeichnet, weit unterhalb des sog. Schmelzpunktes den Halt und die Form zu verlieren. Der unter a) beschriebene Kegelschmelzpunkt stellt einen gewissen Endzustand der Erweichung dar, bei dem diese ohne andere als Temperatureinflüsse bis zum haltlosen Zusammensinken gediehen ist. Das Erweichen beruht auf dem Flüssigwerden bereits vorhandener Schmelzmassen oder der Neubildung solcher während des Erhitzens, so daß die Festigkeit abnimmt. Die sich ergebende Deformation ist je nach der Zusammensetzung, dem Korngefüge und der Vorgeschichte des Erzeugnisses bezüglich Aufbereitung und Brand verschieden. Da das Erweichen unabhängig von der Lage des Kegelschmelzpunktes schon frühzeitig eintreten kann, kommt es bei durch Hitze beanspruchten Massen sehr darauf an, den Erweichungsverlauf genau kennenzulernen und messend zu verfolgen. Derartige Prüfungen haben sogar vielfach größere Bedeutung gewonnen als der Kegelschmelzpunkt. Es ist aber darauf hinzuweisen, daß die für die Erweichungsprüfung ausgebildeten Verfahren keine exakten Zahlen liefern. Solche sind in gewissen Fällen durch Viskositätsmessungen[1] zu gewinnen. Belastung fördert das Erweichen oder die sich praktisch oft ergebende Durchbiegung, und deshalb ist zum Erkennen der Erweichungsneigung schon frühzeitig zu gemeinsamer Einwirkung von Hitze und Belastung gegriffen worden; die ersten Versuche wurden in Deutschland bereits Anfang des Jahrhunderts vorgenommen[2].

Ohne Belastung verfolgte Cramer[3] die Erweichungsneigung an Stäben mit den Abmessungen $10 \times 20 \times 250$ mm, die er an zwei Stellen unterstützte — nachdem sie zuvor mehr oder weniger häufig in völlig unterstützter Lage vorgebrannt worden waren —, also freitragend hoher Temperatur aussetzte. Vielfach üblich ist es auch, einseitig eingespannte Stäbe zu brennen und die sich bei steigender Temperatur oder bei festbleibender Temperatur mit der Zeitdauer ergebende Biegung zu verfolgen.

Auf Grund der Vorarbeiten von Endell, Steger, Miehr, dem Chemischen Laboratorium für Tonindustrie usw. sowie gemeinsamen Arbeiten des Fachnormenausschusses für feuerfeste Baustoffe ist die Prüfung des Erweichens feuerfester Baustoffe bei hohen Temperaturen unter Druckbelastung im Jahre 1930 in dem Normenblatt DIN 1064 als Druckfeuerbeständigkeit genormt worden. Grundlage des Verfahrens ist gleichbleibende Belastung mit 2 kg/cm² und stetige Steigerung der Temperatur bis zum Zusammensinken oder -brechen eines zylindrischen Prüfkörpers von 50 mm Dmr. und 50 mm Höhe. Die Erhitzung erfolgt in einem Kohlegrießwiderstandsofen der S. 285 beschriebenen Ausbildung,

---

[1] Hartmann: Ber. d. D. K. G. Bd. 19 (1938) S. 367.
[2] Tonind.-Ztg. Bd. 55 (1931) S. 1115 u. Ber. d. D. K. G. Bd. 5 (1924) S. 65.
[3] Cramer: Tonind.-Ztg. Bd. 25 (1901) S. 706.

jedoch mit dem größeren lichten Rohrdurchmesser von 100 bis 120 mm. Die Übertragung des Belastungsdruckes muß senkrecht erfolgen und geschieht durch belastete Kohlestempel unter Zwischenschaltung von Kohleplättchen. Die Ofentemperatur kann bis 1000° schnell um je 15° in der Minute gesteigert werden; alsdann ist die Temperaturzunahme genau auf 8° in der Minute zu bemessen. Die Temperaturmessung erfolgt mittels Teilstrahlungspyrometers (z. B. Pyrometer nach HOLBORN-KURLBAUM) in einem unten geschlossenen Pyrometerrohr, das in den Ofen eingehängt ist und bei Beginn des Versuches etwa in halber Höhe des Prüfkörpers neben diesem endet.

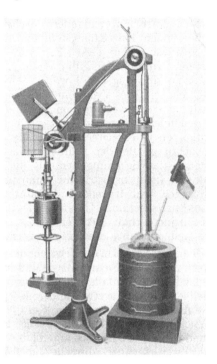

Für Betriebsuntersuchungen ist auch unmittelbares Anvisieren der Mantelfläche des Prüfkörpers oder Beobachtung von der Seite her durch ein in den Ofen eingebautes Visierrohr angängig. Dagegen ist die von STEGER[1] eingeführte Innenmessung, bei der die Einstellung auf das obere Ende des Prüfkörpers erfolgt, nicht berücksichtigt worden, da sie geringere Temperaturwerte liefert. Die beim Versuch eintretende Längenänderung des Prüfkörpers ist, mindestens bei 1000° C beginnend, in Abhängigkeit von der Temperatur mit 10facher Vergrößerung in einer Kurve nach rechtwinkligem Koordinatensystem aufzuzeichnen.

Als Ergebnis des Versuches ist als Mittelwert aus 2 Versuchen anzugeben die Temperatur t_a für den Punkt der Kurve, an dem diese um 3 mm unter ihren Höchstpunkt gesunken ist, und die Temperatur t_e, bei der der Prüfkörper um 20 mm zusammengesunken ist. Erfolgt vor dem Erweichen Zusammenbrechen des Körpers (z. B. bei Magnesitsteinen), so tritt an Stelle von t_e, die Temperatur t_b für den Zusammenbruch.

Abb. 57. Druckerweichungsprufmaschine des Chemischen Laboratoriums für Tonindustrie mit optischer Anzeigung des Umkehrpunktes.

Die Prüfung kann nur zuverlässige Werte für das Erweichen ergeben, wenn der Prüfkörper vor dem ersten Auftreten von Erweichungserscheinungen keine Nachschwindung mehr erleidet; andernfalls kann der Versuch auch ungenügenden Vorbrand enthüllen.

Die Normung sagt nichts über die Konstruktion der Belastungs- und Meßeinrichtung, abgesehen von der Vorschrift völlig senkrechter Druckbelastung und der Art der Aufzeichnung der Ergebnisse. Ursprünglich wurde einfach Hebelbelastung angewendet. Auf dem Hebelprinzip beruht auch die von STEGER und ENDELL[2] beschriebene Atomhebelpresse, bei der zuerst die Innenmessung durch den durchbohrten Belastungsstempel hindurch zur Anwendung kam. Sehr verbreitet ist die Druckerweichungsprüfmaschine[3] (Abb. 57). Diese verwendet einen den Probekörper genau senkrecht belastenden Stempel, dessen wirkendes Gewicht durch Gegengewichte eingestellt wird und dessen Bewegung einen geradlinig geführten Zeiger für die Aufzeichnung der Kurve betätigt. Die

[1] STEGER: Ber. d. D. K. G. Bd. 3 (1922) S. 1.   [2] Tonind.-Ztg. Bd. 48 (1924) S. 109.
[3] Tonind.-Ztg. Bd. 51 (1927) S. 589.

Maschine kann auf eine bestimmte Zusammendrückung eingestellt werden, nach deren Erreichen sie sich selbsttätig ausschaltet. Sie kann auch mit einer optischen Anzeigevorrichtung des Umkehrpunktes[1], in dem die zunächst auftretende Ausdehnung in Schwindung übergeht, ausgerüstet werden. Der Stempel betätigt in diesem Fall einen Spiegel, der einen Lichtstrahl auf eine Meßskala wirft.

Bei dem besprochenen genormten Prüfverfahren wird der Einfluß der Übertragungselemente im allgemeinen nicht ausgeschaltet. Die thermische Ausdehnung des Untersatzes, des Kohlestempels und der Metallteile wirkt auf den Kurvenverlauf, vor allem auf den t_a-Punkt, ein, und zwar stärker beim ersten Versuch einer hintereinander durchgeführten Versuchsreihe und ebenso bei hochliegenden Erweichungstemperaturen. Es sind schon verschiedene Mittel erwogen worden, um diesen Fehler auszuschalten oder wenigstens seine Größenordnung ermitteln und ihn dadurch rechnerisch beseitigen zu können. Zu erwähnen sind folgende Formen: Anvisierung des Prüfkörpers von der Seite durch ein seitliches Visierrohr, Messung der Ausdehnung des Systems nach Einschaltung eines Körpers von bekannter Wärmeausdehnung[2], Vergleichen der Längenänderung zweier Körper[3] nebeneinander, einerseits eines belasteten Prüfkörpers und andererseits eines Materials bekannter Ausdehnung, mit Spiegelbeobachtung. Bei der Prüfmaschine (Abb. 57) wird infolge der Art der Aufhängung des Belastungsstempels die thermische Ausdehnung der Metallteile praktisch kompensiert. Eine unmittelbare Ausschaltung jeden Einflusses der stützenden und tragenden Apparateteile wird durch die Konstruktion von BIGGS[4] herbeigeführt. Unterlage, Druckstempel und ein Vergleichsstab bestehen aus Siliziumkarbid. Der Vergleichsstab betätigt eine Meßuhr, Ofen und Unterlage sind getrennt, das Trägersystem ist gekühlt.

Die deutsche Form der Erweichungsprüfung und die Größe der Druckbelastung haben viele andere europäische und außereuropäische Länder übernommen. In England wird ebenfalls mit konstantem Druck und steigender Temperatur gearbeitet und nur eine etwas andere Körpergröße und höhere Belastung verwendet. Eine Abart ist bei Versuchen von CLEWS-GREEN zur Anwendung gekommen[5], nämlich Steigerung des Druckes bei konstanter Temperatur (vgl. auch S. 320). Grundverschieden ist das amerikanische Verfahren, A.S.T.M. C 16—36. Nach diesem werden ganze, aufrecht stehende Steine belastet und eine bestimmte Zeit bei gleicher Temperatur gehalten, worauf die eingetretene Zusammendrückung gegenüber der ursprünglichen Länge nach Abkühlen und Entnahme aus dem Ofen gemessen wird. Vorgesehen ist je nach Art des feuerfesten Erzeugnisses eine Belastung von 1,76 kg/cm² und höher, eine Prüftemperatur zwischen 1100 und 1500°. Diese Prüftemperatur ist z. B. 1$^1/_2$ h zu halten. Der Verlauf der Anwärmung ist genau geregelt. Die Anforderungen an die Prüfeinrichtungen beschränken sich auf das Erfordernis genau senkrechter Belastung. In dem Normblatt ist eine Vorrichtung gezeichnet, eine verbesserte Form hat CARUTHERS[6] angegeben. Als Ofen dient ein zylindrischer Gas- oder Ölgebläseofen. Diese amerikanische Prüfform mit konstanter Last und konstanter Temperatur vermeidet zwar gewisse Schwierigkeiten des deutschen Verfahrens, liefert aber dafür nur ein unvollkommenes Ergebnis.

---

[1] Tonind.-Ztg. Bd. 51 (1927) S. 589.
[2] Ber. d. D. K. G. Bd. 5 (1924) S. 77.
[3] CLEWS-GREEN: Bull. Brit. Refr. Res. Ass. Bd. 41 (1936) S. 55.
[4] BIGGS: J. Soc. Glass Technol. N 85 (1937) S. 264 [Tonind.-Ztg. Bd. 62 (1938) S. 40].
[5] CLEWS-GREEN: Bull. Brit. Refr. Res. Ass. N 44 (1937) S. 23; vgl. auch Tonind.-Ztg. Bd. 63 (1939) S. 649.
[6] CARUTHERS: J. Amer. Ceram. Soc. Bd. 19 (1936) S. 36; vgl. Tonind.-Ztg. Bd. 60 (1936) S. 1048.

31. Prüfung der Frostbeständigkeit.

Strukturbehaftete Ziegel erliegen dem Frostangriff, selbst wenn sie wenig porös und sehr fest sind. Andererseits können sich auch hochporöse, also wenig feste Ziegel als frostbeständig erweisen. So hat sich sogar gezeigt, daß selbst niedrig gebrannte Ziegel, sog. Schwachbrand, Frosteinwirkung, wenn nicht ein Zermehlen eintritt, zu überstehen vermögen. Die Frostbeständigkeit hängt ferner von der Oberflächengestaltung ab. Verschluß der Oberfläche bei an sich nicht günstiger Scherbengestaltung beeinträchtigt die Frostbeständigkeit oder hebt sie völlig auf. So erklärt es sich, daß das gleiche Ziegelmaterial ohne Glasur oder Engobe frostbeständig sein, während es mit einem solchen Überzug zerstört werden kann. Genau wie eine Glasur kann unter Umständen auch ein festhaftender Salzbelag wirken. Bei der Porigkeit kommt es auf die Größe und Verteilung der vorhandenen Poren an, ob diese restlos zugänglich oder zum Teil geschlossen sind, ob viele Mikroporen oder wenige große Poren vorliegen. Da Scheidewände zwischen den Porenkanälen der Ausbreitung des Eises Widerstand entgegensetzen, kommt es auf Dicke und Festigkeit, Starrheit oder Elastizität dieser Trennwände an. Weiter ist der Wassersättigungsgrad beim Gefrieren wichtig und vor allem der Temperaturverlauf bei der Abkühlung. Eine weit verbreitete Ansicht geht dahin, daß die Wasseraufnahme, die sich aus der normalen Wasseransaugung oder beim Einlagern des Baustoffes in Wasser ergibt, einen beträchtlichen Abstand von der maximalen Sättigungsmenge haben soll, damit für die Ausdehnung des gefrierenden Wassers noch genügend Porenraum zur Verfügung steht. Aber selbst bei solcher Betrachtung tritt die Gefährlichkeit sturzartiger Temperaturerniedrigung, die zu plötzlicher Eisbildung, beruhend auf Unterkühlung, führen kann, offen zutage.

Alle diese Gesichtspunkte sind bei der Durchführung und Beurteilung von Frostversuchen zu berücksichtigen, damit auf ein zuverlässiges Ergebnis gerechnet werden kann, und sie erbringen die Erklärung für manche überraschenden Ergebnisse. Es ist eben offen auszusprechen, daß in nicht seltenen Fällen Frostzerstörungen beim Laboratoriumsversuch falscher Versuchsausführung zur Last zu legen sind, nicht aber dem Baustein selbst.

Aber auch das Gegenteil kann beobachtet werden, daß nämlich Bausteine, die dem Witterungseinfluß erliegen, bei der Prüfung tadellos bleiben. Manchmal beruht das auf nicht genügend langer Durchführung des Versuches. So können beispielsweise Ziegel 25 Gefrier- und Wiederauftauversuche aushalten, werden aber bei der Fortführung des Versuchs auf 50 und 100 Wiederholungen zerstört. Da eine solche Verlängerung der Prüfung zeitlich und wegen der Kosten unerwünscht ist, hat man versucht, die Frostprüfung mit Festigkeitsermittlungen zu verknüpfen, und hat zahllose Erwägungen über Verschärfung des Angriffs und Ersatz der eigentlichen Gefrierprobe durch andere Behandlungen angestellt.

Es wäre nun aber falsch, aus der hiermit zugestandenen Unklarheit den Schluß zu ziehen, daß die Gefrierprüfung an sich nicht nötig wäre. Sie ist im Gegenteil unentbehrlich wegen der praktisch weitgehenden Sicherheit und der Gewährleistung nicht nur für den Verbraucher, sondern auch für den Erzeuger der Baustoffe.

Diese allgemeinen Hinweise lehren, daß eine genau umrissene Prüfungs- und Beurteilungsanweisung noch nicht besteht, aber geschaffen werden muß. Das zeigt bereits die in Deutschland für Mauerziegel geltende Vorschrift für die Ermittlung der Frostbeständigkeit nach DIN 105; dort heißt es nur: 10 Ziegel sind mit Wasser zu tränken und in einem abgeschlossenen Luftraum von mindestens $^1/_2$ m³ 25mal der Frostwirkung bei mindestens —15° C 4 h auszusetzen, worauf nach dem Gefrieren Auftauen in Wasser von Zimmerwärme erfolgt.

Klinker, Hartbrandziegel und die als Verblender oder Vormauerziegel in den Handel gebrachten Mauerziegel 1. und 2. Klasse[1] dürfen bei dieser Behandlung keine Absplitterungen zeigen. In Zweifelsfällen soll die Druckfestigkeit der gefrorenen wassergetränkten Ziegel mit der Druckfestigkeit der lufttrocknen Ziegel in Vergleich gestellt werden und der Festigkeitsabfall einen Anhalt für die Beurteilung der Frostbeständigkeit abgeben.

Es fehlt also jeder Hinweis über den Verlauf der Temperaturabsenkung, auf dessen Bedeutung für das Ergebnis von verschiedenen Seiten[2], so auch von Erlinger-Kostron[3], hingewiesen ist. Vor allem ist die Auslegung, was unter ,,keine Absplitterungen" verstanden werden soll, völlig dem Beurteilenden überlassen. Es ist die Frage, ob selbst geringfügige Abplatzungen zur Verwerfung berechtigen, ob Risse, die oft durch schroffen Temperatursturz auftreten, zu berücksichtigen sind oder nicht. Das Normblatt DIN 1963 ,,Technische Vorschriften für Bauleistungen II, Maurerarbeiten" sagt noch allgemeiner, daß Ziegel wetterbeständig sein müssen. Das Normblatt DIN 4110 erweitert aber die Anforderungen, indem von allen Bauziegeln Frostbeständigkeit nach DIN 105 und die Ermittlung der Druckfestigkeit der wieder getrockneten Steine nach der Frostprüfung verlangt wird. Eine Zahlenangabe für den zulässigen Festigkeitsabfall findet sich in dem Hourdis-Normblatt DIN 278, nämlich Begrenzung des Biegefestigkeitsabfalls auf 20%. Außerdem ist nach diesem Normblatt jegliche Beschädigung unzulässig, also auch Auftreten von Rissen.

Einwendungen gegen die verschärften Bestimmungen des Normblattes DIN 4110 haben dazu geführt, daß zur Zeit für die behördliche Zulassung von Ziegeln die Frostprobe ausgesetzt ist[4], bis die Sachlage durch neuere Forschungen geklärt ist.

Auf jeden Fall ist eine Ergänzung der Bestimmungen über die Frostprüfung des Normblattes DIN 105 z. B. in folgenden Punkten erforderlich: Art der Apparatur, bestimmte Anweisungen über die Wassersättigung, zeitliche Festlegung des Temperaturabfalls, Kennzeichen für die Beurteilung bezüglich Risse und kleine Absplitterungen, Feststellung des Frosteinflusses auf die Festigkeit. Für Risse und Absplitterungen könnte vielleicht eine Grenzzahl von 0,1 bis 0,3% zugelassen werden.

Auf Grund dieser Sachlage ist auch eine Betrachtung der Bestimmungen und bemerkenswerter Forschungsergebnisse des Auslandes geboten.

Die österreichische Norm B 3201 deckte sich im wesentlichen mit der deutschen. Der Luftraum durfte kleiner sein, und die Gefriertemperatur war auf −10° C bemessen. Die böhmisch-mährische Norm ging von völlig durch Kochen mit Wasser gesättigten Ziegeln aus und sprach von keinen sichtbaren Fehlern. Die Schweiz schreibt Druckfestigkeitsprüfung nach dem Gefrieren vor. Nach der schwedischen Norm sind Sprünge unzulässig und sollen keine oder nur unbedeutende Absprengungen verursacht werden. Die französische Norm Afnor B 2—1 läßt oberflächliche Risse und Absplitterungen zu in einem Ausmaß bis zu 1% Gewichtsverlust. England hat die Frostprüfung der Ziegel noch nicht genormt, obgleich gerade hier umfangreiche Arbeiten durchgeführt und die interessante Prüfform des Eingrabens[5] der Ziegel untersucht worden ist. Die Ziegel werden dabei zur Hälfte in die Erde gesteckt und bis zu einigen Jahren allen Witterungseinflüssen ausgesetzt. Tatsächlich bedingt die Zusammenwirkung von Wasserfluß und Frost einen überaus starken Angriff bei mit Struktur behafteten

---

[1] In der Neubearbeitung des Normblattes DIN 105 als Mg 150 bzw. Mg 100 bezeichnet.
[2] Tonind.-Ztg. Bd. 56 (1932) S. 290.   [3] Tonind.-Ztg. Bd. 57 (1933) S. 389.
[4] Pfister: Tonind.-Ztg. Bd. 63 (1939) S. 334.
[5] Wildson: Trans. Ceram. Soc. Bd. 31 (1932) S. 337; Tonind.-Ztg. Bd. 57 (1933) S. 718. —
Butterworth: Trans. Ceram. Soc. Bd. 33 (1934) S. 495.

oder schwach gebrannten Ziegeln, ebenso wie bei solchen mit ungünstiger Formgestaltung. Es ist aber noch kein Weg gewiesen, wie sich diese Behandlungsform in ein Laboratoriumsprüfverfahren umbilden läßt. Unzweckmäßig dagegen
erscheint zur Zeit noch die Ausführungsweise der an der britischen Forschungs-
anstalt in Watford üblichen Laboratoriumsform des Gefrierverfahrens. In einem
Blechkasten werden dort drei bis vier Ziegel senkrecht aufgestellt. Ein Deckel,
dessen Ränder der Höhe des Kastens entsprechen, wird über diesen gestülpt.
Das Ganze wird dann in einen zweiten Kasten hineingesetzt und so mit einer
Kältemischung umfüllt, daß auch unterhalb des Kastenbodens und auf dem
Deckel sich Kältemischung befindet. Ein zweiter Deckel verschließt das
Ganze. Bei dieser Prüfform entsteht aus dem Schmelzwasser und der Kältemischung eine Art Sumpf, dessen Höhe etwa $^2/_3$ der eingestellten Ziegel erreicht.
Zwischen der im oberen Drittel befindlichen trocknen Kältemischung und dem
unten befindlichen Kältesumpf besteht ein Temperaturgefälle, so daß die Ziegel
vorzugsweise in Höhe der Berührungsstelle dieser beiden Zonen Risse aufweisen
oder gar zerstört werden. Diese Beobachtung weist darauf hin, wie leicht Fehlschlüsse durch die unzweckmäßige Gestaltung eines Prüfverfahrens gezogen
werden können.

Eine besondere Entwicklung hat sich in den Vereinigten Staaten von Nordamerika ergeben. Das alte Normblatt für Dränrohre A.S.T.M. C 4—24 schreibt
Wassersättigung durch 72stündiges Einlagern in Wasser und Gefrieren bei
— 10 bis — 20° C vor. Als Apparat wird ein Kühlschrank mit Kältemischung
gezeigt. Die Gefriertemperatur soll nach $^1/_2$ h erreicht sein. Die Beurteilung
geschieht nach dem Äußeren, ob eine bemerkenswerte Festigkeitsverringerung
zu beobachten ist, ob Sprünge oder Abplatzungen von nicht mehr als 5% des
ursprünglichen Gewichts eingetreten sind. Für Hohlziegel, jedoch nicht für alle
Sorten, wird in der A.S.T.M.-Norm C 112—36 die gleiche Prüfform angegeben.
Dagegen ist die Begutachtung der Bauziegel auf die Beziehungen der Wasseraufnahme durch Einlagern und Kochen sowie die Festigkeit abgestellt. Darüber
ist Näheres S. 237 gesagt. Die letztgenannten Anweisungen gehen auf die Forschungen von McBurney[1] zurück. Dieser hat sehr eingehend den Einfluß des
Wassersättigungsfaktors erforscht und z. B. festgestellt, daß 75 Gefrier- und
Wiederauftauversuche von allen Ziegeln ausgehalten wurden, deren Druckfestigkeit über 175 kg/cm² betrug und deren Wasseraufnahme bei 5stündigem Kochen
unter 20% lag, sofern die Wasseraufnahme nach 48stündiger Wassereinlagerung
unter 80% der Wassersättigungsaufnahme durch Kochen blieb. Parsons[2] hat
aus dem Untersuchungsergebnis an Ziegeln, die bereits lange Jahre vermauert
waren, geschlossen, daß drei Gefrier- und Wiederauftauversuche etwa der Wirkung
eines Jahres entsprechen. Aus den Arbeiten der amerikanischen Forscher ergibt
sich auch, daß teilweises Einlagern der Ziegel in Wasser und turnusmäßiges
Trocknen[3] nach 3 oder 5 Gefrier- und Wiederauftauversuchen den Angriff zu
verschärfen vermögen. Stull und Johnson[4] glauben eine Beziehung zwischen
Frostbeständigkeit und mittlerem Porendurchmesser gefunden zu haben, soweit
risse- und strukturfreie Ziegel vorliegen.

Von Lehmann[5] und Droegsler[6] ist darauf hingewiesen worden, daß die
völlige Füllung der Poren mit Wasser, gegebenenfalls unter Druck, im Sinne
einer Verschärfung der Prüfung eingehender erforscht werden sollte.

---

[1] Proc. Amer. Soc. Test. Mater. Bd. 35/I (1935) S. 247.
[2] Proc. Amer. Soc. Test. Mater. Bd. 35/I (1935) S. 252.
[3] Proc. Amer. Soc. Test. Mater. Bd. 2 (1931) S. 745.
[4] Techn. News Bull. Bur. Stand. J. Res., Washington Nr. 243 (1937) S. 72.
[5] Bauingenieur (1935) S. 432.
[6] Tonind.-Ztg. Bd. 61 (1937) S. 444.

Thomas[1] hat sich ebenfalls mit der Wassererfüllung beschäftigt und bei seinen Untersuchungen einen Apparat zur Messung der beim Gefrieren auftretenden Volumenvergrößerung benutzt.

Einer Lösung bedürfen diese Fragen dringend, allein schon das Problem „Einfluß der Frosteinwirkung auf die Festigkeit". Die Beziehungen zwischen Frostprüfung und Wirklichkeit sind jedoch zur Zeit noch nicht hinreichend erforscht. Jede Erörterung ist daher im Augenblick ungenügend.

32. Salzeinwirkung.

Salze können nach zwei Richtungen Beeinträchtigung der Wetterbeständigkeit veranlassen. Einerseits kann der Verschluß der Oberfläche und die dadurch verursachte Spannung der Außenschichten stören. Das ist z. B. der Fall, wenn sich stark glasig werdende Kalkabscheidungen auf Ziegeln an nicht gedichteten Unterführungen bilden. Andererseits wirken Salze schädigend, die wanderungsfähig sind, sich dadurch an den Außenflächen ansammeln und mit Kristallwasser kristallisieren, was z. B. bei Natriumsulfat und Magnesiumsulfat der Fall ist. Die Wirkung dieser beiden Salze wird noch dadurch verschärft, daß ihr Kristallwassergehalt abhängig ist von der Kristallisationstemperatur; er wechselt also, durch die Jahreszeiten bedingt, unter gleichzeitiger Volumenveränderung.

Man hat deshalb solche Salze auch ausgenutzt, um ohne eigentliche Gefrierprüfung Zerstörungen herbeizuführen, die denen des Frostes ähneln. Früher, als die Gefriervorrichtungen weniger zugänglich waren, war eine solche Behandlung zur Erkennung der Wetterbeständigkeit sehr beliebt. Man benutzte Lösungen dieser beiden Salze, mit Vorzug eine äquimolekulare Mischung, tränkte die Bausteine in dieser und stellte sie dann an warme Luft oder erhitzte sie sogar, um die Kristallisationsumwandlung zu beschleunigen.

In einer besonderen Vorschrift[2] werden eine 14%ige Natriumsulfatlösung und Trocknen bei 110° nach dem Tränken vorgeschlagen.

Bemerkenswert ist auch eine neuere Arbeit von Allen[3], der Gefrierversuche in einem elektrischen Kühlschrank bei — 12 bis — 15° C und andererseits den Natriumsulfatversuch mit 10%iger Salzlösung und Trocknen bei höherer Temperatur vornahm. Es wurden 50 Parallelversuche durchgeführt und dabei beobachtet, daß der Salzbehandlung nur die auch bei der Frostbeständigkeitsprüfung nicht befriedigenden Proben erlagen.

Auch das Chlorkalzium[4] als 25gradige Lösung (rd. 22,5% CaCl$_2$-Lösung) ist für die Steinprüfung benutzt worden.

33. Prüfung des Verhaltens gegen chemische Angriffe.

Eine wesentliche Grundlage der Wetterbeständigkeit ist das Verhalten gegen chemische Angriffsstoffe. Chemische Beständigkeit ist deshalb nicht nur von den eigentlichen säure- und alkalifesten Erzeugnissen der Keramik, dem wahren Sintermaterial, Steinzeug und Porzellan, zu verlangen. Sie muß in gewissem Umfange auch bei den gebrannten Steinen vorhanden sein, die mit sauren Lösungen oder Humusstoffen im Boden in Berührung kommen, auch bei den Ziegeln für den Schornsteinbau, die sauren Gasen (schwefliger Säure, Schwefelsäure usw.) ausgesetzt sein können. Außerdem ist auch bei glasierten Baustoffen für die Bewährung des Glasurüberzuges entscheidend, ob dieser durch Wasserdampf oder die sauren, in der Atmosphäre vorkommenden Gase zersetzt wird

---

[1] Bulding Res. Techn. Pap. Nr. 17 (1938); vgl. Tonind.-Ztg. Bd. 63 (1939) S. 114.
[2] Schmölzer: Mitt. Techn. Versuchsamt Bd. 25 (1936) S. 14.
[3] Bull. Amer. Ceram. Soc. Bd. 14 (1935) S. 262.
[4] Gonzalez: Internat. Materialprüfungs-Kongr. Amsterdam Bd. 2 (1927) S. 280.

und erblindet. Entsprechend diesen ganz verschiedenen Beanspruchungen sind auch die vorgeschlagenen Verfahren zahlreich und verschiedenartig. Systematisch ist das Problem bisher wenig erforscht, und es fehlt vor allem die sichere Beziehung zur praktischen Beanspruchung. Eingehendere Arbeiten stammen von KALLAUNER und BARTA[1], SKOLA[2], DAWIHL[3], STEGER[4]. Für eine Gliederung soll unterschieden werden zwischen steinzeugartigen Erzeugnissen und Klinkern oder Hartbrandziegeln bzw. porösen Baustoffen, bei welchen beiden Gruppen die Angriffsbehandlung beträchtlich verschieden sein kann. Beim unzerkleinerten Stein ist die Wirkung der chemischen Angriffsstoffe, soweit geklinkerte Scherben vorliegen, gering. Will man also schnell Zahlen erhalten, so muß Korn- oder Pulvergut genommen werden. Bei letztgenanntem ist die Abweichung von den praktischen Angriffsmöglichkeiten zweifellos groß. Bei Korngut handelt es sich aber immer noch um einen Angriff von der Oberfläche aus, auch wird die Scherbenporigkeit nicht ausgeschaltet. Außerdem wird die verstopfende Wirkung der sich bildenden Zersetzungsstoffe, die für den Verlauf des Angriffs ziemlich bedeutsam sein und diesen unter Umständen zum Stillstand bringen kann, wenigstens teilweise ermöglicht. Ferner können neugebildete Salze, die einen Kristallisationsdruck ausüben, ihre Mitwirkung sowohl zerstörend als auch festigkeitssteigernd entfalten. Es hat sich nämlich überraschenderweise gezeigt[5], daß Schwefelsäure bei bestimmtem Verlauf des Angriffs eine Erfüllung der Poren mit Salzen herbeiführt, wodurch es zunächst zu einer Steigerung der Festigkeit kommt, bis dann plötzlich der übermäßig gewachsene Druck das Prüfstück zersprengt. Schon hiernach erscheinen Prüfungsformen nicht berechtigt, bei denen die Zersetzungsstoffe bewußt entfernt werden, denn praktisch kommt es zu einer solchen Ausspülung doch nur bei einem einem Flüssigkeitsstrom ausgesetzten Material. Schließlich kann auch das Quellen, das beim Zutritt von Wasser auftrat, bei Zerstörungen beteiligt sein.

Als angreifende Säuren werden für die Prüfung benutzt Schwefelsäure, Salpetersäure und Salzsäure, von den Alkalien 10%ige Natronlauge. Aber auch organische Säuren kommen in Betracht. Für die rein chemische Betrachtung wird in der Regel nur der Löslichkeitsgrad, also der Gewichtsverlust durch die lösende Substanz, beachtet. Allgemein betrachtet sind aber auch Veränderungen im Äußeren, in der Porosität und der Festigkeit zu erforschen. Die Prüfung größerer Stücke geschieht durch Einlagern, auch mit Erwärmen; aber selbst bei langfristiger Beobachtung ist oft kaum eine Veränderung des Äußeren festzustellen und die Verfolgung des Gewichts unzuverlässig, so daß eben zu der kombinierten Prüfung mit Festigkeitsermittlung geschritten worden ist. Korngut wird vielfach in der Größenordnung von 0,6 bis 1 mm, Feingut mit 0,2 mm Korn, aber vielfach noch feinpulvriger benutzt.

Das Chemische Laboratorium für Tonindustrie arbeitet bei Steinzeug bzw. sog. säurefesten Erzeugnissen nach folgendem Verfahren:

Körniges Gut von 0,6 bis 1 mm Größe, unter Benutzung der Normsiebgewebe DIN 1171 Nr. 1,0 und 0,6 erzeugt, wird durch Waschen von anhängenden Staubteilen befreit und bis zum gleichbleibenden Gewicht getrocknet. 100 g Körner werden in einer Porzellanschale von etwa 1 l Inhalt mit 200 cm³ Säuremischung aus 25 Teilen Schwefelsäure (1,84), 10 Teilen Salpetersäure (1,40) und 65 Teilen Wasser übergossen. Der Inhalt der Schale wird so lange zum Kochen erhitzt, bis Wasser und Salpetersäure völlig verdampft sind. Die zurückbleibende konzentrierte Schwefelsäure wird weiter $1/4$ h lang auf einer konstanten Temperatur von 250° C gehalten. Nach dem Erkalten wird der Schalen-

---

[1] Sprechsaal Bd. 54 (1921) S. 301.   [2] SKOLA: Ber. d. D. K. G. Bd. 12 (1931) S. 122.
[3] Tonind.-Ztg. Bd. 55 (1931) S. 1259.   [4] Chem. Fabrik Bd. 10 (1937) S. 394.
[5] SKOLA: Ber. d. D. K. G. Bd. 12 (1931). S. 136.

inhalt unter Umrühren mit etwa 800 cm³ Wasser verdünnt, dem 10 cm³ Salpeter-säure (1,40) beigegeben werden. Der Schaleninhalt wird nochmals zum Kochen gebracht, sodann die saure Flüssigkeit abgegossen und die Körner vorsichtig mit Wasser säurefrei gewaschen. Nach dem Trocknen der Körner wird der Gewichtsverlust festgestellt.

Hier werden also festhaftende, nicht herauswaschbare Zersetzungsstoffe bewußt im Prüfgut gelassen. Das gleiche Korngut dient auch für die Alkali-beständigkeitsprüfung mit 10%iger Natronlauge. In dem Fall wird entweder 1 h lang gekocht unter Gleichhaltung der Konzentration oder eingedampft, bis eine Konzentrierung auf 50% eingetreten ist.

Bei dem beschriebenen Säurebeständigkeitsverfahren ist das Erhitzen der konzentrierten Schwefelsäure auf 250° C besonders hervorzuheben. Es handelt sich hierbei um eine neuere Abänderung, durch die eine Unsicherheit der Prüfung beseitigt worden ist. Früher war Erhitzen bis zum starken Rauchen der Schwefel-säure üblich, und da dieses Endkriterium nicht genau bestimmbar ist, ergaben sich leicht Abweichungen.

Die ältere Form des Verfahrens mit Erhitzen bis zum Rauchen deckt sich mit dem sog. Friedrichsfelder Verfahren[1], bei dem nur Nebensächliches genauer festgelegt ist. Es ist auch in die Önorm B 3220 für Klinkerziegel und in die britische Norm 784—1938 für chemisches Steinzeug übergegangen.

Als Grenzzahl für den zulässigen Verlust können 2% angenommen werden. Die an letzter Stelle genannte britische Norm läßt nur 0,5% zu, die österreichische Norm 1,5%.

Bei Ziegeln und Klinkern wird im Chemischen Laboratorium für Tonindustrie ebenfalls das vorerwähnte Korngut benutzt, also nicht grobstückiges Material. Zwei Proben werden gezogen, von denen die eine mit 10%iger Salzsäure, die andere mit 10%iger Schwefelsäure 1 h lang bei gleichbleibender Säurekonzen-tration gekocht wird.

Demgegenüber schreibt die Deutsche Reichsbahn[2] für die Prüfung von Klin-kern feinkörniges Gut von 0,2 mm Größe vor, das ebenfalls mit 10%iger Säure, aber Salzsäure. behandelt wird, jedoch nur unter Aufkochen. Ermittelt wird der eingetretene Gewichtsverlust, der bis zu 4% betragen darf, außerdem die gelöste Kalkmenge — zugelassen bis zu 2%. Kallauner und Barta[3] haben in dem Bestreben, jede Ungleichmäßigkeit auszuschalten, ein mehr chemisches Verfahren entwickelt. Sie benutzen Pulvergut zwischen 0,15 und 0,2 mm und kochen 1 g mit 25 cm³ konzentrierter Schwefelsäure 1 h lang. Dann wird nach Abkühlen mit 50 cm³ Wasser verdünnt, die Lösung abfiltriert, der Rückstand dreimal mit Wasser ausgewaschen und dann nach Zugabe von 50 cm³ 5%iger Sodalösung nochmals 15 min unter Rühren auf dem Wasserbad erhitzt. Der so nachbehandelte Rückstand wird gewaschen unter zeitweiser Zugabe von etwas Salzsäure, verascht und gewogen.

Skola[4] hat in seiner mehrfach zitierten Arbeit das letztgenannte Ver-fahren benutzt und festgestellt, daß es keine Parallele zur Praxis gibt. Die Feinung dürfte eben bereits zu weit getrieben sein; es wird nicht mehr ein durch sein Gefüge bestimmtes Erzeugnis, sondern eine chemische Substanz geprüft. Skola macht daher unter Kombination von chemischem Angriff und Festigkeitsprüfung folgenden Vorschlag: Aus 5 Ziegeln werden 30 Zylinder- oder Würfelkörper von z. B. 55 mm Kantenlänge hergestellt. Ein Drittel wird sofort auf Druckfestigkeit geprüft, das zweite Drittel in Säure, das dritte in Wasser eingelagert. Diese

[1] Berl-Lunge: Chemisch-technische Untersuchungsmethoden (1932) S. 269.
[2] Vorläufige Anweisung für Abdichtung von Ingenieurbauwerken (AIB), Juni 1933, S. 10.
[3] Internat. Materialprüfungskongr. Amsterdam Bd. 2 (1927) S. 352.
[4] Skola: Ber. d. D. K. G. Bd. 12 (1931) S. 158.

beiden Reihen werden je nach der erwarteten Beständigkeit bis zu 1 Jahr gelagert und dann auf Druckfestigkeit geprüft. SKOLA verlangt, daß die Druckfestigkeit nicht zurückgehen soll. Als Güteprüfung dürfte diese Arbeitsweise wegen der erforderlichen Zeit ungeeignet sein. Zwecks Abkürzung der Prüfdauer ist vorzuschlagen, daß kleine Würfel[1] von 10 mm Seitenlänge benutzt und mit heißer Säure, gegebenenfalls unter Druck, behandelt werden.

Kehren wir zur Oberflächenbehandlung zurück, so sind noch einige auf Anätzung beruhende Angriffsformen zu nennen, die einerseits als Kennzeichen für den Zusammenhalt und Aufbau betrachtet, aber auch zur Werkstoffprüfung ausgenutzt werden, andererseits als Wetterbeständigkeitsmaßstab dienen können. Zur ersten Gruppe gehört die Behandlung mit Flußsäure[2] und das sog. Anfärbeverfahren[3].

Zur zweiten Gruppe gehört die sog. WEBER-Probe, bei der die zu prüfenden glasierten Werkstücke unter einer Glasglocke den Dämpfen starker Salzsäure ausgesetzt werden. Die Säure selbst darf also in diesem Fall mit dem Probestück nicht in Berührung kommen. Beobachtet wird, ob die Glasuren erblinden, einen irisierenden Belag erhalten oder ein Salzausschlag entsteht. Befriedigende Glasuren sollen unverändert bleiben.

Einlagerung von auf chemischen Angriff zu prüfenden Platten ist bei Klinkerplatten üblich, wobei 10%ige Salzsäure oder 10%ige Natronlauge genommen wird (Önorm B 3225 für Klinkerplatten und DIN-Entwurf E 1398 für Steinzeugplatten bzw. gesinterte Mosaikplatten). Auch die amerikanische Norm A.S.T.M. C 126—37 T für glasierte Bauziegel sieht das Eintauchen in 10%ige Salzsäure bei Zimmertemperatur vor, und zwar während 3 h, wobei Farbe und Gefüge unverändert bleiben sollen. Weiter wird hier als Wetterbeständigkeitsprobe auch die Behandlung mit Farblösungen angegeben.

Die Einwirkung von anderen Gasen als Chlorwasserstoff, z. B. schweflige Säure, Schwefelsäureanhydrid, Chlor, Schwefelwasserstoff, Ammoniak, fällt in das chemische Gebiet, und für entsprechende Prüfungen erübrigen sich besondere Vorschriften. Stets kommt es darauf an, äußerliche Veränderungen zu beobachten, löslich gewordene Anteile zu ermitteln oder Unterschiede in der Porosität und Festigkeit zu erforschen. Eine bedeutsame Rolle spielt bei feuerfesten Stoffen die Einwirkung von Gasen, auch kohlenstoffhaltigen (z. B. das System CO_2—CO). Einen Einzelfall bildet die Schwärzung von Kachel- oder Wandplattenglasuren durch Schwefelwasserstoff.

Mit der chemischen Beständigkeit hängt auch die Verschlackung bei feuerfesten Baustoffen durch gemeinsame Einwirkung von Hitze und festen, flüssigen oder in Wechselwirkung mit dem Steinmaterial flüssig werdenden Stoffen zusammen. Da derartige Prüfungen ausschließlich für feuerfeste Stoffe und das Hochtemperaturgebiet gelten, werden sie in dem Sonderabschnitt behandelt, der sich mit den feuerfesten Stoffen befaßt.

34. Bestimmung schädlicher körniger Einlagerungen.

Als schädliche Einlagerungen werden hier nur stückige oder gröbere Körner von gebranntem Kalk, Mergel, Gips, Eisenerz, insbesondere Schwefelkies, behandelt, also solche Bestandteile, die nachträglich eine mit Raumänderung verbundene Umwandlung erleiden können. Stückiger kohlensaurer Kalk, der sich im Rohton vorfindet und bei der Aufbereitung nicht genügend weit zerkleinert wird, geht beim Brennen in gebrannten Kalk über. Das gleiche trifft

[1] Keram. Rdsch. Bd. 45 (1937) S. 431.
[2] ZOELLNER: Dissertation Berlin 1908. — MIEHR: Ber. d. D. K. G. Bd. 9 (1928) S. 339.
[3] STEINHOFF-HARTMANN: Ber. Werkstoff-Aussch. V. d. Eisenh., Nr. 49 (1924) u. Nr. 76 (1925); vgl. Tonind.-Ztg. Bd. 51 (1927) S. 1047.

für Gipskristalle zu, wenn die Brenntemperatur hoch genug ist. Das stückige Kalziumoxyd löscht dann später durch Aufnahme von Wasser unter beträchtlicher Raumvergrößerung und zersprengt den Steinscherben, entsprechend der Größe der Stücke, der Plötzlichkeit der Löschung und der Festigkeit des gebrannten Steines. Da es sich bei gebranntem Stückkalk nicht um reines Kalziumoxyd handelt, sondern um ein Gemisch mit Silikaten, erfolgt das Löschen zumeist träge und erst nach längerer Zeit. So beobachtet man bei Prüfungen häufig, daß Ziegel, die an der Luft noch keine Absprengungen zeigen, solche beim Kochen in Wasser, bei der Autoklavprüfung oder bei der Gefrierprobe bekommen.

Von den deutschen Normvorschriften ist in dem Zusammenhang das Blatt DIN 1963 ,,Technische Vorschriften für Bauleistungen II, Maurerarbeiten'' zu nennen, nach dem Ziegel über die Anforderungen von DIN 105 hinaus frei von Mergel- und Kalkknollen sein sollen.

Für Dränrohre heißt es im Normblatt DIN 1180, daß 48stündige Einlagerung in Wasser keine Absprengungen hervorrufen soll. Zweckentsprechender ist die Vorschrift der österreichischen Normblätter, daß 5 in feuchter Atmosphäre aufgestellte Ziegel nach 14 Tagen keine Absprengungen zeigen sollen. Zur Beschleunigung und schärferen Erfassung etwaiger Sprengneigung sind die zu prüfenden Ziegel entweder auf einer Horde über einem nassen Dampf entwickelnden Bad zu lagern oder im Dampfraum eines Autoklavs einige Stunden 1 bis 5 at Druck auszusetzen. So war auch vorgeschlagen, einen einfachen Dampftopf mit $1/4$ atü zu verwenden und die Ziegel der Dampfbehandlung 3 h lang auszusetzen. Zur Gütebeurteilung genügt die Beobachtung in strömendem Dampf, während Anwendung von Überdruck mehr eine Sicherheitsmaßnahme darstellt.

Schwefelkies und auch andere Eisenerze ergeben beim Brennen unter Umständen Eisenoxyde, die ebenfalls unter Ausdehnung Wasser aufnehmen und Abplatzungen oder Löcher verursachen können. Solche werden durch die gleiche Prüfung wie Stückkalk erkannt.

35. Bestimmung löslicher ausblühender Salze.

Bei Ziegeln, Vormauerziegeln, Dachziegeln, Bauterrakotten, Klinkern zeigen sich bisweilen weiße oder gefärbte Oberflächenausscheidungen, die als Anflug, Ausschlag, Ausblühungen, schädliche Salze oder ganz allgemein fälschlich als ,,Salpeter'' bezeichnet werden. Es handelt sich teils um festhaftende, teils um wanderungsfähige Stoffe. Welche Stoffe in Frage kommen, ergibt die folgende Aufzählung.

Primar vorhandene Salze	Sekundar sich bildende Salze
Schwefelsaure Salze:	Kohlensaure Salze:
Kalziumsulfat (Gips)	Kalziumkarbonat aus heraus-
Natriumsulfat (Glaubersalz)	gelöstem Kalziumoxyd
Magnesiumsulfat (Bittersalz)	Natriumkarbonat (Soda) —
Kaliumsulfat	sehr selten
Eisensulfat	
Vanadinsaure Salze:	
Kaliumvanadat	
Salpetersaure Salze:	
Natriumnitrat ⎫ (fast ausschließlich nur im verbauten	
Kaliumnitrat ⎬ Stein zu finden, in Ställen, Dunggruben	
Kalziumnitrat ⎭ usw. in den Stein hineinwandernd)	
Salzsaure Salze:	
Natriumchlorid	
Kalziumchlorid	
Eisenchlorid	

Von diesen Verbindungen ist Kalziumsulfat schwer löslich, Kalziumkarbonat praktisch unlöslich.

Gefärbt sind die Vanadinverbindungen, nämlich gelbgrün, die Eisensalze gelb bis braun. Praktisch bedeutsam sind eigentlich nur die Sulfate des Kalziums, Magnesiums, Kaliums, Natriums und schädlich im allgemeinen von diesen allein Natriumsulfat und Magnesiumsulfat. Für die Werkstoffprüfung braucht nur die Bestimmung dieser Sulfate und die Ausblühfähigkeit der Ziegel, soweit sie mit diesen zusammenhängt, beachtet zu werden. Deshalb kann die Darstellung auf den sog. Tränkversuch und grundlegende Angaben für die chemische Bestimmung der löslichen ausblühenden und schädlichen Salze beschränkt werden. Alle Umstände, die bei der Entstehung des Ausschlages mitsprechen, z. B. Porosität der Ziegel, Art der Poren, Saugfähigkeit, Wasserabgabe[1], ferner die Bau- und atmosphärischen Bedingungen, sind hier zu vernachlässigen. Hervorzuheben ist allerdings, daß wegen dieser Wechselwirkung von Salzen, nach Art und Menge, und Scherbeneigenschaften Grenzzahlen kaum anzugeben sind.

Über die vier herausgehobenen Salze ist folgendes zu sagen:

Der am häufigsten vorkommende schwefelsaure Kalk (Gips) ist als verhältnismäßig schwer lösliches Salz wenig wanderungsfähig; er neigt auch kaum zu Umwandlungen und verliert sein Kristallwasser bei gewöhnlicher Temperatur schwer oder gar nicht. Schwefelsaurer Kalk im Ziegel führt deshalb zu einer Beeinträchtigung des Aussehens, ist aber primär an sich als unschädlich zu betrachten. Auch das hygroskopische Kaliumsulfat hat selbst kaum einen nachteiligen Einfluß, es kann jedoch in Form von Doppelsalzen mit Natriumsulfat und Magnesiumsulfat, mit denen es kristallwasserhaltige Verbindungen ergeben kann, nachteilig wirken[2]. Als schädlich zu betrachten sind Magnesiumsulfat und Natriumsulfat. Beide Salze sind leicht löslich, sehr wanderungsfähig, kristallisieren je nach der Temperatur mit wechselnden Molen Kristallwasser unter gleichzeitiger Raumveränderung und neigen außerdem sehr zur Bildung von kristallisierenden Doppelsalzen sowohl in Verbindung miteinander als auch mit Kaliumsulfat.

Diese Umstände und die Tatsache, daß oft weißer Belag von herausgewandertem Kalk gebildet wird, sind für die Beurteilung des zu besprechenden Standes der Normung und bei der Auswahl sowie Bewertung der Untersuchungsverfahren richtungweisend.

Die Normen vermeiden bis jetzt genaue Vorschriften, mit einer Ausnahme auch Zahlenangaben. Für Deutschland gilt bisher nur das Normblatt DIN 1963, das ohne nähere Erläuterungen vorschreibt, Ziegel dürften keine Stoffe enthalten, die schädliches Ausblühen verursachen können. Damit ist vollkommen freigelassen, was als Ausblühung zu gelten hat und was unter schädlich verstanden wird.

Die österreichischen Normen sehen den Tränkversuch und die Ermittlung der Menge der löslichen Stoffe vor; sie beschränken sich als Güteangabe auf das Verbot nennenswerter Anflüge. Die böhmisch-mährische Norm enthält ein besonderes Verfahren zur Herausschaffung der löslichen Stoffe an die Oberfläche und verbietet das Auftreten deutlich sichtbarer weißer Beläge, ohne sich um deren Art zu kümmern. In der niederländischen Norm N 520 wird eine Bestimmung des Schwefelsäureanhydrids und Schwefelgehalts vorgeschrieben und eine Grenzzahl von 0,3% gegeben. Schweden benennt den Tränkversuch mit aufgesetzter Wasserflasche, der nach 14 Tagen keine Ausblühungen ergeben soll. Jugoslawien[3] benennt als Kriterium 14tägiges Stehen an feuchter Luft ohne Bildung von Ausblühungen.

---

[1] Vgl. SCHULTZE: Das Ausblühen der Salze, 1936.
[2] DAWIHL: Tonind.-Ztg. Bd. 56 (1932) S. 434.　[3] Tonind.-Ztg. Bd. 56 (1932) S. 429.

Beim Tränkversuch wird eine Flasche mit destilliertem Wasser umgekehrt auf eine Lagerfläche des Ziegels, der frei aufgelagert ist, gestellt (Abb. 58a). Das Wasser sickert entsprechend dem Aufsaugevermögen des Ziegels in diesen ein. Der Versuch wird in der Regel bei 15 bis 18° C unter Vermeidung von Luftbewegung durchgeführt. Er dauert längere Zeit. Zur besseren Erkennung der herausgetretenen Salze kommt Trocknen und gegebenenfalls Nachbrennen[1] in Frage. Benutzt werden Flaschen von 200 bis 300 cm³ Inhalt, gegebenenfalls größere, wenn es sich um stark saugende Ziegel handelt. Während bei dem beschriebenen Versuch das Wasser durch den Ziegel hindurchsickert, wird bei

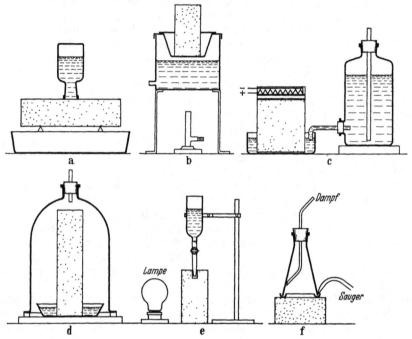

Abb. 58. Verschiedene Verfahren zur Entwicklung von Salzausbluhungen an Ziegeln.

anderen Verfahren die Aufsaugfähigkeit benutzt. In dem Fall wird ein Ziegel stehend, zumeist auf Glasstäben ruhend, in eine Schale mit einer flachen Schicht destillierten Wassers eingestellt.

KALLAUNER[2] hat vorgeschlagen, einen halben Ziegel aufrecht in ein Gefäß mit einer konstant gehaltenen niederen Wasserschicht zu stellen (Abb. 58c). Das Gefäß soll erwärmt werden bis nahe an die Siedetemperatur des Wassers. Ferner ist vorgesehen, am oberen Ende des Ziegels eine Erhitzungsvorrichtung anzubringen, die nach 6stündigem Erhitzen des Wassers in Betrieb gesetzt wird. Schließlich wird der geprüfte Ziegel getrocknet. Das Verfahren ist also als Schnellverfahren gedacht und soll außerdem die ursprüngliche Form des Tränkversuchs verschärfen. Es ist in die böhmisch-mährische Normung aufgenommen worden.

Auf Verschärfung und Beschleunigung abgestellt sind auch andere in neuester Zeit vorgeschlagene Verfahren.

[1] Tonind.-Ztg. Bd. 56 (1932) S. 150.
[2] Internat. Materialprüfungskongreß, Amsterdam. (1928) S. 346. — Tonind.-Ztg. Bd. 56 (1932) S. 1219.

Nach dem Verfahren der britischen Bauforschungsstation in Watford[1] (Abb. 58b) wird ein halber Ziegel in einer Schüssel mit 500 cm³ destilliertem Wasser 3 Tage lang auf einem Wasserbade erhitzt. Das Wasser wird ständig erneuert und der Ziegel zum Schluß getrocknet.

DAWIHL[2] hat vorgeschlagen, den in einer flachen Schüssel in destilliertem Wasser aufrecht stehenden Ziegel mit einer unten offenen Glocke (Abb. 58d) zu überdecken und Luft mit einem Feuchtigkeitsgehalt von 50 bis 70% durchzuleiten, z. B. 50 l/h.

Eine Abänderung dieser Steig-, Lagerungs- und Trocknungsform ist noch von MATEJKA[3] vorgeschlagen worden. Er beobachtet den Verlauf der Ansaugung des Wassers in einem hochkant gestellten Ziegelprisma von etwa 10 cm Länge während 7 Tagen, trocknet dann bei 110° C, vermerkt den Zustand bezüglich Ausblühungen und prüft deren Zusammensetzung.

Im Chemischen Laboratorium für Tonindustrie ist ein Schnellverfahren[4] nach Abb. 58e entwickelt worden. Das Tränkwasser wird mittels eines Filterrohres in das Innere des Ziegels eingeführt und die Probe einseitig erwärmt.

SIMON[5] hat neuerdings vorgeschlagen, die Salze nicht mit Wasser, sondern mit Dampf zum Wandern zu bringen (Abb. 58f). Der Wasserdampf wird durch einen umgekehrt auf den Ziegel gesetzten Trichter eingeführt. Bei diesem Arbeitsverfahren ist besonders wichtig die Ableitung des sich bildenden Kondenswassers, weil dem Vorschlage die Beobachtung zugrunde liegt, daß Wasserdampf allein nicht nur sehr schnell (3 bis 4 h) ein Ergebnis hervorrufen, sondern vor allem das Magnesiumsulfat herausbringen soll.

Das amerikanische Standardverfahren nach McBURNEY und PARSONS[6] ist auch ein Aufsaugverfahren. Die Prüfziegel werden 5 Tage hochkant in destilliertes Wasser von 5 cm Höhe gestellt. Nach dieser Zeit erfolgt Trocknung bei 105 bis 110° und Vergleichung mit unbehandelten Ziegeln derselben Sorte. Es wird eine Beurteilungsskala mit 5 Stufen gegeben.

Bei allen Formen des Tränk- oder Aufsaugverfahrens besteht die Schwierigkeit in der Auswertung des sich gegebenenfalls bildenden Belages. Soweit Ziegel mit Kalk- und Gipsgehalt vorliegen, wäre es untragbar, auf die durch diese sich ergebenden oberflächlichen Ablagerungen eine Verurteilung zu gründen, wenn Hintermauerungsziegel in Frage kommen. Bei diesen darf man sich nur nach den Sulfaten des Magnesiums und Natriums richten. Deshalb ist der Vorschlag von MATEJKA zweckmäßig, in jedem Fall zu prüfen, welche Salze vorliegen. Eine weitere Schwierigkeit ist die Ungleichmäßigkeit der Ziegel bezüglich Ausblühungen. Es kann vorkommen, daß selbst bei einer die Entstehung von Salzen begünstigenden Herstellung nur 0,5 oder 1% der erzeugten Ziegel die schädlichen Sulfate aufweisen, da es sich um eine sehr von Zufälligkeiten abhängige Erscheinung handelt.

Zusammenfassend wäre nach dem bisherigen Stand der Tränkversuch an mindestens 5 Ziegeln mit Flasche oder Einstellung in Wasser durchzuführen und 5 bis 8 Tage abzuwarten. Alsdann sind die an Kanten und Ecken neu aufgetretenen weißen Anflüge mit der Lupe auf Kristallnatur zu untersuchen und anschließend qualitativ zu analysieren. Werden Natriumsulfat und Magnesiumsulfat nachgewiesen, so ist an einer Durchschnittsprobe auch noch quantitativ der Gehalt an Schwefelsäureanhydrid, Kalzium-, Magnesium-, Natrium- und Kaliumoxyd zu ermitteln.

[1] BUTTERWORTH: Trans. Ceram. Soc. (1936) S. 105. [2] Tonind.-Ztg. Bd. 60 (1936) S. 111.
[3] Tonind.-Ztg. Bd. 61 (1937) S. 831. [4] Tonind.-Ztg. Bd. 61 (1937) S. 282.
[5] Ber. d. D. K. G. Bd. 19 (1938) S. 337.
[6] Techn. News Bull. Bur. of Stand. (1937) Nr. 243 S. 72; vgl. Tonind.-Ztg. Bd. 61 (1937) S. 784.

Für diese quantitative Bestimmung der löslichen Salze ist zunächst zu vermerken, daß der frühere Internationale Verband für Materialprüfung[1] bereits ein Untersuchungsverfahren vorgeschlagen hatte, das aber wegen gewisser ihm anhaftender Mängel hier nicht im einzelnen dargelegt wird. Bemerkenswert ist, daß bereits damals die Notwendigkeit, die mehrfach angeführten Salze einzeln zu bestimmen, erkannt worden war, während man später verschiedentlich sich mit der Ermittlung der Gesamtmenge der Salze bzw. der leicht löslichen Salze[2] für sich begnügte, damit also die verschiedene Wirkung der Salze und vor allem die geringere Bedeutung des Kaliumsulfatgehalts allein nicht beachtete.

Im Chemischen Laboratorium für Tonindustrie und in sehr ähnlicher Weise im Staatlichen Materialprüfungsamt Dahlem wird folgendermaßen gearbeitet:

190 g einer Durchschnittsprobe, zerkleinert unter Benutzung des Normsiebes DIN 0,5, werden in einem Literkolben mit ungefähr 700 bis 800 cm³ destilliertem Wasser versetzt und unter häufigem Umschütteln 6 h auf dem Wasserbad erhitzt. Nach der Abkühlung wird auf 1000 cm³ aufgefüllt. Dann bleibt der Kolben bis zum nächsten Morgen stehen. Fast ausnahmslos kann so durch Abhebern die klare Flüssigkeit für die Bestimmung der gelösten Stoffe gewonnen werden. Gegebenenfalls ist über Filterschleim oder Ultrafilter zu filtrieren. Für die Schwefelsäureanhydridbestimmung dienen 250 cm³ = 50 g Substanz, für die Basenbestimmung 500 cm³ = 100 g Substanz.

Über die Schwefelsäureanhydridbestimmung ist nichts zu sagen. Zur Bestimmung der Basen werden die 500 cm³ eingedampft, mit Salzsäure versetzt und zunächst die Kieselsäure abgeschieden. Im Filtrat von der Kieselsäure werden Aluminiumoxyd und Eisenoxyd zusammen ausgeschieden. Alsdann wird der Kalk als oxalsaurer Kalk ausgefällt und das Filtrat von diesem geteilt. Die Hälfte dient zur Ermittlung der Magnesia, die andere für die Bestimmung und Trennung der Alkalien, z. B. nach dem Perchloratverfahren.

In Ausnahmefällen, wenn nämlich die Menge des in Lösung gehenden Kalkes sehr groß ist, könnte die angewandte Wassermenge nicht ausreichen; dann ist mit geringerer Substanzmenge zu arbeiten. Andernfalls ist bei sehr kleinem Gehalt an Alkalien der für die Alkalientrennung dienende Teil zu vergrößern. Werden positive Angaben über Salpetersäure und Chlor gewünscht, so können diese in einem aliquoten Teil der Extraktionsflüssigkeit ermittelt werden.

Man hat gegenüber diesen Arbeitsweisen eingewandt, daß die Alkalien aus dem Glas herausgelöst werden können, was allerdings bei sehr großen Flüssigkeitsmengen der Fall sein kann. Deshalb ist von holländischer Seite Extraktion in einem Kupfergefäß vorgeschlagen worden. Ein solcher störender Einfluß der Alkaliaufnahme aus dem Glas ist natürlich viel größer, wenn mit geringer Substanzmenge und, bezogen auf diese, viel Wasser gearbeitet wird, was bei dem in England[3] angewandten Verfahren der Fall ist.

Einen besonderen Weg beschreitet Schumann[4], der zur Extraktion den Perkolator benutzt.

Das Arbeiten mit kleinen Substanzmengen ist nicht empfehlenswert. Das oben näher beschriebene Verfahren hat bei Vergleichsversuchen befriedigende Ergebnisse, insbesondere für die vor allem wichtigen Sulfate des Natriums und Magnesiums, ergeben. Es ist einfach, leicht auszuführen und bei dem hier in Frage kommenden gebrannten Gut auch nicht durch Absorptionserscheinungen gefährdet.

---

[1] Berl-Lunge: Chemisch-technische Untersuchungsmethoden (1932) S. 266.
[2] Memmler: Das Materialprüfungswesen (1924) S. 263. — Verfahren des Staatl. Materialprüfungsamtes Berlin-Dahlem. — Palmer: Ber. d. D. K. G. Bd. 9 (1928) S. 514.
[3] Butterworth: Trans. Ceram. Soc. (1936) S. 105; Tonind.-Ztg. Bd. 60 (1936) S. 109.
[4] Sprechsaal Bd. 65 (1932) S. 240.

36. Untersuchung des Gefüges.

Für die Untersuchung des Gefüges stehen an erster Stelle die bewährten Verfahren der Mikroskopie, die binokulare Lupe, das Mikroskop für Beobachtung im durchfallenden und auffallenden Licht, ohne und mit Polarisation. Schon die binokulare Lupe vermittelt wertvolle Aufschlüsse über das Gefüge, und zwar bisweilen besser am Bruch als am Dünnschliff. Noch plastischer wird das sich ergebende Bild mit Hilfe der Dunkelfeldbeleuchtung (LIEBERKÜHN-Spiegel oder Zeiß-Auflicht-Dunkelfeldkondensator[1]). Abb. 59 zeigt an einem Magerungskörner enthaltenden Stein die Verschiedenheit des Gefügebildes beim Anschliff *a*, der Bruchfläche *b* und der mit Sandstrahl angerauhten Fläche *s*.

An Anschliffen lassen sich Unterschiede, die durch den Brenngrad veranlaßt sind, eindrucksvoll nachweisen und damit an Hand von Vergleichsproben Rückschlüsse auf die Erzeugungsbedingungen ziehen. Hierzu ist auf eine Arbeit von ANDRÄ[2] zu verweisen. An Dünnschliffen ist das Vorliegen von Glasphase zu erkennen. An entsprechenden Gefügebildern hat HECHT[3] nachweisen können, daß sich glasige Anteile nicht nur bei eigentlichen Pflasterklinkern, die in hoher Temperatur gebrannt sind, zeigen, sondern daß solche auch in niedrig gebrannten Ziegeln zu finden sind, so daß nicht etwa aus Vorhandensein von Glasphase ohne weiteres auf eine bestimmte Materialeigenschaft geschlossen werden kann.

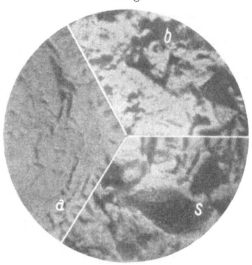

Abb. 59. Gefugebeschaffenheit. Verschieden vorbehandelte Stucke eines Steines bei streifender Beleuchtung. *a* Anschliff, *b* Bruch, *s* durch Sandstrahl angerauhte Fläche.

Diese Feststellung wird hier eingeschaltet, um einer Überschätzung der Dünnschlifforschung in dieser Richtung vorzubeugen.

Für eine weitere Unterrichtung wird auf Arbeiten von HERLINGER und UNGEWISS[4] und KÄSTNER[5] verwiesen.

Aus dem Gebiet der Gefügeuntersuchung mit Röntgenstrahlen gehört in den vorliegenden Rahmen nicht die Ermittlung der vorhandenen Stoffe oder Verbindungen, ob amorphe oder kristalline Stoffe vorliegen, wie die Kristallgröße ist, welcher Brennzustand angenommen werden kann, sondern es kommt hier nur auf die Homogenität des Werkstoffes an. Die sog. Grobstrukturuntersuchung, die bei der Untersuchung der metallischen Werkstoffe so große Erfolge gebracht hat, kann auch bei keramischen Baustoffen angewandt werden. Sie kann Lunker, Risse und Spalten im Innern, die ohne Zerstörung des Werkstückes bisher verborgen blieben, enthüllen. Als Beispiel wird in Abb. 60[6] die Röntgenaufnahme eines Porzellanisolators gezeigt, in dem an den durch Pfeile angedeuteten Stellen Löcher zu erkennen sind, die auf schlechter Verarbeitung beim Drehen beruhen.

[1] PULFRICH: Tonind.-Ztg. Bd. 57 (1933) S. 1075.   [2] Keram. Rdsch. Bd. 43 (1935) S. 289.
[3] Tonind.-Ztg. Bd. 58 (1934) S. 92.   [4] Ber. d. D. K. G. Bd. 12 (1931) S. 487.
[5] KÄSTNER: Kurze Einführung in den Gebrauch des Polarisationsmikroskops. Coburg 1934.
[6] Aus einer Arbeit von KRAUSE: Ber. d. D. K. G. Bd. 8 (1927) S. 128. — GLOCKER:
Materialprüfung mit Röntgenstrahlen. Berlin 1927. S. 76.

In allerletzter Zeit sind für die zerstörungsfreie Werkstoffprüfung in der Keramik γ-Strahlen[1] versucht worden, die durch Benutzung von Mesothoriumpräparaten leicht zugänglich sind und keine große Apparatur erfordern. Es ist sogar möglich, mittels Röntgenstrahlen innere Spannungen an Materialen nachzuweisen.

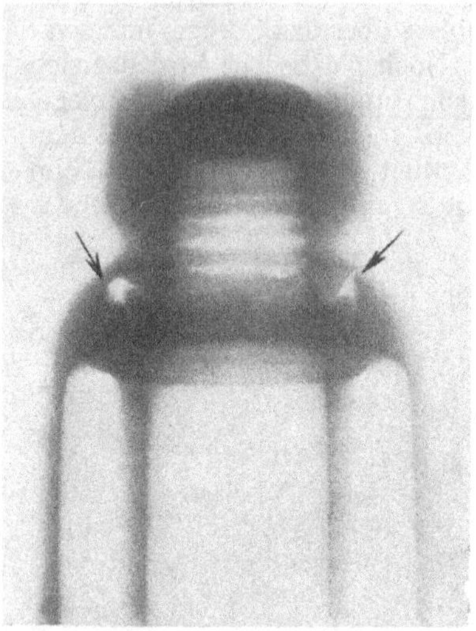

Abb. 60. Rontgenbestimmung der Grobstruktur eines Porzellanisolators mit Lóchern im Innern (in Richtung der Pfeile) nach KRAUSE.

Die Transparenz, die Fähigkeit, Licht diffus durch dünne Scherben durchscheinen zu lassen, kann photometrisch entweder durch Vergleich mit einer Standardplatte (STEGER[2]) oder durch Messung der Lichtstärke vor und nach Einschaltung einer planparallelen Prüfplatte ermittelt werden. Im zweiten Fall ist das Arbeiten mit der Photozelle vorteilhaft.

Mit dem Ultraviolettlicht der Uviollampe sind bei den grobkeramischen Baustoffen keine kennzeichnenden Ergebnisse gewonnen worden.

Im feuerfesten Gebiet spielt die Dünnschliffuntersuchung für die Ermittlung des Umwandlungsgrades in den quarzreichen Erzeugnissen, insbesondere den Silikasteinen, eine große Rolle und ist allgemein zur Gütebeurteilung und zur Betriebskontrolle mit heranzuziehen.

37. Prüfung der elektrischen Eigenschaften.

Das elektrische Verhalten der eigentlichen gebrannten Baustoffe ist unbeachtlich, da die silikatischen Stoffe bei gewöhnlicher Temperatur Nichtleiter darstellen. Bei hoher Temperatur werden oxydische und silikatische Massen leitend, und deshalb ist bei feuerfesten Stoffen, insbesondere bei Isoliermassen für Elektrowärme, die Messung der elektrischen Leitfähigkeit wichtig. Eine geeignete Apparatur ist in einer Arbeit von BACKHAUS[3] beschrieben. Vergleichende Messungen von Bauziegeln auf elektrische und thermische Leitfähigkeit hat neuerdings JOHNSON[4] ausgeführt und die angewandten Prüfeinrichtungen näher beschrieben. Ferner sind Hinweise in Arbeiten von RICHARDS[5] und WERNER[6] zu finden.

Die eigentlichen Isolierstoffe keramischer Art, Porzellan, Steatit (magnesiahaltige dichte Massen), titandioxydreiche Massen und aus Speckstein und Tonsubstanz bereitete Erzeugnisse mit dichtem Scherben, sind nicht zu den Baustoffen zu rechnen. Bei diesen sind verschiedene elektrische Eigenschaften für das Verhalten und die Gütebeurteilung wesentlich. Die in Frage kommenden Bestimmungen, Isolationswiderstand, Oberflächenwiderstand, Durchschlagsfestigkeit, Dielektrizitätskonstante, dielektrischer Verlustwinkel und insbesondere die Prüfung auf Überschlag unter verschiedenen Bedingungen (trocken, im Regen, mit Spannungsstößen), können hier nur mit dem Namen benannt werden. Näheres ist zu finden in den Büchern DEMUTH: Die Materialprüfung der Isolierstoffe der Elektrotechnik, und WEICKER: Abnahmeprüfungen an Porzellan-

---

[1] KRAUSE-SCHIEDECK: Ber. d. D. K. G. Bd. 20 (1939) S. 344.
[2] Ber. d. D. K. G. Bd. 2 (1921) Heft 1, S. 9.   [3] Ber. d. D. K. G. Bd. 19 (1938) S. 461.
[4] J. Amer.Ceram. Soc. Bd. 21 (1938) S. 79.   [5] Keram. Rdsch. Bd. 34 (1926) S. 475.
[6] Sprechsaal Bd. 63 (1930) S. 537, 557, 581, 599.

isolatoren, und die Vortragssammlung: „Elektrotechnische Isolierstoffe", Entwicklung, Gestaltung, Verwendung, herausgegeben von VIEWEG, 1937. Die elektrischen Prüfungen sind zumeist mit mechanischen gekuppelt.

38. Dauer- und kombinierte Prüfungen.

Die Dauer- und kombinierten Prüfungen stellen an sich keine besondere Prüfart dar. Einzelne Wetterbeständigkeitsprüfungen, insbesondere Gefrierversuche und die Ermittlung des Widerstandes ganzer Bausteine gegen chemischen Angriff, ferner die Abschreckprobe sind Dauerprüfungen. Die Ermittlung der Festigkeit im Anschluß an die Frostprüfung und an die Einlagerung in chemische Angriffsmittel, sei es Flüssigkeit oder Gas, ferner die Eigenschaftsermittlung feuerfester Baustoffe in der Hitze sind charakteristische Kombinationsprüfungen. Auf solche Verknüpfungen nach Art und Zeit wird hingewiesen, weil sie zweifellos immer mehr an Bedeutung gewinnen werden, wenn beim Prüfen in der Linie der laufenden Entwicklung weniger auf die Kosten und mehr auf das mögliche Ergebnis geachtet wird. Das gilt vor allem bei der Einführung neuer Baustoffe und Bauweisen.

Die Dauerprüfung hat bei Sonderaufgaben der Auswahlforschung auf feuerfestem Gebiet bereits große Erfolge gezeigt. So konnte die Eignung von Glashafenmassen durch langdauernde Zugbelastung[1] bei hoher Temperatur zuverlässiger — in Parallele zur praktischen Bewährung — als nach irgendeinem anderen Prüfverfahren erkannt werden.

B. Prüfung der gebrannten Baustoffe.
Von HANS HECHT, Berlin.

Es folgt die Besprechung der Prüfung der einzelnen Baustoffarten. Es soll zum Ausdruck kommen, welche Eigenschaften vor allem zu berücksichtigen sind und ob bei deren Bestimmung andere Prüfungsweisen, als im Abschn. A behandelt, anzuwenden sind.

1. Prüfung der Mauerziegel.

Nach DIN 105 sind an Mauerziegeln Abmessungen, Wasseraufnahmevermögen, Druckfestigkeit und Frostbeständigkeit zu ermitteln. Diese Anforderungen werden durch das Normblatt DIN 1963 erweitert, nach dem Ziegel wetterbeständig und frei von Mergel und Kalkknollen sowie allen Stoffen sein müssen, die später Abblättern und schädliches Ausblühen (vgl. S. 296f.) verursachen können. Diese Ergänzung bedeutet, daß sprengende Einlagerungen überhaupt nicht und ausblühende Salze nicht in schädlichem Ausmaß vorhanden sein sollen. Ein Bestimmungsverfahren und eine Beurteilungsgrundlage sind aber dazu bisher nicht angegeben. Das Normblatt DIN 4110 enthält die zur Zeit außer Kraft gesetzten Vorschriften voller Frostbeständigkeit für alle Bauziegel und Wiederholung der Druckfestigkeitsprüfung nach dem Gefrieren sowie Begrenzung der Wärmeleitfähigkeit.

Die Neubearbeitung des Normblattes DIN 105 unterscheidet 5 Sorten von Ziegeln.

---

[1] ILLGEN: Ber. d. D. K. G. Bd. 11 (1930) S. 649.

| Art | Druckfestigkeit trocken | | Wasseraufnahme Mittelwert | Frostbestandigkeit |
	Mittelwert kg/cm²	Kleinster Einzelwert kg/cm²	Gew.-%	
Wasserbauklinker . . .	350	300	≤ 4	gefordert
Mauerklinker	350	300	≤ 6	gefordert
Hartbrandklinker . . .	250	200	≤ 12	gefordert
Mauerziegel Mz 150 . .	150	120	≥ 8	(nur für Vormaue-
Mauerziegel Mz 100 . .	100	90	≥ 8	rungsziegel gefordert)

Geschwindigkeit des Lastanstieges für die Druckfestigkeitsprüfung 5 bis 6 kg/cm²/s.

Das Normblatt schreibt neben den Mittelwerten für 10 Ziegel Mindestwerte vor, die keiner der geprüften Ziegel unterschreiten darf. Für Hartbrandziegel ist eine Änderung der Wasseraufnahme von 8% auf ≤ 12% vorgesehen [1], da die Praxis gezeigt hat, daß die Wasseraufnahme völlig brauchbarer Hartbrandziegel häufig größer ist. Ergänzend ist auf die „Ortsgebräuche im Berliner Handel mit Ziegeln..." hinzuweisen, da die in dem fraglichen Lieferungsgebiet hergestellten Hintermauerungsziegel zwar in der Maßhaltigkeit nicht so scharf beurteilt werden können, dafür aber durch andere, bautechnisch vorteilhafte Eigenschaften ausgezeichnet sind.

Deckenziegel sollen nach dem Normblatt DIN 1046 mindestens 175 kg/cm² Druckfestigkeit aufweisen, der Kleinstwert darf nicht unter 140 kg/cm² liegen (vgl. S. 250).

Für die Prüfung der Hohlziegel ist auf den Erlaß des Reichsarbeitsministers vom 30. 6. 1938 [2] zu verweisen. Es sind dort Bedingungen für die Steinhöhe, die Dicke der Außenwandung und für die Mindestzahl der Stege für den Wandquerschnitt gestellt. Damit im Zusammenhang steht der Entwurf des Normblattes DIN E 4151 „Lochziegel für belastetes Mauerwerk". Es ist vorgesehen, bestimmte Formate und Arten der Lochung festzulegen und die Eigenschaftsprüfung in enger Anlehnung an das Normblatt DIN 105 durchzuführen.

| Art | Druckfestigkeit (trocken) | | Wasseraufnahme Mittelwert |
	Mittelwert kg/cm²	Kleinster Einzelwert kg/cm²	Gew.-%
Querlochziegel .	100	80	≥ 8
Langlochziegel .	75	60	≥ 8

Geschwindigkeit des Lastanstieges für die Druckfestigkeitsprüfung 5 bis 6 kg/cm²/s.

Die österreichischen Normen:
Önorm 3201: Mauerziegel
Önorm 3202: Pflasterziegel
Önorm 3203: Radialziegel
Önorm 3204: Schwimmziegel
enthalten über den deutschen Stand hinaus Sollwerte für Biegefestigkeit und bestimmte Angaben über Kalkaussprengungen und lösliche Salze. Die Aufnahme der Biegefestigkeit auch in die deutsche Normung als technologische Prüfung auf dem Werk ist erwünscht. Beachtlich sind die verhältnismäßig geringen Anforderungen an Pflasterziegel. Außerdem sind die porosierten Ziegel unter der Bezeichnung „Schwimmziegel" normiert. Diese sollen als Voll- oder Hohlziegel ein Raumgewicht unter 1 und eine Druckfestigkeit von mindestens 80 kg/cm² aufweisen.

Die böhmisch-mährische Ziegelnorm [3] verlangt bei Bauklinkern höhere Druckfestigkeit, was in der dort vorgeschriebenen Würfeldruckprüfung begründet ist. Bezüglich der Wasseraufnahmefähigkeit sind die Anforderungen an Klinker und an Hartbrandziegel geringer. Ziemlich scharf ist die Prüfung auf ausblühende Salze.

---

[1] Tonind.-Ztg. Bd. 63 (1939) S. 116.   [2] Tonind.-Ztg. Bd. 62 (1938) S. 645.
[3] Tonind.-Ztg. Bd. 56 (1932) S. 1218.

.Für die Schweizer Normung [1] ist auf die Schrift von HALLER „Physik des Backsteins"[2] hinzuweisen, außerdem auf den von STADLER verfaßten Teil über das wärmetechnische Verhalten der Ziegel.

Die niederländische Norm N 520 [3] stellt an die Porosität der Mauerklinker wesentlich geringere Anforderungen als Deutschland. Überschläglich ergibt sich ein Wasseraufnahmevermögen von etwa 10 bis 15 Gewichtsprozent. Besonders zu behandeln ist die Vorschrift, daß der Gehalt an Schwefel in Form löslicher Sulfate und Sulfide höchstens 0,3% betragen soll. Diese Zahl ist trotzdem hoch, denn sie würde 0,75% SO_3 und 1,27% Kalziumsulfat entsprechen; sie ist aber wenig kennzeichnend, da nach der angewandten Prüfungsform schwerlöslicher Gips mit erfaßt und die eigentlich gefährlichen leicht löslichen Sulfate, also Natrium- und Magnesiumsulfat, nicht gesondert ermittelt werden (vgl. S. 297).

Aus der schwedischen Norm [4] ist die Beziehung zwischen Raumgewicht und Wärmeleitfähigkeit zu erwähnen. Die Anforderungen sind teilweise schärfer als in Deutschland.

Aus der französischen Norm (Afnor B 2—1) ist auf die Zulässigkeit von Absplitterungen bei der Frostbeständigkeit bis zu 1% zu verweisen (vgl. S. 290).

Das amerikanische Normwerk umfaßt folgende Blätter: A.S.T.M.-Standards:

C 62—37 T Bauziegel	Tt 1937	S. 492
C 34—36 Lasttragende Hohlziegel .	1936	S. 172
C 56—36 Unbelastete Hohlziegel . .	1936	S. 176
C 57—36 Deckenziegel	1936	S. 179
C126—37 T Glasierte Bauziegel . .	Tt 1937	S. 495

Die amerikanische Bauziegelnorm C 62—37 enthält nicht mehr wie früher Anforderungen an die Biegefestigkeit, sondern schreibt nur noch Druckfestigkeit und Wasseraufnahmevermögen, außerdem aber das Verhältnis „C/B Ratio" vor, das ist der Quotient aus dem Wasseraufnahmevermögen bei Einlagerung in der Kälte während 24 h und dem bei 5stündigem Kochen (vgl. S. 237 und 291). Dieser soll die besondere Frostprüfung ersetzen. Vollständig kann von jeder entsprechenden Prüfung abgesehen werden, wenn die Druckfestigkeit der Ziegel über 560 kg/cm² oder das durchschnittliche Wasseraufnahmevermögen unter 8% beim Kochen bzw. 6,4% bei 24stündiger Einlagerung in Wasser liegt. Bei den Hohlziegeln sind Festigkeitswerte nach zwei Achsen, senkrecht und parallel zu den Lochungen, angegeben. Einzigartig sind die Anforderungen an glasierte Bauziegel. Nach C 126—37 T soll die Beständigkeit der Glasur bezüglich Reißen, Abplatzen und Durchlässigkeit in verhältnismäßig scharfem Angriffsverfahren ermittelt werden (vgl. S. 295 und 317).

Eine besondere Behandlung ist den Ringziegeln zuteil geworden, die für den Bau von Schornsteinen bestimmt sind. Für diese galten früher die Normblätter 1056 und 1057, in denen außer den Abmessungen die Festigkeitswerte entsprechend Normblatt DIN 105 festgelegt und für die Eignungsprüfung zum Schornsteinbau die Prüfung eines Mauerkörpers von 50 cm Seitenlänge vorgeschrieben waren. Als abweichend ist nur hervorzuheben, daß der einzelne Ringziegel nicht als Probekörper gemäß DIN 105, sondern als Versuchskörper aus zwei übereinandergemauerten Ziegeln geprüft werden soll.

2. Prüfung der Klinker.

Klinker sind Ziegel hoher Dichtigkeit und Festigkeit, die entsprechend ihrem höheren Wert sorgfältiger hergestellt werden und deshalb gleichmäßiger sind.

---

[1] Tonind.-Ztg. Bd. 59 (1935) S. 1037.
[2] Physik des Backsteins, Zürich 1937, S. 5—18; vgl. Tonind.-Ztg. Bd. 59 (1935) S. 1037.
[3] Tonind.-Ztg. Bd. 61 (1937) S. 25.   [4] Tonind.-Ztg. Bd. 56 (1932) S. 1044.

Das ist durch die letzte 'Entwicklung der Ziegeleimaschine mit der Einführung der Entlüftung leichter geworden.

Wegen der Prüfung der *Bauklinker* vgl. S. 304. Sie sind durch eine Druckfestigkeit von über 350 kg/cm² und ein Wasseraufnahmevermögen $\leq$ 4% bei Wasserbauklinkern, $\leq$ 6% bei Mauerklinkern bei Wassersättigung durch Einlagerung gekennzeichnet. An besonderen Eigenschaften, deren Festlegung noch erwogen werden sollte, sind die Wasseraufnahme durch Kochen, die Undurchlässigkeit und Biegefestigkeit als technologische Prüfung zu benennen. Soweit derartige Klinker bei Verwendung in Fundamenten und in der chemischen Industrie auch chemischen Beanspruchungen ausgesetzt sind, wäre der Grad der zu verlangenden Säurebeständigkeit festzulegen. Zur Prüfung kommen das Korngut- und Pulververfahren (S. 293ff.) in Frage.

Für allgemeine bautechnische Zwecke wäre an einen Grenzwert von etwa 4% zu denken. Die Deutsche Reichsbahn schreibt in der vorläufigen Anweisung für Abdichtung von Ingenieurbauwerken, Berlin 1933 (mit der Berichtigung von 1938), vor, daß die Wasseraufnahme durch Kochen zu ermitteln ist und im Mittel höchstens 5% betragen darf. Pulvergut soll beim Kochen an 10%ige Salzsäure nur 4% abgeben, von denen nicht mehr als 2% von Kalziumoxyd gebildet werden dürfen. Die Ansprüche der Reichsbahn an Klinker sind also wesentlich schärfer als die rahmenmäßig im Normblatt DIN 105 vorgezeichneten. Für Klinker, die wie Steinzeug starker chemischer Beanspruchung ausgesetzt sein können, ist das Verfahren des Chemischen Laboratoriums für Tonindustrie mit Eindampfen des Säuregemisches geboten (S. 293) und ein Grenzwert von 2% anzunehmen. Im Önormblatt B 3220 werden höchstens 1,5% zugelassen. Über entsprechende Vergleichsversuche hat HECHT[1] berichtet.

Weiter sind die *Kanalklinker* zu betrachten. In Deutschland ist durch die Normblätter DIN 4051 nur das Format vorgeschrieben. Über die Materialeigenschaften besteht aber noch beträchtliche Unsicherheit. Vielfach werden unter Kanalklinkern, die man dann vorsorglich als Kanalziegel benennt, keilförmige Hartbrandziegel verstanden. Solche können für die Sohle von Abflußkanälen gegenüber der schleifenden Wirkung der Sinkstoffe und vor allem dem vom Kanalwasser mitgeführten Sand nicht ausreichen. Aber auch im Oberteil des Kanals, der in der Regel nicht durch Wasser bespült wird, besteht bei diesen die Gefahr von Schäden durch wandernde Salze. In Amerika besteht die A.S.T.M.-Norm C 32—37 T für Kanalisationsziegel, in der zwei Gruppen beanspruchter Ziegel unterschieden werden. In beiden Fällen ist eine Strömungsgeschwindigkeit des Abwassers von 2,4 m in der Sekunde angenommen, im ersten Falle Vorhandensein von großen Mengen angreifender fester Stoffe, im zweiten Falle Fernsein von solchen und auch geringere Wassergeschwindigkeit. Die Druckfestigkeit der Ziegel soll zwischen 350 und 560 kg/cm², das Wasseraufnahmevermögen beim Kochen zwischen 6 und 12% liegen. Zu vergleichen sind die Ergebnisse einer Arbeit von MCBURNEY[2], der für das Wasseraufnahmevermögen die Grenzwerte 7,7 und 19,5 bei dem Mittelwert 11,1 angibt.

Besonders wichtig ist die Prüfung der *Pflasterklinker* für Boden- und Straßenbelag; dabei ist nur an weitestgehend gesinterte Steine oder plattenförmige Erzeugnisse, nicht aber an die sog. Mosaikplatten zu denken.

In Deutschland wird schon lange an der Normung der Pflasterklinker gearbeitet. Trotzdem umfangreiches Material in der Literatur[3] und in dem beim Normen-

---

[1] HECHT: Tonind.-Ztg. Bd. 62 (1938) S. 1127.
[2] MCBURNEY: Proc. A.S.T.M., Teil II (1933) S. 630.
[3] EHLGÖTZ: Klinkerstraßen, Berlin 1932. — Tonind.-Ztg. Bd. 56 (1932) S. 812 u. 968. — DIESKAU: Tonind.-Ztg. Bd. 56 (1932) S. 1110; Tonind.-Ztg. Bd. 57 (1933) S. 223. — MEYER: Tonind.-Ztg. Bd. 57 (1933) S. 820. — HECHT: Tonind.-Ztg. Bd. 58 (1934) S. 92. — SANDER: Tonind.-Ztg. Bd. 58 (1934) S. 104. — EHLGÖTZ: Tonind.-Ztg. Bd. 58 (1934) S. 845.

ausschuß gebildeten besonderen Arbeitsausschuß zusammengetragen worden ist, war es noch nicht möglich, die Vorbereitung der Normung zum Abschluß zu bringen.

Die Festlegung der Wasseraufnahme, der Porosität und der Druckfestigkeit kann zur Kennzeichnung keineswegs genügen; vielmehr müssen noch Grenzwerte für den Abnutzungs-, Schlag- und Kantenfestigkeitsversuch vorgeschrieben werden. Die Biegefestigkeit würde als einfache Wertziffer zweckmäßig sein. Von der Kugeldruckfestigkeit sollte wegen ihrer Unsicherheit bei der Prüfung am ganzen Ziegel abgesehen werden. Ohne vorzugreifen, mögen folgende Richtzahlen [1] genannt werden:

Wasseraufnahme durch Kochen 3,5 bis 4%;
Druckfestigkeit von Würfeln mit 40 mm Kantenlänge > 1000 kg/cm²;
Abnutzbarkeit nach DIN DVM 2108 bis 0,4 cm³/cm²;
Zerstörender Schlag > 2 mkg.

Dazu muß noch eine Güteziffer für das Verhalten beim Trommel- oder Rattlerversuch kommen.

Daß mit derartigen Zahlen keineswegs zuviel verlangt wird, dürfte folgende *Zusammenstellung ausländischer Vorschriften für Pflasterklinker* lehren.

	Wasseraufnahme durch Kochen Gew.-% Höchstwert	Druckfestigkeit kg/cm² Mindestwert	Schleifverlust cm²/cm³ Höchstwert	Schlagfestigkeit (zerstörender Schlag) mkg Mindestwert
Österreich B 3220	6	600		
Böhmen-Mähren [2]	I 2	1600	0,25	3,9
	II 6	1200	0,50	3,3
Amerika C 7—38			Rattler 22%	

Amerika hat nur den Rattlerversuch (S. 264) normiert. Außerdem wird der Schlagversuch nach PAGE mit 2 kg Gewicht oder ein Kugelfallversuch, bei dem der Klinker jedoch nicht satt aufliegt, sondern auf zwei Auflager gelegt ist, erwogen. Im letztgenannten Fall handelt es sich mehr um eine Schlagbiegeprüfung. Die Angriffsleistung beträgt aber nur 1,55 mkg [3]. Von italienischer Seite [4] ist eine Druckfestigkeit von 1400 kg, eine Porosität von 2,5% genannt worden.

Von der Frostprüfung sollte, allgemein gesehen, Abstand genommen werden können. Doch muß darauf hingewiesen werden, daß sich wiederholt Pflasterklinker als frostempfindlich bzw. nicht frostbeständig erwiesen haben. Die Ursache waren Materialfehler, meist feine, dem Auge unsichtbare Risse, die das Eindringen von Wasser zur Folge hatten.

3. Prüfung der Dachziegel.

Dachziegel sind aus Ton oder tonigen Massen hergestellte Gebilde mit plattenförmiger, ebener oder profilierter Gestalt, letztere vielfach zwecks vollständigeren Zusammenschlusses mit Falzen an zwei oder vier Seiten versehen. Nach der Gestalt unterscheidet man in Deutschland Biberschwänze, Pfannen- und Falzziegel, es sind aber auch verschiedene Kombinationen dieser Grundformen in Anwendung, die prüftechnisch nicht weiter zu beachten sind.

Die Beurteilung der Dachziegel erfolgt nach der äußeren Beschaffenheit (Farbe, Format und Abmessungen, Ebenheit und Genauigkeit der Überdeckung und des Verschlusses, Klang, Struktur) und einer Reihe bestimmter Güteeigenschaften, wie Festigkeit, Wasseraufnahme, Wasseransaugung, Wasserdurchlässigkeit, Frostbeständigkeit, schädliche Bestandteile.

---

[1] HECHT: Tonind.-Ztg. Bd. 62 (1938) S. 1129.   [2] Tonind.-Ztg. Bd. 58 (1934) S. 596.
[3] Tonind.-Ztg. Bd. 63 (1939) S. 34.   [4] Tonind.-Ztg. Bd. 61 (1937) S. 1018.

Die Festigkeitsprüfung von Dachziegeln wird allgemein als Biegeprüfung durchgeführt, im wesentlichen entsprechend der für Vollziegel S. 254 beschriebenen Arbeitsweise. Die Dachziegel werden auf zwei Auflager gelegt und von oben in der Mitte bis zum Bruch belastet. Angegeben wird die Bruchlast. Insbesondere profilierte Dachziegel sind zwecks satten Anliegens der Auflager mit Leisten aus Zement oder Gips zu versehen. In Schweden ist auch eine Prüfung auf Stoßfestigkeit genormt worden, die in einem Kugelfallversuch besteht, um einen Anhalt für das Verhalten der Dachziegel beim Transport und beim Verlegen zu bekommen. Ferner ist die Kugelfallprobe, und zwar mit einer größeren Anzahl von Kugeln, von ROMANOWICZ [1] zu einer Erprobung des Widerstandes gegen Hagelschlag herangezogen worden.

Die wichtigste Prüfung bei Dachziegeln ist die Feststellung der Wasserundurchlässigkeit. Die hierzu üblichen Verfahren gliedern sich in drei Gruppen: Prüfung ganzer Ziegel, Prüfung von Teilstücken und das Beregnungsverfahren. Ursprünglich wurde auch in Deutschland mit runden scheibenförmigen Teilstücken gearbeitet, die aus den Dachziegeln herausgebrochen oder herausgeschnitten wurden. Auf eine solche Scheibe von etwa 5 bis 7 cm Dmr. wurde ein Glaszylinder aufgekittet, in diesen 10 bzw. 15 cm hoch Wasser eingefüllt und dann beobachtet, nach welcher Zeit sich auf der Unterseite feuchte Flecke, völlige Durchfeuchtung, Tropfenbildung und Abfall von Tropfen ergaben. Abwandlungen bestanden in verschiedener Höhe der auflastenden Wassersäule, deren Gleichhaltung auf der vorgeschriebenen Höhe und Beobachtung der Luftfeuchtigkeit des Prüfraumes. Man hat in Deutschland diese Prüfform verlassen und ist zur Untersuchung ganzer Ziegel übergegangen, um die in der Wahl eines Teilstückes liegende Willkür auszuschalten. Viel behandelt wurde die Höhe der anzuwendenden Wasserschicht, und diesbezüglich bestehen starke Verschiedenheiten. Doch übt die Höhe der Wassersäule [2] zwischen 5 und 15 cm keinen erheblichen Einfluß auf die Ergebnisse aus. Nach einer Untersuchung von DAFINGER [3] ist der Zeitpunkt des Auftretens der ersten Nässe an der Unterseite des Ziegels bei 1 cm und 15 cm Wassersäule zeitlich nicht sehr verschieden, dagegen kann die Tropfenbildung bei der Wassersäule von 15 cm Höhe ganz erheblich schneller eintreten als bei einer Wassersäule von 1 cm.

Wasseraufnahme und Porosität der Ziegel stehen in keinem unmittelbaren Verhältnis zur Wasserdichtigkeit, womit übereinstimmt, daß die Durchfeuchtung bei verschieden hohem Wasserdruck etwa zu gleicher Zeit erreicht sein kann, während bezüglich des Wasserdurchtritts (Tropfenbildung) sehr beträchtliche Unterschiede zu beobachten sind. Das ist auch ohne weiteres verständlich, denn bei der Wasseraufnahme wird der zugängliche Porenraum erfaßt, beim Wasserdurchtritt kommt es aber bei dem dünnen Scherben der Dachziegel noch viel mehr als beim Vollziegelscherben darauf an, ob offene Wege für den Durchgang vorhanden sind, die gegebenenfalls Wasser durchlassen, lange bevor eine vollständige Erfüllung des gesamten Porenraumes mit Wasser erfolgt ist. Die Porosität der Dachziegel ist in doppelter Hinsicht von Bedeutung. Wenn auch eine Beziehung zur Wasserdichtigkeit fehlt, so bietet doch ein Ziegel, der als stark porös leicht von Wasser erfüllt wird, dem Frost eher Angriffsmöglichkeiten. Andererseits ist eine gewisse Porigkeit der Dachziegel erwünscht, damit unter der Dachhaut entstehende Feuchtigkeit ohne Schwitzwasserbildung aufgenommen werden kann. In dieser Beziehung sind also solche Ziegel günstig, die dem Dach Atmungsfähigkeit verleihen, ohne Durchlässigkeit zu ergeben. Natürlich sprechen für die Bewährung neben den tatsächlichen Wertzahlen die Neigung des Daches, die

---

[1] ROMANOWICZ: Erste Mitteilungen des neuen internationalen Verbandes für Materialprüfungen, Zürich 1930, Teil B, S. 33.
[2] Tonind.-Ztg. Bd. 54 (1930) S. 1330.   [3] DAFINGER: Tonind.-Ztg. Bd. 51 (1927) S. 561.

Lage zu den Himmelsrichtungen und die Durchlüftung des Dachraumes entscheidend mit.

Bezüglich der Frostprüfung vgl. S. 289.

Sonderermittlungen betreffen die kapillare Saughöhe als Maßstab für die
Wasseraufnahmefähigkeit, schädliche Fremdstoffe, stückige Kalkeinlagerungen
und gewisse lösliche Salze.

Die deutschen Vornormen erstrecken sich nur auf Ziegel erster Wahl; Öster-
reich, Schweden und die Niederlande benennen drei Sorten. Als Anhalt, welche
Abweichungen praktisch zu erwarten und berechtigt sind, wird hier ein aus der
Industrie stammender Sortierungsvorschlag [1] eingeschaltet:

Klasse I a. Hellklingende Ziegel ohne Kühl- und Schmauchrisse, Oberfläche ohne größere
Form- und Farbfehler, sonst gerade.

Klasse I b. Der Klasse I a ähnlich, jedoch in der Farbe abweichend, mit kleinen Form-
fehlern, bis 6 mm flügelig.

Klasse II. Größere Form- und Farbfehler, bis 12 mm flügelig oder nach oben oder unten
abgebogen.

Klasse III. Verzogen, flügelig, ungleich hart gebrannt, mit sonstigen Fehlern, aber in
der Regel ohne größere Risse oder mit Schmauch- und Kühlrissen und sonstigen Fehlern,
jedoch verhältnismäßig gerade.

In Deutschland ist die Güteprüfung der Dachziegel durch die Vornorm DIN 456
(Begriff und Eigenschaften) und DIN DVM 2250 (Prüfverfahren) geregelt. Außerdem bestehen zwei Formblätter, DIN 453 für Biberschwänze, DIN 454 für kleine
Pfannen. Die ersten beiden Normblätter befassen sich mit der Gestalt (Nachprüfung auf Ebenflächigkeit), mit dem Gewicht, mit dem äußeren Zustand eines
Glasur- oder Engobeüberzuges, ferner mit der Tragfähigkeit, mit der Wasserundurchlässigkeit und der Frostbeständigkeit. Es ist absichtlich nur eine Vornorm geschaffen worden, da bezüglich der Wasserundurchlässigkeit und Frostbeständigkeit Meinungsverschiedenheiten bestehen und noch weitere Erfahrungen
gesammelt werden müssen. Außerdem ist vorgesehen, später auch das Wasseraufnahmevermögen, die Wasserabgabe und die löslichen Salze zu berücksichtigen.
Zum Vergleich mit den deutschen Normen sind im folgenden die Normen bzw.
Normenvorschläge anderer Länder mitbesprochen.

Österreich . . . . Önorm B 3205
Böhmen-Mähren . . . . Tonind.-Ztg. Bd. 51 (1927) S. 975
Schweden . . . . Tonind.-Ztg. Bd. 51 (1927) S. 1323
Dänemark . . . . Tonind.-Ztg. Bd. 60 (1936) S. 951
Niederlande N 683 und 684 (nur für Dachpfannen) . Tonind.-Ztg. Bd. 61 (1937) S. 26
Frankreich Afnor B 2/2 . . . . Tonind.-Ztg. Bd. 61 (1937) S. 25
Schweiz . . . . Tonind.-Ztg. Bd. 61 (1937) S. 1002
England 402—1930 . . . . Tonind.-Ztg. Bd. 55 (1931) S. 168
und Bd. 62 (1938) S. 359

Die deutsche Vorschrift für die Ermittlung der Tragfähigkeit findet sich im
Normblatt DIN DVM 2250. Dachziegel sind danach auf der Unterseite im Ab-
stand von etwa 25 cm und auf der Mitte der Oberseite mit je einer etwa 2 cm
breiten Leiste aus reinem Zement oder Gips zu versehen. Die Leisten sollen einen
Überstand von etwa 0,5 cm an den höchsten Stellen haben. Die Auflager der
Biegefestigkeits-Prüfvorrichtung sind abgerundet. Ein Seitenauflager und das
Mittelauflager sind beweglich. Der Abstand der Seitenauflager beträgt 25 cm.
Bei Biberschwänzen können statt der normalen Auflager auch Kugelkette und
Stiftreihe benutzt werden. Die Geschwindigkeit der Laststeigerung bei Biber-
schwänzen und Falzziegeln ist 5 kg/s, bei Hohlsteinen 10 kg/s.

Die Abweichungen der ausländischen Normen sind gering. Es bestehen in
erster Linie Verschiedenheiten bezüglich des Auflagerabstandes. In Österreich

---

[1] Tonind.-Ztg. Bd. 60 (1936) S. 121.

ist nicht die Bestimmung der Bruchlast, sondern die Berechnung der Biegefestigkeit vorgeschrieben; in England sind nur Sollzahlen für den nassen Zustand gegeben. Nachstehende Aufstellung läßt die Verschiedenheit der Anforderungen für Dachziegel erkennen.

Staat	Erzeugnis	Auflager-		Bruchlast in kg			Probekörperzahl
		Abstand mm	Rundung mm	Mindest-Einzelwert	Mindest-Mittelwert	Toleranz vom gefundenen Mittelwert	
Deutschland . .	Biber	250	10	40	50	—	5
	Falzziegel	250	10	100	125	—	5
	Pfannen	250	10	150	200	—	5
Österreich . . .	Alle Arten Dachziegel:						
	trocken			100	kg/cm² Biegefestigkeit		5
	naß	250	—	90			
	nach Gefrieren			80			
Böhmen-Mähren	Biber	250	—	50		—20%	5
	Falzziegel	300	—	80			
Schweden . . .	Alle Arten Dachziegel	300	—	—	200	—	10
Dänemark . . .	—	—	—	—	—	—	—
Niederlande . .	Dachpfannen	200	—	150	—	—	Nicht vorgeschrieben
Frankreich . . .	Falzziegel	Dem Eindeckabstand auf dem Dach entsprechend	15	100	—	—	7
Schweiz	Biber	250	—	—	120	±25%	6
	Falzziegel	300	—	—	190		
England	Handziegel	190	—	79	—	—	6
	Maschinenziegel } naß	190	—	57	—	—	

Die deutsche Prüfungsvorschrift für die Tragfähigkeit bedarf hiernach keiner Berichtigung.

Die Stoßprüfung erfolgt in Schweden mit einer Stahlkugel von 225 g Gewicht, die beim Herabfallen aus 50 cm Höhe keine Bruchzerstörung an dem in einem Sandbett liegenden Ziegel verursachen soll.

Für die Prüfung auf *Wasserundurchlässigkeit* werden nach DIN DVM 2250 6 Dachziegel ringsum mit einem wasserdichten Rand von etwa 7 cm versehen. Man kann dazu Blechrahmen benutzen, die durch Wachs oder Kitt dicht mit den Ziegeln verbunden werden, so daß also ein Behälter entsteht, dessen Boden die Oberseite des Dachziegels darstellt. Dieser wird mit Wasser gefüllt, dessen Spiegel über der tiefsten Stelle 5 cm, über der höchsten Stelle des Dachziegels mindestens 1 cm liegen soll. Die so vorbereiteten Dachziegel werden ohne Nachfüllung von Wasser bei 18 bis 20° Raumtemperatur und 70% relativer Luftfeuchtigkeit beobachtet. Die Beobachtungsdauer soll mindestens 8 h betragen. Tropfenabfall darf nicht vor 2 h eintreten. Von den Einzelwerten darf keiner unter $1^{1}/_{2}$ h liegen.

Ganze Ziegel sind auch nach der französischen und englischen Vorschrift zu benutzen. In Frankreich begnügt man sich damit, an einer Stelle des Ziegels, der vorher durch 48stündiges Einlagern in Wasser wassersatt gemacht worden ist, ein Glasrohr von 36 mm Dmr. aufzukitten, in das Wasser bis zu 10 cm

Höhe eingefüllt und ständig auf dieser Höhe erhalten wird. Es soll dann im Durchschnitt von 7 Tagen nicht mehr als 10 cm³ Wasser je Tag durchlaufen.

Eigenartig ist die englische Prüfweise, die deshalb etwas ausführlicher beschrieben wird. Entsprechend Abb. 61 wird auf dem zu prüfenden Dachziegel in völlig trocknem Zustande mit Wachs eine Blechhaube befestigt und auch der frei bleibende Teil der Ziegeloberseite mit Wachs abgedichtet. Die Haube ist durch ein Rohr mit dem Wasserbehälter R verbunden sowie ferner mit dem kalibrierten Kapillarrohr C. Die Wassermenge, die in bestimmten Zeiträumen vom Beginn des Versuches an in das Prüfstück fließt, wird verglichen mit der Geschwindigkeit, mit welcher das Wasser in der Kapillare C vordringt. In den Zeiten, wo diese Geschwindigkeit mit Hilfe einer Stoppuhr festgestellt wird, bleibt der Hahn T geschlossen. Zwischen den Ablesungen wird T geöffnet, so daß das Wasser aus dem Behälter R Zutritt zum Prüfstück hat. — Für den Grad der Durchlässigkeit eines Dachziegels gilt die folgende Vorschrift: Nach Ablauf von 24 h soll nicht mehr Wasser durch den Dachziegel gelaufen sein, als einer Durchflußgeschwindigkeit von 10 cm je

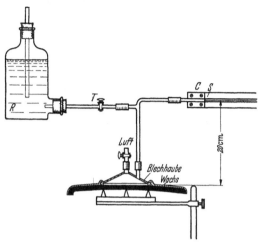

Abb. 61. Prüfung von Dachziegeln auf Wasserdurchlässigkeit nach der britischen Norm 402—1930.

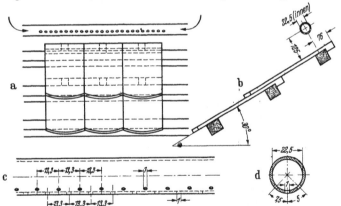

Abb. 62. Prüfung von Dachziegeln auf Wasserdichtigkeit nach böhmisch-mährischem Verfahren durch Beregnen.

Minute in einem Kapillarrohr von 1 mm lichtem Durchmesser unter dem Druck einer Wassersäule von 20 cm Höhe entspricht. Rechnerisch ergibt sich eine höchste Durchtrittsmenge von 4,7 cm³ je Stunde.

Runde, herausgebrochene Scheiben benutzen die folgenden Länder, wobei jeweils die Höhe der Wasserschicht und der Beurteilungsmaßstab angegeben sind.

Österreich	15 cm	keine Tropfenbildung innerhalb einer Stunde
Schweden	15 cm	keine Tropfenbildung
Dänemark	5 cm	keine Tropfenbildung innerhalb einer halben Stunde
Niederlande	1 cm	während 8 Stunden dicht

Abweichend ist die Prüfform der Schweiz, nach der ein Ziegelbruchstück mit einer freien Kreisfläche von 7 cm Dmr. auf einer Nutsche einem Unterdruck von 710 mm Quecksilbersäule ausgesetzt wird. Innerhalb einer Stunde dürfen nur weniger als 80 cm³ durch den Prüfkörper hindurchgesaugt werden.

Einen völlig anderen Weg war man in Böhmen-Mähren mit der Ausbildung eines Beregnungsverfahrens gegangen. Nach der Abb. 62 werden 6 Biberschwänze in zwei Reihen auf Latten bei einer Neigung von 30° gegen die Horizontale wie auf einem Dach angebracht. Durch einen Seitenschutz wird seitliches Abfließen verhindert. Zwischenräume werden verkittet. Die Nebenbilder b bis d lassen die Lage des Spritzrohres erkennen, dessen Öffnungen 1 mm Dmr. haben. Das zur Beregnung dienende Wasser wird von beiden Rohrenden aus in solcher Menge zugeführt, daß in der Minute 5 bis 6 l Wasser über das Versuchsdach gespritzt werden. Besondere Bestimmungen gelten noch für Firstziegel. Die Beobachtung erstreckt sich darauf, nach welcher Zeit das Wasser in Tropfenform durchtritt.

In der deutschen Vorschrift stellt das Kriterium des Abtropfens eine Schwierigkeit dar. Entscheidend dabei ist also nicht das Auftreten von Tropfen, sondern deren Abfall, der auch von Zufälligkeiten abhängen kann. Eine schärfere Festlegung ist erwünscht, trotzdem Vergleichsversuche, die Staatliche Materialprüfungsämter [1] an verschiedenen Dachziegelsorten im Laboratorium, auf dem Dach bei natürlicher und künstlicher Beregnung durchgeführt haben, eine gewisse Parallele zu praktischem Verhalten ergeben haben. Einen Weg für eine messende und schreibende Prüfung auf Wasserdurchlässigkeit hat SPINGLER [2] gewiesen. Er bringt unter den zu prüfenden Dachziegeln Gipskörper an, deren elektrischer Widerstand zwischen zwei eingegossenen und nahe der Ziegelunterfläche angeordneten Elektroden gemessen wird. Tritt eine Durchfeuchtung der Ziegelunterfläche und damit des Gipsmeßkörpers ein, so sinkt der elektrische Widerstand zwischen den beiden Elektroden.

Abweichungen bei der Prüfung auf *Frostbeständigkeit* beschränken sich auf die angewandten Temperaturen und die Zahl der vorzunehmenden Wiederholungen. Während meist 25 Gefrier- und Wiederauftauversuche üblich sind, wurden in England nur 10, bei der neuen Vorschrift der Schweiz dagegen 50 vorgeschrieben. Frankreich läßt Absplitterungen bis zu 1% zu (vgl. S. 290f.).

Die *Wasseraufnahme* berücksichtigen nur Dänemark, Schweden und die Schweiz. Dänemark und Schweden schreiben Einlagern in Wasser vor, Dänemark ohne Zahlenwert, Schweden mit dem Höchstwert 17%. Die Schweizer Vorschrift ermittelt das Wasseraufnahmevermögen durch die kapillare Saughöhe, die innerhalb 9 h nicht mehr als 25 cm betragen soll (vgl. S. 242).

Die Unzulässigkeit von *Kalkeinlagerungen* wird in den Vorschriften Österreichs, von Böhmen und Mähren, der Schweiz, den Niederlanden und England ausdrücklich betont. Bezüglich der Bestimmung ist auf S. 295f. zu verweisen.

Lösliche Salze sind erwähnt in den Normenvorschriften von Österreich, den Niederlanden und der Schweiz (vgl. auch S. 296f.).

Die *Glasurbeständigkeit* soll nach der niederländischen Vorschrift durch Behandlung mit gesättigter Natriumsulfatlösung geprüft werden.

4. Prüfung der Hourdis.

Hourdis, mit Hohlraum versehene Platten aus gebranntem Ton, sind gewissermaßen lange, längsgelochte Deckenziegel. Es werden gerade und gebogene Hourdis mit einer oder zwei Lochreihen, mit verhältnismäßig dünnen Stegen in Längen bis zu mehreren Metern hergestellt. Durch die Normblätter DIN 278 (Güte-

---

[1] ALBRECHT: Tonind.-Ztg. Bd. 63 (1939) S. 413 u. 428.
[2] SPINGLER: Tonind.-Ztg. Bd. 62 (1938) S. 713, 727, 740, 756.

vorschriften) und DIN DVM 2501 (Prüfverfahren) sind gerade, an den Enden
schräg abgeschnittene Hourdis bis 1 m Länge genormt. Es handelt sich um
6 Formen von 50 bis 100 cm Länge, bei 20 oder 25 cm Breite und 3,5 bis 10 cm
Höhe. Vorgeschrieben sind die *Form* (Verkrümmung bis 3% der Breite und 1,5%
der Länge zugelassen), die *Wasseraufnahmefähigkeit* (durch Einlagern an Teilstücken — mindestens 14%), die *Biegefestigkeit* und die *Frostbeständigkeit*.
Die Festigkeit wird als Biegefestigkeit mit verteilten Lasten ermittelt. Die
Mittellasten greifen gemäß Abb. 63 im Abstand von $l/4$ von der Mitte aus gerechnet
an, die Stützweite der Seitenlasten soll
3 cm geringer sein als die Länge der Probekörper. Zwecks gleichmäßiger Kraftverteilung
werden die Probekörper mit vier Leisten von
0,5 cm Höhe und 3 cm Breite aus Zementmörtel oder Gips versehen. Die Belastung
soll gleichmäßig so gesteigert werden, daß
der Bruch nicht vor Ablauf einer Minute eintritt. Die Bruchlast ist in Kilogramm für die
Einzelplatte und umgerechnet auf 1 m²
Plattenfläche anzugeben.

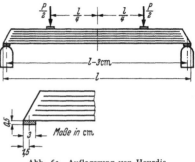

Abb. 63. Auflagerung von Hourdis
für die Ermittlung der Biegebruchlast.

Wegen der übrigen Bestimmungen sei auf
S. 229, 237 und 289 hingewiesen. Die Frostbeständigkeit ist nur bei Verwendung der
Hourdis für Außenwände oder im Freien, also beispielsweise als Dachhaut,
nachzuweisen. In diesem Fall ist nach Normblatt DIN 4110 auch noch die
Wasserundurchlässigkeit festzustellen, falls nicht eine besondere wasserundurchlässige und frostbeständige Dachhaut über den Hourdis angebracht wird.

5. Prüfung der Dränrohre.

Dränrohre für kulturtechnische Ent- und Bewässerungszwecke sind zumeist
poröse, hartgebrannte, kreisrunde, gerade Tonrohre ohne Muffe. Sie sind in
dem Normblatt DIN 1180 behandelt. Zu diesem gehört ein Beiblatt, das nicht
nur die Normvorschriften erläutert und begründet, sondern darüber hinaus weitere
Prüfungen bringt, insbesondere Anweisungen für eine Kontrolle der Erzeugung
auf Gleichmäßigkeit. Genormt sind: Werkstoff, Form· und zulässige Abweichungen, Abmessungen und Bruchlast für 9 Formate, Beschaffenheit, Prüfverfahren.

Dränrohre sollen beim Anschlagen klingen, glatte innere Wandungen, ebene
gratfreie Schnittfläche senkrecht zur Rohrachse und nur geringe Verkrümmung
oder Schiefe des Schnittes aufweisen. Sowohl für den Verkrümmungsgrad als
auch für die Ungleichheit des Schnittes sind Grenzzahlen festgesetzt, z. B.
$$\frac{100 \cdot (\text{größte Länge} - \text{kleinste Länge})}{\text{Außendurchmesser}} < 4.$$ Die Größe des Zwischenraumes
zwischen Schnittfläche und einer auf das Rohrende aufgelegten ebenen Glas-
platte darf nicht größer als 2 mm sein.

Die Bruchfläche der Dränrohre soll ein gleichmäßiges dichtes Gefüge und
einen der Sinterung nahen Zustand des Scherbens zeigen. Dieser Bedingung
dürften viele hergestellte Dränrohre nicht entsprechen, und sie erscheint auch nach
dem keramischen Sinn dieser Bezeichnung zu weitgehend. Besondere Grenzvor-
schriften für den Kalkgehalt verwerfen bezüglich stückiger Kalkeinlagerungen
nur solche von mehr als 2 mm Dmr., lassen andererseits aber auch nur 0,5% freien
kohlensauren Kalk zu. Zu dessen Feststellung wird Korngut von 1 mm Größe
hergestellt und längere Zeit an der Luft gelagert. Soweit hierbei feinverteilter
Kalk mit erfaßt wird, ist die Anforderung unnötig scharf.

Gleichförmigkeit des Werkstoffes soll durch den Aufsaugversuch erkannt werden. Es ist die Steighöhe beim Einstellen des Dränrohres in ein flaches Wassergefäß zu ermitteln. Es wird erwartet, daß die sich ergebenden Höhenlinien gleichmäßig waagerecht verlaufen; das ist eine für ein einfaches Tonerzeugnis sehr scharfe Anforderung.

Zahlenmäßig vorgeschrieben sind die Abmessungen von 9 Dränrohrgrößen zwischen 40 und 200 mm lichter Weite. Diese Anzahl ist an sich schon hoch; trotzdem sind noch weit mehr Rohrgrößen in Gebrauch [1]. Zu den neuen Abmessungen sind die zulässigen Abweichungen von dem Durchmesser, der Kreisform und der Länge, ferner Grenzzahlen für die Wanddicke und die Mindestbruchlast genannt. Die Ermittlung der Bruchlast geschieht nicht durch Scheiteldruckprüfung, sondern in einem Biegeversuch. Das zu prüfende Dränrohr wird lufttrocken in zwei Drahtseilschlaufen von 10 mm Dicke und 250 mm Abstand gelagert und mittels einer dritten, in der Mitte zwischen den beiden anderen angreifenden gleichartigen Drahtseilschlaufe allmählich bis zum Bruch belastet. Jede Drahtseilschlaufe soll annähernd den halben Rohrumfang umfassen.

In dem Norm-Beiblatt DIN 1180 ist weiter die Ermittlung der Wasseraufnahme (durch Einlagern) und der Bohrfestigkeit (vgl. S. 264) behandelt. Der Bohrversuch soll zur Erkennung ausreichender Brennschärfe dienen; er wird als nicht zerstörende Prüfung besonders für die Sicherung einer gleichmäßigen Warengüte als geeignet erachtet. Nachweis der Frostbeständigkeit wird nicht gefordert.

In Amerika sind Dränrohre durch die A.S.T.M.-Norm C 4—24 umrissen. Die Gütevorschriften enthalten Bestimmungen für die chemische Prüfung, die aber im einzelnen nicht beschrieben ist, sowie für die Prüfung auf Bruchfestigkeit, Wasseraufnahmevermögen und Frostbeständigkeit. Die Bruchfestigkeit wird an nassen bzw. feuchten Rohren als Scheiteldruckfestigkeit ermittelt. Es sind dafür 3 Prüfformen gegeben, zwei mit Zwischenlagerung von balken- bzw. leistenförmigen Hölzern und eine mit Sandbettung. Zwei von diesen gelten auch für die Prüfung von Steinzeugrohren und werden S. 318f behandelt. Bei der dritten werden zwei Balken oder auch Stahlleisten mit 1 Quadratzoll Querschnitt benutzt und zur Ausgleichung von Unebenheiten an den Scheitellinien des Rohres eine Gipslage angebracht.

Das Wasseraufnahmevermögen wird durch 5stündiges Kochen ermittelt. Für die Frostprüfung werden die Dränrohre durch 72stündige Einlagerung in Wasser getränkt und 24- bis 48mal der Frostprüfung in einem Frostkasten ausgesetzt. Bemerkenswert sind die Wasseraufnahmezahlen, die bei Dränrohren aus gewöhnlichem Ton zwischen 11 und 14%, bei solchen aus feuerfesten Tonen zwischen 7 und 11% des Gewichtes liegen.

6. Prüfung der Kabelschutzhauben.

Ein Sondererzeugnis der Ziegelindustrie ist die Kabelschutzhaube, ein im Querschnitt hufeisenförmig gestaltetes Halbrohr, das über Erdkabel gelegt wird, um diese gegen Druck, Schlag und andere mechanische Beanspruchungen beim Verfüllen oder späteren Freilegen zu schützen. Infolgedessen muß die Kabelschutzhaube gewissen Formenanforderungen genügen, wetterbeständig und schlagfest sein. Die Lieferbedingungen und Prüfvorschriften für Kabelschutzhauben aus Ton für Schwachstromkabel sind im Normblatt DIN 279 zusammengefaßt.

Die genormte Ausbildung des Querschnittes ist in Abb. 64 dargestellt. Die Normung erstreckt sich auf 6 Größen mit $d = 50$ bis 100 mm, wobei für diese

---

[1] Tonind.-Ztg. Bd. 62 (1938) S. 752.

Nennweiten Abweichungen nach oben, für die Höhe und Schenkeldicke Kleinst-
maße festgesetzt sind. Die Vorschriften für die Frostbeständigkeitsermittlung
decken sich nahezu mit DIN 105.

Am kennzeichnendsten für die Kabelschutzhaube ist
die Schlagprüfung, die mit einer auf der Grundlage des
MARTENS-Fallapparates (S. 265) weiterentwickelten Prüfeinrichtung ausgeführt wird. Abb. 65 zeigt die für diese
in dem Normblatt gegebene Ausbildung und die Maße
des 3 kg schweren zugespitzten Fallgewichtes. Das Fallgewicht läuft in Führungsstangen, von denen eine mit
einem Maßstab versehen ist. Die Haube wird satt in ein
Sandbett eingelegt, das 5 cm dick ist und von dem
mindestens 2 cm zwischen Kabelschutzhaube und Unterlage verbleiben müssen. Die Prüfung erfolgt bei einer
Fallhöhe von 70 cm, die an die Schlaghöhe der Hacke
angepaßt ist. Maßgebend für die Beurteilung ist die Anzahl

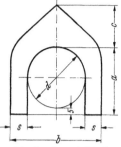

Abb. 64. Querschnitt der
Kabelschutzhauben nach
DIN 279.

der bis zum Eintritt des Bruchs möglichen Schläge. Der Mittelwert aus 5 Proben
soll zwischen 6 und 18 Schlägen liegen, abgestuft nach der Größe der Haube;
die Kleinstwerte dürfen nicht unter 3 bis 12 Schläge heruntergehen.

Ursprünglich war vorgesehen, daß in Zweifelsfällen
auch die Schlagfestigkeit nach dem Gefrieren ermittelt
werden sollte; diese Vorschrift ist aber fallen gelassen worden.

Über Prüfungen, die der Vorbereitung der Normung dienten, ist in der Tonindustrie-Zeitung[1] berichtet worden.

7. Prüfung der Baustoffe für Heizöfen.

Nach den Lieferbedingungen für Kachelöfen und
Kachelherde (RAL Nr. 512 B) unterscheidet der Handel
folgende Arten von Kacheln:

a) Glätteware (Kacheln mit durchsichtiger Blei-
glasur),

b) Schamotteware (Kacheln mit schamottiertem
Scherben und durchsichtiger oder getrübter Deck-
glasur, mit oder ohne Zwischenschicht),

c) Schmelzware (Kacheln mit deckender Schmelz-
glasur).

Genormt sind nur die quadratischen Kacheln für
Tonöfen durch das Normblatt DIN 409. Österreich
hatte Herd- und Ofenkacheln in der Önorm B 3240
bezüglich der Form festgelegt und außerdem gewisse

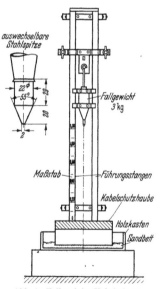

Abb. 65. Fallwerk für Kabelschutz-
haubenprüfung mit spitzem,
auswechselbarem Schlagkörper.

Eigenschaften, insbesondere über die äußere Beschaffenheit, vorgeschrieben.

Für die Gütebeurteilung von Kacheln kommen Prüfungen auf Stoßfestigkeit
und Hitzebeständigkeit in Frage. Materialtechnisch würden Zahlen über Porosität, Biegefestigkeit, Ausdehnungsverhalten, Spannungsverlauf, Wärmeleitfähigkeit und spezifische Wärme von Wert sein, für deren Ermittlung auf Abschn. 6,
7, 13, 24 bis 29 zu verweisen ist.

Die Stoßfestigkeit wird beispielsweise durch den Fallversuch mit dem
MARTENS-Apparat und mit dem Pendelschlagwerk nach RIEKE-MAUVE ermittelt.

---

[1] AMOS: Tonind.-Ztg. Bd. 56 (1932) S. 344. — WEISE: Tonind.-Ztg. Bd. 58 (1934) S. 535.

Die Schläge werden gegen die Mitte des Blattes und im zweiten Fall auch gegen die Kante, die gegebenenfalls gerade zu schneiden ist, ausgeführt.

Die Hitzebeständigkeit kann in folgender Weise bestimmt werden: In den Kachelrumpf wird ein Eisenblech von 1 mm Stärke mit aufgebogenem Rand eingelagert und die mit der Glasurseite nach oben liegende Kachel von unten erhitzt. Zunächst wird mit einer etwa 6 cm langen, nicht leuchtenden Bunsenflamme gearbeitet, deren Spitze 4 cm von dem Blech entfernt ist, um mit einer schwachen Beanspruchung zu beginnen. Beim zweiten Versuch wird das Blech entfernt, also unmittelbar mit der 4 cm entfernten Flamme erhitzt. Beim dritten Versuch wird das Blech wieder eingelegt, aber die Flamme mit ihrer Spitze bis an das Blech herangeführt. (Die blaue, aber nicht rauschende Flamme soll dann 10 cm lang sein.) Gegebenenfalls wird ein vierter Versuch mit der 10 cm langen Flamme ohne Blech ausgeführt. Festgestellt wird, nach welcher Zeit auf der Oberseite der Kacheln in der Mitte über dem Gasbrenner eine Temperatur von 110° erreicht wird und wann Springen oder Zerfall der Kacheln eintritt. Ergänzend zu dieser unmittelbaren Erhitzung wird die HARKORT-Prüfung angewandt (vgl. S. 272).

Für das Ausbaumaterial, Roststeine, Ofensteine, Unterlegplatten, Futtersteine, gelten DIN 1299 und 1300, von denen die erste die Güte- und Prüfvorschriften, die zweite die Abmessungen behandelt. Bei der Güteprüfung wird zwischen eigentlichem Schamottematerial und Tonplatten für die weniger beanspruchten Ofen- und Herdteile unterschieden. Maßgebend sind Feuerfestigkeit, Raumbeständigkeit, Wärmeausdehnung und Biegefestigkeit.

Das Schamottematerial soll feuerfest sein, also einen Kegelschmelzpunkt von mindestens Segerkegel 26 aufweisen, während für die Tonplatten ein Kegelschmelzpunkt von Segerkegel 18 als ausreichend gilt. Die Prüfung ist S. 284 beschrieben.

Für die Prüfung auf Raumbeständigkeit vgl. S. 272. Die Erhitzungsbedingungen sind 2 h bei 1100°; die Längenänderung soll unterhalb 1% nach oben oder unten liegen. Für die Ermittlung der Wärmeausdehnung gilt das S. 275 Gesagte. Die Ausdehnung soll möglichst gering und zwischen 100 und 300° nicht sprunghaft sein. Die Beurteilung erfolgt auf der Grundlage der durch Cristobalitgehalt verursachten Ausdehnung, die sich durch entsprechende Ausdehnungszunahme zwischen 100 und 300° zu erkennen gibt. Diese Ausdehnungszunahme soll gegenüber der mittleren linearen Ausdehnung zwischen 20 und 100° C nicht mehr als 0,30% betragen.

Für die Prüfung der Biegefestigkeit sind rechteckige oder quadratische Schamotteplatten von 13 bis 20 cm Kantenlänge zu benutzen. Diese werden auf eine kreisförmige Kugelkette nach ALBRECHT mit Kugeln von 7,9 mm Dmr., Kreis-Dmr. 120 mm, gelagert und zentrisch von oben unter Zwischenschaltung einer Stahlhalbkugel von 50 mm Dmr. belastet (vgl. S. 253 und 255).

Bezüglich der Ableitungsrohre, Rauchrohre, Schornsteinrohre, Abgasrohre ist auf das Normblatt DIN 4110 Bezug zu nehmen. Neben anderen weniger wichtigen Ermittlungen wird der Nachweis des Widerstandes gegen Feuer und der Rauch- sowie Gasdichtigkeit verlangt. In einem aufrecht stehenden, etwa 2 m langen Kanal sind mehrere Stöße, mindestens 3 der rohrförmigen Formstücke, $^{1}/_{2}$ Stunde lang (einschließlich Anheizen) der Einwirkung heißer Gase auszusetzen. Mindestens $^{1}/_{4}$ Stunde lang muß eine Temperatur von etwa 400° herrschen. Dabei darf die Außenwand nicht wärmer als 130° werden. Für die Prüfung auf Rauch- und Gasdichtigkeit ist aus mindestens drei Rohrstößen ein 2 m langer Rohrkanal zu bilden, in den Stößen und an den Enden luftdicht zu verschließen und im Innern Nebel zu erzeugen. Bei Verwendung von 10 g Nebelpulver und Aufrechterhaltung eines Druckes von 50 mm Wassersäule während $^{1}/_{2}$ Stunde darf kein Nebel durch die Wände und Fugen der Versuchskörper treten.

8. Prüfung der gebrannten Platten.

Für Fußbodenplatten sind verschiedene Benennungen üblich: Klinkerplatten, Mosaikplatten, Steinzeugplatten usw. Gemeinsam ist diesen ein auf Grund sorgfältiger Aufbereitung entstandenes völlig gleichförmiges Gefüge und möglichst weitgehende Sinterung. Demgemäß sind charakteristische und nachzuprüfende Eigenschaften: Formgenauigkeit, Raumgewicht, spezifisches Gewicht, Wasseraufnahme, Widerstand gegen Abnutzung, Säurebeständigkeit und für den Fall der Benutzung im Freien Frostbeständigkeit; als Festigkeitsprüfungen kommen Biege- und Schlagversuch in Frage.

Nicht völlig gesinterte Tonplatten sind nur für Wandbekleidung geeignet. Sie sind mehr den Bauterrakotten zuzuzählen und im wesentlichen nach dem Äußeren sowie der völligen Freiheit von löslichen ausblühenden Stoffen zu werten.

Die eigentlichen Wandplatten sind die glasierten Steingut-Wandplatten, zumeist weiß, aber auch farbig und dann nach verschiedener Art hergestellt. Bei diesen vielfach als Fliesen bezeichneten Wandplatten sind Formgenauigkeit und Haltbarkeit der Glasur entscheidend.

In Deutschland sind nur Form und Abmessungen von Platten genormt: Glasierte Wandplatten durch DIN 1399, Steinzeugplatten (gesinterte Mosaikplatten) als Fußboden- und Sockelplatten durch DIN 1400.

Ein Entwurf für Verfahren zur Prüfung glasierter Wandplatten und Steinzeugplatten[1] ist nicht zum Abschluß gekommen. Für Wandplatten war die Ermittlung der Wasseraufnahme durch Einlagern und die Prüfung nach WEBER, S. 295, erwogen. Fußbodenplatten sollten auf Raumgewicht, Wasseraufnahme durch Einlagern, Frostbeständigkeit, Abnutzung durch Sandstrahl und chemische Beständigkeit durch Einlagerung in 10%ige Säure oder 10%ige Natronlauge untersucht werden. Weiter gediehen war die Normung in Österreich. Fliesen (weißglasierte Wandplatten) müssen nach Önorm B 3231 ebenflächig sein, dürfen für die erste Sorte keine Haarrisse aufweisen und solche auch bei der Abschreckprüfung von 160° auf 10° zu 90% nicht bekommen. Die Önorm B 3225 bezieht sich auf Klinkerplatten, auch glasierte. Verlangt werden Reinheit, heller Klang, Frostbeständigkeit, Säure- und Laugenbeständigkeit sowie ein Wasseraufnahmevermögen bis 3, höchstens 4% bei der Kochprüfung. Zur chemischen Prüfung dient 10%ige Salzsäure sowie 10%ige Natronlauge, in denen die Platten, zur Hälfte eingetaucht, 24 Stunden verbleiben. Über die Abnutzbarkeit war zunächst nichts bestimmt worden.

Aus der amerikanischen Norm ist A.S.T.M. C 126—37 T für glasierte Bauziegel anzuführen, die die Behandlung mit Farblösungen, Säure (S. 295) und die Autoklavprüfung (S. 273) verwendet.

Für gesinterte Platten sollte auch in Deutschland eine Begrenzung des Wasseraufnahmevermögens beim Kochen vorgeschrieben werden und die weitere Gütebeurteilung auf Grund der Abnutzbarkeit beim Schleifversuch und durch eine der Säurebeständigkeitsprüfungen nach S. 292 erfolgen. Bei den glasierten Wandplatten wären die Autoklavprüfung (S. 273) und der Abschreckversuch nach HARKORT oder BARTA (S. 272) zur Erwägung zu stellen.

BARTA[2] hat auch eine Vorrichtung zur Messung der Ebenflächigkeit von Platten konstruiert, bei der die Platten auf zwei senkrecht gegeneinander verschiebbaren Schlitten unter einem Taster mit einem über eine Skala spielenden Zeiger hindurchgeführt werden. Die zu messende Platte wird in ein dünnes Seidenpapier mit Liniennetz gewickelt, nach dem Liniennetz werden z. B. 9×9 einzelne Messungen ausgeführt.

---

[1] Tonind.-Ztg. Bd. 53 (1929) S. 503.   [2] Tonind.-Ztg. Bd. 59 (1935) S. 791.

9. Prüfung des Steinzeugs, insbesondere der Steinzeugrohre.

Aus dem Gebiet des Steinzeugs sind hier als eigentliche Baustoffe Steine und Platten für chemische Zwecke, Viehställe und die Gärungsindustrie, Schalen für Abläufe und Auskleidung von Abwasserkanälen, vor allem aber das Rohrmaterial für Entwässerung zu betrachten. Dagegen können Geräte und Gefäße für die chemische Industrie, auch die besonderen Rohre für diese und Steinzeuggeräte für den sonstigen Hausgebrauch, außer acht gelassen werden. Steinzeug ist durch einen dichten Scherben gekennzeichnet, der ohne Rücksicht auf die Salz- oder Lehmglasur vorhanden sein soll. In der Normung ist jedoch ein gewisses Wasseraufnahmevermögen zugelassen. An erster Stelle in der Eigenschaftprüfung hat danach die Ermittlung der Wasseraufnahme und Porosität zu stehen. Ferner sind Undurchlässigkeit, Abnutzbarkeit, Temperaturwechselbeständigkeit, chemische Widerstandsfähigkeit und Festigkeit kennzeichnende Eigenschaften.

Für die Wasseraufnahmeermittlung sollte nur das *Koch*-Verfahren maßgebend sein. Gegebenenfalls ist für die Durchführung der Prüfung noch die Glasur zu entfernen. Lehrreich ist auch die Verfolgung des Eindringens von Flüssigkeiten in den Scherben mittels Farblösung. Die Durchlässigkeit wäre mit Hochdruckeinwirkung nach Art des auf S. 245 beschriebenen Nutsch-Verfahrens oder mit dem BURCHARTZ-Apparat zu erforschen. Ein einfache qualitative Prüfung ist die Kochsalzprobe, für die die Rohre mit einem Boden zu versehen sind. Es ist dann Kochsalzlösung einzufüllen und zu verfolgen, ob sich im Laufe der Zeit ein Auskristallisieren des Salzes auf der Außenseite ergibt. Für die Abnutzungsprüfung genügt der BÖHMEsche Schleifversuch, DIN DVM 2108. Für die Prüfung auf Säure- und Alkalibeständigkeit ist S. 293f nachzulesen. Die Festigkeit kann als Druckfestigkeit an Würfeln oder Zylindern von 4 bis 5 cm Seitenlänge bzw. Höhe oder bei dünnem Scherben an kleinen Würfeln von der Scherbendicke bestimmt werden; andererseits kommt der Schlagbiegeversuch an herausgeschnittenen Stäben (S. 266) in Frage.

Wichtig für die Prüfung der Rohre ist die Ermittlung der Widerstandsfähigkeit gegen äußeren und inneren Druck. Die Außendruckprüfung erfolgt durch den Scheiteldruckversuch entsprechend DIN Vornorm DVM 2150. Zu verwenden sind 5 durch Abklopfen als beschädigungsfrei erkannte Rohre von 1 m Länge oder entsprechende Teilstücke. Hier zu behandeln ist die Prüfung von Rohren ohne Fuß. Diese werden zwischen Druckleisten aus Hartholz mit Einschnitten für die Muffen eingespannt. Durch eine Gipsbettung wird für vollständige Anlagerung gesorgt. Die Breite der Druckleisten richtet sich nach dem Rohrdurchmesser und beträgt für Rohre bis 15 cm Dmr. 2 cm, darüber hinaus 5 cm. Die 2 cm breiten Leisten können auch aus Stahl sein. Das Normblatt DIN Vornorn DVM 2150 (vgl. S. 564f.) zeigt die Art der Einspannung. Angegeben werden die Bruchlast in Kilogramm und die Scheiteldruckfestigkeit in Kilogramm/Meter. Zur Messung der Formänderung von Rohren hat MARTENS[1] einfache, in die Rohre einzusetzende Apparate angegeben.

Die Prüfung auf Innendruck ist zwar nicht durch die Verwendung der Steinzeugrohre bedingt, aber eine wertvolle Güteprüfung. Das Rohr wird einem Flüssigkeitsdruck von innen ausgesetzt und muß deshalb an beiden Enden dicht abgeschlossen werden. Dazu dienen nach RUDELOFF mit Blech bekleidete und mit Manschetten versehene Holzböden, die durch eine Zugstange zusammengeschlossen werden, wobei auf das Rohr selbst kein mechanischer Druck ausgeübt wird. Die Rohre werden entweder bis zu einem bestimmten Höchstdruck oder bis zum Bruch belastet. Das Normblatt DIN 1230 für Kanalisationssteinzeugwaren gibt die Abmessungen von Rohren, Abzweigen, Übergängen, Sohlschalen,

---

[1] MEMMLER: Das Materialprüfungswesen, S. 310. Stuttgart 1924.

Platten sowie eine Gütebeurteilung nach den Abmessungen, dem Äußeren und dem Wasseraufnahmevermögen an. Das letztgenannte wird an Stücken durch den Kochversuch nach DIN 1065 (vgl. S. 231) ermittelt. Stadtware und Handelsware dürfen bis zu 7 und 8 Gewichtsprozent Wasser aufnehmen, Steinzeugrohre zweiter Wahl bis zu 9%. Die Anforderungen bezüglich der Dichtigkeit sind also sehr mäßig.

Zu erwähnen sind weiter DIN 4052 und 4053 für Straßenabläufe sowie die österreichischen Normen 8051 bis 8056 sowie 8059 und 8065.

In England sind die salzglasierten Steinzeugrohre durch die Standard-Vorschriften 65—1937, 539—1937 und 540—1937 erfaßt. Wichtig ist daraus, daß die Wasseraufnahme bis zu 1,9 cm Scherbendicke unter 6 Gewichtsprozent liegen soll. Weiter ist eine hydraulische Innendruckprüfung mit 1,4 kg/cm² vorgeschrieben. Die Prüfung des chemischen Steinzeugs ist durch Blatt 784—1938 geregelt. Es enthält Vorschriften für zahlreiche Bestimmungen und war deshalb mehrfach genannt worden. Hier ist festzuhalten, daß das Wasseraufnahmevermögen durch Kochen

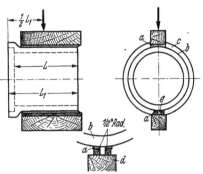

Abb. 66. Scheiteldruckprüfung von Kanalisationsrohren nach der amerikanischen Norm C 13—35. Das Rohr wird zwischen 3 Druckbalken eingesetzt. *a* Gipsfüllung; *b* Rohrwand; *c* Muffe hinte- dem Druckbalken; *d* Sohlenbalken; *e* Raum zwischen den unteren Druckbalken (2,5 cm auf je 30 cm Rohrdurchmesser).

unter 3%, der Gewichtsverlust bei der Säurebeständigkeitsprüfung (vgl. S. 294) unter 0,5% liegen sollen.

In Amerika sind die Kanalisationsrohre durch A.S.T.M. C 13—35 genormt. Die Prüfung hat sich auf die Ermittlung der Säurebeständigkeit, der Wasseraufnahme und der Scheiteldruckfestigkeit zu erstrecken. Die Säurefestigkeit wird durch Einlagern in Normalsäuren bei Zimmertemperatur bestimmt. Es soll nicht mehr als 0,25%, gerechnet als Sulfat, herausgelöst werden. Für die Wasseraufnahmefähigkeit durch 5stündiges Kochen gilt die Grenzzahl 8,0%. Die Scheiteldruckprüfung geschieht nach dem Dreibalken- oder dem Sandbettungsverfahren. Für beide werden Mindestdruckzahlen gegeben. Die Ausführung des Dreibalkenverfahrens ist aus Abb. 66, die des Sandbettungsverfahrens aus Abb. 67 verständlich. Beim Balkenverfahren erfolgt Abgleichen mit Gips. Der beim Sandbettungsverfahren benutzte Sand ist ziemlich grobkörnig. Er braucht nur ein Sieb mit 4,7 mm Maschenweite zu passieren.

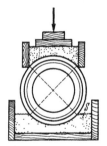

Abb. 67. Scheiteldruckprüfung von Kanalisationsrohren nach der amerikanischen Norm C 13—35, Sandbettungsverfahren. *S* Sand.

10. Prüfung der feuerfesten Baustoffe.

Bei den zur Ermittlung der Eigenschaften und Güte der feuerfesten Baustoffe notwendigen Prüfungen handelt es sich vielfach um kombinierte Prüfverfahren. Nachdem auf die für die feuerfesten Baustoffe entwickelten Prüfverfahren jeweils an zweckdienender Stelle hingewiesen und die Prüfung der Feuerfestigkeit und Druckerweichung S. 286 f. ausführlich beschrieben worden ist, müssen noch das Festigkeitsverhalten in hoher Temperatur und der Angriff von festen, flüssigen, gasförmigen Stoffen bei feuerfesten Baustoffen in der Hitze besprochen werden.

Die Normung umfaßt die Prüfnormen:

DIN 1061 Allgemeines, Begriffsbestimmung, Probeentnahme.
DIN 1062 Chemische Analyse.
DIN 1063 Feuerfestigkeitsbestimmungen nach Segerkegeln.

DIN 1064 Erweichen bei hohen Temperaturen unter Belastung; Druck-Feuerbeständigkeit
(D.F.B.).
DIN 1065 Spezifisches Gewicht, Raumgewicht, Porosität.
DIN 1066 Nachschwinden (NS) und Nachwachsen (NW).
DIN 1067 Bestimmung der Druckfestigkeit bei Zimmertemperatur.
DIN 1068 Bestimmung des Widerstandes gegen schroffen Temperaturwechsel. Temperatur-
wechselbeständigkeit (TWB.): a Normalsteinverfahren, b Zylinderverfahren.
DIN 1069 Beständigkeit gegen den Angriff fester und flüssiger Stoffe bei hoher Temperatur.
Verschlackungsbeständigkeit (VB): a Tiegelverfahren (VBT.), b Aufstreuverfahren
(VBA).

und die Gütenormen:

DIN 1081 Feuerfeste Steine: Ganze Steine, Dreiviertelsteine, Ausgleichplättchen.
DIN 1082 Feuerfeste Steine: Halbwölber, Ganzwölber, Querwölber, Abmessungen.
DIN 1086 Gütenormen für feuerfeste Baustoffe. Allgemeines und zulässige Abweichungen.
DIN 1087 Hochofensteine. Beiblatt mit Erläuterungen.
DIN 1088 Siemens-Martin-Ofensteine. Beiblatt mit Erläuterungen.
DIN 1089 Koksofensteine. Beiblatt mit Erläuterungen.
DIN 1090 Wannensteine aus Schamotte.
DÜV [1]   Merkblatt Ww45 Lieferbedingungen für Silikasteine für Koks- und Gasöfen.

In Vorbereitung ist das Normblatt DIN E 1070 „Prüfverfahren für feuerfeste
Baustoffe, Bestimmung des Widerstandes gegen Zersetzen durch kohlenstoffhaltige Gase". Da das Zersetzen feuerfester Steine durch kohlenstoffhaltige
Gase vorwiegend in Koksöfen auftritt, soll das Prüfverfahren auch nur auf Steine
angewendet werden, die für diesen Zweck bestimmt sind.

In Vorbereitung sind ferner die Normblätter:

DIN 1091 „Feuerfeste Baustoffe für Kesselfeuerungen".
DIN 1095 „Feuerfestes Material für Siemens-Martin-Öfen".
DIN 1096 „Feuerfestes Material für Koksöfen."

Von den Prüfnormen waren bisher DIN 1062 und 1069 noch nicht behandelt
worden.

Die chemische Analyse ist bei feuerfesten Baustoffen zur systematischen Einordnung und zur Bewertung notwendig. Welche Bestandteile vor allem ermittelt
werden müssen, ist für Silika-, tonerdehaltige und Magnesiterzeugnisse in DIN 1062
angegeben. Die Normung der chemischen Analyse selbst ist noch nicht in Angriff
genommen. Es mag daher der Hinweis auf die Literatur [2] genügen.

Die Kombination mechanischer und Hitzebeanspruchung ist bereits erwähnt
worden bei der Behandlung der Torsionsfestigkeit (S. 257), der Elastizität (S.259),
wobei auf S. 259 auf die Ermittlung der Biege- und Zugfestigkeit in der Hitze
verwiesen wurde, weiterhin in dem Abschnitt über Abnutzung (S. 261). Eine
Einrichtung zur Ermittlung der Druckfestigkeit bei Temperaturen bis 1400° [3]
ist in der Literatur besprochen. Wünschenswert wäre es, nach der Arbeit von
Illgen [4] über die Zugfestigkeitsermittlung an feuerfesten Baustoffen bei hoher
Temperatur in entsprechender Weise das Verhalten der Druckfestigkeit feuerfester Baustoffe bei hoher Temperatur zu klären. Die Abnutzungsprüfung in
der Hitze mit Stahlmeißeln (vgl. S. 264), aber auch die Einwirkung des Sand-
strahles auf erhitzte Proben ist bereits erforscht worden. Für die Ermittlung der
Gasdichtigkeit bei Temperaturen bis 1600° haben Immke und Miehr [5] eine
Vorrichtung zusammengestellt.

---

[1] Herausgegeben vom Zentralverband des Preuß. Dampfkessel-Überw.-Vereins, Berlin
W. 15, (1937); Tonind.-Ztg. Bd. 63 (1939) S. 893.
[2] Berl-Lunge: Chemisch-technische Untersuchungsmethoden Berlin 1932, Bd. 3 S. 246. —
van Royen u. Grewe: Stahl u. Eisen Bd. 50 (1930) S. 1229. — König: Tonind.-Ztg. Bd. 54
(1930) S. 995, 1041, 1055. — Handbuch für das Eisenhütten-Laboratorium, Bd. 1, Düsseldorf 1938.
[3] Ber. d. D. K. G. Bd. 9 (1928) S. 852. [4] Illgen: Ber. d. D. K. G. Bd. 11 (1930) S. 655.
[5] Immke u. Miehr: Sprechsaal Bd. 64 (1931) S. 86; Ber. d. D. K. G. Bd. 12 (1931) S. 29.

Bezüglich des chemischen Angriffs auf feuerfeste Steine ist zunächst auf S. 292f. zu verweisen. Eingehender ist über die Verschlackungsbeständigkeit und die Zerstörung durch besondere Gase zu sprechen.

a) Verschlackung.

Die Vorgänge bei der sog. Verschlackung der feuerfesten Baustoffe sind durch zahlreiche zusammenwirkende Bedingungen äußerst verwickelt. Folgende Umstände, um nur die wichtigsten zu nennen, beeinflussen das Ergebnis: Gefüge und Kornaufbau, insbesondere Dichtigkeit, Gehalt an Schmelzmasse im Stein, Art und Mengenverhältnis der einwirkenden Stoffe, die mit den Bestandteilen des Steines möglichen Neubildungen, aus der Bewegung der den Ofenraum durchströmenden staubbeladenen Gase oder aus der Bewegung eines Schmelzflusses sich ergebende mechanische Momente, ferner Temperaturhöhe und Einwirkungszeit. Es ist natürlich ausgeschlossen, alle diese Umstände in einem Laboratoriumsversuch nachzubilden. Vor allem entfällt bei diesem ein gerade das praktische Verhalten oft entscheidender Vorgang, die Bildung der sog. Schutzschicht.

Für das Verfahren der Verschlackungsprüfung hat sich folgende, allerdings nicht zeitgerechte Entwicklung ergeben. Zunächst wurden die festen Angriffsstoffe als kleine Probekörper auf den zu prüfenden Stein aufgesetzt. Später wurden die Steinproben mit einem Rand aus hochfeuerfester Masse versehen und schließlich Körper mit einer Höhlung [1] hergestellt. In den Hohlraum wurde der Verschlackungsstoff eingefüllt und dann bei Temperaturen zwischen 1200 und 1500° gebrannt. Die letzte Form führte zum sog. Tiegelverfahren [2], das in DIN 1069 „Prüfverfahren für Verschlackungsbeständigkeit" zur Norm erhoben worden ist. Durch die Herstellung des Hohlraumes mittels Hohlbohrer wird die Außenhaut des Prüfsteines beseitigt, die Angriffsfläche also gegen ihren ursprünglichen Zustand verändert und für die andringende Schlackenschmelze leichter zugänglich gemacht. Andererseits erfolgt der Angriff aber nur statisch und mit geringen Mengen Angriffsstoff. Der Angriff kann sich also gegebenenfalls schnell erschöpfen. Zusammen mit dem Tiegelverfahren ist das von HARTMANN [3] angegebene Aufstreuverfahren genormt worden. Dieses bringt bereits eine gewisse mechanische Mitwirkung infolge der Ablaufmöglichkeit der gebildeten Schlackenmasse.

Einen etwas anderen Weg ging man in Amerika. Ursprünglich wurden ganze Steine einem Schlackenbad, das in einem größeren Kasten aus feuerfestem Material erzeugt wurde, ausgesetzt. In diesem Fall blieb zwar die Brennhaut unverändert bestehen, und es kam auch zu einem Bespülen mit großen Schlackenmengen, die Versuchsform war aber nicht handlich und die Auswertung schwierig. Dann näherte man sich dem deutschen Verfahren durch Anbringung kleiner Bohrungen im Stein und Auflage eines Ringes, der den Hohlraum für den Schlackenstoff abgab. Man verwarf aber diese Prüfform zeitweise zugunsten des Kegelschmelzverfahrens. Bei diesem werden zerkleinertes Steinmaterial und Verschlackungsstoff gemischt, und zwar in wechselndem Verhältnis, die Mischung wird zu Kegeln verformt und der Kegelschmelzpunkt im Vergleich mit Segerkegeln ermittelt. Die Prüfung ist einfach und leicht auszuwerten, da sie unmittelbar Zahlen ergibt; sie weicht aber zu sehr von den praktischen Verhältnissen ab, da insbesondere das Gefüge und die Porigkeit des Steinmaterials völlig ausgeschaltet werden. Für einen bestimmten Angriffsstoff mag das Verfahren

---

[1] Tonind.-Ztg. Bd. 36 (1912) S. 589.
[2] MIEHR, KRATZERT, IMMKE: Tonind.-Ztg. Bd. 51 (1927) S. 121.
[3] HARTMANN: Ber. d. D. K. G. Bd. 9 (1928) S. 2.

ausreichen, wenn es sich darum handelt, das chemisch passende feuerfeste Material zu ermitteln. Neuerdings hat man sich in Deutschland diesem Verfahren für Forschungszwecke zugewandt.

Praktisch am aussichtsreichsten erscheinen dynamische Prüfverfahren, bei denen entweder die Schlacke auf den Prüfstein aufgeblasen oder ein Stab einem Schmelzbad ausgesetzt wird, wobei der Stab entweder ruht oder bewegt wird; auch ohne äußere Bewegung des Stabes ergibt sich an diesem aus thermischen Ursachen und infolge der Auflösung ein Strömen der Schmelzmasse. Das Aufblaseverfahren hat Schaefer[1] durch Angabe eines einfachen, aber vielseitig verwendbaren Ofens verbessert. Das Stabverfahren ist vor allem für Glasschmelzen vorteilhaft, die sonst bei kurzzeitiger Einwirkung an einer Fläche wenig wirksam sind. Es wurde schon frühzeitig in Amerika angewandt. Von Rose[2] stammt der Vorschlag, einen stabförmigen Zylinder in einem mit Glasschmelze erfüllten Tiegel zu drehen. Vor dem Versuch wird der mittlere Durchmesser des gebrannten zylinderförmigen Prüfkörpers genau ermittelt. Nach dem Angriffsversuch wird er durchschnitten und der Zustand des Querschnittes mit dem Mikroskop betrachtet und ausgemessen.

Dann gibt es noch Abwandlungen: Abfließen von Schlacke über einen stabförmigen Körper, Eintauchen von kleinen Probekörpern in ein Schlackenbad, Anordnung würfelförmiger Prüfkörper in einem Schmelztiegel mit gelochtem Boden, so daß die sich in diesem bildende Schmelzmasse strömend über die Prüfkörper fließt. Schließlich ist das Modellwannen-Verfahren von Dietzel[3] zu nennen.

Näher beschrieben werden die in Deutschland genormten Verfahren, ferner ein Aufblaseverfahren und eine Form des Stabverfahrens.

Die Tiegel für das sog. Tiegelverfahren nach DIN 1069 werden durch Ausbohren eines Steinstückes von etwa $80 \times 80 \times 65$ mm gewonnen, wobei die Bohrung eine lichte Weite von 44 mm, eine Tiefe von 35 mm und möglichst glatte Wand- und Bodenflächen ergeben soll. In den Hohlraum werden 50 g feingepulverter Angriffsstoff gefüllt und dann 2 Stunden bei einer für den Einzelfall festzulegenden Temperatur gebrannt, z. B. 1400°. Über die Ofenart und den Temperaturverlauf ist nichts vorgeschrieben. Es ist nur gesagt, daß eine größere Anzahl Tiegel gleichzeitig geprüft wird; der Ofen soll also möglichst geräumig sein und verschiedene Brennatmosphären zulassen. Nach dem Versuch wird der erkaltete Tiegel diagonal längs der Achse der Ausbohrung durchschnitten. Der Zustand der Querschnittsfläche wird auf Pauspapier übertragen, die Flächen werden ausplanimetriert und danach der Rauminhalt des zugehörigen Rotationskörpers errechnet. Die erhaltenen Werte werden als Prozente des Rauminhaltes eines Normalsteines als Löslichkeits- und Tränkungszahl angegeben.

Für das Tiegelverfahren fehlt die Festlegung der Zeit bis zur Erreichung der Prüftemperatur. Bei angriffsfähigen Schlacken kann bereits während der Anheizzeit, wenn diese lang bemessen ist, eine Absättigung der Schlacke eintreten und auf diese Weise ein falsches Ergebnis die Folge sein. Damit wird die Abweichung des Prüfverfahrens gegenüber den praktischen Bedingungen, bei denen einseitige Erhitzung und dadurch die Möglichkeit der Bildung einer Schutzschicht gegeben ist, noch größer.

Zum Aufstreuverfahren dienen Zylinder von 36 mm Dmr und 36 mm Höhe mit glatt geschliffenen Flächen, die in einem elektrischen Widerstandsofen auf eine vereinbarte Temperatur erhitzt und dann mit Schlacke bestreut werden.

---

[1] Schaefer: Tonind.-Ztg. Bd. 54 (1930) S. 1223.
[2] Rose: J. Amer. Ceram. Soc., Bd. 6 (1923) Heft 12 S. 1242; vgl. Tonind.-Ztg. Bd. 48 (1924) S. 324.
[3] Dietzel: Sprechsaal Bd. 64 (1931) S. 828 u. 846.

Zur sicheren Führung der Schlacke auf den in der heißesten Zone des Ofens aufgestellten Prüfkörper wird ein feuerfestes Rohr mit Trichter benutzt. Nach Aufbringung der vorgesehenen Schlackenmenge wird die Angriffstemperatur noch
15 min lang gehalten, damit die aufgebrachte oder
neu gebildete Schlacke so weit wie möglich abfließt. Durch Wägung und Rauminhaltsbestimmung
vor und nach der Verschlackung sowie Prüfung des
Querschnitts wie beim Tiegelverfahren ergeben sich
die Beurteilungsgrundlagen. Das Aufstreuverfahren
eignet sich nicht für alle Schlackenangriffsstoffe.

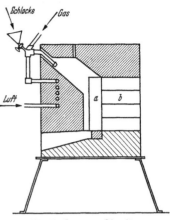

Abb. 68. SCHAEFER-Ofen für
Verschlackungsversuche mit Aufblasen
der Schlacke.

Der SCHAEFER-Ofen ist in Abb. 68 schematisch
im Querschnitt gezeigt. Es ist ein kastenförmiger
Ofen, in dem sich gegenüber einem Gebläsebrenner
ein stehender *a* oder mehrere liegende *b* Normalsteine befinden. (Im Falle *a* dienen Steine *b* als
Rückwand des Ofens.) Es ist ein Gasgebläsebrenner
angedeutet, für den die Preßluft mittels einer in der
Ausmauerung eingelagerten Rohrschlange vorge-
wärmt wird. Bei genügendem Preßluft- und Gasdruck kann die Vorwärmung aber auch entbehrt
werden. Gegebenenfalls ist zur Erzielung hoher
Temperaturen bis 1850° Sauerstoff zusatzweise ein-
zuleiten. Nach der Zeichnung wird die Schlacke, die grob- oder feinpulvrig
ist, durch eine gesonderte Einführung in den Ofen geleitet und von der Flamme
mitgerissen. Der Ofen ermöglicht sehr schnelles
Erreichen hoher Temperaturen, das Arbeiten
mit beliebig großen Mengen Schlackenbild-
nern und eine Hitze- sowie mechanische Wirkung. Diese kann durch die Wahl der Korngröße beliebig verändert werden. Vorteilhafter
ist, nicht ganze Steine, sondern quadratische
oder zylindrische Teilstücke einzubauen, die
eine leichtere Auswertung zulassen. Mit dem
SCHAEFER-Ofen kann auch die Mitwirkung
der Mörtelfuge im Verschlackungsversuch sowohl bei ganzen Steinen (Fall *b*) als auch an
kleineren Körpern — an Stelle des Probekörpers *a* eingesetzt — erforscht werden.

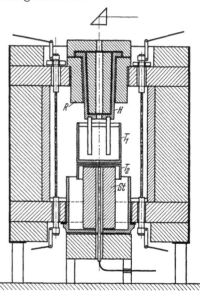

Abb. 69. Apparatur nach BARTSCH zur Bestimmung des Glas- oder Schlackenangriffes nach
dem Meßstabverfahren.

Zum Stabverfahren wird in Abb. 69 die
von BARTSCH [1] für den Glasangriff entwickelte
Form wiedergegeben. Mehrere Stäbe, beispielsweise 4, tauchen gleichzeitig in den Schmelzfluß ein, damit stets ein Anschluß an andere
Prüfungen ermöglicht werden kann. Die Prüfstäbe sind quadratisch mit 10 mm Kantenlänge und 110 mm lang. Sie sind an den Stabhalter H (aus Schamotte) angekittet, der in
einem Schamottering R im Deckel eines Silit-
stabofens hängt. Der Schmelztiegel T_1 ruht auf einem durchbohrten Stempel St,
der mit einem umgekehrten Tiegel T_2 bedeckt ist und sich in einem größeren
Tiegel zur Aufnahme abfließenden Glases befindet. In der Bohrung des
Stempels St befindet sich ein Thermoelement. Der Inhalt des Schmelztiegels

---

[1] BARTSCH: Ber. d. D K. G. Bd. 15 (1934) S. 284; Bd. 19 (1938) S. 414.

kann durch eine Bohrung des Stabhalters beobachtet werden. Nach zentrischem
Einsetzen des Tiegels T_1 wird dieser mit einer gewogenen Menge gepulverten
Glases gefüllt. Die Stäbe befinden sich zunächst 10 mm über dem oberen
Tiegelrand. Der Ofen wird dann z. B. innerhalb 5 h auf 1370° erhitzt. Dann
wird auf konstante Temperatur eingestellt und der Stabhalter so weit gesenkt,
daß die Stäbe 70 mm in die Schmelze eintauchen. Nach Ablauf der Prüfzeit wird der Stabhalter hochgezogen, so daß die Stäbe aus der Schmelze
herauskommen. In dieser Stellung bleiben sie noch 30 min, damit das anhaftende Glas abschmilzt. Zur Auswertung empfiehlt Bartsch das unmittelbare Ausmessen des Querschnitts der Stäbe vor und nach dem Versuch mittels
Meßmikroskops, und zwar an mehreren Stellen. Das Stabverfahren erfordert

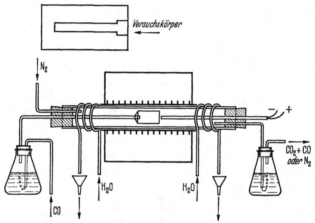

Abb. 70. Einrichtung zur Prufung der Zersetzlichkeit von CO durch feuerfeste Stoffe.

wesentlich größere Sorgfalt als die vorher behandelten, es ermöglicht aber
einen genauen Vergleich und liefert auch zuverlässigere Ergebnisse für die
Lösungsfähigkeit selbst sehr wenig oder langsam wirkender Angriffsstoffe.
Eine interessante Arbeit über den Vorgang der Verschlackung feuerfester Steine
veröffentlichte Endell[1].

b) Angriff durch Gase.

Kohlenstoffhaltige Gase, insbesondere Kohlenoxyd und Methan, können
feuerfeste Steine, die Eisen in besonderer Zustandsform enthalten, zerstören,
da durch katalytische Zersetzung bei bestimmter Temperatur, z. B. 550°, Kohlenstoff abgeschieden wird und dieser sprengend wirkt. Der Vorgang tritt ein, wenn
das Eisen als Eisenoxyd, nicht jedoch wenn es als Eisenoxydul und an Silikate
gebunden vorliegt. Die Prüfung erfolgt durch Überleiten des Gases über Probestücke, die sich in heizbaren Röhren befinden, bei Temperaturen zwischen 400
und 900°. Zweckmäßig sind zylindrische Prüfkörper und eine Kohlenoxydmenge
von 30 l in der Stunde. Beobachtet wird, ob ein Zerfall eintritt oder ob, wenn
ein solcher nicht sichtbar ist, aber eine Zersetzung des Gases chemisch festzustellen ist, aber Verringerung der Druckfestigkeit vorliegt. Pukall[2] empfiehlt
zur Beschleunigung des Angriffs Probekörper mit einer Bohrung, die jedoch
nicht vollständig durch diese hindurchgeht, und Einleitung des Kohlenoxyds
in das Innere. Abb. 70 zeigt das Schema seiner Versuchsanordnung.

---

[1] Endell: Ber. d. D. K. G. Bd. 19 (513) S. 491.
[2] Pukall: Sprechsaal Bd. 71 (1938) 321.

Andere dampfförmige Angriffsstoffe, deren Wirkung fallweise zu erproben ist, sind schwefelige Säure, Schwefelsäureanhydrid, Cyanverbindungen, Alkalichloride und Ammoniumchlorid, ferner bei Spezialmassen Wasserstoff, Chlor, Chlorwasserstoff, und zwar sämtlich kalt wie auch in der Hitze.

c) Feuerfeste Mörtel.

Mörtel und Stampfmassen sind zusammen zu betrachten.

Für einen vollständigen Aufschluß wären folgende Prüfungen heranzuziehen: Chemische Analyse, Zerlegung durch Schlämmen und Bestimmung des Korngrößenaufbaues der nicht tonigen Anteile, Feuerfestigkeit, Verhalten beim Brennen, Festigkeit, Druckfeuerbeständigkeit und Verschlackungsfähigkeit. Einzelne dieser Prüfungen sind in verschiedenen Formen durchzuführen.

Das Verhalten beim Brennen wäre an durch Handstrich verformten sowie durch Pressung gefertigten Probekörpern zu ermitteln, wobei die Schwindung und das Wasseraufnahmevermögen für die einzelnen Brennstufen zu bestimmen sind.

Die Festigkeit wird als Zugfestigkeit an Achterkörpern ermittelt, und zwar einmal an Probekörpern, die nur getrocknet, sodann an solchen, die zwischen 800 bis 1200° gebrannt sind. Ferner liefert der Haftfestigkeitsversuch ohne und mit Brennen der Proben nach Art des Scherversuchs (S. 260) Anhaltspunkte über die Eignung des Mörtels.

Die Druckfeuerbeständigkeit ist an Zylinderkörpern, die nach den beiden Verarbeitungsformen entstanden und vorgebrannt worden sind, auszuführen. Ferner ist angeregt worden, zwischen zwei zylindrischen Silikaplättchen von 50 mm Dmr. und 20 mm Dicke eine 10 mm starke Mörtelschicht einzubringen und den so entstandenen Verbundkörper der Druckfeuerbeständigkeitsprüfung zu unterwerfen.

Die letztgenannte Prüfungsform ist im Normenentwurf DIN E 1482 enthalten. Die Schlämm- und Siebanalyse war für die Normung vorgesehen und schließlich als Ergänzung zur Feuerfestigkeitsprüfung ein Schmelzversuch mit Prismen von 30 × 30 × 100 mm, die so lange erhitzt werden sollten, bis sie sich neigten. Diese Normenentwürfe sind in der Tonindustrie-Zeitung veröffentlicht [1].

C. Prüfung von Mauerwerk aus Ziegeln.

Von FRITZ WEISE, Stuttgart.

1. Ermittlung der Druckfestigkeit.

Für Mauerwerk aus Ziegeln ist die Ermittlung der Druckfestigkeit die wichtigste Prüfung, weil damit die für die Praxis erforderliche Tragfähigkeit nachgewiesen wird. Bei diesen Versuchen kann durch Messen der Zusammendrückungen auch die *Elastizität* des Mauerwerks bestimmt werden. Während der Herstellung der Probekörper kann ferner der *Baustoffverbrauch* ermittelt werden. Die Form und die Festigkeit der Mauersteine, die Beschaffenheit des Mörtels, die Fugenweite, der Mauerwerksverband sowie die Abmessungen der Mauerkskörper ferner die Anordnung der Belastung bei der Prüfung (z. B. mittige oder ausmittige Belastung, Belastung der ganzen Mauerwerksfläche oder teilweise Belastung) sind von erheblichem Einfluß auf die Druckfestigkeit des Mauerwerks. Diese

---

[1] Tonind.-Ztg. Bd. 58 (1934) S. 920.

Einflüsse sind bei zahlreichen Versuchen[1-12] nachgeprüft worden; sie dabei gesammelten Erfahrungen gelten nicht nur für Mauerwerk aus Ziegeln, sondern auch für Mauerwerk aus Kalksandsteinen, zementgebundenen Mauersteinen und aus natürlichen Steinen.

Aus den Versuchen mit Mauerwerk haben verschiedene Forscher[13-18] *Näherungsformeln* abgeleitet, mit denen die *Mauerwerksdruckfestigkeit voraus* berechnet werden kann, wenn die Steinfestigkeit und die Mörtelfestigkeit bekannt sind.

In neuerer Zeit hat die Prüfung von *mörtellosen Mauern* (Trockenmauerwerk-Bedeutung erlangt[19-23].

Bei Versuchen mit *bewehrten Ziegelmauern* ist der Einfluß der Bewehrung auf die Elastizität und auf die Festigkeit des Mauerwerks zu beachten[24-29].

Bei den zahlreichen Versuchen mit Mauerwerk waren die Abmessungen der Probekörper und die sonstigen Versuchsbedingungen mannigfaltig, zum Teil wurden kleine Mauerwerkskörper rd. $25 \times 25 \times 25$ cm, zum Teil große Mauerwerkskörper rd. $25 \times 150 \times 300$ cm geprüft. Auf eine zusammenfassende Darstellung der Versuchsanordnungen muß hier verzichtet werden.

Um die Versuchsbedingungen für die Zulassung neuer Baustoffe und Bauweisen einheitlich zu gestalten und damit die Ergebnisse eindeutig beurteilen zu können, sind in deutschen Vorschriften bestimmte Anordnungen über die Durchführung von Mauerwerksversuchen aufgenommen worden. In DIN 4110,

---

[1] GARY, M.: Mitt. Kgl. techn. Versuchsanst. Berlin Bd. 17 (1899) S. 3; Mitt.-Mat.-Prüf. Anst. Groß-Lichterfelde Bd. 25 (1907) S. 11, S. 154.

[2] TALBOT u. ABRAMS: Bull. 27 Engng. Exper. Station Univ. Illinois 1908.

[3] WAWRZINIOK, O.: Tonind.-Ztg. Bd. 33 (1909) S. 1202, Bd. 37 (1913) S. 623.

[4] BACH, C.: Z. VDI Bd. 54 (1910) S. 1625. [5] BLOCH: Tonind.-Ztg. Bd. 37 (1913) S. 2021.

[6] QUIETMEYER: Bauingenieur Bd. 1 (1920) S. 393.

[7] GRAF, O.: Beton u. Eisen Bd. 23 (1924) S. 52 und S. 65; sowie Bautechn. Bd. 2 (1924) S. 151 und Z. VDI Bd. 68 (1924) S. 1157.

[8] GRAF, O.: Bautechn. Bd. 4 (1926) S. 229.

[9] KRÜGER, L.: Mitt. dtsch. Mat.-Prüf.-Anst. Heft 17 (1934) S. 257, ferner S. 262 (die zuletzt genannte Arbeit ist 1933 als Sonderheft des Reichsvereins der Kalksandstein-fabriken e. V. Berlin W 62, Wichmannstr. 19, erschienen), vgl. auch Bauwelt Bd. 15 (1934) S. 312.

[10] KRISTEN und SCHULZE: Dtsch. Bauztg. Bd. 70 (1936) S. 323.

[11] STANG, A., J. PARSON u. J. BURNEY: Bur. Stand. J. Res. Wash. 1929, S. 507; Auszug in Tonind.-Ztg. Bd. 54 (1930), S. 875.

[12] HANSSON, O.: Tonind.-Ztg. 62 (1938) S. 41 u. S. 54.

[13] KREÜGER: Tonind.-Ztg. Bd. 40 (1916) S. 615.

[14] BRAGG: Technol. Pap. U.S. Bur. Stand. Nr. 111 (1918).

[15] BREYER u. KREFELD: Concrete (Detroit) Bd. 22 (1923) S. 167 u. S. 195.

[16] GRAF, O.: Beton u. Eisen Bd. 23 (1924) S. 52 u. S. 65.

[17] GRAF, O.: Bautechn. Bd. 4 (1926) S. 229.

[18] HERRMANN, M.: Dtsch. Bauztg. Bd. 73 (1939) S. 827.

[19] HONIGMANN, E. u. F. BRUCKMAYER: Tonind.-Ztg. Bd. 60 (1936) S. 499.

[20] KRISTEN: Tonind.-Ztg. Bd. 61 (1937) S. 313.

[21] AMOS: Dtsch. Bauztg. Bd. 72 (1938) S. 971.

[22] DRÖGSLER, O.: Tonind.-Ztg. Bd. 62 (1938) S. 689.

[23] KRISTEN u. HERRMANN, M.: Tonind.-Ztg. Bd. 62 (1938) S. 883, 896, 921.

[24] FILIPPI, H.: Brick Clay Record Bd. 78 (1931) S. 27; Auszug in Tonind.-Ztg. Bd. 55 (1931) S. 168.

[25] HARRIS, A., A. STANG, J. BURNEY: Research Paper Nr. 520 des Bureau of Stand. Januar 1933 S. 123. Auszug in Tonind.-Ztg. Bd. 57 (1933) S. 386.

[26] GALLAGHER, E.: Brick Clay Record 1935 S. 92; Auszug in Tonind.-Ztg. Bd. 60 (1936) S. 47.

[27] ALF: Baumeister-Ztg., Stuttgart Bd. 50 (1931) S. 78.

[28] FORK, C.: Engng. News Rec. Bd. 118 (1937) S. 227; Auszug in Tonind.-Ztg. Bd. 61 (1937) S. 805.

[29] Verfasser nicht bekannt, Brit. Clayworker Bd. 46 (1937) S. 332; Auszug in Tonind.-Ztg. Bd. 61 (1937) S. 805.

d. s. Technische Bestimmungen für Zulassung neuer Bauweisen[1] werden unter
B, Gruppe I, Nr. 1, die nachstehend genannten Prüfungsnachweise gefordert:
Abmessung, Gewicht der Steine und des Mauerwerks,
Druckfestigkeit der Steine,
Druckfestigkeit des Mörtels,
Wasseraufnahme der Steine,
Frostbeständigkeit der Steine,
Tragfähigkeit des Mauerwerks,
Wärmeschutz des Mauerwerks,
Schallschutz des Mauerwerks.

Die für die genannten Prüfungen erforderlichen Ziegel sind durch Beauftragte
der Zulassungsbehörde aus den Vorräten des Herstellers zu entnehmen; das
Mauerwerk ist in einer anerkannten Materialprüfungsanstalt herzustellen.

Die einzelnen Prüfungen werden im Abschn. D des Normblattes DIN 4110
näher erläutert. Hiernach ist die auf den vollen Druckquerschnitt (ohne Abzug
etwaiger Hohlräume) bezogene *Druckfestigkeit der Wandbausteine* in der Regel
so an 10 lufttrocknen Versuchsstücken zu ermitteln, daß die Druckrichtung
der Verwendung im Mauerwerk entspricht. Die entsprechenden Prüfverfahren
sind für Ziegel im Abschn. III A, 12, S. 247 und für andere Mauersteine im
Abschn. VI L, S. 553 beschrieben.

Mit dem zum Mauern verwendeten Mörtel ist die *Zug*festigkeit an 10 achter-
förmigen Zugkörpern mit 5 cm² Querschnitt (vgl. DIN 1164 — Deutsche Zementnormen 1932, Abb. 22) und die *Druckfestigkeit* an 5 Würfeln mit 10 cm Kantenlänge[2] zur Zeit der Mauerwerksprüfung festzustellen. Die Zusammensetzung des
Mauermörtels muß so sein, wie sie bei der praktischen Ausführung vorgesehen ist.

Die *Wasseraufnahme* ist in Hundertteilen des Gewichts der trocknen Probekörper festzustellen (Mittel aus 5 Versuchen, Probekörper bei 90 bis 100° C
bis zur Gewichtsgleiche trocknen und dann bis zur Sättigung in Wasser lagern),
vgl. hierzu auch Abschn. II C, S. 171; III A 7, S. 237, VI H, S. 533 und VI L, S. 555.

Zur Beobachtung der *Frostbeständigkeit* sind 10 wassergetränkte Probekörper
25mal bis —15° C zu gefrieren und in Wasser von Zimmertemperatur aufzutauen.
Nach dem Abschluß des Frostversuches sind die Probekörper wieder zu trocknen,
bevor die Druckfestigkeit festgestellt wird.

Die *Abmessungen der Mauerwerkskörper* sollen so gewählt werden, daß die
Höhe h etwa $= 2\sqrt{F}$ wird. Die Mauerwerksdicke d hat der für die praktische
Ausführung vorgesehenen Wanddicke zu entsprechen. Die Breite b muß bei
Wänden mindestens 0,75 m sein (in der Regel etwa gleich 3 Steinlängen); bei
Pfeilern wird $b = d$. Die Höhe h wird dann für eine Wand von $d = 0,25$ m und
$b = 0,75$ m rd. 0,86 m; für einen Pfeiler mit $d = b = 0,25$ m wird h rd. 0,50 m.
Bei Sonderformen müssen größere Probekörper geprüft werden (Wanddicke d
gleich der vorgesehenen Wanddicke; Breite b bei Wänden etwa 1,50 m, bei
Pfeilern $b = d$; Höhe etwa 3 m).

Probekörper aus Ringziegeln zu Mauerwerk, das zur Herstellung freistehender
Schornsteine bestimmt ist, sind nach DIN 1056 bis DIN 1058 mit ringausschnitt-
förmiger Grundfläche (mittlere Seitenlänge rd. 50 cm) aufzumauern; Höhe rd.
50 cm, Mauerwerksverband so wie für die praktische Ausführung vorgesehen ist.
Wenn der Schornstein aus Ziegeln oder anderen Mauersteinen mit rechteckiger
Grundfläche aufgemauert werden soll, sind die Probekörper mit quadratischer
Grundfläche (Seitenlänge rd. 51 cm) herzustellen; Höhe h rd. 51 cm.

Bei der Prüfung der Mauerwerkskörper ist die Rißlast und die Bruchlast
festzustellen; für die Beurteilung der Tragfähigkeit des Mauerwerks ist in der

---

[1] Vgl. u. a. Zbl. Bauverw. Bd. 58 (1938) S. 879.
[2] Für die Bestimmung der Druckfestigkeit sind meist Würfel mit 7 cm Kantenlänge üblich.

Regel die Bruchlast maßgebend. Wenn die Rißlast unverhältnismäßig klein ist, muß diese mit berücksichtigt werden. Die zulässigen Druckspannungen sind in DIN 1053 angegeben.

Prüfverfahren zur Bestimmung des *Wärmeschutzes* und des *Schallschutzes* sind im Normblatt DIN 4110 unter D 10 und D 11 erläutert, vgl. auch in diesem Buch Abschn. VI J, S. 535.

2. Feststellung der Biegefestigkeit.

a) Unbewehrtes Mauerwerk.

Die Biegefestigkeit des Mauerwerks wird zwar nicht so häufig festgestellt wie die Druckfestigkeit, für manche Sonderaufgaben ist ihre Kenntnis aber notwendig. Grundsätzlich sollten die Abmessungen der Probekörper möglichst groß gewählt werden. Die folgenden Abbildungen zeigen einige grundsätzliche Versuchsanordnungen, die in den letzten Jahren bei Versuchen im Institut für die Materialprüfungen des Bauwesens in Stuttgart verwendet wurden (Versuchsergebnisse bis Anfang 1940 noch nicht veröffentlicht). Bei den Versuchen nach Abb. 1 bis 3 ist die Biegefestigkeit von Probekörpern

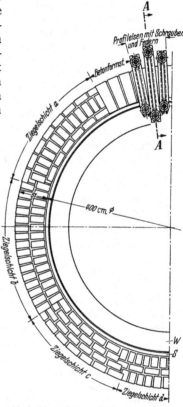

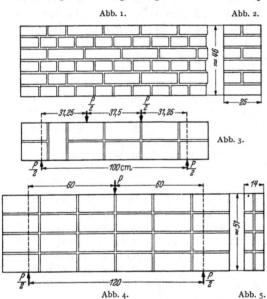

Abb. 1.   Abb. 2.

Abb. 3.

Abb. 4.   Abb. 5.

Abb. 1 bis 5. Probekörper zur Bestimmung der Biegezugfestigkeit Ziegelmauerwerk.

Abb. 6. Mauerring zur Prüfung der Ringzugfestigkeit von Mauerwerk bei gleichzeitiger Belastung in axialer Richtung. (Hierzu auch Abb. 7).

bestimmt worden um die Widerstandsfähigkeit von gemauerten Silowänden festzustellen. Die Mauerwerkskörper wurden mit verschiedenen Ziegelsorten und Ziegelformen sowie mit verschiedenem Mörtel nach Abb. 1 und 2 als Wände in üblicher Weise aufgemauert; bei der Prüfung wirkte die Last nach Abb. 3 quer zur Wand.

Versuche nach Abb. 4 und 5 zeigten besonders die Haftfähigkeit der verschiedenen Mörtel an den untersuchten Ziegelsorten.

Um die Widerstandsfähigkeit von Mauerwerk auf Zug zu prüfen und es gleichzeitig in axialer Richtung zu belasten, wurden Mauerringe nach Abb. 6

und 7 mit rechteckigen Ziegeln der üblichen Abmessungen aufgemauert. Zwischen dem kräftigen inneren Widerlager *W* und dem Mauerring wurde ein Gummi-schlauch *S* gelegt und mit Druckwasser soweit be-lastet, daß der Bruch des Mauerringes durch die tangentialen Zugspannungen eintrat. Die axiale Be-lastung wurde durch Druckfedern *D* ausgeübt. An den Zugstangen *Z* ist mit Setzdehnungsmessern die Dehnung der Stangen und damit die wirkende Kraft festgestellt worden.

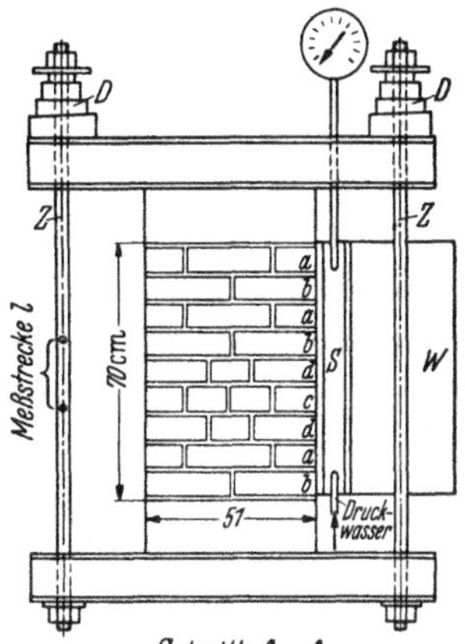

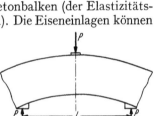

Schnitt A-A
Abb. 7. (Zu Abb. 6).

Nach der Prüfung der Mauerwerksringe wurden mit den Bruchstücken Biegeversuche nach Abb. 8 durchgeführt. Die Druckfestigkeit des Mauerwerks in axialer Richtung wurde ebenfalls an derartigen Bruchstücken festgestellt.

b) Bewehrtes Mauerwerk.

Für Biegeversuche mit Mauerwerksbalken, bei denen die Zugkräfte auch von Stahleinlagen auf-genommen werden, gelten für die Berechnungsweise grundsätzlich die gleichen Annahmen wie für Eisenbetonbalken (der Elastizitäts-modul *E* des Mauerwerks ist dabei zu berücksichtigen). Die Eiseneinlagen können entweder in den Fugen der Zugzone oder in einer besonderen Mörtellage untergebracht werden.

Amerikanische Versuche mit bewehrten Ziegel-balken siehe unten [1-4].

3. Dauerversuche bei Druck- und bei Biegebelastung.

Abb. 8. Reststück eines Mauerrings nach Abb. 6 zur Feststellung der Biegezugfestigkeit des Mauerwerks.

Bei den unter 1 und 2 beschriebenen Ver-suchen werden die Probekörper bei einmaliger Be-lastung bis zur Zerstörung beansprucht. Dauerdruckversuche geben Aufschlüsse über das Verhalten und die Formänderungen des Mauerwerks unter lang dauernden Beanspruchungen, begleitet vom *Schwinden* und *Kriechen* der Mörtel und Steine. Derartige Versuche sind seit langer Zeit in Suttgart im Gang. Dabei werden die Lasten durch Kegelfedern (Pufferfedern mit ent-sprechenden Stahlträgern und Zugstangen auf die Probekörper übertragen An den Zugstangen wird mit Setzdehnungsmessern (vgl. oben unter Ziffer 2, ferner Abschn. VI F, S. 506 die Dehnung der Stangen und damit die wirkende Kraft festgestellt. Die Abb. 9 bis 11 zeigen Beispiele der Versuchsanordnung.

Dauerbiegeversuche mit unbewehrten Ziegelbalken (Länge bis rd. 7 m, Mauer-werksdicke 0,38 m, Balkenhöhe rd. 0,51 m) wurden unter anderem in Stuttgart durchgeführt. Dabei war die Versuchsanordnung so gewählt, daß die Balken auf Brettern aufgemauert wurden (zwischen Brett und erster Ziegelschicht war eine Sandschicht ausgebreitet); die Bretter waren durch Schraubenwinden unter-stützt. Zur Prüfung sind die äußeren Schraubenwinden gelöst worden, so daß

---

[1] KELCH, N.: Journ. Amer. ceram. Soc. Bd. 14 (1931) S. 125; Auszug in Tonind.-Ztg. Bd. 55 (1931) S. 868.

[2] KELCH, N.: Brick Clay Rec. Bd. 77 (1930) S. 645.

[3] VAUGH, M.: Univ. of Missouri Bull. Nr. 37 Bd. 29 (1928); Auszug in Tonind.-Ztg. Bd. 55 (1931) S. 108.

[4] The Clayworker Bd. 94 (1930) S. 308. Auszug in Tonind.-Ztg. Bd. 55 (1931) S. 405.

zunächst das Eigengewicht der Balken wirkte. Zur weiteren Belastung sind Ziegel aufgelegt worden. In der Zugzone, die in diesem Fall oben lag, wurden die Dehnungen mit Setzdehnungsmessern gemessen. Die Abb. 12 und 13 zeigen die Versuchsanordnung; die Balken waren verhältnismäßig lang, damit die entstehenden Bruchstücke nochmals geprüft werden konnten.

4. Prüfung der Widerstandsfähigkeit von Mauerwerk gegen Feuer.

Zur Beobachtung des Verhaltens von Mauerwerk im Feuer sind besonders in Deutschland, Schweden und den Vereinigten Staaten von Nordamerika zahl-

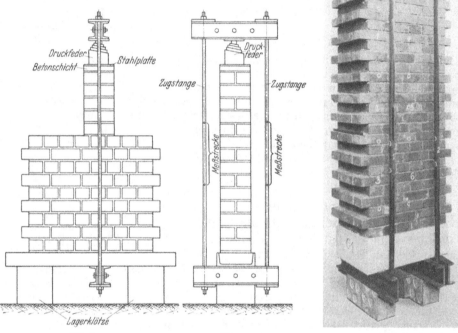

Abk. 9.   Abb. 10.   Abb. 11.
Abb. 9 bis 11. Probekörper für Druck-Dauerbelastung.

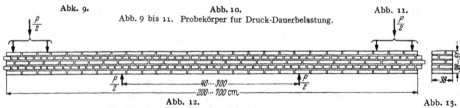

Abb. 12.   Abb. 13.
Abb. 12 und 13. Probekörper für Biege-Dauerbelastung.

reiche Versuche [1-4] durchgeführt worden. Die Versuchsanordnungen sind im Abschn. VI K, S. 546 beschrieben, vgl. auch DIN 4102, besonders Blatt 3[5].

[1] Zusammenfassung älterer und neuerer Versuche in H. BUSCH: Feuereinwirkung auf nichtbrennbare Baustoffe und Baukonstruktionen. Diss. Techn. Hochsch. Stuttgart 1935 (für den Buchhandel im Zementverlag Berlin-Charlottenburg).

[2] SCHLYTER: Tonind.-Ztg. Bd. 56 (1932) S. 74.

[3] KRISTEN: Tonind.-Ztg. Bd. 63 (1939) S. 1209.

[4] GAEDE, K.: Bautenschutz Bd. 10 (1939) S. 105.

[5] Neufassung Entwurf DIN 4102, Bauing. Bd. 20 (1939) S. 486; ferner Bauwelt Bd. 30 (1939) S. 735.

IV. Die Prüfung der Baukalke und der Kalkmörtel.

Von HANS HECHT, Berlin.

A. Einteilung der Baukalke und Prüfungsgrundlagen.

„Baukalk" ist kein wohldefiniertes, fest umrissenes Erzeugnis, sondern umfaßt eine Gruppe von Stoffen, deren Zusammensetzung, Lösch- und Erhärtungsverhalten wesentliche Unterschiede aufweisen. Je nach den Rohstoffen, den Brenn- und den Aufbereitungsbedingungen ergeben sich sehr verschiedenartige Erzeugnisse, die zwischen dem Kalziumoxyd an sich einerseits und dem Zement andererseits liegen und wie Zement die Bestandteile Kieselsäure, Tonerde, Eisenoxyd und Magnesia neben dem Kalziumoxyd enthalten. Gemeinsam ist allen natürlichen Kalken nur die Herstellung durch *Brennen unterhalb der Sintergrenze.* Da zur Verbesserung mitunter auch silikatische Stoffe zugesetzt werden, die mit Kalk unter Wasser erhärtende Verbindungen ergeben, sind derartige Mischerzeugnisse ebenfalls zu den Baukalken gezählt worden. Auf diese Weise ergibt sich eine große Mannigfaltigkeit der Erzeugnisse, deren systematische Ordnung außerordentlich schwierig ist. Sie wurde noch dadurch erschwert, daß sich zahlreiche Bezeichnungen und Phantasienamen den Kalkformen nach (Stückkalk, Mahlkalk, gelöschter Kalk) sowie seiner Herkunft und seiner Verwendung nach eingebürgert hatten. So wurde z. B. von Ätzkalk, lebendigem Kalk, gedämpftem Kalk, Sackkalk, hydraulischem Kalk, Wasserkalk, Zementkalk, Schwerkalk, Grenzkalk, Extrakalk, Romanzement, Dolomitzement usw. gesprochen; auch die Farbe und andere Eigenschaften mußten zur Bezeichnung herhalten, z. B. Weißkalk, Graukalk, Schwarzkalk, Fett- und Magerkalk usw.

In Rücksicht auf diese Vielgestaltigkeit versuchte man zunächst, mit ziemlich allgemein gefaßten Gruppenbezeichnungen auszukommen. Man unterschied:

Luftkalke (Fettkalke) — nur an der Luft durch Austrocknung und Kohlensäureaufnahme erhärtend,

schwach hydraulische Kalke — nach vorheriger Erhärtung, längerer Lagerung an der Luft auch unter Wasser beständige Mörtel ergebend,

stark hydraulische Kalke oder Wasserkalke — bereits nach kurzer Erhärtung an der Luft wasserbeständig.

Da dieses Gruppenschema nicht ausreichte und Sondererzeugnisse nicht berücksichtigte, kam man allmählich[1] in den „Leitsätzen für einheitliche Lieferung und Prüfung von Baukalk" vom 25. Mai 1927 zu folgender Aufteilung, die nach der chemischen Zusammensetzung, dem Löschverhalten und der Erhärtungsfähigkeit dieser Bindemittel entwickelt worden war:

---

[1] CRAMER: Ausschußbericht Benennungen hydraulischer Bindemittel. Mitteilungen des Vereins Deutscher Kalkwerke S. 31, 1927. — SCHOCH: Die Mörtelbindestoffe, S. 6. Berlin 1928.

1. **Weißkalke**[1] — Kalziumoxydgehalt mindestens 90% — kräftig löschend — weiße Farbe.

2. **Graukalke** — Kalziumoxyd- und Magnesiumoxydgehalt mindestens 90% — träge löschend — Farbe grauweiß oder auch dunkler.

3. **Wasserkalke** — Kalziumoxyd und Magnesiumoxyd mit mindestens 10% Silikatbildnern (Kieselsäure, Tonerde und Eisenoxyd) — träge löschend und bei sachgemäßer Behandlung wasserbeständig.

4. **Zementkalke,** durch Brennen unterhalb der Sintergrenze gewonnene Erzeugnisse, die bei Zusatz von Wasser nur teilweise zerfallen. Sie werden gemahlen (ungelöscht und gelöscht) geliefert, sollen unter Wasser erhärten und höhere Festigkeiten als Wasserkalke aufweisen (= Naturzementkalke). Außerdem können als Zementkalke auch Erzeugnisse anderer Entstehung bezeichnet werden, sofern sie die entsprechenden Festigkeitsbedingungen erfüllen und ebenfalls unter Wasser erhärten (= künstliche Zementkalke).

5. **Romankalke** (Romanzemente), durch Brennen silikatreicher Kalkgesteine unterhalb der Sintergrenze gewonnene Erzeugnisse, die bei Zusatz von Wasser nicht zerfallen und daher gemahlen geliefert werden.

Als Zementkalke wurden also auch beliebige künstliche Gemische ohne Rücksicht auf die Höhe des Gehaltes an gebranntem Kalk zugelassen.

Schon vor der Annahme der Leitsätze war wegen des „Zementkalkes" ein lebhafter Meinungsstreit entstanden, einerseits weil von vielen Seiten dieser Name als irreführender Begriff betrachtet wurde, andererseits wegen der Unzahl der darunter fallenden natürlichen und künstlichen, also vor allem Mischerzeugnisse. Übersichten über die Zementkalkliteratur und die Eigenschaften dieser am schwierigsten zu kennzeichnenden Kalkarten finden sich in den Arbeiten von BURCHARTZ[2].

Für die Gütebeurteilung nach den Leitsätzen dienten:

Ergiebigkeit beim Löschen, soweit Lieferung in ungelöschter Form üblich,
Mahlfeinheit,
Raumbeständigkeit,
Bindekraft (Mörtelfestigkeit).

Die Leitsätze wie auch alle vorhergehenden Prüfvorschriften für Kalk waren von der bereits bestehenden Zementprüfung ausgegangen und hatten für die zahlenmäßige Erfassung die Zug- und die Druckfestigkeitsprüfung der Zementnormen übernommen. Hiergegen erhob sich ein immer stärker werdender Widerspruch aus den Kreisen der Kalkindustrie. Diese Einwände gingen davon aus, daß für zahlreiche Anwendungsgebiete die Beurteilung der Baukalke überhaupt primär nicht von den Festigkeitswerten auszugehen habe, besonders aber nicht auf Grund der bisher üblichen Formen der Festigkeitsermittlung, die von der Basis der Zementprüfung mit einer der Verwendungsweise der Baukalke gar nicht angepaßten Mörtelmischung und Probekörpergröße ausgehen. Kalkmörtel und Kalkputz, die Hauptanwendungsgebiete der Baukalke — abgesehen von den hochfesten und dann zumeist künstlich zusammengestellten Kalken — kommen *dünnschichtig* zur Anwendung. Die Vorschrift der Leitsätze, für die Druckfestigkeitsprüfung Probewürfel von 70,7 mm Kantenlänge zu benutzen, berücksichtigt aber diese Tatsache der Dünnschichtigkeit von Kalkmörtel und -putz weder bei der Herstellung des Probekörpers noch für

---

[1] Die Zahlenangaben beziehen sich auf das gebrannte Erzeugnis. Für Zementkalke und Romankalke war der chemische Aufbau nicht festgelegt, sondern nur die Erhärtungsfähigkeit bestimmend.

[2] BURCHARTZ: Tonind.-Ztg. Bd. 45 (1921) S. 137, außerdem Bd. 48 (1924) S. 929; Bd. 44 (1920) S. 1330.

den Erhärtungsverlauf. Der Verlauf der Festigkeitskurve und die Festigkeit als solche müssen daher zu anderen Werten führen.

Die Zahlenwerte der Festigkeiten der Baukalke sind gering, verglichen mit denen des Zementes, und so ergab sich nach Ansicht der Kalkindustrie die Gefahr, daß die gleichartige Prüfung und Gütebeurteilung beider Stoffgruppen zu einer geringschätzenden Bewertung der Kalke führe. Insbesondere gelte das für die Luftkalke — Weiß- und Graukalk (Dolomitkalk) —, die bei kurzzeitiger Erhärtung an der Luft, infolge der nur geringfügigen Mitwirkung von Kohlensäure, in der Beurteilung ihrer wirklichen Verfestigungsfähigkeit sehr benachteiligt seien. Es ist deshalb erwogen worden, einerseits auf die Festigkeitsermittlung bei den Luftkalken ganz zu verzichten, andererseits diese Kalke einer besonderen Kohlensäureeinwirkung zu unterwerfen. Bei völliger Durchkarbonisierung ergeben sich allerdings so beträchtliche Festigkeiten, daß wieder die bei den sog. hydraulischen (unter Wasser fest werdenden) Kalken sich ergebenden Werte in den Schatten gestellt werden. Alle diese Schwierigkeiten waren die Ursache, daß sich die seit vielen Jahren in Fluß befindliche Kalknormung sehr lange hingezogen hat und das Normblatt DIN 1060 „Baukalk" erst im April 1939 herausgekommen ist.

DIN 1060 gibt folgende Begriffsbestimmung:

„Natürliche Baukalke sind Mörtelbindemittel, die entstehen, wenn kohlensaurer Kalk in seinen verschiedenen Abarten *unterhalb* der Sintergrenze gebrannt wird.

Kalke werden nach ihrem Gehalt an *artbestimmenden Bestandteilen*, wozu Erdalkalien (Kalziumoxyd, Magnesiumoxyd) und lösliche saure Bestandteile (Kieselsäure, Tonerde, Eisenoxyd) zu rechnen sind, eingeteilt."

Nach dem Verhalten gegenüber Wasser beim Löschen und Erhärten ergeben sich folgende *Kalkarten:*

a) Kalke, die an der Luft erhärten:

1. Weißkalk,
2. Dolomitkalk (Graukalk).

b) Kalke, die auch unter Wasser erhärten:

1. Wasserkalk,
2. hydraulischer Kalk (früher Zementkalk genannt),
3. hochhydraulischer Kalk (hydraulischer Kalk höherer Festigkeit und Romankalk).

Für die beiden **Luftkalke** gilt die Definition der Leitsätze von 1927 mit dem Unterschied, daß für Weißkalke eine Höchstgrenze und für Dolomitkalke (Graukalke) eine Mindestgrenze von 5% Magnesiumoxyd vorgeschrieben ist.

Wasserkalk soll, bezogen auf die Summe der artbestimmenden Bestandteile, mehr als 10% lösliche saure Bestandteile enthalten und eine Mindestdruckfestigkeit von 15 kg/cm² nach 28 Tagen besitzen. Wasserkalk mit mehr als 5% MgO erhält den Zusatz „dolomitisch".

Hydraulischer Kalk. Zu unterscheiden ist zwischen natürlichem und künstlichem hydraulischen Kalk. Beide Kalkarten müssen, bezogen auf die Summe der wertbestimmenden Bestandteile, mindestens 15% lösliche saure Bestandteile enthalten, unter Wasser erhärten und eine Mindestdruckfestigkeit von 40 kg/cm² nach 28 Tagen haben.

Natürlicher hydraulischer Kalk zerfällt bei Zusatz von Wasser nur teilweise.

Künstlicher hydraulischer Kalk ist ein Erzeugnis anderer Entstehung. Es besteht der Hauptsache nach aus unterhalb der Sintergrenze gebranntem Kalk und erhärtet ebenfalls unter Wasser.

Beliebige Mischprodukte fallen infolgedessen nicht unter das Normblatt DIN 1060.

Hochhydraulischer Kalk ist ein hydraulischer Kalk lediglich höherer Festigkeit mit mindestens 80 kg/cm² Druckfestigkeit nach 28 Tagen. Zu dieser Gruppe zählt auch der Romankalk, für den die gleichen Festigkeitsvorschriften gelten. Romankalk wird aus silikatreichem Kalkstein gewonnen. Er zerfällt nicht bei Zusatz von Wasser und wird daher nur gemahlen geliefert.

Der Begriff Zementkalk ist ausgemerzt, die Bezeichnung Sackkalk überhaupt verboten worden.

Die Gütebeurteilung nach DIN 1060 lehnt sich vielfach an die Vorschriften in den Leitsätzen an. Bei den Luftkalken ist jedoch von einer Festigkeitsbestimmung abgesehen worden. Die Geschmeidigkeit der Kalke, insbesondere der Löschkalke, bzw. die Plastizität, eine für die Kalke sehr charakteristische Eigenschaft, wird noch nicht berücksichtigt.

Mit der Norm DIN 1060 ist vorläufig die Baukalknormung zu einem gewissen, aber leider unvollständigen Abschluß gekommen. Intensive Forschung, um das große Gebiet „Baukalk" weiter zu klären, ist dringend erforderlich.

B. Prüfverfahren.

1. Ermittlung des Gewichtes der Kalke.

Die Ermittlung des spezifischen Gewichtes ist bei Kalken im allgemeinen nicht üblich. Das Raumgewicht wird als Einlaufgewicht und als Rüttelgewicht bei den pulvrigen Kalken ermittelt, bisweilen auch das Einfüllgewicht von stückigem Kalk für die Löschprüfung unter Benutzung größerer Meßgefäße. Für die Litergewichtsbestimmung von Pulvergut ist die Vorschrift von DIN 1060, § 1 1a erschöpfend und bewährt.

Damit das Einlaufgewicht durch Erschütterung und willkürliche Fallhöhe nicht beeinflußt wird, dient zur Ermittlung des Litergewichtes eingelaufen das Einlaufgerät nach Böhme (Abb. 1). Dieses besteht aus dem zylindrischen Litergefäß *A* mit festem oberen Rand, dem Zwischenstück *B* mit Verschlußklappe *D* und dem Füllaufsatz *C* mit dem gefederten Verschlußhebel *E*, der zum Festhalten und Lösen der Verschlußklappe *D* dient. Für den Versuch wird bei geschlossener Verschlußklappe der Füllaufsatz mit dem zu prüfenden, bereits einer Vorsiebung unterworfenen Kalkpulver gefüllt. Die Verschlußklappe wird alsdann geöffnet und nach Abnehmen des Aufsatzes *B* der überstehende Teil des eingelaufenen Kalkpulvers mit einem Lineal abgestrichen. Das Mittel aus drei mit jeweils frischem Kalkpulver ausgeführten Versuchen ergibt das Litergewicht im eingelaufenen Zustand, sofern die Werte nicht mehr als 10 g voneinander abweichen. Andernfalls sind zwei weitere Versuche auszuführen und das Einlaufgewicht als Mittel aus den drei am wenigsten voneinander abweichenden Werten zu berechnen.

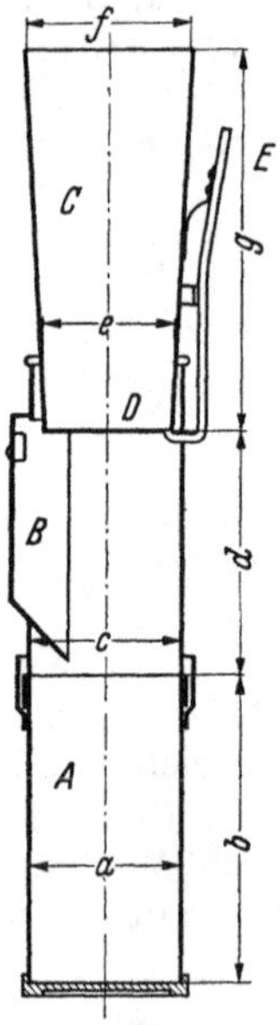

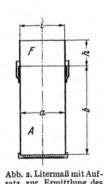

Abb. 1. Einlaufgerät zur Ermittlung des Litergewichtes eingelaufen nach DIN 1060.

Abb. 2. Litermaß mit Aufsatz zur Ermittlung des Litergewichtes eingerüttelt nach DIN 1060.

Zur Ermittlung des Litergewichtes eingerüttelt (Rüttelgewicht) gilt das gleiche Litermaß (Abb. 2), jedoch mit einem nur kurzen Aufsatz *F*. Es sind Teilmengen von je 150 g in das Litergefäß einzuschütten und durch Aufstoßen des Gefäßes auf eine starre Unterlage (Stahlplatte) jeweils 2 min lang mit etwa zwei Stößen in der Sekunde einzurütteln. Das Mittel aus zwei Versuchen ergibt das Litergewicht im eingerüttelten Zustand, sofern die Werte nicht mehr als 10 g voneinander abweichen. Andernfalls ist ein dritter Versuch auszuführen und das Rüttelgewicht als Mittel der zwei am wenigsten voneinander abweichenden Werte zu berechnen.

2. Ermittlung der Feinheit der Kalke.

Die Feinheit oder Kornfeinheit ist in erster Linie bei pulverförmig gemahlenem oder pulverförmig gelöschtem Kalk zu ermitteln, spielt aber auch bei Stückkalk für die Nachprüfung des Grades des Zerfallens eine Rolle.

In DIN 1060 ist eine genaue Arbeitsvorschrift für Handsiebung auf quadratischen Sieben mit Holzrahmen von 22 cm lichter Weite gegeben.

Verwendet werden zweimal je 100 g des durch

Erzeugnis	Mittelwert der Rückstände auf Prüfsieb DIN 1171		
	0,6	0,2	0,090
Pulverförmig oder pulverförmig gelöscht gelieferter Kalk	muß hindurchgehen ohne Rückstand	≦ 10	—
Kalk für Putzmörtel	muß hindurchgehen ohne Rückstand	≦ 2	≦ 10

Vorsiebung über das Prüfsieb 1,2 DIN 1171 von steinigen Anteilen befreiten und bei 98° getrockneten Kalkes. Zunächst wird er auf das feinste Prüfsieb gebracht. Die Siebdauer beträgt beim Sieb 0,6 DIN 1171 etwa 10 min, bei den Sieben 0,20 DIN 1171 und 0,090 DIN 1171 etwa je 30 min. In verschiedenen genau festgelegten Zeitabständen ist die untere Fläche des Siebes mit einer weichen Bürste abzubürsten, um verstopfte Maschen zu öffnen. Die Siebung gilt als beendet, wenn bei der Nachprüfung innerhalb 2 min die Abnahme der Siebrückstände weniger als 0,05 g beträgt. Andernfalls muß der Siebversuch um weitere je 2 min fortgesetzt werden, bis diese Bedingung erfüllt ist. Erst dann darf die Prüfung auf dem nächstgröberen Sieb vor sich gehen.

Das Normblatt DIN 1060 läßt statt der Handsiebung

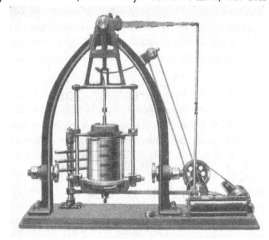

Abb. 3. Mahlfeinheitsprufmaschine nach FORDERREUTHER.

auch maschinelle Siebung zu, sofern diese zu gleichartigen Ergebnissen führt. In Streitfällen entscheidet die Handsiebung.

Prüfeinrichtungen zwecks Durchführung der maschinellen Siebung werden in mehreren Ausführungen gebaut. Eine solche ist beispielsweise die Mahlfeinheitsprüfmaschine nach FÖRDERREUTHER (Abb. 3). Auf ihr werden Siebringe 200 mm Dmr. verwendet. So können gegebenenfalls Maschinen- und Handsiebung auf dem gleichen Sieb ausgeführt werden; das hat den Vorteil, daß für die gegenseitige Kontrolle die Siebung auf ein und demselben

Siebgewebestück ausgeführt wird. Abweichungen, die sich aus der Toleranz zweier Gewebestücke der gleichen Nummer des Normblattes DIN 1171 ergeben, fallen damit fort.

Die Prüfmaschine wird durch einen in gewissen Grenzen seiner Umlaufsgeschwindigkeit regelbaren Motor angetrieben. Die Maschine übt drei im irrationalen Verhältnis zueinander stehende Bewegungen aus, so daß das Siebgut dauernd in anderer Richtung beansprucht wird. Die Folge ist eine intensive Siebwirkung, ein ständiges Freihalten der Maschen (insbesondere wichtig für die feinen Gewebe) und eine schnelle Beendigung des Siebvorganges als solchen.

An Stelle der Trockensiebung ist in Amerika zumeist eine Absonderung der gröberen Anteile durch Spülen mit einem Wasserstrahl auf bestimmten Sieben üblich. So wird Kalkhydrat auf dem 100- und 6400-Maschensieb behandelt und 30 min lang mit einem Wasserstrahl, der durch einen Gummischlauch zugeführt wird, gewaschen. Die Waschung ist so lange durchzuführen, bis das ablaufende Wasser klar ist, jedoch nicht länger als 30 min. Der Rückstand wird getrocknet und gewogen. Beim hydraulischen Löschkalk wird ein Sieb mit 0,84 mm Maschenweite benutzt und höchstens 15 min lang mit Wasser gespült.

3. Löschen des Kalkes. Prüfung der Ergiebigkeit und der Geschmeidigkeit der Kalke.

Für den Weißkalk ist besonders charakteristisch das Löschen, die Bildung von Trocken- oder Breikalk bei Zugabe von Wasser, die mit starker Wärmeentwicklung und Volumenvergrößerung (Gedeihen) verbunden ist. Das gleiche Verhalten zeigen in minderem Ausmaß Dolomitkalk und Wasserkalk, wobei die Löschung träger verläuft und die Ausgiebigkeit geringer ist. Der Prüfversuch ist aus der handwerksmäßigen Praxis, der Breilöschung des Maurers oder Mörtelwerkes bzw. der Haufenlöschung für Trockenkalk, entwickelt worden. Für das Löschergebnis sind die Wärmeentwicklung und die Schnelligkeit des Löschens entscheidend, da hierdurch die Feinteiligkeit und die Ausbeute günstig beeinflußt werden. Es ist infolgedessen verständlich, daß der Kleinversuch, bei dem höhere Wärmeverluste als beim Arbeiten im Großen nicht zu vermeiden sind, etwas geringere Ergiebigkeit liefert. Der übliche Laboratoriumsversuch geht von 5 kg gebranntem Kalk aus. Ergiebigkeitsversuche mit wesentlich kleineren Mengen, die früher vorgeschlagen worden sind, sind unzuverlässig. Für Weißkalk, Dolomitkalk und Wasserkalk sind bestimmte durchschnittliche Ergiebigkeitswerte in den Normen angegeben. Die Vorschrift der Kalknorm DIN 1060, die der der Leitsätze nahezu entspricht, kann hier übernommen werden.

a) Ablöschen von Stückkalk zu Teig.

Zur Feststellung der Ergiebigkeit beim Ablöschen zu Teig werden zwei mit Zinkblech ausgeschlagene hölzerne Löschkästen von etwa 31,7 cm quadratischem Grundriß und von etwa 40 cm Höhe mit je 5 kg auf Nußgröße zerkleinertem Stückkalk (Körnung etwa 1 bis 4 cm) beschickt und mit abgewogenem Wasser von 20° gerade abgedeckt. Nach Beginn des Löschens wird unter Rühren weiter eine bestimmte Menge Wasser zugegeben, bis alle Teile gelöscht sind. Bei ruhigem Stehen muß ein steifer Brei entstehen, der kein Wasser absondert. Beginn und Ende des Löschens sowie die verwandte Wassermenge werden festgestellt und das Verhalten des Kalkes während des Löschens vermerkt. Nach dem Ablöschen bleiben die Löschkästen zunächst 24 h mit einem Deckel verschlossen, dann offen, vor Erschütterungen geschützt, stehen, bis der Kalkbrei Risse zeigt. Der Zeitpunkt der Rissebildung wird vermerkt und die Ergiebigkeit aus der Höhe des Kalkteiges in den Löschkästen berechnet. 1 cm Löschkastenhöhe entspricht 1 l Kalkteig. Außer der Ergiebigkeit wird auch das Gewicht des gewonnenen Kalkteiges festgestellt.

Die nichtgelöschten Teile werden durch Schlämmen des zu Kalkmilch mit Wasser verdünnten Kalkbreies durch das Sieb 0,20 DIN 1171 bestimmt. Der auf dem Sieb verbleibende Rückstand wird bei 98° getrocknet und darf nicht mehr als 5% betragen. Der Rückstand wird auf Nachlöschen untersucht. Dazu wird er wiederholt mit Wasser benetzt (oder unter Wasser gebracht) und getrocknet; dabei wird beobachtet, ob Zerfallen eintritt.

b) Ablöschen von Stückkalk zu Pulver.

Benutzt werden zwei Löschkörbe aus Drahtgeflecht, die mit je 5 kg auf Nußgröße zerkleinertem Stückkalk beschickt und so lange in vorher gewogenes Wasser von 20° gehalten werden, bis das heftige Aufsteigen von Luftblasen aufhört. Der Kalk soll dann zu Pulverkalk zerfallen. Hat die benutzte Wassermenge nicht ausgereicht, so ist der Versuch mit einer neuen Probe zu wiederholen. Der Kalk wird nach dem Eintauchen in die oben beschriebenen Löschkästen geschüttet und vorsichtig mit einer bestimmten Wassermenge überbraust. Gesamtbedarf des angewandten Wassers und Dauer des Löschens werden bestimmt, das Verhalten des Kalkes während der Löschung wird vermerkt. Nach dem Ablöschen bleiben die Löschkästen drei Tage mit einem Deckel verschlossen und vor Erschütterungen geschützt stehen. Gewicht des gewonnenen Kalkpulvers, das Litergewicht im eingelaufenen und im eingerüttelten Zustand werden festgestellt und die Ausbeute in Litern, bezogen auf das Einlaufgewicht, wird berechnet. Zwecks Bestimmung der Rückstände wird das Kalkpulver durch das Prüfsieb 0,6 DIN 1171 gesiebt. Der Rückstand darf nicht mehr als 5% betragen und wird in der gleichen Weise, wie bei a) angegeben, auf Nachlöschfähigkeit geprüft.

c) Prüfung der Ergiebigkeit und der Geschmeidigkeit.

Bei der Breilöschung wird die Konsistenz nicht ermittelt. Es ist dem Gefühl des Prüfenden überlassen, den größtmöglichen Wasserzusatz, der noch keine Wasserabsonderung herbeiführt, zu treffen. Zur besseren Erfassung des Endpunktes sind Konsistenzmesser vorgeschlagen worden. Ein älteres Gerät wird im SCHOCH[1] beschrieben. Ein Vollzylinder von 2 kg Gewicht ist an einem Rollenzug aufgehängt und läuft in Führungsstangen. An einer Skala kann der Stand des Gewichtes abgelesen werden. Das Gewicht wird in einem bis zu einer Marke mit Breikalk gefüllten Gefäß abgesenkt. Als Meßstab gilt die Eindringtiefe des Gewichtes. In Amerika wird eine Abart des Vicatapparates mit einem Tauchstab von 12,5 mm Dmr. benutzt. Für messende Vergleiche ist auch das Viskosimeter von ENDELL-FENDIUS[2] herangezogen worden. Bei diesem wird der zu untersuchende Kalkbrei in einem zylindrischen Trog mit einem durch Elektromotor angetriebenen, in bestimmter Form gebogenen Rührer gerührt und der verbrauchte Strom gemessen.

Ferner hoffte man, durch Abpressen des Kalkbreies in einem Filtersack zu einem bestimmten, stets reproduzierbaren Zustand kommen zu können. Langwierige Versuche haben jedoch nicht zu einem befriedigenden Ergebnis geführt.

Die Önorm B 3322 schreibt Breilöschung ziemlich übereinstimmend mit dem deutschen Verfahren vor.

---

[1] SCHOCH: Die Mörtelbindestoffe, S. 278. Berlin 1928.
[2] ENDELL-FENDIUS: Tonind.-Ztg. Bd. 58 (1934) S. 870.

Zur Bestimmung der Ergiebigkeit von „Luft- und Weißkalken" wird nach den Schweizer Normen (S.I.A. Nr. 115/1933) der Kalk gemahlen, bis er durch ein Sieb mit 900 Maschen (Drahtstärke 0,13 mm) gesiebt werden kann. Der Kalk wird dann zu einem speckig glänzenden Brei gelöscht. Als Ergiebigkeit gilt der Quotient aus dem Litergewicht des 24 h gelagerten Breies und dem Litergewicht des gemahlenen Kalkes im lose eingefüllten Zustand.

Nach der amerikanischen Norm wird eine Ergiebigkeitszahl nicht erhalten, sondern nur der nicht löschfähige Rückstand bestimmt. Branntkalk wird nach

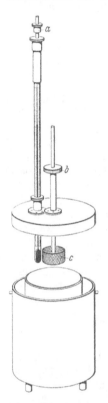

Abb. 4. Kalkkalorimeter nach STIEPEL.

A.S.T.M. C 5—26 zu Brei gelöscht und dieser Brei nach einstündigem Stehen mit einem Wasserstrahl durch ein Sieb Nr. 20 mit 0,84 mm Maschenweite gespült, bis das Wasser klar abläuft. Die Versuchsdauer ist mit höchstens 30 min angegeben. Reiben ist zu unterlassen. Der Rückstand wird bei 100 bis 107° C getrocknet und darf im trocknen Zustand bis zu 15% betragen.

Nach den amerikanischen Bestimmungen wird ähnlich auch der Rückstand gelöschten Kalkes bestimmt. 100 g einer Probe werden auf ein Sieb A.S.T.M. Nr. 30 (0,09 mm Maschenweite) gegeben, das sich auf einem Sieb A.S.T.M. Nr. 200 (0,074 mm Maschenweite) befindet. In gleicher Weise wird der Siebsatz mit Wasser durchspült. Dabei ist der Wasserdruck so zu wählen und der Wasserstrahl so zu lenken, daß einerseits aus dem oberen Sieb nichts herausspritzt und andererseits sich keine Maschen des feineren Siebes zusetzen können. Versuchsdauer höchstens 30 min. Die Rückstände beider Siebe werden in CO_2-freier Atmosphäre bei 100 bis 120° C bis zur Gewichtskonstanz getrocknet und in Prozenten des Originalgewichtes der Probe berechnet. Der Gesamtrückstand auf dem Sieb Nr. 200 ergibt sich aus der Summe der auf den Sieben Nr. 30 und Nr. 200 gefundenen Einzelwerte.

Zur Beurteilung der Löschfähigkeit ist auch die Wärmeentwicklung ausgenutzt worden, nicht nur bei wissenschaftlichen Arbeiten, sondern auch zur technischen Beurteilung. Schon vor Jahrzehnten hat STIEPEL[1] ein Kalkkalorimeter angegeben, das in Abb. 4 dargestellt ist. Der Apparat besteht aus zwei ineinandergestellten, durch einen gemeinsamen, doppelt durchbohrten Deckel verschließbaren zylindrischen Gefäßen. Das innere Gefäß steht auf einer Spiralfeder und wird durch diese gegen den Deckel gedrückt. In die eine Bohrung des Deckels wird ein empirisch geeichtes, den Prozentgehalt des Kalkes anzeigendes Thermometer gesteckt. Durch die zweite, zentrische Bohrung wird eine Rührvorrichtung geführt, die an ihrem unteren Ende ein Körbchen zur Aufnahme der zu untersuchenden Kalkprobe trägt. In das innere Gefäß wird ein Becherglas gesetzt, in dem die Löschung der Probe vorgenommen wird. Das Becherglas wird mit einer bestimmten Wassermenge gefüllt. Auf Erbsengröße zerkleinerter Kalk wird in das Körbchen an der Rührvorrichtung gebracht. Nach dem Schließen der Apparatur wird die Rührvorrichtung in Tätigkeit gesetzt und der Stand des Thermometers verfolgt[2]. Die Einrichtung war also

---

[1] SCHOCH: Die Mörtelbindestoffe, S. 277. Berlin 1928.
[2] Das Thermometer ist mit einer 100teiligen Skala versehen. Jeder Teilstrich entspricht 1% Kalziumoxyd. Die Skala ist mittels einer Kopfschraube beweglich und wird vor jedem Versuch mit dem Nullpunkt auf die Höhe des Quecksilberfadens eingestellt.

nur zur vergleichenden Gütebeurteilung von Kalk derselben Erzeugungsstätte und für vollwertigen Weißkalk geeignet. BUDNIKOFF[1] hat für genaue Untersuchungen das Diphenylmethankalorimeter verwendet, das schon bei ganz geringen Substanzmengen den Zeitverlauf der Löschung und das Ausmaß der Löschwärme anzeigt.

Auf das Löschen und die Ergiebigkeit haben Salze, z. B. Sulfate und Chloride, Einfluß. Durch Chloride soll auch die Haftfähigkeit verbessert werden. Neue Untersuchungen hierzu hat NODA[2] veröffentlicht. Bei der Prüfung ist also gegebenenfalls die Anwesenheit derartiger Salze zu beachten.

Die oben angedeutete Konsistenzprüfung bietet noch keinen unmittelbaren Anhalt für die Meßbarkeit der Geschmeidigkeit. Für deren Feststellung wird in Amerika (A.S.T.M. Norm C 110—34 T) das Plastizimeter von EMLEY (Abb. 5) benutzt[3]. Zur Prüfung ist ein Vergleichskalkbrei von Normalsteife notwendig. Die Normalsteife wird mit dem Vicatnadelapparat unter Verwendung eines Tauchstabes von 12,5 mm Dmr. bei einer Belastung von nur 30 g bestimmt. Der Tauchstab darf innerhalb 30 s nur 20 mm in den Kalkbrei einsinken.

Der Kalkbrei wird aus einer Probe von 300 g gelöschtem Kalk gewonnen und muß 16 bis 24 h in einem mit einem feuchten Tuch bedeckten Gefäß altern. Vor Versuchsbeginn wird er nochmals 2 bis 3 min umgerührt. Das EMLEY-Plastizimeter besteht im wesentlichen aus einem sich mit einer Geschwindigkeit von 6 min 40 s je Umlauf drehenden Teller 1, der gegen eine mitnehmbare

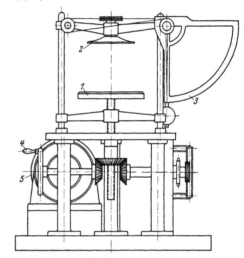

Abb. 5. Plastizimeter nach EMLEY.

Scheibe 2 von $^1/_{32}$″ Dicke und 3″ Dmr. angehoben wird. Auf den Teller wird auf einer Porzellanscheibe von 1″ Dicke und 4″ Dmr. die Kalkprobe gebracht. Mittels eines Zeigersystems 3 wird die Drehkraft der den Kalkbrei berührenden und dadurch mitgenommenen Scheibe gemessen. Die Porzellanplatte besitzt ein genau vorgeschriebenes Wasserabsorptionsvermögen (mindestens 40 g in 24 h). Je Umdrehung wird die Porzellanplatte um $^1/_{13}$″ angehoben. Der auf Normalsteife gebrachte Brei wird in einen genäßten, auf die Porzellanplatte gesetzten Vicatring gebracht und eben abgestrichen. Nach vorsichtigem Anheben des Ringes, ohne dabei den Breikörper zu zerstören, wird die Porzellanplatte mit dem Brei auf den Teller des Gerätes gesetzt, der zunächst durch Drehen mittels Handkurbel 4 so weit angehoben wird, bis die Breioberfläche mit der oberen Scheibe in Berührung kommt. Der Abstand zwischen Porzellanplatte und Scheibe soll in dieser Stellung 32 mm ($1^1/_4$″) betragen. Dann wird ein Motor 5 eingeschaltet, der den Teller mechanisch dreht und gleichzeitig weiter anhebt. Wesentlich ist, daß der Motor genau 120 s, nachdem mit dem Einfüllen des Kalkbreies in den Ring begonnen ist, eingerückt wird.

Die Probe ist während der Prüfung vor Zug zu schützen. Der Versuch ist als beendet anzusehen, wenn 1. der Zeigerausschlag den Wert 100 erreicht,

[1] BUDNIKOFF: Tonind.-Ztg. Bd. 60 (1936) S. 899.
[2] NODA: Tonind.-Ztg. Bd. 62 (1938) S. 353.
[3] EMLEY: A.S.T.M. Tentative Standards 1937, S. 488.

2. sobald eine der minütlich erfolgenden Zeigerablesungen geringer ist als die vorhergehende oder 3. die Ablesung dreimal hintereinander den gleichen Wert ergibt. Der Plastizitätswert wird nach der Formel

$$P = \sqrt{F^2 + (10\,T)^2}$$

errechnet, worin F die Zeigerablesung am Ende des Versuches bedeutet und T die Zeit, in Minuten gerechnet, vom Zeitpunkt des Einbringens des ersten Teiles Kalkbrei in den Ring. Der Plastizitätswert für Putzhydrat muß mindestens 200 betragen. Da der Erfolg des Versuches wesentlich vom Zustand der Porzellanplatte abhängt, sind für ihre Eigenschaften, für ihre Behandlung und Pflege genaue Vorschriften gegeben.

4. Prüfung des Abbindens der Kalke.

Die Baukalk-Norm DIN 1060 berücksichtigt nicht das Abbindeverhalten. Es war aber bei Laboratoriumsprüfungen allgemein üblich, wenigstens an Kuchen das Abbinden, vor allem der hydraulischen Kalke, zu verfolgen. Für Romankalk galt dabei selbstverständlich das Verfahren der Abbindeprüfung nach den Zementnormen. Der Vicatapparat (vgl. Abschn. V, B) ist also in der üblichen Weise zu verwenden, soweit das Abbinden in Stunden und nicht in Tagen geschieht.

Frankreich und die Schweiz verwenden bei hydraulischen Kalken den Tauchstab von 10 mm Dmr. zur Festlegung der Normensteife (Eintauchen bis 4 bzw. 6 mm über dem Boden).

In Amerika wird mit den sog. GILLMORE-Nadeln gearbeitet. Als Normensteife gilt für hydraulischen Löschkalk Einsinken des Tauchstabes bis 10 mm. Die stumpfe Spitze der Nadeln soll auf etwa $^3/_{16}''$ Länge zylindrisch sein und am Ende eine ebene Fläche senkrecht zur Nadelachse besitzen. Für die Prüfung wird auf einer sauberen Glasplatte ein oben abgeflachter Kalkkuchen von etwa 3'' Dmr. und $^1/_2''$ Dicke verwendet. Der Kuchen wird in einem „feuchten Kasten" bei mindestens 90% relativer Luftfeuchtigkeit gelagert. Der Abbindebeginn ist erreicht, wenn die $^1/_4$ Pfund (113,4 g) wiegende Nadel mit $^1/_{12}''$ Spitzendurchmesser von dem Kuchen ohne merkbares Einsinken getragen wird. Dieser Zustand soll bei hydraulischem Kalk nicht vor 2 h erreicht sein. Das Abbindeende, das innerhalb 48 h erreicht sein muß, ist dadurch gekennzeichnet, daß der Kuchen die 1-Pfund-Nadel (454 g) mit einem Spitzendurchmesser von $^1/_{24}''$ ohne wesentliches Eindringen trägt.

5. Bestimmung der Raumbeständigkeit der Kalke.

Die Raumbeständigkeitsprüfung der Kalke wird an Kuchen verschiedener Art durch Beobachtung an der Luft und unter besonderem Wasser- oder Dampfeinfluß vorgenommen.

Die Leitsätze schrieben Gußkuchen aus Kalk ohne Sandzusatz vor. Die Gußkuchen waren bis zur Erlangung der „Wasserwiderstandsfähigkeit" im feuchten Kasten aufzubewahren. Sie wurden dann in Wasser von Zimmertemperatur gebracht und durften während 10 Tagen weder Risse noch Verkrümmungen zeigen. Bei diesen Kuchen machten sich häufig Schwinderscheinungen nachteilig bemerkbar, die das Erkennen von Treibrissen erschwerten. Die Wasserwiderstandsfähigkeit wurde derart ermittelt, daß man täglich einen Kuchen aus dem feuchten Kasten unter Wasser brachte und beobachtete, ob er nach 24stündiger Wasserlagerung Risse oder sonstige Zerstörungserscheinungen (Quellen oder Aufweichen) zeigte.

Da dieses Prüfverfahren Sprengkörner und versteckte Treibneigung nicht erkennen ließ, verwandte das Tonindustrie-Laboratorium schon seit Jahrzehnten eine abgestufte Untersuchung von Preßkuchen. Aus dem zu prüfenden pulverförmigen oder in die Pulverform übergeführten gelöschten Kalk wurden mit etwa 10% Wasserzusatz in einer Ringform, der sog. PRÜSSING-Form, runde Scheiben unter Anwendung eines Preßdruckes von etwa 500 kg gepreßt. Die Preßkuchen wurden an der Luft, in Wasser und in Dampf gelagert. Die Beobachtung im Dampf erfolgte einerseits in dem sog. FAIJA-Apparat bei 60 und 100° C, andererseits im Autoklav mit gespanntem Dampf (8 bis 10 atü). Durch diese verschiedenen Behandlungen paßt sich die beschleunigte Prüfung den besonderen Eigenschaften der Kalke an. Das Prüfverfahren fand daher wegen seiner Schnelligkeit, Sicherheit und Anpassungsfähigkeit große Verbreitung.

FRENKEL[1] hat eine für hydraulischen Kalk getroffene Abwandlung dieses Verfahrens beschrieben. 35 g Kalkpulver werden mit 5 cm³ Wasser gut verrührt und in der PRÜSSING-Form $1/_2$ min lang einem Preßdruck von 1000 kg unterworfen. Der Preßkuchen wird dann während 2 h im FAIJA-Apparat Dampf von 65° C ausgesetzt. Zur Messung der Ausdehnung wird ein LE CHATELIER-Nadelring benutzt, dessen Größe der Kuchenform gleicht. Die Prüftemperatur von 65° ergab sich aus dem besonderen Verhalten des Werkkalkes. Die Spreizung des Nadelringes ermöglicht eine genaue Beurteilung des Grades der etwa noch vorhandenen Treibneigung. Die Beziehungen zwischen Nadelspreize und praktischem Verhalten sind aus der folgenden, dem Aufsatz entnommenen Aufstellung zu ersehen:

Nadelspreizung	Eigenschaften
o bis 20 mm	Keine Störungen
mehr als 20 mm	Die Normenzugfestigkeit ist abnormal niedrig
mehr als 25 mm	Eingeschlagene Festigkeitsproben (1 Teil Kalk : 3 Teile Normensand) zeigen nach etwa 28 Tagen Risse
mehr als 30 mm	Eingeschlagene Festigkeitsproben gehen schon in der ersten Woche zu Bruch
mehr als 40 mm	Plastisch angemachte 1 cm starke Probeplatten aus 1 Teil Kalk : 3 Teile Normensand zeigen nach 6 Wochen Risse
mehr als 50 mm	Putzproben klingen nach etwa 3 Wochen hohl
mehr als 60 mm	Plastisch angemachte Probeplatten zeigen schon nach 3 bis 4 Wochen Risse und Verwerfungen, und die Putzproben werden nach kurzer Zeit mürbe
mehr als 70 mm	Putzproben werden nach kurzer Zeit mürbe, und es springen, namentlich an den Kanten, bei leichtem Berühren Stücke ab

SPOHN[2] fand für den Kalk eines anderen Werkes dieses Prüfverfahren nicht so zweckmäßig, da der betreffende Kalk leicht durch zu große Wasseraufnahme erweichte. Er schlägt zweistündiges Erhitzen von Preßkuchen bei 80° in trockner Hitze vor.

DIN 1060 unterscheidet die maßgebliche Zeitprüfung an Kuchen mit Wasserlagerung und die beschleunigte Raumbeständigkeitsprüfung an Preßkuchen im Dampfraum.

Die Kuchen für die maßgebliche Zeitprüfung werden nicht aus dem Kalk allein, sondern aus dem Normenmörtel (1 Teil Kalk : 3 Teile Zementnormensand) gefertigt. Es werden 10 Kuchen von etwa 9 cm Dmr. und 1 cm Dicke aus kellengerechtem Mörtel (etwa 100 g) auf Glasplatten hergestellt. Bei Luftkalken lagern diese Kuchen im Zimmer 28 Tage an der Luft. Bei Kalken, die

---

[1] FRENKEL: Tonind.-Ztg. Bd. 62 (1938) S. 381.
[2] SPOHN: Tonind.-Ztg. Bd. 62 (1938) S. 501.

unter Wasser erhärten, ist festzustellen, nach wieviel Tagen die Einlagerung der Kuchen in Wasser von 17 bis 20° möglich ist. Wasserbeständigkeit liegt vor, wenn der Kuchen während 24 h unter Wasser unversehrt geblieben ist. Die Wasserlagerungsfähigkeit soll bei Wasser- und hydraulischen Kalken nach 7, bei hochhydraulischem Kalk nach 2 Tagen, bei Romankalk nach 1 Tag erreicht sein. Die Lagerungszeit in Wasser für die Beurteilung der Raumbeständigkeit beträgt weitere 9 Tage.

Die Kalke gelten als raumbeständig, wenn sich während der Beobachtungszeit weder Risse noch Verkrümmungen ergaben.

Für die beschleunigte Raumbeständigkeitsprüfung werden Preßkuchen mit 15% Wasserzusatz aus Pulverkalk gefertigt. Der Preßdruck beträgt 500 kg und ist 10 s zu halten. Für jeden Preßkuchen sind 20 g Substanz zu verwenden.

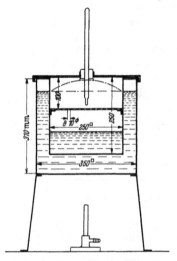

Die Preßform hat einen Durchmesser von 50 mm. Die entformten Probekörper werden auf ein Siebgewebe (Nr. 2,0 DIN 1171) 3 Tage an der Luft gelagert. Die so vorbehandelten Preßkuchen werden dann in die Dampfdarre (Faija-Apparat) gebracht, deren Wasser zum Sieden erhitzt wird. Die gesamte Behandlungsdauer in der Dampfdarre beträgt 2 h, jedoch sollen die Probekörper dem Dampf des siedenden Wassers nicht weniger als 1½ h ausgesetzt sein.

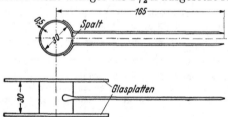

Abb. 6. Dampfdarre fur Dampfbehandlung von Preßkuchen (Faija-Apparat).

Abb. 7. Le Chatelier-Nadelring (aufgeschnittener Ring mit Zeigern) und seine Anwendung nach den Schweizer Bindemittelnormen.

Das Schema der Apparatur zeigt Abb. 6. Zur Verhütung von Überhitzungen ist die Dampfdarre als Doppelgefäß ausgebildet. Die Probekörper werden ringförmig um das in der Abbildung angedeutete Thermometer im Abstand von etwa 10 mm eingelegt. Ein gestrichelt angedeutetes Uhrglas verhindert das Abtropfen von Schwitzwasser auf die Probekörper. Es darf die Probekörper nicht berühren.

Die Raumbeständigkeitsprüfung mittels Le Chatelier-Nadelringes (Abb. 7) schreiben die Schweiz und Frankreich für hydraulischen Kalk vor. Die Prüfung hat unter Wasser bei Zimmertemperatur und bei 50° C zu erfolgen. Nach der Schweizer Vorschrift sind die Le Chatelier-Proben zunächst 7 Tage Wasser von 15° und dann 2 h lang Wasser von 50° auszusetzen. Außerdem ist in der Schweizer Bindemittel-Norm auch noch eine Kugelprobe beschrieben. Kugeln von 40 bis 50 mm Dmr. sind zunächst 7 Tage im feuchten Kasten zu lagern und dann 3 h in Wasser von 50° auf Beständigkeit bzw. Reißen, Bröcklig- oder Mürbewerden bzw. Zerfallen zu beobachten.

Die amerikanische Norm kennt drei Formen der Raumbeständigkeitsprüfung. Aus Maurerhydrat oder Putzhydrat werden mit 5 Teilen Sand Kuchen gefertigt, die zunächst 24 h im geschlossenen Raum an der Luft aufbewahrt werden. Der richtige Zustand der Kuchen ist nach ihrem Verhalten beim Einbringen in Wasser zu beurteilen. Bleibt der Kuchen rissefrei, so wird er mit einer Schicht dicksahnigen Kalkbreies ohne Sand überzogen, erneut 24 h an der Luft gelagert und dann 5 h lang Wasserdampf von 100° C ausgesetzt.

Nach der amerikanischen A.S.T.M. Norm C 110—34 T werden Kuchen aus einem Gemisch von gelöschtem Kalk und gebranntem, auf Raumbeständigkeit geprüftem Gips unter entsprechendem Wasserzusatz gefertigt und im Autoklav 2 h lang gespanntem Dampf von 8 bis 9 at ausgesetzt.

Geringer sind die Anforderungen bei hydraulischem Löschkalk und dem sog. Mauerwerkzement. Für diese Bindemittel werden Kuchen aus normensteifem Kalk 2 Tage lang im Feuchtkasten aufbewahrt und dann 5 bzw. 6 Tage lang einerseits an der Luft, andererseits in fließendem Wasser beobachtet.

Der Vergleich mit den im Ausland üblichen Prüfungen ist lehrreich. Die in Deutschland in der Norm DIN 1060 gegebene Lösung erscheint ausreichend.

6. Bestimmung der Erhärtung und der Festigkeit der Kalke.

In Abschn. A wurde bereits auf Einwendungen gegen die Festigkeitsermittlungen an den der Zementprüfung entlehnten Probekörpern (Druckwürfel 70 mm Kantenlänge und Achterzugkörper) hingewiesen.

Nach den Leitsätzen wurden aus Mörtel von 1 Gewichtsteil Kalk (gerechnet als wasserfreier, ungelöschter Kalk) und 3 Gewichtsteilen eines besonderen Kalknormensandes (Korn zwischen 0,25 und 0,60 mm), erdfeucht angemacht, mittels Mörtelmischers und Hammerapparates, wie bei der Zementprüfung, durch Mischen und Einschlagen Prüfkörper gefertigt. Weißkalk wurde nur an der Luft gelagert, Graukalk und Wasserkalk an der Luft und in Wasser, Zementkalk und Romankalk in Wasser, die Wasserlagerung jeweils nach entsprechender Vorhärtung an der Luft.

Es war auch bekannt, daß bei hydraulischen Kalken Lagerung an feuchter Luft und zeitweises Benetzen vorteilhafter sind. Dementsprechend ist nun in der DIN-Norm 1060 die Festigkeitsprüfung, die zunächst nur für Wasserkalk und hydraulischen Kalk vorgeschrieben worden ist, auf Feuchtlagerung zugeschnitten.

Zwecks Erzielung des richtigen Wasserzusatzes wird zunächst ein trocknes Gemisch von 1 Gewichtsteil Kalkpulver bzw. trockengelöschtem Kalk und 3 Gewichtsteilen Zementnormensand mit 10% Wasser versetzt und von Hand in einer Schüssel zu einer erdfeuchten Masse gemischt. Der Wasserzusatz ist richtig, wenn ein aus dieser Mischung mit dem Normen-Hammer-Gerät DIN 1164 mit 150 Schlägen gefertigter Druckprobekörper nach dem Entformen weder Risse- noch Schichtenbildung aufweist. Anderenfalls ist der Wasserzusatz zu hoch. Der Versuch ist mit einem um je 0,5% niedrigeren Wasserzusatz so lange zu wiederholen, bis der Probekörper schichten- und rissefrei bleibt und sich noch gut entformen läßt. Die mit dem so festgestellten Wasserzusatz von Hand hergestellte feuchte Mörtelmasse wird dann in den Normen-Mörtelmischer DIN 1164 gegeben und mit *40 Schalenumdrehungen* weiterverarbeitet. Die Probekörper werden dann wie üblich auf dem Normen-Hammergerät mit 150 Schlägen angefertigt. Herzustellen sind je 5 Druckwürfel und je 12 Zugprobekörper. Die Druckwürfel sind 20 h, die Zugprobekörper $^{1}/_{2}$ h nach ihrer Herstellung zu entformen und beide Probekörperarten 28 Tage in einem geschlossenen Kasten, in dem die Luft mit Feuchtigkeit gesättigt ist, aufzubewahren.

In den letzten Jahren sind an verschiedenen Stellen umfangreiche Versuche durchgeführt worden, andere, den Eigenarten des Kalkes und seiner Verwendung besser angepaßte Probekörperformen und Prüfverfahren zu finden. Im Tonindustrie-Laboratorium wurden Biegefestigkeitsprüfungen an Stäben von $250 \times 20 \times 10$ mm, $250 \times 40 \times 20$ mm und $160 \times 40 \times 40$ mm ausgeführt. Außer

Würfeln mit 70,7 mm Kantenlänge wurden auch solche mit 50 und 40 mm Kantenlänge sowie Zylinder von 10 cm² Querschnitt verwendet. Ferner wurde das Verhalten von Platten 70×70×12 mm, die mit 15 Schlägen des Hammergerätes hergestellt waren, erforscht. Sehr treffende Unterschiede und vor allem verhältnismäßig hohe Werte ergaben die Kleinkörper nach Kühl, Würfel von 2 cm² Seitenfläche und Prismen von 30×10×10 mm. Graf[1] hat Platten von 30 mm Dicke verwendet. Abweichend von der üblichen Herstellung der Probekörper aus erdfeuchtem Mörtel benutzte er weich angemachten. Die Konsistenz wurde durch den Ausbreitversuch geregelt. In diesem Zusammenhang sei auf eine Arbeit von Suenson[2] hingewiesen, der die saugende Wirkung der Mauersteine bei seinen Mörtelprüfungen dadurch nachahmt, daß er gegossene Prüfkörper (120×20×20 mm) sofort nach dem Guß mit etwas trocknem feinen Sand bestreut und mit 4 Lagen Löschpapier und einer Glasplatte bedeckt. Dann wird die Form gewendet und die Unterseite ebenfalls mit 4 Lagen Löschpapier und einer Glasplatte bedeckt, die mit einem Bleigewicht belastet wird. Graf hat neben seinen Untersuchungen über die Plattenfestigkeit ähnlich wie Suenson Biegeversuche an Probekörpern 150×70× 30 mm aus Kalkmörteln durchgeführt, deren Bruchstücke er für die Druckprüfung verwendete. Die Untersuchungen von Graf und von Suenson berücksichtigen ferner den Einfluß der Lagerungsart auf die Festigkeit der Prüfkörper. Graf hat auch den in die Prüfform eingebrachten Mörtel während der Erhärtung mittels eines Hebelsystems belastet (mittlere Last 5 kg/cm²), was zu einer Festigkeitssteigerung bis zum 2,3-fachen Wert nach 28 und 56 Tagen führte.

Zu der Erforschung des Erhärtungsverlaufes an der Luft und im Wasser bzw. im Feuchtraum ist nun auch die der Einwirkung von Kohlensäure hinzugenommen worden. Die Versuche hatten zunächst den Zweck, die mehr zufällige Einwirkung der Luftkohlensäure zu verstärken. Sie zeigten, daß namentlich bei Weißkalken durch eine systematische Kohlensäureeinwirkung, gegebenenfalls bis zur vollständigen Karbonisierung, sehr hohe Festigkeitswerte erzielt werden. Es hat sich aber herausgestellt, daß die Kohlensäureeinwirkung von sehr vielen Einzelumständen, wie Dichte und Größe der Probekörper, ihre Lagerung im Behandlungsraum, ferner Feuchtigkeit, Temperatur, Zusammensetzung der Kohlensäureatmosphäre (Verdünnungsgrad) sowie Strömungsgeschwindigkeit des Gasgemisches usw., abhängt. Erst in langwierigen Untersuchungen konnten die Bedingungen erforscht werden, um eine Reproduzierbarkeit der Werte ungefähr sicherzustellen. Hierauf ist bereits S. 333 hingewiesen worden. Die Kohlensäurebehandlung ist außerdem nur bei Weiß- und Dolomitkalk angebracht, bei hydraulischen Kalken hat sich bisweilen starke Schädigung des Erhärtungsverlaufes ergeben.

Arbeiten über das Kohlensäure-Härtungsverfahren sind von Hecht, Pulfrich und Hornke[3] sowie von Dieckmann[4] veröffentlicht worden. Die erstgenannten erstreben keinen Endzustand. Benutzt werden zylindrische Probekörper 37 mm Dmr. und 35 mm Höhe aus einer Mischung von 1 Gewichtsteil trockengelöschtem Kalk und 5 Gewichtsteilen Zementnormensand, die bei 8% Wasserzusatz auf der Klebeschen Fallramme durch 20 Schläge des 2-kg-Fallbären mit 25 cm Fallhöhe gefertigt werden. Die Probekörper lagern zunächst 24 h bei 20° an Luft mit 60 bis 65% relativer Luftfeuchtigkeit. Alsdann werden sie 4 h einem Luft-Kohlensäuregemisch aus 2 Raumteilen Luft und 1 Raumteil

---

[1] Graf: Bautenschutz Bd. 5 (1934) S. 121 u. 137. — Tonind.-Ztg. Bd. 59 (1935) S. 1137.
[2] Suenson: Tonind.-Ztg. Bd. 58 (1934) S. 47.
[3] Hecht, Pulfrich, Hornke: Tonind.-Ztg. Bd. 61 (1937) S. 477.
[4] Dieckmann: Über die Erhärtung der Baukalke. Berlin 1936.

Kohlensäure ausgesetzt. Als Reaktionsgefäße dienen zylindrische Glasgefäße von 300 mm Höhe und 150 mm Dmr. (Rauminhalt etwa 4 l), die unten eine Wasserschicht enthalten, durch die hindurch das Luft-Kohlensäuregemisch eingeleitet wird, und zwar 45 l in der Stunde. Abb. 8 zeigt schematisch den Aufbau der Apparatur. Sehr wichtig ist die isolierende Umhüllung der Reaktionsgefäße, um Wärmeabstrahlungen zu verhindern.

Weniger scharf umrissen war das im Normenentwurf DIN 1060 von 1937 vorgesehene Verfahren (sog. K-Wert[1]).

Das Mischungsverhältnis mit Zementnormensand für die mit 8,5% Anmachewasser zu fertigenden zylindrischen Probekörper 37 mm Dmr. und 35 mm Höhe ist dort mit 1:8 angenommen. In Rücksicht auf diese höhere Magerung ist eine stärkere Rammarbeit vor-gesehen, nämlich 75 Schläge des 2-kg-Fallbären der Fallramme mit 25 cm Fallhöhe. Die Zylinder-körper lagern zunächst $^{1}/_{2}$ h an der Luft. Alsdann werden sie 5 Tage mit reiner Kohlensäure in einem Exsikkator behandelt, der im Fuß eine Wasserschicht hat und die Prüfkörper in be-sonderer Anordnung auf einer Drahteinlage trägt. Der Kohlen-säurestrom ist so bemessen, daß aus einem Einleitungsrohr von 3 mm Dmr. in der Sekunde drei Blasen durch das Wasser austre-ten. Um einen gleichmäßig kon-zentrierten Kohlensäurestrom auf die Probekörper einwirken zu lassen, hat man das Wasser

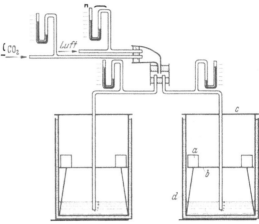

Abb. 8. Gerät für Kohlensäurebehandlung. *a* Prüfkörper, *b* Dreifuß mit Drahtgewebe, *c* Abdeckung aus Drahtgewebe, *d* Isolierschicht gegen Wärmeabstrahlung.

im Exsikkator durch eine Pottaschelösung zu ersetzen versucht. Zeigen die Prüfkörper nach 5tägiger Behandlung auf der Bruchfläche beim Betupfen mit Phenolphthaleinlösung noch Rotfärbung, so soll die Kohlensäurebehandlung fortgesetzt werden.

Diese Arbeitsweise erscheint wegen der starken Magerung noch verbesse-rungsbedürftig. Ferner ist unbedingt für eine Isolierung des Exsikkators zur Erhaltung der gleichmäßigen Temperatur Sorge zu tragen.

Die Schweizer Norm verwendet Prismen 160 × 40 × 40 mm, an denen die Biege-festigkeit und die Druckfestigkeit ermittelt werden. Die Prismen werden aus einer Mischung 1:3 durch Handstampfen gefertigt (bei hydraulischen Kalken wird Schweizer Zementnormensand, bei Weißkalk ein zweckmäßig abgestufter Bausand mit einem Größenkorn von 6 mm verwendet). Die Probeprismen aus Weißkalk lagern nur an feuchter Luft (70%ige Sättigung); für hydraulischen Kalk ist zunächst 7tägige Lagerung an der Luft von 90%iger Sättigung und dann Wasserlagerung bis zu 28 Tagen vorgeschrieben.

Nach der *französischen und amerikanischen* Norm wird ein 5-cm-Würfel benutzt, Mörtelmischung 1:3. Die Würfel werden aus erdfeuchter Masse durch Einfüllen gefertigt. Die Konsistenz wird in Amerika mittels Setzmaßes ein-gestellt. Lagerung erfolgt zunächst an der Luft und dann in Wasser.

---

[1] Tonind.-Ztg. Bd. 61 (1937) S. 665.

7. Chemische Untersuchung der Kalke.

Für eine einheitliche Durchführung der Kalkanalyse, die zur Einreihung in das Benennungsschema DIN 1060 erforderlich ist, ist ein Analysengang ausgearbeitet worden[1]. Dieser sieht folgende Ermittlungen vor:

1. Glühverlust,
2. Kohlensäure,
3. Feuchtigkeit (mechanisch gebundenes Wasser),
4. Hydratwasser (chemisch gebundenes Wasser),
5. Salzsäureunlösliches,
6. Lösliche Kieselsäure,
7. Sesquioxyde,
8. Kalk,
9. Magnesia,
10. Gebundene Schwefelsäure,
11. Eisenoxyd,
12. Sulfid-Schwefel.

Die Fassung ist noch nicht endgültig. Auch die amerikanische Normung enthält eine eingehende Analysenvorschrift A.S.T.M. Norm C 25—29. In der Schweiz und in Österreich sind nur Einzelbestimmungen in Betracht gezogen. Neben der chemischen Gesamtanalyse kommt noch die titrimetrische Ermittlung des Kalziumoxyd- und Kalziumkarbonatgehaltes in Frage.

C. Kalkmörtel.

Kalkmörtel zeichnen sich durch leichte Verarbeitbarkeit, Bildsamkeit und die Fähigkeit, das Mörtelwasser zu halten, aus. Die letztere Eigenschaft beugt allzu schnellem Entmischen und Austrocknen durch die saugende Wirkung poröser Mauerziegel vor. Diese Bedingungen gelten am stärksten für den Weißkalkmörtel, der andererseits die geringsten Festigkeiten liefert, wenn nicht eine weitgehende Kohlensäurehärtung mit verläuft. Diese ist aber an einen gewissen Feuchtigkeitszustand und an eine dauernde Durchlässigkeit des Mörtels gebunden, Voraussetzungen, die selten zutreffen, so daß meist die Kohlensäureaufnahme praktisch schnell zum Stillstand kommt und nur sehr allmählich weiter in die Tiefe geht. Der Karbonisierungsvorgang wird auch durch den Magerungssand, dessen Körnungsaufbau und Dichtlagerung mit beeinflußt, wie überhaupt die Sandzusammensetzung und vor allem der Gehalt an Feinstoffen die wichtigsten Eigenschaften des Kalkmörtels, Geschmeidigkeit, Haftfestigkeit und Wetterbeständigkeit, zu regeln gestattet.

An und für sich soll der Sand für Kalkmörtel frei von schädlichen Stoffen wie Ton, Lehm, Humus, Kohle, Schwefelkies und schwefelsauren Salzen sein und einen gemischt-körnigen Aufbau besitzen. Die Bestimmung von Ton und Lehm, als abschlämmbare Bestandteile, ist nach dem Normblattentwurf DIN DVM 2160 ,,Prüfung von Betonzuschlagsstoffen auf Gehalt an unerwünschten Beimengungen'' auszuführen. Die ermittelte Menge soll unter 3% bleiben. In Rücksicht auf die vorher dargelegte Bedeutung von Feinsubstanz muß aber diese Zahlenbegrenzung als zu starr bezeichnet werden. Richtlinien für Mauer- und Putzsande hat Burchartz[2] gegeben; außerdem ist die Anweisung für Mörtel und Beton (AMB) der Deutschen Reichsbahn, Ausgabe 1936, S. 41 und 42 heranzuziehen. Welchen Einfluß die Körnung des Sandes von Kalkmörteln auf die Druckfestigkeit, Biegefestigkeit und Wasserdurchlässigkeit haben kann, hat Graf[3] behandelt. Andeutungen über die Mörtelzusammensetzung finden sich in DIN 1053 ,,Berechnungsgrundlagen für Bauteile aus künstlichen und natürlichen Steinen'' S. 4, DIN 1963 ,,Technische Vorschriften für Bauleistungen'' S. 1, und der eben genannten Schrift AMB S. 40 bis 43.

---

[1] Tonind.-Ztg. Bd. 63 (1939) S. 608.
[2] Burchartz: Tonind.-Ztg. Bd. 56 (1932) S. 520.
[3] Graf: Tonind.-Ztg. Bd. 63 (1939) S. 320.

Von den in Abschn. B behandelten Prüfungen gelten Abbinden, Raumbeständigkeit und Festigkeitsermittlung auch für Mörtel allgemein. Praktisch bedeutsam können noch die nachstehend vermerkten Feststellungen sein:

Kalkmörtel sind infolge ihrer Geschmeidigkeit stark verdünnungsfähig. Der hierzu geprägte Begriff Mörtelergiebigkeit ist nicht eindeutig festgelegt. Zumeist versteht man darunter das Verhältnis Raumteile Sand geteilt durch Raumteile Trockenkalk oder Breikalk. Bisweilen bezieht man aber auch die Ergiebigkeit auf das Gewichtsverhältnis vom Sand zum gebrannten Kalk, das für den gerade noch verarbeitbaren Mörtel erreicht werden kann, ohne daß Haftfähigkeit und Festigkeit leiden.

Schwinden und Quellen kann an Prismenkörpern nach der Art der Prüfung der Straßenbauzemente (vgl. Abschn. V, B und III, S. 272) ermittelt werden. Die Haftfähigkeit ist sowohl durch den Kalk selbst, der die Bildung einer kittenden Zwischenschicht bedingt, gegeben als auch durch das Magerungsmittel und den Magerungsgrad zu sichern. Für die Bestimmung ist Abschn. III, S. 260 nachzulesen. Die Durchlässigkeit für Luft und Wasser wird an Mörtelscheiben nach dem in Abschn. III, S. 242 dargelegten Verfahren erforscht. Nach einem neueren amerikanischen Vorschlag sollen Töpfe aus dem Mörtel gefertigt werden, die man mit Wasser füllt und dann in gewissen Zeitabständen wiegt.

Auch bezüglich Wetterbeständigkeit, Frostversuch und Verhalten gegenüber korrodierenden Lösungen kann im wesentlichen Abschn. III, S. 289 und S. 292, ferner III, S. 295 herangezogen werden.

Sehr bedeutsam ist das Verhalten von Kalkmörteln bei Feuereinwirkung, da Kalkputz bei geeigneter Zusammensetzung einen wirkungsvollen Schutz des Mauerwerkes abgeben kann. KRISTEN[1] hat verschiedene Putzmörtel auf ihr Verhalten im Schadenfeuer untersucht. Es konnten Temperaturen bis 1000° erreicht werden, bevor die günstigsten Putzbeläge abfielen. Beim Fehlen von Putz wurden die vermauerten Ziegel und Kalksandsteine außerordentlich nachteilig beeinflußt. Vorteilhaft erwies sich ein Gehalt von Gips im Putz.

Schließlich ist noch die Ermittlung der Zusammensetzung von Kalkmörtel durch chemische Analyse zu nennen. Ohne Kenntnis der Zusammensetzung der verarbeiteten Einzelstoffe ist allerdings ein zuverlässiges Ergebnis nur bei Weißkalkmörtel mit reinem Quarzsand zu erhalten. In diesem Falle genügt schon die Titration des Kalkgehaltes. Sind andere Kalke verarbeitet worden, so muß mindestens die Zusammensetzung des Zuschlages bekannt sein oder dessen löslicher Anteil. Für solche Untersuchungen ist als Richtlinie das Normblatt DIN DVM 2170 „Mischungsverhältnis und Bindemittelgehalt von Mörtel und Beton" zu benutzen.

D. Normen (Gütevorschriften).

In einem Schlußabschnitt sollen noch kurz einige Normen bzw. Gütevorschriften behandelt werden.

Aus der deutschen Baukalknorm DIN 1060 sind die Begriffsbestimmungen bereits in Abschn. A gebracht worden. Außer den damit allein noch geltenden Kalkbezeichnungen, zu denen Zementkalk nicht gehört, gibt es die Kalkformen

Stückkalk (ungelöschter stückiger Branntkalk),
Gemahlener Branntkalk (ungelöschter gemahlener Kalk),
Kalkbrei, Kalkteig (eingesumpfter Kalk),
Löschkalk (pulverförmig gelöschter Kalk).

---

[1] KRISTEN: Tonind.-Ztg. Bd. 59 (1935) Nr. 99, S. 1209.

Die besonderen Vorschriften für die Kennzeichnung und die Verarbeitungs-
vorschriften können hier ausgelassen werden. Die Güteanforderungen bezüglich Zusammensetzung und Mindestfestigkeit sind am übersichtlichsten in den
Zahlentafeln 1 und 2 des Normblattes zusammengestellt, die hier übernommen
werden:

Zahlentafel 1.
Für Güte und Artbestimmung der Kalke maßgebende Bestandteile.

		Für Art[2]			
	Für Güte[1]	Kalke, die an der Luft erhärten		Kalke, die auch unter Wasser erhärten	
		Weißkalk	Dolomitkalk	Wasserkalk	hydraulischer Kalk und hochhydraulischer Kalk
A. *Glühverlust*					
1. Feuchtigkeit . .		—	—	—	—
2. Hydratwasser. .	Glühverlust	—	—	—	—
3. Kohlensäure . .	+ wirksame	—	—	—	—
B. *Wirksame Bestandteile*	Bestandteile + Nebenbestand-				
a) Erdalkalien	teile und Rest	CaO	CaO	—	—
4. CaO		$\geqq 90\%$	$+ MgO$		
	Bei Weißkalk		$\geqq 90\%$		
5. MgO.	Nebenbestand-	MgO	MgO		
	teile und Rest	$< 5\%$	$> 5\%$		
	$< 3\%$				
b) Lösliche saure Be-				Lösliche saure Bestand-	
standteile	Bei Dolomitkalk			teile	
6. SiO_2 löslich . .	Nebenbestand-	—	—	$> 10\%$	$> 15\%$
7. Al_2O_3	teile und Rest	—	—		
8. Fe_2O_3	$< 5\%$	—	—		
C. *Nebenbestandteile* + Rest					

Die Zahlentafel 1 läßt erkennen, wie die artbestimmenden Bestandteile aus
der Rohanalyse der Kalke zu errechnen sind. Eine Erläuterung besagt, daß übermäßiger Kohlensäuregehalt bei der Bestimmung der wirksamen Bestandteile
als an Kalk gebunden zu berücksichtigen ist. Damit wird den besonderen
hydraulischen Kalken, die durch Brand in niederer Temperatur erzeugt werden,
Rechnung getragen.

Die Feinheit pulverförmiger Kalke muß so weit getrieben werden, daß jedenfalls auf dem Sieb 0,6 DIN 1171 kein Rückstand bleibt. Auf dem Sieb 0,20
DIN 1171 dürfen dann höchstens 10% verbleiben. Putzmörtelkalk soll auf
dem genannten Sieb nur 2% Rückstand hinterlassen und auf dem Sieb 0,090
DIN 1171 10%. Die Ergiebigkeit bei der Löschung ist, bezogen auf 5 kg gebrannten Kalk, wie folgt angegeben:

bei Weißkalk . . . . 11 l Kalkteig,
bei Dolomitkalk. . . . . 11 l Kalkpulver eingelaufen,
bei Wasserkalk . . . . 7 l Kalkpulver eingelaufen.

Für die Ergiebigkeitsprüfung von gemahlenem gebranntem Kalk wird ein
abgeändertes Verfahren mit Zusatz von Normensand vorgeschrieben.

Bezüglich der Raumbeständigkeit ist aus Abschn. B 5 zuentnehmen, daß
die sog. Zeitprüfung in jedem Fall bestanden werden muß.

Bezüglich der Festigkeitsvorschrift besagt die Zahlentafel 2 alles Erforderliche.

Außerdem enthalten die Normen auch Angaben über Probenahme, die anzuwendenden Geräte, den Normensand und Richtlinien für die neueingeführte
dauernde Überwachung von Kalkwerken.

[1] Glühverlust + wirksame Bestandteile + Nebenbestandteile und Rest = 100.
[2] CaO + MgO + lösliche saure Bestandteile = 100.

Das österreichische Normblatt Önorm B 3322 für Weißkalk verlangt die gleiche Ergiebigkeit wie die deutsche Norm und deckt sich auch bezüglich der Begriffsbestimmung. Vorgeschrieben ist vollständige chemische Analyse und für technische Beurteilung Titration des Kalkes mit Salzsäure.

Die Schweiz behandelt Luft- oder Weißkalk sowie hydraulischen Kalk zusammen mit den anderen Bindemitteln in

Zahlentafel 2. Kalke, die auch unter Wasser erhärten.

Kalkart	Lagerung in feuchter Luft	
	Festigkeit in kg/cm² nach 28 Tagen mindestens	
	Druckversuchsprobekörperzahl 5	Zugversuchsprobekörperzahl 10
Wasserkalk	15	3
Hydraulischer Kalk. . . .	40	5
Hochhydraulischer Kalk .	80	9
Belastungsgeschwindigkeit .	100 kg/cm² je s	500 g je s zwischen den Klauen

den Normen für die Bindemittel der Bauindustrie S.J.A. Nr. 115 von 1933. Verlangt werden folgende Festigkeiten nach 28 Tagen:

	Biegefestigkeit Mittelwert	Toleranz	Druckfestigkeit Mittelwert	Toleranz
Luft- oder Weißkalk (Feuchtlagerung) .	5 kg/cm²	—10%	10 kg/cm²	—10%
Hydraulischer Kalk (7 Tage Luft und 21 Tage Wasser)	8 kg/cm²	—10%	30 kg/cm²	—10%
Hydraulischer schwerer Kalk	15 kg/cm²	—10%	60 kg/cm²	—10%

Schneidenabstand bei der Biegefestigkeitsprüfung 100 mm, Schneidenrundung 10 mm, Versuchsdauer: Biegefestigkeit sowie Druckfestigkeit ~30 s. Probekörpergrößen: a) Biegefestigkeit: 160×40×40 mm, b) Druckfestigkeit: Prüfung der bei der Biegefestigkeitsprüfung entstandenen Bruchstücke zwischen Preßplatten 40×40 mm.

Aus den Ergebnissen der Druck- und Biegefestigkeit einer Serie von je 3 Prismen wird das arithmetische Mittel gebildet.

Die Schweizer Norm schreibt das mittlere spezifische Gewicht und das Raumgewicht des frischen Mörtels sowie das Einfüllgewicht der Mörtelprismen für die hydraulischen, nicht dagegen für Weißkalke vor.

Auch in der französischen Normung B I—I von 1934 sind alle „hydraulischen Bindemittel" zusammen behandelt. Es gelten folgende Festigkeitswerte für natürlichen hydraulischen Kalk, der ohne oder mit Krebsen aufgearbeitet ist:

Bestimmt wird das Mittel aus dem dritten und vierten der der Größe nach geordneten Festigkeitswerte, sofern nur 5 Probekörper verwendet werden, das Mittel aus den drei mittleren Werten.

Druckfestigkeit, Probekörpergröße, Würfel, 50 mm Kantenlänge	Gewöhnlicher hydraulischer Kalk	Hoherwertiger hydraulischer Kalk	Hydraulischer Kalk für besondere Arbeiten
7 Tage	5 kg/cm²	12,5 kg/cm²	31,5 kg/cm²
28 Tage	12,5 kg/cm²	25 kg/cm²	63 kg/cm²

Probekörperzahl 6, Belastungsgeschwindigkeit 20 kg/cm² je s.

Aus der amerikanischen Normung sind 6 Gütevorschriften, 3 Prüfverfahren und ein Begriffsnormblatt zu berücksichtigen. Einen inhaltsreichen Auszug hat MAUNE[1] in der Tonindustrie-Zeitung gebracht, so daß hier einige wenige Zahlen genügen dürften. Branntkalk soll mindesten 95% Kalziumoxyd und Magnesiumoxyd zusammen enthalten, so daß also die Silikatbildner, gerechnet auf geglühte Substanz, auf 5% begrenzt sind. Beachtlich ist eine Festlegung des Kohlensäuregehaltes. Außer der chemischen Analyse wäre die Rückstandsbestimmung durch den Abschlämm- und Waschversuch (S. 336) bemerkenswert, zu der der Grenzwert 15% gehört.

---

[1] MAUNE: Tonind.-Ztg. Bd. 63 (1939) S. 35 u. 51.

Beim Kalkhydrat lauten die Rückstandswerte, die in gleicher Weise durch Waschen zu erhalten sind: 0,5% auf dem deutschen Sieb 0,6 DIN 1171 und 15% auf dem deutschen Sieb 0,075 DIN 1171. Die Anweisungen für die Geschmeidigkeit ergeben sich aus der Beschreibung des Plastizimeters S. 339.

Für den hydraulischen Kalk sind folgende Analysenwerte festgesetzt:

Kalziumoxyd . . . . 60—70%   Tonerde und Eisenoxyd bis . . . 12%
Kieselsäure . . . . 16—26%   Kohlensäure bis 5%

Die Druckfestigkeit der allerdings nur durch Einfüllen ziemlich flüssigen Mörtels gefertigten Würfel soll nach 2 tägiger Feucht- und 5 tägiger Luftlagerung nur 12,3 kg/cm² betragen. Nach weiterer 21 tägiger Wasserlagerung darf dieser Wert nicht kleiner geworden sein.

Der sog. Mauerwerkzement darf einen Siebrückstand von 20% auf dem deutschen Sieb 0,075 DIN 1171 bei Trockensiebung aufweisen. Die Anforderung an die Druckfestigkeit ist die gleiche wie beim hydraulischen Kalk.

E. Einrichtungen für die Bestimmung der Druck- und Zugfestigkeit.

Zur Ausführung der Druckfestigkeitsprüfung an Kalken und Kalkmörtel dienen hydraulische Prüfmaschinen. Ihr Leistungsbereich liegt im allgemeinen zwischen 3 und 10 t, nur für Ausnahmefälle werden 15-t-Maschinen benötigt. Im Hinblick darauf, daß jeweils auch sehr niedere Festigkeitswerte bestimmt werden müssen, werden im allgemeinen keine Prüfmaschinen nach dem Prinzip von Martens mit ledermanschettengedichtetem Kolben, sondern solche, die mit im Zylinder eingeschliffenen Kolben, also ohne jede Dichtungsmittel, arbeiten, verwendet. Unter allen Umständen ist bei diesen Maschinen auch ein Feinmeßmanometer für den niederen Lastbereich zu benutzen, um die geringen Festigkeitswerte einwandfrei feststellen zu können. Der Antrieb erfolgt bei den

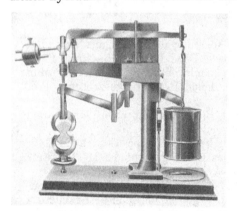

Abb. 9. Zugfestigkeitsprüfer Frühling-Michaelis. Sonderausführung mit einem Übersetzungsverhältnis 1:10 und 1:50.

kleinsten Größen der für die Kalkprüfung verwendeten Druckfestigkeitsmaschinen von Hand. Nur bei den größeren Typen wird gegebenenfalls maschineller Antrieb durch Elektroregelpumpe gewählt. Eine genauere Beschreibung dieser Maschinen befindet sich in Abschn. III, S. 248.

Zur Ausführung der Zug- und Biegefestigkeitsprüfung dient die Zerreißmaschine nach Frühling-Michaelis. Mit Rücksicht auf die auch hier zu prüfenden geringen Festigkeitswerte wird diese Maschine jedoch gern in einer Sonderausführung (Abb. 9) verwendet. Während die normale Zerreißmaschine nach Frühling-Michaelis ein Übersetzungsverhältnis von 1:50 hat, ist diese Sonderausführung mit einem Übersetzungsverhältnis von 1:50 sowie 1:10 benutzbar. Sie ist so gebaut, daß sowohl die Zugfestigkeits- als auch die Biegefestigkeitsprüfeinrichtung wahlweise mit einem Übersetzungsverhältnis 1:50 oder 1:10 betätigt werden können. Zweckmäßigerweise verwendet man für die niederen Festigkeitswerte auch noch einen kleineren, möglichst aus Leichtmetall angefertigten Schrotbecher.

V. Die Prüfung der Zemente.

A. Die Prüfung der Zementklinker.

Von RICHARD NACKEN, Frankfurt a. M.

1. Physikalisch-chemische Grundlagen der Zementforschung.

Vom physikalisch-chemischen Standpunkt aus gesehen ist der Zementklinker ein chemisches System, welches in der Hauptsache aus 4 oxydischen Bestandteilen besteht:

$$CaO; \ Al_2O_3; \ Fe_2O_3; \ SiO_2.$$

Daneben sind noch in untergeordneten Mengen vorhanden MgO und die Alkalien K_2O und Na_2O [1, 2, 3, 4].

Die Erhitzung des Rohmehls auf eine Temperatur von etwa 1450° bewirkt, daß die Stoffe miteinander in Reaktion treten, um bei genügender Dauer der Erhitzung einen Gleichgewichtszustand bestimmter Phasen auszubilden. Diese Gleichgewichtszustände sind von einer Reihe von Forschern an reinsten Stoffen genau studiert und in dem sog. RANKINschen Diagramm für den „weißen" also eisenfreien Zement zusammengestellt (Abb. 1) [5, 6].

Diesem Diagramm kann man die für die Mineralbildung im Dreistoffsystem $CaO - Al_2O_3 - SiO_2$ auftretenden und koexistierenden Verbindungen entnehmen und die Schmelz- bzw. Kristallisationsvorgänge verfolgen.

Man ersieht aus ihm, daß für Mischungen, die dem Portlandzement entsprechen, folgende Reaktionsprodukte in Frage kommen:

$$
\begin{array}{lll}
3\,CaO \cdot SiO_2 & \text{mit } C_3S & \text{bezeichnet} \\
2\,CaO \cdot SiO_2 & \text{,, } C_2S & \text{,,} \\
3\,CaO \cdot Al_2O_3 & \text{,, } C_3A & \text{,,} \\
5\,CaO \cdot 3\,Al_2O_3 & \text{,, } C_5A_3 & \text{,, [7]} \\
CaO \ (\text{freier Kalk}). &&
\end{array}
$$

Von C_2S existieren drei verschiedene Modifikationen mit bestimmten Temperaturbereichen ihrer Beständigkeit.

Die Hinzunahme von Fe_2O_3 zu diesen drei Oxyden gibt Veranlassung zur Bildung des Tetrakalziumaluminatferrits $4\,CaO \cdot Al_2O_3 \cdot Fe_2O_3$ (Brownmillerit genannt). Bei Einbeziehung einer vierten Komponente ist eine Darstellung in einem Tetraeder aber immer nur für die Verhältnisse bei einer konstanten Temperatur möglich. Ein solches wurde von F. M. LEA und T. W. PARKER

[1] BOGUE, R. H.: Constitution of Portland Cement Clinker. Proc. Symp. Chemistry Cements. Stockholm 1938.

[2] CHATELIER, H. LE: Recherches expérimentales sur la constitution des mortiers hydrauliques. Paris 1904.

[3] DYCKERHOFF, W.: Über den Verlauf der Mineralbildung beim Erhitzen von Gemengen aus Kalk, Kieselsäure und Tonerde. Diss. Frankfurt a. M. 1925.

[4] GUTTMANN, A. u. F. GILLE: Zement Bd. 18 (1929) S. 570.

[5] RANKIN, G. A. u. F. E. WRIGHT: Amer. J. Sci. Bd. 39 (1915) S. 1.

[6] SHEPHERD, E. S., G. A. RANKIN u. F. E. WRIGHT: Amer. J. Sci. Bd. 28 (1909) S. 293.

[7] Vielleicht ist die Zusammensetzung des „Pentakalziumtrialuminats" mehr der Formel $12\,CaO \cdot 7\,AlO$ angenähert.

1934 ermittelt. Es ergibt sich aus den Beobachtungen, daß durch die Hinzugabe von Fe_2O_3 im Portlandzement schon bei 1338° ein Schmelzanteil entsteht, der ohne Eisen erst 120° höher flüssig werden würde.

Solche Diagramme sind für die Bedingung gültig, daß sich in einer erhitzten Mischung aus den Komponenten in jedem Augenblick Gleichgewicht zwischen den kristallisierten Phasen und den flüssigen Anteilen einstellt. Es ist das aber weder bei der Erhitzung, noch weniger bei der Abkühlung eines Klinkers der Fall. Das sog. Sintern des Rohmehls erfolgt zu rasch und ebenso auch die Abkühlung des gebrannten Produkts, als daß sich ohne weiteres solche idealen

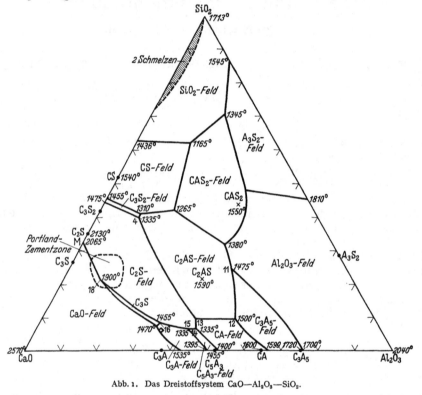

Abb. 1. Das Dreistoffsystem $CaO—Al_2O_3—SiO_2$.

Bedingungen erfüllen könnten. Bei entsprechend feiner Aufbereitung entsteht im System $CaO—Al_2O_3—SiO_2$ jedoch trotzdem ein „Sintergleichgewicht", in dem neben einer Schmelze Kristalle von C_3S, C_2S und C_3A auftreten und sich ziemlich vollständig ins Gleichgewicht miteinander setzen. Bei der Abkühlung treten Resorptionserscheinungen auf, die nicht vollständig verlaufen. Es bleiben als kristallisierte Phasen C_3S; C_2S und C_3A, auch freier Kalk im System neben einer Restschmelze, die für sich einen glasigen Anteil liefern kann oder umsteht in die kristallisierten Phasen C_2S, C_3A, C_5A_3.

Man spricht, vielleicht nicht ganz richtig, von einem „eingefrorenen" Gleichgewicht. Für den Fall des *wirklichen* heterogenen Gleichgewichts, wie es in den Diagrammen zum Ausdruck kommt, lassen sich leicht Formeln zur Berechnung der einzelnen Mengen der kristallisierten Phasen finden. Solche sind von H. Kühl, R. H. Bogue[1], F. M. Lea u. a.[2, 3] auch für Fe_2O_3 haltende

---

[1] Vgl. Fußnote 1, S. 351.
[2] Lea, F. M. u. T. W. Parker: Phil. Trans. roy. Soc., Lond. Ser. A Bd. 234 (1934) S. 1.
[3] Lea, F. M. u. T. W. Parker: Building Research, Techn. Papers, Nr. 16 (1935).

Mischungen berechnet worden. Sie sind nichts anderes als die in den Diagrammen zur Darstellung gebrachten Verhältnisse in algebraischer Form.

2. Untersuchung des Gefüges der Zementklinker im polarisierten Licht.

Um die Ergebnisse mit reinen Stoffen und unter Berücksichtigung wirklicher Gleichgewichtsverhältnisse mit den tatsächlich praktisch erzielten Verhältnissen vergleichen zu können, ist *die Untersuchung der Klinker auf ihren Mineralbestand hin* von größter Wichtigkeit. In ihm liegt ein technisches Produkt vor mit bestimmten Eigenschaften, die selbst wieder von der Art der Klinkermineralien, ihrem Kristallzustand und ihrer Verknüpfung untereinander abhängig sind.

Die *Untersuchung der Gefügebestandteile und der Textur der Klinker* ist daher von großer praktischer Bedeutung. Sie hat sich daher immer mehr eingeführt, seit sie zum erstenmal von H. Le Chatelier[1] 1887 und A. E. Törnebohm[2] 1897 in Angriff genommen wurde.

Eine solche Prüfung ist nach drei verschiedenen Methoden möglich: Untersuchung von Dünnschliffen im mineralogischen Polarisationsmikroskop[3, 4, 5]; Untersuchung im Auflichtmikroskop an Klinkeranschliffen und schließlich die Analyse durch Röntgenstrahlen mittelst Debye-Aufnahmen.

Zur *Prüfung im Polarisationsmikroskop* sind Dünnschliffe not-

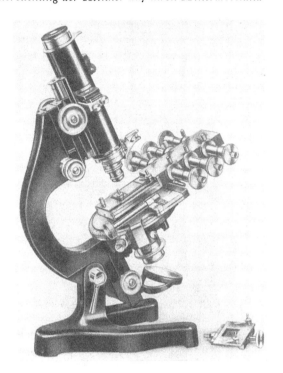

Abb. 2. Polarisationsmikroskop mit Integrationstisch. (E. Leitz-Wetzlar.)

wendig, die etwa eine Dicke von 20 μ haben müssen, damit das Licht auch durch die dunkleren Partien hindurchgehen kann. Hierzu schleift man an einer Stelle des Klinkerkorns eine ebene Fläche an, kittet das Korn mit dieser Fläche mittelst eines Harzes wie Kanadabalsam auf einen Objektträger fest und schleift nun den überstehenden Teil des Korns mit Schmirgel oder Karborund fort, bis daß ein hauchdünnes Blättchen auf dem Objektträger zurückbleibt. Dieses wird mit einem Deckglas geschützt, das mit einer Spur von Kanadabalsam durch Erhitzen mit dem Objektträger vereinigt wird. Hiernach sind die Präparate

---

[1] Vgl. Fußnote 2, S. 352.

[2] Törnebohm, A. E.: Über die Petrographie des Portlandzementes. Stockholm 1897.

[3] Radczewski, O. E. u. H. E. Schwiete: Grundsätzliches zur Bestimmung der Zementklinkermineralien unter dem Polarisationsmikroskop. Zement Heft 17—19 (1938).

[4] Rinne, F. u. M. Berek: Anleitung zu optischen Untersuchungen mit dem Polarisationsmikroskop. Leipzig 1934.

[5] Rosenbusch, H. u. E. A. Wülfing: Mikroskopische Physiographie der Mineralien und Gesteine, Bd. I. Untersuchungsmethoden. Stuttgart 1921/24.

zur optischen Untersuchung fertig. Das Schleifen selbst kann vielfach auch mit Wasser vorgenommen werden, statt mit Petroleum oder Alkohol, da die Klinkermineralien langsam reagieren. Zum Einbetten des Dünnschliffs ist es wegen der hohen Lichtbrechung der Klinkermineralien zur Vermeidung starker dunkler Ränder bei den einzelnen Körnern zweckmäßig, Harze von hoher Lichtbrechung zu verwenden. Unter Umständen kann man den Dünnschliff auch vorsichtig mit Xylol vom Objektträger ablösen und für sich in Methylenjodid einbetten ($n =$ etwa 1,7).

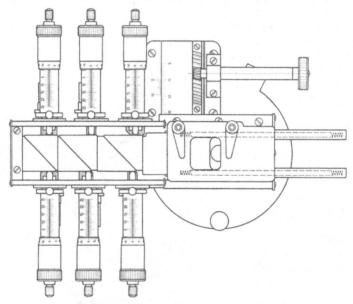

Abb. 3. Integrationstisch mit 6 Spindeln. (E. Leitz-Wetzlar.)

Zur Untersuchung dieser Präparate dienen die mineralogischen Mikroskope, welche einen drehbaren Tisch und im Kondensor eine polarisierende Vorrichtung besitzen, welche linearpolarisiertes Licht liefert, dessen Veränderungen beim Durchtritt durch die Kristalle des Schliffs mittelst einer zweiten polarisierenden Vorrichtung im Tubus des Instruments untersucht werden können. Als Polarisatoren dienen meist NICOLsche Doppelprismen. Die Handhabung solcher Mikroskope kann hier nicht erörtert werden [1].

Ein für unsere Aufgaben geeignetes mineralogisches Mikroskop ist in Abb. 2 dargestellt, wie es von der Firma E. Leitz in Wetzlar in den Handel gebracht wird.

Durch Ausmessen der einzelnen Bestandteile eines Dünnschliffs können deren relative Mengen festgestellt werden. Man kann hierbei so vorgehen, daß man auf das gezeichnete mikroskopische Bild oder seine Photographie eine möglichst lange Zickzacklinie legt. Mißt man nun die Längen, die auf die einzelnen Körner der verschiedenen Mineralsorten entfallen, so geben die Summen der Längen ein Maß für die mengenmäßige Verteilung ab. Man kann so die Volumverhältnisse und bei Kenntnis der Dichte auch die Mengen bestimmen. Ele-

---

[1] Hierfür ist unter anderem das Werk von H. ROSENBUSCH und E. A. WÜLFING: Mikroskopische Physiographie der Mineralien und Gesteine. Stuttgart 1921/24 oder auch F. RINNE und M. BEREK: Anleitung zu optischen Untersuchungen mit dem Polarisationsmikroskop, Leipzig 1934, zu empfehlen.

ganter läßt sich eine solche „Integration" machen, wenn man einen Integrationstisch verwendet (Abb. 3) Dieser hat mehrere Meßspindeln, auf denen die Ausdehnung der einzelnen Bestandteile registriert und numeriert wird, da jedem Bestandteil eine Meßspindel zugeordnet wird. Der von E. Leitz in Wetzlar gefertigte Tisch besitzt 6 Spindeln für 6 verschiedene Bestandteile. Jede Spindel bewegt den Objektschlitten in gleiche Richtung durchs Gesichtsfeld, so daß die Summe der Bewegungen der einzelnen Spindeln die Schliffbreite ergibt. So mißt man in aufeinanderfolgenden Parallelen den Schliff durch und erhält schließlich die Summen der auf die einzelnen Anteile entfallenden Meßstrecken. Von der Firma Fueß[1] in Berlin wird ein Integrierinstrument herausgebracht, das durch einen Motor bewegt wird. Er arbeitet nach demselben Prinzip.

Auf diesem Wege werden demnach die Anteile der einzelnen Komponenten, welche den Schliff aufbauen, mengenmäßig erfaßt, so daß man quantitative Resultate erhält. Neben den einzelnen Mineralien müssen gegebenenfalls bei diesen Untersuchungen auch die Poren erfaßt werden, die für die Struktur der Klinker von größter Bedeutung sein können und das sog. „Klinkergewicht" weitgehend beeinflussen.

Zur *Prüfung der Klinker im Auflichtmikroskop* sind Anschliffe notwendig. Diese in der Metallographie weit verbreitete Methode ist erstmalig wohl von E. WETZEL[2] 1911 auf die Zementklinker angewandt worden. Später haben E. SPOHN[3] 1935 und B. TAVASCI[4] 1936 sie verbessert und damit ausgezeichnete Resultate erzielt. Das Anschleifen erfolgt am besten mit Alkohol, das Polieren mit aufgeschlämmter Tonerde. Zum Herausheben der einzelnen Bestandteile werden passende Ätzmittel benutzt, beispielsweise verdünnte HNO_3-Lösungen, mit Zusatz von Isoamylalkohol, auch Flußsäure oder Wasser, schließlich Boraxlösungen und solche mit Natriumphosphat. (Näheres bei TAVASCI.)

Gegenüber der Untersuchung im durchfallenden Licht hat die Auflichtmikroskopie den Vorteil, daß man stärkere Vergrößerungen anwenden kann, da alle Mineralteile in einer Ebene liegen; doch demgegenüber besteht der Nachteil, daß optische Konstanten zur Charakterisierung nicht oder nur in ganz geringem Maße herangezogen werden können.

3. Prüfung der Eigenschaften der reinen Klinkermineralien.

Von A. E. TÖRNEBOHM[5] sind schon 1897 zur Bezeichnung der Klinkerbestandteile die Namen *Alit, Belit, Celit, Felit* eingeführt worden, zu einer Zeit als man sich über deren Zusammensetzung noch nicht einwandfrei klar war. Diese Namen haben sich erhalten, und sie sind im Laufe der Zeit infolge vielfacher, genauer Untersuchungen ganz bestimmten Verbindungen und Klinkerbestandteilen zugeordnet worden:

Unter *Alit* versteht man heute den Hauptbestandteil der Portlandzementklinker, der aus $3 CaO \cdot SiO_2$, dem Trikalksilikat, besteht. Dieses Mineral vermag in sich bis zu 4,5% Trikalkaluminat mischkristallartig aufzunehmen. *Belit* ist das kalkärmere Dikalksilikat, $2 CaO \cdot SiO_2$, häufig bräunlich gefärbt, vielleicht durch einen Eisengehalt, den A. GUTTMANN und F. GILLE[6] wahrscheinlich machten. *Belit* und *Felit* sind chemisch gleichartig, erstes ist die α-Form, letzteres die β-Form von $2 CaO \cdot SiO_2$.

---

[1] DRESCHER-KADEN, F. K.: Über eine Integrationseinrichtung mit elektrischer Zählung. Fortschr. Min. Bd. 20 (1936) S. 37, vgl. Abb. 13, Abschn. II A.
[2] WETZEL, E.: Zur Konstitution des Portlandzementes. Vorträge. Berlin: Zementverlag 1913.
[3] SPOHN, E.: Diss. Berlin 1932. Tonind.-Ztg. Bd. 59 (1935) S. 849.
[4] TAVASCI, B.: Untersuchungen über den Aufbau des Portlandzement-Klinkers. Zeiß-Nachr. 2. F. (1936) H. 1 bis 3.
[5] Vgl. Fußnote 2, S. 353. [6] Vgl. Fußnote 4, S. 351.

Zahlentafel 1. Eigenschaften

Name	Chemische Zusammensetzung	Farbe	Kristallsystem Habitus	Lichtbrechung	
Alit	$3\,CaO \cdot SiO_2$	farblos	pseudo-hexag. trigonal	$n\,\alpha = 1{,}718$ $n\,\gamma = 1{,}723$	$n\,\alpha = 1{,}717 \pm 0{,}003$ $n\,\gamma = 1{,}722 \pm 0{,}003$
Belit	$\alpha = 2\,CaO \cdot SiO_2$	farblos, im Klinker gelblich	triklin oder monoklin. Zwillingsbildung	$n\,\alpha = 1{,}719$ $n\,\gamma = 1{,}733$	$n\,\alpha = 1{,}715$ $n\,\beta = 1{,}720$ $n\,\gamma = 1{,}737$
Felit	$\beta = 2\,CaO \cdot SiO_2$	farblos	wahrscheinlich triklin? (oder rhombisch)	$n\,\alpha = 1{,}717$ $n\,\beta = 1{,}726$ $n\,\gamma = 1{,}736$	$n\,\gamma = 1{,}735$
	$\gamma = 2\,CaO \cdot SiO_2$	farblos	monoklin. Streifung // Prismenachse	$n\,\alpha = 1{,}642$ $n\,\beta = 1{,}645$ $n\,\gamma = 1{,}654$	$n\,\alpha = 1{,}643$ $n\,\beta = 1{,}646$ $n\,\gamma = 1{,}655$
Tetrakalziumaluminatferrit, Brownmillerit	$4\,CaO \cdot Al_2O_3 \cdot Fe_2O_3$	bräunlich, rotbraun	rhombisch, prismatisch	$n\,\alpha = 1{,}98$ (Hg) $n\,\beta = 2{,}05$ (Hg) $n\,\gamma = 2{,}08$ (Hg)	$n\,\alpha = 1{,}96$ (Na) $n\,\beta = 2{,}01$ (Na) $n\,\gamma = 2{,}04$ (Na)
Celit	$4\,CaO \cdot Al_2O_3 \cdot Fe_2O_3$ u. Restschmelze	hellbraun bis fast opak			
Trikalziumaluminat	$3\,CaO \cdot Al_2O_3$	farblos	regulär	$1{,}710 \pm 0{,}001$	
„Pentakalziumtrialuminat"	$12\,CaO \cdot 7\,Al_2O_3$ stabil	farblos bis blaßgelb	regulär	$1{,}608$	
	$12\,CaO \cdot 7\,Al_2O_3$ instabil	blaßgrün	wahrscheinl. rhombisch, faserig, prism.	$n\,\alpha = 1{,}687$ $n\,\gamma = 1{,}692$	
Freier Kalk	CaO	farblos	hexagonal	$1{,}838$	

Unter *Celit* faßt man wohl am besten die Grundmaße zusammen, sei sie nun glasig oder kristallin ausgebildet. In ihr ist die Tonerde enthalten und das Eisenoxyd, in vielen Fällen auch der Brownmillerit genannte Anteil, die Verbindung Tetrakalziumaluminatferrit: $4\,CaO \cdot Al_2O_3 \cdot Fe_2O_3$.

In der vorstehenden Zahlentafel 1 sind die kristallographischen, optischen, Dichte- und Härteeigenschaften der in Frage stehenden Klinkermineralien enthalten. Wie für den Portlandzement so gelten sie natürlich auch für Spezialzemente, wie Eisenzemente, Tonerdezemente u. dgl.

Die optische Untersuchung erfolgt am besten im monochromatischen Licht, etwa im Natriumlicht, da alsdann die Erscheinungen deutlicher werden.

Die kristallographischen Eigenschaften sind noch nicht überall einwandfrei erkannt. Es handelt sich meist um äußerst feinkristallines Material, dessen kristallo-

der Klinkermineralien.

Doppel-brechung	Optischer Charakter, Achsenwinkel	Auslösungsschiefe, Pleochroismus	Schmelzpunkt	Spez. Gew.	Harte
0,005	2 achs. negativ 2 V sehr klein oder 1 achs.	γ' in Längsrichtung	stabil 1900—1250°	3,25	
0,013— 0,016	2 achs. positiv 2 $V = 30$—36°	$n\,\beta$-System von 2 Zwillingsrichtungen, die sich unter 50—54° kreuzen	stabil >1420°	3,27	5—6
0,020— 0,021	2 achs. positiv, 2 V groß 2 $V = 64$—69°	γ' // Prismenachse $\perp n\,\gamma$ polysynthetische Verzwillligung	stabil 1420—675°	3,28	
0,015	2 achs. negativ 2 $E \sim 45°$	Auslöschung // Spaltbarkeit, γ' // Prismenachse	stabil < 675°	2,97	
0,10	2 achs. negativ 2 V mittel	kräftiger Pleochroismus $n\,\gamma > n\,\alpha$ $n\,\gamma$ braun $n\,\alpha$ gelbbraun	1415°	3,77	
Spannungs-doppel-brechung		muscheliger Bruch	1535° instabil	3,04	6
—			1455°	2,69	5
0,005	2 achs. wahrscheinlich negativ 2 V groß	Auslöschung // Faserrichtung. Pleochroismus: $n\,\alpha$ blaugrün $n\,\gamma$ olivgrün		(2,87)	
—	—		2750°	3,34	3—4

graphische Bestimmung auf Schwierigkeiten stößt. Durchweg sind die Brechungs-exponenten hoch, sie bewegen sich um 1,7; auch die Dichten sind erheblich.

Durch besondere kristallographische Eigentümlichkeiten sind die einzelnen Mineralien sowohl im Dünnschliff wie auch im Anschliff kenntlich, wie es die nachfolgende Zusammenstellung zeigt.

1. Alit ($3CaO \cdot SiO_2$). Er macht im Schliff den größten Anteil aus und zeigt sich meist in kristallographisch gut ausgebildeten, leistenförmigen, farblosen, durchsichtigen Individuen. Mitunter ist eine Spaltbarkeit parallel zur c-Achse zu beobachten. Je nach der Schnittlage ist die Umgrenzung rechteckig oder sechsseitig. Da ein kleiner Winkel der optischen Achsen zu beobachten ist, dürften die Kristalle pseudohexagonal sein. Welcher Kristallklasse sie angehören ist jedoch noch unsicher.

2. Belit ($2CaO \cdot SiO_2$ in der α-Form). Die Individuen sind meist nicht so gut ausgebildet, wie beim Alit. Farblose bis gelblich, ja grünlichbraun bis bräunlich gefärbte, vielleicht triklin kristallisierende, unvollkommen kristallographisch begrenzte Partien. Durch eine feine Streifung, die auch im auffallenden Licht sichtbar ist, sind die Belite gut gekennzeichnet.

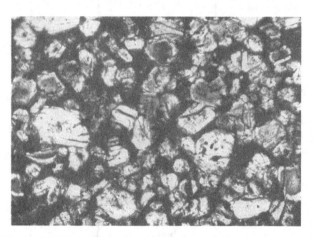

Abb. 4. Trikalziumsilikatreicher Klinker (8ofach) nach SCHWIETE im monochromatischen Licht.

3. Felit ($2CaO \cdot SiO_2$ in der β-Form). Farblose, vielleicht triklin kristallisierende Verbindung, die unregelmäßiger als die α-Form ausgebildet ist. Polysynthetisch verzwillingt. Manchmal Spaltbarkeit parallel der Prismenzone.

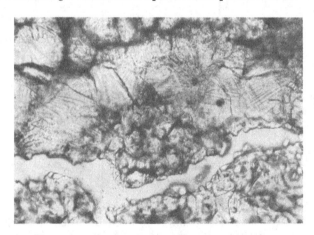

Abb. 5. Belit im gewöhnlichen Licht, monochromatisch (36ofach). (Nach SCHWIETE.)

4. $2CaO \cdot SiO_2$ in der γ-Form. Farblose, wohl monokline Kristalle, durch Umwandlung aus der α- oder β-Form entstanden. Da diese Umwandlung mit sinkender Temperatur unter starker Volumvergrößerung erfolgt, tritt hierbei ein Zerrieseln des Klinkers ein. Eine feine Streifung, die der Auslöschung parallel geht, ist charakteristisch.

5. Tetrakalziumaluminatferrit ($4CaO \cdot Al_2O_3 \cdot Fe_2O_3$). Rhombische Kristalle, bräunlich gefärbt mit starkem Pleochroismus: braun, gelb bis gelbbraun.

6. Celit, uneinheitliche Masse. Die Farbe dieses Bestandteils ist hellbraun bis dunkelbraun. Vielfach auch undurchsichtig als eine Füllmasse zwischen den übrigen Klinkerbestandteilen. Manchmal erkennt man nadelförmige Kristalle mit kräftigem Pleochroismus. In bezug auf die chemische Natur scheint es ein Gemenge zu sein aus Brownmillerit, $CaO \cdot Al_2O_3$ mit $2CaO \cdot Fe_2O_3$ und einer glasigen Phase.

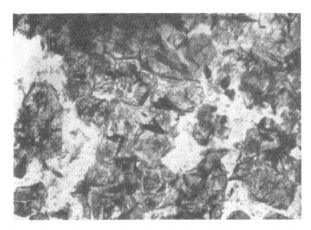

Abb. 6. Kristalle von Tetrakalziumaluminatferrit in alitreichem Klinker (120fach). (Nach SCHWIETE.)

7. Trikalziumaluminat ($3CaO \cdot Al_2O_3$). Reguläre Kristalle in Formen des Würfels und Oktaeders. Farblos; manchmal schwach doppeltbrechend. Im Portlandzement ist diese Verbindung noch nicht nachgewiesen; in welcher Form

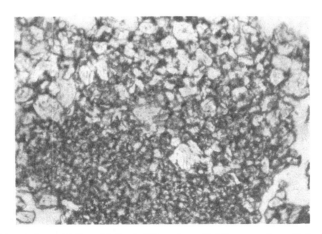

Abb. 7. Klinker mit schlechter kristallographischer Ausbildung in gewöhnlichem monochromatischen Licht (240fach). (Nach SCHWIETE.)

der nicht an Eisen gebundene Anteil der Tonerde vorliegt, entzieht sich unserer Kenntnis; es ist möglich, daß er als glasiger Anteil im Celit erstarrt ist.

8. Pentakalziumtrialuminat ($5CaO \cdot 3Al_2O_3$). Farblose bis blaßgelbliche, regulär kristallisierende, körnige Bestandteile. Vielleicht in der Zusammensetzung der Formel $12CaO \cdot 7Al_2O_3$ besser entsprechend. Durch den niedrigen Brechungsindex vom Trikalziumaluminat zu unterscheiden.

9. Freier Kalk (CaO). Farblose, stark lichtbrechende Körner. Reguläre Kristalle ohne eigene kristallographische Umgrenzung. Im Schliff heben sie sich infolge des hohen Brechungsexponenten deutlich von den andern Bestandteilen ab.

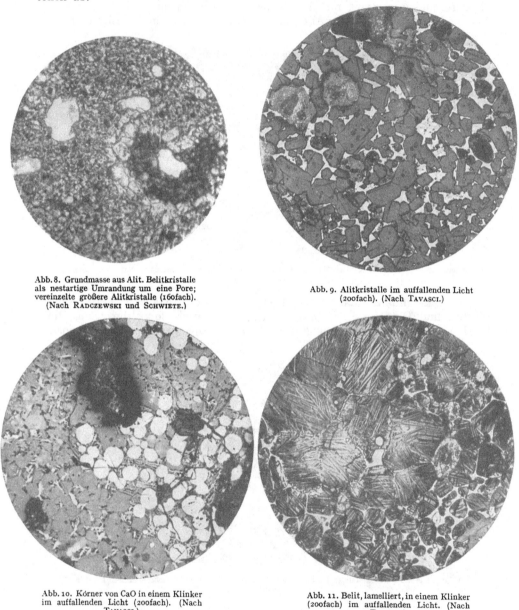

Abb. 8. Grundmasse aus Alit. Belitkristalle als nestartige Umrandung um eine Pore; vereinzelte größere Alitkristalle (160fach). (Nach Radczewski und Schwiete.)

Abb. 9. Alitkristalle im auffallenden Licht (200fach). (Nach Tavasci.)

Abb. 10. Körner von CaO in einem Klinker im auffallenden Licht (200fach). (Nach Tavasci.)

Abb. 11. Belit, lamelliert, in einem Klinker (200fach) im auffallenden Licht. (Nach Tavasci.)

Einige charakteristische Bilder von Klinkerdünnschliffen sind in den Abbildungen 4 bis 13 wiedergegeben. Die Aufnahmen stammen von E. H. Schwiete[1]. Im auffallenden Licht sind einige Bilder von B. Tavasci[2] und R. H. Bogue[3] wiedergegeben.

[1] Schwiete, H. E.: Tonind.-Ztg. Bd. 61 (1937) Nr. 28.
[2] Vgl. Fußnote 4, S. 355.　　[3] Vgl. Fußnote 1, S. 351.

Aus der Struktur solcher mikroskopischer Bilder lassen sich über die Güte eines Brandes Schlüsse tun. Im allgemeinen werden gut kristallisierte

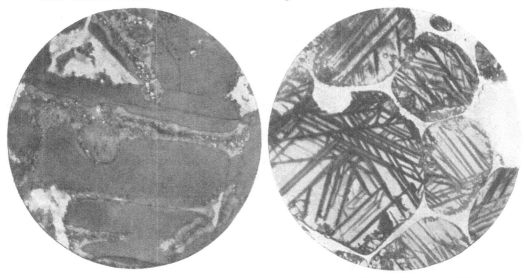

Abb. 12. Alitkristall, der freien Kalk abzuspalten beginnt (1000fach); im auffallenden Licht. (Nach Tavasci.)

Abb. 13. Belit mit Zwillingsstreifung; im auffallenden Licht (1000fach). (Nach Tavasci.)

Klinkermineralien für die Güte eines Klinkerbrandes sprechen. Durch die mikroskopische Überwachung läßt sich aus der Gleichförmigkeit der Schliffbilder auf die Gleichförmigkeit der Produktion schließen.

4. Quantitative mikroskopische Gefügeanalyse.

Auf Grund der optischen Konstanten der Zahlentafel 1 ist eine *Identifizierung der einzelnen Mineralien* möglich. Hierbei kann man Pulverpräparate benutzen, die aus dem Klinker durch Zerreiben hergestellt werden. Durch Einbetten in Flüssigkeiten oder Gemische von bekannten Brechungsquotienten lassen sich recht genaue Brechungsquotienten bestimmen. Hierzu ist ein Satz von Flüssigkeitsgemischen nützlich, in dem die Brechungsquotienten zwischen den bei den Klinkermineralien auftretenden Brechungswerten variieren, also zwischen etwa 1,7 und 1,6. Methylenjodid, eventuell mit Jodzusatz, ist für die hochlichtbrechenden Anteile brauchbar. Diese Flüssigkeit läßt sich durch α-Monobromnaphthalin bis auf $n = 1,658$ verdünnen, so daß solche Mischungen für die meisten Zwecke genügen dürften. Schwierigkeit bereiten die zum Teil sehr nahe liegenden, ja sich überschneidenden Werte für Alit, Belit und Felit. Man bettet die Pulver in Flüssigkeitsgemische ein und sucht jene Mischung zu ermitteln, in der die Konturen der Körner verschwinden oder undeutlich werden. Ist der Brechungsindex der Flüssigkeit bekannt, so ergibt sich aus der Übereinstimmung jener des Kristalls.

Genügen diese Größen nicht, so sind im einzelnen Fall andere Eigenschaften heranzuziehen. Bisweilen ist der Achsenwinkel, seine Lage zur kristallographischen Richtung, seine Größe maßgeblich und häufig entscheidend. Der Pleochroismus ist bei gefärbten Mineralien ein ausgezeichnetes Kennzeichen, auch die Auslöschungsschiefe zu einer kristallographischen Richtung. Die regulär kristallisierenden Aluminate sind an ihrer einfachen Lichtbrechung zu erkennen, doch ihre Unterscheidung im einzelnen ist nur durch die Immersionsmethode,

durch Ermittlung der Lichtbrechungszahlen möglich. Die Anwendung monochromatischen Lichts ist empfehlenswert. Eine Vergrößerung bis zu 500fach

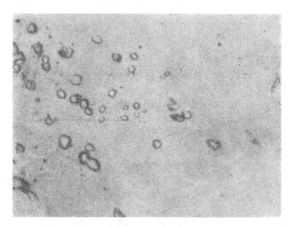

Abb. 14. Polierter Anschliff eines Klinkers. MgO-Kristalle
in Grundmasse (100fach). (Nach Ward.)

linear wird meist ausreichend
sein. Im konvergenten Licht
ist die Anwendung einer Öl-
immersion zu empfehlen.
Dadurch werden die Inter-
ferenzbilder deutlicher. Daß
Spaltbarkeit und Zwillings-
bildungen charakteristische
Erkennungsmerkmale sein
können, sei nochmals betont.

Die quantitative Mineral-
analyse der Klinker und das
Mikroskop mit Hilfe des In-
tegrationstisches ist von
O. E. Radczewski und H.
E. Schwiete 1938 [1] ein-
gehend geprüft und in Ver-
bindung mit der chemischen
Analyse gesetzt worden,
wobei eingehende Studien über die Struktur der Klinker gemacht wurden.
Auch bei R. H. Bogue [2] 1938 finden sich mikroskopische Bilder von angeätzten
Klinkerschliffen (Abb. 14).

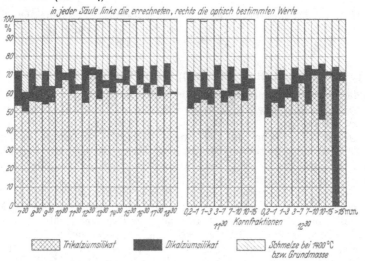

Abb. 15. Vergleich des aus der Analyse errechneten Mineralbestandes mit den optisch bestimmten Werten,
in Abhangigkeit von der Zeit. (Nach Schwiete und Radczewski.)

Im Portlandzement bildet der *Alit*, Trikalziumsilikat, immer den Hauptbestandteil. Dagegen bleibt das Bisilikat mit nur 6% zurück. Manchmal sind
die Alitkristalle verschwommen ausgebildet. Ihre Größe liegt um 20 μ; mitunter
aber auch grobkörnig auskristallisiert bis zu 40 μ Durchmesser.

In der Nähe von Poren liegen manchmal Nester des *Belits*, des Dikalksilikats.
Um sie selber herum liegen manchmal Zonen gröberer Alitmassen. Belitkörner
sind von der Größenordnung 15—20 μ.

[1] Vgl. Fußnote 3, S. 353.   [2] Vgl. Fußnote 1, S. 351.

Freier Kalk wird in fast allen Proben gefunden, häufig als Einschlüsse im Trikalksilikat, in Ausdehnung von etwa 10 μ.

Zahlentafel 2. Berechnung der Klinkermineralien aus der chemischen Analyse. Es bedeutet: c = % CaO; s = % SiO_2; a = % Al_2O_3; f = % Fe_2O_3.

Nach BOGUE:

% C_4AF	$+ 3{,}04$ f
% C_3A	$+ 2{,}65$ a $- 1{,}69$ f
% C_3S	$+ 4{,}07$ c $- 7{,}60$ s $- 6{,}72$ a $- 1{,}43$ f
% C_2S	$- 3{,}07$ c $+ 8{,}60$ s $+ 5{,}10$ a $+ 1{,}08$ f

Nach LEA:

% C_4AF	$+ 3{,}04$ f
% C_3A	$+ 1{,}06$ a $+ 0{,}78$ f
% C_3S	$+ 4{,}07$ c $- 7{,}60$ s $- 4{,}93$ a $- 4{,}20$ f
% C_2S	$- 3{,}07$ c $+ 8{,}60$ s $+ 3{,}71$ a $+ 3{,}17$ f
% C_5A_3	$+ 1{,}16$ a $- 1{,}79$ f
% Schmelzrest bei 1400°	$+ 2{,}95$ a $+ 2{,}20$ f

Nach den in der Zahlentafel 2 wiedergegebenen Formeln von BOGUE und von LEA lassen sich aus der chemischen Analyse die mengenmäßigen Anteile der Klinkermineralien berechnen. Sehr ausführliche Formeln sind von L. A. DAHL[1] (bei BOGUE) abgeleitet worden.

Interessante Ergebnisse finden sich bei RADCZEWSKI und SCHWIETE, die in Abb. 15 gezeigt seien.

Man sieht wie in einer Reihe von Versuchsbränden die errechneten Werte und die gemessenen voneinander abweichen.

Da die errechneten Werte immer Mittelwerte darstellen und die Rechnung ideale Verhältnisse voraussetzt, dürfte wohl der mikroskopischen Prüfung das größere Gewicht beigelegt werden müssen.

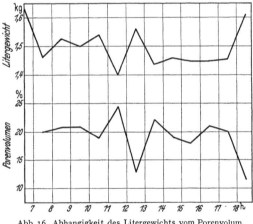

Abb. 16. Abhängigkeit des Litergewichts vom Porenvolum. (Nach SCHWIETE und RADCZEWSKY.)

Die Ausmessung des Porenvolumens läßt Schlüsse tun auf das sog. Litergewicht. Man sieht aus der Abb. 16, wie Litergewicht und Porenvolum weitgehend voneinander abhängen.

Auch hier vermag die quantitative optisch-mikroskopische Untersuchung dem Techniker zu helfen.

5. Röntgenographische Analyse der Klinkermineralien.

Anhangsweise sei noch die *röntgenographische Analyse* erwähnt[2,3,4] (vgl. auch Band II, S. 543). In ihrer Anwendung kommen die DEBYE-Diagramme in Frage,

[1] DAHL, L. A.: Rock Products. Bd. 35 (1932) S. 12.

[2] INSLEY, H.: Structural Characteristics of some Const. of Portland Cement Clinker. J. Res. Nat. Bur. Stand. Bd. 17 (1936) S. 353.

[3] SCHWIETE, H. E. u. W. BÜSSEM: Tonind.-Ztg. Bd. 56 (1932) Nr. 64.

[4] SUNDIUS, N.: Z. anorg. allg. Chem. Bd. 213, (1933) S. 343).

bei denen Pulverpräparate im einfarbigen Röntgenlicht Interferenzen auf
Filmen entstehen lassen, die für die einzelnen Komponenten charakteristisch sind.
Jede Kristallart liefert eine bestimmte Anzahl von Interferenzstreifen mit bestimmten Intensitätsfolgen der einzelnen Linien. Die Linien treten erst dann
auf, wenn von einer Komponente ein gewisser Betrag vorhanden ist, der um so
niedriger ist, je höher symmetrisch der durchstrahlte Kristall ist. So konnte auf

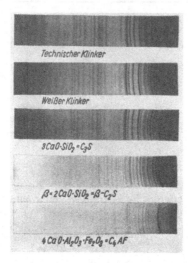

Abb. 17. DEBYE-SCHERRER-Aufnahmen von Klinkern und Klinkermineralien.
(Nach BUSSEM und SCHWIETE.)

diesem Wege durch W. BÜSSEM ein MgO-Gehalt von 1% und ebenso ein solcher
von C_3A nachgewiesen werden. Letzteres führte zu der Erkenntnis, daß C_3A
im C_3S in isomorpher Mischung bis zu 4,5% aufgenommen werden kann.

Mit der röntgengraphischen Methode ist die Grenze des Nachweises einzelner
Bestandteile weit unter die mikroskopische Grenze von etwa 1 μ herabgedrückt.
Dies ist der Hauptvorteil der Untersuchungsart, die für die Zemente erst in
den Anfängen steht.

In der Abb. 17 sind solche Aufnahmen einiger Klinkermineralien wiedergegeben.

B. Prüfung der Zemente, insbesondere nach den Normen.

Von GUSTAV HAEGERMANN, Berlin.

Die wichtigsten technischen Eigenschaften der Zemente sind: ihre Fähigkeit in Luft und Wasser selbständig zu erhärten, darin raumbeständig zu sein und eine hohe Bindekraft zu entwickeln. Daher bilden die Prüfungen auf Abbinden, Raumbeständigkeit und Festigkeit die Grundlage für die Gütebewertung. Sie sind in allen Normen vorgeschrieben. Ferner werden die Zemente im allgemeinen noch auf Mahlfeinheit geprüft, während das spezifische Gewicht und das Raumgewicht nur noch selten in Normen angeführt sind.

Daneben gibt es noch Eigenschaften, deren Prüfung in Sonderfällen erwünscht ist, beispielsweise das Schwinden und Quellen, ferner das Kriechen (d. i. Schwinden unter Druck oder Zug), die Wärmeentwicklung beim Abbinden und Erhärten, das Verhalten gegen Salzlösungen und Säuren, der Einfluß des Zementes auf die Wasserdurchlässigkeit, auf die Wetter- und Frostbeständigkeit, auf das Verhalten beim Austrocknen und Annässen von Beton u. a. Diese Eigenschaften werden teilweise an anderer Stelle behandelt, da sie vor allem zur Beurteilung der Zemente in Verbindung mit dem gewählten Zuschlagstoff, also dem Beton, von Wichtigkeit sind, vgl. Abschn. VI, B u. f., S. 454 f. Soweit jedoch Prüfverfahren für Zement vorliegen, werden sie in diesem Abschnitt behandelt.

1. Einteilung und Bezeichnung der Zemente.

a) Normenzemente.

Unter der Bezeichnung Normenzement werden die in Deutschland genormten Zementarten (DIN 1164)[1] Portland-, Eisenportland-, Hochofenzement und hochwertiger Portland-, Eisenportland-, Hochofenzement verstanden.

Sofern sich die Werke der dauernden Überwachung (DIN 1164, § 1) unterworfen haben, trägt der Normenzement dieser Werke auf der Verpackung das nebenstehende Warenzeichen (Abb. 1).

Für Bauten, die einer baupolizeilichen oder sonstigen behördlichen Genehmigung bedürfen, wird nur Zement zugelassen, dessen Verpackung das Warenzeichen (DIN 1164, § 1, DIN 1045, § 7, Ziff. 1, DIN 1046, § 4, Ziff. 2 u. 3, DIN 1047, § 7) trägt.

Abb. 1. Normen-uberwachungszeichen.

Die deutschen Normen für Portland-, Eisenportland- und Hochofenzement schreiben für die einzelnen Güteklassen dieser Zementarten dieselben Forderungen für den Erstarrungsbeginn, die Raumbeständigkeit, die Festigkeit und die Mahlfeinheit vor; auch die Prüfverfahren sind dieselben. Die Normen der drei Zementarten unterscheiden sich also nur durch die Begriffsbestimmungen.

α) *Portlandzement.*

Die Portlandzemente bestehen im wesentlichen aus hochbasischen Silikaten, nämlich: Trikalziumsilikat, Bikalziumsilikat[2]. Daneben enthalten die weißen

---

[1] Beuth-Vertrieb, G. m. b. H., Berlin SW 68. DIN 1164, 1165 und 1166 werden neu bearbeitet.

[2] KÜHL, H.: Literaturzusammenstellung Zement Bd. 25 (1936) Nr. 20, S. 335; Nr. 21, S. 351. — SCHWIETE, H. E.: Tonind.-Ztg. Bd. 61 (1937) Nr. 28, S. 309; Nr. 29, S. 328; Nr. 30, S. 341; Nr. 31, S. 353.

(eisenoxydarmen) Portlandzemente, vor allem hochbasische Aluminate ($3\,CaO \cdot Al_2O_3$, $5\,CaO \cdot 3\,Al_2O_3$), die handelsüblichen Portlandzemente neben den zuvor genannten Aluminaten noch Tetrakalziumaluminatferrit ($4\,CaO \cdot Al_2O_3 \cdot Fe_2O_3$) und die eisenoxydreichen Portlandzemente nach Art des Erzzementes, bei denen das Verhältnis Tonerde (Al_2O_3) zu Eisenoxyd (Fe_2O_3) den Wert 0,64 unterschreitet, neben Tetrakalziumaluminatferrit noch Bikalziumferrit ($2\,CaO \cdot Fe_2O_3$), aber kein Aluminat. Vgl. auch unter V, A.

Die Magnesia liegt im Portlandzement hauptsächlich als Oxyd (MgO) vor[1].

Die Begriffsbestimmung für Portlandzement enthält Vorschriften über:

    a) die Herstellung,
    b) die Zusammensetzung,
    c) die Höhe fremder Zusätze.

In der Fassung der Normen vom Jahre 1932 (DIN 1164) lautet sie:

„Portlandzement ist ein hydraulisches Bindemittel, das in einem durch Brennen erzeugten Mineralgefüge auf 1,7 Gewichtsteile Kalk (CaO) höchstens 1 Gewichtsteil der Summe von löslicher Kieselsäure (SiO_2) + Tonerde (Al_2O_3) + Eisenoxyd (Fe_2O_3) enthält, d. h.

$$\frac{CaO}{SiO_2 + Al_2O_3 + Fe_2O_3} \geqq 1{,}7 \, .$$

Ist Manganoxyd in beachtenswerter Menge vorhanden, so ist es zu der Summe von Kieselsäure (SiO_2) + Tonerde (Al_2O_3) + Eisenoxyd (Fe_2O_3) hinzuzurechnen.

Portlandzement wird hergestellt durch Feinmahlen und inniges Mischen der Rohstoffe, Brennen bis mindestens zur Sinterung und Feinmahlen des Brenngutes (Klinkers). Der Glühverlust des Portlandzementes darf zur Zeit der Anlieferung durch das Werk höchstens 5% betragen. Der Gehalt an Magnesia (MgO) darf 5%, der an Schwefelsäureanhydrid (SO_3) 2,5%[2] — alles auf den geglühten Portlandzement bezogen — nicht überschreiten. Dem Portlandzement dürfen höchstens 3% fremde Stoffe zugesetzt werden.“

Aus der Begründung und Erläuterung geht noch folgendes hervor: Zemente, die nicht in allen Einzelheiten der Begriffsbestimmung entsprechen, beispielsweise solche, die durch Brennen von Rohstoffen gewonnen sind, die nicht durch sorgfältiges Mahlen und Mischen aufbereitet werden oder solche, denen mehr als 3% fremde Stoffe zugesetzt sind, dürfen nicht als Portlandzement bezeichnet werden. Auch Wortbildungen, wie z. B. Natur-Portlandzement oder Traß-Portlandzement sind unzulässig, es sei denn, daß derartige Wortbildungen durch amtlich anerkannte Normen festgelegt werden.

β) Ausländische Begriffsbestimmungen für Portlandzement.

Die in den ausländischen Begriffsbestimmungen enthaltenen Herstellungsvorschriften entsprechen größtenteils denen der deutschen Normen.

Die Vorschriften über die chemische Zusammensetzung des Klinkers beziehen sich auf die Begrenzung des Gehaltes an Magnesia (MgO) und an Schwefelsäureanhydrid (SO_3); dagegen sind nicht in sämtlichen Normen auch Grenzwerte für den hydraulischen Modul und für die Höhe des Glühverlustes enthalten. In einzelnen Normen wird jedoch auch die Höhe des in Salzsäure unlöslichen Rückstandes begrenzt.

---

[1] Schwiete, H. E. u. H. zur Strassen: Literaturzusammenstellung. Zement Bd. 25 (1936) Nr. 49, S. 843; Nr. 50, S. 861; Nr. 51, S. 879.
[2] Prot. V. D. P. C. F. vom 22. 2. 1905, S. 180. — Mussgnug: Zement Bd. 25 (1936) Nr. 15, S. 253; Nr. 16, S. 268; Bd. 27 (1938) Nr. 20, S. 303. — Forsén, L.: Zement Bd. 27 (1938) Nr. 46, S. 719; Nr. 47, S. 737; Nr. 48, S. 753 (Literaturzusammenstellung).

Die für den *Gehalt an Magnesia* festgesetzten Grenzwerte sind[1]:

Grenzwert %	Normen von
2,0	Chile, Portugal (beide nur für Seewasser-Zement)
3,0	Belgien, Chile, Dänemark, Italien, Japan
4,0	Argentinien, Australien, England, Kanada, Norwegen, Portugal, Uruguay, Schweiz (+ 30% Toleranz von 4% = 5,2% MgO), Türkei
4,5	Rußland
5,0	Bulgarien, Estland, Holland, Jugoslawien, Lettland, Rumänien, Schweden, Spanien, Ungarn, Vereinigte Staaten von Amerika (Tol. 0,40)
6,0 + 0,4	Brasilien (Tol. 0,40)

Gehalt an Schwefelsäureanhydrid. Als Grenzwerte für den Gehalt an Schwefelsäureanhydrid (SO_3) gelten:

Grenzwert %	Normen von
1,5	Chile
2,0	Australien, Italien, Japan, Kanada, Uruguay, Vereinigte Staaten von Amerika [für P. Z. (Tol. 0,10)], Portugal (für Seewasser-Zement)
2,5	Argentinien, Brasilien (+ 0,10), Estland, Holland, Lettland, Portugal, Rußland, Schweden, Schweiz, Spanien ($MgO + SO_3 \leq 6,5\%$), Türkei, Vereinigte Staaten von Amerika (Hw. P. Z. Tol. 0,10), Schweiz (+ 30% Tol. = 3,25% SO_3)
2,75	England, Norwegen
3,0	Belgien, Frankreich, Jugoslawien, Rumänien, Ungarn

Die *Höhe des Glühverlustes* ist nicht begrenzt in den Normen von Belgien, Dänemark, Estland, Frankreich, Holland, Italien, Jugoslawien, Lettland, Rumänien, Schweden.

Die übrigen Normen enthalten Grenzwerte, und zwar:

Grenzwert %	Normen von
3	Argentinien, Australien, England, Türkei
4	Brasilien (±0,25), England (in heißem Klima), Japan, Kanada, Norwegen, Portugal, Spanien, Uruguay, Vereinigte Staaten von Amerika (Tol. 0,25)
5	Bulgarien, Chile, Rußland, Ungarn (Schweiz, eine Grenze ist nicht vorgeschrieben; der Glühverlust beträgt im allgemeinen 2 bis 5%)

Der in Salzsäure *unlösliche Rückstand* wird in den meisten Normen nicht begrenzt; soweit Grenzwerte vorgeschrieben sind, gehen sie aus der folgenden Tabelle hervor:

Grenzwert %	Normen von
0,75	Kanada
0,85	Brasilien (Tol. 0,15), Uruguay, Türkei, Vereinigte Staaten von Amerika (Tol. 0,15)

---

[1] In den Zusammenstellungen sind folgende Normen berücksichtigt (Ausgabejahr in Klammern): Deutschland (1932), Argentinien (1931), Australien (1937), Belgien (1933), Brasilien (1934), Bulgarien (1937) (vorläufig), Chile, Dänemark (1933), England (1932), Estland (1926), Frankreich (1934), Holland (1933), Italien (1933), Jamaika (1926), Japan (1930), Jugoslawien (1931), Kanada (1927), Lettland (1929), Norwegen (1935), Rumänien (1934), Rußland (1936), Schweden (1934), Schweiz (1933), Spanien (1930), Türkei (1937), Ungarn (1935), Uruguay (1929), Vereinigte Staaten von Amerika (1936). — Internationale Normentabelle für Portlandzemente: Zement-Verlag, Berlin-Charlottenburg.

Grenzwert %	Normen von
1,0	Argentinien, England
1,5	Australien, Norwegen, Portugal, Spanien
2,0	Lettland, Ungarn
3,0	Holland
5,0	Rumänien, Schweiz: Unlöslich + $CaCO_3$ (+ 30% Tol.)

Zusätze. Im allgemeinen ist nur die Zugabe von Gips (und Wasser) zum Regeln der Abbindeverhältnisse gestattet. Die Zusatzmenge an Gips wird durch die Angabe über den höchstzulässigen Gehalt an Schwefelsäureanhydrid (SO_3) (und an Wasser gegebenenfalls durch den Glühverlust) begrenzt nach den Normen von: Australien, Belgien, Brasilien, England, Frankreich, Holland, Italien, Jugoslawien, Kanada, Norwegen, Portugal, Rumänien, Uruguay, Vereinigte Staaten von Amerika.

Außer Gips (und Wasser) sind dann an fremden Stoffen zulässig:

Grenzwert %	
1,0	in Ungarn und in den Vereinigten Staaten von Amerika für den hochwertigen Zement
0,1	in Frankreich (ungewollte Zusätze, z. B. Abrieb der Mahlkörper)
10,0	in Rußland

Bis zu 3% Gips (keine anderen Stoffe) gestatten: Spanien und Japan.

Zusätze bis zu 3% fremder Stoffe (neben Gips können auch andere Stoffe verwendet werden) sind zulässig nach den Normen von: Estland, Schweden, Türkei.

Ferner gestatten 3% Zusätze: Chile, Dänemark.

Die schweizerischen Normen schreiben höchstens 10 Gew.-% an Unlöslichem, Kalziumkarbonat ($CaCO_3$) und Kalziumsulfat ($CaSO_4$) vor; der Gehalt an Unlöslichem + $CaCO_3$ darf jedoch nicht höher als 5% (Tol. + 30%) sein; für den Gips ist eine Höchstmenge von 5,5% zulässig. Hochwertige Portlandzemente können bis 7% Gips ($CaSO_4 \cdot 2 H_2O$) enthalten.

γ) Bezeichnung der Portlandzemente.

Die Portlandzemente werden nach der Höhe der Festigkeit in Güteklassen unterteilt; sie tragen die Bezeichnungen:

Portlandzement (auch „gewöhnlicher" oder „handelsüblicher" Portlandzement),
hochwertiger Portlandzement und
höherwertiger Portlandzement.

Für den höherwertigen Portlandzement sind in den Normen keine Mindestfestigkeiten enthalten, wohl aber werden diese von den Lieferwerken garantiert (s. S. 376). Ferner werden die Portlandzemente nach besonderen Eigenschaften bezeichnet, z. B. weißer Portlandzement, Portlandzement mit niedriger Wärmeentwicklung („Low heat"-Zement)[1], Portlandzement mit bescheidener Wärmeentwicklung („Moderate heat"-Zement), Sulfatbeständiger Portlandzement, oder nach dem besonderen Verwendungszweck, z. B. Straßenbau-Portlandzement[2],

---

[1] Analysen verschiedener Zemente: Koyanagi, K., S. Katoh, T. Sudoh: Zement Bd. 26 (1937) Nr. 34, S. 531. — Steinour, H. H., H. Woods, H. R. Starke: Engng. News Rec. Bd. 109 (1932) Nr. 14, S. 404; Zement Bd. 21 (1932) Nr. 52, S. 741. — Haegermann, G.: Prot. V. D. P. C. F. vom 27. 4. 1938, S. 129.

[2] Graf: Zement Bd. 26 (1937) Nr. 24, S. 389; Nr. 25, S. 405; Schriftenreihe Forschungsges. Straßenwes., Heft 3. — Haegermann, G. u. H. E. Schwiete: Straße Bd. 3 (1936) Sonderheft 4, S. 12; Prot. V. D. P. C. F. vom 31. 3. 1936, S. 58; Betonstraße Bd. 13 (1938) Nr. 6, S. 121.

oder nach hervorstechenden Unterschieden in der chemischen Zusammensetzung, z. B. eisenoxydreicher Portlandzement, oder nach einem besonderen Rohstoff, z. B. Erzzement[1] (von Eisenerz), oder nach dem Erfinder, z. B. KÜHL-Zement[2], FERRARI-Zement[3].

Für die *chemische Zusammensetzung der Portlandzemente* (einschließlich der Spielarten) können etwa folgende Grenzwerte angegeben werden:

Kieselsäure (SiO_2) . . . . . 18 . . . 26 %   Kalk (CaO) . . . . 60 . . . 68 %
Tonerde (Al_2O_3) . . . . . . 1 . . . 10 %   Magnesia (MgO) . . . . . . 0,5 . . . 5 %
Eisenoxyd (Fe_2O_3) . . . . . 0,3 . . . 10 %   Schwefelsäureanhydrid (SO_3). 0,8 . . . 2,5 %

δ) Eisenportlandzement.

Eisenportlandzement ist ein hydraulisches Bindemittel, das aus mindestens 70% Portlandzement und höchstens 30% granulierter Hochofenschlacke besteht. Der Portlandzement wird gemäß der Begriffserklärung der Normen für Portlandzement hergestellt. Die Hochofenschlacken sind Kalktonerdesilikate, die beim Eisenhochofenbetrieb gewonnen und durch schnelles Abkühlen der feuerflüssigen Masse granuliert (gekörnt) werden. Die als Zusatz dienenden Hochofenschlacken dürfen auf 1 Gewichtsteil der Summe von Kalk (CaO) + Magnesia (MgO) + $^1/_3$ Tonerde (Al_2O_3) höchstens 1 Gewichtsteil der Summe von löslicher Kieselsäure (SiO_2) + $^2/_3$ Tonerde (Al_2O_3) enthalten.

Andere Zusätze sind bis zu 3% gestattet.

ε) Hochofenzement.

Vom Eisenportlandzement unterscheidet sich der Hochofenzement nur im Mischungsverhältnis von Portlandzementklinker und Hochofenschlacke. Hochofenzement ist ein hydraulisches Bindemittel, das aus 15 bis 69% Gewichtsteilen Portlandzement und entsprechend 85 bis 31% Gewichtsteilen granulierter basischer Hochofenschlacke besteht. Der Portlandzement und die Hochofenschlacke werden im Fabrikbetrieb miteinander fein gemahlen und hierbei innig gemischt. Die im Eisenhochofenbetrieb gewonnene Hochofenschlacke muß hinsichtlich der Zusammensetzung der Formel

$$\frac{CaO + MgO + ^1/_3 Al_2O_3}{SiO_2 + ^2/_3 Al_2O_3} \geq 1$$

entsprechen und der Gehalt an Manganoxyd (MnO) darf 5% nicht übersteigen[4]. Der Portlandzement wird gemäß der Begriffsbestimmung der Normen für Portlandzement hergestellt. Der Zusatz an fremden Stoffen ist mit 3%, bezogen auf die Gesamtmasse, also Klinker und Hochofenschlacke, begrenzt.

Unter „Hüttenzement" werden sowohl Hochofenzement als auch Eisenportlandzement verstanden[5].

Chemische Zusammensetzung der Hüttenzemente in Prozenten:

	Eisenportland-zement	Hochofen-zement
Kieselsäure (SiO_2)	20 . . . 26	28 . . . 36
Tonerde (Al_2O_3)	5 . . . 12	8 . . . 20
Eisenoxyd (Fe_2O_3)	1 . . . 2,5	1 . . . 5
Kalk (CaO)	54 . . . 61	45 . . . 55
Magnesia (MgO)	0,5 . . . 5	1 . . . 8

[1] DRP. 143604. — KÜHL: Prot. V. D. P. C. F. vom 10. 2. 1913, S. 399.
[2] SPINDEL: Beton u. Eisen Bd. 26 (1927) Nr. 1, S. 9.
[3] FERRARI: Tonind.-Ztg. Bd. 59 (1935) Nr. 44, S. 533; Zement Bd. 27 (1938) Nr. 1, S. 1.
[4] GRÜN: Stahl u. Eisen Bd. 44 (1924) S. 1045.
[5] PASSOW, H.: Die Hochofenschlacke in der Zementindustrie, Würzburg 1908.

In den Grenzwerten für Eisenoxyd ist der Anteil an Eisenoxydul (FeO) eingeschlossen. Außerdem enthalten die Hüttenzemente geringe Mengen an Manganoxydul, Sulfidschwefel, Schwefelsäureanhydrid (SO_3), Alkalien, gebundene Kohlensäure u. a.

ζ) Begriffsbestimmungen für Hüttenzemente in ausländischen Normen.

Die Begriffsbestimmungen für Bindemittel aus Portlandzement und Hochofenschlacke in den Normen anderer Länder unterscheiden sich zumeist nur unwesentlich von den deutschen.

η) Straßenbauzemente.

Als Straßenbauzemente werden die für den Bau der Fahrbahndecken der Reichsautobahnen zugelassenen Zemente bezeichnet. Sie sind Portland-, Eisenportland- oder Hochofenzemente, deren Herstellung durch die R.A.B. überwacht wird, deren Zusammensetzung den Rohstoffvorkommen der Werke entsprechend in engen Grenzen zu halten ist und an deren Eigenschaften besondere Forderungen gestellt werden.

Über die Zusammensetzung der Portlandzemente sei hier nur ausgeführt, daß der Kieselsäuregehalt den mittleren Bereich umfaßt; ein hoher Tonerde- und ein hoher Magnesiagehalt sind unerwünscht, der Gehalt an Eisenoxyd soll einen Mindestwert, der sich nach der Höhe des Tonerdegehaltes richtet, nicht unterschreiten und der Kalkgehalt soll relativ hoch sein. Die Grenzen für die Zusammensetzung werden von Werk zu Werk festgelegt.

An die Eigenschaften werden Sonderforderungen hinsichtlich der Mahlfeinheit, des Erstarrungsbeginns, der Raumbeständigkeit und des Schwindmaßes gestellt. Die Mahlfeinheit soll etwa in den Grenzen von 5 bis 12% Rückstand auf dem Sieb Nr. 70 (DIN 1171) liegen, der Erstarrungsbeginn darf bei 17 bis 20° nicht unter 2 h, bei 30 bis 33° nicht unter $1^1/_2$ h sein und der Kochversuch muß bestanden werden. Für die Druckfestigkeit (1:3 Normensand, Würfel 50 cm² Seitenfläche) nach 28 Tagen gemischter Lagerung werden zumeist 450 kg/cm², für die Biegezugfestigkeit nach 28 Tagen Wasserlagerung mindestens 60 kg/cm und für das Schwindmaß ein Wert unter 0,50, vereinzelt bis 0,60 mm/m garantiert[1].

b) Tonerdezement.

Tonerdezement[2] wird aus Bauxit und Kalk durch Brennen einer geeignet zusammengesetzten Rohmasse bis zum Schmelzen oder mindestens bis zur Sinterung und Feinmahlen des gebrannten Gutes gewonnen.

Die wichtigsten Verbindungen des Tonerdezementes sind die niedrigbasischen Aluminate:

$$CaO \cdot Al_2O_3$$
$$3\,CaO \cdot 5\,Al_2O_3$$
$$(5\,CaO \cdot 3\,Al_2O_3),$$

während die wichtigsten Verbindungen des Portlandzementes die hochbasischen Silikate: $3\,CaO \cdot SiO_2$ und $2\,CaO \cdot SiO_2$ sind.

---

[1] Vgl. Fußnote 2, S. 368, sowie Bd. 27 der Forschungsarbeiten aus dem Straßenwesen, 1940.
[2] Endell: Prot. V. D. P. C. F. vom 12. 6. 1919, S. 30. — Dyckerhoff, W.: Zement Bd. 13 (1924) Nr. 33, S. 386; Bd. 14 (1925) Nr. 1, S. 3. — Müller: Tonind.-Ztg. Bd. 49 (1925) Nr. 6, S. 87. — Gassner, O.: Zement Bd. 14 (1925) Nr. 10, S. 216 u. Nr. 19, S. 424 (Literaturauszug). — Berl, E. u. Fr. Löblein: Zement Bd. 15 (1926) Nr. 36, S. 642; Nr. 37, S. 673; Nr. 38, S. 696; Nr. 39, S. 715; Nr. 40, S. 741; Nr. 41, S. 759. — Kühl, H. u. S. Ideta: Zement Bd. 14 (1930) Nr. 34, S. 792. — Höhl: Der Tonerdezement, Hochofenwerk Lübeck AG., Lübeck-Herrenwyk, 1936. — Leonhardt, R. W. P.: Zement Bd. 24 (1935) Nr. 4, S. 49.

In Deutschland bestehen für Tonerdezemente zwar keine Normen, wohl aber dürfen sie zu Eisenbeton- und anderen Bauten, die einer behördlichen Genehmigung bedürfen, zugelassen werden, wenn sie normalbindend und raumbeständig sind und mindestens die Festigkeiten des hochwertigen Zementes aufweisen[1].

Die Begriffsbestimmung für Tonerdezement in einigen ausländischen Normen lauten:

Frankreich. Die Tonerdezemente werden aus einer hauptsächlich aus Tonerde, Kieselsäure, Eisenoxyd und Kalk oder kohlensaurem Kalk bestehenden Mischung durch Brennen bis zum Schmelzen oder bis zum Sintern und Feinmahlen des gebrannten Gutes erhalten. Der Zement muß mindestens 30% Tonerde enthalten.

Italien. Tonerdezemente werden erhalten, indem man eine innige Mischung von Tonerde, Kieselsäure, Kalziumoxyd oder Kalziumkarbonat brennt und danach feinmahlt. Der Gehalt an Tonerde muß mindestens 35% betragen.

Schweiz. Tonerdezemente sind Erzeugnisse, die durch Brennen des tonerdereichen Bauxits und des Kalkes bis zum Sintern oder Schmelzen erhalten werden. Der Gehalt an: $CaCO_3$ + Unlösliches soll im allgemeinen 4%, der an SO_3 1,5% und der an MgO 1% nicht übersteigen (Tol. + 30%).

Spanien. Tonerdezement wird durch Brennen einer innigen Mischung von Bauxit und Kalk erhalten. In dem Erzeugnis darf die Tonerdemenge nicht geringer als 40% und die Eisenoxydmenge nicht höher als 12% sein.

c) Naturzemente.

Die in Deutschland unter der Bezeichnung „Naturzement" in den Handel kommenden Bindemittel sind Mischzemente[2]; sie werden aus Gestein, dessen Kalkgehalt meistens über dem der Portlandzementrohmasse liegt, durch Brennen bis zur Sinterung und durch Mahlen des Brenngutes unter Zugabe bis 20% fremder Stoffe hergestellt[3].

Normen für Naturzement gibt es in Deutschland nicht.

Ausländische Begriffsbestimmungen. In Frankreich werden unter „Naturzement" Erzeugnisse verstanden, die durch Brennen von natürlichen, gleichmäßig zusammengesetzten kalk- und tonhaltigen Gesteinen gewonnen werden. Das Brennen bis mindestens zur Sinterung ist nicht vorgeschrieben. Diese Bindemittel kommen zumeist unter der Bezeichnung „Ciment prompt" auf den Markt.

Nach den schweizerischen Normen sind natürliche Zemente Erzeugnisse, die aus Kalkmergel, durch Brennen bis zur Sintergrenze und Zerkleinerung auf Mehlfeinheit gewonnen werden.

In den Vereinigten Staaten von Amerika[4] werden Naturzemente durch Brennen unterhalb der Sintergrenze gewonnen; sie sind also nach der deutschen Auffassung hydraulische Kalke.

d) Puzzolanzemente.

Unter Puzzolanzementen versteht man hydraulische Bindemittel, die (im allgemeinen) aus Portlandzement und einer Puzzolane zusammengesetzt sind. Puzzolane sind natürliche oder künstliche Stoffe, die mit Weißkalk vermischt, diesem hydraulische Eigenschaften verleihen. Natürliche Puzzolane sind z. B.

---

[1] DIN 1045, § 7, Ziff. 1.
[2] HAEGERMANN, G.: Zement Bd. 17 (1928) Nr. 22, S. 856; Nr. 23, S. 894.
[3] Zementkalender (Berlin-Charlottenburg) 1938, S. 72.
[4] A. S. T. M. C 10—37; Zement Bd. 27 (1938) Nr. 29, S. 442.

Traß oder andere vulkanische Aschen; künstliche Puzzolane sind z. B. Hochofenschlacken, gebrannter Ton u. a.

α) Traßzemente.

Traßzemente[1] (DIN 1167) werden in Deutschland durch fabrikmäßiges Vermahlen von Normen-Portlandzement (DIN 1164 und 1166) und Normen-Traß (DIN 1043) hergestellt.

Traßzement wird in 3 Mischungen in den Handel gebracht:

20 Gewichtsteile Traß und 80 Gewichtsteile Portlandzement
30   ,,   ,,   ,, 70   ,,   ,,
40   ,,   ,,   ,, 60   ,,   ,,

Die Mischung aus 30 Gewichtsteilen Traß und 70 Gewichtsteilen Portlandzement wird als Regel-Traßzement bezeichnet, weil diese Mischung im allgemeinen geliefert wird, die anderen Mischungen aber nur auf besondere Bestellung. Dem Traßzement dürfen höchstens 3% fremde Stoffe, bezogen auf den Portlandzementanteil, hinzugesetzt werden. Zur Überprüfung des Traßgehaltes wird der Kalkgehalt (CaO) des Traßzementes bestimmt und daraus unter der Annahme, daß der Portlandzement 65% und der Traß 3% Kalk (CaO) enthält, das Mischungsverhältnis errechnet. Für den Erstarrungsbeginn, die Raumbeständigkeit und die Festigkeit gelten dieselben Forderungen wie nach DIN 1164.

β) Zeolithzement.

Zeolithzement[2] ist ein hydraulisches Bindemittel, das durch gemeinsames Vermahlen von Portlandzementklinker, Traß und Hochofenschlacke hergestellt wird (Gütevorschriften bestehen hierüber nicht).

γ) Ausländische Puzzolanzemente auf Portlandzementbasis.

Spanien. Puzzolanzement ist ein hydraulisches Bindemittel, das aus Portlandzement und Puzzolanerde besteht. Der Portlandzement muß den spanischen Normen entsprechen.

Italien. Puzzolanzemente sind Bindemittel, die durch Mahlen einer innigen Mischung von reinem Zementklinker und sauerreagierender Puzzolanerde ohne Zusatz inerter Stoffe gewonnen werden.

Frankreich. Gaizezement ist ein hydraulisches Bindemittel, das zu $2/_3$ aus Portlandzement und $1/_3$ aus entwässerter „Gaize" besteht. Gaize ist ein kieselsäurereiches (etwa 83 bis 88% SiO_2) Sedimentgestein aus den Ardennen mit hohem Gehalt an löslicher Kieselsäure. Das Gestein wird bei etwa 900° C gebrannt.

Dänemark. Molerzement ist eine fabrikmäßige Mischung aus 75% Portlandzement und 25% Molererde. Molererde (auch „Moler" genannt) wird vor dem Mischen mit Portlandzement gebrannt. Sie enthält dann etwa 70% Kieselsäure.

Schweden. Pansarzement ist eine Mischung von Portlandzement mit einer künstlichen Puzzolane.

e) Kalk-Schlackenzemente.

Mischungen aus Weißkalk oder hydraulischem Kalk und Hochofenschlacke, die als Schlackenzemente[3] bezeichnet werden, seien hier der Vollständigkeit

---

[1] GRAF: Forsch.-Heft Z. VDI Bd. 261 (1923); Zement Bd. 17 (1928) Nr. 11, S. 432; Nr. 12, S. 492; Nr. 13, S. 543. — BURCHARTZ: Tonind.-Ztg. Bd. 48 (1924) Nr. 103, S. 1221; Zement Bd. 14 (1925) Nr. 15, S. 336; Nr. 16, S. 355. — BACH, H.: Tonind.-Ztg. Bd. 48 (1924) Nr. 68, S. 739; Nr. 70, S. 762; Nr. 72, S. 782; Nr. 74, S. 812; Nr. 75, S. 820. — Werbeschriften, Der Rheinische Traß (Andernach); „Traßzement" (Kruft bei Andernach). — Gütevorschriften: Zement Bd. 16 (1937) S. 647.

[2] Werbeschrift Oppeln (Schlesag).   [3] GRÜN: Zement Bd. 15 (1926) Nr. 52, S. 952.

halber erwähnt. Das Mischungsverhältnis von Kalk und Hochofenschlacke liegt in weiten Grenzen; der Kalkanteil beträgt etwa 15 bis 50% (und auch mehr).

Nach den französischen Vorschriften soll der Gehalt an gelöschtem Weißkalk oder Wasserkalk mindestens 30% betragen.

Schlackenzemente haben schließlich noch einige Bedeutung in Belgien.

f) Gips-Schlackenzemente oder Gips-Schlackenbinder.

Schließlich sei noch eine Gruppe von Zementen genannt, die aus basischer Hochofenschlacke und Gips hergestellt werden[1]. Sie sind in Frankreich und in Belgien zu Wasserbauten verwendet worden.

Nach den französischen Normen bestehen diese Zemente (Ciments sursulfatés) aus einer gleichmäßig zusammengesetzten, innigen Mischung von schnell gekühlter und feingemahlener Hochofenschlacke mit geringen Mengen Portlandzement oder gelöschtem Kalk und einem Sulfatanteil, dessen Gewichtsmenge, auf Schwefelsäureanhydrid berechnet, mehr als 5% beträgt.

g) Wasserabweisende Zemente.

Für die wasserabweisenden Zemente, die in Deutschland aus Portlandzement und etwa 3 bis 5% eines präparierten Bitumenzusatz bestehen, sind keine Gütevorschriften vorhanden. Das gleiche gilt von den in England, den Vereinigten Staaten von Amerika und anderen Ländern hergestellten sog. wasserdichten Zementen, die als Zusatz zu Portlandzement ein Kalzium- oder Aluminiumstearat, ein verseifbares Öl, ein Paraffinpräparat oder dgl. enthalten.

2. Eigenschaften der Zemente.

a) Allgemeines.

Die deutschen Normen erfassen folgende Eigenschaften: .

Feinheit der Mahlung, Erstarrungsbeginn, Raumbeständigkeit, Festigkeit. Für Straßenbauzemente tritt in Deutschland das Schwinden hinzu.

In den Normen einzelner Länder bestehen auch noch Vorschriften über das spezifische Gewicht und das Raumgewicht der Zemente und schließlich sind in den Vereinigten Staaten von Amerika für Talsperrenzemente Grenzwerte für die Wärmeentwicklung beim Abbinden und Erhärten festgelegt worden. Die übrigen Eigenschaften werden zur Zeit nur bei wissenschaftlichen Arbeiten berücksichtigt.

b) Mahlfeinheit.

Die Feinheit der Mahlung wird durch Absieben des Zementes auf Sieben bestimmter Maschenweite oder aber auch durch Sedimentations-, Windsichter-, Trübungsmeßgeräte u. a. (s. S. 22) ermittelt. In den Normen der meisten Länder ist das Absieben vorgeschrieben; in den Vereinigten Staaten ist daneben auch die Bestimmung mit einem Trübungsmeßgerät (WAGNERsches Turbidimeter) zugelassen.

Die deutschen Normen schreiben die Siebe Nr. 30 mit 0,2 mm lichter Maschenweite (900 Maschen auf 1 cm²) und Nr. 70 mit 0,088 mm lichter Maschenweite (4900 Maschen auf 1 cm²) vor (DIN 1171). Als zulässige Höchstrückstände gelten:

2% auf dem Sieb Nr. 30 (900 Maschen/cm²)
25% ,, ,, ,, ,, 70 (4900 ,,)

---

[1] DRP. 237777 vom 23. 12. 1908; DRP. 647807. Sevieri. — Zement Bd. 25 (1936) Nr. 25, S. 423.

Die deutschen Straßenbauzemente hatten bis 1939 einen Rückstand von etwa 5 bis 12% auf dem Sieb Nr. 70.

In den ausländischen Normen werden im allgemeinen die Siebe nur nach der Anzahl der Maschen auf 1 cm² angegeben.

Als *Höchstrückstände* gelten

auf dem Sieb mit		Land
4900	900	
Maschen je cm²		
%		
30	5	Estland
25	3	Chile
25	2	Bulgarien, Jugoslawien, Portugal, Rußland (für die Festigkeitsklassen 200, 250, 300)
20	2	Italien (P. Z., H. O. Z., Puzzolan-Z.) Lettland, Ungarn
20	1	Rumänien
18	—	Belgien (P. Z.), Holland (P. Z., E. P. Z., H. O. Z.), Australien (5022 Maschen/cm²)
15	2	Italien (Hw. P. Z., Hw. H. O. Z., Hw. Puzzolan-Z.), Schweden
15	1	Rußland (Güteklassen 400, 500, 600), Argentinien (P. Z.)
15	—	Brasilien (6200 Maschen/cm²), Norwegen
14	—	Belgien (Hw P. Z.), Holland (Hw. P. Z., Hw. E. P. Z., Hw. H. O. Z.)
14	1	Türkei
12	1	Uruguay, Spanien (H. O. Z.)
12	—	Japan
10	1,5	Dänemark
10	1	Argentinien (Hw. P. Z.), England (lichte Maschenweite 0,089 und 0,211 mm)
10	—	Belgien (Höherw. P. Z.), Schweiz (Tol. + 25%)
6	0,5	Spanien (Superzement)

Sieb mit 0,4 mm lichter Maschenweite: 1% Frankreich,
Amerikanisches Sieb Nr. 200 (0,074 mm lichte Maschenweite) 22% Kanada, Vereinigte Staaten von Amerika (P. Z.), 15% Brasilien,
Wagnersches Turbidimeter: Vereinigte Staaten von Amerika (Entwurf), Mindestoberfläche in cm²/g: 1500 (P. Z.), 1900 (Hw. P. Z.).

Mahlfeinheit für Tonerdezement

auf dem Sieb mit		Land
4900	900	
Maschen je cm²		
%		
15	2	Italien
8	—	Schweiz (Tol. + 25%)
6	0,5	Spanien

c) Erstarrungsbeginn.

Wenn Zement mit Wasser zu einem Brei angerührt oder „angemacht" wird, dann verfestigt sich dieser. Der Übergang von dem plastischen Brei in den festen Zustand wird als „Abbinden" bezeichnet. Diesem Vorgang schließt sich das Erhärten zu einer steinartigen Masse an[1].

---

[1] Michaelis, W.: Prot. V. D. P. C. F. vom 8. 3. 1909, S. 206, 243. — Kühl, H.: Zement Bd. 23 (1932) Nr. 27, S. 392; Nr. 28, S. 405. — Nacken, R.: Zement Bd. 26 (1937) Nr. 43, S. 701; Nr. 44, S. 715. — Würzner, K.: Zement Bd. 26 (1937) Nr. 12, S. 181. — Assarson, G.: Zement Bd. 26 (1937) Nr. 18, S. 293; Nr. 19, S. 311; Nr. 20, S. 327; Bd. 27 (1938) Nr. 43, S. 674.

Nach den deutschen Normen soll das Erstarren von normalbindenden Zementen nicht früher als 1 h nach dem Anmachen beginnen. Die Bindezeit erstreckt sich im allgemeinen auf nicht mehr als 12 h. Für Straßenbauzemente wird aus verarbeitungstechnischen Gründen bei 17 bis 20° C ein Erstarrungsbeginn von frühestens 2h und bei 30 bis 33° von frühestens $1^1/_2$ h gefordert.

In den Normen anderer Länder wird für den Erstarrungsbeginn von langsambindendem Zement folgende Mindestzeit verlangt (VICAT-Nadel):

30 min England, Frankreich, Kanada, Rußland
35 min Uruguay
45 min Argentinien, Belgien, Spanien (P. Z.), Vereinigte Staaten von Amerika (bei Anwendung der GILLMORE-Nadel 1 h)
1 h Australien, Brasilien, Bulgarien, Chile, Dänemark, Holland, Estland, Italien, Japan, Jugoslawien, Lettland, Norwegen, Portugal, Rumänien, Schweden, Türkei, Ungarn.

Nicht wesentlich unter $2^1/_2$ h: Schweiz.

Die Bindezeit soll mindestens betragen:

3 h Belgien, Ungarn, Uruguay
6 h Italien;

nicht wesentlich über:

7 h Schweiz;

sie wird begrenzt mit:

8 h Portugal, Schweden
10 h Argentinien, Chile, England, Italien (Hw. Z.), Japan, Kanada, Norwegen, Polen, Uruguay, Vereinigte Staaten von Amerika
12 h Australien, Belgien, Bulgarien, Italien, Lettland, Rußland, Spanien, Türkei, Ungarn (für handelsübliche Zemente)
15 h Dänemark, Jugoslawien

Die übrigen hier nicht genannten Normen sehen keine Begrenzung der Bindezeit vor.

Während in den deutschen und auch in zahlreichen ausländischen Normen schnellbindende Zemente nicht berücksichtigt werden, sehen eine Reihe ausländischer Normen auch Bestimmungen über Schnellbinder vor.

d) Raumbeständigkeit.

Zemente sollen sowohl in Luft als auch unter Wasser beständig sein. Wenn Kuchen aus Zementbrei sich dabei verkrümmen, Netzrisse erhalten oder zerfallen, spricht man vom „Treiben" des Zementes.

Das Treiben kann verursacht werden:

1. durch erhebliche Mengen Kalk, der beim Brennen nicht an Kieselsäure, Tonerde oder Eisenoxyd gebunden wurde, das ist sog. freier Kalk (Kalktreiben)[1].
2. durch zu hohen Magnesiagehalt (Magnesiatreiben)[2].
3. durch zu hohen Gehalt an Schwefelsäureanhydrid (SO_3) (Gipstreiben)[3].

Der Kaltwasserversuch zeigt Kalk- und Gipstreiben an, nicht aber das Treiben durch Magnesia. Hierfür reicht die Beobachtungszeit von 28 Tagen nicht aus.

[1] KÜHL, H.: Tonind.-Ztg. Bd. 54 (1930) Nr. 17, S. 278. — HAEGERMANN, G.: Zement Bd. 19 (1930) Nr. 42, S. 982.
[2] Prot. V. D. P. C. F. vom 24. 2. 1888, S. 31; vom 22. 2. 1889, S. 24; vom 28. 2. 1890, S. 40; vom 3. 3. 1890, S. 26; vom 27. 2. 1891, S. 40; vom 26. 2. 1892, S. 66; vom 3. 3. 1893, S. 4; vom 27. 2. 1895, S. 72; vom 25. 2. 1902, S. 134; vom 26. 2. 1908, S. 37 und S. 381; siehe auch „Zement" Bd. 4. (1915), Nr. 6, S. 31. — BATES, P. H.: Bur. Stand. Tech. Paper 1918, Nr. 2; Proc. Amer. Soc. Test. Mater. Bd. 27 (1927) S. 324.
[3] Vgl. Quellennachweis Fußnote 2, S. 366.

Als beschleunigte Raumbeständigkeitsprüfung ist der Kochversuch vorgesehen, der aber weder Gipstreiben noch Magnesiatreiben des Zementes erkennen läßt und auch kein sicheres Urteil über Kalktreiben gestattet. Er ist für die Beurteilung eines Zementes in Deutschland nicht maßgebend.

Der Kochversuch oder der Dampfversuch (Lagerung in Dampf über kochendem Wasser) ist vorgeschrieben in: Argentinien, Australien, Brasilien, Bulgarien, Holland, Italien, Japan, Jugoslawien, Kanada, Norwegen, Rumänien, Rußland, Schweiz, Spanien, Ungarn, den Vereinigten Staaten von Amerika.

In einigen Ländern ist der Le Chatelier-Versuch, eine andere Art des Kochversuches, der es gestattet, die Ausdehnung zu messen, eingeführt worden.

Für den Abstand der Nadelspitzen sind folgende Höchstwerte vorgeschrieben:

mm	Land
4	Portugal
5	Australien, Italien, Norwegen, Uruguay, Frankreich (Seewasser)
8	Schweiz (10 mm für natürliche Zemente, hydraulischen Kalke), Türkei
10	Belgien, Brasilien, Dänemark, England, Frankreich, Holland, Rumänien, Schweden
12	Estland

Neben dem Kochversuch ist der Darrversuch (s. S. 3961) vorgeschrieben in: Argentinien, Lettland.

e) Festigkeit.

Nach den deutschen Normen (1939) wird der Zement in der Mörtelmischung 1 Gewichtsteil Zement und 3 Gewichtsteile Normensand auf Druckfestigkeit an Würfeln von 50 cm^2 Seitenfläche geprüft.

Die bisher übliche Bestimmung der Zugfestigkeit an 8förmigen Probekörpern ist wegen der erheblichen Unterschiede, die bei der Prüfung an verschiedenen Orten aufgetreten sind, durch die Bestimmung der Biegefestigkeit an Prismen aus weich angemachtem Mörtel ersetzt worden. Hierbei wird ein anderer (gemischtkörniger) Normensand verwendet, der den Vorzug hat, daß der Mörtel mit einer Wassermenge zubereitet werden kann, die der heute in der Praxis zumeist angewandten angepaßt ist. Gegenüber dem (alten) Normenprüfverfahren an Körpern aus erdfeucht angemachtem Mörtel hat das neue den Vorzug, daß eine bessere Beziehung zu den Betonfestigkeiten vorhanden ist.

Die Festigkeitsforderungen nach den deutschen Normen sind (1939):

Zahlentafel 1.
Druckfestigkeit in kg/cm^2 an Würfeln von 50 cm^2 Seitenfläche, 1 Gewichtsteil Zement + 3 Gewichtsteile (gleichkörniger) Normensand, 8 % Wasser, Verdichten der Probekörper mit dem Hammerapparat.

1 Tag	3 Tage	7 Tage	28 Tage	28 Tage
feuchte Luft	Wasserlagerung			gem. Lagerung
Normenzemente				
—	—	200	300	400
Hochwertige Normenzemente				
—	250	—	400	500
Höherwertige Normenzemente				
300	500	—	600	650

Zahlentafel 2.
Biegezugfestigkeit in kg/cm^2 an Prismen 4 × 4 × 16 cm aus weich angemachtem Mörtel (1 Gewichtsteil Zement + 3 Gewichtsteile gemichtkörniger Normensand, 15 % Wasser, Verdichten von Hand).

3 Tage	7 Tage	28 Tage
Wasserlagerung		
Normenzemente		
—	25	50
Hochwertige Normenzemente		
25	—	55

Die Erhöhung einzelner Mindestwerte für die Biegefestigkeit ist zu erwarten, sobald die Prüfstellen mit der Durchführung des neuen Verfahrens genügend vertraut sind.

Festigkeitsforderungen nach ausländischen Normen:

Die in den Normen anderer Länder geforderten Mindestfestigkeiten gestatten nur dann einen Vergleich zu den deutschen, wenn die Prüfvorschrift in allen Einzelheiten der deutschen entspricht. Da das aber zumeist nicht der Fall ist, wird ein Vergleich erschwert, denn die Zemente verhalten sich bei unterschiedlicher Verdichtung und unterschiedlichem Wasserzusatz nicht gleichartig. Auch der Normensand beeinflußt die Ergebnisse sehr erheblich.

Wird beispielsweise an Stelle des Hammergerätes die Fallramme nach KLEBE-TETMAJER zum Verdichten des Mörtels verwendet, so werden für die Druckfestigkeiten wesentlich höhere Werte erhalten.

F. FRAMM hat die mittlere *Festigkeitserhöhung durch Verdichten* mit der Ramme an Stelle des Hammerapparates zu:

39% nach 2 Tagen (1 Tag feuchte Luft + 1 Tag Wasser)
25% ,, 7 ,, (1 ,, ,, ,, + 6 Tage ,,)
21% ,, 28 ,, (1 ,, ,, ,, + 27 ,, ,,)

festgestellt[1].

Auch das englische Prüfverfahren liefert im allgemeinen etwas höhere Werte[2], während das französische und das amerikanische Prüfverfahren niedrigere Werte ergeben[3].

In den folgenden Zahlentafeln werden die nach den ausländischen Normen geforderten Mindestfestigkeiten, getrennt nach den Verdichtungsarten des Mörtels, mitgeteilt.

Zahlentafel 3. Mindestfestigkeiten für Portland- und Hüttenzemente (soweit genormt).
Verdichtung: Hammergerät. Prüfkörper: Druckprobe: Würfel 50 cm² Seitenfläche; Zugprobe: 5 cm² Zerreißfläche.

	Zugfestigkeit kg/cm²					Druckfestigkeit kg/cm²				
	2 Tage	3 Tage	7 Tage	28 Tage	28 Tage	2 Tage	3 Tage	7 Tage	28 Tage	28 Tage
	Wasserlagerung				gem. Lag.	Wasserlagerung				gem. Lag.
Australien	—	—	—	—	—	—	—	246	316	352
Bulgarien	—	—	18	25	30	—	—	180	275	350
Dänemark	—	—	20	25	30	—	—	320	400	450
Estland	—	—	14	—	—	—	—	140	200	250
Holland	—	—	18	26	—	—	—	200	200	—
Japan	—	—	20	25	—	—	150	220	300	—
Lettland	—	—	16	28	—	—	—	150	250	—
Norwegen	—	16	22	27	—	—	180	250	350	—
Rumänien	—	—	22	28	35	—	—	220	280	350
Schweden										
P. Z., Klasse B . .	—	—	14	20	25	—	—	140	200	250
P. Z., Klasse A . .	—	—	20	30	35	—	—	275	375	425
Türkei	—	—	22	27	32	—	—	300	350	400

---

[1] FRAMM, F.: Zement Bd. 9 (1920) Nr. 43, S. 541 u. Nr. 46, S. 577. — ALLIHN: Zement Bd. 5 (1916) Nr. 45, S. 273. — GRIMM, R.: Zement Bd. 5 (1916) Nr. 46, S. 279. — HAEGERMANN, G.: Zement Bd. 13 (1924) Nr. 16, S. 165.
[2] HAEGERMANN, G.: Zement Bd. 15 (1926) Nr. 48, S. 877.
[3] HAEGERMANN, G.: Zement Bd. 16 (1927) Nr. 42, S. 991.

Zahlentafel 4. Mindestfestigkeiten für hochwertige Zemente.

	Zugfestigkeit kg/cm²					Druckfestigkeit kg/cm²				
	2 Tage	3 Tage	7 Tage	28 Tage	28 Tage	2 Tage	3 Tage	7 Tage	28 Tage	28 Tage
	Wasserlagerung				gem. Lag.	Wasserlagerung				gem. Lag.
Australien . . .	—	—	—	—	—	—	281	387	457	492
Bulgarien . . .	—	28	—	32	44	—	280	—	450	550.
Holland	—	23	26	32	—	—	250	350	425	—
Norwegen . . .	18	—	27	30	—'	250	—	375	450	—
Rumänien . . .	—	30	—	—	45	—	300	—	—	450
Schweden . . .	20	—	30	35	40	250	—	375	450	550
Türkei	—	27	—	34	42	—	350	—	425	525

Zahlentafel 5.

Verdichtung: Klebe-Tetmajer-Ramme. Das Schlaggewicht, die Hubhöhe des Schlaggewichtes und die Anzahl der Schläge sind nach sämtlichen Vorschriften für die Zugproben gleich. Die Vorschriften für das Herstellen der Druckproben sind unterschiedlich.

Probe	Schlaggewicht kg	Hubhöhe cm	Anzahl der Schläge
Zugprobe	2	25	120
Druckprobe . . .	3—3,4	50	150
			160 (Italien)

Zahlentafel 6. Festigkeitsforderungen für Portlandzement und E.P.Z. und H.O.Z., soweit sie genormt sind.

Land	Schlag- gewicht fur Druck- proben	Zugfestigkeit kg/cm²						Druckfestigkeit kg/cm²					
		1 Tg.	2 Tg.	3 Tg.	7 Tg.	28 Tg.	28 Tg.	1 Tg.	2 Tg.	3 Tg.	7 Tg.	28 Tg.	28 Tg.
		Wasserlagerung					gem. Lag.	Wasserlagerung					gem. Lag.
Argentinien . .	3,4	—	—	—	20	28	—	—	—	—	230	325	—
Belgien	3	—	—	18	23	27	—	—	—	200	300	400	—
Italien	3	—	—	—	25	35	—	—	—	—	350	450	—
Jugoslavien .	3,2	—	—	—	16	—	28	—	—	—	200	280	320
Portugal . . .	3	—	—	—	17	21	—	—	—	—	200	300	—
Ungarn . . .	3,2	—	—	—	15	22	—	—	—	—	200	280	—

Hochwertige Zemente.

Argentinien . .	3,4	20	25	30	35	—	50	225	350	400	450	—	600
Belgien Hw. .	3	—	—	23	27	30	—	—	—	300	400	500	—
Höherw. . .	—	20	—	27	30	32	—	225	—	400	500	575	—
Italien	3 (160)	—	—	20	30	35	—	—	—	250	450	600	—
Jugoslawien .	3,2	—	20	—	28	—	—	—	240	—	400	—	—
Ungarn . . .	3,2	—	20	—	27	30	—	—	250	—	400	500	—

Zahlentafel 7. Prüfverfahren, bei denen der Mörtel von Hand verdichtet wird.

Amerikanisches Prüfverfahren. Portlandzement.

Zugfestigkeiten in Pfd./Qu.-Zoll (in Klammern die Werte für kg/cm²).

Land	7 Tage	28 Tage
	Wasserlagerung	
Kanada	225 (15,8)	325 (22,9)
Uruguay	312 (23,2)	—
Vereinigte Staaten von Amerika .	275 (19,3)	350 (24,6)

Zahlentafel 8. Hochwertiger Portlandzement.

	Zugfestigkeit Pfd./Qu.-Zoll (kg/cm²)			Druckfestigkeit Pfld./Qu.-Zoll (kg/cm²)	
	1 Tag f. Luft	3 Tage	7 Tage	1 Tag f. Luft	3 Tage Wasserlag.
		Wasserlagerung			
Vereinigte Staaten von Amerika	275 (19,4)	375 (26,4)	— —	1300 (91,4)	3000 (211)

Zahlentafel 9. Brasilien.
Druckfestigkeit in kg/cm² (Zylinder 2 × 4").

3 Tage	7 Tage	28 Tage
	Wasserlagerung	
80	150	250

Zahlentafel 10. Englisches Prüfverfahren. Portlandzement.
Zugfestigkeiten in Pfd./Qu.-Zoll (die Umrechnung auf kg/cm² in Klammern).

Land	3 Tage	7 Tage	28 Tage	Reiner Zement 7 Tage
		Wasserlagerung		Wasserlagerung
England	300 (21,1)	375 (26,4)	—	—
Jamaika	—	325 (22,9)	356 (25)	600 (42,2)

Zahlentafel 11. Französische Normen.
Druckfestigkeit in kg/cm² (Würfel von 5 cm Kantenlänge); Mörtel 1:3.

Klassen	2 Tage	7 Tage	28 Tage
		Wasserlagerung	
Portland- und Hüttenzement			
für normale Arbeiten	—	100	160
für Spezialarbeiten	—	160	250
Hochwertiger Portland- und Hüttenzement			
für normale Arbeiten	100	250	315
für Spezialarbeiten	160	315	400
Gips-Schlackenzement			
für normale Arbeiten	—	100	160
Hochwertiger Gips-Schlackenzement			
für normale Arbeiten	100	250	315
Tonerdezement	315	355	400

Zahlentafel 12. Schweizerische Normen.

Biegezugfestigkeit kg/cm²				Druckfestigkeit kg/cm²			
1 Tag	3 Tage	7 Tage	28 Tage	1 Tag	3 Tage	7 Tage	28 Tage
	Wasserlagerung				Wasserlagerung		
Portlandzement							
—	—	35	45	—	—	180	275
Hochwertiger Portlandzement							
—	40	50	60	—	250	340	420
Tonerdezement							
40	55	65	70	275	450	525	600

f) Spezifisches Gewicht.

Das spezifische Gewicht gibt an, wieviel mal schwerer eine porenlose Substanz ist, als das gleich große Volumen Wasser bei 4° C. Das mittlere spezifische Gewicht der Portlandzemente ist bei der Anlieferung etwa 3,05, das der Hochofenzemente etwa 2,9. Für geglühten Portlandzement liegen die Werte etwa zwischen 3,1 und 3,2 (Erzzement etwa 3,3).

In den deutschen Normen ist kein Mindestwert für das spezifische Gewicht vorgeschrieben, wohl aber in einigen ausländischen Normen. Zumeist wird es an Proben bestimmt, die zuvor bei 110 bis 120° getrocknet sind; eine Ausnahme machen die belgischen Vorschriften, nach denen der Zement zunächst ungetrocknet und erst dann getrocknet geprüft wird, wenn das spezifische Gewicht weniger als 3,05 ist.

Die *Mindestwerte für das spezifische Gewicht* nach ausländischen Normen sind:

2,9	Italien (P. Z., H. O. Z., Puzz. Z., Hw. H. O. Z., Hw. Puzz. Z.)
2,9—3,3	Rumänien
3,0	Ungarn
3,05	Argentinien, Belgien, Italien (Hw. P. Z., Tonerde Z.), Japan, Norwegen, Portugal, Spanien.

g) Raumgewicht.

Das Raumgewicht eines pulverförmigen Stoffes ist der Quotient aus Gewicht und dem vom Stoff eingenommenen Raum einschließlich Hohlräume und Poren. Das Raumgewicht der Zemente wird in einem 1-l-Gefäß bestimmt und mit Angabe der Art des Einfüllens (z. B. „lose eingelaufen", „eingerüttelt") in kg/l ausgedrückt.

Die Litergewichte liegen etwa in folgenden Grenzen:

	Lose eingelaufen	eingerüttelt
Normenzemente	0,900—1,300	1,700—2,200
Tonerdezement	1,100—1,300	1,800—2,000
Traßzement		
70 : 30	0,980	1,770
50 : 50	0,770	1,560

Die Bestimmungen des Deutschen Ausschusses für Eisenbeton[1] legen für das Umrechnen von Gewichts- auf Raumteile für Normenzemente das Raumgewicht (im Hektolitergefäß lose eingelaufen bestimmt) von 1,200 zugrunde. Vorschriften über die Höhe des Raumgewichtes sind in den Zementnormen nicht enthalten.

h) Schwinden und Quellen.

Über das Schwinden der Zemente sind in den letzten Jahren vor allem in Deutschland umfangreiche Untersuchungen ausgeführt worden, die uns einen tieferen Einblick in die Schwindvorgänge und ein gutes Bild von dem Schwindverhalten der Zemente vermitteln[2].

---

[1] DIN 1045, Abschn. III, § 8, Ziff. 1.
[2] Kühl, H.: Tonind.-Ztg. Bd. 59 (1935) Nr. 70, S. 843; Nr. 71, S. 864; Nr. 74, S. 913; Nr. 82, S. 1016; Nr. 83, S. 1028. — Haegermann, G.: Prot. V. D. P. C. F. vom 29. 8. 1935, S. 129. — Graf, O.: Prot. Lond. Kongr. Intern. Verb. Materialprüfung 1937, Gruppe B, S. 284. — Weise, F.: Zement Bd. 26 (1937) Nr. 3, S. 39. — Prüssing, C.: Prot. V. D. P. C. F. om 12. 9. 1938, S. 152. — Haegermann, G.: Prot. V. D. P. C. F. vom 12. 9. 1938, S. 174.

Körper aus erhärtetem Zement erfahren bei der Lagerung im Wasser eine Vergrößerung des von ihnen eingenommenen Raumes, beim Austrocknen in Luft dagegen eine Verkleinerung. Diese Erscheinungen werden als Quellen und Schwinden bezeichnet. Sie treten bei jedem Wechsel der Lagerung (auch noch im hohen Alter) auf, ähnlich wie dies bei kapillar-porösen Körpern aus anderen Stoffen der Fall ist.

Das Schwindmaß der Zemente an Prismen 4×4×16 cm nach 28 Tagen Einheitslagerung (2 Tage in der Form, 5 Tage in Wasser, 21 Tage über Pottaschelösung mit Bodenkörper) liegt etwa zwischen 0,28 mm/m bis 1,00 mm/m und nach 56 Tagen Einheitslagerung zwischen etwa 0,45 mm/m bis 1,35 mm/m. Für die Straßenbauzemente werden Schwindwerte von weniger als etwa 0,50 bis 0,60 mm/m nach 28 Tagen Einheitslagerung garantiert.

Das Quellmaß der nach den Normen als raumbeständig zu bezeichnenden Zemente ist bei dem erstmaligen Lagern in Wasser im allgemeinen nicht mehr als etwa 0,12 mm/m nach 90 Tagen, wenn dagegen die Probekörper nach dem Austrocknen wieder unter Wasser gebracht werden, dann ist das Quellmaß wesentlich größer.

i) Abbindewärme.

Beim Abbinden und Erhärten von Zement tritt eine beachtliche Menge Reaktionswärme (Hydratationswärme)[1] auf, die nun sowohl von Vorteil als auch von Nachteil sein kann. Sie ist von Vorteil, wenn bei niedrigen Außentemperaturen betoniert wird; beispielsweise ist das gute Verhalten von Tonerdezement bei Winterarbeiten auf dessen große Wärmeentwicklung zurückzuführen. Dagegen ist sie von Nachteil bei Massenbauten, wie z. B. Talsperren, weil der Beton infolge des langsamen Wärmeabflusses beträchtlich erwärmt wird und dann beim Abkühlen Temperaturspannungen zwischen dem Kern und den äußeren Teilen des Bauwerkes auftreten, die zu Rissen führen können.

Zahlentafel 13. Hydratationswärme verschiedener Portlandzemente[2].

Portlandzement	Mittel aus Zementen	Spezifische Oberfläche cm²/g	Gehalt an 3 CaO · SiO₂	Hydratationswärme cal/g		
				3 Tage	7 Tage	28 Tage
Hochwertig . .	12	2030	56	102	108	114
Handelsüblich .	11	1770	43	79	86	91
Modified	12	1930	42	63	74	82
Low-heat. . . .	14	1930	20	44	52	65

Beim Bau des Boulder Dammes (Vereinigte Staaten) wurde die Wärmeentwicklung des Zementes mit 65 cal/g nach 7 Tagen und 75 cal/g nach 28 Tagen begrenzt.

In Deutschland sind für Massenbauten an Stelle der Sonderportlandzemente Traßzemente und Mischungen von handelsüblichem Portlandzement mit hydraulischen Zusatzstoffen verwendet worden, die bezüglich der geringen Wärmeentwicklung den amerikanischen Zementen nicht nachstehen.

3. Prüfverfahren für Zemente.

a) Geschichtliches.

Das markanteste Ereignis in der Geschichte des Zementprüfwesens ist die Aufstellung der deutschen Normen vom Jahre 1878, die nicht nur bahnbrechend

---

[1] Woods, H., H. H. Steinour u. H. R. Starke: Engin. News Rec. Bd. 109 (1932) S. 404; Bd. 110 (1933) S. 431. — Lerch, W. u. R. H. Bogue: Bur. Stand. J. Res., Wash. Bd. 5 (1934) S. 645; Zement Bd. 24 (1935) Nr. 11, S. 155. — Davey u. Fox: Build. Res. Tech. Paper Bd. 15 (1933) Nr. 15. — Meyers S. L.: Tonind.-Ztg. 1933, Nr. 27, S. 329.

[2] Special Cements for Mass Concrete, Denver Col., 1936, S. 102.

für die Prüfung und Bewertung der Zemente gewesen sind, sondern darüber hinaus eine große Bedeutung für die Entwicklung der Zementindustrie gewonnen haben[1].

Zwar hat es früher nicht an Bemühungen gefehlt, Prüfverfahren für hydraulische Bindemittel zu entwickeln[2], aber der Erfolg blieb diesen insofern versagt, als die Verfahren keine allgemeine Anerkennung gefunden hatten und zumeist auch nicht zweckmäßig ausgebildet waren.

Die älteste Körperform für die Festigkeitsproben dürfte das Prisma gewesen sein. So berichtet bereits im Jahre 1772 der schwedische Forscher Bengt Quist[3] über Ergebnisse von Biegeversuchen an Mischungen aus Kalk und Schieferasche und später ist der Biegeversuch oftmals beschrieben worden. Er hatte eine gewisse Bedeutung bis zur Mitte des vorigen Jahrhunderts[4].

Daneben waren aber auch Haftfestigkeitsversuche von Mörtel an Ziegelstein beliebt[5]. Man kittete mit dem Prüfmörtel zwei Steine zusammen und bestimmte nach dem Erhärten die Kraft, die notwendig war, um die Steine voneinander zu trennen oder aber man mauerte an eine Ziegelwand mit dem Prüfmörtel flachseitig einen Stein, nach dem Erhärten an diesen einen zweiten, einen dritten und sofort bis die Steinreihe durch ihr eigenes Gewicht abbrach.

Vicat[6] prüfte den Mörtel, indem er eine abgestumpfte Stahlnadel mit einem Fallgewicht in den Probekörper einrammte; aus der Anzahl der Schläge, die zum Eindringen der Nadel bis zu einer bestimmten Tiefe erforderlich waren, zog er seine Schlüsse auf die Güte des Bindemittels. Ferner hat er die Proben angebohrt und die Zahl der Umdrehungen des Bohrers für dessen Eindringen bis zu einer bestimmten Tiefe der Bewertung zugrunde gelegt (1818). (Das Nadelgerät für die Abbindeversuche wird in einer Veröffentlichung aus dem Jahre 1824 beschrieben.)

Über die ersten Zug- und Druckversuche berichtet 1836 der bayerische Ingenieur E. Panzer[7], der zum Prüfen bereits Geräte mit Hebelübersetzung (20fach) verwendete.

Um das Jahr 1848 ist erstmalig eine hydraulische Presse zur Bestimmung der Druckfestigkeit benutzt worden[8]. Der Einführung der Druckprobe stand aber damals noch der Mangel an geeigneten und billigen Prüfmaschinen entgegen.

Etwa zu derselben Zeit erlangt in Frankreich die Zugprobe größere Bedeutung. Sie ist dann aber vor allem von dem Engländer Grant gefördert worden, dessen Veröffentlichungen auch in Deutschland große Beachtung gefunden haben (1859)[9]. Im Jahre 1860 wird in dem ersten deutschen Zementwerk für die Betriebsüberwachung die Zugprobe mit einem Zerreißquerschnitt von $1 \times 1\frac{1}{2}''$ aus reinem Zement eingeführt.

Michaelis gab (1875) der Zugprobe etwa die Form, die sie heute noch aufweist. Der Zerreißapparat mit 50facher Hebelübersetzung wurde von Michaelis und H. Schickert 1876 entwickelt.

Das Jahr 1878 bringt dann die ersten deutschen Normen. Neben der Prüfung auf Zugfestigkeit an Mörtel auf 1 Gewichtsteil Zement + 3 Gewichtsteile Sand bestimmter Körnung (Rückstand zwischen den Sieben mit 60 und 120 Maschen/cm²),

---

[1] Schott, F.: Prot. V. D. P. C. F. vom 24. 2. 1902, S. 199. — Otzen: Prot. Dtsch. Beton-Verein vom 5. 4. 1934, S. 73.

[2] Burchartz, H.: Prot. V. D. P. C. F. vom 28. 8. 1927, S. 51. — Haegermann G.: Dtsch. Zementind. Berlin-Charlottenburg (1927) S. 265.

[3] Quist, B.: Schwed. Akademie Bd. 34 (1772) S. 123.

[4] Treussart: Mémoires sur les mortiers hydrauliques. Paris 1829. — Michaelis: Die hydraulischen Mörtel, S. 247. Leipzig 1869.

[5] Pasley: Observations on Lime etc. London 1847.

[6] Vicat: Recherches experimentale etc. Paris 1818.

[7] Panzer E.: Über das Vorkommen des hydraulischen Kalkes in der Keuperformation. München 1836.

[8] The Builder 30. 9. 1848.

[9] Grant: Experiments of the Strength of Cement. London 1859.

der mit einem Spatel in die Form eingeschlagen wird, wurde die Prüfung auf Raumbeständigkeit (Kaltwasserversuch), Bindezeit (Fingernagelversuch) und Mahlfeinheit (Sieb mit 900 Maschen/cm²) eingeführt.

Obwohl damals schon die Bedeutung der Druckfestigkeit für die Bewertung der Zemente erkannt war, wurde die Druckprobe nicht in die Normen aufgenommen, weil es noch an geeigneten Prüfgeräten fehlte. Aber bereits kurze Zeit später war dieser Mangel behoben und im Jahre 1884 empfahl der Verein Deutscher Portland-Cement-Fabrikanten die Druckprobe als maßgebende Festigkeitsprobe; sie wurde dann auch bei der ersten Normenänderung (1887) eingeführt.

An Stelle der von TETMAJER (1884) vorgeschlagenen und von KLEBE verbesserten Ramme zum Verdichten des Mörtels wurde der von BÖHME konstruierte Hammerapparat wegen seiner größeren Einfachheit und Handlichkeit in Deutschland zunächst für die Herstellung der Druckprobe vorgeschrieben (1887).

Da die Bestimmung der Bindezeit mit dem Fingernagel keine zuverlässigen und übereinstimmenden Ergebnisse lieferte, wurde die von TETMAJER (1883) vorgeschlagene VICAT-Nadel zur Ermittlung der Bindezeit in die Normen aufgenommen.

Vom Jahre 1897 ab wurde der Normensand in Bad Freienwalde a. O. hergestellt. Im Jahre 1902 wurde der mechanische Mischer nach STEINBRÜCK-SCHMELZER eingeführt. Die folgende Änderung der Normen im Jahre 1909 brachte die Einführung der kombinierten Lagerung der Proben (1 Tag in feuchter Luft, 6 Tage unter Wasser, 21 Tage in Luft), und die Bestimmung des Erstarrungsbeginns (an Stelle der Bindezeit).

Im Jahre 1925 wurde in die Bestimmungen des Deutschen Ausschusses für Eisenbeton Mindestfestigkeiten für hochwertige Zemente aufgenommen und 1932 wurden die Normen abermals geändert, indem der Wasserzusatz auf 8% festgelegt, die Bestimmung des Erstarrungsbeginns genauer beschrieben (Steckenbleiben der Nadel 3 bis 5 mm über der Glasplatte), ferner das Sieb mit 4900 Maschen/cm² und die vorläufige Prüfung auf Raumbeständigkeit durch den Kochversuch aufgenommen wurde.

Schließlich wurde im Jahre 1939 der Zugversuch an 8förmigen Probekörpern durch den Biegeversuch an Prismen $4 \times 4 \times 16$ cm aus weich angemachtem Mörtel, zu dem ein gemischtkörniger Normensand verwendet wird, ersetzt, nachdem diese Prüfart bereits seit 1934 bei Zementen für die Fahrbahndecken der Reichsautobahn angewandt worden war.

Die Änderung der Mindestfestigkeiten geht aus der folgenden Zahlentafel hervor:

Zahlentafel 14. Mörtel 1:3. Änderung der Mindestfestigkeit durch die Normung im Laufe der Zeit.

Jahr	Zugfestigkeit kg/cm²				Druckfestigkeit kg/cm²			
	3 Tage	7 Tage	28 Tage	28 Tage	3 Tage	7 Tage	28 Tage	28 Tage
	Wasserlagerung			komb. Lag.	Wasserlagerung			komb. Lag.
Portlandzement								
1878	—	—	10	—	—	—	—	—
1887	—	—	16	—	—	—	160	—
1909	—	12	—	—	—	120	200	250
1932	—	18	25	30	—	180	275	350
1939	—	—	—	—	—	200	300	400
Hochwertiger Portlandzement								
1925	25	—	—	35	250	—	—	450
1932	25	—	30	40	250	—	400	500
Biegefestigkeit kg/cm²								
	Normenzement				Hochwertiger Normenzement			
1939	—	25	50	—	25		55	—

b) Probenahme und Vorbereitung der Probe.

Bei der Probennahme von Zement ist darauf zu achten, daß gute Durchschnittsmuster erhalten werden, die sofort in luftdicht zu verschließende Behälter gefüllt werden. Falls die Probe nicht im Werk gezogen wird, ist bei verpacktem Zement die obere Schicht zu entfernen und Zement aus dem Innern der Säcke oder Fässer zu entnehmen, um Beeinflussungen, die durch Feuchtigkeitsaufnahme aus der Luft entstanden sein können, nach Möglichkeit auszuschalten.

Über die Anzahl der zu entnehmenden Einzelproben werden in den deutschen Normen keine näheren Angaben gemacht; es ist lediglich vorgeschrieben, daß Proben aus mehreren Säcken oder Fässern zu entnehmen sind.

Falls Zement aus großen Behältern (Silos, Kähnen oder dgl.) geprüft werden soll, so sind die Proben an verschiedenen Stellen und aus verschiedener Höhenlage mit einem Rohr nach Art der Getreidestecher zu entnehmen.

Die Einzelproben sind durch inniges Mischen zu einer Durchschnittsprobe von mindestens 10 kg zu vereinigen. Der Zement muß vor der Prüfung zunächst durch ein Sieb Nr. 5 DIN 1171 (25 Maschen/cm²) gesiebt werden, um Verunreinigungen (Stroh, Holzabfälle oder dgl.) zu entfernen. Zementklumpen sind zwischen den Fingern zu zerkleinern und dem Siebgut hinzuzufügen. Harte Zementklumpen sind von der Prüfung auszuschließen. Ihre Menge ist zu bestimmen und der Befund ist im Prüfungszeugnis anzugeben.

In ausländischen Normen sind über die Anzahl der Einzelproben in bezug auf den Umfang der Lieferung nähere Angaben enthalten, die in der folgenden Zahlentafel zusammengestellt sind:

Zahlentafel 15. Probenahme.

Land	Umfang der Lieferung	Einzelproben		Durchschnittsprobe	
		Anzahl	Gewicht kg	aus Einzelproben	Gewicht kg
Australien	für je 200 t oder 1000 Fässer oder 1000 Säcke	4	0,250	4	14
Frankreich	für je 10 t	5	—	5	—
England	für je 250 t	—	—	12	4,5
	bis 12 Fässer 12 Säcke	aus jeder Einheit	—	—	4,5
Schweden	bis und für je 340 t	10	1	10	15
Vereinigte Staaten von Amerika	für je 100 Fässer oder 400 Säcke	1 oder 10	2,5 0,250	1 10	— 2,5
	Silolagerung für je 100 Faß	1 oder 10	2,5 0,250	1 10	— 2,5

Die Einzelproben werden nach den australischen und schwedischen Normen auf Abbinden und Raumbeständigkeit geprüft, die Durchschnittsprobe auch auf Festigkeit.

In den Vereinigten Staaten ist die Probenahme an der Förderanlage des Zementes zum Silo und an den Entleerungsöffnungen des Silos gestattet; in diesen Fällen wird in regelmäßigen Zwischenräumen eine Teilprobe entnommen, für Mengen entsprechend 400 Faß werden das Abbinden und die Raumbeständigkeit geprüft, für Mengen entsprechend 800 Faß werden ferner die Mahlfeinheit und die Festigkeit bestimmt und für Mengen entsprechend 2000 Faß (rd. 340 t) ist auch die Ausführung einer Analyse und die Bestimmung der Hydratationswärme (sofern der Zement zu Massenbauten verwendet wird) vorgesehen.

Die schweizerischen Normen begrenzen den Zeitpunkt der Probenahme mit 14 Tagen nach Abgang des Zementes vom Werk, wobei die trockne Lagerung des Zementes während dieser Zeit vorausgesetzt ist. Die Proben sind zu gleichen Teilen vom Rand und aus dem Innern der Packung zu entnehmen.

c) Bestimmung der Mahlfeinheit.

Die Mahlfeinheit wird in sämtlichen Zementnormen durch Absieben einer bestimmten Gewichtsmenge (50 oder 100 g) Zement auf den in den betreffenden Normen vorgeschriebenen Sieben (vgl. S. 374) bestimmt; in den Vereinigten Staaten ist daneben die Bestimmung mit dem Trübungsmeßgerät nach WAGNER gestattet.

Das Prüfverfahren ist in Deutschland folgendes: 100 g bei 105° getrockneter Zement werden zunächst auf das Sieb Nr. 70 DIN 1171 (4900 Maschen/cm², lichte Maschenweite 0,088 mm) gebracht und 25 min gesiebt, indem das Sieb mit einer Hand gefaßt und in leicht geneigter Lage gegen die andere Hand geschlagen wird. Die Schlagzahl soll etwa 125 in der Minute sein. Nach je 25 Schlägen wird das Sieb in waagerechter Lage um 90° gedreht und dann leicht auf eine feste Unterlage geklopft. Nach 10 und 20 min Siebdauer wird die untere Fläche des Siebes mit einer feinen Bürste abgebürstet, um etwa verstopfte Maschen zu öffnen.

Nach insgesamt 25 min Siebdauer wird der Siebrückstand in eine Schale geschüttet und gewogen. Zur Nachprüfung wird der Rückstand je weitere 2 min gesiebt, bis er sich in dieser Zeit um weniger als 0,1 g vermindert.

Der Rückstand von dem Sieb Nr. 70 wird auf Sieb Nr. 30 (900 Maschen/cm², lichte Maschenweite 0,2 mm) gebracht und 5 min ohne Klopfen und Bürsten gesiebt. Dann wird der Rückstand gewogen. Zur Nachprüfung wird das Sieben 1 min fortgesetzt. Danach darf die Abnahme nicht mehr als 0,05 % betragen. Die Siebrückstände werden in Prozenten des Siebgutes mit einer Genauigkeit von 0,1 % angegeben.

Der Siebvorgang wird mit einer zweiten Menge wiederholt. Dabei dürfen die Unterschiede nicht größer sein als 1 % auf dem Sieb Nr. 70 und 0,3 % auf dem Sieb Nr. 30, andernfalls ist noch ein dritter Versuch auszuführen. Maßgebend ist der Mittelwert aus den beiden am nächsten aneinanderliegenden Ergebnissen. Zum Sieben sind quadratische Siebe mit Holzrahmen von etwa 22 cm lichter Weite und 9 cm Höhe zu verwenden. Die Drahtgewebe müssen dem Normenblatt DIN 1171 entsprechen.

In den ausländischen Normen gilt im allgemeinen das Sieben als beendigt, wenn in 1 min (oder während der entsprechenden Schlagzahl) der Rückstand um nicht mehr als 0,1 % abnimmt.

Nach einzelnen Vorschriften ist auch die Verwendung einer Metallscheibe, die während des Siebvorganges auf das Siebgewebe gelegt wird, gestattet, z. B. nach den australischen eine Scheibe im Gewicht eines 3-Penny-Stückes, nach den belgischen ein durchlochter ringförmiger Kupferkörper mit gebrochenen Kanten von 30 mm äußeren Durchmesser, 10 mm Lochdurchmesser, 2 mm Dicke. Die Anwendung mechanischer Siebvorrichtungen ist zwar erlaubt, entscheidend ist jedoch ebenso wie in Deutschland das Ergebnis der Handsiebung.

Die maschinellen Siebvorrichtungen haben im allgemeinen den Nachteil, daß die Aussiebung nicht so weitgehend ist wie beim Sieben von Hand. Als Vorsiebgeräte sind sie jedoch gut geeignet, während das Fertigsieben und in jedem Falle das Nachprüfen des Siebergebnisses von Hand auszuführen ist. Die früher im Auslande viel benutzte Siebmaschine nach Tetmajer ist heute in ihrer Wirkungsweise von anderen überholt.

Von neueren Siebmaschinen seien genannt: die Siebmaschine nach Förder-reuther[1], die Duplex-Rapid (Chemisches Laboratorium für Tonindustrie, Berlin), die Siebmaschine nach Berl, Schmidt und Koch[2] und eine Sieb-vorrichtung nach Werner, bei der der Zement mit Hilfe von Wasser, das aus einer sich schnell drehenden Doppeldüse in feinen Strahlen austritt, durch das Sieb geschlämmt wird.

Einen zusammenfassenden Bericht über Sieb-maschinen hat L. Krüger[3] gegeben. Größere Bedeutung für die Bestimmung der Mahlfeinheit kommt jenen Geräten zu, mit denen es möglich ist, die nicht mehr durch Siebe zu erfassenden Kör-nungen (unter 0,04 mm) zu bestimmen.

Das bekannteste (in der Keramik seit langem angewandte) Verfahren zur Trennung der feinsten Anteile ist das Schönesche Schlämmverfahren, bei dem der zu prüfende pulverförmige Stoff mit Hilfe einer strömenden Flüssigkeit von bestimmter Geschwindigkeit geschlämmt wird. Alle Teilchen, deren Fallgeschwindigkeit kleiner ist als die Strö-mungsgeschwindigkeit der Flüssigkeit, werden dabei aus dem Schlämmtrichter entfernt. Für Zement ist dieses Verfahren nur anwendbar, wenn als Schlämmflüssigkeit Alkohol oder eine andere geeignete Flüssigkeit verwendet wird. In England

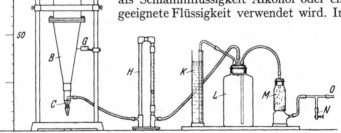

Abb. 2. Windsichter nach Gonell.

A Windsichterrohr (groß, 140 mm Dmr.); B konisches Rohr, mit A durch Flansch verbunden; C Glasansatz, mit B durch Gummimuffe verbunden; D Aufsatz zur Ablenkung des Luftstromes; E Glasglocke auf Aufsatzteller; F Stativ mit Kontakteinrichtungen für G; G Klopfer; H Rotamesser; K Druckregler mit in Höhe verstellbarem Einleitungsrohr; L Puffervolumen 4 bis 5 l-Flasche); M Luftreiniger und Ölabscheider; N Regelventil; O Gebläseluftzuleiter.

ist ein derartiges Schlämmgerät von Dickson und Andrews[4] 1929 entwickelt worden, bei dem der Alkohol im Kreislauf wieder verwendet wird. Der Nach-teil dieses Gerätes besteht in einer langen Versuchsdauer und der Anwendung großer Mengen Alkohol.

Bei einer anderen Gruppe von Feinheitsmessern wird die strömende Flüssig-keit durch strömende Luft ersetzt. Mit diesen Geräten, die als Windsichter bezeichnet werden, sind zwar recht gute Ergebnisse erzielt worden, aber auch sie haben den Nachteil, daß der Versuch zu lange Zeit in Anspruch nimmt. Im In- und Auslande sind zahlreiche derartiger Geräte auf den Markt gekommen;

1 Förderreuther u. Haegermann: Zement Bd. 17 (1928) Nr. 44, S. 1596; Nr. 45, S. 1627.
2 Berl, Schmidt u. Koch: Chem. Fabrik Bd. 5 (1932) Nr. 33, S. 299.
3 Krüger, L.: Prot. V. D. P. C. F. vom 19. 5. 1933, S. 42.
4 Dickson u. Andrews: Cement, Cem. Manuf. Bd. 2 (1929) S. 45.

erwähnt sei hier der Windsichter nach GONELL[1], Abb. 2, der in Deutschland vor allem für die Bestimmung der Mahlfeinheit von Kohlenstaub verwendet wird.

Der Windsichter ist für alle pulverförmigen Stoffe zu empfehlen, für die ein geeignetes Dispersionsmittel (in der die Teilchen nicht koagulieren) noch nicht gefunden ist.

Die dritte Gruppe von Geräten ist dadurch gekennzeichnet, daß das Prüfgut in einer ruhenden Flüssigkeit sedimentiert. Die Korngrößenverteilung kann bei diesem Verfahren auf verschiedene Weise ermittelt werden.

S. ODÉN hat ein Gerät, die sog. Sedimentationswaage, entwickelt, bei dem dicht über dem Boden des Gefäßes in der Suspension eine Waagschale hängt, auf der sich die niederfallenden Teilchen ansammeln. Durch eine sinnreiche Konstruktion wird durch kleine Gewichte von gleicher Größe (Stahlkügelchen) die Waage in der Null-Lage gehalten; die Zeiten der Gewichtszugabe werden automatisch registriert. Die auf der Waagschale in der Suspension niedergefallene Menge wird also in Abhängigkeit von der Zeit bestimmt und aus dieser Beziehung kann die Kornverteilungskurve aufgestellt werden[2]. Die Sedimentationswaage arbeitet zwar genau, sie ist aber für die regelmäßige Prüfung der Zemente zu kompliziert.

Ein anderes Prinzip wandte WIEGNER[3] an. Er entwickelte ein Gerät, das aus zwei kommunizierenden Röhren besteht, einem etwa 4 bis 5 cm weiten und 100 bis 120 cm langem Rohr, an das im unteren Viertel ein enges Rohr angeschlossen ist. Das weite Rohr wird mit der Suspension gefüllt, das enge mit dem Dispersionsmittel. Die Flüssigkeiten stellen sich in den Röhren so, daß sich ihre Höhen umgekehrt proportional wie ihre spezifischen Gewichte verhalten. In dem Maße, wie die Teilchen der Suspension in dem weiten Rohr in den Raum unterhalb der Ansatzstelle des engen Rohres fallen, sinkt das spezifische Gewicht der darüber befindlichen Flüssigkeitssäule und proportional auch die Höhe der Flüssigkeitssäule im engen Rohr. Die Differenz der spezifischen Gewichte der Flüssigkeitssäulen ist nun auch proportional der Teilchenmenge, die sich noch in der wirksamen Höhe der Suspension befinden. — Werden die Niveaudifferenzen als Ordinate über den zugehörigen Zeiten aufgetragen, dann erhält man eine Kurve, die graphisch ausgewertet werden kann.

Der Apparat von WIEGNER liefert bei Anwendung geeigneter Dispersionsmittel gute Ergebnisse; nachteilig daran ist der große Flüssigkeitsbedarf und außerdem erfordert die graphische Auswertung der Kurve viel Übung.

Zahlreich sind dann die Vorschläge für die Ausbildung von Schlämmzylindern[4], bei denen die Flüssigkeit über einer bestimmten Höhe zu einer bestimmten Zeit abgelassen wird oder bei denen das Sediment abgetrennt wird, z. B. durch Auffangen in einem Näpfchen, das in einem Hahn angebracht ist, der das Rohr abschließt. Mit diesen Geräten wird eine Unterteilung in zwei Kornfraktionen (grob und fein) erzielt. Um sie rein zu erhalten, ist der Schlämmversuch mit dem Sediment so oft zu wiederholen, bis die Menge der feineren Anteile so klein geworden ist, daß sie vernachlässigt werden kann. Im allgemeinen ist der Versuch 12- bis 15mal zu wiederholen bis diese Bedingung erfüllt ist.

Das Verfahren ist mithin sehr umständlich und deshalb auch nicht zu empfehlen. Wesentlich einfacher ist es, wenn die Konzentrationsänderung in bestimmter Höhe und zu bestimmten Zeiten durch Abpipettieren äquivalenter Mengen der Suspension ermittelt wird.

---

[1] GONELL: Tonind.-Ztg. Bd. 53 (1929) Nr. 13, S. 247; Bd. 59 (1935) Nr. 25, S. 331.
[2] ODÉN, S.: Kolloid-Z. Bd. 18 (1916) Nr. 2, S. 33; Bull. Geol. Inst. Univers. Upsala Bd. 16 (1918/19) S. 15.
[3] WIEGNER, G.: Landw. Versuchsanst. (Zürich) Bd. 91 (1918) S. 41. — GESSNER, H.: Kolloid-Z. Bd. 38 (1926) S. 115.
[4] GESSNER, H.: Die Schlämmanalyse. Leipzig 1931.

Von den Pipetteapparaten erscheint uns der nach Andreasen[1] als der geeignetste; deshalb sei er näher beschrieben (vgl. Abb. 3). Der Apparat besteht aus einem zylindrischen Gefäß (W), dessen eingeschliffener Glasstopfen eine Pipette (P) trägt, die bis zu einer Tiefe von 20 cm in die Suspension eingeführt wird. Die Pipette faßt 10 cm³; sie kann durch einen Zweigweghahn geleert werden. Im Glasstopfen befindet sich ein Loch (L), das beim Umschütteln der Suspension im Apparat durch einen Finger verschlossen wird.

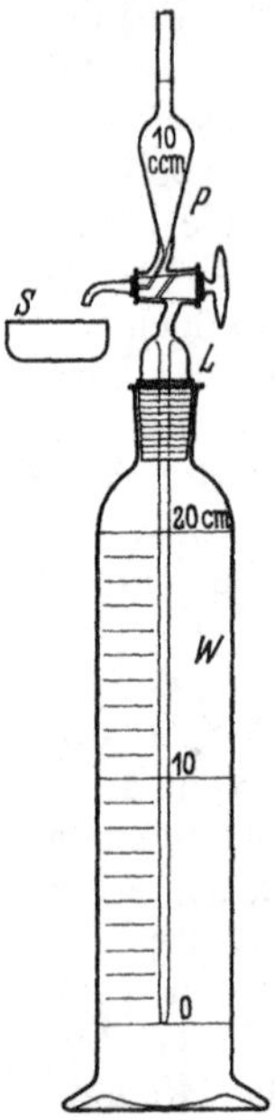

Der Versuch wird in der Weise ausgeführt, daß man aus einer kleinen Flüssigkeitsmenge und 10 g Zement im Zylinder eine Aufschlämmung herstellt, die zunächst kräftig geschüttelt wird. (Der Zement wird zuvor bei 110° getrocknet und mehrmals mit Hilfe eines Pistills durch ein Sieb mit 4900 Maschen/cm² getrieben, um zusammengeklebte Teilchen zu trennen. Siebdurchgang und Rückstand werden wieder vereinigt. Ein Siebverlust darf dabei nicht entstehen.)

Die Aufschlämmung wird dann mit Flüssigkeit bis zur oberen Marke aufgefüllt. Nachdem die Pipette eingesetzt und der Hahn geschlossen ist, wird der Zement durch kräftiges Schütteln in der Flüssigkeit verteilt; nun wird der Apparat mehrmals um etwa 180° (um die Längsachse) gedreht und zur Sedimentation hingestellt. In diesem Augenblick wird eine Sekundenuhr eingeschaltet. Nach bestimmten Zeiten wird eine Probe von genau 10 cm³ durch Ansaugen an der Pipette aus der Aufschlämmung entnommen. Das Saugen soll gleichmäßig geschehen, so daß die Pipette in etwa 30 s gefüllt ist.

Der Inhalt der Pipette wird in ein sauberes Gefäß entleert und die Pipette durch Ansaugen von Flüssigkeit aus einem kleinen Napf (S) gereinigt. Die Reinigungsflüssigkeit wird der Probe hinzugefügt; die Flüssigkeit wird verdampft und der Rückstand gewogen.

Abb. 3.
Pipette-Apparat
nach Andreasen.

Der Apparat soll während des Versuches keinen Temperaturschwankungen ausgesetzt sein. Die Entnahmezeiten wählt man zweckmäßig für bestimmte Körnungsgrenzen, z. B. 60, 40, 30, 20, 10 μ (1 μ = 0,001 mm). Die Entnahmezeiten werden nach dem Stockesschen Gesetz errechnet:

$$V = \frac{2 \cdot (D_1 - D_2) \cdot g}{9\,\eta} \cdot r^2.$$

In der Formel bedeuten:

V die Fallgeschwindigkeit der Kugel in cm·s⁻¹,
D_1 Dichte (spezifisches Gewicht) des Teilchens g·cm⁻³,
D_2 Dichte (spezifisches Gewicht) der Flüssigkeit g·cm⁻³,
g die Erdbeschleunigung = 981 cm·s⁻²,
η die Viskosität (innere Reibung, Zähigkeit der Flüssigkeit (g·cm⁻¹·s⁻¹),
r Radius der Kugel in cm.

Als Schlämmflüssigkeit für Zement hat sich absoluter Äthylalkohol bewährt. Der Alkohol muß durch mehrmaliges Destillieren über Kalk (CaO) möglichst wasserfrei hergestellt werden. Es empfiehlt sich außerdem, dem absoluten Alkohol je Liter etwa 3 g wasserfreies Chlorcalcium hinzuzusetzen (als Peptisator). Erwähnt sei, daß bei der Verwendung wasserhaltigen Alkohols infolge Zusammenballens der Zementteilchen falsche Ergebnisse erhalten werden.

Das spezifische Gewicht von wasserfreiem Alkohol ist bei 20° 0,789 und die Viskosität $\eta \cdot 1000 = 12,1$; das spezifische Gewicht des Portlandzementes kann

---

[1] Andreasen, A. H. M.: Ber. dtsch. keram. Ges. Bd. 11 (1930) S. 249; Zement Bd. 19 (1930) Nr. 30, S. 698; Nr. 31, S. 725.

nach dem Trocknen bei 110°C im Mittel zu 3,05 in die Formel eingesetzt werden. Bei der Berechnung ist ferner zu berücksichtigen, daß die Eintauchtiefe der Pipette in die Aufschlämmung bei jeder Probenahme um 0,4 cm abnimmt.

Aus dem Zementgewicht der einzelnen Proben (c_t) bezogen auf das Zementgewicht in der ursprünglichen Aufschlämmung (c_o) wird der Anteil feiner als die Körnung, die der betreffenden Entnahmezeit entspricht, nach der Formel c_t/c_o errechnet. Die Konzentration c_o der ursprünglich gleichmäßigen Aufschlämmung kann aus dem Volumen der Aufschlämmung und dem angewandten Zementgewicht errechnet werden oder es wird eine sog. Nullprobe sofort nach dem Hinstellen des Pipetteapparates entnommen. Der Pipetteapparat liefert ausgezeichnete Werte; er ist in der Zementindustrie vielfach für wissenschaftliche Untersuchungen angewandt worden.

Ein einfaches Gerät für die Bestimmung der Mahlfeinheit von Portlandzement ist von HAEGERMANN[1] beschrieben worden. Es besteht aus einem Scheidetrichter, der den Zement in zwei Fraktionen trennt; die Grenzkörnung kann dabei beliebig gewählt werden. Der Apparat wird geeicht mit Zementen, deren Kornaufbau bekannt ist.

Für die Bestimmung des Anteiles von 0 bis 30 µ dauert der Versuch einschließlich der Nebenarbeiten etwa 10 min. Das Gerät gestattet aber bereits nach einer Versuchsdauer von $^1/_2$ min den Rückstand, wie er auf dem 4900-Maschensieb erhalten wird, aus der Sedimenthöhe abzulesen.

Ein anderes einfaches Verfahren besteht darin, die Änderung der Konzentration in einer bestimmten

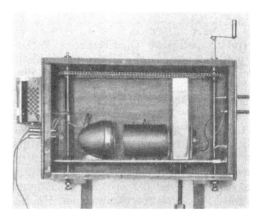

Abb. 4. Trübungsmesser nach WAGNER.

Schicht mit Hilfe eines Aräometers zu bestimmen[2]. Das Verfahren ist in Amerika unter dem Namen Hydrometerverfahren vielfach auch für Zement angewandt worden. Hierzu sind allerdings recht erhebliche Flüssigkeitsmengen notwendig.

Schließlich seien noch die Methoden erwähnt, bei denen die spezifische Oberfläche auf optischer Grundlage bestimmt wird. Zunächst ist der WAGNERsche Trübungsmesser zu nennen, der in den Normen der Vereinigten Staaten von Amerika beschrieben ist[3], vgl. Abb. 4.

Das Gerät besteht im wesentlichen aus einer Lichtquelle von gleichbleibender Lichtstärke, die derart eingerichtet ist, daß annähernd parallele Lichtstrahlen durch eine Aufschlämmung des zu prüfenden Zementes hindurchgehen und auf den lichtempfindlichen Teil einer Photozelle treffen. Der durch die Zelle erzeugte Strom wird mit einem Mikroamperemeter gemessen, dessen Anzeige ein Maß für die Trübung der Aufschlämmung ist. Andererseits ist die Trübung ein Maß für die innere Oberfläche (spezifische Oberfläche) der aufgeschlämmten Zementprobe.

Der Apparat wird mit einer Probe, die vom Bureau of Standards bezogen werden kann, geeicht. Zunächst wird 1 g des zu prüfenden Zementes auf dem

[1] HAEGERMANN, G.: Prot. V. D. P. C. F. vom 19. 5. 1933, S. 26.
[2] CASAGRANDE, A.: Das Aräometerverfahren. Berlin 1934.
[3] Zement Bd. 28 (1939) Nr. 12, S. 171.

Sieb Nr. 325 (0,04 mm lichte Maschenweite) mit Hilfe von Wasser und einer Sprühdüse abgesiebt. Falls der Siebdurchgang größer als 85% ist, werden 0,3 g, falls er kleiner als 70% ist, werden 0,5 g und zwischen 70 bis 85% 0,4 g Zement abgewogen. Die Probe wird in einem Gefäß mit 10 bis 15 cm³ Petroleum und 5 Tropfen Ölsäure versetzt und zunächst zerteilt. Hierzu dient eine Rührvorrichtung mit einer Bürste, oder ein Rührer mit Motor, der annähernd 500 U/min ausführt.

Dann wird die Aufschlämmung in die Meßbürette gespült und genau bis zu der Höhenmarke mit Petroleum aufgefüllt. (Die Bürette hat die Abmessungen $2 \times 1^1/_2''$ Grundfläche, 8'' Höhe.) Die Aufschlämmung wird nochmals zerteilt, indem die Bürette mit einer Glasplatte bedeckt und durch Umdrehen um 180° bewegt wird. Danach wird sie sofort in den Apparat eingesetzt und der eigentliche Versuch beginnt. Das Mikroamperemeter wird abgelesen für die Teilchengröße von 60, 55, 50 usw. mit 5 μ Abstand bis zu 10 μ und von 7,5 μ.

Die Zeiten werden nach dem Stockesschen Gesetz berechnet. Die spezifische Oberfläche wird nach folgender Formel berechnet:

$$S = \frac{38\, v\, (2 - \log A\, 60)}{1{,}5 + 0{,}75 \log A_{7{,}5} + \log A_{10} + \log A_{15} + \log A_{20} \ldots + \log A_{55} - 11{,}5 \log A_{60}},$$

worin S spezifische Oberfläche, v % Durchgang durch das Sieb Nr. 325, $A_{7{,}5}$, A_{10}, A_{15} bis A_{60} die Mikroampereablesung für die entsprechende Korngröße ist. Der konstante Faktor 38 gilt nur für Portlandzement.

Auf die Einzelheiten der Berechnung kann im Rahmen dieses Berichtes nicht eingegangen werden.

Ein anderer Trübungsmesser ist der nach Klein, der von Elsner v. Gronow [1] fortentwickelt wurde. Er besteht im wesentlichen aus einer Sperrschichtphotozelle, einer darüber befindlichen Lichtquelle (4 V-Birne in Zentrierfassung mit Sammellinse) und einem dazwischen quer zum Lichtstrahl verschiebbaren Küvettenpaar. Die eine Küvette wird mit der Aufschlämmflüssigkeit als solcher und die andere mit der Zementaufschlämmung gefüllt. Das Ganze ist in einem 20 cm hohen, innen geschwärzten Holzkasten untergebracht. Zur Messung der von der Photozelle gelieferten Ströme dient ein Milliamperemeter. In dem Gehäuse des Milliamperemeters sind zwei Regulierwiderstände eingebaut, die zum Grob- und Feineinstellen des Zeigerausschlages dienen. Wenn das Licht die zementfreie Küvette durchsetzt, wird das Amperemeter auf 100 eingestellt. Der Ausschlag geht zurück, wenn die mit der Zementsuspension gefüllte Küvette dazwischen geschoben wird.

Als Aufschlämmflüssigkeit dienen: Petroleum mit Ölsäurezusatz oder Rizinusöl + Petroleum in Mischung 100 cm³ + 50 cm³ oder reines Rizinusöl (Merck). Die spezifische Oberfläche S, das ist die von 1 g Zement gebildete Summe der Teilchenoberfläche in cm², wird berechnet nach der Formel:

$$\ln I_0 - \ln I_1 = S \cdot \text{const}.$$

Für viele Portlandzemente trifft nach Elsner v. Gronow die Konstante $0{,}46 \times 10^{-4}$ zu.

Beispiel:

Einwaage 33,9 mg,
Ausschlag 53,4 Skalenteile, entsprechend 1364 cm²
für const = 0,64 × 10⁻⁴.

(Die Oberflächenwerte, bezogen auf eine Einwaage von 30 g, können aus einer Tabelle entnommen werden, die mit dem Apparat geliefert wird.) Dann ist

$$S = \frac{1364 \cdot 30}{33{,}9} = 1210 \text{ cm}^2/\text{g}.$$

[1] Gronow, Elsner v.: Tonind.-Ztg. Bd. 62 (1938) Nr. 33, S. 361.

Über Erfahrungen mit diesem Gerät ist bisher nicht berichtet worden.

Die berechneten Oberflächen geben in keinem dieser Fälle absolute Werte. Die Ergebnisse mit dem WAGNERschen Trübungsmesser liegen etwa um 200 bis 400 cm²/g höher als die des KLEINschen Gerätes.

d) Bestimmung der Abbindeverhältnisse.

Normenprüfverfahren. Der Erstarrungsbeginn und die Bindezeit werden sowohl nach den deutschen als auch nach den ausländischen Normen mit dem Nadelgerät nach VICAT bestimmt. Die amerikanischen Normen gestatten daneben auch die Anwendung der GILLMORE-Nadel.

Die Nadel nach VICAT hat einen kreisförmigen Querschnitt von 1 mm² Fläche. Sie wird an einem Schaft befestigt, der möglichst reibungslos in einem Gestell geführt wird (DIN 1164, Teil III, § 13), vgl. Abb. 5. Nadel und Schaft einschließlich Zubehör und Zusatzgewicht haben ein Gesamtgewicht von 300 g.

Das Gerät dient auch zur Ermittlung der Normensteife des angemachten Zementbreies, indem die Nadel durch einen Tauchstab von 10 mm Dmr. ersetzt und das Zusatzgewicht (Differenzgewicht von Tauchstab und Nadel) entfernt wird, so daß der Stab einschließlich Schaft und Zubehör wiederum 300 g wiegt.

Für den Versuch werden 300 g Zement mit Wasser von 17 bis 20° C 3 min lang unter Rühren und Kneten angemacht. An Wasser werden hierzu etwa 23 bis 30%, im Mittel etwa 27%, benötigt. Der Brei wird unter leichtem Einrütteln in einen kegeligen Hartgummiring von 4 cm Höhe, 6,5 cm oberem und 7,5 cm unterem Dmr. gefüllt, der auf einer Glasplatte steht. Die Oberfläche des Breies wird mit dem Rand der Form bündig abgestrichen.

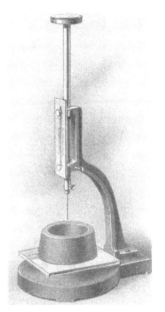

Abb. 5. Nadelgerät.

Zunächst wird die Normensteife mit Hilfe des Tauchstabes bestimmt. Hierzu wird die Mitte der Probe unter den Tauchstab gebracht, der vorsichtig auf die Oberfläche des Breies gesetzt und dann losgelassen wird. Der Stab dringt durch sein Eigengewicht in den Brei ein. Der Brei hat die richtige Steife, die sog. Normensteife, wenn der Tauchstab ½ min nach dem Loslassen 7 bis 5 mm über der Glasplatte steht. Falls bei dem ersten Versuch Abweichungen von der vorgeschriebenen Eindringtiefe auftreten, dann ist der Versuch mit verschiedenen Wassermengen zu wiederholen bis die Normensteife erreicht ist.

Zur Bestimmung des Erstarrungsbeginns wird der mit Brei von Normensteife gefüllte Hartgummiring zusammen mit der Glasunterlage unter die Nadel gestellt, vgl. Abb. 5. Die Nadel wird auf die Oberfläche des Breies gesetzt und dann losgelassen; bei den ersten Versuchen läßt man den Schaft zwischen den Fingern hindurchgleiten und erst wenn dabei ein Ansteifen des Breies bemerkt wird, setzt man die Nadel erneut auf den Brei und läßt sie frei fallen. Der Zeitpunkt, in dem sie 3 bis 5 mm über der Glasplatte im Brei stecken bleibt, gilt als Beginn der Erstarrung.

Es empfiehlt sich, den Versuch vom Anmachen an in Abständen von ¼ h zu wiederholen; die Nadel ist nach dem Eintauchen jedesmal zu reinigen.

Als Bindezeit gilt die Zeit, die vom Anmachen des Breies vergeht bis die Nadel höchstens 1 mm in den erstarrten Brei eindringt. Die Festlegung dieses Zeitpunktes erfordert Übung. Vor allem muß darauf hingewiesen werden, daß auf der Oberfläche des Breies sich oftmals eine dünne Schlammschicht ansammelt, auf der die Nadel beim Aufsetzen auch nach erfolgtem Abbinden einen Eindruck hinterläßt. Deshalb ist zur Bestimmung des Endes der Abbindezeit die Unterfläche der Probe zu benutzen. Sie wird zu diesem Zweck mit dem Ring von der Glasplatte abgezogen und umgekehrt wieder unter die Nadel gesetzt.

Für die Beurteilung der Straßenbauzemente ist in Deutschland neben der Prüfung der Abbindeverhältnisse bei 17 bis 20° außerdem noch die Prüfung bei 30 bis 33° vorgeschrieben. Der Versuch wird in gleicher Weise ausgeführt wie oben angegeben, nur daß für Zement, Wasser, Geräte und die Lagerung der Proben 30 bis 33° einzuhalten ist. Auch der Wasserzusatz wird nach der Normensteife des Breies bei 30 bis 33° bestimmt.

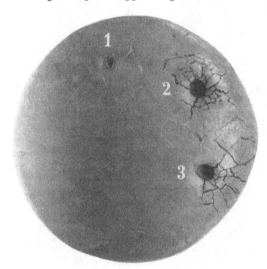

Abb. 6. Eindruckversuch.

Bei der Prüfung ist vor allem darauf zu achten, daß Zement, Wasser und Geräte die vorgeschriebene Temperatur haben und daß der Wasserzusatz entsprechend der sog. Normensteife gewählt wird. Auch die Dauer des Mischens ist von Einfluß auf die Ergebnisse, weshalb die Normen eine bestimmte Mischzeit, nämlich 3 min, vorschreiben. Als Anmachwasser wird im allgemeinen Leitungswasser verwendet.

Die Abbindeproben müssen in einem feucht gehaltenen Kasten gelagert oder in geeigneter Weise, z. B. mit einem Glasgefäß, abgedeckt werden, damit vorzeitiges Verdunsten des Wassers — das zu einer Beschleunigung des Erstarrungsbeginns führen kann — vermieden wird. Während des Versuches darf die Probe nicht erschüttert werden.

Ein gelegentlich beobachtetes vorübergehendes Anziehen des Zementbreies kurze Zeit nach dem Anmachen, das sog. „falsche" Abbinden, kann erfahrungsmäßig als unbedenklich bezeichnet werden[1].

Verfahren zur vorläufigen Prüfung. Zur vorläufigen Prüfung des Zementes wird in Deutschland entweder der sog. Fingernagelversuch oder der Eindrückversuch angewandt. In beiden Fällen werden 100 g Zement und Wasser (im allgemeinen genügen 27%) 3 min lang zu einem steifen Brei gut durchgearbeitet. Der Wasserzusatz ist richtig gewählt, wenn der Brei, als Klumpen auf eine Glasplatte gebracht, sich erst bei mehrmaligem Rütteln langsam ausbreitet. Aus dem Brei wird ein Kuchen von etwa 8 bis 10 cm Dmr. hergestellt. Um vorzeitiges Austrocknen des Breies zu verhüten, wird der Kuchen mit einem Teller, einer Schale oder dgl. zugedeckt.

[1] Watson, W. u. A. L. Craddock: Zement Bd. 24 (1935) Nr. 44, S. 712. — Whitworth, F.: Zement Bd. 20 (1931) Nr. 47, S. 1010. — Würzner, K.: Tonind.-Ztg. Bd. 57 (1933) Nr. 61, S. 707. — Mussgnug, G.: Zement Bd. 25 (1936) Nr. 50, S. 866.

Der Fingernagelversuch wird in der Weise ausgeführt, daß durch leichten Druck mit dem Fingernagel das fortschreitende Erstarren des Breies beobachtet wird. Der Zement gilt als abgebunden, sobald kein merklicher Eindruck auf der Oberfläche hinterbleibt. Nach diesem Verfahren wird also nicht der Erstarrungsbeginn, sondern die Bindezeit ermittelt.

Bei dem Eindrückversuch[1] wird ein Stab von der Form einer Bleistifthülse mit etwa 3 mm Dmr. an der Spitze des kegeligen Teiles $1^1/_2$ cm vom Rande entfernt senkrecht bis auf die Glasplatte gedrückt. Der Erstarrungsbeginn ist dadurch gekennzeichnet, daß sich beim Eindrücken des Stabes ein Kantenriß bildet, der radial vom Rande der Druckstelle verläuft, vgl. Abb. 6. Risse, die von der Druckstelle ausgehen und in Richtung des Randes verlaufen, treten schon früher auf; sie dürfen nicht mit dem Kantenriß verwechselt werden.

Amerikanische Prüfverfahren (GILLMORE-*Nadel*). Das in den Vereinigten Staaten neben dem Nadelgerät nach VICAT zugelassene Nadelgerät nach GILLMORE besteht aus zwei Nadeln; die eine ist für die Ermittlung des Erstarrungsbeginns und die andere für die Ermittlung der Bindezeit bestimmt.

Die Nadeln haben folgende Abmessungen und Gewichte: Nadel zur Ermittlung des Erstarrungsbeginns:

Gewicht: 113,4 g ± 0,5 g
Durchmesser: 2,12 mm ± 0,05 mm

Nadel für die Ermittlung der Bindezeit:

Gewicht: 453,6 g ± 0,5 g
Durchmesser: 1,06 mm ± 0,05 mm.

Der Versuch wird an Kuchen mit 7,6 cm Dmr. und 1,3 cm Dicke aus Zementbrei von Normensteife ausgeführt. Als Beginn der Erstarrung gilt der Zeitpunkt, in welchem der Kuchen beim Belasten mit der für diese Bestimmung vorgesehenen Nadel keinen merklichen Eindruck hinterläßt. Dasselbe gilt für die Bindezeit mit der dafür bestimmten Nadel.

Die GILLMORE-Nadel zeigt den Erstarrungsbeginn später an als die VICAT-Nadel. Als Mindestzeit für den Erstarrungsbeginn schreiben die amerikanischen Normen für die Prüfung mit der VICAT-Nadel $^3/_4$ h und mit der GILLMORE-Nadel 1 h vor.

Andere Prüfverfahren. Wegen der teilweise recht erheblichen Unterschiede, die bei der Prüfung der Abbindeverhältnisse eines Zementes an verschiedenen Orten beobachtet wurden, ist oftmals versucht worden, das Nadelgerät durch ein geeigneteres Prüfgerät zu ersetzen oder aber auch die Abbindeverhältnisse aus der Wärmeentwicklung[2] oder auf elektrischem Wege[3] zu bestimmen. Bis heute sind jedoch alle diese Versuche erfolglos geblieben.

e) Raumbeständigkeit.

α) *Kaltwasserversuch und Kochversuch.*

Die Raumbeständigkeit des Zementes wird nach den deutschen Normen an dem Verhalten eines Kuchens nach Abb. 7 bei Lagerung in kaltem Wasser beurteilt (Kaltwasserversuch). Zur vorläufigen Beurteilung der Raumbeständigkeit dient der Kochversuch; entscheidend ist jedoch der Kaltwasserversuch.

---

[1] HAEGERMANN, G.: Zement Bd. 20 (1931) Nr. 49, S. 1032. — Anweisung für Mörtel und Beton, S. 52. Berlin 1936.
[2] GARY: Prot. V. D. P. C. F. vom 24. 2. 1904, S. 86. — KLEINLOGEL, A. u. K. HAJNAL-KÓNYI: Zement Bd. 22 (1933) Nr. 1, S. 2.
[3] MEYER: Prot. V. D. P. C. F. 1897, S. 153; Tonind.-Ztg. Bd. 57 (1933) Nr. 13, S. 148. — BAIRE, G.: Tonind.-Ztg. Bd. 57 (1933) Nr. 19, S. 232. — KALLAUNER, O.: Tonind.-Ztg. Bd. 57 (1933) Nr. 29, S. 348.

Für die Ausführung der Versuche gelten folgende Vorschriften:
200 g Zement werden mit etwa 48 bis 60 g Wasser (im allgemeinen genügen 54 g = 27%) 3 min lang unter Kneten zu einem steifen Brei gut durchgearbeitet. Aus dem Brei werden zwei Kuchen hergestellt, indem je die Hälfte des Breies als Klumpen auf die Mitte einer leicht geölten Glasplatte gebracht und diese schwach gerüttelt wird, bis ein Kuchen von 8 bis 10 cm Dmr. entsteht. (Über die normenmäßige Kuchenform vgl. auch DIN 1164, Teil III, § 12.) Die Proben werden

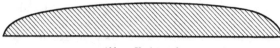

Abb. 7. Kuchenprobe.

sofort in einen mit Feuchtigkeit gesättigten Kasten gelegt und darin dem ungestörten Abbinden überlassen.

Nach 24 h werden die Kuchen von der Glasplatte gelöst. (Dazu nimmt man die Platte mit dem Kuchen nach unten zwischen beide Hände — die Daumen liegen etwa in der Mitte auf der Glasplatte, die übrigen Finger halten den Kuchen — und biegt die Platte mehrmals schwach, indem man mit den Daumen einen leichten Druck ausübt.)

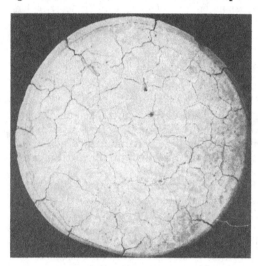

Abb. 8. Kuchen mit Treibrissen.

Kaltwasserversuch. Der von der Glasplatte gelöste Kuchen wird unter Wasser gelegt und während weiterer 27 Tage beobachtet. Zeigen sich nach dem Erhärten unter Wasser Verkrümmungen, klaffende Kantenrisse oder Netzrisse nach Abb. 8 so deutet das „Treiben" an. (Die Erscheinungen des Treibens zeigen sich häufig bereits nach 3 Tagen.) Zu bemerken ist noch, daß die Kuchen erst unter Wasser gelegt werden dürfen, wenn der Zement genügend erhärtet ist; andernfalls können an der Oberfläche Abblätterungen auftreten, die auf Diffusionsvorgänge, aber nicht auf Treiben zurückzuführen sind[1]. Werden die Kuchen vor dem Einlegen in Wasser nicht in feuchter, sondern in trockner Luft gelagert, dann können infolge vorzeitigen Austrocknens Schwindrisse nach Abb. 9 entstehen.

Zur Beobachtung dürfen die Kuchen nicht länger als $\frac{1}{2}$ h aus dem Wasser genommen werden, da sonst durch das Austrocknen radiale Schwindrisse an den Kanten entstehen können. Diese Risse entstehen auch, wenn die Kuchen nach dem Entfernen aus dem Wasser an der Luft aufbewahrt werden. Sie sind keine Treibrisse, sondern Austrocknungsrisse, die über die Raumbeständigkeit des Zementes nichts aussagen.

Kochversuch. Der zweite nach obiger Vorschrift bereitete Kuchen wird nach dem Lösen von der Glasplatte mit der ebenen Seite nach oben in einen mit kaltem Wasser gefüllten Topf gelegt. Das Wasser wird in etwa 15 min zum Sieden gebracht und muß während der ganzen Versuchsdauer den Kuchen völlig bedecken. Nach zweistündigem Kochen muß der Kuchen scharfkantig, eben und rißfrei sein.

---

[1] HAEGERMANN, G.: Zement Bd. 12 (1923) Nr. 36, S. 264.

Wird der Versuch nicht bestanden, so ist er mit Zement zu wiederholen, der 3 Tage lang in einer etwa 5 cm dicken Schicht offen ausgebreitet gelegen hat. Nach einigen Normenvorschriften (z. B. Vereinigte Staaten) werden die Kuchen nicht in das Wasser, sondern auf einer Siebplatte oder dgl. darüber gelegt und dem Wasserdampf von 98 bis 100° C 3 oder 5 h lang ausgesetzt.

Falls die Kuchen mit der Glasplatte dem Kochversuch oder dem Heißdampfversuch ausgesetzt werden, so deutet das Nichthaften des Kuchens an der Glasplatte oder das Entstehen von Rissen im Glas noch nicht auf mangelnde Raumbeständigkeit des Zementes hin.

β) LE-CHATELIER-*Versuch*[1].

Zum LE-CHATELIER-Versuch wird ein Messingzylinder von 0,5 mm Blechdicke mit einer Höhe und einem Durchmesser von 30 mm verwendet, der in der Richtung der Längsachse aufgeschlitzt ist und an jeder Seite des Schlitzes in halber Höhe des Zylinders eine 150 mm lange Nadel trägt.

Um die Elastizität des Blechzylinders zu prüfen, wird die eine der beiden Nadeln dicht an der Lötstelle so in einen Schraubstock eingeklemmt, daß die andere Nadel sich darunter befindet und etwa horizontal liegt. An der Löt

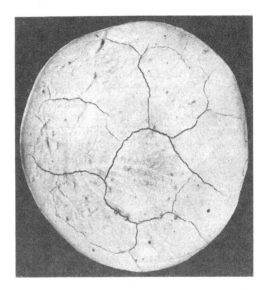

Abb. 9. Kuchen mit Schwindrissen.

stelle der zweiten Nadel wird ein Faden befestigt und an diesem ein Gewicht von 300 g angebracht. Bei dieser Belastung darf sich die äußerste Spitze der Nadel um nicht mehr als 15 bis 20 mm aus der Anfangslage entfernen.

Der Versuch wird mit Brei von Normenkonsistenz ausgeführt. Der Zylinder wird auf eine leicht geölte Glasplatte gestellt, wobei die Nadeln in horizontaler Lage bleiben und weder die Schlitze noch die Nadelenden einen Druck aufeinander ausüben. Es wird dann unter leichtem Zusammenhalten mit Zementbrei gefüllt. Der über den Rand ragende Brei wird mit einem Messer abgestrichen. Nun wird die Form mit einer zweiten Glasplatte bedeckt und alles unter Wasser von etwa 17 bis 18° C gelegt. Die obere Glasplatte wird während der Wasserlagerung leicht belastet.

24 h nach dem Anmachen des Breies wird der Zylinder aus dem Wasser genommen und der Abstand der Nadelenden gemessen. Der Zylinder wird sodann mit den Nadelspitzen nach oben in einen Topf mit Wasser gelegt. Das Wasser wird in etwa 45 min bis zum Kochen erhitzt und nun nach einzelnen Vorschriften 2 h, nach anderen 3, 5 oder 6 h kochend gehalten. Nach dem Abkühlen wird der Zylinder vorsichtig herausgenommen, der Abstand der Nadelenden erneut gemessen und die Zunahme gegenüber der ersten Messung berechnet.

Einzelne Normen schreiben vor, daß die Proben aus dem heißen Wasser genommen und heiß gemessen werden. Beachtliche Unterschiede entstehen gegenüber dem Messen nach dem Abkühlen nicht.

---

[1] Dtsch. Zementind. Zementverlag Berlin-Charlottenburg (1927) S. 333.

γ) Faija-*Versuch*[1].

Der aus Normenbrei bereitete Kuchen wird unmittelbar nach dem Anmachen auf einer Glasplatte in einem bedeckten Behälter über Wasser von 43 bis 46° C gebracht. Nach 6 h wird der Kuchen mit der Glasplatte in das Wasser gelegt und 20 h darin belassen. Der Kuchen soll dann keine Verkrümmungen oder Risse zeigen.

δ) *Der Darrversuch.*

Beim Darrversuch nach den ehemaligen österreichischen Normen werden Kuchen von etwa 10 cm Dmr. und 1 cm Dicke aus Zementbrei von Normenkonsistenz auf Glasplatten oder gehobelten Stahlplatten hergestellt. Die Kuchen werden sofort in einen feucht gehaltenen Kasten gelegt und nach 24 h mit der Unterlagsplatte in einen Trockenschrank gebracht, dessen Luft langsam auf 120° erhitzt wird. Die Kuchen werden darin 2 bis 3 h, für alle Fälle aber $\frac{1}{2}$ h über den Zeitpunkt hinaus, bei dem das sichtbare Entweichen von Wasserdämpfen aufgehört hat, belassen.

Die Temperatur muß vorsichtig gesteigert werden; bei zu schnellem Erhitzen entstehen Schwindrisse, die über die Raumbeständigkeit des Zementes nichts aussagen. Die Kuchen im Trockenschrank sollen nicht übereinander, sondern treppenförmig nebeneinander gelagert werden.

Ein anderer (nicht genormter) Darrversuch besteht darin, daß ein kleiner Kuchen aus Zementbrei von Normensteife auf einer Eisenplatte bereitet wird, die dann sofort vorsichtig auf etwa 100° erhitzt wird.

Nach Heintzel[2] werden 150 g Zement mit etwa 30 g Wasser, also erdfeucht, angemacht und zu einer Kugel zusammengeballt. Die Kugel wird nach etwa 5 min auf ein Drahtnetz oder ein Eisenblech gelegt und zunächst vorsichtig, dann stärker während 2 bis 3 h erhitzt. Als Heizquelle dient ein einfacher Bunsenbrenner. In allen Fällen sollen die Proben rißfrei bleiben.

ε) *Der Hochdruckdampfversuch.*

Ein sehr scharfer beschleunigter Raumbeständigkeitsversuch ist der Hochdruckdampfversuch nach Erdmenger[3]. Dabei werden Kuchen oder Zugprobekörper aus reinem Zementbrei nach 24 h im Autoklaven einem Dampfdruck von 30 bis 20 atü 6 bis 8 h lang ausgesetzt.

Dieser Versuch hat neuerdings in den Vereinigten Staaten von Amerika an Bedeutung gewonnen und es wird dafür folgende Vorschrift gegeben (A.S.T.M. 52, 1938):

Als Probekörper dienen Prismen von $1 \times 1''$ Querschnitt und $10''$ Länge, die aus reinem Zementbrei von Normenkonsistenz angefertigt werden. Die Prismen werden mit Meßzäpfchen, wie sie zur Bestimmung der Längenänderung der Prismen mit Hilfe einer Meßuhr üblich sind, versehen. Der weitere Gang ist dann kurz folgender:

Die Formen werden nach dem Füllen in einen feucht gehaltenen Kasten von $21 \pm 1,7°$ C gebracht. Nach 2 h werden die Prismen vorübergehend aus dem Kasten genommen, um den über den Rand der Form ragenden Mörtel abzustreichen.

Die Prismen werden nach 20 h entformt und wieder in den feucht gehaltenen Kasten zurückgelegt; nach 24 h ($\pm \frac{1}{2}$), werden sie gemessen und in den Autoklaven eingesetzt. Die Temperatur im Autoklaven soll so gesteigert werden,

---

[1] Normen von Jamaika, 1926. Vgl. auch S. 342.
[2] Heintzel: Tonind.-Ztg. Bd. 20 (1896) S. 253.
[3] Erdmenger: Tonind.-Ztg. Bd. 5 (1881) S. 221; Bd. 15 (1891) S. 65 u. 82.

daß nach 1 bis $1^1/_4$ h ein Druck von $20,7 \pm 0,35$ atü erreicht wird. Damit die Luft aus dem Autoklaven entweichen kann, wird das Ventil erst geschlossen, nachdem Dampf ausströmt.

Der Druck von 20,7 atü wird 3 h lang beibehalten. Nach dem Abstellen der Heizquelle kühlt der Autoklav 1 h ab; dann wird er geöffnet, nachdem zuvor der noch vorhandene Überdruck durch Öffnen des Ventils entfernt ist. Die Prismen werden sofort in kochendes Wasser gebracht, das mit kaltem Wasser innerhalb 15 min auf 21°C abgekühlt wird. Diese Temperatur wird noch 15 min beibehalten, bevor die Prismen oberflächlich getrocknet und gemessen werden.

Der Unterschied in der Länge des Prismas vor und nach dem Autoklavversuch wird in Prozenten ausgedrückt und als Autoklavausdehnung des Zementes bezeichnet.

Die sämtlichen sog. beschleunigten Raumbeständigkeitsproben haben den Mangel, daß Zemente, die dabei versagen, dennoch raumbeständig im Sinne der Praxis sein können. So ist beispielsweise in den letzten 20 Jahren kein Portlandzement, der bei dem Kochversuch als „Treiber" bezeichnet wurde, in Wirklichkeit ein solcher gewesen. Die einzige Probe, die eine einwandfreie Beurteilung der Raumbeständigkeit gestattet, ist die Kaltwasserprobe.

f) Festigkeiten.

α) Deutsche Normen.

Die deutschen Normen sehen zur Zeit zwei Festigkeitsbestimmungen vor, nämlich die Bestimmung der Druckfestigkeit an Würfeln von 50 cm² Seitenfläche aus erdfeucht angemachtem Mörtel (DIN 1164) und die Bestimmung der Biegezugfestigkeit an Prismen $4 \times 4 \times 16$ cm aus weich angemachtem Mörtel (DIN 1166).

Für die Bestimmung der Druckfestigkeit an Würfeln von 50 cm² Seitenfläche aus erdfeucht angemachtem Mörtel wird als Zuschlagstoff Normensand verwendet, der in der Nähe von Freienwalde a. d. Oder aus einem Quarzsandlager der Braunkohlenformation gewonnen wird. Der Rohsand wird gewaschen, getrocknet und gesiebt, so daß der Normensand höchstens 0,05% abschlämmbare Bestandteile enthält und der Rückstand auf dem Sieb von 1,39 mm Lochweite höchstens 2%, der Durchgang durch das Sieb von 0,74 mm Lochweite höchstens 5% beträgt.

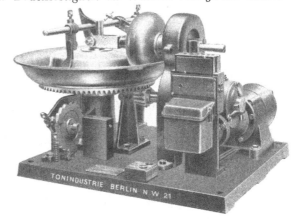

Abb. 10. Mörtelmischer.

Der Mörtel wird nach DIN 1164 wie folgt zubereitet:

500 g Zement und 1500 g Normensand werden zuerst trocken von Hand — am besten mit einem leichten Löffel in einer Schüssel — 1 min gemischt. Dem trocknen Gemisch werden 160 g (8%) Wasser zugesetzt. Die feuchte Masse wird eine weitere Minute gemischt, dann in den Mörtelmischer nach Abb. 10 gebracht und durch 20 Schalenumdrehungen bearbeitet.

Für die Herstellung der Probekörper müssen gut gereinigte und mit Formöl leicht eingeölte Formen verwendet werden. Starkes Einölen oder Einfetten der Formen beeinflußt die Ergebnisse ungünstig.

Die Formteile müssen den Vorschriften der Normen (Teil II, § 16) entsprechen; sie müssen auf der Unterlagsplatte so fest zusammengehalten werden, daß sie sich beim Einschlagen des Mörtels nicht verschieben.

Von dem vorschriftsmäßig gemischten Mörtel werden 860 g in die mit Aufsatzkästen versehenen Normenwürfelformen (Teil III, § 16, Ziff. 1 bis 4) gebracht und im Hammergerät nach Abb. 11 (Teil III, § 15) mit 150 Schlägen verdichtet. Die nach dem Entfernen der Aufsatzkästen überstehende Mörtelmasse

der so hergestellten Körper wird mit einem Messer abgestrichen, die Oberfläche geglättet und gekennzeichnet.

Die Körper werden sodann mit der Form in bedeckten Kästen mit feuchter Luft gelagert und nach etwa 20 h entformt; 24 h nach der Herstellung werden die Körper in Wasser von 17 bis 20° C gebracht. Das Wasser muß mindestens 2 cm über den Probekörpern stehen und alle 14 Tage erneuert werden.

Abb. 11. Hammerapparat.

Probekörper, die an der Luft erhärten sollen, müssen einzeln freistehend auf dreikantigen Holzleisten oder dgl. im geschlossenen Raum zugfrei gelagert werden. Die Temperatur des Raumes soll 17 bis 20° C und die relative Luftfeuchtigkeit 55 bis 80% betragen.

Probekörper, die unter Wasser erhärtet sind, dürfen erst unmittelbar vor der Prüfung aus dem Wasser genommen werden und sind leicht abzutupfen.

Für die Prüfung auf Druckfestigkeit ist eine Druckpresse zu verwenden, deren Kraftanzeige auf mindestens 1,5% genau ist (Teil III, § 17). Abb. 12 zeigt ein Beispiel[1]. Als Druckfestigkeit des einzelnen Probekörpers gilt der erreichte Höchstdruck. Da die Geschwindigkeit der Kraftsteigerung Einfluß auf das Versuchsergebnis hat, ist darauf zu achten, daß die Belastung durchschnittlich um 20 kg/cm² in der Sekunde zunimmt.

Für die Druckfestigkeit ist das Mittel aus den Einzelversuchen (in der Regel 5) maßgebend. Offensichtliche Fehlproben, das sind solche, deren Werte mehr als 5% vom Mittel sämtlicher Werte nach unten abweichen, sind auszuschalten. Der Druck ist stets auf zwei Seitenflächen der Würfel, nicht aber auf die Bodenfläche und die bearbeitete obere Fläche auszuüben.

Als Fehlerquellen sind zu nennen:

Ausgearbeitete Formen und abgenutzte Geräte, z. B. Schale und Walze des Mischers,

nachlässiges Zusammensetzen der Formen,

unvorsichtiges Entformen der Probekörper,

Nichteinhalten der vorgeschriebenen Temperatur und Luftfeuchtigkeit (häufiger Fehler!),

---

[1] Vgl. auch Bd. I, Abschn. I B 6, S. 43.

zu langes Lagern der Proben an der Luft nach der Entnahme aus dem Wasser, ungenaue Festigkeitsprüfer und unvorschriftsmäßige Geschwindigkeit der Kraftsteigerung.

Die Ermittlung der Biegezugfestigkeit an Prismen aus weich angemachtem Mörtel hat den Vorteil, daß die Ergebnisse eine bessere Beziehung zu den an Betonmischungen erhaltenen gestattet. Nach dem Normenverfahren DIN 1164 ist der Mörtel zu trocken, die Einschlagarbeit bei der Anfertigung der Probekörper zu groß und der Normensand zu ungünstig gekörnt.

Nach dem Prüfverfahren DIN 1166 wird die Zugprobe durch die Biegeprobe (Prisma) ersetzt und statt des gleichkörnigen Normensandes wird ein gemischtkörniger Sand verwendet, der auch die Anwendung größerer Wassermengen zum Anmachen des Mörtels gestattet. Die Mörtelbeschaffenheit ist der praktischen Verarbeitungsweise des Zementes angepaßt. Die an den Ergebnissen nach dem Normenprüfverfahren stark in Erscheinung tretende Füllwirkung des Bindemittels (je größer das Volumen des Bindemittels, um so dichter die Körper und um so größer die Festigkeitszunahme) wird weitgehend ausgeschaltet und die wahre Bindekraft des Zementes besser erfaßt[1].

Abb. 12. Druckfestigkeitsprufer.

Das Prisma $4 \times 4 \times 16$ cm wurde gewählt, weil es bereits in die schweizerischen Normen aufgenommen ist. Das Zubereiten des Mörtels und das Herstellen der Probekörper unterscheiden sich aber wesentlich von den darin gegebenen Vorschriften.

Der neue Normensand besteht aus zwei Körnungen, Feinsand und Normensand, deren Mischungsverhältnis so abgestimmt ist, daß es dieselbe Festigkeit ergibt, wie ein aus zahlreichen Körnungen gut abgestufter Sand mit dem Normensandkorn als Größtkorn[2].

Der Feinsand wird aus einem Vorkommen bei Hohenbocka gewonnen. Der Rohsand wird gewaschen, getrocknet und gemahlen; die Kornzusammensetzung ist:

Rückstand auf dem Sieb mit 900 Maschen je cm² rd. 8%
,,   ,,   ,,   ,,   ,, 4900   ,,   ,,   ,,   ,, 70%
,,   ,,   ,,   ,,   ,, 10000   ,,   ,,   ,,   ,, 80%

Der Mörtel wird aus 1 Gewichtsteil Zement, 1 Gewichtsteil Feinsand, 2 Gewichtsteilen Normensand und in der Regel 0,6 Gewichtsteilen Wasser angemacht und in folgender Weise zubereitet:

---

[1] HAEGERMANN, G.: Prot. V. D. P. C. F. vom 2. 9. 1929, S. 35. — GRAF, O.: Zement Bd. 24 (1935) Nr. 23, S. 347; Bd. 25 (1936) Nr. 7, S. 97; Bd. 26 (1937) Nr. 45, S. 729; Nr. 46, S. 743; Nr. 47, S. 759; Beton u. Eisen Bd. 34 (1935) S. 89.
[2] HAEGERMANN, G.: Zement Bd. 24 (1935) Nr. 44, S. 695.

450 g Zement und 450 g Feinsand werden von Hand — am besten mit einem Löffel in einer Schüssel — solange gemischt, bis das Gemenge nach dem Glätten mit dem Rücken des Löffels einen gleichmäßigen Farbton aufweist. Dann werden 900 g Normensand zugesetzt und das Ganze 1 min lang gemischt. Schließlich werden 270 g Wasser zugegeben.

Nach dem Zugießen des Wassers wird der Mörtel nochmals 1 min lang innig von Hand gemischt. Danach wird er in den Mörtelmischer nach DIN 1164 gebracht, gleichmäßig in der Schale verteilt und durch 20 Umdrehungen bearbeitet. Mörtel, der an den Schaufeln und an der Walze kleben bleibt, wird während des Mischens abgestreift und dem übrigen Mörtel zugefügt. Beim Entleeren des Mischers sind die Mörtelreste mit einer Gummischeibe (Breite rd. 80 mm) sorgfältig von den Schaufeln, der Walze und aus der Schale zu entfernen und mit dem übrigen Mörtel in einer Schüssel nochmals kurz durchzumischen.

Sodann wird das Ausbreitmaß festgestellt. Hierzu wird der Setztrichter mittig auf die Glasplatte des Rütteltisches nach DIN 1165, vgl. Abb. 13, gestellt und der Mörtel in zwei Schichten eingefüllt. Jede Mörtelschicht ist durch

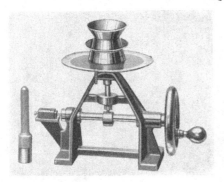

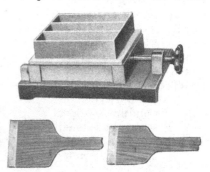

Abb. 13. Rütteltisch.   Abb. 14. Prismenform und Stampfer.

10 Stampfstöße mit dem Stampfer (DIN 1165 Bild 5) zu verdichten. Während des Einfüllens und Stampfens des Mörtels wird der Setztrichter mit der linken Hand auf die Glasplatte gedrückt. Nach dem Stampfen der zweiten Mörtelschicht ist noch etwas Mörtel in den Setztrichter nachzufüllen und der überstehende Mörtel mit einem Lineal abzustreichen. Nach weiteren 10 bis 15 s wird der Setztrichter langsam senkrecht hochgezogen. Dann wird der Mörtel mit 15 Rüttelstößen während rd. 15 s ausgebreitet. Der Durchmesser des ausgebreiteten Kuchens wird nach 2 Richtungen gemessen. Beträgt das Ausbreitmaß 16 bis 20 cm, so ist mit dem Wasserzusatz von 270 g weiter zu arbeiten. Ist das Ausbreitmaß kleiner als 16 cm oder größer als 20 cm, dann ist neuer Mörtel mit größerem bzw. kleinerem Wasserzusatz so herzustellen, daß das Ausbreitmaß 17 bis 19 cm beträgt. Die Probekörper aus Mörtel mit 270 g Wasser sind für die Prüfung des Zementes maßgebend; die Probekörper aus Mörtel mit größerem oder kleinerem Wasserzusatz dienen als Vergleichsproben.

Die Feststellung des Ausbreitmaßes soll spätestens 5 min nach dem Mischen beendet sein. Das ermittelte Ausbreitmaß und der Wasserzementwert sind im Versuchsbericht anzugeben.

Die Formteile, vgl. Abb. 14, werden leicht geölt und die Zwischenstege der Form an der unteren, auf der Unterlagsplatte liegenden Fläche mit einer dünnen Schicht Stauferfett versehen. Nach dem Zusammensetzen der Form sind die äußeren Fugen abzudichten, z. B. mit einer Mischung aus rd. 3 Teilen Paraffin und 1 Teil Kolophonium, um später Wasserverluste des Mörtels zu vermeiden. Nach dem Abdichten der Form wird der Aufsatzkasten auf die Form gesetzt.

Der Mörtel wird unmittelbar vor dem Einbringen in die Form durch wenige Rührbewegungen nochmals gemischt. Dann werden für jeden der 3 Formteile 310 g Mörtel abgewogen, in die Form gebracht und in dieser gleichmäßig verteilt. Der Mörtel wird in jedem Formteil durch 20 Stampfstöße mit dem 0,7 kg schweren Stampfer (DIN 1165, Bild 2) verdichtet. Der Stampfer gleitet dabei abwechselnd an den beiden Seitenwänden des Aufsatzkastens.

Nach dem Verdichten der ersten Schicht werden 310 g Mörtel für die zweite Schicht eingebracht und ebenfalls durch 20 Stampfstöße verdichtet. Dann wird der Aufsatzkasten entfernt und der überstehende Mörtel durch 2 bis 3 Bewegungen mit einem Spachtel geglättet. Die gefüllte Form ist in einen Kasten mit feuchter Luft zu stellen. 2 h später wird der überstehende Mörtel mit einem Messer abgestrichen und die obere Fläche der Probekörper geglättet. Dann bleibt die Form in waagerechter Stellung in dem Kasten mit feuchter Luft.

Die Prismen werden nach 20 h entformt; sie lagern anschließend während 4 h auf ebenen Glasplatten in Kästen mit feuchter Luft. Im Alter von 24 h werden die Prismen unter Wasser von 17 bis 20° C mit einer Seitenfläche auf einem Holzrost gelagert, dessen Dreikantleisten 10 cm Abstand haben. Hierbei ist die oben liegende Seitenfläche des Prismas zu bezeichnen. Die Probekörper bleiben bis zur Prüfung unter Wasser.

Unmittelbar nach der Entnahme aus dem Wasser werden die Prismen — mit der bezeichneten Seitenfläche nach oben — in die Biegeeinrichtung gebracht (vgl. DIN 1165, § 7). Die Belastung im Schrotbecher soll in 10 s um 1 kg zunehmen. Die Biegezugfestigkeit beträgt $11,7 \cdot G$ kg/cm², wenn die Breite und die Höhe des Probekörpers im Bruchquerschnitt je 4,0 cm messen und G das Gewicht des Bechers mit dem Schrot bedeutet.

Die Bruchstücke der Prismen werden zwischen gehobelten Stahlplatten von $4 \times 6,25$ cm (DIN 1165, § 8) auf Druckfestigkeit geprüft. Die Belastung ist in 1 s um 15 bis 20 kg/cm² zu steigern.

β) Festigkeitsbestimmung nach ausländischen Normen.

Sofern die Probekörper mit dem Hammerapparat oder der Ramme verdichtet werden, unterscheidet sich deren Herstellung nur unwesentlich von dem in den deutschen Normen beschriebenen Verfahren, wenn man von der Verschiedenartigkeit der Geräte absieht.

Unterschiede in den Festigkeiten werden durch abweichende Vorschriften über die Höhe des Wasserzusatzes, durch Anwendung eines anderen Normensandes und durch Unterschiede in der Verdichtungsarbeit verursacht.

Man unterschätze dabei vor allem nicht den Einfluß des Normensandes. Wenn auch die Körnung der Normensande zumeist nur unwesentlich voneinander abweicht, so spielt doch die Kornform und die Art des Gesteins eine erhebliche Rolle. Bei der Prüfung nach ausländischen Vorschriften ist die Verwendung des vorgeschriebenen (Original-) Normensandes unumgänglich notwendig, will man vergleichbare Ergebnisse erhalten.

Die Verfahren, bei denen die Proben von Hand angefertigt werden, seien kurz beschrieben:

Normen von Brasilien. Der Mörtel besteht aus 1 Gewichtsteil Zement und 3 Gewichtsteilen Normensand. Der Normensand wird aus dem Sande des Flusses Tieté bei Sao Paulo gewonnen und aus vier Körnungen zusammengesetzt:

2,4 bis 1,2 mm 25%	0,6 bis 0,3 mm 25%
1,2 bis 0,6 mm 25%	0,3 bis 0,15 mm 25%

Der Wasserzusatz wird mit Hilfe eines Fließtisches bestimmt (im Mittel etwa $W/Z = 0{,}48$ bis $0{,}50$). Der Mörtel wird von Hand mit einer Kelle 5 min gemischt. Als Formen dienen Zylinder von 50 mm Dmr. und 100 mm Höhe, die auf eine Glasplatte gestellt, in vier Schichten gefüllt und mit einem Stampfer durch 30 Stöße je Schicht leicht verdichtet werden.

Die Form wird zunächst mit einer Glasplatte bedeckt. Nach 6 bis 15 h wird die Glasplatte abgenommen und die Oberfläche mit einer groben Bürste aufgerauht, mit Zementbrei abgeglichen und mit einem Messer abgestrichen. Dann wird die Form umgedreht und die andere Seite ebenso behandelt. 20 bis 24 h nach dem Herstellen werden die Probekörper entformt und zunächst 24 h in feuchter Luft, danach unter Wasser von $21 \pm 2°$ gelagert.

Englische Normen. 1 Gewichtsteil Zement $+$ 3 Gewichtsteile Normensand werden mit einem Wasserzusatz, der nach der Formel $\frac{1}{4} P + 2{,}50$ berechnet wird, worin P der zur Erzielung der Normensteife erforderliche Prozentsatz Wasser ist, von Hand innig gemischt, der Mörtel wird dann in die Zugprobenform ($1''$ Zerreißquerschnitt) gefüllt, so daß ein kleiner Haufen über die Form ragt und von Hand mittels Stahlspatels (Gewicht: 212,6 g) eingeschlagen. Danach wird die Form umgedreht; wieder wird ein kleiner Haufen Mörtel aufgebracht und mit dem Spatel eingeschlagen. Dann wird die Oberfläche mit einer Kelle geglättet. Die Proben werden nach 24stündiger Lagerung in feuchter Luft entformt und in Wasser von 15 bis 18° C gelegt.

Der Normensand wird durch Absieben auf Maschensieben gewonnen, die eine lichte Maschenweite von 0,599 und 0,853 mm haben.

Französische Normen. 250 g Zement, 750 g Normensand (zusammengesetzt aus gleichen Gewichtsteilen der Kornfraktionen 0,5 bis 1 mm, 1 bis 1,5 mm und 1,5 bis 2,0 mm, die auf Lochsieben abgesiebt werden) und eine Wassermenge, die nach der Formel $55\,g + \frac{1}{5} P$ berechnet wird (P ist die Wassermenge zum Bereiten eines Breies von Normenkonsistenz für 1 kg Zement) werden mit einer Kelle 5 min lang innig gemischt.

Der Mörtel wird in Würfelformen von 5 cm Kantenlänge mit der Kelle in zwei Schichten eingefüllt und mit einem Stahlstab von 8 mm Dmr. und 20 cm Länge verteilt und eingedrückt. Der überschüssige Mörtel wird mit einer Kelle, die senkrecht zu der ebenen Fläche gehalten wird, abgestrichen und dann mit flach gehaltener Kelle geglättet. Die Proben bleiben zunächst 24 h in der Form, die in Kästen mit feuchter Luft gestellt wird; dann werden die Proben entformt und in Wasser von 15 bis 18° C gelegt.

Schweizerische Normen. Der Normenmörtel wird zubereitet aus 400 g Zement und 1200 g Normensand.

Zement und Normensand werden 1 min lang trocken gemischt. Nach dem Zugießen von 11% Wasser dauert das Durchmischen noch weitere 2 min. Die Formen haben die Abmessung 4×16 cm Basisfläche und 4 cm Höhe.

Von dem angemachten Mörtel werden 652 g abgewogen und in 3 Schichten mittels eines Kupferstößels ($3{,}5 \times 3{,}5$ cm Grundfläche, 1 kg Gewicht) derart eingepreßt, daß der Mörtel die Form vollständig füllt und die Masse eher noch etwas übersteht. Der Mörtel wird (ohne Materialverlust) mit einem Lineal geglättet.

Die Form wird in einen Schrank mit feuchter Luft (90% relative Feuchtigkeit) gestellt. Nach 16 bis 24 h werden die Probekörper ausgeschalt, weiter im Schrank gelagert und nach Ablauf von 24 h seit dem Anmachen in Wasser von 15° C gelegt.

Die Prismen werden in derselben Weise, wie dies in DIN 1166 vorgeschrieben ist, auf Biegezugfestigkeit geprüft. Die Druckfestigkeit wird an den Bruchstücken zwischen zwei Stahlplatten von 4×4 cm Grundfläche bestimmt.

Prüfverfahren nach den Normen der Vereinigten Staaten von Amerika.
a) Prüfung auf Zugfestigkeit. Der Prüfmörtel wird aus 1 Gewichtsteil Zement + 3 Gewichtsteilen Normensand und einem Wasserzusatz (*W*), der aus der Normenkonsistenz (*P*) an reinem Brei nach der Formel $W = \frac{1}{6} \cdot P + 6,5$ errechnet wird, zusammengesetzt und durch Kneten und Reiben mit den Händen $1\frac{1}{2}$ min gemischt. (Der Wasserzusatz ist höher als nach dem englischen und dem alten deutschen Prüfverfahren; z. B. beträgt bei einem Wasserbedarf von 27% für die Normenkonsistenz der Wasserzusatz zum Mörtel 11%.)

Die Formen (8-förmig, 1″ Dmr. an der engsten Stelle) werden mit Mörtel zunächst ohne Verdichten vollgehäuft und abgestrichen. Dann wird der Mörtel mit beiden Daumen, und zwar jede Stelle 12mal eingedrückt. Der Druck beider Daumen soll zwischen 6,8 und 9,0 kg betragen. Hierauf wird Mörtel nachgefüllt und mit einer Kelle abgeglättet (Druck nicht über 1,8 kg). Die Form wird dann umgedreht und die untere Mörtelschicht wird in gleicher Weise verdichtet wie die obere.

Die Probekörper werden in der Form 20 bis 24h in feuchter Luft (mindestens 90% relative Feuchtigkeit) gelagert.

Zahlentafel 16. Körnung amerikanischer Normensande.

Siebe, lichte Maschenweite mm	a Standardsand Ruckstand in %	b Quarzsand Ruckstand in %
0,149	—	98 ± 2
0,297	5	75 ± 5
0,59	80—100	2 ± 2
0,84	15	—
1,19	—	0

Nach dem Entformen, aber nicht früher als 24h nach der Herstellung, werden die Probekörper in Wasser von 21 ± 1,7° C gelegt.

b) Prüfverfahren auf Druckfestigkeit. Für die Bestimmung der Druckfestigkeit wird Mörtel aus 1 Gewichtsteil Zement + 2,75 Gewichtsteilen Quarzsand + 0,531 Gewichtsteilen Wasser, wie unter a) angegeben, gemischt. Als Probekörper dienen Würfel von 2″ Kantenlänge (5,08 cm). Der Mörtel wird in zwei Schichten in die Form gefüllt, wobei jede Schicht mit den Fingerspitzen verdichtet wird. Schließlich wird die obere Fläche glattgestrichen.

Die Proben werden wie unter a) gelagert.

Die Körnung der Sande geht aus Zahlentafel 16 hervor.

g) Spezifisches Gewicht.

Die deutschen Normen enthalten keine Vorschrift über ein Verfahren zur Bestimmung des spezifischen Gewichtes, wohl aber ist in einzelnen ausländischen Normen ein solches angegeben.

Die Bestimmung des spezifischen Gewichtes im Pyknometer durch Differenzwägung ist in der Praxis für Zement nur selten angewandt worden; zumeist wird ein Verfahren benutzt, bei dem das Volumen der verdrängten Flüssigkeit gemessen wird.

Da Zement in Wasser teilweise löslich ist, wird als Flüssigkeit verwendet: Alkohol, Toluol, Tetrachlorkohlenstoff, Petroleum u. a.

Der Zement wird vor der Bestimmung entweder 1h bei 110° getrocknet oder aber 15 min bei 1000° geglüht. Nur gelegentlich wird auch das spezifische Gewicht im Anlieferungszustand bestimmt.

Im Prüfungsbericht ist anzugeben, ob der Zement getrocknet, geglüht oder wie angeliefert geprüft wurde.

α) Volumenometerverfahren.

Die Bestimmung des spezifischen Gewichtes (s) mit Hilfe eines Volumenometers nach Abb. 15 beruht darauf, daß das von einer bestimmten Zementmenge verdrängte Flüssigkeitsvolumen bestimmt wird.

Wenn P das Gewicht des Zementes und V das verdrängte Flüssigkeitsvolumen ist, dann ist $s = V/P$.

Das einfachste Gerät dieser Art besteht aus einem Glaskolben mit Ringmarke am Hals, dessen Inhalt bekannt ist und aus einer Bürette. Der Glaskolben faßt z. B. 50 cm³. Man füllt genau 30 g Zement in den Kolben und läßt nun aus der Bürette in den Kolben bis zur Ringmarke Alkohol, Petroleum oder dgl. fließen. Es seien dazu verbraucht 40 cm³ Flüssigkeit, dann ist das spezifische Gewicht

$$s = \frac{30}{50 - 40} = 3{,}0 \,.$$

Von den verschiedenen Ausführungsformen, die in der Praxis verwendet werden, seien einige erläutert:

Das Volumenometer von Schumann nach Abb. 15 besteht aus einem Glaskolben von 120 cm³ Inhalt, in dessen Hals eine Glasbürette mit $^1/_{10}$-cm³-Teilung eingeschliffen ist. Man füllt zunächst das Gefäß mit der Flüssigkeit und setzt die Bürette auf. Die Flüssigkeit reiche dann z. B. bis zum Teilstrich 1,5 cm³ in der Bürette. Dann werden durch die Bürette genau 100 g Zement vorsichtig (wegen Verstopfungsgefahr) in das Gefäß gefüllt, wobei auf die Entfernung von Luftbläschen zu achten ist. Nach dem Einfüllen des Zementes sei die Flüssigkeit in der Bürette z. B. auf 32,75 cm³ gestiegen. Dann ist das spezifische Gewicht

$$s = \frac{100}{32{,}75 - 1{,}5} = 3{,}2 \,.$$

In einigen ausländischen Normen wird die Verwendung des Volumenometers nach Le Chatelier vorgeschrieben. Das Gerät besteht aus einem Kolben, an dessen Hals eine Teilung angebracht ist, die für 16° geeicht ist. Der Kolben wird bis zur Nullmarke mit Benzin oder Terpentin gefüllt und zu $^9/_{10}$ der Höhe in ein Wasserbad von 16° C gestellt, ebenso wird darin in einer Flasche der Zement aufbewahrt. Nach 1 h werden 65 g Zement gewogen und in den Kolben gefüllt, der während dieser Zeit im Wasserbade verbleibt. Die Luft wird durch Klopfen ent

Abb. 15.
Volumenometer.

fernt, außerdem ist dafür Sorge zu tragen, daß kein Zement am Flaschenhals über der Flüssigkeit kleben bleibt.

Die Volumenzunahme wird an der Teilung abgelesen und das spezifische Gewicht aus dem Quotienten Zementgewicht : Volumenzunahme errechnet.

β) Pyknometerverfahren.

Für die Bestimmung des spezifischen Gewichtes im Pyknometer kann eines der im Handel üblichen verwendet werden, z. B. ein Glasgefäß mit eingeschliffenem Glasstopfen, der nach oben verlängert ist und eine Durchbohrung aufweist, oder ein Glasgefäß mit einem als Thermometer ausgebildeten Stopfen und einer seitlich angesetzten, mit einer Ringmarke versehenen Röhre. Man führt dann folgende Wägungen aus:

A. Gefäß leer,
B. Gefäß mit Flüssigkeit (z. B. Alkohol),
C. Gefäß mit Zement,
D. Gefäß mit Zement und Flüssigkeit gefüllt.

Dann ist das spezifische Gewicht (s) der Flüssigkeit:

$$s = \frac{C - A}{(B - A) - (D - C)}.$$

Es ist vor allem darauf zu achten, daß nach der Zugabe der Flüssigkeit zum Zement die am Zement haftenden Luftbläschen entweichen, was durch leichtes Klopfen des Kolbens auf eine weiche Unterlage oder durch Evakuieren erreicht wird.

Das Gefäß ist mit der Flüssigkeit stets bis zur Marke oder falls es mit einem durchbohrten Glasstopfen verschlossen ist, bis zum Austreten der Flüssigkeit aus dem Stopfen zu füllen.

Bei allen Wägungen ist die Temperatur konstant zu halten, z. B. 20° C. (Für technische Bestimmungen sind Temperatur- und Ausdehnungskorrekturen nicht üblich.)

h) Raumgewicht.

Je nach der Größe und den Abmessungen des Gefäßes, sowie nach der Art des Einfüllens des Zementes fallen die Ergebnisse der Raumgewichtsbestimmung unterschiedlich aus. Ein einheitliches Verfahren für die Bestimmung des Raumgewichtes besteht nicht. In Deutschland sind die folgenden Verfahren üblich[1]:

Verwendet wird ein Litergefäß von 8,7 cm lichtem Dmr. und 17 cm lichter Höhe. Der Zement wird in das Litergefäß

a) eingelaufen mittels BÖHME-Apparat oder
b) eingelaufen mittels Rutsche oder
c) eingefüllt von Hand oder
d) eingerüttelt von Hand.

Der Apparat von BÖHME, vgl. Abb. 16, besteht aus einem Aufsatz, der auf das Litergefäß gesetzt wird. Er ist 31,4 cm hoch und in 14 cm Höhe über der Oberkante des Litergefäßes durch eine Klappe unterteilt. Der über der Klappe befindliche Raum dient zum Einfüllen des Zementes. Die Klappe wird vor dem Versuch arretiert, so daß der obere Teil des Aufsatzrohres geschlossen ist.

Der Zement wird nun in den Aufsatz lose eingestreut, bis sich ein Kegel gebildet hat; der über den Rand ragende Zement wird abgestrichen. Dann wird die Klappe durch Lösen des Arretierhebels geöffnet, wonach der Zement in das Litergefäß

Abb. 16.
BÖHME-Apparat[2].

fällt. Der Aufsatzkasten wird vorsichtig abgehoben und der Zement wird mit dem Rande des Litergefäßes bündig abgestrichen. Das Gewicht des im Litergefäß befindlichen Zementes ist das Litergewicht (eingelaufen). Das Gerät ergibt bei vorsichtigem Arbeiten mit demselben Zement nur geringe Streuungen der Ergebnisse.

Sehr gut übereinstimmende Werte erhält man auch durch Anwendung einer Holzrutsche, deren unteres Ende über die Mitte des Litergefäßes gestellt wird, so daß zwischen dem oberen Rand des Litergefäßes und dem unteren Rand der Rutsche ein Abstand von 5 cm vorhanden ist. Der Zement wird auf die Rutsche gestreut und fällt von dieser in das Litergefäß. Im übrigen wird wie zuvor verfahren.

Der BÖHME-Apparat und die Rutsche liefern etwa dieselben Ergebnisse. Etwas höher liegen die Ergebnisse, wenn der Zement mit einer kleinen Schaufel aus etwa 3 cm Höhe über dem Rande des Gefäßes in dieses eingestreut wird. Für die Bestimmung des Litergewichtes „eingerüttelt" wird ein schweres Gefäß

---

[1] HAEGERMANN, G.: Zement Bd. 17 (1928) Nr. 10, S. 379.
[2] Vgl. auch S. 334.

verwendet, das gegen die Rüttelstöße genügend widerstandsfähig ist (Höhe und Durchmesser sind dieselben wie oben angegeben).

Der Zement wird von Hand in sechs gleich großen Teilmengen eingefüllt. Das Gewicht einer Teilmenge ist zu etwa 320 bis 350 g zu bemessen. Jede Teilmenge wird 2 min durch Heben und Fallenlassen des Gefäßes gerüttelt, indem der Stoß unter schwacher Neigung des Gefäßes auf die Kante ausgeübt wird; nach je 15 Stößen wird das Gefäß um etwa 60° gedreht. Die Anzahl der Stöße beträgt etwa 250 in der Minute, die Hubhöhe des Gefäßes 2 bis 2,5 cm.

Zum Einrütteln der letzten Schicht wird auf das Litergefäß eine Hülse von von etwa 5 cm Höhe gesetzt. Nach dem Einrütteln der letzten Schicht wird die Hülse entfernt und der über den Rand des Gefäßes ragende Zement wird mit einem Lineal abgestrichen. Schließlich wird der im Litergefäß befindliche Zement gewogen; das Gewicht ist das Litergewicht „eingerüttelt".

Der Internationale Verband für die Materialprüfungen der Technik hatte zum Einfüllen des Zementes einen Trichter vorgeschlagen, der mit einer Bodenplatte aus einem Lochsieb mit 2 mm Lochweite versehen ist. Das Trichterende liegt 50 mm über dem Rande des Litergefäßes. Der Zement wird in Mengen von 300 bis 400 g in den Trichter geschüttet und mittels Spachtel durch das Sieb getrieben. Sobald das Litergewicht soweit gefüllt ist, daß der Fuß des Kegels auf gleicher Höhe mit dem Rande des Gefäßes steht, hört man mit dem Füllen auf. Der Kegel wird mit einem Lineal abgestrichen und das Gewicht des Zementes im Gefäß bestimmt.

Das Litergefäß hat die Abmessungen: Höhe gleich Durchmesser.

Dieses Verfahren ist in Deutschland nicht eingeführt worden.

i) Schwinden und Quellen[1].

Um das Schwinden und Quellen der Zemente untereinander vergleichen zu können, ist das Einhalten bestimmter Prüfvorschriften notwendig, die sich erstrecken müssen auf: das Mischungsverhältnis, den Zuschlagstoff, die Menge des Anmachwassers, das Herstellen der Probekörper, die Abmessungen des Probekörpers, die Anordnung der Meßstellen am Probekörper, die Lagerung vor Beginn des Austrocknens, die Austrocknungsbedingungen (Temperatur und Luftfeuchtigkeit), den Zeitpunkt der ersten Messung (Nullwert) und die Prüftermine[2].

Alle diese Versuchsbedingungen sind berücksichtigt worden in dem Verfahren zur Bestimmung des Schwindens nach den deutschen Vorschriften für die Prüfung von Straßenbauzement[3] sowie in DIN 1165 und 1166.

α) Prüfverfahren für Straßenbauzemente.

Die Probekörper sind Prismen mit den Abmessungen 4×4×16 cm, die in der weiter unten beschriebenen Weise hergestellt werden.

Als Meßstellen tragen die Prüfkörper in der Längsachse Meßzapfen aus nichtrostendem Stahl oder aus einem anderen geeigneten Werkstoff. Der Kopf des Meßzapfens soll kugelig und poliert sein und darf keine Riefen zeigen (vgl. DIN 1165, Bild 4).

Zur Bestimmung der Längenänderung beim Austrocknen wird das Gerät nach GRAF-KAUFMANN, vgl. Abb. 17, verwendet. Es besteht aus zwei Teilen, nämlich einem Meßgehänge und einem dreibeinigen Sockel mit Stellschrauben (vgl. DIN 1165, Bild 8).

---

[1] Vgl. auch Abschn. VI, F, S. 493 f.
[2] Vgl. Quellennachweis Fußnote 2, S. 380.
[3] GRAF, O.: Beton u. Eisen Bd. 34 (1935) S. 89; Zement Bd. 24 (1935) Nr. 23, S. 347; Bd. 25 (1936) Nr. 19, S. 317.

Das Meßgehänge wird aus einem Rahmen gebildet, der in der einen Querleiste einen Zapfen und in der anderen eine Meßuhr trägt. Der Schaft der Meßuhr und der Zapfen sind mit Meßpfannen aus nichtrostendem Stahl versehen. Für die Seitenstäbe des Rahmens wird Invarstahl verwendet.

Zur Nachprüfung des Gerätes und zum Ausschalten des Einflusses von Temperaturänderungen dient ein Vergleichskörper aus Eisen, der die Abmessungen des Prüfkörpers, also $4 \times 4 \times 16$ cm und zuzüglich dem aus dem Körper herausragenden Teil der Meßzapfen eine Länge über alles von 176 mm hat.

Zum Messen werden die Probekörper mit einer Stirnseite auf den Sockel gestellt, dann wird das Meßgehänge mit dem Zapfen auf den Meßzapfen des Probekörpers gesetzt und mittels der Stellschrauben des Sockels so eingestellt, daß der Schaft der Meßuhr sich lotrecht unter dem unteren Meßzapfen des Probekörpers befindet. Nun wird die Arretierung der Meßuhr gelöst und die Meßpfanne des Schaftes an den Meßzapfen des Probekörpers herangeführt. Um ein gutes Einspielen von Meßzapfen und Meßpfanne zu erzielen, wird das Meßgehänge vorsichtig mehrmals um die Zapfen als Lager kurz hin- und herbewegt. Hierauf wird die Stellung der Uhrzeiger abgelesen; die 0,001 mm werden geschätzt.

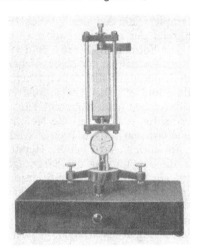

Die erste Messung (Bezugsmessung) wird nach 7 Tagen (2 Tage in der Form + 5 Tage in Wasser) ausgeführt. Das Einhalten dieses Termins ist wichtig, weil bei längerer oder kürzerer Wasserlagerung das Schwindverhalten beeinflußt wird. Die weiteren Messungen folgen im Alter von 14, 28 und evtl.-56 Tagen (d. h. nach 7, 21 und evtl. 49 Tagen trockner Lagerung).

Abb. 17. Schwindmesser nach GRAF-KAUFMANN.

Das Meßgerät und der Kontrollstab werden zweckmäßig dauernd im Meßraum aufbewahrt. Mindestens 3 h vor dem Versuch ist das Meßgerät mit

Zahlentafel 17. Beispiel der Bestimmung des Schwindmaßes.

	Alter der Prismen	Kontrollstab Mittel aus Messung vor und nach dem Versuch	Probekörper		
			1	2	3
(Bezugsmessung)	7 Tage	6,405	3,250	3,516	3,100
	28 ,,	6,410	3,196	3,460	3,044
Korrektur		— 0,005	3,191	3,455	3,039
Längenänderung der 16 cm langen Prismen in mm . .			0,059	0,061	0,061
Längenänderung in mm/m			0,37	0,38	0,38

Mittel: 0,38 mm/m.

	Alter der Prismen	Kontrollstab	Probekörper		
			1	2	3
(Bezugsmessung)	7 Tage	6,405	3,250	3,516	3,100
	56 ,,	6,400	3,150	3,414	2,995
Korrektur		+ 0,005	3,155	3,419	3,000
Längenänderung der 16 cm langen Prismen in mm . .			0,095	0,097	0,100
Längenänderung in mm/m			0,60	0,61	0,62

Mittel: 0,61 mm/m.

eingebautem Kontrollstab im Meßraum aufzustellen. Vor und nach jeder Messung wird die Länge des Vergleichsstabes ermittelt. Die durch Schwankungen im Meßraum verursachten Längenänderungen des Vergleichsstabes werden bei der Errechnung des Schwindmaßes berücksichtigt, indem bei einer Zunahme der Länge des Vergleichsstabes der Unterschied von der Längenänderung des Probekörpers subtrahiert und bei einer Abnahme der Länge des Vergleichsstabes der Unterschied addiert wird.

Herstellen der Probekörper. Zur Herstellung der Probekörper werden die gleichen Formen und der gleiche Mörtel verwendet wie zur Herstellung der Prismen aus weich angemachtem Mörtel zur Ermittlung der Biegezugfestigkeit (vgl. S. 399). Die Versuchsdurchführung unterscheidet sich jedoch von der zuvor genannten durch das Vorbereiten der Formen, die Größe und das Gewicht des Stampfers, die Art des Verdichtens des Mörtels, die Lagerung der Probekörper während der ersten 2 Tage und die Ermittlung der Versuchsergebnisse.

Die Formen (DIN 1165, Bild 1) werden in der Weise vorbereitet, daß zunächst die zur Aufnahme der Meßzäpfchen bestimmten Löcher der Formen mit Plastilin gefüllt und dann die Meßzäpfchen 8 mm tief eingedrückt werden (vgl. DIN 1165, Bild 1 und 4). Das hierbei austretende Plastilin ist sorgfältig zu entfernen; die Meßzäpfchen sind senkrecht zur Stirnfläche der Form auszurichten. Um beim Verdichten des Mörtels die Meßzapfen nicht zu verschieben, wird an den Enden der Form ein 2,5 cm breiter Abdeckstreifen aufgelegt (DIN 1165, § 2).

Im übrigen wird bei der Herstellung wie bei der Herstellung der Probekörper für die Bestimmung der Biegezugfestigkeit verfahren (S. 401). Zum Verdichten wird ein 0,5 kg schwerer Stampfer (10 × 20 mm) verwendet. Die Stampfstöße werden abwechselnd an der linken und rechten Seite der Form ausgeübt.

Unmittelbar nach dem Herstellen der Probekörper werden die Formen in einen Kasten mit feuchter Luft gestellt. Die obere Fläche wird, wie bei den Biegeprismen beschrieben, geglättet (S. 401). Im Alter von 2 Tagen werden die Probekörper ausgeformt, die Kugeln der Meßzapfen mit Vaseline bestrichen und die Probekörper bis zum Alter von 7 Tagen unter Wasser von 17 bis 20° C auf einem Holzrost gelagert.

Im Alter von 7 Tagen beginnt die trockne Lagerung als sog. Einheitslagerung. Dazu kommen die Probekörper in verschließbare Blechkästen nach DIN 1165, Bild 6, über Glasschalen mit gesättigter Pottaschelösung und Bodenkörper. Der Kasten soll aus verzinktem Stahlblech hergestellt und an der Stirnseite bündig durch einen Deckel verschließbar sein. Jeder Kasten ist vor seiner Verwendung auf Dichtheit zu prüfen. Die Probekörper sind auf einem Rost aus korrosionsfestem Stoff zu lagern. Der Rost besteht aus zwei dreikantigen Stäben, die in 10 cm Abstand derart seitlich verbunden sind, daß sich die mittig aufgesetzten Probekörper beim Anstoßen der Verbindungsstücke an der hinteren Kastenwand in der Mitte des Kastens befinden.

Die übersättigte Pottaschelösung wird folgendermaßen angesetzt: In der Glasschale werden 200 g wasserfreie Pottasche gleichmäßig verteilt und mit 150 cm³ gesättigter Pottaschelösung derart übergossen, daß die Pottasche tunlichst gleichmäßig durchfeuchtet wird. Zur Abkühlung läßt man die Lösung etwa 2 h stehen, bis die Temperatur der Lösung 17 bis 20° C beträgt. Dann wird die Glasschale in den Blechkasten gestellt und der Rost mit den Probekörpern darauf gelegt. Der Deckel wird auf den Kasten geschoben und am Rande mit einem mindestens 3 cm breiten, dichten Klebestreifen verschlossen. Im Alter von 7 Tagen werden die Probekörper zum ·erstenmal gemessen. Unmittelbar vor dem Messen werden sie einzeln aus dem Wasser genommen, mit einem Tuch oberflächlich leicht getrocknet und die Meßzapfen mit einem trocknen Leder von Vaseline und etwa anhaftenden Fremdstoffen gereinigt. Hierbei ist darauf zu achten, daß die Probekörper nicht unnötig durch die Hände erwärmt werden; die Zeit vom Herausnehmen aus dem Wasser bis zum Einsetzen ins Meßgerät sollte 2 min nicht überschreiten.

Die Temperatur im Lager- und Meßraum muß 17 bis 20° C betragen. Die Messungen werden mit dem Gerät nach DIN 1165, § 8, durchgeführt.

Unmittelbar nach der Messung werden die Probekörper möglichst rasch in den Lagerkasten gebracht. Die Messungen und Wägungen werden nach 14-, 28- (und 56-)tägiger Einheitslagerung wiederholt. (Nach 28tägiger Einheitslagerung ist die übersättigte Pottaschelösung zu erneuern.)

β) Andere Prüfverfahren.

Nach den schweizerischen Normen wird das Schwindmaß an Prismen von 10×10×50 cm gemessen, die aus Zementbrei in Normalkonsistenz und auch aus Baumörtel 1:6 in plastischer Konsistenz hergestellt werden. Als Schwindmeßgerät dient der AMSLERsche Apparat; er besteht aus einem Rahmen, der in der Mitte der einen Stirnseite einen Zapfen mit ebener Fläche und in der anderen eine Mikrometerschraube aufweist[1].

Als Meßstellen am Probekörper dienen Stahlkugeln, die mit einem Federrahmen an den Prüfkörper gedrückt werden. Zum Messen wird der Meßrahmen auf den Federrahmen gesetzt und die Mikrometerschraube betätigt. Durch eine Federvorrichtung wird der Druck beim Messen stets konstant gehalten.

Zweckmäßiger ist es, die Kugeln durch fest im Mörtel sitzende Zapfen zu ersetzen und an Stelle des Federrahmens einen besonderen Rahmen zum Aufsetzen des Meßrahmens zu benutzen.

Die Probekörper lagern in Luft von 15° C und 80% relative Feuchtigkeit. Die erste Messung wird ausgeführt, sobald der Probekörper die durch die Hydratationswärme verursachte größte Temperatursteigerung aufweist.

Ein anderes Meßgerät zur Bestimmung der Längenänderung ist der Komparator, der zuerst von HIRSCHWALD[2] zur Ermittlung der Raumänderungen an Gesteinen angewandt und von GUTTMANN[3] für die Zementprüfung empfohlen wurde. Die Ablesegenauigkeit des Apparates ist 0,0005 mm.

Der Komparator trägt auf einer Schiene zwei Mikroskope (100fache lineare Vergrößerung); das eine Mikroskop hat ein Achsenkreuz, das andere ein Okularmikrometer. Der Abstand beider Mikroskope wird mit einem Meßstab festgestellt.

Die Meßstellen werden auf der Oberfläche des Probekörpers angebracht, indem zwei Glasplättchen in bestimmten Abständen auf den Mörtel gekittet und auf diese mit einem Reißwerk, das einen Diamanten trägt, je eine Meßmarke geritzt wird.

Zum Messen der Längenänderung wird der Prüfkörper so auf die verschiebbare Grundplatte des Apparates gelegt, daß die Glasplättchen sich unter den Mikroskopen befinden. Dann bringt man Strichmarke und Ordinate des Fadenkreuzes des nicht mit dem Okularmikrometer versehenen Mikroskopes durch Verschieben der Grundplatte zur Deckung und stellt dann das Fadenkreuz des Okularmikrometers auf die andere Strichmarke ein. Hierauf wird die Länge abgelesen.

Der Komparator ist wesentlich umständlicher zu handhaben als beispielsweise das Gerät nach GRAF-KAUFMANN. Das Messen erfordert Übung und Erfahrung. Ein Vorteil des Komparators liegt jedoch darin, daß Prüfkörper, die wenig fest sind, und solche verschiedener Länge gemessen werden können. Zu

---

[1] GRÜN, BECKER u. BUCHHOLTZ: Betonstraße Bd. 2 (1927) S. 166.
[2] HIRSCHWALD: Handbuch der bautechnischen Gesteinsprüfung, S. 273, 1912.
[3] GUTTMANN: Zement Bd. 7 (1918) Nr. 9, S. 45; Bd. 19 (1930) Nr. 12, S. 267.

beachten ist auch, daß wegen des schnelleren Austrocknens der Oberfläche anfangs ein größeres Schwinden beobachtet wird als bei der Anbringung der Meßstellen in der Längsachse des Prüfkörpers. Später gleichen sich die Unterschiede jedoch wieder aus.

Früher wurde in Deutschland zumeist das Gerät nach BAUSCHINGER[1] angewandt; heute hat es aber keine praktische Bedeutung mehr, so daß es sich erübrigt, noch im einzelnen darauf einzugehen. Allgemein sei zu den Meßgeräten noch ausgeführt, daß sie zumindest das direkte Ablesen von 0,01 mm und ein möglichst gutes Abschätzen der 0,001 mm gestatten. Außerdem ist darauf zu achten, daß der Meßdruck stets konstant ist.

Für die Messung des Quellens können die oben beschriebenen Geräte gleichfalls verwendet werden. Die Probekörper werden hierbei jedoch nicht in Luft, sondern in Wasser gelagert.

k) Hydratationswärme.

Die Untersuchungen über das thermische Verhalten der Zemente verfolgten einmal den Zweck, aus der Änderung der Wärmetönung während des Abbindens und Erhärtens Schlüsse auf die Abbindeverhältnisse, d. h. den Erstarrungsbeginn und die Bindezeit, zu ziehen, weil die Bestimmungen mit der VICAT-Nadel zu große Unterschiede bei der Prüfung an verschiedenen Orten ergab[2] und zum anderen, um eine Auswahl der Zemente für Massenbauten, bei denen eine hohe Temperatursteigerung unerwünscht ist, treffen zu können.

Die Versuche, aus der Änderung der Wärmetönung den Erstarrungsbeginn und die Bindezeit zu bestimmen, haben zu keinem Erfolg geführt. In allen Fällen wurde Zement mit einer bestimmten Wassermenge angemacht und eine bestimmte Menge des Breies in einem gut isolierten Gefäß dem Abbinden überlassen und die Temperatursteigerung in bestimmten Zeitintervallen ermittelt.

Dagegen hat die Bestimmung der Hydratationswärme in cal/g für die Auswahl der Zemente vor allem im amerikanischen Talsperrenbau eine beachtliche Bedeutung gewonnen. Die wichtigsten Verfahren seien hier mitgeteilt:

Ein einfaches Verfahren besteht nach O. FABER[3] und ferner nach C. DE LANGAVANT[4] darin, den Zementbrei in einem DEWARschen Gefäß oder in einer Thermosflasche dem Abbinden zu überlassen und die Temperaturänderung aufzuzeichnen. Unter Berücksichtigung der Wärmeverluste wird daraus die Hydratationswärme in cal je g Zement errechnet.

R. GRÜN und W. KÖHLER[5] haben ein Verfahren beschrieben, bei dem die Probe ebenfalls in einer Thermosflasche abbindet und die jeweils festgestellte Höchsttemperatur als Vergleich für die Wärmeentwicklung der Zemente dient. Sie verwendeten eine Thermosflasche von $1/_2$ l Inhalt (8 mm Dmr., 155 mm Innenhöhe), die mit 400 cm³ Wasser von 85° geeicht wurde.

Ausgewählt wurden nur Flaschen, bei denen die Temperaturabfallkurve (°C/t) gleichartig verlief. Der Zementbrei wird in eine Hülse (170 mm lang, 35 mm Dmr.) aus dünnem Kupferblech (40 g) eingebracht, die seitlich durch einen Doppelfalz verschließbar ist und einen abnehmbaren Boden hat. Die mit Zementbrei gefüllte Kupferhülse wird in die Thermosflasche eingesetzt; in

---

[1] BAUSCHINGER: Tonind.-Ztg. Bd. 18 (1894) S. 201.
[2] GARY: Prot. V. D. P. C. F. vom 24. 2. 1904, S. 85. — KILLIG, F.: Prot. V. D. P. C. F. vom 12.2.1919, S.179; Zement Bd.8 (1919) Nr.41, S. 499. — KLEINLOGEL, HAJNAL-KÓNYI: Zement Bd. 22 (1933) Nr. 1, S. 2.
[3] FABER, O.: Ber. I. Intern. Kongr. Beton- u. Eisenbetonbau, Lüttich, Sept. 1930.
[4] LANGAVANT, C. DE: Cement Cem. Manuf. Bd. 9 (1936) S. 226; Zement Bd. 25 (1936) Nr. 23, S. 389.
[5] GRÜN, R. u. W. KÖHLER: Bauingenieur Bd. 17 (1936) Nr. 23/24, S. 231.

die Mitte des Breies wird eine Messinghülse (155 mm lang, 8 mm Dmr.) eingeführt, die an dem durchbohrten Stopfen der Thermosflasche befestigt ist, so daß die Eintauchtiefe der Hülse in den Brei stets dieselbe ist. In die Hülse wird ein Widerstands- oder Quecksilberthermometer eingebracht. Die Messinghülse und das Thermometer sind leicht eingeölt. Der Korkstopfen wird mit Picein abgedichtet. Die Temperatur wird auf $0,1°$ genau in bestimmten Zeitintervallen abgelesen.

Das Thermosflaschenverfahren ist zwar geeignet, die Wärmeeffekte — nach dem Anmachen des Zementes — in der ersten Zeit der Erhärtung (etwa bis zu 72 h) zu erfassen, nicht dagegen die später noch auftretenden. Falls auch die beim Nacherhärten entstehenden Effekte bestimmt werden sollen, sind vor allem die folgenden Verfahren zu nennen:

1. Die Bestimmung der Hydratationswärme bei adiabatischer Lagerung und
2. die indirekte Bestimmung aus der Differenz der Lösungswärme des angelieferten Zementes und des hydratisierten Zementes (Lösungswärmeverfahren).

Nach dem ersten Verfahren wird ein Abfließen der von der Zementprobe entwickelten Wärme verhindert, indem der die Probe umgebende Luftraum durch geeignete Vorrichtungen stets auf derselben Temperatur gehalten wird, wie die der abbindenden Zementprobe.

Von den zahlreichen inzwischen entwickelten adiabatischen Kalorimetern seien genannt die Apparate von DAVEY[1], von W. EITEL, H. E. SCHWIETE und K. WILLMANNS, von BENEDICKT[2] und der nach ähnlichen Grundsätzen konstruierte von KELLER[3].

Der wichtigste Vorteil des adiabatischen Kalorimeters besteht darin, daß die Zeit-Temperatur-Kurve unmittelbar erhalten wird. Nachteile sind, daß es in der Anschaffung zu teuer ist und daß es eine sorgfältige Überwachung erfordert. Für Reihenuntersuchungen ist das adiabatische Kalorimeter daher nicht zu empfehlen.

Der Temperaturanstieg verläuft bei adiabatischer Lagerung steiler als bei nichtadiabatischer, so daß ein Vergleich der Ergebnisse beider Verfahren erst nach etwa 3 Tagen möglich ist.

Die Bestimmung der Hydratationswärme des Zementes nach dem Lösungswärmeverfahren ist zuerst von ROTH[4] empfohlen und praktisch von H. WOODS, H. H. STEINOUR und H. R. STARKE[5] angewandt worden; später berichten darüber W. LERCH und H. BOGUE[6], PIERCE und LARMOUR[7], R. W. CARLSON und L. R. FOBRICH[8] u. a.

Zu beachten ist bei diesem Verfahren, daß durch Kohlensäureaufnahme oder durch Feuchtigkeitsverlust der hydratisierten Probe die Ergebnisse zu hoch ausfallen können gegenüber der Bestimmung im adiabatischen Kalorimeter und schließlich ist zu beachten, daß die Lagerungstemperatur niedriger ist als die im adiabatischen Kalorimeter und in der Thermosflasche.

---

[1] DAVEY: Concr. const. Engng. Bd. 26 (1931) S. 572; Bd. 31 (1936) S. 231; The Structural Engineer, Juli 1935. — EITEL, W., H. E. SCHWIETE u. WILLMANNS: Zement Bd. 27 (1938) Nr. 37, S. 554. — Vgl. H. E. SCHWIETE u. A. PRASCHKE: Zement Bd. 24 (1935) Nr. 38, S. 593.

[2] BENEDICKT, W.: Diss. Technische Hochschule Breslau, 1938.

[3] KELLER, H.: Beton u. Eisen, Bd. 36 (1937) S. 231.

[4] ROTH: Prot. V. D. P. C. F. vom 20. 3. 1930, S. 46.

[5] WOODS, H., H. H. STEINOUR u. H. R. STARKE: J. Ind. Eng. Chem. Bd. 24 (1932) S. 1207.

[6] LERCH, W. u. H. BOGUE: Bur. Stand. J. Res., Wash. Bd. 5 (1934) S. 645; Zement Bd. 24 (1935) Nr. 11, S. 155.

[7] PIERCE u. LARMOUR: Engng. News Rec. Bd. 112 (1934) S. 114.

[8] CARLSON, R. W. u. L. R. FOBRICH: J. Ind. Eng. Chem. Bd. 10, 15 (1938) S. 382; Zement Bd. 27 (1938) Nr. 42, S. 660.

In den Normen der Vereinigten Staaten von Amerika ist ein Verfahren zur Bestimmung der Hydratationswärme nach dem Lösungswärmeverfahren angegeben, das hinreichend genau ist und ohne erhebliche Kosten und Zeitaufwand ausgeführt werden kann. Da es das einzige genormte Verfahren zur Bestimmung der Hydratationswärme ist, sei es näher beschrieben.

Die Hydratationswärme wird aus der Differenz der Lösungswärme des angelieferten (nichthydratisierten) Zementes und der hydratisierten Proben im Alter von 7 und 28 Tagen errechnet.

Das Gerät zur Bestimmung der Lösungswärme geht aus Abb. 18 hervor. Das Dewar-Gefäß hat einen Inhalt von 0,568 l. Zum Messen der Temperatur

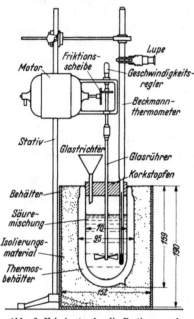

Abb. 18. Kalorimeter fur die Bestimmung der Lösungswärme nach den amerikanischen Vorschriften.

dient ein Beckmannsches Thermometer mit einem Bereich von 6°. Sämtliche Teile des Apparates, die mit der Säure in Berührung kommen, sollen mit einem säurebeständigen Überzug (Paraffinwachs) versehen sein. Der Rührer soll 400 U/min machen. Die Wärmekapazität des Systems wird mit Zinkoxyd bestimmt dessen Lösungswärme zu 256,1 cal/g angenommen wird. Das Zinkoxyd soll zuvor mehrere Stunden bei 900 bis 950° geglüht werden.

Ausführung des Versuches. 400 g 2/n Salpetersäure und 8 cm³ Fluorwasserstoffsäure werden in das Dewar-Gefäß gefüllt; dann wird zusätzlich soviel 2/n Salpetersäure hinzugefügt, daß das Gesamtgewicht 425 g beträgt. Die Mischung wird 5 min gerührt; nach dieser Zeit wird die Temperatur auf 0,001° genau abgelesen.

7 g Zinkoxyd werden in gleichmäßigen Gaben quantitativ durch den Trichter in die Säuremischung gegeben. Die Zugabe soll mindestens 1 min, höchstens aber 2 min dauern.

Die Temperatur wird alle 5 min abgelesen, bis zwei aufeinanderfolgende Ablesungen keine Änderungen mehr ergeben. Der Zeitraum zwischen der ersten Ablesung (vor der Eingabe des ZnO) und der Einstellung konstanter Temperatur wird als Lösungsperiode bezeichnet; sie soll nicht länger als 20 min dauern. Die folgende Periode von 5 min Dauer ist die Ausrührperiode. Die während der Ausrührperiode beobachtete Temperaturänderung wird mit der Anzahl der 5-min-Intervalle der Lösungsperiode multipliziert und dieser Wert von der während der Lösungsperiode festgestellten Temperatursteigerung subtrahiert.

Wird die Wärmekapazität des Kalorimeters mit Zubehör mit Kap bezeichnet, der korrigierte Temperaturanstieg in ° mit t_{korr}, und das Gewicht des zum Versuch verwendeten Zinkoxydes in g angegeben, dann ist

$$\text{Kap (cal/g)} = \frac{\text{g ZnO} \cdot 256{,}1}{t_{korr}}.$$

Vorbereiten der Proben. 300 g Zement und 120 g dest. Wasser werden gemischt und mit einem Rührer 5 min kräftig gerührt. Dann werden 4 oder 5 Glasflaschen ($2^1/_2 \times 10$ cm) mit annähernd denselben Mengen Zementbrei gefüllt. Die Flaschen werden sofort mit einem gut schließenden Stopfen verschlossen, nachdem zuvor der zwischen dem Stopfen und dem Zementbrei verbleibende Raum (etwa 3 mm) mit Paraffinwachs ausgefüllt ist.

Die Flaschen werden bei 21° C gelagert. Zum vorgeschriebenen Termin (7 oder 28 Tage) wird von einer Flasche der Stopfen abgenommen, das Glas vom Inhalt losgebrochen und der ganze Körper schnell soweit zerkleinert, bis alles ein Sieb mit 0,3 mm lichter Maschenweite passiert.

Für die Bestimmung der Lösungswärme wird vom Zement (angeliefert) eine Probe von 3 g, vom hydratisierten Zement (jeweils zu den vorgeschriebenen Terminen) eine Probe von 4,18 g (auf 0,1 mg genau gewogen) verwendet. Die Lösungswärme wird nach dem beim Bestimmen der Wärmekapazität des Systems mit Zinkoxyd beschriebenen Verfahren ermittelt. Die Ergebnisse werden auf geglühte Substanz bezogen. Der Zement wird 1¹/₂ h bei 900° und die hydratisierte Probe zunächst 1 h bei 1050° und dann etwa 16 h (über Nacht) bei 900° erhitzt.

Berechnung. Die Lösungswärme für den Zement und für die hydratisierten Proben wird nach folgender Formel berechnet:

$$\text{Lösungswärme (cal/g)} = \frac{\text{Temperaturanstieg (korrigiert)}}{\text{Gewicht der Probe (geglüht)}} \cdot \text{Kap}.$$

Daneben sind folgende Korrekturen vorzunehmen:

Falls die Temperatursteigerung beim Zement 2° oder mehr beträgt, ist je g und °C 0,2 cal zu addieren; für die hydratisierten Proben ist — wenn die Temperatur 2°C übersteigt — je g 0,7 cal (bezogen auf den geglühten Zement) zu addieren. Nach diesem Verfahren sind recht brauchbare Ergebnisse erzielt worden.

1) Prüfung auf Verhalten gegen aggressive Wässer.

Ein genormtes Verfahren zur Prüfung der Zemente auf das Verhalten in aggressiven Wässern gibt es nicht. Für die Prüfung möge folgendes beachtet werden[1]:

Die Beständigkeit von Mörtel und Beton in aggressiven Wässern ist in erheblichem Maße von der Dichte des Probekörpers abhängig.

Um den Einfluß der Füllwirkung der verschiedenen Bindemittel, die bei den in der Praxis verwendeten Zuschlagstoffen und Mischungsverhältnissen unbeachtlich ist, bei Verwendung von gleichkörnigem Normensand aber eine beachtliche Rolle spielt, auszuschalten, empfiehlt es sich, falls ein gleichkörniger Sand angewandt wird, die zu vergleichenden Bindemittel nicht nach Gewicht, sondern nach Raumteilen zu bemessen oder aber einen gemischtkörnigen Sand zu verwenden.

Bevor die Probekörper in die Lösung gebracht werden, sind sie gleichartig zu lagern, z. B. 7 Tage unter Wasser oder 28 Tage kombiniert. Die Konzentration der Lösung ist gleichartig zu wählen und in nicht zu langen Zwischenräumen durch frische Lösung zu ersetzen. Die Probekörper werden entweder völlig in in die Lösung gelegt oder aber, z. B. bei Prismen, wird der auf eine Stirnseite gestellte Probekörper nur zur Hälfte in die Lösung getaucht.

Die Temperatur muß während der Versuchsdauer möglichst konstant gehalten werden. Der Angriff der Lösung kann festgestellt werden aus der Gewichtsabnahme der Probekörper, aus dem Festigkeitsabfall, aus der Längenänderung und nach Augenschein. ANSTETT schlägt für die Prüfung auf das Verhalten der Bindemittel in gipshaltigem Wasser folgendes Verfahren vor:

Man läßt einen Kuchen aus sehr plastischem Zementbrei 8 Tage erhärten. Dann trocknet man die Probe und zerkleinert sie soweit, daß alles ein Sieb mit 900 Maschen/cm² passiert. Hierauf mischt man 50% abgebundenen Gips, der

---

[1] KÜHL, H.: Prot. Intern. Verb. Mat.-Prüf., Lond. Tagg., 19.—24. 4. 1937, Gruppe B, S. 269.

auf dieselbe Größe zerkleinert ist, hinzu, mischt so innig wie möglich, feuchtet die Mischung leicht an und stellt daraus kleine Zylinder her, die durch Pressen verdichtet werden. Die Zylinder werden auf Fließpapier gestellt, dessen Enden in Wasser tauchen; das Ganze wird mit einer Glocke bedeckt, so daß die Probekörper in feuchter Luft lagern.

Das Verfahren ist lebhaft umstritten worden; es wird hier auch nur der Vollständigkeit halber angeführt[1]. Weiteres vgl. Abschn. VI, G, S. 520f.

4. Chemische Untersuchung von Zement und Beton.

a) Zemente.

α) Normenanalysengang.

Aus den zahlreichen Vorschlägen für die Bestimmung der Aufbaustoffe (Oxyde) der Zemente hat der Ausschuß für die Neubearbeitung der Zementnormen einzelne Verfahren ausgewählt und in einem Analysengang[2] zusammengestellt, die bei genauem Einhalten gut übereinstimmende Ergebnisse bei der Untersuchung der Zemente an verschiedenen Orten liefern.

Der Analysengang kann auch für die Untersuchung anderer hydraulischer Bindemittel, ferner von Hochofenschlacke, Mörtel und Beton, Kalkstein und nach vorausgegangenem Aufschluß auch für Ton und Rohmehl[3] angewandt werden.

In Zementen sind zu bestimmen:

Glühverlust,
unlöslicher Rückstand,
lösliche Kieselsäure,
die Summe der Oxyde von Aluminium + Eisen + Mangan + Titan (abgekürzt: R_2O_3 bezeichnet),
Kalk,
Magnesia,
Schwefelsäureanhydrid.

Die Untersuchung kann ergänzt werden durch die Bestimmung des Gehaltes an:

Tonerde,
Eisenoxyd,
Manganoxyden,
Sulfidschwefel,
Alkalien.

In der Zusammenstellung sind die Mengenanteile in Gewichtsprozenten, abgerundet auf 0,1 von 100, anzugeben.

Bei Portlandzement wird das Gewichtsverhältnis von Kalk (CaO) zu Summe von löslicher Kieselsäure (SiO_2) + Tonerde (Al_2O_3) + Eisenoxyd (Fe_2O_3) berechnet nach der Formel

$$\frac{\% \, CaO - \% \, SO_3 \cdot 0{,}7}{\% \, SiO_2 + \% \, R_2O_3} \geq 1{,}7 \, .$$

Vorbehandlung. Von dem zu untersuchenden Zement, wird eine Durchschnittsprobe genommen und aus einer Menge von 100 bis 200 g das Eisen mit einem kräftigen Magneten herausgezogen. Die so gefundene Menge Eisen wird vermerkt. Die vom Eisen befreite Probe wird zur chemischen Untersuchung

---

[1] Purdon, A. O.: Zement Bd. 26 (1937) Nr. 8, S. 123.
[2] Zement Bd. 20 (1931) Nr. 12, S. 258; Nr. 13, S. 290; Nr. 46, S. 987.
[3] Kalkstein wird in verdünnter Salzsäure (s. S. 416) aufgelöst; der unlösliche Rückstand wird wie Ton mit Natrium- oder Natriumkaliumkarbonat aufgeschlossen.

verwendet, nachdem sie soweit zerkleinert worden ist, daß alles durch das Normenprüfsieb Nr. 30 Din 1171 (900 Maschen auf 1 cm²) hindurchfällt[1].

Besondere Lösungen und Reagenzien. *Ammoniak-Ammoniumnitratlösung.* 10 g Ammoniumnitrat und 2 cm³ konzentriertes Ammoniak zum Liter gelöst.

Silbernitratlösung. 1,70 g $AgNO_3$ im Liter (etwa n/100).

Wasserstoffsuperoxydlösung. Käufliche 3%ige Lösung.

Permanganatlösung (Vergleichslösung). 0,2229 g reinstes $KMnO_4$ mit frisch ausgekochtem Wasser zu 1 l gelöst. 1 cm³ der Lösung enthält Permanganat entsprechend 0,00010 g MnO.

Ammoniumthiosulfatlösung. 100 g $(NH_4)_2S_2O_3 + 5\ H_2O$ im Liter.

Natriumthiosulfatlösung zehntelnormal. 25 g $Na_2S_2O_3 + 5\ H_2O$ zum Liter gelöst.

Desgleichen zur Schwefelbestimmung. 15,6 g $Na_2S_2O_3 + 5\ H_2O$ zum Liter gelöst.

Jodlösung zur Schwefelbestimmung. 7,928 g doppelt sublimiertes Jod zusammen mit 25 g KJ zu 1 l gelöst. 1 cm³ entspricht 0,001 g S.

Natriumchloridlösung n/100. 0,59 g reines Natriumchlorid zu 1 l gelöst.

Arsenitlösung zur Manganbestimmung. 0,258 g As_2O_3 zusammen mit 1 g Na_2CO_3 werden in einem Becherglas mit Wasser durch Erhitzen klar gelöst, die Lösung auf 1 l verdünnt. 1 cm³ der Arsenitlösung zeigt annähernd 0,0001 g MnO an.

Manganlösung zur Titerstellung vorstehender Arsenitlösung: 0,2229 g reinstes $KMnO_4$ werden mit Wasser gelöst, durch Zusatz von 25 cm³ Salpetersäure (spezifisches Gewicht 1,18) und etwas Wasserstoffsuperoxydlösung reduziert, der Wasserstoffsuperoxydüberschuß durch Kochen zerstört und die erhaltene Lösung zum Liter verdünnt. 1 cm³ der Lösung enthält 0,00010 g MnO.

Kadmiumazetatlösung. 25 g Cd $(CH_3COO)_2$ kristallisiertes Salz zu 1 l gelöst.

Titantrichloridlösung zur Eisenbestimmung. a) Vorratslösung. Käufliche etwa 15%ige $TiCl_3$-Lösung. Nach jeder Entnahme von Lösung aus der Flasche ist die Luft über der Flüssigkeit in der Vorratsflasche durch Kohlensäure zu verdrängen.

b) Titrierlösung. Zur Herstellung der Titrierflüssigkeit verdünnt man die käufliche, etwa 15%ige Titantrichloridlösung mit der gleichen Menge konzentrierter Salzsäure (1,19) und füllt mit frisch ausgekochtem Wasser auf das 40fache Volumen der ursprünglichen Menge der Titanlösung auf. Von der so erhaltenen Lösung entspricht 1 cm³ etwa 2 mg Eisenoxyd (Fe_2O_3). Um die Lösung vor der Einwirkung des Luftsauerstoffes und dem dadurch bedingten Rückgang des Titers möglichst zu schützen, verdrängt man die in dem Raum über der Lösung befindliche Luft in der Vorratsflasche nach jeder Entnahme von Lösung durch Kohlensäure und verschließt dann die mit Kohlensäure gefüllte Flasche[2].

Titerstellung. Den Titer der Titantrichloridlösung stellt man vor jeder Reihe von Eisenbestimmungen durch Einstellen gegen eine Ferrisalzlösung von bekanntem Eisengehalt, die durch Auflösen von 1 g chemisch reinem Eisenoxyd (nach BRANDT) mit Salzsäure und Auffüllen zum Liter hergestellt wird.

Zur Einstellung der verdünnten Titantrichloridlösung werden der Ferrichloridlösung 10 cm³ entsprechend 10 mg Eisenoxyd entnommen, etwas Schwefelsäure oder Salzsäure und Rhodanammoniumlösung hinzugegeben und mit der Titantrichloridlösung bis zum Verschwinden der Rotfärbung titriert.

Rhodanammoniumlösung. 100 g NH_4CNS zum Liter gelöst.

---

[1] Sollen Rohstoffe (Klinker, Schlackensand u. dgl.) untersucht werden, so müssen sie zunächst auf Zementfeinheit gebracht werden, d. h. mindestens 80% müssen durch das Sieb Nr. 100 hindurchgehen.

[2] Zur Aufbewahrung der Titrierlösung unter Kohlensäure ist die von FRESENIUS beschriebene Vorrichtung zu empfehlen (Anleitung zur quantitativen chemischen Analyse Bd. I, S. 290).

Gang der Analyse. *1. Glühverlust.* a) Portlandzement[1]. 2 g Zement werden im bedeckten Platintiegel zuerst 2 bis 3 min über kleiner Flamme angewärmt, dann in einem auf 1000° geheizten Tiegelofen 10 min erhitzt.

Es empfiehlt sich, die Temperatur des Tiegelofens von Zeit zu Zeit mit Hilfe eines Thermoelementes nachzuprüfen.

Ergebnis: Glühverlust.

b) Eisenportlandzement und Hochofenzement. Die Bestimmung des Glühverlustes nach vorstehendem Verfahren führt nicht zu brauchbaren Werten wegen nebenher verlaufender Oxydations- und Dissoziationsvorgänge.

Für diese Zementarten gibt nur die Bestimmung von *Wasser* durch Glühen der Probe im Verbrennungsrohr, Auffangen und Wägen des entstandenen Wassers, sowie die Bestimmung der *Kohlensäure* volumetrisch nach Lunge-Rittener (Bindung des Schwefelwasserstoffes durch Zufügen einer Messerspitze voll Sublimat zur mit Wasser angeschlämmten Einwaage) oder durch Zersetzen einer Probe mit Salzsäure und Auffangen der entstandenen Kohlensäure im gewogenen Kaliapparat zuverlässige Werte. Das Freiwerden von Schwefelwasserstoff wird bei letzterer Bestimmung durch Zugabe von Sublimatlösung zur Salzsäure verhindert.

Unlösliches + Kieselsäure, Sesquioxyde, Kalk, Magnesia.

2. Unlösliches + Kieselsäure. Vorprüfung. Der Zement wird zunächst auf Gehalt an Mangan nach Ziff. 10 untersucht. Bei Zementen mit mehr als 1,5% MnO gelten für die Bestimmung der Kieselsäure und der Sesquioxyde die unter 2b und 3b angegebenen Vorschriften[2].

a) Gehalt des Zementes an MnO kleiner als 1,5%. 1 g Zement wird mit 10 cm³ Wasser in einer Porzellanschale von 300 cm³ Inhalt (mit unverletzter Glasur) aufgeschlämmt, unter stetem Umrühren mit 25 cm³ Salzsäure (1:1) in der Kälte zersetzt und auf dem Wasserbad zur Trockne eingedampft.

Nach dem Erkalten wird der Rückstand mit 25 cm³ Salzsäure (1:1) aufgenommen und der Inhalt der Schale $^1/_4$ h lang stehen gelassen. Nun wird auf etwa 75 cm³ verdünnt, auf der Platte des Wasserbades $^1/_2$ h lang erhitzt und vom Rückstand abfiltriert. Der Rückstand wird mit heißem, schwach salzsäurehaltigem Wasser (50 cm³ konzentrierter Salzsäure auf 1 l Wasser) und dann mit heißem Wasser bis zum Verschwinden der Chlorreaktion ausgewaschen.

Rückstand: Unlösliches + Hauptmenge der Kieselsäure[3].

Das Filtrat wird nochmals zur Trockne eingedampft und im Trockenschrank 1 bis 2 h auf 120° C erhitzt. Der Rückstand wird, wie oben angegeben, mit Salzsäure aufgenommen und filtriert.

Die Filter mit den Rückständen werden zunächst getrocknet und dann im schräg gestellten und mit dem Deckel mindestens halb geschlossenen Platintiegel von der Seite her vorsichtig bei mäßiger Rotglut erhitzt, so daß mit den Rauchgasen keine Kieselsäure fortgewirbelt wird.

Nachdem bei verstärkter Flamme die Filter verbrannt sind, wird bei halb geöffnetem Tiegel über dem vollen Bunsenbrenner geglüht, bis die Kohle verschwunden und die Kieselsäure[4] weiß geworden ist.

---

[1] Bei unbekannter Zementart ist der Glühverlust nach b) zu bestimmen.

[2] Wenn Tonerde und Eisenoxyd getrennt bestimmt werden sollen, empfiehlt sich die Bestimmung von Mangan auch bei niedrigeren Gehalten.

[3] Im Filtrat befinden sich zumeist noch etwa 0,2 bis 0,8% Kieselsäure.

[4] In besonderen Fällen ist die *lösliche Kieselsäure* im Filtrat des unlöslichen Rückstandes zu bestimmen und auf Reinheit durch Abrauchen mit Flußsäure + Schwefelsäure zu prüfen (vgl. Fußnote 1, S. 419).

Zum Schluß wird 5 bis 10 min lang auf dem Gebläse oder im Tiegelofen bei 1100 bis 1200° geglüht.

Ergebnis: Kieselsäure + Unlösliches.

b) Gehalt des Zementes an MnO größer als 1,5%. Die Substanz wird in Salpetersäure 1 : 1 statt in Salzsäure 1 : 1 gelöst und auch weiterhin nur mit Salpetersäure behandelt. Beim Aufnehmen der zur Trockne eingedampften Substanz mit Salpetersäure ist jedesmal etwas Wasserstoffsuperoxyd zuzugeben, um das Mangan gut in Lösung zu bekommen. Weiteres siehe unter 3 b.

3. *Sesquioxyde.* a) Gehalt des Zementes an MnO kleiner als 1,5%. Das salzsaure Filtrat von der Kieselsäure wird auf 150 cm³ eingedampft, zum Sieden erhitzt, mit 10 cm³ Bromwasser (bei Vorliegen von Eisenportland- oder Hochofenzement mit 25 cm³ Bromwasser)[1] versetzt und nach Zusatz von 1 g festem Ammoniumnitrat tropfenweise mit möglichst wenig konzentriertem Ammoniak gefällt, solange in schwachem Sieden gehalten, bis die Lösung nur noch schwach nach Ammoniak riecht, und sofort heiß[2] durch ein Weißbandfilter filtriert. Der Niederschlag auf dem Filter wird mit siedendem Ammoniak-Ammoniumnitratwasser ausgewaschen. Nach etwa sechsmaligem Auswaschen wird der Niederschlag der Sesquioxyde wieder mit verdünnter Salzsäure (1 : 5) gelöst, die Lösung mit Wasser auf etwa 150 cm³ verdünnt und die Sesquioxyde aufs neue mit Ammoniak und Bromwasser, wie oben angegeben, ausgefällt[3]. Der Niederschlag wird bis zum Verschwinden der Chlorreaktion ausgewaschen. Das Filter mit dem Niederschlag wird im Platintiegel getrocknet, mit kleiner Flamme vorsichtig verascht und zuletzt stark unter Luftzutritt geglüht[4].

Ergebnis: R_2O_3.

b) Gehalt des Zementes an MnO größer als 1,5%. Das salpetersaure Filtrat von der Kieselsäure (vgl. 2b) wird mit Ammoniak neutralisiert, ein etwa ausfallender Niederschlag wird mit einigen Tropfen verdünnter Salpetersäure und etwas Wasserstoffsuperoxyd wieder in Lösung gebracht. Zu dieser schwach sauren Flüssigkeit, die 300 bis 400 cm³ betragen soll, werden 20 bis 30 cm³ einer filtrierten 10%igen Lösung von reinem Ammoniumpersulfat zugegeben und unter mehrmaligem Umrühren 3 h lang bei etwa 70° auf einem Wasser- oder Sandbade erwärmt. Das Mangan, das sich allmählich als fast schwarzer, bei Gegenwart von Eisen als mehr rotbrauner Niederschlag abscheidet, wird nach dem Absetzen zweckmäßig unter Zugabe von etwas in Wasser aufgeschlämmtem Filtrierpapier abfiltriert und gut mit heißem Wasser ausgewaschen. Zur Sicherheit der Abscheidung werden zum Filtrat nach Abstumpfen der aus Persulfat entstehenden Säure durch Ammoniak noch etwa 10 cm³ Persulfatlösung zugesetzt; das Ganze wird 1 h lang erwärmt und ein sich etwa noch abscheidender Niederschlag auf dem Filter gesammelt. Diese Abscheidung wird mit dem in Salpetersäure und etwas Wasserstoffsuperoxyd wieder gelösten Niederschlag wiederholt. Die manganfreien Filtrate werden vereinigt und die Sesquioxyde wie unter b 1) angegeben, gefällt. Die Niederschläge von Mangan, Eisen und Aluminium werden gemeinsam verascht und geglüht. Man erhält so die Summe

$$Al_2O_3 + TiO_2 + Fe_2O_3 + Mn_3O_4 + \text{etwaiges } P_2O_5.$$

[1] An Stelle von Bromwasser kann auch eine 3%ige Lösung von Wasserstoffsuperoxyd verwendet werden.
[2] Die Löslichkeit der Tonerde ist in der Kälte größer.
[3] Zur Vermeidung eines Überschusses an Ammoniak entfernt man den Überschuß an Brom durch Kochen, setzt einige Tropfen Methylrot hinzu und fällt tropfenweise mit Ammoniak bis zum Farbumschlag. Das zur Fällung verwendete Ammoniak muß frei von Karbonat sein, andernfalls fällt CaO als $CaCO_3$ aus.
[4] Das Tonerdehydrat wird nur schwer entwässert, andererseits besteht bei zu starkem Erhitzen die Gefahr, daß das Eisenoxyd reduziert wird. Die Temperatur sollte daher nicht über 1100° gesteigert werden.

4. Kalk. Die Filtrate von den Sesquioxyden werden auf 300 cm³ eingeengt, mit einigen Tropfen Essigsäure[1] versetzt und auf 90° erhitzt, dann werden 3 g festes Ammoniumoxalat[2] hinzugegeben, hierauf wird stark ammoniakalisch gemacht. Die Lösung wird unter Umrühren 5 min lang aufgekocht. Man läßt in der Wärme absitzen und filtriert durch ein Weißbandfilter. Der Niederschlag wird mit heißem Ammoniumoxalatwasser ausgewaschen. Das Auswaschen ist beendet, wenn 2 bis 3 Tropfen des Filtrats, auf dem Platinblech verdunstet und geglüht, keinen erkennbaren Rest mehr hinterlassen. Das Filter mit dem Niederschlag wird in einen Platintiegel gebracht und über kleiner Flamme bei schräg gestelltem Tiegel getrocknet, verascht, und zunächst über vollem Bunsenbrenner und schließlich 10 min über dem Gebläse geglüht. Zur Feststellung der Gewichtsbeständigkeit muß doppelt geglüht werden[3].

Ergebnis: CaO[4].

5. Magnesia. Das Filtrat von der Kalkfällung wird auf 300 cm³ eingeengt, kalt mit 10 cm³ Ammoniumphosphatlösung und mit $^1/_3$ des Volumens an konzentriertem Ammoniak versetzt. Der Inhalt des Becherglases wird $^1/_2$ h lang gerührt oder nur kurze Zeit gerührt und mindestens 18 h lang stehengelassen und dann filtriert. Der Niederschlag wird mit kaltem, verdünntem Ammoniakwasser ausgewaschen (1:3). Das Filter samt Niederschlag wird in einem Porzellantiegel zunächst vorsichtig getrocknet und allmählich stärker erhitzt. Sollte der Inhalt des Tiegels nicht rein weiß sein, so läßt man abkühlen, befeuchtet den Tiegelinhalt mit 2 bis 3 Tropfen reinster konzentrierter Salpetersäure und verjagt die überschüssige Salpetersäure auf dem Wasserbad. Der so behandelte Niederschlag wird dann vorsichtig unter Vermeiden jeglichen Spritzens der Masse mit einer kleinen bewegten Flamme bis zum Verschwinden der rotbraunen Dämpfe erhitzt, dann über dem Bunsenbrenner und schließlich über dem Gebläse geglüht, bis der Niederschlag rein weiß geworden ist.

Ergebnis: $Mg_2P_2O_7$[5].

Durch Multiplizieren mit 0,3621 ergibt sich der Gehalt an MgO.

Unlöslicher Rückstand, Eisen, Schwefelsäure.

6. Unlöslicher Rückstand. 2 g Zement werden mit 100 cm³ Wasser in einem hohen Becherglas (400 cm³) aufgeschlämmt, mit 50 cm³ Salzsäure (1:1) unter Umrühren in der Kälte zersetzt, schnell erhitzt, bis die Lösung klar gelb geworden, sofort heiß filtriert und mit heißem Wasser ausgewaschen (Filtrat A).

Um das Abschneiden von löslicher Kieselsäure zu verhindern, muß sofort nach dem Zersetzen filtriert werden.

---

[1] Durch Zugabe von Essigsäure setzt sich der Calciumoxalatniederschlag schneller ab.

[2] An Stelle des festen Ammoniumoxalates kann auch eine Lösung verwendet werden, die dann aber siedend heiß zugegeben werden muß.

Um etwaige Verunreinigungen auszuschalten, empfiehlt es sich, den geglühten Niederschlag mit 5 cm³ Wasser zu löschen, in 10 cm³ Salzsäure (1:1) aufzulösen und auf 150 cm³ aufzufüllen. Man setzt Ammoniak in geringem Überschuß hinzu und erhitzt zum Sieden. Scheidet sich dabei Tonerde ab, so wird sie abfiltriert, geglüht und gewogen und der Tonerde aus der R_2O_3-Fällung hinzugerechnet. Aus der Lösung wird der Kalk erneut gefällt.

[3] Ist der Niederschlag braun gefärbt, so kann er beachtliche Mengen Mangan enthalten. Durch Auflösen des Niederschlages in heißer verdünnter Essigsäure, erhitzen auf dem Wasserbade und Zusatz von Bromwasser fällt Mangandioxydhydrat aus, das abfiltriert, mit Wasser ausgewaschen geglüht und als Mn_3O_4 gewogen wird. Der Niederschlag kann aber auch in Wasser und Salpetersäure aufgelöst und das Mangan maßanalytisch oder kolorimetrisch (S. 420) bestimmt werden.

[4] An Stelle der gewichtsanalytischen Bestimmung des CaO kann auch die maßanalytische Bestimmung des Kalziumoxalates mit Permanganat ausgeführt werden (s. S. 422).

[5] Wenn das Mangan nicht mit R_2O_3 abgeschieden wurde, befindet es sich zum Teil im Magnesiumphosphat als $Mn_2P_2O_7$.

Das Filter samt Rückstand wird mit 50 cm³ 5%iger Na₂CO₃-Lösung versetzt, das Ganze wird dann, nach Zerkleinerung des Filters mit dem Glasstab, aufgekocht — um abgeschiedene Kieselsäure wieder in Lösung zu bringen — und heiß filtriert (Filtrat B).

Das Alkali wird zunächst durch Auswaschen mit heißem Wasser und dann mit heißer, stark verdünnter Salzsäure entfernt und schließlich Filter und Rückstand mit reinem heißen Wasser gut ausgewaschen. Der Rückstand wird auf dem Filter getrocknet, im Porzellantiegel geglüht und gewogen.

Ergebnis: Unlöslicher Rückstand.

Das sodahaltige alkalische Filtrat B + Waschwasser wird für die Analyse nicht weiter verwendet[1].

Das saure Filtrat A einschließlich des ersten beim Auswaschen mit heißem Wasser erhaltenen Waschwassers wird in einer Porzellanschale eingedampft und die Kieselsäure wie bei 2 a) abgeschieden. Das Filtrat von der Kieselsäure wird in geeichtem Meßkolben von 250 cm³ Inhalt aufgefangen. Nach dem Erkalten wird bis zur Marke aufgefüllt; von dem Inhalt des Kolbens werden je 100 cm³ zur Bestimmung der Schwefelsäure und des Eisens verwendet.

7. Schwefelsäureanhydrid. Der für die Bestimmung der Schwefelsäure entnommene Anteil wird in einem hohen Becherglas (400 cm³ Inhalt) in der Siedehitze mit 10 cm³ siedend heißer Bariumchloridlösung versetzt. Das Becherglas wird mit einem Uhrglas bedeckt und 2 bis 3 h lang warm gestellt, bis der Niederschlag des Bariumsulfats sich völlig abgesetzt hat und die übrigbleibende Flüssigkeit blank geworden ist. Nach etwa 18stündigem Stehenlassen wird die Lösung vom Niederschlag durch ein Blaubandfilter abgegossen; der Niederschlag wird mehrmals mit kleinen Mengen Wasser, denen einige Tropfen Salzsäure zugesetzt sind, aufgekocht, nach kurzem Absetzen filtriert, dann der Niederschlag auf ein Blaubandfilter gespült und mit heißem, schwach salzsäurehaltigem Wasser ausgewaschen. Filter samt Niederschlag werden im Tiegel verascht; der Rückstand wird auf dem Bunsenbrenner geglüht. Der Gehalt an SO₃ ergibt sich aus dem Gewicht des Bariumsulfats durch Multiplizieren mit 0,343.

8. Eisenoxyd. Die dem Filtrat entnommene Menge von 100 cm³ wird in einem 250 cm³ fassenden ERLENMEYER-Kolben mit 5 cm³ Wasserstoffsuperoxydlösung (3%ig) versetzt und bis zur Zerstörung des überschüssigen Wasserstoffsuperoxyds gekocht; dann wird abgekühlt und nach Zugabe von 10 cm³ konzentrierter Salzsäure und einer kleinen Menge Rhodanammoniumlösung mit Titantrichloridlösung bis zum Verschwinden der Rotfärbung titriert.

Die Titerstellung der Titantrichloridlösung wird jedesmal gleichzeitig mit einer Reihe von Eisenbestimmungen ausgeführt, wie auf S. 415 beschrieben[2].

Ergebnis: Fe₂O₃.

9. Tonerde (Phosphatverfahren). Bei Portlandzementen kann der Gehalt an Tonerde (einschließlich geringer Mengen Titansäure) aus dem Unterschied zwischen R₂O₃ und Fe₂O₃ berechnet werden.

Für die besondere Bestimmung der Tonerde gilt folgende Vorschrift:

1 g Zement wird wie bei der Bestimmung von Kieselsäure + Unlöslichem nach 2 a) mit Wasser angerührt, mit 25 cm³ Salzsäure 1:1 zersetzt und, wie dort angegeben, weiter behandelt. Das Filtrat von der Kieselsäure einschließlich der Waschwässer wird stark eingeengt, die Lösung mit Wasser in ein 600 cm³ fassendes Becherglas überspült. Man gibt einige Tropfen Methylorangelösung

---

[1] Falls die Bestimmung der löslichen Kieselsäure ausgeführt wird, müssen die Filtrate *A* und B verwendet werden (vgl. Fußnote 4, S. 416).

[2] Von anderen Bestimmungsmethoden ist vor allem bei größeren Eisenoxydmengen die nach ZIMMERMANN-REINHARDT (Treadwell Bd. 2, 11. Aufl., S. 601) zu empfehlen.

als Indikator hinzu und versetzt die Lösung mit Ammoniak bis zum Eintritt alkalischer Reaktion; sodann wird mit verdünnter Salzsäure eben wieder angesäuert.

Für die Fällung der Tonerde müssen nun folgende Lösungen in den angegebenen Mengen zugesetzt werden:

1. 5 cm³ Salzsäure 1:1,
2. 20 cm³ Ammoniumphosphatlösung (10%ig),
3. 50 cm³ Ammoniumthiosulfatlösung (20%ig),
4. 15 cm³ verdünnte Essigsäure (1:3).

Zweckmäßig werden sowohl die Mengen der zuzusetzenden Lösungen als auch die Reihenfolge des Zusatzes genau wie angegeben eingehalten.

Man achte darauf, daß beim Zusetzen der Salzsäure keine Reste von Hydroxydflocken an den Glaswandungen über der Flüssigkeit zurückbleiben, sondern alles in Lösung gebracht ist, bevor die weiteren, zur Fällung nötigen Stoffe zugegeben werden.

Man verdünnt dann mit Wasser auf etwa 400 cm³, bringt zum Kochen und erhält die Lösung 30 min lang im Sieden unter Ersatz des verdampfenden Wassers. Der Niederschlag wird auf ein Weißbandfilter (Schleicher u. Schüll) abfiltriert und mit heißem Wasser gründlich ausgewaschen. Danach wird Filter samt Niederschlag getrocknet, im Porzellantiegel verascht und auf dem Gebläse oder im Tiegelofen bis zur Gewichtsbeständigkeit geglüht.

Ergebnis: $AlPO_4$.

Durch Multiplizieren mit 0,4178 erhält man die entsprechende Menge Tonerde (Al_2O_3).

Zu berücksichtigen ist, daß mit dem Tonerdephosphat auch die vorhandenen kleinen Mengen Titansäure ausfallen.

10. Mangan. a) Maßanalytische Bestimmung. 1 g Zement wird in einem 300 cm³ fassenden Erlenmeyer-Kolben mit 10 cm³ Wasser durch Umschütteln aufgeschlämmt und mit 40 cm³ verdünnter Salpetersäure (spezifisches Gewicht 1,18) unter Erwärmen gelöst. Die geringen Mengen unlöslicher Anteile brauchen nicht abfiltriert zu werden. Die wieder abgekühlte Lösung wird mit 40 cm³ Silbernitratlösung und etwa 1 g festem, frischem Ammoniumpersulfat versetzt und langsam auf 60° erwärmt. Das vorhandene Mangan wird dabei allmählich in Übermangansäure übergeführt. Zur Vervollständigung dieser Überführung läßt man die Lösung etwa 10 min bei 60° stehen; man vermeide aber eine stärkere Steigerung der Erwärmung über diese Temperatur hinaus, um eine Zersetzung der Übermangansäure zu verhindern.

Die Lösung wird dann auf Zimmertemperatur abgekühlt, durch Zugabe von 50 cm³ Natriumchloridlösung das Silbersalz ausgefällt und die durch Chlorsilber getrübte violette Lösung mit Arsenitlösung bis zum Verschwinden der Färbung titriert.

Der Wirkungswert der Arsenitlösung wird in der Weise ermittelt, daß man 10 cm³ Manganlösung entsprechend 0,001 g MnO) mit 40 cm³ Salpetersäure (1,18) und 40 cm³ Silbernitratlösung vermischt, 1 g Ammoniumpersulfat zugibt und damit weiter verfährt, wie angegeben. Aus dem Verbrauch an Arsenitlösung und aus der angewandten Menge Mangan berechnet man die Manganmenge, die von 1 cm³ Arsenitlösung angezeigt wird. (Herstellung der Lösungen s. S. 415.)

Bei *manganreichen* Zementen wird zweckmäßig nur ein aliquoter Teil der mit 1 g Zement erhaltenen salpetersauren Lösung für die Oxydation und Titration des Mangans verwendet. Man füllt die Lösung in einem 250-cm³-Meßkolben zur Marke auf, filtriert durch ein trocknes Filter in einen trocknen Kolben und entnimmt dem klaren Filtrat 25 bzw. 50 cm³, entsprechend 0,1 bzw. 0,2 g Zement und verfährt damit wie angegeben.

b) Kolorimetrische Bestimmung. Bei *Portlandzementen*, die meist nur sehr geringe Manganmengen enthalten, kann man den Mangangehalt auch kolorimetrisch bestimmen, indem man die durch Oxydation der Probe erzeugte Übermangansäurefärbung vergleicht mit der Färbung einer Permanganatlösung bekannten Mangangehaltes. Da in diesem Falle sowohl der unlösliche Rückstand als auch die Chlorsilberfällung stören würden, empfiehlt es sich, in folgender Weise zu verfahren:

1 g Zement wird mit 10 cm³ Wasser aufgerührt und dann durch Zusatz von 40 cm³ Salpetersäure (spezifisches Gewicht 1,18) gelöst. Man erwärmt, bis die Auflösung vollständig ist und keine nitrosen Gase mehr vorhanden sind. Man füllt die Lösung sodann in einem 100-cm³-Meßkölbchen mit Wasser zur Marke auf, filtriert durch ein trocknes Filter in ein trocknes Becherglas und entnimmt dem klaren Filtrat 20 cm³. Die klare Lösung wird in einem zur Kolorimetrierung geeigneten Becher- oder Reagensglas mit 15 cm³ Silbernitratlösung und 1 g festem Ammoniumpersulfat durch Erwärmen auf 60° oxydiert und die Mischung während 5 bis 10 min bei dieser Temperatur stehengelassen. Dann wird abgekühlt. Falls sich die Lösung trübt, kann sie durch Zugabe von Silbernitrat geklärt werden. Zur Ermittlung der Permanganatmenge der Lösung füllt man in ein gleich großes Glas eben soviel destilliertes Wasser, wie die Menge der zu vergleichenden Lösung beträgt. Zu dem Wasser läßt man jetzt aus einer Bürette von einer Permanganatlösung bekannten Gehaltes zutropfen, bis der Farbton beider Lösungen übereinstimmt. Aus der Menge der dazu erforderlichen Permanganatlösung berechnet man die Menge Mangan, die in beiden Lösungen vorhanden ist. (Herstellung der Vergleichslösung s. S. 415.)

11. Sulfid-Schwefel. 5 g Zement — bei sulfidreichem Zement genügt 1 g — werden zusammen mit 0,5 g festem Zinnchlorür in dem 400 cm³ fassenden Zersetzungskolben eines Schwefelbestimmungsapparates[1] mit etwa 50 cm³ Wasser durch Umschütteln verteilt und der Kolben verschlossen. Dann läßt man 50 cm³ Salzsäure 1:1 durch das Zuleitungsrohr zufließen und erhitzt zur vollständigen Austreibung des Schwefelwasserstoffes unter gleichzeitigem Durchleiten von Kohlensäure längere Zeit zum Kochen. An den Zersetzungskolben sind zwei Vorlagen mit je 50 cm³ Kadmiumazetatlösung angeschlossen, in denen der entwickelte Schwefelwasserstoff aufgenommen wird, der mit dem Kadmiumsalz gelbes Kadmiumsulfid bildet.

Nach Beendigung des Übertreibens der schwefelwasserstoffhaltigen Gase werden die Vorlagen abgenommen, das entstandene Kadmiumsulfid wird in den Vorlagegefäßen mit einer hinreichenden Menge Jodlösung und 25 cm³ Salzsäure 1:1 umgesetzt und der Überschuß an Jodlösung nach Zugabe von Stärkelösung mit Natriumthiosalfatlösung zurücktitriert.

Aus der Anzahl der zur Umsetzung des Kadmiumsulfids verbrauchten cm³ Jodlösung ergibt sich der Sulfidschwefelgehalt der Zementprobe.

12. Alkalien. Die Abscheidung der Kieselsäure geschieht durch einmaliges Eindampfen der Salzsäurelösung. Im Filtrat werden mit Ammoniak und Ammoniumoxalat $R_2O_3 + CaO$ abgeschieden. Das Filtrat wird bis auf etwa 50 cm³ eingeengt, nochmals Ammoniak und Ammoniumoxalat in geringen Mengen zugesetzt und der gegebenenfalls entstandene Niederschlag abfiltriert. Dieser Gang wird zweimal mit je 1 g Zement durchgeführt. Jetzt werden zur Weiterbehandlung beide Filtrate vereinigt, eingedampft und die Ammoniumsalze

---

[1] Der einfachste Schwefelbestimmungsapparat besteht aus dem Zersetzungskolben mit aufgeschliffenem Stopfen, der 1. einen Tropftrichter zum Einfüllen der Säure und zugleich zum Durchleiten der Kohlensäure, 2. ein Ableitungsrohr für die entwickelten Gase trägt; an das Ableitungsrohr werden die beiden hintereinander geschalteten Vorlagen mit je 50 cm³ Kadmiumazetatlösung angeschlossen.

verjagt. Der Rückstand wird mit möglichst wenig Wasser aufgenommen. Man fällt mit einer starken Barytlösung — auf 1 g Zement etwa 0,2 g Ba(OH)$_2$ in 5 cm^3 Wasser — in der Kälte die Magnesia, läßt etwa $^1/_2$ h stehen, filtriert und wäscht mit 5%iger Ba(OH)$_2$-Lösung aus (kleines Filter, dreimal wenig Waschflüssigkeit). Das überschüssige Barium wird mit Ammoniumkarbonat ausgefällt und das Bariumkarbonat unter mehrfachem Aufkochen dekantiert, abfiltriert und schließlich mit Wasser ausgewaschen. Dann wird auf dem Wasserbad eingedampft, schließlich im Trockenschrank bei etwa 130° C erhitzt; der Rückstand wird mit Salzsäure befeuchtet und nach dem Verjagen der überschüssigen Salzsäure gewogen.

Man rechnet die Chloride für gewöhnlich unter der Annahme, daß sie als Kaliumchlorid vorliegen, durch Multiplizieren mit 0,6317 auf K$_2$O um.

Ergebnis: Alkalien, berechnet als K$_2$O.

Sollen die Alkalien getrennt und als Na$_2$O und K$_2$O bestimmt werden, so empfiehlt es sich, in folgender Weise zu verfahren:

Die Chloride werden mit Wasser in Lösung gebracht; die erhaltene Lösung wird mit Perchlorsäurelösung eingedampft. Zur Vertreibung der Salzsäure wird wiederholt mit Wasser aufgenommen und wieder eingedampft. Schließlich läßt man den Rückstand abkühlen und setzt Alkohol sowie eine kleine Menge Perchlorsäure hinzu; beim Umrühren scheidet sich Kaliumperchlorat aus, das mit Hilfe einer Saugflasche in einen dichten, gewogenen Glasfiltertiegel abfiltriert und mit Alkohol ausgewaschen wird. Tiegel mit Inhalt werden bei etwa 130° C getrocknet und nach Abkühlen gewogen.

Ergebnis: KClO$_4$.

Hieraus berechnet sich die Menge K$_2$O durch Multiplizieren mit 0,3399.

β) Andere Analysenverfahren.

1. **Maßanalytische Bestimmung des Kalkes.** Lösungen: Permanganatlösung zur Titration des Kalziumoxalats: 5,637 g reinstes KMnO$_4$ zum Liter gelöst. 1 cm^3 der Lösung entspricht etwa 10 mg CaO.

Titerstellung der Permanganatlösung gegen Natriumoxalat Sörensen: Zur Einstellung der Permanganatlösung (Konzentration 5,637 g KMnO$_4$ im Liter) werden 0,5 g reinstes Natriumoxalat nach Sörensen in einem 1 l fassenden Erlenmeyer-Kolben mit heißem Wasser zu etwa 400 cm^3 gelöst, mit 50 cm^3 verdünnter Schwefelsäure (1:5) versetzt und die etwa 70° heiße Lösung mit der Permanganatlösung bis zum Eintritt der bleibenden Färbung titriert.

Der Kalktiter der Lösung berechnet sich aus dem Permanganatverbrauch (p) und angewandtem Natriumoxalat (g) wie folgt:

1 cm^3 der Permanganatlösung zeigt an:

$$\left(0,8368 \cdot \frac{g\ \text{Natriumoxalat}}{p\ \text{cm}^3\ \text{KMnO}_4\text{-Lösung}} \right) g\ \text{CaO} .$$

Ausführung des Verfahrens. Die Filtrate von den Sesquioxyden werden wie auf S. 418 beschrieben mit Ammoniumoxalat ausgefällt. Der Niederschlag wird zunächst mit Ammoniumoxalatwasser und dann 3- bis 4mal mit je 10 cm^3 heißem Wasser ausgewaschen. Dann wird er in heißer verdünnter Schwefelsäure (1:5) gelöst; die Lösung wird mit 20 bis 30 cm^3 Schwefelsäure (1:1) versetzt, auf 80° erhitzt und mit Kaliumpermanganat auf bleibend schwach rosa titriert.

2. **Freier Kalk.** Als „freier Kalk" wird das im Klinker oder Schwachbrand vorhandene, nicht an Kieselsäure, Tonerde oder Eisenoxyd gebundene Kalziumoxyd verstanden. Da die Verfahren zur Bestimmung des sog. „freien Kalkes" auch das durch Umsetzung des Zementes mit Wasser gebildete freie Kalziumhydroxyd erfassen, so geben Bestimmungen an Zementen keinen sicheren Auf-

schluß über den ungebundenen Kalk im Klinker. Auch die Alkalien wirken störend.

a) Qualitativer Nachweis nach A. H. WHITE[1]. Lösung: 5 g Phenol + 5 g Nitrobenzol + 2 Tropfen Wasser.

Die feingepulverte Klinkerprobe wird auf einem Objektträger mit einem Tropfen der Phenol-Nitrobenzollösung verrieben, mit einem Deckglas bedeckt und unter dem Mikroskop beobachtet.

In Gegenwart von freiem Kalk entsteht stark doppelbrechendes Kalziumphenolat in Nadeln oder in fächerartigen Gebilden. Falls erst nach 30 min oder später die Kristalle auftreten, so ist nur eine geringe Menge von freiem Kalk vorhanden.

b) Quantitativer Nachweis nach EMLEY, *modifiziert von* W. LERCH *und* R. H. BOGUE[2]. Das Verfahren hat den Nachteil, daß die Bestimmung viel Zeit (bis zu 8 h) in Anspruch nimmt[3]. Andererseits sind aber die erzielten Ergebnisse sehr befriedigend.

Es beruht auf der Umsetzung des freien Kalkes mit Glyzerin zu Kalziumglyzerat, das mit einer alkoholischen Lösung von Ammoniumazetat titriert wird.

Lösungen: Glyzerin-Alkohol-Lösung, 100 cm³ wasserfreies Glyzerin[4] (spezifisches Gewicht 1,266 bei 15°) + 500 cm³ absoluter Äthylalkohol, der über frisch gebranntem CaO abdestilliert wird), werden innig gemischt. Dann werden 1,2 cm³ einer Lösung von 1 g Phenolphtalein in 100 cm³ absolutem Äthylalkohol hinzugesetzt (die Lösung muß neutral reagieren).

Ammoniumazetatlösung ($^1/_5$ n) zur Titration des Kalziumglyzerats: 16 g kristallisiertes Ammoniumazetat werden in 1 l wasserfreiem Äthylalkohol aufgelöst. Der Titer wird mit 0,1 g Kalziumoxyd, das durch Glühen von reinstem Kalziumkarbonat gewonnen wird, eingestellt.

Titerstellung: In einem 200 cm³ fassenden ERLENMEYER-Kolben werden zunächst 60 cm³ Glyzerin-Alkohol-Lösung und dann 0,1 g Kalziumoxyd gegeben, das durch Umschwenken in der Lösung gut verteilt wird. Auf den Kolbenhals wird ein Rückflußkühler[5] aufgesetzt und die Mischung zum Sieden gebracht. Nach 20 min wird der Kühler entfernt und die Lösung heiß mit Ammoniumazetat titriert. Die Titration wird in Zwischenräumen von etwa 20 bis 30 min wiederholt; sie ist beendet, wenn nach 1 h ununterbrochenem Kochen keine Rotfärbung mehr auftritt. Dann wird der Titer der Lösung in g CaO je cm³ Ammoniumazetatlösung berechnet.

Ausführung der Bestimmung: 1 g feinzerkleinerter Klinker werden in einem 200 cm³ fassenden ERLENMEYER-Kolben[6] zu 60 cm³ der Glyzerin-Alkohol-Lösung hinzugesetzt. Nach gutem Umschwenken wird der Kühler aufgesetzt und die Mischung zum Sieden erhitzt. Im übrigen wird wie bei der Titerstellung verfahren. Aus den verbrauchten cm³ Ammoniumazetatlösung wird der Gehalt an freiem Kalk berechnet.

Zu beachten ist, daß Wasser und Feuchtigkeit sowohl von den Lösungen, als auch von der Mischung ferngehalten werden müssen.

Durch das Sieden am Rückflußkühler wird erreicht, daß das entstehende Ammoniak verdampft, daß ferner keine Kohlensäure in die Mischung gelangt

---

[1] WHITE, A. H.: J. Ind. Eng. Chem. Bd. 1 (1909) S. 5.

[2] LERCH, W. u. R. H. BOGUE: Zement Bd. 20 (1931) Nr. 28, S. 651.

[3] Durch Zugabe von wasserfreiem Barium- oder Strontiumchlorid soll die Bestimmung beschleunigt werden können.

[4] Wasserhaltiges Glyzerin wird entweder bei 150° im Trockenschrank entwässert oder im Vakuum destilliert.

[5] Ein etwa 45 cm langes Glasrohr von 6 mm Dmr. kann als Kühler dienen.

[6] Es empfiehlt sich, den ERLENMEYER-Kolben auf eine heizbare Schüttelvorrichtung zu stellen.

und daß die Konzentration der Glyzerin-Alkohol-Lösung nicht wesentlich verändert wird.

c) Das Glykolatverfahren nach P. Schläpfer *und* R. Bukowski[1]. Das Glykolatverfahren hat den Vorteil, daß die Ergebnisse wesentlich schneller erhalten werden als nach dem Verfahren von Emley. Es beruht darauf, daß sich der freie Kalk mit Äthylenglykol zu Kalziumglykolat umsetzt, das nach dem Abfiltrieren vom Bodenkörper mit $1/10$ n-Salzsäure titriert wird. Als Indikator dient eine Mischung aus einer alkoholischen Lösung von Phenolphtalein und einer alkoholischen Lösung von α-Naphtolphtalein.

Lösungen: Äthylenglykol, wasserfrei, spezifisches Gewicht 1,109[2].

$1/10$ n-Salzsäure; der Titer wird mit CaO, das aus reinstem $CaCO_3$ durch Glühen gewonnen wird, eingestellt.

Indikator: 0,100 g Phenolphtalein werden in 100 cm³ 98%igem Äthylalkohol gelöst und 0,150 g α-Naphtolphtalein in 100 cm³ 98%igem Äthylalkohol.

Ausführung des Verfahrens. 0,5 g Klinker, der so weit zerkleinert ist, daß er ein Sieb mit 4900 Maschen je cm² passiert, werden in einen trocknen Rundkolben von 100 cm³ Inhalt, der 50 cm³ Glykol enthält, gegeben. Der Kolben wird mit einem Gummistopfen verschlossen und in ein Wasserbad von 65 bis 70° gebracht. Er muß dann gut geschüttelt werden, wozu zweckmäßig eine Schüttelvorrichtung verwendet wird. Nach 30 min wird die Lösung möglichst rasch auf einem kleinen Büchner-Trichter (50 mm Dmr.) durch eine zweifache Lage von Filtrierpapier[3], die mit reinem Glykol benetzt und dann fest angelegt wird, in eine Saugflasche von 300 cm³ Inhalt abgesaugt.

Der Rundkolben wird 3mal mit je 10 cm³ reinem Glykol ausgespült. Das Filtrat wird mit je 4 bis 5 Tropfen der beiden Indikatorlösungen versetzt und mit $1/10$ n-Salzsäure auf hellbraun-rosa titriert.

3. Schnellverfahren für die Bestimmung der Kieselsäure. Von den zahlreichen Verfahren zur Bestimmung der Kieselsäure in Zementen kann vor allem das Überchlorsäureverfahren empfohlen werden:

Lösungen:

1. Überchlorsäure ($HClO_4$) 70%ig,
2. Salzsäure HCl 1:4 (1 Teil konzentrierte HCl auf 4 Teile H_2O),
3. Salzsäurehaltiges Wasser (50 cm³ konzentrierte HCl auf 1 l Wasser).

Ausführung des Verfahrens. 1 g Zement wird mit 4 cm³ Wasser in einem hohen Becherglas (Jenaer Glas) von 200 bis 300 cm³ Inhalt aufgeschlämmt und unter stetem Umrühren in der Kälte mit 8 cm³ 70%iger Überchlorsäure zersetzt. Klumpen werden mit einem Glasstab zerteilt.

Dann wird 10 min auf dem Wasserbad und anschließend 10 min bei 235° C erhitzt.

Zum Einstellen der Temperatur von 235° C dient am besten ein Aluminiumblock, in den das mit einem Uhrglas bedeckte Becherglas gesetzt wird. Da der Block durch das Becherglas etwas abgekühlt wird, empfiehlt es sich, ihn vorher um etwa 5 bis 10° höher zu erhitzen, um dann die richtige Temperatur von 235° zu erhalten.

Nach 10 min wird das Becherglas herausgenommen; nach dem Abkühlen wird unter Abspülen des Uhrglases und der Gefäßwände 60 cm³ Salzsäure 1:4 hinzugesetzt. Dann wird das Becherglas auf ein Wasserbad gestellt; der Inhalt wird 5 min lang umgerührt und dann durch ein Weißbandfilter flitriert.

---

[1] Schläpfer, P. u. R. Bukowski: Ber. Eidgen. Mat.-Prüf.-Anst. Bd. 63 (1933). Diss. Nr. 684. — Bukowski, R.: Tonind.-Ztg. Bd. 59 (1935) Nr. 52, S. 616.
[2] Das Äthylenglykol muß neutral reagieren.
[3] Rundfilter Nr. 597 (Schleicher u. Schüll).

Der Rückstand wird mit mindestens 70 cm³ und höchstens 100 cm³ heißem schwach salzsäurehaltigem Wasser ausgewaschen. Dabei ist der Niederschlag auf dem Filter jedesmal gut aufzuwirbeln. Auch der nicht vom Niederschlag bedeckte Teil des Filters muß von Überchlorsäure frei gewaschen werden, sonst tritt beim Veraschen infolge der Zersetzung der Überchlorsäure Verpuffung ein.

Das Filter mit dem Rückstand wird im schräg gestellten und mit einem Deckel mindestens halb verschlossenen Platintiegel getrocknet und dann vorsichtig und langsam verascht. Bei zu schnellem Veraschen tritt Bildung von Siliziumkarbid ein (die Kieselsäure wird dunkel gefärbt). Danach wird auf dem Bunsenbrenner mit dem Gebläse oder im elektrischen Tiegelofen bis zur Gewichtskonstanz geglüht.

Die Auswaage ist $SiO_2 +$ Unlösliches.

Anschließend können die Sesquioxyde, Kalk und Magnesia nach den Vorschriften des Normenanalysenganges bestimmt werden.

4. Titansäure. Titansäure (TiO_2) wird zusammen mit der Tonerde nach dem Phosphatverfahren als $Ti_2P_2O_9$ ausgefällt und entweder gravimetrisch oder kolorimetrisch bestimmt.

a) Gravimetrisch. Der geglühte Phosphatniederschlag wird im Platintiegel mit etwa 10 g wasserfreier Soda aufgeschlossen; aus der Schmelze wird die Tonerde durch Auslaugen mit heißem Wasser entfernt. Der Rückstand wird dann auf ein Filter gebracht und mit heißem sodahaltigem Wasser (3 g Soda in 1 Wasser) mehrmals ausgewaschen. Danach wird er mit heißer Salzsäure (1:3) gelöst. Die Lösung wird mit Ammoniak eben alkalisch gemacht und aufgekocht. Das ausgefällte Titanhydroxyd wird abfiltriert, samt Filter verascht, geglüht und gewogen.

Ergebnis TiO_2.

Der Gehalt an Tonerde wird berechnet, indem TiO_2 als $Ti_2P_2O_9$ berechnet und von dem Aluminium-Titan-Phosphatniederschlag abgezogen wird

$$TiO_2 \cdot 1{,}889 = Ti_2P_2O_9$$
$$AlPO_4 \cdot 0{,}4178 = Al_2O_3.$$

b) Kolorimetrisch. 1. Der geglühte Aluminium-Titan-Phosphatniederschlag wird mit der 10fachen Menge Kaliumpyrosulfat aufgeschlossen. Die Schmelze wird in verdünnter Schwefelsäure (1:5) gelöst, der Lösung werden noch 20 cm³ Schwefelsäure (1:1) und 3 cm³ Wasserstoffsuperoxyd hinzugegeben. Sie wird dann in einen 250 cm³ fassenden Kolben gespült. Nach Auffüllen mit Wasser bis zur Marke werden 100 cm³ entnommen und mit einer Vergleichslösung verglichen.

Als Vergleichslösung dient eine Lösung von 2 g Titandioxyd (TiO_2) in 1 l verdünnter Schwefelsäure (5%). Der entnommenen Menge wird eine der Versuchslösung entsprechende Menge Wasserstoffsuperoxyd hinzugegeben.

2. Die Titansäure kann ferner direkt in dem Niederschlag der Ammoniakfällung (S. 417) bestimmt werden. Der Niederschlag wird mit verdünnter Schwefelsäure (1:5) aufgelöst, mit 20 cm³ Schwefelsäure (1:1), ferner mit Phosphorsäure bis zur Entfärbung und mit 3 cm³ Wasserstoffsuperoxyd versetzt.

Der Vergleichslösung (s. oben) werden dieselbe Menge Phosphorsäure und Wasserstoffsuperoxyd wie zur Analysenlösung hinzugegeben.

Fluor stört die Titansäurebestimmung durch Entfärben der Lösung. Falls die Kieselsäure abgeraucht wird, ist die Behandlung mit Schwefelsäure mehrmals zu wiederholen, um sicher alle Flußsäure zu vertreiben.

b) Betonuntersuchung.

α) Allgemeines.

Beton wird aus Zement, Zuschlagstoffen und Wasser zusammengesetzt. Seine Güte wird bedingt durch die Güte der Aufbaustoffe, das Mischungsverhältnis von Zement und Zuschlagstoff, die Höhe des Wasserzusatzes, die Sorgfalt in der Verarbeitung und bei der Nachbehandlung.

· Die Ursache eines Schadens kann daher liegen:

a) Im Zement oder in einem etwa mitverwendeten anderen Bindemittel, z. B. Baukalk (Schnellbinden, geringe Festigkeit, Treiben)[1].

b) In der Herstellung des Betons, beispielsweise in einem zu geringen Zementgehalt, in der Verwendung ungünstig gekörnter, verschmutzter oder vereister Zuschlagstoffe oder solchen mit schädlichen Beimengungen (Gips, Schwefelkies, Humus, Braunkohle oder anderen organischen Stoffen) in der Verwendung von Aschen mit schädlichen Beimengungen (Gips, Magnesia, unverbrannte Kohle), in der Verwendung ungeeigneter Hochofenschlacken (Zerrieseln, Eisenzerfall), ferner in der unsachgemäßen Anwendung von Zusatzstoffen, z. B. von Dichtungs-, Frostschutz-, Schnellbindermitteln, in der Verwendung von Anmachwasser mit hohem Salzgehalt (DIN 1045, § 7, Ziff. 2 und 3), in einem zu hohen Wasserzusatz, im unvollkommenen Mischen des Betons, im Entmischen während des Transportes oder während des Einbringens des Betons in die Schalung, im Betonieren in strömenden Wasser und schließlich in einer zu geringen Verdichtung von erdfeuchtem Beton und in mangelhaftem Anbetonieren (Arbeitsfugen);

c) in unsachgemäßer Nachbehandlung des Betons, beispielsweise durch Mangel an Feuchtigkeit (frühzeitiges Austrocknen vermindert die Festigkeit) oder durch fehlenden Schutz bei Frost;

d) in der Einwirkung schädlicher Wässer (sauren, sulfathaltigen, ammoniakhaltigen u. a., fetten Ölen usw.). auf den erhärteten Beton.

Aus dieser Aufzählung geht schon hervor, daß im Rahmen dieser Abhandlung nicht auf alle etwa möglichen Ursachen von Schadensfällen im einzelnen eingegangen werden kann. Jedenfalls führt die chemische Analyse allein nicht immer zu einer Klärung; sie muß vielmehr ergänzt werden durch die Bestimmung des Kornaufbaues der Zuschlagstoffe und des Gehaltes an abschlämmbaren Bestandteilen, durch die Wasseraufnahmefähigkeit und durch die makroskopische und mikroskopische Gefügeuntersuchung. Die Auswertung der Untersuchungsergebnisse erfordert oftmals ein hohes Maß an praktischer Erfahrung.

β) Bestimmung des Mischungsverhältnisses.

Für die Bestimmung des Mischungsverhältnisses von erhärtetem Mörtel und Beton hat der Deutsche Normenausschuß eine Arbeitsvorschrift (DIN 2170) herausgegeben, auf die hier besonders hingewiesen sei. Die wichtigsten Abschnitte behandeln die Grenzen der Bestimmbarkeit des Mischungsverhältnisses, die Probenahme, die Prüfverfahren und die Berechnung des Bindemittelgehaltes.

Zur Bestimmung des Mischungsverhältnisses wird der Beton mit Salzsäure behandelt. Wenn dabei der lösliche Anteil nur vom Bindemittel, der unlösliche nur vom Zuschlagstoff stammt, dann ist die quantitative Trennung von Bindemittel und Zuschlagstoff möglich. Enthält aber der Zuschlagstoff beachtliche Mengen in Salzsäure löslicher oder das Bindemittel in Salzsäure unlöslicher

---

[1] Aus dem Befund des fertigen Bauwerkes kann mit Sicherheit ein Schluß auf die Beschaffenheit des verwendeten Zementes nicht ohne weiteres gezogen werden. Zur Beachtung und Innehaltung der Mängelrüge hat der Käufer bald nach der Anlieferung, aber jedenfalls vor der Verarbeitung, den Zement auf Abbinden und Raumbeständigkeit gemäß § 8 der Deutschen Normen zu prüfen (vgl. Allgemeine Lieferungsbedingungen für Normenzement, Fachgruppe Zement-Industrie).

Bestandteile, dann ist die Bestimmung des Mischungsverhältnisses mit einiger Genauigkeit nur möglich, wenn der unverarbeitete Zuschlagstoff oder das unverarbeitete Bindemittel vorliegt.

Nur in seltenen Fällen genügt es, allein die Trennung in Salzsäure lösliche und unlösliche Bestandteile auszuführen. Zweckmäßig wird vom löslichen Anteil stets die Vollanalyse ausgeführt und der Gehalt an Oxyden auf die geglühte Substanz umgerechnet. Aus den Ergebnisse kann festgestellt werden, ob die Zusammensetzung des löslichen Anteiles der der Zemente entspricht oder ob sie stark abweicht. Ist die verwendete Zementart bekannt und entspricht die auf 100 Gewichtsteile berechnete Zusammensetzung des Löslichen etwa der des Zementes, so kann aus dem Gehalt an Kalk und Kieselsäure das Mischungsverhältnis angenähert errechnet werden. Wenn auch hierbei Ungenauigkeiten nicht ausgeschlossen sind, so ist es doch möglich anzugeben, welches „fetteste" Mischungsverhältnis angewandt sein kann. Und damit wird man in vielen Fällen eine ausreichende Feststellung treffen können.

Probenahme. Die zu untersuchende Probe muß der durchschnittlichen Beschaffenheit des Betons entsprechen. In der Regel sind an mehreren Stellen Proben zu entnehmen. Sie werden zu einer Durchschnittsprobe vereinigt, wenn der äußere Befund keine bemerkenswerten Unterschiede in der Beschaffenheit erkennen läßt; andernfalls sind sie getrennt zu untersuchen.

Die zu entnehmende Probemenge richtet sich nach dem Größtkorn des Zuschlagstoffes. Bei Zuschlagstoffen mit einem Größtkorn über 30 mm sollte jede Einzelprobe mindestens 5 kg, bei einem Größtkorn über 70 mm mindestens 10 kg betragen.

Prüfverfahren. Fall 1. Der Zuschlagstoff ist in Salzsäure unlöslich. Der zu untersuchende Beton wird von Hand grob zerkleinert und in einer Porzellanschale mit verdünnter Salzsäure (1 Teil rohe Salzsäure, arsenfrei, spezifisches Gewicht etwa 1,16, zu 3 Teilen Wasser) übergossen. Nachdem die Kohlensäureentwicklung beendet ist, wird die Schale auf ein Dampfbad gestellt. Die Salzsäure ist nach Bedarf zu erneuern. Sobald im Rückstand die reinen, voneinander getrennten Zuschlagkörner vorliegen, ist die Säurebehandlung beendet. Die Lösung wird vom Rückstand abgegossen und filtriert (Faltenfilter oder BÜCHNER-Trichter).

Der Rückstand wird in der Wärme mit 2%iger Natronlauge behandelt, um etwa beim Auflösen von Zement abgeschiedene Kieselsäure wieder in Lösung zu bringen, und mit Wasser ausgewaschen.

Danach wird vom Rückstand der Gehalt an abschlämmbaren Bestandteilen bestimmt (DIN 2160). Die bei 110° getrockneten Rückstände (Abschlämmbares, Sand und Grobzuschlag) werden gewogen und in Gew.-%, bezogen auf die Einwaage, errechnet. Der an 100 Gewichtsteilen fehlende Rest besteht aus dem Bindemittel + Wasser + Kohlensäure.

Um das Mischungsverhältnis von Zement : Zuschlagstoff bestimmen zu können, muß noch der Glühverlust des Betons ermittelt werden. Dies geschieht in einer fein zerkleinerten Durchschnittsprobe des Betons (Durchgang durch das Sieb 0,75 DIN 1171) nach der auf S. 416 angegebenen Vorschrift.

Der Prozentgehalt an Bindemittel im Beton wird errechnet nach der Formel:

% Bindemittel = 100 — (% Zuschlagstoff + % Glühverlust).

Das Mischungsverhältnis nach Gewicht [1] von Bindemittel : trocknem Zuschlagstoff ist dann gleich

$$1 : \frac{\text{\% Zuschlagstoff}}{\text{\% Bindemittel}}.$$

---

[1] Da die unverarbeiteten Zemente keinen wesentlichen Gehalt an Hydratwasser und Kohlensäure haben, wird im allgemeinen deren Glühverlust nicht in Rechnung gestellt.

Aus dem Mischungsverhältnis nach Gewicht kann auf Grund der Litergewichte des Bindemittels und des Zuschlagstoffes das Mischungsverhältnis in Raumteilen angenähert berechnet werden.

Liegt das Bindemittel vor, dann wird das Einlauf-Litergewicht (S. 405) vervielfacht mit 1,1 eingesetzt; liegt es nicht vor, wird für Normenzemente der Einheitswert 1,25 kg/dm³, für hochwertige Normenzemente 1,15 kg/dm³ angenommen.

Das Litergewicht des Zuschlagstoffes ist in jedem Fall zu ermitteln. Hierzu wird das Abschlämmbare wieder mit dem übrigen Zuschlagstoff vermengt und das Ganze mit 3% Gewichtsteilen Wasser angefeuchtet, um den Verhältnissen der Praxis nahe zu kommen. Das Raumgewicht wird bei Zuschlagstoffen von weniger als 30 mm Größtkorn im Litergefäß, bei Zuschlagstoffen mit gröberen Körnern im 5-Litergefäß durch Einfüllen von Hand ermittelt.

Das Mischungsverhältnis (M) nach Raumteilen wird — bei 3% Feuchtigkeitsgehalt des Zuschlagstoffes — nach folgender Formel errechnet:

$$M = 1 : \frac{1{,}03 \; \text{Zuschlagstoff} \times \text{Litergewicht des Bindemittels}}{\text{Bindemittel} \times \text{Litergewicht des Zuschlagstoffes}} \; .$$

Falls der Bindemittelgehalt in kg/m³ Beton ermittelt werden soll, so ist das Raumgewicht des Betons in kg/m³ im Durchschnitt aus den Ergebnissen der Prüfung von mindestens 5 genügend großen Stücken (mindestens Faustgröße) zu bestimmen (DIN 2102). Der Bindemittelgehalt wird dann in kg/m³ berechnet nach der Formel

$$\frac{\text{Zement (Gewichts-\%)} \times \text{Raumgewicht (kg/m}^3 \text{ des Betons)}}{100} \; .$$

Fall 2. Der Zuschlagstoff ist in Salzsäure teilweise löslich und der unverarbeitete Zuschlagstoff ist vorhanden.

Der unverarbeitete Zuschlagstoff wird in der gleichen Weise mit Salzsäure zersetzt, wie dies für den Beton angegeben ist und es wird auch von einer fein zerkleinerten, bei 110° getrockneten Durchschnittsprobe der Glühverlust ermittelt. Die Berechnung des Mischungsverhältnisses sei an nebenstehendem Beispiel erläutert. (Die Angaben für das Unlösliche und das Lösliche beziehen sich auf das bei 110° getrocknete Gut.)

	Beton	Zuschlagstoff
	%	%
Unlösliches . .	75,0	93,0
Lösliches . . .	16,0	7,0
Glühverlust .	9,0	3,0

Das Lösliche des Betons enthält also noch einen Anteil des Zuschlagstoffes. Dieser berechnet sich zu

$$\frac{75{,}0 \cdot 7{,}0}{93{,}0} = 5{,}6 \; .$$

Die Menge an glühverlustfreiem Zuschlagstoff beträgt mithin:

$$75{,}0 + 5{,}6 = 80{,}6 \; .$$

Ferner kommt noch ein Betrag hinzu, der dem Glühverlust von 3% (Hydratwasser, Kohlensäure) entspricht, so daß die tatsächliche Menge an trocknem Zuschlagstoff

$$80{,}6 + \frac{80{,}6 \cdot 3{,}0}{93{,}0} = 83{,}0\% $$

beträgt.

Der Bindemittelgehalt wird aus dem Löslichen abzüglich des vom Zuschlagstoff stammenden Anteiles errechnet:

$$16{,}0 - 5{,}6 = 10{,}4 \; .$$

Das Mischungsverhältnis von Bindemittel : Zuschlagstoff (trocken) nach Gewicht war also

$$10,4 : 83,0 = 1 : 8,0.$$

Die Berechnung nach Raumteilen wird wie unter Fall 1 beschrieben ausgeführt.

Fall 3. Der Zuschlagstoff ist in Salzsäure teilweise löslich und liegt nicht gesondert vor[1].

In diesem Fall ist das Mischungsverhältnis nachträglich nicht mehr zuverlässig bestimmbar, wenn der Zuschlagstoff löslichen Kalk, lösliche Kieselsäure, lösliche Tonerde und lösliches Eisenoxyd enthält.

Wenn aber der einzige lösliche Bestandteil des Zuschlagstoffes Kalkstein ist, von dem vorausgesetzt sei, daß er keine lösliche Kieselsäure enthält, dann kann unter einer gewissen Annahme über den Kieselsäuregehalt des Zementes — falls dieser nicht unverarbeitet vorliegt — das Mischungsverhältnis angenähert errechnet werden.

Dies sei an einem Beispiel erläutert:

Der unverarbeitete Zement liegt nicht vor, dann können für Normenzemente folgende Werte angenommen werden:

	SiO_2 %	CaO %
Portlandzement	21,5	65,5
Eisenportlandzement.	24,0	58,0
Hochofenzement	26,0	50,0

Die Untersuchung des Betons habe folgende Ergebnisse geliefert:

Unlösliches (bei 110° getrocknet) . . . 62,0%
Lösliches (bei 110° getrocknet) 29,2%
Glühverlust 8,8%

Der lösliche Anteil habe enthalten:

Kieselsäure 4,3%
Tonerde + Eisenoxyd 6,0%
Kalk 18,1%
Magnesia u. a. 0,8%

Die Bindemittelmenge wird errechnet aus der im Löslichen gefundenen Kieselsäure, also 4,3% und unter der Annahme, daß ein Portlandzement mit 21,5% verwendet wurde, nach der Formel

$$\frac{\text{% Kieselsäure vom Löslichen}}{\text{% Kieselsäure vom Zement}} \cdot 100$$

oder

$$\frac{4,3}{21,5} \cdot 100 = 20\% \text{ Zement.}$$

Vom Löslichen sind mithin 29,2—20 = 9,2 dem Zuschlagstoff hinzuzurechnen:

$$62,0 + 9,2 = 71,2\%.$$

Ferner stammt aber noch ein Teil des Glühverlustes aus dem Zuschlagstoff, da anzunehmen ist, daß der Kalk an Kohlensäure gebunden war. Um die Kohlensäuremenge berechnen zu können, muß zunächst die vom Zuschlagstoff in Lösung gegangene Menge Kalk berechnet werden:

Betrug der Zementanteil 20% und wird für den Kalkgehalt des Zementes 65,5% in Rechnung gesetzt, dann entstammen vom Zement

$$\frac{20,0 \cdot 65,5}{100} = 13,1\% \text{ Kalk}$$

[1] H. BURCHARTZ: Mitt. Kgl. Mat.-Prüf.-Amt Bd. 21 (1903) S. 71; Bd. 24 (1906) S. 291. — FRAMM: Prot. V. D. P. C. F. vom 8. 3. 1909, S. 265; Zement Bd. 9 (1920) Nr. 2, S. 13. — RODT: Zement Bd. 17 (1928) Nr. 4, S. 138.

und vom Zuschlagstoff: $18,1 - 13,1 = 5,0\%$ Kalk. Nun bindet 1 g Kalk (CaO) $0,7848$ g Kohlensäure (CO_2), demnach gehören noch zum Zuschlagstoff $5 \times 0,7848 = 3,9$ g Kohlensäure. Die Menge des Zuschlagstoffes war also:

$$62,0 + 9,2 + 3,9 = 75,1\%.$$

Das Mischungsverhältnis errechnet sich zu

20% Zement : $75,1\%$ Zuschlagstoff oder rd. $1 : 3,8$ nach Gewicht.

Fall 4. Der Zuschlagstoff ist in Salzsäure völlig löslich und liegt gesondert vor. Sowohl vom Beton als auch vom Zuschlagstoff werden Vollanalysen ausgeführt; nach dem in Fall 3 beschriebenen Beispiel wird die Menge an Bindemittel und Zuschlagstoff berechnet.

C. Prüfung der Zemente auf ihre Zusammensetzung.

Von Fritz Keil, Düsseldorf.

1. Feststellung der einzelnen Bestandteile[1].

a) Art und Merkmale der Bestandteile.

Die deutschen Normenzemente (DIN 1164) haben folgende Zusammensetzung:

Gehalte in % an	Klinker Kl[2]	Schlackensand Schl.	Zusatz fremder Stoffe
Portlandzement	Kl $\geq$ 97	—	≤ 3
Eisenportlandzement . . .	Kl $\geq$ 70	Schl. ≤ 30	≤ 3
Hochofenzement	$69 \geq$ Kl ≥ 15	$31 \leq$ Schl. ≤ 85	≤ 3

Im Portlandzement ist der Gehalt an MgO auf 5%, der an SO_3 auf $2,5\%$ begrenzt. An fremden Stoffen werden den Zementen im allgemeinen nur Gipsstein oder andere Kalziumsulfate (Halbhydrat, Anhydrit) zugesetzt, oftmals auch Farbstoff. Bei der Lieferung von Deckenzement an die Reichsautobahn ist nur Gips als Zusatz zulässig.

Für die Zusammensetzung des *Traßzementes*, der aus Klinker und Traß besteht, gilt DIN 1167. Üblich sind zur Zeit die Mischungen $70 : 30$ und $60 : 40$.

Daneben gibt es noch viele *zementähnliche Bindemittel* mit Klinker und Schlackensand als Hauptbestandteilen. Bei einem Teil dieser Bindemittel weist der Name auf die Zusammensetzung hin (Asbestzement, bituminierter Zement). Viele andere sind am Namen nicht erkennbar. Sie haben verschiedenartige Zusammensetzung und unterschiedliche technische Eigenschaften; z. B. werden unter dem Namen *Zementkalk*[3], Gemische aus Klinker, Rohmehl und Schlackensand geführt. Gelegentlich treten *Gipsschlackenzement* und *Schlackenzement* im Handel unter einer Fabrikbezeichnung auf. Neben Schlackensand enthalten die einen Gips und gegebenenfalls etwas Klinker, die anderen gebrannten Kalk.

Die *Wasserkalke* sind ebenso wie Portlandzementklinker aus kalkreichen Rohstoffen erbrannt und unterscheiden sich in der Regel nur durch die Höhe des Kalkgehaltes und den Brenngrad vom Klinker[4].

---

[1] Keil, F. u. F. Gille: Zement Bd. 27 (1938) S. 623f.
[2] Unter Klinker ist in diesem Abschnitt immer Portlandzementklinker zu verstehen.
[3] Grün, R.: Tonind.-Ztg. Bd. 61 (1937) S. 947f.
[4] Keil, F. u. F. Gille: Zement Bd. 27 (1938) S. 625.

Die Zusammensetzung der Bindemittel ist also von Haus aus schon sehr verschiedenartig. Mitunter werden sie nachträglich absichtlich oder unabsichtlich *verunreinigt* und dadurch in ihren Eigenschaften verändert. Auch die Feststellung dieser Beimengungen ist deshalb oft nötig. Als *Hilfsmittel* zur Feststellung der einzelnen Bestandteile eines Bindemittels dienen die chemische Analyse, das Mikroskop und die Abtrennung nach der Schwere. Wenn die Bestimmung einer Kristallart mikroskopisch nicht gelingt, muß man außerdem die röntgenographische Untersuchung[1] anwenden. Das Mikroskop gibt meist am schnellsten und sichersten Aufschluß über die Zusammensetzung eines Bindemittels. Trotzdem wird hier die chemische Analyse zuerst behandelt, weil die Beherrschung der chemischen Untersuchungsmethoden für jedes Laboratorium vorausgesetzt werden kann. Für das Arbeiten mit dem Mikroskop trifft das meist nicht zu. Die für die einzelnen Bestimmungsarten wichtigsten Merkmale sind auf der Zahlentafel 1 zu finden.

b) Einzelprüfungen.

α) Chemische Untersuchung.

SO_3-*Gehalt.* Er gibt einen Hinweis auf die Höhe des Zusatzes an Kalziumsulfaten (meist Gipsstein). Klinker und Schlackensand enthalten in der Regel kein oder im Höchstfall 1% SO_3. Bei Mengenbestimmungen muß selbstverständlich dieser Gehalt beachtet werden. Ist der Gehalt an SO_3, auf den glühverlustfreien Zustand bezogen, größer als 2,5%, dann entspricht der Zement nicht den Normen. Durch eine geringe Überschreitung werden jedoch die technischen Eigenschaften nicht wesentlich verändert. Gipstreiben tritt erst bei erheblich höheren Gehalten ein. Wenn der Glühverlust des Zementes kleiner ist, als es der Zusammensetzung des Gipses ($CaSO_4 \cdot 2 H_2O$) entspricht, dann liegt Kalziumsulfat zum mindesten teilweise als Halbhydrat oder Anhydrit (künstlich oder natürlich) oder an den Kalk des Klinkers gebunden vor.

Glühverlust. In Normenzementen bildet in der Regel das Hydratwasser des zugesetzten Kalziumsulfates einen Teil des Glühverlustes, der andere rührt von der Ablagerung des Zementes her. Das Verhältnis von $CO_2 : H_2O$ durch Ablagerung schwankt meist zwischen 1 : 2 und 1 : 1. Vom Werk angelieferter Zement darf nicht mehr als 5% Glühverlust besitzen. Zweckmäßig ist die Feststellung, wieweit es sich um CO_2 und H_2O handelt. Höhere Gehalte an CO_2 deuten auf die Anwesenheit von Karbonaten (Kalkstein aus Zementrohmehl) oder Wasserkalken hin, höhere Gehalte an H_2O auf Zusätze mit Hydratwassergehalt. (Traß, Wasserkalke, gelöschte Luftkalke u. a. m., vgl. Zahlentafel 1.)

S-Gehalt ist ein Zeichen für die Anwesenheit von Hochofenschlacke. Auch manche im Hochofen hergestellten Tonerdezemente enthalten Sulfidschwefel. Ob es sich um Schlackensand oder Stückschlacke handelt, zeigt das Mikroskop.

Unlöslichen Rückstand in Salzsäure enthält in Mengen über 0,6% nur Klinker aus Schachtöfen. Sind mehr als 3% unlöslich, dann ist mit Zusätzen zu rechnen.

CaO-Gehalt. Der CaO-Gehalt der einzelnen Zementarten ist deutlich verschieden. Als Richtzahlen für Zemente mit geringem Glühverlust können folgende CaO-Gehalte dienen:

Portlandzement	62...66%
Eisenportlandzement.	57...62%
Hochofenzement	48...56%
Traßzement 70 : 30	45...49% } aus rheinischem
Traßzement 60 : 40	39...43% } Traß

---

[1] GLOCKER, R.: Materialprüfung mit Röntgenstrahlen, 2. Aufl. Berlin 1936.

Zahlentafel 1. Vorkommen und Merkmale der Einzelbestandteile[1].

Abkürzungen: PZ Portlandzement; EPZ Eisenportlandzement; HOZ Hochofenzement; SB Sonderbindemittel; Gl.V. Glühverlust.

	Vorkommen	Chemische Zusammensetzung (Werte glühverlustfrei)				Spez. Gewicht	Optische Eigenschaften
		CaO	SiO_2				
a) Hauptbestandteile:							
Portlandzementklinker	**PZ, EPZ, HOZ**, SB	61—67	18—25			3,0—3,2	Klinker-Kristallarten[1]
Tonerdezement	**Tonerdezement**	> 35	< 10	Al_2O_3: > 35	TiO_2: > 1	schwankt	TZ-Kristallarten[1]
Schlackensand	**EPZ, HOZ**, SB	30—50	30—40			2,85—3,00	meist durchsichtig, muscheliger Bruch n_D 1,60—1,66
Traß	**Traßzement**, SB	< 10	50—60	Alk.: 3—12	Gl. V.: > 4	i. M. 2,3—2,4	Mineralgemenge
b) Zusätze:							
Gipsstein $CaSO_4 \cdot 2\,H_2O$	fast alle Zemente	> 30	< 5	SO_3: > 40		2,32	durchsichtig, spaltbar, doppelbrechend n_D etwa 1,52
Kalziumchlorid $CaCl_2$	viele hochwertige Zemente	entsprechend der Formel					
c) Farbstoffe:							
Eisenoxydschwarz Fe_3O_4	in dunkel gefärbten Zementen			$\{FeO:Fe_2O_3$ 30 : 70	Fe: > 60	etwa 5,1	undurchsichtig
Manganschwarz MnO_2					Mn: > 55	″ 5,0	″
Ruß C					C: > 90	1,7—1,9	″
d) Häufige Beimengungen und Verunreinigungen:							
organische Stoffe							
Bitumen	bit. Zemente						meist schwer erkennbar, (kleine Mengen) chemischer Nachweis!
Seifen	{wasserdichtender Zusatz						
Kasein, Leim							
Zucker	Verunreinigung						
anorganische Stoffe							
Wasserglas (Werte für Na-Wgl)	SB		etwa 76	Na_2O: ≈ 23		etwa 2,5	
Kieselgur	SB		> 85			2,3	durchsichtig
Si-Stoff	SB		> 90			2,3	Diatomeenreste erkennbar ähnlich dem Ton, n_D etwa 1,50—1,55
Kalkstein	Rohmehl	> 40		CO_2: > 30		2,7—2,8	stark doppelbrechend, n_D = 1,48 — 1,65
Hornblende-Asbest	Asbestzement	11—13	47—58		MgO: ≈ 44	2,9—3,2	$n_D \gtrless 1,6$
Serpentin-Asbest			≈ 44			2,5—2,7	$n_D < 1,6$
Gebrauchsgläser	SB und Verunreinigungen		> 60			etwa 2,5	verschieden
Kohlenasche und -schlacke						verschieden	
Wasserkalk		CaO+MgO > 90				3,0	durchsichtig, muscheliger Bruch
Luftkalk						etwa 2,6	

Fettdruck: Vorkommen erforderlich.

[1] Eingehendere Angaben auch des Schrifttums s. F. KEIL u. F. GILLE: Zement Bd. 27 (1938) S. 626—628.

Man rechnet am zweckmäßigsten den CaO-Gehalt auf den Zustand um, bei dem der Zement keinen Glühverlust und keinen Zusatzgips enthält. Ist dann der CaO-Gehalt größer als 67%, ohne daß der Zement treibt, so enthält der Zement noch Kalke, ist er niedriger als 61%, so enthält er kalkärmere Zusätze.

MgO-*Gehalt* in größeren Mengen als 5% deutet, wenn der Zement nicht eine magnesiareiche Schlacke enthält, auf Anwesenheit von Graukalk hin.

β) *Mikroskopische Untersuchung*[1].

Sie erfordert einige Übung. Doch ist es auch für das ungeübte Auge stets möglich, die wesentlichen Unterschiede der einzelnen Stoffe zu erkennen. Man stellt sich am zweckmäßigsten durch Absieben zwischen dem 4900- und dem 10000-Maschen-Sieb einen Zementgrieß her, bettet ihn auf einem Objektträger in Kanadabalsam (für Dauerpräparate) oder in eine den Zement nicht angreifende Flüssigkeit ein und betrachtet ihn unter dem Mikroskop. Der Zementgrieß erleichtert die Beobachtung unter dem Mikroskop. Seine Zusammensetzung stimmt jedoch vielfach mit der des Zementes nicht überein (s. auch S. 436), vor allem, wenn einer der Bestandteile in sehr feinkörniger Form vorliegt. Das trifft meist für die Zusätze an Kalziumsulfaten, Farbstoffen und Kalken zu. Dann ist die Untersuchung auch der feinsten Kornanteile nötig.

Beobachtungen mit dem Mikroskop. Ein einfaches Mikroskop ohne Polarisationseinrichtung läßt nur die Feststellungen zu, ob die Körner durchsichtig, trübe oder undurchsichtig sind und welche Farbe und Kornform sie besitzen. Mit Hilfe des *Polarisationsmikroskops* können weitere kennzeichnende Eigenschaften bestimmt werden, Art und Stärke der Doppelbrechung, Auslöschungsschiefe u. a. m.[1]. Doppelbrechende Stoffe sind fast immer kristallisiert und zeigen je nach der Stärke der Doppelbrechung zwischen gekreuzten Nikols verschiedene Polarisationsfarben. Glasige und kristallisierte einfachbrechende Stoffe (optisch isotrope Körper) bleiben zwischen gekreuzten Nikols dunkel. *Undurchsichtig* sind die Farbstoffe Eisenoxydschwarz, Manganschwarz und Kohle. *Durchsichtige*, oft gefärbte Körner mit *muscheligem* Bruch besitzen die meisten Schlackensande, Wasserglas und die Gebrauchsgläser; Quarzsand ist gleichzeitig doppelbrechend. Auch Schlackensande zeigen oft im Korn doppelbrechende neben isotropen Teilen. Bei durchsichtigen Körnern, die *keinen muscheligen Bruch* besitzen und doppelbrechend sind, kann es sich um Kalziumsulfate (Gips), Karbonate (Kalkstein) und andere Gesteinsmehle, auch um Traßbestandteile (s. S. 440) handeln. *Trübe Körner* haben die hydraulischen Kalke, Si-Stoff und Ziegelmehl. Wenn sie mit winzigen, stark doppelbrechenden Kristallen durchsetzt sind und am Rande zwischen gekreuzten Nikols Aufhellung zeigen, wird es sich in der Regel um hydraulische Kalke handeln. *Klinkerkörner* sehen bei schwacher Vergrößerung ebenfalls trübe aus. Bei starker Vergrößerung ist jedoch eine deutliche Kristallausscheidung erkennbar. Die durchsichtigen kristallisierten Teile des Klinkers zeigen zwischen gekreuzten Nikols je nach der Kristallart verschieden starke Doppelbrechung, die weniger durchsichtigen sind ebenfalls vorwiegend doppelbrechend. Mit dem Aussehen der verschiedenen Kristallarten im Klinker macht man sich am zweckmäßigsten bekannt. Weitere Unterschiede im Aussehen siehe Zahlentafel 1 und Fußnote 1, S. 432. Ferner sei auf Abb. 1 bis 4 verwiesen.

Einbettungsmethode. Sie gestattet die Feststellung des Brechungsexponenten der verschiedenen Kristallarten, die auch bei sonst gleichartigen Stoffen

---

[1] EMICH, F.: Lehrbuch der Mikrochemie, 2. Aufl. München 1926. — RINNE, F., M. BEREK: Anleitung zu optischen Untersuchungen mit dem Polarisationsmikroskop. Leipzig 1934.

meist deutlich verschieden sind. Die zu bestimmenden Körner werden in Flüssigkeiten von bekannten Brechungsexponenten eingebettet, bis die Flüssig-

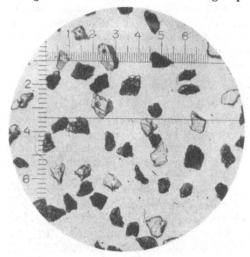

keit ermittelt ist, bei der die Korngrenzen nicht mehr zu erkennen sind. Kristall und Flüssigkeit besitzen dann denselben Brechungsexponenten. In der Zahlentafel 1 sind als n_D für Natriumlicht die mittleren Werte der Brechungsexponenten angegeben. Geeignete Flüssigkeiten siehe F. Emich [1], ferner auch Verzeichnisse der chemischen Werke.

Mikrochemische Reaktionen.
Zum Nachweis von schwer erkennbaren Schlackensandkörnern kann man nach H. W. Gonell [2] den Zementgrieß mit einer Lösung behandeln, die auf 2 Teile 5%ige *Bleiazetatlösung* 1 Teil 5 %ige Essig-

Abb. 1. Zementgrieß zwischen dem 4900- und 10000-Maschensieb aus Klinker (dunkel) und Schlackensand (hell, durchsichtig, muscheliger Bruch) unter dem Mikroskop mit einem einfachen Planimeter-Okular, dessen Abszisse beweglich ist. Gewöhnliches Licht, Vergrößerung 45mal. Für die Messung wählt man ein dichteres Präparat. Über neuzeitliche Integriervorrichtungen (Integrationstisch von Leitz und Integriervorrichtung „Sigma" von Fueß) vgl. Zement Bd. 27 (1938) S. 246—248.

säure enthält. Farblose oder nur schwach gefärbte Schlackensandkörner werden dabei allmählich braun bis schwarz.

WHITEsche *Lösung* [3] (5 g Phenol + 5 g Nitrobenzol + 2 Tropfen destilliertes Wasser) zeigt freies CaO dadurch an, daß sich um die betreffenden Körner innerhalb von etwa 5 min ein Kranz von stark doppelbrechenden Kalziumphenolatkristallen bildet. Diese Reaktion zeigen Klinkerkörner mit freiem Kalk, ferner ungelöschte Kalkteile, aber auch gelöschte und abgelagerte Kalke, die vorher 5 min auf 600 bis 800° erhitzt wurden.

Mit *Nelkenöl* behandelter Zement gibt nach Schläpfer und Esenwein [4] innerhalb 30 min deutlich Kristalle von Kalziumeugenolat. Die Reaktion findet nur am Ort der Kristalle statt. $Ca(OH)_2$ und $Mg(OH)_2$ geben nur Gelbfärbung.

γ) Abtrennung nach der Schwere.

Sie ist dann notwendig, wenn es zum Nachweis einer Anreicherung des Stoffes bedarf, weil er in zu geringen Mengen vorliegt, oder

Abb. 2. Klinkerkörner und Schlackensandkörner unter dem Mikroskop bei stärkerer Vergrößerung (120mal, gewöhnliches Licht). Die Kristallausbildung in den Klinkerkörnern ist deutlich erkennbar.

[1] Emich, F.: Lehrbuch der Mikrochemie, 2. Aufl., S. 26—28. München 1926.
[2] Gonell, H. W.: Zement Bd. 17 (1928) S. 437f.
[3] White, A. H.: Industr. Engng. Chem. Bd. 1 (1909) S. 5.
[4] Schläpfer u. Esenwein: Schweizer Arch. angew. Wiss. Techn. Bd. 2 (1936) S. 283; Zement Bd. 26 (1937) S. 518.

wenn mehrere Stoffe mit chemisch und mikroskopisch ähnlichen Eigenschaften voneinander zu unterscheiden und nebeneinander zu bestimmen sind. Zum Schweben wird am besten ein Zementgrieß verwandt. Er wird in ein Zentrifugenglas gebracht und dann mit einer geeigneten schweren Flüssigkeit geschleudert (Einzelheiten der Ausführung s. S. 438). Es lassen sich auf diese Weise viele Stoffe gut von ähnlichen anderen trennen.

c) Arbeitsgang für den Nachweis.

Auf der Zahlentafel 2 ist in Form einer Tafel angegeben, wie man bei einem Bindemittel unbekannter Zusammensetzung zweckmäßig vorgehen kann. Man beginnt mit der Schwebeanalyse, untersucht dann die abgetrennten Anteile

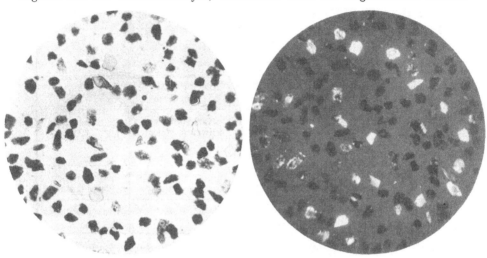

Abb. 3. Grieß von rheinischem Traß zwischen 4900- und 10000-Maschensieb im gewöhnlichen Licht bei 35facher Vergrößerung. Die Hauptmenge besteht aus undurchsichtigen Körnern, daneben durchsichtige Bruchstücke von Gesteinsmineralien und Traßglas. Der Brechungsexponent der durchsichtigen Teile liegt nahe an dem des Einbettungsmittels (Kanadabalsam). Deshalb treten deren Umrisse nur schwach hervor.

Abb. 4. Derselbe Grieß aus rheinischem Traß, jedoch zwischen gekreuzten Nikols (Polarisationsmikroskop). Die meisten der durchsichtigen Mineralbruchstücke sind stark doppelbrechend und zeigen helle Polarisationsfarben. Die vorher durchsichtigen Bruchstücke von Traßglas bleiben dunkel, d. h. sie sind nicht doppelbrechend. Die dunklen undurchsichtigen Traßbestandteile zeigen am Rand teilweise schwache Aufhellung ähnlich wie hydraulische Kalke.

mikroskopisch und führt daran die für die Einzelbestandteile kennzeichnenden Reaktionen durch. Wenn man gleichzeitig auch die Mengen der einzelnen Bestandteile kennen will, muß man in ähnlicher Weise vorgehen wie bei dem Nachweis, jedoch die Mengenverhältnisse zahlenmäßig feststellen. Für die Bestimmung von Schlackensand und Traß in Zementen sind im folgenden (Abschn. C 2 und C 3) nähere Angaben gemacht.

2. Bestimmung von Schlackensand im Eisenportlandzement und Hochofenzement[1].

a) Grundlage der Arbeitsweise.

Die zu untersuchenden Zemente enthalten meist nur Klinker, Schlackensand und zugesetztes Kalziumsulfat (zumeist Gipsstein). Die chemische Zusammensetzung von Klinker und Schlackensand ist fast immer unbekannt. In vielen Fällen kann angenommen werden, daß der Klinker keinen Sulfidschwefel (S) und Klinker und Schlackensand keinen Sulfatschwefel (SO_3) enthalten. Dann

[1] KEIL, F. u. F. GILLE: Zement Bd. 27 (1938) S. 541f.

Zahlentafel 2. Arbeitsgang für den

I. *Trennung nach der Schwere* (mit der Zentrifuge)	A. schwerer als spezifisches Gewicht 3,05		
	1	2	3
II. *Mikroskopischer Befund*	*Klinker rein*	*Klinker verunreinigt mit*	
	oder wenig ver- unreinigt	durchsichtigen Kri- stallen und Kri- stallhaufwerken	undurchsichtigen Körnern
III. *Löslichkeit in verdünnter Salzsäure* a) *löslich* 1. ohne Gasentwicklung	*normaler Klinker*		
2. mit H_2S-Entwicklung		*HO-Stückschlacke* zum Teil	
3. mit CO_2-Entwicklung	karbonisierter Klinker	Karbonate von schweren Metallen	
4. mit H_2-Entwicklung			Eisenteilchen („Karbidgeruch")
5. mit Cl_2-Entwicklung	Mn-haltiger Klinker		*Manganschwarz*
b) *teilweise löslich*		Kohlenaschen, zum Teil Glimmer (aus Gesteinsmehl), As- best zum Teil	*Eisenschwarz*
c) *praktisch unlöslich*		Schwerspat, Augit, Hornblende, *As- best* zum Teil, Glimmer zum Teil, *Traßbestandteile*	

stammt alles im Zement vorhandene SO_3 aus dem zugesetzten Kalziumsulfat. Unter dem Mikroskop ist gegebenenfalls festzustellen, ob Gipsstein, Halbhydrat oder Anhydrit vorliegt. Einen gewissen Anhalt dafür gibt oft die Höhe des Glühverlustes (optische Eigenschaften, vgl. S. 432 und Zahlentafel 1). Es bleibt dann nur noch das Verhältnis von Schlackensand : Klinker festzustellen. Das kann in einfacher Weise mikroskopisch mit der *Planimeteranalyse* (s. unten) geschehen. *Voraussetzung* dafür ist, daß Klinker und Schlackensand gut erkennbar sind, daß ihr spezifisches Gewicht bekannt ist oder als bekannt angenommen werden kann, und daß der Zementgrieß, der zu der Schwebeanalyse (s. unten) verwandt wird, *Klinker und Schlackensand in derselben Verteilung besitzt wie der Zement selbst*. Die letzte Bedingung ist allerdings sehr oft nicht erfüllt. Die Durchführung ist dann bei etwas Übung verhältnismäßig einfach und ergibt gute Werte.

Treffen diese Voraussetzungen nicht zu, dann muß man versuchen, Klinker, Schlacke und gegebenenfalls Gipsstein durch die *Schwebeanalyse* voneinander

Nachweis der Einzelbestandteile.

	B. leichter als spezifisches Gewicht 3,05			
1	2	3	4	5
Kalziumsulfate mit *Klinker*	*Neben Kalziumsulfaten und Klinker außerdem Körner*			
		durchsichtig	*trübe*	*undurch-sichtig*
	Kristalle oder Kristallhaufwerke	glasige Teile zum Teil gefärbt, zum Teil entglast, muscheliger Bruch	Körner ohne deutliche Kristallentwicklung	
Kalziumsulfate	Anorthit, Leuzit, Nephelin, Zeolithe u. a. (aus Traß oder Gesteinsmehl)	*Wasserglas* zum Teil	Baukalke	
	HO-Stückschlacke	*HO-Schlackensand* zum Teil	*HO-Schlackensand* zum Teil	
Karbonisierter Klinker (Schwach-)brand)	*Karbonate und Karbonatgesteine* (Gesteinsmehl oder Rohmehl)		Baukalke	
	Kohlenasche, zum Teil Feldspäte, Olivin, Glimmer (aus Gesteinsmehlen) *Asbest zum Teil*	*Wasserglas,* zum Teil *Traßbestandteile,* zum Teil Kohlenasche	*Si-Stoff,* Tone, Schiefer (geglüht und ungeglüht), *Ziegelmehl,* Traßbestandteile, Kohlenaschen	
	Quarzsand, Feuerstein, Feldspäte, Glimmer zum Teil	Feuerstein, Gebrauchsgläser, Kieselgur	Feuerstein zum Teil	*Kohle, Graphit*

zu trennen. Wenn es dadurch gelingt, reinen Klinker und reine Schlacke zu erhalten, so bestimmt man die *Bezugsstoffgehalte* im Klinker (k), im Schlackensand (s) und im Zement und kann daraus den Schlackenanteil in dem Schlackenklinkergemisch errechnen. Als *Bezugstoff* eignet sich grundsätzlich jeder Stoff, der in möglichst verschieden großer Menge im Klinker und Schlackensand vorkommt und leicht und genau zu bestimmen ist. Am zweckmäßigsten ist Sulfidschwefel, weil in den meisten Fällen $k = o$ wird. Erforderlich ist für genaue Bestimmungen ein Mindestgehalt von 1% S im Schlackensand. Auch CaO und lösliche SiO_2 sind als Bezugsstoffe geeignet. *Als Bezugsstoffgehalt ist die* Menge an Bezugsstoff zu verstehen, die der reine Klinker, die reine Schlacke oder das reine Klinker-Schlackengemisch im glühverlustfreien Zustand haben. Der durch die chemische Analyse ermittelte Wert muß also in folgender Weise umgerechnet werden.

Beispiel: Bezugsstoff CaO.

Chemische Analyse des Zementes ergibt

$$SO_3 = 1,4\%\,; \text{ Glühverlust} = 2,0\%\,;\text{ CaO} = 58,0\%.$$

Klinker enthält kein SO_3. 1,4% SO_3 entspricht 2,4% $CaSO_4$.

$$100\% - 2,4\% - 2,0\% = 95,6\%.$$

Bezugsstoffgehalt: $c = 58 : 95,6 = 60,6\%$.

Für den Schlackensandgehalt x der Mischung Klinker + Schlacke gilt dann folgende Beziehung

$$x = \frac{\text{Schlackensand}}{\text{Schlackensand} + \text{Klinker}} = \frac{k - c}{k - s}.$$

Hieraus ist unter Berücksichtigung des Gehaltes an Gips der Schlackensandgehalt des Zementes zu errechnen.

Gelingt eine *reine Abtrennung* von Klinker und Schlacke *nicht*, so muß von dem mit Klinker angereicherten schweren Grieß der Bezugsstoffgehalt g_1 und von dem mit Schlackensand angereicherten leichten Grieß der Bezugsstoffgehalt g_2 chemisch und gleichzeitig der Schlackensandanteil planimetrisch als d_1 und d_2 bestimmt werden.. Auf der Zahlentafel 3 sind die häufig vorkommenden Fälle in Tafelform angegeben.

b) Schwebeanalyse.

α) Vorbereitung des Zementes.

Zur Schwebeanalyse wird nicht der Gesamtzement, sondern nur ein bestimmter Kornbereich verwandt. Das ist notwendig, weil sich in den zur Verfügung stehenden schweren Lösungen die feinsten Teile unter 10 bis 20 μ wegen Flockungserscheinungen nicht genügend aufteilen und trennen. Die staubfeinen Teile werden deshalb durch Sieben auf dem 10000-Maschen-Sieb oder Abschlämmen in absolutem Alkohol entfernt, die groben durch Absieben auf dem 4900-Maschen-Sieb. Das Abschlämmen mit Alkohol ist bei feingemahlenen Zementen unbedingt vorzuziehen, weil sich in dem dadurch erhaltenen Grieß des Zementes auch feinere Körner unter 60 μ befinden. Dieser Grieß wird getrocknet oder bei Zementen mit höherem Glühverlust 5 min bei 700 bis 800° im bedeckten Tiegel geglüht. Hydratisierter Klinker und hydratisierter Schlackensand lassen sich nach dem Glühen besser abtrennen.

β) Ausführung der Trennung.

Als Trennungsflüssigkeiten sind folgende Gemische geeignet:

1. Methylenjodid-Benzol . . . . 3,3—0,9
2. Methylenjodid-Azethylentetrabromid . . . . . . 3,3—3,0
3. Azethylentetrabromid-Benzol . . . . 3,0—0,9

Die benzolfreien Mischungen (2) haben den Vorteil, daß sie ihre Dichte durch Verdunsten nicht ändern, die methylenjodidfreien Mischungen (3) haben den Vorzug der Billigkeit vor den Mischungen 1 und 2. Ihr spezifisches Gewicht ist aber meist nicht hoch genug, um Klinker rein abzutrennen.

Der nach α) erhaltene Grieß wird in einem Zentrifugenglas mit einer geeigneten schweren Lösung übergossen und gut damit benetzt. Darauf wird er in der Zentrifuge geschleudert, bis er sich in einen leichteren und schwereren Anteil getrennt hat und unter Umständen auch noch Teile enthält, die zufällig das gleiche spezifische Gewicht besitzen wie die Flüssigkeit und daher darin schweben. Die Trennung dauert nur einige Minuten.

Die über dem Bodensatz stehende Flüssigkeit mit den darin schwebenden und den darauf schwimmenden, gleich schweren und leichteren Teilen wird

Zahlentafel 3. Arbeitsgang für die Bestimmung des Schlackensandgehaltes.

1. Am unveränderten Zement bestimmen: Glühverlust, SO_3-Gehalt und Bezugsstoff (in der Regel Sulfidschwefel), daraus Gehalt an Bezugsstoff c errechnen (gegebenenfalls SO_3- und S-Gehalt im Klinker beachten!).
2. Zementgrieß herstellen. Daraus wie unter 1. g bestimmen.

Bezeichnungen	Bezugsstoff % chemisch bestimmt	Schlackengehalt % planimetrisch bestimmt
im Zement	c	—
im Zementgrieß	g	d
im Klinker	k	—
im Schlackensand	s	—
im Grieß I	g_1	d_1
im Grieß II	g_2	d_2

Fall	A	B	C	D	E
Voraussetzungen auf Grund von Feststellungen oder Annahmen	$g = c$	$g \neq c$	Keine Feststellungen oder Annahmen		
		Bezugsstoff: S. Klinker enthält kein S: $k = 0$	Schwebeanalyse ergibt		
		spez. Gewicht von Klinker und Schlacke bekannt oder zu 3,2 und 2,9 angenommen	reinen Klinker	reinen Klinker und reine Schlacke	keine reinen Grieße, sondern Grieß I: klinkerreich Grieß II: schlackenreich
Bestimmungen	Planimeteranalyse (Bestimmung von d)		ferner: Chemische Bestimmung des Bezugsstoffes im Klinker: k	Chemische Bestimmung des Bezugsstoffes im Klinker: k und Schlacke: s	Planimeteranalyse von Grieß I: d_1 Grieß II: d_2 Chemische Bestimmung des Bezugsstoffes im Grieß I: g_1 Grieß II: g_2
Berechnung	$x = d$	$x = \dfrac{c\,d}{g}$	$x = \dfrac{(k-c)\,d}{k-g}$	$x = \dfrac{k-c}{k-s}$	$x = \dfrac{g_1 + d_1\,(k-s) - c}{(k-s)}$ wobei $k - s = \dfrac{g_1 - g_2}{d_2 - d_1}$

abgegossen. Die beiden auf diese Weise getrennten Anteile des Zementgrießes werden unter dem Mikroskop untersucht, ob und inwieweit eine Trennung von Klinker und Schlackensand eingetreten ist. Die Dichte des Flüssigkeitsgemisches wird dann durch Zugabe einer leichteren oder schwereren Lösung auf Grund des mikroskopischen Befundes so lange verändert, bis man die Flüssigkeiten ermittelt hat, bei denen man einen möglichst reinen Klinker und reinen Schlackensand erhält. Unter Umständen muß die Trennung dieser Anteile wiederholt werden.

Unter günstigen Umständen kann es sich dabei um zwei Flüssigkeiten handeln. Im allgemeinen Fall werden es drei Flüssigkeiten sein, und zwar eine von hohem spezifischen Gewicht zur Abtrennung von reinem Klinker, eine zweite von mittlerem spezifischen Gewicht zur Abtrennung von reinem Schlackensand gegenüber den schweren Teilen und eine dritte mit niedrigem spezifischen Gewicht zur Abtrennung von reinem Schlackensand gegenüber den leichteren Teilen.

c) Planimeteranalyse.

α) Anfertigung der Proben.

Für die Planimeteranalyse muß der gleiche Grieß wie für die Schwebeanalyse verwandt werden, weil es unter dem Mikroskop nicht möglich ist, die staubfeinen Teile unter 10 bis 20 μ neben erheblich größeren mit genügender Genauigkeit auszumessen. Der Grieß braucht jedoch in diesem Fall nicht ausgeglüht zu werden. Dieser Zementgrieß wird auf dem Objektträger mit Kanadabalsam vermischt, und das Gemisch durch Erhitzen über kleiner Flamme so weit von den flüchtigen Bestandteilen des Kanadabalsams befreit, daß nach Auflegen eines Deckgläschens der Kanadabalsam nach dem Abkühlen erhärtet ist. Es ist darauf zu achten, daß die Grießmenge so gewählt wird, daß sich möglichst viele Körner in gleichmäßiger Verteilung auf dem Objektträger befinden, und daß möglichst keine Überdeckungen der Einzelkörner vorkommen. Vor der Messung macht man sich mit dem Aussehen der Schlacke und des Klinkers vertraut (vgl. Abb. 1 und 2, S. 434).

β) Messung.

Zur Messung werden 3 Proben hergestellt. Die Messung selbst geschieht mit einem Integrationstisch oder Planimeterokular. Man zählt die Meßlängen, die auf Schlacke, Klinker oder sonstige Bestandteile, z. B. CaSO$_4$, fallen, je für sich zusammen und errechnet aus den so gefundenen Anteilen, die nur das Raumverhältnis zueinander angeben, die Gewichtsteile durch Multiplikation mit dem spezifischen Gewicht der betreffenden Körner aus (Abb. 1).

Im allgemeinen kann man das spezifische Gewicht von Klinker mit 3,2, das von Schlackensand mit 2,9 annehmen.

3. Bestimmung des Traßgehaltes in Traßzementen.

Die Bestimmung des Trasses im Zement ist deshalb schwieriger als die des Schlackensandes, weil Traß aus einem Gemenge verschiedenartiger Stoffe besteht. Er enthält leichte, meist glasige hydratisierte Teile und daneben Feldspäte und Feldspatvertreter, Augit, Hornblende, Glimmer (Abb. 3 und 4). Infolgedessen ist eine Trennung von Klinker und Traß trotz seines mittleren spezifischen Gewichtes von 2,3 bis 2,4 meist nicht zu erreichen. Ein Teil der schweren Mineralien ist fast immer im Klinkeranteil. Die mit dem Klinker

abgeschiedenen Traßanteile sind aber in verdünnter Salzsäure praktisch unlöslich, so daß sie chemisch vom Klinker getrennt werden können.

Bei rheinischem Traß kann man annehmen, daß er 2 bis 3% CaO, 6 bis 11%
Glühverlust enthält, und daß etwa $^2/_3$ seiner Gesamtmenge in Salzsäure löslich
sind (vgl. S. 432).

Man verfährt bei der Bestimmung am zweckmäßigsten ebenso, wie es für
Eisenportlandzement und Hochofenzement gezeigt wurde und trennt mit der
Schwebeanalyse den Klinker möglichst rein ab. Dann bestimmt man den
Bezugsstoffgehalt, und zwar wählt man am zweckmäßigsten den CaO-Gehalt.
Außerdem bestimmt man, falls der Klinker nicht rein ist, den Gehalt an Un-
löslichem. Da der Klinker sehr wenig, höchstens 1%, Unlösliches enthält, kann
man seinen Gehalt an Unlöslichem bei der Bestimmung vernachlässigen. Man
rechnet aus, welchen CaO-Gehalt der Klinker allein hat und kann daraus den
Traßgehalt des Traßzementes bestimmen. Dabei muß der Gehalt an Gips in
derselben Weise berücksichtigt werden, wie das bei Eisenportlandzement und
Hochofenzement (S. 438) gezeigt wurde.

Gemische von Traß und Klinker enthalten gelegentlich auch einen Zusatz
von Kalk (Sonderbindemittel). Luftkalk läßt sich infolge seines niedrigen
spezifischen Gewichtes (2,6) leicht von Klinker trennen. Nur ist er so fein-
körnig, daß man bei Vorhandensein von Luftkalken die *Schwebeanalyse* mit
dem *gesamten* Zement und nicht nur mit einem gröberen Anteil durchführen muß.

Man bestimmt dann den Gehalt an freiem Kalk nach LERCH und BOGUE[1]
oder SCHLÄPFER und BUKOWSKI[2] im abgetrennten Klinker und im Bindemittel
zweckmäßigerweise nach vorherigem kurzen Glühen bei etwa 900°. Daraus ergibt
sich die Möglichkeit, den Kalkzusatz annähernd zu errechnen.

---

[1] LERCH u. BOGUE: Industr. Engng. Chem. (Analyt. Ed.) 1930 S. 296/298.
[2] SCHLÄPFER, P. u. R. BUKOWSKI: Eidgen. Mat.-Prüf.-Anst., Bericht Nr. 63, 1933. —
BUKOWSKI, R.: Tonind.-Ztg. Bd. 59 (1935) S. 616—618.

VI. Die Prüfung des Zementmörtels und des Betons.

A. Prüfung des Zuschlags und des Frischbetons.

Von KURT WALZ, Stuttgart.

1. Prüfung des Zuschlags[1].

a) Feuchtigkeitsgehalt des Zuschlags.

Zuschlag, insbesondere Sand, enthält meist an der Oberfläche der Körner freies Wasser, das bei der Berechnung des Wassergehaltes der Mischung zu berücksichtigen ist. Die Ermittlung des Oberflächenwassers erfolgt am einfachsten durch Trocknen des Zuschlags nach Abschn. II, F, 8. Der Wassergehalt wird in Gew.-% des feuchten Zuschlags angegeben.

In dem Bestreben, beim Betonieren laufend den Wassergehalt des Sandes ermitteln zu können, wurde versucht, außer den unter Abschn. II, F, 8 genannten Verfahren weitere Meßmethoden anzuwenden.

So wurde die Abhängigkeit des elektrischen Widerstandes des Sandes vom Feuchtigkeitsgehalt untersucht[2]. Bei diesem Verfahren, auch bei der Bestimmung der Feuchtigkeit aus dem Raumgewicht des geschütteten Sandes (vgl. auch Abschn. II, F, 7, a) sind für jeden Stoff zuerst Bezugskurven durch Trocknen aufzustellen. Der Hauptmangel dieser Verfahren ist jedoch, daß diese Kurven unter anderem nur bei gleichbleibender Stoff- und Kornzusammensetzung gelten, also kaum für praktische Prüfungen anwendbar sind. Ein Verfahren[3], die Feuchtigkeit aus dem in Gegenwart von Kalzium-Karbid entstehenden Gasdruck zu ermitteln, erscheint allein schon wegen der, den Durchschnitt nicht wiedergebenden kleinen Probemenge (20 g) nicht empfehlenswert.

b) Schädliche Bestandteile[4].

Man hat, soweit ein Einfluß auf die Mörtel- und Betoneigenschaften anzunehmen ist, zwischen schädlichen organischen und anorganischen Stoffen zu unterscheiden. Zu den ersteren gehören: Braun- und Steinkohle, Pflanzenreste, Torf und Humusstoffe, zu den letzteren Lehm- und Tonknollen, abschlämmbare Stoffe (Ton, Lehm, Steinmehl, Glimmer, Schluff, erdige Beimengungen), sowie frostunbeständiges Gestein und Schwefelverbindungen.

Diesbezügliche Prüfungen sind nach Abschn. II, F, 9 durchzuführen. Bei Zuschlag für Mörtel und Beton ist dazu noch folgendes zu beachten:

Organische Verunreinigungen. Bei der Prüfung von Sand auf organische Bestandteile mit dem NaOH-Versuch wird aus dem Grad der Verfärbung der

---

[1] Vgl. auch Proc. Amer. Concr. Inst. Bd. 23 (1927) S. 574.
[2] Vgl. Int. Mitt. Bodenkunde 1924, Heft 1/2; Straße Bd. 4 (1937) S. 451.
[3] SKRAMTAJEW: Beton u. Eisen Bd. 29 (1930) S. 242.
[4] Vgl. auch DIN DVM 2160 (Entwurf) in Tonind.-Ztg. Bd. 61 (1937) S. 889.

Lösung auf die Brauchbarkeit geschlossen[1]. Bei hochgelber Farbe kann der Zuschlagstoff im allgemeinen für Beton noch als brauchbar angenommen werden. Zu beachten ist, daß z. B. einzelne Torfteilchen, Braunkohlenteilchen usw. bereits eine starke Verfärbung ergeben können, ohne daß dadurch wesentliche Mängel entstehen[2], seltener tritt eine Verfärbung durch anorganische Stoffe ein.

In Zweifelsfällen werden Mörtelproben unter Verwendung des *nicht getrockneten* Zuschlags und dem gleichen, jedoch mehrmals gründlich gewaschenen Zuschlag hergestellt und geprüft. Beim Abgießen des Waschwassers ist darauf zu achten, daß die staubfeinen mineralischen Teile nicht mit entfernt werden (Abgießen nach dem Absetzen). Das Mischungsverhältnis des Mörtels ist nicht zu fett zu wählen (nach Gewichtsteilen 1:5 oder 1:6). Zweckmäßig werden Druckproben für die Prüfung im Alter von 3 und 28 Tagen hergestellt (Wasserlagerung); vorläufigen Aufschluß ergibt die Prüfung nach 3 Tagen.

Mehlfeine Stoffe. Je nach der Menge, Stoffart und Verteilung kann sich durch feinverteilte Stoffe eine Schädigung ergeben (z. B. bei größerer Menge von Lehm, Ton, Steinmehl usw., bei fester Haftung an den Körnern oder bei Vorhandensein als Klumpen). Untersuchungen sind vorzunehmen:

Nach Augenschein. Bei starker Verschmutzung der Körner ist der Zuschlag ohne weiteres zu verwerfen (Verbesserung durch Waschen).

Durch Abschlämmen. Werden größere Mengen abschlämmbarer Stoffe ermittelt (z. B. Durchgang durch das Sieb 0,09 DIN 1171)[3], so ist Vorsicht geboten[4]. Ein Gehalt von 2 bis 3 Gew.-% ist im allgemeinen unbedenklich. Hinreichende Erfahrungen über die Schädlichkeit größerer Mengen *lose* verteilter Stoffe liegen noch nicht vor. In Zweifelsfällen ist der Zuschlag wie oben durch Herstellen von Festigkeitsproben weiter zu untersuchen. Dieser Versuch ist, wenn angängig, immer anzustellen, da durch den Abschlämmversuch ermittelte staubfeine Anteile auch in größeren Mengen je nach Art, Verteilung und Aufbau der Mischung, nicht immer schädlich wirken[5].

Chemisch schädliche Stoffe. Sulfide (z. B. Schwefelkies) und schwefelsaure Salze (z. B. Gips) wirken chemisch auf den Zementstein. Das Vorhandensein solcher Stoffe wird durch einfache chemische Untersuchungen nachgewiesen: Bei Sulfiden durch Übergießen des Zuschlags mit verdünnter Salzsäure (Schwefelwasserstoff), bei schwefelsauren Salzen durch Kochen des zerkleinerten Zuschlags mit verdünnter Salzsäure und Behandlung mit 10%iger Bariumchloridlösung (weißer Niederschlag[6]). Ist die Feststellung positiv, so ist eine eingehende chemische Analyse des Zuschlags zu fordern[7].

Grobkörnige Anteile. Der Anteil frostunbeständigen Gesteins und minderwertiger Bestandteile (weiches, schiefriges, verwittertes Gestein, Kohle, Torf usw.) wird nach Abschn. II, F, 9 ermittelt. Werden ungeeignete Bestandteile in deutlicher Menge festgestellt, so sind aus Zuschlag im Einlieferungszustand und möglichst zum Vergleich mit Zuschlag, aus dem die schädlichen Anteile

---

[1] KLEINLOGEL, HUNDESHAGEN, GRAF: Einflüsse auf Beton, 3. Aufl. 1930, Abb. 115 (Farbtafel); Amer. Soc. Test. Mater., Standards, II, 1936 (S. 350) C 40—33; Anweisung für Mörtel und Beton, AMB, Deutsche Reichsbahn, 2. Ausg. 1936; DIN 1045.

[2] Vgl. auch GRÜN u. SCHLEGEL: Steinbruch u. Sandgrube Bd. 38 (1939) S. 175.

[3] Vgl. auch Abschn. II, F, 9. Nach A 23—1929, Canad. Engng. Stand., wird der Anteil abgeschlämmt, der sich nach 15 s noch schwebend im Waschwasser hält.

[4] Vgl. allgemein GRAF: Der Aufbau des Mörtels und des Betons, 3. Aufl. 1930.

[5] Vgl. WALZ: Beton u. Eisen Bd. 35 (1936) S. 296. — GRÜN u. TIEMEYER: Zement Bd. 28 (1939) S. 176.

[6] Anweisung für Mörtel und Beton, Deutsche Reichsbahn, 2. Ausg. 1936; Entwurf DIN DVM 2160 in Tonind.-Ztg. Bd. 61 (1937) S. 889.

[7] Über das Analysenverfahren, vgl. Entwurf DIN DVM 2160 in Tonind.-Ztg. Bd. 61 (1937) S. 889. (Der Gehalt an SO_3 soll 1% nicht überschreiten.)

entfernt wurden, Proben aus Baubeton herzustellen, um zu erkennen, ob eine Minderung der Eigenschaften eintritt bzw. ob diese gegebenenfalls noch angängig ist. (Prüfung der Proben in Anpassung an die zu erwartenden Beanspruchungen, z. B. auf Druckfestigkeit vgl. Abschn. A, 2, auf Frostbeständigkeit vgl. Abschn. G, auf Abnutzwiderstand vgl. Abschn. G) [1].

Der Zuschlag ist bei der Herstellung der Proben lagerfeucht zu verwenden, damit der Einfluß der meist unterschiedlichen Wasseraufnahme des Gesteins ausgeschaltet wird. Die Prüfung der wassergelagerten Proben soll nicht vor 28 Tagen erfolgen.

Vorschriften. Über die erfahrungsgemäß ohne weiteres noch zulässigen Anteile der ermittelten schädlichen Stoffe [2] finden sich außerdem Angaben in Vorschriften [3]. Über die Anforderungen an die Eigenschaften des Gesteins vgl. Abschn. II, F, 15.

c) Kornform.

Die Feststellungen erfolgen nach Abschn. II, F, 6. Die untersuchte Zuschlagprobe wird mit der ermittelten Kornzahl zweckmäßig in einem Schauglas der Baustelle zum Vergleich der späteren Lieferungen zur Verfügung gestellt.

d) Kornzusammensetzung [4].

Die Untersuchung von Korngemischen, erfolgt im Hinblick auf die Eignung zu Mörtel und Beton vorwiegend an Hand vorgeschriebener Sieblinien (vgl. Abschn. A, 2 und 4). Zur Untersuchung sind im allgemeinen die Siebe mit 0,2 mm Maschenweite, 1, 3, 7, 15, 30 und 50 mm Rundloch ausreichend, vgl. Abschn. II, F, 5. Weitere Möglichkeiten zur Beurteilung ergeben sich durch Bildung der Körnungsziffer (Summe des Rückstandes über den einzelnen Sieben eines bestimmten Siebsatzes in Prozenten der Gesamtmenge[5]), von Siebflächen [6] und durch Hohlraumermittlungen[7].

2. Eignungsprüfung des Betons.

a) Allgemeines.

Mit der Eignungsprüfung soll vor der Bauausführung der Nachweis erbracht werden, daß der vorgesehene Beton die an ihn gestellten Forderungen unter bestimmten, festgelegten Bedingungen erfüllt. Solche Ermittlungen werden im Laboratorium in erster Linie im Hinblick auf Festigkeitseigenschaften und auf Wasserundurchlässigkeit vorgenommen.

Hierzu werden meist mehrere Mischungen hergestellt, die den voraussichtlichen Bereich der geforderten Eigenschaften sicher überdecken. Nach der Prüfung der Proben wird dann jene Mischung für die Bauausführung ausgewählt, die bei ausreichenden Güteeigenschaften wirtschaftlich am zweckmäßigsten erscheint.

---

[1] Vgl. Walz: Betonstraße Bd. 14 (1939) S. 215.

[2] Über den Einfluß weichen und frostunbeständigen Gesteins vgl. Fußnote 1, sowie Abschnitt G.

[3] Vgl. DIN 1045; Anweisung für den Bau von Betonfahrbahndecken, Direktion der Reichsautobahnen, 1939; Anweisung für Mörtel und Beton, AMB, Deutsche Reichsbahn, 2. Aufl. 1936; Amer. Soc. Test. Mater., Tentative Standards, 1938 (S. 260) C 33—37 T; ferner Proc. Amer. Concr. Inst. Bd. 23 (1927) S. 578; Kleinlogel, Hundeshagen, Graf: Einflüsse auf Beton, 3. Aufl. 1930.

[4] Vgl. Graf: Der Aufbau des Mörtels und des Betons, 3. Aufl. 1930, DIN 1045; Anweisung für Mörtel und Beton, AMB, Deutsche Reichsbahn, 2. Ausg. 1936.

[5] Graf: Dtsch. Ausschuß Eisenbeton Heft 63 (1930). — Walz: Dtsch. Ausschuß Eisenbeton Heft 91 (1938) S. 7.

[6] Hummel: Das Beton-ABC, 3. Aufl. 1939.

[7] Walz: Betonstraße. Bd. 11 (1936) S. 177; Grün: Der Beton, 2. Aufl. 1937, S. 136.

Um durch möglichst wenig Untersuchungen die zweckmäßige Mischung zu erhalten, ist es nötig, auf Grund von Erfahrungswerten und allgemeinen Gesetzmäßigkeiten den Bereich, in dem die Mischung liegen wird, zu berechnen. Durch gleiche Überlegungen lassen sich, ohne praktische Versuche, mit Annäherung Mischungen entwerfen oder Mischungen bekannter Zusammensetzung überprüfen, ob sie voraussichtlich den gestellten Mindestbedingungen genügen werden.

b) Rechnerische Überprüfung.

Für die zu erwartende Druckfestigkeit wurden zahlreiche Beziehungen aufgestellt[1]. Eine für deutsche Verhältnisse einfach anzuwendende Beziehung lautet[2]:

$$\sigma_x = \frac{K_n}{A \cdot w^2},$$

$\sigma_x =$ Druckfestigkeit des Betons im Alter x; $K_n =$ Normendruckfestigkeit des Zementes im Alter x (nach DIN 1164); $A =$ Faktor; $w =$ Wasserzementwert. Der Faktor A hängt vom Zement, vom Zuschlag, vom Wassergehalt, von der Lagerung usw. ab; er liegt im allgemeinen zwischen 4 und 8, bei gutem Beton selten über 5.

Für durchschnittliche Verhältnisse kann bei Verwendung guten Normenzementes für 28 Tage alten Beton die Würfelfestigkeit (bei gemischter Lagerung, vgl. Abschn. C, 1 c) zu $\sigma_{28} = \frac{100}{w^2}$ angenommen werden. Bei geforderter Festigkeit σ_{28} läßt sich hieraus der notwendige Wasserzementwert ($w =$ Wassergewicht : Zementgewicht) der Mischung errechnen. Ist der Wassergehalt der Mischung, sowie das Raumgewicht des fertigen Betons annähernd bekannt[3], so kann weiter der Zementanteil angegeben werden, wodurch die Mischung festgelegt ist. Das Raumgewicht ist in erster Linie abhängig von der vorgesehenen Verarbeitungsart und der Körnung. Als Anhalt dienen die aus systematischen Versuchen stammenden Werte in Abb. 1[3].

Beispiel: Gefordert wird Beton für bewehrte Bauteile mit einer Würfeldruckfestigkeit $\sigma_{28} = 225$ kg/cm². Der verfügbare Kiessand kann mit seiner Sieblinie zwischen den Linien D und E der DIN 1045 gehalten werden.

Nach Abb. 1a und b ergibt sich als Mittelwerte, der Wassergehalt (Beton für Stochern) zu $p =$ rd. 10% und ein Raumgewicht des fertigen Betons von $r =$ rd. 2330 kg/m³.

Damit wird
der Wasserzementwert $w = 0{,}67$;
der Wassergehalt $W = \dfrac{r \cdot p}{100 + p} = 212$ kg in 1 m³ verdichtetem Beton
der Zementgehalt $Z = W/w = 317$ kg in 1 m³ verdichtetem Beton;
und der Zuschlag $G = (r - W - Z) = 1801$ kg in 1 m³ verdichtetem Beton.

Durch diese Werte ist die Mischung festgelegt. Mischungsverhältnis somit: 1 Gewichtsteil Zement + 5,70 Gewichtsteile trockner Zuschlag + 0,67 Gewichtsteile Wasser.

Bei anders beschaffenen Mischungen als in Abb. 1 sind entsprechende Zwischenwerte zu bilden (vgl. auch Abschn. 3 a).

---

[1] Wegen der Vielzahl der vorgeschlagenen Verfahren sei auf zusammenfassende Darstellungen (Literaturangaben) verwiesen. GRAF: Der Aufbau des Mörtels und des Betons, 3. Aufl. 1930, S. 64 usw.; 1. Mitt. Neuen Int. Verb. Mat.-Prüf. Zürich 1930, Gruppe B, Beitrag von SUENSON S. 67, von YOUNG S. 119, von ROŠ S. 123, von SLATER S. 137. — MORRIS: Proc. Amer. Concr. Inst. Bd. 29 (1933) S. 9. — ROSCHER LUND: Zement Bd. 24 (1935) S. 83. — PALOTÁS: Zement Bd. 24 (1935) S. 565; Öst. Eisenbeton-Ausschuß Heft 17 (1936). — HUMMEL: Das Beton-ABC, 3. Aufl. 1939, S. 143f.

[2] Vgl. GRAF: Der Aufbau des Mörtels und des Betons, 3. Aufl. 1930, S. 6f.

[3] Vgl. WALZ: Dtsch. Ausschuß Eisenbeton Heft 91 (1938) S. 14.

Bei Mischungen für wasserundurchlässigen Beton gelten durchschnittliche Grenzbedingungen, mit deren Hilfe es entsprechend möglich ist, die Eignung des Betons zu überprüfen, vgl. hierzu Abschn. H.

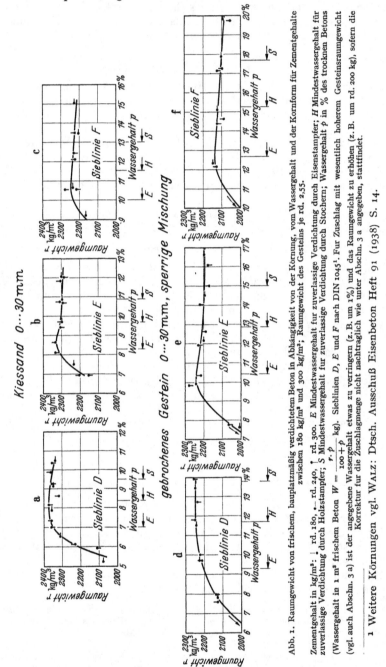

Abb. 1. Raumgewicht von frischem, bauplatzmäßig verdichtetem Beton in Abhängigkeit von der Körnung, vom Wassergehalt und der Kornform für Zementgehalte zwischen 180 kg/m³ und 300 kg/m³; Raumgewicht des Gesteins je rd. 2,55.

Zementgehalt in kg/m³: • rd. 180, ⌐ rd. 240, ⌐• rd. 300. E Mindestwassergehalt für zuverlässige Verdichtung durch Eisenstampfer; H Mindestwassergehalt für zuverlässige Verdichtung durch Holzstampfer; S Mindestwassergehalt für zuverlässige Verdichtung durch Stochern; Wassergehalt p in % des trocknen Betons (Wassergehalt in 1 m³ frischem Beton $W = \dfrac{r \cdot p}{100 + p}$ kg). Sieblinien D, E und F nach DIN 1045[1]. Für Zuschlag mit wesentlich höherem Gesteinsraumgewicht (vgl. auch Abschn. 3 a) ist der angegebene Wassergehalt etwas zu verringern (z.B. um 1%) und das Raumgewicht zu erhöhen (z.B. um rd. 200 kg), sofern die Korrektur für die Zuschlagmenge nicht nachträglich wie unter Abschn. 3 a angegeben, stattfindet.

[1] Weitere Körnungen vgl. Walz: Dtsch. Ausschuß Eisenbeton Heft 91 (1938) S. 14.

c) Eignungsprüfung durch den Versuch.

Eine treffendere Überprüfung der zu erwartenden Betoneigenschaften ist möglich, wenn die Verhältnisse durch Herstellen und Prüfen von Betonproben den Nachweis der unter Abschn. b gemachten rechnerischen Annahmen gestatten.

Ist dies möglich, so wird die voraussichtlich zweckmäßigste Mischung nach Abschn. b errechnet, dazu werden noch zwei Mischungen aufgestellt, die sich hiervon im Zementgehalt um ± 30 kg/m³ unterscheiden. Durch weitere Mischungen können noch andere Veränderliche, wie verschiedene Kornzusammensetzung und unterschiedlicher Wassergehalt überprüft werden.

Die Eignungsprüfung, bei der nur Gewichtsmengen zugrunde gelegt werden, wird zweckmäßig nach der Anordnung in den Zahlentafeln 1 und 2 ausgeführt[1].

1. Zunächst wird durch Siebversuch (vgl. Abschn. 1 d und II, F, 5) die Zusammensetzung der angelieferten Einzelkörnungen ermittelt (Ergebnis in Zahlentafel 1, Zeile 1 bis 3).

2. Dann wird eine für die vorliegende Aufgabe zweckmäßige Sieblinie des Zuschlaggemisches festgelegt[2].

3. Entsprechend Zahlentafel 1, Zeilen 5 bis 7, wird berechnet, in welchem Verhältnis die zur Verfügung stehenden Zuschlagstoffe (Zeilen 1 bis 3) zusammenzusetzen sind, damit die Sieblinie des Gemenges (Zeile 8 und 9) der festgelegten Sieblinie (Zeile 4) weitgehend entspricht.

Zahlentafel 1. Bestimmung der Körnung.

Zeile			Anteil der Körnung bis							
			0,2	1	3	7	15	30	40	mm
1	Aus-	Sand 0/3 mm	7	72	95	100	—	—	—	%
2	gangs-	Sand 3/7 mm	—	1	4	82	100	—	—	%
3	stoffe	Kies 7/30 mm	—	1	1	2	24	89	100	%
4	Angestrebte Sollwerte .		5	16	32	50	72	100	—	%
5	Anteile im Sand 0/3 mm		2,4	24,3	32,0	33,7	33,7	33,7	33,7	Gew.-T.
6	Anteile im Sand 3/7 mm		—	0,2	0,7	15,0	18,3	18,3	18,3	Gew.-T.
7	Anteile im Kies 7/30 mm		—	0,5	0,5	1,0	11,5	42,7	48,0	Gew.-T.
8	Anteile im Gemisch . .		2	25	33	50	63	95	100	%
9	Sand des Gemisches .		4	50	66	100	—	—	—	%

4. Der Zuschlaganteil der nach Abschn. 2 b errechneten Mischung wird aus den unter 3. bestimmten Mengen zusammengesetzt (Gewichtsanteile trockner Stoffe: Zeile 2 der Zahlentafel 2).

5. Ermittlung des Feuchtigkeitsgehaltes der Zuschläge (vgl. Abschn. 1 a) und Umrechnung auf Gewichtsteile feuchter Stoffe (Zeilen 4 und 5).

6. Errechnung der zur Herstellung der Proben nötigen Gewichtsmengen der Stoffe (Zeile 6).

7. Praktischer Versuch. Abwägen und Mischen der Stoffe; Angabe des Wasserzusatzes, des Gesamtwassergehaltes (Zeile 7 bis 10). Wasserzementwert (Zeile 11), Kennzeichnung der als zweckmäßig befundenen Steife (Zeile 12, vgl. auch Abschn. 6); Herstellung der Proben (vgl. Abschn. C, 1, c); Ermittlung des Raumgewichtes des in die Würfel eingefüllten Betons oder gesondert nach Abschn. 5, d; Errechnung der Stoffanteile in 1 m³ verarbeitetem Beton (Zeilen 13 und 14).

---

[1] Ausführliche Wiedergabe mit Unterlagen und Beispielen; vgl. WALZ: Beton u. Eisen Bd. 36 (1937) S. 189.
[2] Vgl. DIN 1045. Über Sieblinien mit Körnungen über 30 mm, vgl. Anweisung für Mörtel und Beton der Deutschen Reichsbahn, 2. Ausgabe, 1936, S. 23 f.

Zahlentafel 2. Niederschrift über die Herstellung und Zusammensetzung einer Betonprobe.

3 Würfel Nr. 1 g	20/20/20 Abmessungen	Hergestellt am 21. 9. 1936
Würfel Nr. ...	.... in cm	Lagerung: 7 Tage unter feuchten
...... Nr. ...	....	Tüchern,
Temperaturen in ° C:		... Tage unter Wasser,
Herstellungsraum: 18		21 Tage an der Luft.
Frischer Beton: 17		

		Zement „L"	Sand o/3 mm	Sand 3/7 mm	Kies 7/30 mm	—	—	Summe
1	Anteile der einzelnen Zuschlagstoffe %	—	33,7	18,3	48,0	—	—	100,0
2	Gewichtsteile (Zuschlagstoffe trocken) .	1,00	2,80	1,52	3,98			9,30
3	Mischung zu Zeile, 2 kg							66,02
4	Feuchtigkeitsgehalt in %		3,6	2,2	0,7			
5	Gewichtsteile (Zuschlagstoffe feucht). .	1,00	2,91	1,55	4,02			
6	Mischung zu Zeile 5, kg	7,10	20,60	11,00	28,50			67,20
7	Wasser im Zuschlagstoff kg		0,74	0,24	0,20			1,18
8	Wasserzusatz kg							4,70
9	Gesamtwasser kg							5,88
10	Gesamtwasser in % des Gewichtes der trocknen Stoffe							8,9
11	Wasserzementwert w = (Gesamtwasser : Zementgewicht)							0,83
12	Mischen mit Maschine: 1,5 min							

12 | Mischen mit Maschine: 1,5 min
Steife: Ausbreitmaß g = 48 cm; Eindringmaß t = 15 cm
Verarbeitbarkeit: Weicher zusammenhängender Beton; zum Verdichten ist
    Stochern oder leichtes Stampfen erforderlich

13 | Gewicht von 24 l fertigem Beton, 168,4—111,2 = 57,2 kg
Gewicht von 1 m³ fertigem Beton = 2380 kg

14 | 1 m³ fertiger Beton enthält (2380 : 10,13)[1] = 235 kg Zement
235 · 0,83   = 195 kg Wasser
235 · 2,80   = 658 kg Sand o/3 mm
235 · 1,52   = 357 kg Sand 3/7 mm
235 · 3,98   = 935 kg Kies 7/30 mm
          = ... kg . . . .

Im ganzen ist zu beachten, daß die vorgesehenen Stoffe in genügender Menge und als gute Durchschnittsproben entnommen werden. (Für die Baustelle sind für die spätere Nachprüfung der Lieferungen Belegproben der verwendeten Stoffe sicher zu stellen.)

8. Lagerung und Prüfung der Proben nach Abschn. C, 1, c.

9. Auf Grund der Ergebnisse der Druckprüfung ist bei Untersuchung mehrerer Mischungen jene Mischung für die Baustelle vorzuschlagen, die unter Berücksichtigung der Zufälligkeiten auf der Baustelle[2] technisch und wirtschaftlich zweckmäßig erscheint.

3. Prüfung des Stoffbedarfs zu 1 m³ fertigem Beton.

a) Überschlägige Prüfung.

Hierfür genügen Ermittlungen auf Grund von Erfahrungswerten. Die Stoffmengen (in kg/m³ fertigem Beton) werden hierbei unter Benützung der Abb. 1, wie unter Abschn. 2 b angegeben ist, errechnet.

Setzt sich der Zuschlag aus mehreren Körnungen zusammen, so ist das errechnete Gesamtgewicht entsprechend den Anteilen verhältnisgleich aufzuteilen (vgl. auch Abschn. 2 b). Besteht der Zuschlag aus Gestein mit anderem

---

[1] 10,13 Gew.-T. = 9,30 Gew.-T. trockner Beton + 0,83 Gew.-T. Wasser.
[2] Nach statistischen Feststellungen an einer großen Anzahl von Proben lagen die Streuungen der Festigkeit von Proben, die auf der Baustelle hergestellt wurden, bei ± 35% und von Laboratoriumsproben bei ± 16%; vgl. Bendel: Z. öst. Ing.- u. Archit.-Ver. Bd. 84 (1932) S. 183.

Raumgewicht (Rohwichte) als in Abb. 1, so ist die Rechnung ebenso durchzuführen, doch ist das errechnete Gewicht für den Zuschlaganteil im Verhältnis der beiden Gesteinsraumgewichte zu ändern. Im vorliegenden Falle können ungefähr folgende Mittelwerte als Gesteinsraumgewicht angenommen werden[1]: Granit 2,7, Diorit 2,9, Quarzporphyr 2,6, Diabas 2,9, Basalt 3,0, kieselige Gesteine 2,6, dichte Kalksteine 2,7. Gemische aus verschiedenen Gesteinen (z. B. Kiese) sind entsprechend einzuschätzen.

Die Angabe der Stoffmengen nach Raummaß ist im allgemeinen ungenau, weil das Raumgewicht von Zuschlag mit feinem Korn weitgehend von dessen Wassergehalt[2] und von der Art der Schüttung abhängt[3]. Wird eine Umrechnung auf Raummengen nötig, so geschieht dies unter Benutzung des für den betreffenden Zuschlag besonders ermittelten Raumgewichtes, vgl. Abschn. II, F, 7. (Am Zuschlag mit dem entsprechenden Feuchtigkeitsgehalt und der entsprechenden Lagerdichte wie auf der Baustelle.)

b) Prüfung durch den Versuch.

Eine bestimmtere Ermittlung der Stoffmengen geschieht durch Herstellung einer Probemischung, die bezüglich Aufbau, Verarbeitbarkeit und Verdichtungsgrad den Verhältnissen am Bau entspricht. Der Gang der Untersuchung ist der gleiche wie bei der Eignungsprüfung, vgl. Abschn. 2 c.

4. Überwachung der Baustoffe auf der Baustelle.

Die auf der Baustelle zur Verwendung vorgesehenen Baustoffe sollen vor Baubeginn eingehend im Laboratorium auf ihre Eignung untersucht worden sein (Eignungsprüfung, vgl. Abschn. 1). Aufgabe der Überwachung auf der Baustelle ist es dann, die ankommenden Lieferungen laufend nachzuprüfen.

a) Zement.

Für den auf der Baustelle eingegangenen Zement sind einfache Prüfungen ausreichend, vgl. Abschn. V, B, 3.

b) Zuschlagstoffe.

Bei der Eignungsprüfung (vgl. Abschn. 2) sind die Grenzen für die zulässige Streuung bestimmter Eigenschaften (z. B. Körnung) festzulegen, innerhalb derer die Lieferungen für die Baustelle liegen müssen. Die Prüfungen sollen sich auf wesentliche Eigenschaften und auf den Vergleich mit den bei der ersten Prüfung (vgl. Abschn. 1 b, c, d) festgelegten Bedingungen beschränken, d. s.:

Kornzusammensetzung. Ermittlung durch den Siebversuch, vgl. Abschn. II, F, 5; Probenahme vgl. Abschn. II, F, 3. Die Häufigkeit der Prüfungen richtete sich nach dem Umfang und der Gleichmäßigkeit der Lieferungen. Allgemein sind alle Lieferungen nach Augenschein zu beurteilen (Vergleich mit einer Belegprobe von der Eignungsprüfung). Zweifelhafte Proben sind immer zu untersuchen. Alle Ergebnisse sind laufend (graphisch) aufzutragen[4].

---

[1] Vgl. DIN DVM 2100.

[2] Vgl. GRAF: Der Aufbau des Mörtels und des Betons, 3. Aufl., S. 1. 1930. — HUMMEL: Das Beton-ABC, 2. Aufl., S. 88. 1937.

[3] Angaben über Bedarf an Zuschlagstoffen nach Raum: SCHÄCHTERLE: Beton u. Eisen Bd. 28 (1929) S. 361; Bd. 30 (1931) S. 108. — BEER: Beton u. Eisen Bd. 30 (1931) S. 196. — HALLER: Schweiz. techn. Z. 1932, Nr. 31. — GRAF: Dtsch. Ausschuß Eisenbeton Bd. 71 (1933) S. 55. — WALZ: Beton u. Eisen Bd. 36 (1937) S. 199.

[4] Vgl. WALZ u. BONWETSCH: Jb. Forsch.-Ges. Straßenwes. 1936, S. 180 f.

Reinheit, Gesteinseigenschaften, Kornform. Beurteilung jeder Lieferung nach Augenschein und Vergleich mit Belegproben. In Zweifelsfällen eingehendere Prüfungen: Reinheit, Gesteinseigenschaften, Kornform vgl. Abschn. 1.

5. Überwachung des Betons auf der Baustelle.

Mit der Überwachung soll erreicht werden, daß laufend Beton mit gleichbleibenden Eigenschaften entsteht. Die wirkungsvollste Überwachung ist jene, die, vor dem Mischen stattfindend, sich auf die Einzelstoffe erstreckt (vgl. Abschn. 4) außerdem gehören hierzu noch Maßnahmen, die bei der Zubereitung des Betons wichtig sind:

a) Abmeßvorrichtungen.

Bei der Übertragung der bei der Eignungsprüfung (vgl. Abschn. 2) festgelegten Betonzusammensetzung auf die Baustellenverhältnisse (Abstimmung auf die Mischergröße) wird von Gewichtsmengen ausgegangen, sinngemäß ist auch die Nachprüfung der Abmeßvorrichtungen durchzuführen.

Zugabe nach Gewicht. Die Waagen sind von Zeit zu Zeit auf Genauigkeit nachzuprüfen. Dies kann je nach der Konstruktion durch Anbringen von Gewichten erfolgen oder besser durch Ablassen bestimmter Gewichtsmengen Zuschlagstoff und deren Nachprüfung auf einer Waage.

Zugabe der Zuschlagstoffe nach Raummaß. Da die Abmeßbehälter mit der durch die Eignungsprüfung ermittelten Gewichtsmenge Zuschlagstoff bei bestimmtem Feuchtigkeitsgehalt geeicht wurden[1], ist bei starker Änderung des Feuchtigkeitsgehaltes bei Sand oder Kiessand, durch Nachwägen der eingefüllten Menge festzustellen, ob am Abmeßbehälter eine andere Eichmarke anzubringen ist. (Lagerfeucht weist der Zuschlag gewöhnlich ein kleineres Raumgewicht auf als trocken oder wassersatt, vgl. auch Abschn. II, F, 7. Wurde daher der Behälter auf eine bestimmte Gewichtsmenge lagerfeuchten Sandes geeicht, so gelangt beim Abmessen nach dieser Eichmarke, bei sonst gleichem, jedoch trocknem oder sehr nassem Sand eine wesentlich größere Gewichtsmenge in die Mischung; die Mischung enthält damit weniger Zement.)

b) Wassergehalt der Zuschlagstoffe.

Ermittlung des Wassergehaltes (Oberflächenwasser), vgl. Abschn. 1 a. Änderungen im Wassergehalt sind bei der für die gewählte Verarbeitbarkeit nötigen Zusatzwassermenge zu berücksichtigen. In Fällen, in denen der rasche Wechsel der Eigenfeuchtigkeit der Zuschläge eine rechtzeitige Ermittlung nicht zuläßt, hat die Wasserzugabe durch einen zuverlässigen Mann nach Augenschein zu erfolgen. (Abstimmung nach dem Aussehen des Betons in der Mischtrommel.)

Wassermesser (Zusatzwasser). Die Wasserabmeßvorrichtung der Mischmaschine ist wiederholt durch Nachmessen der abgelassenen Wassermenge darauf nachzuprüfen, ob diese mit der Anzeige übereinstimmt. (Überprüfung besonders bei Schrägstellung der Mischmaschine.)

Die Unterschiede vom Sollwert sollen nicht größer als $\pm 2\%$ sein[2].

c) Nachprüfung der Eigenschaften des frischen Betons[3].

Am Verwendungsort werden aus dem frischen, noch nicht verdichteten Beton an verschiedenen Stellen insgesamt rd. 50 kg (d. s. rd. 25 l) entnommen

---

[1] Vgl. Anweisung für Mörtel und Beton; AMB, Deutsche Reichsbahn, 2. Ausg., § 22. 1936.
[2] Vgl. Graf: Bautechnik Bd. 7 (1929) S. 312.
[3] Als DIN DVM 2171 im Entwurf.

und zu einer Durchschnittsprobe vermengt. Hierauf sind möglichst sofort 2 Proben P_1 und P_2 von je 5000 g abzuwägen und in luftdicht schließenden Behältern zu verwahren.

Körnung des Zuschlags im Beton. Die Aufgabe besteht darin, das Bindemittel[1] aus dem Beton zu entfernen.

α) Aus Probe P_1 werden die Anteile o bis 0,2 mm (vorwiegend Zement) durch Waschen auf dem Sieb 0,2 DIN 1171 entfernt (häufiges Abspülen des Prüfgutes). Zweckmäßig werden vor dem empfindlichen Sieb mit 0,2 mm Maschenweite die Siebe mit 1 und 7 mm Lochdurchmesser als Schutzsiebe vorgeschaltet. Der gesamte Rückstand über dem 0,2 mm Sieb wird (nach dem Ausspülen der feinen Siebe) getrocknet; Trockengewicht G_1.

Aus den Siebversuchen mit den Zuschlägen allein (vgl. Abschn. II, F, 5) ist der durchschnittliche Anteil n (%) des Staubsandes o bis 0,2 mm im Zuschlaggemisch bekannt[2]. Der aus P_1 mit dem Zement abgeschlämmte Staubsandanteil $\leq 0,2$ mm beträgt (in g) $S = \dfrac{n \cdot G_1}{1 - n}$.

Die getrocknete Zuschlagmenge G_1 wird wie üblich auf dem Siebsatz geprüft (vgl. Abschn. II, F, 5). Zur Umrechnung der Rückstände in Gew.-% werden diese jedoch auf das Gesamtgewicht G des Zuschlags (einschließlich Staubsand) bezogen, also auf $G = G_1 + S$.

β) Bei wenig sorgfältiger Handhabung wird das Sieb mit 0,2 mm Maschenweite auf der Baustelle leicht beschädigt und ergibt fehlerhafte Ergebnisse. Die Ermittlung der Körnung kann ähnlich wie unter α), jedoch ohne dieses Sieb ausgeführt werden, wenn das Mischungsverhältnis (d. i. 1,0 Gewichtsteile Zement + x Gewichtsteile trockner Zuschlag) bekannt ist[3]:

Die Probe P_1 wird auf dem 1-mm-Sieb (davor Schutzsieb mit 7 mm Lochdurchmesser) ausgewaschen. Das Trockengewicht der Probe P_2 (vgl. im folgenden) einschließlich Zement sei T. Das Gewicht des darin enthaltenen Zuschlags ist $G = T \cdot \dfrac{x}{1+x}$. Die beim Siebversuch mit der ausgewaschenen und getrockneten Probe P_1 ermittelten Rückstände werden auf G bezogen.

Wassergehalt des Betons. Die Probe P_2 des Frischbetons wird unter stetigem Umrühren in einem erhitzten Behälter über starkem Feuer rasch getrocknet. Trockengewicht T. Wassergehalt p des Betons in Prozenten der trocknen Stoffe $p = \dfrac{P_2 - T}{T} \cdot 100$.

d) Raumgewicht des frischen Betons.

Nach der Entnahme der Proben P_1 und P_2 wird das Raumgewicht r des Betons (kg/m³) in einer Form von 20 cm Kantenlänge (vgl. Abschn. C, 1 b) oder im 10-l-Gefäß (vgl. Abschn. II, F, 7) ermittelt. Hierbei ist darauf zu achten, daß der Beton entsprechend wie im Bauwerk verdichtet wird (möglichst gleicher Verdichtungsgrad).

---

[1] In den meisten Fällen wird es sich um Zement handeln; in besonderen Fällen kann das Bindemittel aus Zement und feingemahlenen hydraulischen Zusatzstoffen bestehen (Traß, Hochofenschlacke usw.).

[2] Bei z. B. 4% Staubsandanteil ist n im folgenden mit 0,04 in die Rechnung einzuführen.

[3] Vgl. WALZ: Beton u. Eisen Bd. 35 (1936) S. 185. Der Anteil bei 0,2 mm kann bei diesem Verfahren nicht ermittelt werden; auf diesen Anteil kann aber bei laufender Prüfung verzichtet werden.

e) Mischungsverhältnis, Wasserzementwert und Stoffmengen in 1 m³ frischem Beton [1].

α) Aus den bisherigen Ermittlungen und Bezeichnungen ergibt sich das Verhältnis der Stoffe nach Gewicht wie folgt [2]:

Anteile:

$$\text{Zement} : \text{Zuschlag} : \text{Wasser} = (T - G) : G : (P_2 - T) = 1 : x : w.$$

Die in 1 m³ des frischen, verdichteten Betons enthaltenen Stoffmengen sind:

$$\text{Zement} = \frac{r\,(T - G)}{P_2} = \frac{r}{1 + x + w} \ \text{kg/m}^3,$$

$$\text{Zuschlag} = \frac{r \cdot G}{P_2} = \frac{r \cdot x}{1 + x + w} \ \text{kg/m}^3,$$

$$\text{Wasser} = \frac{r\,(P_2 - T)}{P_2} = \frac{r \cdot w}{1 + x + w} \ \text{kg/m}^3,$$

$$\text{Wasserzementwert} = \frac{(P_2 - T)}{(T - G)} = w.$$

β) In Fällen, in denen die in einer Mischung vorhandenen Gewichtsmengen Zement Z und Zuschlag G_f (feucht) genügend genau bekannt sind (z. B. bei Zugabe über Waagen) kann das Mischungsverhältnis Zement : Zuschlag (trocken) auf Grund der abgewogenen Mengen angegeben werden. In diesem Fall ist lediglich der Wassergehalt [3] f des Zuschlaggemisches (Oberflächenwasser), der Wassergehalt p (vgl. Abschn. c) und das Raumgewicht r des Betons (vgl. Abschn. d) zu ermitteln.

Es ist dann:

Zement : Zuschlag (trocken) $= 1{,}0 : \dfrac{G_f \cdot (1 - f)}{Z} = 1 : x$ und der Wasseranteil $w = p\,(1 + x)$.

Die in 1 m³ enthaltenen Stoffmengen sind dann weiter wie oben zu errechnen.

f) Mechanische Eigenschaften des Frischbetons.

Veränderungen in der stofflichen Zusammensetzung der Betonmischungen beeinflussen die mechanischen Eigenschaften des Frischbetons und damit die Verarbeitbarkeit. Insbesondere wirkt sich der Wassergehalt sehr stark aus. Prüfgeräte, mit denen sich wesentliche mechanische Eigenschaften am Frischbeton feststellen lassen, werden daher zur Überwachung der Gleichmäßigkeit der Mischungen und zur Kennzeichnung des Frischbetons benutzt.

Von den unter Abschn. 6 angeführten Geräten werden auf der Baustelle zweckmäßig der Ausbreitversuch [4] und der Eindringversuch [5] benutzt; ersterer für weichen und flüssigen Beton, letzterer für Stampfbeton.

6. Prüfung der Verarbeitbarkeit des Betons [6].

1. Die Verarbeitbarkeit einer Mischung ist im Hinblick auf eine bestimmte Verarbeitungsweise zu beurteilen. Die wichtigsten, die Verarbeitbarkeit kennzeichnenden Eigenschaften sind der Verformungswiderstand (Verdichtbarkeit) und der Zusammenhalt (Entmischbarkeit) des Frischbetons. Demgemäß sollen Prüfgeräte, diese Eigenschaften erfassen und wertmäßig kennzeichnen. Die

---

[1] Vgl. auch Entwurf DIN DVM 2171.

[2] Hierbei ist für G das nach Abschn. c, α ermittelte Gewicht des trocknen Zuschlags einzusetzen.

[3] Bei einem Wassergehalt $f = 4\%$ (bezogen auf das Gewicht des feuchten Zuschlags) ist f mit 0,04 in die folgende Rechnung einzusetzen.

[4] DIN 1048.   [5] Graf: Dtsch. Ausschuß Eisenbeton Heft 71 (1933) S. 57.

[6] Zusammenfassende Darstellung vgl. Walz: Dtsch. Ausschuß Eisenbeton Heft 91 (1938).

Feststellungen mit dem Prüfgerät sollen bei Vorgängen entstehen, die den jeweils auftretenden praktischen Einwirkungen entsprechen.

Einzelne der in großer Zahl entwickelten Geräte und Verfahren geben, wenn ein begrenzter Betonbereich für bestimmte Bearbeitungsarten in Betracht gezogen wird, hinreichend Aufschluß. Wenn mit Rücksicht auf die Praxis auf einfache Handhabung besonders Wert gelegt wird, kann der Eindringversuch und der Ausbreitversuch vorgeschlagen werden.

Abb. 2. Eindringversuch. Der Eindringkörper *a* (Dmr. 10,2 cm, Länge 30 cm) ist hochgezogen; er berührt mit seinem oberen Ende die im Gestell *b* befestigte Platte *c*. Dabei hängt das untere Ende von *a* 20 cm über der Betonfläche (Würfelform 30 × 30 × 30 cm³). Die Stange *d* tragt eine Zentimeterteilung, an der die Eindringtiefe *t* des Körpers *a* nach dem Fall bei der Platte *c* abgelesen werden kann.

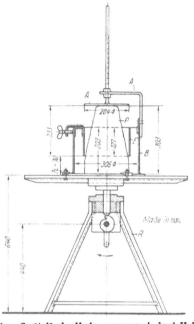

Abb. 3. Gerät für den Verformungsversuch durch Hubstöße. *A* Aufsatzteller mit Führungsstange (1,9 kg) und Haltevorrichtung; *B* zylindrischer Behälter; *E* verstellbarer zylindrischer Einsatz; *R* Hubtisch (Durchmesser der Platte 750 mm); *P* konische Betonprobe (oberer Durchmesser 10 cm, unter Durchmesser 20 cm, Höhe 30,3 cm).

2. Der Eindringversuch (vgl. Abb. 2)[1]. Im Mittel sind folgende Eindringmaße *t* einzuhalten[2]:

$$\text{bei Bearbeitung durch Rütteln} \qquad t \geq 3 \text{ cm,}$$
$$\text{bei Bearbeitung mit Eisenstampfern} \quad t \geq 5 \text{ cm,}$$
$$\text{bei Bearbeitung mit Holzstampfern} \quad t \geq 13 \text{ cm.}$$

3. Der Ausbreitversuch nach DIN 1048 für Beton, der nur leichte Stampf- oder Stocherarbeit erfordert.

Als untere Ausbreitmaße gelten bei Beton für die Bearbeitung mit Holzstampfern *g* = rd. 35 cm und für die Bearbeitung durch Stochern und Rühren *g* = rd. 50 cm. Die Anwendung soll auf Mischungen, wie sie für Eisenbeton[3] in Frage kommen, beschränkt bleiben.

4. Eine behelfsmäßige Bewertung ist auf Grund des Verhaltens beim Bearbeiten mit der Kelle möglich (Anzahl der Kellenstriche, die zum Schließen der Oberfläche des lose geschütteten Betons nötig sind)[2].

---

[1] GRAF: Dtsch. Ausschuß Eisenbeton Heft 71 (1933) S. 57.
[2] WALZ: Dtsch. Ausschuß Eisenbeton Heft 91 (1938).   [3] Vgl. DIN 1045.

5. Für eingehendere Feststellungen, z. B. bei Laboratoriumsversuchen, ist das Verformungsgerät nach Powers zu benutzen[1] (vgl. Abb. 3). Als Maß dient die Anzahl der Hubstöße, die zum Verformen des Betonkegels nötig sind.

6. Eine Ermittlung der Entmischbarkeit ist bei den beschriebenen Versuchen zahlenmäßig nicht möglich; ein Verfahren hierzu wurde vorgeschlagen und untersucht[1].

7. Im Ausland wird die Steife des Betons vorwiegend auf Grund des Setzversuches[1], seltener mit dem Ausbreittisch, beurteilt[2].

8. Für die Prüfung von Mörtel werden im allgemeinen Geräte in verkleinerter Form verwendet, z. B. der Ausbreittisch[3]. Das Ausbreitmaß eines kellengerechten Mörtels ergibt sich mit diesem Gerät zu rd. 18 cm.

9. Wegen Einzelheiten zur Ausführung von Untersuchungen über die Verarbeitbarkeit, über die Voraussetzungen hierzu und die Bewertungen, ferner über andere Prüfverfahren (z. B. für die Ermittlung der Eignung zum Rütteln, für die Ermittlung des Wasserabstoßens[4] usw.) sei auf zusammenfassende Abhandlungen mit Literaturangaben hingewiesen[5].

B. Prüfung von erhärteten Betonproben von der Baustelle und aus dem Bauwerk.

Von Kurt Walz, Stuttgart.

1. Prüfung von erhärteten Proben aus Baustellenbeton.

Diese Prüfungen sind für den Nachweis der geforderten Bedingungen (vgl. DIN 1045) von Bedeutung.

a) Güteprüfung[6].

Zum Nachprüfen, ob die Eigenschaften des abgebundenen Betons zu einem bestimmten Zeitpunkt den gestellten Forderungen entsprechen, werden beim Betonieren aus dem Baubeton Proben für die Prüfung nach dem Erhärten hergestellt.

Der Beton wird, wenn angängig, an verschiedenen Stellen des Bauwerks entnommen (andernfalls Entnahme aus der nochmals von Hand durchgemischten Mischung vor dem Einbringen). Die entnommene, gut vermischte Menge, soll mindestens das Dreifache des für die Probe erforderlichen Betons betragen.

Die Häufigkeit der Herstellung von Proben richtet sich nach der Betonmenge, der Gleichmäßigkeit des Baubetriebes und der Bedeutung des Bauteiles. Aus dem Beton werden je nach den nachzuweisenden Eigenschaften

Würfel zur Ermittlung der Druckfestigkeit[7] (vgl. DIN 1048 und Abschn. C, 1),

---

[1] Vgl. Fußnote 2, S. 453.

[2] Setzversuch vgl. Amer. Soc. Test. Mater. Tentative Standards, 1938 (S. 935), D 138 bis 32 T; Ausbreitversuch Amer. Soc. Test. Mat. Supplement 1938 (S. 124) C 124—38.

[3] Vgl. unter Abschn. V, B, 3; ferner DIN 1165. — Graf: Zement Bd. 25 (1936) S. 97.

[4] Sprague: Proc. Amer. Concr. Inst. Bd. 33 (1936) S. 29; ferner Casey: Bd. 33 (1936) S. 279.

[5] Walz: Zement Bd. 22 (1933) S. 78; Beton u. Eisen Bd. 35 (1936) S. 296; Dtsch. Ausschuß Eisenbeton Heft 91 (1938).

[6] Vgl. DIN 1045 und 1048; ferner Richtlinien für die Prüfung von Beton auf Wasserundurchlässigkeit. Dtsch. Ausschuß Eisenbeton 1935 bzw. DIN Vornorm 4029.

[7] Zur Ermittlung der Druckfestigkeit können bei der Güte- und Erhärtungsprüfung auch bewehrte Balken (vgl. Abschn. C, 2) benutzt werden; DIN 1045.

Balken zur Ermittlung der Biegezugfestigkeit (vgl. Abschn. C, 3) und
Platten zur Ermittlung der Wasserundurchlässigkeit (vgl. DIN 4029 und
Abschn. H, S. 526) hergestellt. Die Proben lagern in einem geschlossenen
Raum unter gleichbleibenden Bedingungen.

b) Erhärtungsprüfung.

Bei der Erhärtungsprüfung (zur Beurteilung der Betonfestigkeit im Bauwerk)
sind die Würfel möglichst den gleichen Einflüssen (u. a. Witterung) auszusetzen
und ebenso nachzubehandeln, wie der Beton im Bauwerk (vgl. DIN 1048 und
Abschn. C, 1, b).

Die Entnahme des Betons und die Herstellung der Proben (in der Regel
nur Würfel) erfolgt wie in Abschn. C, 1, b; im übrigen vgl. Abschn. C, 1, c.

Die Würfel für die Erhärtungsprüfung sind in genügender Menge vorzusehen,
damit der Zeitpunkt, zu dem z. B. das Bauwerk ausgeschalt oder in Betrieb
genommen werden kann, hinreichend gesichert ist.

2. Prüfung von Beton des fertigen Bauwerks.

Mit den unter Abschn. 1, b aufgeführten Proben lassen sich in den meisten
Fällen ausreichend zuverlässige Rückschlüsse auf die Eigenschaften des Betons
im Bauwerk machen. Gewisse Unterschiede können sich durch die verschiedene
Art der Verarbeitung und durch die Einwirkung der Witterung, Einfluß der
verschieden großen Massen usw. ergeben (vgl. unter Abschn. C, 1).

In besonderen Fällen (z. B. wenn sich Zweifel über die Güte des Bauwerks
bei der Abnahme ergeben, wenn keine Angaben über den Beton zur Verfügung
stehen, usw.) sind die Eigenschaften des Betons im Bauwerk zu ermitteln.
Je nach den Abmessungen und der Gestaltung des Bauteiles ist dies gewöhnlich
nur beschränkt möglich (Entnahme von Proben nur in den äußeren Zonen,
Berücksichtigung der Schwächung, Bewehrung usw.); vgl. auch unter Abschn. C, 1.

a) Prüfung von herausgearbeiteten Proben.

Feststellungen können an Proben gemacht werden, die durch vorsichtiges
Herausarbeiten (Herausspitzen von Hand, mit Preßluftwerkzeug, Entnahme mit
der Bohrkrone) gewonnen werden. Hierbei ist darauf zu achten, daß die Proben
genügend groß sind, damit durchschnittliche Beschaffenheit und gleichmäßiges
Gefüge vorliegen (Verteilung der Hohlräume; Größe und Verteilung der Grobzuschläge, usw.). Über eine mögliche Festigkeitsminderung durch die Bearbeitung vgl. unter Abschn. C, 1 b.

Druckfestigkeit. Die Proben sollen würfelige, prismatische oder zylindrische
Form aufweisen, sie werden wie unter Abschn. C, 1, b vorbereitet und geprüft.
Der Feuchtigkeitszustand der Probe bei der Prüfung ist anzugeben (wassersatt
oder lufttrocken). Bei der Auswertung des Prüfungsergebnisses ist zu berücksichtigen, inwieweit die ursprüngliche Lage der Probe im Bauwerk zur Druckrichtung einen Einfluß haben kann (vgl. unter Abschn. C, 1, b)[1].

Biegezugfestigkeit. Zur Bestimmung der Biegezugfestigkeit werden Balken
mit rechteckigem Querschnitt herausgearbeitet. An den Auflagerstellen und
an den Laststellen sind dünne, ebene Mörtelflächen (Leisten) anzubringen.
Da es selten möglich ist, gleichmäßig lufttrockne Proben zu erhalten, sind die

---

[1] Vgl. auch STADELMANN: Erfahrungen beim Schweizer Talsperrenbau, S. 79. 1926.

Balken zur Vermeidung der Überlagerung von Schwindspannungen, zweckmäßig nach längerer Wasserlagerung zu prüfen (vgl. Abschn. C, 3).

Raumgewicht, Hohlraumgehalt, Wasseraufnahme, Wasserdurchlässigkeit. Die Bestimmung des Raumgewichtes (vgl. auch Fußnote 7, S. 469), des Hohlraumgehaltes und der Wasseraufnahme erfolgt entsprechend den Angaben unter Abschn. II. Über die Ermittlung der Wasserdurchlässigkeit vgl. Abschn. H.

b) Prüfung von besonders vorbereiteten Proben.

Um eine vorgesehene Entnahme der Proben aus dem Bauwerk zu erleichtern, können an Ausschnitten der Schalung besondere Formen so angebracht werden, daß der Raum mit dem Bauwerksbeton an einer Fläche zunächst noch in Verbindung steht. Der Probekörper wird nach dem Ausbetonieren der Form durch Einschieben eines Stahlbleches abgetrennt[1]. Auch doppelwandige Pappbehälter, Tonzylinder u. ä. (oben offene Zylinder oder quadratische Kästen), die in der Schalung angebracht und mit dieser ausbetoniert werden, wurden zum Abteilen von Proben benutzt. Diese Formen dürfen nicht wasserabsaugend sein (Verwendung nach Wasserlagerung oder entsprechender Imprägnierung). Bei plattenförmigen Bauteilen (z. B. Straßendecken) u. ä. wird die Probe bereits durch Abgraben des schwach erstarrten Betons freigelegt. Die Entnahme erfolgt nach dem vollständigen Abbinden[2].

c) Prüfungen am Bauwerk.

Eine rohe Beurteilung der Festigkeit kann durch Anschlagen mit dem Hammer (dumpfer Klang entspricht gewöhnlich schlechtem Beton) oder durch Meißelhiebe erfolgen.

In besonderen Fällen kann auch ein beschränkter Aufschluß direkt am Bauwerk erhalten werden[3]. (Von der Besprechung von Belastungsversuchen soll hier abgesehen werden). Man kann z. B. die Kraft messen, die zum Abreißen von Betonschalen mittels einbetonierter, verankerter Zugstangen nötig ist[3], oder man kann die Kraft beim Abscheren von Proben zwischen Aussparungen ermitteln[3]. Auch die Einschlagtiefe von Geschossen[3] und die Schlaghärte[4] wurden zur Beurteilung der Betoneigenschaften am Bauwerk benutzt.

Diese Verfahren können zum Teil mit wenig Aufwand und an vielen Stellen durchgeführt werden. Andererseits geben sie gewöhnlich nur wenig Aufschluß, weil die Beziehungen zwischen den ermittelten Größen und der Würfelfestigkeit nicht zuverlässig festliegen; zudem sind meist nur Prüfungen in der äußeren Zone des Bauwerks möglich und auch erhebliche Streuungen zu erwarten.

d) Prüfung der Zusammensetzung des erhärteten Betons.

Prüfung durch Augenschein. Eine Beurteilung der Eigenschaften des erhärteten Betons (Festigkeit, Körnung, Wasserdurchlässigkeit, Zusammensetzung) ist, gewisse Erfahrung vorausgesetzt, in weiten Grenzen möglich. Feststellungen sind an möglichst glatten Sägeschnitten oder an angeschliffenen Flächen zu treffen. Die Beurteilung wird zuverlässiger, wenn der fragliche

---

[1] Vgl. Hampe: Bautechnik Bd. 18 (1937) S. 713.
[2] Walz u. Bonwetsch: Jb. Forsch.-Ges. 1936 S. 167.,
[3] Skramtajew: Proc. Amer. Concr. Inst. Bd. 34 (1938) S. 285.
[4] Gaede: Bauingenieur Bd. 15 (1934) S. 356. — Williams: Structural Engineer, Nr. 7. 1936. — Steinwede: Über die Anwendung des Kugelhärteversuches zur Bestimmung der Festigkeit des Betons. Diss. Hannover 1937.

Beton mit systematisch zusammengestellten Proben bekannter Zusammensetzung verglichen wird [1].

Allgemein kann angeführt werden, daß gleichmäßig abgestufter und verteilter Zuschlag, sowie dichter und harter Zementstein auf guten Beton schließen lassen; viel Feinsand weist gewöhnlich auf weniger gute Eigenschaften hin. Dies ist meist auch der Fall, wenn zahlreiche kleine, zusammenhängende Poren (schwammiges Gefüge, zu hoher Wassergehalt) oder zusammenhängende feine Poren (wenig Bindemittel oder zu geringer Wassergehalt) vorhanden sind. Vereinzelte in sich geschlossene, kleine Poren haben nur geringen Einfluß auf die Festigkeit.

Feststellungen durch Röntgenstrahlen[2]. Beim Durchleuchten von plattenförmigen Proben mit Röntgenstrahlen hat das Mischungsverhältnis einen Einfluß auf die Verteilung und Dichte heller und dunkler Stellen[3]. Zur Beurteilung des Bildes ist aber ein Vergleich mit ebenso durchfeuchteten, besonders hergestellten Proben bekannter Zusammensetzung nötig. Das Verfahren erscheint sehr unsicher, weil unter anderem anzunehmen ist, daß auch inerte, mehlfeine Stoffe im gleichen Sinn wie Zement wirken.

Zerlegung des Betons in seine Bestandteile. Die Zusammensetzung des erhärteten Betons und die Körnung des Zuschlags lassen sich unter bestimmten Voraussetzungen nachträglich bestimmen.

α) Chemische Zerlegung. Das Verfahren beruht auf der Zerlegung des Betons mittels Salzsäure (vgl. DIN DVM 2170). Die Genauigkeit hängt davon ab, inwieweit Bindemittel und Zuschlag löslich sind[4]. Zuverlässige Bestimmungen des Mischungsverhältnisses und der Körnung sind nur möglich, wenn der Zuschlag aus praktisch in HCl unlöslichem Gestein besteht und sonst unter Umständen, wenn Zement und Zuschlag im Ausgangszustand zur Verfügung stehen.

β) Zerlegung durch Erhitzen. Die Betonprobe wird z. B. rd. 4 h lang bei rd. 800° C erhitzt und anschließend in Wasser abgeschreckt. Hierbei zerrieselt der Beton in seine ursprünglichen Bestandteile[5]. Noch anhaftender Zement wird mit Salzsäure vom Zuschlag abgelöst (über den Einfluß der Löslichkeit des Zuschlags vgl. Abschn. V, B, 4, b). Chemische Bestimmungen für Korrekturen, auch solche für die Gewichtsveränderung mancher Gesteine beim Erhitzen, erscheinen nötig.

Ein Mangel dieses Verfahrens besteht noch darin, daß nicht alle Gesteine der Temperaturbeanspruchung ohne Veränderung widerstehen (Zerteilen der Gesteine, besonders von quarzhaltigem Gestein; Zersetzung, z. B. von Kalkstein usw.). Aus diesem Grunde sind Untersuchungen nach dem unter α) angeführten Verfahren vorzuziehen.

---

[1] Beispiele vgl. GRAF: Der Aufbau des Mörtels und des Betons, 3. Aufl., S. 32, 99, 102, 145, 146. 1930. — GRÜN: Der Beton, 2. Aufl., S. 182f. 1937. — HUMMEL: Das Beton-ABC, 2. Aufl., S. 122. 1937; ferner Tonind.-Ztg. Bd. 63 (1939) S. 8.

[2] Über Durchstrahlung von Bauteilen mit Bewehrung (Lage der Bewehrung) vgl. FISCHER u. VAUPEL: Beton u. Eisen Bd. 37 (1938) S. 87.

[3] Vgl. HOLTSCHMIDT: Bauingenieur Bd. 15 (1934) S. 363.

[4] Vgl. auch GONELL: Zement Bd. 25 (1936) S. 411. — STEOPOE: Tonind.-Ztg. Bd. 62 (1938) S. 365. — BIELIGK: Zement Bd. 27 (1938) S. 33.

[5] LOMANN: 1. Mitt. N. Int. Verb. Mat.-Prüf., Zürich 1930, Gruppe B, S. 167. Ein ähnliches Vorgehen in Verbindung mit chemischen Bestimmungen beschreibt CARMICK: Public Roads Bd. 9 (1928) S. 88; über weitere ähnliche Verfahren vgl. ARIANO: Strade Bd. 20 (1938) S. 549; Amer. Soc. Test. Mater., Standards 1936 (S. 334), C 85—36.

C. Prüfung der Festigkeit des Betons, insbesondere im Laboratorium.

Von Kurt Walz, Stuttgart.

1. Prüfung der Druckfestigkeit[1].

a) Allgemeines.

Sowohl bei der Auswahl von Betonmischungen (Eignungsprüfung vgl. Abschn. A, 2), als auch bei der Überwachung (Güte- und Erhärtungsprüfung vgl. Abschn. B, 1) oder bei Abnahmeprüfungen fertiger Bauwerke (Herausarbeiten von Zylindern Würfeln, vgl. Abschn. B, 2, a) wird gewöhnlich die Druckfestigkeit als ausreichend für die Beurteilung der Güte und der Gleichmäßigkeit des Bauwerks betrachtet. Über die Beziehungen der Druckfestigkeit zu anderen Festigkeitseigenschaften (z. B. zur Biege-, Zug- und Scherfestigkeit, vgl. Abschn. 3, 4 und 6).

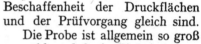
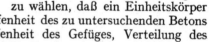

Abb. 1. Abhängigkeit der Druckfestigkeit von der Würfelgröße.

Probengröße und Probenform. Werte für die Druckfestigkeit lassen sich nur vergleichen und beurteilen, wenn Form und Größe des Versuchskörpers bekannt bzw. wenn die Beschaffenheit der Druckflächen und der Prüfvorgang gleich sind.

Die Probe ist allgemein so groß zu wählen, daß ein Einheitskörper vorliegt, der die durchschnittliche Beschaffenheit des zu untersuchenden Betons wiedergibt (zu beachten ist die Beschaffenheit des Gefüges, Verteilung des groben Korns und der Hohlräume, das Vorhandensein von Arbeits- und Schüttfugen usw.).

Bei der Wahl der Größe der Proben ist ferner der Lastbereich der verfügbaren Druckpresse zu berücksichtigen. Im allgemeinen kann der Belastungsbereich der üblichen Pressen meist mit 500 t angenommen werden.

Mit Beton für gewöhnliche Ansprüche entstehen zur Zeit bereits Druckfestigkeiten zwischen rd. 150 und 300 kg/cm²; die Druckfestigkeit von hochwertigem Beton liegt meist zwischen rd. 300 und 500 kg/cm², doch werden in höherem Alter auch Werte bis 800 kg/cm² und größer erhalten.

Nachfolgend werden empirische Beziehungen für den Vergleich verschieden gestalteter Proben angegeben:

α) *Einfluß der Probengröße bei Würfeln.* Größere, geometrisch ähnliche Betonproben liefern gewöhnlich geringere Festigkeiten als kleinere Körper[2]. Es ist jedoch noch nicht hinreichend geklärt, ob dieser Umstand mit dem Einfluß der Struktur des Betons (Größtkorn) oder mit den unterschiedlichen Erhärtungsbedingungen bei großen und kleinen Proben zusammenhängt, da für homogene Stoffe das Ähnlichkeitsgesetz anzunehmen ist[3]. Die Abnahme der Festigkeit bei größeren Proben ist bei feinkörnigem Beton am größten. Bei einheitlichen

---

[1] Die folgenden Ausführungen gelten, sofern nichts Besonderes erwähnt ist, auch sinngemäß für Mörtel. — Soweit es sich um den Einfluß des Alters und der Lagerungsbedingungen handelt, sind die Angaben auf Beton mit durchschnittlichen Erhärtungseigenschaften (gewöhnliche Normenzemente) bezogen.

[2] Graf: Die Druckfestigkeit von Zementmörtel, Beton, Eisenbeton und Mauerwerk, 1921.

[3] Vgl. auch Kick: Das Gesetz der proportionalen Widerstände und seine Anwendung, S. 12. 1885. — Bach, C.: Elastizität und Festigkeit, 6. Aufl., S. 168.

Untersuchungen[1] fanden sich für Würfel im Mittel die in Abb. 1 wiedergegebenen Verhältnisse.

Über die Beurteilung der Festigkeit von Würfeln mit 10 cm, 20 cm und 30 cm Kantenlänge nach DIN 1048 vgl. Abschn. C, 1, c[2].

β) Einfluß der Höhe bei Prismen mit quadratischem Querschnitt. Die Abhängigkeit der Druckfestigkeit vom Verhältnis der Höhe zum Querschnitt ist insbesondere auf die Behinderung der Querdehnung durch die Reibung zwischen der Druckfläche am Probekörper und der Druckplatte der Maschine zurückzuführen.

Bei gleichem Querschnitt nimmt die Druckfestigkeit mit zunehmender Höhe ab (vom Falle des Ausknickens sei hier abgesehen).

Bei Säulen mit quadratischem Querschnitt (*a. a.*) ergaben sich in Abhängigkeit von der Höhe *h* folgende Verhältniswerte[3]:

$h : a$	0,5	1,0	2,0	3,7	8	12
Druckfestigkeit	141	**100**	95	87	86	84%

Nach anderen Untersuchungen war der Festigkeitsabfall bereits bei $h = 2\,a$ deutlicher und auch im Endwert größer[4], vgl. auch Abschn. γ und 1, c. Dabei ist zu beachten, daß die Säulenfestigkeit mit zunehmender Würfelfestigkeit des Betons kleiner wird[5].

γ) Vergleichswerte für Zylinder. Häufig wird die Druckfestigkeit an zylindrischen Proben ermittelt. In der Regel sind die Festigkeiten des Zylinders mit 30 cm Höhe und 15 cm Dmr. mit dem Würfel 20×20×20 cm³ zu vergleichen. Hierbei kann die Druckfestigkeit des Zylinders ($h = 30$ cm, Dmr. 15 cm) zu rd. 80% jener des Würfels[6] 20×20×20 cm³, und ungefähr gleich mit der beim Prisma[4] 15×15×30 cm³ gesetzt werden. Bei Zylindern mit 15 cm Dmr. und mit verschiedener Höhe *h* aus Straßenbeton fand sich folgende Abhängigkeit der Druckfestigkeit von der Höhe des Zylinders[7].

Höhe *h*	25	**20**	15	11	7,5 cm
Druckfestigkeit	96	**100**	106	127	169 %

Wenn Beton mit verschiedenem Größtkorn in Zylinderformen gleicher Abmessung geprüft wird, so hat das unterschiedliche Korn praktisch keinen Einfluß, sofern der Zylinderdurchmesser mindestens gleich dem vierfachen Größtkorndurchmesser ist[8].

Entsprechend den Feststellungen bei Würfeln nimmt die Festigkeit für gleichen Beton und mit zunehmender Zylindergröße ab.

[1] GYENGO: Proc. Amer. Concr. Inst. Bd. 34 (1938) S. 272.
[2] Weitere Beziehungen vgl. BURCHARTZ: Handbuch für Eisenbetonbau, 4. Aufl., 3. Bd., S. 73. 1927.
[3] GRAF: Die Druckfestigkeit von Zementmörtel, Beton, Eisenbeton und Mauerwerk, S. 67. 1921.
[4] Vgl. GYENGO: Proc. Amer. Concr. Inst. Bd. 34 (1938) S. 269.
[5] Vgl. GRAF: Dtsch. Ausschuß Eisenbeton, Heft 77 (1934) S. 51.
[6] GRAF u. WEISE: Forsch.-Arb. Straßenwes. Bd. 6 (1938) S. 13; vgl. auch WALZ: Beton u. Eisen Bd. 40 (1941) Heft 1.
[7] GRAF u. WEISE: Forsch.-Arb. Straßenwes. Bd. 6 (1938) S. 23; vgl. auch Abschn. 1, c. Über weitere Verhältniswerte für Zylinder mit $d = 15$ cm vgl. Public Roads Bd. 6 (1926) S. 252. Bereich von $h = 0,5\,d$ bis $4,0\,d$.
[8] BLANKS u. McNAMARA: Proc. Amer. Concr. Inst. Bd. 31 (1935) S. 286.

Bei sehr unterschiedlichen Proben stellte sich aus diesem Grund im Mittel folgende Festigkeitsabnahme ein [1]:

Durchmesser des Zylinders	5	15	91 cm
Höhe des Zylinders	10	30	183 cm
Druckfestigkeit	108	100	84 %

Eine Aussonderung des groben Korns aus der fertigen Mischung, damit kleinere Proben geprüft werden können, hatte, wenn der Einfluß der Probengröße berücksichtigt wird, praktisch keinen Einfluß [1, 2].

δ) *Teilbelastung von Proben.* Bei Teilbelastungen nach Abb. 2 entstehen weit größere Bruchfestigkeiten als bei gleichmäßiger Beanspruchung [3]. Wirkt jedoch die Belastung nach Abb. 3 von beiden Seiten, so entsteht eine annähernd

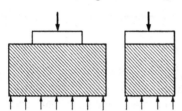

Abb. 2. Teilbelastung bei der Druckprüfung.

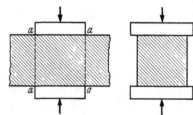

Abb. 3. Prüfung von Teilen prismatischer Körper auf Druckfestigkeit.

ebenso große Druckfestigkeit, wie wenn der an die Linie *a* angrenzende Teil fehlen würde [4, 5]. Hierdurch wird es möglich, an den nach der Biegeprüfung (vgl. Abschn. 3) verbleibenden Reststücken der Balken die Druckfestigkeit zu ermitteln [6]. Im Vergleich zu besonderen Proben entstand bei der Prüfung von solchen Reststücken praktisch die gleiche Druckfestigkeit [7, 8].

Probenzahl und Prüfvorgang. Um hinreichend treffsichere Feststellungen zu erhalten, ist der Mittelwert, auch bei wenig unterschiedlichem Beton, aus mindestens 3 Proben zu bilden. Die Abweichungen der Einzelwerte vom Mittelwert können dann bis $\pm 10\%$ betragen [9]. Unter ungünstigeren Verhältnissen können die Streuungen größer sein. Abweichungen der Einzelwerte bis $\pm 20\%$ sollen jedoch als obere Grenze gelten [10]. Solche Abweichungen und noch größere, geben bereits einen Hinweis auf weniger gut verarbeitbaren (mangelhaften) oder stark unterschiedlichen Beton; sie entfernen sich bei großen Serien bereits ziemlich stark von der mittleren Abweichung [11].

[1] Blanks u. McNamara: Proc. Amer. Concr. Inst. Bd. 31 (1935) S. 300.

[2] Vgl. Ruettgers: Proc. Amer. Concr. Inst. Bd. 30 (1934) S. 30.

[3] Graf: Die Druckfestigkeit von Zementmörtel, Beton, Eisenbetonbau und Mauerwerk, S. 67. 1921. — Handbuch für Eisenbetonbau, 4. Aufl., I. Bd., S. 105f.

[4] Graf: Der Aufbau des Mörtels und des Betons, S. 30. 1930.

[5] Koenitzer: Kansas State College Bulletin Bd. 19 (1935) Nr. 2. (Vergleichsversuche und photoelastische Messungen.)

[6] Amer. Soc. Test. Mater., Standards 1936, II (S. 348) C 116—36.

[7] Koenitzer: Kansas State College Bulletin Bd. 19 (1935) Nr. 2. (Vergleichsversuche und photoelastische Messungen.)

[8] Gilkey u. Leavitt: Proc. Amer. Soc. Test. Mater. Bd. 35, I (1935) S. 281.

[9] Graf: Die Druckfestigkeit von Zementmörtel, Beton, Eisenbeton und Mauerwerk, S. 2, 1921; vgl. auch Fußnote 2, S. 448.

[10] Vgl. auch DIN 1048, § 8.

[11] Abweichungen bei großen Probenreihen: vgl. z. B. Johnson: Public Roads Bd. 7 (1928) S. 148; Abweichungen in Abhängigkeit von der Probengröße vgl. Graf: Dtsch. Ausschuß Eisenbeton Heft 63 (1930) S. 19; ferner Fußnote 2, S. 448.

Mit Zunahme der Belastungsgeschwindigkeit wird die Bruchlast größer[1] (nahezu proportional dem Logarithmus der Belastungsgeschwindigkeit[2]). Wegen dieses Einflusses ist die Last gleichmäßig zu steigern. Nach DIN 1048, § 8 soll der Druck langsam und stetig um ungefähr 2 bis 3 kg/cm² in 1 s steigen. In anderen Fällen wurde mit 1,2 kg/cm² in 1 s belastet[3]. Außer diesen Angaben finden sich Vorschriften, nach denen die Belastungsgeschwindigkeit durch die Bewegung der Druckplatte festgelegt ist; sie soll rd. 1,3 mm in 1 min (im Leerlauf gemessen) betragen[4].

Als Bruchlast P_{max} gilt die erreichte Höchstlast, wobei für die Berechnung der Beanspruchung ($P_{max} : F$) ein einachsiger, über die Querschnittsfläche (F) gleichmäßig verteilter Spannungszustand vorausgesetzt wird.

b) Herstellung von Druckproben.

Aus erhärtetem Beton. Die Entnahme von Betonproben aus dem erhärteten Beton wird beim direkten Nachweis der Güte des Bauwerks nötig; Entnahme durch Kernbohrung[5] oder durch Herausmeißeln. Da das Herausmeißeln nicht ohne Einfluß ist[6], wird das Probestück zweckmäßig größer entnommen, die gestörten Zonen werden auf der Steinsäge durch Abtrennen von 3 bis 5 cm dicken Scheiben beseitigt[7]. Bei massigen Bauwerken können die Proben gewöhnlich nur den äußeren Zonen entnommen werden, was bei der Beurteilung zu beachten ist (Erhärtungsbedingungen, vgl. Abschn. δ), auch die Lage der Probe im Bauwerk ist von Bedeutung (Lage der Druckfläche zur Schütt- bzw. Stampfrichtung, Höhenlage, vgl. Abschn. β). Über die Herstellung geeigneter Druckflächen vgl. Abschn. β.

Aus frischem Beton. α) *Entnahme und Einbringen des Betons in die Form.* Der Beton wird an verschiedenen Stellen der Mischung entnommen. Aus dem Bauwerk entnommener Beton wird vor dem Einfüllen gut durchgemischt (vgl. auch Abschn. B, 1). Die Wände der Form sind leicht einzuölen (Verwendung dicker Öle oder von Sonderölen).

Der Beton wird je nach der Körpergröße möglichst in mehreren Lagen eingefüllt und verteilt, wobei darauf zu achten ist, daß kein Entmischen eintritt. Schichthöhe, Verdichtungsart und -arbeit sind, soweit nicht besondere Vorschriften bestehen (vgl. Abschn. B, 1), weitgehend den am Bau vorliegenden Verhältnissen anzugleichen[8]. Gleichmäßig beschaffene Proben werden durch Einrütteln des Betons erhalten (Tischrüttlung)[9].

Je nach der Beschaffenheit des Betons und in Anbetracht der verhältnismäßig kleinen Formen werden bei der Herstellung gegenüber der Praxis mehr oder minder starke Abweichungen nötig, um brauchbare, gleichmäßig beschaffene

---

[1] Vgl. GRAF: Die Druckfestigkeit von Zementmörtel, Beton, Eisenbeton und Mauerwerk, S. 6. 1921. — RUETTGERS: Proc. Amer. Concr. Inst. Bd. 30 (1934) S. 28.

[2] JONES u. RICHART: Proc. Amer. Soc. Test. Mater. Bd. 36, II (1936) S. 380; Zement Bd. 26 (1937) S. 331.

[3] RUETTGERS: Proc. Amer. Concr. Inst. Bd. 30 (1934) S. 28.

[4] Vgl. Amer. Soc. Test. Mater. Standards, II, 1936 (S. 342) C 39—33.

[5] Vgl. GRAF u. WEISE: Forsch.-Arb. Straßenwes. Bd. 6 (1938).

[6] BERNDT u. PREUSS: Dtsch. Ausschuß Eisenbeton Heft 36 (1915).

[7] Auch durch Bohren und Sägen sollen noch Festigkeitsminderungen möglich sein; vgl. Beton u. Eisen Bd. 36 (1937) S. 319. — GRAF u. WEISE: Forsch.-Arb. Straßenwes. Bd. 6 (1938). — KÓSACK: Bauingenieur Bd. 19 (1938) S. 634. — Nach unseren neueren Versuchen war kein Festigkeitsrückgang festzustellen, wenn als Querschnitt nur die eigentliche, einbeschriebene Kernfläche zur Rechnung benutzt wurde (d. h. ohne die beim Bohren mit Stahlschrot entstehenden, vorstehenden Rauhigkeiten, Wulste usw.).

[8] Über den Einfluß der Stampfarbeit vgl. GRAF: Die Druckfestigkeit von Zementmörtel, Beton, Eisenbeton und Mauerwerk, S. 7 f. 1921. — SEIDEL: Zement Bd. 28 (1939) S. 586.

[9] Vgl. WALZ: Dtsch. Ausschuß Eisenbeton Heft 91 (1938) S. 26 u. 30; Beton u. Eisen, Bd. 40 (1941) Heft 1.

Proben zu erhalten (Hinabstoßen an den Seitenwänden zur Vermeidung von Nestern, kleinere Schichthöhen und größere Verdichtungsarbeit). Dazu kommt, daß der Beton in den Formen, im Gegensatz zum Bauwerksbeton, ohne Auflast erhärtet. Beton, der unter Auflast erhärtet, liefert etwas höhere Festigkeit[1].

Bei der Herstellung von Prismen und Säulen ist es zweckmäßig, diese höher als erforderlich herzustellen. Der überstehende Teil wird nach 1 bis 2 h abgenommen. Dadurch wird erreicht, daß der obere Teil der Probe mehr der durchschnittlichen Beschaffenheit entspricht (zusätzliche Stampfarbeit; bei nassem Beton Abgabe des überschüssigen Wassers an den abzunehmenden Teil)[2].

β) Einfluß der Beschaffenheit und der Lage der Druckflächen. Die obere Fläche der Probe wird bei steifem Beton durch Abstreifen mit der Kelle oder einem Lineal abgeglichen. Bei weichem Beton werden die Formen mit einem kleinen Überstand (rd. 2 cm) gefüllt; der Überstand wird nach rd. 1 h (nach dem Setzen des Betons) mit einem Lineal vorsichtig abgestreift und durch Glättbewegungen mit dem in flacher Neigung gehaltenen Lineal geebnet (Vermeidung weiterer Verdichtung).

Die Druckflächen der Proben (gewöhnlich die zur oberen Fläche winkelrecht liegenden Wände) müssen weitgehend glatt, eben und unter sich gleichlaufend sein (gleiche Reibung an der Druckplatte). Bereits geringe Unebenheiten führen zu ungleicher Verteilung der Beanspruchung bzw. zu kleineren Festigkeiten[3, 4]. Sachgemäße Druckflächen entstehen:

1. Durch Verwendung ebener und glatter Formwände aus Stahl oder Gußeisen, gezogen bzw. fein gehobelt.

2. Durch nachträgliches Aufbringen von Abgleichschichten aus fettem, weich angemachtem Zementmörtel[5]. Die Abgleichschichten mit den eingesetzten Proben erhärten auf genau ebenen leicht geölten Stahlplatten (bei kleineren Proben auch auf Platten aus Spiegelglas).

3. Bei Proben, bei denen die bei der Herstellung oben liegende Fläche die Druckfläche ist (z. B. bei Prismen und Zylindern), durch Aufstellen der Form auf einer genau ebenen Bodenplatte und Auflegen einer ebenen Platte nach dem Betonieren auf die obere Fläche bei schwach überstehendem Beton. Bei weichem Beton geschieht dies nach rd. 1 h; bei steifem Beton sofort, nach vorherigem Auftragen einer weichen, dünnen Feinmörtelschicht.

4. Durch maschinelles Ebenschleifen der Druckflächen[5] unter Wasserzufuhr mit der Karborundumscheibe; nur anwendbar bei genügend festem Beton.

Abgleichschichten sollen hart und dünn sein (Verwendung frühhochfester Zemente)[6], ausgebrochene Ecken und Kanten sind vorher zu verfüllen.

Irgendwelche Zwischenlagen zwischen Probe und Druckplatte (Papier, Sand, Bleifolien) dürfen nicht benutzt werden, sie ergeben fehlerhafte und nicht vergleichbare Ergebnisse.

---

[1] Graf: Die Druckfestigkeit von Zementmörtel, Beton, Eisenbeton und Mauerwerk, S. 9. 1921. — Evans u. Wood: Concr. Constr. Eng. Bd. 32 (1937) S. 121. — Berndt u. Preuss: Dtsch. Ausschuß Eisenbeton Heft 36 (1915). — L'Hermite: Int. Verb. Mat.-Prüf., London 1937, Gruppe B, S. 332.

[2] Vgl. auch Graf: Dtsch. Ausschuß Eisenbeton Heft 77 (1934) S. 13.

[3] Graf: Die Druckfestigkeit von Zementmörtel, Beton, Eisenbeton und Mauerwerk, S. 4. 1921.

[4] Vgl. Kansas State College Bulletin Bd. 19 (1935) Nr. 2. (Photoelastische Messungen.)

[5] Vgl. Graf u. Weise: Forsch.-Arb. Straßenwes. Bd. 6 (1938).

[6] Die Verwendung rasch erstarrender Massen, auch von Schwefel, erfordert Erfahrung und ist nicht immer zu empfehlen. Bei kleineren Proben waren diese Verfahren brauchbar und ohne erkennbaren Einfluß. Bei großen Proben lieferte das Schleifen der Flächen die einheitlichsten Ergebnisse, vgl. Ruettgers: Proc. Amer. Concr. Inst. Bd. 30 (1934) S. 28.

Bei Proben, bei denen der Druck gleichlaufend zur Einfüll- bzw. Stampf-richtung wirkt (rechtwinklig zur Schichtung), entsteht gewöhnlich etwas höhere Festigkeit. Der Unterschied gegenüber gleichlaufend zur Schichtung beanspruchten Proben dürfte jedoch bei nicht zu ausgeprägter Schichtstruktur zu zu vernachlässigen sein[1].

γ) *Einfluß der Beschaffenheit der Formen.* Für Stampfbeton sind genügend schwere und unnachgiebige Formen zu verwenden (zweckmäßig Stahlformen). Die mehrteiligen Formen sollen weitgehend dicht, einfach zerleg- und zusammen-setzbar sein. Zur Führung des Stampfers und um den eingefüllten Beton zu halten, muß ein Aufsatzkasten angebracht werden können. Beim Abstampfen müssen die Formen auf unnachgiebiger Auflage satt gelagert sein; vgl. auch c.

Für weichen Beton, der keine ausgesprochene Verdichtungsarbeit erfordert, können auch leichtere Formen (Holzformen, Pappzylinder) benutzt werden (nachträgliches Anbringen geeigneter Druckflächen). Die Formen sollen mög-lichst dicht und nicht absaugend sein, damit kein Wasserverlust entsteht.

Die sich aus dem Wasserverlust bei undichten oder wasserabsaugenden Formen ergebenden Festigkeitsunterschiede sind im allgemeinen gering[2].

δ) *Einfluß der Lagerungsbedingungen der Proben.* Feuchtigkeits- und Tem-peraturverhältnisse haben einen ausgeprägten Einfluß auf die Festigkeit. Im allgemeinen können daher nur in dieser Hinsicht gleich behandelte Proben ver-glichen werden.

Niedere Temperaturen verzögern, hohe Temperaturen beschleunigen den Erhärtungsvorgang. Es liegt in der Natur der Zemente, daß der Erhärtungs-vorgang nur in Gegenwart von Feuchtigkeit und dann über lange Zeiträume stattfindet[3]; vgl. Abschn. ε.

Da die Festigkeitszunahme in den ersten Wochen gewöhnlich am größten ist, unterbricht frühzeitiges Austrocknen die Festigkeitsentwicklung weitgehend. Obwohl trockne Proben infolge der hiermit verbundenen Verfestigung[4] anfäng-lich eine etwas höhere Festigkeit liefern können, wird diese bald durch den natür-lichen Erhärtungsfortgang beim feuchten Beton überholt.

Proben mit verschiedener Feuchtigkeitsverteilung haben innere Span-nungen, die die Bruchfestigkeit unkontrollierbar beeinflussen können[5]. Die Proben (bei denen das Verhältnis Oberfläche zu Masse meist weit größer ist als beim Bauwerk), sollen daher so gelagert werden, daß eindeutig beurteilbare Verhältnisse vorliegen. Am einfachsten ist dies durch Feuchtlagerung zu er-reichen.

Die Proben können meist nach 1 bis 2 Tagen entformt werden; sie werden dann im wasserdampfgesättigter Luft, in feuchtem Sand, unter feuchten Tüchern, oder entsprechend gelagert. Bei Lagerung der ursprünglich feuchten Proben an der Luft wird ein Gleichgewichtszustand zwischen Körper- und Luftfeuchtigkeit gewöhnlich nicht bis zum üblichen Prüftermin nach 28 Tagen erreicht; außerdem

---

[1] Vgl. auch GRAF: Die Druckfestigkeit von Zementmörtel, Beton, Eisenbeton und Mauerwerk, S. 6. 1921.

[2] Über die Benutzung von Holzformen vgl. GRAF: Die Druckfestigkeit von Zement-mörtel, Beton, Eisenbeton und Mauerwerk, S. 4, 1921; von Formen mit undichten Fugen vgl. Dtsch. Ausschuß Eisenbeton Heft 63 (1930) S. 20; von Pappzylindern (verlorene Formen) vgl. GRÜN: Tonind.-Ztg. Bd. 51 (1927) S. 1221; Zement Bd. 17 (1928) S. 1436.

[3] Verschiedene Zementarten (Portland-Eisenportland-Hochofenzemente) ergeben in Ab-hängigkeit von den Lagerungsbedingungen und von der Lagerdauer, unterschiedliches Ver-halten, vgl. WALZ: Bauingenieur Bd. 21 (1940) S. 58.

[4] Vgl. GRAF: Die Druckfestigkeit von Zementmörtel, Beton, Eisenbeton und Mauer-werk S. 17. 1921.

[5] Vgl. GRAF u. WALZ: Zement Bd. 28 (1939) S. 445; WALZ: Beton u. Eisen Bd. 40 (1941) Heft 1.

ist es meist nicht immer möglich, gleichbleibende Luftfeuchtigkeit einzuhalten (Klimakammern).

Auch die Temperaturverhältnisse des frischen Betons bei der Lagerung erfordern wegen der Vielzahl der praktischen Möglichkeiten eine Vereinheitlichung; man wählt gewöhnlich Temperaturen zwischen 15 und 21° C[1], wobei der Bereich um 18° bevorzugt eingehalten wird.

Eine Feuchtlagerung bei diesen Temperaturen dürfte die im Innern von weniger massigen Bauteilen herrschenden Verhältnisse in der ersten Zeit am ehesten wiedergeben[2]. Für später zu prüfende Proben ist je nach den Verhältnissen am Bauwerk eine entsprechende Lagerung vorzusehen (Luftlagerung, wenn dünne Bauglieder gegen Niederschläge geschützt der Luft ausgesetzt sind, weiterhin Feuchtlagerung bei Wasserbauten und massigen Bauten).

In besonderen Fällen ist es nötig, daß die praktischen Temperaturbedingungen nachgeahmt werden (z. B. bei niederen Temperaturen; bei höheren Temperaturen, wie sie in Massenbeton durch die Abbindewärme entstehen)[3].

Die Erhärtung unter höheren Temperaturen, wie im Innern großer Blöcke, läßt sich durch Lagerung in adiabatischen Temperaturräumen[4] und Einsetzen der Proben in dichte Behälter nachahmen. Bei der üblichen Lagerung kleinerer Proben ist daher der Einfluß des im Vergleich zum Bauwerk verhältnismäßig großen Wärmeabflusses auf die Festigkeit zu berücksichtigen. Der Einfluß scheint jedoch in höherem Alter nicht mehr vorhanden zu sein. Adiabatisch behandelte Proben ergaben anfänglich (bis zum Alter von 1 bis 2 Monaten) höhere Festigkeiten als die bei 21° C feucht gelagerten Proben[5, 6]; später lag jedoch die Festigkeit der letzteren etwas höher.

ε) Einfluß des Alters. Die Erhärtungsgeschwindigkeit des Betons mit verschiedenen Bindemitteln kann bei gleicher Endfestigkeit anfänglich sehr unterschiedlich sein[7]. Dies ist beim Vergleich von Betonfestigkeiten in jüngerem Alter (z. B. nach 28 Tagen) oder bei Rückschlüssen auf die in verschiedenem Alter zu erwartenden Festigkeiten zu berücksichtigen. Da auch die Wirkung der Lagerungsbedingungen (vgl. Abschn. δ) vom Alter der Proben und der Zusammensetzung des Betons weitgehend abhängt, können allgemein gültige Beziehungen nicht angegeben werden. Bekanntgewordene Beziehungen sind daher nur für gleichartige Verhältnisse anzuwenden. Für durchschnittliche Lagerungsbedingungen verläuft die Festigkeitszunahme angenähert proportional zum Logarithmus des Alters[8].

Bei 6 bis 10 Jahre lang feucht gelagertem Beton kann eine Verdopplung der im Alter von 28 Tagen erreichten Festigkeiten eintreten[9].

In vielen Fällen werden die Beziehungen zwischen der 7- und 28-Tage-Festigkeit benötigt. Für die Würfelfestigkeit (20 × 20 × 20 cm³) steht die Be-

---

[1] Verschiedene Temperaturen liefern auch in diesem Bereich noch unterschiedliche Ergebnisse; vgl. Davey: Build. Res., Techn. Paper Bd. 14 (1933) S. 17.

[2] Vgl. Schonk u. Maaske: Bautechnik Bd. 4 (1926) S. 187. — Graf: Bauingenieur Bd. 11 (1930) S. 726. — Davey: Build. Research, Techn. Paper Nr. 14 (1933).

[3] Vgl. Davey: Building Research, Techn. Paper Bd. 18 (1935). — Glover: Proc. Amer. Concr. Inst. Bd. 31 (1935) S. 113. — Clark u. Brown: Proc. Amer. Concr. Inst. Bd. 33 (1937) S. 183. — Carlson: Proc. Amer. Concr. Inst. Bd. 34 (1938) S. 497.

[4] Vgl. Meissner: Proc. Amer. Concr. Inst. Bd. 30 (1934) S. 21. — Davey: Building Research, Techn. Paper Bd. 14 (1933) S. 37. Die bei adiabatischer Lagerung bei kleinen Proben erhaltenen Temperaturen und Festigkeiten sollen demnach ungefähr den Verhältnissen in der Mitte großer Blöcke entsprechen.

[5] Blanks u. McNamara: Proc. Amer. Concr. Inst. Bd. 31 (1935) S. 280.

[6] Ähnliche Feststellungen vgl. Davey: Building Research, Techn. Paper Bd. 14 (1933).

[7] Vgl. Walz: Bauingenieur Bd. 21 (1940) S. 58.

[8] Withey: Proc. Amer. Concr. Inst. Bd. 27 (1931) S. 580.

[9] Vgl. Graf: Die Druckfestigkeit von Zementwörtel, Beton, Eisenbeton und Mauerwerk S. 21. 1921; Zement Bd. 22 (1933) S. 527. — Withey: Proc. Amer. Concr. Inst. Bd. 27 (1931) S. 547, Werte bis zum Alter von 20 Jahren.

ziehung $W_{28} = 1,4\,W_7$ bis $1,7\,W_7 + 60$ kg/cm² zur Verfügung[1,2]; vgl. auch Abschn. c. Beziehungen zwischen W_3 und W_{28} streuen erheblich[1].

Für die häufig nötigen Vergleiche bei Bohrkernen aus Straßenbeton sei folgende Festigkeitsentwicklung angegeben[3]:

Alter	2	6	12	24 Monate
	1,0	1,09	1,18	1,25

Diese Werte entsprechen durchschnittlichen Verhältnissen[4].

Da meist ein frühzeitiger Aufschluß über die Festigkeitseigenschaften nötig wird, begnügt man sich meist mit der Prüfung der Proben im Alter von 28 Tagen bzw. bei rascher erhärtenden Bindemitteln (frühhochfeste Zemente) mit einem Alter von 7 Tagen[5].

Auch für künstlich beschleunigte Erhärtungsvorgänge wurden Beziehungen zur natürlich entwickelten Festigkeit in höherem Alter aufgestellt[6]. Wegen der extremen Lagerbedingungen (z. B. in kochendem Wasser) sind jedoch solche Verfahren nur in besonderen Fällen von Wert.

c) Bestehende Vorschriften.

Herstellung und Prüfung von Würfeln aus frischem Beton. Die zugehörigen Ausführungen finden sich in den Bestimmungen des Deutschen Ausschusses für Eisenbeton 1932, Teil D (DIN 1048)[7].

Die Kantenlänge der Würfel ist: 20 cm bei Körnungen bis 40 mm, bei größeren Körnungen 30 cm; bei Körnungen unter 30 mm kann bei weichem und flüssigem Beton für die Güte- und Erhärtungsprüfung auch der Würfel von 10 cm Kantenlänge verwendet werden[8]. Für die Herstellung der Würfel, mindestens 3 Stück, sind eiserne Formen mit ebenen und gleichlaufenden Flächen zu verwenden. Diese sind in zwei Schichten zu füllen, die bei erdfeuchtem Beton mit einem 12 kg schweren Stampfer (12×12 cm²) und bei anderem Beton entsprechend wie am Bau zu verdichten sind. Bei erdfeuchtem Beton ist für eine Schicht folgendes einzuhalten:

Bei einer Kantenlänge des Würfels von cm	Schichthöhe (loser Beton) cm	Fallhöhe des Stampfers cm	Stampfzahl
20	12	15	24
30	18	25	54

Bei der *Eignungs- und Güteprüfung* (vgl. Abschn. A, 2 und B, 1) erhärten die Würfel bis zum 7. Tag unter feuchten Tüchern, dann an der Luft, Temperatur zwischen $+ 12$ und $+ 25°$ C.

---

[1] GRAF: Der Aufbau des Mörtels und des Betons, S. 17 f. 1930.

[2] Weitere Angaben vgl. BUKOWSKI: Beton u. Eisen Bd. 35 (1936) S. 252. — GEHLER: Erläuterungen zu den Eisenbetonbestimmungen, S. 33. 1932.

[3] Vgl. auch Anweisung für die Abnahme von Betonfahrbahndecken der Reichsautobahnen (AAB.), S. 13. 1939.

[4] Über die möglichen Abweichungen in Abhängigkeit von der Zementart, der jahreszeitlichen Witterung usw. vgl. WALZ: Bauingenieur Bd. 21 (1940) S. 58.

[5] Beziehungen für die Festigkeitsentwicklung in Abhängigkeit vom Alter und der Temperatur für frühhochfeste Zemente vgl. DAVEY: Building Research, Techn. Paper Bd. 14 (1933) S. 19.

[6] PATCH: Proc. Amer. Concr. Inst. Bd. 29 (1933) S. 318.

[7] Entsprechende Ausführungen vgl. Leitsätze für die Bauüberwachung im Eisenbetonbau, 1937 (Deutscher Betonverein); Anweisung für Mörtel und Beton (AMB.). Deutsche Reichsbahn, 2. Aufl., 1936.

[8] Würfel werden nach amerikanischen Vorschriften nur bei der Prüfung von Mörtel benutzt (Kantenlänge rd. 5 cm); vgl. Amer. Soc. Test. Mater. Tentative Standards, 1938 (S. 476) C 109—37 T.

Bei der *Erhärtungsprüfung* (vgl. auch Abschn. B, 1) sind die Würfel am Bau zu lagern und den gleichen Bedingungen wie der Beton im Bauwerk zu unterwerfen.

Bei der Prüfung der Würfel im Alter von 28 Tagen muß die Festigkeit von Würfeln mit 10 cm Kantenlänge um 15% größer, die von Würfeln mit 30 cm Kantenlänge darf 10% kleiner sein als bei Würfeln von 20 cm Kantenlänge.

Die Würfelfestigkeit nach 7 Tagen muß bei gewöhnlichem Zement mindestens 70%, bei hochwertigem Zement mindestens 80% der für 28 Tage vorgeschriebenen Festigkeit betragen. Über Streuungen vgl. Abschn. C, 1.

Für die Errechnung des Raumgewichtes und des Druckquerschnittes sind die Würfel vor der Prüfung zu wägen (auf volle 100 g) und auszumessen (auf volle mm).

Für die Prüfung von Straßenbeton (vgl. Anweisung für den Bau von Betonfahrbahndecken 1939)[1] werden ebenfalls Würfel von 20 cm Kantenlänge entsprechend wie oben hergestellt[2].

Über die Ermittlung der Druckfestigkeit an Reststücken von Biegebalken vgl. Abschn. C, 1, a, δ und C, 3.

Herstellung und Prüfung von Zylindern aus frischem Beton. In vielen Ländern wird die Druckfestigkeit an zylinderförmigen Proben ermittelt. Die entsprechenden Ausführungen sind meist den amerikanischen Vorschriften angeglichen[3], und zwar gilt nach diesen für Proben, die *am Bau* hergestellt werden, folgendes:

Formen. Oben und unten offene, nach einer Mantellinie geschlitzte Stahlzylinder mit Bandverschluß:

Durchmesser 5 cm, Höhe 10 cm bei Körnungen aus Sand,
     ,,   15 cm,   ,, 30 cm ,,   ,,   bis 51 mm,
     ,,   20 cm,   ,, 41 cm ,,   ,,   über 51 mm.

Der Beton für jede Form ist je gesondert an einer anderen Stelle zu entnehmen. Die auf einer ebenen Platte stehende Form wird in drei gleich hohen Schichten gefüllt und jede Schicht 25mal mit einem Stab gestochert. Die obere Fläche wird anschließend abgezogen und mit einer ebenen Platte abgedeckt. 2 bis 4 h später wird eine dünne Schicht steifen, 2 bis 4 h alten Zementbreis aufgestrichen und auf diese eine ebene Platte satt aufgelegt. Entsprechend können die Proben auch erst nach dem Erhärten mit der oberen Abgleichschicht versehen werden. In den ersten 24 h sollen die Proben in Holzbehältern bei 16 bis 27° C aufbewahrt werden. Proben, die beim Bauwerk erhärten sollen, werden dann wie dieses weiter behandelt, sie sind vor der Prüfung 24 h lang in Wasser zu lagern[4].

Besondere Vorschriften beziehen sich auf die Herstellung von *Proben im Laboratorium*[5]. Temperatur der Stoffe 18 bis 24° C; Zuschläge lufttrocken und in Korngruppen getrennt; Entnahme des Zementes aus verschiedenen Säcken und des Zuschlags als gute Durchschnittsprobe; Mischen von Hand. Die Proben, sonst wie nach C 31—38 hergestellt, werden bei 18 bis 24° C feucht (unter feuchten Tüchern, feuchtem Sand, in feuchter Luft) gelagert. Als Prüfalter wird 7 Tage, 28 Tage, 3 Monate und 1 Jahr empfohlen. Die Belastung soll entsprechend einer Leerlaufbewegung der Druckplatte von rd. 1,3 mm in der Minute zunehmen.

---

[1] Direktion der Reichsautobahnen.
[2] Über Druckversuche unter hoher Temperatur vgl. Amer. Soc. Test. Mater. Standards II, 1936 (S. 224), C 16—36.
[3] Amer. Soc. Test. Mater. Standards, Supplement, 1938 (S. 114), C 31—38.
[4] Amer. Soc. Test. Mater. Standards 1936, II (S. 322), C 80—34.
[5] Amer. Soc. Test. Mater. Standards 1936, II (S. 342).

Aus dem Bauwerk entnommene Proben. Soweit in Deutschland Vorschriften bestehen, beziehen sich diese auf Bohrzylinder von 15 cm Dmr. aus Fahrbahndecken[1]. Es finden sich Angaben über die Häufigkeit und das Alter der Entnahme, über die erforderlichen Feststellungen an den Bohrkernen, über die Art der Prüfung und die Mindestdruckfestigkeit.

Allgemeiner anwendbar sind die amerikanischen Vorschriften[2] über die Prüfung von Proben aus dem erhärteten Bauwerk: Entnahme erst nach genügender Erhärtung, am zweckmäßigsten durch Kernbohrung (bei waagerechten Flächen mit Stahlschrott, bei senkrechten Flächen mit Diamantkrone). Über die Lage des Zylinders vgl. auch Abschn. C, 1 b, β; Entnahme bei Durchschnittsproben möglichst in mittlerer Bauwerkshöhe. Anders herausgearbeitete Proben sollen maschinell auf eine regelmäßige Form gebracht werden. Behandlung der Druckflächen vgl. Abschn. C, 1 b, β. Die Proben sollen den üblichen Abmessungen entsprechen (Höhe h = zweifachem Durchmesser d). Ist $h:d \geq 2{,}0$, so ist keine Berichtigung für die ermittelte Druckfestigkeit D verlangt. In allen anderen Fällen ist zu vermindern, und zwar bei

$h/d =$	1,75	1,50	1,25	1,10	1,00	0,75	0,50
auf	0,98 D	0,97 D	0,94 D	0,90 D	0,85 D	0,70 D	0,50 D

Die Proben sind 2 Tage vor der Prüfung unter Wasser zu lagern.

2. Prüfung der Biegedruckfestigkeit des Betons.

In besonderen Fällen (z. B. zur Überwachung der Betongüte) kann die Druckfestigkeit auch aus der Betonbeanspruchung in der Druckzone bei bewehrten Balken ermittelt werden[3]. Die Balken[4] ($l = 220$ cm, $b = 15$ cm, $h = 10$ cm) erhalten 5, unmittelbar auf dem Formboden liegende Rundeisen von 14 mm Dmr. Die Balken werden entsprechend wie in DIN 1048 angeführt, behandelt, vgl. Abschn. B, 1 und C, 1, c.

Nach den bisherigen Erfahrungen ist die nach dem üblichen Berechnungsverfahren erhaltene Biegedruckfestigkeit der Balken obiger Bauart das 1,7fache der entsprechenden Würfeldruckfestigkeit[5] (Auflagerung 200 cm; 2 Einzellasten $P/2$ je 10 cm aus der Balkenmitte.) Die Biegedruckfestigkeit B ergibt sich für diese Anordnung zu $B = \dfrac{P}{7{,}8} + 5$ (kg/cm²) oder die Würfeldruckfestigkeit[1] $W = \dfrac{P}{13{,}3} + 3$ (kg/cm²). Im übrigen ist die Biegedruckfestigkeit weitgehend von der Bauart der Balken und von der Mischung abhängig (Verhältniswerte zwischen 1,3 und 1,9)[6].

Die Prüfung wird im allgemeinen nur benützt, wenn Geräte und eine Druckpresse für die Herstellung bzw. Prüfung von Würfeln nicht zur Verfügung stehen. Die Bewehrung kann meist wiederholt verwendet werden.

---

[1] Anweisung für die Abnahme von Betonfahrbahndecken, Direktion der Reichsautobahnen, 1939.

[2] Amer. Soc. Test. Mater. Standards 1936, II (S. 351), C 42—31.

[3] Für die Güte- und Erhärtungsprüfung bei weichem und flüssigem Beton nach Zustimmung durch die Baupolizei vgl. DIN 1045.

[4] Vgl. Leitsätze für die Bauüberwachung im Eisenbetonbau. Deutscher Beton-Verein, 1937. Anweisung für Mörtel und Beton, AMB., Deutsche Reichsbahn, 2. Ausgabe, 1936.

[5] Hier auf den Würfel mit 20 cm Kantenlänge bezogen, vgl. aber auch GRAF: Handbuch für Eisenbetonbau, 4. Aufl., 1. Bd., S. 134f. — PETRY: Dtsch. Ausschuß Eisenbeton Heft 50 (1922). — SLATER u. LYSE: Proc. Amer. Concr. Inst. Bd. 26 (1930) S. 831.

[6] Vgl. GRAF: Handbuch für Eisenbetonbau, 4. Aufl., I. Bd., S. 134.

3. Prüfung der Biegezugfestigkeit des Betons.

a) Allgemeines.

In vielen Fällen ist die Biegezugfestigkeit des Betons für das Verhalten und die Bewährung von Bauteilen und Betonerzeugnissen ausschlaggebend.

Die Biegezugfestigkeit hängt außer vom Stoffaufbau der Mischung, auch von der Form, von der Behandlung der Proben, sowie von der Art der Prüfung ab. Im allgemeinen liegen die Werte für die Biegezugfestigkeit[1] von gutem Beton zwischen 40 und 70 kg/cm², bei hochwertigem Beton entstehen Biegezugfestigkeiten bis rd. 100 kg/cm², also Werte, wie sie ähnlich im unteren Bereich noch brauchbarer Natursteine vorkommen.

b) Grundsätzliches über die Proben und die Prüfung.

Für die Prüfung werden ausschließlich Balken mit rechteckigem oder quadratischem Querschnitt benutzt. Voraussetzung für einen gleichmäßig beschaffenen Querschnitt beim Biegebalken ist im allgemeinen, daß dessen kleinste

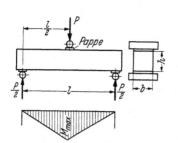

Abb. 4. Biegeprüfung durch mittige Last.

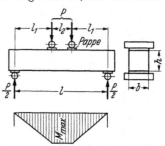

Abb. 5. Biegeprüfung durch 2 Lasten.

Abmessung mindestens das Dreifache des Größtkorndurchmessers beträgt. Für jede Ermittlung sollen mindestens 3 Proben gleicher Beschaffenheit zur Verfügung stehen.

Die Proben werden gewöhnlich durch symmetrische Lastanordnung nach Abb. 4 oder 5 geprüft. Unter der üblichen Annahme, daß Proportionalität zwischen Dehnung und Spannung besteht, ergibt sich die Biegezugfestigkeit[2] $\sigma_{bz} = \dfrac{M_{\max}}{W}$ (hierin bedeutet $M_{\max}$ das Maximalmoment und W das Widerstandsmoment $\dfrac{b h^2}{6}$); bei der Belastungsanordnung nach Abb. 4 ist $M_{\max} = \dfrac{P \cdot l}{4}$, nach Abb. 5 $= \dfrac{P \cdot l_1}{2}$ (Eigengewicht des Balkens vernachlässigt).

Steht keine Biegepresse zur Verfügung, so kann die Biegezugfestigkeit auch behelfsmäßig nach Abb. 6 ermittelt werden. Der Balken wird an einem Ende eingespannt, am anderen Ende wird zur Aufnahme der Last P ein Kragarm angebracht. Die größte Beanspruchung ergibt sich nach Abb. 6 im Querschnitt über P_1. Das dort wirkende Moment ist

$$M_{\max} = P \cdot l + P_3 \cdot l_3 + P_4 \cdot l_4 + P_5 \cdot l_5$$

---

[1] Hierbei ist zu beachten, daß die Biegezugfestigkeit σ_{bz} rd. doppelt so groß wie die reine Zugfestigkeit ist (vgl. Abschn. 4). Dies rührt von einer nicht zutreffenden Voraussetzung bei der üblichen Berechnung von σ_{bz} her, wonach Proportionalität zwischen Dehnung und Spannung angenommen ist; vgl. auch MÖRSCH: Der Eisenbetonbau, 6. Aufl, Bd. 1, 1. Hälfte, S. 67. 1923.

[2] Biegezugfestigkeit aus dem Größtmoment errechnet. Dieses Vorgehen ist auch berechtigt, wenn der Bruchquerschnitt außerhalb des Größtmoments liegt, da der Balken auch diese Beanspruchung ertrug.

(P_3 Gewicht des überkragenden Balkenteiles, P_4 Gewicht der Einspannvorrichtung, P_5 Gewicht des Kragarms, Gewichte je im Schwerpunkt im Abstand l_3 bzw. l_4 bzw. l_5 angreifend gedacht). Das Moment $\varSigma (M_3 + M_4 + M_5)$ bleibt bei gleicher Prüfanordnung konstant.

Die Last P kann durch Sand-, Wasser- oder Schrotzulauf[1] in einen angehängten Behälter oder durch eine mechanische Vorrichtung aufgebracht werden (Seil- oder Spindelzug mit zwischengeschaltetem Zugkraftmesser)[2].

Bei der Prüfung sollen die Kräfte eindeutig wirken, so daß keine zusätzlichen Spannungen entstehen (Verwendung von Kipplagern mit Rollen; sattes Aufliegen der Proben, wenn nötig durch Zwischenlagen aus Pappe, Leder usw., oder durch Aufziehen von Mörtelleisten zu erreichen).

Verschiedene Lastanordnung, auch verschiedene Abmessungen der Balken beeinflussen die Biegezugfestigkeit.

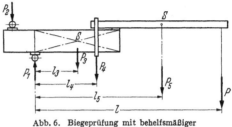

Abb. 6. Biegeprüfung mit behelfsmäßiger Belastungsanordnung.

Nach Abb. 5 ermittelte Werte sind im Durchschnitt kleiner als bei der Prüfung nach Abb. 4, weil bei Abb. 5 das Maximalmoment über eine größere Balkenlänge wirkt und daher häufiger eine schwächere Stelle erfaßt wird[3]. Deshalb waren die Ergebnisse bei Belastung mit zwei symmetrischen Lasten nach Abb. 5 am gleichmäßigsten[4].

Weiter ist zu beachten, daß die Biegezugfestigkeit unter sonst gleichen Verhältnissen größer und gleichmäßiger ausfällt, wenn das Größtkorn kleiner wird[4]. Einen Einfluß hat auch die Balkenhöhe. Die Biegezugfestigkeit nimmt bei gleichem Verhältnis von Auflagerentfernung und Balkenhöhe im allgemeinen mit zunehmender Balkenhöhe ab[4, 5]. Eine Änderung der Breite allein hat keinen deutlichen Einfluß[5]. Andererseits entstanden bei gleichem Balkenquerschnitt bei kleiner werdender Auflagerentfernung größere Biegezugfestigkeiten[6].

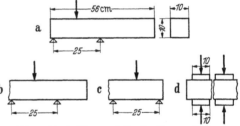

Abb. 7a bis d. Biege- und Druckprüfung an Balken.

Da bestimmte, allgemein anwendbare Beziehungen sich hierzu nicht angeben lassen, sollen Ermittlungen über die Biegezugfestigkeit möglichst einheitlich durchgeführt werden.

Bei größeren Untersuchungen ist es aus Ersparnisgründen zweckmäßig, die Probekörper möglichst klein zu gestalten und mehrmals zu prüfen[7]. Hierfür haben sich für Beton mit einem Größtkorn bis rd. 30 mm, in eisernen Formen

---

[1] Vgl. CLEMMER: Public Roads Bd. 7 (1926) S. 67. — WIEPKING: Proc. Amer. Concr. Inst. Bd. 24 (1928) S. 215. — BONFIOLI: L'Energia Elletrica Bd. 10, Juli-Oktoberheft (1933). — WOOLF: Public Roads Bd. 9 (1928) S. 70. — NORMANN: Public Roads Bd. 12 (1932) S. 303.

[2] Vgl. KELLERMANN: Public Roads Bd. 10 (1929) S. 74. — HUBBARD: Proc. Amer. Soc. Test. Mater. Bd. 36, I (1936) S. 307.

[3] GRAF: Die Druckfestigkeit von Zementmörtel, Beton, Eisenbeton und Mauerwerk, S. 93. 1921. — KELLERMANN: Public Roads Bd. 13 (1933) S. 177.

[4] Vgl. KELLERMANN: Public Roads Bd. 13 (1933) S. 177.

[5] REAGEL u. WILLIS: Public Roads Bd. 12 (1931) S. 37.

[6] KELLERMANN: Public Roads Bd. 13 (1933) S. 177.

[7] WALZ: Beton und Eisen Bd. 40 (1941) Heft 1.

hergestellte Balken $56 \times 10 \times 10$ cm^3 bewährt. Zunächst wird an einem Balkenende geprüft (vgl. Abb. 7a), dann (z. B. auch in späterem Alter) der mittlere Teil (vgl. Abb. 7b) und schließlich der Restteil (vgl. Abb. 7c). An dem jeweils anfallenden kleineren Bruchstück wird nach Abb. 7d die Druckfestigkeit zwischen Stahlprismen ermittelt[1] (vgl. auch Abschn. C, 1, a, δ).

Die an den Enden und in der Mitte der Balken ermittelten Festigkeiten sind nicht deutlich verschieden (vgl. Fußnote 7, S. 469).

Bei der Bewertung von Prüfergebnissen ist die Lage des Bruchquerschnittes zur Lage des Balkens bei der Herstellung zu berücksichtigen: Werden die in liegenden Formen hergestellten Balken mit der Bodenfläche in der Zugzone geprüft, so entstehen im allgemeinen höhere Werte, als wenn die beim Herstellen obere Fläche in der Zugzone liegt. Bei mehrschichtig gestampften Balken ist dies auf die größere Verdichtung der unteren Lage und bei nässerem Beton auf den höheren Wassergehalt des Betons an der oberen Fläche zurückzuführen.

Die Biegezugfestigkeit senkrecht hergestellter Balken ist im allgemeinen kleiner zu erwarten als bei Balken aus liegenden Formen (vgl. Abschn. 4, c). Um den Einfluß der Belastungsgeschwindigkeit auszuschalten, soll diese im Bereich der in den Vorschriften gegebenen Werte liegen (vgl. Abschn. d).

c) Herstellung und Lagerung der Proben.

Bei der Herstellung und Lagerung (auch herausgearbeiteter Proben) sind sinngemäß die für Druck- und Zugproben unter Abschn. 1 und 4 gemachten Ausführungen zu beachten.

Auf die gleichmäßige Beschaffenheit der Proben ist besonders bei steif angemachtem Beton Wert zu legen. Proben aus Stampfbeton, die durch Einrütteln (auf dem Rütteltisch) verdichtet wurden, ergaben weniger Streuungen und um etwa 10% höhere Werte als sorgfältig handgestampfte Proben. Bei weichem Beton lieferte Stampfen etwas ungünstigere Ergebnisse als Einstochern[2].

Die Form soll eben, dicht und glattwandig sein (vgl. auch Abschn. 1, b). Mit Rücksicht auf mögliche Störungen ist normal erhärtender Beton möglichst nicht vor 2 Tagen auszuformen.

Wichtig ist, daß die Proben bei der Prüfung in allen Teilen gleiche Feuchtigkeitsverhältnisse aufweisen (entweder hinreichend durchfeuchtet oder gleichmäßig lufttrocken). Der Rückgang der Biegezugfestigkeit bei nur in der Außenschicht ausgetrockneten Balken (infolge zusätzlicher Schwindspannungen) betrug bis rd. 40%[3]. (Ursprünglich naß gelagerte Balken — Querschnitt 10×10 cm^2 — dürften nach unseren Erfahrungen in vielen Fällen erst nach einer Trockzeit von 2 Monaten wieder gleichbleibende Verhältnisse erlangt haben). Wenn aber, was meist der Fall ist, keine gleichmäßige Austrocknung bis zur Prüfung zu gewährleisten ist, sind die Proben nur nach Feuchtlagerung zu prüfen.

Größere Temperaturunterschiede im Balkenquerschnitt können ebenfalls zu Spannungen und Minderung der Biegezugfestigkeit führen[4]; wenn nötig, sind die Balken zum Ausgleich der Temperatur, mehrere Stunden, besser länger, der Temperatur des Prüfraumes auszusetzen.

---

[1] Graf: Der Aufbau des Mörtels und des Betons, 3. Aufl., S. 30. 1930; Amer. Soc. Test. Mater., Standards (1936), II. S. 348, C 116—36.

[2] Vgl. Teller: Public Roads Bd. 10 (1929) S. 110.

[3] Vgl. Graf: Zement Bd. 26 (1937) S. 405; ferner Graf: Die Druckfestigkeit von Zementmörtel, Beton, Eisenbeton und Mauerwerk, S. 94. 1921. — Woolf: Public Roads: Bd. 10 (1929) S. 113.

[4] Vgl. Eberle: Zement Bd. 27 (1938) S. 151.

d) Bestimmungen über die Ermittlung der Biegezugfestigkeit.

Deutsche Bestimmungen. Solche wurden zur Eignungsprüfung und Güteprüfung für Straßenbeton aufgestellt[1]. Hiernach ist der Beton in die Formen $70 \times 15 \times 10$ cm³ in einer Lage einzubringen. Die gefüllte Form erhält mit einem 12 kg schweren Stampfer (12×12 cm²) insgesamt 84 Stöße durch freien Fall aus rd. 15 cm Höhe (Stampffläche 70×15 cm²). Über die Einzelheiten der Herstellung und Lagerung gilt sinngemäß das für Würfel Gesagte (vgl. Abschn. C, 1, b und c).

Die Belastung erfolgt entsprechend Abb. 4 durch eine Einzellast in der Mitte bei 60 cm Auflagerentfernung (Höhe des Balkens 10 cm, Breite 15 cm). Die Last ist langsam und stetig, in 1 min um rd. 1000 kg zu steigern, das sind rd. 1 kg/cm² in 1 s.

Für die Prüfung von Proben aus weichem Beton finden sich entsprechende Vorschriften[2]. Über die Prüfung von Prismen $4 \times 4 \times 16$ cm³ aus Mörtel vgl. DIN 1165 und 1166, sowie Abschn. V, B 3.

Ausländische Bestimmungen. Im allgemeinen bestehen, soweit Angaben überhaupt vorliegen, keine grundsätzlichen Unterschiede zu den deutschen Gepflogenheiten. Eingehendere Ausführungen werden nur in amerikanischen Bestimmungen gegeben. Diese beziehen sich auf die Herstellung und Prüfung von Proben aus weich angemachtem Beton bei Laboratoriumsversuchen[3]: Die Herstellung erfolgt unter den gleichen Verhältnissen wie bei Zylindern[4]. Der Querschnitt der Balken hängt vom Größtkorn ab:

Der Beton wird in Schichten von rd. 7 bis 8 cm Höhe eingebracht und mit einem Stab gestochert (je Schicht rd. 5 Stöße auf 1 dm²). Unmittelbar nach dem Stochern wird mit der Kelle wiederholt an den Wandungen hinabgestoßen und die Oberfläche

Größtkorn mm	Breite cm	Höhe cm
bis 38	15	15
„ 63	20	15

geglättet. Nach 20 bis 24 h kann entformt werden. Die Proben lagern bei 16 bis 24° C dauernd feucht (feuchter Sand, nasse Tücher, feuchte Luft). Die Balken werden bei rd. 45 cm Auflagerentfernung durch zwei in den Drittelspunkten wirkende Lasten beansprucht. Die Last soll bis zur Hälfte der Bruchlast rasch, dann gleichmäßig mit 0,17 kg/cm² in 1 s gesteigert werden.

e) Verhältniswerte aus Druck- und Biegezugfestigkeit.

Die Verhältniswerte streuen in weiteren Grenzen. Dies dürfte nicht zuletzt auf die verschiedenartigen Einflüsse (vgl. Abschn. c) auch auf die nicht gleichgerichtete Abhängigkeit der Druck- und Biegefestigkeit von der Verdichtungsarbeit bei Stampfbeton zurückzuführen sein[5]. Es seien nachfolgend daher nur die aus großen oder einheitlichen Versuchsreihen errechneten Mittelwerte wiedergegeben. Hiernach fanden sich für $\sigma : \sigma_{bz} = 7{,}5$[6]; bzw. 7,1 (5,7)[7]; bzw. 6,2 (5,0)[8]

---

[1] Anweisung für den Bau von Betonfahrbahndecken, Direktion der Reichsautobahnen, 1939.

[2] Vgl. DIN 1048.

[3] Amer. Soc. Test. Mater. Standards Supplement 1938 (S. 119), C 78—38.

[4] Amer. Soc. Test. Mater. Standards 1936, II (S. 342), C 39—33; vgl. auch unter Abschn. C, 1, c.

[5] Vgl. WALZ: Forsch.-Ges. Straßenwes., Straßenbautagung 1938, S. 181.

[6] GRAF: Der Aufbau des Mörtels und des Betons, 3. Aufl., S. 83 (Abb. 93). 1930, Biege- und Druckquerschnitt 10×10 cm².

[7] KELLERMANN: Public Roads Bd. 10 (1929) S. 83; Balkenquerschnitt 15×15 cm², Zylinder ($h = 30$ cm, $d = 15$ cm). Das auf Würfelfestigkeit ($20 \times 20 \times 20$ cm³) umgerechnete Verhältnis ist 7,1, vgl. Abschn. C, 1, a.

[8] WIEPKING: Proc. Amer. Concr. Inst. Bd. 24 (1928) S. 212, Tafeln S. 221f. (Balken $h = 15$ cm; Zylinder $h = 30$ cm, $d = 15$ cm); Umrechnung vgl. Fußnote 7.

bzw. 8,2 (6,6)[1] oder im Mittel das Verhältnis $\sigma : \sigma_{bz} = $ rd. 7,2. Da die Grenzwerte in Abhängigkeit unter anderem von der Betonzusammensetzung, von
der Probenform und -größe, vom Alter und der Art der Lagerung, stark streuen,
wird empfohlen, die Biegezugfestigkeit jeweils gesondert zu ermitteln.

4. Prüfung der Zugfestigkeit des Betons.

a) Allgemeines.

Die Zugfestigkeit des Betons wird wegen der besonderen Sorgfalt und der
Kosten, die eine Prüfung erfordern, verhältnismäßig selten und meist nur bei
wissenschaftlichen Untersuchungen ermittelt.

Für Beton finden sich keine einschlägigen Vorschriften (für Mörtel vgl.
DIN 1164).

Bei den bekannt gewordenen Prüfungen wurde die Zugfestigkeit vorwiegend
bei axialer Beanspruchung prismatischer oder zylindrischer Körper ermittelt.
Die ermittelten Werte liegen bei gutem Beton über 10 kg/cm², meist zwischen
20 und 30 kg/cm², bei besonders hochwertigem Beton wurden bis rd. 40 kg/cm²
erreicht.

Auch die Ermittlung der Tangentialzugspannung, rohrförmiger, auf Innendruck geprüfter Hohlzylinder, wurde vorgeschlagen[2]. Dies erscheint bei geeigneter Prüfvorrichtung (Vermeidung axialer Beanspruchung) möglich, da
die an Rohren ermittelte innere Tangentialzugspannung ungefähr ebenso groß
war wie die reine Zugfestigkeit bei axialer Beanspruchung[3].

b) Proben für axiale Beanspruchung.

Die Proben sollen grundsätzlich so gestaltet werden, daß beim Einbau die
Schwerachse des Versuchskörpers mit der resultierenden Zugkraft sicher zusammenfällt (Vermeidung von zusätzlichen Biegebeanspruchungen).

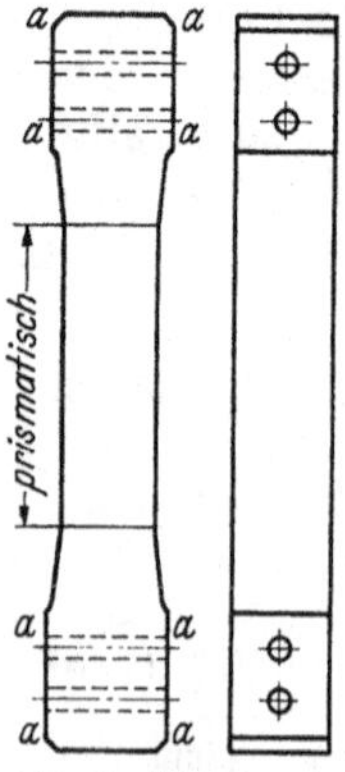

Die Zugfestigkeit hängt von der Größe des Querschnitts
ab. In der Regel entstehen mit zunehmendem Querschnitt
kleinere Zugfestigkeiten[4]. Um die Verhältnisse der Praxis
richtig zu erfassen, sind die Proben nicht zu klein zu wählen;
wegen der Gleichmäßigkeit soll der kleinste Durchmesser des
Zugquerschnitts mindestens das 5fache des Größtkorns betragen. Der von der Zugvorrichtung gefaßte Teil ist zweckmäßig zu verstärken, der Übergang auf den eigentlichen Zugquerschnitt soll langsam erfolgen. Bei Proben mit Kerben
z. B. in Achterform (vgl. DIN 1164), sind unkontrollierbare
Zusatzspannungen infolge der schroffen Querschnittsände-
rungen zu erwarten[2].

Abb. 8. Probekörper
für die Zugprüfung.

In Abb. 8 ist eine bewährte Probenform wiedergegeben[4].
(Prismatischer Teil: Querschnitt = 20 × 20 cm², Länge = 60 cm).

Die Flächen aa (in gleichem Abstand von der Achse und
unter sich parallel) sind durch maschinelles Abhobeln entstanden. Gegen die
Flächen werden mittels Schrauben leicht gezahnte Laschen gepreßt; sie dienen

---

[1] Hubbard: Proc. Amer. Soc. Test. Mater. Bd. 36, I (1936) S. 297, Tafeln S. 311 u. 321;
Zylinder $h = 30$ cm, $d = 15$ cm; Balkenquerschnitt 15 × 15 cm² (Umrechnung vgl. Fußnote 7, S. 471).
[2] Pogány: Zement Bd. 26 (1937) S. 397.
[3] Vgl. Graf: Bauingenieur Bd. 4 (1923) S. 441.
[4] Vgl. Graf: Die Druckfestigkeit von Zementmörtel, Beton, Eisenbeton und Mauerwerk, S. 84f. 1921.

zum Aufhängen in die Zugmaschine. Durch geeignete Aufhängung in der Zug-maschine[1] kann das Zusammenfallen der Körperachse und der resultierenden Zugkraft erreicht werden.

Bei zylindrischen Körpern mit konischen Enden wurde, um eine zuverlässige Zentrierung zu erreichen, der Körper zunächst mit einem genau an die Einspann-köpfe der Maschine passenden Metallmantel versehen und hiermit in die Maschine eingesetzt[2]. Die Befestigung des Körpers erfolgte durch Ausgießen des Hohl-raumes zwischen den Einspannköpfen und dem Probekörper mit Kolophonium.

In einem anderen Fall wurde der Zylinder ohne verstärkten Kopf durch vierteilige, mit Leder besetzte Spannringe an seinen Enden gefaßt[3].

c) Herstellung der Proben.

Im ganzen gelten sinngemäß die gleichen Gesichtspunkte wie für Proben zum Druck- und Biegeversuch (vgl. Abschn. 1 und 3).

Wegen der starken Auswirkung von Ungleichmäßigkeiten im Zugquerschnitt ist besonderer Wert auf einheitliche Herstellung zu legen.

Nach den bisherigen Erkenntnissen muß man annehmen, daß bei senkrecht hergestellten Proben mit Schichtstruktur (Wasseransammlung unter den Zu-schlägen bei nassem Beton, Schütt- und Stampffugen bei trocknem Beton) eine geringere Zugfestigkeit erhalten wird als bei Proben aus liegenden Formen.

Bei liegend hergestellten Proben ist andererseits bei nässerem Beton zu beachten, daß die obere Zonen wasserreicher und daher dehnbarer[4] werden als der untere Probenteil. Die Folgen sind, je nach der Art der Einspannung, eine ungleiche Verteilung der Beanspruchung oder zusätzliche Biegespannungen. Dies wird vermieden, wenn der Beton in die Form zunächst mittels einer Auf-satzform um 10 bis 20 cm höher eingebracht wird. Der überstehende, wasser-reichere Beton wird dann nach rd. 1 h vorsichtig abgenommen und die Ober-fläche wie üblich fertig gemacht. Auch bei Herstellung in stehenden Formen ist dieses Vorgehen zu empfehlen.

d) Lagerung und Prüfung der Proben.

Über die Einflüsse auf die Festigkeitsentwicklung gilt sinngemäß das für Druckproben Gesagte.

Bei der Prüfung muß der Probekörper zur Vermeidung von Zusatzspannungen in allen Teilen gleiche Feuchtigkeit und Temperatur aufweisen. Die durch teilweises Austrocknen oder Durchfeuchten des Körpers entstehenden Spannungeu setzten die Zugfestigkeit erheblich herab[5] (vgl. auch unter Abschn. 3).

Die selten vermeidbaren größeren Streuungen beim Zugversuch machen die Prüfung möglichst von fünf gleichen Proben erforderlich[6].

Die Belastung ist langsam und stetig aufzubringen (es ist angebracht, auch bei größerer Festigkeit, höchstens eine Laststeigerung von 0,3 bis 0,5 kg/cm² in 1 s zu wählen, sonst weniger). Die Zugfestigkeit (kg/cm²) wird aus Bruchlast und Bruchquerschnitt errechnet. Brüche im konischen Teil oder an der Ein-spannung weisen auf ungleiche Spannungsverteilung hin.

---

[1] Vgl. C. BACH: Mitt. Forsch.-Arb. VDI Heft 45—47 (1907) S. 102.
[2] Vgl. JOHNSON: Public Roads Bd. 9 (1929) S. 237.
[3] KELLERMANN: Public Roads Bd. 10 (1929) S. 72.
[4] GRAF: Forsch.-Arb. Ing.-Wes. Heft 227 (1920) S. 5.
[5] GRAF: Die Druckfestigkeit von Zementmörtel, Beton, Eisenbeton und Mauerwerk, S. 87f. 1921.
[6] Vgl. GRAF: Die Druckfestigkeit von Zementmörtel, Beton, Eisenbeton und Mauer-werk S. 85f. 1921.

e) Proben aus dem Bauwerk.

Bei Proben aus dem erhärteten Bauwerk sind die in Abschn. c und d beschriebenen Einflüsse besonders zu beachten (regelmäßige Form der Probe, Art der Entnahme und Lage der Schichtung, Feuchtigkeitszustand bei der Prüfung). Die Proben sind durch Einspannköpfe zu fassen, häufig werden sie in diese eingegossen. Im letzteren Fall wird die Probe bei Verwendung von Zement zweckmäßig nur nach Feuchtlagerung geprüft.

f) Bestimmungen.

Solche finden sich nur für kleine Proben bei der Zementprüfung[1]. Gewöhnlich werden Zugproben in Achterform benutzt (quadratischer Querschnitt z. B. rd. 5 und 6,4 cm²)[2]. Eine Benutzung dieser Prüfverfahren für Beton baugerechter Beschaffenheit ist nicht möglich.

g) Verhältniswerte (Druck- und Biegezugfestigkeit zu Zugfestigkeit).

Häufig wird von der einfacher zu ermittelnden Biegezugfestigkeit σ_{bz} oder Druckfestigkeit σ auf die Zugfestigkeit σ_Z geschlossen. Hierzu stehen nach der folgenden Zusammenstellung aus größeren Versuchsreihen mit Betonproben Erfahrungswerte zur Verfügung.

Reihe	$\sigma_{bz} : \sigma_z$	Reihe	$\sigma_{bz} : \sigma_z$
1	rd. 10 bis. rd. 16[3]	7	rd. 1,8 bis 2,7[9]
2	rd. 10 bis rd. 14[4]	8	rd. 1,8[5]
3	rd. 18[5]	9	2,4[8]
4	rd. 11[6]		
5	rd. 7,8 bis rd. 10,5[7]		
6	16,5[8]		

(Bei Reihe 4 und 5 wurde die Druckfestigkeit an Zylindern, in allen anderen Fällen an Würfeln ermittelt[10]).

Als Mittel ergibt sich für $\sigma : \sigma_b = $ rd. 14 und $\sigma_{bz} : \sigma_z = $ rd. 2,1[11]. Aus weiteren in sich geschlossenen, sehr umfangreichen Untersuchungen errechnen sich ähnliche Mittelwerte (für $\sigma : \sigma_z = 14{,}1$ und für $\sigma_{bz} : \sigma_Z = 2{,}4$)[12].

Für Grenzwerte sind größere Streuungen zu erwarten (vgl. Abschn. 3, e).

---

[1] Vgl. DIN 1164.

[2] DIN 1164 bzw. Amer. Soc. Test. Mater. Standards Supplement 1937 (S. 54), C 77—37.

[3] Graf: Die Druckfestigkeit von Zementmörtel, Beton, Eisenbeton und Mauerwerk, S. 92f. 1921.

[4] Graf: Handbuch für Eisenbetonbau, 4. Aufl., Bd. 1, S. 79, Abb. 84.

[5] Bach: Mitt. Forsch.-Arb. VDI Heft 45—47 (1907) S. 102.

[6] Finkbeiner: Public Roads Bd. 5 (1925) Heft 11.

[7] Johnson: Public Roads Bd. 9 (1927) S. 237.

[8] Graf: Bauingenieur Bd. 4 (1923) S. 445.

[9] Graf: Die Druckfestigkeit von Zementmörtel, Beton, Eisenbeton und Mauerwerk, S. 94. 1921.

[10] Die Werte Nr. 4 und 5 wurden auf die Würfelfestigkeit umgerechnet (1,25facher Wert der Zylinderfestigkeit, vgl. unter C, 1a).

[11] Den gleichen Wert gibt Graf an; vgl. Der Aufbau des Mörtels und des Betons, 3. Aufl., S. 91. 1930.—Ein entsprechender Wert errechnet sich auch aus der Beziehung $\sigma : \sigma_z = $ rd. 14 und dem unter Abschn. 3, e angegebenen Verhältnis $\sigma : \sigma_{bz} = $ rd. 7,2.

[12] Vgl. Kellermann: Public Roads Bd. 10 (1929) S. 72.

5. Prüfung der Stoßfestigkeit des Betons.

Allgemein anerkannte Prüfverfahren für Mörtel und Beton bestehen noch nicht. Die Beanspruchung bei den bekannt gewordenen Prüfungen[1] entspricht nicht allen praktischen Verhältnissen. Der Stoß wird bei der Prüfung gewöhnlich auf die ganzen, verhältnismäßig kleinen Proben ($7 \times 7 \times 7$ cm³ oder $10 \times 10 \times 10$ cm³) ausgeübt, während praktisch die Einwirkung meist auf eine kleine Fläche großer Massen erfolgt (z. B. bei Stößen gegen Decken, Mauern, Fundamente, beim Beschuß usw.).

Bei den üblichen Schlagversuchen mit kleinen Würfeln durch Schläge mit einem Fallbär auf die ganze Fläche (Durchführung wie bei natürlichem Gestein nach DIN DVM 2107 vgl. Abschn. II, B, 8) fehlt die unterstützende Wirkung des die beanspruchte Fläche umschließenden Materials; ferner kommt die bei größeren Körpern wirkende Masse und das elastische Verhalten des ganzen Bauteiles nicht zur Auswirkung. Bei der üblichen Schlagprüfung wird nicht ermittelt, welcher einmalige größte Stoß zur Zerstörung führt, sondern es wird die gesamte Schlagarbeit bestimmt, die bei nacheinander aufgebrachten Schlägen bei steigender Fallhöhe zum Bruch führt. Die praktisch mögliche Art der Zerstörung kann aber in den Grenzfällen durch eine große Zahl kleinerer Stöße (Dauerfestigkeit) oder durch Überbeanspruchung durch einmaligen Stoß erfolgen, wobei die Gesamtarbeit, die zur Zerstörung führte, verschieden groß sein kann. Durch das bezeichnete Prüfverfahren wird willkürlich eine dazwischen liegende Möglichkeit erfaßt.

Man erhält also nur unter sich vergleichbare, für eine ganz bestimmte Art der Beanspruchung geltende Ergebnisse. Inwieweit von diesen Werten auf das praktische Verhalten größerer Bauglieder zu schließen ist, ist noch nicht hinreichend bekannt.

Es muß der Entwicklung überlassen bleiben, ob zweckmäßigere Prüfverfahren gefunden werden, z. B.: Kennzeichnung durch den größten aufnehmbaren Stoß bei einmaliger Beanspruchung; Stoß auf den mittleren Teil von ganz oder in der Mitte nicht aufliegenden dicken Platten; punktförmiger Stoß[2] usw.[3]. Prüftechnisch ist es schwer, der erforderlichen Größe, der Art der Proben und den praktisch auftretenden Beanspruchungen durch einfache und billige Verfahren gerecht zu werden. Man wird für wichtigere Entscheidungen meist gezwungen sein, eine an die natürlichen Verhältnisse angeglichene Prüfung zu entwickeln.

6. Prüfung der Scher- und Schubfestigkeit des Betons.

Wenn von Forschungsarbeiten abgesehen wird, hat die Prüfung auf Scherfestigkeit keine praktische Bedeutung erlangt; auch die Ermittlung der Schubfestigkeit dürfte sich im allgemeinen auf wissenschaftliche Untersuchungen beschränken[4].

---

[1] SPETH: Beton u. Eisen Bd. 34 (1935) S. 213. — GUTTMANN u. WENZEL: Zement Bd. 23 (1934) S. 548. — GUTTMANN u. SEIDEL: Zement Bd. 25 (1936) S. 233. — WALZ: Betonstraße Bd. 14 (1939) S. 215.

[2] SPETH: Beton u. Eisen Bd. 34 (1935) S. 213. — GUTTMANN u. SEIDEL: Zement Bd. 25 (1936) S. 233.

[3] Stoßprüfung einseitig eingespannter Betonsäulen, vgl. TELLER u. BUCHANAN: Public Roads Bd. 18 (1938) S. 185; Prüfung plattenförmiger Proben durch herabfallende Stahlkugeln, vgl. ROMANOWICZ: 1. Mitt. Int. Verb. Mat.-Prüf., Gruppe B, Zürich 1930, S. 32; Stoßprüfung von Betonbalken auf 2 Auflagern, vgl. THOMPSON: Public Roads Bd. 7 (1926) S. 93; Stoßprüfung an großen, satt aufliegenden Platten vgl. TELLER: Public. Roads Bd. 5 (1924) Nr. 2.

[4] Vgl. MÖRSCH: Der Eisenbetonbau, 6. Aufl., 1. Bd., 1. Hälfte, S. 74f. 1923. — SEYBOLD: Über die Scherfestigkeit spröder Baustoffe. Diss. Stuttgart 1933 (mit Literatur).

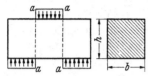

Abb. 9. Frmittlung der Scherfestigkeit.

Die Scherfestigkeit wird im allgemeinen nach Abb. 9 durch Beanspruchung prismatischer Proben zwischen zwei in einer Ebene $a—a$ wirkende, scherende Kanten ermittelt[1].

Die Schubfestigkeit wird zweckmäßig durch Verdrehung[2, 3] festgestellt.

Für die einfacher zu ermittelnde Scherfestigkeit ergaben sich Werte zwischen rd. 30 und 70 kg/cm². Die Scherfestigkeit betrug dabei rd. das 0,23fache der Würfeldruckfestigkeit und das 1,6fache der Biegezugfestigkeit[4].

7. Prüfung des Gleitwiderstands einbetonierter Eisen.

Versuche zur Ermittlung des Gleitwiderstands einbetonierter Eisen werden nötig, wenn es gilt, z. B. Einflüsse der Mischungsbestandteile, der Betonbehandlung, der Eigenschaften des Stabes usw. zu prüfen.

a) Grundsätzliches und Prüfverfahren.

Der Widerstand gegen Gleiten, den ein einbetonierter Stahlstab einer in seiner Achse wirkenden Kraft entgegengesetzt, ist auf chemisch-physikalisch bedingte Haftkräfte zwischen Stahl und Zement[5], auf Klemmkräfte des den Stahl umschließenden Betons und auf Scherkräfte (bei z. B. rauher Oberfläche) zurückzuführen. Bei der üblichen Prüfung lassen sich diese drei Größen nicht trennen.

Um den Gleitwiderstand als Ganzes zu ermitteln, kann man direkt die Kraft messen, die ein Stab dem Herausziehen oder Herausdrücken nach Abb. 10

      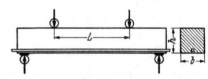

Abb. 10. Ermittlung des Gleitwiderstands durch den
Zugversuch.

Abb. 11. Ermittlung des Gleitwiderstands durch den
Druckversuch.

Abb. 12. Ermittlung des Gleitwiderstands
durch den Biegeversuch.

bzw. 11 entgegengesetzt[6], oder man kann aus Biegeversuchen nach Abb. 12 durch Rechnung den Gleitwiderstand bestimmen[7].

Der Gleitwiderstand wird beim üblichen Vorgehen aus der größten ermittelten Kraft und der einbetonierten Staboberfläche in kg/cm² errechnet, wobei angenommen wird, daß sich der Gleitwiderstand gleichmäßig auf die Staboberfläche verteilt. Dies ist jedoch wegen der elastischen Eigenschaften des Stahls und des Betons bei keiner der Prüfungen der Fall[8]. Aus diesem Grunde sind auch

---

[1] Vgl. Graf: Handbuch für Eisenbetonbau, I. Bd., 4. Aufl., S. 151 (mit Literatur).
[2] Vgl. Fußnote 4, S. 475.
[3] Graf: Handbuch für Eisenbetonbau, I. Bd., 4. Aufl., S. 220. — Andersen: Proc. Amer. Concr. Inst. Bd. 34 (1937) S. 1.
[4] Vgl. Graf: Dtsch. Ausschuß Eisenbeton Heft 80 (1935) S. 13.
[5] Über Prüfverfahren zur Ermittlung dieser Haftfestigkeit allein (Kraft senkrecht zur Haftfläche) sei auf zugehörige Literaturangaben verwiesen; vgl. Graf: Handbuch für Eisenbetonbau, I. Bd., 4. Aufl., S. 54, Fußnote 1; vgl. auch Pogány, Zement, 29 (1940) S. 236.
[6] Zugehörige Untersuchungen vgl. Bach: Mitt. Forsch.-Arb. Heft 22 (1905)
[7] Bach: Mitt. Forsch.-Arb. Heft 39 (1907). — Bach u. Graf: Mitt. Forsch.-Arb. Heft 72—74 (1909).
[8] Darstellung der tatsächlichen Spannungsverteilung vgl. Mörsch: Der Eisenbetonbau, 6. Aufl. 1923, 1. Bd., 1. Hälfte S. 95f., 2. Hälfte, S. 86f. — Graf: Handbuch für Eisenbetonbau I. Bd., 4. Aufl., S. 52f.

die Art der Probekörper und die Prüfanordnung nicht ohne Einfluß auf die ermittelten Werte. Der in üblicher Weise errechnete Mittelwert ist sowohl beim Biegeversuch als auch beim Herausziehen kleiner als die wirkliche Haftfestigkeit.

Da beim Zugversuch Werte entstehen, die auch den beim Biegeversuch ermittelten Werten weitgehend entsprechen, so wird man bei Untersuchungen meist den einfacheren Zugversuch nach Abb. 10 ausführen. Der Gleitwiderstand der nach Abb. 11 herausgedrückten Eisen ergibt sich naturgemäß höher als beim Herausziehen.

b) Einfluß der Beschaffenheit der Probe auf das Prüfergebnis.

Im einzelnen ist bei der Beurteilung der Ergebnisse bei Zugversuchen nach Abb. 10 folgendes zu beachten[1, 2, 3]:

Herstellung. Bei waagerechter Herstellung kann bei wasserreichem Beton unter dem Stab eine Wasserschicht oder durch Schrumpfen ein weniger sattes Anliegen entstehen, so daß sich dort eine geringere Haftung ergibt. Eine senkrechte Lage des Stabes bei der Herstellung dürfte im allgemeinen höhere Werte und eine gleichmäßigere Einbettung ergeben[4]. Andererseits ist anzunehmen, daß im oberen, wasserreicheren Teil bei senkrechten Proben aus nassem Beton ein geringerer Gleitwiderstand vorhanden ist, da dieser mit zunehmendem Wassergehalt abnimmt[5]. Durch verwandte Zusammenhänge ist auch der größere Gleitwiderstand bei Proben zu erklären, die nachträglich erschüttert[5] und die durch Rütteln verdichtet werden[6].

Abb. 13. Probe mit außermittigem Zugstab.

Beim Einbringen des Betons ist der Stab durch geeignete Vorrichtungen so in der Form zu halten[7], daß er später sicher in die Achse der Maschine gebracht werden kann (rechtwinklig zur Auflagefläche).

Die Proben werden zweckmäßig 20 bis 30 cm lang gewählt (entsprechend der einbetonierten Stablänge). Hierbei ist zu beachten, daß der Gleitwiderstand bei der üblichen Berechnung (vgl. Abschn. a) mit zunehmender Stablänge abnimmt. Die Kanten des Querschnitts sollen mindestens rd. 20 cm lang sein. In vielen Fällen entstehen praktisch besser verwertbare Feststellungen, wenn der Stab wie in Abb. 13 nicht in der Mitte liegt, sondern mit einer Betondeckung s von 2 bis 3 cm nach außen gerückt ist. Man erkennt dadurch, entsprechend praktischen Verhältnissen, inwieweit bei Stäben mit besonderer Oberflächenbeschaffenheit beim Gleiten mit einem Absprengen der Betonschale zu rechnen ist.

Probestab. Stäbe mit Rostnarben, mit Walzhaut, mit nicht gerader Achse, mit Abweichungen von der zylindrischen Form, mit Kerben u. ä. (auch Sondereisen) liefern einen höheren Gleitwiderstand; eine verschmutzte Oberfläche vermindert denselben. Hierauf ist bei Vergleichsprüfungen besonders zu achten. Für dickere Rundeisen wird der Gleitwiderstand größer als für schwächere. Bei den vom Kreisquerschnitt abweichenden Stabformen (Profileisen) sind besondere Einflüsse der Lage bei der Herstellung (Wasseransammlung, vgl. oben) u. ä. zu berücksichtigen.

---

[1] Vgl. Fußnote 8, S. 476.

[2] Das gleiche gilt sinngemäß auch bei den anderen Versuchsarten, vgl. BACH u. GRAF: Mitt. Forsch.-Arb. Heft 72—74 (1909).

[3] Vgl. auch WERNISCH: Proc. Amer. Concr. Inst. Bd. 34 (1937) S. 145. — GRAF u. BRENNER: Dtsch. Aussch. Eisenbet. Heft 93 (1939).

[4] Vgl. auch TELLER u. DAVIS: Public Roads Bd. 12 (1931) S. 251.

[5] Über Einzelheiten, auch im folgenden zu anderen Einflüssen, vgl. die bisher genannten Untersuchungen von BACH und GRAF.

[6] WALZ: Bautenschutz Bd. 6 (1935) S. 78.

[7] BACH: Mitt. Forsch.-Arb. Heft 22 (1905).

Durch entsprechende Wahl des Stabquerschnitts muß auf alle Fälle gewährleistet sein, daß die Beanspruchung unterhalb der Streckgrenze bleibt.

Lagerung der Proben. Der Einfluß von Vorspannungen (durch Schwinden oder Quellen des Betons), die je nach der Lagerung des Betons als Druck oder Zug entstehen können, beeinflußt die Ergebnisse. Gleichbleibende Verhältnisse sind am zuverlässigsten einzuhalten, wenn die Proben dauernd in feuchter Luft gelagert werden.

Prüfung. Prüfungen werden in der Regel nicht vor 28 Tagen durchgeführt. Man kann hierzu in großen Zügen annehmen, daß der Gleitwiderstand in Abhängigkeit von der Zeit eine entsprechende Zunahme erfährt wie die Druckfestigkeit.

Der Gleitwiderstand steigt bei rascher Belastung erheblich an; die Belastungsgeschwindigkeit ist daher bei Vergleichsversuchen gleich zu halten (vgl. z. B. Abschn. 4, d).

Im allgemeinen kann bei den üblichen Proben (vgl. Abschn. a) mit einem Gleitwiderstand zwischen rd. 10 kg/cm² und 40 kg/cm², bei gutem Beton mit rd. 20 kg/cm² und mehr gerechnet werden.

D. Ermittlung der Formänderungen des Betons (Elastizität) bei Druck-, Zug-, Biege- und Verdrehungsbelastung.

Von Erwin Brenner, Stuttgart.

1. Allgemeines über Versuche zur Bestimmung der Elastizität des Betons.

a) Formänderungen des Betons bei Belastung.

Beton ist ein Werkstoff mit sehr verschiedenartigem Aufbau. Die durch äußere Kraftwirkung hervorgerufenen Formänderungen zeigen daher je nach der Zusammensetzung des Betons und je nach den sonstigen bei der Herstellung, Lagerung und Prüfung vorliegenden besonderen Verhältnissen außerordentliche Verschiedenheiten. Um an verschiedenen Stellen erlangte Versuchsergebnisse vergleichen und sie als Grundlage für die Berechnung der Verformungen von Bauteilen und Bauwerken verwenden zu können, ist es üblich, die Dehnungszahl (reziproker Wert des Elastizitätsmoduls) zu ermitteln, d. i. die Verformung, die das Einheitselement des Prüfkörpers durch die Einheit der einwirkenden Belastung erfährt. Dies geschieht in der Regel dadurch, daß Prüfkörper mit Abmessungen, die eine einfache Handhabung ermöglichen und die der Kraftäußerung der vorhandenen Prüfmaschinen angepaßt sind, genau bestimmten Druck-, Zug- oder Biegekräften ausgesetzt und die entstehenden Formänderungen (Zusammendrückungen, Verlängerungen usw.) mit besonderen Geräten gemessen werden.

Für geringwertigen Beton mit einer Würfeldruckfestigkeit von 50 kg/cm² werden Dehnungszahlen E bis zu etwa 120000 kg/cm² gefunden, hochwertiger Beton mit 600 kg/cm² Druckfestigkeit besitzt Dehnungszahlen von etwa 500000 kg/cm². Für die angegebenen Grenzwerte und für einen Spannungsunterschied von 10 kg/cm² betragen die Längenänderungen 0,083 bzw. 0,020 mm/m, die Verlängerung von Beton bei Eintritt des Bruches ist etwa 0,05 bis 0,10 mm/m. Die Messung dieser kleinen Längenänderungen erfordert Meßgeräte mit ausreichender Meßgenauigkeit und besondere Vorsichtsmaßnahmen bei der Behandlung der Prüfkörper und bei der Durchführung der Versuche wie dies auch bei Elastizitätsversuchen mit metallischen Werkstoffen der Fall ist.

Beim Belasten eines Betonkörpers treten bleibende Verformungen schon unter niedrigen Spannungen auf. Die Formänderungslinien verlaufen je nach der Festigkeit des Betons mehr oder weniger gekrümmt; die Verformungen wachsen rascher als die Spannungen wie Abb. 1 für Beton mit 117 kg/cm² Druckfestigkeit zeigt[1]. Nach Wiederholung der Belastung nähert sich die Formänderungslinie einer Geraden. Insbesondere bei hochwertigem Beton stellt sich ein Zustand ein, in dem die Spannungen und die von diesen hervorgerufenen Verformungen annähernd proportional sind.

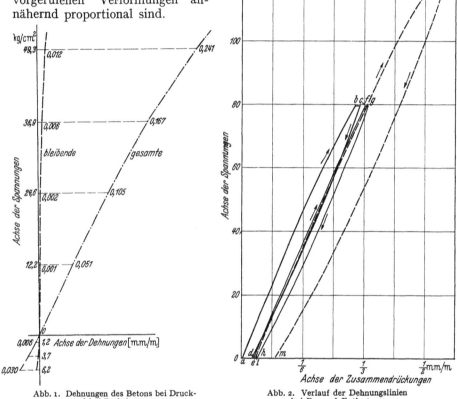

Abb. 1. Dehnungen des Betons bei Druck-
und bei Zugbelastung.

Abb. 2. Verlauf der Dehnungslinien
bei Be- und Entlastung.

Die Größe der Verformungen (Verkürzungen, Verlängerungen, Durchbiegungen, Verdrehungen usw.) ist abhängig von der Dauer der Belastung, ferner ob die Last zügig ohne Unterbrechung oder in Stufen verschiedener Höhe erreicht worden ist[2]. Mit Wiederholung der Last nehmen die Formänderungen zu, bei Lasten, die ausreichend weit unter der Bruchlast liegen, wird jedoch früher oder später je nach der Art des Betons ein Ausgleichszustand erreicht. Bei später folgender erneuter Belastung hat sich je nach der Dauer der Entlastung der bleibende Anteil an den Formänderungen mehr oder weniger vermindert, sofern bei der Messung der Formänderungen von dem jeweiligen neuen Anfangszustand des Prüfkörpers ausgegangen wird. Die Abb. 2 läßt

---

[1] GRAF, O.: Forsch.-Arb. Ing.-Wes. Heft 227 (1920) S. 50.
[2] Fußnote 1 S. 14f.

erkennen[1], daß die bei steigender Belastung ermittelten Formänderungslinien $a\,b$, $e\,f$ und $i\,k$ abweichend von den bei abnehmender Last ermittelten Linien $c\,d$, $g\,h$ und $l\,m$ verlaufen (Hysteresis). Die Linie $a\,b\,c\,d$ wurde bei erstmaliger, die Linie $e\,f\,g\,h$ bei der 5. Wiederholung der Laststufe o bis rd. 80 kg/cm² durchlaufen, die kurzen waagerechten Linienstücke $b\,c$, $d\,e$, $f\,g$ und $k\,l$ stellen die während 3 min eingetretene Zu- bzw. Abnahme der Längenänderungen dar.

Dem soeben Gesagten ist zu entnehmen, daß die aus den Formänderungen eines belasteten Betonkörpers ermittelten Dehnungszahlen (Elastizitätszahlen) keine Festwerte des Werkstoffes allein sind, sie werden vielmehr in weitem Maße von dem Verfahren bei der Prüfung beeinflußt.

Häufig wird an den gleichen Versuchskörpern zuerst die Elastizität und dann die Bruchfestigkeit bestimmt. Dies ist auf die Größe der Bruchlast von geringem Einfluß, wenn der Elastizitätsversuch sich nur auf verhältnismäßig niedrige Belastungen erstreckt. Erfährt jedoch der Versuchskörper beim Elastizitätsversuch wiederholt Belastungen oberhalb seiner Dauerfestigkeit, dann ist eine Verminderung seiner Bruchlast gemäß dem in Abschn. VI, E Gesagten zu erwarten.

b) Prüfkörper zu Elastizitätsversuchen.

In der Regel sind besondere Versuchskörper herzustellen und zu untersuchen, insbesondere dann, wenn es sich um vergleichsmäßige Feststellungen über die Eigenschaften von Beton verschiedener Art und Zusammensetzung handelt.

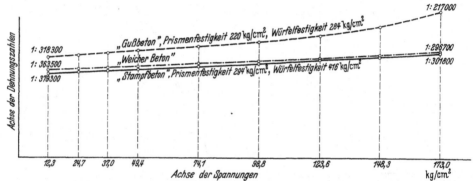

Abb. 3. Einfluß des Wasserzusatzes und der Höhe der Spannungen auf die Druckelastizität des Betons.

Wegen der Ungleichartigkeiten, die bei Beton zu erwarten sind, ist es üblich, je mindestens 3 gleiche Versuchskörper zu prüfen. Bei der Herstellung und der Behandlung der Proben sind alle die Umstände zu beachten, die auf die elastischen Eigenschaften des fertigen Betons von Einfluß sein können[2]. Dies sind vor allem die Einflüsse, die auch auf die Festigkeit des Betons einwirken und die im Abschn. VI, C 1 besprochen sind. Unter anderem ist, wie Abb. 3 erkennen läßt, flüssig angemachter Beton nachgiebiger als mit kleinerem Wasserzusatz hergestellter, weiterhin ist die Dehnungszahl abhängig von der Höhe der Belastung. Nach trockner Lagerung des Betons werden bedeutend größere Zusammendrückungen ermittelt als nach feuchter Lagerung, Körper mit größerem Querschnitt[3] sind nachgiebiger als solche mit kleinerem Querschnitt usw. Es ist daher

---

[1] GRAF, O.: Forsch.-Arb. Ing.-Wes. Heft 227 (1920), S. 17; ferner: MEHMEL, A.: Untersuchungen über den Einfluß häufig wiederholter Druckbeanspruchungen auf Druckelastizität und Druckfestigkeit von Beton. 1926.

[2] GRAF, O.: Forsch.-Arb. Ing.-Wes. Heft 227 (1920) S. 20f.

[3] GRAF, O.: Forsch.-Arb. Ing.-Wes. Heft 166/169 (1914).

anzustreben, Prüfkörper mit baumäßigen Abmessungen zu untersuchen und die Prüfkörper so zu lagern und zu behandeln, daß die dem Versuchszweck entsprechende Anwendbarkeit der Ergebnisse gewährleistet ist.

Werden die Versuche am Bauwerk selbst ausgeführt, dann sind besondere Vorkehrungen notwendig, um die Größe und Verteilung sowie die Angriffsstellen der Belastung und somit die Größe der wirksamen Spannungen einwandfrei zu bestimmen. Die Messung der Formänderungen erfolgt grundsätzlich in gleicher Weise wie an einzelnen Prüfkörpern.

2. Ermittlung der Längenänderungen bei Druck- und bei Zugbelastung.

a) Versuchsanordnung.

Da sowohl bei Zug- als auch bei Druckbelastung die im Versuchskörper auftretenden Spannungen aus den bekannten Belastungen in einfacher Weise berechnet werden können, sind Zug- und Druckversuche die am häufigsten angewendete Versuchsart zur Ermittlung der elastischen Eigenschaften des Betons.

Soweit nicht Versuchskörper baumäßiger Abmessungen untersucht werden, kommen für Druckversuche prismatische Versuchskörper von etwa 400 cm² Querschnittfläche und 80 bis 100 cm Länge in Betracht. Bei Prüfung von Mörteln ohne grobe Zuschläge finden sich Querschnittsabmessungen bis herunter zu etwa 50 cm². Die Länge der Querschnittsseite soll mindestens etwa das 6fache des Durchmessers der größten Stücke der Zuschläge sein.

Die Durchführung der Druckversuche geschieht in stehend angeordneten, meist mit Drucköl betriebenen Prüfpressen, vgl. Bd. I, S. 38 f. Genau ebene und senkrecht zur Körperachse gerichtete Druckflächen sind wesentliche Vorbedingungen zur Erlangung einwandfreier Ergebnisse. Die Druckflächen werden in der in Abschn. VI, C, 1 b für Probekörper zur Bestimmung der Druckfestigkeit angegebenen Weise vorbereitet. Beide Druckplatten der Prüfpresse müssen, wie in Abb. 4 angedeutet ist, kugelbeweglich einstellbar gelagert sein, damit auch bei nicht vollkommen achsensenkrechter Lage der Druckflächen die genaue Einstellung der Probekörperachse in die Maschinenachse möglich ist. Die Einstellung der beiden Druckplatten hat von Hand vor Beginn der Belastung zu geschehen, da unter Belastung eine Beweglichkeit in den Kugelflächen der Druckplattenlagerung nicht mehr angenommen werden kann.

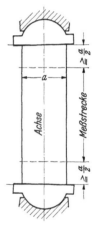

Abb. 4.
Versuchsanordnung bei Druckbelastung.

Wegen Unvollkommenheiten in der Ebenheit der Druckflächen, die sich bei Beton auch bei sorgfältiger Arbeit nicht vermeiden lassen und wegen der Reibungskräfte, die bei der Belastung zwischen Körperendfläche und der Maschinendruckplatte auftreten, sind die Verformungen nahe den Körperenden von anderer Größe als im mittleren Teil des Probekörpers. Bei Versuchen, deren Zweck die Bestimmung der gesamten und bleibenden Zusammendrückungen ist, sollen deshalb die Enden der zur Messung der Zusammendrückungen vorgesehenen Meßstrecken um mindestens etwa ²/₃ der Versuchskörperdicke von den Endflächen abstehen.

Wenn nur die gesamten Zusammendrückungen bis zum Bruch des Versuchskörpers und nicht auch die bleibenden zu ermitteln sind, ist es für Vergleichsversuche, bei denen an die Genauigkeit der Ergebnisse geringere Ansprüche gestellt werden, ausreichend, die Abstandsänderungen der Druckplatten der Prüfmaschine zu messen.

Für Versuche zur Bestimmung der Zugelastizität werden in der Regel Versuchskörper nach Abb. 5[1] mit einem Querschnitt von 400 cm² oder ähnliche mit kleineren Abmessungen verwendet. Große Sorgfalt ist auf genau mittige Einführung der Zugkraft zu verwenden. In bezug auf die Abmessungen der Prüfkörper gilt das über Druckversuche Gesagte.

Zur Erlangung eines zuverlässigen Mittelwertes der innerhalb des Versuchsabschnittes vorhandenen Längenänderungen ist bei Druck- und bei Zugversuchen mindestens auf 2 gegenüberliegenden Mantellinien je eine Meßstrecke anzuordnen; die beiden Meßstrecken und die Schwerpunktachse des Versuchskörpers müssen dabei in einer Ebene liegen. Wegen der bei Beton zu erwartenden Ungleichförmigkeiten ist besonders bei Versuchskörpern großer Abmessungen die Anordnung von weiteren, über die Seitenflächen verteilten Meßstrecken zweckmäßig. Die Länge der Strecken ist mit Rücksicht auf die Größe der verwendeten Zuschlagstoffe und die Ablesegenauigkeit der Meßgeräte zu wählen, sie liegt üblicherweise zwischen 10 und etwa 75 cm. In der Regel ist die Ablesemöglichkeit von etwa $1/100\,000$ der Meßlänge als ausreichend anzusehen.

Sollen die durch Druck- oder Zugbelastung hervorgerufenen Querdehnungen gemessen werden, so ist bei der Wahl der Meßgeräte zu beachten, daß diese Längenänderungen nur rd. ein Drittel der in der Kraftrichtung gemessenen betragen und daß sie bei kurzen Prüfkörpern teilweise von den Reibungskräften an den Druckflächen verhindert werden.

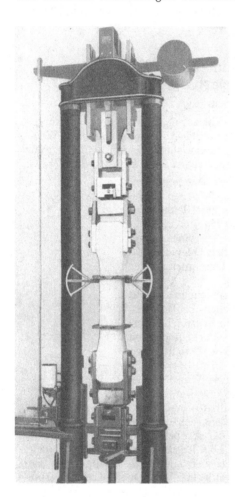

Abb. 5. Versuchsanordnung bei Zugbelastung.

Die Wärmeausdehnungszahl des Betons ist im Mittel etwa 0,012 mm/m° C[2]. Für Beton mit einer Elastizitätszahl von 1:200000 würde somit einer Temperaturänderung von 1° C eine Spannungsänderung von 4 kg/cm² entsprechen. Dieser Betrag ist etwa $1/4$ der Zugfestigkeit guten Baubetons. Auch die zum Messen der Längenänderungen benützten Meßgeräte sind mehr oder minder temperaturempfindlich; die große Bedeutung, die der Gleichhaltung der Lufttemperatur im Versuchsraum zukommt, ist also nicht zu verkennen.

[1] BACH, C.: Elastizität und Festigkeit, 8. Aufl., § 8. Berlin: Julius Springer 1920.
[2] GUTTMANN: Zement Bd. 26 (1937) S. 614.

Bis zur Prüfung feucht gelagerte Versuchskörper sind während des Versuchs durch dichte Umhüllung oder in anderer Weise vor einer Änderung ihres Feuchtigkeitsgehaltes zu schützen, da sonst zu den durch die Belastung erzeugten Längenänderungen die durch den Schwindvorgang bedingten hinzutreten, ein Umstand der besonders die Größe der bleibenden Verformungen deutlich beeinflussen kann.

Die Art der Durchführung der Versuche insbesondere die Höhe und Dauer der Laststufen, die Zahl ihrer Wiederholungen usw. hat sich nach dem jeweiligen Versuchszweck zu richten. Bei den üblichen Versuchen wird die Belastung in Stufen gesteigert, deren Höhe zu je etwa $1/_{20}$ der Druckfestigkeit bzw. $1/_{10}$ der Zugfestigkeit des Betons gewählt werden kann. Nach Erreichen jeder Belastung wird die Last etwa 3 min lang gehalten, dann die Längenänderung gemessen und hierauf wieder auf die Anfangslast, die möglichst nahe bei Null liegt, entlastet. Jede Stufe wird nur einmal aufgebracht, sämtliche Meßwerte werden auf den Zustand des Versuchskörpers vor der ersten Belastung bezogen. Während der ganzen Versuchsdauer ist die Lufttemperatur im Versuchsraum gleichmäßig zu halten und mit einem empfindlichen Thermometer (0,2° C Teilung) nachzuprüfen.

b) Meßgeräte zur Messung der Längenänderungen bei statischer Belastung.

Die zur Messung der Längenänderungen bei Druck- und Zugversuchen verwendeten Meßgeräte sind grundsätzlich die gleichen wie bei der Prüfung metallischer Werkstoffe, vgl. Bd. I, S. 463 f. Mit Rücksicht auf die in der Regel größeren Abmessungen der Versuchskörper ändern sich jedoch die zum Ansetzen der Geräte nötigen Vorrichtungen.

Von den zahlreichen Meßgeräten seien nur die am häufigsten verwendeten genannt. Diese sind:

Der Bändchenapparat nach HABERER[1]. Dieses Gerät hat sich bei zahlreichen in der Materialprüfungsanstalt an der Technischen Hochschule in Stuttgart durchgeführten Untersuchungen bewährt; es bedingt die Verwendung zweier schwerer Stahlrahmen, die in den Endquerschnitten des Versuchsabschnitts mit Druckschrauben festgeklemmt sind. Die Übersetzung des Geräts ist 1:600, der Meßbereich etwa 0,5 mm und die Länge der Meßstrecken in der Regel 50 cm.

Das ebenfalls häufig benützte *Spiegelgerät nach* MARTENS[2] erfordert zur Befestigung eine einfache Andrückvorrichtung. Die Schneiden ruhen in der Regel auf besonderen Lagerplättchen, die auf den Flächen des Versuchskörpers aufgekittet sind. Die Übersetzung ist je nach dem Abstand der Ablesemaßstäbe, in dem diese von der Spiegelachse aufgestellt ist, etwa 1:1000 und mehr, der Meßbereich etwa 0,2 mm und die Länge der Meßstrecke in der Regel 10 cm. Wegen seiner großen Meßgenauigkeit wird das MARTENS-Gerät häufig für Zugelastizitätsversuche verwendet. Bei Aufhängung der Spiegelschneiden an Bindfäden o. ä. ist es möglich, die Messungen bis zum Bruch des Versuchskörpers durchzuführen und die Bruchdehnung des Betons zu messen, ohne das Meßgerät zu beschädigen.

Das *Doppelschneidengerät, Bauart* BRENNER[3], dessen Anwendung aus Abb. 6 hervorgeht, besitzt eine Übersetzung von 1:500, einen Meßbereich von etwa 0,15 mm und Meßlängen von 10 bis 25 cm.

---

[1] BACH, C.: Elastizität und Festigkeit, § 8.
[2] Handbuch für Werkstoffprüfung Bd. I, Abschn. VI, B 1, S. 482.
[3] BACH, C. u. O. GRAF: Dtsch. Ausschuß Eisenbeton Heft 44 (1920) S. 23.

Der HUGGENBERGER-*Tensometer*[1] mit einem Ansatzstück für 100 mm Meßlänge versehen, wird ebenfalls vielfach verwendet. Seine Übersetzung ist rd. 1 : 1000.

Abb. 6. Dehnungsmesser, Bauart BRENNER.

Meßuhren mit einer Übersetzung von 1 : 100 werden in der Regel zum Messen der Zusammendrückungen bis zum Bruch verwendet. Der oft plötzlich eintretende Bruch des Versuchskörpers macht besondere Vorkehrungen zum Schutze der Meßuhren ratsam.

In neuerer Zeit werden im Institut für die Materialprüfungen des Bauwesens an der Technischen Hochschule Stuttgart im großen Umfang *Setzdehnungsmesser* nach Abb. 7 verwendet. Die Übersetzung des meist verwendeten Gerätes ist 1 : 500, ein Teil der Ableseteilung entspricht einer Längenänderung von 0,002 mm, der Meßbereich ist etwa 3 mm, die Meßlänge in der Regel 20 cm und mehr. Das Gerät ermöglicht in rascher Folge die Messung beliebig vieler Meßstrecken, es wird infolge seiner leichten und einfachen Handhabung häufig zu Messungen an Bauwerken verwendet. An den Enden der Meßstrecken werden in

Abb. 7. Setzdehnungsmesser, Bauart LEICH.

der Regel mit einer kegeligen Bohrung versehene Metallplättchen nach Abb. 8 aufgekittet. Bei Messungen, die sich über längere Zeiträume erstrecken, werden in den Beton eingesetzte Meßbolzen mit Schutzkappen verwendet (Abb. 9). Zum Ausgleich der Einflüsse der während der Versuchsdauer veränderlichen Temperatur dienen Vergleichsmeßstäbe aus einem Werkstoff ungefähr gleicher Wärme-

[1] Handbuch der Werkstoffprüfung Bd. I, Abschn. VI, C 2.

dehnung wie Beton, die den gleichen Temperaturen wie der Prüfkörper ausgesetzt sind und an denen das Meßgerät vor Ausführung der einzelnen Meßreihen eingestellt wird.

Abb. 8.   Abb. 9.
Abb. 8 und 9. Meßplattchen und Meßbolzen fur Setzdehnungsmesser.

c) Meßgeräte zur Messung der Längenänderungen bei oftmaliger Belastung.

Findet in 1 min nicht mehr als etwa ein Lastspiel statt und ist die Gesamtzahl der Lastspiele gering, dann können von den im vorstehenden beschriebenen Geräten das MARTENS-Gerät, das Doppelschneidengerät BRENNER, der HUGGENBERGER-Tensometer unddie Setzdehnungsmesser verwendet werden. Für Messungen bei rascherer Lastfolge und zahlreichen Lastspielen eignet sich das MARTENS-Gerät, das dann zweckmäßigerweise mit einer photographischen Aufzeichenvorrichtung versehen wird. Weitere besonders für rasche Lastfolge gebaute Geräte sind der Ritzdehnungsmesser[1] der Deutschen Versuchsanstalt für Luftfahrt und ein von LÖFFLER[2] gebautes Gerät, dessen an einem Betonprisma angebrachter als Kondensatormeßdose gebauter Geber in Abb. 10 dargestellt ist.

Der Ritzdehnungsmesser ritzt mit einer Diamantspitze die Dehnungen des Prüfkörpers in natürlicher Größe auf einer Glastrommel ein. Die Auswertung des Ritzbildes erfolgt unter einem Meßmikroskop unmittelbar oder nach photographischer Vergrößerung. Der Dehnungsmesser nach LÖFFLER beruht auf der Messung

Abb. 10. Geber des Kondensatormeßgerates, Bauart LOFFLER.

der Kapazitätsänderungen eines den Dehnungen des Prüfstückes folgenden Meßkondensators.

---

[1] Z. VDI Bd. 82 (1938) S. 457. Ferner Handbuch Werkstoffprüfung Bd. I, Abschn. VI, D 1.

[2] LÖFFLER: Eine Beschreibung des Geräts in seiner ursprünglichen, inzwischen weiter entwickelten Form findet sich in K. LÖFFLER: Diss. Stuttgart 1935.

Bei den bis jetzt bekannt gewordenen für die Messung rasch verlaufender, sich über längere Zeiträume erstreckender Formänderungen gebauten Meßgeräten ist die Forderung nach Schaffung einer für alle Messungen unveränderlichen, besonders für die Messung der bleibenden Dehnungen wichtigen Bezugsgrundlage noch nicht auf einfache Weise möglich.

d) Berechnung der Dehnungszahlen (Elastizitätszahlen) aus den Meßergebnissen bei Druck- und Zugbelastung.

Bei der Berechnung der Dehnungszahlen aus gemessenen Dehnungen können die gesamten oder die federnden Verformungen zugrunde gelegt werden.

In Abb. 11 sind die durch Belastung hervorgerufenen Längenänderungen (gesamte oder federnde) eines Betonprismas dargestellt. Bedeuten σx die Spannung im Punkt x und εx die zugehörige auf die Längeneinheit bezogene Dehnung,

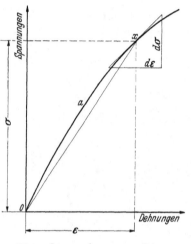

dann bestehen für die Berechnung der Dehnungszahl im Punkt x zwei Möglichkeiten, entweder es wird angenommen, die Dehnungslinie verlaufe von a nach x als Gerade, die Dehnungszahl ist dann für alle Spannungen von o bis σx gleich, nämlich

$$\alpha = \frac{\varepsilon_x}{\sigma_x} \quad \text{und} \quad E = \frac{\sigma_x}{\varepsilon_x}$$

oder es wird die tatsächliche Dehnungslinie o a x zugrunde gelegt, dann ist die Dehnungszahl für die Spannungen o bis σx veränderlich; im Punkt x ist sie

$$\alpha_x = \frac{d\varepsilon}{d\sigma} \quad \text{und} \quad E = \frac{d\sigma}{d\varepsilon}.$$

Abb. 11. Längenänderungen von Beton.

Da die im Beton- und Eisenbetonbau üblichen Berechnungsverfahren Proportionalität zwischen Spannungen und Dehnungen voraussetzen[1] wird die Berechnung der Dehnungszahl in der Regel auf die erstgenannte Art durchgeführt.

Für Druck- und Zugbelastung gelten dann die folgenden Beziehungen

$$\text{Dehnungszahl } \alpha = \frac{\lambda}{100\,\sigma} \quad \text{und Elastizitätsmodul } E = \frac{100\,\sigma}{\lambda}$$

Hierin ist

$\pm\,\sigma$ der Spannungsunterschied in kg/cm², dem der Versuchskörper bei Zug- oder bei Druckbelastung ausgesetzt war;

$\pm\,\lambda$ die von dem Spannungsunterschied σ hervorgerufene, gemessene Längenänderung in mm/m.

3. Ermittlung der Formänderungen bei Biegebelastung.

a) Messung der Formänderungen bei statischer Belastung.

Dehnungsmessungen bei Biegeversuchen werden zur Bestimmung der elastischen Eigenschaften als zur Messung der unmittelbar vor dem Bruch eintretenden Verlängerung des Betons durchgeführt.

Da das tatsächliche Verhalten des Betons besonders bei Zugbeanspruchung von der Proportionalität zwischen Spannungen und Dehnungen abweicht, ist eine Übereinstimmung der aus den Ergebnissen von Biegeversuchen in üblicher

---

[1] Vgl. hierzu S. 479.

Weise berechneten Dehnungszahlen E bzw. α mit den bei Zug bzw. Druckversuchen ermittelten Werten nicht zu erwarten.

Als Versuchskörper werden Betonbalken verwendet, deren Abmessungen nach dem auf S. 481 Gesagten zu wählen sind. Die Balken werden nahe den Enden auf einstellbare Walzenlager gelegt, wobei durch Zwischenlage von Pappe oder durch Mörtelschichten eine gleichmäßige Auflage über die ganze Walzenlänge erreicht wird. Da die auftretenden Formänderungen nur klein sind, ist eine Drehbarkeit der Auflagerwalzen nicht unbedingt notwendig. Die Belastung wirkt als Einzellast in der Mitte, besser als Doppellast in 2 symmetrisch zur Balkenmitte angeordneten Querschnitten, deren Abstand mindestens das 3fache der Balkenhöhe sein soll. In diesem Fall steht für die Ausführung der

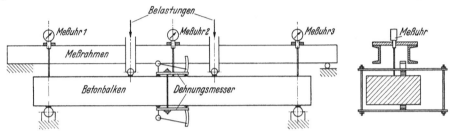

Abb. 12. Versuchsanordnung bei Biegebelastung.

Durchbiegungs- und Dehnungsmessungen ein über seine ganze Länge einem gleichbleibenden Biegemoment ausgesetztes, schubkraftfreies Balkenstück zur Verfügung, wodurch die Auswertung der Meßwerte vereinfacht wird.

Gemessen werden:

a) Die Durchbiegungen des ganzen Balkens bzw. des zwischen den Laststellen gelegenen Abschnitts. Hierzu werden in der Regel Meßuhren oder meßuhrähnliche Geräte (Deflektometer usw.) verwendet, mit denen die Änderungen der Abstände von Punkten des Betonbalkens in bezug auf einen keiner Verformung ausgesetzten Meßrahmen gemessen werden. Die Abb. 12 zeigt ein Beispiel für die Meßanordnung.

b) Die Längenänderungen des Betons auf der Zug- und auf der Druckseite in dem zwischen den Laststellen gelegenen Balkenteil. Für diese Messungen kommen von den in Abschn. VI, D 2b beschriebenen Geräten der Spiegelapparat nach MARTENS, das HUGGENBERGER-Meßgerät, das Doppelschneidengerät nach BRENNER und Setzdehnungsmesser verschiedener Art in Betracht.

b) Messung der Formänderungen bei oftmals wiederholter Biegebelastung.

Zur Messung der Formänderungen von Beton- und Eisenbetonplatten unter oftmals wiederholter Biegebelastung wird im Institut für die Materialprüfungen des Bauwesens an der Technischen Hochschule Stuttgart die im folgenden beschriebene Einrichtung verwendet. Die Versuchsplatte ruht auf zwei einstellbaren Auflagerwalzen, die in der Regel einen Abstand von 2 m haben. Durch Anschläge wird ein Abwandern der Platte während der Prüfung verhindert, ohne deren Formänderungen zu beeinflussen. Der über der Plattenmitte angeordnete Preßzylinder ist an einem Pulsator angeschlossen, der minutlich etwa 250 Lastspiele hervorruft. Der Preßkolben überträgt seine Kraft über mit Kugel- und Walzengelenken versehene Verteilungsträger auf vier Stellen der oberen Plattenfläche. In der Längsrichtung der Versuchsplatte, unmittelbar neben den Verteilungsträgern, ist am Gestell der Prüfmaschine, ähnlich wie in Abb. 12 dargestellt, ein eiserner Meßrahmen verformungsfrei aufgehängt, an dessen Enden über den Auflagern der Versuchsplatte zwei Meßuhren befestigt sind. Da an diesen Stellen die senkrechten Bewegungen der Platte nur klein sind, ist es ohne weiteres möglich, während des Dauer-

versuchs die Endstellungen der Meßuhrzeiger abzulesen. Zur Messung der Einsenkungen in der Plattenmitte dient die in Abb. 13 dargestellte Vorrichtung. Der Rahmen N ist mit seiner Führungsspindel in senkrechter Richtung leicht beweglich in einen am Meßbalken befestigten Gleitlager f geführt, seine untere Spitze ruht bei m in einem auf der Oberfläche der Versuchsplatte aufgekitteten Körnerplättchen. Die beiden Meßuhren M_1 und M_2 sind mit dem Meßbalken fest verbunden, ihre Tastbolzen können bei n_1 und n_2 mit den ebenen Endflächen der Führungsspindel des Rahmens N in Berührung gebracht werden. Bei Ausführung der Messung werden die Endflächen der Tastbolzen vorsichtig den zugehörigen Meßflächen genähert bis die Berührung gerade fühlbar ist. Die Ablesungen an der Meßuhr M_1 gibt die Einsenkung für die untere, die an der Meßuhr M_2 für die obere Lastgrenze an. Die Durchbiegung der Platte ist dann der Unterschied zusammengehöriger Einsenkungen über den Auflagern und in der Mitte.

c) Auswertung der Meßergebnisse bei Biegebelastung.

Für die Berechnung der Dehnungszahlen aus den gemessenen Durchbiegungen bzw. Verlängerungen ist grundsätzlich das in Abschn. 2 d für Druck- und Zugbelastung Gesagte zu beachten.

Für Biegebelastung gelten bei Annahme von Proportionalität zwischen Spannungen und Dehnungen für den durch zwei Einzellasten P belasteten, auf zwei Auflagern ruhenden Balken mit Rechteckquerschnitt folgende Beziehungen:

$$\text{Elastizitätsmodul } E = \frac{P \cdot n \,(3\,m^2 + 8\,n^2 + 12\,mn) \cdot 5^1}{f_1 \cdot b \cdot h^3}$$

$$\text{bzw.} = \frac{P \cdot n \cdot m^2 \cdot 15}{f_2 \cdot b \cdot h^3}$$

Abb. 13. Vorrichtung zum Messen der Durchbiegung bei dynamischer Biegebelastung.

Hierin ist

P jede der beiden symmetrisch zur Balkenmitte angeordneten Lasten in kg,

m der Abstand der beiden Lasten in cm,

n der Abstand zwischen Auflager und Laststelle in cm,

f_1 die beim Versuch gemessene Durchbiegung der Balkenmitte in bezug auf die Auflager in mm,

f_2 die beim Versuch auf die Erstreckung m gemessene Durchbiegung des zwischen den Laststellen gelegenen Balkenteils in mm,

b die Breite und

h die Höhe des Balkenquerschnitts in cm.

---

[1] Hierbei ist die bei kleiner Auflagerentfernung bedeutende Wirkung der Quer-Kraft nicht berücksichtigt. Näheres hierüber z. B. Stahlbaukalender 1940 S. 48 f.

Ferner gilt, wenn λ die auf der Druck- bzw. Zugseite in mm/m gemessene Zusammendrückung bzw. Verlängerung in der Balkenmitte

$$\text{Elastizitätsmodul } E = \frac{6000 \cdot P\,n}{\lambda \cdot b \cdot h^2}.$$

Bei Biegeversuchen kann anstatt der Elastizitätszahl der Formänderungswinkel φ[1], d. i. die durch das Biegemoment 1 hervorgerufene Neigungsänderung zweier um den Abstand 1 voneinander entfernter Balkenquerschnitte, berechnet werden.

$$\varphi = \frac{\lambda_d + \lambda_z}{1000\,h} \cdot \frac{1}{M}.$$

λ_d bzw. λ_z sind die in mm/m auf der gedrückten bzw. gezogenen Fläche gemessenen Längenänderungen des Betons und h die Höhe des Betonbalkens.

4. Ermittlung der Verdrehungen bei Drehversuchen.

Drehversuche mit Betonkörpern werden zur Ermittlung des Schubmoduls G durchgeführt. Die von C. BACH und O. GRAF verwendete Versuchseinrichtung[2] ist in Abb. 14 dargestellt.

Der Einspannkopf des rechten Endes des Versuchskörpers stützt sich gegen die Waage einer Prüfmaschine, das linke Ende wird in Drehung versetzt. An der Waage wird die an einem bestimmten Hebelarm angreifende Drehkraft und somit auch das Drehmoment gemessen, die beiden an den Enden der Meßstrecke befestigten Stahlrahmen tragen senkrecht stehende

Abb. 14. Drehversuch.

lange Hebel. Der an dem linken Hebel befestigte Zeiger spielt auf einer Teilung am Umfang des rechten Hebels, auf der die Drehbewegungen in 0,01 mm abgelesen werden können.

Bedeuten d den Durchmesser des zylindrischen Versuchskörpers, M_d das auf den Versuchskörper wirkende Drehmoment, v die im Abstand e von der Körperachse gemessene Verdrehung zweier um l cm entfernter Körperquerschnitte in mm, dann gilt unter Voraussetzung der Proportionalität zwischen Dehnungen und Spannungen

$$G = \frac{M_d \cdot l \cdot e\,320}{v\,\pi\,d^4}\ \text{kg/cm}^2.$$

[1] MÖRSCH, E.: Dtsch. Ausschuß Eisenbeton Heft 18 (1912) u. 38 (1917).
[2] BACH, C. u. O. GRAF: Dtsch. Ausschuß Eisenbeton Heft 16 (1912).

5. Sonstige Verfahren
zur Ermittlung der Elastizitätszahlen des Betons.

a) Die zeichnerische Auftragung zahlreicher Versuchsergebnisse läßt das Bestehen einer Gesetzmäßigkeit zwischen Druckfestigkeit und Dehnungszahl

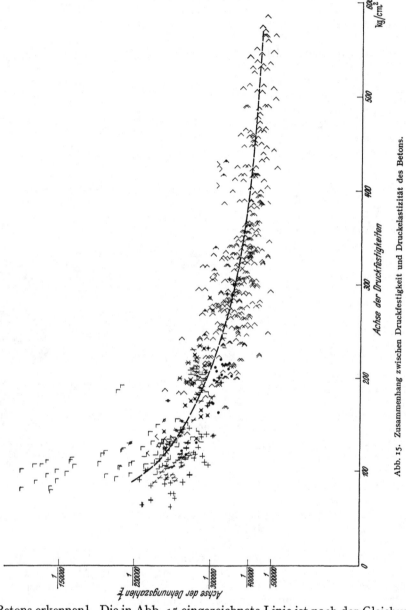

Abb. 15. Zusammenhang zwischen Druckfestigkeit und Druckelastizität des Betons.

des Betons erkennen[1]. Die in Abb. 15 eingezeichnete Linie ist nach der Gleichung

$$\alpha = \frac{1}{E}\left(1{,}7 + \frac{1}{K}\cdot 300\right)\frac{1}{1\,000\,000}\,\text{kg/cm}^2$$

berechnet, hierbei ist K die Druckfestigkeit des Betons in kg/cm².

---

[1] GRAF, O.: Bautechn. Bd. 4 (1926) Heft 35, S. 516.

b) Zwischen der Eigenschwingungszahl f_0 eines zylindrischen Körpers mit der Länge l und dem Elastizitätsmodul E besteht die angenäherte Beziehung[1]

$$E = 4\,f_0^2 \cdot l^2 \cdot \gamma \cdot 10^{-6}$$

Wenn die Fortpflanzungsgeschwindigkeit V des Schalls im Prüfkörper bekannt ist, gilt

$$E = V^2 \cdot \gamma \cdot 10^{-2},$$

hierin sind f_0 in Hertz, l in cm und V in m/s einzusetzen, γ ist die Dichte der Probe.

Man kann nun mit Hilfe der in der Erdbebenforschung üblichen Verfahren die Fortpflanzungsgeschwindigkeit V bestimmen, oder den Versuchskörper in Längsschwingungen versetzen und deren Schnelle messen[2] und dann hieraus E berechnen.

Ergebnisse von Versuchen, die für Beton verschiedener Zusammensetzung einen Vergleich der auf die verschiedenen Arten ermittelten Dehnungszahlen ermöglichen, sind bis jetzt nicht bekanntgeworden.

E. Ermittlung des Widerstands des Betons gegen oftmalige Druck- oder Biegebelastung.

Von ERWIN BRENNER, Stuttgart.

1. Allgemeines.

Bei wiederholter Belastung ist die Höhe der Last, die den Bruch eines Betonkörpers hervorruft, kleiner als bei einmaliger stetig bis zum Bruch gesteigerter Belastung[3]. In der zeichnerischen Darstellung Abb. 1 zeigt die „WÖHLER-Linie" hie Abhängigkeit der Verdältniszahl   Dauerfestigkeit : Prismenfestigkeit von der Zahl der zur Wirkung gelangten Lastspiele[4] bei annähernder Ursprungsdruckbelastung.   Häufig werden   die   Belastungen und die Zahl der Lastspiele im logarithmischen Maßstab aufgetragen, die WÖHLER-Linie geht dann, wie

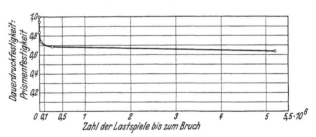

Abb. 1. WÖHLER-Linie des Betons.

Abb. 2 zeigt, in eine flach gestreckte Linie über, so daß wenige durch Versuche ermittelte Punkte ausreichen, um den ganzen Verlauf der WÖHLER-Linie genügend genau festzulegen. Die als gestrichelte Linie eingezeichneten Belastungen bei Beobachtung des ersten Risses folgen einer ähnlichen Regel.

In dem dargestellten Beispiel nehmen die Druckfestigkeit und die Rißlast auch nach rd. 5 Millionen Lastspielen noch langsam ab. Bei Versuchen mit

[1] THYSSEN-BORNEMISZA, v.: Öl u. Kohle Bd. 14 (1938) Heft 46.

[2] THYSSEN-BORNEMISZA, v. u. O. RÜLKE: Z. Geophys. Bd. 15 (1939) Heft 3 u. 4.

[3] MEHMEL, A.: Untersuchungen über den Einfluß häufig wiederholter Druckbeanspruchungen auf Druckelastizität und Druckfestigkeit von Beton, 1926. — GRAF, O. u. E. BRENNER: Dtsch. Ausschuß Eisenbeton Heft 76 (1934) und Heft 83 (1936).

[4] GRAF, O. u. E. BRENNER: Dtsch. Ausschuß Eisenbeton Heft 76 (1934) S. 6.

Beton unter wiederholter Belastung ist daher wie bei anderen Stoffen zu vereinbaren, auf welche Zahl von Lastwiederholungen (Grenzwechselzahl) der Begriff Dauerfestigkeit zu beziehen ist. Im Hinblick auf die am Bauwerk zu erwartenden Verhältnisse ist es häufig ausreichend, wenn die Belastungen bei der Prüfung nicht öfter als 1 Million mal wiederholt werden.

Zur Durchführung von Versuchen an Betonkörpern unter oftmals wiederholter Druck- oder Biegebelastung werden übliche Dauerprüfmaschinen benützt, die in Band I des Handbuchs der Werkstoffprüfung beschrieben sind. Da die Verformungen des Betons mit zunehmender Zahl der zur Wirkung gelangenden Lastspiele ebenfalls zunehmen, sind nur solche Maschinen brauchbar,

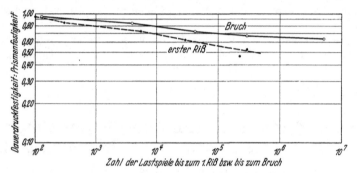

Abb. 2. Wöhler-Linie des Betons bei logarithmischer Auftragung.

deren Steuerungen so ausgestaltet sind, daß auch bei zunehmender Nachgiebigkeit des Probekörpers bei jedem Lastspiel das Erreichen der Sollwerte für die Belastungen gewährleistet ist. Die meisten hydraulisch angetriebenen und ein Teil der mit mechanischem Antrieb versehenen, für die Erzeugung wiederholter Lasten gebauten Prüfmaschinen ermöglichen außerdem die Aufrechterhaltung einer gleichbleibenden Dauerlast (Dauerstandsbelastung)[1], so daß Versuche mit Ursprungslast, mit zwischen zwei einstellbaren Grenzen schwingender Last und mit Dauerstandlast ausgeführt werden können.

Wegen der Streuung der Einzelergebnisse, die bei Untersuchungen mit Beton oft nicht zu vermeiden sind, sollen die einzelnen Versuchsreihen aus mindestens 6 bis 8 gleichen Körpern bestehen. Am ersten und am letzten Körper wird in der Regel zum Vergleich die Widerstandsfähigkeit gegen stetig oder in Stufen gesteigerte Belastung bestimmt. Der zweite Versuchskörper wird wiederholter Belastung ausgesetzt, je nach dem Versuchsziel mit oder ohne ruhender Grundlast. Die Höhe der Belastungen bzw. die Schwingweite wird dabei so hoch gewählt, daß der Bruch des Körpers bestimmt unterhalb der Grenzwechselzahl erfolgt. Der nächste und die folgenden Körper werden dann jeweils mit niedrigerer Schwingweite beansprucht bis die Wöhler-Linie in dem gewünschten Bereich ausreichend sicher aufgezeichnet werden kann.

2. Ausführung der Druck- und Biegeversuche bei oftmaliger Belastung.

Für Dauerdruckversuche haben sich prismatische Versuchskörper[2] als geeignet erwiesen, eine Verstärkung der Enden bewirkte Verminderung der

[1] Graf, O. u. E. Brenner: Bauing. Bd. 18 (1937) S. 237.
[2] Graf, O. u. E. Brenner: Dtsch. Ausschuß Eisenbeton Heft 76 (1936) S. 2.

Widerstandsfähigkeit gegen wiederholte Belastung. Der Bearbeitung der Druckflächen ist besondere Beachtung zuzuwenden, da schon geringe örtliche Nebenspannungen Rißbildung hervorrufen können.

Der Verlauf des Anstiegs und des Absinkens der Belastung, der durch die
Bauart und die Wirkungsweise der verwendeten Prüfmaschine bedingt ist, hat
einen deutlichen Einfluß auf die Höhe der Dauerfestigkeit[1]. Abb. 3 zeigt die
Belastungszeitkurven für zwei ver-
schiedene Prüfeinrichtungen[2]. Bei rd.
50 bis 56 Lastspielen je Minute und
einer Belastung gemäß der mit *ST II*
bezeichneten Linie ergab sich eine um
5% kleinere Dauerfestigkeit als wenn
die Belastung nach der mit *P III*
bezeichneten Linie verlief.

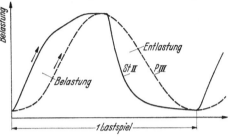

Betrug die Zahl der in jeder Minute
wirkenden Lastspiele 10, 50, 260, 500,
so war die verhältnismäßige Dauerfestigkeit 1, 1,03, 1,05, 1,08.

Abb. 3. Verlauf des An- und Abstiegs der Belastung
bei verschiedenen Prüfeinrichtungen.

Es ist somit eine deutliche Zunahme der Widerstandsfähigkeit gegen häufige
Druckbelastung mit Abnahme der Zeitdauer der einzelnen Belastungsspitzen
zu beobachten, diese Abnahme erwies sich als abhängig von der Zusammensetzung des Mörtels[2].

Für Dauerbiegeversuche mit Beton gilt grundsätzlich das gleiche wie bei
Dauerdruckbelastung. In weit höherem Maße als bei Druckbelastung können
die beim Austrocknen des Betons entstehenden Schwindspannungen eine starke
Verminderung der rechnungsmäßigen Biegefestigkeiten bewirken[3].

3. Geräte zum Messen der Formänderungen
bei oftmaliger Belastung.

Angaben finden sich auf S. 485 f., auch S. 512 f. dieses Bandes, sowie in
Bd. I, S. 527 f.

F. Meßverfahren für das Schwinden, Quellen
und Kriechen des Betons.

Von ALFRED HUMMEL, Berlin-Dahlem.

1. Meßverfahren für das Schwinden und Quellen.

a) Begriffserklärung.

Unter „Schwinden" versteht man die Verringerung des Rauminhaltes eines
erhärtenden Betons infolge Wasserabgabe bzw. fortschreitender Trocknung an
der Luft, nach neueren Forschungen[4] teilweise auch unter dem Einfluß einer
Kohlensäureaufnahme aus der Luft.

---

[1] GRAF, O. u. E. BRENNER: Dtsch. Ausschuß Eisenbeton Heft 83 (1936) S. 7.

[2] In beiden Fällen handelt es sich um mit Preßöl betriebene Einrichtungen. Bei der mit
St II bezeichneten Steuerung sind mechanisch gesteuerte Ein- und Auslaßventile vorhanden, *P III* ist ein Losenhausen-Pulsator.

[3] O. GRAF: Z. VDI Bd. 82 (1938) S. 617.

[4] LEA u. DESCH: Die Chemie des Zementes und Betons, S. 348. Berlin: Zementverlag 1937.

Für ähnliche Vorgänge im noch weichen ungebundenen Zement, Mörtel oder Beton setzt sich neuerdings zum Unterschied vom Schwinden die Bezeichnung „Schrumpfen" durch.

Als „Quellen" bezeichnet man die Zunahme des Rauminhaltes eines Betons bei Aufnahme von Feuchtigkeit.

Bei allen diesen Raumänderungen sind die volumenverändernden Einflüsse wechselnder Lufttemperaturen (thermische Raumänderungen) auszuschalten. Die durch Abbindewärme bedingten Raumänderungen werden von manchen Forschern als zum Schwindvorgang hinzugehörig betrachtet und daher in gewisser Weise berücksichtigt. Andere Forscher wünschen die Elimination dieses Einflusses; wieder andere übergehen ihn vollständig.

Die Veränderungen des Rauminhaltes werden nur in wenigen Sonderfällen im Raummaß ermittelt. Entsprechend der Wärmeausdehnungszahl wird das Maß des Schwindens und Quellens im allgemeinen als *Längenänderung* erfaßt und durch ein bezogenes Längenmaß (mm/m oder $^0/_{00}$) ausgedrückt. — Bei einigen Sonderverfahren werden die Raumänderungen — insbesondere jene des Schwindens — auf dem Wege über Spannungsermittlungen oder Rißbilder verfolgt.

Schwinden und Quellen schreiten mit dem Alter des Betons fort. Zu jeder Maßangabe gehört daher eine Zeitangabe. Eine annähernd absolute Stoffkonstante stellt nur das sog. End-Schwindmaß bzw. End-Quellmaß dar. Am eindeutigsten ist der Schwind- bzw. Quellvorgang durch die Schwind- bzw. Quellkurve als Funktion der Zeit gekennzeichnet. Der Versuch, Schwindkurven auch in Abhängigkeit von Gewichtsveränderungen aufzutragen, ist nicht glücklich, da die Gewichtsabnahme durch Austrocknung bei wenig dichtem Beton durch die mit einer Gewichtserhöhung verbundene Kohlensäureaufnahme verschleiert wird.

b) Einflüsse auf das Schwinden und Quellen.

Zu unterscheiden sind: 1. Einflüsse, herrührend von der Zusammensetzung und vom Gefüge des Betons (innere Einflüsse), 2. Einflüsse aus der Umgebung (Umweltfaktoren).

Von den inneren Einflüssen sind zu nennen: Zementart und Zementmenge, Höhe des Wasserzusatzes, Gesteinsart, Kornzusammensetzung und Kornform der Zuschlagstoffe, Dichtigkeitsgrad, Porenbeschaffenheit des Betons.

Äußere Einflüsse sind die Lagerungsbedingungen (Luftlagerung, Wasserlagerung, Lagerung bei verschiedenen Temperaturen insoweit, als sie den Erhärtungsfortschritt und die Wasserbindung bzw. Wasserabgabe berühren.

Die genannten *äußeren* Einflüsse bedingen, wie aus den weiteren Darstellungen hervorgehen wird, wesentliche Bestandteile der Meßverfahren bzw. Versuchsanordnungen.

c) Zweck der Messungen.

Bis vor kurzem hoffte man noch, mit Hilfe der Schwind- bzw. Quellmaße rechnerisch ermitteln zu können, welche Spannungen in einem dem gemessenen Betonkörper gleichen, aber durch vollkommene Einspannung am Schwinden bzw. Quellen gehinderten Körper entstehen können.

Nach Bekanntwerden der Kriechvorgänge (vgl. Abschn. F, 2) mußte indessen diese Hoffnung begraben werden. Wegen der Größe der plastischen Verformungen bei Dauerbelastung nützen Schwind- und Quellmaße allein für eine Analyse der absoluten Spannungen leider nichts. *Schwind- und Quellmaße können zunächst nur* als *relative Bewertungsmaßstäbe für Beton in dem Sinne betrachtet werden,* daß ein am Versuchskörper wenig schwindender Beton unter sonst ähnlichen Verhältnissen auch im Bauwerk relativ wenig schwindet, ohne daß aber über das absolute Maß des Schwindens am Bauwerk etwas ausgesagt werden könnte. Dabei muß des weiteren berücksichtigt werden, daß gerade wegen der Kriechvorgänge die *Zeit eine ausschlaggebende Rolle* spielt. Offensichtlich kann ein kleines Schwindmaß, welches innerhalb kurzer Zeit zu verzeichnen ist, höhere Spannungen bewirken als ein sehr großes, im Laufe langer Zeit auftretendes Schwindmaß, weil eben im letzteren Falle ein Kriechen unterläuft, welches eine langsame Entspannung bewirkt. *Für die Schwindspannungen maßgebend ist daher nicht allein die Größe des Schwindmaßes, sondern auch der Ablauf des Schwindens in der Zeit, d. h. die Schwindgeschwindigkeit.*

Die zunächst nur relative Bedeutung der Schwind- bzw. Quellmaße stellt einen Umstand dar, der für die Beurteilung des bei den Messungen anzustrebenden Genauigkeitsgrades wichtig ist. Nach Wegfall der Möglichkeit, aus den Schwindmaßen mit Hilfe des *E*-Moduls und des HOOKESchen Gesetzes Schwindspannungen zu errechnen, liegt jedenfalls keine Veranlassung für eine Übertreibung der Genauigkeit vor.

d) Probenform und Meßergebnisse.

Soweit Schwind- und Quellmaße als Längenmaße ermittelt werden, ist die vorherrschende Probenform das Prisma. Häufig gewählte Abmessungen sind: $10 \times 10 \times 50$ cm, $12 \times 12 \times 50$ cm, $20 \times 20 \times 100$ cm. In England und Amerika ist gelegentlich auch an Zylindern mit einem Höchstmaß von 92 cm Länge und 15 cm Dmr. gemessen worden.

Bei der in der Begriffsfestlegung (vgl. Abschn. F, 1, a) gekennzeichneten Bedeutung der Austrocknung bzw. Befeuchtung des Betons für das Schwinden bzw. Quellen müssen die Meßergebnisse zwangläufig scharf von der Probengröße abhängen, weil die Probenabmessungen den zeitlichen Verlauf der Trocknung bzw. der Wasseraufnahme beeinflussen. Proben von größeren Abmessungen oder, genauer gesagt, von kleinerer Oberfläche O im Vergleich zum Körperinhalt V werden naturgemäß langsamer trocknen und daher auch langsamer schwinden als kleinere Körper bzw. Körper mit größerem Verhältniswert O/V.

Zwar verspricht die GUTTMANNsche Feststellung [1], daß die Schwindmasse verschieden großer Körper aus der gleichen Betonmischung proportional zum Wert O/V bleiben, zunächst eine Erleichterung und Vereinfachung für die Wahl der Probengröße. Überprüft man jedoch die im Schrifttum gegebenen Daten der Schwindmasse, wie sie bei verschiedenen Probekörpergrößen und gleichbleibendem Beton ermittelt vorden sind (z. B. die Angaben von GRAF [2] oder HAEGERMANN [3]), so ergibt sich zwar eine befriedigende Proportionalität zwischen Schwindmaß und O/V für die *höheren* Altersstufen des Betons, nicht aber — wie sich auch theoretisch begründen läßt — für die Schwindmasse in jüngerem Alter.

Wenn überdies, entsprechend dem unter Abschn. F, 1, c Dargestellten, nicht nur die relativen Schwindmaße, sondern auch die Schwindgeschwindigkeiten erfaßt werden müssen, so kann bei einer Normung der Schwindmeßverfahren auf die Festlegung einer bestimmten Probenform trotz der GUTTMANNschen Feststellung nicht verzichtet werden. Probekörper von $20 \times 20 \times 100$ cm würden an sich den Verhältnissen der Praxis am nächsten kommen. Die wünschenswerte gleichzeitige Verfolgung der Gewichtsveränderungen spricht indessen für eine gewisse Beschränkung der Probenabmessungen im Interesse leichterer Hand-

---

[1] GUTTMANN: Zur Bewertung von Schwindzahlen. Zement 19 (1930) S. 267.
[2] GRAF: Über den Einfluß der Größe der Betonkörper auf das Schwinden. Beton u. Eisen Bd. 33 (1934) S. 117.
[3] HAEGERMANN: Raumänderungen von Beton. Prot. V. D. P. C. F. 1935. S. 139.

habung. In diesem Sinne wird das Prisma 10 × 10 × 50 cm, oder — falls der Querschnitt dieses Prismas für die Körnung des Zuschlagstoffes von 0 bis 30 mm des Regelbetons als zu klein betrachtet wird — das Prisma 12 × 12 × 50 cm zu wählen sein.

Nach den Darlegungen unter Abschn. F, 1, a bis d stellt der schwindende Beton ein klares Beispiel für das von E. Seidl[1] aufgestellte Individualprinzip dar. Der durch den „Stoff (im technischen Sinne)", den „geometrischen Aufbau", den „Energiegehalt" und die „Vorgeschichte" gekennzeichnete Betonkörper reagiert auf die „Bedingungen der Umwelt" wie ein Individuum.

e) Allgemeines über die Meßverfahren.

Bei *Beton* sind die Meßverfahren für das Schwinden und Quellen bis heute nirgends endgültig genormt. Es wird in der verschiedensten Weise und unter den verschiedensten Voraussetzungen gemessen.

Bei den häufiger angewandten Meßverfahren darf man zunächst in großen Zügen unterscheiden:

1. Verfahren, bei denen das Meßgerät oder ein Teil dieses Gerätes *dauernd* in fester Verbindung mit dem Probekörper bleibt. Es sind hierbei ebenso viele Meßgeräte wie Probekörper notwendig, ein Umstand, der diesen Verfahren nur beschränkte Anwendung sichert.

2. Verfahren, bei denen die Meßgeräte jeweils *nur* zum Zeitpunkt der Messung an den Probekörper angesetzt werden. Es lassen sich also mit *einem* Gerät unbeschränkt viele Probekörper messen. Weitaus die Mehrzahl der Verfahren gehört zu dieser Art.

Bei allen Verfahren der Längenmessung werden die Bewegungen bestimmter Fixpunkte am Beton im Laufe der Zeit verfolgt. Je nach der Anordnung der zu beobachtenden Fixpunkte kann man weiterhin grundsätzlich unterscheiden:

I. Oberflächenmessungen,
II. Achsenmessungen.

Bei der Oberflächenmessung sind die Meßmarken auf den seitlichen Längsflächen der Prismen angebracht. Bei der Achsenmessung hingegen werden Meßbolzen in der Mitte der Stirnflächen der Prismen so angeordnet, daß die Längenänderungen in der Mittelachse des Prismas verfolgt werden können. Es handelt sich bei den beiden Verfahren nicht bloß um einen formalen Unterschied, sondern wegen der Bedeutung des Verlaufes der Austrocknung bzw. der Befeuchtung für das Schwinden oder Quellen um eine sachliche Abweichung. Der Beton trocknet an der Oberfläche schneller und schwindet dort daher auch schneller als der Kernbeton; es können hierdurch, sofern keine Oberflächenrisse entstehen, Querschnittswölbungen auftreten. Jedenfalls ist aber von vornherein nicht zu erwarten, daß Oberflächenmessungen und Achsenmessungen auch am selben Probekörper zu allen Meßzeiten gleiche Schwindmaße ergeben[2]. Wenn, je nach Art der Lagerung, nicht alle 4 Längsflächen des Prismas genau gleich austrocknen, so sind selbst Verkrümmungen des Prismas in der Längsrichtung möglich. Zur Ausschaltung des Einflusses von Verkrümmungen dient die Oberflächenmessung auf zwei gegenüberliegenden Seitenflächen unter Bildung des Mittelwertes aus beiden Messungen.

---

[1] Seidl, E.: Bruch- und Fließformen der technischen Mechanik und ihre Anwendung auf Geologie und Berbau. Bd. 1: Systematik Bleibender Formänderungen; das „Forschungs-Prinzip" und das „Individual-Prinzip". Berlin: VDI-Verlag 1938.

[2] Vgl. Handbuch für Eisenbetonbau, 4. Aufl., Bd. 1, S. 36; sowie Beton u. Eisen Bd. 33 (1934) S. 117.

Vor Besprechung der einzelnen Meßverfahren ist die Erörterung einiger grundsätzlicher Fragen erforderlich. Hierzu gehören die Frage der Ausschaltung des längenverändernden Einflusses wechselnder Temperatur (thermische Raumänderungen), die Frage der relativen Luftfeuchtigkeit im Meßraum, die Frage des Zeitpunktes der erstmaligen Messung, d. h. der Feststellung der Ausgangslängen, auf welche dann die späteren Längenänderungen bezogen werden, schließlich die Frage der Lagerungsart.

Zur Frage der Ausschaltung bzw. Berücksichtigung thermischer Raumänderungen ist zunächst zu berücksichtigen, daß gewöhnlicher Stahl, wie auch der gewöhnliche Schwerbeton, eine lineare Wärmeausdehnungszahl von im Mittel $11 \cdot 10^{-6}$ besitzen. Ein Betonkörper von 1 m Länge oder ein Meßapparat aus Stahl der gleichen Länge verändert also bei einem Temperaturunterschied von $1°$ seine Länge um $11 \cdot 10^{-3}$ mm. Sollen daher Schwind- bzw. Quellmessungen mit einer Genauigkeit von $1 \cdot 10^{-3}$ je Meter Bezugslänge durchgeführt werden, so müssen schon verhältnismäßig kleine Temperaturschwankungen in ihren Einflüssen ausgeschaltet sein. Jedenfalls ist es widersinnig, die Genauigkeit einer Schwindmeßapparatur zu übertreiben, wenn nicht gleichzeitig die Temperatureinflüsse berücksichtigt werden, und zwar der Temperatureinfluß auf das Meßgerät wie auch derjenige auf den zu messenden Betonkörper.

Beim Meßgerät wird diesen Einflüssen entweder durch eine Vergleichsmessung an einem temperierten Kontrollstab oder neuerdings durch Verwendung von Invarstahl mit geringer Wärmeausdehnungszahl begegnet. Es darf aber nicht übersehen werden, daß die Kontrollmessungen nichts bringen können, wenn etwa Meßapparat und Kontrollstab in gleicher Weise in ihrer Länge durch Temperatureinflüsse verfälscht sind.

Während der Einfluß von Temperaturschwankungen auf das Meßgerät rechnerisch eliminiert werden kann, ist dies nicht im gleichen Maße einfach bei den zu messenden Betonkörpern. Gründe hierfür sind die, wenn auch nur in geringem Maße, schwankende Größe der Wärmeausdehnungszahl von Beton, die infolge der niederen Wärmeleitzahl sehr träge verlaufende Anpassung des Betons an wechselnde Temperaturstände und die damit verbundene fragwürdige Temperaturverteilung über den Betonquerschnitt. *Wirklich zuverlässige Schwindmessungen können daher nur in Klimaräumen durchgeführt werden,* namentlich, wenn es sich um die Messung größerer Körper handelt. Solche Klimaräume bieten nicht nur die Möglichkeit der Gleichhaltung der Temperaturen, sondern gestatten auch die Regelung des Luftfeuchtigkeitsgrades, die wiederum gerade für Schwindmessungen von Wichtigkeit ist.

Die relative Luftfeuchtigkeit im Probenraum, welche ja den Austrocknungsprozeß entscheidend beeinflußt, ist für den Verlauf des Schwindens ausschlaggebend, wie durch viele Untersuchungen seit langem bekannt und neuerdings vor allem auch quantitativ durch die Untersuchungen von M. LUCAS[1] nachgewiesen worden ist. Abb. 1, welche den Einfluß der Luftfeuchtigkeit auf das

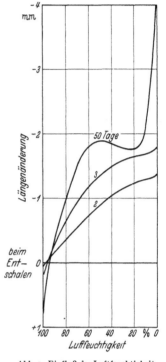

Abb. 1. Einfluß der Luftfeuchtigkeit auf das Schwinden (nach LUCAS).

---

[1] LUCAS, M.: Ann. Ponts Chauss. 107 A (1937) S 223.

Schwinden bei gewöhnlichem Zement kennzeichnet, belegt durch die S-Förmigkeit der Kurven besonders im höheren Alter der Proben, daß der Einfluß der Feuchtigkeit auf das Schwinden kein linearer ist, sondern bei 60 bis 50% relativer Luftfeuchtigkeit Halte- bzw. Wendepunkte aufweist. Die Abbildung bedeutet die sachliche Rechtfertigung für die Einstellung der Klimaräume auf eine relative Luftfeuchtigkeit von etwa 60%, ein Maß, welches nicht nur bei den üblichen Klimaanlagen gut eingehalten werden kann, sondern auch gleichzeitig einen guten Mittelwert für Raumluftfeuchtigkeiten darstellt. — Die bei der Prüfung von kleinen Schwindprismen aus weich angemachtem Mörtel gewählte Lagerung der Meßkörper in Blechkästen unter bestimmter Dampftension (vgl. Abschn. V, B 3, S. 408) dürfte bei Beton einen Klimaraum um so weniger überflüssig machen, je größer die Probekörper gewählt werden. Der Verzicht auf Klimaräume birgt jedenfalls bei Schwindmessungen an großen Versuchsreihen die Gefahr in sich, daß die Gesetzmäßigkeit der Ergebnisse ausbleibt und die Vergleichsberechtigung bei verschiedenen Reihen geschmälert wird.

Die Frage über den Zeitpunkt der 1. Messung von jungem Beton ist in der verschiedensten Weise beantwortet worden und bis zur Stunde nicht entschieden. Dilatometermessungen an Zement-Wassergemischen haben ergeben, daß die Raumänderungen unmittelbar nach dem Anmachen des Zementes beginnen. Der Wunsch, auch die Raumänderung in noch weichem Beton mitzuverfolgen, wird aber nicht allgemein geteilt. Während der Statiker einzuwenden pflegt, daß ihn die Vorgänge im weichen Beton deshalb nicht interessieren, weil in diesem Zustand noch keine nennenswerten Spannungen in der Konstruktion entstehen können, vermutet der Risseforscher gerade in den Vorgängen im noch weichen bzw. jungen Beton eine Hauptquelle für die Veranlagung späterer Risse. Diese Vermutung macht die möglichst frühzeitige erstmalige Messung zum Ideal. Wohin man aber auch immer zeitlich die Ursprungsachse legen will bzw. wird, soweit es meßtechnisch zu meistern ist, werden vorläufig die Aufschlüsse um so größer sein, je früher die erste Messung angesetzt wird. Als spätere Meßzeiten genügt entsprechend dem etwa parabolischen Wachstumsgesetz der Raumänderungen die Zeitreihe 3, 7, 14, 28 Tage, 3 Monate, 6 Monate, 1 Jahr, 2 Jahre usw. oder auch eine logarithmische Zeitreihe.

Im Zusammenhang mit der Frage des Ausgangspunktes für die Messungen hat man sich auch mit der Abbindewärme und ihrem Einfluß auseinanderzusetzen. Die bei manchen Bindemitteln recht erhebliche Abbindewärme führt zunächst zu einer Ausdehnung der noch weichen bzw. halbweichen Betonmasse, ohne daß aber durch diese Ausdehnung thermische Spannungen entstehen könnten, wenigstens soweit der Beton nach einer Seite — der schalungsfreien Seite — ausweichen kann. In dieser Abbindewärme pflegt der Beton zu erstarren. Die nachfolgende Abkühlung trifft bereits einen mehr oder weniger festen Beton und kann daher zu thermischen Spannungen Anlaß geben. Die Folgen der thermischen Verkürzungen unter der nachfolgenden Abkühlung aus der Abbindewärme sind genau die gleichen wie die Folgen des gleichzeitig einsetzenden Schwindens. Es ist daher voll berechtigt, die Raumverringerungen als Folge der Abkühlung aus der Abbindewärme zu den Schwindbewegungen hinzuzurechnen im Sinne des aus Abb. 2 ersichtlichen Schweizer Vorschlages [1]. Die Abb. 2 will besagen, daß sich bei Luftlagerung von Beton aus Zement mit hoher Abbindewärme anfänglich eine Ausdehnung bis zum Punkte a ergibt; sodann setzt Abkühlung und Schwinden ein. Zu erhaschen wäre der Punkt a, indem die höchste Temperatur des Betonkörpers mit Hilfe eines Thermometers ermittelt

---

[1] Roš, M.: Die Schwindmaße der Schweizerischen Portlandzemente. Festschrift anläßlich des 50jährigen Bestandes der Städt. Prüfanstalt für Baustoffe. Wien 1929, S. 21.

und zum Zeitpunkt der erreichten Höchsttemperatur die erste Längenmessung angestellt wird. Diese Länge wäre sodann die Bezugslänge für die späteren Messungen.

Glücklicherweise ist allerdings bei den üblichen dünnen Probekörpern die Wärmeabstrahlung im Vergleich zur Wärmeentwicklung so erheblich, daß der ansteigende Ast 0—a in Abb. 2 so klein und unbedeutend wird, daß man auch bei genaueren Messungen mit seiner Vernachlässigung keinen nennenswerten Fehler begeht. Überdies ist in diesem Zusammenhange die Art der Lagerung entscheidend. Am einfachsten liegen die Verhältnisse bei der Wasserlagerung, d. h. bei der Ermittlung des Quellmaßes. Die Ausschaltung des Einflusses von Temperaturschwankungen bedingt bei genaueren Messungen die Regelung der Wassertemperatur durch einen Thermostaten.

Weniger einfach sind die Probleme um die Lagerung der Versuchskörper bei Schwindmessungen. Abgesehen von der weiter oben besprochenen Lagerung unter gleichbleibender Temperatur und gleichbleibender Luftfeuchtigkeit erhebt sich hier die Frage, ob anfänglich der Zimmerluftlagerung eine Naßlagerung vorgeschaltet werden soll oder nicht. Es liegt auf der Hand, daß die Schwindung um so eher eintritt, je früher der Probekörper der Luft ausgesetzt wird. Da aber in der Praxis die Austrocknung des Betons erst nach mehreren Tagen anhebt, haben manche Prüfanstalten auch die Schwindprobekörper zunächst 7 Tage unter feuchten Säcken gelagert. Und in Anlehnung an das Verfahren bei der Schwindmessung plastischen Mörtels (vgl. S. 406 bis 409) wird sogar eine mehrtägige Wasserlagerung auch

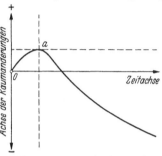

Abb. 2. Ausgangspunkt der Schwindmessungen unter Berücksichtigung der Abbindewärme.

der Beton-Schwindkörper ernstlich erörtert. Es lassen sich für alle Lagerungsarten gleich gute Gründe vorbringen, auch wenn von jenen Gründen abgesehen wird, welche bestimmte Lagerungsarten im Interesse möglichst kleiner Schwindzahlen unterstützen, ein Bestreben, welches schon durch die relative Bedeutung aller Schwindzahlen (vgl. Abschn. F, 1, c) haltlos wird. Maßgebend für die Wahl der Lagerungsart kann nur das Streben um weitestgehend reproduzierbare Schwindwerte und um die Erlangung möglichst deutlicher Unterschiede der Schwindwerte bei den einzelnen Betonarten sein. Angesichts dieses Zieles kann die nicht immer eindeutige Lagerung unter feuchten Säcken nicht als zweckmäßig betrachtet werden. Ob im übrigen die Zimmerluftlagerung unter gleichbleibenden Temperatur- und Feuchtigkeitsverhältnissen *sogleich* nach dem Entschalen der Probekörper oder aber zunächst eine Wasserlagerung und dann anschließend erst die Zimmerluftlagerung die gewünschten deutlichen Unterschiede im Schwindverhalten verschiedener Betone bringt, steht noch nicht einwandfrei fest. Gegen eine Wasserlagerung nach der Entschalung spricht vor allem der Umstand, daß z. B. schnell erhärtende Betone am Ende der Wasserlagerung, während welcher sie nicht geschwunden, sondern sogar gequollen sind, bereits eine höhere Festigkeit aufweisen als langsam erhärtende Betone und daher den Schwindkräften besser widerstehen mit dem Erfolg, daß kleinere Schwindmaße herauskommen, während dies bei reiner Zimmerluftlagerung wie auch in der Praxis häufig umgekehrt der Fall ist. Verfasser hat bisher sofort nach der Entschalung die Luftlagerung im Klimaraum jeder anderen Lagerung vorgezogen und glaubt, daß dieses Verfahren die erwünschten deutlichen Unterschiede im Verhalten verschiedener Betone, vielleicht sogar die vergeblich gesuchte Parallelität zum Schwindverhalten der plastischen

Mörtel bringen wird. Welches Meßverfahren man hierbei auch anwenden mag, hat man die Möglichkeit, die 1. Messung nach der Wegnahme der Seiten- und Stirnteile der Formen im allgemeinen 24 Stunden nach der Herstellung anzustellen, auf die dann die späteren Messungen bezogen werden können.

f) Meßverfahren im einzelnen.

1. Meßverfahren mit ortsfesten Geräten. In wenigen Fällen sind Schwindmessungen mit den von der Elastizitätsmessung her bekannten Spiegelgeräten (vgl. Abschn. VI D 2, b, S. 483) durchgeführt worden, ein Verfahren, welches, sichere Lage der Fernrohre auf die Dauer der Messungen vorausgesetzt, sehr genaue Werte liefert, wofern die Schwindmaße nicht so groß werden, daß die Spiegel umfallen. Die hohen Kosten für Spiegel und Fernrohre, die sich mit der Zahl der Probekörper vervielfachen, verbieten die allgemeine Anwendung dieses Verfahrens.

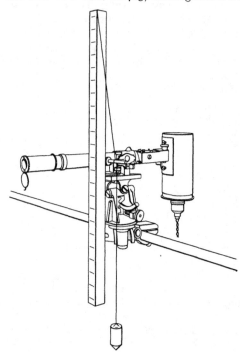

Abb. 3. Projektor nach Glanville.

Eine sinnreiche Abwandlung dieses Verfahrens fand Glanville[1], indem er sich wenigstens die Vervielfachung des Fernrohres ersparte. Bei seinem zu Messungen des Kriechens und Schwindens von Beton benützten Verfahren wählte er nicht Schneidenspiegel, sondern Rollenspiegel, die in keinem Falle umfallen konnten. Die auf gegenüberliegenden Seiten des zu messenden Körpers angeordneten Rollenspiegel waren durch je einen festen Spiegel ergänzt. Die Drehung der Rollenspiegel wurde mit Hilfe eines in den Spiegel projizierten und von diesem auf einen Maßstab zurückgeworfenen Lichtbandes verfolgt. Der das Lichtband werfende Projektor — ein ausgedientes Geschützfernrohr, das an Stelle des Okulars einen Schlitz besaß — wurde *bei jeder Messung* gegenüber dem Versuchskörper erneut in Position gebracht. Die Roheinstellung des Projektors erfolgte auf einer quer zu den Proben verlaufenden Führungsstange (vgl. Abb. 3); die Feineinstellung mit Hilfe von Mikrometerschrauben. Durch ein Bleilot, durch Einstellung des Lichtbandes auf eine Marke im festen Spiegel und schließlich durch Ausrichtung des Schattens eines im Schlitz verlaufenden Drahtes auf die Mitte der Meßskala wurde das Projektionsgerät jeweils scharf in die alte Lage gebracht. Diese gegen Interferenz sichere und rasch durchführbare Einstellung gestattet die Messung einer größeren Zahl von Probekörpern mit Hilfe eines einzigen Projektors und einer einzigen Skala.

Ein grundsätzlich anderes Verfahren benützt ortsfeste *Zeigergeräte*[2]. Von solchen Zeigergeräten seien wenigstens jene genannt, die im Handel in größerer Zahl gleicher Ausführungen ohne weiteres zu haben sind. Es sind dies die

---

[1] Glanville: Creep or Flow of Concrete. Building Research Technical Paper Bd. 12 (1930).
[2] Vgl. auch Bd. I, S. 500.

OKHUIZEN-Apparate und die HUGGENBERGER-Tensometer (über letztere vgl. Abb. 4). Die von Haus aus 2 cm betragende Meßstrecken dieser Geräte werden durch Verlängerungsstangen auf 20 oder 50 cm für die Zwecke der Schwindmessungen verlängert. Auch diese Geräte sind, wenngleich im Preise günstiger als die Spiegelausrüstungen, noch immer zu aufwendig.

Neben der Kostenfrage erweisen sich 2 weitere Umstände als hindernd für die Anwendung ortsfester Geräte, nämlich der Umstand, daß diese Geräte erst nach Entschalung der Probekörper und nachdem diese eine gewisse Festigkeit erlangt haben, angesetzt werden können und ferner der noch unangenehmere Umstand, daß nur eine Luftlagerung der Proben während der Dauer der Messung möglich ist. Irgendeine Sonderbehandlung der Probekörper, wie Lagerung unter feuchten Tüchern, Wasserlagerung oder Wechsellagerung, scheidet aus. Der Ver-

Abb. 4. Tensometer.

such, den vom Meßgerät freien Teil des Prüflings mit einem Strumpf zu überziehen, der dochtartig in Wasser hineinreicht, ist nicht glücklich.

Es versteht sich von selbst, daß die bisher genannten Geräte, bei denen für die Messung wesentliche Teile aus Metall bestehen, nur erfolgreich in Verbindung mit Klimaräumen eingesetzt werden können.

Eine Art Übergang von den Meßverfahren mit ortsfesten Geräten zu den unter Abschn. F, 1, f, 2 zu behandelnden Verfahren bildet das in Abb. 5 schematisch wiedergegebene Meßverfahren. Es werden schon bei der Herstellung der Versuchskörper winkelförmige Metall- oder Glasteile so einbetoniert, daß deren kleiner

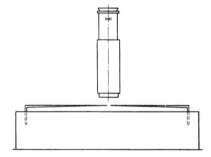

Abb. 5. Vereinfachte optische Messung.

Schenkel im Beton verankert ist und der freistehende große Schenkel mit seinen Enden die Fixpunkte bildet, deren Entfernung bzw. Bewegung lediglich mit Hilfe eines einzigen Meßmikroskops beobachtet wird. Selbstverständlich hängt die Genauigkeit der Meßergebnisse von der Längenkonstanz der langen Schenkel und der Unversehrtheit und der Schärfe der als Meßmarken dienenden Enden der langen Schenkel ab. Dieses Verfahren wurde unter anderem von SPINDEL[1] angewandt.

[1] SPINDEL: Über die Schwindung von Zement und Beton. Beton u. Eisen Bd. 35 (1936) S. 247.

Zu den Meßverfahren mit ortsfesten Geräten gehören schließlich noch jene Meßmethoden, welche die Veränderungen des Rauminhaltes von Zement, Mörtel und Beton unmittelbar im Raummaß zu erfassen versuchen. Das Prinzip dieser Verfahren ist in Abb. 6 veranschaulicht.

Die mit einer wasserdichten Hülle versehenen oder unmittelbar in eine Gummihaut hinein verdichteten Betone werden in einen Flüssigkeitsraum getaucht, der in eine feine Meßröhre endet. Die Veränderungen des Flüssigkeitsstandes in der enge Röhre zeigen, sofern Lufteinschlüsse vermieden und thermische Einflüsse ausgeschaltet sind, unmittelbar die Raumänderungen des Betons an. Da aber der vollkommen luftabgeschlossene Betonkörper in diesem Falle nicht austrocknen kann, haben solche Meßverfahren weniger Bedeutung im Rahmen der Schwindmessungen des erhärtenden Betons; sie können zur Gewinnung von Aufschlüssen über die Raumänderungen in der noch unabgebundenen Masse wertvolle Dienste leisten. In erster Linie kommen diese Verfahren für die Untersuchung reiner Zement-Wassergemische in Frage, weniger für das Studium des unabgebundenen Grobbetons.

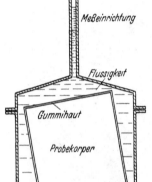

Meßeinrichtung

Flüssigkeit

Gummihaut

Probekörper

Abb. 6. Raumveränderungen, gemessen durch Flüssigkeitsverdrängung.

2. *Meßverfahren mit Geräten, die jeweils nur zum Zeitpunkt der Messung an die Probekörper angesetzt werden.* Im Grundsatz kann man die mechanische Messung mit Mikrometerschrauben oder Meßuhren und die optische Messung auseinanderhalten. Hierbei ist ohne weiteres klar, daß die optische Messung, welche die Fixpunkte nur von außen her anzielt, ohne sie zu berühren, frühere, d. h. weichere Stadien des Betons zu erfassen gestattet als die mechanische Messung, bei welcher die Fixpunkte betastet, ja sogar unter gelinden Druck gesetzt werden.

Unter den mechanischen Geräten sind zunächst die nach dem Prinzip des bekannten BAUSCHINGER-Tasters entwickelten Geräte zu nennen. Es handelt sich also im Grundsatz um U-förmige Meßbügel mit Mikrometerschrauben, wobei — wie beim BAUSCHINGER-Gerät — bald der zu messende Versuchskörper festliegt und der bewegliche Meßbügel in die Höhe der am Probekörper angebrachten Meßmarken eingestellt wird, bald der Meßbügel unverrückbar feststeht und die Betonprobe selbst auf Böcken mit Einstellschrauben in die Achse der Meßbügelbolzen ausgerichtet wird. Die Probekörper liegen im Augenblick der Messung meist waagerecht; diese Lage sichert die Unversehrtheit der Meßmarken am ehesten. Die bei anderen Verfahren gewählte senkrechte Lage der Probekörper, die unter Umständen zu einer Belastung des unteren Meßbolzens durch das Probeneigengewicht führt, bei anderen Ausbildungen zu einer Belastung des oberen Meßbolzens durch das Gewicht des Meßapparates, verbietet sich um so eher, je höher das Gewicht der Proben bzw. des Meßapparates wird und in je jüngerem Alter des Betons mit dem Messen begonnen werden soll.

Bei allen Feinmessungen mit Mikrometerschrauben oder Meßuhren ist die Ablesung von der Stärke der Berührung abhängig. Die Geräte dieser Art arbeiten daher entweder mit gefederten Fühlhebeln oder mit Federdrücken; in manchen Fällen, bei denen auch die Messung erstmals im noch halbweichen Zustande des Betons angestrebt wurde und auch kleinste Federdrücke unter Umständen ein Verschieben der Meßmarken verursachen könnten, wurde es mit Schwachstrom-Kontaktmeldern versucht. Verfasser hat bei Messungen der letzteren Art so gleichmäßige Berührungen erzielt, daß bei hunderten von

Ablesungen an der Mikrometerschraube die Ergebnisse auf $1 \cdot 10^{-3}$ mm übereinstimmten.

Die entwickelten Geräte haben alle ihre Vorzüge an ihrem Platze. Die Entscheidung über das zweckmäßigste Verfahren setzt die Beantwortung der auf S. 498 entwickelten Frage über die erstmalige Messung voraus. Da diese Antwort noch nicht gefallen ist, steht auch die endgültige Entscheidung über das Verfahren selbst noch aus.

Ohne auf die verschiedenen Entwicklungsstadien der zahlreichen mechanischen Meßgeräte einzugehen, wird im folgenden ein kurzer Überblick über die wichtigsten Geräte gegeben.

Das in Abb. 7 wiedergegebene, vom Verfasser jahrelang benützte Gerät dient zur Messung von Betonkörpern 10 × 10 × 50 oder 12 × 12 × 50 cm. Ein im Grundsatz U-förmiger Meßrahmen mit schwerer Grundplatte trägt am einen Schenkel den festen Anschlagbolzen, am anderen Schenkel die Mikrometerschraube. Anschlagbolzen und Mikrometerspindel besitzen genau eben und parallel geschliffene Endflächen. Zwei Lagerböcke, die namentlich zur Messung schwererer Versuchskörper zweckmäßig nicht auf die Grundplatte des Meßrahmens ab gestützt, sondern durch eine Aussparung in der Grundplatte getrennt gelagert werden, nehmen den Meßkörper auf, der durch Einstellschrauben in der Höhe und in der Querrichtung genau in die Meßachse ausgerichtet werden kann. Die Stellschrauben, welche die Querverschiebung des Probekörpers

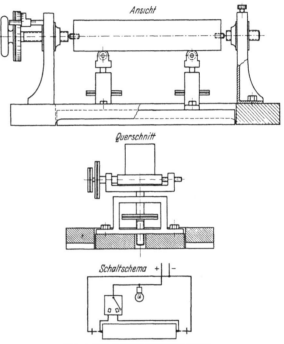

Abb. 7. Mikrometermeßgerät für Beton.

ermöglichen, sind von Stahlwalzen umgeben; letztere, durch Fingerrad betätigt, gestatten die Verschiebung des Prüflings in der Längsrichtung bis zur Berührung seiner Meßmarke mit dem Anschlagbolzen. Nach Betätigung der Mikrometerschraube bis zu ihrer Berührung mit der zweiten Meßmarke des Meßkörpers erfolgt die Ablesung am Mikrometer. Die Berührung am Anschlagbolzen und an der Mikrometerspindel meldet ein Schwachstromkontakt. — Die aus Hartmessing bestehenden, mittig in den Stirnflächen der Meßprismen eingesetzten Bolzen endigen in einem schwach abgestumpften Kegel. Die abgestumpfte Spitze kann durch Betätigung der Einstellschrauben an den Lagerböcken hinreichend genau auf die durch einen kleinen Kreis umrissene Mitte der Endfläche des Anschlagbolzens bzw. der Mikrometerspindel eingestellt werden. Bei den verschiedenen Messungen nehmen die Seitenflächen der Meßprismen stets die gleiche Lage zum Meßgerät ein. — Die Meßbolzen am Probekörper tragen Gewindehals und werden durch eine Flügelmutter in einer Bohrung des Stirnteiles der Schalung so festgehalten, daß sie bereits bei der Herstellung der Probekörper einbetoniert werden können. Sie ragen über die Flügelmutter selbst soweit heraus, daß auch eine Messung des Probekörpers in der Schalung sogleich nach dem Betonieren möglich ist. Meßgerät und Probekörper lagern in einem Klimaraum mit der Temperatur von 20° und einer relativen Luftfeuchtigkeit von 65%. Als zusätzliche Sicherung wird gleichwohl die Normallänge des Meßrahmens mit Hilfe eines Normalmaßstabes überwacht, der jeweils ebenfalls mit Hilfe der Einstellvorrichtungen an den Lagerböcken in die Meßlage gebracht wird.

Ein Großgerät mit Mikrometerschraube benützte Glanville [1] zur Messung unbewehrter wie bewehrter Balken der Abmessungen $92 \times 15 \times 15$ cm. Das Gerät besteht aus einem rechteckigen Stahlrahmen, der auf der einen Schmalseite den Anschlagbolzen, auf der anderen Schmalseite die Mikrometerspindel trägt. Der ganze schwere Meßrahmen ist an Seilrollen mit Gegengewichten so aufgehängt, daß er in jede gewünschte Horizontallage eingestellt werden kann. Der waagerecht liegende große Probekörper sitzt auf einer Tragbahre, die ihrerseits wieder auf einem mit Schwenkrädern versehenen kleinen Wagen ruht, mit dem der Prüfling unter den Meßrahmen gefahren wird. An den Stirnflächen der Balken sitzen mittig

Abb. 8. Schwindmeßgerat nach Amsler.

Stahlbolzen, die in Halbkugeln von 6 mm Dmr. endigen und als Meßmarke dienen. Der Meßrahmen wird so herabgelassen, daß das eine kugelige Bolzenende in die entsprechende Kugelpfanne im Anschlagbolzen des Meßrahmens, das andere kugelige Bolzenende in die Kugelpfanne der Mikrometerspindel hineingreift, ohne daß der Meßrahmen den Prüfling belastet. Die Messungen wurden im übrigen im Klimaraum bei $t = 20°$ durchgeführt. — Bei der waagerechten Lage des Prüflings und des Gewichtes sowohl des Meßrahmens als auch des Prüflings bleibt fraglich, ob die kugeligen Enden der Meßbolzen stets satt und mit gleichem Druck in den zugehörigen Pfannen ruhen.

Dem beschriebenen Großgerät von Glanville ist im Prinzip im wesentlichen ähnlich das im Handel befindliche Schwindmeßgerät von Amsler, Abb. 8. Es dient zur Messung von Proben von $50 \times 10 \times 10$ cm Kantenlänge. Der Gerät besteht aus einem rechteckigen Meßrahmen, dessen Längsteile zur Verringerung des Gewichtes hohl sind. Anschlagbolzen einerseits und Mikrometerspindel andererseits endigen in einer genau ebenen Fläche. Meßmarken am Probekörper sind zwei Stahlkugeln, welche durch einen Spannrahmen (Abb. 8, rechts) in kugelige Vertiefungen gedrückt werden, die bereits beim Betonieren ausgespart werden. Die Längsstäbe des Spannrahmens bilden gleichzeitig die Führung für den Meßrahmen, der so über den Probekörper gestülpt wird, daß 4 Rädchen auf den Längsstäben des Spannrahmens aufsitzen. Eine vor die Mikrometerschraube geschaltete Feder sorgt für gleichbleibenden Berührungsdruck beim Anlegen der Mikrometerschraube. Im Aufbewahrungskasten des Gerätes ruhen die 4 Rädchen des Meßrahmens so auf 2 Führungsschienen, daß die Achse von Mitte Anschlagbolzen zu Mitte Mikrometerspindel genau in die Achse eines Normalmaßstabes zu liegen kommt. Durch Betätigung der Mikrometerschraube kann so auf einfache Weise die Soll-Länge des Meßrahmens überwacht werden. Der aus Metall von geringer Wärmeausdehnungszahl bestehende Normalmaßstab ist zum besseren Schutz gegenüber Temperaturwechsel in einem dicken Holzklotz eingebettet.

---

[1] Glanville: Shrinkage Stresses. Building Research Technical Paper Bd. 11 (1930).

Beim AMSLER-Gerät bedarf jeder Probekörper seines besonderen Spannrahmens, ein Nachteil, der bei Leichtbetonproben noch dadurch vergrößert wird, daß unter Umständen der Spannrahmendruck die Stahlkugeln langsam in den wenig festen Beton hineinpreßt. Beide Nachteile hat der Verfasser bei jahrelangen Messungen wie folgt vermieden erfolgreich: An Stelle der Stahlkugeln dienen als Meßmarken kugelig endende, in Messingröhrchen mit Gewindehals eingekittete Glasstäbe. Diese werden, wie bei dem auf S. 503 beschriebenen Gerät, zunächst mit Hilfe von Flügelmuttern an den Stirnteilen der Formen festgeschraubt und bereits bei der Probenfertigung einbetoniert. Zur Vermeidung von Spannungen werden die Flügelmuttern bereits nach wenigen Stunden gelockert bzw. gelöst. An die Stelle der hier entbehrlichen Spannrahmen tritt zur Führung des Meßrahmens ein einziger mit Stellschrauben ausgerüsteter Führungsbock, auf dessen Längsschienen nunmehr die Rädchen des Meßrahmens laufen. Die Stellschrauben gestatten die Höhen- und Seiteneinstellung der Meßrahmenachse in die Achse der Meßbolzen.

Die bisher beschriebenen mechanischen Geräte haben als Hauptbestandteil eine Mikrometerschraube mit zumeist einer Teilung von $^1/_{100}$ mm. Durch Schätzung kann ein $^1/_{1000}$ mm abgelesen werden. Unter Berücksichtigung der Genauigkeit der Ausrichtung der Probekörper ergibt sich im allgemeinen eine Genauigkeit der Ablesung von $\pm\,^1/_{1000}$ bis $\pm\,^2/_{1000}$ mm, die Ausschaltung thermischer Einflüsse vorausgesetzt.

Die früher bevorzugte Mikrometerschraube bei den mechanischen Meßgeräten ist später durch die Feinmeßuhr ersetzt worden mit dem Vorteil, daß die Messungen bei etwa gleicher Genauigkeit viel schneller durchgeführt werden können. Voraussetzung hierbei ist jedoch, daß der Führungsbolzen der Meßuhr so vor Korrosion und Verschmutzung gesichert ist, daß er stets leicht läuft und mit gleichem Federdruck arbeitet.

Das von der Prüfung plastischer Mörtel her bereits bekannte Schwindmeßgerät nach GRAF-KAUFMANN (vgl. S. 407) stellt ein gut durch

Abb. 9. Schwindmeßgerat nach GRAF-KAUFMANN.

gebildetes Gerät mit Feinmeßuhr dar (Abb. 9). Es ist in einer größeren, im übrigen aber gleichen Ausführung auch bereits zur Messung von Betonprismen $50\times10\times10$ cm verwendet worden. Hierbei tritt aber unter Umständen die bereits S. 502 berührte Schwierigkeit auf, daß im Augenblick der Messung das ganze Gewicht des Meßgerätes auf dem oberen Meßbolzen des senkrecht stehenden Probekörpers lastet. Ohne den Bolzen in den Beton hineinzudrücken, kann man also die erste Messung erst nach einer gewissen Verfestigung des Betons anstellen, wie es auch bei der Prüfung plastischer Mörtel bisher vorgesehen ist. Die Hohlausbildung des Gerätes in seinen Längsteilen bedeutet nur eine geringe Linderung dieser Schwierigkeit. Es ist zu wünschen, daß das ausgezeichnete Gerät auch für die Messung früherer Betonstadien eingerichtet wird, etwa dadurch, daß sein Eigengewicht durch

Federkraft oder Gegengewichte so aufgewogen wird, daß der obere Meßbolzen nur einen schwachen Berührungsdruck erhält.

Die bisher kurz beschriebenen oder diesen ähnlichen mechanisch wirkenden Meßgeräte dienen vornehmlich der Achsenmessung; sie sind nur ausnahmsweise auch zu Oberflächenmessungen benützt worden, wobei die im Prüfling sonst mittig angeordneten Meßbolzen durch an der Oberfläche der Längsseiten sitzende flache Bolzen ersetzt worden sind. Für die Oberflächenmessungen selbst sind seit einigen Jahren die sog. Setzdehnungsmesser im Vordringen.

In Mitteleuropa im Handel ist der Setzdehnungsmesser (Deformeter) der Fa. Huggenberger, Zürich (vgl. Abb. 10), ein Gerät, das offenbar in Fortbildung des älteren Setzdehnungsmessers Bauart WHITTEMORE entstanden ist, welch letzteres auch bei den in Heft 77 des Deutschen Ausschusses für Eisenbeton beschriebenen Versuchen als Vorbild dient. Das Gerät wird für Meßlängen von 127 bis 1016 mm gebaut. Der für Schwindmessungen bevorzugte Apparat von 254 mm Meßlänge weist einen Meßbereich von ± 4 mm auf; ein Teilstrichabstand

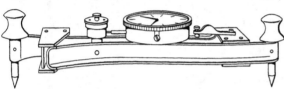

Abb. 10. Setzdehnungsmesser nach HUGGENBERGER [1].

der Skala, der im übrigen Zehntel zu schätzen gestattet, entspricht einer Verschiebung von rd. 0,0025 mm. Zwei parallel verlaufende, am Ende einwärts gebogene Längsschienen tragen am Ende je einen Taststift; die Schienen sind in der Querrichtung durch 2 Stahlbänder verbunden. Im Raume zwischen Stahlbändern und Längsschienen sitzt, mit der einen Längsschiene verbunden, eine Meßuhr, deren Taster gegen einen Anschlag der anderen Längsschiene stößt. Durch entsprechende Wahl der Werkstoffe und die Bemessung der Einzelteile ist dem Einfluß von Temperaturschwankungen entgegengewirkt. Bei der Messung selbst werden die kegelförmigen, gehärteten Spitzen der Taststifte in die kegelförmigen Vertiefungen von eisernen Setzbolzen eingeführt. Bei leichter Bewegung des Gerätes um seine Längsachse bewegt sich der Zeiger der Feinmeßuhr hin und her; die Ablesung erfolgt hierbei an dem Punkt, an dem der Zeiger seinen Bewegungssinn ändert. Zu dem Gerät gehört ein Prüfstab aus Invarstahl, mit dessen Hilfe die Länge des Gerätes überwacht wird. Die Setzbolzen, die auch mit aufschraubbaren Deckeln gegen Schmutz und Beschädigung geliefert werden, werden im allgemeinen nachträglich in den Betonkörper einzementiert. Es bestehen indessen kaum irgendwelche Schwierigkeiten, sie in vielen Fällen gleich bei der Herstellung der Probekörper einzubetonieren, wobei sie zunächst in der auf S. 503 geschilderten oder ähnlichen Weise vorläufig an die Schalung geschraubt werden.

Ein weiterer Setzdehnungsmesser von hoher Meßgenauigkeit ist für die unter Leitung von Professor GRAF-Stuttgart stehenden Untersuchungen an den Straßenplatten der Reichsautobahnen entwickelt worden (Abb. 11). Das für einen Meßbereich von 2 mm gebaute Gerät ist in der Zeitschrift des Vereines Deutscher Ingenieure [2] beschrieben worden.

Auch die Setzdehnungsmesser gestatten nur die Verfolgung der Raumänderungen nach Erreichung einer gewissen Festigkeit des Betons. Unabhängiger von der Festigkeit des Betons sind die Meßgeräte auf optischer Grundlage, da sie, wie bereits ausgeführt, die Fixpunkte nur von außen her anzielen und nicht berühren. Von den Geräten dieser Art seien genannt der Komparator von Leitz [3]

[1] Vgl. auch Bd. I, S. 509.

[2] Z. VDI Bd. 80 (1936) Nr. 37, S. 1128.

[3] GUTTMANN, A.: Die Bestimmung der räumlichen Veränderungen von Zementen mit Komparator. Zement Bd. 7 (1918) S. 44.

und der in Abb. 12 dargestellte Komparator; der letztere sei etwas näher beschrieben. Ein in seiner Längsrichtung verschieblicher Tisch nimmt die Betonprobe auf (Prismen von im allgemeinen 10 × 10 × 50 cm). Neben dem Tisch

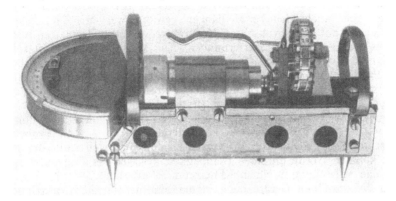

Abb. 11. Setzdehnungsmesser des Instituts für die Materialprüfungen des Bauwesens
an der Technischen Hochschule Stuttgart.

sitzt eine feste Führungsschiene, auf welcher die eigentlichen Meßinstrumente — 2 Mikroskope mit 100facher Vergrößerung — verschieblich sitzen. Das eine Mikroskop enthält ein festes Fadenkreuz, das andere Mikroskop eine mit einer Mikrometertrommel in Verbindung stehende Marke, die über einen in der Meßrichtung

Abb. 12. Komparator.

liegenden festen Glasmaßstab mit einem Abstand der Teilstriche von 50 μ hinwegbewegt werden kann. Da eine Trommelumdrehung einer Längsverschiebung der beweglichen Marke von 50 μ gleichkommt und die Trommel selbst 50 Teilstriche trägt, so wird die Länge mit einer Genauigkeit von 1 μ ablesbar und durch Schätzung zwischen den Teilstrichen mindestens mit einer Genauigkeit von 0,5 μ feststellbar. Die Probekörper erhalten auf einer Längsoberfläche Glasplättchen, in die mit einem besonderen Reißerwerk im erforderlichen Abstand feine Marken geritzt werden. Die Meßlänge beträgt maximal 400 mm; es können aber auch kleinere Meßlängen gewählt werden. Zum Einstellen der Mikroskope auf die gewünschten Meßstrecken dienen Glasplatten mit Rißmarken in den betreffenden Entfernungen. Die Messung selbst erfolgt in der Weise, daß das feste Fadenkreuz im einen Mikroskop mit der ersten Rißmarke auf dem Prüfling zur Deckung gebracht, und sodann die bewegliche Strichmarke im anderen Mikroskop durch Drehung der Mikrometertrommel auf die andere Rißmarke am Prüfling eingestellt wird. Iʃs werden auf diese Weise stets wahre Längen gemessen, so daß die Längenänderungen durch Differenzenbildung gewonnen werden. Die Glasplättchen können relativ früh auf die Probekörper aufgesetzt werden, weshalb die Messungen schon im jungen Alter des Betons beginnen können. Wenn die hohe Genauigkeit des Gerätes ausgenützt werden soll, ist seine Aufstellung in einem Klimaraum erforderlich.

Wenn die optischen Geräte auch in der Hauptsache der Ermittlung von Längenänderungen an den Körperoberflächen dienen, so sind doch auch Achsenmessungen durchaus möglich. Die Mikroskope werden in diesem Falle auf Strichmarken eingestellt, die auf Bolzen in der Mitte der Stirnseiten der Probekörper sitzen. Bei den handelsüblichen Geräten ist aber diese Art von Messung dadurch etwas erschwert, daß die Mikroskope sehr nahe an die Strichmarken herangeschraubt werden müssen, so daß sie beim Herausnehmen der Proben in Gefahr stehen, angestoßen zu werden, sofern sie nicht jeweils weit zurückgeschraubt werden.

g) Sonderverfahren.

Ergänzend seien noch einige kurze Andeutungen über die Verfahren der mittelbaren Erfassung von Schwindvorgängen auf dem Wege über Spannungsmessungen bzw. über künstlich erzeugte Rißbilder gemacht.

Bei den direkten Schwind-Spannungsmessungen werden im Grundsatz die Betonkörper durch eine langsam wachsende Zugkraft in der Weise beansprucht, daß das Schwinden in jedem Augenblick durch die elastischen und plastischen Formänderungen des Betons unter der jeweiligen Zugkraft aufgewogen ist. Das Verfahren sei in Abb. 13 am Beispiel der Versuchsanordnung von F. G. Thomas [1] veranschaulicht. Die Zugkraft wird dort durch Federkraft ausgeübt; dies kann indessen auch durch ungleicharmige Hebel geschehen. An Dehnungsmessern, welche seitlich angebracht sind, wird überwacht, daß die Längsformänderung stets gleich Null bleibt. — Solche Messungen dürfen deshalb eine gewisse Aufmerksamkeit beanspruchen, weil sie unter der Voraussetzung, daß der Versuch bereits im Alter der Proben von wenigen Tagen beginnt, schon in einer Zeit von 2 bis 3 Wochen durch Rißbildung zu Ende gehen, also eine Art Schnellprüfung darstellen. Wegen der *vollständigen* Behinderung der Schwindformänderungen — diese ist in der Praxis äußerst selten — liegt hier allerdings ein scharfes Verfahren vor. Selbstverständlich hat man es in der Hand, entweder die Behinderung des Schwindens erst später einsetzen zu lassen oder aber das Schwinden nur teilweise zu verhindern in dem Sinne, daß die angewandte Zugkraft nur soweit gesteigert wird, daß noch eine gewisse Schwindung möglich ist. Versuche dieser Art können selbstverständlich nur in Klimaräumen mit Erfolg ausgeführt werden, damit jeder andere spannungserzeugende Einfluß, wie Temperatur- und Feuchtigkeitswechsel, mit Sicherheit ausgeschaltet ist.

---

[1] Thomas: Shrinkage Cracking of Restrained Concrete Members. Int. Verb. Mat.-Prüf. Kongr. Lond. 1937, S. 287. — Ein gleicher Vorschlag stammt von Prof. K. Kammüller-Karlsruhe.

In einer ähnlichen Linie bewegt sich jenes Verfahren, bei welchem die Schwindneigung eines Mörtels oder Betons durch die Abnahme der Zugfestigkeit oder der
Biegezugfestigkeit unter Schwindspannungen zu erfassen versucht wird [1]. Es ist
seit langem bekannt, daß die Biegezugfestigkeit zement-
gebundener Massen kurz nach dem Übergang von einer
Wasserlagerung zur Luftlagerung vorübergehend sinkt.
Die Erscheinung erklärt sich bekanntlich daraus, daß
die schneller als der Kern trocknende Oberfläche solcher
Körper schneller zu schwinden trachtet, aber durch den
nachhinkenden Kern behindert wird. Je nach der
Schwindneigung der Masse entstehen daher an der Ober-
flächen mehr oder weniger große Schwindzugspannungen.
Sie führen, bis der Spannungsausgleich einigermaßen
erfolgt ist, zu geringerer Biegefestigkeit. Das Maß der
Abnahme der Biegezugfestigkeit entspricht dem Schwind-
spannungseinfluß und kann daher als Maßstab für die
Schwindneigung der Masse betrachtet werden. — Dieses
Verfahren ist von Professor GRAF bei der Auswahl von
Straßenbauzementen für die Reichsautobahnen vorge-
schlagen und angewandt worden [2].

Das Wesentliche der Verfahren zur mittelbaren Erfassung von Schwindvorgängen auf dem Wege über
künstlich erzeugte Rißbilder besteht darin, daß die
Mörtel- oder Betonproben durch entsprechende Vorkehrungen so am Schwinden gehindert werden, daß Risse
entstehen. Bei den erstmaligen Versuchen dieser Art
erfolgte die Behinderung des Schwindens dadurch, daß
mittig in die Längsachse langer Mörtel- oder Betonprismen Stahlstäbe entsprechender Dicke einbetoniert
wurden, die zur Verringerung des Gleitens ein grobes
Gewinde trugen (Abb. 14). Bei anderen Versuchen dieser
Art wurde der Mörtel bzw. Beton auf geriffelte oder
gelochte lange Stahlschienen aufgetragen (Abb. 15). Beide

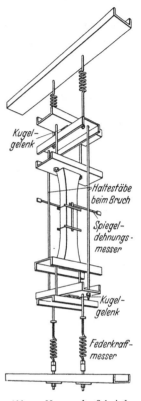

Abb. 13. Messung der Schwindspannungen nach THOMAS.

Abb. 14. Schraubenspindelversuch nach HUMMEL.   Abb. 15. Riffelblechversuch nach HUMMEL.

Verfahren, bei denen im wesentlichen die Querrißbildung beobachtet wurde, sind
erstmals vom Verfasser angewandt [3, 4] und später auch in Schweden verfolgt
worden [5, 6].

Das Verfahren Abb. 14 hat den Vorzug zentrischer Beanspruchung der untersuchten Mörtel- oder Betonmasse, jedoch den Nachteil, daß wegen der gleichzeitigen Klemmwirkung zumeist ein Längsriß in der Probe auftaucht, der Zahl

[1] Vgl. BACH u. GRAF: Forsch.-Arb. Ing.-Wes. Heft 72 bis 74 (1909) S. 103 f.
[2] GRAF, O.: Aus neueren Versuchen für den Betonstraßenbau. Straßenbautagung
1938, S. 162. Verlag Volk und Reich 1938.
[3] Zement Bd. 19 (1930) S. 1065.   [4] Tonind.-Ztg. Bd. 58 (1934) S. 1043.
[5] Tonind.-Ztg. Bd. 58 (1934) S. 485.
[6] In ähnlicher Richtung bewegt sich der während der Drucklegung dieser Arbeit veröffentlichte Vorschlag Prof. GRÜNS, der den Beton ringförmig um einen Stahlblechring
herumlegt [Betonstraße 14. Jahrg. (1939) S. 32]. Der gerade Stab besitzt aber den Vorzug
klarerer Spannungsverhältnisse.

und Verlauf der für die Beurteilung wichtigen Querrisse ungünstig beeinflußt. Dieser Mangel ist bei Verfahren Abb. 15 vermieden, bei welchem ziemlich schnurgerade Querrisse entstehen. — Wenn die Versuchskörper zu kurz bemessen werden, so kann es sein, daß die Längenänderungen bzw. Spannungen nicht groß genug werden, um sichtbare Risse auszulösen. In solchen Fällen kann man nach einem weiteren Vorschlag des Verfassers zu Ergebnissen gelangen, wenn die hindernden Medien — der Stahlstab oder die geriffelten Schienen — hohl ausgebildet und zu einem bestimmten Alter des Betons rasch mit Wasser höherer Temperatur beschickt werden. Auf diese Weise erfährt das hindernde Metall eine rasche Verlängerung mit dem Erfolg, daß die Spannungen im Mörtel bzw. Beton schnell anwachsen und zu Rissen führen. — Wenn berücksichtigt wird, daß z. B. schon bei einem so einfachen System wie dem Betonbalken auf 2 Stützen, der durch eine Einzellast in Balkenmitte zu Bruch gebracht wird, Verlauf und Lage der Rißbildung vielfach wechseln, wird nicht zu erwarten sein, daß das Rißbild bei den oben beschriebenen Schwindkörpern einfach zu lesen wäre. Die Auswertung muß nach Fehlerpunktsystemen erfolgen. Im übrigen bedürfen die Verfahren noch der Weiterentwicklung, um zu den günstigsten Längen und Querschnitten der Probekörper und der hindernden Medien zu kommen. Die einst vorgebrachte Bemängelung, die Ergebnisse besäßen nur relative Bedeutung, wiegt heute nicht mehr schwer, nachdem inzwischen festgestellt worden ist, daß dies in nicht geringerem Maße auch für alle unmittelbar gemessenen Schwindzahlen zutrifft (vgl. Abschn. F, 1, c). Es bedarf wohl keiner Erläuterung, daß auch Versuche dieser Art unbedingt im Klimaraume angestellt werden müssen.

2. Bestimmung der Längenänderungen an Körpern, die einer lang andauernden Belastung unterworfen sind (Messung des Kriechens).

a) Begriffsbestimmung.

Wird ein Betonkörper einer lang andauernden Belastung (z. B. Druckbelastung) unterworfen, so treten die folgenden Formänderungen auf:

1. die augenblicklichen Formänderungen während der Lastaufbringung; sie sind bei Gebrauchsspannungen fast ausschließlich elastischer Natur;

2. Schwinden bei Luftlagerung des Betons bzw. Quellen bei Wasserlagerung oder Feuchtlagerung;

3. die Formänderungen infolge von Temperaturwechseln (thermische Dehnungen bzw. Zusammenziehungen);

4. die über Jahre hinaus langsam zunehmenden Formänderungen unter Dauerlast; sie werden heute als „Kriechen" bezeichnet.

Die Meßverfahren zu 1. sind in dem Kapitel VI D von E. Brenner beschrieben. Von den Messungen des Schwindens und Quellens handelte der Abschn. F, 1.

Die Formänderungen zu 3. müssen im Rahmen der hier zu beschreibenden Versuche eliminiert werden, da sie sonst durch das Hin und Her ihrer Bewegungen die anderen Formänderungen, besonders aber die des Kriechens (Ziffer 4) verschleiern. Das Kriechen von Beton kann daher erfolgreich nur bei Lagerung der Probekörper in Klimaräumen verfolgt werden. Die Meßverfahren werden im folgenden beschrieben; eine Normung der Verfahren oder ein Ansatz zu einer solchen liegt bis heute nicht vor.

Das Kriechen unter Dauerlast ergibt sich aus der Gesamtformänderung nach Abzug der Formänderungen zu 1., 2. und 3. Der Verlauf des Kriechens ist am eindeutigsten durch die Kriechkurve als Funktion der Belastungsdauer gekennzeichnet.

b) Einflüsse auf das Kriechen.

Wie beim Schwinden sind wiederum zu unterscheiden:

1. Einflüsse, herrührend von der Zusammensetzung des Betons (innere Einflüsse);

2. Einflüsse der Belastung und der Lagerungsart des Betons (Umweltfaktoren).

Zu den inneren Einflüssen gehören Bindemittelart, Betonmischungsverhältnis, Kornzusammensetzung und mineralogische Beschaffenheit der Zuschlagstoffe, Dichtigkeitsgrad bzw. Porencharakter des Betons, Alter des Betons bei Belastungsbeginn.

Äußere Einflüsse sind: Größe der Dauerspannung, Dauer der Belastung und vor allem Art der Lagerung (Wasserlagerung, Luftlagerung bei verschiedener Luftfeuchtigkeit [1].

Die genannten äußeren Einflüsse bedingen wiederum wesentliche Bestandteile der Versuchsanordnung.

c) Zweck der Messungen.

Die aus dem Elastizitäts-Kurzversuch hervorgehenden E-Moduln können wegen der Kriecherscheinungen nicht zur rechnerischen Ermittlung der Formänderungen unter Dauerlasten herangezogen werden. Das Kriechen macht die Konstruktionen weniger steif und führt beim bewehrten Beton zu Spannungsumlagerungen.

Der Praxis sind Angaben über die Größe des Kriechmaßes für die Regelbetone erwünscht. Allein schon die Tatsache des großen Einflusses der Lagerungsfeuchtigkeit auf die Größe des Kriechmaßes erschwert aber die Erfüllung dieses Wunsches. Da die Austrocknung oder auch die Durchfeuchtung eines Betons von den Körperabmessungen abhängt, können vorläufig an Probekörpern ermittelte Kriechmaße ebenso wie die Schwindmaße nur relative Bedeutung besitzen in dem Sinne, daß ein beim Versuch wenig kriechender Beton auch am Bauwerk unter sonst gleichen äußeren Umwelteinflüssen wenig kriechen wird. Welches absolute Maß aber das Kriechen am Bauwerk haben wird, kann vorläufig aus den Laboratoriumsversuchen nicht eindeutig angegeben werden.

d) Probenform und Meßergebnisse.

Sofern es sich, entsprechend dem unter Abschn. F, 2, c Gesagten, lediglich um die Ermittlung relativer Stoffkonstanten handelt, eignet sich als Probekörper am besten der Zylinder, und zwar mit Rücksicht auf die in Deutschland für Eisenbetonarbeiten übliche Körnung o bis 30 mm der Zylinder von 15 cm Dmr. und einer Höhe von $h = 60$ cm bei Druckversuchen. Bei Zugversuchen vergrößert sich die Höhe um die Länge der Einspannknöpfe. Bei einer seitlichen Meßstrecke von 20 cm befinden sich alsdann die Fixpunkte in den Drittelpunkten des Säulenschaftes, so daß die Meßstrecke frei von Einspannungseinflüssen ist.

Je kleiner der Probekörper, um so größer das Schwindmaß wie das Kriechmaß bei luftgelagertem Beton. Die bei kleineren Probekörpern wachsende Empfindlichkeit gegenüber der Luftfeuchtigkeit spiegelt sich auch im Kriechmaß wieder.

---

[1] Eine Zusammenfassung der Ergebnisse der Kriechforschung bezüglich der Materialfragen findet sich in der Abhandlung A. HUMMEL: Vom Kriechen des Betons unter Dauerspannungen. Wiss. Abh. dtsch. Mat.-Prüf.-Anst. I. Folge, Heft 1.

e) Meßverfahren.

Der Versuch hat zwei Aufgaben zu bewältigen: 1. die Aufbringung und Erhaltung der Dauerlast, 2. die Messung der Formänderungen in den entsprechenden Zeitabständen; hierbei müssen nach Ausschaltung der thermischen Dehnungen elastische Formänderungen bei der Lastaufbringung, Schwinden und Kriechen genau auseinander gehalten werden können. Der Betrag des Schwindens wird hierbei durch gleichzeitige Messung unbelasteter Probekörper der gleichen Abmessungen nach einem der unter Abschn. D, 1 beschriebenen Verfahren ermittelt und von den Gesamtformänderungen abgezogen.

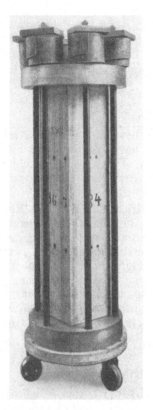

1. Aufbringung der Dauerlast. Das Kriechen interessiert besonders für Druckspannungen von 40 bis 120 kg/cm². Bei den vorgeschlagenen Zylindern von 15 cm Dmr. entspricht dies Gesamtlasten von 7 bis 21 t. Solche Lasten werden entweder mit Hebelübersetzungen oder bequemer mit Federkraft erzeugt; bei der letzteren Anordnung können die Proben auch unter Last transportiert werden.

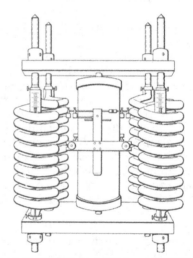

Abb. 16. Dauerbelastung nach GRAF.

Abb. 17. Dauerbelastung mit Hilfe von 4 Spiralfedern.

Ein Beispiel für die Federbelastung findet sich in Heft 77 des Deutschen Ausschusses für Eisenbeton (Abb. 16). Die nachfolgende Abb. 17 zeigt die Belastungsanordnung bei den bekannten Kriechversuchen von GLANVILLE [1]. Mit Hilfe von 4 Wagenfedern und einem System von Eisenstäben wird der Probekörper zwischen Stahlplatten eingeklemmt und unter Druck gehalten. Zur Vermeidung außermittiger Beanspruchungen sind Stahlkugeln zwischengeschaltet.

Die Höhe der Dauerlast kann auf verschiedene Weise erreicht werden. Bei den Versuchen von DAVIS [2] wurden die Versuchskörper samt Belastungssystem zunächst in eine Druckpresse eingesetzt, mit deren Hilfe die gewünschte

---

[1] Vgl. Fußnote 1, S. 500.
[2] DAVIS: Flow of Concrete under sustained Loads. Proc. Amer. Concr. Inst. Bd. 24 (1928) S. 303.

Gesamtlast aufgebracht wurde. Sobald das Manometer der Druckpresse die gewünschte Last anzeigt, werden die Muttern auf die Zugstäbe statt gegen die Stahlplatten aufgeschraubt. Nach Entlastung der Druckpresse kann die nunmehr unter Federkraft stehende Probe mit dem Dauerbelastungssystem aus der Druckpresse herausgenommen und ihrem Lagerplatz zugeführt werden. Die Federkraft bleibt selbstverständlich nur konstant, wenn thermische Dehnungen im System vermieden sind, d. h. wenn die Versuche in Klimaräumen ausgeführt werden. Infolge des Kriechens des Betons muß die Federkraft in entsprechenden Zeitabständen berichtigt werden. Zu diesem Zweck werden die Proben erneut in die Druckpresse eingesetzt und neu belastet. Hierbei werden die Gegenmuttern nachgezogen.

Zur Vereinfachung der Berichtigung sind andere Forscher (vgl. auch Abb. 17) so vorgegangen, daß sie die Stahlfedern mit Skala und Zeiger versahen und die durch Eichung bestimmte Federkraft einfach durch Anziehen der Zugstangenmuttern bis zum Einspielen der Zeiger aufrecht erhielten. Bei der Eichung der Stahlfedern ist hierbei selbstverständlich dem Kriechen der Federn selbst dadurch Rechnung zu tragen, daß diese Federn unter Höchstlast über längere Zeit auf ihre Formänderungen geprüft werden. Bei entsprechender Querschnittsbemessung der Federn läßt sich der Fehler bei der Belastungsgröße unter 1 % halten[1].

2. Die Messung der Formänderungen bei Beton unter Dauerlast. GLANVILLE hat die elastischen Formänderungen, das Schwinden und das Kriechen mit Hilfe des S. 500 beschriebenen optischen Meßverfahrens ermittelt. Bei der Entwicklung der Setzdehnungsmesser (vgl. S. 506 f.) sind heute diese Geräte für die Messung des Schwindens und Kriechens zu bevorzugen. Die Vorteile der Anwendung der Setzdehnungsmesser bestehen darin, daß mit *einem* Gerät alle Probekörper gemessen werden können, wobei die Zahl der Meßstrecken beliebig vermehrt werden kann. Bei Zylindern werden im allgemeinen die Meßstrecken auf 3 Zylinder-Mantellinien angeordnet. Federbelastete Probekörper können, falls wünschenswert, zur Messung auch beliebig in die Waagerechte umgelegt werden. Die Formänderungen während der Lastaufbringung werden zur Erhöhung der Genauigkeit gern mit MARTENSschen Spiegeln verfolgt, was bei der Kürze des Belastungsvorganges durchaus möglich ist, ohne daß die Zahl der Spiegelgeräte über Gebühr vermehrt werden muß.

Bei Großversuchen an zahlreichen Körpern ein und derselben Größe ist es zweckmäßig, die Schalungen für die Probekörper so auszubilden, daß die Meßbolzen, in welche die Spitzen der Setzdehnungsmesser später eingreifen sollen, bereits bei der Probenherstellung einbetoniert werden können. Die Ausbildung von Bolzen mit aufschraubbaren Schutzdeckeln gestattet, die Probekörper jedweder Lagerungsart, auch der Wasserlagerung, zu unterziehen. Gerade dieser Umstand sichert dem Meßverfahren mit Hilfe von Setzdehnungsmessern den Vorrang vor den Spiegelmessungen.

Die bei Dauerbelastung namentlich im höheren Alter des Betons nur sehr langsam zunehmenden Formänderungen können von thermischen Dehnungen verschleiert, ja sogar vollkommen aufgewogen werden, eine Tatsache, der es wahrscheinlich zuzuschreiben ist, daß die Kriechvorgänge im Beton erst so spät erkannt und ernstgenommen worden sind. Der noch immer anzutreffende Glaube, daß man Kriechforschung ohne Klimaräume mit Erfolg treiben könnte, ist daher unverständlich.

---

[1] Im Falle der Abb. 17 sind die Zugstangen als Federn geeicht und benutzt worden.

G. Prüfung des Widerstands des Betons gegen mechanische Abnutzung, gegen Witterungseinflüsse und gegen angreifende Flüssigkeiten.

Von KURT WALZ, Stuttgart.

1. Prüfung des Widerstands gegen mechanische Abnutzung.

Die Prüfverfahren werden hier nur grundsätzlich besprochen; wegen Einzelheiten über die gebräuchlichsten Prüfungen sei auf Abschn. III, A, 21 verwiesen (vgl. auch Abschn. II, B, 12 und F, 13).

a) Allgemeines.

Die Treffsicherheit der zur Verfügung stehenden Prüfverfahren ist je nach der Übereinstimmung der beim Versuch und in der Praxis auftretenden Einwirkungen zu bewerten.

Beläge auf Gehbahnen und Treppen werden vorwiegend durch Schleifen beansprucht, ebenso auf Rutschen, geschiebeführenden Kanäle usw. Bei Fahrbahnen tritt je nach der Art der Benützung noch eine ausgesprochene Stoßwirkung (eisenbereifte Fahrzeuge, Pferdehuf, Schneeketten usw.), oder eine Saugbeanspruchung (Gummireifen) hinzu. Auch die hemmende und fördernde Wirkung von Zwischenschichten wie Staub, scharfer Sand u. ä. spielt eine Rolle.

Mechanisch gesehen wirken auf das Körperelement an der Oberfläche Scher-, Zug- und Stoßkräfte ein, die zu einer Lockerung des Gefüges oder Zerstörung des Stoffes führen. Allen Prüfungen ist gemeinsam, daß der Faktor Zeit, sowohl hinsichtlich des Ablaufs einer Einwirkung, als auch der Folge von Einwirkungen über lange Zeiträume, nicht der Praxis angepaßt werden kann. Da es sich gewöhnlich um kurzfristige Untersuchungen zur raschen Beurteilung der Eignung einer bestimmten Beton- oder Mörtelart vor der Bauausführung handelt, ist auch der Einfluß von Temperatur und Feuchtigkeit (Spannungen und Lockerungen durch Längenänderungen, Erweichung, Verfestigung u. a.) auf den Wirkungsgrad der mechanischen Abnutzkräfte, nur beschränkt durch den Versuch nachzuahmen.

b) Feststellungen an kleinen Proben im Laboratorium.

Prüfverfahren. Die vielartigen Verhältnisse und zum Teil auch der verschiedene Zweck, den die Prüfungen erfüllen sollen, hat zahlreiche Prüfverfahren gezeitigt.

Da es schwer ist, die praktisch verschiedenartigen und verschieden starken Beanspruchungen beim Versuch wiederzugeben, begnügt man sich im allgemeinen mit weitgehend vereinheitlichter Beanspruchung. Der Mechanismus der Einwirkung beim Versuch stimmt daher nicht immer mit der Art der praktischen Einwirkung überein.

Hierher gehören jene Versuchsverfahren, bei denen kleine Proben, gegen drehende Gußeisenscheiben gepreßt, mit Hilfe eines körnigen Schleifmittels (Quarzsand, Schmirgel u. ä.) trocken oder wassersatt bei Zufuhr von Wasser abgenutzt werden. Durch besondere Vorrichtungen kann die Probe gleichzeitig auch auf Stoß beansprucht werden. Auch Verfahren, bei denen die Abnutzung durch rollende Kugeln hervorgerufen wird, wurden in Vorschlag gebracht[1].

---

[1] Vgl. Baumarkt 38 (1939) S. 841, ferner DIN DVM Vornorm E 1100 (Prüfverfahren für Hartbetonbeläge), vgl. Baumarkt 1939, Heft 13.

Einfach herzustellende zylindrische Proben P können nach Abb. 1 durch angetriebene Stahl- oder Gummiwalzen abgenutzt werden. Die Probe P wird in die Maschine eingesetzt und gleichsinnig mit gleicher oder anderer Umfangsgeschwindigkeit wie die abnutzende Walze betrieben. Das Rad R läuft in einer Führung, so daß es mit beliebigem Druck bei B gegen die Probe P gedrückt werden kann. Je nach den Erfordernissen kann bei S ein Schleifmittel oder Wasser zugegeben werden.

Zur Abnützung durch Schlagbeanspruchung werden Probeplatten in einer waagerechten Zylindertrommel befestigt. Die Beanspruchung geschieht durch eingefüllte, beim Drehen der Trommel in kollernde Bewegung geratende Stahlkugeln[1].

Abb. 1. Abnützung zylindrischer Proben.

Bei solchen Verfahren ist zu berücksichtigen, daß die abgenutzten Teile, wenn sie nicht laufend entfernt werden, die Prüffläche bedecken können und je nach Menge und Art Einfluß auf die Abnutzung haben.

Eine grundsätzlich andere Art der Beanspruchung liegt bei der Prüfung mit dem Sandstrahl vor[2]. In den seltensten Fällen ist diese Beanspruchung auch nur annähernd gleich mit jener der Praxis, da vorwiegend die weicheren Bestandteile abgenützt werden, wogegen bei den obengenannten Schleifversuchen die in der Verschleißfläche liegenden harten Teile ausgleichend wirken, wie dies auch praktisch der Fall ist.

Einfluß der Beschaffenheit der Proben. Bei den Versuchen mit kleinen Beton- oder Mörtelproben — die Verschleißflächen haben selten einen größeren Durchmesser als 7 cm — ist darauf zu achten, daß die Beschaffenheit der Fläche dem Durchschnitt der Probe entspricht. Bei Beton ist dies nicht immer einzuhalten, da unterschiedliche Anteile grober Kiesel oder von Mörtel in der Oberfläche anstehen können. Bei harten Stoffen (z. B. Quarz) können dadurch große Unterschiede entstehen. Wird nach DIN DVM 2108 die Abnutzung nur an einer Fläche durchgeführt, so sind mindestens 3, besser mehr Proben zu untersuchen. Noch bessere Durchschnittswerte werden erhalten, wenn die 4 Seitenflächen des Würfels durch je 110 Umdrehungen beansprucht werden[3,4], so daß bei 3 Proben der Durchschnittswert aus 12 Flächen entsteht.

Werden für die Prüfung von Beton die Proben $7 \times 7 \times 7$ cm³ in Formen hergestellt (z. B. bei einer Eignungsprüfung), so wird der Beton zweckmäßig eingerüttelt, da es bei trocknen Mischungen schwer ist, durch Stampfen gleichmäßige Flächen zu erhalten. Andererseits weist bei nassem Beton die bei der Herstellung oben gelegene Fläche meist eine andere Beschaffenheit auf als der etwas tiefer liegende eigentliche Beton. Gewöhnlich ist ihr Abnutzungswiderstand wegen des höheren Wasser- und Feingehaltes geringer, doch kann die obere Schicht, z. B. wenn Quarzsand und weiche Grobzuschläge verwendet werden, auch widerstandsfähiger als der Beton sein[4].

Ein Vergleich der Abnutzung verschieden großer Proben (z. B. auf der Schleifscheibe) ist nicht ohne weiteres möglich, da die Größe und auch die Form der Fläche (Schlupf, Umlaufgeschwindigkeit, Anpreßdruck, Verteilung des Schleifmittels) von Einfluß sind; z. B. ergaben Flächen 10×10 cm² den 1,1fachen spezifischen Abnutzwert von Flächen[5] 7×7 cm².

---

[1] Vgl. ABRAMS: Proc. Amer. Soc. Test. Mater. Bd. 21 (1921) S. 1013.
[2] Vgl. unter Abschn. II, B, 12.
[3] Für den Vergleich mit den Werten nach DIN DVM 2108 ist bei in Formen hergestellten Würfeln vorher die oberste Schicht der Seitenflächen durch 110 Umdrehungen zu entfernen; entsprechend ist bei herausgesägten Würfeln die Fläche durch einige Umdrehungen an diesen Zustand anzugleichen; vgl. auch GRAF: Straßenbau Bd. 21 (1930) S. 579.
[4] Vgl. WALZ: Betonstraße Bd. 14 (1939) S. 215.
[5] Vgl. GUTTMANN u. SEIDEL: Zement Bd. 25 (1936) S. 239.

Mit Rücksicht darauf, daß bei der praktischen Beanspruchung von Verschleißbelägen meist ein gut erhärtetes Bindemittel vorhanden ist, sollen zur Vermeidung von Fehlschlüssen die Proben in möglichst hohem Alter geprüft werden (nicht vor 28 Tagen). Auch auf den Einfluß des Feuchtigkeitszustandes der Proben ist dabei zu achten[1]. Die Abnutzung durchfeuchteter Proben fällt größer aus als bei trocknen Proben.

c) Versuchsbahnen.

Durch Prüfung von Betonbelägen, die in Versuchsbahnen eingebaut werden, kann man den Beanspruchungen der Praxis, soweit es sich um Beanspruchung durch Fahrzeuge handelt, näher kommen. Solche Einrichtungen finden sich an verschiedenen Stellen.

Meist hat der in ein besonderes Bett eingebaute Betonbelag die Form eines Kreisringes, auf dem, durch Rahmen verbunden, zentrisch geführte Räder abrollen. Durch einen besonderen Antrieb wird das Bestreichen der ganzen Bahnbreite erreicht. Die Fahrbahnbreite beträgt rd. 1 bis 2 m, der innere Durchmesser des Kreisringes rd. 7 bis 18 m und die Geschwindigkeit bis rd. 40 km[2].

Die Räder werden wie bei Fahrzeugen mit Gummi- oder Stahlbereifung versehen, sie erhalten die praktisch vorkommenden Achsdrücke. Auch kleinere, ähnlich gebaute Prüfeinrichtungen wurden benutzt[3].

Größere Kreisbahnen (gewöhnlich Freianlagen) erfordern ein Befahren durch Wagen, die am Umfang geführt sind[4] oder übliche Fahrzeuge[5]. Beim Befahren mit Fahrzeugen ist es auch möglich, gerade Zwischenstücke einzubeziehen, so daß sich die Abnutzung beim Fahren in der Kurve und in der Geraden ermitteln läßt.

Gerade Bahnen können nur mit kleiner Geschwindigkeit befahren werden und geben im allgemeinen die durch langsamen Fuhrwerksverkehr auftretenden Beanspruchungen wieder (Geschwindigkeit z. B. 8 km/h, Beanspruchung des Betonbelages durch 5 Stahlräder, Durchmesser 122 cm, 5 cm breit)[6].

Die Anlagen gestatten die im Verlauf von mehreren Jahren anfallende Verkehrsbelastung in verhältnismäßig kurzer Zeit aufzubringen. Die Abnutzung wird nach Augenschein und durch Profilmessung ermittelt.

Bei Anlagen, die sich in Gebäuden befinden, ist es möglich, planmäßig den Einfluß der Atmosphärilien nachzuahmen, während bei den Anlagen im Freien nur die zufällig herrschende Witterung Einfluß nimmt.

d) Prüfung von verlegten Belägen.

Örtliche Abnutzung durch besondere Verfahren. An fertig verlegten Belägen werden Gütewerte durch Abschleifen mit Kammrädern[7] und Scheiben

---

[1] Vgl. Abschn. II, B, 12.

[2] Vgl. auch GRAF: Straßenbau Bd. 19 (1928) S. 228 (Anlage in Stuttgart). — AMMANN: Z. VDI Bd. 76 (1932) S. 30 (Anlage in Karlsruhe). Vgl. auch Reports of the Road Research Board, Harmondsworth (Anlage in England).

[3] Anlage in Arlington (USA.), Public Roads Bd. 14 (1933) S. 219 u. Bd. 17 (1936) S. 69 (Innendurchmesser rd. 3,7 m); ferner Bericht von HOEDT, ORTT, VAN DER BIE und KERKHOVEN; VIII. Straßenkongreß, Haag 1938.

[4] Vgl. JACKSON u. PAULS: Public Roads Bd. 5 (1924) Heft 3; Bahnumfang 191 m (amerikanische Anlage).

[5] Vgl. NAGEL u. NESSENIUS: Straßenbau Bd. 19 (1928) S. 323; Durchmesser 360 m (Anlage in Braunschweig).

[6] JACKSON u. HOGENTOGLER: Public Roads Bd. 4 (1921) H. 2. Bahnlänge 122 m (Anlage in Arlington, USA.),

[7] Vgl. auch SCRIPTURE: Proc. Amer. Concr. Inst. Bd. 33 (1937) S. 17.

usw. ermittelt. Durch Drehen von belasteten Rädern aus Stahl, die auf einem Kreisring tangential angeordnet sind, entsteht eine kreisförmige Einfräsung, deren Tiefe ein Maß für den Abnutzungswiderstand gibt[1]. Die Art der Beanspruchung weicht dabei in allen Fällen von jener der Praxis ab (vgl. Abschn. a).

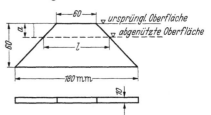

Abb. 2. Einlage zur Messung der Abnutzhöhen.

Messungen bei der Abnutzung durch natürlichen Verkehr. Feststellungen über die Abnutzung unter natürlichem Verkehr über längere Zeiträume geben die eigentliche Widerstandsfähigkeit des Belages (Probebeläge) wieder. Man erhält dadurch auch Vergleichsmaßstäbe zwischen den verschiedenen Abnutzprüfungen und der Praxis[2].

Die Abnutzung wird bei solchen Prüfungen durch Höhenmessungen mittels geschützter Festpunkte durchgeführt[3] (Nivellement oder Meßbrücken). Auch keilförmig nach oben zulaufende Einlagen nach Abb. 2, die sich mit der Fahrbahn abnützen, können verwendet werden. (Aus der in der Oberfläche anstehenden Seitenlänge l der Einlage läßt sich die Höhe a der abgenutzten Schicht errechnen. Bei Einlagen mit den Abmessungen nach Abb. 2 errechnet sich die Höhe der abgenutzten Schicht zu

$$a = \frac{l}{2} - 30 \ [\text{mm}].$$

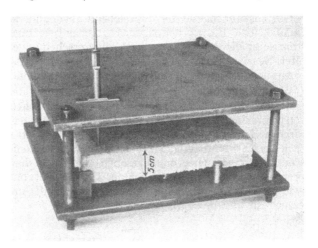

Abb. 3. Meßtisch zur Ermittlung der Abnutzung plattenförmiger Proben.

Bei Belägen aus Platten werden diese vor dem Verlegen mit einem Meßtisch nach Abb. 3 ausgemessen. Sie werden dann von Zeit zu Zeit entnommen und nachgemessen. (Die drei angeschliffenen Auflagepunkte und die 2 Anschläge werden vor dem Verlegen mit Lackanstrich geschützt.)

e) Weitere Entwicklung.

Es ist nötig, daß mehr als bisher Vergleichsmaßstäbe zwischen den Prüfverfahren im Laboratorium und den praktischen Beanspruchungen geschaffen werden. Im Zusammenhang hiermit ist dann, soweit nötig, eine weitere Angleichung der Verfahren an die tatsächlich vorhandene praktische Beanspruchung möglich.

---

[1] Vgl. TELLER: Public Roads Bd. 10 (1929) S. 95. — JACKSON u. BAUMANN: Public Roads Bd. 11 (1931) S. 209.
[2] Für Gehwegplatten vgl. GRAF: Bautenschutz Bd. 6 (1935) S. 42.
[3] Vgl. BUSCH: Jb. Forsch.-Ges. Straßenwesen, S. 105 (1938).

2. Prüfung des Widerstands gegen Witterungseinflüsse.

a) Allgemeines.

Unter Wetterbeständigkeit des Betons wird hier der Widerstand gegen die Einwirkungen von Temperatur und Feuchtigkeit verstanden (über chemische Einwirkungen vgl. Abschn. 3). Diese Einflüsse ergeben oft sich wiederholende Längenänderungen (Schwinden und Quellen, durch Veränderung des Wassergehaltes; Verkürzungen und Verlängerungen, durch Temperaturschwankungen). Dazu kommen die Längenänderungen, die durch die Eisbildung (Raumvermehrung) beim Gefrieren des eingeschlossenen Wassers entstehen.

Beanspruchungen treten hierbei auf, einerseits, weil die spezifische Längenänderung bei den einzelnen Bestandteilen des Betons verschieden ist (abhängig von der verschiedenen Wärmedehnung, dem unterschiedlichen Schwinden und Quellen und dem ungleichen elastischen Verhalten), und andererseits, weil bei größeren Körpern Spannungszustände aus ungleicher Durchfeuchtung und Erwärmung der verschiedenen Zonen entstehen.

Gut zusammengesetzter, hinreichend abgebundener Beton kann erfahrungsgemäß solche Beanspruchungen weitgehend ertragen. Auch weniger guter Beton zeigt die zugehörigen Zerstörungserscheinungen meist erst nach wiederholter Beanspruchung. Da es sich demnach praktisch auch um Ermüdungsbeanspruchung handelt, sind auch beim Versuch häufige Wechsel nötig.

Wenn festzustellen ist, daß der zur Beurteilung der Frostbeständigkeit meist benutzte Gefrierversuch oft günstigere Ergebnisse liefert als die Praxis oder ein Freilagerversuch[1], so ist das zum Teil auf die zu geringe Anzahl der Wechsel[2] zwischen Gefrieren und Auftauen (meist 25 Wechsel) und weiter auf das Fehlen der in der Natur auftretenden, obengenannten weitergehenden Beanspruchungen zurückzuführen[3]. Hiervon abgesehen sind auch die Probenform, die Art der Porenfüllung mit Wasser, der von der Temperatur abhängige Zustand des Eises[4], sowie die Beschaffenheit des Wassers (Luftgehalt) und der Gefrierverlauf beim Versuch oft anders als in der Natur.

b) Prüfverfahren.

Aus den Ausführungen in Abschn. a ist zu erkennen, daß die Prüfverfahren noch der Entwicklung bedürfen. Hierbei ist grundsätzlich nach Prüfverfahren für die Frostbeständigkeit und solchen für die Witterungsbeständigkeit allgemein zu unterscheiden.

Frostbeständigkeit. Der im In- und Ausland angewandte Versuch unterscheidet sich in seiner Ausführung grundsätzlich wenig. Die wassergelagerten

---

[1] Vgl. GRAF: Dtsch. Ausschuß Eisenbeton Heft 87 (1938).

[2] Die allein im Verlauf eines Jahres auftretenden Wechsel zwischen Frost- und Wärmegraden der Luft sind für mittlere Lagen in Deutschland mit rd. 60 anzunehmen, vgl. ROSCHMANN: Diss. Stuttgart 1933. — Wenn diese Zahl auch nicht ohne weiteres auf den Beton zu übertragen ist, so dürfte mindestens dessen Oberfläche im Laufe der Zeit häufiger beansprucht werden als beim üblichen Frostversuch; vgl. auch WALZ: WWZ Bd. 38 (1940) S. 99.

[3] Es ist nicht hinreichend bekannt, inwieweit die Sprengwirkung des Eises den Ausschlag gibt und welche Bedeutung der gleichzeitigen Raumverminderung des Betons durch die sinkende Temperatur zukommt. Nach Versuchen des Verf. fanden sich für durchfeuchtete bei — 8° C gefrorene Betonproben lineare Verkürzungen von rd. 0,2 mm/m gegenüber dem Zustand bei rd. + 12° C, also praktisch ebensoviel als allein durch den Temperaturunterschied bedingt ist. Offenbar ist durch die übliche Lagerung unter normalem Luftdruck nicht immer eine ausreichende Füllung der Poren vorhanden, so daß die Dehnung durch das Eis nicht merkbar wird.

[4] Vgl. FILLUNGER: Geol. u. Bauwes. Bd. 1 (1929) S. 234. — HONIGMANN: Z. österr. Ing.- u. Archit.-Ver. Bd. 84 (1932) S. 44.

Proben[1] werden in einem Gefrierraum langsam absinkender Temperatur ausgesetzt. Nach dem Durchfrieren findet Auftauen in Wasser[2,3] oder an der Luft statt[4]. Diese Behandlung wird häufig wiederholt.

Die Beurteilung erfolgt nach Augenschein (erkennbare Veränderungen, Abwitterungen, Gefügelockerungen, Risse), nach dem Gewichtsverlust[2,4] und nach den Festigkeitsänderungen[3] gegenüber sonst gleichen wassergelagerten Proben.

Die Prüfung unterscheidet sich durch Einzelheiten: wie durch die Probenform (Würfel, Zylinder[4], teilweise durchfeuchtete Balken[3], vgl. hierzu unter Abschn. C, 3), durch die Temperaturspanne (z. B. $+8°$ C und $-8°$ C[3], $+15°$ C und $-15°$ C[5], $+10°$ C und $-22°$ C[6], $+12°$ C und $-29°$ C[4] und durch die Zahl der Frostwechsel (25[5,6], 50[3], 100 und mehr[4]).

Die Einwirkungsdauer des Frostes ist meist verhältnismäßig lang (z. B. 6 h)[5]; insbesondere für kleine Proben, die rasch durchfrieren.

Bei der Probenmenge und Versuchsanordnung ist auf die Leistung der Gefrieranlage Rücksicht zu nehmen (Kühlgeschwindigkeit und tiefste Temperatur)[7]. Um eine gleichmäßige Temperaturverteilung und Abkühlung der Proben im Frostraum zu erhalten, ist die Luft durch einen Ventilator zu bewegen (zuverlässige Angabe des Temperaturverlaufs). In solchen Fällen ist anzunehmen, daß die Temperatur in kleinen Proben jener der Luft nur wenig nacheilt und sich bei größeren Unterschieden rasch angleicht (entsprechendes gilt auch für das Auftauen)[8]. Sind die Voraussetzungen hierzu erfüllt (Nachprüfung des Temperaturverlaufes an einzelnen Proben mittels einbetonierter Thermolemente), so besteht die Möglichkeit, im gleichen Zeitraum durch kürzere Einwirkungszeiten mehr Wechsel aufzubringen, wodurch der Wert des Versuches erhöht wird.

Über die Beurteilung der Frostbeständigkeit auf Grund des Sättigungsbeiwertes (vgl. DIN DVM 2104 und unter Abschn. II, G), liegen bei Beton noch keine hinreichenden Erfahrungen vor.

Außer mechanischen Gefrieranlagen können Frosträume benutzt werden, die mit Kühlmischungen (Salz-Eisgemische) oder Kohlensäureschnee gekühlt werden. Solche Anlagen haben meist nur behelfsmäßigen Charakter, da sie gewöhnlich wenig leistungsfähig sind und nur eine beschränkte Beeinflussung des Temperaturverlaufes zulassen.

Witterungsbeständigkeit. *α) Versuche im Laboratorium.* In die entsprechenden Versuche sind, außer der Frostbeanspruchung, die in Abschn. a erwähnten weiteren Einflüsse durch höhere Temperatur und Feuchtigkeitsänderungen einzubeziehen. Erfahrungen über entsprechende Versuche sind mit Beton keine bekannt. Doch ist aus dem natürlichen Zerstörungsbild (häufig Abwittern und Abschuppen an der Oberfläche) zu folgern, daß die Beanspruchungen in der Natur zum Teil nachgeahmt werden können. Bei einer entsprechenden Prüfung wäre unter anderem zu beachten, daß die Probe zur Erzeugung größerer Spannungsunterschiede zwischen Kern und Oberfläche nicht zu klein sein soll. Einem raschen Gefrieren der durchfeuchteten Probe und dem Auftauen in warmem Wasser würde ein rasches Trocknen der Oberfläche der Probe in bewegter

---

[1] Weitergehende Wassersättigung nach Entlüften durch Lagerung in Wasser von hohem Druck; vgl. auch Abschn. II, C.

[2] Vgl. DIN DVM 2104 (Gefrierversuch für Natursteine), vgl. auch unter Abschn. II F, und G.

[3] GRAF: Dtsch. Ausschuß Eisenbeton Heft 87 (1938).

[4] LYSE: Proc. Amer. Concr. Inst. Bd. 31 (1935) S. 256.

[5] DIN DVM 2104 (Natursteine).

[6] Önorm 3102 (Natursteine).

[7] Näheres vgl. KOSTRON u. ERLINGER: Geologie u. Bauwesen Bd. 5 (1933) S. 71.

[8] Nach Feststellungen des Verf. fand im Innern von Betonbalken (10×10 cm[2] Querschnitt) mit ursprünglich $-8°$ C beim Einstellen in langsam fließendes Wasser von $+12°$ C innerhalb $1/2$ h ein Ausgleich bis auf $+7°$ C statt.

heißer, trockner Luft folgen, dann wieder Wasserlagerung, Gefrieren usw.[1]. In allen Fällen ist durch geeignete Vorrichtungen dafür zu sorgen, daß Wasser und Luft genügend bewegt und erneuert werden (gleichbleibende Temperatur und Feuchtigkeit).

β) Prüfung unter natürlicher Witterungseinwirkung. Bei weniger beständigem Beton gibt die Lagerung der Proben verhältnismäßig raschen Aufschluß. Die Feststellungen sind oft auch wertvoller als beim derzeitigen Gefrierversuch im Laboratorium. Eine Versuchsdauer von 1 bis 2 Jahren läßt in solchen Fällen bereits ein Abwittern an der Oberfläche oder weitergehende Zerstörungen deutlich erkennen.

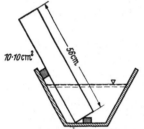

Auf Grund der bisherigen Erfahrungen haben sich Probebalken (z. B. $56 \times 10 \times 10 \text{ cm}^3$) die nach Abb. 4 in Behältern mit Wasser stehen, bewährt; vgl. auch Abschn. 3. (Behälterwände nach außen geneigt, damit sich bildendes Eis keine Sprengwirkung ausüben kann.) Die Prismen sind gegen Süden geneigt (rd. 45°), an einem freien, allen Witterungseinflüssen zugänglichen Ort aufzustellen.

Abb. 4. Lagerung eines Probebalkens bei der Prüfung auf Wetterbeständigkeit.

Verwitterungsversuche mit Salzen. Die in Einzelfällen auch bei Beton angewandte Prüfung durch Einstellen der Proben in Salzlösungen (z. B. in Na_2SO_4-Lösung) und abwechselndes Trocknen gibt die natürliche Beanspruchung nur unzureichend wieder (vgl. auch unter Abschn. II, F und G). Die Prüfungen sind bei Beton nicht angebracht, weil meist eine chemische Einwirkung damit verbunden ist.

3. Prüfung des Widerstands gegen angreifende Flüssigkeiten.

a) Allgemeines.

Die chemische Widerstandsfähigkeit von abgebundenem Mörtel und Beton ist weitgehend durch die stofflichen Eigenschaften des Zementes bedingt, sie wird ferner beeinflußt durch die Zusammensetzung der Mischung (Mischungsverhältnis, Wassergehalt und Kornzusammensetzung), durch die stoffliche Beschaffenheit des Zuschlags und durch die Nachbehandlung und das Alter des Betons.

α) Der Grad der Schädigung des abgebundenen Zementsteins durch eine benetzende *Flüssigkeit* hängt davon ab, inwieweit die vorhandenen Stoffe gegenseitig in Reaktion treten. Die Flüssigkeit kann je nach ihrer chemischen Zusammensetzung und jener des Zementes Bestandteile aus dem Zementstein herauslösen, durch Umsetzungen können weniger feste Stoffe entstehen (Erweichung des Betons) oder es ergeben sich Verbindungen, die einen größeren Raum einnehmen (Treiberscheinungen). Hinweise, wie sich Beton aus einem bestimmten Zement verhalten wird, werden daher oft schon auf Grund der chemischen Zusammensetzung gemacht oder durch quantitative Untersuchungen der Vorgänge bei der Einwirkung der betreffenden Flüssigkeit auf zerstoßenen Zementstein erhalten (vgl. weiteres unter d).

β) Praktische Untersuchungen haben jedoch gezeigt, daß solche Bewertungen[2] nicht ausschließlich benutzt werden können, weil die *Betonzusammensetzung* einen sehr weitgehenden Einfluß hat. Abhängig vom Zementgehalt, von der

---

[1] Erfahrungen darüber, ob bei Beanspruchung trockner Proben durch rasche Temperaturwechsel in weiten Grenzen, nicht ebenfalls Lockerungen und Abwitterungen eintreten, fehlen noch, vgl. auch die Verwitterung von Gestein in Wüstengegenden.

[2] Insbesondere auch solche, die vom Kalkgehalt eines Zementes ausgehen; vgl. auch GRAF u. WALZ: Zement Bd. 23 (1934) S. 376.

Kornzusammensetzung und vom Wassergehalt entsteht z. B. in ungünstigen Fällen ein wenig dichter, feinporiger Beton, der bereits ohne Überdruck eine starke Flüssigkeitsaufnahme und ein Hochsaugen der Flüssigkeit auch in nicht direkt benetzte Teile zeitigt.

Die Einwirkung auf den Beton ist in einem solchen Fall (entsprechend der großen benetzten inneren Oberfläche des Zementsteins) erfahrungsgemäß sehr stark, im Gegensatz zu einem chemisch aus gleichen Stoffen bestehenden, aber dichten Beton (vgl. Abschn. H 1 und 2), bei dem eine Einwirkung nur an den Außenflächen möglich ist.

γ) Da der Zementstein im allgemeinen der am wenigsten widerstandsfähige Bestandteil ist, kommt einer besonderen Untersuchung der stofflichen Zusammensetzung des *Zuschlags* weniger Bedeutung zu. In besonderen Fällen, z. B. wenn es sich um kohlensäure- oder sonstige weiche, säurehaltige, strömende Wässer handelt, ist gegebenenfalls eine Untersuchung des Zuschlags auf kohlensauren Kalk erwünscht (Abtragen desselben durch diese Wässer)[1].

δ) Auch die Art der *Nachbehandlung* (vgl. Abschn. H, 1, d) hat einen Einfluß auf die Widerstandsfähigkeit des Betons. Dieser Einfluß läßt sich mit Annäherung nur durch Versuche mit Betonproben erfassen.

ε) Im ganzen erkennt man, daß praktisch eine ganze Anzahl von Umständen für die Widerstandsfähigkeit gegen chemisch aggressive Flüssigkeiten Bedeutung erlangen und daß *Untersuchungen im Hinblick auf bestimmte praktische Verhältnisse* unter weitgehender Angleichung an die Praxis erfolgen sollen. Es wird jedoch nicht immer möglich sein, dies in allen Teilen zu erreichen.

Dies in erster Linie deshalb, weil die beim Versuch benutzten Lösungen meist stärkere Konzentration und einfachere Zusammensetzung aufweisen als in der Natur. Hierzu treten in der Praxis noch weitere wichtige Einflüsse, die beim Versuch nicht immer im gleichen Ausmaß wiederzugeben sind (Einwirkungsdauer, Wasserzufluß, senkrechte Bewegungen des Wasserspiegels, Feuchtigkeit und Temperatur der umgebenden Luft, kapillar im Beton aufsteigender Wasserstrom, Verhältnis der Körperoberfläche zur Masse der Probe).

Eine schematische Anwendung bestimmter Prüfverfahren und eine ebensolche Übertragung der Ergebnisse auf die Praxis ist daher nicht immer angebracht. Es ist von Fall zu Fall zu entscheiden, welches der möglichen Prüfverfahren den sinngemäßesten Aufschluß verspricht.

b) Grundsätzliches für die Durchführung von Prüfungen.

Probekörper. Der Umfang der Einwirkung und zum Teil auch das Zerstörungsbild entsprechen der Praxis um so mehr, je größer unter anderem die Übereinstimmung zwischen dem Beton der Probe und dem Bauwerksbeton ist.

α) *Zusammensetzung der Mischungen.* Bei Untersuchungen, die im Hinblick auf ein bestimmtes Bauvorhaben erfolgen, sind entsprechende Proben herzustellen (Körnung, Zementgehalt, Verarbeitbarkeit). Bei großkörnigen Mischungen können zur besseren Verarbeitung die im Verhältnis zur Abmessung der Probe zu großen Steine (z. B. über 50 mm) aus dem fertigen Beton vor dem Einfüllen in die Form ausgelesen werden (kleinste Abmessung der Probe ungefähr gleich dem 3fachen Größtkorndurchmesser).

Bei allgemeineren Untersuchungen, z. B. über die Widerstandsfähigkeit bestimmter Zemente oder Zusätze, ist ebenfalls ein bauwerksmäßiger Mörtel oder Beton zu benutzen, der jedoch nicht zu widerstandsfähig (zu dicht) gewählt werden soll, da sonst deutliche Unterschiede bei einer angängigen Versuchsdauer nicht zu erhalten sind. (Zweckmäßige Mischung für Betonproben: Zuschlag

---

[1] Vgl. WALZ: Steinindustr. u. -straßenb. (1937) Heft 9 u. 10, Abb. 3.

ungefähr nach Linie E der DIN 1045[1]; Zementgehalt rd. 240 kg/m³; weich bis flüssig angemacht mit einem Ausbreitmaß[2] von 50 bis 55 cm; das Mischungsverhältnis in Gewichtsteilen liegt für solche Mischungen bei rd. 1:7,8. Entsprechendes gilt für Mörtelproben: Kellengerechter Mörtel mit einem Ausbreitmaß[2] von rd. 200 mm; Sand ungefähr nach Linie B der DIN 1045; Mischungsverhältnis in Gewichtsteilen ungefähr 1:7,0.)

Mischungen aus erdfeuchtem, gleichkörnigem Mörtel (z. B. Normenmörtel) entfernen sich zu sehr von praktischen Mischungen.

Um ein richtiges Bild zu erhalten, sind Vergleichsmischungen unter denselben Bedingungen zu untersuchen (z. B. mit anderen Zementen, ohne und mit Zusätzen usw.).

Bei Vergleichsversuchen ist bei der Beurteilung zu berücksichtigen, inwieweit die Widerstandsfähigkeit durch deren mechanische Wirkung beeinflußt worden ist (z. B. bei der Prüfung von Zusätzen: Dichtung durch Porenfüllung, Verbesserung der Verarbeitbarkeit u. ä.) und ob gegebenenfalls die günstige Wirkung auch bei beliebig zusammengesetztem Beton entsprechend zu erwarten ist.

Bei der Herstellung der Proben sind die einschlägigen Ausführungen unter Abschn. C, 1, 3, 4, und H, 2 sinngemäß zu beachten.

β) Lagerung und Alter der Proben bis zur Prüfung. Die Widerstandsfähigkeit von Proben ist im allgemeinen um so größer, je weiter der Abbindeprozeß fortgeschritten ist, d. h. je älter der Beton bei der Einwirkung ist; eine das Abbinden (Hydratisierung) fördernde längere feuchte Lagerung oder höhere Temperatur wirkt in gleichem Sinne. In Anbetracht der kleinen Proben erscheint deren Feuchtlagerung den Verhältnissen im Bauwerk im ganzen am ehesten zu entsprechen, wenn auch für manche Fälle nicht außer acht zu lassen ist, daß Flächen des Bauwerks, die vor Einwirkung der Flüssigkeiten nach ordnungsgemäßer Feuchtlagerung längere Zeit der Luft ausgesetzt sind, ein günstigeres Verhalten ergeben können (karbonatisierte Oberfläche).

Liegen für den Versuch keine besonders zu beachtenden Verhältnisse vor, so werden die Proben nicht früher als im Alter von 28 Tagen — besser später — und nach Feuchtlagerung der Einwirkung der Flüssigkeit ausgesetzt.

Zusammensetzung der Flüssigkeiten. Die beim Versuch zu verwendenden Flüssigkeiten sind möglichst nach den jeweiligen praktisch auftretenden Beanspruchungen auszuwählen, wobei es jedoch selten möglich ist, deren natürliche Zusammensetzung einzuhalten; man beschränkt sich auf die wesentlichsten schädlichen Bestandteile der Flüssigkeiten[3]. Als solche kommen in Frage: Anorganische und organische Säuren und Salze; ferner können schädlich wirken, fette Öle und Fette, salzarmes (weiches) Wasser, insbesondere bei Gehalt an Kohlensäure.

In bestimmten Fällen ist es Sache des Chemikers aus der Analyse die wesentlichen Bestandteile der aggressiven Flüssigkeit anzugeben.

Im allgemeinen können folgende Versuchsflüssigkeit vorgeschlagen werden bei Einwirkung von:

Sulfaten: gesättigte Gipslösung, 2- bis 5%ige Natriumsulfatlösung, 2- bis 5%ige Magnesiumsulfatlösung[4];

Chloriden: Magnesiumchlorid (5%ige Lösung);

---

[1] Vgl. Abschn. A, 1 u. 2.   [2] Vgl. Abschn. A, 6.

[3] Über das Vorkommen und die Art der Einwirkung aggressiver Stoffe geben Abhandlungen über Schäden hinreichend Aufschluß. Eine systematische Darstellung findet sich bei Grün: Der Beton, 2. Aufl., S. 280f. 1937; vgl. auch Kleinlogel-Hundeshagen-Graf: Einflüsse auf Beton, 3. Aufl., 1930.

[4] Lösungen auf das wasserfreie Salz bezogen; Zusammensetzung vgl. Chemiehütte, 2. Aufl., S. 137f. 1927.

Nitraten: Ammoniumnitrat (2 %ige Lösung);

fetten Ölen: Speiseöle und tierische Öle (Tran);

freien anorganischen Säuren: 0,2- bis 0,5 %ige Salzsäure, 1- bis 3 %ige Schwefelsäure;

organischen Säuren: Milchsäure 2- bis 5 %ig, Essigsäure 0,5- bis 2 %ig;

natürlichen Wässern: künstlich zusammengesetzt, entsprechend den Hauptbestandteilen (z. B. von Meerwasser[1]; Mineralwasser mit Sulfaten, Chloriden, auch mit aggressiver Kohlensäure; weiches Wasser; Moorwasser).

Bei allen Flüssigkeiten, insbesondere bei den zuletzt genannten, hängt der Umfang der Einwirkung in der Praxis wesentlich vom Strömungszustand ab (Herantragen neuer aggressiver Stoffe, Abbau löslicher Bestandteile und sich bildender Schutzschichten). Bei Versuchen kann dieser Zustand nur durch besondere Vorrichtungen an die Praxis angepaßt werden (durch Rührwerke in den Behältern, Umlaufströmung durch Pumpen; ein Bewegen der Flüssigkeit durch Einblasen von Luft ist wegen deren Einwirkung auf die Probe weniger zweckmäßig).

Die Zusammensetzung der Flüssigkeiten ist über die ganze Versuchsdauer gleich zu halten. (Nachprüfung der Konzentration mit der Senkwaage oder durch quantitative Bestimmungen; Ergänzung verdunsteter oder aufgesogener Flüssigkeit durch Wasser oder Lösung.) In Fällen, in denen die Flüssigkeit Stoffe aus dem Beton aufnimmt, ist diese öfters zu erneuern.

Beim Ansetzen der Flüssigkeiten und bei Vergleichsversuchen ist zu beachten, daß unterschiedlicher Bikarbonatgehalt des benutzten Wassers (hartes Wasser) die Einwirkung auf die Probe (Karbonatisierung) verändern kann[2].

Die oben angeführten Konzentrationen der Versuchsflüssigkeiten sind mit Rücksicht auf die Versuchsdauer stärker als sie bei den praktisch auftretenden Einwirkungen gewöhnlich sind. Noch stärkere Lösungen beschleunigen naturgemäß die Einwirkung, das gleiche gilt bei Versuchen in höherer Temperatur. Derartige Bedingungen finden sich jedoch unter praktischen Verhältnissen selten; sie lassen überdies wegen der starken Einwirkung nicht immer eine genügende Unterscheidung des Grades der Zerstörung zu.

c) Ermittlung des Grades der Einwirkung.

Die Ermittlungen sind auf die Art der Einwirkungen[3] abzustimmen. Feststellungen hierzu können z. B. in Fällen, in denen Zerfall der Proben durch Treiben eintritt, nach Augenschein erfolgen. Wenn nur abtragende Wirkung oder Erweichung vorliegt, kann die Festigkeitsveränderung ermittelt werden; auch die Ritzhärte gibt oft Aufschluß usw. Ob diese Feststellungen ausreichen oder ob weitergehende Ermittlungen nötig sind (Gewichtsveränderungen, Längenänderungen, chemische Analyse der Lösung und der Betonprobe in verschieden tiefen Zonen auf Neubildungen oder Ablagerungen[4]), ist je nach den Verhältnissen, dem Chemismus des Vorgangs und der Erscheinungsform der Einwirkung[3] zu entscheiden.

---

[1] Die Nordsee und die Ozeane enthalten 3 bis 3,5% Salze; diese bestehen im wesentlichen ungefähr aus 78% NaCl, 9% $MgCl_2$, 6,5% $MgSO_4$, 4% $CaSO_4$, 2% Kalziumchlorid; vgl. HOFMANN: Lehrbuch der anorganischen Chemie, 7. Aufl., S. 387. 1931.

[2] Vgl. auch RODT: Zement Bd. 27 (1938) S. 322.

[3] Näheres vgl. GRÜN: Der Beton, 2. Aufl., S. 280f. 1937. — KLEINLOGEL, HUNDESHAGEN-GRAF: Einflüsse auf Beton, 3. Aufl., 1930.

[4] GRAF u. GOEBEL: Schutz der Bauwerke, S. 31f. 1930. — GRAF u. WALZ: Zement Bd. 23 (1934) S. 376.

d) Versuchsverfahren.

Natürliche Einwirkung der Flüssigkeiten. In allen Fällen, in denen eine verhältnismäßig lange Versuchsdauer angängig ist, ist das Einlagern der

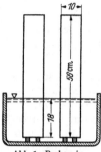

Proben in die natürlichen Flüssigkeiten zu bevorzugen, insbesondere ist dies bei Flüssigkeiten zweckmäßig, deren Zusammensetzung und Einwirkung mit der Versuchsflüssigkeit nicht ausreichend wiederzugeben ist (z. B. bei strömenden Abwässern, Mineralwässern, kohlensäurehaltigen Wässern, weichem Wasser u. ä.). Für die Form und das Einlagern der Proben gelten ähnliche Gesichtspunkte wie im folgenden bei den Versuchen im Prüfraum.

Abb. 5. Proben in angreifender Flussigkeit.

Versuche im Prüfraum. α) Wenn die Prüfung nicht auf bestimmte Verhältnisse abzustimmen ist, hat sich für praktisch brauchbare Aufschlüsse im ganzen folgendes vereinfachtes Verfahren bewährt[1] (über weitere Möglichkeiten vgl. später):

Betonbalken $56 \times 10 \times 10$ cm³, bei Mörtel z. B. Balken $7 \times 7 \times 21$ cm³, werden nach feuchter Lagerung im Alter von 28 Tagen stehend nach Abb. 5 in die

Flüssigkeit eingesetzt. Das Gefäß (Glas, Steingut oder ähnliches), soll so groß sein, daß für einen Körper mindestens 4 l Flüssigkeit zur Verfügung stehen. Der Flüssigkeitsstand wird laufend gleich gehalten; 3monatlich werden die Flüssigkeiten erneuert und die Proben nach Augenschein untersucht.

Die Luft im Lagerraum soll nicht zu feucht sein, da hierdurch der kapillare Flüssigkeitsstrom im Körper und damit die Einwirkung geringer ausfallen kann[1]. (Einwirkungen äußern sich als Rißbildung, Absprengungen, Zermürbung, Ausscheidungen — insbesondere am luftgelagerten Teil —, Durchfeuchtung durch kapillar aufgestiegene Flüssigkeit.) Typische Erscheinungen bei einem teilweise

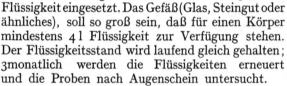

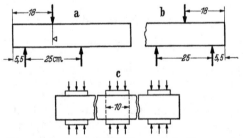

Abb. 6. Zerstorung durch Natriumsulfatlosung.

Abb. 7. Prufung eines Probebalkens nach der Einlagerung in angreifender Flussigkeit.

in Natriumsulfatlösung eingestellten Probekörper werden durch Abb. 6 wiedergegeben. Über den Einfluß der Lage der Probe bei der Herstellung auf die Porosität und die kapillare Flüssigkeitsaufnahme vgl. Abschn. H, 2.

An den Balken kann nach genügender Einwirkung die Biegefestigkeit nach Abb. 7a und 7b, sowie an den Reststücken die Druckfestigkeit nach Abb. 7c ermittelt werden (vgl. auch Abschn. C, 3). Diese Prüfungen geben Aufschluß

---

[1] GRAF u. WALZ: Zement Bd. 23 (1934) S. 376. — WALZ: WWZ Bd. 38 (1940) S. 99.

über die Festigkeitsveränderungen in den verschiedenen Teilen der Probe. Doch ist zu beachten, daß bei geringer Einwirkung anfänglich nicht immer ein Festigkeitsrückgang feststellbar ist; oft treten durch chemische Veränderung und durch Spannungszustände vorübergehend Verfestigungen ein. Auch der Augenschein gibt anfänglich nicht immer genügend Aufschluß, die Versuchsdauer ist daher nicht zu kurz zu bemessen (Prüfdauer mindestens 6 Monate, gewöhnlich bis 1 Jahr und mehr).

Wenig hervortretende, anfänglich versteckte Schäden, zeigen sich, je nach der Art der Einwirkung oft deutlicher, wenn die ganzen Proben zeitweise wieder an der Luft ausgetrocknet werden (Verstärkung von Rissen, Absprengungen und Lockerungen im Gefüge durch Kristallisationskräfte u. ä.).

β) Das unter α beschriebene Verfahren hat gegenüber andern, mit ganz in die Flüssigkeit eingelagerten Proben den Vorteil, daß ein kapillares Ansteigen der Lösung und die häufig an der Grenzfläche von Flüssigkeit und Luft besonders stark auftretenden Zerstörungen entstehen können. Denn neben der chemischen Veränderung sind oft auch die physikalischen Einwirkungen — Sprengkräfte durch Kristall- uud Neubildungen — für die Zerstörung maßgebend. Diese Beanspruchungen im oberen Teil der Probe, wie sie in der Praxis häufig vorkommen, treten bei ganz eingelagerten Proben nicht auf.

γ) Andere Prüfungen weichen von der durchschnittlichen Art der praktischen Einwirkung meist so stark ab, daß sie nur in besonderen Fällen hinreichend auf praktische Verhältnisse zu übertragen sind.

Dies gilt für Versuche, die dem seltener vorkommenden Durchfließen der Flüssigkeit durch Beton angeglichen sind. Hierbei wird erhärteter Zementstein oder Mörtel zerstoßen und in ein Glasrohr gefüllt, durch das sich sehr langsam der Flüssigkeitsstrom bewegt. Die in der Flüssigkeit enthaltenen, herausgelösten Stoffe werden von Zeit zu Zeit ermittelt[1].

Solche Versuche haben den Nachteil, daß sie, am zerstörten Gefüge des Zementsteins oder Mörtels durchgeführt, auch eine Einwirkung auf den unabgebundenen Kern der zerbrochenen Zementkörner zeitigen. Dieser Mangel tritt bei Sickerversuchen durch absichtlich durchlässig hergestellte Proben nicht so stark in Erscheinung[2]. Schwierigkeiten ergeben sich dabei aber in der Herstellung gleichmäßig durchlässiger Proben.

Bei einer anderen Art der Prüfung wird nach dem Grad der Formänderungen unterschieden, die sich durch das Treiben bei Sulfateinwirkung einstellen[3]: Plattenförmige Proben, die mit Ausnahme einer Fläche allseitig durch Anstrich geschützt sind, werden in die Flüssigkeit eingelegt. Durch die Treibwirkung, die an der ungeschützten Oberfläche einsetzt, wird die Probe je nach der Einwirkung mehr oder weniger stark verwölbt.

c) Die beschriebenen Verfahren sind kennzeichnende Beispiele für die bei Untersuchungen bestehenden Möglichkeiten. Einheitlich geltende Verfahren für alle Fälle der Praxis lassen sich nicht angeben, doch dürfte es in den meisten Fällen möglich sein, mit Prüfungen der unter Abschn. α beschriebenen Art Aufschluß zu erhalten.

[1] Vgl. HJELMSÄTER: 1. Mitt. N. Int. Verb. Mat.-Prüf., Zürich 1930, S. 144. — WATSON: Cement and Lime Manufacture Bd. 10 (1937) S. 88.
[2] Vgl. KÜHL u. Mitarbeiter: Zement Bd. 23 (1934) S. 69 (Vollzylinder). — SUENSON: Ingeniørvidenskabelige Skrifter Nr. 15. 1935.
[3] TUTHILL: Proc. Amer. Concr. Inst. Bd. 33 (1936) S. 83.

H. Prüfung der Wasserdurchlässigkeit, der Wasseraufnahme und der Rostschutzwirkung des Betons.

Von Kurt Walz, Stuttgart.

1. Prüfung der Wasserdurchlässigkeit.

a) Allgemeines.

Beton, der Druckwasser ausgesetzt ist, kommt bei Staumauern, Schleusen- und Schachtanlagen, Stollen, Rohrleitungen, bei bestimmten Betonwaren usw., vor.

Untersuchungen und Prüfungen werden nötig zur Ermittlung der zweckmäßigsten Zusammensetzung der Mischungen (Eignungsprüfung), während der Herstellung des Bauwerks (Überwachung und Güteprüfung) und in besonderen Fällen an Proben aus dem fertigen Bauwerk.

Für eine theoretische Beurteilung der Undurchlässigkeit von Mischungen auf Grund ihres Stoffaufbaues liegen Feststellungen vor[1] (vgl. auch Abschn. A, 2). Solche Beurteilungen können im allgemeinen nur annähernd getroffen werden, da nicht immer alle Einflüsse zu erfassen sind; dies ist auch durch den Versuch nur mit gewissen Einschränkungen möglich.

Die in der Praxis auftretenden Wasserdrücke[2] liegen selten über 15 kg/cm². Mit Rücksicht auf die in der Praxis auftretenden Unzulänglichkeiten ist bei der Eignungsprüfung eine Undurchlässigkeit unter höheren Drücken zu gewährleisten (z. B. rd. das 1,5fache des praktisch auftretenden Drucks).

Die Wanddicken der Bauwerke sind sehr unterschiedlich (Rohr- und Behälterwände, Staumauern). Allgemein ist jedoch zu fordern, daß im Hinblick auf Wetterbeständigkeit und Auslaugungen (vgl. Abschn. F, 2 und 3) auch bei massigen Bauwerken der betreffende Beton bereits in verhältnismäßig dünner Schicht undurchlässig ist.

b) Grundsätzliches zu den Prüfbedingungen.

Allgemeines über die Proben und den Wasserdurchfluß. Die spezifische Durchlässigkeit des Betons hängt von dessen Porengefüge und dem sich hieraus ergebenden Strömungswiderstand ab. Voraussetzung für wenig streuende Prüfergebnisse sind Mischungen, die ein gleichmäßiges Porengefüge liefern. Stark unterschiedlicher Wasserdurchgang wird durch Strukturporen bedingt (das sind grobe, meist zusammenhängend klüftige Poren als Folge von Verarbeitungsfehlern oder eines ungenügenden Aufbaues der Mischung, usw.). Es ist daher wichtig, daß der Probenquerschnitt so groß ist, daß vereinzelte Störungen in der Porenstruktur nicht in Erscheinung treten. Die Dicke der Proben soll aus entsprechenden Erwägungen mindestens das Dreifache des Größtkorndurchmessers betragen, wobei beachtet werden muß, daß eine um so größere Durchlässigkeit zu erwarten ist, je größer das Größtkorn im Beton wird[3].

Bei gleichmäßigerem Gefüge ist die Strömungsgeschwindigkeit abhängig vom örtlichen Druckgefälle (Verhältnis aus Druck und Dicke des Körpers). Die

---

[1] Vgl. Slater: 1. Mitt. N. Int. Verb. Mat.-Prüf., Zürich 1930, B, S. 139. — Walz: Die heutigen Erkenntnisse über die Wasserdurchlässigkeit des Mörtels und des Betons. Berlin 1931. — Graf: Dtsch. Ausschuß Eisenbeton Heft 65 (1931). — Bährner: Zement Bd. 23 (1934) S. 492. AMB (Anweisung für Mörtel und Beton). Deutsche Reichsbahn, 1936, S. 34. — Walz: Beton u. Eisen Bd. 36 (1937) S. 189.

[2] Oft ist bei bewegtem Wasser mit höheren Drücken zu rechnen, z. B. Wasserstöße in Rohrleitungen [über die Drücke von Schwallwellen bei Ufermauern vgl. Schweiz. Bauztg. Bd. 101 (1933) S. 29; Büsing u. Schumann: Der Portlandzement, S. 236, 1912].

[3] Vgl. Ruettgers, Vidal u. Wing: Proc. Amer. Concr. Inst. Bd. 31 (1935) S. 382.

Sickermenge ist dem Druck verhältnisgleich[1,2], sie nimmt in umgekehrtem Verhältnis zur Probendicke ab (homogener Beton vorausgesetzt; Einfluß der Endflächen, vgl. Abschn. d). Diese Verhältnisse sind jedoch nur eindeutig, wenn durch entsprechende Gestaltung der Proben eine einachsige Strömung gewährleistet ist[3]. Wegen der verhältnismäßig großen Streuungen, mit denen meist zu rechnen ist, sind mindestens 3, besser 5 Proben zu prüfen.

Form der Proben. Die Form und die Vorbereitung der Proben sind meist abhängig von der vorhandenen Prüfeinrichtung, von der geforderten Genauigkeit der Feststellungen und der Art der Prüfung (z. B. Eignungsprüfung). Grundsätzlich sollen die Proben jedoch so gestaltet sein, daß sich möglichst eindeutige Versuchsbedingungen, das ist in erster Linie ein einachsiger Strömungszustand, ergeben.

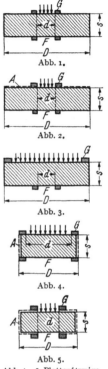

Abb. 1.

Abb. 2.

Abb. 3.

Abb. 4.

Abb. 5.

Abb. 1—5. Plattenförmige Proben fur die Prufung des Betons auf Durchlassigkeit.

α) *Plattenförmige Proben.* Am zweckmäßigsten werden plattenförmige (runde oder quadratische) Proben geprüft (vgl. die Abb. 1—5). Das Druckwasser wirkt auf eine Fläche vom Durchmesser d. Auf der gegenüberliegenden Fläche F wird der Wasseraustritt festgestellt, sofern nicht die Menge des eingepreßten Wassers gemessen wird (vgl. Abschn. c).

Proben nach Abb. 1. Für die rohe Ermittlung der Durchlässigkeit kann diese Prüfung ausreichend sein. Der Wasserdruck wirkt zwischen dem Abdichtungsring G (Gummi). Es entsteht hierbei jedoch kein einachsiger Strömungszustand (starker seitlicher Wasseraustritt, wenn nicht $\dfrac{D-d}{2} > s$ ist; Wasseraustritt meist auch in Richtung des größten Druckgefälles an der oberen Fläche neben G).

Proben nach Abb. 2. Bessere Versuchsbedingungen entstehen daher durch Abdichten der außerhalb G liegenden oberen Fläche A.

Proben nach Abb. 3. Der Wasserdruck wirkt auf die ganze obere Fläche. Der Durchgang wird auf einem mittleren Ausschnitt F erfaßt, dessen Strömungsverhältnisse noch als unbeeinflußt anzunehmen sind[4].

Technische Nachteile bei den Proben nach Abb. 1—3 ergeben sich durch die verhältnismäßig großen Durchmesser der Platten (Mehrfaches von s), oder durch großen Verbrauch von Druckwasser.

Proben nach Abb. 4. Ein einachsiger Strömungszustand ergibt sich, wenn die Platten eine allseitige Abdichtung erhalten. Abdichtung A als besondere Dichtungsschicht oder als Stahl- oder Blechmantel, in den der Körper einbetoniert wird[5]. Die Durchlässigkeit wird entweder nur für die innere Fläche oder für die ganze Austrittsfläche ermittelt. Fehlermöglichkeiten bestehen, wenn ein

[1] Vgl. RUETTGERS, VIDAL u. WING: Proc. Amer. Concr. Inst. Bd. 31 (1935) S. 389.

[2] Nach MERKLE (Wasserdurchlässigkeit von Beton, 1927) besteht keine vollkommene Proportionalität, vielmehr nimmt die Sickergeschwindigkeit stärker zu als der Wasserdruck. Die Abweichung ist jedoch praktisch ohne Bedeutung.

[3] Über die mathematische Erfassung der Strömungsverhältnisse vgl. TÖLKE: Ing.-Arch. Bd. 2 (1931) S. 428; ferner RUETTGERS, VIDAL u. WING: Proc. Amer. Concr. Inst. Bd. 31 (1935) S. 409.

[4] Vgl. BIELIGK: Zement Bd. 26 (1937) S. 189. — WALZ: Bautechn. Bd. 17 (1939) S. 406.

[5] Vgl. GRAF u. WALZ: Bautechn. Bd. 15 (1937) S. 321. — WALZ: Bautechn. Bd. 17 (1939) S. 406.

Wasserfluß zwischen Mantel A und Probekörper stattfindet. Prüfvorrichtung und Abmessungen der Proben müssen aufeinander abgestimmt sein.

Proben nach Abb. 5. Am zuverlässigsten lassen sich allseitig abgedichtete Proben prüfen. Die Abdichtung erfolgt zweckmäßig durch mehrfachen Anstrich mit Zementleim[1] (Schichten aus weichen Massen, z. B. Bitumen, werden meist abgedrückt. Eine Ummantelung mit Mörtel[1] oder ein Umgießen ergibt nur bei sehr sorgfältiger Arbeit einen guten Abschluß). Durch diese Abdichtung entsteht, nach genügender Einwirkung, bei Körpern beliebiger Abmessungen, bei geringem Wasserverbrauch, ein einachsiger Strömungszustand.

β) Besondere Probenformen. Die nach Abb. 6 als Hohlzylinder[2] hergestellte Probe ergibt ebenfalls einachsige Strömungsverhältnisse. Die Prüfung dürfte auf Sonderfälle beschränkt bleiben, sie ist wegen der hohen Tangentialzugspannungen nur bei niederen Innendrücken möglich (Zugfestigkeit des Betons vgl. Abschn. C, 4).

Bei sehr grobkörnigem Beton (Staumauern), der große Proben erfordert, sind würfel- oder zylinderförmige Körper nach Abb. 7 geprüft worden[3]. Ein Nachteil ist die verhältnismäßig kleine Fläche, auf die das Wasser wirkt, weil die

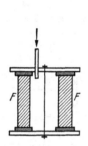

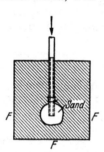

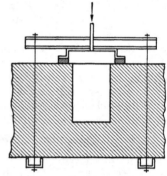

Abb. 6. Rohrförmige Probe.   Abb. 7. Probe für die Prüfung durch Innendruck.   Abb. 8. Anordnung für die Prüfung plattenförmiger Bauteile.

zufällige, vielleicht abweichende Beschaffenheit des dort anstehenden Betons und dessen Oberfläche für die Durchlässigkeit in erster Linie bestimmend sind.

Beim Bau der Boulder-Sperre[4] wurden große Proben (Betonzylinder bis $d =$ rd. 46 cm und $h =$ rd. 46 cm) nachträglich in Stahlbehälter eingesetzt (Abdichtung an der Zylinderwand mit Bitumen oder ähnlichem[5]). Der Wasserdruck wirkte auf die mit einem Stahldeckel verschlossene Stirnseite.

Prüfungen am Bauwerk selbst sind nur selten möglich. Bei dünnwandigen Bauteilen kann dies z. B. nach Abb. 8 durch Aufsetzen einer Glocke auf eine Aussparung oder direkt auf die Fläche erfolgen[6].

c) Prüfeinrichtungen.

Bei der Prüfung sollen die Drücke gleichbleibend auf beliebige Zeit und ohne Rücksicht auf die Größe des Wasserdurchgangs gehalten werden können.

[1] Vgl. Fußnote 5, S. 527.

[2] Vgl. auch Suenson: Ingeniørvidenskabelige Skrifter, Kopenhagen, Nr. 15 (1935). — Wiley u. Coulson: Proc. Amer. Concr. Inst. Bd. 34 (1937) S. 65. — Schlyter: Statens Provningsanstalt, Stockholm, Mitteilung 70 (1936).

[3] Grimm: Zement Bd. 17 (1928) S. 1724.

[4] Ruettgers, Vidal u. Wing: Proc. Amer. Concr. Inst. Bd. 31 (1935) S. 382.

[5] Ähnlich vgl. auch Norton u. Pletta: Proc. Amer. Concr. Inst. Bd. 27 (1931) S. 1093. — McMillan u. Lyse: Proc. Amer. Concr. Inst. Bd. 26 (1930) S. 101. — Vidal u. Samson: Proc. Amer. Soc. Test. Mater. Bd. 36, I (1936) S. 289.

[6] Vgl. Schonk u. Maaske: Bautechn. Bd. 4 (1926) S. 199. — Gaye: Der Gußbeton, S. 162. 1926.

Prüfanlage. Grundsätzlich sind zwei Arten von Prüfeinrichtungen[1] zu unterscheiden, bei denen α) das austretende Wasser, β) das eingepreßte Wasser ermittelt wird.

α) Bei der Ermittlung des *austretenden Wassers* wird die vom Körper aufgenommene Wassermenge und das bei geringerem Wasserdurchtritt durch Verdunsten abgehende Wasser der Austrittsflächen vernachlässigt. Diese Mengen haben bei praktischen Untersuchungen im Vergleich mit den unvermeidlichen Streuungen der Ergebnisse keine Bedeutung.

Diese Prüfart ist praktisch meist ausreichend. Sie ist insbesondere bei jenen Proben anzuwenden, bei denen ein außerhalb der Beobachtungsfläche liegender Wasseraustritt möglich ist (vgl. z. B. Abb. 1 bis 3).

β) Für genaue Messungen an wenig durchlässigem Beton kann die *eingepreßte Wassermenge* bestimmt werden. Eine eindeutige Auswertung ist hierbei nur dann einfach möglich, wenn ein einachsiger Strömungszustand (bekannter Durchflußquerschnitt und kein unkontrollierbarer seitlicher Wasseraustritt) vorliegt[2]. Für jede Probeplatte ist eine gesonderte Meßvorrichtung nötig.

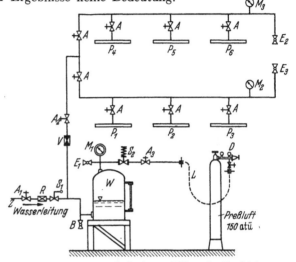

Abb. 9. Anlage für die Prüfung auf Wasserdurchlässigkeit.
P_{1-6} Prüfstellen; *B* Auslaufhahn; *M* Druckanzeiger; *S* Sicherheitsventil; *R* Rückschlagventil; *D* Reduzierventil; *L* Schlauchleitung; *W* Windkessel; *E* Entlüftung; *A* Absperrhahn; *V* Rohrbruchventil.

Wenn das eingepreßte Wasser aus dem Druckabfall im Windkessel[3] errechnet wird, sind weitgehende Vorkehrungen nötig; dabei ist ein Gleichhalten des Druckes über längere Zeit nicht möglich.

γ) In Abb. 9 ist eine Prüfeinrichtung für die Bestimmung des *durchtretenden Wassers* mit 6 Prüfstellen wiedergegeben. Der Druck wird durch Preßluft erzeugt; er wirkt über ein Druckminderungsventil *D* (Einstellung des Prüfdruckes) auf das im Windkessel *W* vorher aus der Leitung *Z* zugeführte Wasser[4].

In Abb. 10 ist eine Prüfstelle für die Ermittlung des *eingepreßten Wassers* dargestellt[5]: Am kleinen Wasserbehälter W_2 findet sich eine Ableseskala für die aus den Behältern W_1 und W_2 herausgepreßte Wassermenge. Bei schwach durchlässigen Proben und bei Feinmessungen wird nur der kleine Behälter benutzt (Schließen der Hähne H_1 und H_2); Ablesung an einer zweiten zugehörigen Skala,

---

[1] Bei geringerem Prüfdruck, z. B. bei der Prüfung von Kalkputzen, Zementdachsteinen usw. genügen häufig Wasserstandsrohre. Diese sollen mit einer Vorrichtung versehen sein, die immer gleichen Wasserstand gewährleistet; vgl. z. B. Beton-Stein-Ztg. Bd. 5 (1939) S.140 (englische Normen für Zementdachsteine). Über eine Prüfvorrichtung zur Ermittlung der Wasserdurchlässigkeit bei Beregnung vgl. COPELAND u. CARLSON: Proc. Amer. Concr. Inst. Bd. 32 (1936) S. 485; Bd. 36 (1939) S. 169.

[2] Über die rechnerische Auswertung bei mehrachsiger Strömung vgl. TÖLKE: Ing.-Arch. Bd. 2 (1931) S. 428.

[3] Vgl. MERKLE: Wasserdurchlässigkeit von Beton, 1927.

[4] Einzelheiten vgl. GRAF u. WALZ: Bautechn. Bd. 15 (1937) S. 321.

[5] Vgl. auch TÖLKE: Ing.-Arch. Bd. 2 (1931) S. 430; GLANVILLE: Building Research, Techn. Paper Bd. 3 (1931); RUETTGERS, VIDAL u. WING: Proc. Amer. Concr. Inst. Bd. 31 (1935) S. 382 (Ermittlung des ein- *und* ausgepreßten Wassers).

Erzeugung des Wasserdruckes. In allen Fällen soll das Druckwasser über einen Windkessel zugeleitet werden. Um den eingestellten Druck zu gewährleisten, sind zweckmäßig Sicherheitsventile anzubringen. Für die Erzeugung des Druckes ergeben sich je nach den örtlichen Verhältnissen verschiedene Möglichkeiten.

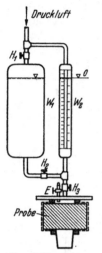

α) Ausnutzung eines hohen Wasserleitungsdruckes und Einstellung des Prüfdruckes durch ein Druckminderungsventil.

β) Erzeugung des Druckes durch einen selbsttätigen Druckakkumulator, wenn nötig Einstellen auf den gewünschten Prüfdruck durch Druckminderungsventile[1].

γ) Druckerzeugung durch eine selbsttätige Wasser- oder Luftpumpe[2] bzw. durch Druckluft nach Abb. 9[3].

Beim Entwurf der Prüfanlagen sind für die Bemessung der Leistung (Druck und Druckwassermenge) die bereits erwähnten Umstände zu berücksichtigen (Anzahl der Prüfstellen, Größe des Wasseraustritts in Abhängigkeit von der Art der Proben vgl. Abb. 1 bis 5, Prüfdruck usw.)[4].

In besonderen Fällen (wenig Prüfkörper, geringer Wasserdurchgang, bei persönlicher Wartung) kann der Wasserdruck auch durch Handpumpen erzeugt werden[5]. Im allgemeinen dürften die anzuwendenden Prüfdrücke bis 7 kg/cm² reichen, eine Bemessung der Anlage für 20 bis 25 kg/cm² Druck ist daher auch für Sonderfälle ausreichend; vgl. auch Abschn. 1, a.

Abb. 10. Prüfvorrichtung zur Ermittlung des eingepreßten Wassers. W_1 großer Wasserbehälter; W_2 kleiner Wasserbehälter und Wasserstandsanzeiger; H Absperrhähne; E Entlüftungshahn.

Einspannung der Proben und Ermittlung der Durchlässigkeit. In die Einspannvorrichtung sollen Proben verschiedener Größe und Form eingebaut werden können (vgl. auch die Abb. 1 bis 5). Ein Beispiel für eine solche Einspannstelle wird in Abb. 11 gegeben[6]:

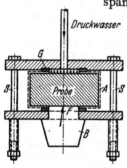

Der Probekörper ist zwischen Gummiringen G gefaßt, die oben den Druckraum abschließen und unten die Fläche F für das durchtretende Wasser abgrenzen.

Die Gummiringe G werden mit einer Klebemasse (z. B. heißem Bitumen) vor dem Einbringen des Probekörpers an die gerillten Einspannplatten geklebt.

Grundsätzlich sind alle Einspannvorrichtungen geeignet, die ein zuverlässiges Aufbringen des Wasserdruckes und die nötigen Ermittlungen zulassen. Diese sind, soweit der Wasseraustritt zu erfassen ist: Feststellungen nach Augenschein (Zeitpunkt und Art der Durchfeuchtung), Ermittlung der Menge des austretenden Wassers (Angabe der Menge in Abhängigkeit vom Druck und der Zeit durch Auffangen in Gefäßen).

Abb. 11. Prüfstelle für plattenförmige Proben. A Abdichtung; B Becher; F Beobachtungsfläche; G Gummiring; S Spannschrauben.

---

[1] Vgl. Otzen: Zement Bd. 19 (1930) S. 274.

[2] Vgl. Walz: Die heutigen Erkenntnisse über die Wasserdurchlässigkeit des Mörtels und des Betons, 1931; Glanville: Building Research, Techn. Paper Bd. 3 (1931).

[3] Vgl. auch Ruettgers, Vidal u. Wing: Proc. Amer. Concr. Inst. Bd. 31 (1935) S. 382; Graf u. Walz: Bautechn. Bd. 15 (1937) S. 321.

[4] Als ungefährer Anhalt sei angeführt, daß bei einem Wasserdruck von 7 kg/cm² und 12 cm dicken Proben bei ungünstigem Beton mit einem Wasserdurchgang bis rd. 5 l/1 dm² in 24 h zu rechnen ist; im allgemeinen ist bei praktisch vorkommendem Beton die durchtretende Wassermenge nicht größer als 2 l/1 dm²/24 h; vgl. Walz: Beton u. Eisen Bd. 36 (1937) S. 215.

[5] Schonk u. Maaske: Bautechn. Bd. 4 (1926) S. 200.

[6] Graf u. Walz: Bautechn. Bd. 15 (1937) S. 426.

Abweichend von Abb. 11 kann die Beobachtungsfläche auch oben oder seitlich liegen. Hierdurch wird jedoch die Feststellung eines ungleich verteilten Wasseraustritts erschwert.

Bei weitgehend undurchlässigen Proben ist es zweckmäßig, diese nach dem Versuch aufzuspalten und die Durchfeuchtung im Probekörper festzustellen. Die durchfeuchtete Fläche wird deutlicher erkennbar, wenn der Querschnitt etwas abgetrocknet ist[1].

d) Berücksichtigung besonderer Einflüsse.

Zusammensetzung des Betons und Herstellung der Proben. Die Durchlässigkeit ist gleichlaufend zur Schichtung (bedingt durch Stampffugen, Arbeitsfugen, Schüttlagen, Flachliegen der Zuschlagteile und Ansammeln von Wasser unter diesen Teilen, usw.) gewöhnlich größer als rechtwinkelig zur Schichtung[2]. Die Proben sind daher so herzustellen, daß das Druckwasser in gleicher Richtung zur Schichtung wie im Bauwerk wirkt, in den meisten Fällen daher in stehenden Formen. Für besondere Fälle wird dabei eine Schicht- oder Stampffuge in die Mitte der Platte (der Druckwasserfläche) gelegt. Runde Platten sind in diesem Fall bei Stampfbeton ungünstig[3].

Bei waagerecht hergestellten Proben ist die obere Fläche (Prüffläche) ebenso zu bearbeiten, wie dies am Bauwerk der Fall sein wird (z. B. können mit der Kelle abgezogene Proben durchlässiger sein als rauh mit dem Reibbrett abgescheibte Platten[4]. Auch sind Platten, die mit ihrer ursprünglichen Oberfläche (Zementhaut) dem Druck ausgesetzt werden, undurchlässiger als ohne Zementhaut[4].

Oft ist es daher zweckmäßig, den Einfluß der Oberflächenbeschaffenheit (Einfluß der Endfläche) auszuschalten, da sich diese einerseits nur selten entsprechend den praktischen Verhältnissen herstellen läßt und weil andererseits hierdurch die spezifische Durchlässigkeit des untersuchten Betons verhältnismäßig stark überdeckt wird (Abbürsten der Zementhaut mit einer Stahlbürste 1 bis 2 Tage nach der Herstellung).

Lagerung und Alter der Proben. Es sind möglichst jene Bedingungen zu wählen, die praktisch beim Bauwerk vorliegen werden. Feuchtlagerung der Proben (unter feuchten Rupfen, in feuchtem Sand, unter Wasser) entspricht in den meisten Fällen den Erfordernissen am besten. Beim Vergleich verschieden gelagerter Proben ist zu beachten, daß feuchtgelagerte Proben undurchlässiger sind als Proben, die trocken gelagert wurden (vgl. auch im folgenden). Mit zunehmendem Alter nimmt die Durchlässigkeit bei Feuchtlagerung weiterhin ab[5].

Beton in massigen Bauten erhärtet, anfänglich auch in den Außenschichten, gewöhnlich unter höherer Temperatur[6]. In solchen Fällen sind die Proben möglichst lange unter ähnlichen Temperaturbedingungen (wenn möglich adiabatisch) zu lagern. Es entsteht dabei auch, vom Bindemittel abhängig, gewöhnlich eine andere Durchlässigkeit als bei gewöhnlichen Temperaturen[7].

---

[1] Eine Prüfung mit gefärbtem Wasser hat sich nicht bewährt (Filterwirkung des Betons). Für bestimmte Fälle wurde auch die Verwendung von Reagensflüssigkeiten empfohlen, vgl. LE CHATELIER: Baumaterialienkunde Bd. 9 (1904) S. 225 (Vorsicht wegen chemischer Umsetzung und Selbstdichtung, vgl. Abschn. d).

[2] Vgl. WALZ: Die heutigen Erkenntnisse über die Wasserdurchlässigkeit des Mörtels und des Betons, S. 31. 1931.

[3] Vgl. VETTER u. RISSEL: Materialauswahl für Betonbauten 1933, S. 87. — BIELIGK: Zement Bd. 26 (1937) S. 189.

[4] Vgl. WALZ: Die heutigen Erkenntnisse über die Wasserdurchlässigkeit des Mörtels und des Betons, 1931.

[5] MCMILLAN u. LYSE: Proc. Amer. Concr. Inst. Bd. 26 (1930) S. 101.

[6] DAVEY: Building Research, Techn. Paper Bd. 18 (1935) — GLOVER: Proc. Amer. Concr. Inst. Bd. 31 (1935) S. 113. — CLARK u. BROWN: Proc. Amer. Concr. Inst. Bd. 33 (1937) S. 183. — CARLSON: Proc. Amer. Concr. Inst. Bd. 34 (1938) S. 497.

[7] RUETTGERS, VIDAL u. WING: Proc. Amer. Concr. Inst. Bd. 31 (1935) S. 382.

Prüfdauer und Wasserbeschaffenheit. Die Durchlässigkeit nimmt mit der Prüfdauer infolge der Selbstdichtung oft beachtlich ab[1]. Die Selbstdichtung tritt besonders in Erscheinung: Bei zementreichen Mischungen, bei anfänglich trocknen Proben, bei schwachem Durchfluß, bei hartem Wasser (vgl. auch Abschn. G, 3, d)[2], usw. (Quellvorgänge, mechanische Einlagerung und Verlagerung feinster Teile aus dem Wasser, chemische Neubildungen[2]). Grundsätzlich ist es daher zweckmäßig, solange zu prüfen, bis der Wasserdurchgang nicht mehr zunimmt. Aus versuchstechnischen Gründen ist diese Zeit, bis sich gleicher Wasserdurchtritt eingestellt hat, meist nicht einzuhalten.

e) Bestehende Vorschriften für die Prüfung.

Die Einflüsse auf die Durchlässigkeit sind so wechselnd, daß es selten möglich ist, sie bei der Prüfung entsprechend den praktischen Verhältnissen zu berücksichtigen.

In den meisten Fällen wird man daher anstreben, die Prüfungen in einheitlicher Weise auszuführen (vergleich- und wiederholbare Prüfung, Erfahrungswerte). In diesem Sinn sind die Richtlinien für die Prüfung von Beton auf Wasserdurchlässigkeit[3] anzuwenden: Zur Prüfung sind in erster Linie Proben $20 \times 20 \times 12$ cm^3 vorgesehen, die bei einfachen Feststellungen nach Abb. 1 und bei eingehenden Untersuchungen nach Abb. 5 oder sinngemäß zu prüfen sind. Prüfung im Alter von 28 Tagen nach Feuchtlagerung unter Drücken von 1 kg/cm^2 (2 Tage lang), 3 kg/cm^2 und 7 kg/cm^2 (je 1 Tag lang). Ermittelt wird die ausgetretene Wassermenge.

f) Besondere Untersuchungen.

Prüfung der Wirkung von Dichtungsstoffen. Grundsätzlich ist bei der Prüfung von Dichtungsstoffen (Zusätze, Oberflächenbehandlung), deren Wirkung nur im Vergleich mit sonst gleichen aber unbehandelten Proben zu untersuchen[4]. Die unbehandelten Proben sollen schwach durchlässig sein, so daß die Wirkung durch die Behandlung deutlich wird (Untersuchung z. B. an 4 cm dicken Platten aus 1 Gewichtsteil Zement und 6,0 Gewichtsteilen Flußsand; kellengerechter Mörtel mit einem Ausbreitmaß von rd. 180 mm[5]; Wasserzementwert rd. 0,7 bis 0,8; Körnung des Sandes nach Linie B der DIN 1045; Prüfung nach 28 Tagen). Die Lagerung ist den späteren, praktisch zu erwartenden Verhältnissen anzupassen. Um die Dauerwirkung der Mittel zu erfassen, sind die gleichen oder besondere Proben auch in späterem Alter und unter wechselnden Lagerungsbedingungen zu prüfen[4]. Bei Prüfung von Oberflächendichtungsmitteln sind oft andere Prüfbedingungen zweckmäßig (Wechselbeanspruchung durch Schlagregen mit besonderen Apparaten)[6].

Prüfung der Durchlässigkeit von Fugen. Oft wird es nötig, die zweckmäßigste Arbeitsweise oder die Wirkung besonderer Maßnahmen beim Anbeto-

---

[1] Vgl. Walz: Die heutigen Erkenntnisse über die Wasserdurchlässigkeit des Mörtels und des Betons, S. 38. 1931.

[2] Bei hartem Wasser (hoher Bikarbonatgehalt) entsteht aus dem freien Kalkhydrat Poren verschließender, kohlensaurer Kalk, während das Kalkhydrat andererseits von weichem Wasser weggetragen wird. Durchschnittliche Verhältnisse ergeben sich daher bei Wasser mit mittleren Härtegraden. Zugehörige Werte vgl. Mary, Annales des Ponts et Chaussées (1933), III, S. 467.

[3] Vgl. Vornorm DIN 4029 (1935); Erläuterungen hierzu vgl. Graf u. Walz: Bautechn. Bd. 15 (1937) S. 426.

[4] Vgl. auch Jumper: Proc. Amer. Concr. Inst. Bd. 28 (1932) S. 209. — Washa: Proc. Amer. Concr. Inst. Bd. 30 (1934) S. 1.

[5] Gerät für die Ermittlung des Ausbreitungsmaßes von Mörtel vgl. DIN 1165.

[6] Vgl. z. B. Copeland u. Carlson: Proc. Amer. Concr. Inst. Bd. 32 (1936) S. 485.

nieren an alten Beton zu untersuchen (Undurchlässigkeit der Arbeitsfuge). Am zuverlässigsten geschieht dies mit Proben nach Abb. 5, bei denen die Fuge in der Mitte und rechtwinkelig zur Druckwasserfläche liegt. Hiervon abweichend sind auch Prüfungen durchgeführt worden, bei denen der Wasserdruck von der Mitte des Körpers aus in Richtung der Fugenfläche wirkte[1].

g) Weitere Entwicklung.

Bei der Entwicklung der Prüfungen ist die weitere Vereinheitlichung anzustreben, damit mehr als bisher vergleichbare Werte bei Prüfungen an verschiedenen Orten erhalten werden. Dann entstehen auch allgemeingültige Unterlagen für die Bewertung des Prüfergebnisses im Hinblick auf das praktische Verhalten des Betons im Bauwerk (erforderliche Undurchlässigkeit bei der Prüfung für bestimmte praktische Verhältnisse).

Wenn möglich, sind die Prüfungen noch weitergehend den praktischen Verhältnissen (möglichst große Proben und lange Prüfdauer), anzupassen.

Eine brauchbare Grundlage für die Weiterentwicklung bildet die Vornorm DIN DVM 4029 (1935).

2. Prüfung der Wasseraufnahme.

Die Wasseraufnahme wird meist im Zusammenhang mit Prüfungen auf Widerstandsfähigkeit gegen Witterungseinflüsse und gegen aggressive Flüssigkeiten ermittelt (vgl. Abschn. F, 2 und 3). Diese Eigenschaften sind gewöhnlich um so ungünstiger zu bewerten, je größer die Wasseraufnahme ist.

Jedoch spielt bei gleichem Gesamtporenraum auch die Größe und Art der Poren eine Rolle (z. B. große Poren oder Kapillarporen; zusammenhängende oder geschlossene Poren).

Die Wasseraufnahme wird gewöhnlich an beliebig geformten, die durchschnittliche Beschaffenheit wiedergebenden Proben, durch langsames Eintauchen in Wasser bei normalem Luftdruck ermittelt. Ausführung der Prüfung vgl. z. B. DIN DVM 2103 (vgl. auch Abschn. II, C, 1). Solche Feststellungen genügen für die meisten praktischen Bewertungen, obwohl nicht immer anzunehmen ist, daß, je nach der Porenbeschaffenheit, alle Hohlräume mit Wasser gefüllt sind. In besonderen Fällen kann eine weitergehende Wasseraufnahme durch vorausgehende Entlüftung und Sättigung unter hohem Wasserdruck erzielt werden (vgl. Abschn. II, C, 1 und DIN DVM 2103).

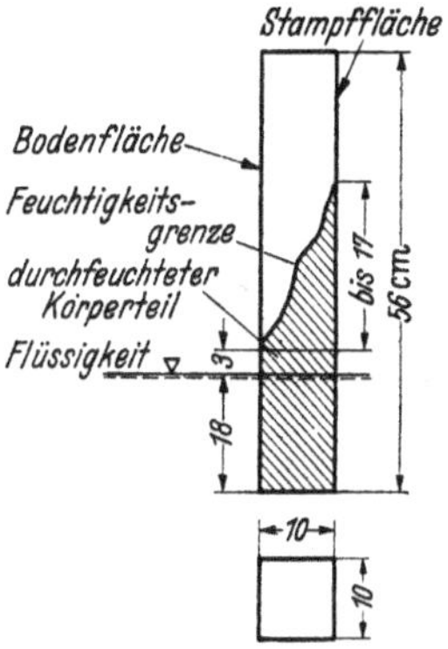

Abb. 12. Feuchtigkeitsverteilung in einer prismatischen Probe.

Die Wasseraufnahme ist in Raumprozenten[2] auszudrücken; damit werden Feststellungen bei Proben mit verschiedenem Raumgewicht vergleichbar (bei Gewichtsprozenten ist dies nicht der Fall). Der ermittelte Wert wird zweckmäßig auf den Zustand bezogen, der sich durch Trocknen der Probe bis zur Gewichtsgleichheit bei rd. 110° C einstellt.

Weitere und praktisch oft wertvollere Aufschlüsse werden erhalten, wenn zusätzlich an regelmäßigen, platten- oder balkenförmigen Probekörpern das

---

[1] HAGER u. NENNING: Dtsch. Ausschuß Eisenbeton Heft 69 (1931) S. 27. — STEELE: Proc. Amer. Concr. Inst. Bd. 29 (1933) S. 305. — DAVIS, R. u. H.: Proc. Amer. Concr. Inst. Bd. 30 (1934) S. 422.

[2] Die Ermittlung des Raumes unregelmäßig geformter Proben geschieht nach der Auftriebsmethode, vgl. Abschn. F, 7; ferner WALZ: WWZ Bd. 38 (1940) S. 99.

durch Kapillarwirkung aufgenommene Wasser nach Menge und Höhe des Anstiegs ermittelt wird[1]. Die Proben werden zu diesem Zweck hochkant in Wasser gestellt (vgl. Abb. 12). Besonders starke Kapillarwirkung weist meist auf weniger widerstandsfähigen Beton hin. Naturgemäß ist bei solchen Versuchen, insbesondere für die Vergleichbarkeit, die relative Luftfeuchtigkeit und das Verhältnis von Körperoberfläche zum Rauminhalt von Einfluß.

Proben aus wasserreichem Beton sind in den oberen Zonen wegen des dort sich ansammelnden Wassers meist poröser. Da der kapillare Wasseranstieg dort stärker ist, ist je nach der Lage der Probe bei der Herstellung, vgl. Abb. 12, nicht immer in allen Teilen mit gleicher Höhe der Durchfeuchtung zu rechnen. (Dieser Vorgang verdient besondere Beachtung bei Prüfung auf Witterungsbeständigkeit, chemische Widerstandsfähigkeit und Rostschutz, vgl. Abschn. G, 2, 3 und H, 3).

Für den Bereich praktisch vorkommender Mischungen wurde die Wasseraufnahme unter normalem Luftdruck bei Beton zwischen 2 und 12, bei Mörtel zwischen 8 und 21 Raum-% ermittelt; die kapillare Steighöhe betrug bis 38 cm und mehr[1].

3. Prüfung des Rostschutzes.

Bestimmungsgemäßer Beton für bewehrte Bauteile (vgl. DIN 1045) bietet bei genügender Überdeckung der Eisen unter gewöhnlichen Bedingungen erfahrungsgemäß einen guten Rostschutz. Inwieweit dies in anderen Fällen (z. B.

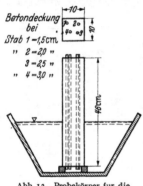

Abb. 13. Probekörper für die Prüfung des Rostschutzes.

bei aggressivem Wasser, bei abweichender Betonzusammensetzung, bei Sonderzementen, bei Zusätzen, bei besonderen Zuschlagstoffen usw.) hinreichend der Fall ist, ist jeweils durch besondere Versuche zu klären.

Zweckmäßig werden hierzu aus dem fraglichen Beton Prismen nach Abb. 13 mit vier blanken, verschieden überdeckten Stahlstäben hergestellt. Die Stahlstäbe sind vor dem Einlegen in die Form gründlich mit Zement abzureiben und keiner direkten Berührung durch die Finger auszusetzen. Die richtige Lage der Stäbe in den waagerecht liegenden Formen wird durch Einstecken in entsprechende Bohrungen an den Stirnflächen der Form erhalten. (Über den Einfluß der Lage der Probe bei der Herstellung auf die Porenbeschaffenheit vgl. Abschn. 2). Nach dem Entformen sind die Stirnflächen mit einem dicken bituminösen Anstrich abzudecken. Nach einer feuchten Lagerung von 28 Tagen werden die Prismen im Freien, zur Hälfte in Wasser eingestellt, den Witterungseinflüssen ausgesetzt. Von Zeit zu Zeit (z. B. nach je 6 Monaten) werden 3 Prismen entnommen, auf äußere Veränderungen untersucht (Rostfahnen, Risse, Absprengungen) und mit dem Hammer vorsichtig zerlegt. Die Anrostung nach Stärke und Ausmaß im luft- und wassergelagerten Teil wird festgestellt[2].

Gegenüber dieser einfachen und aufschlußreichen Prüfung sind andere Verfahren in den meisten Fällen von geringerer Bedeutung (z. B. Untersuchung der Bewehrung von behälterartigen Proben, die mit Wasser gefüllt sind)[3].

[1] Vgl. Walz: Die heutigen Erkenntnisse über die Wasserdurchlässigkeit des Mörtels und des Betons, S. 65. 1931. — Graf: Dtsch. Ausschuß Eisenbeton Heft 71 (1933) S. 44 f. sowie Heft 87 (1938) S. 7 f. — Einzelwerte vgl. auch Weise: Beton-Stein-Ztg. Bd. 5 (1939) S. 207.

[2] Vgl. Graf: Dtsch. Ausschuß Eisenbeton Heft 71 (1933) S. 37 f.

[3] Vgl. Krüger: Dtsch. Ausschuß Eisenbeton Heft 71 (1933) S. 7 f.

J. Prüfung der Wärmedurchlässigkeit des Betons.

Von HERMANN REIHER, Stuttgart.

1. Allgemeine Betrachtungen.

Die Wärmedurchlaßeigenschaften von Baustoffen im Beharrungszustande der Temperaturverteilung sind charakterisiert durch Wärmeleitzahlen bzw. Wärmedurchlaßzahlen und in vielen Fällen durch die Strahlungszahlen. Der Verlauf der Temperaturen und die Größe der Wärmeströmungen bei Anheiz- und Auskühlvorgängen innerhalb eines Körpers sind außerdem beeinflußt durch Raumgewicht und spezifische Wärme, was zum Ausdruck kommt in der Abhängigkeit des Vorganges von der Temperaturleitzahl. Die Größe der bei bestimmten Temperaturverhältnissen von einer festen Oberfläche abgegebenen oder aufgenommenen Wärmemenge hängt ab von Wärmeübergangszahl und Strahlungszahl.

Im einzelnen besitzen diese den Wärmedurchgang und Wärmeaustausch kennzeichnenden physikalischen Werte und Beiwerte folgende Deutung:

Wärmeleitzahl $\lambda \left(\frac{kcal}{m\,h\,°C} \right)$, diejenige Wärmemenge, die durch einen Würfel von 1 m Kantenlänge in 1 h von einer Fläche auf die gegenüberliegende Fläche fließt, wenn diese 1 °C Temperaturunterschied haben und die übrigen vier Würfelflächen vor Wärmeaustausch geschützt sind.

Wärmedurchlaßzahl $\Lambda \left(\frac{kcal}{m^2\,h\,°C} \right)$, diejenige Wärmemenge, die durch 1 m² einer Wand in 1 h bei 1 °C Temperaturunterschied der beiden Oberflächen hindurchgeht.

Der Kehrwert der Wärmedurchlaßzahl, der sog. ,,Wärmedurchlaßwiderstand" $1/\Lambda$ einer aus verschiedenen Materialien bestehenden Wand errechnet sich aus der Beziehung:

$$\frac{1}{\Lambda} = \frac{\delta_1}{\lambda_1} + \frac{\delta_2}{\lambda_2} + \cdots \frac{\delta_n}{\lambda_n} + \frac{\delta'_1}{\lambda'_1} + \frac{\delta'_2}{\lambda'_2} + \cdots \frac{\delta'_n}{\lambda'_n},$$

wenn δ_1, $\delta_2 \cdots \delta_n$ bzw. λ_1, $\lambda_2 \cdots \lambda_n$ die Dicken bzw. Wärmeleitzahlen der festen Wandschichten, δ'_1, $\delta'_2 \cdots \delta'_n$ bzw. λ'_1, $\lambda'_2 \cdots \delta'_n$ die Dicken bzw. äquivalenten Wärmeleitzahlen der eingeschlossenen Luftschichten darstellen. Der Wärmedurchlaßwiderstand setzt sich somit zusammen aus den Wärmeleitwiderständen der hintereinandergeschalteten Schichten.

Temperaturleitzahl $a = \frac{\lambda}{c\,\gamma} \left(\frac{m^2}{h} \right)$, wobei λ die Wärmeleitzahl, $c \left(\frac{kcal}{kg\,°C} \right)$ die spezifische Wärme und γ (kg/m³) die Dichte des Stoffes sind.

Strahlungszahl $C \left(\frac{kcal}{m^2\,h\,°K^4} \right)$ die stündlich von 1 m² Oberfläche eines Körpers mit einer gleich großen ,,vollkommen schwarzen" Fläche ausgetauschte Wärmemenge, wenn die Differenz der vierten Potenzen des hundertsten Teiles der absoluten Temperaturen der Oberflächen = 1 ist. (°K = °Kelvin, bedeutet die absolute Temperatur.)

Wärmeübergangszahl $\alpha \left(\frac{kcal}{m^2\,h\,°C} \right)$, die stündlich von 1 m² Oberfläche des Körpers bei 1 °C Temperaturdifferenz mit dem umgebenden Medium ausgetauschte Wärmemenge.

Wärmeleitzahlen und Strahlungszahlen sind reine Stoffwerte und sind als solche bedingt durch die Art und Struktur des Stoffes sowie durch die Art der Oberflächenbeschaffenheit. Die Wärmedurchlaßzahlen hängen von der Dicke und den Wärmeleiteigenschaften der in einer Konstruktion enthaltenen Materialschichten und Luftschichten ab. Die Wärmeübergangszahlen sind in der

Hauptsache gegeben durch eine Reihe von Eigenschaften des an die Oberfläche, grenzenden gasförmigen oder flüssigen Mediums (Wärmeleitzahl, Dichte, Zähigkeit Temperatur), ferner durch Geschwindigkeit und Strömungszustand des Mediums und die geometrische Form der Oberfläche.

2. Methoden zur Bestimmung der Wärmeleitzahl, Wärmedurchlaßzahl, Strahlungszahl und spezifischen Wärme von Baustoffen und Meßergebnisse.

a) Wärmeleitzahl λ und Wärmedurchlaßzahl Λ.

Die heute allgemein übliche Methode zur Bestimmung der Wärmeleitzahl fester Stoffe ist durch GRÖBER[1] und POENSGEN[2] in dem sog. Plattenapparat entwickelt worden. Bei dieser Versuchsmethode werden zwei gleichdicke quadratische Platten des zu prüfenden Stoffes von 50 cm Kantenlänge und einer Dicke bis zu 10 cm (in besonderen Ausnahmefällen sind auch größere Dicken verwendbar) unter Zwischenschaltung einer elektrischen Heizplatte aufeinandergelegt. Die Prüfplatten grenzen an ihren dem Heizkörper abgewandten Oberflächen an je eine Kühlplatte, deren Temperatur mit Hilfe von durchfließendem Wasser gleichbleibend eingestellt wird. Die in der Heizplatte elektrisch erzeugte Heizenergie strömt im Beharrungszustande der Beheizung zu gleichen Teilen durch die beiderseits benachbart liegenden Versuchsplatten zu den Kühlplatten. Zur Verhinderung des Wärmeaustausches durch die Seitenflächen der Versuchsplatten ist rings um die Heizplatte ein etwa 15 cm breiter Heizring angebracht. Die Kühlplatten sind so groß, daß sie auch diesen Heizring mit überdecken. Nach Einbringen einer entsprechenden, meist körner- oder pulverförmigen Wärmeisolierung (Korkschrot, Kieselgur) zwischen den Schutzring und die überstehenden Kühlplatten wird der Schutzring auf die Temperatur der Heizplatte eingeregelt; es kann also keine Wärme durch die schmalen Seitenflächen der Prüfplatten mehr verlorengehen.

Aus der mit Hilfe einer Strom- und Spannungsmessung (i Ampere, e Volt) bestimmten elektrischen Heizleistung $e \cdot i$ Watt, den durch Thermoelemente bestimmten Temperaturen ϑ_1 und ϑ_2 °C der Plattenoberflächen, der Dicke δ (m) und der Fläche F (m²) einer Versuchsplatte läßt sich die Wärmeleitzahl λ errechnen zu

$$\lambda = \frac{e \cdot i \cdot 0{,}86}{2F(\vartheta_1 - \vartheta_2)} = \frac{Q}{2F(\vartheta_1 - \vartheta_2)} \quad \left(\frac{\text{kcal}}{\text{m h °C}} \right),$$

da $Q = e \cdot i$ (Watt) $= 0{,}86 \cdot e \cdot i$ (kcal/h) die stündlich zugeführte Wärmemenge ist. Eine Durchführung dieser Messungen bei verschiedenen Temperaturniveaus ermöglicht die Bestimmung der Abhängigkeit der Wärmeleitzahl von der Temperatur.

Bei der Versuchsdurchführung ist zu beachten, daß zur Vermeidung von Feuchtigkeitswanderung von der wärmeren zur kälteren Plattenseite die Differenz zwischen den beiden Oberflächentemperaturen möglichst klein gehalten wird (in der Regel nicht über 10 °C). Um bei feuchten Stoffen ein Austrocknen während der Versuchsdauer zu verhindern, werden die beiden Versuchsplatten mit einer Umhüllung aus dünnem, wasserundurchlässigem Gummituch oder dergleichen umgeben.

---

[1] GRÖBER, H.: Die Wärmeleitfähigkeit von Isolier- und Baustoffen. Z. VDI Bd. 54 (1910) S. 1319; Mitt. Forsch.-Arb. VDI Heft 104 (1911) S. 49.

[2] POENSGEN, R.: Ein technisches Verfahren zur Ermittlung der Wärmeleitfähigkeit plattenförmiger Stoffe. Z. VDI Bd. 56 (1912) S. 1653; Mitt. Forsch.-Arb. VDI (1912) Nr. 130 S. 25.

Der hier erläuterte Plattenapparat läßt sich auch für Temperaturniveaus benützen, die über 100° C liegen, wenn an Stelle der Wasser-Kühlplatten elektrisch heizbare Platten benützt werden, deren Temperatur etwa 10° C tiefer eingestellt wird als die der Heizplatte.

In manchen Fällen ist — besonders während der Entwicklung neuartiger Materialsorten — die Bestimmung der Wärmeleitzahl von einer einzigen Probeplatte erforderlich. Hierzu hat M. JAKOB [1] einen Einplattenapparat entwickelt. Bei diesem Gerät ist eine Heizplatte einseitig mit der zu untersuchenden Versuchsplatte bedeckt, auf der anderen Seite liegt nach Zwischenschaltung einer beliebigen Isolierplatte eine Gegenheizung. Während des Versuches wird diese Gegenheizplatte auf genau die gleiche Temperatur erwärmt, wie die Heizplatte; die gesamte Wärme der Heizplatte strömt dann durch die Versuchsplatte, wenn Randverluste durch die zuvor erwähnte Schutzringanordnung vermieden werden.

Neben diesen hauptsächlichsten Methoden zur Bestimmung der Wärmeleitzahl von Baustoffen sind noch, meist für spezielle Zwecke, weitere Anordnungen bekannt. NUSSELT [2] hat zur Bestimmung der Wärmeleitzahl von körnigem und pulvrigem Material eine kugelförmige, im Innern heizbare Versuchsanordnung entwickelt; von VAN RINSUM [3] stammt eine Versuchsanordnung zur Bestimmung der Wärmeleitzahl von Rohrisolierungen; über die Untersuchung der Wärmeleitzahl des gewachsenen Bodens hat REDENBACHER [4] berichtet.

In vielen Fällen ist es erforderlich, die Wärmeleiteigenschaften einer einheitlichen oder aus verschiedenen Schichten bestehenden Mauer größerer Abmessungen festzustellen, also die sog. *Wärmedurchlaßzahl* Λ der Mauer zu bestimmen.

Die ersten absoluten Messungen dieser Art wurden durch VAN RINSUM [5], dann von KNOBLAUCH, RAISCH und REIHER [6] durchgeführt. Hierbei wurden zwei Versuchswände von rund 2×2 m² Fläche in einer der Praxis entsprechenden Weise aufgemauert und als gegenüberliegende Wände in ein $2 \times 2 \times 2$ m³ großes Versuchshäuschen eingebaut, dessen andere vier Wände aus Isolierplatten mit genau meßbaren Wärmeverlusten bestanden. Der Innenraum wurde elektrisch geheizt. Die inneren Oberflächen der Mauern erhalten, sozusagen als Wärmeflußmesser, dünne Beläge aus einem Material mit genau festgelegter Wärmeleitzahl. Damit kann der im Beharrungszustande durch die Versuchsmauern gelangende Anteil der Heizwärme genau bestimmt und die Wärmedurchlaßzahl nach gleichzeitiger Messung der Oberflächentemperaturen errechnet werden.

Durch E. SCHMIDT und A. GROSSMANN [7] wurde eine den Verhältnissen der Praxis besser angepaßte Versuchsanordnung entwickelt, die dann später durch E. SETTELE weiter vereinfacht wurde. Hiernach wurde die zu untersuchende Wand als Trennwand zwischen einen Kühlraum und einen heizbaren Raum unter den notwendigen meßtechnischen Vorsichtsmaßnahmen eingebaut (genaue Kontrolle der Randverluste). Der Kühlraum wurde auf konstante Temperatur gekühlt durch in einem besonderen Behälter eingebrachtes Eis oder — mit dem Vorteil der Regelbarkeit auf verschiedenen Temperaturgebieten — durch eine Kältemaschine. Der Heizraum erhielt eine selbsttätig regelbare elektrische Heizung. In beiden Lufträumen waren (zum Einhalten gleichbleibender Temperaturen über der gesamten Wandfläche) langsam laufende Ventilatoren angebracht. Die

[1] JAKOB, M.: Z. Instrumentenkde Bd. 44 (1924) S. 108; Z. techn. Physik. Bd. 7 (1926) S. 475.
[2] NUSSELT, W.: Mitt. Forsch.-Arb. VDI (1909) Heft 63/64.
[3] RINSUM, W. VAN: Mitt. Forsch.-Arb. VDI (1920) Heft 228.
[4] REDENBACHER, W.: Gesundh.-Ing. Bd. 18 (1918) S. 345.
[5] RINSUM, W. VAN: Z. VDI Bd. 62 (1918) S. 640.
[6] KNOBLAUCH, O., E. RAISCH, H. REIHER: Gesundh.-Ing. Bd. 43 (1920) S. 607.
[7] SCHMIDT, E. u. A. GROSSMANN: Untersuchungen über den Wärmeschutz von Baukonstruktionen. Mitt. Forschungsheim Wärmeschutz München, Heft 4 (1924) S. 30.

durch die Mauer strömende Wärmemenge wird durch einen auf die wärmere Oberfläche gelegten „Wärmeflußmesser" bestimmt [1].

Zur Ermöglichung einer eindeutigen Zuordnung der gefundenen Wärmedurchlaßzahl zu dem während des Versuches herrschenden mittleren Feuchtigkeitsgehalt muß eine Möglichkeit zur dauernden oder zeitweisen Bestimmung des Feuchtigkeitsgehaltes der Wand geschaffen werden. Bei den zuvor ausgeführten Prüfmethoden wird zu diesem Zweck die Mauer jeweils unmittelbar vor und nach der Versuchsreihe zur Wärmedurchlaßzahl-Bestimmung gewogen. Nach Abschluß der sämtlichen Versuchsreihen wird dann entweder die Wand als ganzes völlig getrocknet, oder es wird die Feuchtigkeit bzw. das Trockengewicht von einzelnen aus der Wand herausgebohrten Probestücken bestimmt.

Eine Vervollkommnung der oben angegebenen Methoden zur Bestimmung der Wärmedurchlaßzahl stellt die im Institut für Technische Physik der Technischen Hochschule Stuttgart angewandte Methode dar, über die E. Settele [2] berichtet. Hierbei werden zwei gleichartige, gleich große Mauern (rd. 2×2 m²) unter Zwischenschaltung einer elektrischen Heizplatte gegeneinandergestellt, mit Heiz- und Schutzring umgeben (wie bei dem zuvor erwähnten „Plattenapparat") und in einen Kühlraum gestellt. Die Temperaturen der inneren und äußeren Oberflächen werden mit Hilfe von Thermoelementen gemessen. Zur Kontrolle kann noch auf die äußeren, freiliegenden Wandoberflächen ein der Anordnung angepaßter „Wärmeflußmesser" gelegt werden. Diese Versuchsanordnung befindet sich in einem Kühlraum, dessen Lufttemperatur mit Hilfe einer Regeleinrichtung für längere Zeitdauern gleichbleibend gehalten werden kann.

Diese Versuchsanordnung erlaubt die Bestimmung der Wärmedurchlaßzahl Λ, der Wärmeübergangszahl α (von Wandoberfläche an Luft), sowie die Beurteilung der Anheiz- und Auskühleigenschaften der zur Untersuchung eingebauten Mauern. Diese Eigenschaften spielen bei der wärmetechnischen Beurteilung von Baustoffen bei nichtstationären Temperaturzuständen eine Rolle (s. Abschn. 2, c).

In vielen Fällen ist es erwünscht, oft sogar erforderlich, an Mauern aufgebauter und bewohnter Häuser die Wärmedurchlaßzahl Λ zu bestimmen. Solche Prüfungen haben unzweifelhaft den großen Wert, den in der Praxis tatsächlich auftretenden Verhältnissen möglichst nahe zu kommen und die Unterlagen zu schaffen, um die im Laboratorium gefundenen Zusammenhänge auf die Zustände der Praxis zu erweitern und anzuwenden.

Die hierbei anzuwenden Meßverfahren sind durch Knoblauch, Raisch und Reiher [3], Cammerer [4], Meissner und Gerloff [5], Seeger und Settele [6],

---

[1] Ein Wärmeflußmesser besteht meist aus einem plattenförmigen Belag aus Gummi, Kork oder dergleichen, der auf den zu untersuchenden Körper gelegt wird. Durch hintereinandergeschaltete Oberflächen-Thermoelemente wird — auch bei kleinen Temperaturdifferenzen der beiden Oberflächen — eine relativ starke elektrische Spannung erzeugt, die an ein empfindliches Instrument gelegt wird, das nach vorhergehender Eichung unmittelbar den Wärmefluß in kcal/h m² angibt. Der von E. Schmidt entwickelte Wärmeflußmesser, der vom Forschungsheim für Wärmeschutz, München, gebaut wird, hat die weiteste Verwendung gefunden.

[2] Settele, E.: Versuche über die Auskühleigenschaften von Wänden. Gesundh.-Ing. Bd. 58 (1935).

[3] Vgl. Fußnote 6, S. 537.

[4] Cammerer, J. S.: Die modernen Meßmethoden zur Prüfung des Wärmeschutzvermögens ausgeführter Gebäude. Gesundh.-Ing., Sonderausgabe zum XIII. Kongreß für Heizung und Lüftung 1930 S. 20.

[5] Meissner, W. u. G. Gerloff: Über eine neue Methode zur Bestimmung der Wärmedurchlaßzahl von ausgeführten Wänden und über Wärmedurchlaßbestimmungen in nicht völlig stationärem Zustand. Wärme- u. Kältetechn. Bd. 38 (1936) S. 1—4.

[6] Seeger, R. u. E. Settele: Wärmetechnische Untersuchungen in der Holzsiedlung am Kochenhof Stuttgart. Gesundh.-Ing. Bd. 60 (1937) S. 693—699.

SCHÜLE, BAUSCH und SEEGER [1] benützt worden. Die neueste Untersuchung von SCHÜLE [2] bediente sich folgender Anordnung: Auf die Innenfläche der zu prüfen-den Mauer wurde ein gut wärmegeschützter, 35 cm tiefer Heizkasten von 1×1 m² lichter Fläche fest aufgesetzt, der elektrisch auf konstante Temperatur geheizt wurde. Auf der diesem Heizraum zugewandten Wandfläche war ein geeichter Wärmeflußmesser von 50×50 cm² Fläche aufgebracht. Auf der Außenseite der Mauer, gegenüber dem Heizkasten, war eine 15 mm dicke Wärmedämmplatte aufgelegt, damit kleinere Temperaturschwankungen und Einflüsse wechselnden Windanfalls ausgeglichen oder gedämpft wurden. In manchen Fällen wurde auf der Außenseite der Mauer ein Kühlkasten aufgesetzt, ·durch den ein in einer fahrbaren Kälteanlage erzeugter, in der Temperatur regelbarer Kaltluftstrom geblasen wurde. Die Temperaturmessung geschah mit Thermoelementen; die Anzeigen der Temperaturen und der Wärmeflüsse wurden auf einem Registrier-gerät aufgezeichnet.

Nach Durchführung der Wärmedurchlaßprüfungen wurden mit Hilfe eines Steinbohrers (elektrisch angetriebener Hohlbohrer mit Widia-Schneiden) am verschiedenen Stellen der untersuchten Mauer zylindrische Steinproben von 8 cm Dmr. entnommen, an denen der Feuchtigkeitsgehalt bestimmt wurde.

SCHÜLE [2] hat in seiner neuesten Arbeit eingehend über die Ergebnisse mit diesen Meßanordnungen berichtet. Er hat durch seine umfangreiche Untersuchung den Weg gezeigt, wie unter Berücksichtigung der von ihm gefundenen Erkennt-nisse über den Zusammenhang zwischen Feuchtigkeit und Wärmedurchlaßzahl aus den Ergebnissen sorgsamer Laboratoriumsprüfungen zuverlässige Schlüsse auf das Verhalten der Baustoffe in der Praxis gezogen werden können.

An dieser Stelle muß noch darauf hingewiesen werden, daß die sich in einem Baustoff einstellende „Normal"-Feuchtigkeit abhängt von dem Feuchtigkeits-gehalt und der Temperatur der umgebenden Luft. Diese Zusammenhänge haben O. KRISCHER [3, 4], KRISCHER und GÖRLING [5], DITTRICH [6] und SCHÜLE [2] in ein-gehenden theoretischen und experimentellen Untersuchungen geklärt und da-durch Richtlinien für eine zuverlässige und eindeutige Beurteilung des Feuchtig-keitseinflusses auf den Wärmeschutz für verschiedene Baustoffe geschaffen. Einen weiteren Beitrag liefert E. SETTELE [7] mit einer Untersuchung des Ein-flusses der Feuchtigkeit auf den Wärmeschutz von Isolierstoffen.

Die Frage des *Wärmeschutzes von Beton* in all seinen Abarten ist in vielen wissenschaftlichen Arbeiten untersucht worden; sie ist jedoch bis heute noch nicht abschließend geklärt. Den frühesten Arbeiten von POENSGEN [8], JAKOB [9] und KNOBLAUCH, RAISCH und REIHER [10] folgten, besonders im Zusammenhang mit bautechnischen Prüfungen Arbeiten von GELIUS[11], SCHMIDT und GROSSMANN [12],

---

[1] SCHÜLE, W.: W. BAUSCH u. R. SEEGER: Wärme- und schalltechnische Untersuchungen an der Versuchssiedlung Stuttgart-Weißenhof. Gesundh.-Ing. Bd. 60 (1937) S. 709, 713.

[2] SCHÜLE, W.: Wärmetechnische und wirtschaftliche Fragen im Wohnungsbau. Gesundh.-Ing. Bd. 62 (1939) S. 629—634, 641—646 u. 653—657.

[3] KRISCHER, O.: Grundgesetze der Feuchtigkeitsbewegung in Trockengütern. Z. VDI Bd. 82 (1938) S. 373—378.

[4] KRISCHER, O.: Trocknung fester Stoffe als Problem der kapillaren Feuchtigkeits-bewegung und der Dampfdiffusion. Z. VDI Beiheft Verfahrenstechnik Nr. 4 (1938) S. 104 bis 110.

[5] KRISCHER, O. u. P. GÖRLING: Versuche über die Trocknung poriger Stoffe und ihre Deutung. Z. VDI Beiheft Verfahrenstechnik Nr. 5 (1938) S. 140—148.

[6] DITTRICH, R.: Die Austrocknung von Mauerwerk unter natürlichen und künstlichen Verhältnissen. R. Müller 1937.

[7] SETTELE, E.: Über den Einfluß des Feuchtigkeitsgehaltes auf den Wärmeschutz von Baumaterialien. Gesundh.-Ing. Bd. 56 (1933) S. 313—315.

[8] Vgl. Fußnote 2, S. 536. [9] JAKOB, M.: Z. VDI Bd. 63 (1919) S. 69.

[10] Vgl. Fußnote 6, S. 537. [11] GELIUS, S.: Gesundh.-Ing. 1930, Sonderheft 10.

[12] Vgl. Fußnote 7, S. 537.

CAMMERER [1] und RAISCH [2]. Die Ergebnisse dieser Arbeiten zeigten eindeutig eine Zunahme der Werte der Wärmeleitzahl des Betons mit steigenden Raumgewichten und Feuchtigkeitsgehalten. Neue eingehende Prüfungen sind durch GRAF und REIHER durchgeführt worden, denen sich noch einige in anderem Zusammenhang durch SCHÜLE [3] gewonnene Erkenntnisse anschließen.

Aus diesen Untersuchungen sind die *folgenden grundsätzlichen Erkenntnisse* gewonnen worden:

α) Einfluß des Raumgewichtes auf die Wärmeleitzahl (Mörtelzusammensetzung, Wassergehalt des frischen Betons, Porosität).

Beton folgt im allgemeinen der bei allen Baustoffen vorhandenen Erscheinung der Zunahme der Wärmeleitzahl mit steigendem Raumgewicht. Denn die

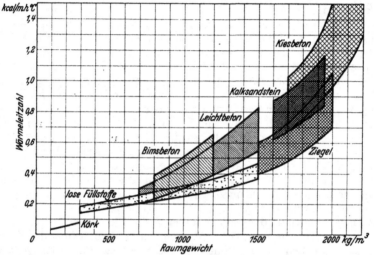

Abb. 1. Wärmeleitzahlen der wichtigsten Baustoffe unter praktischen Verhältnissen (nach CAMMERER).

innerhalb poröser und damit leichter Baustoffe eingeschlossenen Lufträume mit ihrer kleinen Wärmeleitzahl $\left(0,02 \dfrac{\text{kcal}}{\text{m h °C}}\right.$ gegenüber einem rd. 100mal größere Wert für die festen Materialteile$\left.\right)$ wirken als schlechte Wärmeleiter und beeinflussen damit die mittlere Wärmeleitzahl von Baustoffen aus gleichen Ausgangsstoffen je nach dem Porositätsgrad, also dem Raumgewicht, mehr oder weniger stark.

Eine anschauliche Darstellung gibt CAMMERER [4] in Abb. 1. Hierin ist für jeden der angegebenen Baustoffe die Wärmeleitzahl abhängig vom Raumgewicht eingetragen, und zwar auf der unteren Begrenzungskurve für trocknes Material, auf der oberen Begrenzungskurve für Material mit dem in der Praxis auftretenden höchsten Feuchtigkeitsgehalt (s. auch Abschn. *β*). In den für jede Materialsorte geltenden Flächengebieten liegen je nach Raumgewicht und Feuchtigkeit die in Frage kommenden Wärmeleitzahlen. Deutlich zeigen sich für Beton zwei durch die Verschiedenheit ihrer Wärmeleiteigenschaften deutlich getrennte Gebiete: Bimsbeton und Leichtbeton mit Wärmeleitzahlen des trocknen Materials von

---

[1] CAMMERER, J. S.: Gesundh.-Ing. Bd. 54 (1931) S. 637—644.
[2] RAISCH, E.: Gesundh.-Ing. 1930, Sonderheft 17.   [3] Vgl. Fußnote 2, S. 539.
[4] CAMMERER, J. S.: Konstruktive Grundlagen des Wärme- und Kälteschutzes im Wohn- und Industriebau. Berlin: Julius Springer 1936.

$\lambda_{\text{trocken}} = 0,2$ bis rd. 0,5 kcal/m h °C bei Raumgewichten von 700 bis 1500 kg/m³, und Kiesbeton mit $\lambda_{\text{trocken}} = 0,7$ bis 1,3 kcal/m h °C und mehr bei Raumgewichten von 1700 bis über 2400 kg/m³.

In neueren Untersuchungen, über die GRAF [1] berichtet, ist versucht worden, den Einfluß von Zementart, Zementgehalt, Wassermenge im Frischbeton, Zuschlagsmaterial und Hohlraumanteil aus Wärmemessungen an eigens hierzu hergestellten Betonplatten zu erforschen. Ein Einfluß der *Zementart* wurde beobachtet, sobald die verwendeten Zementarten die Porenbildung des Fertigbetons verschieden beeinflussen. So besaß Beton mit Hochofenzement „Alba" Wärmeleitzahlen von $\lambda = 0,67$ bis 0,89 kcal/m h °C, während bei der Verwendung von Portlandzement Nürtingen und Eisenportlandzement Schalke sich Wärmeleitzahlen von $\lambda = 0,78$ bis 1,08 kcal/m h °C ergaben. Der Einfluß des *Zementgehaltes* ist nicht in gleich eindeutiger Weise festgestellt worden. Versuchsreihen mit Verringerung der Wärmeleitzahl mit zunehmendem Zementgehalt stehen Ergebnisse gegenüber, bei denen die Wärmeleitzahl mit zunehmendem Zementgehalt leicht wächst. Ebenso ist der Einfluß des *Mörtelgehaltes* nach den bisher vorliegenden Untersuchungen nicht eindeutig geklärt. Der Einfluß der Art des *Zuschlagsmaterials* wirkt sich nach dem Vorhergesagten in der Weise aus, daß

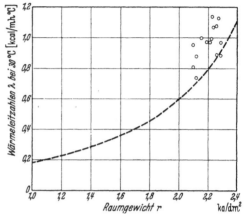

Abb. 2. Einfluß des Raumgewichtes auf die Wärmeleitzahl von Beton (nach GRAF).

dem schwersten, dichtesten Zuschlagsmaterial ein Beton mit großer Wärmeleitzahl entspricht. Ebenso eindeutig ist der Einfluß der Hohlräume im Beton. Nach den Versuchen der gleichen Arbeit liegen die Wärmeleitzahlen λ trockner Betonplatten vom Raumgewicht 2100 bis 2290 kg/m³ zwischen $\lambda = 0,75$ und $0,90 \dfrac{\text{kcal}}{\text{m h °C}}$ bei Hohlraumgehalten von rd. 17 bis 10% des Plattenvolumens.

Ein die neueren Untersuchungen zusammenfassendes Diagramm ist in Abb. 2 aus dem Referat GRAF [1] entnommen. Diese Abbildung enthält die Wärmeleitzahlen trockner Betonplatten von 10 cm Dicke bei 30° C. Die gestrichelt eingezeichnete Linie entspricht Werten von CAMMERER [2]. Die Werte streuen stark, liegen auch durchweg tiefer, als nach Abb. 1 zu erwarten wäre.

β) Einfluß des Feuchtigkeitsgehaltes auf die Wärmeleitzahl.

Die Wärmeleitzahl des Betons steigt mit zunehmender Feuchtigkeit in einer z. B. für eine bestimmte Betonsorte (Raumgewicht trocken 2100 bis 2240 kg/m³) aus Abb. 3 ersichtlichen Weise, und zwar gelten die Werte für 10 cm dicke Platten. Für 20 cm dicke Betonplatten der gleichen Sorte ergab sich ein relativ größerer Einfluß der Feuchtigkeit auf die Wärmeleitzahl als bei den 10 cm dicken Platten. Diese Abweichung erklärt sich vielleicht dadurch, daß sich die Feuchtigkeit in den verschieden dicken Platten verschiedenartig lagert, entweder mehr schichtweise oder gleichmäßig verteilt.

[1] Deutscher Ausschuß für Eisenbeton, Heft 74, 1933. Bericht erstattet von O. GRAF.
[2] CAMMERER, J. S.: Wärmeschutztechnische Untersuchungen an neueren Wandkonstruktionen. Gesundh.-Ing. 54 (1931) S. 643.

Zahlentafel 1. Einfluß der Feuchtigkeit bei Leichtbetonuntersuchungen im Plattenapparat.

Nach einem der Reichsforschungsgesellschaft für Wirtschaftlichkeit im Bau- und Wohnungswesen Berlin erstatteten Gutachten des Laboratoriums für technische Physik, München.

Raumgewicht in kg/m³	Wärmeleitzahl völlig trocken in kcal/m h °C	Zuschlag auf die Wärmeleitzahl in Prozent je 1 Vol.-% Feuchtigkeit bei einem Wassergehalt in Prozent von			
		5	10	15	20
900	0,24	4,6	4,6	4,6	4,6
1330	0,40	5,0	5,0	5,0	—
1450	0,45	8,4	8,4	8,4	—
1490	0,32	3,4	3,4	3,4	3,4
1510	0,42	3,8	3,3	3,0	2,9
1780	0,43	2,1	2,1	2,1	—
1800	0,43	3,3	3,3	3,3	—
2080	0,76	7,3	6,9	6,5	—

Zu dieser Frage geben die Untersuchungen von SCHÜLE[1] einen gewissen Aufschluß, besonders bezüglich der Art des Eindringens von Feuchtigkeit in das Innere von Wänden aus Schlackenbeton und hinsichtlich der Abhängigkeit der Wärmeleitzahl vom Feuchtigkeitsgehalt. Die dort gefundenen Zusammenhänge sind in Abb. 4 niedergelegt und lassen eindeutig ein gesetzmäßiges Zunehmen der Wärmedurchlaßzahl Λ mit stärker werdendem Feuchtigkeitsgehalt erkennen.

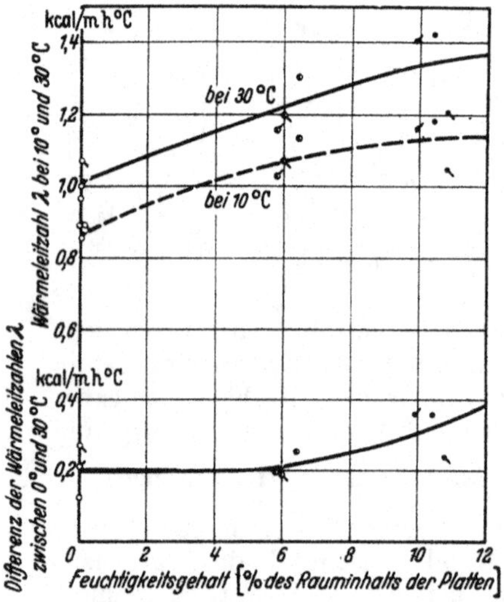

Abb. 3. Einfluß des Feuchtigkeitsgehaltes auf die Wärmeleitzahl von Beton (nach GRAF).

Zahlentafel 2.

Der Einfluß eines Feuchtigkeitsgehaltes auf die Wärmeleitzahl von Baustoffen und Wärmeschutzmaterialien bei Wänden.
(Nach J. S. CAMMERER.)

Feuchtigkeits- gehalt in Vol.-%	Zuschlag in Prozent auf die Wärmeleitzahl im trocknen Zustand	
	für 1 Vol.-% Wasser	Gesamtzuschlag
1	Etwa 30	Etwa 30
2,5	22	55
5	15	75
10	10,8	108
15	8,8	132
20	7,7	155
25	7	175

Weitere in Zahlentafel 1 enthaltene Werte stammen aus Untersuchungen des Laboratoriums für Technische Physik der Technischen Hochschule München, über die CAMMERER[2] berichtet. Hieraus folgert CAMMERER den in Zahlentafel 2 enthaltenen Zusammenhang zwischen Wärmeleitzahl und Feuchtigkeitsgehalt Baustoffen.

Bei allen Untersuchungen über die Abhängigkeit der Wärmeleitzahl vom Feuchtigkeitsgehalt von Baustoffen zeigt sich ein deutlicher Einfluß der Porengröße und der Art der Porenaufteilung im Körper (s. auch Abschn. α). Nach CAMMERER[2] vergrößert ein bestimmter Feuchtigkeitsgehalt die Wärmeleitzahl um so mehr, je gleichmäßiger die Feuchtigkeit im Körper verteilt ist. Durch KRISCHER[3] werden diese Festlegungen bestätigt. Es ist dies auch eine Erklärung

---

[1] Vgl. Fußnote 2, S. 539.   [2] Vgl. Fußnote 4, S. 540.
[3] KRISCHER, O.: Der Einfluß von Feuchtigkeit, Körnung und Temperatur auf die Wärmeleitfähigkeit körniger Stoffe. Gesundh.-Ing. Beiheft 30 (Reihe 1).

für die bei gleichen und gleich feuchten jedoch verschieden dicken Betonplatten gefundenen Abweichungen der Wärmeleitzahlen.

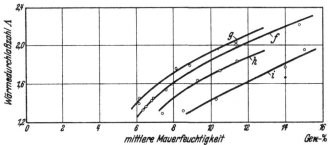

f Wand aus Vollschwemm-steinen, 28 cm dick, beider-seits verputzt, 292 kg/m².
g Wand aus Hohlschwemm-steinen 23 cm dick, beider-seits verputzt, 200 kg/m².
h Wand aus Hohlschwemm-steinen, 28 cm dick, beider-seits verputzt, Steinart wie *g*, 250 kg/m².
i Wand aus Hohlschwemm-steinen, 28 cm dick, beider-seits verputzt, 248 kg/m².

Abb. 4. Wärmedurchlasszahl Λ von Schwemmsteinen, abhängig vom Feuchtigkeitsgehalt (nach SCHÜLE).

γ) Einfluß der Temperatur auf die Wärmeleitzahl.

Eine mehr oder weniger gesetzmäßige Zunahme der Wärmeleitzahl mit steigender Temperatur ist bei allen diesbezüglichen Untersuchungen festgestellt worden.

Die neuesten Feststellungen führten zu den in Abb. 5 enthaltenen Werten, über die GRAF[1] berichtet. Hiernach ist für Kiesbeton bei Erhöhung der Temperatur von 0° C auf 30° C eine Vergrößerung der Wärmeleitzahl von im Mittel 26% festgestellt worden. Für die Beurteilung des Wärmedurchgangs durch Schornsteinwandungen, d. h. für die Bestimmung der Wärmeverluste durch Schornsteine ist die Kenntnis dieser in ihrem vollen Umfange noch nicht geklärten Zusammenhänge wichtig[2].

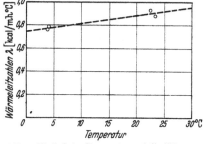

Abb. 5. Einfluß der Temperatur auf die Wärme-leitzahl des Betons (nach GRAF).

b) Strahlungszahl.

Die grundsätzlichen, für die Wärmestrahlung von Baustoffoberflächen geltenden theoretischen Zusammenhänge sind durch F. WAMSLER[3] und E. SCHMIDT[4] angegeben worden. Hiernach sind die Strahlungseigenschaften der Oberflächen der üblichen Baustoffe außerordentlich mannigfaltig. Zur Vereinfachung werden jedoch für die technische Anwendung die Strahlungsgesetze des ,,vollkommen schwarzen (alle auffallenden Strahlen absorbierenden) Körpers" beibehalten. Die Verschiedenartigkeit der Strahlungseigenschaften kommt dann lediglich dadurch zum Ausdruck, daß für jeden Körper die sog. Strahlungszahl C einen von der Temperatur abhängigen Wert besitzt. Dabei hat die Strahlungszahl C_s des vollkommen schwarzen Körpers den Wert

$$C_s = 4{,}96 \, \frac{\mathrm{kcal}}{\mathrm{m^2 \, h \, (°K)^4}},$$

d. h. 1 m² einer vollkommen schwarzen Oberfläche strahlt stündlich 4,96 kcal gegen eine andere gleich große schwarze Oberfläche, wenn die Differenz der

---

[1] Vgl. Fußnote 1, S. 541.
[2] MULL, W.: Beitrag zur Temperaturbestimmung in Schornsteinen. Deutscher Ausschuß für Eisenbeton Heft 79 (1935).
[3] WAMSLER, F.: Die Wärmeabgabe geheizter Körper an Luft. Mitt. Forschungs-Arb. VDI Heft 98—99 (1911).
[4] SCHMIDT, E.: Wärmestrahlung technischer Oberflächen bei gewöhnlicher Temperatur. Gesundh.-Ing. Beiheft 20 (Reihe 1) 1927.

vierten Potenzen des hundertsten Teiles der absoluten Temperaturen der beiden Flächen = 1 ist.

Alle nicht vollkommen schwarzen Oberflächen, die sog. „grauen" Strahler, zu denen alle Baustoffe gehören, haben Strahlungszahlen, die kleiner sein müssen als $C_s = 4{,}96$, die Strahlungszahl des vollkommen schwarzen Körpers.

Eine für die Bestimmung der Strahlungszahl für Baustoffe praktisch benützbare Meßanordnung hat E. SCHMIDT[1] angegeben. Der meßempfindliche Teil der Anordnung besteht aus zwei Lötstellen eines Thermoelements, die in der zylindrischen Bohrung eines Kupferklötzchens so angebracht sind, daß die eine Lötstelle die Wärmestrahlung eines vollkommen schwarzen Körpers bekannter Temperatur erhält, die andere Lötstelle durch die Wärmestrahlung getroffen wird, die von der zu prüfenden Oberfläche kommt, deren Temperatur ebenfalls gemessen wird. Durch geeignete Einrichtungen (Kühlung durch Wassermantel u. a.) wird die Gleichhaltung der Temperaturen gewährleistet. Die Einzelheiten der Meßanordnung und Meßdurchführung, sowie die Art der Auswertung sind im Originalbericht angegeben.

Eine andere, in ihrer Anwendung einfachere Methode der Bestimmung der Strahlungszahl fester Oberflächen hat W. KOCH[2] entwickelt. Das hierbei benützte Meßgerät besteht aus einer auf ihrer Unterfläche geschwärzten kreisförmigen Heizplatte, die den oberen Abschluß eines sich nach unten erweiternden, innen vernickelten Blechrohres bildet. Diese Anordnung wird auf die zu untersuchende Oberfläche gestellt. Durch geeignete Gegenheizung der Heizplatte und Wärmeisolierung des Gerätes wird erreicht, daß die der Heizplatte elektrisch zugeführte Heizleistung der Prüffläche möglichst verlustlos zugestrahlt wird, wenn die Heizplatte auf eine bestimmte Übertemperatur gebracht wird. Da diese Bedingung nicht restlos erfüllt werden kann, ist zur Eichung dieses Gerätes durch W. KOCH folgender Weg beschritten worden. Die Strahlungsplatte wird auf eine bestimmte Übertemperatur eingestellt, so daß sich für eine solche Versuchsreihe stets gleiche Wärmeverluste ergeben. Das in dieser Weise eingeregelte Meßgerät wird alsdann auf einige Oberflächen bekannter Strahlungszahl aufgestellt. KOCH hat hierzu folgende Oberflächen benützt:

$$\frac{\text{kcal}}{\text{m}^2 \text{ h } {}^\circ\text{K}^4}$$

Aluminiumplatte, blank, mit einer Strahlungszahl . . . . $C = 0{,}22$
Aluminiumplatte, mit 3 mm breiten blanken und 1,6 mm breiten geschwärzten
Streifen . . . . $C = 1{,}78$
Aluminiumplatte, mit 1,6 mm breiten blanken und 3 mm breiten geschwärzten
Streifen . . . . $C = 3{,}33$
Aluminiumplatte, ganz geschwärzt. . . . . $C = 4{,}75$

Zu diesen lediglich die Gesamtstrahlung technischer Oberflächen bei normalen Temperaturen bestimmenden Prüfmethoden tritt noch eine durch SIEBER[3] entwickelte Anordnung zur Prüfung der Strahlungszahlen von Oberflächen bei verschiedenen Frequenzen der Wärmestrahlung und bei Temperaturen bis 6000° K.

Die mit Hilfe der vorgenannten Methoden bestimmten Strahlungszahlen von Baustoffen sind in nachstehender Zahlentafel 3 auszugsweise eingetragen. Sie zeigen, daß die Baustoffe durchweg nahezu „schwarz" strahlen. Wenn somit die Wärmeabgabe und Wärmeaufnahme durch Strahlung an Oberflächen von Baustoffen verringert werden soll, dann ist es erforderlich, die Oberflächen mit einem Überzug (meist Metall) mit möglichst kleiner Strahlungszahl zu versehen (z. B. blanke Aluminiumfolie u. a.).

[1] Vgl. Fußnote 4, S. 543.   [2] KOCH, W.: Z. techn. Physik Bd. 15 (1934) S. 80.
[3] SIEBER, W.: Zusammensetzung der von Werk- und Baustoffen zurückgeworfenen Gesamtstrahlung. Diss. T.H. Hannover 1939.

Zahlentafel 3. Strahlungszahlen technischer Oberflächen.

Material	Temperatur ° C	Strahlungs-zahl C kcal/m²h °K⁴	Absorptions-zahl a^1	Bestimmt durch
Eichenholz, gehobelt	20	4,42	0,887	
Kachel, weiß, glasiert	19,5	4,34	0,875	
Ziegelstein	19,5	4,73	0,955	
Bleiblech, oxydiert	20	1,35	0,273	W. KOCH
Heizkörperanstrich, schwarz . .	19,5	4,39	0,885	
Heizkörperanstrich, weiß	19,5	4,29	0,865	
Heizkörperanstrich, Silberbronze	20,0	1,91	0,385	
Asbestschiefer	23,3	4,76	0,96	
Glas, glatt	22,0	4,65	0,937	E. SCHMIDT
Dachpappe	20,5	4,52	0,91	
Beton	27 (300° K)	4,4	0,88	
Beton	227 (500° K)	4,4	0,88	
Beton	727 (1000° K)	4,3	0,87	
Beton	1727 (2000° K)	3,6	0,73	W. SIEBER
Beton	3727 (4000° K)	3,1	0,63	
Beton	5727 (6000° K)	3,0	0,60	
Gipsputz	27	4,4	0,88	
Dachpappe	27	4,5	0,9	

c) Spezifische Wärme
(damit zusammenhängend: wärmetechnisches Verhalten bei Anheiz- und Auskühlvorgängen).

Neben den Beharrungszuständen des Wärmedurchganges spielen Anheiz- und Auskühlvorgänge dann in der Praxis eine wichtige Rolle, wenn es sich um kurzzeitige Wärmeaustauschvorgänge oder um öfters unterbrochene Anheizvorgänge handelt (Anheiz- und Abkühlperioden, Einfluß von Bränden auf die verschiedenen Baustoffe, Baustoff für Regeneratoren usw.). Bei solchen, nicht im Beharrungszustand vor sich gehenden Wärmeaustauschvorgängen spielen neben den Wärmeleiteigenschaften der Baustoffe die Wärmespeicherfähigkeit und das Raumgewicht eine Rolle. Die hierbei auftretenden Erscheinungen sind eingehend experimentell und theoretisch untersucht worden durch H. GRÖBER[2], E. SCHMIDT[3], O. KRISCHER[4] und E. CLAUSS[5]. Eine umfangreiche Untersuchung der Auskühlvorgänge von Wänden hat E. SETTELE[6] durchgeführt mit dem Ziele, Grundlagen für einen der Praxis gerechtwerdenden Vergleich der Auskühl- und Anheizeigenschaften verschiedener, im Hausbau verwendeter Baustoffe zu gewinnen. Dazu benützt er die in Abschn. 2 a näher beschriebene Versuchsanordnung der Untersuchung der Wärmedurchlaßzahl Λ von Mauerkonstruktionen, die jeweils in zwei gleichen Exemplaren unter Zwischenschaltung einer Heizplatte symmetrisch in einen Kühlraum eingebracht und bis zur Einstellung des Beharrungszustandes mit einer bestimmten Heizleistung erwärmt werden. Nach Erreichen des Beharrungszustandes und nach Gewinnung der hierbei feststellbaren

---

[1] Die Absorptionszahl a, die für den schwarzen Körper $= 1$ ist, stellt das Verhältnis der absorbierten zur auftreffenden Gesamtstrahlenenergie dar, ist somit stets $\lessgtr 1$.

[2] GRÖBER, H.: Einführung in die Lehre von der Wärmeübertragung. Berlin: Julius Springer 1926.

[3] SCHMIDT, E.: Die Anwendung der Differenzenrechnung bei Anheiz- und Auskühlvorgängen. Festschrift zu A. FÖPPLS 70. Geburtstag. Berlin: Julius Springer 1927.

[4] KRISCHER, O.: Die Auskühlung gerader und zylindrisch gekrümmter Wände aus dem stationären Zustand heraus, sowie die Anheizung derselben bei Zuführung einer konstanten Heizleistung. Diss. Darmstadt 1928.

[5] CLAUSS, E.: Zeichnerische Untersuchung von Anheiz- und Auskühlvorgängen in Wandbauweisen. Gesundh.-Ing. Bd. 58 (1935) S. 57.

[6] Vgl. Fußnote 2, S. 538.

Wärmedurchlaßzahl Λ wird die Heizung abgestellt und der mit Hilfe von Thermoelementen meßbare Abkühlvorgang festgehalten. Dabei kommt Settele zu dem Ergebnis, daß die Auskühlgeschwindigkeit von wandartigen Bauelementen abhängt von dem Wärmeüberschuß, d. h. von der vor der Abkühlung in der Wand aufgespeicherten Wärmemenge (über dem Temperaturniveau der Umgebung) und der Wärmedurchlaßzahl Λ. Der Wärmeüberschuß läßt sich nach der experimentell zuvor bestimmten Temperaturverteilung in der Wand und nach Kenntnis der spezifischen Wärmen der Wandbaustoffe leicht errechnen.

Über die Bestimmung der spezifischen Wärmen von Baustoffen liegen u. a. Messungen von Kinoshita[1] vor, wonach sich für die hauptsächlichen Baustoffe die in Zahlentafel 4 enthaltenen spezifischen Wärmen ergeben.

In diesem Zusammenhang muß auf die oben angeführten Arbeiten von E. Schmidt und E. Clauss besonders hingewiesen werden, die es sich zur Aufgabe gemacht haben, die für die Auskühl- und Erwärmungsvorgänge geltenden, sehr verwickelten mathematischen Zusammenhänge mit Hilfe der Differenzenmethode auf graphische Weise mit einer für die Praxis hinreichenden Genauigkeit zu lösen. Diese Hilfsmethoden müssen

Zahlentafel 4. Spezifische Wärmen der hauptsächlichsten Baustoffe.

Material	Temperaturbereich in °C	Spez. Wärme c kcal/kg °C
Klinkerzement	28— 40	0,186
Portlandzement (abgeb.)	28— 30	0,271
Ziegelstein	27— 49	0,177
Sandstein	0—100	0,174
Beton	16	0,211
Bimsstein		0,24
Granit	12—100	0,192
Kalkstein	15—100	0,217
Quarzsand	20— 98	0,191
Sandstein	0—100	0,174

fast ausnahmslos angewandt werden, wenn es sich z. B. um die Lösung von Problemen nachstehender Art handelt: Einwirkung von Hitze und Kälte auf Eisenstützen und Träger, die durch Mauer- und Betonumhüllung umgeben sind, Abkühlung von betonierten Bauteilen bei Eintritt kalter Witterung, Auftreten von Temperaturspannungen in Bauteilen, die starken Temperaturschwankungen ausgesetzt sind (u. a. m.).

K. Prüfung des Verhaltens von Beton bei hoher Temperatur.

Von Theodor Kristen, Braunschweig.

1. Allgemeines.

Mit der Neuausgabe des Normenblattes DIN 4102 (1940) sind die baupolizeilichen Bestimmungen über Feuerschutz auf Grund zahlreicher auf Veranlassung des Preußischen Finanzministers durch den Deutschen Ausschuß für Eisenbeton im Staatlichen Materialprüfungsamt Berlin-Dahlem durchgeführter Versuche auch für unbewehrten und bewehrten Beton festgelegt worden.

Der Baustoff Beton fällt nach diesen Bestimmungen unter den Begriff „nicht brennbar", d. h. „er kann nicht zur Entflammung gebracht werden und verascht nicht ohne Flammenbildung".

Die mit dem Baustoff Beton im Laufe der letzten Jahre vielfach durchgeführten Kleinversuche an Würfeln, Prismen usw. haben zwar wertvolle Aufschlüsse über das Verhalten des Betons bei hoher Temperatur, besonders über

---

[1] Kinoshita, M.: Gesundh.-Ing. Bd. 39 (1916) S. 497—503.

den Einfluß des verwendeten Bindemittels, der Art und der Beschaffenheit der Zuschlagstoffe, des Mischungsverhältnisses, des Alters usw. ergeben, und ihre Bedeutung als notwendige Vorarbeit soll keineswegs unterschätzt werden, doch haben für die Praxis nur Großversuche an Bauteilen Bedeutung. Die für die Betonprüfung in Frage kommenden Begriffe „feuerhemmend", „feuerbeständig" und „hochfeuerbeständig" des Normblattes DIN 4102 beziehen sich daher nur auf die Prüfung von Bauteilen, nicht Baustoffen. Gerade beim Verhalten von Beton bei hoher Hitze spielen nicht nur Material, sondern auch Größe und Dicke der Abmessungen, Betonüberdeckung der Stahleinlagen, Art der Auflagerung, Anzahl und Entfernung der Dehnungsfugen u. dgl. eine große Rolle. Vereinzelt sind zwar schon derartige Großversuche im In- und Auslande durchgeführt worden, und auch aus Großschadenfeuern konnten gewisse Schlüsse auf das Verhalten von Beton bei großer Hitze gezogen werden, aber es fehlte zur Beurteilung die einheitliche Linie, die erst durch Festlegung der Einheitstemperaturkurve und der „neuen Begriffe" geschaffen wurde. Mit wenigen Ausnahmen waren Bauteile ohne die in der Wirklichkeit immer vorhandene zulässige Belastung geprüft worden, und es waren daher nicht selten falsche Prüfungsergebnisse entstanden[1].

[1] GRUT: Tekn. Foren. T. (Kopenhagen) 1904. — GARY: Brandproben an Eisenbetonbauten, 1911, Heft 11; 1916, Heft 33; 1918, Heft 41. — KLEINLOGEL: Beton und Eisen 1911, Heft 16, S. 253f. — SCHUMANN-BÜSUNG, S. 182/183. Berlin 1912. — ENDELL: Die Feuersicherheit des Eisenbetons bei den größeren Brandkatastrophen im Jahre 1911. Dtsch. Beton-Ver. 1912. — KLEINLOGEL: Beton u. Eisen Bd. 19/21 (1919) Heft 19/20, S. 223. — GARY: Belastung und Feuerbeanspruchung eines Lagerhauses aus Eisenbeton. Dtsch. Ausschuß Eisenbeton 1920, Heft 46. — KNOBLAUCH, RAISCH u. REIHER: Gesundh.-Ing. Bd. 25 (1920) S. 607. — HENNE: Handbuch für Eisenbetonbau, 1921. — PETRY: Der Brand in den Sarottiwerken. Zbl. Nr. 43, S. 265. — Dtsch. Bauztg., Konstruktionsbeilage 1922, S. 7, 102, 110. — EMPERGER: Handbuch für Eisenbetonbau, Bd. 8. 1921. — CARMEN u. NELSON: Bull. 122 (Zement 1922, Nr. 43). — GARY: Beton u. Eisen Bd. 3 (1922) Heft 3, S. 46ff. — SILOMON: Beton u. Eisen Bd. 9 (1924) Heft 9. — ZUCKER: Bauwelt 1925, Heft 30, S. 709. — ENDELL: Über die Einwirkung hoher Temperaturen auf erhärteten Zement, Zuschlagstoffe und Beton. Zement 1926. — KEITH: T.I.Z. 1926, Nr. 88, S. 1552. — STRADLING, R. E. u. F. L. BRADY, BUILD: Res. Spec. Rep. 1927, Nr. 8. — Über Feuerproben an Betonstaumauern in der Versuchsanstalt der Colombia-Universität. Concrete 1927, September-Heft. — SANDER: Eisenbeton und Schadenfeuer. Béton Paris 1927, Dezember-Heft. — MAUTNER: Bauingenieur Nr. 16 (1927) S. 401. — PEHL: Brand in der Wachsschmelze Siegel & Co., Köln. Zement (1928) S. 670 u. Bauingenieur Heft 18 (1928) S. 322. — KEITH: Zement Bd. 16 (1928) S. 670. — PETRY, SCHULZE u. KRÜGER: Abbrucharbeiten und Brandversuche am Feuerwehrturm der „Gesolei 1926" in Düsseldorf. D. A. E. 1928, Heft 59. — SANDER: Die Dehnungsfuge und ihr Verhalten bei Bränden in Eisenbetonbauten. Dtsch. Bauwesen 1929, Heft 11. — SANDER: Der Brand des Lagerhauses Karstadt in Hamburg. Bauingenieur 1929, Heft 35. — WEISS: Bewertung der Feuersicherheit von Eisenbeton. Dtsch. Bauztg. 1929 S. 172, Wirtschaftsbeilage. — ENDELL: Versuche über Längen- und Gefügeänderung von Betonzuschlagstoffen und Zementmörteln unter Einwirkung von Temperaturen bis 1200°. D. A. E. 1929, Heft 60. — KLEINLOGEL: Einflüsse auf Beton, 3. Aufl. 1930. — GRÜN, R. u. H. BECKMANN: Cement, Cement-Manuf. Bd. 3 (1930) S. 430. — GRAF u. GÖBEL: Schutz der Bauwerke gegen chemische und physikalische Angriffe. Berlin: Wilhelm Ernst & Sohn 1930. — GRÜN u. BECKMANN: Verhalten von Beton bei hohen Temperaturen unter besonderer Berücksichtigung von hochofenschlackenhaltigem Beton. Arch. Eisenhüttenw. Bd 3 (1930) Heft 11. — WEISS: Der Brandschaden Prowodmik in Riga. Beton u. Eisen 1930, Heft 19. — SANDER: Eisenbeton und Eisen im Feuer. Gewap. Beton 1930, Heft 1. — GENDEREN, VAN: Die Widerstandsfähigkeit von Beton und Stahl gegen Feuer. De Ingen. 1930, Heft 33. — WEISS: Beton und Eisenbeton im Feuer. Zement 1930, Heft 18. — BOTTKE: Verhalten von Eisenbetonbauten im Feuer. Beton u. Eisen 1931, Heft 10. — GUNDACKER usw.: Der Einfluß von Brandtemperaturen auf verschiedene wichtige Bauelemente. Schr. Österr. Ing.- u. Arch.-Vert. 1931, Heft 15/16. — EMPERGER: Der Feuerschutz von Gerippebauten nach amerikanischen Versuchen Beton u. Eisen 1931, Heft 13. — CHATILLON-WIMBERGH: Feuerschutz 1931, Heft 9. — SCHLYTER, R.: Den Brandskadade Lagerbyggnaden Herkulesgatan 11, Stockholm. Svenska Brandskyddsföreningens Förlag. Stockholm 1931. — CANTZ: Brandschaden und Wiederherstellungsarbeiten an der Eisenbetonkonstruktion des Kaischuppens V im Stettiner Freibezirk,

2. Prüfverfahren für Bauteile aus unbewehrtem und bewehrtem Beton.

Nach DIN 4102 kommen Prüfungen in Frage für:

a) Wände,

b) Decken und Träger,

c) Stützen,

d) Dachkonstruktionen und

e) Treppen.

Für diese Prüfungen kommen die Begriffe „feuerhemmend", „feuerbeständig" und „hochfeuerbeständig" in Betracht. Diese Begriffe sind in DIN 4102, Blatt 3, etwa wie folgt festgelegt:

Bauteile gelten als

1. „feuerhemmend", wenn sie beim Brandversuch während einer Prüfzeit von $1/_2$ h nicht entflammen und den Durchgang des Feuers während der Prüfzeit verhindern. Tragende Bauteile dürfen während der Prüfzeit ihre Standfestigkeit und Tragfähigkeit unter der rechnerisch zulässigen Last nicht verlieren.

2. „feuerbeständig", wenn sie aus nicht brennbaren Stoffen bestehen, beim Brandversuch während einer Prüfzeit von $1^1/_2$ h dem Feuer und anschließend dem Löschwasser standhalten, dabei ihr Gefüge nicht wesentlich ändern, unter der rechnerisch zulässigen Last ihre Standfestigkeit und Tragfähigkeit nicht verlieren und den Durchgang des Feuers verhindern.

3. „hochfeuerbeständig", wenn sie den Anforderungen an feuerbeständige Bauteile während einer Prüfzeit von 3 h genügen.

Für die drei Begriffe gilt ferner die Forderung, daß einseitig dem Feuer ausgesetzte Bauteile auf der dem Feuer abgekehrten Seite während des Brandversuches nicht wärmer als 130° werden, und daß sich ummantelte Bauteile aus Stahl auf höchstens 250°, bei Stahlstützen auf 350° während des Brandversuches erwärmen dürfen.

In DIN 4102, Blatt 2, sind bereits eine ganze Reihe von Bauteilen aus Beton und Eisenbeton auf Grund der Ergebnisse der durchgeführten Versuche und Erfahrungen der Praxis angegeben, die ohne besonderen Prüfungsnachweis den Anforderungen, die an diese Begriffe gestellt werden, entsprechen. Es brauchen daher nur noch vereinzelte Versuche durchgeführt zu werden. Es ist dies insofern sehr wichtig, da diese Versuche einerseits kostspielige Prüfungs-

Beton u. Eisen 1932, Heft 6. — Petry: Das Verhalten des Eisenbetons im Feuer. Zement 1932, Heft 19—23. — Stoffels: Wiederherstellung eines durch Feuer beschädigten Eisenbetongebäudes. De Ing. 1933, Heft 35. — Menzel, C. A.: Portland Cement Assoc. U.S.A., Tests on Fire-Resistance and Strenghts of Walls of Concrete-Masonry Units. 1934. — Stoffels: Brandwirkungen in einem Eisenbetonbau. Gewap. Beton 1934, Heft 12. — Hasenjäger: Dissertation Braunschweig 1935. — Stoffels: Der Dachstuhlbrand des Kollegiengebäudes der Universität Freiburg. Zement 1935, Heft 35. — Merciot: Eisenbeton und Brandsicherheit. Cim. armé 1936, Dezember-Heft. — Merciot: Die Feuersbrunst in Angers und der Eisenbeton Hennebique. Béton armé 1936, Dezember-Heft. — Kohsan: Bautenschutz 1936, Heft 5. — Mohlin: Industriebrandschutz. Tekn. T. 1937, Heft 22. — Amos: Eisenbeton unter hohen Temperaturen. Bautenschutz 1937, Heft 6. — Boer, de: Das Großfeuer im Versteigerungsgebäude in Venloe. Beton u. Eisen 1937, Heft 7. — Wedler: Neue Brandversuche mit Eisenbetonbauteilen und Steineisendecken. Berlin 1937. D. B. V. — Kristen: T. J. Z. 1937, Nr. 26/28. — Busch: Feuereinwirkung auf nichtbrennbare Baustoffe und Baukonstruktionen. Zementverlag 1938. — Gaede: Die Widerstandsfähigkeit von Bauwerken gegen Feuer. Bautenschutz 1939, Heft 9. — Busch: Feuereinwirkung auf nichtbrennbare Baustoffe und Baukonstruktionen. Zementverlag. Berlin 1938. — Brunner: Der Brand der Rotunde in Wien. Bauingenieur 1938, Heft 13/14. Kristen-Herrmann-Wedler: Brandversuche mit belasteten Eisenbetonbauteilen und Steineisendecken. Teil I. Decken. D. A. E. 1938, Heft 89. — Schulze-Wedler: Brandversuche mit belasteten Eisenbetonbauteilen. Teil II. Säulen. D. A. E. 1939, Heft 92.

einrichtungen erfordern, die nur in wenigen Materialprüfungsämtern vorhanden sind, und die Versuche andererseits sehr teuer werden.

Die Versuchsergebnisse haben gezeigt, daß auch das Verhalten von Beton bei hoher Hitze außer der Betongüte, der Dicke und des Alters der Bauteile, der Verschiedenheit der Stahleinlagen, der Art der Auflagerung und Einspannung, vor allem die Betonüberdeckung der Stahleinlagen von größtem Einfluß ist. Es kommt im wesentlichen darauf an, Temperaturen schon von 400 bis 500° von den Stahleinlagen fernzuhalten, da die Streckgrenze bei diesen Temperaturen sehr abfällt und unter die Gebrauchsspannung sowohl beim Stahl 37 als auch bei hochwertigem Betonstahl (St 52) herabsinkt. Es werden daher bei allen Prüfungen von Bauteilen aus bewehrtem Beton zweckmäßig die Stahleinlagen vor und nach dem Brandversuch einer Prüfung unterzogen.

Allgemeine Gesichtspunkte bei der Durchführung der Prüfungen.

Die zu prüfenden Bauteile werden in einen Brandraum eingebaut, der nach der Einheitstemperaturkurve geheizt wird (s. Abb. 1). Hierdurch sind je nach dem geforderten Begriff sowohl Temperaturhöhe wie auch Dauer des Versuches festgelegt. Der Brandraum wird mit Holz, Gas oder Öl geheizt, die Temperaturen müssen mit Thermoelementen gemessen werden. Im Brandraum sind mindestens je 3 Meßstellen im Abstand von 10 cm vom Probekörper und an der dem Feuer abgekehrten Seite des Versuchskörpers über die Oberfläche annähernd gleich verteilt anzubringen. Bei Beginn des Versuches sollen die Temperaturen in der Umgebung des Körpers nicht unter 5° und nicht über 25° liegen, auch ist in geschlossenen Räumen

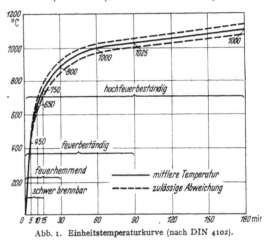

Abb. 1. Einheitstemperaturkurve (nach DIN 4102).

zu prüfen, um das Einwirken der Außenluft auszuschalten. Das Alter der Prüfkörper ist zweckmäßig bei der Prüfung $\geqq$ 3 Monate.

a) Prüfung von Wänden.

α) *Allgemeines.*

Wände gelten nach DIN 4102, Blatt 2, ohne besonderen Prüfungsnachweis als
a) „feuerhemmend" bei mindestens 10 cm dickem Schwerbeton (z. B. Kiesbeton) oder 5 cm dickem Leichtbeton (Raumgewicht $\leqq$ 1500 kg/m³).
b) „feuerbeständig" bei mindestens 10 cm dickem Beton oder Eisenbeton ohne Hohlräume mit $W_{b\,28} \geqq$ 120 kg/cm².

β) *Art der Prüfung.*

a) Für unbelastete Wände sind zwar Abmessungen nicht vorgeschrieben, es werden aber nur Wandstücke von mindestens 2×2 m zweckmäßig der Prüfung unterworfen und zu diesem Zweck als Außenwand in ein Brandhaus eingebaut.
b) *Tragende Wände und Zwischenwände* sollen in einer Fläche von etwa 2×2 m geprüft werden. Die Belastung erfordert große Kräfte, die ein Brandhaus

mit möglichst modernen Belastungsvorrichtungen erforderlich macht. In dem Brandhaus nach Abb. 3 kann die Mittelwand für den Versuch jeweilig ausgewechselt werden. Die Belastung erfolgt durch einen über die beiden hydraulischen Preßzylinder gelegten Stahlträger. Die vom Feuer umspülte Wandfläche beträgt in der Breite 2 m, in der Höhe 3,25 m. Geheizt wird bei dem Versuch nur die eine Hälfte des Brandhauses.

b) Prüfung von Decken und Trägern.

α) Allgemeines.

Decken gelten nach DIN 4102, Blatt 2, ohne besonderen Prüfungsnachweis als
a) „feuerhemmend", wenn sie aus mindestens 10 cm dickem Schwerbeton (z. B. Kiesbeton) oder 5 cm dickem Leichtbeton (Raumgewicht $\leqq$ 1500 kg/cm²) hergestellt sind.

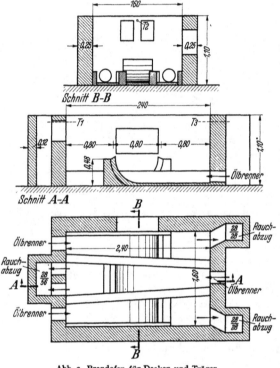

Schnitt B-B

Schnitt A-A

Abb. 2. Brandofen für Decken und Träger.
(Aus Ber. Dtsch. Ausschuß Eisenbeton Heft 89.)

b) „feuerbeständig", wenn die Eisenbetonplatten mindestens 10 cm dick und an der Unterseite mit einem 1,5 cm dicken Kalkzementmörtel auf einem Vorwurf von Zementmörtel 1 + 4 geputzt oder mit einer Rabitzdecke versehen sind. Platten, die über mehrere Stützen durchlaufen oder beiderseits voll eingespannt sind und auch auf der Druckseite eine durchgehende Bewehrung erhalten, deren Querschnitt in Feldmitte noch mindestens $1/3$ des Zugbewehrungsquerschnittes ist, gelten auch ohne Putz als „feuerbeständig".

Eisenbetonrippendecken erfüllen die Anforderungen des Begriffes „feuerbeständig", wenn sie untenseitig wie die Eisenbetondecken geputzt sind, und wenn die Decke ohne und mit Füllkörpern mindestens 20 cm dick ist. Außerdem muß die Platte bei Eisenbetonrippendecken ohne Füllkörper oder aus anderen Füllkörpern als aus gebranntem Ton oder Leichtbeton mindestens 8 cm dick sein. Ferner kann bei Verwendung von Füllkörpern aus Bimsbeton mit mindestens 3 cm dicken Fußleisten der Putz fortfallen.

Ebenso gelten 10 cm dicke, geputzte Hohldielen nach DIN 4028 als feuerbeständig, wenn ein Überbeton oder Zementestrich von mindestens 3 cm Dicke oder eine Auffüllung von mindestens 8 cm Dicke aus nicht brennbaren Stoffen aufgebracht ist.

Balken und Unterzüge aus Eisenbeton gelten ohne besonderen Prüfungsnachweis als feuerbeständig, wenn sie mindestens 40 cm, bei Fensterstürzen bis zu 1,5 m Stützweite 30 cm hoch und 20 cm breit sind. Niedrigere Balken dann, wenn sie wie die Eisenbetondecken unterputzt sind oder, wenn sie über mehrere Stützen durchlaufen und eine Druckbewehrung besitzen.

β) Art der Prüfung.

Decken sollen in einer Fläche von mindestens 2 m² geprüft werden. Aus praktischen Gründen (z. B. bessere Möglichkeit der Lastaufbringung) werden aber zweckmäßig größere Abmessungen von etwa 2,5 m Länge und 1,5 m Breite gewählt. Abb. 2 zeigt einen Brandraum, wie er bei den Deckenversuchen im Staatl. Materialprüfungsamt Berlin-Dahlem verwendet wurde. Die Belastung erfolgt zweckmäßig, wenn keine stationäre Anlage mit maschineller Belastungsanlage vorhanden ist, mit Eisenmasseln oder Mauerziegeln. Für die Prüfung von Decken auf mehreren Stützen, sowie Eisenbetonträgern sind die Brandräume entsprechend größer zu wählen. Meßstellen für die Prüfkörper sind in

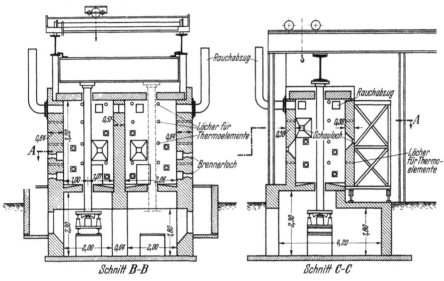

Schnitt B-B   Schnitt C-C

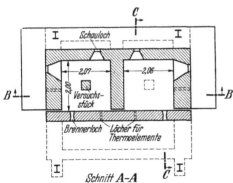

Schnitt A-A

Abb. 3. Brandhaus für Wände und Stützen mit Belastungsanlage. (Aus Ber. Dtsch. Ausschuß Eisenbeton, Heft 92.)

möglichst großer Zahl an den Bewehrungsstählen oben und unten im Beton in halber Höhe und an der Deckenoberfläche der Decken bzw. Träger anzubringen. Zweckmäßig wird auch die Durchbiegung gemessen.

c) Prüfung von Stützen.

α) Allgemeines.

Ohne besonderen Prüfungsnachweis gelten Pfeiler und Stützen als
a) „feuerhemmend" aus Beton oder Eisenbeton, Abmessungen sind nicht angegeben;
b) „feuerbeständig"

α) bei mindestens 38 cm dickem, unbewehrten Beton;
β) wenn die Eisenbetonstützen mindestens 20 cm dick und geputzt sind. Im Putz muß ein Drahtgewebe von 10 bis 15 mm Maschenweite liegen, das die Stützen vollständig umschließt und dessen Quer- und Längsstöße mit Bindedraht sicher verknüpft sind. Die Längsstöße sind gegeneinander zu versetzen. Stützen mit mindestens 30 cm Dicke und einem $W_{b\,28} \geq 225$ kg/cm² brauchen nicht geputzt zu werden.

γ) Stützen aus Stahl mit oder ohne Ausfüllung des Kerns, wenn sie allseitig mit 6 cm dickem Beton (einschließlich Putz) oder Leichtbeton mit eingelegten Drahtbügeln ummantelt sind. Vor dem Ende abstehender Flansche muß die Dicke mindestens 3 cm betragen.

c) „hochfeuerbeständig", wenn Eisenbetonstützen mindestens 40 cm dick und geputzt sind, und wenn ein $W_{b\,28} \geq 225$ kg/cm² nachgewiesen ist.

β) Art der Prüfung.

Die Prüfhöhe von Stützen und Pfeilern soll nach DIN 4102, Blatt 3, mindestens 3 m betragen. Da die Säulen unter Last geprüft werden müssen, so sind diese Versuche nur in einem großen Brandhaus, wie es z. B. die Abb. 3 darstellt, durchzuführen. Es können in diesem Brandhaus Säulen von 4,80 m Länge geprüft werden, davon sind 3,25 m vom Feuer umspült. Meßstellen werden zweckmäßig an den Längsstählen sowie in der Mitte des Betonquerschnittes in verschiedener Höhe angebracht. (Das Brandhaus wurde im Auftrag und mit Unterstützung des Deutschen Stahlbauverbandes im Staatl. Materialprüfungs-Amt Berlin-Dahlem 1934/35 errichtet.)

d) Prüfung von Dachkonstruktionen.

α) Allgemeines.

Ohne Prüfungsnachweis gelten Dachkonstruktionen als

a) „feuerhemmend" aus mindestens 5 cm dickem Beton oder Eisenbeton.

b) „feuerbeständig" aus mindestens 10 cm dicken, unterseits verputzten Eisenbetonplatten (Putz s. Decken).

c) Außerdem gelten Dacheindeckungen aus Betonplatten ohne besonderen Prüfungsnachweis als ausreichend widerstandsfähig gegen „Flugfeuer" und „strahlende Wärme".

β) Art der Prüfung.

Die Größe der Versuchskörper für Dachkonstruktionen ist nicht vorgeschrieben, doch sollen die Abmessungen der beabsichtigten Ausführung entsprechen und daher nicht zu klein gehalten werden. Als Brandhäuser kommen die gleichen wie für die Prüfung von Decken und Trägern in Frage (s. Abb. 2). Eine Prüfung unter Belastung kommt nicht in Betracht, da etwaige Schneelast bei einem Schadenfeuer nicht lange vorhanden sein dürfte.

e) Prüfung von Treppen.

α) Allgemeines.

Ohne besonderen Prüfungsnachweis gelten Treppen als

a) „feuerhemmend" aus mindestens 10 cm dickem Beton oder Eisenbeton.

b) „feuerbeständig"

α) aus mindestens 10 cm dicken, unterseits geputzten Eisenbetonplatten (Putz wie bei den Decken).

β) aus mindestens 10 cm dicken, fabrikmäßig hergestellten Eisenbetonbauteilen, die unterputzt werden müssen.

β) Art der Prüfung.

Nach DIN 4102 ist für die Prüfung eine Mindestlänge des Treppenlaufes mit 3 m vorgeschrieben. Als Brandhäuser können die gleichen wie für die Deckenprüfung mit kleiner Abänderung benutzt werden. Die Belastung erfolgt durch Eisenmassen oder Mauerziegel.

3. Entwicklung der Prüfverfahren.

Die Prüfung des Betons als Baustoff in kleinen Abmessungen dürfte im großen und ganzen nicht mehr erforderlich sein. Da die Prüfung an Bauteilen sehr kostspielig ist, so ist zu wünschen, daß weitere Versuche zur Gewinnung von Unterlagen, besonders für den Begriff „hochfeuerbeständig" durchgeführt werden. Dann wären Prüfungen an Bauteilen von unbewehrtem und bewehrtem Beton nur noch in Sonderfällen, wie z. B. bei neuen Erfindungen, erforderlich.

L. Prüfung der Mauersteine und Formsteine, Rohre, Gehwegplatten, Bordsteine aus Beton sowie Asbestschiefer und Leichtbeton.

Von Fritz Weise, Stuttgart.

1. Mauersteine.

Mauer*steine* bestehen aus Bindemittel und Zuschlagstoffen, während die Mauer*ziegel* aus gebranntem Lehm oder Ton bestehen. Die Mauersteine werden entweder als Vollsteine oder als Hohlsteine (auch Hohlblöcke genannt) hergestellt. Für die Ausbildung von zementgebundenen Wandhohlsteinen sind in

Zahlentafel 1. Genormte Eigenschaften der Mauersteine.

Land	Nummer des Normblattes	Bezeichnung der Steine	Gewicht bzw. Raumgewicht	Druckfestigkeit (Vgl. Abb. 1 bis 3 unter b.)	Biegefestigkeit	Wasseraufnahme	Frostbeständigkeit	Wärmeleitfähigkeit
Deutschland	DIN 106 ⎰ Önorm B 3431[1]⎱	Kalksandsteine		$+a$ $+a$			$+$ $+$	$+$
	DIN 398	Hüttensteine (früher Hochofenschlackensteine)		$+a$			$+$	$+$
	DIN 399	Hüttenschwemmsteine (früher Hochofenschwemmsteine)	$+$	$+b^2c^3$			$+$	$+$
	DIN 400 ⎰ Önorm B 3432[1]⎱	Schlackensteine	$+$ $+$	$+b^2c^3$ $+a$			$+$	$+$
	DIN 1059	Zementschwemmsteine aus Bimskies	$+$	$+b^2c^3$				$+$
Nordamerika	A.S.T.M. C 55—34	Betonmauersteine		$+$		$+$		
	A.S.T.M. C 90—36	Hohle Betonbausteine für belastetes Mauerwerk		$+c$		$+$		
	A.S.T.M. C 129—37 T	Hohle Betonbausteine für nicht belastetes Mauerwerk		$+c$		$+$		
	A.S.T.M. C 73—30	Kalksandsteine		$+$		$+$		
England	BS Nr. 187—1934	Kalksandsteine		$+c^4$	$+^4$			
Australien	A 22—1934	Betonmauersteine		$+^5$		$+$		

[1] In Önorm B 3431 als Kalksand*ziegel* und in Önorm B 3432 als Schlacken*ziegel* bzw. Schlackensteine bezeichnet.

[2] 6,5 cm hohe Steine. [3] 9,6 und 14 cm hohe Steine.

[4] Prüfung im *nassen* Zustand, ferner werden chemische Prüfungen verlangt.

[5] Die Druckfestigkeit wird an Probekörpern bestimmt, die aus dem fertigen Werkstück herausgebohrt oder herausgesägt werden, entweder Zylinder 2″ Dmr., 2″ hoch oder Würfel mit 2″ Kantenlänge.

Deutschland besondere Grundsätze[1] aufgestellt worden. Die Prüfverfahren für Mauersteine sind den für Mauerziegel üblichen Prüfverfahren angepaßt. Die Übersicht in Zahlentafel 1 enthält Angaben über Normen für Mauersteine; durch Kreuze sind die in den einzelnen Normen geforderten Eigenschaften gekennzeichnet.

a) Abmessungen, Gewicht, Raumgewicht.

Für die Abweichungen von den vorgeschriebenen Abmessungen sind meist Grenzwerte angegeben, die an den einzelnen Steinen bestimmt werden und nicht durch Aneinanderreihen mehrerer Steine, wie z B für Mauerziegel nach DIN 105, vgl. Abschn. III, A 5, S. 229.

Bestimmte Höchstgewichte sind für Leichtbausteine vorgeschrieben; sie gelten z. B. für Hüttenschwemmsteine nach DIN 399 und für Zementschwemmsteine aus Bimskies nach DIN 1059 dann, wenn die Probekörper im Trockenofen bei 110° bis zur Gewichtsbeständigkeit getrocknet wurden.

b) Druckfestigkeit.

Die Druckfestigkeit wird in der Regel nach einem der drei Verfahren a, b, c bestimmt, vgl. Abb. 1 bis 3. Das Verfahren a ist in der Ziegelprüfung vielfach üblich, vgl. Abschn. III, A 12, S. 247; die Steine werden quer zur Länge zersägt,

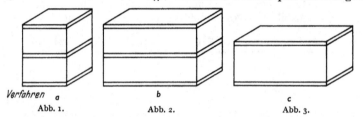

Verfahren a   b   c
Abb. 1.   Abb. 2.   Abb. 3.

Abb. 1 bis 3. Verfahren zur Bestimmung der Druckfestigkeit von Mauersteinen.

die entsprechenden Hälften mit fettem Zementmörtel zusammengemauert und die Druckflächen des Prüfkörpers mit fettem Zementmörtel aus 1 Raumteil Zement und 1 Raumteil Sand abgeglichen. Die mittlere Fuge soll nach DIN 106 und 398 möglichst eng sein (es ist „knirsch" aufeinanderzumauern), nach Önorm B 3431 und 3432 soll sie 1 cm weit sein. Nach dem Verfahren b werden zwei gleichartige ganze Steine mit fettem Zementmörtel zusammengemauert; über die Fugenweite enthalten DIN 399, 400 und 1059 keine besonderen Angaben. Beim Verfahren c werden die Druckflächen des einzelnen ganzen Steines mit fettem Zementmörtel abgeglichen. Ob unter sonst gleichen Umständen eines der drei Verfahren eine deutlich höhere Druckfestigkeit ergibt, ist nicht sicher bekannt. Wandhohlsteine und Betonkaminsteine werden sinngemäß nach dem Verfahren c geprüft, d. h. am einzelnen ganzen Stein sind die Druckflächen mit fettem Zementmörtel abzugleichen; die Druckrichtung muß der Verwendung im Bauwerk entsprechen. Bei Wandhohlsteinen ist die Druckfestigkeit auf den vollen Druckquerschnitt zu beziehen, also auf den vom Hohlstein umschlossenen Querschnitt, ohne Abzug der Hohlräume, vgl. DIN 4110[2], D 2; das gleiche gilt für Betonkaminsteine [für diese werden zur Zeit die im Zbl. Bauverw. Bd. 44 (1924) S. 302 abgedruckten Bestimmungen[2] neu bearbeitet]. Bei *Decken*hohlsteinen ist

---

[1] Zbl. Bauverw. Bd. 57 (1937) S. 1316; Bd. 58 (1938) S. 573, vgl. auch Belastungsbestimmungen, 17. Aufl. Berlin: Wilhelm Ernst u. Sohn 1938.
[2] Diese und zahlreiche andere amtliche Bestimmungen sind für den Handgebrauch zusammengestellt von K. Berlitz in Belastungsbestimmungen, 17. Aufl. Berlin: Wilhelm Ernst u. Sohn 1938. Die einzelnen Normblätter liefert der Beuth-Vertrieb, Berlin.

die Druckfestigkeit dagegen auf den *tragenden* Querschnitt zu beziehen, vgl.
DIN 1046, § 13; der Druck wirkt bei diesen Steinen auf die Stirnflächen.
Die Last soll in der Sekunde um rd. 2 kg/cm² gesteigert werden.

Bisher wurde die Bestimmung der Druckfestigkeit von Einzelsteinen besprochen; die deutschen Bestimmungen verlangen aber zum Teil auch die Feststellung der Druckfestigkeit von Mauerwerkskörpern; z. B. wird über die zulässige Druckspannung nach DIN 1053, III § 4, Tafeln 1 und 2 auf Grund
von Versuchen nach DIN 4110, D 7 entschieden. Für diese Versuche sind mit
den im Bauwerk vorgesehenen Steinen und dem vorgesehenen Mörtel drei Wandstücke in der vorgesehenen Wanddicke d aufzumauern und im Alter von
28 Tagen zu prüfen. Die Breite der Wand soll etwa 3 Steinlängen sein, mindestens
aber 0,75 m, die Höhe h etwa $2\sqrt{F}$; dabei ist $F = d \cdot b$; mit $d = 0,25$ und $b = 0,75$ m wird h etwa 0,86 m.

Die Druckfestigkeit des Mauerwerkes muß mindestens 15 kg/cm² sein, weil
die zulässige Druckspannung $^1/_5$ der beim Versuch ermittelten Bruchfestigkeit,
aber nicht weniger als 3 kg/cm² betragen darf, vgl. DIN 4110, D 7 β; die oberen
Grenzwerte der zulässigen Druckspannungen sind in DIN 1053, Tafel 1, angegeben.

c) Biegefestigkeit.

Die in den amerikanischen Normblättern A.S.T.M. C 55—34[1], C 73—30[2] geforderte Feststellung der Biegefestigkeit wird wie für Ziegel nach A.S.T.M.
C 67—31[3] vorgenommen (Auflagerentfernung 17,8 cm, eine Last in der Mitte).

d) Wasseraufnahme.

Die Wasseraufnahme wird nach DIN 106 und DIN 398 in Hundertteilen
des Gewichts der trocknen Steine in ähnlicher Weise wie für Ziegel (vgl.
Abschn. III, A 7) oder für Natursteine (vgl. Abschn. II, C) bestimmt: Trocknen
bei 100° bis zur Gewichtsbeständigkeit, frühestens 12 h nach der Entnahme aus
dem Trockenschrank bis etwa zur Hälfte der Länge aufrecht in Wasser stellen
(Beginn der Wasserlagerung), nach 2 h Wasser bis zu $^3/_4$ der Steinhöhe nach-
füllen, nach 22 h Steine völlig unter Wasser setzen. 24 h nach Beginn der
Wasserlagerung werden die Steine das erste Mal gewogen. Sie werden solange
im Wasser gelagert, bis keine Gewichtszunahme mehr festzustellen ist. Die
zuletzt genannte Forderung gibt oft Anlaß zu Beanstandungen, weil die Wasseraufnahme durch längere Wasserlagerung noch zunimmt, wenn auch um geringe
Beträge; vorzuziehen ist (vgl. S. 237) die bestimmte Angabe einer Zeit (z. B.
nach DIN 105, Ausgabe 1940, 6 Tage oder A.S.T.M. C 97—36 2 Wochen).

e) Frostbeständigkeit.

Für die Prüfung auf Frostbeständigkeit gelten die für andere Baustoffe
üblichen Verfahren (vgl. Abschn. II, G, S. 188; III, A, S. 289 und VI, G, S. 518):
25maliges Gefrieren im wassersatten Zustand bis —15° und Auftauen in Wasser
von +15°.

f) Wärmeschutz, Schallschutz.

Das Prüfverfahren zur Bestimmung der Wärmeleitzahl, deren Kenntnis für
die Berechnung der Wärmedämmung notwendig ist (vgl. DIN 4110, D 10)
sowie Prüfverfahren zur Bestimmung der Schalldämpfung (vgl. DIN 4110, D 11)
beschreibt REIHER im Abschn. VI, J, S. 535.

---

[1] Book of A.S.T.M.-Standards, Teil 2, 1936, S. 121.
[2] Book of A.S.T.M.-Standards, Teil 2, 1936, S. 123.
[3] Book of A.S.T.M.-Standards, Teil 2, 1936, S. 140.

2. Platten und Balken aus Beton und Eisenbeton für Wände und Decken.

a) Nicht bewehrte Platten[1].

Für die Widerstandsfähigkeit der Platten bei der Beförderung und im Gebrauch ist die Biegezugfestigkeit des Betons maßgebend. Leichtbeton- besonders Bimsbetonplatten werden in Deutschland viel verwendet; für den Bimsbeton der Platten wird die Druckfestigkeit an würfeligen Probekörpern bestimmt, Kantenlänge der Würfel = Plattendicke. In der Önorm B 3413 wird für Zementschlackenplatten eine Biegefestigkeit von mindestens 5 kg/cm² verlangt; bestimmte Angaben über die Auflagerentfernung, Anordnung der Last, werden nicht gemacht. Nach den englischen Normen BSS Nr. 492—1933 und BSS Nr. 728—1937 ist die Biegefestigkeit an wassergelagerten Platten bei 15″ = 38 cm Auflagerentfernung festzustellen, wobei eine Last im mittleren Querschnitt wirkt. In diesen englischen Normen wird ferner das Prüfverfahren beschrieben, nach dem das Schwinden beim Austrocknen und das Quellen beim Durchfeuchten festgestellt wird. Hierzu werden Probekörper — Länge mindestens 6″ (15 cm) — aus den Platten entnommen, an beiden Stirnseiten mit kugeligen Meßzapfen versehen und 3 Tage in Wasser gelagert (Temperatur rd. 16° C). Nach dem Messen der Länge mit einer Meßuhr, die auf einer senkrechten Säule geführt ist, kommen die Probekörper solange in einen Trockenschrank bei rd. 50° C, bis sich die Länge des Probekörpers nicht mehr ändert (gemessen wird jeweils nach dem Abkühlen der Probekörper in einem Exsikkator auf rd. 16° C); die Länge gilt als beständig, wenn der Unterschied zwischen zwei — im Abstand von 48 h vorgenommene — Messungen nicht mehr als 0,0002″ = 0,005 mm beträgt. In gleicher Weise wird das Quellen nach Wasserlagerung verfolgt. Die Längenänderung wird immer auf die Länge des trockenen Probekörpers bezogen.

Wenn Ziegelgrus als Zuschlag verwendet wird, ist die Bestimmung der wasserlöslichen Bestandteile des Zuschlags vorgeschrieben; näheres über das Prüfverfahren ist nicht angegeben.

b) Bewehrte Platten.

Die Tragfähigkeit der bewehrten Platten kann nach der üblichen Berechnungsweise bestimmt werden, so daß hierfür nur in Sonderfällen Biegeversuche nötig erscheinen. Die zulässigen Beanspruchungen sind nach der deutschen Norm DIN 4028 für Eisenbetonhohldielen von der durch Versuch nachzuweisenden Würfelfestigkeit $W_{b\,28}$ und von der Art des Bewehrungsstahles (Handelsstahl oder hochwertiger Betonstahl) abhängig. Diese Norm gilt für Leichtbeton sowie für Kies- und Splittbeton; Würfelfestigkeiten von 20 bis 300 kg/cm², Eisenzugspannungen σ_e von 1000 bis 1800 kg/cm².

c) Bewehrte Balken und andere Fertigbauteile.

Die Tragfähigkeit von Eisenbetonfertigbalken (Balken, die vor der Verlegung fertiggestellt sind) für Deckenbauweisen kann wie für die unter b) genannten Platten in der Regel rechnerisch bestimmt werden. Für die Balken sind vom Reichssachverständigenausschuß und vom Deutschen Ausschuß für Eisenbeton Grundsätze für die Bauart und für die zulässigen Beanspruchungen aufgestellt worden. Die zulässigen Beanspruchungen sind nach der durch Versuch nachzuweisenden Würfelfestigkeit des Betons $W_{b\,28}$ begrenzt.

---

[1] Holzhaltige Leichtbauplatten vgl. Abschn. I, K. Asbestzementplatten vgl. gesondert in diesem Abschn., Ziff. 4. Betonplatten für Bürgersteige vgl. gesondert in diesem Abschn., Ziff. 5.

In der deutschen Vorschrift VDE 0210/1934 wird für *Eisenbetonmaste* zweifache Sicherheit verlangt; die Bruchlast muß beim Versuch das Doppelte der errechneten Höchstlast sein.

Für *Zaunpfosten* kann die Tragfähigkeit ebenfalls rechnerisch beurteilt werden. *Bewehrte Treppenstufen* müssen nach Önorm B 2305 mindestens die fünffache Verkehrslast tragen.

3. Zementdachsteine (Betondachsteine).

Die Bezeichnung „Zementdachsteine" ist bis jetzt nur zum Teil durch die richtigere Angabe „Dachsteine aus Zementmörtel bzw. Feinbeton" verdrängt worden. Die folgende Übersicht enthält Angaben über einzelne Ländervorschriften; die durch besondere Prüfungen nachzuweisenden Eigenschaften der Dachsteine sind durch Kreuze gekennzeichnet; Bestimmungen über Gestalt, Farbe, zulässige Abweichungen von den Sollabmessungen wurden hier nicht aufgenommen.

Zahlentafel 2. Genormte Eigenschaften der Zementdachsteine.

Land	Bezeichnung der Vorschriften bzw. Normen	Festzustellende Eigenschaften				
		Würfelfestigkeit des Betons	Biegefestigkeit der Steine	Wasseraufnahme	Wasserdurchlassigkeit	Frostbeständigkeit
Deutschland	Vorschriften für die Beschaffenheit und Prüfung von Zementdachsteinen	+	+	+	+	+
England	BSS Nr. 473—1932. Flache Dachsteine, etwa wie Biberschwanzdachsteine		+		+	
	BSS Nr. 550—1934. Falzdachsteine		+		+	
Finnland	Qualitätsbestimmungen für Zementdachsteine[1], aufgestellt vom Verein der Zementfabrikanten Finnlands		+	+	+	
Polen	PN B—313		+	+	+	+

Die in den einzelnen Ländern gültigen Prüfverfahren weichen natürlich voneinander ab.

a) Würfelfestigkeit.

Sie wird in Deutschland an Würfeln mit 7 cm Kantenlänge bestimmt, die aus der zur Herstellung der Dachsteine verwendeten Mischung herzustellen sind.

b) Biegefestigkeit.

Die Auflagerentfernung beträgt:

20 cm nach BSS Nr. 473—32.

25,4 cm nach BSS Nr. 550—34.

30 cm nach den finnischen Bestimmungen und PN B—313.

Die deutschen Vorschriften enthalten keine Angaben über die Auflagerentfernung. Die Belastung wirkt nach allen genannten Vorschriften als Einzellast im mittleren Querschnitt. Beim englischen Prüfgerät wirkt Schrot als Belastung — ähnlich wie bei dem für die deutsche Zementnormenprüfung

---

[1] Vgl. A. JUNTTILA: Betonsteinztg. Bd. 2 (1936) S. 69 u. S. 90.

üblichen Zugfestigkeitsprüfer Michaelis; — mit dem Bruch des Dachsteines wird der weitere Schrotzufluß selbsttätig abgesperrt. Bei der finnischen Einrichtung wird ein Wasserbehälter angehängt; diese Einrichtung ist leicht zu befördern und besonders zum Gebrauch in den Dachsteinwerken bestimmt. Zur Beurteilung der Tragfähigkeit der Dachsteine sind in den meisten Vorschriften bestimmte Bruchlasten angegeben. Die Berechnung der Biegezugfestigkeit des Mörtels wäre wegen der unregelmäßigen Querschnittsform der Falzdachsteine umständlich.

c) Wasseraufnahme.

Die deutschen Vorschriften enthalten keine näheren Angaben über das Prüfverfahren zur Bestimmung der Wasseraufnahme. Nach der polnischen Norm PN B 313 erfolgt die Prüfung ähnlich wie für Natursteine (vgl. Abschn. II, C: Steine bei 110° C trocknen, dann allmählich unter Wasser setzen.

d) Wasserdurchlässigkeit.

Deutschland: Die Dachsteine werden am Rand der oberen Fläche ringsum mit einem Rand aus Plastilin versehen und der so entstehende Behälter mit Wasser gefüllt, wobei an der höchsten Stelle der Dachsteine noch mindestens 1 cm Wasserdruck vorhanden sein muß.

England: Der Dachstein wird mit einer dichtschließenden Metallkappe umgeben, Wasserdruck 20 cm.

Finnland: Auf eine 7 cm² große Fläche der oberen Seite wirkt eine 200 cm hohe Wassersäule.

Polen: Ähnlich wie in Deutschland.

e) Frostbeständigkeit.

Nach den deutschen Vorschriften wird 25maliges Gefrieren der wassersatten Dachsteine bis —15° und Auftauen in Wasser von +18° verlangt, nach der polnischen Norm 20maliges Gefrieren der wassersatten Dachsteine bis —15° und Auftauen in Wasser von +20°.

4. Asbestzementplatten.

Für Asbestzementplatten sind Prüfverfahren vorgeschrieben zur Bestimmung des Raumgewichtes, der Biegefestigkeit, der Wasseraufnahme, der Wasserdurchlässigkeit, der Frostbeständigkeit und der Hitzebeständigkeit. Allerdings sind die Prüfverfahren und die Grenzwerte der verlangten Eigenschaften in den nachstehend genannten Normen verschieden.

Land	Normblatt oder Vorschrift
Deutschland . . .	DIN 274, Önorm B 3421.
England	BSS Nr. 690—1936.
Niederlande . . .	N 477 (N 473 und N 474 enthalten Angaben über Abmessungen sowie über die Werte, die für die einzelnen Eigenschaften bei der Prüfung nach N 477 verlangt werden).
Rußland	OST/NKTP 3354.
Ungarn.	MOSz 39.

a) Raumgewicht.

Das Raumgewicht wird nach DIN 274 und N 477 durch Wiegen der nassen Probekörper an der Luft und unter Wasser festgestellt.

b) Biegezugfestigkeit.

Zur Biegeprüfung werden aus den ebenen Platten Streifen (nach DIN 274 z. B. 20×10 cm) gesägt und bei freier Auflagerung mit einer Last im mittleren Querschnitt bis zum Bruch belastet, Auflagerentfernung nach DIN 274 18 cm, nach Önorm B 3421, N 477 und MOSz 39 20 cm, nach OST/NKPT 3354 30 cm. Die Belastungsgeschwindigkeit ist verschieden, nach DIN 274 für ebene Platten 1 kg/s, für Welltafeln 10 kg/s, nach Önorm B 3421 allgemein 0,1 kg/s. Die Probestreifen aus den Welltafeln sollen nach DIN 274 2 Wellen breit und 125 cm lang sein, Auflagerentfernung 120 cm.

c) Wasseraufnahme.

Die Wasseraufnahme wird meist in ähnlicher Weise bestimmt, wie sie im Abschn. II, C beschrieben ist. Die Temperatur beim Trocknen ist allerdings verschieden; nach DIN 274 110°, Önorm B 3421 90 bis 100°, N 477 60°, OST/NKTP 3354, MOSz 39 100 bis 105°. Die Proben gelten nach DIN 274 als wassergesättigt, wenn die Gewichtszunahme innerhalb 24 h kleiner als 0,5% wird, nach Önorm B 3421 und MOSz 39 ist die nach 7tägiger Wasserlagerung festzustellende Gewichtszunahme maßgebend.

d) Wasserdurchlässigkeit.

Die Wasserdurchlässigkeit wird in DIN 274 nicht vorgeschrieben; nach Önorm B 3421 ist ein Glaszylinder mit 3,5 cm innerem Durchmesser aufzukitten und 25 cm hoch mit Wasser zu füllen, nach N 477 wird nur mit 1 cm Wasserstand geprüft.

e) Frostbeständigkeit.

Die Prüfung auf Frostbeständigkeit wird in ähnlicher Weise vorgenommen wie es z. B. für natürliche Gesteine üblich ist, vgl. Abschn. II, G; Temperaturen im Gefrierraum, Zeit der Frosteinwirkung, Zeit des Auftauens weichen allerdings in den verschiedenen Ländern voneinander ab, z. B.:

Normblatt	Tiefste Temperatur im Gefrierraum	Temperatur des Wassers beim Auftauen
DIN 274	—15°	+ 15°
Önorm B 3421	—20 bis —22°	+ 10°
MOSz 39	—10°	+ 15 bis 20°
OST/NKPT 3354	—17°	+ 18 bis 20°

f) Hitzebeständigkeit.

Die Prüfung auf Hitzebeständigkeit wird in den verschiedenen Ländern verschieden vorgenommen, z. B.:

Normblatt	Prufverfahren
DIN 274	25maliges Erhitzen der Versuchsstücke auf 110° und Abschrecken in Wasser von Zimmertemperatur.
Önorm B 3421 . .	Versuchsstücke 1/2 h auf 200° erhitzen; keine Angaben über die Zahl der Wiederholungen, keine Angaben über das Abkühlen.
N 473	Versuchsstücke auf 700° erhitzen; keine Angaben über Zahl der Wiederholungen und über das Abkühlen.
OST/MOSz 39 . . .	Versuchsstücke auf 200° erhitzen.

Zur Bestimmung der Warmfestigkeit hat O. Drögsler[1] 17 cm lange und 4 cm breite Streifen aus Asbestzementwandtafeln in einem elektrisch geheizten Ofen (Temperatur bis 1090°) belastet. An dem aus dem Ofen hervorstehenden Teil des aus hitzebeständigem Stahl bestehenden Belastungshebels wurde ein Behälter ausgehängt, in den Schrot einlief.

5. Betonplatten für Gehwege oder Bürgersteige.

Bei den zum Belag von Gehwegen oder Bürgersteigen bestimmten Betonplatten sind in erster Linie Frostbeständigkeit, ferner ausreichende Biegezugfestigkeit sowie genügender Widerstand gegen die Abnützung erforderlich. Außerdem werden in manchen Vorschriften die Bestimmung der Druckfestigkeit, der Wasseraufnahme, des Dichtigkeitsgrades und des Sättigungsbeiwertes nach Hirschwald gefordert. Nachstehend werden die Prüfverfahren behandelt, die in den folgenden Normblättern bzw. Bestimmungen aufgeführt sind.

Land	Normblatt oder Vorschrift
Deutschland . . .	DIN 485 mit den ergänzenden Vorschriften der Stadtverwaltungen Berlin, München und Stuttgart, sowie der AIB, das ist die von der Deutschen Reichsbahn herausgegebene „Vorläufige Anweisung für Abdichtung von Ingenieurbauwerken"[2]. Die in der AIB genannten Platten werden nicht für begehbare Beläge, sondern als Schutzschicht für Abdichtungen verwendet.
England	BSS Nr. 368—1936.
Niederlande . . .	N 502 (N 500 gilt für die Abmessungen und N 501 für die Güteforderungen).
Polen	PN B—314.

a) Frostbeständigkeit.

Nach DIN 485 werden wassergelagerte Platten zur Beurteilung der Frostbeständigkeit nach DIN DVM 2104 25mal bis —15° gefroren und in Wasser von +15° aufgetaut, vgl. Abschn. II, G. Die Berliner und Münchner Vorschriften verlangen, daß der Sättigungsbeiwert nach Hirschwald (vgl. Abschn. II, C 1 b) nicht größer sein darf als 0,80, weil damit die Frostbeständigkeit des Betons gewährleistet sei.

b) Biegezugfestigkeit.

Die Platten sind zunächst zu trocknen; DIN 485 und BSS Nr. 368—1936 enthalten hierzu keine näheren Angaben, nach N 502 werden sie bei 60° getrocknet. Nach genügend langer Abkühlung auf Zimmertemperatur werden sie so auf zwei Auflager gelegt und mit einer Last im mittleren Querschnitt belastet, daß die Gehfläche in der Druckzone liegt. Die Entfernung der Auflagerrollen beträgt nach DIN 485 jeweils 5 cm weniger als die Kantenlänge der zu prüfenden Platten, nach N 502 20 cm. Die Länge der Auflager muß mindestens der Kantenlänge der Platten entsprechen. Die Belastungsgeschwindigkeit soll nach DIN 485 30 kg in 1 s, nach BSS 368 für je 30,5 cm Breite rd. 51 kg in 10 s, nach N 502 40 kg in 1 s und nach PN B—314 10 kg in 1 s betragen. Ich halte es für richtiger, wenn die Belastungsgeschwindigkeit nicht in kg angegeben, sondern auf die Biegezugspannung σ_{bz} bezogen wird, also rd. 2 kg/cm² in 1 s.

---

[1] Drögsler, O.: Mitt. techn. Versuchsamt, Wien Bd. 25 (1936) S. 11 und Bd. 26 (1937) S. 17.
[2] Für den Buchhandel: Verlag Wilhelm Ernst u. Sohn, Berlin.

c) Abnutzbarkeit.

α) **Abnützung durch Schleifen.** In Deutschland wird die Abnutzbarkeit an quadratischen Probekörpern mit 71 mm Kantenlänge — die aus den Platten gesägt werden — durch Schleifen nach dem auch für natürliche Gesteine gültigen Verfahren DIN DVM 2108 bestimmt, vgl. Abschn. II, B 12a. Dieses Verfahren halte ich auch für Hartbeton geeignet, d. h. für Beton, der besondere Hartstoffe — meist Korund oder Siliziumkarbid — enthält, obwohl die Hartstoffe härter sind als das Gußeisen der Abnutzscheibe, vgl. z. B. die Technischen Vorschriften der Deutschen Reichsbahn für Beläge aus Hartbeton[1]. Beim Abschluß der Handschrift wurde der Normblattentwurf DIN 1100 für Hartbetonbeläge veröffentlicht[2]; die Frage des zweckmäßigsten Prüfverfahrens für Hartbetonbeläge ist zur Zeit noch umstritten.

In der niederländischen Norm N 502 wird ein Schleifverfahren unter Zufuhr von Wasser vorgeschrieben; die Abnutzbarkeit wird aber nicht wie in Deutschland in cm^3 des abgeschliffenen Betons, sondern unmittelbar in der Dickenabnahme des Prüfkörpers ausgedrückt. Diese Angabe war früher in Deutschland üblich und ist heute zum Teil noch üblich. Wenn z. B. für Platten 1. Klasse nach DIN 485 die Abnutzbarkeit — bezogen auf die Fläche $F_0 = 50,0\ cm^2$ — bis 15 cm^3 betragen darf, so sind das $15:50 = 0,30\ cm^3/cm^2 = 0,30\ cm$, d. h. die Platte darf beim Versuch bis 3 mm dünner werden.

β) **Abnützung im Sandstrahl.** Nach den älteren, jetzt aufgehobenen deutschen Vorschriften[3] konnte die Abnützung auch im Sandstrahl festgestellt werden (Beschreibung s. Abschn. II, B 12b). Da aber bei diesem Prüfverfahren die härteren Betonbestandteile nicht so zur Wirkung kommen, wie bei dem der Praxis näherliegenden Prüfverfahren durch Abschleifen, gilt jetzt nur noch das letztere. Die Berliner[4] und die Münchener Vorschriften verlangen allerdings die Feststellung der Abnutzbarkeit durch Schleifen und im Sandstrahl. In der niederländischen Norm N 502 ist die Abnützung im Sandstrahl noch wahlweise zugelassen.

γ) **Abnützung durch Kollern.** Nach der englischen Norm BSS Nr. 368—1936 werden die ganzen Platten in eine Trommelmühle mit waagerechter Achse als Seitenwände eingebaut; in die Trommelmühle kommen 1000 Stahlkugeln (Dmr. rd. 11 bis 13 mm). Die Trommel macht in 1 min 60 Umdrehungen; maßgebend ist der Gewichtsverlust der Platten nach 24stündiger Versuchsdauer.

d) Druckfestigkeit.

Die Druckfestigkeit wird an den vorher zur Abnutzungsprüfung verwendeten Probekörpern oder an würfeligen Probekörpern festgestellt, nach der AIB an quadratischen Probekörpern von 12 cm Seitenlänge und der Plattendicke als Höhe. Die Druckfestigkeit dient zwar als allgemeiner Maßstab für die Güte des Betons, für die Betonplatten ist aber die Biegezugfestigkeit maßgebend.

e) Wasseraufnahme.

Die Wasseraufnahme läßt die Güte des Betons nur bedingt erkennen; sie wird in der Regel nach dem für natürliche Gesteine gültigen Verfahren bestimmt,

---

[1] Diese Vorschriften sind unter anderem abgedruckt in Baumarkt Bd. 37 (1938) S. 57; Betonsteinztg Bd. 4 (1938) S. 20; Betonwerk Bd. 26 (1938) S. 61.
[2] Bauingenieur Bd. 20 (1939) S. 213; Bauindustrie Bd. 7 (1939) S. 422; Betonsteinztg Bd. 5 (1939) S. 96; Betonwerk Bd. 27 (1939) S. 169; Zement Bd. 28 (1939) S. 223.
[3] Besondere Bedingungen für die Lieferung und Prüfung von Bürgersteigplatten aus Beton, aufgestellt und herausgegeben vom Bund der Deutschen Betonwerke (jetzt Fachgruppe Betonsteinindustrie der Wirtschaftsgruppe Steine und Erden), Berlin.
[4] Vgl. unter anderem Betonwerk Bd. 25 (1937) S. 77.

vgl. unter anderem Abschn. II, C. In Deutschland wird die Bestimmung der Wasseraufnahme unter anderem in der AIB und in den Berliner Vorschriften gefordert, im Ausland in BSS Nr. 368—1936 und in PN B—314.

f) Dichtigkeitsgrad.

Die Feststellung des Dichtigkeitsgrades d des Betons wird in den Berliner und in den Münchener Vorschriften gefordert, vgl. in diesem Abschn. 8 f.

g) Porositätskennzahl.

(Vgl. Abschn. 8 g.)

6. Bordschwellen und Bordsteine aus Beton.

Bordschwellen und Bordsteine nach Abb. 4 bis 6 (im folgenden wird nur der Ausdruck Bordsteine angewendet) sind im Verkehr ähnlichen Beanspruchungen

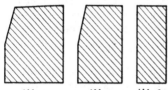

Abb. 4.   Abb. 5.   Abb. 6.
Abb. 4 und 5. Querschnitte von Bord-
schwellen.
Abb. 6. Querschnitt eines Bordsteins.

ausgesetzt wie die im Abschn. 5 beschriebenen Betonplatten; die Bestimmungen für Bordsteine und Platten sind deshalb vielfach ähnlich. Für Deutschland gilt DIN 483, dazu verlangen einige Stadtverwaltungen, wie z. B. Berlin und Stuttgart noch ergänzende Feststellungen. Weil in der englischen Norm BSS Nr. 340—1936, in der polnischen Norm PN B—316 und in der russischen Norm OST 5809/NKTP 148 ähnliche Prüfverfahren vorgeschrieben sind wie in DIN 483, werden hier vorwiegend die deutschen Prüfverfahren behandelt.

a) Frostbeständigkeit.

Beton, der die Festigkeitsanforderungen nach DIN 483 erfüllt, ist erfahrungsgemäß frostbeständig. Wenn aber trotzdem die Frostbeständigkeit durch Versuch nachgewiesen werden soll, ist er nach DIN DVM 2104c durchzuführen, d. h. Abschnitte von rd. 20 cm Länge werden abgesägt und im nassen Zustand 25mal bis —15° gefroren und in Wasser von +15° aufgetaut.

b) Biegezugfestigkeit.

Die Biegezugfestigkeit wird nach Abb. 7 bestimmt. Dabei wirkt eine Einzellast in Richtung des kleineren Widerstandsmomentes; sie muß in der Schwer-

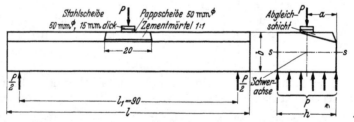

Abb. 7. Versuchsanordnung zur Feststellung der Biegezugfestigkeit von Bordschwellen. Bei Bordsteinen betragt die Auflagerentfernung $l_1 = 70$ cm.

achse des Querschnitts angreifen. Die Last soll in 1 s um rd. 30 kg steigen. Die Biegezugfestigkeit σ_{bz} wird in üblicher Weise aus dem Biegemoment M und dem Widerstandsmoment W gerechnet.

c) Abnutzbarkeit durch Schleifen.

Aus den Bruchstücken, die bei der Biegeprüfung entstehen, werden Prismen rd. $7 \times 7 \times 7,5$ cm gesägt, wie Abb. 8 erkennen läßt. Nach dieser Abbildung werden sämtliche Probekörper aus einem Bruchstück entnommen, in Wirklichkeit sind aber die einzelnen Prismen aus verschiedenen Bruchstücken zu entnehmen. Die Abnützbarkeit durch Schleifen ist nach dem Verfahren DIN DVM 2108 durchzuführen, vgl. Abschn. II, B 12, ferner in diesem Abschn. 5 c.

d) Druckfestigkeit.

Die Druckfestigkeit kann an den Probekörpern bestimmt werden, an denen vorher die Abnutzbarkeit durch Schleifen ermittelt wurde. Nach der polnischen Norm PN—B 316 sollen Würfel mit 10 cm Kantenlänge aus den Bordsteinen herausgesägt werden. Zur Beurteilung der Druckfestigkeit gelten hier die gleichen Bemerkungen wie im Abschn. 5 d, d. h. für die Widerstandsfähigkeit der Bordsteine ist die Biegezugfestigkeit maßgebend.

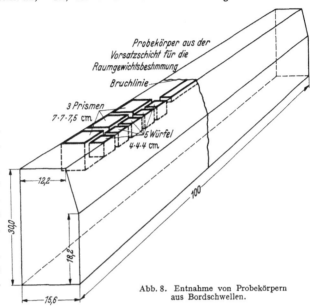

Abb. 8. Entnahme von Probekörpern aus Bordschwellen.

e) Wasseraufnahme.

Die Bestimmung der Wasseraufnahme des Betons bis zur Wassersättigung wird in den meisten Vorschriften gefordert; die Prüfverfahren sind ähnlich wie für andere Baustoffe, vgl. unter anderem Abschn. II, C oder in diesem Abschn., 4 c, 5 e. In der englischen Norm BSS Nr. 340—1936 wird die Feststellung der Wasseraufnahme gefordert, nachdem die Probekörper 10 min und 24 h unter Wasser gelagert haben.

f) Schlagfestigkeit.

Die Bestimmung der Schlagfestigkeit des Betons wird in Stuttgart verlangt; sie wird nach dem im Abschn. II, B 8 beschriebenen Prüfverfahren durchgeführt, wegen der Entnahme der Probekörper vgl. Abb. 8, Würfel von 4 cm Kantenlänge.

7. Kabelformstücke.

Kabelformstücke für Hauseinführungen und Kabelformstücke für Kanäle — Abmessungen nach DIN 1049 und 457, RPZ-Zeichnungen 600 WOO bis 04 — werden nach den von der Deutschen Reichspost herausgegebenen „Techn. Vorschriften"[1] auf Biegezugfestigkeit geprüft; lichte Weite zwischen den Auflagern 800 mm; im mittleren Querschnitt wirkt eine Last.

---

[1] Bezug durch Reichspostzentralamt, Drucksachenstelle, Berlin-Tempelhof, Schönebergerstr. 11.

8. Rohre aus Beton, Eisenbeton, Asbestzement.

Die verlegten Rohre werden durch Erdüberschüttung und durch Verkehrslasten beansprucht, deshalb ist die Prüfung auf *Tragfähigkeit* wichtig. Die Tragfähigkeit wird in der Regel nach der *Scheiteldruckfestigkeit* beurteilt. Um eine möglichst hohe Tragfähigkeit der Rohre bei möglichst geringer Wanddicke und damit niedrigem Rohrgewicht zu erzielen, ist Beton mit *hoher Biegezugfestigkeit* nötig. Die Rohre sollen je nach dem besonderen Verwendungszweck mehr oder weniger *wasserundurchlässig* sein; für Rohre zu Druckleitungen ist die Prüfung auf *Innendruck* erforderlich. Zur weiteren Beurteilung des Betons wird z. B. in den Berliner Vorschriften die Bestimmung der *Druckfestigkeit*, der *Wasseraufnahme*, des *Dichtigkeitsgrads*, der *Porositätskennzahl* und des *Sättigungsbeiwerts* verlangt. Im vorliegenden Abschnitt werden die Prüfverfahren[1] besprochen, die in den nachstehend genannten Normen aufgeführt sind.

Land	Normblatt oder Vorschrift
Deutschland	DIN DVM 2150, DIN 4032 (dieses Blatt gilt jetzt an Stelle des älteren Blattes DIN 1201), DIN 4035, DIN 4036 und DIN 4037. Önorm B 8020, B 9001. Technische Vorschriften der Stadtverwaltung Berlin für die Beschaffenheit von Betonrohren.
Australien	A 35—1937.
Belgien[2]	Betonrohre und Eisenbetonrohre.
Dänemark	Normen für Betonrohre
England	BSS Nr. 486—1933, 556—1934, 569—1934, 582—1934.
Niederlande . . .	N 70, 71, 80, 370.
Norwegen	Runde Betonrohre.
Schweden	Runde Betonrohre.
Schweiz	K.Z.M. Normen für Zementröhren vom 16. Dezember 1927.
Polen	PN/B—309.
Vereinigte Staaten von Nordamerika	A.S.T.M. C 14—35, C 75—35, C 76—37.

a) Prüfung auf Scheiteldruckfestigkeit.

α) **Rohre mit Sohle.** In Deutschland werden die Rohre bei der Prüfung nach DIN DVM 2150, vgl. Abb. 9, mit ihrer Sohle in ein über die untere Druckplatte der Prüfmaschine ausgebreitetes Gipsbett gesetzt. Bei Abnahmeprüfungen — z. B. im Lieferwerk — können die Rohre auch statt in Gips in ein Sandbett gelagert werden (3 cm hohe, eben abgeglichene Schicht aus grubenfeuchtem, gemischtkörnigem Feinsand, Feuchtigkeit etwa 3%, Korngröße bis etwa 1 mm). Auf dem Rohrscheitel wird Gipsbrei ausgebreitet, sofort ein Druckbalken aufgesetzt und das obere Querhaupt der Maschine mit leichtem Druck auf das fertig eingebaute Rohr herabgelassen. Die Breite des Druckbalkens beträgt bei Rohren bis 15 cm Dmr. 2 cm, darüber hinaus 5 cm. Die Druckbalken bestehen im allgemeinen aus Holz (zwischen dem Druckbalken und der Schneide des oberen Querhauptes ist dann eine Stahlschiene einzulegen, damit die Schneide nicht in das Holz eingepreßt wird), die 2 cm breiten Balken können auch aus Stahl sein. Wenn sich der Gips nicht mehr

---

[1] Eine ausführliche Zusammenfassung des Sachgebietes mit vielen Schrifttumhinweisen enthält das Buch E. MARQUARDT: Beton- und Eisenbetonleitungen, ihre Belastung und Prüfung. Berlin: Wilhelm Ernst u. Sohn 1934. Die Berechnung der in den Rohren unter den verschiedenen Belastungsarten auftretenden Beanspruchungen behandelt der gleiche Verfasser im Handbuch für Eisenbetonbau, 4. Aufl., IX. Band, 4. Kapitel. Berlin: Wilhelm Ernst u. Sohn 1934.

[2] Vgl. die Zeitschrift des Belgischen Normenausschusses „Standards", 3. Jahrg. (1936) Nr. 3 S. 67 u. S. 70.

mit leichtem Druck des Fingernagels ritzen läßt, wird die Belastung gleichmäßig bis zum Bruch des Rohres gesteigert; Belastungszunahme so, daß die verlangte Rohrbruchlast in rd. 2 min erreicht wird. Bei den im Sandbett gelagerten Rohren ist es zulässig, den Rohrschei-tel mit 5 cm breiten Hartholzkeilen zu be-legen, die dicht neben-einander wechselseitig von beiden Seiten ein-geschoben werden. Die Druckfläche des oberen Querhauptes der Prüf-maschine muß dann rd. 5 cm breit sein; das Querhaupt ist bis etwa 1 cm über

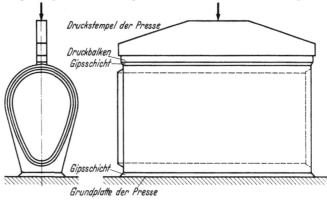

Abb. 9. Prüfung von Rohren mit Sohle auf Scheiteldruck nach DIN DVM 2150.

den Rohrscheitel herabzulassen. Der Anzug der Keile beträgt bei Rohren mit gleichbleibender Wanddicke etwa 1:10 und bei Rohren mit größerer Wanddicke im Scheitel etwa 1:5, vgl. Abb. 10 a, b. Als Prüfmaschine ist vielfach die KOENEN-Presse im Gebrauch, vgl. Abb. 11; es gibt aber auch ver-schiedene einfachere Bauarten dieser Rohrpressen.

In den anderen Ländern wer-den die Betonrohre mit Sohle in ähnlicher Weise geprüft wie nach

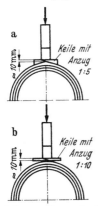

Abb. 10a und b. Anordnung der Holzkeile im Scheitel der Betonrohre. a Rohr mit verstärkter Wanddicke im Scheitel; b Rohr mit gleichblei-bender Wanddicke.

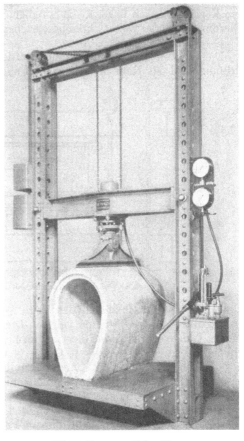

Abb. 11. Presse zur Rohrprüfung.

DIN DVM 2150; die Unebenheiten am Scheitel und an der Sohle werden zum Teil mit Jute, Karton oder Gummi ausgeglichen.

Wichtig ist bei den Prüfungen der Rohre auf Scheiteldruckfestigkeit ein gleichmäßiger Spannungszustand des Betons; diese Bemerkung gilt für jede Prüfung des Betons, bei der seine Biegezugfestigkeit maßgebend ist. Die Rohre sollen deshalb zur Zeit der Prüfung entweder völlig lufttrocken oder durchfeuchtet sein, wie es in DIN 4032 verlangt wird.

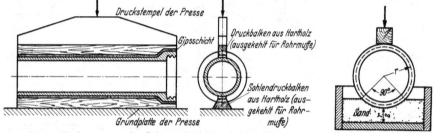

Abb. 12. Prufung von runden Rohren mit Muffe auf Scheiteldruck nach DIN DVM 2150.

Abb. 13. Scheiteldruckversuch mit Rohren im Sandkasten.

β) **Rohre ohne Sohle.** Runde Rohre ohne Sohle und ohne Muffe werden in der Regel nach dem unter α) beschriebenen Verfahren geprüft, in Nordamerika allerdings nach der weiter unten beschriebenen Dreilinienbelastung, vgl. A.S.T.M. C 14—35, C 75—35 und C 76—37.

Die meisten Rohre ohne Sohle werden mit Muffen hergestellt. Bei der Prüfung wird das Rohr in Deutschland nach DIN DVM 2150 auf seiner ganzen

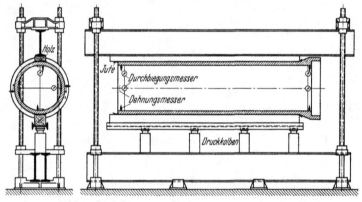

Abb. 14. Scheiteldruckversuch mit Betonrohren in der Schweiz.

Länge — also einschließlich der Muffe — nach Abb. 12 belastet; Breite des Druckbalkens 2 bzw. 5 cm, vgl. α. Die Belastung des Rohres auf seiner ganzen Länge ist noch bei der in Nordamerika üblichen Sandkastenlagerung üblich, vgl. A.S.T.M. C 14—35, C 75—35 und C 76—37 sowie in diesem Band S. 319, Abb. 7. Bei der in Minnesota üblichen Belastung[1] lagert das Rohr auf seiner ganzen Länge in einem Sandkasten und die Belastung wirkt am Scheitel mit einem Druckbalken, vgl. Abb. 13.

Weit verbreitet ist das Prüfverfahren, bei dem nur der zylindrische Teil des Rohres belastet wird. Von diesem Prüfverfahren gibt es wieder zwei Abarten. In der Schweiz[2], in Dänemark, Finnland[3], Norwegen und Schweden

---

[1] S. 61 und Abb. 43 des in der Einleitung dieses Abschnittes an erster Stelle genannten Buches von E. Marquardt.

[2] Berichte Nr. 105 und 106 der Eidgen. Materialprüfungs- und Versuchs-Anstalt für Industrie, Bauwesen und Gewerbe, Zürich, Dezember 1936 und Januar 1937.

[3] Junttila, A.: Betonsteinztg. Bd. 9 (1936) S. 70.

ist die Prüfung nach Abb. 14 üblich, in Australien ist sie neben der zweiten Abart zulässig, die als Dreilinienlagerung bezeichnet wird, vgl. Abb. 6 im Abschn. III, B, in Deutschland kann die Dreilinienlagerung nach DIN 4035 und 4036 für Eisenbetonrohre mit mehr als 1 m Dmr. gewählt werden. Die belgischen Normen schreiben die Prüfung nach der Dreilinienlagerung vor, der Druckbalken und die Auflagerbalken bestehen aber nicht aus Holz, sondern aus I-Trägern NP 20. Nach den nordamerikanischen Normen A.S.T.M. C 14—35, C 75—35 und C 76—37 kann die Dreilinienlagerung an Stelle der oben genannten Sandkastenlagerung angewendet werden.

Die vielgestaltigen Prüfverfahren für die Rohre mit Muffe werden zur Erleichterung der Übersicht nochmals ·kurz zusammengefaßt:

Land	Normblatt oder Vorschrift
Deutschland	Das Rohr wird nach Abb. 12 auf seiner ganzen Länge an zwei diametral gegenüberliegenden Flächen belastet (Zweilinienlagerung); Eisenbetonrohre mit mehr als 1 m Innendurchmesser können nach der Dreilinienlagerung geprüft werden. Nach Önorm B 9001 werden 20 cm lange Abschnitte vom Schaft der Asbestzementrohre abgesägt und zwischen 2 cm breite Flacheisen belastet.
Australien	Zweilinienlagerung oder Dreilinienlagerung; die Muffe wird *nicht* mit belastet.
Belgien	Dreilinienlagerung ähnlich wie Abb. 6 im Abschn. III, B, S. 319 (keine Holzbalken, sondern I-Träger).
Dänemark, Finnland, Norwegen, Schweden, Schweiz . .	Zweilinienlagerung nach Abb. 14.
Vereinigte Staaten von Nordamerika .	a) Sandkastenlagerung nach Abb. 13 oder b) Dreilinienlagerung nach Abb. 6 des Abschn. III, B.

Nach einigen Normen werden die Rohre nicht immer bis zum Bruch belastet, sondern müssen die verlangte Mindestlast eine bestimmte Zeit tragen. Bei den bewehrten Rohren wird als Rißlast die Last bezeichnet, unter der ein Riß eine bestimmte Weite und Länge hat, nach DIN 4035 und DIN 4036 Rißweite 0,2 mm, Rißlänge 30 cm.

Die Bruchlast der über die ganze Rohrlänge belasteten Rohre ist unter sonst gleichen Umständen höher zu erwarten als die Bruchlast der Rohre, bei denen nur der Schaft belastet wird. Die Dreilinienlagerung hat gegenüber der Zweilinienlagerung prüftechnisch den Vorteil, daß das Rohr leichter eingebaut werden kann. Die Sandkastenlagerung erscheint zunächst als die Prüfart, die der Belastung der Rohre nach der Verlegung im Rohrgraben am nächsten kommt, doch ist zu beachten, daß alle beschriebenen Prüfungen, also auch die Prüfung im Sandkasten lediglich Vergleichszahlen liefern. Überdies ist die Durchführung der Prüfung nach der deutschen Norm einfacher als die Prüfung im Sandkasten und m. E. für Vergleichsversuche zuverlässiger.

b) Biegezugfestigkeit.

α) **Ringbiegezugfestigkeit.** Bei der Prüfung auf Scheiteldruckfestigkeit brechen die Rohre durch Überschreiten der Biegezugfestigkeit des Betons an der Innenseite des Rohrscheitels oder der Rohrsohle. Zur Vermeidung von Verwechslungen bezeichnet M. Roš diese Biegefestigkeit in den oben genannten Berichten Nr. 105 und 106 als „Ringbiegefestigkeit". Die aus der Bruchlast der Rohre ohne Muffe errechnete Biegezugfestigkeit des Betons[1] beträgt

---

[1] BACH, C.: Elastizität und Festigkeit, 8. Aufl., § 55, Berlin: Julius Springer 1920 oder A. FÖPPL: Techn. Mechanik, Bd. 3, Festigkeitslehre, 4. Aufl., § 41. Leipzig und Berlin: B. G. Teubner 1909.

ungefähr das 0,7fache der Biegezugfestigkeit des Betons, die an Streifen festgestellt wird, die aus den Bruchstücken des Rohres herausgesägt werden (Breite
der Streifen rd. 3fache Wanddicke, Auflagerentfernung rd. 4fache Wanddicke;
bei der Prüfung wirkt eine Last im mittleren Querschnitt), weil unter anderem
die Kraftverteilung am ganzen Rohr anders ist als an einem kleinen Beton-
streifen[1].

β) **Biegezugfestigkeit bei Balkenwirkung.** In Önorm B 9001 wird ein
Prüfverfahren für Abschnitte von Asbestzementrohren vorgeschrieben; Länge
der Rohrabschnitte 30 cm + 5fachem Rohraußendurchmesser. Die Rohrabschnitte sind bei einer Auflagerentfernung, die dem 5fachen Rohraußendurchmesser entspricht, auf halbkreisförmig angepaßten, 2 bis 4 cm breiten Stützen
aus Hartholz aufzulagern und durch Mittelbelastung zum Bruch zu bringen.

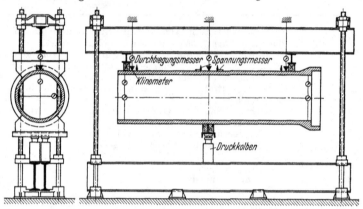

Abb. 15. Biegeversuch mit Betonrohren als Balken auf 2 Stutzen.

In der Schweiz werden große Betonrohre nach Abb. 15 als Balken auf
zwei Stützen geprüft. Die damit zu ermittelnde Bruchspannung bezeichnet
M. Roš in den genannten Berichten Nr. 105 und 106 als ,,Biegefestigkeit (Balkenwirkung'').

c) Prüfung auf Wasserdurchlässigkeit und auf Innendruck.

α) **Prüfung von ganzen Rohren auf Wasserdurchlässigkeit bei geringem Wasserdruck.** Die für Abwasserleitungen und ähnliche Zwecke
bestimmten, rd. 1 m langen Rohre werden in Deutschland nach DIN 4032
und 4035, in der Schweiz, in Dänemark, Norwegen und in Schweden aufrecht
gestellt, am unteren Ende (Falzende) mit Zement oder Bitumen abgedichtet
und mit Wasser gefüllt, so daß der Wasserdruck bis rd. 0,1 at beträgt. Die
Betonrohre werden darnach beurteilt, wieviel der Wasserspiegel in einer bestimmten Zeit absinkt; die Beurteilung ist in den genannten Ländern verschieden.

β) **Prüfung von besonderen Probekörpern auf Wasserdurchlässigkeit.**
In Deutschland können nach DIN 4032 aus Rohren der Güteklasse I besondere Probekörper herausgesägt und sinngemäß nach DIN Vornorm 4029 auf
höheren Wasserdruck geprüft werden; diese Prüfart ist auch nach DIN 4035
zulässig, vgl. ferner Abschn. VI, H.

γ) **Prüfung von ganzen Rohren auf Innendruck.** Bei der Prüfung
von ganzen Rohren auf Innendruck soll die Prüfeinrichtung nach DIN Vornorm
DVM Prüfverfahren A 104 und 105 so gebaut sein, daß das Rohr bzw. nach

---

[1] Vgl. F. Weise: Zement Bd. 25 (1936) S. 506; Betonsteinztg. Bd. 2 (1936) S. 201.

DIN 4035 der aus zwei Rohren zusammengeschlossene Probestrang durch die Einspannung keine zusätzlichen Längsbeanspruchungen erhält. Die Erfüllung dieser Forderung bedingt allerdings, daß für Rohre mit verschiedenen Lichtweiten jeweils gesonderte Prüfeinrichtungen bereitgestellt werden müssen. Die dem mehrfach genannten Buch von E. MARQUARDT mit Genehmigung des Verfassers entnommene Abb. 16 zeigt eine ältere, für Rohrweiten bis 1 m bewährte, von RUDELOFF angegebene Einrichtung[1]. Dabei werden in die Enden des Rohres Eisendeckel oder mit Zinkblech beschlagene Holzböden eingesetzt, die mit U-förmigen Stulpen aus Kernleder oder Gummi abzudichten sind. Damit die Ränder der Dichtungsstulpen von Anfang an an die Rohrwandungen etwas angedrückt werden, können die Stulpen vor dem Einlegen z. B. mit Gelatinemasse gefüllt werden. Das Druckwasser wird durch die Bohrung der Zugschraube in das Rohrinnere geleitet; die Deckel werden mit den Muttern der Zugschraube nur so weit zusammengeschraubt, daß das Rohr keinen Längsdruck erhält. Wenn auf die Erfüllung der Forderung — daß das Rohr keinen Längsdruck erhalten soll — verzichtet wird, lassen sich die Prüfeinrichtungen vereinfachen und die Prüfkosten senken; die Abb. 17 zeigt eine

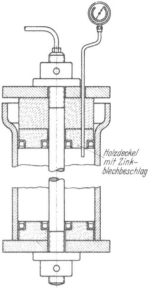

Holzdeckel mit Zinkblechbeschlag

Abb. 16. Einrichtung zur Prüfung von Rohren auf Innendruck.

Abb. 17. Innendruckversuch mit Eisenbetonrohren.

derartige in der Schweiz benützte Einrichtung. Manche Normen, z. B. Önorm B 9001, BSS 486—33, 556—34 und 569—34 enthalten keine bestimmten

[1] Vgl. S. 75 und Abb. 52 des in der Einleitung zu diesem Abschnitt an erster Stelle genannten Buches von E. MARQUARDT.

Angaben über die Prüfeinrichtung. Die liegende Anordnung der Prüfanlage hat manchen Vorteil, bei großen Rohren aber den Nachteil, daß durch das Eigengewicht der Wasserfüllung die Beanspruchungen des Rohres erhöht werden[1]. O. Graf hat[2] z. B. über Versuche mit großen Rohren berichtet, bei denen die Prüfeinrichtung stehend angeordnet war; die Rohrenden waren dabei so mit Gummiringen abgedichtet, daß die Formänderung der abschließenden Böden keinen Einfluß auf die Rohrwandungen und deren Formänderung äußerte.

d) Druckfestigkeit.

Die Druckfestigkeit des Betons kann an würfeligen Probekörpern bestimmt werden (Kantenlänge der Würfel = Wanddicke der Rohre); sie wird aber selten verlangt, z. B. in Berlin.

e) Wasseraufnahme.

Die Bestimmung der Wasseraufnahme des Betons wird in zahlreichen der oben genannten Vorschriften gefordert, z. B. in Berlin, in den nordamerikanischen, australischen, belgischen, englischen, schweizerischen Normen und in Önorm B 9001. Die Prüfungsverfahren weichen aber nicht wesentlich von den schon beschriebenen Verfahren ab, vgl. unter anderem in diesem Abschn. 3 c, 4 c, 5 e, 6 e.

f) Dichtigkeitsgrad.

Die Bestimmung des Dichtigkeitsgrades des Betons wird nur in Berlin gefordert. Der Dichtigkeitsgrad d ist die Verhältniszahl aus dem Raumgewicht oder der Rohwichte γ des Betons und dem spezifischen Gewicht oder der Reinwichte γ_0 des Betons. Je dichter der Beton ist, um so mehr nähert sich d dem theoretisch möglichen Wert 1. Beispiel $\gamma = 2{,}45$ g/cm³, $\gamma_0 = 2{,}50$ g/cm³, $d = 2{,}45 : 2{,}50 = 0{,}98$. Vgl. hierzu auch in diesem Abschn. 5, f; ferner DIN DVM 2102.

g) Porositätskennzahl.

In den belgischen Normen wird die Wasseraufnahmefähigkeit des Betons als Porosität bezeichnet; dieser Begriff entspricht der „scheinbaren Porosität" nach DIN DVM 2102, 2103 und 2203. Die Porositätskennzahl — deren Bestimmung in den Berliner Vorschriften gefordert wird — gibt den Anteil der Poren in Hundertteilen des Raumes an. Beispiel: Raumgewicht (Rohwichte) γ des Betons 2,45 g/cm³, spezifisches Gewicht (Reinwichte) γ_0 des Betons 2,50 g/cm³, Anteil der Poren = Porositätskennzahl P

$$\frac{\gamma_0 - \gamma}{\gamma_0} \cdot 100 = \frac{0{,}05}{2{,}50} \cdot 100 = 2\%.$$

h) Sättigungsbeiwert.

Die Bestimmung des Sättigungsbeiwertes wird in Berlin verlangt; das entsprechende Prüfverfahren wird in DIN DVM 2104 beschrieben, vgl. Abschn. II, C 1.

i) Abnutzbarkeit.

Die Abnutzbarkeit des Betons der Rohre wird zwar in keiner der oben genannten Normen gefordert; sie wird in Sonderfällen bestimmt[3]. Die hierbei angewandten Prüfverfahren sind im Abschn. II, B 12 und VI, G 1 beschrieben.

---

[1] Marquardt, E.: Handbuch für Eisenbetonbau, 4. Aufl., Bd. IX, 4. Kap., S. 426. Berlin: Wilhelm Ernst u. Sohn 1934.
[2] Graf, O.: Bauingenieur Bd. 24 (1923) S. 447.
[3] Vgl. unter anderem die in Fußnote 2, S. 566 genannten Berichte.

VII. Die Prüfung von Traß, Ziegelmehl, granulierter Hochofenschlacke.

Von RICHARD GRÜN, Düsseldorf.

A. Einteilung und chemische Zusammensetzung der hydraulischen Zusätze.

Unter dem Begriff „hydraulische Zusätze" faßt man diejenigen Stoffe zusammen, welche nach Zugabe eines Anregers steinartig erhärten. Es kommen hier besonders in Frage Traß und Erzeugnisse anderer vulkanischer Eruptionen,

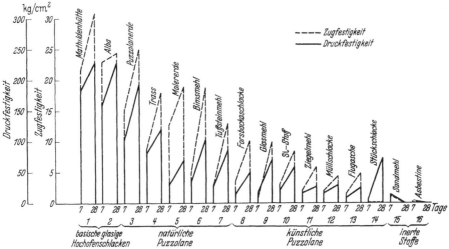

Abb. 1. Erhartungsfahigkeit der Puzzolane.

Ziegelmehl, Si-Stoffe und granulierte Hochofenschlacke. Als Anreger dienen bei Traß und Ziegelmehl Kalk, bei granulierter Hochofenschlacke Kalk, Portlandzement oder Gips. Kalk spielt bei letzteren eine geringe Rolle. Die Puzzolane sind voneinander sehr stark verschieden. Die Erhärtungsfähigkeit weicht weit voneinander ab, vgl. Abb. 1, in welcher die Erhärtungsfähigkeit der Puzzolane bei Prüfung nach den Traßnormen wiedergegeben ist. Die Kurventafel zeigt, daß die Hochofenschlacke zu verhältnismäßig hohen Anfangsfestigkeiten auch bei geringem Portlandzementzusatz zu erhärten vermag, während die entsprechende Erhärtungsfähigkeit von Traß und Ziegelmehl sehr viel geringer ist.

Auch in der chemischen Zusammensetzung unterscheiden sich die einzelnen Puzzolane, für die bereits das Wort „Hydraulite" vorgeschlagen ist, sehr wesentlich, wie die Zahlentafel 1, Abb. 1 und 2 zeigen. Das Dreistoffsystem (Abb. 2) zeigt, daß die Hochofenschlacke einen verhältnismäßig hohen Gehalt von Kalk von 35 bis 45 % hat, während Ziegelmehl und Traß nur 2,5 bis 5 % aufweisen. Schon aus den Zahlen geht hervor, daß die Erhärtungsart der verschiedenen

Zahlentafel 1. Chemische Zusammensetzung der Hydraulite.

Aufgeschlossen

Hydraulit	Gluhverlust	Unbest. Rest	SiO₂	Al₂O₃	Fe₂O₃ (FeO)	MnO	MgO	SO₃	S	CaO	Summe
HOS Mathildenhütte	2,34	—	30,34	15,67	(1,45)	0,30	4,79	0,51	0,90	43,70	100,00
HOS Alba	1,64	—	34,23	9,92	(0,94)	0,41	3,74	0,23	1,46	47,43	100,00
Puzzolanerde	9,20	3,60	46,74	17,97	12,28	0,23	2,76	0,27	—	6,95	100,00
Traß	9,56	7,17	56,32	18,95	3,59	0,25	1,45	0,16	—	2,55	100,00
Molererde	5,63	2,68	66,71	11,41	7,75	0,13	2,07	1,42	—	2,20	100,00
Bimsmehl	4,36	6,75	61,17	19,37	4,53	0,37	1,09	0,21	—	2,15	100,00
Tuffsteinmehl	6,28	9,52	55,63	17,60	7,37	0,21	1,38	0,21	—	1,80	100,00
HOS Forsbacka	0,60	—	47,47	6,27	(0,85)	1,90	8,62	0,11	0,03	34,15	100,00
Glasmehl	1,22	9,40	61,32	4,49	4,35	0,06	1,94	0,12	—	17,10	100,00
Si-Stoff	16,36	0,96	45,83	20,64	8,13	0,17	0,74	4,25	0,02	2,90	100,00
Ziegelmehl	0,68	3,81	72,04	11,54	5,10	0,15	1,58	0,20	—	4,90	100,00
Müllschlacke, ges.	5,43	4,07	43,75	15,29	14,52	0,32	1,88	1,33	0,21	13,20	100,00
Flugasche	28,30	3,87	34,23	20,84	4,72	0,16	2,80	0,93	—	4,15	100,00
Stückschlacke Alba	3,32	—	30,65	14,31	(0,51)	0,35	3,34	0,59	2,11	44,82	100,00
Sandmehl	—	—	97,60	0,11	1,51	0,03	0,20	0,05	—	0,50	100,00
Asbestine	6,26	1,30	46,86	3,39	7,75	0,15	22,20	0,07	0,02	12,00	100,00

Salzsäure-Lösliches

Hydraulit	Gluh-verlust	Unbest. Rest	Un-löslich	Loslch SiO₂	Al₂O₃	Fe₂O₃ (FeO)	MnO	MgO	SO₃	S	CaO	Summe	Säure-losliches
HOS Mathildenhütte	2,34	—	1,58	28,76	15,67	(1,45)	0,30	4,79	0,51	0,90	43,70	100,00	96,08
HOS Alba	1,64	—	0,35	33,88	9,92	(0,94)	0,41	3,74	0,23	1,46	47,43	100,00	98,01
Puzzolanerde	9,20	5,91	27,50	23,93	18,38	6,90	0,23	2,07	0,27	—	5,61	100,00	63,30
Traß	9,56	5,05	35,96	28,10	13,17	4,25	0,25	1,19	0,16	—	2,31	100,00	54,48
Molererde	5,58	—	66,95	8,93	6,13	7,10	0,13	1,58	1,42	—	2,18	100,00	27,47
Bimsmehl	4,36	6,74	37,40	30,45	13,54	4,16	0,37	1,09	0,21	—	1,68	100,00	58,24
Tuffsteinmehl	6,28	2,14	52,74	19,76	10,93	4,72	0,21	1,20	0,21	—	1,81	100,00	40,98
HOS Forsbacka	0,60	—	0,46	47,47	6,27	(0,85)	1,90	8,62	0,11	0,03	34,15	100,00	98,94
Glasmehl	1,23	—	87,12	4,67	0,31	1,98	0,05	0,70	0,11	—	3,82	100,00	11,65
Si-Stoff	16,36	0,23	54,81	0,20	15,29	5,38	0,17	0,72	4,25	0,02	2,57	100,00	28,83
Ziegelmehl	0,68	0,19	80,75	4,93	4,35	3,97	0,15	0,82	0,20	—	3,96	100,00	18,57
Müllschlacke	5,43	4,36	43,12	11,19	9,29	10,70	0,32	1,37	1,33	0,21	12,68	100,00	51,45
Flugasche	28,27	—	51,46	—	7,53	5,07	0,16	2,36	0,93	—	4,22	100,00	20,27
Stückschlacke Alba	3,32	—	0,52	30,13	14,31	(0,51)	0,35	3,34	0,59	2,11	44,82	100,00	96,16
Sandmehl	—	—	96,90	1,07	—	1,40	0,02	0,11	0,04	—	0,46	100,00	3,1
Asbestine	6,24	—	72,77	0,09	4,28	41,6	0,15	7,60	0,07	0,02	4,62	100,00	20,99

Puzzolane einerseits Hochofenschlacke, andererseits Traß und Ziegelmehl auf ganz verschiedener Grundlage beruhen[1].

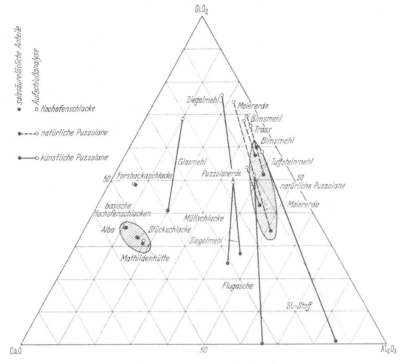

Abb. 2. Zusammensetzung der Puzzolane.

Infolge dieser sehr verschiedenen chemischen Zusammensetzung und der aus dieser chemischen Zusammensetzung sich ergebenden Erhärtungsfähigkeit ist es notwendig, die Prüfung der einzelnen Puzzolane gesondert zu besprechen.

B. Die Prüfung des Gefüges und der hydraulischen Eigenschaften.

1. Traß.

Traß wird hergestellt aus getrocknetem Tuffstein durch Vermahlung.

Die hydraulischen Eigenschaften des Trasses sind vor allen Dingen bedingt durch seinen Gehalt an Kieselsäure. Die mit 60% vorhandene Kieselsäure greift aber nicht in ihrem ganzen Umfang in die Erhärtung ein, sondern bloß die lösliche Kieselsäure. Da man bei dem Brohltaler Traß, der ja in der Hauptsache in Frage kommt, die Erfahrung gemacht hat, daß ein gewisser Gehalt an Hydratwasser immer dann festgestellt wurde, wenn ein Traß gut erhärtete, nahm man an, daß dieser Hydratwassergehalt für die Erhärtung ausschlaggebend ist. Aus diesem Grunde ist in den Traßnormen eine Bestimmung des Hydratwassergehaltes vorgeschrieben. Neuerdings wird aber bestritten, daß das Hydratwasser, also die hydratisierte Kieselsäure allein ausschlaggebend für die Erhärtung des Trasses ist, zumal man festgestellt hat, daß auch

---

[1] Die Analyse wird nach dem üblichen Analysengang durchgeführt, vgl. BERL-LUNGE: Chemisch-technische Untersuchungsmethoden, Bd. III, 8. Aufl., ferner im vorliegenden Buch S. 414 u. f., sowie S. 430 u. f.

erhitzter Traß und erhitzte Puzzolane gut, teilweise sogar besser erhärten als nicht erhitzte. Vorbedingung braucht also der Hydratwassergehalt keineswegs bei allen Trassen zu sein. Das Maß der hydraulischen Eigenschaften wird festgestellt nach den Traßnormen. Nach diesen ist Traß (vgl. DIN DVM 1043) im Sinne der Bautechnik feingemahlener Tuffstein aus vulkanischen Auswurfsmassen und ergibt nach Mischung mit gelöschtem Kalk ein an der Luft und unter Wasser erhärtendes Bindemittel. Traß ist verhältnismäßig leicht, sein spezifisches Gewicht liegt ungefähr bei 2,3. Der im Rheinland vorkommende Traß, wie er in der Praxis verwendet wird, enthält ungefähr 7% Hydratwasser nach den Normen. Es darf aber ein Gehalt bis zu 6% herunter nicht beanstandet werden. Andere Trasse, wie beispielsweise Bergtraß, haben geringere Gehalte an Hydratwasser, was aber nicht gleichbedeutend mit Verlust der hydraulischen Eigenschaften ist, sondern auch Bergtrasse erhärten noch hydraulisch. Auch Trasse ohne Hydratwasser aus anderen Gegenden Deutschlands und der Erde vermögen in den hydraulischen Erhärtungsvorgang einzugreifen, können also Verwendung finden als Zumischmittel, beispielsweise bei der Herstellung von Mischbindemitteln, wenn auch naturgemäß infolge der geringeren hydraulischen Erhärtung der Gehalt an derartigen hydraulischen Zusätzen nicht allzu hoch getrieben werden darf.

Die Mahlfeinheit ist sehr wichtig für die Entwicklung der hydraulischen Eigenschaften. Vorgeschrieben ist ein Rückstand von höchstens 20% auf dem 900-Maschensieb. Feinere Mahlung wird im Handel meist angetroffen, ist auch erwünscht, da durch die feinere Mahlung die Oberfläche vergrößert und die Hydraulizität verbessert wird. Zu weitgehende Mahlung ist aber in manchen Fällen nicht erwünscht. Die sehr wichtige Mörtelfestigkeit ist in den Normen wie folgt festgelegt:

„Traß soll in der Mörtelmischung 1 Gewichtsteile Traß, 0,8 Gewichtsteile Traßnormen-Kalkpulver, 1,5 Gewichtsteile Normensand nebenstehende Mindestfestigkeiten erreichen.

Festigkeit in kg/cm²	Mörtelfestigkeit nach	
	7 Tagen	28 Tagen
	Wasserlagerung	
Zugfestigkeit	5	16
Druckfestigkeit . . .	45	140

Wasserlagerung: Die Probekörper lagern die ersten 3 Tage in einem mit Feuchtigkeit gesättigten Raum von 17 bis 20° C, die übrige Zeit (4 bzw. 25 Tage) unter Wasser von 17 bis 20° C."

Nach dem Prüfverfahren DIN DVM 1043 ist das Wesentlichste die Ermittlung des Gehaltes an mechanisch festgehaltenem Wasser und des Gehaltes an Hydratwasser. Letzteres kommt aber nur für die rheinischen Trasse in Frage. Die Mahlfeinheit wird wie üblich bei derartigen feinen Stoffen bestimmt (Näheres siehe in DIN DVM 1043). Die Zugfestigkeit wird an den üblichen Achter-Formlingen von 5 cm² kleinstem Querschnitt ermittelt. Der Mörtel wird eingeschlagen auf dem von der Zementprüfung her bekannten Hammergerät nach DIN DVM 1043 mit 150 Schlägen und nach ½ h entformt. Die Körper lagern die ersten 3 Tage in einem mit Feuchtigkeit gesättigten Raum und die übrige Zeit unter Wasser (s. oben), wobei das Wasser 2 cm hoch über den Körpern stehen soll. Die Prüfung erfolgt auf dem Zugfestigkeitsprüfer, dessen Belastung mit Schroteinlauf erfolgt. Der Mittelwert aus mindestens 5 Versuchen ist maßgebend. Die Druckfestigkeit wird an Würfeln von 50 cm² Seitenfläche ermittelt. Eingeschlagen wird mit 150 Schlägen. Die Würfel werden nach 2 h entformt, wie die Zugprobekörper gelagert und auf der üblichen hydraulischen Presse geprüft. Für die Herstellung des Normenmörtels dient ein Traßnormen-Kalkpulver, das aus reinem Kalkstein aus Rübeland gewonnen wird (vgl. DIN DVM 1043).

Zur Herstellung der Zugkörper und Würfel werden 800 g des Traß-Kalkmörtels aus 1 Gewichtsteil Traß, 0,8 Gewichtsteile Traßnormen-Kalkpulver, 1,5 Gewichtsteile Normensand und 0,36 bis 0,41 Gewichtsteile Wasser verwendet.

Die chemische Untersuchung von Traß wird durchgeführt in der Weise wie sie üblich ist für derartige Silikate, wie beispielsweise Glas, Zement, hydraulischer Kalk u. dgl. Eine übersichtliche Zusammenstellung findet sich in den Normenblatt DIN DVM 1044.

Auf vielen Baustellen ist es üblich, Traß gesondert zu beziehen, zumal er in offenen Wagen transportiert werden kann, da ihm die Feuchtigkeit nichts schadet, um ihn an der Baustelle dem Zement zuzumischen. Eine Vormischung ist hierbei nicht notwendig, wenn der Traß in der Mischmaschine dem Zement und Zuschlag zugegeben wird. Dennoch hat sich in der letzten Zeit aus Bequemlichkeits- und Sicherheitsgründen die Traßzementherstellung in der Fabrik eingeführt, und die Traßzemente werden wie gewöhnlicher Zement gehandelt, vgl. DIN 1167. Sie lehnen sich eng an die Begriffserklärung für Normenzemente an und lauten wie folgt:

a) Begriffsbestimmung.

Traßzement nach DIN 1167 ist ein hydraulisches Bindemittel, das aus normengemäßem Traß (DIN DVM 1043 und 1044) und normengemäßem Portlandzement (DIN 1064) im Fabrikbetrieb durch gemeinsames Mahlen hergestellt ist.

Traßzement wird in den folgenden zwei Mischungen hergestellt:

30 Gewichtsteile Traß und 70 Gewichtsteile Portlandzement,
40 Gewichtsteile Traß und 60 Gewichtsteile Portlandzement.

Der Traßzement aus 30 Gewichtsteile Traß und 70 Gewichtsteile Portlandzement wird als Regeltraßzement bezeichnet.

Bei Traßzement aus Werken, die sich der dauernden Überwachung ihrer Erzeugnisse durch das zuständige Vereinslaboratorium oder durch ein Staatliches Materialprüfungsamt unterworfen haben, trägt die Verpackung das nebenstehend in der Zeichenrolle des Patentamtes eingetragene Warenzeichen.

Die Verpackung muß in deutlicher Schrift die Bezeichnung „Traßzement", das Bruttogewicht und die Firma des erzeugenden Werkes tragen. Auch muß das Mischungsverhältnis auf der Verpackung wie folgt ersichtlich sein: Traßzement 30/70, Traßzement 40/60.

Der dem Portlandzement zugemahlene Traß muß DIN DVM 1043 und 1044 entsprechen, weil die bisherigen Erfahrungen nur mit Traßzement gesammelt sind, welcher normengemäßen Traß enthält. Der Portlandzement muß die Eigenschaften nach DIN 1164 aufweisen; damit ist unter anderem festgelegt, daß der Gehalt an fremden Stoffen, der nach DIN 1164 3% des Zementes betragen darf, auch hier gilt. Es darf also im Traßzement außer Portlandzement mit den zugehörigen 3% fremden Stoffen nur normengemäßer Traß vorhanden sein. Ebenso ist der Glühverlust des Traßzementes zu beurteilen, d. h. es darf der Traßzement keinen höheren Glühverlust haben als aus der Norm für Traß und der Norm für Portlandzement hervorgeht.

b) Feinheit der Mahlung.

Der Traßzement muß so fein gemahlen sein, daß er auf dem Sieb Nr. 30 DIN 1171 (900 Maschen auf 1 cm²) höchstens 0,5% und auf dem Sieb Nr. 70 DIN 1171 (4900 Maschen auf 1 cm²) höchstens 8% Rückstand hinterläßt.

Traßzement muß wesentlich feiner gemahlen sein als Portlandzement. Deshalb ist die Mahlfeinheit für Traßzement feiner verlangt als für Portlandzement.

c) Festigkeit.

Die Festigkeiten für den Traßzement sind in der gleichen Weise vorgeschrieben wie für den Normenzement.

d) Zusatzmenge.

Einschränkende Bestimmungen bezüglich der Verwendung der Traßzemente in bezug auf das Mischungsverhältnis enthalten die „Richtlinien über die Ausführung von Betonbauten im Meerwasser" und die „Richtlinien für die Ausführung von Bauwerken aus Beton im Moor, in Moorwässern und ähnlichen zusammengesetzten Wässern", in welchen es wie folgt heißt:

1. Richtlinien für die Ausführung von Betonbauten im Meerwasser.
a) Bei Beton, der die Möglichkeit hat, außerhalb des Meerwassers gründlich zu erhärten, empfiehlt sich zur Dichtung die Zugabe von Traß, der jedoch nicht als Zementersatz gerechnet werden darf. Mischung des Betons: Auf 1 m³ fertigen Beton 330 kg Zement. Falls Traß verwendet wird, ist der Traßzusatz zu etwa ¹/₃ des Zementgehaltes in Raumteilen zu wählen.

b) Beton, der frisch, d. h. noch weich im Meerwasser verbaut wird, soll möglichst schnell erhärten. Da der Traßzusatz die Erhärtungsfähigkeit des Betons anfänglich verzögert, kommt er in diesem Falle weniger in Frage. Mischung des Betons: Auf 1 m³ fertigen Beton mindestens 450 kg Zement.

2. Richtlinien für die Ausführung von Bauwerken aus Beton im Moor, in Moorwässern und ähnlichen zusammengesetzten Wässern. Auch diese Richtlinien schreiben vor, daß bei Ausführung von Betonbauten im Moorboden und bei Einbringung von Fertigerzeugnissen aus Beton ins Moor fette Mischungen mit nicht zu geringem aber auch nicht zu hohem Wasserzusatz, geeignete Zemente und Zuschlagstoffe verwendet werden müssen und daß Traß nicht als Zementersatz gerechnet werden darf. Die weiter dort befindlichen Bestimmungen, daß Zement und Traß vor der Vermischung mit den Zuschlagstoffen maschinell vorgemischt werden sollen, ist überholt, da die modernen Mischmaschinen eine derartige Vormischung nicht erfordern.

e) Verarbeitbarkeit.

Die Verarbeitbarkeit des Betons wird durch den Traßzusatz stark verändert. Bei Versuchen über die Plastizität mit drei Zementreihen, in denen 15%, 30 und 50% Klinker durch Steinmehl ersetzt war, wurden die Ergebnisse der Zahlentafel 2 gefunden. Als Steinmehle dienten gemahlener Tuffstein, also Traß, Hochofenschlacke und zum Vergleich Sand. Die Zahlentafel 2 zeigt, daß bei gleicher Konsistenz das Ausbreitmaß bei Sandmehl und Hochofenschlacke für die Zemente mit verschieden hohem Zusatz ungefähr gleich ist; bei Traßzement dagegen steigt die Zähigkeit mit steigendem Traßgehalt stärker an, d. h. der Mörtel fließt bei Traßgehalt viel träger auseinander als bei Hochofenschlacken- und Sandmehlzusatz, er wird sich also weniger leicht entmischen. Der Wassergehalt ist bei Traßzement allerdings höher als bei Zement ohne Traßgehalt. Beim Anmachen mit der gleichen Wassermenge ist bei Sandmehl und Hochofenschlacke für alle Zemente mit verschiedenem Mineralmehlzusatz das Ausbreitmaß praktisch gleich; bei steigendem Traßzusatz wird es dagegen herabgesetzt. Es empfiehlt sich demgemäß bei Anwendung von Traß, der besonders als Zementersatz im Beton leicht die Festigkeiten etwas herabsetzt, das Ausbreitmaß zu bestimmen (vgl. Bestimmungen des Deutschen Ausschusses

Zahlentafel 2. Verarbeitbarkeit von Mörteln.

PZ	Traß	HO S	Sand-mehl	Kon-sistenz	Reihe 1				Reihe 2			
					Wasser-zusatz	Ausbreitmaß		Unter-schied	Wasser-zusatz	Ausbreitmaß		Unter-schied
						vor	nach			vor	nach	
					%	dem Rutteln			%	dem Rutteln		
100	—	—	—	8	27,0	10,0	16,0	6,0	30	9,9	17,9	8,0
85	15	—	—	7	27,4	10,0	14,8	4,8	30	9,8	15,1	5,3
70	30	—	—	8	28,4	9,9	13,3	3,4	30	9,9	14,5	4,6
50	50	—	—	10	29,2	9,6	11,7	2,1	30	9,8	12,3	2,5
85	—	15	—	8	27,6	9,9	14,9	5,0	30	10,0	19,1	9,1
70	—	30	—	8	27,6	10,0	15,0	5,0	30	10,1	19,0	8,9
50	—	50	—	7	27,4	10,0	14,6	4,6	30	10,2	18,8	8,6
85	—	—	15	9	26,4	10,2	14,3	4,1	30	10,4	20,2	9,8
70	—	—	30	8	26,8	10,0	14,6	4,6	30	10,0	19,4	9,4
50	—	—	50	8	25,6	9,8	13,8	4,0	30	10,0	19,4	9,4

Ausbreitmasse auf dem Rütteltisch bei Anwendung von 10 Stößen.

für Eisenbeton und DIN 1166: Herstellung und Prüfung von Prismen $4 \times 4 \times 16$ cm aus weich angemachtem Mörtel).

2. Ziegelmehl.

Das Gefüge des Ziegelmehles richtet sich natürlich nach dem Gefüge des Ziegelsteines, aus dem es gewonnen wird. Der Ziegelstein ähnelt bis zu einem gewissen Grade, hauptsächlich wenn er niedrig gebrannt ist, einem Tuffstein. Die einzelnen Ziegelkörner sind also stark wasseraufsaugend. Ein zu hoher Zusatz ist deshalb nicht erwünscht. Zur Erhöhung der Dichtigkeit ist Ziegelmehl geeignet.

Die hydraulischen Eigenschaften des Ziegelmehles sind wesentlich geringer als diejenige von Traß; sie sind aber so hoch, daß Ziegelmehl ohne weiteres verarbeitet werden kann mit Kalk zusammen und daß es hierbei, wenn dieser Kalk gut ist, hydraulische Eigenschaften bekommt, d. h. das Gemisch erhärtet steinartig zu einem unter Wasser beständigen Mörtel. Die Römer haben von dieser Tatsache schon Gebrauch gemacht. Der von ihnen hergestellte Glattstrich und Beton ist noch heute erhalten und in gutem Zustand. Die Prüfung der hydraulischen Eigenschaften geschieht am besten in bezug auf die erreichbare Festigkeit nach den Traßnormen.

In der Praxis wird Ziegelmehl hauptsächlich in den Tropen, wo andere hydraulische Zuschläge nicht zur Verfügung stehen, benutzt. Es wird auch Mischzementen zugesetzt, teilweise sogar Ziegelmehl künstlich hergestellt. Neuerdings wird auch versucht, die Herstellung von ähnlichen Erzeugnissen unter Patentschutz zu stellen[1].

3. Si-Stoff und St-Stoff.

Die Si-Stoffe und St-Stoffe sind Abfallprodukte der Tonerdefabrikation, die im allgemeinen ungefähr in folgender Weise entstehen:

Der in der Natur vorkommende plastische Ton wird ähnlich wie Backstein gebrannt und das gebrannte Erzeugnis wird mit Säuren ausgelaugt. Bei diesem Auslageverfahren geht ein Teil der Tonerde in Lösung, und zwar je nach der auslaugenden Säure als Aluminiumsulfat also als schwefelsaure Tonerde, als

---

[1] Vgl. Patentanmeldung: St 56443, Klasse 80b „Verfahren zur Herstellung von Mischzementen" von Dipl.-Ing. W. Strätling und Dr. E. Schwiete.

Aluminiumsulfit, also als schwefligsaure Tonerde u. dgl. Die Lösung wird dann auf die reine Tonerde verarbeitet, aus der Aluminium gewonnen werden kann. Auf diese Weise ist es möglich, aus unseren unerschöpflichen Tonlagern beliebige Mengen von Aluminium zu gewinnen. Der Rückstand, der Si-Stoff, St-Stoff u. dgl., also der gebrannte ausgelaugte Ton hat hydraulische Eigenschaften, die je nach dem Herkommen und nach der Aufbereitungsart schwanken. Diese hydraulischen Eigenschaften machen ihn als Zusatzmittel zum Mörtel sehr beliebt, zumal er die hydraulischen Eigenschaften von gebranntem Backsteinmehl stark übertrifft und zumal der Si-Stoff oder St-Stoff verhältnismäßig gleichmäßig hergestellt werden. Ihrer chemischen Zusammensetzung nach sind die Si-Stoffe und St-Stoffe dem Ziegelmehl ähnlich. Sie enthalten bloß infolge des Aufbereitungsprozesses, den sie durchgemacht haben, mehr aufschlußfähige Kieselsäure und vermögen deshalb auch voraussichtlich mehr Kalk zu binden als Ziegelmehl. Über die chemische Zusammensetzung eines Si-Stoffes gibt Zahlentafel 1, S. 572, einige Zahlenangaben.

4. Hochofenschlacke.

Die chemische Zusammensetzung der Hochofenschlacke ist ausschlaggebend für deren Erhärtungsfähigkeit. Am besten erhärtet stark kalkhaltige Schlacke, aber auch verhältnismäßig saure Schlacke vermag als „Hydraulite" noch zu recht beträchtlichen Festigkeiten des Mörtels zu führen, besonders dann, wenn sie hochtonerdehaltig ist. Es besteht neben dem bekannten Feld des Dreistoffsystems (Abb. 2) auch noch ein weiteres Feld gegen die Tonerdeecke zu, in welchem hydraulische Eigenschaften zu finden sind, also bei den Doggererzschlacken, wie sie in Zukunft auch für Deutschland in Frage kommen. Die hydraulischen Eigenschaften der Schlacke wurden bisher ausgedrückt in den Normen für Eisenportland- und Hochofenzement durch folgende Formel:

$$\frac{CaO + MgO + {}^{2}/_{3} Al_2O_3}{{}^{1}/_{3} Al_2O_3 SiO_2} \geqq 1 .$$

Neuerdings ist man dazu übergegangen, diese Formel zu ändern, indem man die Tonerde aus dem Nenner wegläßt und in den Zähler setzt, so daß beispielsweise bei den Doggererzschlacken der hohe Tonerdegehalt auch verhältnismäßig geringen Kalkgehalt auszugleichen vermag. Die Erhärtungsweise ist dann allerdings eine andere. Es ist teilweise eine Aluminaterhärtung, wie wir sie beim Tonerdezement kennen, welche neben die Silikaterhärtung tritt, die beim Portlandzement ausschlaggebend ist. Praktisch kommen aber die beiden Erhärtungsweisen auf dasselbe hinaus, d. h. führen zum hydraulischen Festwerden des Betons.

Die Mahlfeinheit spielt neben der chemischen Zusammensetzung eine wichtige Rolle. Besonders feingemahlene Schlacke entwickelt ihre hydraulischen Eigenschaften sehr viel besser als solche, die weniger feingemahlen ist. Es ist deshalb wünschenswert, besonders wenn Schlacke als Zusatz verarbeitet wird, diese Schlacke besonders fein zu mahlen. Mit den modernen Mühlen ist eine derartige Feinmahlung recht weitgehend möglich, so daß in den letzten Jahren sehr viel mehr Schlacke verwendet werden konnte als früher, also in einer Zeit, als man nur verhältnismäßig grob mahlen konnte. Das Anwendungsgebiet saurer Schlacken hat sich deshalb stark vergrößert.

Der mikroskopische Aufbau ist neben der chemischen Zusammensetzung gleichfalls von großer Bedeutung für die Erhärtungsfähigkeit der Schlacke. Nur solche Schlacke erhärtet im allgemeinen gut, die in glasigem Formzustand mit großem Anteil an Glas vorliegt (Abb. 3 und 4). Es sind dies die schnell gekühlten Schlacken, also diejenigen, die man nach dem Entstehen aus dem glühendflüssigen Formzustand durch Einlaufenlassen von Wasser oder durch Einblasen von Luft granuliert hat. Man muß sich vorstellen, daß Energien, die in der langsam gekühlten Schlacke zur Mineralbildung, zur Kristallisation gebraucht wurden, in den glasigen Schlacken noch erhalten sind und daß diese Energien frei werden bei Zusatz eines Anregers, wie beispielsweise Gips, Kalk oder Portlandzement, und dann zur Bildung neuer Mineralien und damit zur Erhärtung führen. Praktisch wird die Erhärtungsfähigkeit der Schlacke schon lange ausgenutzt in den Normenzementen: Eisenportland- und Hochofenzement. Bei deren Herstellung wird die Schlacke mit Portlandzement vermahlen, und zwar mit mindestens 15%. Neuerdings ist man auch dazu übergegangen, aus Schlacke allein mit geringen Mengen Portlandzement oder etwas Kalk, dagegen mit hohem Anteil an Gips sog. Gipszemente herstellen, welche in Belgien unter dem Namen „Sealithor" in den Handel kommen. Derartige Zemente vermögen zwar auch recht beträchtliche Festigkeiten zu erreichen, sie sind aber verhältnismäßig empfindlich gegen lange Lagerung und erhärten schlecht bei tiefen Temperaturen; sie werden aus diesem Grunde in Deutschland zur Zeit nur in geringem Umfang als sog. Mischzemente hergestellt.

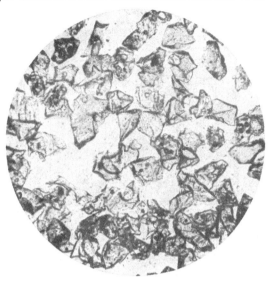

Abb. 3. Schnell gekühlte „glasige" Hochofenschlacke.

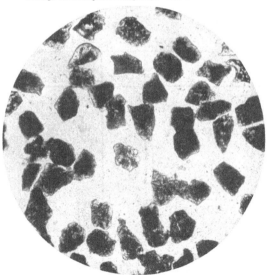

Abb. 4. Langsam gekühlte „entglaste" kristalline Hochofenschlacke.

Klinkerzusatz.

In welcher Weise Klinkerzusatz auf Schlacke zu wirken vermag, geht aus den Abb. 5 und 6 hervor. Gleichzeitig ist hier Puzzolanerde aus Italien, also diejenige Puzzolane, die der ganzen Gruppe den Namen gegeben hat sowie Traß aus dem Brohltal und Ziegelmehl als Vergleich gegenübergestellt. Die Zahlen zeigen die große Verschiedenheit in den hydraulischen Eigenschaften einerseits der Schlacke, andererseits der genannten Puzzolane und zeigen weiter, daß die Anfangserhärtung durch den Ersatz des Portlandzementanteiles durch Schlacke herabgesetzt wird, während bei geringerer Menge der Schlacke bis zu 65% die Enderhärtung steigt. Die Schlacke greift also langsam, aber um so energischer in die Erhärtung ein. Die hier wiedergegebene saure Schlacke von Forsbacka (Holzkohlenhochofenschlacke aus Schweden) hatte einen geringen Tonerdegehalt

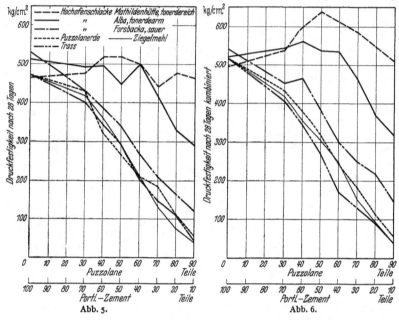

Abb. 5.   Abb. 6.

Zahlentafel 3. Vergleichsversuche mit Puzzolanen.

Hydraulite	Geprüft nach Tagen	Verhältnis Zement : Hydraulite							
		100:0	70:30	60:40	50:50	40:60	30:70	20:80	10:90
HOS Mathildenhütte tonerdereich	3	282	241	241	288	302	284	245	228
	7	391	394	406	405	392	397	341	315
	28	462	475	519	518	501	441	476	464
	28 cb.	496	537	600	637	613	585	547	510
Alba tonerdearm HOS	3	303	359	248	225	223	215	201	184
	7	405	338	358	351	343	303	274	235
	28	511	491	495	448	500	420	330	292
	28 cb.	522	542	563	539	537	467	369	318
HOS Forsbacka sauer Holzkohlen-Schlacke	3	225	150	158	134	99	77	35	18
	7	355	221	228	159	127	111	81	24
	28	528	432	386	340	269	206	165	120
	28 cb.	541	452	468	392	303	251	218	146
Puzzolanerde	3	294	170	120	88	79	44	44	20
	7	363	279	194	142	118	84	61	31
	28	470	431	325	270	212	186	113	56
	28 cb.	517	435	383	322	243	185	112	55
Traß	3	294	159	126	77	57	36	20	13
	7	363	226	193	135	84	60	49	17
	28	470	402	345	293	207	148	115	49
	28 cb.	517	410	351	272	172	132	91	42
Ziegelmehl	3	294	161	144	102	75	49	26	10
	7	363	276	323	157	116	72	40	17
	28	470	421	362	293	215	133	79	44
	28 cb.	517	421	358	307	249	153	96	40

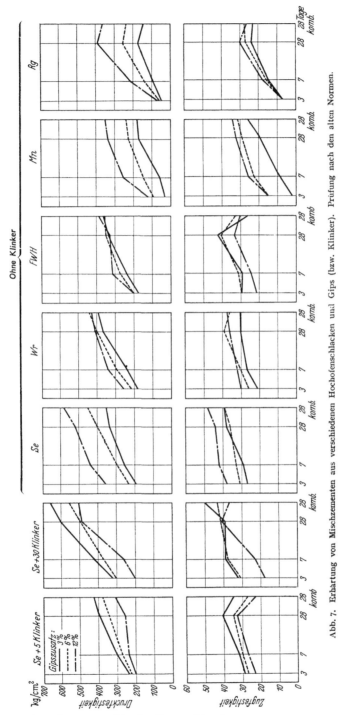

Abb. 7. Erhärtung von Mischzementen aus verschiedenen Hochofenschlacken und Gips (bzw. Klinker). Prüfung nach den alten Normen.

von nur wenigen Prozent. Die in Deutschland gewonnenen sauren Schlacken stehen zwischen dieser tonerdearmen Schlacke und den besten Schlacken „Mathildenhütte" und „Alba". Die Zahlentafel 3 zeigt, in welcher Weise im

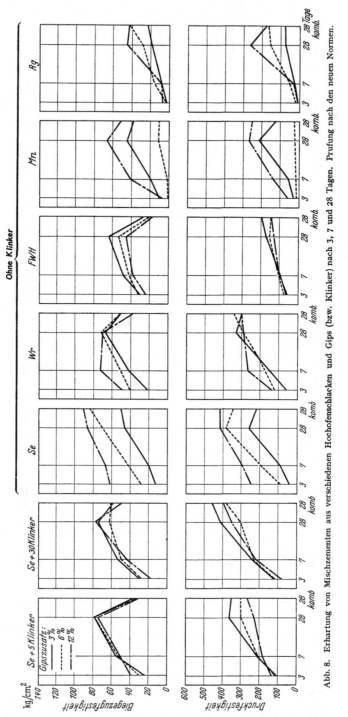

Abb. 8. Erhartung von Mischzementen aus verschiedenen Hochofenschlacken und Gips (bzw. Klinker) nach 3, 7 und 28 Tagen. Prüfung nach den neuen Normen.

vorliegenden Fall die hydraulischen Eigenschaften geprüft wurden und geprüft werden können, nämlich einfach durch Zusammenmahlen der Schlacke
mit fallenden Mengen Portlandzementklinker und Prüfung der Erhärtungs-

fähigkeit. Das Verfahren ist demgemäß eine Ergänzung der Traßnormen. Selbstverständlich kann in gleicher Weise auch die Biegefestigkeit geprüft werden.

Wie die verschiedenen Schlacken auf den Gipsgehalt ansprechen zeigt Abb. 7. Die entsprechende Prismen-, Biege- und Druckfestigkeit geht aus Abb. 8 hervor. Auch dieses Verfahren kann also herangezogen werden zur Ergänzung der Traßnormen.

Zur Prüfung der Salzwasserbeständigkeit können Körper, und zwar entweder Prismen oder Druckkörper in Salzlösungen eingelegt werden. Man hat schon versucht, die einfache Lagerung abzukürzen dadurch, daß man die Flüssigkeiten bewegte, erhitzte usw. In einer längeren Versuchsreihe in dieser Richtung kommt GRÜN[1] zu folgendem Schluß:

Prüfverfahren. Bewegen oder Erwärmen schädlicher Lösungen bei der Schnellprüfung ist überflüssig, da es die Reaktion nicht so stark beschleunigt, daß aus dieser Komplikation des Verfahrens sich ein Vorteil erwarten läßt. Die Konzentration der Lösungen beschleunigt zwar die Reaktion, darf aber nicht zu weit getrieben werden, da sich sonst die Unterschiede verwischen, besonders dann, wenn stark schädliche Salze, wie Ammonsulfat, verwendet werden. Zweckmäßig ist z. B. bei Prüfungen auf Sulfatbeständigkeit die Heranziehung von 5%igem Magnesiumsulfat oder 1%igem Ammonsulfat.

Die frühzeitige Prüfung der Raumveränderung des Mörtels gestattet keinen Schluß auf die voraussichtlich später eintretende Zerstörung. Poröse Mörtel werden schneller zerstört als dichte, aber in gleichem Sinne; die Kurven laufen also parallel. Poröse Mischungen gestatten demnach eine Beschleunigung des Verfahrens, ohne daß man Trugschlüsse befürchten muß. Als Schnellprüfverfahren wird also empfohlen: Nicht zu konzentrierte Lösungen ohne Erwärmen und ohne Bewegen bei Anwendung porösen Mörtels.

---

[1] GRÜN: Einwirkung von Salzlösungen auf Zement und Beton. Angewandte Chemie 1938, S. 879, Vortrag, gehalten auf dem Intern. Kongreß für Chemie, Rom 1938.

VIII. Die Prüfung der Hochofenschlacke als Baustoff.

Von FRITZ KEIL, Düsseldorf.

A. Die verschiedenen Baustoffe aus Hochofenschlacke.

Die Hochofenschlacke ist ein bei der Roheisenherstellung anfallendes Nebenerzeugnis. Sie verläßt den Hochofen in Form einer flüssigen Schmelze. Dadurch unterscheidet sie sich grundsätzlich von den industriellen Abfallstoffen, die den Namen „Schlacke" führen. Durch verschiedene Behandlung bei ihrer Abkühlung entstehen unmittelbar vier verschiedene Arten von Baustoffen.

Bei langsamem Erkalten in besonderen Gießbetten mit oder ohne Formen erhält man ein den natürlichen Gesteinen ähnliches Erzeugnis, *die Stückschlacke.*

Bei *schneller Abkühlung* der Schlacke wird durch Granulation ein körniger Stoff, der *Schlackensand,* gewonnen, durch Schäumen ein grobkörniger, poriger Stoff, die *Schaumschlacke,* durch Verblasen die aus langen Fäden bestehende *Schlackenwolle.*

1. Die in Formen gegossene *Stückschlacke* kommt als Pflastersteine in den Handel, die aufbereitete Bettenschlacke als Packlage, Schotter, Splitt, Brechsand. Mit Teer oder Bitumen behandelt, entsteht daraus *bituminöser Schlackenschotter* oder *-splitt* für den Straßenbau.

2. Der *Schlackensand* (gekörnte oder granulierte Hochofenschlacke) wird als Mörtel- und Betonsand verwandt. Außerdem werden ·daraus Bausteine, die sog. *Hüttensteine* hergestellt. Seine wichtigste Verwendung ist die zur Herstellung von Zement, wozu er wegen seiner hydraulischen Eigenschaften geeignet ist (s. Abschn. VII).

3. Die *Schaumschlacke,* im Handel Hüttenbims genannt, findet Verwendung als Füllstoff zur Wärmedämmung und als Zuschlag bei der Herstellung von Leichtbeton. Aus Schaumschlacke werden die sog. *Hüttenschwemmsteine* hergestellt.

4. Die *Schlackenwolle* wird ebenso wie die ihr ähnliche Glaswolle und Mineralwolle als Dämmstoff gegen Wärme verwandt.

Die Baustoffe aus Hochofenschlacke sind also in ihren Eigenschaften verschiedenen anderen Baustoffen ähnlich. Wenn die Beanspruchungen, denen sie im Bauwesen unterworfen werden, dieselben sind, so werden sie auch meistens in derselben Weise wie andere Steine usw. (vgl. Abschn. VI, L) geprüft. Einige Sonderprüfungen ergeben sich aus der chemischen Zusammensetzung der Hochofenschlacke, die von der Zusammensetzung der ähnlichen natürlichen Gesteine und technischen Schmelzflüsse abweicht.

Nach der *chemischen Zusammensetzung* lassen sich die Hochofenschlacken in zwei Gruppen einteilen, nämlich in

basische Hochofenschlacken mit $CaO:SiO_2$ größer als 1,

saure   „   „ $CaO:SiO_2$ kleiner als 1.

Bisher werden in Deutschland fast nur basische Schlacken zu Baustoffen verarbeitet. Auf diese beziehen sich im wesentlichen unsere Erfahrungen.

Wenn in amtlichen Bestimmungen und auch auf den Hochofenwerken von „saurer" Schlacke die Rede ist, so versteht man darunter heutzutage meist noch *basische* Schlacke, die mehr als 29% SiO_2 und weniger als 45% CaO hat. Da dieser Unterschied bei der Auswahl für die einzelnen Verwendungszwecke eine Rolle spielt, wird, um Unklarheiten zu vermeiden, die *basische* Schlacke mit mehr als 45% CaO als „kalkreiche basische" und die mit weniger als 45% CaO als „kalkarme basische" Hochofenschlacke bezeichnet.

Der *Schwefel* ist in der Hochofenschlacke als Kalziumsulfid gebunden und greift deshalb eingebettetes Eisen nicht an. Daher sind auch Stückschlacke und Schaumschlacke zum Eisenbetonbau zugelassen[1].

B. Prüfung der Stückschlacke.

Die Stückschlacke wird vorwiegend im Straßen-, Gleis- und Betonbau verwandt. In den „Richtlinien für die Lieferung und Prüfung der Hochofenschlacke[2]" und in dem „Vorläufigen Merkblatt für die Beschaffenheit von Hochofenschlacke als Straßenbaustoff[2]" sind die dazu erforderlichen Prüfungen

Zahlentafel 1. Übersicht über die Prüfungen der Stückschlacke nach den „Richtlinien".

Eigenschaften	Prüfung auf	Nach DIN DVM	Anforderung für		
			Straßenbau	Gleisbau[3]	Betonbau
1. *Äußere Beschaffenheit*	a) Eignung und Reinheit		frei von Verunreinigungen und ungeeigneten Teilen		
	b) Kornform	Entwurf DIN DVM 1991	möglichst würfelig und scharfkantig, plattenförmige Stücke ausscheiden		
	c) Korngröße (Bezeichnung nach DIN 1179 oder Vorschriften der Reichsbahn)		Unter- und Überkorn höchstens		
			10%	5%	
	d) Raummetergewicht (Richtzahl) kg/m³		> 1250	> 1250	
2. *Beständigkeit*	e) Kalkzerfall		*bestanden*		
	f) Eisenzerfall		*bestanden*		
	g) Wasseraufnahme	2103	< 3%	< 3%	—
	h) Frostbeständigkeit	2104	keine Gefügeveränderungen und Abbröckelungen		
3. *Festigkeit*	i) Widerstandsfähigkeit gegen Druckbeanspruchung	2109	Durchgang durch 10-mm-Sieb		
			< 35%	< 35%	< 40%
	k) Widerstandsfähigkeit gegen Schlagbeanspruchung	2109	wie oben		
			< 22%	< 22%	—

[1] Bestimmungen des Deutschen Ausschusses für Eisenbeton, Stand April 1937, § 7, 2a und 2c, Fußnote 10 und 10a.

[2] Richtlinien für die Lieferung und Prüfung von Hochofenschlacke als
a) Zuschlagstoff für Beton und Eisenbeton,
b) Straßenbaustoff,
c) Gleisbettungsstoff.
(aufgestellt von der Kommission zur Untersuchung der Verwendbarkeit von Hochofenschlacke) Verlag Stahleisen, Düsseldorf; ferner: Vorläufiges Merkblatt für die Beschaffenheit von Hochofenschlacke als Straßenbaustoff. Straße Bd. 6 (1939) S. 301. DIN E 4301.

[3] Für die Lieferungen an die Reichsbahn gelten deren besondere Bedingungen.

niedergelegt. In die Richtlinien sind einbezogen die Mansfelder Kupferschlacke, der sog. Syntholit und einige Bleischlacken. Bei der Verwendung von Bleischlacken im Betonbau ist Vorsicht geboten, da manche Bleischlacken das Erhärtungsvermögen von Zement stark beeinträchtigen. Die vorstehende Übersicht gibt eine Zusammenfassung der wesentlichen Merkmale dieser Prüfungen.

Für *Pflastersteine* kommt hinzu die Prüfung auf *Maßhaltigkeit*. Die gebräuchlichen Abmessungen sind 16×16×14 bis 17 cm. Das Stückgewicht beträgt 8 bis 12 kg. Verlangt wird, daß sie rechtwinklige Kanten, eine ebene Kopffläche und eine dazu möglichst gleichlaufende Fußfläche haben. Die Seitenflächen sollen nur geringe Unebenheiten zeigen, so daß sich die Steine mit 1 cm breiten Fugen versetzen lassen. Naheliegend wäre an Pflastersteinen die Prüfung der Schlagfestigkeit nach DIN DVM 2107 am ganzen Stein und der Abnutzbarkeit der oberen Fläche durch Schleifen nach DIN DVM 2108. Die Prüfungen, bei denen die Beanspruchung an der oberen Fläche angreift, geben jedoch deshalb leicht ein falsches Bild, weil die Pflastersteine an der oberen Fläche zur Aufrauhung eine Deckschicht von eingeschmolzenem Schlackensplitt besitzen.

An *Schotter und Splitt* hat man nach einem Vorschlag von Gary[1] auch die Kanten- und Stoßfestigkeit durch Kollern in einer Trommel geprüft. Von dieser Prüfung ist man abgekommen, da die jetzige Festigkeitsprüfung nach DIN DVM 2109 die Beanspruchung der Praxis besser wiedergibt. Die Werte nach DIN DVM 2109 sind jedoch nicht nur von der Zähigkeit des Prüfgutes, sondern auch von seiner Kornform und Korngröße abhängig. Wenn man von der Kornform unbeeinflußte Werte für die Widerstandsfähigkeit gegen Schlag und Druck nach DIN DVM 2109 erhalten will, so kann man die Prüfung entweder an ausgesuchten, gut gekörnten Stücken durchführen oder muß den Einfluß der Kornform auf rechnerischem Wege auszuschalten versuchen[2].

1. Prüfung der äußeren Beschaffenheit.

Entscheidend für die Eigenschaften der Stückschlacke sind deren richtige *Auswahl und Behandlung*. Zur Herstellung von Stückschlacke wird kalkarme basische Schlacke (s. oben) bevorzugt. Der Hochöfner prüft die flüssige Schlacke beim Verlassen des Ofens mit einem Eisenstab auf ihre Zähigkeit. Die für die Stückschlackenherstellung geeignete kalkarme Schlacke läßt sich beim Herausnehmen des Eisenstabes zu einem langen Faden ausziehen, sie ist „lang", während kalkreiche Schlacke „kurz" ist. (Über die Prüfung der Viskosität von Schlacken vgl. z. B. Pohle[3] und Hartmann[4].) Völlig und gleichförmig kristallisierte Hochofenschlacke hat die besten Festigkeitseigenschaften.

a) Eignung und Reinheit.

Es wird nach dem Augenschein geprüft, ob die Schlacke nicht durch Fremdstoffe verunreinigt ist und keine Stücke mit glasigem, großblasigem und schaumigem Gefüge enthält. Der Gehalt an solchen ungeeigneten Stücken ist nach den Richtlinien auf 5% begrenzt.

Feine Poren sind in fast jeder Hochofenschlacke vorhanden und kein Zeichen minderer Güte. Sie rühren von dem Gasgehalt der Schlacke her. Die festigkeitsmindernde Wirkung, die durch größeren Porengehalt eintritt, wird durch

---

[1] Gary, M.: Stahl u. Eisen Bd. 37 II (1917) S. 836—839. — Burchartz, H. u. G. Saenger: Arch. Eisenhüttenwes. Bd. 1 (1927/28) S. 177.
[2] Rothfuchs, G.: Zement Bd 20 (1931) S. 660f. — Bahnbau Bd. 49 (1932) S. 211.
[3] Pohle, K. A.: Mitt. Forsch.-Inst. Ver. Stahlwerke, Dortmund Bd. 3, Lief. 3, Dez. 1932.
[4] Hartmann, F.: Stahl u. Eisen Bd. 58 (1938) S. 1029.

die Prüfung nach DIN DVM 2109 erfaßt. Ein geringer Gehalt an feinen gleichmäßig verteilten Poren ist nach LÜER[1] bei der Weiterverarbeitung der Schlacke zu bituminösen Baustoffen von Vorteil.

Gute Hochofenschlacke hat eine graubraune bis graublaue Farbe und ein feinkörniges dichtes Gefüge. Die Gefügebestandteile und ihre gegenseitige Verwachsung sind mit dem bloßen Auge meist nicht wahrnehmbar. Zu ihrer Erkennung und Bestimmung ist das Polarisationsmikroskop erforderlich. Äußerlich ist Hochofenschlacke von Basalt oft schwer zu unterscheiden. Sie ist jedoch leicht daran zu erkennen, daß sie sich in verdünnter Salzsäure völlig auflöst und dabei Schwefelwasserstoff entwickelt (Geruch).

Rohgangschlacke enthält meist kleine metallische Eisenkörnchen, die sich bei längerer Lagerung durch ihre Rostfarbe hervorheben.

Zerfallsverdächtig ist eine Schlacke, bei der sich an einzelnen Stücken bei trockener Lagerung helle Stellen und Flecken bilden und sich ein helles Pulver absondert, und solche Schlacke, bei der einzelne Stücke bei feuchter Lagerung schalig abblättern. Näheren Aufschluß gibt dann die Prüfung auf Kalkzerfall und Eisenzerfall, vgl. unter 2a und 2b.

b) Kornform.

Für die Kornform genügt die in der Übersicht angegebene allgemeine Kennzeichnung. Da ausgesprochen plattige Stücke bei Hochofenschlacke selten vorkommen, wird eine eingehende Prüfung (vgl. Entwurf DIN DVM 1991) seltener nötig als bei einzelnen Naturgesteinen. Ungünstige Kornform macht sich außerdem in den Festigkeitswerten nach DIN DVM 2109 bemerkbar (vgl. unter 3).

c) Korngröße.

Für die Bezeichnung der Kornstufen ist DIN 1179 maßgebend. Die Prüfung wird mit Rundlochsieben nach DIN 1170 an je 10 kg Schlacke durchgeführt. Maßgeblich ist das Mittel aus mindestens 3, bei größeren Abweichungen aus 5 Siebungen. Die Aufbereitung geschieht im allgemeinen mit Maschensieben. Die Beziehungen zwischen den auf Maschen- und Rundlochsieben ermittelten Werten hat unter anderem ROTHFUCHS angegeben[2].

d) Raummetergewicht.

Es wird nach DIN DVM 2110 durch Einfüllen des lufttrockenen Schotters in ein 10-l-Gefäß bestimmt. Als Ergebnis gilt das Durchschnittsgewicht von drei Proben. Das Raummetergewicht dient vor allem dazu, dem Verbraucher eine Wertzahl für die Ergiebigkeit des Schotters zu geben. Wenn es unter 1250 kg/m³ für Schotter von 30 bis 60 mm liegt, wird es sich im allgemeinen um etwas porige Schlacke handeln. Diese Zahl darf nicht allein als Gütemaßstab angesehen werden, maßgeblich bleiben die Festigkeitswerte, vgl. unter 3. Das Raummetergewicht schwankt zwischen 1,0 und 1,6 (Reinwichte 2,9 bis 3,1, Rohwichte 2 bis 3 je nach Porigkeit).

2. Prüfung der Beständigkeit.

a) Kalkzerfall.

Der Kalkzerfall wird verursacht durch die Umwandlung einer bestimmten Kristallart der Schlacke, des Bikalziumsilikates. Bei dem Übergang aus der

---

[1] LÜER, H.: Teerstraßenbau unter besonderer Berücksichtigung der Hochofenschlacke, S. 64/65. Berlin 1931.
[2] ROTHFUCHS, G.: Zement Bd 23 (1934) S. 670; ferner „Vorläufiges Merkblatt für die Beschaffenheit von Hochofenschlacke als Straßenbaustoff". Straße Bd. 16 (1939) S. 301.

β-Form in die raummäßig 10% größere γ-Form zerrieselt die zunächst feste Schlacke ganz oder stellenweise zu einem feinen weißen Pulver. Zur Prüfung dient die Analysenquarzlampe oder ein anderes Gerät, das von sichtbaren Strahlen befreites ultraviolettes Licht erzeugt. Beobachtet werden möglichst frische Bruchflächen mehrerer Schlackenstücke. *Zerfallsverdächtig* sind solche Schlacken, die auf violettem Untergrund zahlreiche oder zu Nestern vereinigte, größere und kleinere helleuchtende Punkte oder Flecken zeigen. Ihre Farbe ist speisgelb, weißlichgelb, bronzefarben und zimtfarben[1], vgl. Abb. 1. *Beständig* sind alle Schlacken, die einheitlich violett in verschiedenen Tönungen aufleuchten und solche, die helleuchtende Punkte nur in geringer Zahl und in gleichmäßiger Verteilung zeigen. Der Kalkzerfall tritt nur bei kalkreichen basischen Schlacken auf, die nach den Richtlinien ausgeschaltet werden sollen.

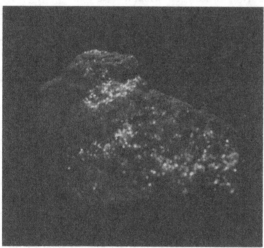

Abb. 1. Zerfallsverdachtige Schlacke im ultravioletten Licht.

b) Eisenzerfall.

Der Eisenzerfall beruht auf der Unbeständigkeit von Eisen- oder Eisen-Mangan-Sulfiden gegenüber Wasser oder feuchter Luft. Er tritt fast immer bei Schlacken auf, die mehr als 3% FeO und gleichzeitig mehr als 1% S enthalten. Im Gegensatz zum Kalkzerfall lösen sich beim Eisenzerfall von den einzelnen Schlackenstücken Schalen ab, die dann weiter zerfallen[2]. Zur Prüfung werden 10 Schlackenstücke in Wasser gelegt. Wenn nach 2 Tagen keine sichtbaren Abbröcklungen eingetreten sind und die Stücke nicht absanden, so ist die Schlacke beständig. Bei unbeständiger Schlacke sind Abbröcklungen meist schon nach spätestens 4 h erkennbar. Das Auftreten von Eisenzerfall ist durch die Bestimmung der Richtlinien, daß keine Rohgangschlacken verwandt werden dürfen, stark eingeschränkt.

c) Wasseraufnahme.

An mindestens 10 Stücken wird zunächst das Trockengewicht (G_{tr}) bestimmt (Trocknung bei 100°). Dann werden sie in genau vorgeschriebener Weise zuerst teilweise, dann ganz in Wasser gelegt, bis Gewichtsbeständigkeit (G_s) erreicht ist. Die Wasseraufnahme ist $A = G_s - G_{tr}$ oder in Gewichtsprozent $A_g = \dfrac{A}{G_{tr}} \cdot 100$. A_g darf im Höchstfall 3% betragen. Wird ferner noch die Rohwichte (r) der einzelnen Schlackenstücke bestimmt, so läßt sich daraus die scheinbare Porosität errechnen zu

$$A_r = r \cdot A_g$$

Vorgesehen ist im Normblatt und auch in den Richtlinien die Bestimmung der Zeitdauer bis zur Wassersättigung und bis zur nachträglichen Trocknung im Exsikkator (genaue Vorschrift DIN DVM 2103).

---

[1] Guttmann, A.: Stahl u. Eisen Bd. 46 (1926) S. 1423f.; Bd. 47 (1927) S. 1047f. — Hartmann, F. u. A. Lange: Arch. Eisenhüttenwes. Bd. 3 (1929/30) S. 615f.

[2] Guttmann, A. u. F. Gille: Arch. Eisenhüttenwes. Bd. 4 (1930/31) S. 401f.

d) Frostbeständigkeit.

Mindestens 5 gleich große Schotterstücke von nicht unter 50 cm³ Inhalt werden gesäubert und zunächst wie bei c) unter Wasser gelagert, bis Gewichtsbeständigkeit erreicht ist. Dann werden sie 25mal dem Frost bis —15° ausgesetzt und anschließend in Wasser von 15° wieder aufgetaut. Anzugeben sind

Gewicht der wassergesättigten Proben vor und nach dem Frostversuch,

Gewicht der ab- und ausgelösten Teile,

Befund der Proben nach dem Frostversuch.

(Genaue Vorschrift DIN DVM 2104.)

3. Prüfung der mechanischen Widerstandsfähigkeit.

a) Widerstandsfähigkeit gegen Druckbeanspruchung.

Zur Prüfung wird Schotter der Körnung 30 bis 60 mm verwandt, der aus gleichen Gewichtsteilen der Körnungen 30 bis 40, 40 bis 50 und 50 bis 60 mm besteht. Davon werden 2,1 l in ein zylindrisches Gefäß eingefüllt, mit einem Stempel abgedeckt und bis zu einem Gesamtdruck von 40 t belastet. Das zertrümmerte Gut wird auf dem 10-mm-Rundlochsieb (DIN 1170) abgesiebt. Der Durchgang wird als Maß der Zertrümmerung angegeben. Für den Straßenbau ist der höchste zulässige Durchgang 35%, für den Betonbau 40%. (Genaue Vorschrift in DIN DVM 2109.)

b) Widerstandsfähigkeit gegen Schlagbeanspruchung.

Dieselbe Menge und Körnung wird im gleichen Gefäß (wie bei a) 20 Schlägen eines 50 kg schweren Fallbären ausgesetzt. Die Auswertung geschieht in derselben Weise wie unter a). Zulässig ist für den Straßenbau höchstens 22% Durchgang durch das Rundlochsieb mit 10 mm Öffnung (vgl. DIN DVM 2109). Für den Betonbau wird diese Prüfung nicht verlangt. — Die Prüfung auf Eignung für den Gleisbau der Reichsbahn weicht davon ab. Sie ist in DIN DVM 2109 aufgenommen.

C. Prüfung von Hüttenbims[1].

Die Schaumschlacke wird als Füll- und Isolierstoff ohne weitere Verarbeitung verwandt, ferner als Zuschlagstoff zur Herstellung von Hüttenschwemmsteinen und Beton.

Ihre wesentlichste Eigenschaft ist ihre Porigkeit und als deren Folge ihre Wärmedämmfähigkeit. Bei der Weiterverarbeitung zu fertigen Bauteilen wird außerdem gleichzeitig eine ausreichende Festigkeit verlangt. Als besonders gut wird der Verbraucher die Schaumschlacke ansehen, die mit einer großen Porigkeit eine gute Festigkeit verbindet. Zur Prüfung der Festigkeit bestehen jedoch noch keine Bestimmungen, da die Verwendung der Schaumschlacke noch in der Entwicklung begriffen ist. Man wird eine solche Prüfung in ähnlicher Weise durchführen müssen wie nach DIN DVM 2109 die Prüfung des Schotters auf Widerstand gegen Druckbeanspruchung[2] oder wie das Trommelverfahren nach GARY[3], bei dem die Kantenfestigkeit bestimmt wird.

Die Prüfungen auf Kalk- und Eisenzerfall kommen hierbei nicht in Frage, da die Schaumschlacke vorwiegend glasig ist, ebenso haben für losen Hüttenbims die Prüfungen auf Frostbeständigkeit und Wasseraufnahme wenig praktische Bedeutung. Bei Hüttenschwemmsteinen wird die Prüfung auf Frostbeständigkeit verlangt.

---

[1] Hüttenbims ist die jetzt allgemein übliche Bezeichnung für Hochofenschaumschlacke.
[2] KEIL, F.: Zement Bd. 29 (1940) S. 578f.
[3] GARY, M.: Stahl u. Eisen Bd. 37 II (1917) S. 836—839.

1. Füll- und Isolierstoff.

a) Prüfung der äußeren Beschaffenheit.

Nach dem Augenschein wird festgestellt, ob die Schaumschlacke staubfrei ist und die geforderte Körnung hat. Wird der Siebversuch durchgeführt, so ist zu beachten, daß die einzelnen Körner beim Transport und bei der Prüfung leicht beschädigt werden.

Von Naturbims, mit dem die Schaumschlacke in ihren Gebrauchseigenschaften annähernd übereinstimmt, unterscheidet sie sich durch ihre Kornform und ihre chemische Zusammensetzung. Naturbims hat ein gedrungenes Korn mit vielen kleinen länglichen Poren, Hüttenbims dagegen ein hakiges Korn mit großen runden und weniger regelmäßigen Poren. Schaumschlacke ist außerdem in verdünnter Salzsäure völlig löslich und entwickelt dabei geringe Mengen Schwefelwasserstoff, Naturbims ist nur teilweise löslich und zeigt keine Gasentwicklung (Schwefelgehalt s. S. 585).

b) Prüfung des Raummetergewichtes.

Die Schaumschlacke wird nach DIN DVM 2110 in ein 10-Liter-Maß in lufttrockenem Zustand eingefüllt. Das Raummetergewicht schwankt je nach Größe und Art der Schlacke von 290 bis 600 kg/m³. Die Wärmeleitfähigkeit beträgt $\lambda = 0{,}07$ bis $0{,}11 \ \dfrac{\text{kcal}^1}{\text{m h}^{\circ}\text{C}}$.

2. Zuschlagstoff für Beton.

Gefordert wird für diesen Zweck neben der Porigkeit vor allem eine gute Festigkeit, die nach den Bestimmungen des Deutschen Ausschusses für Eisenbeton (DIN 1045—1048) festgelegt ist und am fertigen Beton geprüft wird, für Eisenbetonhohldielen vgl. DIN 4028, § 8. Die Schaumschlacke muß aus einer geeigneten Schlacke hergestellt und darf nicht mit Fremdstoffen verunreinigt sein. Bei der Herstellung der dem Beton entsprechenden Probewürfel ist darauf zu achten, daß die Schaumschlacke vor dem Mischen — möglichst einen Tag vorher — angenäßt und beim Mischen und Verdichten nicht übermäßig zertrümmert wird. (Die Eisen müssen bei der Herstellung des Betons stets eingeschlämmt werden, um Zutritt der Luft zu vermeiden[2].)

D. Prüfung von Schlackenwolle[3].

Für ihre Verwendung sind folgende Eigenschaften wichtig: Reinheit, Wärmedämmfähigkeit und Biegsamkeit. Die Biegsamkeit ermöglicht die Anpassung der Schlackenwolle an den zu umhüllenden Körper und verhindert das Abbrechen der Einzelfäden bei mehrmaligem Verbiegen und dauernden kleinen Erschütterungen. Sie hängt vor allem von der Fadendicke der Schlackenwolle ab. Am besten verhält sich eine reine Schlackenwolle mit möglichst langen dünnen Fäden. Auch hinsichtlich des Rostangriffes gewährt eine solche Schlackenwolle einen besseren Schutz und nimmt bei feuchter Lagerung weniger

---

[1] Guttmann, A.: Die Verwendung der Hochofenschlacke, 2. Aufl., S. 324f. Düsseldorf 1934.

[2] Bestimmungen des Deutschen Ausschusses für Eisenbeton, Stand April 1937, A § 8, 4 c § 11, 3.

[3] Guttmann, A.: Die Verwendung der Hochofenschlacke, 2. Aufl., S. 344f. Düsseldorf 1934.

Wasser auf. Die Bestimmung der Faden*länge* ist nur vom Hersteller durchzuführen, da die Handelsware sich infolge der Verfilzung der Fäden nicht mehr dazu eignet.

Die *Wärmedämmfähigkeit* ist abhängig von der Stopfungsdichte. Bei einer Stopfungsdichte von

250 bis 500 kg m³ wird die Wärmeleitzahl $\lambda = 0{,}05$ bis 0,06

angegeben.

1. Reinheit und Fadendicke.

Sie wird mit dem Mikroskop geprüft. Man stellt fest:

	Gute Schlackenwolle hat
1. Mittlere Fadendicke	3—4 μ
2. Größte Fadendicke	30 μ
3. Anteil der mehr als 10 μ dicken Fäden . . .	10%

Eine Probe der Schlackenwolle wird auf dem Objektträger in ein Einbettungsmittel (Kanadabalsam) so eingebettet, daß die Fäden möglichst parallel laufen. Die Fadendicke wird an etwa 100 Fäden mit dem Okularmikrometer bestimmt. Daraus ergibt sich die mittlere Fadendicke, ferner die größte Fadendicke und der Anteil der mehr als 10 μ dicken Fäden.

2. Erschütterungsfestigkeit.

Zur Prüfung der Erschütterungsfestigkeit hat C. R. Buss[1] zwei verschiedene Gesteinswollearten in Holzrahmen von 300 mm Seitenlänge gepackt. Die Holzrahmen waren oben und unten mit Drahtnetzen von rd. 8 mm Öffnung bespannt. Die Rahmen wurden 8 Tage lang täglich 16 h mit 900 Stößen in der Minute geschüttelt. Die gute langfaserige glatte Wolle — in zwei Stopfungsdichten von 48 und 112 kg/m³ — erlitt durch das Schütteln keinen Gewichtsverlust und war nachträglich noch elastisch. Die kurzfaserige Glaswolle mit einem großen Gehalt an kugeligen Teilen erlitt durch das Schütteln einen erheblichen Gewichtsverlust und war nach dem Versuch stark zusammengerüttelt.

Bei der Prüfung anderer, im Einzelfall wichtiger Eigenschaften wird man sich zweckmäßigerweise an die zur Zeit bei der Gesteinswolle und Glaswolle in Entwicklung befindlichen Prüfverfahren anlehnen[2]. Schlackenwolle ist in ihren Eigenschaften der Glaswolle außerordentlich ähnlich. Sie sintert jedoch erst über 800°.

---

[1] Buss, C. R.: Sand, Clays, Minerals Bd. 3 (1938) S. 231, 232; Stahl u. Eisen Bd. 59 (1939) S. 40.
[2] Eitel, W. u. F. Oberlies: Glastechn. Ber. Bd. 15 (1937) S. 228—231.

IX. Die Prüfung der Gipse und Gipsmörtel.

Von ADOLF VOELLMY, Zürich.

A. Die Formen des Kalziumsulfats und seiner Hydrate[1].

1. Die auftretenden Kristallarten.

Im System Kalziumsulfat-Wasser sind bis heute die folgenden fünf *Kristallarten* nachgewiesen worden:

1. *Gips* (Kalziumsulfatdihydrat, -Bihydrat, -Doppelhydrat), $CaSO_4 \cdot 2H_2O$;
2. *Kalziumsulfathemihydrat* (-Semihydrat, -Halbhydrat), $CaSO_4 \cdot \frac{1}{2}H_2O$, die drei folgenden Modifikationen[2] des Kalziumsulfats, $CaSO_4$:
3. lösliches Kalziumsulfat (löslicher Anhydrit, *Halbanhydrit* γ-$CaSO_4$);
4. natürliches Kalziumsulfat (*Anhydrit*, β-$CaSO_4$);
5. *Hochtemperaturanhydrit* (α-$CaSO_4$ über 1230° C beständig), der im folgenden nicht weiter behandelt wird.

Nach den vorliegenden Untersuchungen wurden in *technisch bedeutsamen Produkten* von diesen Kristallarten die folgenden festgestellt:

in *Stuckgips ("plaster of Paris"):* das Kalziumsulfathemihydrat mit Halbanhydrit;

in Estrichgips: normaler Anhydrit und in einzelnen Fällen eine weitere, noch unbekannte Kristallart;

in *totgebranntem Gips:* normaler Anhydrit;

in *aktivem, abbindendem Gips:* Halbanhydrit.

Kristallographische und physikalische Kennzeichnung der verschiedenen Kristallarten[3].

1. **Gips.** Monoklin, $a:b:c = 0{,}6895:1:0{,}4134$, $\beta = 98° 58'$ (s. Abb. 1a). Dichte: 2,32.

Wärmeausdehnungskoeffizient (12 bis 25° C):	0,000025
entsprechend den 3 Achsen des Wärmeellipsoids:	0,0000416, 0,0000016, 0,0000293
Spezifische Wärme (0° C):	0,254 cal/g · °C
(16 bis 46° C):	0,259 cal/g · °C
Wärmeleitfähigkeit bei 0° C:	0,0031 cal/cm · sec · °C.

---

[1] Bearbeitet mit Dr. E. BRANDENBERGER, Eidgenössische Materialprüfungs- und Versuchsanstalt, Zürich.

[2] Nach P. GAUBERT sollen es sogar deren vier sein, indem nach seinen Beobachtungen der lösliche Anhydrit nicht unmittelbar in den natürlichen Anhydrit übergeht, sondern dazwischen eine weitere Modifikation auftritt (Dichte 2,85; optische Konstanten: $\alpha = 1{,}562$, $\gamma = 1{,}595$). Erst bei 520° erfolgt deren Umwandlung in natürlichen Anhydrit.

[3] LANDOLT-BÖRNSTEIN; Physikalisch-chemische Tabellen. Berlin 1923—1936. — International Critical Tables of numerical data. New York 1926—1933. — BÜSSEM, W., O. COSMANN u. C. SCHUSTERIUS: Sprechsaal Koburg 1936 (alle Kristallarten). — BÜSSEM, W. u. P. GALLITELLI: Z. Kristallogr. Bd. 96 (1937) S. 376 (Halbhydrat). — CASPARI, W. A.: Proc. Roy. Soc., London (A) Bd. 155 (1936) S. 41 (Halbhydrat). —GALLITELLI, P.: Per. Mineralog. Bd. 4 (1933) S. 132 (Halbhydrat). — GAUBERT, P.: Bull. Soc. Franç. Minér. Bd. 57 (1934) S. 252 (Halbhydrat und die verschiedenen Modifikationen des $CaSO_4$). — ONORATO, E.: Per. Mineralog. Bd. 3 (1932) S. 137 (Halbhydrat). — POSNIAK, E.: Amer. J. Sci. (V) Bd. 35 (1938) S. 247 (System H_2O—$CaSO_4$). — WEISER, H. B., W. O. MILLIGAN u. W. C. EKHOLM: J. Amer. chem. Soc. Bd. 58 (1936) S. 1261 (Halbhydrat und Halbanhydrit). — WOOSTER, W. A.: Z. Kristallogr. Bd. 94 (1936) S. 375 (Gips, Kristallstruktur).

2. Kalziumsulfathemihydrat. Monoklin, pseudotrigonal, $a:b:c = 1,7438:$
$1:1,8515$, $\beta = 90° 36'$ (s. Abb. 1 b). Dichte: 2,75.
3. Halbanhydrit. Die Eigenschaften des Halbanhydrits sind denjenigen
des Hemihydrats sehr ähnlich, indessen bestehen zwischen den beiden Kristall-

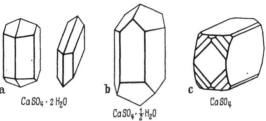

Abb. 1a bis c. Kristallformen.

arten, z. B. in ihrem Röntgendiagramm, unzweifelhafte Unterschiede. Halbanhydrit ist stark hygroskopisch und bildet bei Zutritt von Feuchtigkeit sogleich Hemihydrat.
Dichte 2,60, wächst durch Brand von höherer Temperatur oder von längerer Dauer
bis 2,80.
Spezifische Wärme   (170° C): 0,167 cal/g · °C
                     (185° C): 0,159 cal/g · °C
4. Anhydrit. Orthorhombisch, $a:b:c = 0,8911:1:0,9996$ (s. Abb. 1 c).
Dichte: 2,93.
Spezifische Wärme (o bis 100° C): 0,175 cal/g · °C
                 (o bis 300° C): 0,191 cal/g · °C

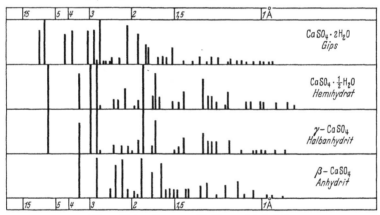

Abb. 2. Röntgendiagramme für Gips und Anhydrit.

Abb. 2 gibt schematisch die Röntgendiagramme wieder, welche von den
obigen vier Kristallarten erhalten werden; es gelingt somit auf röntgenographi-
schem Wege, zwischen den vier Phasen zu unterscheiden, wenn auch die Unterschiede zwischen Hemihydrat und Halbanhydrit nur geringfügige sind (weshalb diese beiden Kristallarten häufig miteinander identifiziert wurden).

2. Die kristallstrukturellen Verhältnisse der verschiedenen Kristallarten[1].

In den Kristallgittern aller vier interessierenden Kristallarten treten als
Bauelemente Ca^{2+}-Ionen, $(SO_4)^{2-}$-Ionen und bei den hydratisierten Phasen

[1] NACKEN, R. u. K. FILL: Zur Chemie des Gipses. Berlin 1931 und Angaben S. 592.

zusätzlich H_2O-Moleküle auf. Die (SO_4)-Gruppe bildet eine tetraedrische Anordnung von vier Sauerstoffatomen um das Schwefelatom (Abb. 3) und kehrt als solche in allen Strukturen, wasserhaltigen und anhydrischen, wieder. Den Aufbau des Anhydrits kann man idealisiert beschreiben als ein Gitter, in welchem die eine Hälfte der Gitterpunkte mit Ca-Ionen, die andere Hälfte der Gitterpunkte mit (SO_4)-Gruppen besetzt ist. Einen damit verwandten Aufbau zeigt das Hemihydrat, wobei hier jedoch das Gitterwerk der Ca und (SO_4) Kanäle aufweist, in denen sich die H_2O-Moleküle befinden. Beim Gips besteht eine Aufteilung des Gitterwerks der Ca und (SO_4) in Schichten aus Ca-Ionen und

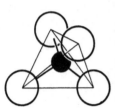

Abb. 3. (SO_4)-Gruppe.

solchen aus (SO_4)-Gruppen, zwischen welche Schichten aus H_2O-Molekülen eingelagert erscheinen. Dabei ist im letzteren Fall die Bindung der H_2O-Moleküle an die Ca-Ionen eine wesentlich stärkere als im Falle des Hemihydrats (der Abstand Ca—H_2O beträgt beim ersteren 2,44 Å, beim letzteren dagegen 3,08 bis 3,75 Å). Geht man vom Anhydrit zum Gips über, so ist eine fortschreitende Aufteilung des Ca-(SO_4)-Gitterwerks festzustellen: beim Hemihydrat sind gleichsam eindimensionale „Wasserketten" vorhanden, beim Gips bestehen zweidimensionale „Wasserschichten". Die Struktur des Halbanhydrits ist noch nicht näher bekannt, indessen ist unzweifelhaft, daß diese mit derjenigen des Hemihydrats zum mindesten weitgehend übereinstimmt (evtl. sich von dieser nur durch eine Entleerung der „Wasserkanäle" unterscheidet).

3. Die Stabilitätsverhältnisse und der Verlauf der Umwandlungen [1].

Im System $CaSO_4$—H_2O ist bis zu einer Temperatur von etwa 42° Gips, oberhalb 42° Anhydrit beständig. Die beiden anderen Kristallarten, Hemihydrat und Halbanhydrit, sind unter allen realisierbaren Verhältnissen metastabil, wobei bei der Entwässerung von Gips als Erstprodukt bisher stets das Hemihydrat gefunden wurde, welches langsam in Halbanhydrit übergeht, aus welchem bei höheren Temperaturen Anhydrit entsteht.

Bedingung für eine Entwässerung ist, daß der Dissoziationsdruck, d. h. die Wasserdampftension des Hydrats, größer wird als der Druck des Wasserdampfes allein, der von außen auf das Hydrat ausgeübt wird. Abb. 4 zeigt in logarithmischen Koordinaten die Gleichgewichtskurven des Systems $CaSO_4$—H_2O, wobei nach R. Nacken und K. Fill die ausgezogenen Kurven als sicher zu betrachten sind, während die punktierten Kurven noch näher zu bestimmen sind. Gips läßt sich im Vakuum schon bei 20° bis zum Anhydrit entwässern. Es ist aber auch möglich, Gips an der Luft und unter Atmosphärendruck bei Zimmertemperatur zu entwässern, wenn nur der Wasserdampf-Partialdruck in der Luft so gering ist, daß diese dem Gips Wasser entziehen kann. Eine Vergrößerung des Luftdrucks hat infolge Verlangsamung der Verdunstung nur eine unwesentliche Verzögerung der Entwässerung zur Folge. Bei größerer Erhitzungsgeschwindigkeit werden für die Entwässerung des Gipses jeweils größere Temperaturen erforderlich. Die Entwässerung erfolgt um so schneller, je mehr der Dissoziationsdruck des Hydratwassers den äußeren Wasserdampfdruck über-

[1] van't Hoff, J. H. u. Mitarb.: Gips und Anhydrit. Z. phys. Chem. Bd. 45 (1903) S. 257. — Moye, A.: Der Gips. Leipzig 1906. — Glasenapp, M. v.: Studium über Stuckgips, totgebrannten und Estrichgips. Berlin 1908. — Goslich, K. A.: Die Wasserbindungsstufen des Gipses. Berlin 1929. — McAnally, S. G.: Gypsum and gypsum products manufacture. Rock Products 1930. — Vgl. ferner Literaturangabe S. 593.

schreitet, ferner wächst die Geschwindigkeit der Entwässerung mit abnehmender Größe der Hydratteilchen. Da der Dampfdruck des Wassers durch gelöste Salze erniedrigt werden kann, werden nach Befeuchten des Gipses mit wässerigen Lösungen von bestimmten Salzen (z. B. Kochsalz, Chlormagnesium, Chlorkalzium) auch die Entwässerungstemperaturen herabgesetzt.

Diese vielfältigen Einflüsse erklären die widersprechenden Literaturangaben über die Entwässerungstemperaturen von Gips.

Der Ablauf der Entwässerung eines Gipses vollzieht sich für reinen Gips in feuchter Luft wie folgt:

1. Bei 45° setzt der Austritt des Porenwassers ein, welcher bei 75° sein Maximum erreicht.

2. Handelsgips und gefällter Gips erfahren bei 95° die Umwandlung zum Hemihydrat, wobei diese bei 98 bis 100° ihr Maximum erreicht. Bei dichtem

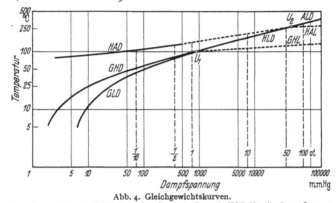

Abb. 4. Gleichgewichtskurven.
GLD Gips—Lösung—Dampf; *GHD* Gips—Hemihydrat—Dampf; *HLD* Hemihydrat—Lösung—Dampf;
HAD Hemihydrat—Anhydrit—Dampf; *ALD* Anhydrit—Lösung—Dampf.

Gebirgsgips erfolgt der Abbau zum Hemihydrat erst bei 110° und ist bei 130° beendet. Für die Umwandlungstemperatur $CaSO_4 \cdot 2H_2O \rightarrow CaSO_4 \cdot \frac{1}{2}H_2O$ wird $97 \pm 1°$ als sicherster Wert betrachtet.

3. Bei 150° beginnt sich das Hemihydrat in Halbanhydrit umzuwandeln mit einem Maximum bei 180°.

4. Der Übergang des Halbanhydrits in Anhydrit setzt bei 230 bis 250° ein und ist bei 400° beendet.

5. Bei 450° fängt der Anhydrit zu sintern an, wobei sich der Sinterungsprozeß über 580° rasch steigert.

6. Mit wachsendem Anhydritgehalt sinkt Abbindegeschwindigkeit und Festigkeit, bei etwa 300 bis 800° entsteht totgebrannter Gips.

7. Bei 900° beginnt sich durch geringe Zersetzung des Anhydrits etwas amorphes Kalziumoxyd zu bilden, womit die Abbindeeigenschaften des Estrichgipses verbunden sind, der hauptsächlich aus hartgesintertem Anhydrit besteht.

Die Umwandlungen von Gips in Hemihydrat und von letzterem in Halbanhydrit sind mit großer Wärmeaufnahme verbunden.

Nach A. MOYE beträgt die erforderliche Wärmemenge für die Erwärmung von 1 kg Rohgips von 15 auf 130°: 31,40 kcal, für dessen Umwandlung zu Hemihydrat 22,77 kcal und für die Verdampfung des hierbei frei werdenden Wassers 84,31 kcal. Die weitere Überführung des aus 1 kg Gips gewonnenen Hemihydrats in Anhydrit erfordert 3,98 kcal, das hierbei frei werdende restliche Kristallwasser verbraucht zu seiner Verdampfung 28,09 kcal. Für die

Fabrikation von Estrichgips ist zugleich das Brenngut von 130° C auf mindestens 550° C weiter zu erhitzen, was noch 65,45 kcal erfordert, so daß sich
für die Herstellung von Estrichgips ein Wärmebedarf von rd. 236 kcal je kg
Rohgips ergibt.

Bei Temperatursteigerung bis 100° zeigt ein Gipsstab eine unregelmäßige
Ausdehnung um 0,1%, dann einen jähen Abfall um 0,4%, worauf er bis 250°
konstante Länge behält. Über 250° tritt ein kontinuierliches Absinken der
Ausdehnung ein, das sich bei 400° verlangsamt, dann noch weiter und schneller
absinkt. Bei 900° ist eine Längenabnahme um 10% festzustellen.

Gips und Hemihydrat sind als definierte Hydratstufen aufzufassen; in beiden
Fällen ist das Wasser in chemischem Sinne gebunden, wenn diese Bindung
beim Hemihydrat auch wesentlich lockerer ist als beim Gips, indessen noch
nicht als „zeolithisch" gelten darf. Gips und Hemihydrat, Halbanhydrit und
Anhydrit unterscheiden sich voneinander in ihren Kristallstrukturen wesentlich,
während Hemihydrat und Halbanhydrit einen weitgehend ähnlichen Aufbau
besitzen. Damit steht auch der Mechanismus der Umwandlungen, die im Laufe
der Entwässerung des Gipses bzw. der Hydratisierung des Anhydrits auftreten,
in vollem Einklang: Die Entwässerung von Gips zum Hemihydrat vollzieht sich
unter einem vollständigen Umbau des Kristallgitters. Ein Gipskristall zerfällt
in zahlreiche Keime von Halbhydrat, die zunächst einzeln auftreten und sich
dann weiter ausbreiten. Die Größe der normalerweise entstehenden Hemi-
hydratkristalle liegt zwischen 10^{-4} bis 10^{-6} cm. Dagegen verläuft die Dehydratisierung des Hemihydrats ohne Zerfall des Kristalls: größere Kristalle werden
dabei zwar weiß und opak, kleinere Kristalle bleiben indessen durchsichtig und
weisen einzig stellenweise kleine Sprünge auf. Das Röntgenogramm des Hemihydrats geht bei fortschreitender Entwässerung stetig in dasjenige des Halbanhydrits über. Bei der Wiederwässerung erfolgt die Wasseraufnahme in ganz
entsprechender Weise; die bei der Dehydratisierung undurchsichtig gewordenen,
größeren Kristalle gewinnen ihre Durchsichtigkeit jedoch nicht wieder, bleiben
aber nach wie vor Einkristalle. Die Umwandlung des Halbanhydrits in
den Anhydrit schließlich ist wie jene von Gips in Hemihydrat mit einem Zerfall
der Kristalle verbunden: dabei bildet sich zunächst ein feinkörniges Produkt und
erst bei höherer Temperatur erfolgt Rekristallisation und Teilchenvergrößerung
des Anhydrits. Das Totbrennen von Gips beruht auf der Bildung von Anhydrit
und seiner bei höheren Temperaturen einsetzenden Rekristallisation, was die
Reaktionsfähigkeit des $CaSO_4$ mit Wasser stark einschränkt. Zwischen 300 und
600° C „totgebrannter" Gips reagiert nur so langsam, daß bei Abbinden an der
Luft das zur Hydratisierung erforderliche Wasser gewöhnlich verdunstet, bevor
eine wesentliche Hydratisierung des Gipses eintrat. Durch weitgehende Feinmahlung kann jedoch die Reaktionsgeschwindigkeit wesentlich erhöht werden.
L. A. KEANE[1] hat gefunden, daß bei einem Durchmesser der Anhydritteilchen
von $5 \cdot 10^{-4}$ cm und weniger der „totgebrannte" Gips abband, dagegen bei
mehr als $5 \cdot 10^{-3}$ cm Dmr. diese Erscheinung ausblieb.

Die *Löslichkeit* von Gips, Hemihydrat und Anhydrit in Wasser wird durch
Abb. 5 veranschaulicht. Da die Hydratisierung stets über die Zwischenstufe
der wässerigen Lösung erfolgt, stellen die Punkte gleicher Löslichkeit verschiedener Formen des Systems $CaSO_4 + H_2O$ zugleich Punkte des Gleichgewichts
dieser Formen dar, d. h. die Schnittpunkte der Löslichkeitskurven repräsentieren
Zustände, in denen die betreffenden Formen auch bei Anwesenheit von Wasser
gleichzeitig existieren können.

---

[1] KEANE, L. A.: Plaster of Paris. J. phys. Chem. Bd. 20 (1916) S. 701.

Die Löslichkeit von *Gips* wird durch manche, gleichzeitig in Wasser gelöste Salze erhöht (z. B. Kochsalz, Chlormagnesium, Ammonsalze, Natriumthiosulfat). Sehr kleine Korngrößen ergeben bis gegen 20% größere Löslichkeit des Gipses. *Hemihydrat* ist nach Abb. 5 bei normalen Temperaturen in Wasser stark löslich. *Halbanhydrit* verwandelt sich bei Wasserzutritt sogleich in Hemihydrat und erreicht damit die Löslichkeit des letzteren. Mit fortschreitender Umwandlung des Halbanhydrits in Anhydrit (d. h. mit wachsender Überschreitung der Brandtemperatur von 250°) nimmt die Löslichkeit des Brandproduktes sukzessive ab und wird schließlich durch die Löslichkeit des Anhydrits begrenzt.

Da bei normalen Temperaturen (bis etwa 42° C) Gips beständig ist, kristallisiert derselbe infolge seiner bedeutend geringeren Löslichkeit sogleich aus der Lösung aus. Das *Abbinden* besteht im fortgesetzten Lösen von Hemihydrat bzw. Anhydrit, und im Ausfällen des Dihydrats aus den übersättigten Lösungen. Die Art des Abbindevorganges ist somit grundsätzlich durch die Löslichkeit bedingt: Hemihydrat und Halbanhydrit ergeben normales Abbinden, sofern im Bindemittel keine Keime von ungebranntem Gips verblieben sind, die eine stark beschleunigende Wirkung auf das Auskristallisieren, d. h. auf den Abbindebeginn ausüben. Mit zunehmendem Gehalt an Anhydrit wird der Abbindevorgang stark verzögert (totgebrannter Gips). Eine Vergrößerung des Anmachwasserzusatzes verlangsamt den Abbindeprozeß. Mit wachsender Temperatur des Anmachwassers wird die Löslichkeit von Hemihydrat verringert, das Abbinden jedoch zunächst wenig beein-

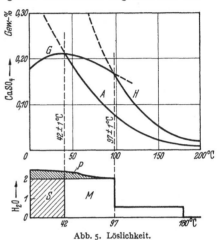

Abb. 5. Löslichkeit.
G Gips, *H* Hemihydrat, *A* Anhydrit, *P* Porenwasser, *S* Stabiles Kristallwasser, *M* Metastabiles Kristallwasser.

flußt. Wird aber der Gips derart angemacht, daß die Temperatur des Gipsbreies 60° C überschreitet, so kann bei Vermeidung von Wasserverdunstung der Gipsbrei nach CHASSEVENT[1] auf dieser Temperatur stundenlang flüssig erhalten werden. Salze, welche die Löslichkeit des Bindemittels in Wasser erhöhen oder herabsetzen, beschleunigen oder verzögern damit meist den Abbindevorgang. Bei stärkeren Konzentrationen von Salzlösungen kann sich eine beschleunigende Wirkung derselben verlieren oder sich in das Gegenteil umwandeln, wenn das Salz den Dampfdruck der Lösung so stark herabsetzt, daß die Bildungsbedingungen für das Dihydrat eingeschränkt werden. Ferner ist mit Rücksicht auf die Temperaturabhängigkeit der Löslichkeit, der Dampfspannung und der Dissoziationsspannung (vgl. Abb. 4 und 5) auch die Wirkung von Zusätzen auf das Abbinden der Gipsprodukte von der Temperatur abhängig.

Im übrigen wird der Einfluß von Zusätzen, insbesondere von solchen organischer Natur, durch die Veränderung der Koagulationsgeschwindigkeit des Gipsgels erklärt, das sich vor der Kristallisierung des Dihydrats zunächst bildet.

Beim Abbinden bildet sich ein Haufwerk meist nadelförmiger, innig verwachsener Gipskristalle von filzartigem Verband, der um so dichter ist, je weniger überschüssiges Wasser zum Anmachen verwendet wurde.

[1] CHASSEVENT, L.: Recherches sur le Plâtre. Paris 1927. — BUDNIKOFF, P.: Die Beschleuniger und Verzögerer des Abbindevorganges von Stuckgips. Kolloid-Z. Bd. 44 (1928) S. 242. — NEUSCHUL, P.: Gips. Kolloidchemische Technologie. Dresden 1932.

Die beim Abbinden frei werdende Wärme beträgt für 1 kg Hemihydrat 27 kcal, für 1 kg wasserfreien Gips nahezu 34 kcal.

Bei der Hydratisierung von Hemihydrat zu Dihydrat erleidet das System $CaSO_4 \cdot {}^1/_2H_2O + {}^3/_2H_2O$ eine Volumenkontraktion von rd. 7,1%. Dagegen erleidet die porenlos gedachte, feste Masse durch die Bildung von Dihydrat eine große Volumenvergrößerung, aus 1 cm³ Hemihydrat bilden sich 1,406 cm³ Dihydrat.

Die Hydratisierung von wasserfreiem Gips hat eine Volumenkontraktion von 9,5% des Systems $CaSO_4 + 2H_2O$ zur Folge. Dagegen nimmt das Volumen der festen Phase zu: Aus 1 cm³ wasserfreiem Gips bilden sich 1,619 cm³ Dihydrat.

Die Lagerung der gebrannten Gipsprodukte hat Einfluß auf deren Eigenschaften. Bei sehr langer Lagerung ist beginnende Umwandlung der metastabilen Formen Hemihydrat und Halbanhydrit in die stabilen Formen Dihydrat und Anhydrit zu beobachten, ohne daß hierbei eine Veränderung des Gesamtwassergehaltes eintreten muß. Silolagerung von technischem Baugips hat gewöhnlich eine Verzögerung des Abbindebeginns zur Folge, da der Halbanhydrit den Resten von ungebranntem Dihydrat das Wasser entzieht und dadurch die Kristallisationskeime ausgeschaltet werden. Lagerung in feuchter Luft verursacht zunächst Umwandlung des Halbanhydrits in Hemihydrat und hierauf Krustenbildung von Dihydrat auf den Hemihydratkörnern, was raschen Abbindebeginn, gefolgt von ungenügender Erhärtung, zur Folge hat. Ein derart verdorbener Gips kann durch erneuten Brand wieder normalisiert werden.

Die Angaben des vorliegenden Abschnittes gelten für reine Gipse. Das Verhalten der Gipse kann oft durch sehr geringe natürliche oder künstliche Verunreinigungen oder Zusätze stark beeinflußt werden. Von manchen Zusätzen (z. B. schwefelsaures Kalium) genügen wenige Promille, um bei der Bindemittelprüfung vollkommen abweichende Ergebnisse zu erzielen.

B. Die technischen Gipse.

Zusammensetzung, Verhalten und Nachbehandlung.

1. Übersicht [1].

Die Bezeichnungen der einzelnen Gipsarten haben sich in verschiedenen Ländern und selbst in den verschiedenen Gegenden desselben Landes sehr unterschiedlich ausgebildet. Es wird die erste Aufgabe der künftigen Normung sein, in dieser Begriffsverwirrung eindeutige Ordnung zu schaffen und die vielen Synonyme zu beseitigen, wie das durch den Normentwurf DIN E 1168 angestrebt wird (vgl. Abschn. D). In vorstehender Zusammenstellung (Tabelle 1, S. 600—602) werden die am meisten verbreiteten Bezeichnungen aus dem Gebiet des Bauwesens angeführt.

Da, wie im letzten Abschnitt gezeigt wurde, das Verhalten der Gipse weitgehend von den Verunreinigungen, Herstellungsbedingungen und Verwendungsarten abhängt, können die nachfolgenden Angaben über die Eigenschaften und vorkommenden Mängel der Gipse, sowie über die Wirkung der Zusätze und der Nachbehandlung nicht allgemeine Gültigkeit beanspruchen; sie können jedoch als Orientierung dienen.

---

[1] Moye, A.: Die Gewinnung und Verwendung des Gipses. Leipzig 1906. — Das Gipsformen. Berlin 1911. — Die Verwendungsgebiete des Gipses. Tonind.-Ztg. Bd. 57 (1933) S. 942. Schoch, K.: Die Mörtelbindestoffe Zement, Kalk, Gips. Berlin 1928. — Rauls, F.: Der Gips. Chemisch-technische Bibliothek. Wien 1936—37. — Bauberatungsstelle der Gipsindustrie E. V.: Gipsbaubuch. Berlin 1929. — Gips Union AG.: Gips, Gipsprodukte und ihre Verwendung. Zürich 1908.

Die Kenntnis der bei der Gipsverarbeitung am häufigsten verwendeten Zusätze und Oberflächenbehandlungen ist für die Gipsprüfung wichtig, da sich hieraus häufig Hinweise auf die Ursachen etwaiger Mängel und Schäden des Gipses ergeben.

2. Verunreinigungen, Zusätze und Nachbehandlung [1].

Die inerten, natürlichen Verunreinigungen des Rohgipses setzen die Festigkeit der gebrannten Gipse herab und verkürzen meistens die Bindezeit. Quarz, Glimmer und Eisenoxyde sind in geringen Mengen unschädlich. Größerer Gehalt an Kalkspat und Dolomit kann in hochgebranntem Gips zu Treiberscheinungen führen. Tongehalt soll die Beständigkeit gebrannter Gipse bei Lagerung herabsetzen. Natürlicher Anhydrit ist treibgefährlich. Steinsalz, Glauberit, Syngenit und Polyhalit bewirken Festigkeitseinbuße und Schnellbinden. Pyrit verwittert. Ungebrannte Kohle verwittert im tiefgebrannten Gips und begünstigt

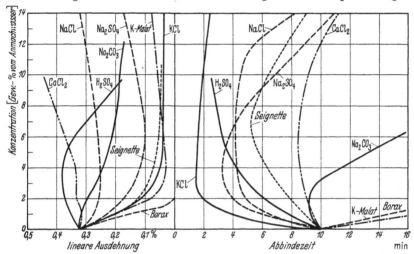

Abb. 6. Wirkung verschiedener Zusatzmittel auf das Abbinden und die damit verbundene Ausdehnung eines Modellgipses.

in hochgebranntem Gips, wie auch die bituminösen Beimengungen, die Bildung des treibenden Schwefelkalziums. Schwefel verursacht Unregelmäßigkeiten in Farbe und Verhalten.

Die Wirkung von Zusatzmitteln wächst mit wachsendem Zusatz schwächer als dessen Größe, sie strebt gewöhnlich einem Optimum zu, um dann mit wachsender Konzentration wieder abzunehmen (vgl. Abb. 6). Zusätze zeigen abweichende Wirkung auf verschiedene Gipsfabrikate; sie ist im allgemeinen größer bei langsam als bei schnell bindendem Gips. Große Zusätze haben häufig und besonders in der ersten Erhärtungszeit Festigkeitseinbuße zur Folge. Die Wirkungsart von Zusätzen ist temperaturabhängig.

Aus diesen Gründen ist die Wirkung von Zusätzen jeweils durch Vorversuche zu bestimmen; die folgenden Angaben über beobachtete Wirkungen dienen lediglich als allgemeine Indikation für die Prüfung.

Abbindebeschleuniger verringern meistens die Expansion, die Festigkeit und die Härte, während umgekehrt Verzögerer Härte und Festigkeit erhöhen, schon weil sie erlauben, den Wasserzusatz herabzusetzen, ohne dadurch eine zu kurze Bindezeit zu verursachen.

---

[1] GIBSON u. JOHNSON: Investigations of the setting of plaster of Paris. Soc. Chem. Ind. Bd. 51 (1932) S. 25. — BUDNIKOFF, P.: Siehe Fußnote S. 597.

Tabelle 1. Technische Gipse.

Bezeichnung	Zusammensetzung	Herstellung	Verwendung	Charakteristische Eigenschaften	Vorkommende Mängel
Rohgips	Kalziumsulfat-Dihydrat $CaSO_4 \cdot 2H_2O$ CaO: 32,58% SO₃: 46,49% } 79,07% H₂O: 20,93%	Natürliches Vorkommen	Fabrikation gebrannter Gipse	Weich (Härte v. M: 1,5 bis 2) Ziemlich wasserlöslich Nicht wetterbeständig Für Estrichgips ist grobstückiger Gipstein von festem Gefüge und guter kristalliner Ausbildung erwünscht. Eisenoxyde geben besonders dem Estrichgips gelbe bis rötliche Färbung	Natürliche Fremdstoffe: Kalk, Dolomit, Ton, Schieferton, Salz, Quarz, Glimmer, Sand, Eisenoxyde, Anhydrit, Steinsalz, Glauberit, Syngenit, Polyhalit, Bitumen und Kohle, Pyrit und Schwefel
Tiefgebrannte Gipse, Stuckgips	Kalziumsulfat-Hemihydrat $(CaSO_4)_2 \cdot H_2O$ CaO: 38,64% SO₃: 55,15% } 93,79% H₂O: 6,21% mit schwankendem Gehalt an Halbanhydrit $CaSO_4$	Brand bei 107 bis 200° C, vorher oder nachher Feinmahlung	Gießen, evtl. auftragen oder modellieren. Wand und Deckenputz, angetragener Stuck mit verzögertem Gips Gipsmarmor, Stuckmarmor, Stucco-Lustro	Bindezeit $< 1/2$ h. Nicht wetterbeständig — ziemlich wasserlöslich — rein weiß Abbinden innerhalb 30 min. Mahlung mittelfein	Natürliche Verunreinigungen wirken schädlich. Ungenügender Brand einzelner Teile verursacht in kleinsten Mengen Schnellbinden, in größeren Mengen Herabsetzung der Bindekraft. Totbrennen: mit Überschreitung von etwa 300° C zunehmende Verlangsamung des Abbindens und Festigkeitseinbuße
Modellgips	desgl.	Brand bei 107 bis 150° C, vorher und nachher Feinmahlung evtl. Windsichtung. (Tiefe Brandtemperaturen und kurzer Brand gibt Raschbinder)	Modelle, Kunstgewerbe	Besonders rein und fein gemahlen	Zu Formgips keine Härtezusätze verwenden, setzen Porosität herab
Formgips	„		Formen für Keramik	Porös, hohe Festigkeit und Wasseraufnahme	
Alabastergips Marmorgips Schnellgips Gießgips	„		Bildhauerarbeiten, anatomische und gerichtliche Abgüsse	Reinweiße Farbe, raumbeständig, kurze Bindezeit (15 min oder weniger), Alabaster- oder Marmorgips, sehr rein, Bindezeit < 10 min	
Chirurgische Gipse Abdruckgips			Medizinische Zwecke Zahnärztliche Praxis Orthopädie		Chirurgische und zahnärztliche Gipse verlangen geringe Expansion beim Erhärten und geringe Wärmeentwicklung
Baugips	„	Brand bei 107 bis 300° C und in Spezialfällen dar-	Decken und Wandverputze, Rabitzkonstruktionen.	Mittelfein bis grob gemahlen. Langsames Abbinden (15 bis 30 min). Gute Festig-	Silolagerung nach Brand verlängert die Bindezeiten (Nachkochen). Die Gipse

Bezeichnung	Zusammensetzung	Brennung	Verwendung	Eigenschaften	Bemerkungen
Maurergips, Putzgips, Plattengips	desgl.	über. Mahlung gröber (langer Brand gibt Festigkeitserhöhung)	Gipsdielen und -platten oft mit Kalkhydrat vermischt. Zuschläge: Kälberhaare, Asche, Schlacken, Sand, Holzspäne, Gipsbausteine, Leichtsteine, Gipshourdis, Isolierplatten, Fassadenverputz aus Kalkmörtel mit Gipszusatz	keit, durch Zuschlagstoffe stark herabgesetzt. Rasches Austrocknen, raumbeständig, keine Ausblühungen, wärme- und schallisolierend, feuerhemmend, frostbeständig, bei tiefen Temperaturen verarbeitbar. Fäulnis, pflanzliche und tierische Schädlinge usw. abweisend	verderben bei feuchter Lagerung (Bildung von Dihydrat, rascher Bindebeginn, Klumpenbildung beim Anmachen, Herabsetzung der Bindekraft). Auch bei trockner, sehr langer Lagerung beginnt schließlich Zersetzung in Anhydrit und Dihydrat. Unhomogene Beimischung von Zusatzmitteln ist schädlich. Rühren während dem Abbinden verdirbt den Gips. Auftragen auf zu trockne Unterlage gibt schlechte Haftung. Mit Zement vermischt wirkt Gips bei Feuchtigkeitszutritt stark treibend. Für gute Erhärtung muß der abgebundene Gips austrocknen
Kesselgips, Drehofengips, Ofengips	„ „	Brand in Kesseln, Brand in Drehofen, Brand in Schachtofen	—	Die Bezeichnung nach Herstellungsart kann für alle Gipsarten Anwendung finden und ist deshalb nicht eindeutig. Längere Bindezeit	—
Vorgebrannte Putzgips, Awallit (Sparkalk)	viel $CaSO_4$	Brand in Ofen, dann in Kessel	—	Etwas geringere Festigkeit, nagelbar	—
Tripolith	Baugips, mit Ton und Kohle gebrannt	Brandtemperatur 260°	Bauwesen	Blaugraue Farbe, geringes Raumgewicht, geringe Härte und Beständigkeit	—
Hochgebrannte Hartgipse, Estrichgips, Maurergips, Diara, Felsenit	Anhydrit $CaSO_4$, CaO: 41,20 % SO_3: 58,80 % enthält häufig freien Kalk (CaO) und basisches Sulfat	Brand im Schachtofen bei Rotglut (900 bis 1100 °C), dann Feinmahlung	Starke Verarbeitung in steifer Konsistenz durch Stampfen oder Einschlagen. Fußböden (evtl. mit Leinöl bestrichen), Unterlagsböden, Wand- und Deckenputz, Glattputz, Estrichgipsbeton, Zuschläge: Sand, Schlacke oder Schlacke, Kork, Holz	Fein gemahlen. Lange Bindezeit (5 bis 40 h), hydraulisch, sehr gute Festigkeit, wird durch Zuschläge stark herabgesetzt. Abwaschbar. Wetterbeständiger als Gips, aber ebenfalls ziemlich wasserlöslich. Sehr gute Raumbeständigkeit, wärme- und schallisolierend, feuerhemmend, Fäulnis, pflanzliche und tierische Schädlinge abweisend. Guter Abnützungswiderstand	Natürliche Verunreinigungen wirken schädlich. Treiben infolge Schwefelkalzium CaS, von Reduktion des Gipses durch heiße Verbrennungsgase. Geringe Mengen CaS verzögern das Abbinden. Bei feuchter Lagerung verdirbt (hydratisiert) Estrichgips. Vorzeitiges Austrocknen des verarbeiteten Estrichgipses setzt die Festigkeit herab

Tabelle 1. (Fortsetzung.)

Bezeichnung	Zusammensetzung	Herstellung	Verwendung	Charakteristische Eigenschaften	Vorkommende Mängel
Alaungips Martmorzement Keene-Zement Hartalabaster Marmorgips	CaSO₄ + Alaun	Mit Alaunlösung getränkter Stuckgips bei Rotglut nochmals gebrannt und dann sehr fein gemahlen	Verarbeitung wie Stuckgips (evtl. noch mit Alaunlösung angemacht). Kunstmarmor, Platten, Kunstgewerbe, Weißputz und Wandputz, Plattenausfugmittel, Formen für Keramik	Sehr fein gemahlen. Langsambinder 9 bis 12 h. Normalbinder 4 bis 6 h. Schnellbinder 1 bis 3 h. Hohe Festigkeit und Härte. Reinweiß, vorzüglich polierbar. Ziemlich gute Wetterbeständigkeit. Abwaschbar, gut färbbar. Sehr gute Raumbeständigkeit (keine oder sehr geringe Expansion). Wird bei schwach plastischer Verarbeitung sehr dicht	Sehr empfindlich gegen natürliche Fremdstoffe und nachträgliche Verunreinigungen und Zusätze (Rost der Mischgefäße). Trockene Lagerung erforderlich. Im übrigen wie Estrichgips.
Boraxgips Parianzement Parianalabaster	CaSO₄ + Borax	Mit Boraxlösung getränkter Stuckgips bei Rotglut nochmals gebrannt und dann gemahlen	Wie Alaungips, evtl. Anmachen mit Weinsteinlösung	Wie Alaungips, Abbinden 2 bis 3 h	Wie Alaungips und Estrichgips
WYLDE-Gips	CaSO₄ + Kaliumwasserglas	Mit Kaliumwasserglas getränkter Stuckgips noch einmal bei etwa 250° C gebrannt	Wie Alaungips	Wie Alaungips, bindet schnell	Wie tiefgebrannte Gipse
SCHOTTSCHER Gips	Verbindung von CaSO₄ und CaO	Glühen eines Gemenges von etwa 70% Gips und etwa 30% Ätzkalk	Wie Estrichgips. Möglichst wenig Anmachwasser verwenden	Hydraulischer Mörtelstoff von guter Härte, Wetterbeständigkeit und Politurfähigkeit	Treiben infolge zu viel CaO oder zu geringer Brandtemperaturen
VIOTTI-Gips	Gips + Borax + Magnesia	Borax + Magnesia geschmolzen, gemahlen und dem Gips beigemengt	Wie oben	Gute Wetterbeständigkeit	Wie tiefgebrannte Gipse
LANDRIN-Gips	Gips + Schwefelsäure	Stuckgips mit Schwefelsäure getränkt, gebrannt	Wie oben	Wie oben, weiße Farbe	Wie Marmorgips
Gipszement	Anhydrit + Ton + Kohle	Brand bis zur Sinterung (1400° C)	—	Noch wenig erprobt	—

a) Abbinderegler.
Beobachtete Wirkung bei schwächeren Konzentrationen:

$+$: Beschleuniger, $-$: Verzögerer, (Exp. $-$): Herabsetzung der Volumenexpansion, (H $+$): Härtesteigerung, $++,--$: stark, $(\pm)$: schwach.

$+$} Sulfate von K und Na ($++$, Exp. $-$), Li ($++$), Rb, Cs, NH$_4$, Ca, Mg, Mn^{II}, Fe^{II},
$+$} (Exp. $-$)   Ni, Cu, Zn, Cd ($++$), Al, Cr^{III} ($++$) und Schwefelsäure;
$-$ Fe^{III} (Ferrisulfat);
$-$ Doppelsulfate von Al und K (Alaune);
$-$ Sulfid von Na und Ca (speziell für hochgebrannten Gips);
$-$ natürlicher Anhydrit CaSO$_4$.
$+$} Kalisalze: Sulfat, (Exp. $--$), Bisulfat (Exp. $--$), Chlorid, Bromid, Jodid, Nitrat,
$+$} (Exp. $-$)   Phosphat, (H $-$) Thiocyanat, Oxalat, Tartrat (Exp. $-$), Silikat (K$_2$SiO$_3$),
$+$}   Karbonat und Hydroxyd;
$-$ Sulfid, Bichromat;
$-$ Doppelsulfate von K und Al (Alaune);
$-$ K-Salz der Essigsäure (Azetat);
$-$ der Bernsteinsäure (Sukzinat);
$-$ der Malonsäure oder Malat ($--$);
$-$ der Zitronensäure oder Zitrat ($--$);
$--$ Seignettesalz (Rochelle-Salz) (NaKC$_4$H$_4$O$_6 \cdot$ 4 H$_2$O).
$+$ Ammonsalze: Sulfat, Nitrat, Chlorid, Bromid, Jodid.
$--$ Hydrat.
$+$ Säuren: Schwefelsäure, Salzsäure, Salpetersäure, Weinsäure, Phosphorsäure (in normaler Lösung);
$-$ Milch-, Bor-, Ameisen-, Essig-, Zitronen- und Phosphorsäure (in molarer Lösung).
$+$ Natriumsalze: Sulfat, Thiosulfat, Chlorid, Nitrat, Bromid, Jodid, Phosphat (Na$_2$HPO$_4$), Tartrat und Chlorat, Hydroxyd (weniger wirksam als die entsprechenden Kalisalze), Silikat (Na$_2$SiO$_3$), Wasserglas (in starken Konzentrationen fast momentane Wirkung);
$\pm$ Sulfid, Thiosulfat, Phosphat (Na$_3$PO$_4$);
$-$ Karbonat oder Soda (besonders bei starken Konzentrationen), Tartrate und Na-Salz anderer organischer Säuren (Zitronen-, Milch- und Essigsäure).
$-$ Kalziumsalze: Chlorid und Nitrat (bei stärkeren Konzentrationen), Karbonat, Sulfid.
$-$ Hydrat (als gesättigte Lösung von Kalk);
$-$ Ca-Salze der Zitronen-, Malon- und Bernsteinsäure;
$+$ Gips (Anhydrit ohne merklichen Einfluß).
$++$ Chloride von Ammonium (Salmiak), Mg, Al, Ca ($\pm$) (Umkehrung der Wirkung für hochgebrannten Gips: $-$ bis $--$);
$+$ Na (Kochsalz), Ba, Sr (in molarer Lösung $-$, sonst $+$).
$+$ Nitrate von Ag, Co.
$+$ Hydroxyde von K, Na, Li.
$--$} Borate   Na-Borat oder Borax (bei stärkeren Konzentrationen);
$-$} (Exp. $-$, H $+$) K-Diborat oder Pyroborat (bei starker Konzentration: $--$);
$-$}   K- und Na-Pentaborate.
$+$ Komplexe Salze: (FeCy$_6$)K$_2$ = gelbes Blutlaugensalz; (FeCy$_6$)K$_3$ = rotes Blutlaugensalz.
$+$ Doppelsalze: (Al(SO$_4$)$_2$)NH$_4 \cdot$ 12 H$_2$O Ammoniumalaun;
    (Fe(SO$_4$)$_2$)NH$_4 \cdot$ 12 H$_2$O Ferroammoniumalaun.
$--$ Kombinierte Salze: Borax + K-Salze, speziell K-Sulfat (Exp. $--$), (Exp. $--$ bei gleichzeitiger Verzögerung für gute Verarbeitung);
$---$ Borax + Seignettesalz;
$-$ Statt Borax evtl. Na- oder K-Hydroxyde oder -Karbonate;
$-$ Statt Seignettesalz evtl. Na- und K-Tartrate oder Alkalisalze anderer organischer Säuren.
$--$ (Exp. $-$) Organische Zusätze: Alkohol (starkes Schwinden).
$-$ Organische Kolloide:
$-$ (H $+$)   Eibischwurzel (Althaea officinalis), Gelatine, Kasein, Tannin;
$-$ (H $+$)   Leimzusatz zum Anmachwasser;
$-$ Leim + Ätzkalk;
$-$ (H $+$)   Glyzerin, Dextrin, Zucker, Gummiarabikum, Gallerte, Polikosal.
$--$ (H $-$)   Harn, Jauche (schon in sehr geringen Konzentrationen);
$-$ (Fett + Soda + Kalkhydrat oder Schweinsborsten oder Kalbshaare);
$-$ Saure, abgerahmte Milch;
$-$ Zucker, bei stärkeren Konzentrationen;

+   Seife.
         Traß, Kalk, Kreide, Zinkweiß.
– Zuschlagstoffe, wie Gesteins- oder Glaspulver, Ziegelmehl, Koksasche, Lösch, Schlacken,
         Tran, Kieselgur, Ton, Sand, Haare, Fasern, Stroh usw. wirken etwas
         verzögernd.
+ Anmachwasser: wenig;
–   viel;
+   Erwärmen bis gegen 40° C;
–   Erwärmen über 40° C hinaus.
+ (Exp. +) Anrühren: lang und intensiv;
– (Exp. –)   kurz und schwach.

Wird die Wirkung äquivalenter Konzentrationen von Sulfatlösungen verglichen, so nimmt im allgemeinen die Abbindebeschleunigung ab mit steigender
Valenzzahl der Kationen, bei höheren Konzentrationen treten jedoch Unregelmäßigkeiten auf.

b) Zusätze und Behandlung zur Verbesserung von Härte, Beständigkeit und Abwaschbarkeit.

1. Verbesserung der Härte.

Geringer Anmachwasserzusatz erhöht Härte.
Kurzes, intensives Anmachen erhöht Härte.
Einrütteln, Pressen erhöht Härte.

Zusätze:

Eibischwurzel (Althaea officinalis);
Leim, Dextrin, Gummiarabikum evtl. mit
    etwas Zinkvitriollösung;
saure, abgerahmte Milch;
Alaun (verringert Expansion);
Glaubersalz;   Wasserglas;
Pottasche + Alizarin + Borax zum Anmachwasser (geringe Expansion);
Borsäure, kalzinierter Borax;
Borax-Magnesiaschmelze;
Kalkhydrat;
Magnesit;
Quarzstaub;
Anmachen mit Ammoniumtriboratlösung;

Zusatz von Magnesium-, Aluminium-, oder Zinkoxyd bzw. Hydroxyden dieser Stoffe,
    Anmachen mit wäßriger Lösung von Phosphorsäure, phosphorsauren Salzen von Mg,
    Al, Zn u. dgl. (Abbindeverzögerung);
Inerte, härtende Stoffe, z. B. Bariumsalze, Pulver von Glas, Quarz, Marmor, Kieselkalk
    Mikroasbest, Kreide usw. (evtl. Anmachen mit Leimwasser).

Besonders für *hochgebrannte Gipse:*

Zusatz von Kaliumkarbonat, Kalialaun, Sulfate von Kalium, Natrium, Ammonium;
saures schwefelsaures Natrium;
saures schwefelsaures Kalium;
evtl. Anmachen mit 1%iger wäßriger Lösung von Kaliumsulfat.

   Hartstuck: Zusatz von reichlich Kalkhydrat und inerten härtenden Stoffen, wie Marmor-
pulver, Kalkstaub, Schlämmkreide, Glas oder Quarzpulver usw., Anmachen mit Leimwasser
oder Dextrin, evtl. mit etwas Karbolsäure.

   Totgebrannter Gips erhärtet gut bei Zusatz von Sulfatbeschleunigern (z. B. Alaun
oder $KHSO_4$).

Zusätze zum Gips	Nachbehandlung des trockenen Gusses
Leimwasser	Gallapfelauszug
Ätzkalk, Leimwasser	Siedendes Leinöl
Stärkelösung	Kalkmilch oder Barytwasser
Kalkhydrat	Lösung von schwefelsauren Salzen, speziell Eisenvitriol, Zinksulfat
Kalkhydrat . . . . ⎫ Quarzstaub . . . . ⎬	warme, konzentrierte Barytlösung
Magnesit . . . . ⎭	Lösung von Eisen- oder Zinkvitriol (gibt braune bzw. weiße Farbe)
Metallhydrate: Speziell Tonerdehydrat, Zink- oxydhydrat	Kieselsäurelösung
Magnesium-, Aluminium- oder Zinkoxyd .	Tränken mit wäßriger Lösung von Phosphor- säure oder phosphorsauren Salzen von Mg, Al, Zn u. dgl.

Nachbehandlung des trocknen Gusses.

Austrocknen unter 40° C (Wasserverdunstung) erhöht Härte.

Tränken bei 80° C in gesättigter Borsäure- oder Boraxlösung, ferner in gesättigten Lösungen von Sulfaten von Kupfer, Zink oder Eisen (Vitriole), Alaun, Salmiakgeist, Fluate, Tricosal, Conservado usw., in Barytwasser oder Wasserglas evtl. mit etwas Kaliumhydroxyd, evtl. Nachbehandeln mit alkoholischer Seifenlösung (stearinsaures Natron);

in wäßrigen Lösungen von Barium- oder Strontiumhydroxyd, oder von Salzen von Barium, Strontium, Kalzium, Magnesium, Zink, Blei, Eisen und nachfolgendes Tränken mit Borsäure, schließlich Behandlung mit Seifenlösung;

in Boraten von Ammoniak oder Kalium;

in Barytwasser oder dialysierter Kieselsäurelösung;

in heißer Boraxlösung, nachher Chlorbariumlösung, nachher Seifenwasser;

in wäßriger Lösung von Borax und wenig Kaliumphosphat. Nachbehandlung mit salpetersauer gemachter Boraxlösung. Nach Trocknen Einreiben mit Kanadabalsam und Naphtha;

in gelöster Kieselsäure, Trocknen, Tränken in gesättigtem Barytwasser (60 bis 70° C);

in kieselsauren Alkalien, Kieselfluorwasserstoffsäure und Kieselfluorkalium;

in Lösung von Barythydrat, dann Abspülen in Lösung von Kalkhydrat;

in warmem Barytwasser, dann Oxalsäure;

in Ammoniumtriboratlösung;

in Sodalösung;

in saurer, abgerahmter Milch + wäßriger Lösung von Kaliumhydrat und Kaliwasserglas (bildet leicht Verfärbungen).

Tränken des erwähnten Gusses in heißem Kohlenteer, Teeröl, geschmolzenem oder gelöstem Pech, Bitumen usw. Trocken nacherhitzen (evtl. Mischung der Kohlenwasserstoffe mit färbenden Metalloxyden).

Oberflächliches Dehydratisieren durch Erhitzen, dann warmes Tränken mit Kaliumhydrat und Kaliumchlorid bzw. Bariumhydrat. Dann Tränken mit Lösungen von Doppelsalzen, wie Schönit, Kainit, Carnallit, Alaunen, Kaliumphosphat oder Kaliumfluorid, Kaliumsiliziumfluorid, Kaliumbiborat bzw. Oxalsäure, Nachbehandlung mit Fluorwasserstoffsäure oder Borsäure.

Oberflächliches Dehydratisieren, dann Tränken mit konzentrierter Lösung von Chlorkalzium, dann in heißer konzentrierter Lösung von Chlormagnesium. Färben durch Versetzen der Chlorkalziumlösung mit Metallchloriden, Nachbehandlung mit Leimwasser und Tanninlösung evtl. mit Alaun.

Die obigen Methoden der Nachbehandlung können zum Teil auch auf natürlichen Alabaster angewandt werden. Hierzu wird derselbe gewöhnlich zunächst durch Erhitzung oberflächlich dehydratisiert; der dadurch porös gewordene Stein saugt die Flüssigkeit leicht auf und wird wieder hydratisiert.

2. Verbesserung der Beständigkeit, der Abwaschbarkeit und des Aussehens.

Behandlung mit unlöslichen Seifen, Stearinsäure, Bienenwachs, verseiftem Bienenwachs, Ceresin, Paraffin, Walrat, Lösung von heißem Wachs in Terpentinöl, Lösung von Stearinsäure in Petroläther, in Naphtha gelöstem Kanadabalsam. Heiße Lösung von neutraler Seife aus Stearinsäure und Natronlauge, warme Pottaschelösung mit Bienenwachs. Alkoholische Lösung von Stearinkaliseife oder Stearinammoniakseife. Wenig oxydierte Ölsäure, in Petroläther gelöst. Lösung von Paraffin in Benzin.

Mehrfacher Anstrich mit alkoholischer Kaliölsäureseife, dann Überstreichen mit Lösung von essigsaurer Tonerde.

Heißes Tränken mit Lein-, Mohn-, Hanf- oder Rizinusöl, dann polieren. Besonders für Estrichgips: Abreiben mit Wachs-Terpentinmischung oder Leinöl, evtl. mit Farbstoffen.

Anstriche mit trocknenden Ölen, Ölfarben, Lösungen von Kautschuk, Guttapercha, synthetischen Hochpolymeren, evtl. mit Zusatz von natürlichen oder künstlichen Harzen, Wachsen und Plastifizierungsmitteln. Es können unlösliche oder lösliche Farbstoffe zugesetzt werden.

Enkaustieren durch Tränken bei etwa 60° C in geschmolzener Stearinsäure: Elfenbeinmasse, evtl. mit paraffinlöslichen Farbstoffen. Oberfläche wird etwas durchscheinend. Zu hohe Temperatur gibt matte Oberfläche und Braunfärbung.

Waschen mit Kalkwasser und hellem Leim, hierauf mit Alaunlösung.

Färben durch Anstrich verdünnter Lösung schwefelsaurer Metallsalze, nachher Anstrich mit Barytwasser.

Glanz durch Lösung von Seife und Wachs in kochendem Wasser. Politur mit Talk oder Kreide und evtl. Harzöl, Politur mit feingeschlämmtem Graphit (schwarze Farbe), evtl. Zusatz von Talk und Graphit zum Gips, nach Guß polieren.

Reinigen ungefärbter Gipsgüsse mit neutraler Seifenlösung, evtl. mit Zusatz von Terpentinöl; Waschen mit Chlorwasser; Anstrich mit Stärkekleister (blättert mit Schmutz ab); Bleichen an der Sonne nach Anstrich mit Wasser und Terpentinöl.

Verhindern des Haftens von Gips am Modell durch Anstrich von Schellacklösung, Mischung von Öl und Seife, Olivenöl, Chlorzink, Bienenwachs und Kolophonium, Stanniolfolien.

c) Färben von Gips.

Zusätze. 1. In Anmachwasser gelöste, lichtbeständige Farbstoffe.

2. Erdfarbstoffe und unlösliche Metallfarbstoffe, dem Gips trocken beigemischt.

3. Anmachen mit alkalihaltiger Formaldehydlösung, alkalihaltiger Lösung von schwefliger Säure, alkalihaltiger Lösung von Wasserstoffsuperoxyd + geringem Zusatz eines reduzierbaren Metallsalzes (Silbersalze → perlgraue Farbe, Goldsalze → rote Farbe, Bleisalze → schwarze Farbe, Mischungen → verschiedene Farben, Kupfersalz + Eisen → braune Farbe und Härtung).

Da Estrichgips und Marmorgips gewöhnlich freien Kalk enthalten, müssen die hierfür verwendeten Farben kalkbeständig sein.

Größere Farbzusätze setzen die Festigkeit herab. Kupferoxydfarben geben beim Gießen in Stanniolformen braune Flecken.

Mit Zinnober gefärbte Güsse (für gute Mischung mit Seifenwasser anzumachen) werden bei Trocknen an der Sonne grau.

Tränken des getrockneten Gusses: Metallsalzlösungen oder andere Farblösungen.

Anstriche (vor Politur): Ölfarben, Leimfarben, Temperafarben, Lacke, Firnisse, evtl. mit Gold-Bronze-Aluminium-Pulver.

3. Einfluß von chemischen Agenzien auf Gips[1].

Löslichkeit von Gips in reinem Wasser ziemlich stark. Bei Normaltemperatur $\sim 0,23\%$ $CaSO_4$.

VAN'T HOFF: $\log\ c = 46,8675 - 16,25\left(\dfrac{134,7}{T} + \log\ T\right)$; $T =$ absolute Temperatur, $c =$ Gramm $CaSO_4$ in 100 cm³ Lösung.

Löslichkeit in *Schwefelsäure,* konzentriert: schwach.

Alkohol, konzentriert: sehr schwach.

Löslichkeit von *Hemihydrat und Halbanhydrit* in Wasser (nimmt nach Überschreiten von Brenntemperaturen von etwa 200° C stark ab): 0,77%.

Lösungen der meisten Sulfate und Salze, welche das Abbinden von Gips beschleunigen: Löslichkeitserhöhung.

Estrichgips in Wasser: $\sim 0,20\%$.

Nat. Anhydrit in Wasser: $\sim 0,13\%$.

Gips ist mit *reinem* Wasser anzumachen, am besten mit Regenwasser oder abgekochtem Wasser. Gipshaltiges Wasser wirkt ungünstig. Sehr nachteilig wirken organische Verunreinigungen. Geringste Mengen von Säuren und Salzen stören das normale Abbinden. Frisches, nicht gestandenes Wasser verursacht häufig Luftblasen im Guß.

Salzlösungen von niedrigem Dampfdruck (z. B. Lösungen von Kochsalz und Magnesiumchlorid) können dem Gips schon bei normalen Temperaturen Wasser entziehen. Ebenfalls wirken Schwefelsäure und konzentrierter Alkohol dehydratisierend.

Schwefelsaures Kalium, Natrium und Magnesium bilden mit Gips die Doppelsalze Syngenit, Glauberit und Polyhalit, welche von Wasser leicht zersetzt werden.

Im allgemeinen wirken alle wäßrigen Lösungen mehr oder weniger lösend oder zersetzend auf Gips ein; stark zersetzend wirken Salzsäure. Salpetersäure, Flußsäure usw., starke Laugen, Sodalösung, Pottasche u. dgl.

4. Einfluß von Gips auf andere Stoffe.

In Kontakt mit Gips sind:

Handelsübliches Eisen	verwendbar, in trockenem Gips haltbar, wird bei Feuchtigkeitszutritt angegriffen
Chrom (18%)-Nickel (8%)-Stahl	gut verwendbar
Handelsübliches Aluminium	noch verwendbar
Aluminium-Magnesiumlegierungen . . .	ziemlich beständig
Kupferhaltige Aluminiumlegierungen . .	nicht verwendbar
Aluminium-Kalziumlegierungen	nicht verwendbar

---

[1] RIDELL: Determining solubility of gypsum. Rock Products 1930.

Magnesium und Kalzium, sowie deren
Legierungen . . . . unbeständig
Blei . . . . genügend beständig
Chrom . . . . beständig
Kupfer . . . . genügend beständig
Nickel . . . . gut verwendbar
Zink . . . . nur trocken verwendbar
Zinn . . . . genügend beständig
Linoleum . . . . beständig, wenn Ätzkalkgehalt des Gipses gering.
      Gips trocknet rasch aus und verursacht weniger Ablösungen und Blasenbildungen als Kalk- und Zementmörtelunterlagen
Portlandzementmörtel und -beton . . . bei Feuchtigkeitszutritt stark angegriffen (Zementbazillus). Lösungen mit mehr als 0,2% SO_3 sind zementgefährlich
Tonerde-, Hochofen-, Eisenportland-, Erz-,
Traß- und Puzzolanzemente . . . . . im allgemeinen widerstandsfähiger
Organische Zuschlagstoffe . . . . . . gut haltbar
Pflanzliche und tierische Schädlinge . . nicht lebensfähig, Pilzbefall in Verbindung mit organischen Stoffen (Klebstoffe, Anstrichstoffe).

Der Angriff von Gips auf andere Stoffe wächst mit zunehmender Feuchtigkeit. Metallteile und -bewehrungen können durch Anstrich mit Asphaltlack, Leinölfirnis od. dgl. geschützt werden. Portlandzementmörtel und -beton insbesondere durch bituminöse Anstriche und Überzüge.

C. Die Prüfung der Rohstoffe, der Bindemittel, der Mörtel und der Gipsprodukte.

Im Abschn. A wurde ein kurzer Überblick über den heutigen Stand der Kenntnisse der kristallstrukturellen Verhältnisse, der Stabilitätsverhältnisse und über den Verlauf der Umwandlungen des Kalziumsulfats und seiner Hydrate gegeben. Daraus ist ohne weiteres ersichtlich, daß für viele Gipsuntersuchungen die verschiedensten Methoden der Chemie, der physikalischen Chemie und der Physik herangezogen werden müssen und daß die Wahl der Untersuchungsmethoden weitgehend von der jeweiligen Problemstellung abhängt. Die nächsten Abschnitte beschränken sich auf die Angaben derjenigen Untersuchungsmethoden, die für die laufenden Prüfungen in den Industrien der Gipsherstellung und -verwertung Bedeutung erlangt haben. Hierzu ist als modernstes Rüstzeug auch die röntgenographische Untersuchung zu rechnen, wofür im Abschn. A die erforderlichen Grundlagen gegeben wurden.

Für die Anwendung einwandfreier Versuchsbedingungen für die Gipsprüfung sind stets die Stabilitätsverhältnisse und Umwandlungsbedingungen im Auge zu behalten, weshalb hierauf im Abschn. A 2 besonders hingewiesen wurde. Insbesondere ist bei Gipsprüfungen der Einfluß der Feuchtigkeit, der Wasserdampftension und der Temperatur stets sorgfältig zu berücksichtigen. Ferner ist der zum Teil außerordentlich starke Einfluß von natürlichen und künstlichen Verunreinigungen und Zusätzen auf die Prüfungsergebnisse zu beachten. Die vorhergehenden Abschnitte enthalten Hinweise auf etwaige Ursachen eines abnormalen Verhaltens von Gipsproben.

1. Die petrographische Untersuchung der Gipsgesteine, der gebrannten Gipse und der Gipsmörtel[1].

a) Gipsgesteine (Rohgips).

Die Ablagerungen von nutzbaren Gipsgesteinen sind Absätze aus seichten Meeren. Teils erfolgte hierbei schon primär aus dem Meerwasser die Ausfällung

---

[1] Bearbeitet von Dr. F. DE QUERVAIN und Dr. P. ESENWEIN: Eidgenössische Materialprüfungs- und Versuchsanstalt, Zürich.

von Gips, teils jedoch wurde zuerst Anhydrit niedergeschlagen, der sich erst sekundär durch Wasseraufnahme in Gips verwandelte. Dadurch enthalten viele Gipsgesteine noch Relikte von Anhydrit beigemengt. Die überall verwandten Bildungsbedingungen erklären die meist gleichartigen *Begleitmineralien* der Gipsgesteine. Am verbreitesten sind: *Kalkspat, Dolomit* und *Tonmineralien,* häufig, wenn meist auch sehr untergeordnet: *Quarz, Pyrit* und *bituminöse Substanzen.* Viel lokaler trifft man etwa noch *Zölestin* und *Aragonit,* ferner vereinzelt an Stellen, die vor späterer Auslaugung geschützt waren, die leicht wasserlöslichen Mineralien der marinen Salzablagerungen, vor allem *Steinsalz,* viel seltener *Polyhalit, Glauberit, Syngenit* u. a. Durch nachträgliche Umwandlungen infolge gebirgsbildender Vorgänge wandeln sich die tonigen Bestandteile der Gipsgesteine sehr leicht in Glimmermineralien um (Muskowit oder Phlogopit); so sind z. B. viele Gipse der innern Alpenregion stark glimmerhaltig. Einem sekundären Reduktionsprozeß verdankt der in vielen Gipsvorkommen auftretende *Schwefel* seine Entstehung. Natürlich trifft man gelegentlich noch zahlreiche andere Mineralien, die jedoch ganz selten von technischem Einfluß sind. Die Begleit*gesteine* der Gipsablagerungen setzen sich ebenfalls zum großen Teil aus den obenerwähnten Mineralien zusammen. Es sind dies vor allem: Dolomite, Rauhwacken, Mergel, Tone, mannigfache Salzgesteine.

Zur *Bestimmung* der *Mineralbestandteile* der Gipsgesteine genügt die Prüfung von bloßem Auge im allgemeinen nicht, nur bei relativ grobkörnigen Formen lassen sich so mit Sicherheit die wesentlicheren Komponenten ermitteln. Eine mikroskopische Prüfung ist indessen stets vorteilhafter und bei feinkörnigem Material ganz unerläßlich. Die mikroskopische Untersuchung an Gipsgesteinen wird am besten am Dünnschliff vorgenommen. Nur in diesem läßt sich außer der Art der Mineralbestandteile auch deren gegenseitiger Verband (Struktur), die Korngröße usw. überblicken. Allerdings erfordern Dünnschliffe von Gipsgesteinen große Vorsicht bei der Herstellung. Es wurde schon oft beobachtet, daß durch die Erwärmung beim Schleifvorgang oder besonders beim Einbetten in stark erhitzten Kanadabalsam der Gips teilweise durch Wasserverlust verändert wurde. Diese Entwässerung (Bildung des Hemihydrats) ist daran zu erkennen, daß die Gipskörner teilweise oder ganz in feinste netz- bis gitterförmig angeordnete Schüppchen von wesentlich höherer Lichtbrechung zerfallen sind. Dadurch tritt natürlich auch eine völlige Verwischung der ursprünglichen Struktur ein, indem die Körnergrenzen nicht mehr zu erkennen sind. Starke Veränderungen in der Ausbildung kann der sehr weiche Gips auch rein mechanisch beim Schleifen erleiden (Verbiegungen, innere Gleitungen).

Steht ein Dünnschliff nicht zur Verfügung, so leistet auch ein Pulverpräparat brauchbare Dienste, für gewisse Bestimmungen ist es sogar ersterem vorzuziehen. Man bettet das von der Probe abgekratzte Pulver von möglichst gleichmäßiger Feinheit (der Feinstaub wird am besten durch Schwenken mit etwas Alkohol entfernt) vorteilhaft in Nelkenöl (Lichtbrechung n um 1,538) oder bei Dauerpräparaten in Kanadabalsam (n um 1,540) oder Kollolith (n um 1,535). Um alle Bestandteile der meist etwas unhomogenen Gipsgesteine zu erfassen, sind natürlich mehrere Präparate notwendig, auch wenn es sich nur um eine Handstückprobe handelt. Unter Umständen ist es zweckmäßig, in einem Sonderpräparat die nicht wasser- und säurelöslichen Bestandteile zu ermitteln.

Die für die Bestimmung der wichtigeren in Gipsgesteinen anzutreffenden Mineralien wesentlichsten Daten sind im folgenden zusammengestellt. Die Zahlenangaben entsprechen Mittelwerten, die unter Umständen etwas veränderlich sind. Die optischen Daten gelten für weißes Licht. Wo nicht anders vermerkt, sind die Mineralien farblos (bzw. weiß) oder dann aber durch geringe Beimengungen mannigfach, aber nicht kennzeichnend gefärbt.

Gips. $CaSO_4 \cdot 2 H_2O$. Monoklin. Härte: $1^1/_2$ bis 2. Dichte: 2,32. Ausbildung: fein- bis grobkörnig, blätterig, faserig, erdig. Lichtbrechung: n_α 1,521, n_β 1,523, n_γ 1,530. Optisch positiv. Achsenwinkel 2 V 58 bis 60°. Optische Orientierung: $n_\beta = b$-Achse, n_γ/c 52°. Ausgezeichnet spaltbar nach dem seitlichen Pinakoid (o10), weniger gut nach (1oo) und (111). Die Spaltblättchen (Pulverpräparat) zeigen den senkrechten Austritt der optischen Normalen; Achsenebene und Hauptspaltbarkeit sind somit parallel. Lichtbrechung stets tiefer als S. 608 erwähnte Einbettungsmittel (Unterscheidungsmerkmal gegenüber Anhydrit auch ohne Polarisationsmikroskop).

Anhydrit. $CaSO_4$. Rhombisch. Härte: 3. Dichte: 2,93. Ausbildung: vorwiegend körnig, auch prismatisch. Lichtbrechung: n_α 1,570, n_β 1,576, n_γ 1,614. Optisch positiv. Achsenwinkel 2 V 42 bis 44°. Optische Orientierung: $n_\beta = b$-Achse. Gut spaltbar (jedoch etwas verschieden) nach drei aufeinander senkrechten Ebenen (Hauptpinakoide). Im Pulverpräparat somit stets Körner senkrecht zu den drei Hauptschwingungsrichtungen feststellbar. Besonders typisch Schnitt senkrecht n_γ (kleiner Achsenwinkel). Lichtbrechung stets höher als erwähnte Einbettungsmittel.

Kalkspat. $CaCO_3$. Rhomboedrisch. Härte: 3. Dichte: 2,72. Ausbildung: extrem fein- bis grobkörnig. Lichtbrechung: $n_\alpha = \varepsilon$ 1,486, $n_\gamma = \omega$ 1,658. Optisch negativ. Gut spaltbar nach einem Rhomboeder (3 gleichwertigen Ebenen). Hauptkennzeichen: extreme Doppelbrechung (Reliefunterschiede beim Drehen des Mikroskoptisches). Größere Körner zeigen durch Zwillingsbildung oft starke Streifung.

Dolomit. $CaMgCO_3$. Rhomboedrisch. Härte: $3^1/_2$. Dichte: 2,87. Ausbildung: fein- bis grobkörnig. Lichtbrechung: $n_\alpha = \varepsilon$ 1,500, $n_\gamma = \omega$ 1,681. Spaltbarkeit wie Kalkspat. Unterscheidung gegenüber diesem nur durch Bestimmung von n_γ (Einbettungsmethode).

Quarz. SiO_2. Rhomboedrisch. Härte: 7. Dichte: 2,66. Ausbildung: meist als Körner, oft eckig. Lichtbrechung: $n_\alpha = \omega$ 1,544, $n_\gamma = \varepsilon$ 1,553. Optisch positiv. Nicht spaltbar, muscheliger Bruch. Öfters undulöse Auslöschung.

Weißer Glimmer (Muskowit). Wasserhaltiges K-Al-Silikat, meist etwas Mg und Fe führend. Härte: $2^1/_2$ bis 3. Dichte: 2,76 bis 2,9. Lichtbrechung: n_α 1,55 bis 1,57, n_β 1,58 bis 1,59, n_γ 1,59 bis 1,61. Optisch negativ. Achsenwinkel: 40 bis 45°. Ausgezeichnet spaltbar parallel der Basis der Blättchen. Blättchen zeigen Austritt der spitzen Bisektrix (kleiner Achsenwinkel).

Hellbrauner Glimmer (Phlogopit). Wasserhaltiges K-Al-Mg-Silikat. Härte: $2^1/_2$ bis 3. Dichte: 2,8 bis 2,9. Ausbildung: blätterig. Lichtbrechung: n_α 1,54 bis 1,55, n_γ 1,57 bis 1,58. Optisch negativ. Achsenwinkel: o bis 10°. Spaltbarkeit usw. wie Muskowit.

Steinsalz. NaCl. Kubisch. Härte: 2. Dichte: 2,16. Ausbildung: körnig, selten faserig. Lichtbrechung: n 1,544. Ausgezeichnet spaltbar nach den drei Würfelflächen.

Polyhalit. $Ca_2MgK_2(SO_4)_4 \cdot 2 H_2O$. Triklin. Härte: 3. Dichte: 2,78. Ausbildung: faserig oder tafelig. Lichtbrechung n_α 1,547, n_β 1,560, n_γ 1,567. Optisch negativ. Achsenwinkel: 62°. Spaltbar nach zwei Richtungen. Zwillingslamellen.

Glauberit. $Na_2Ca(SO_4)_2$. Monoklin. Härte: 3. Dichte: 2,85. Ausbildung: tafelig oder prismatisch. Lichtbrechung: n_α 1,515, n_β 1,535, n_γ 1,536. Optisch negativ. Achsenwinkel 2 V 7°. Gute Spaltbarkeit fast senkrecht auf spitze Bisektrix.

Syngenit. $K_2Ca(SO_4)_2 \cdot H_2O$. Monoklin. Härte: $2^1/_2$. Dichte: 2,58. Ausbildung: prismatisch. Lichtbrechung: n_α 1,501, n_β 1,517, n_γ 1,518. Optisch negativ. Achsenwinkel 2 V 28°. Spaltbar nach 2 Ebenen. Oft Zwillinge.

Schwefel. S. Rhombisch. Härte: 2. Dichte: 2,06. Ausbildung: Kristalle, Körneraggregate. Lichtbrechung: n_α 1,96, n_β 2,04, n_γ 2,24. Optisch positiv. Achsenwinkel: 68°. Schlecht spaltbar nach verschiedenen Ebenen. Gelbe Farbe.

Pyrit. FeS_2. Kubisch. Härte: 6 bis $6^1/_2$. Dichte: 5,0. Ausbildung: würfelige oder dodekaedrische Kristalle. Körner opak. Speisgelbe Farbe. Leicht zu Limonit verwitternd.

Tonmineralien. Vorwiegend wasserhaltige Al-Silikate. Optisch in Gipsgesteinen nicht genauer bestimmbar. Bilden trübe, äußerst feinkristalline bis amorphe Massen.

Bituminöse Substanzen. Kohlenwasserstoffe, teilweise oxydiert. Amorph, braun bis schwärzlich. Optisch nicht bestimmbar.

Die *Struktur* der nutzbaren Gipsgesteine ist vor allem durch die Korngröße und Ausbildungsweise des Minerals Gips bestimmt. Da dieses Mineral sich durch große Mannigfaltigkeit auszeichnet, sind auch die Strukturen sehr verschiedenartig. Es gibt kompakte und feinporige (erdige) Gipsgesteine. Man begegnet gleichkörnigen, ungleichkörnigen (porphyrischen), schuppigen, faserigen Strukturen von feinerem oder gröberem Korn. Die Begleitmineralien sind sehr oft nicht gleichmäßig im Gipsgestein verteilt, sondern in Lagen oder unregelmäßigen Schlieren angereichert.

b) Gebrannte technische Gipsprodukte [1].

Die petrographische Untersuchung beschränkt sich bei diesen Materialien in der Hauptsache auf mikroskopische Untersuchung von Pulverpräparaten. Als Immersionsflüssigkeiten werden vorteilhaft solche gewählt, die der mittleren Lichtbrechung des einen oder anderen Hauptminerals entsprechen. Dadurch wird dieses in parallelem Licht zufolge des geringen Reliefs fast zum Verschwinden gebracht, während die übrigen Gemengteile sich durch ihr Relief deutlich abheben. So zeigt z. B. Gipsdoppelhydrat in Nelkenöl ($n = 1{,}538$) nur ganz schwache Konturen, während Hemihydrat zufolge seiner höheren Lichtbrechung ein deutliches Relief erhält. Selbstverständlich müssen für die Untersuchung dieser meist sehr feinkörnigen Mahlprodukte stärkere Vergrößerungen (200- bis 800fach) gewählt werden. Die Charakterisierung erfolgt, da ja fast ausschließlich zerbrochene Kristalle vorliegen, im wesentlichen an Hand ihrer Spaltrichtungen sowie Licht- und Doppelbrechung.

In nachstehender Tabelle sind die wichtigsten, für die Untersuchung von Pulverpräparaten erforderlichen kristallographischen und optischen Daten der bekannten natürlichen und künstlichen Gipsminerale zusammengestellt.

Tabelle 2. Gipsminerale und ihre Eigenschaften.

Kristallart, Formel	Kristallsystem	Spaltrichtungen Ausbildung	Opt. Charakter	Brechungsindizes			Optische Orientierung	Achsenwinkel $2V$
				n_α	n_β	n_γ		
Gips, $CaSO_4 \cdot 2H_2O$	monokl.	(010) (100) (111)	+	1,521	1,523	1,530	$n_\beta \parallel b$ $n_\gamma/c = 52°$	58 bis 60°
Gips-Halbhydrat $CaSO_4 \cdot 1/2 H_2O$	monokl. pseudo-trigonal	schuppig-faserig pseudomorph nach Gips		1,559	1,5595	1,5836	$c \parallel n_\gamma$	14°
Löslicher Anhydrit $CaSO_4$		schuppig-faserige Pseudomorphosen nach Gips, sehr ähnlich Halbhydrat	+	1,495	1,495	1,552	$c \parallel n_\gamma$	fast 0
Stabiler Anhydrit $CaSO_4$				sehr ähnlich Halbhydrat, Licht- und Doppelbrechung jedoch etwas höher				
Hochtemperatur-Anhydrit $CaSO_4$ (totgebrannter Gips)								
Natürlicher Anhydrit $CaSO_4$	rhombisch	(001) (010) (100) rechteckige Spaltblättchen	+	1,570	1,576	1,614	$n_\alpha \parallel c$ $n_\beta \parallel b$	42 bis 44°

α) Stuckgips.

Mikroskopische Merkmale. Das Hauptmineral des Stuckgipses, das *Halbhydrat,* besteht vorwiegend aus Pseudomorphosen feinschuppiger bis faseriger Aggregate nach Gipskristallfragmenten. Diese Halbhydratschuppen zeigen meist deutliche Parallelverwachsungen, die besonders zwischen gekreuzten Nicols leicht sichtbar werden. Auf Grund dieser charakteristischen Struktur sowie seiner merklich höheren Licht- und Doppelbrechung (s. Tabelle 2) ist das Halbhydrat leicht von oft noch vorhandenen Relikten von Gipsdoppelhydrat zu unterscheiden. Oft sind im technischen Stuckgips unvollständige Pseudomorphosen von Halbhydrat nach Gips (größere Gipsbruchstücke mit peripherisch eingelagerten (Halbhydratfasern) zu beobachten Mikroaufnahme Abb. 8).

Die mikroskopische Unterscheidung zwischen Halbhydrat und *löslichem Anhydrit* ist schwieriger, weil beide praktisch gleiche Struktur besitzen. Unterschiede bestehen nur in der geringeren Licht- und höheren Doppelbrechung des

---

[1] Larsen, E. S.: Microscopic Examination of Raw and Calcined Gypsum. Proc. Amer. Soc. Test. Mater. 1923.

Anhydrits, die bei geeigneter Immersion und zwischen gekreuzten Nicols festgestellt werden können.

Dagegen ist natürlicher *Anhydrit* von allen zuvor genannten Kristallarten
auch im Stuckgips zufolge seiner spezifischen Spaltformen (rechteckige Blättchen
mit geradliniger Begrenzung und meist konstanter Interferenzfarbe) sowie seiner
merklich höheren Licht- und Doppelbrechung leicht zu unterscheiden. Irgendwelche Anzeichen einer Umwandlung beim Brennprozeß sind an diesem Mineral
nicht festzustellen.

Die *natürlichen Verunreinigungen* des Rohmaterials wie Fragmente von Kalkstein, Dolomit, Quarz, Glimmer, Pyrit, Schwefel, Tonminerale usw. werden
durch den Brennprozeß nicht verändert und sind deshalb mikroskopisch im
Stuckgips in gleicher Weise wie im Gipsgestein zu identifizieren.

β) Estrichgips.

Die mikroskopische Untersuchung erfolgt in analoger Weise wie die des
Stuckgipses.

Die Hauptminerale des Estrichgipses sind *stabiler* und löslicher Anhydrit,
letzterer zumeist nur in geringerem Anteil. Gipsdoppelhydrat und -halbhydrat
fehlen meist vollständig.

In gut gebranntem Estrichgips läßt der Anhydrit eine dem Halbhydrat sehr
ähnliche Struktur erkennen, d. h. er besteht ebenfalls aus parallel verwachsenen
schuppig-faserigen Aggregaten, doch zeigen dieselben zumeist eine strengere
Orientierung, so daß oft größere Körner vorliegen, die fast einheitlich auslöschen.
Diese Aggregate zeigen auch merklich höhere Licht- und vor allem Doppelbrechung als das Halbhydrat und nähern sich damit schon ziemlich den optischen
Eigenschaften des natürlichen Anhydrits. Von diesem unterscheidet sie jedoch
die immer noch deutliche Faserstruktur (Mikroaufnahme Abb. 9).

An natürlichen Verunreinigungen läßt der Estrichgips meist in wechselnden
Mengen Kalziumoxyd und evtl. Magnesiumoxyd (Brennprodukte von Kalkstein
und Dolomit) erkennen. Diese Komponenten sind zufolge ihrer körnig dichten
Struktur und der sehr hohen Lichtbrechung deutlich von allen andern zu unterscheiden. Kalziumoxyd wird durch Nelkenöl randlich intensiv gelb angefärbt.

Quarz, Tonminerale und weitere Silikate treten auch im Estrichgips praktisch
gleich auf wie im Gipsgestein und im Stuckgips, da sie auch beim stärkeren
Erhitzen keine mikroskopisch sichtbare Veränderung erfahren.

Besondere Estrichgips-Spezialprodukte wie „Marmorzement", „Keene-
zement" usw. lassen oft mikroskopisch die Art der künstlichen Zusätze wie
Borax, Alaun usw. deutlich feststellen.

c) Abgebundene Gipsmörtel.

Normaler Gipsmörtel besteht aus einem sehr feinkörnigen filzigen Aggregat
winziger Gipsdoppelhydratkristalle, deren gegenseitige Verwachsung und
Durchdringung die Festigkeit des Mörtels weitgehend bedingt.

Die mikroskopische Untersuchung solcher Mörtelproben erfolgt nach vor-
gängiger Trocknung (nicht über 50° C) am einfachsten ebenfalls in Pulverpräparaten mit starker Vergrößerung (200- bis 800fach).

Solche Präparate zeigen sehr deutlich die winzigen, stets deutlich leistenförmigen Gipskriställchen und ihre gegenseitige filzige Verwachsung.

Diese beim Abbinden und Erhärten entstandenen Gipskriställchen besitzen
stets recht deutliche Eigenform, d. h. Kristallformen wie sie beim freien Wachstum aus der übersättigten Lösung entstehen. Während also bei der Dehydrierung
des Gipses zum Hemihydrat oder Anhydrit ausgesprochene Pseudomorphosen-
bildung auftritt, handelt es sich bei der Rehydrierung im Mörtel um eine

Umwandlung über den Lösungsweg (Mikroaufnahme Abb. 10). Im Gegensatz hierzu findet in den Estrichgipsmörteln eine längs der Korngrenzen der An-

Abb. 7. Fasergips mit Anhydritrelikten. (Anhydrit hat höhere Lichtbrechung und 2 senkrecht zueinander stehende Spaltbarkeiten.)

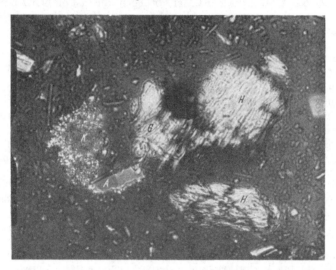

Abb. 8. Pulverpraparat von technischem Stuckgips. Vergr. 600fach, gekreuzte Nicols. Immersionsmittel Cedernholzol. K Kalksteinfragment; A naturlicher Anhydrit; H Pseudomorphosen von Halbhydrat nach Gipsdoppelhydrat; G nur randlich umgewandeltes Gipskristallfragment.

hydritkristalle verlaufende, allmähliche Umwandlung in feinkörnige, dichte Doppelhydrat-Aggregate statt.

Größere, unregelmäßig begrenzte Kristallfragmente von Gipsdihydrat im abgebundenen Mörtel lassen auf Gipsrückstände im Stuckgips (unvollständige Brennung) schließen. Faserige, nichthydrierte Anhydritaggregate weisen oft auf die Gegenwart von totgebranntem Gips im Stuck- oder Estrichgips hin.

Der natürliche Anhydrit ist zumeist in unveränderter Form im Gipsmörtel wiederzufinden, ebenso auch die weiteren Verunreinigungen wie Kalksteinfragmente (im Estrichgips karbonatisiert der gebrannte Kalk allmählich an der Luft), Quarz, Silikate.

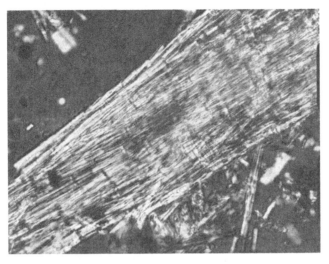

Abb. 9. Pulverpräparat von technischem Estrichgips. Vergr. 6oofach, gekreuzte Nicols. Immersion in Nelkenol.
Großes Kristallaggregat von kunstlichem Anhydrit („stabile" Form).

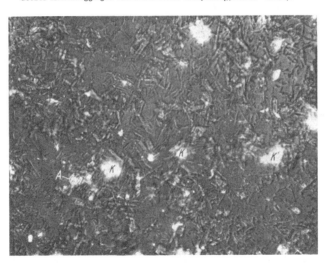

Abb. 10. Pulverpräparat von abgebundenem technischem Gipsmörtel (Stuckgips). Vergr. 6oofaoh, Nicols gekreuzt.
Immersion in Zimmtöl. Hauptbestandteile: relativ idiomorphe leistenformige Gips-Doppelhydratkristallchen; daneben
Kalzit (K) und naturlicher Anhydrit (A).

2. Die chemische Prüfung der Gipse[1].

a) Chemische Analyse von Rohgips und Gipsprodukten.

α) Gesamtanalyse.

Für normale chemische Analysen von Gipsstein und Gipsprodukten werden zumeist die bekannten Methoden der Silikat- und Mörtelanalyse angewendet. Im folgenden wurde deshalb von einer ausführlichen Wiedergabe derselben

---

[1] Bearbeitet von Dr. P. ESENWEIN u. Dr. H. SCHWARZ: Eidgenössische Materialprüfungs- und Versuchsanstalt, Zürich.

abgesehen und nur die allgemeinen Richtlinien für die einzelnen Bestimmungen angedeutet.

Feuchtigkeit. 20 bis 30 g der Probe werden entweder im Exsikkator über konzentrierter Schwefelsäure oder dann im Trockenschrank bei 50° C bis zur Gewichtskonstanz getrocknet.

Salzsäure-unlösliche Anteile + SiO_2. 1 g der Probe wird in einer Porzellanschale mit 100 cm³ Salzsäure (1:4) versetzt und auf dem Wasserbad zur Trockne eingedampft [1]. Dann 2 h im Trockenschrank bei 120° getrocknet, mit einigen Tropfen konzentrierter Salzsäure digeriert, mit heißem Wasser aufgenommen und in ein 250 cm³-Kölbchen abfiltriert. Der Rückstand wird mit heißem Wasser gewaschen, im Platintiegel verascht und gewogen.

Sesquioxyde. Diese werden in einem aliquoten Teil des erhaltenen Filtrates (z. B. 100 cm³) durch doppelte Fällung mit Ammoniak in Gegenwart von viel Ammonchlorid in gewohnter Weise gravimetrisch ermittelt. Bei größerem Sesquioxydgehalt wird nachträglich eine Trennung derselben (Aufschmelzen mit Kaliumpyrosulfat und separate Bestimmung des Fe_2O_3, wenn nötig auch des P_2O_5, nach den üblichen Methoden) durchgeführt.

Kalziumoxyd. CaO wird im Filtrat der Sesquioxyde mit Oxalsäure oder mit Ammoniumoxalat in ammoniakalischer Lösung in der Hitze als Kalziumoxalat gefällt. Nach dem Erkalten wird filtriert, mit Wasser gewaschen und anschließend entweder im Platintiegel zu CaO verascht und gewogen oder dann nach Auflösung des gewaschenen Kalziumoxalats in heißer, verdünnter Schwefelsäure (1:40) dasselbe mit n/10 Kaliumpermanganatlösung titriert. 1 cm³ n/10 $KMnO_4$-Lösung = 0,0028 g CaO.

Magnesiumoxyd. Das Filtrat des Kalziumoxalatniederschlages wird mit Ammonium- oder Natriumphosphatlösung versetzt, stark ammoniakalisch gemacht, kräftig gerührt bis der Niederschlag erscheint und über Nacht stehen gelassen. Filtrieren und Auswaschen mit einer 2,5%igen Ammonnitratlösung. Veraschen im Platin- oder Quarztiegel, kräftig glühen und wägen als Magnesiumpyrophosphat. Faktor zur Umrechnung auf MgO: $F = 0,3621$.

Schwefelsäureanhydrid. SO_3 wird in einem weiteren aliquoten Teil (z. B. 100 cm³) des ersten Filtrates in der Hitze mit 10%iger Bariumchloridlösung gefällt, durch ein dichtes Filter filtriert, mit verdünnter Salzsäure gewaschen, über schwacher Flamme verascht, kurz geglüht und als $BaSO_4$ gewogen. Faktor zur Umrechnung auf SO_3: $F = 0,343$.

Kohlendioxyd. Die Bestimmung des CO_2 erfolgt am sichersten mittels der direkten Methode nach Fresenius-Classen [2] durch Zersetzung der enthaltenen Karbonate mit heißer Salzsäure und anschließende Absorption des freigemachten und getrockneten CO_2 im Natronkalkrohr. Die gasvolumetrische Bestimmung des CO_2 (z. B. nach Lunge und Marchlewski [3] oder analogen Methoden) ergibt normalerweise ebenfalls gute Resultate bei etwas geringerem Zeitaufwand. Sie versagt jedoch beim Vorhandensein von merklichen Mengen von Magnesit ($MgCO_3$) in der Gipsprobe, d. h. sie ergibt dann zu niedrige CO_2-Werte.

Chlor (Chloridgehalt). 1 bis 3 g der Probe werden mit 100 cm³ destilliertem Wasser aufgekocht, filtriert und gewaschen, das Filtrat mit einigen Tropfen Kaliumchromatlösung versetzt und mit n/20 Silbernitratlösung bis zum Farbumschlag titriert (Methode von Fr. Mohr [4]). 1 cm³ n/20 $AgNO_3$-Lösung = 0,001773 g Cl.

---

[1] Ein gelegentlich bei Estrichgips auftretender Geruch nach H_2S weist auf die Gegenwart von schädlichem (zu Treiberscheinungen führenden) Kalziumsulfid hin.

[2] Treadwell: Analytische Chemie. Bd. 2, S. 326.

[3] Treadwell: Analytische Chemie. Bd. 2, S. 332.

[4] Treadwell: Analytische Chemie. Bd. 2, S. 615.

Konstitutionswasser. Die Bestimmung des chemisch gebundenen Wassers erfolgt an 2 bis 4 g des zuvor bei 50° getrockneten Gipses durch Austreiben desselben in einem Verbrennungsrohr aus schwer schmelzbarem Glas während 15 bis 20 min bei einer Temperatur von 350° C. Das ausgetriebene Wasser wird durch einen getrockneten schwachen Luftstrom aus dem Verbrennungsrohr abgeführt und in einem mit Kalziumchlorid beschickten *U*-Rohr absorbiert. Die Gewichtszunahme des letzteren nach dem Versuch ergibt den Gehalt an Konstitutionswasser.

Freier Kalk. Die Bestimmung des freien Kalziumoxydes ist insbesondere bei der Untersuchung von Estrichgips erforderlich, weil bei dessen Herstellung praktisch alles enthaltene Karbonat in CaO bzw. MgO umgewandelt wurde. Die Bestimmung erfolgt am einfachsten mittels der Glykolatmethode nach SCHLÄPFER und BUKOWSKI[1] durch Schütteln von 0,5 bis 1 g Gips mit 40 cm^3 reinstem, wasserfreiem Äthylenglykol bei 70 bis 80° C während 30 min in einem verschlossenen Rundkölbchen, Filtrieren mit Porzellannutsche, Auswaschen mit absolutem Alkohol und titrieren mit n/10 Salzsäure in Gegenwart von Naphtholphthalein und Phenolphtalein. 1 cm^3 n/10 Salzsäure = 0,0028 g CaO. MgO und Mg(OH)$_2$ werden von der Bestimmung nicht erfaßt, wohl aber freie Alkalien und Alkalikarbonate.

β) Technische Analyse.

Bei der technischen Analyse beschränkt man sich zumeist auf die Bestimmung des Gehaltes an SO$_3$ und Konstitutionswasser und berechnet dann aus diesen Komponenten den theoretischen Gipsgehalt (Doppelhydrat, Halbhydrat und Anhydrit) der Probe. Die Differenz der Summe (CaSO$_4$ + H$_2$O) zu 100% ergibt den Nicht-Gipsgehalt oder die Verunreinigungen der Gipsprobe.

Die Bestimmung der Bestandteile: SO$_3$ und Konstitutionswasser erfolgt in gleicher Weise wie unter α) Gesamtanalyse angegeben.

b) Quantitative Bestimmung der verschiedenen Hydratstufen in gebranntem Gips, Gipsmörteln und Gipsprodukten.

Die Ermittlung der verschiedenen Kristallarten des Systems CaSO$_4$—H$_2$O nebeneinander in gebrannten Gipsprodukten beruht auf deren unterschiedlicher Reaktionsgeschwindigkeit mit Wasser.

Bei Temperaturen unter 35° C wird der lösliche Anhydrit in relativ kurzer Zeit in feuchter Luft in das Hemihydrat umgesetzt, wobei gleichzeitig keine merkliche Umwandlung des Hemihydrats in Doppelhydrat stattfindet. Letztere Reaktion verläuft jedoch rasch bei direktem Wasserzusatz im Überschuß. Die Hydratation des stabilen Anhydrits zum Doppelhydrat verläuft unter gleichen Bedingungen bedeutend langsamer, während in der gleichen Zeit totgebrannter Gips und natürlicher Anhydrit noch keine merkliche Wasseraufnahme feststellen lassen. Natürlich überlagern sich die Hydratationsvorgänge der verschiedenen Kristallarten einigermaßen, so daß jede auf diesem Prinzip beruhende Bestimmungsmethode theoretisch nicht völlig einwandfrei ist und je nach Handhabung mit mehr oder weniger großen Fehlern behaftet ist. In der Praxis wurden jedoch z. B. mit der nachstehend angeführten Vorschrift (von der Gips Union A.-G. übernommen) recht zufriedenstellende und reproduzierbare Resultate erhalten.

α) Gehalt an löslichem Anhydrit und an Feuchtigkeit.

10 g Stuckgips werden 24 h lang in einem Gefäß mit 90% relativ feuchter Luft gelagert und anschließend bei 50° C bis zur Gewichtskonstanz getrocknet.

---

[1] SCHLÄPFER, P. u. R. BUKOWSKI: Bericht Nr. 63 der Eidg. Materialprüfungsanstalt Zürich, 1933.

Beobachtung:	*Schlußfolgerung:*

1. Gewichtszunahme A g: Gegenwart von löslichem Anhydrit.
2. Gewichtskonstanz: Abwesenheit von löslichem Anhydrit und Feuchtigkeit.
3. Gewichtsabnahme A'g: Abwesenheit von löslichem Anhydrit, Gegenwart von Feuchtigkeit.

Berechnung:

$$\text{Gew.-\% löslicher Anhydrit} = A \cdot 15{,}11 \cdot 10 = x\%,$$
$$\text{Gew.-\% Feuchtigkeit} = A' \cdot 10 = F\%.$$

β) Gehalt an Halbhydrat.

10 g Gips werden mit 8 bis 10 cm³ destilliertem Wasser versetzt, nach 30 min Reaktionszeit in den Trockenschrank gestellt und bei 50° C bis zur Gewichtskonstanz getrocknet.

Beobachtung: Gewichtszunahme B g.

Berechnung:

1. Fall (Gegenwart von löslichem Anhydrit)
$$\text{Gew.-\% Halbhydrat} = (B - 4A) \cdot 5{,}37 \cdot 10 = y\%.$$
2. Fall (kein löslicher Anhydrit und keine Feuchtigkeit)
$$\text{Gew.-\% Halbhydrat} = B \cdot 5{,}37 \cdot 10 = y\%.$$
3. Fall (Feuchtigkeit)
$$\text{Gew.-\% Halbhydrat} = (B + A') \cdot 5{,}37 \cdot 10 = y\%.$$

γ) Gehalt an stabilem Anhydrit.

10 g der Probe werden mit 10 cm³ destilliertem Wasser beschickt, das Reaktionsgefäß (Wägeglas) bedeckt und 72 h stehen gelassen. Hernach wird die Probe bei 50° C bis zur Gewichtskonstanz getrocknet. Eine Wasseraufnahme $C > B$ g weist auf Gehalt an stabilem (aktivem) Anhydrit hin, dessen Hydratationszeit konventionsgemäß zu 1 bis 72 h festgelegt wird.

Berechnung. Gew.-% stabiler Anhydrit $= (C - B) \cdot 3{,}78 \cdot 10 = Z\%.$

δ) Gehalt an Gipsdoppelhydrat.

Dieser wird berechnet aus der Differenz totaler Wassergehalt (P) der Probe minus Wassergehalt des Halbhydrates $\left(\dfrac{B-4A}{3} \text{ bzw. } \dfrac{B+A'}{3}\right)$ minus Feuchtigkeitsgehalt A' in Gramm, also

$$\text{Gew.-\% Doppelhydrat} = \left(P - \frac{B-4A}{3}\right) 4{,}78 \cdot 10 = G\%$$

oder

$$\text{Gew.-\% Doppelhydrat} = \left(P - \frac{B+4A'}{3}\right) 4{,}78 \cdot 10 = G\%.$$

ε) Gehalt an totgebranntem Gips + natürlichem Anhydrit.

Dieser berechnet sich aus der Differenz des durch die chemische Analyse gefundenen totalen $CaSO_4$-Gehaltes (K) minus dem für die übrigen Komponenten benötigten $CaSO_4$-Gehalt.

Gew.-% totgebrannter Gips + natürlicher Anhydrit
$$= \text{Gew.-\% } T + N = 10\,K - (x + 0{,}94\,y + Z + 0{,}79\,G).$$

ζ) *Beispiele.*

Einwaage je 10,0 g	I	II
Gewichtsveränderung nach Lagerung in feuchter Luft und anschließendem Trocknen	g $A = 0,094$	g $A' = 0,173$
30 min im Wasser und getrocknet	$B = 1,632$	$B = 1,532$
3 Tage im Wasser und getrocknet	$C = 1,760$	$C = 1,583$
Totaler Wassergehalt	$P = 0,435$	$P = 0,766$
Totaler $CaSO_4$-Gehalt	$K = 9,050$	$K = 9,104$
Berechneter Mineralbestand:	%	%
Feuchtigkeit (F)	—	1,7
löslicher Anhydrit (x)	14,2	—
Halbhydrat (y)	67,4	91,6
Stabiler Anhydrit (Z)	4,8	1,9
Doppelhydrat (G)	0,8	1,2
Natürlicher Anhydrit + totgebr. Gips ($N + T$)	7,6	2,1
Total $CaSO_4$-Verbindungen	94,8	98,5
Verunreinigungen (Differenz von 100%)	5,2	1,5

3. Die physikalische Prüfung der Gipse.

Die Durchführung der Prüfung der Gipse erfolgt in weitgehender Anlehnung an die Prüfung hydraulischer Bindemittel; es werden dafür meist die gleichen Apparate verwendet (vgl. Abschn. IV und V).

Gebrannter Gips muß trocken gelagert werden. Gute Haltbarkeit in verschlossenen Büchsen, Fässern und Säcken mit Asphaltzwischenlage. Papiersäcke sind besser als Jutesäcke. Schon geringe Wasseraufnahme (etwa > 0,2%) gibt Rückgang der Festigkeit, Bindezeit und Plastizität. Feine Mahlung, hygroskopische Beimengungen und Tongehalt vergrößern die Empfindlichkeit gegen Altern. Normenproben sind innerhalb eines Monats nach Herstellung des Gipses auszuführen.

Auf die Entnahme einer guten Durchschnittsprobe ist besondere Sorgfalt zu verwenden. Aus Säcken und Fässern erfolgt die Entnahme zu gleichen Teilen von der Mitte und außen, diese Proben werden gründlich vermischt und durch sukzessives Verteilen und Mischen wird schließlich das Prüfmaterial entnommen.

Da Gips sehr empfindlich auf die geringsten Verunreinigungen reagiert, sind alle Werkzeuge, Modelle, Apparate usw. sorgfältig rein zu halten und speziell von allen Spuren von abgebundenem Gips zu befreien. Als Anmachwasser ist nur reines Wasser, am besten destilliertes Wasser zu verwenden.

Grundsätzlich sind zur Kontrolle alle Prüfungen mindestens zweimal durchzuführen.

a) Bestimmung der Mahlfeinheit[1].

Durch genormte Siebe (DIN 1171, USA.: A.S.T.M. E 11) wird ein bestimmtes Quantum (100 g für feines Material, 1000 g für grobes Material, z. B. Rohgips) von Hand oder maschinell (z. B. Apparate von FÖRDERREUTHER, STORRER usw.) durchgesiebt und der Rückstand in Gewichtsprozenten bestimmt. Das Material soll durch das Sieben möglichst wenig zerkleinert werden, aus diesem Grund ist Bürsten und Pinseln zu unterlassen. Es sind stets gereinigte Siebe zu verwenden und die zu prüfenden Muster sollen trocken sein. Die Siebung ist beendet, wenn auf einen untergelegten, schwarzen Glanzpapierbogen kein Staub mehr durchfällt. Eine genauere Festlegung für die Beendigung der Siebung ergibt sich durch sukzessive Wägungen (z. B. Gewichtsverlust nach 200 Doppelbewegungen $\leq 0,1$%).

---

[1] GESSNER, H.: Die Schlämmanalyse. Leipzig 1931.

Die für die Prüfung normalerweise verwendeten Siebe sind in der Normentabelle, Abschn. D, S. 636, angegeben. Gelegentlich werden auch noch feinere Siebe verwendet, doch ist deren Gebrauch zeitraubend infolge der Neigung zum Verstopfen der Maschen.

Der Rückstand auf dem DIN-Sieb von 0,20 mm Maschenweite beträgt für

feingemahlenen Gips . . . . 0 bis 10%

mittelgemahlenen Gips . . . 10 bis 25%

grobgemahlenen Gips . . . 25 bis 50%

Eine feinere Klassifikation der Kornfraktionen, wie dies für wissenschaftliche Untersuchungen oft erwünscht ist, wird durch die *Windsichtung* und die *Schlämmanalyse* erzielt. Bei beiden Verfahren wird die Körnchengröße nach dem Gesetz von Stokes berechnet:

$$v = \frac{10^{-8} \cdot g}{18} \cdot \frac{(\sigma - p) \, D^2}{\eta} \quad \text{(cgs-Einheiten)},$$

$v =$ Fallgeschwindigkeit in cm/s der Teilchen durch ein gasförmiges oder flüssiges Medium,

$g =$ Gravitationskonstante in dyn/g,

$\sigma =$ Dichte des festen Stoffes,

$p =$ Dichte des Mediums (Luft ~ 0, absoluter Alkohol $\sim 0,8$),

$D =$ Durchmesser des kugelförmig angenommenen festen Teilchens in μ (10^{-4} cm),

$\eta =$ Viskosität des Mediums in absoluter Einheit.

Als Sichtungsmedium wird hauptsächlich Luft oder absoluter Alkohol verwendet.

b) Bestimmung der Einstreumenge und der Normalkonsistenz.

100 g reines Wasser von 15 bis 20° C werden in ein trocknes Glas von 60 mm lichter Höhe und 70 mm innerem Durchmesser gegossen. Hierbei darf die obere Wandung des Glases nicht bespritzt werden, da der Gips beim Einstreuen an den Spritzern haften bleibt und hierdurch Fehler entstehen. Man streut den Gips während $1\frac{1}{2}$ bis 2 min lose ein, bis der Wasserspiegel verschwindet und eine dünne, trockene Gipsschicht 3 bis 5 s lang sichtbar bleibt, worauf das Gewicht des eingestreuten Gipses durch Wägung bestimmt wird.

In den USA. erfolgt die Bestimmung der Normalkonsistenz mit einem modifizierten Vicat-Apparat (s. Abschn. D).

In Rußland wird das Viskosimeter von Southard verwendet. Der Apparat besteht aus einem polierten Messingzylinder von 5,08 cm Innendurchmesser und 10,15 cm Höhe an einer genau horizontalen Glasplatte, auf der eine Reihe konzentrischer Kreisringe mit Durchmessern von 6 bis 20 cm eingetragen sind. Vor dem Versuch wird die Glasplatte mit einem Lappen befeuchtet. Der Zylinder wird mit Gipsbrei genau gefüllt. Dieser hat Normalkonsistenz, wenn sich nach Entleeren des Zylinders auf dem Glas ein Kuchen von 12 cm Dmr. bildet.

Die nach obigen Angaben ermittelten Mischungsverhältnisse des Gipsbreis werden jeweils bei den weiteren Normenprüfungen beibehalten.

Der normale Wasseranspruch beträgt für Baugips 60 bis 100%, für Estrichgips 20 bis 60%.

Für die Untersuchung der *Plastizität und Konsistenz von Gipsmörteln* dient der *Plastizimeter* von Emley[1], das *Setzmaß* nach Abheben einer Kegelmantelform (z. B. von 2'' Höhe, $2\frac{3}{4}$'' oberem und 4'' unterem Durchmesser), sowie das *Ausbreitmaß*[2] (z. B. nachdem ein Fließtisch mit dem in oben bezeichneter Form hergestellten Kegelstumpf von Mörtel innerhalb 15 s 25mal um $\frac{1}{2}$'' gehoben und wieder fallen gelassen wurde. Ein weiterer Konsistenzversuch besteht darin, daß 100 g Gipsbrei aus 10 cm Höhe auf eine Glasplatte gegossen werden, wonach Dicke und Durchmesser des sich bildenden Kuchens beobachtet werden.

---

[1] ASTM Standards C 6—31 for Hydrated Lime.

[2] ASTM Tentative Specifications C 91—32 T for Masonry Cement.

Plastizität, Wasseranspruch und Ergiebigkeit (d. h. Volumen des trockenen Endproduktes je Einheitsgewicht Gips) wachsen mit Reinheit und Feinheit des verwendeten Gipses und werden durch lange Branddauer sowie durch lange Lagerung desselben herabgesetzt. Von den Verunreinigungen ist $CaCO_3$ am unschädlichsten. Je größer Plastizität und Wasseranspruch, um so weniger wird die Verarbeitbarkeit durch Magerungsmittel herabgesetzt.

c) Beobachtung der Abbindeverhältnisse.
(Vgl. Normen, Abschn. D, S. 637.)

Die *Gießzeit* ist der Zeitraum, vom Beginn des Einstreuens an gerechnet, bis zu welchem sich der Gipsbrei noch gießen läßt. Sie gilt als erreicht, wenn die Ränder von Messerschnitten in einem Kuchen von Normalbrei nicht mehr zusammenfließen bzw. wenn die Ränder der Einstiche der VICAT-Nadel nicht mehr zusammenfließen.

Der Zeitraum, vom Beginn des Einstreuens an gerechnet, während welchem der Gips noch streichfähig ist, heißt *Streichzeit*. Sie gilt als erreicht, wenn mit einem Messer vom Gipskuchen abgeschnittene, 2 mm dicke Späne abzubröckeln beginnen, oder wenn die VICAT-Nadel nur noch um ein normiertes Maß in den Brei eindringt. Normalerweise beträgt für Baugips die Gießzeit 5 bis 10 min, die Streichzeit 15 bis 20 min, für Estrichgips bzw. $^1/_2$ h und 4 bis 8 h.

Das *Abbindeende* gilt als erreicht, wenn sich der Kuchen, ohne zu zerbrechen, von der Glasunterlage abheben läßt, oder wenn die VICAT-Nadel nur noch um ein geringes, normiertes Maß in den Gips eindringt.

Die genaue Messung der *Temperaturerhöhung* in abbindendem Gipsbrei ergibt wertvolle Aufschlüsse über die Abbindeverhältnisse. Sogleich nach dem Einstreuen zeigt oft eine geringe Temperaturerhöhung die Umwandlung von Halbanhydrit in Hemihydrat an, worauf die Temperatur bis zum Abbindebeginn ziemlich gleich bleibt, um dann plötzlich stark anzusteigen. Der Zeitpunkt der maximalen Temperaturerhöhung stimmt recht gut mit dem Abbindeende nach VICAT überein. Bei gleichartigen Gipsprodukten erlaubt die Höhe des Temperaturanstieges einen qualitativen Schluß auf die zu erwartende Festigkeit.

Kalorimetrische Messungen der Hydratisierungswärme können die chemischen Untersuchungen über die Zusammensetzung des Gipses, speziell bezüglich totgebrannten Gips, wesentlich unterstützen. Nach der vereinfachten, adiabatischen Methode der Internationalen Talsperrenkommission ausgeführte Messungen der Abbindewärme von reinem Gips ergaben mit guter Genauigkeit die theoretisch ermittelten, in Abschn. A angegebenen Werte.

Natürliche Verunreinigungen beschleunigen das Abbinden (Ausnahme: $CaCO_3$). Lagerung verzögert zunächst das Abbinden, dasselbe kann jedoch durch Feuchtigkeitsaufnahme und beginnende Hydratation wieder beschleunigt werden. Die Bindezeit wird verkürzt durch größere Einstreumengen, sowie durch langes und intensives Anrühren.

Das Abbinden erfolgt auch unter Wasser, jedoch bleibt der Gips weich und löst sich zudem nach und nach oberflächlich.

Die Herabsetzung des Gefrierpunktes von Wasser durch Lösung von Gips und die beim Abbinden sogleich einsetzende Temperaturerhöhung erlaubt, Baugips auch noch bei mäßigen Frosttemperaturen zu verarbeiten.

d) Raumgewichte.

Das Raumgewicht von gebranntem Gips ist abhängig von der Art des Einfüllens und nimmt mit der Größe des Volumens, das gewogen wird, etwas zu. Aus diesen Gründen ist auf Baustellen das Raumgewicht jeweils mit den verwendeten Maßgefäßen und Einfüllungsarten zu bestimmen; grundsätzlich soll aber der Bindemittelgehalt des Mörtels jeweils nach Gewicht bemessen werden.

Für vergleichende Laboratoriumsprüfungen wird das Litergewicht bei normierten Einfüllungsarten folgendermaßen bestimmt: Einsieben, Einfüllen mit einem Trichter, z. B. nach Gary, mit der Rutsche oder durch Einrütteln. Das Litergewicht beträgt

	lose eingefüllt	eingerüttelt
für Baugips	600 bis 850 g	1000 bis 1400 g,
für Estrichgips . . .	1000 bis 1200 g	1300 bis 1600 g.

Das Raumgewicht r von frisch angemachtem Mörtel wird in genau kalibrierten Litergefäßen bestimmt. Frischer Baugipsmörtel: r etwa 1,5 kg/dm³, frischer Estrichgipsmörtel: r etwa 1,9 kg/dm³.

Das Volumen von Mörtelstücken wird, soweit dies nicht mit genügender Genauigkeit durch Ausmessen erfolgen kann (evtl. nach Überzug mit Paraffin), durch den Auftrieb in destilliertem Wasser ermittelt (vgl. DIN DVM 2102).

Die Raumgewichte des frischen und des getrockneten Mörtels nehmen mit zunehmendem Anmachwassergehalt ab und können dementsprechend für die praktisch vorkommenden Mischungsverhältnisse um ± 20% von den oben angegebenen Mittelwerten abweichen.

e) Ermittlung des spezifischen Gewichts (Reinwichte)

In einem kalibrierten Meßgefäß (Pyknometer oder Volumenometer) wird mit Berücksichtigung der Temperatureinflüsse die Raumverdrängung eines bestimmten Gewichtes von Gips bzw. fein pulverisiertem (durch das 900 M/cm²-Sieb gehenden) Gipsstein oder Gipsmörtel in Terpentin oder absolutem Alkohol gemessen und daraus das spezifische Gewicht berechnet.

Spezifisches Gewicht von Gips . . . . 2,32 kg/dm³
von Hemihydrat . . . . 2,75 kg/dm³
von Anhydrit . . . . 2,93 kg/dm³

f) Bestimmung der Feuchtigkeit, der Wassersaugfähigkeit und der Wasseraufnahme.

Die Feuchtigkeit von Gipsmörtel wird durch den Gewichtsverlust beim Trocknen bis Gewichtskonstanz bestimmt. Die Trocknungsbedingungen, bei welchen eine teilweise Dehydratisierung ausgeschlossen ist, sind aus den Gleichgewichtskurven Abb. 4 ersichtlich.

Das Trocknen kann durch Pulverisieren des Materials beschleunigt werden, hierbei ist die Wasserabgabe, die bei Oberflächenvergrößerung während dem Pulverisieren eintritt und die einige Prozent erreichen kann, zu berücksichtigen.

Durch Vergleichsversuche wurde festgestellt, daß ohne merkliche Dehydratisierung das Trocknen bis zur Gewichtskonstanz auch folgendermaßen ausgeführt werden darf:

1. Im Schwefelsäureexsikkator bei Zimmertemperatur. Trocknungszeit für Gipsprismen etwa 1 Woche, für pulverisiertes Material etwa 1/2 Woche.

2. Im Trockenschrank bei 50° C und normaler Luftfeuchtigkeit. Trocknungszeit für Mörtelstücke etwa 2 Tage, für pulverisiertes Material etwa 1 Tag.

Mit zunehmender Überschreitung der Temperatur von 50° C im Trockenschrank zeigt die Hydratanalyse eine zunehmende Dehydratisierung an.

Durch Zusätze wird im allgemeinen die Austrocknungsgeschwindigkeit herabgesetzt.

Die Geschwindigkeit, mit welcher das Wasser vom Gipsmörtel angesogen wird, wächst mit der mittleren Größe der Poren. Die Steighöhe des kapillar angesogenen Wassers kann zu verschiedenen Zeitpunkten an prismatischen Mörtelkörpern bestimmt werden, deren unteres Ende in gesättigtes Gipswasser taucht. Beispielsweise erreicht in normalem Mörtel von Baugips oder von Estrichgips die Steighöhe nach 1 h etwa 10 cm[1]. Je größer die Sauggeschwindigkeit ist, d. h. je größer der mittlere Porendurchmesser ist, um so geringer sind

---

[1] In den USA. wird das aus einem aufgesetzten Glaszylinder aufgenommene Wasser bestimmt (vgl. Abschn. D, d).

die bei Feuchtigkeitsschwankungen auftretenden inneren Kräfte und Längenänderungen und um so rascher kann eine Austrocknung erfolgen. Je größer
die Poren sind, um so weniger wird die Wasserdampfspannung über den Kapillar-
menisken herabgesetzt und um so größer ist die Diffusionsgeschwindigkeit.

Bei teilweisem Eintauchen von Gipsproben wird in einer 10 bis 20 cm hohen Zone über
dem Wasserspiegel nahezu die volle Wassersättigung erreicht.

Zur Bestimmung der Wasseraufnahmefähigkeit werden die Mörtelstücke bis
zur Gewichtskonstanz in gesättigtem Gipswasser gelagert und die Zunahme des
Trockengewichtes in Gewichtsprozenten ermittelt.

Die Wasseraufnahmefähigkeit ist nahezu proportional der zur Mörtelherstellung verwendeten Wassermenge. Bei Normalkonsistenz beträgt sie für Baugipse 15 bis 30%, für
Estrichgipse etwa die Hälfte. Kunstmarmor zeigt in der Regel eine Wasseraufnahme von
6 bis 10%. Gipsgebundene Holzfaserplatten ergeben Wasseraufnahmen bis zu 80%.

Eine geringe Wasseraufnahme ist ein Hinweis auf eine befriedigende Dichte, Festigkeit
und Wetterbeständigkeit der Gipsmörtel. Für Formen der Tonindustrie ist eine möglichst
große Wasseraufnahmefähigkeit und Wassersaugfähigkeit erwünscht, ohne daß jedoch
hierbei die Festigkeit allzu stark herabgesetzt werden darf.

g) Bestimmung des Gewichts und der Porosität des Mörtels[1].

Für jeden Versuch werden mindestens 3 Probekörper oder handgroße Mörtelstücke verwendet (vgl. DIN DVM 2102 und 2103).

Gewicht der Proben im Anlieferungszustand: G_A.

Trocknen bei 40° C und 35 bis 50% relativer Luftfeuchtigkeit bis
Gewichtskonstanz: Trockengewicht G.

Feuchtigkeit im Anlieferungszustand in Prozent: $F = \dfrac{G_A - G}{G} \cdot 100$.

Volumen der trocknen Proben: V (geometrisch, oder nach Paraffinüberzug
durch Auftrieb bestimmt).

Raumgewicht trocken: $r = G/V$.

Proben bis zur Gewichtskonstanz G_W in gesättigtem Gipswasser gelagert:

Wasseraufnahme in Gewichtsprozent: $W = \dfrac{G_W - G}{G} \cdot 100$.

Scheinbare Porosität in Volumenprozent: $p_s = W \cdot r$.

Trockengewicht von im Mörser pulverisiertem Mörtel $< 0{,}2$ mm: g,

Volumen des Pulvers: v. (Im Meßkolben bestimmt durch Zugabe von Alkohol
mit Burette.)

Spezifisches Gewicht: $\gamma = g/v$.

Absolute Porosität in Prozent: $p_a = \dfrac{\gamma - r}{\gamma} \cdot 100$.

Bei normalen Mischungsverhältnissen ist für

	Baugips	Estrichgips
p_s . . .	~15 bis 30%	10 bis 25%
p_a . . .	~50 bis 70%	30 bis 40%

h) Bestimmung der Raumbeständigkeit, der Wetter- und der Frostbeständigkeit[2].

Gewisse Beimengungen (z. B. natürlicher Anhydrit, Schwefelkalzium, Ätzkalk, hydraulischer Kalk, Portlandzement) können *Treiben* des Gipsmörtels
verursachen, das zu Zermürbung, Abschieferungen, Zerklüftung und Abbröckelungen führen kann. Zur Prüfung wird erdfeuchter Gipsmörtel unter starkem

---

[1] Vgl. DIN Denog 542, 3.

[2] GIBSON, C. S. u. R. N. JOHNSON: Investigations on the setting of plaster of Paris.
Soc. of Chemical Industry. 1932. — JOHNSON, R. N.: Setting of paster of Paris and properties
of the hardened product. Ceramic Soc. Trans. 1933. — MILLER PORTER, J.: Volumetric
changes of gypsum. Proc. Amer. Soc. Test. Mater. 1923. — MURRAY, J. A.: The expansion
of a calcined gypsum during setting. Rock Products 1928.

Druck zu Kuchen gepreßt. Nach 24stündiger Lagerung an feuchter Luft werden
einzelne Kuchen so gelagert, daß ihre Unterseite dauernd einige mm tief in
gesättigtes Gipswasser taucht, das zur Beschleunigung der Prüfung auf einer
Temperatur von 30 bis 40° C gehalten werden kann. Andere Kuchen werden,
z. B. in einer Dampfdarre, während 1 bis 2 Tagen der Einwirkung von warmer,
feuchter Luft von 60 bis 70° C ausgesetzt. Bei der erstgenannten „Wannen-
probe" zeigt sich die treibende Wirkung von Ätzkalk nach wenigen Stunden,
während sich Verunreinigungen durch Schwefelkalzium nach einigen Tagen und
solche von Anhydrit oft erst nach Monaten bemerkbar machen. Die Dampf-
probe beschleunigt hauptsächlich die Auswirkung von Verunreinigungen durch
Schwefelkalzium.

Die Durchführung von *Expansions- und Schwindmessungen* erfolgt

a) durch Taster, welche mit Mikrometerschrauben bewegt werden (vgl.
S. 500ff.);

b) mit Mikrokomparatoren, Messung durch Mikroskope, welche durch Mikrometer quer zu ihrer Achse verschieblich sind.

Die letztere Methode ist vorzuziehen, da sie gestattet, die Messungen schon
während dem Erstarren des Gipsbreis auszuführen, welcher durch Unterlage
von Zeresinpapier oder in beweglichen Staniolformen frei beweglich gelagert wird.

Längenmessungen an Versuchsprismen mit Baugips, in ungesättigter Luft
gelagert, mit der Streichzeit beginnend, zeigten nach Gibson und Johnson
die in der Tabelle 3 und 4 enthaltenen Ergebnisse:

Tabelle 3. Wasserzusatz auf 100 g Gips.

	Zeit seit dem Abbindeende							
	1/2 h	1 h	2 h	6 h	24 h	3 Tg.	4 Tg.	7 Tg.
45 g = 31% Max. gebundenes Wasser: 12,8% Freies Wasser: 18,2%								
Lineares Quellmaß in % . . .	0,27	0,30	0,34	0,43	0,49	0,51	0,51	0,50
Gewichtsverlust in %	—	—	5,1	15,0	18,0	18,0	18,0	—
60 g = 37,5% Max. gebundenes Wasser: 11,6% Freies Wasser: 25,9%								
Lineares Quellmaß in % . . .	0,15	0,16	0,19	0,24	0,27	0,29	0,29	0,28
Gewichtsverlust in %	—	—	3,9	12,9	25,3	25,3	25,3	—
80 g = 44,4% Max. gebundenes Wasser: 10,3% Freies Wasser: 34,1%								
Lineares Quellmaß in % . . .	0,11	0,13	0,16	0,20	0,22	0,24	0,24	0,23
Gewichtsverlust in %	—	—	5,3	21,9	34,1	34,1	34,1	—

Tabelle 4. Wasserzusatz auf 100 g Gips 60 g = 37,5%.

	Zeit seit dem Abbinden							
	1/2 h	1 h	2 h	6 h	24 h	3 Tg.	4 Tg.	7 Tg.
Quellmaß in %: 1 min Mischdauer	0,15	0,16	0,19	0,24	0,27	0,29	0,29	0,28
2 min Mischdauer	0,19	0,24	0,26	0,33	0,38	0,41	0,41	0,40

Während der Zeit des Quellens verliert der erhärtende Gips sein freies Wasser
(außerhalb der Kristalle) fast restlos. Der geringe Rest des nicht verdunstenden
Wassers wird an den Kristalloberflächen, in den feinen Kapillaren zwischen den
Kristallen, festgehalten und verdunstet später unter Volumenverkleinerung
(„Schwinden") in trockner Luft (Tabelle 3).

Durch Schwindversuche wurde festgestellt, daß praktisch reiner Baugips mit Quellmaßen in der angegebenen Größe geringe Volumenverkleinerungen von 0,01 bis 0,02% zeigt. Daneben sind aber auch Schwindmaße beobachtet worden, die bis gegen 0,1% ansteigen, eine Erscheinung, die auf die Wirkung von Zusätzen (Kalkhydrat usw.) zurückgeführt wird. Stark schwindende Gipsmörtel können trotz erheblicher Verformungsfähigkeit auf nicht zusammenhängender Unterlage (Hohlkörperdecken, Plattenwänden) zu Rißbildungen führen.

Estrichgips mit seinem trägeren Abbinde- und Erhärtungsvorgang ergibt kleinere Quellmaße. Versuche der EMPA, an Prismen von $2,5 \times 2,5 \times 10$ cm aus schweizerischem Gips hergestellt, haben zu nebenstehenden Ergebnissen geführt (Tabelle 5).

Die Größe der Volumenänderungen von Alaungips liegt zwischen derjenigen von Baugips und Estrichgips.

Tabelle 5. Quellmaße von Gipsmörtel 1:0 in Normalkonsistenz (vgl. Schweizer Normen).

Gips (maximale Temperaturerhöhung)	Alter		
	3 Tage	14 Tage	1 Jahr
Baugips (2° C)	0,26%	0,25%	0,24%
Estrichgips (0,4° C) . . .	0,02%	0,18%	0,10%

Die Längenänderungen von fertigen Gipsprodukten (z. B. Hourdis, Platten) werden zweckmäßig mit dem Setzdehnungsmesser (vgl. S. 506) gemessen. Steigt die relative Luftfeuchtigkeit von 50 auf 90%, so erleiden Gipshourdis Längenzunahmen von 0,01 bis 0,02%. Diese Längenänderungen sind reversibel. Durch organische Zuschläge, wie z. B. Holzfasern, werden die Quell- und Schwindmaße bis auf mehrfache Werte erhöht (Eigenschwindung).

Als Anhaltspunkt für die *Wetterbeständigkeit* und *Abwaschbarkeit* von besonders behandelten Oberflächen, speziell Polituren, von Gipsprodukten wird beobachtet, in welchem Maß und wie lange die folgenden Behandlungen keine Veränderungen der Oberfläche verursachen, welche eine Übersteigerung der praktisch möglichen, schädlichen Einflüsse darstellen:

a) Wechselndes Erwärmen und Abkühlen zwischen 10 und 40° C,
b) Einwirkung von trockener Luft von 40° C,
c) Einwirkung von Wasserdampf von 40° C,
d) wechselndes Abwaschen und Trocknen.
e) Wasserlagerung.

Um Wärmebeständigkeitsproben [z. B. a) und b)] miteinander vergleichen zu können, müssen sie bei gleicher relativer Luftfeuchtigkeit durchgeführt werden.

Die Wärmebeständigkeitsproben a) und b) verursachen meist keine sichtbaren Veränderungen der Oberflächen der Gipsprodukte.

Wasser und Wasserdampf hat nur bei besonders guter Behandlung der Oberfläche längere Zeit keinen schädlichen Einfluß auf das Aussehen der Oberflächen. Wenn die Gipsprodukte nicht gegen Wasseraufnahme geschützt sind, wird durch Feuchtigkeitszutritt die Festigkeit beeinträchtigt.

Die *Frostbeständigkeit* wird im Kühlschrank durch 50 Frostperioden von —20° C und mindestens 4 h Dauer geprüft. Zwischen den Frostperioden erfolgt jeweils Auftauen bei 18° C während mindestens 4 h (Methode E.M.P.A.).

Die 14tägige Lagerung vor der Prüfung, sowie das Auftauen zwischen den einzelnen Frostperioden erfolgt

a) in feuchter Luft, über einem Wasserbehälter,
b) in Wasser von etwa 18° C.

Die Gipsprodukte bestehen in der Regel die Probe a) ohne nennenswerte Schäden, während die Probe b) nur besonders gute Spezialprodukte verschont.

Zur zahlenmäßigen Kennzeichnung der Einflüsse der Wasserlagerung und des Frostes wird zu gleicher Zeit die Biegefestigkeit von je 3 bis 4 trocken gelagerten, im Wasser gelagerten und der Frostprobe unterworfenen Prismen ermittelt und der Festigkeitsabfall infolge der verschiedenen Einflüsse in Prozent angegeben (vgl. auch DIN DVM 2104).

i) Beurteilung der Farbe[1].

Für die Beurteilung der Farbe von Gips und Gipsprodukten gelten folgende Merkmale:

Weißgehalt (Albedo). Die Albedo ist ein Maß für das Rückstrahlungsvermögen der Oberfläche. Absolute Messungen sind schwierig durchzuführen. In der Praxis begnügt man sich mit relativen Messungen, indem man die Rückstrahlung der Probe vergleicht mit derjenigen einer sog. „Normalweißplatte", deren Rückstrahlung man mit 100% einsetzt. Die Messung kann beispielsweise mit dem Pulfrichschen Stufenphotometer (Zeiß, Jena) ausgeführt werden. Je nach dem Grade der geforderten Genauigkeit verwendet man zur Beleuchtung das Hilfsgerät „Berauh" oder die Ulbrichtsche Kugel, wobei die Oberfläche gleichmäßig, gut reproduzierbar und diffus beleuchtet wird.

Farbton. Weist die Oberfläche einen deutlichen Farbton auf, so muß man bei der Messung des Rückstrahlungsvermögens Farbfilter einschalten, die den Spektralbereich begrenzen. Soll der Farbton selber gemessen werden, so benützt man ein Zusatzgerät zum Stufenphotometer, das die Zerlegung in die drei Grundfarben erlaubt und das Mischungsverhältnis angibt. Man kann auch die farbtongleiche Stelle im Ostwaldschen Farbenkreis aufsuchen und den Farbton durch den zugehörigen Index ausdrücken. Farbton, Sättigung und Helligkeit (Albedo) kennzeichnen den farbigen Eindruck einer Oberfläche.

Lichtechtheit. Farbige Oberflächen können am Lichte allmählich nachdunkeln, vergilben oder ausbleichen. Anorganische Pigmente (Erdfarben) sind im allgemeinen lichtechter als organische (Anilinfarben). Man prüft auf Lichtechtheit, indem Proben unter 45° gegen Süden geneigt hinter Uviolglas der Sonne ausgesetzt werden. Man vergleicht nach einer bestimmten Zahl von Sonnenstunden mit dem im Dunkeln aufbewahrten Gegenmuster. Eine Beschleunigung der Prüfung durch Anwendung von Quecksilberdampflampen ist abzulehnen.

Kalkechtheit. Sofern der Gips freien Kalk enthält, dürfen zum Abtönen nur kalkbeständige Pigmente verwendet werden. Man prüft, indem man das Pigment mit etwa der 5ofachen Menge eingesumpftem Weißkalk zu einer Paste anrührt, die in einer flachen Schale ausgebreitet und mit Wasser ständig feucht gehalten wird. Nach 8 Tagen vergleicht man mit einer frisch hergestellten Paste derselben Zusammensetzung. Der Farbton darf bei der gelagerten Probe nicht wesentlich heller sein.

k) Bestimmung der Festigkeit und der Elastizität.

Die Festigkeit der Gipsmörtel ist abhängig von der Form und Herstellung der Probekörper, von den Lagerungsbedingungen und von der Prüfmethode. Diese Verhältnisse sind genau festzulegen, wenn vergleichbare Prüfungsergebnisse erzielt werden sollen. Dies gilt auch für alle anderen Prüfungen und hat zur Aufstellung normierter Prüfmethoden geführt, worüber die wichtigsten Angaben im nächsten Abschnitt zusammengestellt sind. Zur Festigkeitsbestimmung werden Druck-, Zug- und Biegeproben ausgeführt, die hierbei für die Bindemittelprüfung in verschiedenen Ländern verwendeten *Probekörper* sind in Abb. 11

---

[1] Nach Dr. A. V. Blom: Eidg. Materialprüfungs- u. Versuchsanstalt, Zürich.

zusammengestellt. Neuerdings besteht die Tendenz, die Zugproben durch Biegeproben zu ersetzen. Diese ergeben zutreffendere Werte für die Zugfestigkeit,
da in der Einkerbung der Zugkörper je nach deren Form verschieden große
Spannungserhöhungen auftreten. Auch wird die Zugprobe durch Ausführungs-
fehler (z. B. schlechte Zentrierung der Einspannung, Oberflächenfehler des
Probekörpers) empfindlicher beeinflußt, sie ergibt deshalb größere Streuungen
der Festigkeitsresultate als die Biegeprobe.

Die Hälften der Prismen werden nach der Biegeprobe zur Druckprüfung
verwendet, indem sie in eine Presse zwischen Stahlplatten von 4×4 cm² Fläche

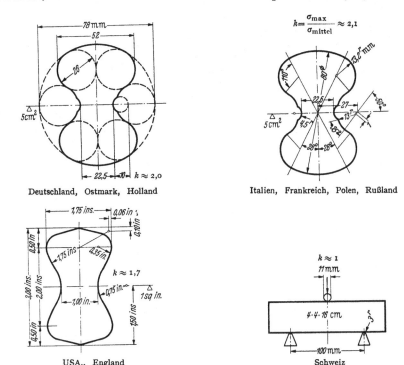

Deutschland, Ostmark, Holland   Italien, Frankreich, Polen, Rußland

USA., England   Schweiz

Abb. 11. Normenproben für die Festigkeitsprüfung der Bindemittel.

gelegt werden, so daß der Druck winkelrecht zur Einfüllrichtung und zentrisch
wirkt. Untersuchungen der EMPA haben gezeigt, daß bei der Prüfung von
Prismenhälften und besonders hergestellter Würfel übereinstimmende Prüfergebnisse erzielt werden.

Mit wachsender Größe der Proben ergibt sich eine geringe Abnahme der
Druckfestigkeit. Prismen, die in Richtung ihrer Höhe auf Druck beansprucht
werden, zeigen im Gegensatz zu anderen Mörtelbaustoffen mit wachsender
Prismenhöhe nur einen geringen Abfall der Druckfestigkeit. Ist $\frac{\text{Höhe}}{\text{Breite}} \sim 4$, so
beträgt die Prismenfestigkeit 90 bis 95% der Würfeldruckfestigkeit.

Die Herstellung der Probekörper erfolgt in der Regel mit Gipsbrei, dessen
Mischungsverhältnis nach den jeweiligen Normen bestimmt wird (Einstreu-
menge, Normalkonsistenz, vgl. Abschn. C, 3 und D, 1). Dieser Gipsbrei wird unter
ständigem Umrühren, ohne daß sich Luftblasen bilden, rasch in die geölte Form
gegossen. Der die Form um einige mm überragende Brei wird mit einem Messer

behutsam abgeschnitten, sobald er zu erstarren beginnt, und ohne Ausübung von Druck geglättet.

Estrichgipsproben werden normalerweise in plastischer Konsistenz eingefüllt, es wird aber auch Einstampfen in erdfeuchter Konsistenz angewendet, wobei die gleichen Stampfmaschinen verwendet werden können wie bei der Prüfung hydraulischer Bindemittel.

Die Festigkeit wächst mit der Mischdauer, jedoch bricht Übermischen die entstehenden Kristalle und wirkt schädlich.

Nach dem Abbinden werden die Probekörper aus der Form genommen und bis zur Prüfung auf Dreikantleisten gelagert. Über die Lagerung bestehen in den Normen vielfach ungenügende Angaben. Nach den Schweizerischen Normen erfolgt die Lagerung bei 15° C und 70% relativer Luftfeuchtigkeit, ferner wird zum Teil nach besonderen Angaben zeitweise Feuchthaltung in geschlossenen Kästen und 2 Tage Trocknen bei 37° C angeordnet. Für Estrichgips kommt gelegentlich auch Lagerung in Gipswasser zur Anwendung.

Die Prüfung erfolgt in der Regel für Baugips im Alter von 1 h, 1, 7 und 28 Tagen, für Estrichgips im Alter von 7 und 28 Tagen. Um Ausnahmeresultate auszuschließen wird für jede Prüfung ein sicherer Mittelwert aus 3 bis 6 Einzelproben bestimmt.

Für die Festigkeitsproben werden Michaelis-Apparat und Druckpresse verwendet, wie bei der Prüfung hydraulischer Bindemittel (vgl. S. 349 und 397). Die normale Versuchsdauer beträgt $^1/_2$ min. Zu rasche Steigerung der Belastung ergibt Erhöhung der Festigkeitswerte. Belastungszunahme nach Önorm, Zugproben: $< 0,1$ kg/s, Druckproben: < 25 kg/s. Die vorgeschriebenen Festigkeiten sind aus den Normen, Abschn. D, ersichtlich.

Die Druck*elastizität* wird an Prismen (z. B. 4/4/16 cm) geprüft, deren Höhe mindestens 3mal größer ist als die Breite. Die Prüfung erfolgt mit Dehnungsmessern von Okhuizen-Huggenberger oder mit dem Spiegelapparat von Martens.

Der totalen Zusammendrückung infolge der Beanspruchung σ entspricht der Verformungsmodul V der gesamten Verformungen, der etwas geringer ist als der Elastizitätsmodul E, welcher aus der bei Entlastung elastisch zurückfedernden Deformation berechnet wird. Mit wachsender Bezugsspannung σ nehmen E und V ab, während deren Unterschied größer wird.

Für statische Modellversuche kann das Verhältnis der Längszusammendrückung zur gleichzeitig hervorgerufenen Querdehnung von Bedeutung sein; diese Querdehnungszahl ergibt sich für die elastischen Deformationen von Baugips zu 8 bis 12, für die totalen Deformationen zu $m_t = 4$ bis 6.

Der Elastizitätsmodul wächst mit steigender Festigkeit β_d etwa in folgenden Grenzen:

Baugips $E = 30000$ bis 120000 kg/cm² für $\beta_d = 10$ bis 80 kg/cm²,
Estrichgips $E = 100000$ bis 200000 kg/cm² für $\beta_d = 50$ bis 250 kg/cm².

Mit wachsendem *Mischungsverhältnis* $\dfrac{G}{W} = \dfrac{\text{Gips}}{\text{Wasser}}$ in Gewichtsteilen wachsen auch Raumgewicht, Festigkeit und Elastizität. Die Druckfestigkeit beträgt angenähert $\beta_d = k(G/W)^2$, wobei die Konstante k bei gleichem Prüfungsalter und gleichen Lagerungsbedingungen aus der Normenprobe zu bestimmen ist.

Magerung durch Zuschlagstoffe setzt die Festigkeiten, besonders bei Estrichgips, stark herab, während der Elastizitätsmodul zugleich noch von der Elastizität der Zuschlagstoffe abhängt, z. B. bei Verwendung von Sand zunächst ansteigt und erst bei starker Magerung wieder abfällt. Im Alter von 28 Tagen ergab sich z. B.

Gips : Sand · Gewichtsteile	Druckfestigkeit kg/cm².		Elastizitätsmodul kg/cm²	
	Baugips	Estrichgips	Baugips	Estrichgips
1 : 0	83	158	50 300	113 000
1 : 1	73	106	84 000	149 000
1 : 3	50	38	91 000	105 000
1 : 6	13	12	37 000	55 000

Die Lagerungsbedingungen, insbesondere die Luftfeuchtigkeit, beeinflussen die Festigkeit außerordentlich stark.

Beispiel.

Lagerung (28 Tage)	Biegefestigkeit kg/cm²		Druckfestigkeit kg/cm²	
	Baugips	Estrichgips	Baugips	Estrichgips
a) 90% relative Luftfeuchtigkeit, 18° C	15	21	24	96
b) 70% relative Luftfeuchtigkeit, 18° C	16	23	33	103
c) 35% relative Luftfeuchtigkeit, 18° C	37	34	79	162
d) 60° C Trockenschrank	10	6	19	15
e) 23 Tg. Lagerung a, 5 Tg. Lagerung c	28	31	62	144
f) 23 Tg. Lagerung c, 5 Tg. Lagerung a	18	27	50	110
g) 27 Tg. Lagerung a, 1 Tg. Lagerung d	32	34	76	165
h) 1 Tg. Lagerung d, 27 Tg. Lagerung a . . .	22	15	50	50

Die Lagerung bei 60° C hat teilweise Dehydratisierung zur Folge, die jeweils auch durch die Gewichtsverhältnisse angezeigt wird. Wird diese Probe wieder in feuchter Luft gelagert, so steigt die Festigkeit wieder an.

Das Laboratorium der Schweiz. Gips-Union hat festgestellt, daß die folgende Lagerung ähnliche Festigkeiten ergibt, wie die 28 Tage lange, normale Luftlagerung: 7 Tage feuchte Luft, 3 Tage Trocknen bei 35 bis 42° C, 3 h Abkühlen bei Zimmertemperatur.

Nach dem Abbinden erfolgende Lagerung in gesättigtem Gipswasser ergibt für Estrichgips etwas höhere Festigkeiten als Luftlagerung, sofern man die Probekörper vor der Prüfung einige Stunden bei Zimmertemperatur trocknen läßt.

Die Festigkeiten ändern sich ständig mit den Veränderungen der Luftfeuchtigkeit. Von starkem Einfluß auf die Prüfergebnisse sind jeweils die vom Probekörper zuletzt, vor der Prüfung, erlittenen Lagerungsbedingungen. Bei sonst gleichen Verhältnissen wächst die Festigkeit mit der Menge des vom Gips chemisch gebundenen Wassers.

In der ersten *Erhärtungszeit* nimmt die Festigkeit zunächst rasch und dann langsamer zu und verändert sich in größerem Alter nicht mehr wesentlich, sofern sich nicht die Lagerungsbedingungen ändern. Häufig beobachtete Festigkeitsschwankungen sind hauptsächlich auf Änderungen der relativen Luftfeuchtigkeit zurückzuführen, es zeigt sich jedoch während der ersten Erhärtungszeit sehr häufig eine bisher noch unabgeklärte, vorübergehende geringe Erweichung. Beispiele für die Zunahme der Festigkeit mit dem Alter:

Alter	$\frac{1}{2}$ h	1 h	1 Tg.	7 Tg.	28 Tg.	90 Tg.	1 Jahr	2 Jahre
Baugips β_d in kg/cm²	20	28	45	60	76	90	95	95
Estrichgips β_d in kg/cm² . . .	—	—	20	110	180	200	206	210

Die Hydratisierung ist in kurzer Zeit abgeschlossen; die weitere Festigkeitserhöhung ist eine Folge der Wasserverdunstung.

1) Bestimmung der Härte und des Abnützungswiderstandes.

Die Härtebestimmung nach BRINELL ist eine mit einfachen Mitteln rasch durchführbare Methode der Gipsprüfung. Eine gehärtete und polierte Stahlkugel von 5 oder 10 mm Dmr. wird unter einem bestimmten Druck P (10, 20 oder 50 kg), der auf einfache Art durch eine Hebelvorrichtung ausgeübt werden kann, derart in die Gipsoberfläche eingedrückt, daß der Eindringwinkel 90° nicht überschreitet. Die Belastungsdauer ist normiert (z. B. 10 s). Die Messung des Eindruckdurchmessers d erfolgt mit einer Ableselupe, in deren Gesichtsfeld eine Skala angebracht ist, oder durch ein Mikroskop mit Einstellfaden im Gesichtsfeld, dessen Verschiebung durch Mikrometer oder Nonius gemessen wird (Genauigkeit $^1/_{50}$ bis $^1/_{100}$ mm). Die Härtezahl in kg/cm² beträgt

$$H = \frac{P}{\frac{\pi}{4} d^2},$$

wobei P in kg und d in cm eingesetzt werden.

Die Druckfestigkeit beträgt für Baugips angenähert $^2/_3$ der Brinellhärte, für Estrichgips rund $^2/_5$ der Brinellhärte.

Für die Prüfung von Oberflächenbehandlungen und Polituren kann die *Ritzhärte* herangezogen werden. Hierbei wird ein kegelförmig geschliffener Diamant oder ein Glasschneide-Rädchen unter einer bestimmten Belastung über die zu prüfende Fläche weggezogen und als Maß der Härte die Belastung bestimmt, die eine bestimmte Ritzbreite (z. B. $^1/_2$ mm) hervorruft.

Stempeldruckversuche mit Verformungsmessung dienen zur Feststellung, in welchem Maß der Fuß eines dauernd belasteten schweren Möbelstücks im Laufe der Zeit in einen Bodenbelag eindringt. Je nach Verwendungsart wird der Bodenbelag mit oder ohne Linoleumüberzug od. dgl. geprüft. Der Versuch ist wichtig für Unterlageböden von stark gemagertem Gips, z. B. mit organischen Zuschlägen, die gelegentlich große Zusammendrückbarkeit aufweisen. Ein Stahlstempel von bestimmtem Durchmesser (z. B. 40 mm) wird mit Gewichten belastet und seine Einsenkung in den Bodenbelag gemessen. Bei Dauerversuchen wird nach je 5 kg Laststeigerung die Belastung jeweils belassen, bis keine Zunahme der Einsenkung mehr eintritt.

Als zulässiges Maß der Einsenkung kann gelten, daß bei dauernder Stempelbelastung mit 50 kg ($\sim$4 kg/cm²) die Einsenkung nicht größer werden soll als $^1/_2$ mm.

Der *Abnützungswiderstand* von Gipsestrich, Wandplatten u. dgl. kann nach folgenden Verfahren beurteilt werden:

Abschleifen nach BAUSCHINGER und BÖHME. Auf eine rotierende Stahlgußscheibe werden in 50 cm Abstand von deren Rotationsachse Proben von 6×6 cm Abnützungsfläche mit einem spezifischen Druck von 0,5 kg/cm² angepreßt. Während dem Versuch wird 10mal je 20 g Naxos-Schmirgel Nr. 9 aufgestreut. Bei nasser Abnützung wird mit dem Schmirgel Wasser zugegeben (vgl. DIN, DVM 2108, Ziff. 14 bis 16). Die mittlere Dicke der Abnützungsschicht läßt sich auf Grund des vorher ermittelten Raumgewichtes aus dem Gewichtsverlust nach 200 Umdrehungen der Scheibe berechnen, sie beträgt für Estrichböden, bei trockener Abnützung 3 bis 6 mm und wächst bei nasser Abnützung nahezu auf den doppelten Wert an (EMPA-Prüfmethode).

Abnützung durch Sandstrahl nach GARY. Abgenutzte Fläche 6 cm Dmr. ≈ 28 cm². Quarzsand 0,5 bis 1,5 mm. Dampfdruck 3 at. Einwirkung 2 min.

Die mittlere Dicke der Abnützungsschicht läßt sich aus dem Gewichtsverlust auf Grund des vorher ermittelten Raumgewichtes berechnen, sie beträgt für Estrichböden 5 bis 10 mm.

m) Bestimmung der Schlagfestigkeit.

a) Platten von Gips und Gipserzeugnissen werden auf bestimmte Größe (z. B. 30×30 cm) geschnitten und auf eine Unterlage von feinkörnigem Sand satt gelagert. Eine Stahlkugel von bestimmtem Gewicht (z. B. $^1/_2$ kg) wird auf die Mitte der Platte fallen gelassen und die Fallhöhe sukzessive um je 1 cm erhöht, bis Rißbildung und Bruch eintritt. Die Kugelfallprobe ergibt nur relative Ergebnisse, die zum Vergleich der Schlagfestigkeiten gleich dicker, gleichartig geprüfter Platten dienen.

b) Verfahren nach FÖPPL (vgl. S. 165, vgl. auch DIN DVM 2107).

n) Beobachtung der Feuerbeständigkeit[1, 2].

α) *Versuchseinrichtungen und Versuchsdurchführung.*

In verschiedenen Ländern (USA., Schweden, England usw.) bestehen Feuerprüfanstalten, in denen die Säulen, Wände (10 m²) und Decken (20 m²) unter Last (zulässige Belastung) nach einem festgelegten Temperatursteigerungsplan (Tabelle 6) einseitig erhitzt und nach einer Einwirkungsdauer von $^1/_4$ bis 8 h ein- oder mehrmalig mit einem Wasserstrahl (Öffnung des Rohrendes und Druck normiert) abgeschreckt werden. Für die Einreihung in die verschiedenen Beständigkeitsklassen ist in erster Linie die Versuchsdauer bis zum Zeitpunkt des Auftretens einer Temperatur von 160° C auf der Kaltseite entscheidend (Tabelle 6).

Tabelle 6. Feuerbeständigkeitsprüfung nach der ASTM C 19, USA.-Methode.

Dauer der Hitzeeinwirkung	Temperatur des Feuerraumes	Beständigkeits-klasse		Dauer der Hitzeeinwirkung	Temperatur des Feuerraumes	Bestandigkeits-klasse	
nach 5 min	540° C		nicht	nach 2 h	1010° C	2	
nach 10 min	700° C		entflammbar	nach 4 h	1100° C	4	feuerfest
nach 30 min	840° C	$^1/_2$	feuer-	nach 8 h	1250° C	8	
nach 1 h	925° C	1	hemmend				

Daneben ist der Durchbruch von Flammen oder heißen Gasen, die Baumwollabfall zu entzünden vermögen, und die Tragfähigkeit nach 3tägiger Auskühlung (USA. für Tragwände erforderlich: ständige Last + doppelte Nutzlast) ebenfalls zu berücksichtigen.

Trockene Gipsdielen und Gipsputze, hohen Temperaturen von 650 bis 1100° C ausgesetzt, geben langsam ihr Hydratwasser ab. Die entwässerte Schicht, die das noch intakte Material vor der Dehydrierung schützt, wird durch den Wasserstrahl erodiert. Entsprechend der Querschnittsabnahme fällt die Tragfähigkeit der Wand. Als Oberflächentemperatur der dem Feuer abgewandten Seite wird während längerer Zeit 100° C gemessen. Wesentliche Ausbiegungen

---

[1] Die Abschnitte n, o, p wurden bearbeitet von Ing. P. HALLER: Eidgenössische Materialprüfungs- und Versuchsanstalt, Zürich.
[2] INGBERG, S. H.: Fire resistive properties of gypsum and gypsum partitions. Proc. Amer. Soc. Test. Mater. 1923; 1925. — CHASSEVENT, L.: 14. Kongr. industr. Chemie, Paris 1934. — SCHLYTER, R.: Approved building materials and types of construction in the different fire technical classes. Bulletins 62, 65, 66 of the „Statens Provningsanstalt", Stockholm. Amer. Soc. Test. Mater. Standards 1936. Design. C 19—33.

der Wände werden nicht festgestellt, da die Wärmeausdehnung der warmen
Seite durch ihre Raumänderung (Risse), während der Entwässerung kompensiert
wird.

Das Material ist nicht als feuerbeständig, so doch als feuerhemmend zu bezeichnen. Die Dauer der feuerhemmenden Wirkung ist zur Hauptsache von der
Temperatur im Feuerraum und von der Dicke der Gipsschicht abhängig.

β) Verwendung.

Gipsputze oder Gipsdielen, hergestellt aus reinem Gips oder mit unbrenn-
baren Zuschlägen, wie Sand, Asche usw., eignen sich für Zwischenwände und
für Verschalungen zur Erhöhung des Feuerschutzes nicht feuerbeständiger Trag-
konstruktionen (aus Holz, Eisen usw.) in Hochbauten.

o) Prüfung der Wärmedurchlässigkeit[1].

Für die wärmetechnische Bemessung von Außenwänden der von Mensch oder
Tier benützten Räume ist die Verhütung von Kondenswasserniederschlägen aus
hygienischen Gründen wegleitend.

Für die Gipsdielen werden je nach den Füllstoffen: Schilfrohr, Sägemehl,
Sägespäne, Holzwolle, Torfmull, Zuckerrohr, Stroh, Korkmehl, Schlacken,
Haare, Asbestabfälle, Stricke usw. verschiedene Wärmeleitzahlen gefunden.
Sie werden heute meist nach der Pönsgen-Methode bestimmt: auf und unter
eine elektrische Heizplatte von 50×50 cm werden die trockenen[2] Probeplatten
gelegt, über die wiederum durch Eiswasser gekühlte Hohlplatten zu liegen
kommen. Aus dem Stromverbrauch und den mittels Thermoelementen gemessenen Temperaturen wird bei stationärem Wärmefluß die Wärmeleitzahl
errechnet.

Einige Versuchswerte.

Proben	Raumgewicht kg/m³	Wärmeleitzahl in kcal/m² · h · °C
Gipsdielen:		
Nach Cammerer	800	0,27
	1000	0,36
	1200	0,46
Nach Gips-Union Schweiz	—	0,10—0,15
Gipsplatten:		
Nach Hottinger:		
Gipsplatten	1250	0,37
Vollgipsplatten	840	0,22
mit zylindrischer Luftkammer	625	0,22
mit Korkstückchen	685	0,23
mit Faserteilchen	660	0,12
Nach dem Gipsbaubuch (Literaturangabe S. 601):		
Gipsplatten mit Kokosfasereinlage oder Schilfrohreinlage .	—	0,14
Gipsplatten mit Koksasche oder mit Schlacke	—	0,20

[1] Cammerer, J. S.: Die konstruktiven Grundlagen des Wärme- und Kälteschutzes im
Wohn- und Industriebau. Berlin 1936. — Hottinger, M.: Heizung und Lüftung. München
1926. — Cammerer, J. S. u. W. Dürhammer: Die Wärmeübergangszahl in Wohnräumen.
Arch. Wärmew. 1934. — Reiher, H. u. W. Hofmann: Neuere Untersuchungen über die
Wärmehaltung von Fußbodenbelägen. Vom wirtschaftlichen Bauen, 8. Folge. Dresden 1930.

[2] Gipsplatten werden zweckmäßig in luftkonditionierten Räumen von 35% relativer
Feuchtigkeit und $+18°$ C getrocknet. Werden zu feuchte Platten geprüft, so besteht
während dem Versuch die Gefahr der schichtenweisen Aufstauung von Wasser, oder aber
das Gipsgefüge wird durch zu starken Wasserentzug im Trockenschrank verändert.

Großen Einfluß auf das Wärmeleitvermögen eines Baustoffes hat die Material-feuchtigkeit. CAMMERER hat durch viele Materialproben den Feuchtigkeits-gehalt von Gipsdielen zwischen 3 und 17% (Vol.) liegend gefunden. Die häufigsten Werte lagen zwischen 4 und 7%. Gegenüber den trockenen Versuchskörpern ist, nach dem gleichen Autor, in diesem Feuchtigkeitsbereich mit einer Erhöhung der Wärmeleitzahl von 65 bis 90% zu rechnen.

Das Wärmespeicherungsvermögen eines Baustoffes wächst mit der spezifischen Wärme c (für Gips $c \approx 0,20$ kcal/kg $\cdot$ °C).

Gespeicherte Wärme: $W = (c \cdot r + 10 \, f) \, d \, (t_w - t)$;
$f =$ Feuchtigkeit im Baustoff in Vol.-%;
$r =$ Raumgewicht, trocken in kg/m³;
$d =$ Schichtdicke in m;
$t_w =$ Wandtemperatur in °C;
$t =$ Lufttemperatur in °C;
$W =$ gespeicherte Wärmemenge in kcal/m².

Die Strahlungszahl C_1, die bei wärmetechnischen Berechnungen: Dämm-fähigkeiten von Luftschichten, Wärmeübergangszahlen, Deckenheizungen eine entsprechende Rolle spielt, wurde durch E. SCHMIDT für Gips für den Tempe-raturbereich von 0 bis 200° C zu 4,5 kcal/m² $\cdot$ h $\cdot$ (°abs.)⁴ bestimmt.

p) Prüfung der Schalldämmung[1].

Grundlagen.

Bei der Beurteilung eines Baustoffes auf seine schalltechnischen Eigenschaften spielen zwei Größen eine Rolle:

die *Schalldämmung* und die *Schallschluckung*.

Die *Luftschalldämmung* D gibt die Größe des Betrages an, um den der Schall auf seinem Weg durch den Baukonstruktionsteil herabgemindert wird.

$$D = 10 \log \frac{E_1}{E_2}.$$

E_1 ist die auf die Wand oder Decke von der Fläche F auftreffende Schall-leistung, während E_2 die im Empfangsraum gemessene Schalleistung darstellt. Durch die Messung des Schalldruckes p im Senderaum, des Schalldruckes p_2 im Empfangsraum kann die Schalldämmung D berechnet werden, wenn auch das Schallschluckvermögen A des Empfangsraumes bekannt ist:

$$D = 20 \log \frac{p_1}{p_2} - 10 \log \frac{A}{F}.$$

Meßverfahren.

Die Messung der beiden Schalldrücke p_1 und p_2 geschieht heute mit elektro-akustischen Geräten: Mikrophon und Schalldruckmesser. Die Größe der schall-schluckenden Fläche A wird aus Nachhallmessungen im Empfangsraum ermittelt.

---

[1] WINTERGERST, E.: Theorie der Schalldurchlässigkeit von einfachen und zusammen-gesetzten Wänden. Schalltechn. Bd. 4 (1931) S. 85; Bd. 5 (1932) S. 1. — FAGGIANI, G.: L'isolamento acustico delle strutture divisore. Politecnico Nr. 6 (1935) S. 326. — HURST, D. S.: The transmission of sound by a series of equidistant partitions. Canad. J. Res. Bd. 12 (1935) S. 398. — KIMBALL, A. L.: Theory of transmissions of plane sound waves through multiple partitions. J. acoust. Soc. America Bd. 7 (1936) S. 222. — HALLER, P.: Vorschlag zur Definition der Trittschalldämmung. Akust. Z. Bd. Jg. 4 (1939) S. 370. — SABINE, W. C.: Collected papers on Acoustics. Cambridge 1923.

Die Messungen sind über die praktisch wichtigen Tonhöhen oder Frequenzen von 100 bis 6000 Hz durchzuführen, da einmal die Dämmfähigkeit einer Wand oder Decke nicht für alle Frequenzen gleich ist und zweitens der höher frequente Schall nach den Erfahrungen stärker lästig empfunden wird als Schall mit tiefen Frequenzen. Durch die Erzeugung von Heultönen kann die ungünstige Wirkung der sich im Raum bildenden, stehenden Wellen herabgesetzt werden.

Ergebnisse.

Die Luftschalldämmung einer einfachen Wand oder Decke ist in erster Linie vom Gewicht des Konstruktionsteiles und erst in zweiter Linie von der Decke, Aufbau usw. abhängig. Zwei- oder mehrschalige Wände haben nach E. Meyer[1] u. a. bei tiefen Tönen eine geringe Schalldämmung. Bei einer gewissen Grenzfrequenz n_{gr} steigt sie stark an:

$$n_{gr} = \frac{c}{\pi} \sqrt{\frac{\varrho}{m\,l}} \approx \frac{380}{\sqrt{m\,l}} \text{ Hz}.$$

m = Gewicht einer Flächeneinheit in g/cm²;
l = Abstand zweier Teilflächen in cm;
c = Schallgeschwindigkeit in Luft in cm/s;
ϱ = Dichte der Luft in g/cm³.

Die Größe der Luftschalldämmung über der Grenzfrequenz wächst mit der Anzahl der Teilflächen. Durch die Wahl schwerer Teilflächen oder größerer Teilwandabstände kann die Grenzfrequenz tiefer gelegt und die Dämmwirkung über mehr Tonhöhen verbreitert werden.

Bei der Verwendung von Gipsdielen mit ihrem verhältnismäßig geringen Gewicht bietet innerhalb wirtschaftlicher Grenzen nur die zwei- oder mehrschalige Ausführung Vorteile. Die bekannteste Gipswandkonstruktion besteht aus auf Holzstützen beidseitig aufgenagelten Gipsdielen mit Gipsverputz. Amerikanische Versuche haben nachfolgende Isolationswerte geliefert.

Frequenz Hz	Gipsdielen, beidseitig auf Holzstützen db	Gipsdielenwand verputzt db
128	32,5	28,9
192	41,0	30,9
256	38,9	35,7
384	43,2	38,5
512	45,7	36,2
768	50,6	37,0
1024	50,4	41,5
2048	55,1	46,8
4096	71,6	47,2
Gewicht in kg/m²	77	102

Das Querschwingen der Luftschichten der Mehrfachwände wird mit Erfolg durch Belegen der Hohlraumränder mit schallschluckenden Stoffen bekämpft. Randprofilierungen an den Gipsdielen, die die durchgehende Rißbildung beim Schwinden des Fugenmörtels vermeiden, sind schalltechnisch wertvoll, da Risse in den Wänden sich ungünstig auswirken.

Bei Decken können auch Gehgeräusche im darunterliegenden Raum lästig empfunden werden. Ähnlich der Luftschalldämmung wird auch der *Trittschall-*

---

[1] Meyer, E: Die Mehrfachwand als akustisch-mechanische Drosselkette. Elektr. Nachr.-Techn. Bd. 12 (1935) S. 393; Z. techn. Phys. Bd. 16 (1935) S. 565.

isolierwert T durch die Anwendung eines aus 5 bis 10 Hämmern oder Stampfern bestehenden Schlagwerkes ermittelt.

$$T = 10 \log \frac{E_1}{E_2} = 10 \log \frac{4 S c \varrho}{A_0 p_0^2} - 20 \log \frac{p_2}{p_0} - 10 \log \frac{A_2}{A_0} + 10 \log \frac{G}{G_0},$$

wobei E_1 die vollständig in Schalleistung umgewandelte Schlagwerkleistung darstellt ($\log G/G_0$ = Korrektionsglied).

S = Falleistung in erg/s = $n \cdot G \cdot h \cdot 981$,
G = Hammergewicht in g, n = Anzahl der Schläge/s, h = Fallhöhe in cm;
$c \varrho$ = Schallwiderstand = 41,5 g/cm² · s;
p_0 = Schwellenschalldruck in dyn/cm²;
p_2 = Schalldruck im unteren Raum in dyn/cm²;
A_2 = Schluckvermögen des unteren Raumes in cm²;
A_0 = Einheitsschluckvermögen = 10000 cm²;
G_0 = Bezugshammergewicht = 500 g.

Gute Trittschalldämmwerte von ganzen Deckenkonstruktionen werden durch die Verwendung mehrerer Schichten mit verschiedenen Schallwiderständen erzielt. Matten mit Gipswolle, Glasseide, Kokosfasern unter einer Lasten-Druckverteilungsschicht (Gipsestrich, Zementmörtelplatte usw.) lassen vorzügliche Dämmwirkungen erzielen. Mit zunehmender Härte der Zwischenschicht nimmt die Dämmung ab.

Trittschalldämmwerte.
Decke: 15 cm Tonhohlkörper ohne Überbeton . . . . 25 db
    mit Druckverteilungsschicht: 4 cm Betonplatte mit Linoleumbelag und
    Zwischenschicht: Glasseide 15 mm . . . . 55 db
                gipsgebundene Korkplatten (12 mm) . . . . 38 db
                Sand (30 mm) . . . . 34 db

Zur vollständigen Charakterisierung einer Decken- und Belagskonstruktion ist noch die Frequenzanalyse des Geräusches im untern Raum notwendig.

Die *Schallschluckung* S eines Baustoffes gibt an, in welchem Maße der auf eine Fläche auftreffende Schall vernichtet wird. Der Absorptionskoeffizient S wird bestimmt durch die Messung der Nachhalldauer im leeren und im mit einigen m² des Versuchsmaterials gleichmäßig bekleideten Raum.

$$S = \frac{0{,}164 \cdot V}{F_2} \left(\frac{1}{t_2} - \frac{1}{t_1} \cdot \frac{F - F_2}{F} \right),$$

V = Rauminhalt in m³;
F = Raumoberfläche in m²;
F_2 = Fläche des Versuchsmaterials in m²;
t_1 = Nachhallzeit im leeren Raum in s;
t_2 = Nachhallzeit in s nach Bekleiden des Raumes mit F_2 m² Versuchsmaterial.

Auch das Schallschluckvermögen ist frequenzabhängig, weshalb der Versuch über die schalltechnisch wichtigen Frequenzen von 100 bis 6000 Hz zu erstrecken ist.

Versuche mit Gipsmörteln ergaben folgende Zahlenwerte für die Schallschluckung S:

Probe	Frequenz		
	128 Hz	512 Hz	2048 Hz
Gipsputz	0,01—0,02	0,02	0,04
Gipsmörtel mit Korkabrieb .	0,13	0,59	0,74
Holzwolleplatten mit Gips .	0,07—0,25	0,25—0,61	0,42—0,77

D. Normen.

1. Bestehende Normen.

a) Begriffsbestimmung nach DIN-Entwurf 1 — E 1168 (1940).

Bezeichnung	Bisherige Bezeichnung	Herstellung	Verwendung
Gipsstein	Gipsstein, Rohgips	Natürliches Vorkommen, speziell im Zechstein, Trias und Tertiär	
Gebrannte Gipse	Gips, Baugips	Teilweise oder ganze Austreibung des Kristallwassers durch Erhitzung (Kochen) Mahlung vor oder nach Brand, oder in mehreren Stufen	Fabrikation gebrannter Gipse durch teilweise oder vollständige Austreibung des Kristallwassers — Erhärtung durch Wiederaufnahme des durch Erhitzen ausgetriebenen Kristallwassers
a) Stuckgips	Stuckgips Putzgips (Nord-, Ost-, Mitteldeutschland) Baugips (Ostmark) Nach Brennverfahren: Kesselgips Kochergips Drehofengips	Durch Erhitzen auf niedrige Temperaturen teilweise entwässerter Gips	Stuck- und Rabitzarbeiten, Gipsbaukörper, Feinputz, Glättputz, Zusatz zu Kalkputzmörtel
b) Putzgipse 1. Vorgebrannter Putzgips	Ofenkesselgips	In Öfen vorgebrannt und in Kesseln fertiggestellt	Putzarbeiten Reiner Gipsputz, Gipssandputz, Gipskalkputz, Gipszusatz zu Kalkputzmörtel, Vorarbeit für Stuckarbeiten
2. Putzgips	Baugips, Awallit Ofengips (Süddeutschland) Sparkalk (Thüringen) und spezielle Fabrikbezeichnungen	Unter mehr oder weniger beschränkter Luftzufuhr bei mittlerer Temperatur gebrannter Gips (enthält oft freien Kalk)	Desgl.

3. Spezial-Putz-gipse	Fabrikbezeichnungen	Besondere Brennverfahren, Mischungen oder Beimischungen (größere Härte als Putz-gips)	Putzarbeiten und Sonderzwecke
c) Estrichgips	Estrichgips Verschiedene Fabrikbezeichnungen	Durch Erhitzen auf hohe Temperaturen völlig entwässerter Gips (langsames Abbinden)	Estricharbeiten, besondere Putzarbeiten, Baukörper
d) Marmorgipse	Marmorzement Keene Zement Hartalabaster	Doppelt gebrannter, zwischen den beiden Brennvorgängen in geeigneter Weise (gewöhnlich mit Alaun) getränkter Gips	Besondere Putzarbeiten Kunstmarmor Verfugen von Wandplatten und andere Sonderzwecke

b) Rohgips.

α) *Amerika USA.* (ASTM C 22—25).

Reinheit. Minimalgehalt an Dihydrat: $CaSO_4 \cdot 2 H_2O > 64,5\%$.

Korngröße. Je nach Korngröße $\left(1\,\mu = 1 \text{ Mikron} = \frac{1}{1000} \text{ mm}\right)$ wird unterschieden:

a) Ursprünglicher Rohgips.

b) Vorgebrochener Gips. Maximale Korngröße 76 mm. Mindestens 75% Rückstand auf Standard Sieb von 149 μ lichter Maschenweite.

c) Granulierter Gips. Maximale Korngröße 38 mm. Mindestens 90% Rückstand auf dem $^1/_4$-in.-Sieb (6,35 mm).

d) Gemahlener Gips. 4 Gruppen:

1. < Standard 1410-μ-Sieb. Mindestens 85% gehen durch 149-μ-Sieb.

2. < 1410-μ-Sieb. Mindestens 60% und höchstens 85% gehen durch 149-μ-Sieb.

3. < 2380-μ-Sieb. Mindestens 40% und höchstens 60% gehen durch 149-μ-Sieb.

4. Kein Rückstand 149-μ-Sieb.

β) *Rußland* (O.C.T. 5359).

Reinheit. Rohgips, bei 60° C getrocknet, darf nicht weniger als 85% Dihydrat, $CaSO_4 \cdot 2 H_2O$ enthalten. Analyse nach Norm O.C.T. für Bindemittel. Das Rohmaterial darf nicht Stücke, die nicht aus Gips bestehen, enthalten.

Qualität. Der Rohgips soll nach 2 h Brennen bis 170° C einen Gips geben, welcher den technischen Bedingungen der Normen O.C.T. 2645 entspricht. 4 bis 5 kg mahlen bis 30 bis 40% Rückstand auf Sieb 900 Maschen/cm², in Eisenkessel brennen, mit Thermometer (in Metallhülse) rühren. Nach 15 min Abkühlung in Glasflasche mit eingeschliffenem Stöpsel bis zum nächsten Tag aufbewahren, dann prüfen wie Stuckgips.

γ) *Polen* (P.N. B—250).

Zusammensetzung hauptsächlich $CaSO_4 \cdot 2 H_2O$, frei von Tonerde und organischen Beimengungen. Rückstand auf 900-Maschen/cm²-Sieb: < 50%.

c) Gebrannte Gipse.
α) Prüfmethoden.

Eigenschaften	Amerika USA 1936 ASTM C 26—33	Deutschland Gipsverein E. V. 1934	Niederlande Normblatt N 492, 1932	Österreich Önorm 1932 B 3321	Polen PN B—250 1932	Rußland O.C.T. 2645 1931	Schweiz S.I.A.-Norm 1933
Reinheit	Bestimmung von H₂O frei, H₂O gebunden, CO₂, SiO₂ u. Unlösliches, Fe₂O₃ + Al₂O₃, CaO, MgO, SO₃, NaCl		CaCO₃ + Unlösliches	Reaktion neutral oder alkalisch	Gehalt an CaSO₄ nach Austreiben des Kristallwassers. Vergleich der Farbe mit Kreide. 1. Qualität	Bestimmung von Hydratwasser, bei Estrichgips von CaO. Analyse nach O.C.T. 4293	Gehalt an natürlichen Fremdstoffen berechnet als Differenz vom · Gesamtgewicht und CaSO₄-Gehalt + Glühverlust (Hydratwasser)
Der Analysengang ist in den obenerwähnten Normblättern angegeben							
Mahlfeinheit	Mit getrocknetem Gips Standardsiebe: Maschenweite 1410 μ, Maschenweite 590 μ, Maschenweite 420 μ, Maschenweite 149 μ	Sieb 0,20 mm nach DIN 1171	Sieb N 380—d—0,21 Gips getrocknet. Siebapparat TETMAJER. 2000 Schläge	Siebe 64 Maschen/cm², 900 Maschen/cm²	Siebe 64 Maschen/cm², 900 Maschen/cm²	Siebe 64 Maschen/cm², 900 Maschen/cm²	Sieb 900 Maschen/cm²
Raumgewicht	Volumen in cm³ von 100 g. Gips Eingesiebt durch 2000-μ-Sieb über 840-μ-Sieb			g/dm³ lose eingesiebt bzw. eingerüttelt	g/dm³ lose eingesiebt bzw. eingesiebt und nachhergerüttelt 900 Maschen/cm²	Wie für Portlandzement bestimmt, mit Trichter von GARY oder Neigungsfläche	
Normal-Konsistenz Einstreumenge	Modifizierter VICAT-Apparat, Sonde Dmr. 19 mm, für Gipsbrei: Gewicht 50 g, Eindringtiefe 30 mm	So viel Gips auf 100 cm³ Wasser gestreut, daß er während 3 bis 5 s nicht mehr untersinkt	Nicht definiert. ~ 55% Wasser	Siehe Deutschland	Siehe Deutschland	a) Wasserzusatz $\left(1 - \dfrac{P}{1000\,d}\right) \cdot 100$ P = Raumgewicht locker, d = spez. Gew. bestimmt nach LE CHATELIER-CANDLOT b) Viskosimeter von SOUTHARD	Bau- und Ofengips: 100 cm³ H₂O auf 125 g Gips
Normalbrei	für Gips + Sand: Gewicht 150 g, Eindringtiefe 20 mm (evtl. Prüfung mit Verzögerer-Zusatz)		Gips wird mit soviel Wasser versetzt, daß gerade noch gießfähiger Brei entsteht	Für Estrichgips: steifer Brei	Für Estrichgips: steifer Brei. Festigkeitsproben einrammen	(Ausbreitmaß 12 cm)	Estrichgips 100 cm³ H₂O auf 300 g Gips

Anmachwasser	destilliert	Trinkwasser	destilliert	destilliert	—	—	Trinkwasser
Gießzeit (Vom Beginn des Einstreuens an gerechnet)	—	Wenn Ränder von Messerschnitt in Normalbrei nicht mehr zusammenfließen	Durch Umschütten des gießfähigen Breis wird ermittelt, wann kontinuierliches Fließen aufhört	*Laboratoriumsprobe:* Wenn Ränder des Einstriches der Vicat-Nadel (300 g Gewicht 1 mm² Querschnitt) nicht mehr zusammenfließen	Abbindebeginn, wenn Vicat-Nadel 1 mm über Boden des Kuchens stecken bleibt. Nadelquerschnitt: 1 mm² Belastung der Nadel: 300 g Dicke des Gipskuchens: 1 cm *Betriebsprobe:* siehe Deutschland	Wenn Ränder des Einstiches der Vicat-Nadel (120 g Gewicht 1 mm² Querschnitt) nicht mehr zusammenfließen. Dicke des Gipskuchens: 4 cm	Wenn Ränder der Einstiche der Vicat-Nadel (300 g Gewicht 1 mm² Querschnitt) nicht mehr zusammenfließen. Dicke des Gipskuchens: 2 cm
Streichzeit *(ermittelt bei Normalkonsistenz)*	—	Wenn abgeschnittene Streifen beginnen abzubröckeln		Wenn Vicat-Nadel nur noch 5 mm in den 1 cm Kuchen eintaucht	Wenn Vicat-Nadel nur noch 5 mm in den 1 cm Kuchen eintaucht	Wenn die Nadel den Kuchen nicht mehr ganz durchdringt	Wenn Nadel nur noch 5 mm eindringt
Abbindezeit *(ermittelt bei Normalkonsistenz)*	Abbindezeit, wenn Vicat-Nadel (Gewicht 300 g, Nadeldurchmesser 1 mm) den Kuchen von Normalkonsistenz nicht mehr durchdringt. (4 cm starker Gipskuchen)	Wenn der Gipskuchen sich von der Glasplatte lösen läßt, ohne zu zerbrechen	Zeitpunkt der maximalen Temperaturerhöhung im Vicat-Ring	*Betriebsprobe* siehe Deutschland	Abbindeende, wenn Vicat-Nadel noch 1 mm eindringt	Abbindeende, wenn Nadel nicht tiefer als 0,5 mm eindringt	
Festigkeit Probekörper mit Gipsbrei in Normalkonsistenz hergestellt (Vgl. Abb. 11)	*Zugproben* wie für Zement. *Druckwürfel* von 5 cm Kantenlänge. Lagerung bei 21,1 bis 37,8° C und 50% relat. Feuchtigkeit. Prüfung, wenn Gewicht konstant bleibt	*Zugproben* wie für Zement. Lagerung auf Dreikantleisten in trockenem Raum von 15° bis 20° C Lufttemperatur	*Zugproben* wie für Zement. Lagerung bei 18° C, vor Feuchtigkeits- und Temperaturwechsel geschützt	*Zugproben* wie für Zement. *Druckwürfel* von 5 cm Kantenlänge. Lagerung bei 15 bis 20° C und 40 bis 60% relat. Feuchtigkeit	*Zugproben* wie für Zement. *Druckwürfel* von 5 cm Kantenlänge. Lagerung auf Dreikantleisten in trockenem Raum von 20 C°	*Zugproben* wie für Zement. *Druckwürfel* wie für Zement. Lagerung an trockenem und warmem Ort	*Biege-* und *Druck*festigkeiten an Prismen 4/4/16 cm. Lagerung auf Dreikantleisten, bis 26 Tage bei 15° C und 70% relat. Feuchtigkeit, dann 2 Tage bei 37° C im Trockenschrank

β) Grenzwerte

Normen-Eigenschaften	Amerika USA. ASTM C 23—30, C 61—30 C 72—30, C 59—30, C 60—30					Deutschland Gipsverein	Niederlande N 492	Österreich Önorm B 3321			
	Gebrannter Gips	Keene Zement	Zahnarzt-Gips	Modellgips	Keramikgips	Stuckgips	Stuckgips	Alabastergips	Baugips	Formgips	Estrichgips
Reinheit	Minimalgehalt von Rohgips an CaSO$_4 \cdot$ 2 H$_2$O: 64,5%	$CaSO_4 \cdot \frac{1}{2}$ H$_2$O $> 93\%$		$>80\%$	$>90\%$		Unlösliches + CaCO$_3$ $< 10\%$	Reaktion neutral			Reaktion alkalisch
Mahlfeinheit	Nr. 1: Auf 1410 μ Sieb: 0% Auf 149 μ Sieb: $<25\%$ Nr. 2: Auf 1410 μ Sieb: 0% Auf 149 μ Sieb: 25 bis 60%	Auf 1410 μ Sieb: 0% Auf 420 μ Sieb: $<2\%$ Auf 149 μ Sieb: $<20\%$	Auf 590 μ Sieb: 0% Auf 149 μ Sieb: $<5\%$	Feiner als 590 μ Auf 149 μ Sieb: $<10\%$	Feiner als 590 μ Auf 149 μ Sieb: $<6\%$	Auf 0,20 mm DIN-Sieb Feingemahlener Gips 0 bis 10% Mittelgemahlener Gips 11 bis 25% Grobgemahlener Gips 26 bis 50%	Auf Sieb Nr. 380-d-0,21 $<10\%$	Auf 64 M/cm²: 0% Auf 900 M/cm²: 5%	Auf 900 M/cm²: 30%	Auf 900 M/cm²: 10%	Auf 900 Maschen/cm²: 50%
Raumgewicht lose eingefüllt bzw. eingesiebt								600 bis 1200 g/dm³			1000 bis 1200 g/dm³
Verschiedenes		Hydrat-wasser $<2\%$						Raumgewicht gerüttelt 1000 bis 1500 g/dm³			1500 bis 1700 g/dm³
Einstreumenge Normalbrei		Vicat 350 g: 20 mm	100 g: 60 cm³	100 g: 60 cm³		130 bis 180 g	Wasser $\sim 55\%$	< 190 g			< 300 g
a) Gießzeit	Dem Verwendungszwecke entsprechend	Abbindezeit: >1 h <4 h	Abbindezeit: Schnellbinder $>2'$, $<4'$ Mittelbinder $>6'$, $<12'$ Langsambinder $>20'$, $<40'$	Abbinden innert 20 bis 40 min	Abbinden innert 20 bis 40 min		$>3'$	Schnellbinder $<4'$ Langsambinder $>4'$			
b) Abbinde-beginn											
c) Streichzeit								Langsambinder $>8'$			
d) Abbinde-ende ($1' = 1$ min)						etwa 30'	$<60'$	Max. 30'			
Festigkeit	kg/cm²	kg/cm²	kg/cm²	kg/cm²	kg/cm²	kg/cm²	kg/cm²	kg/cm²			kg/cm²
Zug 1:0 — 1 h	>14	$>31,5$	>21	>14	$>17,5$	1 Tg. >8 7 Tg. >16	7 Tg. >12	>8 >16			>10 >25
Druck 1:0 — 1 Tg. 7 Tg. 28 Tg.	>70							>30 >60			>100 >150

Festigkeitsprüfung
zur Zeit der
Gewichtskonstanz
der Proben

der Normen.

Polen PN. B — 205					Rußland O.C.T. 2645, O.C.T. 5348			Schweiz S.I.A.-Norm 1933		
Alabastergips[1] und Marmor-Estrichgips[3]	Modellgips[1,2]	Stuckgips[2]	Maurergips[2]	Baugips[3]	Alabastergips	Modellgips	Estrichgips	Baugips	Ofengips	Estrichgips
CaSO₄-Gehalt nach Austreiben des Kristallwassers: (Keine Eisenoxyde) >99%	>97%	>95%			**Hydratwasser** <7,5%	<6% >3%	**CaO** <8% >2%	**Natürliche Fremdstoffe** <15% (+20% Toleranz)		
Auf 64 M/cm²: 0%										
Auf 900 Maschen/cm²: 5%	Auf 900 Maschen/cm²: 10%	Auf 900 M/cm²: 30%	Auf 900 M/cm²: 50%	Auf 900 M/cm²: 50%	Auf 64 M/cm²: <2% Auf 900 M/cm²: <30%	Auf 64 M/cm²: 0% Auf 900 M/cm²: <10%	Auf 900 M/cm²: <30%	Auf 900 M/cm²: <20%	Auf 900 M/cm²: <20%	Auf 900 M/cm²: <10%
650 bis 850 g/dm³	1000 bis 1200 g/dm³	650 bis 850 g/dm³		1000 bis 1200 g/dm³			**Spez. Gew.** >2,97			
Raumgewicht, lose eingefüllt, nachher gerüttelt 1200 bis 1500	1500 bis 1700	1200 bis 1500 g/dm³		1500 bis 1700	**Raumbeständigkeit:** Estrichgips 2 h auf 120° C erhitzen			**Glühverlust** 7%	6%	3% (Informatorisch)
< 200 g	< 300 g	< 200 g		< 300 g						
a)	b) Schnellbinder <3′ Langsambinder >5′	c)	d) Schnellbinder <12′ Langsambinder >20′ <30′	*Lange Bindezeit*	>4′ >6′ <30′	<2′ >4′ <20′	<16 h <24 h	>5′ >15′	>5′ >15′	a) b) c) d)
	¹ Schnell-binder kg/cm²	² Langsam-binder kg/cm²	³ Sehr langsam abbindend kg/cm²		kg/cm²	kg/cm²	kg/cm²	kg/cm²	kg/cm²	kg/cm²
1 Tg.	>8	>10			>7	>7		1 h	>10	
7 Tg.	>16	>20	>10		>14	>14	>10	1 Tg.		>10
28 Tg.		>30	>25				>25	28 Tg.	>25	>22
1 Tg.	>30	>40								
7 Tg.	>60	>80	>100				>100	7 Tg.		>110
28 Tg.		>120	>120				>150	28 Tg.		>170
		Mörtel 1:3 {			Zug 7 Tg. >8, 28 Tg. >18			**Biegefestigkeit und Druckfestigkeit der Prismenhälften. Toleranz 10%**		
					Druck 7 Tg. >80, 28 Tg. >110					

d) Gipsprodukte und Gipsfabrikate.

α) *Gipsmörtel ASTM C 28—30, USA.*

Gips mit in der Mühle beigemischten Zuschlagstoffen oder Zusätzen zur Regelung von Abbinden und Verarbeitbarkeit

	Rein-Mörtel	Grundputz	Zweite Schicht	Abglättgips		Holzfasermörtel
Zusatz	beigemahlene Zusätze	Sand $<^2/_3$ Gewicht, dazu evtl. Fasern	Sand $<^3/_4$ Gewicht, dazu evtl. Fasern	ohne Verzögerer	mit Verzögerer	$>1\%$ Gewicht gesunde Holzfasern
$CaSO_4 \cdot {}^1/_2 H_2O$ berechnet nach dem SO_3-Gehalt	$>60,5\%$	$>60,5\%$ im restlichen Drittel	$>60,5\%$ im restlichen Viertel			$>60,5\%$
Bindezeit	8 bis 32 h für Mörtel 1:3 Gewichtsteile Sand	$1^1/_2$ bis 7 h	2 bis 6 h	20 bis 40 min	40 min bis 6 h	$1^1/_2$ bis 8 h
Zugfestigkeit	$>10^1/_2$ kg/cm²	$>5^1/_4$ kg/cm²	$>3^1/_2$ kg/cm²	>14 kg/cm²		$>8^3/_4$ kg/cm²
Mahlfeinheit	—	—	—	feiner als 1410 μ. Durch 149-μ-Sieb: $>60\%$		—

β) *Gipsbausteine und kleine Dielen* (ASTM C 52—33, USA.)

für nichttragende Konstruktionen im Inneren von Gebäuden und für Feuerschutz von Säulen, Streben, Aufzügen usw. mit oder ohne Zuschläge hergestellt.

Druckfestigkeit. Getrocknet $<5,3$ kg/cm² (Mittel von 5 Versuchen), wassergesättigt $<^1/_3$ der Festigkeit der getrockneten Proben.

Methode. Proben bis zur Gewichtskonstanz getrocknet bei 21 bis 38° C und weniger als 50% relativer Luftfeuchtigkeit. Täglich wägen. Die Prüflast wirkt in gleicher Richtung wie die vorgesehene Nutzlast. Lagerung der Dielen auf Filz $^1/_8$ bis $^1/_4$ in. oder mit Gips appretiert. Zusammendrückung $<1,27$ mm/min.

Wassersättigung: Die getrockneten Proben bis Gewichtskonstanz (mindestens 2 h) in Wasser von 21 bis 27° C tauchen, Bestimmung der Wasseraufnahme in Prozent.

Wassersaugfähigkeit in der ersten min >8 cm³, <30 cm³; in jedem nächsten Intervall von 1 min >4 cm³. (Beobachtungszeit 5 min.)

Methode. Auf die getrocknete Probe Glasrohr von 3,8 cm Innendurchmesser und 30,5 cm Länge aufgekittet und 250 cm³ Wasser von 21 bis 27° C eingegossen.

Feuerwiderstand. Klassifikation nach der Prüfnorm ASTM C 19—33. Keine Vorschrift über die zu erreichende Klasse.

γ) *Gipsplatten und Dielen* (ASTM C 36—34, C 37—34, C 79—34, USA.)

Zusammensetzung. Gipsmörtel mit höchstens 15% (Gewicht) Fasern.

Biegefestigkeit	Dicke mm	Gewicht in kg/m²	Tragfähigkeit in kg	
			‖ Fasern	⊥ Fasern
Putzträger	6,3	4,4— 7,3	18,1	7,3
	9,5	6,6— 9,8	27,2	12,2
	12,7	8,8—14,7	45,4	18,1
Platten	12,7	8,8—14,7	49,9	22,7
	19,0	14,6—19,5	79,4	45,4
Dielen	6,3	4,4— 7,3	22,7	10,9
	9,5	6,6— 9,8	36,3	15,4
	12,7	8,8—14,7	47,6	20,4

Methode. 10 Muster ausschneiden, 30 cm breit und 41 cm lang. Bei 15 bis 30° C und 25 bis 50% relativer Luftfeuchtigkeit bis zur Gewichtskonstanz getrocknet. Die auf 0,1% genaue Gewichtskonstanz wird durch tägliches Wägen ($^1/_2$ g genau) bestimmt.

Belastung in Mitte der Spannweite (350 mm), Auflager und Belastung auf die ganze Breite der Probe durch Leisten mit Abrundung von 3,2 mm Radius übertragen. Belastungsgeschwindigkeit 27 kg/min.

δ) *Gipsfaserplatten* (Standards of *Australia* S.P.R. 8—1931).

Zusammensetzung. Die mindestens 8 mm starken Platten sollen je m² mindestens 6 kg Stuckgips und 270 g Hanffasern enthalten.

Biegefestigkeit. *Probe* 30,5/30,5 cm, *Spannweite* 25,4 cm, *Rißlast* 18,1 kg, *Bruchlast* 34 kg.

Methode. 3 Proben getrocknet. Auflager: hölzerne Leisten mit Abrundung von 3 mm, Last in Mitte durch Stahlrolle von 9,5 mm Dmr. übertragen.

ε) *Leichtbauplatten* aus Holzwolle. (Deutschland DIN 1101.)

(Vgl. S. 129ff.)

ζ) *Gipsdielen* (ÖNORM B 3413).

Zusammensetzung. Baugips mit Pflanzenfasern, Stukkaturrohr oder Holzwolle.

Raumgewicht lufttrocken 600 bis 900 kg/m³.

Biegefestigkeit > 10 kg/cm².

η) *Gipsschlackenplatten* (ÖNORM B 3413).

Zusammensetzung. Baugips mit Rostschlacken a oder b nach ÖNORM 3621.

Raumgewicht lufttrocken 900 kg/m³ ± 10%.

ϑ) *Gipsdielen* (OCT 3620 *Rußland*).

Gipsgehalt 40% des Volumens. Raumgewicht 650 kg/m³.

Druckfestigkeit 30 kg/cm². Biegefestigkeit 15 kg/cm².

Feuchtigkeit bei Lieferung 1%, vor Verwendung 3%.

Methode. Druckfestigkeit von Würfeln mit Kantenlänge ∼2mal Plattendicke, hergestellt durch Aufeinandersetzen mit Gipsbrei von 2 ausgeschnittenen Prismen, deren Seitenlänge gleich der doppelten Plattendicke ist.

Biegefestigkeit von Proben 45 × 12 cm, bei 40 cm Spannweite und Belastung in Mitte.

Feuchtigkeit ermittelt durch Trocknen bis zu konstantem Gewicht bei 40° C.

ι) *Dünne Gipsplatten* (OCT 4963 *Rußland*).

Zusammensetzung. Gips nach OCT 2645, evtl. armiert, evtl. Papier oder Karton aufgenagelt.

Biegefestigkeit. >30 kg/cm². Gewicht >13 kg/m². Feuchtigkeit der Proben < 1%.

Nagelbarkeit. Von je 10 eingeschlagenen Nägeln darf nur einer einen Riß verursachen.

2. Ausblick auf künftige Normen.

Wissenschaftliche Abklärung, genaue Festlegung sowie Vereinheitlichung der Prüfmethoden ist erstrebenswert. Die Normierung der Bezeichnungen, der Prüfung und der zulässigen Grenzen der maßgebenden Eigenschaften für die verschiedenen Gipsprodukte entwickelt die Industrie, schützt den Verbraucher und schaltet minderwertige Produkte, unzutreffende Reklame und überflüssige

Sonderbezeichnungen aus. Toleranzen oder Sicherheitszuschläge berücksichtigen die Unregelmäßigkeiten des Materials und der Ausführung, sowie die Veränderungen durch das Alter. Es sind auf Grund der Hinweise der vorhergehenden Abschnitte für künftige Normen folgende Angaben erwünscht:

Rohgips und gebrannter Gips.

1. Zusammenfassung der verschiedenen *Gipsarten* und ihrer vielfältigen *Bezeichnungen* zu einer möglichst geringen Zahl für die Praxis notwendiger genau definierter Typen. Die bestehenden Bezeichnungen beziehen sich entweder auf den Verwendungszweck, die Herstellungsart, oder dann auf spezielle Eigenschaften der Gipse, welche Begriffe nicht vermengt werden sollten.

2. Bestimmungsmethoden und zulässige Mengen der besonders schädlichen *Beimengungen* in Rohgips und gebranntem Gips.

3. Art und Verwendung der bei der Gipsverarbeitung gebräuchlichsten *Zusätze und Nachbehandlungen.*

4. Kurzfristige Prüfung auf Neigung zum *Treiben.*

5. Verfahren zur Messung von *Expansion* und *Schwinden*, besonders wichtig für zahnärztliche Gipse und Formgipse.

6. Art der Trocknung und Ende der Siebung bei Bestimmung der Mahlfeinheit. Bürsten und Pinseln vermeiden.

7. Dauer und Art der *Verarbeitung* des zu Abbinde- und Festigkeitsproben verwendeten Gipsbreies. Temperatur von Bindemittel, Wasser und Luft. Reinheit des Wassers. Dauer des Einfüllens der Proben, vom Einstreuen an gerechnet. Einführung eines mechanischen Rührwerks.

8. Temperatur bei Ausführung von *Abbindeproben.*

9. Luftfeuchtigkeit und Temperatur bei *Lagerung* der Festigkeitsproben. Zulässiger Zeitraum zwischen Entnahme aus dem Lagerraum und Prüfung.

10. Temperatur und Geschwindigkeit der Laststeigerung bei der *Festigkeitsprüfung.*

Platten, Beläge, Estriche.

1. *Gewichts-* und *Porositätsverhältnisse.*

2. *Wasseraufnahme-* und *Saugfähigkeit* in gesättigtem Gipswasser. Wasseraufnahme in feuchter Luft. Normierung der Porosität.

3. *Raumbeständigkeit.* Quellen und Schwinden bei Wechsellagerung in verschieden feuchter Luft.

4. *Wetterbeständigkeit* bei starken Schwankungen von Temperatur und Feuchtigkeit der Luft. Einfluß von Aerosolen (Rauchgasen). *Abwaschbarkeit. Ausblühungen.*

5. *Feuerhemmende Wirkung* von Schutzbelägen. Beständigkeit von Platten mit organischen Zuschlägen gegen *Feuer* (Entflammbarkeit) und *Fäulnis.*

6. *Festigkeitseigenschaften und Elastizität.* Biege- und Druckfestigkeit, Oberflächenhärte, Stempeldruckfestigkeit, Schlagfestigkeit, Verformungsmodul nach Lagerung in Luft von bestimmter relativer Feuchtigkeit (z. B. 35, 70, 95%).

7. *Wärmeleitzahl* nach Trocknung bis zur Gewichtskonstanz bei 35° C sowie nach Lagerung in Luft von bestimmter relativer Feuchtigkeit (z. B. 70 und 95%). *Spezifische Wärme. Strahlungszahl.*

8. Isolierung von *Luftschall* und *Körperschall.*

Nur die *gleichzeitige* Berücksichtigung der wichtigsten technischen Eigenschaften verschiedener Art kann ohne Einseitigkeit zu einer zutreffenden Beurteilung des Wertes eines Baumaterials führen. Die „Technischen Bestimmungen für die Zulassung neuer Bauweisen" DIN 4110, stellen in dieser Beziehung bereits einen großen Fortschritt dar.

X. Die Prüfung der Magnesiamörtel.

Von RICHARD GRÜN, Düsseldorf.

Die Magnesiamörtel werden verwendet vor allen Dingen zur Herstellung von Fußböden, indem man die Mörtel mit Holzmehl, Ledermehl u. dgl., bei starker Beanspruchung auch mit Feinsand magert. Diese Mörtel sind nicht hydraulisch, d. h. sie werden vom Wasser allmählich erweicht und zerstört, haben aber den großen Vorzug, daß sie imstande sind, in viel weitgehenderem Maße als hydraulische Bindemittel, organische Substanzen als Füllstoffe zu binden. Das Festwerden des Magnesiumoxydes, welches aus Magnesiumkarbonat durch Brennen erzeugt wird, ist offenbar zurückzuführen auf die Bildung von Magnesiumhydroxyd. Es wird aber durch alleiniges Zufügen von Wasser nicht erzeugt, sondern erfordert den Zusatz von Magnesiumchloridlauge, welche als Abfallauge aus der Kaliindustrie in den Handel kommt. Der Laugenanteil ist aber so gering, daß nicht die früher allein als maßgeblich betrachtete Magnesiumoxychloridbildung zur Erhärtung führen kann, sondern daß offenbar auch noch die Magnesiumhydratbildung und später die Karbonisierung eine Rolle spielen. Der fertige Mörtel hat die Eigenschaft, verhältnismäßig stark zu schwinden, besonders dann, wenn sehr viel und zu konzentrierte Lauge verwendet wurde. Er muß deshalb mit dem Unterboden, auf dem er aufgebracht wird, gut verbunden werden, da er sonst Risse bekommt und sich abhebt. Bei Betonuntergrund erreicht man diese gute Verbindung durch Aufbringung des Steinholzes auf rauhen, nicht zu glattem Beton, der auch nicht zu porös sein darf, damit die an sich schädliche Magnesiumchloridlauge nicht in ihn eindringt. Bei Holzuntergrund schlägt man vorher am besten verzinkte oder angestrichene Nägel in das Holz und rauht dieses auf.

Da die Magnesiamörtel stets etwas freies Magnesiumchlorid enthält oder bei Feuchtigkeitszutritt abspalten, greifen sie Eisen und andere Metalle sehr leicht und stark an. Heizungsrohre, elektrische Leitungen u. dgl. müssen deshalb vor Aufbringung der Magnesiamörtel gegen Zutritt der Lauge gut geschützt werden durch wiederholte Aufbringung von Asphaltanstrich, Umkleidung mit Dachpappe u. dgl.

Beispiele über das Verhalten von Steinholz gegenüber Baustoffen und Metallen enthält u. a. die Arbeit von DEISS[1].

Im Zeichen der Holzknappheit hat sich das Steinholz als Fußbodenbelag in der letzten Zeit sehr schnell in steigendem Maße eingeführt. Folgende Zahlen zeigen das[2]:

$$1934 \quad \ldots \ldots \ldots \ldots \quad 1,8 \text{ Mill. m}^2$$
$$1938 \quad \ldots \ldots \ldots \ldots \quad 5,5 \text{ Mill. m}^2$$

---

[1] DEISS: Über das Verhalten von Steinholz und ähnlich zusammengesetzten Massen gegenüber Baustoffen und Metallen. Wiss. Abh. Dtsch. Mat.-Prüf.-Anst. Heft 1. Berlin 1938. — Vgl. auch RODT: Schadenfälle an Steinholzfußböden. Bautenschutz Bd. 8 (1937) S. 103.

[2] WENHART: Das Steinholz im Zeichen der Bauholzbewirtschaftung. Baumarkt Bd. 38 (1939) S. 353. In der gleichen Veröffentlichung ist auch eine übersichtliche Zusammenstellung über Holzbedarf für Fußböden, Mindeststärken und Steinholzeigenschaften wiedergegeben.

Bisweilen werden auch Magnesitplatten u. dgl. als „Kunstmarmor" fälschlich bezeichnet. An sich ist der Name „Kunstmarmor" nicht empfehlenswert sowohl für derartige als auch für andere Erzeugnisse. Es wäre richtig, einen anderen Ausdruck zu wählen, besonders für Kunstmarmorarten aus Gips und aus Magnesit, da diese ja nicht wasserbeständig sind, wie die ähnlichen Erzeugnisse aus Portlandzement. Die entsprechenden Bezeichnungen lassen sich aber schwer ausrotten[1].

Auch aus kaustischem Dolomit, also aus einer Mischung von Magnesiumoxyd und Kalziumoxyd hat Saporoshetz mit Magnesiumchloridlösung Xylolithplatten für Fußböden hergestellt unter Verwendung von Kiefernholzsägespänen. Die diesbezüglichen Angaben scheinen aber nicht genügend erhärtet[2].

A. Rohstoffe.

Als Rohstoffe dienen für die Herstellung der Magnesiamörtel
1. Magnesit,
2. Magnesiumchloridlauge,
3. Zuschlag.

Gearbeitet wird in der Regel in der Weise, daß man den Magnesit mit dem Zuschlag gut vermischt und dann Lauge von ungefähr 21° Bé zusetzt. Je stärker die Lauge, desto stärker die Erhärtung, desto stärker aber auch die Schwindung. Ein Höhergehen in der Konzentration der Lauge ist deshalb, wenn die Festigkeiten erhöht werden sollen, nicht immer ratsam. Wichtig ist erdfeuchte Verarbeitung bei guter Verdichtung. Die erdfeuchte Verarbeitung trägt auch dazu bei, daß die Schwindung geringer gehalten wird. Die Platten werden häufig zum Trocknen in auf 40 bis 50° erwärmten Räumen eingebracht, ebenso starker Druck bei der Herstellung angewandt. Allzu starke Erhitzung muß aber auch hier vermieden werden, um Wölben der Platten zu verhindern.

Auch Magnesiumsulfat hat man als Anreger schon versucht. Die Erhärtung ist bei dessen Anwendung aber sehr viel träger[3]. Praktisch werden die Sulfate allerdings in großen Massen verwendet bei der Fabrikation des Heraklith, also der bekannten Leichtbauplatte aus Holzfasern. Hier wird aber die Erhärtung erzwungen durch Erhitzung der fertigen Platte vor dem Versand. Auch Rodt[4] verweist auf die Möglichkeit, Magnesit ohne Chlormagnesium zum Erhärten zu zwingen, ohne allerdings befriedigende Festigkeiten anzugeben. Es muß deshalb bei der Herstellung des Steinholzes auf der Baustelle nach wie vor Magnesiumchloridlauge als Zusatz Verwendung finden.

B. Prüfung des Magnesits.

Der Magnesit ($MgCO_3$) wird entweder in Schacht- oder in Drehöfen gebrannt, und zwar wird die Temperatur meist nicht so hoch gesteigert, daß alle Kohlensäure ausgewichen ist. Der Magnesit kommt vor in Euböa (griechische Insel) sowie bei uns in Schlesien, Radentheim, im Zillertal, in Oberdorf und an anderen Orten. Grün[5] fand als Durchschnittswerte die Ergebnisse der Zahlentafel 1. Die Zahlen zeigen, daß der Magnesiumoxydgehalt von 77% bis ungefähr 88% schwankt und daß der Glühverlust der einzelnen Magnesite recht hoch ist.

---

[1] Die praktische Herstellung des Kunstmarmors aus verschiedenen Rohstoffen und seine Verwendungsmöglichkeiten. Betonwerk 1939 S. 265.

[2] Saporoshetz: Xylolith aus kaustischem Magnesit. Chem. Zbl. Bd. 26 (1937) S. 1428.

[3] Olmer u. Delyon: Die Magnesiumsulfatzemente. Zement 1937 S. 26.

[4] Rodt: Magnesiterhärtung ohne Chlormagnesium. Tonind.-Ztg. 1938 S. 1017.

[5] Grün: Magnesit und Lauge als Rohstoffe für die Steinholzherstellung. Baumarkt Bd. 28 (1929) Nr. 18—20.

Zahlentafel 1. Durchschnittswerte verschiedener Magnesitarten.

Magnesitart	Analyse							Gluhverlust-frei				Δ-System		
	SiO₂	R₂O₃	CaO	MgO	Gl.Verl.	CO₂	H₂O	SiO₂	R₂O₃	CaO	MgO	SiO₂ + R₂O₃	CaO	MgO
uböa	3,22	0,73	2,34	86,20	7,41	2,73	4,74	3,49	0,78	2,54	93,19	4,27	2,54	93,19
illertaler . .	4,40	2,29	2,75	85,10	5,64	3,14	2,50	4,67	2,44	2,94	89,95	7,11	2,94	89,95
chlesischer .	11,33	1,19	1,57	80,68	5,32	2,83	2,49	11,98	1,27	1,62	85,13	13,25	1,62	85,13
adentheiner .	6,61	4,88	3,16	77,00	8,76	4,48	4,35	7,25	5,35	3,26	84,14	12,60	3,26	84,14
berdorfer . .	1,79	2,53	2,94	88,34	5,00	2,75	2,81	1,88	2,63	3,08	92,42	4,51	3,08	92,42

Bei Weglassung des Glühverlustes kommt man auf einen Magnesiagehalt von über 84%. Der Kalkgehalt muß gering sein. Er beträgt auch bei den untersuchten Magnesiten nur bis zu ungefähr 3,2%. Hoher Kalkgehalt kann leicht zu Treiben führen. Euböa-Magnesit ist nach Ausweis der Zahlen am ärmsten an Kieselsäure. Dieser Magnesit wird auch sehr gerne in der Steinholzindustrie zur Herstellung benutzt; er kann aber auch durch die inländischen Magnesite vollwertig ersetzt werden. Bisweilen zieht man es vor, Mischungen von Euböa-Magnesit mit deutschem Magnesit anzuwenden. Der Magnesit wird auf längeren Wegen am besten in stückiger Form transportiert, um die gefürchtete Ablagerung zu verhindern. Auf dem Festland angekommen wird er dann gemahlen; meist in Mahlanlagen, die in Freihäfen stehen. Der gemahlene Magnesit lagert sehr schnell ab, d. h. er karbonisiert sich und zieht Wasser an; seine Erhärtungsfähigkeit geht dabei stark zurück; er ist deshalb möglichst frisch zu verarbeiten. GRÜN rechnete aus, wieviel Moleküle Magnesiumchlorid auf 1 Molekül Magnesiumoxyd kommen und fand ein Molekularverhältnis von 22:1, d. h. daß auf 22 Moleküle Magnesiumoxyd nur 1 Molekül Magnesiumchlorid kommt. Er schließt daraus, daß vor allen Dingen Magnesiumhydratbildung die Erhärtung herbeiführt, also einfaches Ablöschen des Magnesits[1] und zeigt, daß auch Kupferchlorid zu guter Erhärtung führt[2]. Bezüglich der chemischen Zusammensetzung sei auf folgendes hingewiesen:

In den Normen für Magnesit zu Steinholz (vgl. DIN E 273) sind 75% Magnesia vorgeschrieben. Diese Zahl ist — wie oben dargestellt — verhältnismäßig tief. Der Glühverlust soll betragen 9% bei Versand und 11% auf der Baustelle. Auch diese Zahlen sind verhältnismäßig hoch. Nach den englischen Normen Nr. 776 von 1938[3] soll kalzinierter Magnesit mindestens 87% MgO enthalten, aber nicht mehr als 2,5% CaO und 2,5% CO₂. Der Glühverlust soll unter 8% bleiben.

Nach den Vorschriften für die Lieferung und Prüfung von kaustischer Magnesia (gebranntem Magnesit) für Steinholz[4] lautet die Begriffserklärung für kaustischem Magnesit wie folgt:

„Kaustische Magnesia (gebrannter Magnesit) — im folgenden „Magnesit" genannt — ist ein aus natürlich vorkommendem Magnesit (Magnesiumkarbonat) oder aus anderen Magnesiumsalzen erbranntes oder auf anderem chemischen Wege hergestelltes Erzeugnis, das gemahlen in den Handel kommt und beim Anmachen mit Magnesiumchloridlauge oder entsprechend konzentrierten Lösungen anderer Salze zweiwertiger Metalle z. B. Magnesiumsulfatlösung, steinartig erhärtet. Gebrannter Magnesit unterscheidet sich von anderen Bindemittel dadurch, daß er große Mengen von Zuschlagstoffen vornehmlich organischer Natur einzubinden vermag."

---

[1] GRÜN: Über Steinholz. Baumarkt 1925 S. 1009.
[2] Vgl. auch RODT: Neuere Beobachtungen über die Erhärtung des Sorelzementes. Zement Bd. 26 (1937) S. 597.
[3] Zement Bd. 28 (1939) S. 218.　　[4] Chem.-Ztg. 1937 S. 348.

Weitere Einzelheiten über die Analyse von Magnesit vgl. Rodt[1].

Neben der chemischen Zusammensetzung des Magnesits ist auch dessen Aufbau von Wichtigkeit. Es gibt amorphe und kristalline Magnesite[2]. Im allgemeinen werden die amorphen Magnesite den kristallinen vorgezogen. Es gibt aber auch gut gebrannte kristalline Magnesite, welche durchaus brauchbar sind.

Die Mahlfeinheit soll nach DIN E 273 folgende sein:

Sieb	Ruckstand	Siebdauer
DIN 1171 — 0,09	25%	25 min
DIN 1171 — 0,12	15%	15 min
DIN 1171 — 0,20	3%	5 min

Für die Bindezeit sind vorgeschrieben:

Anfang frühestens nach 40 min,
Ende spätestens nach 8 h.

Für die Raumbeständigkeit gelten folgende Zahlen nach zwei verschiedenen Meßmethoden:

Gerät Bauschinger:	Quellmaß	0—15%
(Probe 2,5 × 2,5 × 10 cm)	Schwindmaß	0,25%
Gerät Graf-Kauffmann:	Quellmaß	0—10%
(Probe 4 × 4 × 16 cm)	Schwindmaß	0,20%

Ausgangswert ist das Maß nach 24 h.

Die Prismen werden hergestellt aus Normensägespänen von Fichtenholz, die eine Korngröße haben müssen von 50% 0 bis 1 mm und 50% 1 bis 2 mm mit einem 5%igen Anteil an Feinstem unter 0,2 mm. Abweichungen ±10%. Zum Anmachen wird Magnesiumchloridlauge von 20° Bé verwandt. Die Konsistenz soll erdfeucht sein. Die Masse wird in die Form eingedrückt. Nach 12 h Luftlagerung wird entformt. Lagerung der Körper im zugfreien Raum bei ungefähr 60% Luftfeuchtigkeit ±5%. Temperatur 15 bis 20° C. Die Form, in denen die Prismen in der üblichen Weise eingestampft werden, soll aus Messing sein, da Eisen rostet[3]. Da Steinholzfußböden in der Hauptsache beansprucht werden durch Eindruck, also durch aufgestellte Tische, Nägel an den Schuhen usw., hat Poche als Ergänzung der sonst üblichen Zug- und Druckfestigkeitsprüfung die Brinellhärte eingeführt, die aus der Stahlprüfung übernommen ist. Diese wird geprüft durch Eindrücken einer Stahlkugel; man errechnet den Quotienten aus Druckkraft und Eindruckkalotte. An jedem hergestellten Körper sollen 2 Messungen vorgenommen werden, 5 Körper sind herzustellen. Folgende Zahlen sind vorgeschrieben:

nach 1 Tag   Luftlagerung . . . . . . 0,3 kg/mm²
  ,,   3 Tagen   ,, ... 1,0 kg/mm²
  ,,   7   ,,   ,, ... 2,0 kg/mm²

Die Zugfestigkeiten werden an den üblichen Achterformen gemessen, die mit dem Normenhammerapparat, der aus der Zementprüfung übernommen ist, hergestellt werden. Herzustellen sind 3 Reihen zu je 5 Probekörper mit 130 g Mörtel mit 15 Schlägen. Zahlen siehe weiter unten.

Die Magnesitanalyse wird durchgeführt in der üblichen Weise durch Lösung von 1 g Magnesit mit 100 cm³ verdünnter Salzsäure 1 : 11[4].

---

[1] Rodt: Chemische Untersuchung des gebrannten Magnesits. Chem.-Ztg. 1939 S. 404.
[2] Grün: Zusammensetzung und Prüfung von Steinholz. Baumarkt Bd. 25 (1926) Nr. 47.
[3] Vgl. auch Krieger: Aus der Steinholzpraxis. Baumarkt Bd. 36 (1937) S. 1505.
[4] Näheres siehe Berl-Lunge: Chemisch-technische Untersuchungsmethoden, Bd. III, 8. Aufl., S. 325, Kapitel ,,Mörtelbindemittel" von Grün.

Die Zugfestigkeiten sollen betragen:

nach 3 Tagen . . . . 15 kg/cm²
" 7 " . . . . 20 kg/cm²
" 28 " . . . . 30 kg/cm²

C. Prüfung der Magnesiumchloridlauge.

Bei Entnahme ist darauf zu achten, daß längere Zeit stehende Behälter vorher umgerührt werden, da sich erfahrungsgemäß die Konzentration der Lauge in dem unteren Teil des Behälters im Laufe der Zeit erhöht. Die Analyse wird in der üblichen Weise durchgeführt sowohl bei festem als auch bei flüssigem Magnesiumchlorid. Die Lauge kommt meistens in den Handel mit 30° Bé. Sie wird an Ort und Stelle verdünnt, da mit 30° Bé angemachtes Steinholz nicht raumbeständig ist. Auf der Baustelle wird die Lauge gespindelt. Zweckmäßig ist bei der Analyse auch noch die Sulfat- und Alkalibestimmung, da derartige Verunreinigungen, wenn sie in großen Mengen vorkommen, schädlich zu wirken vermögen. GRÜN stellte fest, daß bei einem SO_3-Gehalt von 0,7%, entsprechend einem Sulfatgehalt der Lauge von über 1%, die Schwindung stark zunimmt und fordert, daß der Sulfatgehalt einer brauchbaren Magnesiumchloridlauge 2% für die Lauge nicht übersteigen soll, da sonst unzulässige Schwindneigungen zu befürchten sind. Chlorkalium erwies sich bei ähnlichen Versuchen als nicht schädlich[1].

Nach den englischen Normen kommen für Magnesiumchlorid folgende Zahlen in Betracht:

11,3% MgO, 34,5% Cl

dagegen nicht mehr als 1% Kalziumverbindungen ($CaCl_2$) und nicht mehr als 2% Kaliumchlorid (KCl) + Natriumchlorid (NaCl). Sulfate ($MgSO_4$) sind sogar auf ein Höchstmaß von 0,5% beschränkt. Hiermit liegt die Zusammensetzung der Magnesiumchloridlösung und die des Magnesites eindeutiger fest als nach den deutschen Vorschriften.

RODT[2] weist darauf hin, daß es nicht gerechtfertigt ist, ein Steinholz als unsachgemäß hergestellt zu erklären, wenn es freies Magnesiumchlorid enthält. Hieraus ist zu schließen, daß in jedem erhärteten Steinholz freies Magnesiumchlorid enthalten ist, daß einerseits also dessen Feststellung nicht zu Schlüssen auf die Fehlerhaftigkeit bei der Herstellung des Steinholzes berechtigt, daß andererseits Eiseneinlagen auch bei weniger stark konzentrierter Laugenverwendung und Überschuß an Magnesiumoxyd unter allen Umständen gut geschützt werden müssen.

Die angenommene Gegenwart des freien Magnesiumchlorides versuchte HUBBELL[3] durch Kupferzusatz zu verhindern. Er empfiehlt 18% MgO im Mörtel und eine Konzentration der Lauge von 22° Bé bei einem Zusatz von 10% an fein verteiltem Kupfer. Die Schwindung geht bei diesem Zusatz zurück, die Zugfestigkeit wurde auf das Doppelte erhöht. Das Verfahren ist in Deutschland nicht nachgeprüft; seine Einführung kommt aus Kupfermangel nicht in Frage.

Nach holländischen Versuchen[4] wird der Zusatz von Kupfer abgelehnt.

---

[1] GRÜN: Über die Einwirkung von Verunreinigungen der Magnesiumchloridlauge auf die Festigkeiten und die Schwindneigung des Steinholzes. Baumarkt Bd. 29 (1930) Nr. 8 u. 10.
[2] RODT: Steinholz, Über den Gehalt an freiem Chlormagnesium in Sorelzement und Steinholz. Baumarkt 1939 S. 4.
[3] HUBBELL: Zement und Bindemittel neuer Zusammensetzung. Chem. Ztbl. Bd. 38 (1937) S. 2581.
[4] Magnesit-Zement mit Zusatz von Kupferpulver für Steinholz. Baumarkt Bd. 37 (1938) S. 4.

D. Prüfung des Zuschlags.

Als Zuschläge werden Holzmehl, Sägespäne, Lederabfälle u. dgl. verwandt. Neuerdings hat man auch wieder versucht, Magnesiazemente als Bindemittel für Schwerbeton heranzuziehen[1]. Bei Versuchen von GRÜN[2] erwies sich zwar die Festigkeit als befriedigend, wenn auch nicht über Beton aus Normenzement hinausgehend, aber die Wasserbeständigkeit war so gering, daß Magnesiummörtel für Außenflächen nicht in Frage kommen kann.

Wichtiger noch als die Zuschläge ist die Verarbeitung, für welche die Normen DIN E 272 maßgebend sind. In diesen sind folgende Dicken vorgeschrieben:

bei Estrich als Unterboden . . . . 12 mm
bei einschichtigem Steinholzfußboden . . . . . 12 mm
bei zweischichtigem Steinholzfußboden . . . . . 8 mm

Die verwendete Steinholzmasse soll folgende Festigkeiten und Raumbeständigkeit aufweisen:

Eigenschaften	Mindestforderungen an Steinholzmasse und Steinholzbelag nach Lagerung in Luft von 17 bis 20° und mindestens 65% Feuchtigkeitsgehalt nach		
	3 Tagen	7 Tagen	28 Tagen
Zugfestigkeit[3] kg/cm² . .	—	20	30
Biegefestigkeit kg/cm² . .	—	30	60
Härte[4] kg/cm².	1	2	3
Raumbeständigkeit[2] in % .	—	—	Höchstmaß für Quellen 0,15 Schwinden 0,25

Über die Herstellung der Körper und Prüfung der Biegefestigkeit vgl. die Normen selbst. Auch hier ist die Brinellhärte vorgeschrieben.

Wichtig ist bei der Untersuchung des fertigen Steinholzes die Analyse, da sie Aufklärung gibt über manche Erscheinungen des Treibens oder der Schwindrißbildung. Die Steinholzprobe wird soweit zerkleinert bis sie durch das 144-Maschensieb (N 12 DIN 1171, 0,49 mm lichte Maschenweite) hindurchgeht und in 5 g dieses Pulvers die Kieselsäure und die unlöslichen Bestandteile durch Abdampfen mit Salzsäure abgeschieden. Im Filtrat werden die Sesquioxyde bestimmt und im Filtrat hiervon wird der Kalk doppelt gefällt. Die Bestimmung der Magnesia wird wie bei der Analyse von Magnesit in 100 cm³ der auf 500 cm³ aufgefüllten Filtrate der beiden Kalkfällungen vorgenommen. Mindestens ebenso wichtig ist die Chloridbestimmung, da aus der Chlorid- und Magnesiabestimmung das Mischungsverhältnis an Lauge und Magnesit berechnet werden kann; sie erfolgt in der üblichen Weise mit Silbernitrat.

Der gefundene Holzanteil wird zweckmäßigerweise nach Versuchen des Verfassers mit 1,3 multipliziert, um die durch die Behandlung mit Salzsäure und das nachfolgende Trocknen bedingte Gewichtsveränderung der Holzfaser aufzuheben. Das Mischungsverhältnis zwischen MgO und $MgCl_2$ soll bei einem normalen Boden 2,3:1 bis 2,6:1 betragen.

---

[1] Vgl. KAMMÜLLER: Gegenwartsaufgaben des Beton- und Eisenbetonbaues. Beton u. Eisen Bd. 37 (1938) S. 100.

[2] GRÜN: Magnesiazement als Bindemittel für Schwerbeton. Zement Bd. 27 (1938) Nr. 52.

[3] Sowohl an Probekörpern aus dem Steinholzbelag als auch an besonders hergestellten Probekörpern.

[4] Nur an Probekörpern, die aus Steinholzmasse angefertigt wurden.

E. Rosterscheinungen.

Der Werkstoffprüfer wird sich bei der Untersuchung fertiger Steinholz-fußböden u. dgl. hauptsächlich mit Rosterscheinungen zu beschäftigen haben, die neben mangelnder Raumbeständigkeit die Hauptanstände sind, denen man bei Steinholzfußböden u. dgl. auf dem Baumarkt begegnet. Diese Rosterschei-nungen werden stets hervorgerufen vom Magnesiumchlorid, sobald dieses zum Eisen vordringt; es führt dessen Zerstörung herbei unter gleichzeitiger Bildung von Eisenchlorid. Das Eisen muß deshalb geschützt werden gegen das Vor-dringen des Magnesiumchlorides, und zwar genügt es nicht, daß nur die vor-schriftsmäßigen Mengen Magnesiumchlorid dem Steinholz einverleibt werden, sondern es ist darüber hinaus auch noch das Eisen rein mechanisch zu schützen, und zwar aus folgenden Gründen: Die Bindung des Magnesiumchlorides ist auch dann, wenn die in den Normen niedergelegten Zahlen eingehalten werden, im Magnesiazement verhältnismäßig locker. Es findet also bei geringster An-wesenheit von Feuchtigkeit — und die ist immer zugegen — eine hydrolytische Spaltung des Magnesiumoxychlorids oder der ähnlichen vorliegenden Verbindung statt und Magnesiumchlorid geht in Lösung. Diese Lösung wird beschleunigt bei Zutritt großer Wassermengen (Aufwaschwasser) oder aber bei mechanischem Einschließen des Wassers, also beispielsweise unter Linoleum; das auf frischem Steinholzfußboden verlegte Linoleum kapselt das Wasser nämlich immer ab. In solchen Fällen tritt häufig eine unangenehme Zerstörung von Isolationsrohren auf. Der Termin zwischen Fertigstellung des Magnesitfußbodens und der Verlegung des Linoleum ist also oft von ausschlaggebender Bedeutung: Es darf nie zu früh verlegt werden, zu frühe Verlegung hat auch bei sachgemäßer Ausführung Gefahren im Gefolge, da das gewaltsam eingeschlossene Wasser am Entweichen verhindert wird und gleichsam eine ,,Wasserlagerung'' des ganzen Fußbodens zwangsweise herbeiführt mit dem Erfolg, daß eine Zerstörung des Fußbodens und der Eisen eintritt. Bei zu hohem Magnesiumchloridzusatz vermag auch Feuchtigkeitsbildung einzutreten, da Magnesiumchlorid ja hygroskopisch ist, also Wasser aus der Luft anzieht. Es reichert sich dann das schon erhärtete Steinholz beispielsweise auch künstlich getrocknete Platten mit Wasser an, es treten sogar ,,Wassertröpfchen'' auf der Oberfläche auf, die aus konzentrierter Magnesiumchloridlauge bestehen. Auch die nachträgliche wiederholte Austrock-nung eines derartigen zu stark mit Salzen angereicherten Bodens oder Steinholzes vermögen dasselbe nicht zu retten. Maßgebend ist also richtige Zusammen-setzung bei der Herstellung und genügende Austrocknung vor Abkapselung

XI. Die Prüfung von Glas.

A. Chemische und physikalische Prüfung von Gläsern für das Bauwesen.

Von ADOLF DIETZEL, Berlin-Dahlem.

1. Überblick über die technisch wichtigen Eigenschaften der Gläser.

a) Chemische Eigenschaften.

Die Kenntnis oder Kontrolle der *chemischen Zusammensetzung* des Glases hat im vorliegenden Rahmen Interesse zur Beurteilung seines Verhaltens im Gebrauch, vor allem hinsichtlich der chemischen Haltbarkeit, gelegentlich auch der Erweichungstemperatur, Abschreckfestigkeit, Durchlässigkeit für ultraviolette Strahlen u. a. Diese Eigenschaften sind weitgehend (aber nicht vollkommen eindeutig) festgelegt durch die chemische Zusammensetzung[1]. Andere Eigenschaften, wie z. B. die mechanischen, werden in höherem Maße durch die Art der Verarbeitung, Kühlung und Nachbehandlung beeinflußt als durch die chemische Zusammensetzung.

Bei Gläsern für Bauzwecke spielt die *chemische Widerstandsfähigkeit* gegen Regen oder feuchte Luft, allgemein gegen *Wasser*, eine wichtige Rolle; ein ausgesprochener Säure- oder Laugenangriff scheidet praktisch aus. Ein wenig beständiges Glas wird im Gebrauch, unter Umständen schon auf dem Lager trüb, „blind", es bekommt einen weißen Beschlag oder irisierende Flecken. Auch verhältnismäßig gute Gläser (z. B. Spiegelgläser) können bei ausgespochen feuchter Lagerung in der geschilderten Weise angegriffen werden. Gelegentlich zeichnet sich sogar das Muster des Packmaterials (Wellpappe) auf der Glasoberfläche ab[2].

Durch die Verarbeitung bzw. Kühlung des Glases kann seine Oberfläche gegenüber dem Innern chemisch etwas verändert, in der Regel vergütet werden[1]. Hierauf ist bei der Prüfung zu achten. Man unterscheidet deshalb zwischen *Oberflächen*verfahren und *Grieß*verfahren; letztere kennzeichnen das Verhalten des Glasinnern. Diese Verfahren müssen dann angewandt werden, wenn ein schon gebrauchtes Glasstück oder Scherben geprüft werden sollen. Sonst sind die Oberflächenverfahren vorzuziehen.

b) Thermische Eigenschaften.

Die thermischen Eigenschaften haben für gewöhnliches Bauglas nur untergeordnete Bedeutung, dagegen sind sie wichtig für Gläser, die auf schroffen Temperaturwechsel beansprucht werden (Glasapparate für die chemische Industrie, Lampenzylinder). Zur Charakterisierung eines Glases in thermischer Hinsicht dient der *Ausdehnungskoeffizient*, die *Abschreckfestigkeit* und der *Transformationspunkt* oder *Erweichungspunkt*. Der Ausdehnungskoeffizient spielt darüber hinaus für die sog. *Überfanggläser* (Farb- oder Trübgläser mit Klarglasunterlage) wegen der Anpassung der beiden Glasschichten eine wichtige Rolle.

---

[1] KEPPELER, G.: Glastechn. Ber. Bd. 8 (1930) S. 398.

[2] GEHLHOFF, G.: Sprechsaal Bd. 60 (1927) S. 336. — Glastechn. Ber. Bd. 5 (1927/28) S. 193. — MÜHLIG, M.: Glastechn. Ber. Bd. 12 (1934) S. 45.

Die Bestimmung des Erweichungspunktes wurde von amerikanischer Seite[1] auch zur Betriebskontrolle empfohlen.

Die *Wärmeleitfähigkeit* und Wärmedurchgangszahl interessieren bei Verglasungen (J. POLIVKA[2]), sowie bei Glaswolle als Isoliermittel.

c) Optische und lichttechnische Eigenschaften.

Bei Klargläsern kann gelegentlich die Größe des Lichtverlustes durch *Reflexion* und *Absorption* im sichtbaren Gebiet interessieren, wenn auch große Unterschiede z. B. innerhalb der Flachgläser usw. nicht zu erwarten sind. Von größerem Einfluß ist die *Gestalt des Glaskörpers*, also z. B. bei Verglasungen die *Oberfläche* einer Scheibe (glatt, gerieft usw.) oder die *Form* bei den Glasbausteinen; diese beeinflußt nicht nur die Lichtdurchlässigkeit, sondern auch die *Lichtverteilung*. Für die Verglasung wichtig ist in gewissen Fällen auch die *Lichtdurchlässigkeit im UV* (Krankenhaus-, Treibhausverglasung) oder im UR (Wärmeschutzgläser). Ferner ist zu beachten, daß manche Gläser sich am Licht *verfärben*.

Mit Rücksicht auf optische Verzerrungen bei der Durchsicht hat die Beurteilung der *Ebenheit* von Flachgläsern besondere Bedeutung.

Trübgläser werden durch das *Transmissionsvermögen* (diffuses und reguläres), *Streuvermögen*, *Absorption* und *Reflexion* gekennzeichnet. *Farbgläser* werden auf spektrale Absorption im sichtbaren Gebiet geprüft. Da nach verschiedentlichen Beobachtungen Fliegen farbiges, vor allem rotes und gelbes, aber auch grünes und blaues Licht meiden, oder z. B. dabei Algen nicht gedeihen können, scheint die Verglasung von Lagerräumen für Lebensmittel, Wasserwerken[3] u. dgl. mit farbigen Scheiben Vorteile zu bieten. Bei *Leuchtröhren* kommt es entweder auf eine gute Licht*ausbeute* (durch zusätzliche Ausnutzung eines Teiles des lichttechnisch nutzlosen UV-Lichts der Hg-Entladung) an oder auf eine für das Auge angenehme oder aber auffallende Licht*wirkung* (ebenfalls meist unter Ausnutzung der Fluoreszenz, manchmal auch der Absorption).

In dieses Kapitel gehört noch die praktisch außerordentlich wichtige Tatsache, daß alle technischen Gläser bei mechanischer Beanspruchung *doppelbrechend* werden. Die Beobachtung und Messung der Doppelbrechung dient deshalb ganz allgemein zur *Beurteilung von Spannungen* bzw. der Spannungsfreiheit von Gläsern (s. S. 657).

d) Elektrische Eigenschaften.

Für Glasisolatoren spielt, ähnlich wie bei Porzellanisolatoren, die *Leitfähigkeit* und *Durchschlagsfestigkeit* die wichtigste Rolle. Eine andere Beanspruchung dürfte für Glas im Bauwesen nicht in Frage kommen.

e) Schalldämmung.

Die Frage der Schalldämmung durch Glas interessiert manchmal bei Glastüren oder mit Tafelglas (gegebenenfalls Doppelscheiben mit Glasgespinstzwischenlage, sog. Thermoluxglas) verglasten Wänden, daneben aber auch z. B. bei mit Glaswolle isolierten Wänden (s. J. POLIVKA[2]).

f) Mechanische Eigenschaften.
(Siehe hierzu Abschn. XI, B.)

---

[1] LITTLETON, J. T.: J. Amer. ceram. Soc. Bd. 10 (1927) S. 259.

[2] POLIVKA, J.: Glastechn. Ber. Bd. 14 (1936) S. 247. Tchéco Verre Bd. 2 (1935) S. 173, 209ff.; Bd. 3 (1936) S. 11ff. Ref. Glastechn. Ber. Bd. 14 (1936) S. 228—230.

[3] KOLKWITZ, R.: Das Gas- und Wasserfach Bd. 70 (1927) S. 1118. — Glas und Apparat Bd. 13 (1932) S. 3. — Aussprache in Nature 1930, Hefte vom 5. April und 24. Mai. Glass Industry Bd. 11 (1930) S. 203.

2. Prüfverfahren.

a) Prüfung der chemischen Eigenschaften.

α) *Chemische Zusammensetzung.*

Chemische Analyse des Glases siehe z. B. bei W. F. Hillebrand und G. E. F. Lundell[1], F. P. Treadwell[2], Berl-Lunge[3].

Rasche qualitative und quantitative Untersuchung mit Hilfe der mikrochemischen Methoden siehe bei W. Geilmann und Mitarbeitern[4]. Über Spektralanalyse vgl. W. Gerlach[5], A. Dietzel[6], W. Rollwagen und E. Schilz[7].

Rasche quantitative Bestimmung z. B. der Alkalien im Glas ist mit dem Polarographen möglich. In manchen Fällen (qualitativer Nachweis von Entfärbungsmitteln, Identitätsnachweis) kann die Beobachtung der Fluoreszenz nützlich sein (z. B. Mn grün, Ce blau).

β) *Chemische Widerstandsfähigkeit.*

1. Oberflächenverfahren. Meist üblich, weil rascher durchführbar, sind die Verfahren mit *heißer* Auslaugung. Es besteht aber kein allgemein gültiger Zusammenhang zwischen der Auslaugung bei z. B. 20 und 100°[8].

Flachgläser werden nach dem Verfahren von G. Keppeler und F. Hoffmeister[9] und den Ergänzungen von H. Jebsen und A. Becker[10] folgendermaßen geprüft (Abb. 1a, b). Aus zwei Platten von etwa 25 × 25 cm wird mit Hilfe eines 12 mm dicken, U-förmigen Gummis ein Trog gebildet, der durch Schrauben wasserdicht zusammengepreßt wird. Er wird, mit kaltem destillierten Wasser gefüllt, in ein passendes auf 100° vorgewärmtes Wasserbad eingesetzt und 1 h im siedenden Wasserbad ausgelaugt. Danach wird der Trog durch Absaugen in einen Erlenmeyer-Kolben (I. hydrolytische Klasse) entleert und hier das gelöste Alkali mit Methylrot als Indikator titriert. Auswertung:

Klasse	Hydrolytische Klasse	Alkaliabgabe in mg/1000 Na_2O, bezogen auf 100 cm² angegriffene Oberflache
I	wasserbeständige Gläser	0— 50
II	resistente Gläser	50— 150
III	härtere Apparategläser	150— 400
IV	weichere Apparategläser	400—1600
V	mangelhafte Apparategläser	über 1600

Fehlergrenze im allgemeinen ± 5% des Wertes.

Hohlgläser können nach derselben Weise geprüft werden, indem sie selbst als Auslaugegefäß benutzt werden. Die Oberfläche muß sich aber mit genügender Genauigkeit ausmessen lassen.

---

[1] Hillebrand, W. F. u. G. E. F. Lundell: Applied Inorganic Analysis. New York: John Wiley & Sons 1929.

[2] Treadwell, F. P.: Kurzes Lehrbuch der analytischen Chemie, 16. Aufl.. Leipzig und Wien: Franz Deuticke 1939.

[3] Berl-Lunge: Chemisch-technische Untersuchungsmethoden, Hauptwerk und Ergänzungsband. Berlin: Julius Springer 1932 bzw. 1939.

[4] Geilmann, W. u. Mitarb.: Glastechn. Ber. Bd. 7 (1929/30) S. 328 (Cu, Pb); Bd. 8 (1930) S. 404 (Zn); Bd. 9 (1931) S. 274 (F); Bd. 12 (1934) S. 302 (Co, Ni); Bd. 13 (1935) S. 86 (Au); S. 420 (As).

[5] Gerlach, W.: Glastechn. Ber. Bd. 16 (1938) S. 1.

[6] Dietzel, A.: Glastechn. Ber. Bd. 16 (1938) S. 5.

[7] Rollwagen, W. u. E. Schilz: Glastechn. Ber. Bd. 16 (1938) S. 6 u. 10.

[8] Möller, W. u. E. Zschimmer: Sprechsaal Bd. 62 (1929) S. 38. — Tepohl, W.: Glastechn. Ber. Bd. 9 (1931) S. 390.

[9] Keppeler, G. u. F. Hoffmeister: Glastechn. Ber. Bd. 6 (1928/29) S. 76.

[10] Jebsen, H. u. A. Becker: Glastechn. Ber. Bd. 10 (1932) S. 556.

Zur Prüfung von Glasflächen *bei Zimmertemperatur* hat F. MYLIUS[1] eine *Verwitterungsprobe* angegeben. Das zu prüfende Glas mit frischer Oberfläche (bei MYLIUS frische *Bruch*fläche; es lassen sich aber auch z. B. frisch gezogene Fenstergläser usw. so prüfen) wird 7 Tage bei 20° in wasserdampfgesättigter Atmosphäre verwittert, dann in ätherische Jodeosinlösung getaucht; dabei bildet sich ätherunlösliches Jodeosinalkali. Nach Abwaschen des überschüssigen Reagens wird das intensiv rote Alkalisalz mit verdünnter Sodalösung abgewaschen, und die niedergeschlagene Jodeosinmenge durch Vergleich mit einer Standardlösung kolorimetrisch bestimmt und auf 1 m² Oberfläche umgerechnet. Klasseneinteilung:

Klasse	mg Jodeosin/m²
I	0— 5
II	5—10
III	10—20
IV	20—40
V	über 40

a

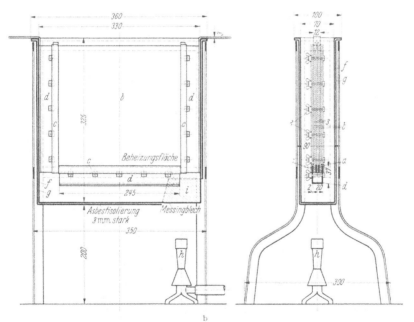

b

Abb. 1a und b. Auslaugevorrichtung zur Prüfung von Flachgläsern nach KEPPELER und HOFFMEISTER. (Nach JEBSEN und BECKER.)

2. Grießverfahren. Standardgrießprobe der Deutschen Glastechnischen Gesellschaft[2] und Normvorschrift DIN DENOG 62: das Glas wird gepulvert, und die Korngrößen 0,3 bis 0,49 mm (= Sieb 20 und 12 DIN 1171) heraus-

[1] MYLIUS, F.: Silikatzeitschr. Bd. 1 (1913) S. 3; Glastecnn. Ber. Bd. 1 (1923) S. 33; Bd. 6 (1928/29) S. 638.
[2] Glastechn. Ber. Bd. 6 (1928/29) S. 640.

gesiebt. Der Grieß muß sorgfältig mit Alkohol vom feinen Staub befreit werden. 4 cm³ Glassubstanz (also z. B. 10 g Grieß bei einem spezifischen Gewicht von 2,5) werden in 100 cm³ destillierten Wassers 5 h in einem Chlorcalciumbad von 107° C ausgelaugt. Man filtriert, ohne nachzuspülen, dampft 75 cm³ des Filtrates ein, wägt das Ausgelaugte nach Trocknen bei 150° und rechnet auf 100 cm³ um. Klasseneinteilung:

Klasse	Art der Gläser	Grießlöslichkeit mg
I	wasserbeständige Gläser	0—10
II	resistente Gläser	10—15
III	härtere Apparategläser	15—25
IV	weichere Apparategläser	25—50
V	mangelhafte Apparategläser	über 50

Es ist wichtig, daß auf die Herstellung, Reinigung und Auslaugung des Grießes besondere Sorgfalt verwendet wird. Systematische Untersuchungen über Fehlereinflüsse siehe bei E. Berger, W. Geffcken und K. v. Stoesser[1]. Englisches und amerikanisches Grießverfahren siehe[2].

Bei der *Schnellmethode*[3] werden 2 g Grieß der obigen Korngröße in einem 50-cm³-Meßkolben aus Glas der I. hydrolytischen Klasse 1 h lang im siedenden Wasserbad erhitzt und die Lösung mit n/100 HCl und Methylrot titriert. Klasseneinteilung:

Klasse	cm³ n/100 HCl	Klasse	cm³ n/100 HCl
I	0,0—0,2	IV	1,7—4,0
II	0,2—0,4	V	über 4,0
III	0,4—1,7		

3. Prüfungsergebnisse an einigen Glassorten. Fenstergläser gehören im allgemeinen der III. hydrolytischen Klasse an, teilweise auch der II., Spiegelgläser der II. bis Grenze II./III., gewöhnliche Baugläser (Dachziegel aus Glas, Glasbausteine) der III. bis Anfang IV. Wenn ein Glas der III. oder gar II. hydrolytischen Klasse Erblindungserscheinungen zeigt, so ist in der Regel die Lagerung zu feucht, oder das Verpackungsmaterial zu hygroskopisch oder es enthält schädliche Stoffe.

Glasmalereien, die bei niedrigeren Temperaturen (etwas unterhalb des Erweichungsbereichs des Glases) nachträglich eingebrannt wurden, haben stets eine viel geringere chemische Widerstandsfähigkeit als das Glas selbst; sie sind besonders empfindlich gegen atmosphärische Einflüsse, Waschmittel o. dgl., wenn sie bei zu niedriger Temperatur eingebrannt wurden[4].

4. Qualitative Probe für Glaswolle. Die Fäden der Glaswolle für Isolierzwecke sind im Anlieferungszustand in der Regel mit einer dünnen Fettschicht überzogen, die das Glas vor dem Angriff der Feuchtigkeit zum mindesten anfangs schützt. Zur Prüfung verwendet man etwa eine Hand voll Glaswolle im Anlieferungszustand, taucht und schwenkt sie in destilliertem Wasser und trocknet sie im Trockenschrank bei etwa 120°. Dasselbe macht man mit Glaswolle, die man zuvor durch Waschen mit Äther und Alkohol vom Fett befreit hat. Gute Glaswolle darf nur wenig störriger geworden sein und beim Zusammenballen in der Hand nur wenig stäuben. Schlechte (alkalireiche) Glaswolle fühlt sich vollkommen strohig an und zerpulvert beim Zusammenballen leicht.

---

[1] Berger, E., W. Geffcken u. K. v. Stoesser: Glastechn. Ber. Bd. 13 (1935) S. 301; Bd. 14 (1936) S. 441.

[2] J. Soc. Glass Technol. Bd. 6 (1922) S. 30; Bull. Amer. ceram. Soc. Bd. 14 (1935) S. 181.

[3] Glastechn. Ber. Bd. 6 (1928/29) S. 642.

[4] Siehe F. H. Zschacke: Diamant Bd. 61 (1939) S. 21.

γ) Unterscheidung von Flachgläsern.

Soll die Herstellungsweise und eine mögliche Nachbehandlung eines Flachglases nachträglich festgestellt werden, so kann man sich nach F. H. Zschacke[1] eines HF-Ätzbades bedienen und aus den Ätzstrukturen Rückschlüsse ziehen. Nach eigenen Untersuchungen bietet auch das mikroskopische Schlierenbild im Tafelquerschnitt wertvolle Anhaltspunkte; so kann z. B. geschliffenes und poliertes Spiegelglas von nachgeschliffenem und poliertem Ziehglas unterschieden werden: die Schlieren im Ziehglas liegen weitgehend streng parallel, im Spiegelglas gibt es oft Überlappungen.

b) Prüfung der thermischen Eigenschaften.

α) Abschreckfestigkeit.

1. Als Eigenschaft der Glasmasse. Aus der zu prüfenden Glasmasse werden Stäbe von 6 mm Dmr. und 30 mm Länge hergestellt, an den Enden schwach verschmolzen und vollständig gekühlt (Kontrolle im Spannungsprüfer). Mindestens 10 Stück werden nun auf eine geeignete, untere Abschrecktemperatur erhitzt, 20 min konstant gehalten und danach durch Einwerfen in Wasser von 20° abgeschreckt. Die nicht gesprungenen Stäbe werden auf eine 10° höhere Temperatur erhitzt usw. Als Maß für die Abschreckfestigkeit dient die Temperaturdifferenz zwischen dem arithmetischen Mittel der ,,Sprungtemperaturen'' und 20°. (Vorläufige deutsche Methode nach den Vorschlägen der Deutschen Glastechnischen Gesellschaft[2] wurde inzwischen in dieser Weise abgeändert; das englische Verfahren ist diesem praktisch gleichlautend. Eine internationale Standardisierung ist in Vorbereitung.)

Über den Zusammenhang zwischen Abschreckfestigkeit eines Glases und seinem Ausdehnungskoeffizienten siehe H. Schönborn[3].

2. Als Eigenschaft eines Glasgegenstandes. Eine einheitliche Methode ist bis jetzt nicht vorhanden. Man kann z. B. folgendermaßen verfahren. Mindestens 10 Gläser werden einzeln in einem entsprechend geräumigen Ofen mit genügend gleichmäßiger Temperaturverteilung auf eine um 20 bis 25° stufenweise gesteigerte Abschrecktemperatur erhitzt und jeweils nach Durchwärmung mit einer Wasserbrause abgeduscht. Anzugeben ist: die mittlere, niedrigste und höchste Sprungtemperatur, die Wassertemperatur, die Glasform, die mittlere Wandstärke und deren Abweichungen. — Einfallenlassen der heißen Prüfkörper in Wasser ergibt höhere Sprungtemperaturen als beim Abduschen; letzteres entspricht mehr der praktischen Beanspruchung (z. B. Laternengläser im Freien).

β) Ausdehnungskoeffizient.

Die Ausdehnung wird in Dilatometern bekannter Bauart gemessen, entweder statisch oder wenigstens bei geringer Anheizgeschwindigkeit (1 bis 3°/min). Wichtig ist, daß der ganze Prüfkörper in der temperaturkonstanten Zone des Ofens liegt.

Der lineare Ausdehnungskoeffizient liegt bei gewöhnlichen Gläsern bei 60 bis $90 \cdot 10^{-7}$, bei thermisch resistenten Gläsern zwischen 25 und $50 \cdot 70^{-7}$; er steigt mit der Temperatur langsam. Vom Transformationspunkt ab ist sein Wert wesentlich höher (über $250 \cdot 10^{-7}$). Siehe W. Hänlein[4].

Zur Kontrolle des Zusammenpassens von *Überfanggläsern* fertigt man in der Glashütte einen *Zylinder* aus Überfangglas an und schneidet *Ringe* heraus.

[1] Zschacke, F. H.: Glastechn. Ber. Bd. 12 (1934) S. 227.
[2] Glastechn. Ber. Bd. 16 (1938) S. 146.
[3] Schönborn, H.: Glastechn. Ber. Bd. 15 (1937) S. 57.
[4] Hänlein, W.: Glastechn. Ber. Bd. 10 (1932) S. 126.

Werden diese parallel zur ursprünglichen Zylinderachse aufgeschnitten, so sollen sie nicht „sperren" (klaffen), und möglichst nicht „drücken" (vgl. G. Gehl-hoff und M. Thomas[1]). Zu demselben Zweck kann die *Fadenprobe* angewandt werden. Stäbe aus den beiden zu überfangenden Gläsern werden nebeneinander-liegend verschmolzen, und ein Faden gezogen, der aus beiden Glasarten besteht. Nach dem Abkühlen biegt sich die Kombination entsprechend der Verschieden-heit der Ausdehnungskoeffizienten durch; das Glas mit der höheren Aus-dehnung liegt auf der Innenseite. Die Ringprobe ist der Fadenprobe über-legen, weil dort Wandstärkenverhältnisse und Krümmung (wie sie bei Lampen-

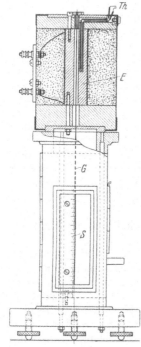

Abb. 2. Anordnung zur Bestimmung des Erweichungspunktes nach Littleton.
G Glasfaden; S Skala; E Eisenrohr; Th Thermoelement.

glocken u. dgl. meist vorliegt) mitberücksichtigt werden.

Die Erkennung des Zusammenpassens zweier Überfanggläser am *Fertigerzeugnis* siehe unter „Span-nung".

γ) Erweichungspunkt.

Ein rasch durchführbares und für Kontrollzwecke genügend genaues Verfahren beschrieb J. T. Little-ton[2] (Abb. 2). Der Ofen besteht aus einem mit Widerstandsdraht bewickelten Eisenkern, der das Ofenrohr bildet und eine Bohrung für das Thermo-element hat. Ein Glasfaden von etwa 0,8 mm Dmr. und 23 cm Länge hängt in dem Ofen, der mit 5°/min hochgeheizt wird. Die Temperatur, bei der sich der Faden unter seinem eigenen Gewicht um 1 mm/min verlängert, wird als „Erweichungstemperatur" defi-niert. Nach H. R. Lillie[3] hat ein gewöhnliches Natron-Kalk-Glas hier die Zähigkeit von $10^{7,5}$ Poisen.

δ) Transformationspunkt.

Im Transformationspunkt (genauer: Transfor-mationsbereich) ändert sich die Temperaturabhängig-keit der meisten Glaseigenschaften sprunghaft. Man kann ihn also z. B. aus der Ausdehnungskurve ab-lesen (Knick) oder aus elektrischen Messungen, wenn man den Logarithmus des Widerstandes gegen $1/T_{abs}$ aufträgt. Über solche Bestimmungen vgl. E. Berger, M. Thomas und W. E. S. Turner[4].

ε) Wärmeleitfähigkeit, Wärmedurchgangszahl.

An Glasscheiben wird die WLF nach dem Plattenverfahren bestimmt (s. z. B. A. Russ[5], M. Fritz-Schmidt und G. Gehlhoff[6], R. Renlos[7]). Für Glaswolle benutzt man mit Vorteil das Kugelverfahren (Energiemessung; die Glaswolle befindet sich in einer Hohlkugel und wird um die heizende Kugel herumgestopft). Kompaktes Glas hat eine WLF von 0,6 bis 0,9 kcal/m·h·°C, Glaswolle 0,02 bis 0,04 kcal/m·h·°C, je nach Stopfdichte (L. v. Reis[8]).

[1] Gehlhoff, O. u. M. Thomas: Sprechsaal Bd. 59 (1926) S. 697.
[2] Littleton, J. T.: J. Amer. ceram. Soc. Bd. 10 (1927) S. 259.
[3] Lillie, H. R.: J. Amer. ceram. Soc. Bd. 12 (1929) S. 516.
[4] Berger, E., W. Thomas u. W. E. S. Turner: Glastechn. Ber. Bd. 12 (1934) S. 172.
[5] Russ, A.: Sprechsaal Bd. 61 (1928) S. 887.
[6] Fritz-Schmidt, M. u. G. Gehlhoff: Glastechn. Ber. Bd. 8 (1930) S. 206.
[7] Renlos, R.: Rev. Opt. Bd. 10 (1931) S. 266.
[8] Reis, L. v.: Glastechn. Ber. Bd. 15 (1937) S. 219.

Praktisch besonders wichtig ist die *Wärmedurchgangszahl* $\varkappa$, durch die außer der Leitung auch die Übergangswiderstände erfaßt werden. Messung von $\varkappa$ durch Bestimmung der Wärmemenge, die stündlich durch 1 m² Fläche aus einem Raum (Gefäß) durch die Glasplatte als Abschluß nach außen dringt. Die Meßergebnisse hängen stark von den Versuchsbedingungen ab. Für praktische Zwecke ist die Messung von $\varkappa$ an Modellhäusern mit eingesetzten Prüfplatten zu empfehlen (s. J. POLIVKA, Fußnote 2, S. 651).

Interessante Versuche über den Wärmedurchgang durch Glas als Werkstoff für Wärmeaustauschgeräte siehe bei G. SCHOTT[1].

ζ) Spezifische Wärme.

Zur Bestimmung der spez. Wärme werden die Glasproben auf steigende Temperaturen erhitzt, dann in ein Kalorimeter geworfen und die Temperaturerhöhung durch Auswertung der Temperaturkurve der Kalorimeterflüssigkeit ermittelt. Aus ihr läßt sich die spez. Wärme berechnen, wenn man den Wasserwert des Kalorimeters zuvor z. B. durch elektrische Heizung bestimmt hat. Über Kalorimetrie siehe das umfangreiche Schrifttum, als Spezialwerk z. B. W. P. WHITE, The modern calorimeter, Chemical Catalog Co., New York 1928. Messungen an Gläsern siehe bei H. E. SCHWIETE und H. WAGNER[2] und SEEKAMP[3].

c) Prüfung der optischen Eigenschaften

α) Doppelbrechung. Spannung.

Die durch mechanische Spannungen entstehende Doppelbrechung des Glases wird in der Regel als Maß für die Spannungen selbst verwendet. Man beurteilt die Doppelbrechung mit einem „Spannungsprüfer" entweder nach den Interferenzfarben (nach Einschalten eines Gipsplättchens) oder mißt sie mit einem Komparator (z. B. Kompensator nach BEREK; vgl. Bd. I, S. 585). An kleinen Stücken (Querschnitt von Überfanggläsern) läßt sich die Spannung unter dem Polarisationsmikroskop messen.

Die Doppelbrechung wird vielfach als Gangunterschied in mµ für 1 cm Glasstärke angegeben. Nach M. THOMAS[4] soll die zulässige Grenze der Spannung für Hohl- oder Überfanggläser bei etwa 200 mµ/cm liegen.

β) Reflexion. Absorption. Transmission. Lichtverteilung.

1. Klargläser. Das *Reflexionsvermögen* wird unter senkrechtem oder 45°-Lichteinfall, meist photoelektrisch gemessen. Da bei beiderseitig glatten Glasplatten an der Rückseite der Scheibe noch eine weitere Reflexion stattfindet, ist diese Fläche entweder zu mattieren und zu schwärzen oder aber die Summe beider Reflexionen nebst der Glasstärke und der Art der Messung anzugeben. Untersuchungen an polierten Gläsern siehe bei H. M. BRANDT[5]. Die Intensität des reflektierten Lichtes J_r hängt unmittelbar mit der Lichtbrechung zusammen. Bei einer planparallelen Platte und senkrechtem Lichteinfall gilt $J_r = J_0 \left(\dfrac{n-1}{n+1}\right)^2$ für die Reflexion an der Eintrittsfläche (J_0 Intensität des einfallenden Lichts). Für $n = 1{,}5$ ist dieser Reflexionsverlust etwa gleich 4%, für $n = 1{,}63$ etwa 6%

[1] SCHOTT, G.: Glastechn. Ber. Bd. 15 (1937) S. 329.
[2] SCHWIETE, H. E. u. H. WAGNER: Glastechn. Ber. Bd. 10 (1932) S. 26.
[3] SEEKAMP: Z. anorg. Chem. Bd. 195 (1931) S. 345.
[4] THOMAS, M.: Glastechn. Ber. Bd. 12 (1934) S. 253.
[5] BRANDT, H. M.: Glastechn. Ber. Bd. 16 (1938) S. 123 (Dissertation Universität Berlin 1936).

an der Eintrittsfläche, 11% an der Ein- und Austrittsfläche. Bei schrägem Lichteinfall nimmt die Reflexion mit dem Winkel gegen die Senkrechte stark zu.

Die *spektrale Absorption* wird im Spektralphotometer bzw. Spektrographen im sichtbaren Gebiet subjektiv oder mit Photozelle, im UR mit Thermosäulen oder Photozellen, im UV photographisch oder mit Vakuumzellen gemessen (näheres s. z. B. Ostwald-Luther)[1]. Für vergleichende Messungen der Wertbestimmung UV-durchlässiger Gläser kann man sich auch des Verfahrens von A. E. Gillam und R. A. Morton[2] bedienen. Es beruht auf der Bestimmung der Zersetzung von KNO_3-Lösungen unter der Einwirkung von UV-Licht.

Zum Ausgleich des Reflexionsverlustes vergleicht man die Durchlässigkeit des Prüfglases mit derjenigen eines für den fraglichen Wellenlängenbereich vollkommen durchlässigen Glases mit ähnlichem Brechungsindex und gleicher Politur. Bei der Angabe von Durchlässigkeitszahlen für *Signalgläser* soll allerdings der Reflexionsverlust unberücksichtigt bleiben[3].

Bei der Prüfung von hellen („weißen") Gläsern ist darauf zu achten, daß sich die Lichtdurchlässigkeit im sichtbaren Gebiet und im UV ändern kann, wenn das Glas einige Zeit dem (Sonnen-)Licht ausgesetzt worden ist. Bei der Untersuchung eines Glases unbekannter „Licht-Vorgeschichte" tempert man es zweckmäßig durch Anheizen auf etwa 400 bis 450° (s. E. Berger[4]; hier auch gute Zusammenstellung des Schrifttums über Verfärbung und Regeneration); dabei geht die Lichtverfärbung zurück und man hat das Glas im ursprünglichen Zustand. Außerdem setzt man es nach H. Löffler[5] 2 Monate dem Sonnenlicht aus, um auf eine Neigung zur Verfärbung zu prüfen (Quarzlampenlicht eignet sich nicht in gleichem Maße).

Durchlässigkeitszahlen für handelsübliche Fenstergläser (weißes Licht, gemessen in Ulbrichtscher Kugel) geben A. K. Taylor und C. J. W. Grieveson[6]; nebenstehende Zahlen seien als Anhaltspunkte genannt.

Über Messungen an profilierten Fenstergläsern siehe bei W. Arndt[7].

Art der Gläser	Durchlässigkeit	
	gerichtetes, senkrecht einfallendes Licht %	diffuses Licht %
Glatte Glasplatte 6,4 mm dick . .	90	84
Riffelglas.	78	62
Gegossenes Drahtglas	76	70

Die Durchlässigkeit der Fenster- und Spiegelgläser für das biologisch wirksame UV-Licht ist durch den üblichen Eisenoxydgehalt normalerweise nur gering. Nach einer Übersicht von O. Knapp[8] muß man für ein ausgesprochenes „UV-durchlässiges" Fensterglas eine Durchlässigkeit von mindestens 0,50 (= 50%) für die Wellenlänge 302 mμ verlangen.

Für einzementierte *Glasbausteine* hat B. Long[9] folgende Verfahren angewandt:

[1] Ostwald-Luther: Hand- und Hilfsbuch zur Ausführung physiko-chemischer Messungen, S. 828f. Leipzig: Akademische Verlagsgesellschaft 1931.

[2] Gillam, A. E. u. R. A. Morton: J. Soc. chem. Ind. Bd. 46 (1927) S. 415. Ref. Chem. Zbl. Bd. 1 (1928) S. 96.

[3] Siehe Licht Bd. 5 (1935) S. 225.

[4] Berger, E.: Glastechn. Ber. Bd. 13 (1935) S. 349.

[5] Löffler, H.: Fachausschußber. dtsch. Glastechn. Ges. Nr. 41 (1937).

[6] Taylor, A. K. u. C. J. W. Grieveson: Dep. scient. ind. Res. Illum. Res. Pap. Nr. 2; Ref. Glastechn. Ber. Bd. 9 (1931) S. 365.

[7] Arndt, W.: Glastechn. Ber. Bd. 15 (1937) S. 428.

[8] Knapp, O.: Glashütte Bd. 68 (1938) S. 202.

[9] Long, B.: Glastechn. Ber. Bd. 13 (1935) S. 8.

Durchlässigkeit. Zwei ULBRICHTsche Kugeln (Abb. 3) sind so angeordnet, daß man beide durch ein und dasselbe Photometer anvisieren kann. Auf der einen Kugel sitzt zunächst der zu prüfende Glasbaustein, auf der anderen eine Blendenöffnung mit verschiebbarem Spalt. Diesen stellt man so, daß im Photometer gleiche Helligkeit in beiden Kugeln herrscht. Dann wird der Glasbaustein durch eine Blechscheibe mit einer dem Glasstück entsprechenden Öffnung ersetzt und wieder auf gleiche Helligkeit eingestellt. Das Verhältnis der an der Blende eingestellten freien Flächen ist gleich der Durchlässigkeit des Glasbausteines.

Lichtstärkeverteilungskurven. Ein einzementierter Glasbaustein wird einseitig mit diffusem Licht bestrahlt. Das aus dem Körper austretende Licht mißt man mit einer Photozelle in verschiedenen Winkeln gegen die Hauptachse des Bausteins (automatische Registrierung in Polarkoordinaten ist angegeben).

Auf die Lichtausbeute und die Gestalt der Lichtverteilungskurve haben die *Form* und *Abdeckung der Seitenflächen* des Glasbausteines (durch Anstrich oder Verspiegelung) den Haupteinfluß; die Eigenabsorption des Glases spielt, wenigstens solange es neu ist, fast keine Rolle, möglicherweise aber, wenn am Licht Verfärbung eingetreten ist.

Abb. 3. Bestimmung der Lichtdurchlässigkeit von Glasbausteinen. Anordnung mit 2 ULBRICHTschen Kugeln. Nach B. LONG.

Nach den Bestimmungen der Internationalen Beleuchtungskommission (Sitzungen [1] vom Juni/Juli 1935) müssen *Signalgläser* für den Luftverkehr folgende Farbtöne und Sättigungen unter Zugrundelegung des Farbdreieckes haben:

Rot	610 mµ	mehr als 99%
Gelb	584—594 mµ	mehr als 97%
Grün	495—545 mµ	mehr als 42%

Bei Signalgläsern für den Straßenverkehr soll die Durchlässigkeit nicht kleiner sein als

8% für Rotgläser, 25% für Gelbgläser, 8% für Grüngläser.

Vgl. hierüber auch Fachausschußbericht Nr. 8 der Deutschen Glastechnischen Gesellschaft (1927). Über Kennzeichnung von Farbgläsern nach Farbton, Sättigung und Leuchtdichte siehe DIN-Blatt 5033.

2. Trübgläser. Bei Trübgläsern müssen Durchlässigkeit, Reflexion und Absorption auf jeden Fall in der ULBRICHTschen Kugel bestimmt werden (Abb. 4). Ein paralleler Lichtstrom fällt senkrecht auf die Probe, die sich an der viereckigen *Eintritts*öffnung der Kugel befindet, wenn die Gesamttransmission gemessen werden soll; zur Reflexionsmessung fällt der Lichtstrahl durch die Kugel hindurch auf die an der *Austritts*öffnung befindliche Probe. Senkrecht zur Lichtstromrichtung wird ein Fleck der durch das gestreute, reflektierte usw. Licht erhellten Kugel mit dem Photometer anvisiert.

Die Gesamttransmission läßt sich noch trennen in *diffuse* und *reguläre*; die letztere wird bestimmt, indem man die Austrittsöffnung T öffnet (die Probe

---

[1] Glastechn. Ber. Bd. 14 (1936) S. 287.

liegt an der Eintrittsöffnung an) und die Abnahme der Helligkeit in der Kugel ermittelt. Einzelheiten, vor allem auch die notwendigen Korrekturen, müssen in der Arbeit von R. G. WEIGEL[1] nachgelesen werden.

Kleine reguläre Transmissionen, die praktisch schon stören können, aber schwer zu messen sind, werden nach C. M. GRISAR[2] folgendermaßen festgestellt. Das zu prüfende Glas wird im Abstand von 30 cm vor eine scharf begrenzte Leuchtfläche von 10 cm² und 0,1 Stilb gehalten und aus einer Entfernung von 40 cm

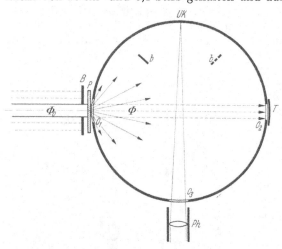

Abb. 4. Messung der Lichtdurchlassigkeit, Reflexion und Absorption von Trubglasern in der ULBRICHTschen Kugel. Nach R. G. WEIGEL.

beobachtet. Ein Glas, das die Leuchtfläche nicht mehr erkennen läßt, gilt praktisch als ein solches ohne merkliche reguläre Transmission.

Man teilt ein:

Klasse I: Undurchsichtige Trübgläser, d. h. ohne merkliche reguläre Transmission, und zwar

Klasse I A: Mit einem Transmissionsvermögen unter 35% und entsprechend hoher Reflexion („Reflexionsgläser"),

Klasse I B: Mit einem Transmissionsvermögen über 35% und entsprechend geringerer Reflexion („Transmissionsgläser").

Klasse II und *III:* Durchsichtige Trübgläser, d. h. mit merklicher regulärer Transmission, und zwar

Klasse II: Schwach durchsichtige Trübgläser mit einer Transmission unter 1%,
Klasse III: Stark durchsichtige Trübgläser mit mehr als 1% Transmission.

Über Bewertung und Messung von Beleuchtungsgläsern s. DIN-Blatt 5036.

γ) Streuvermögen.

Das Streuvermögen wird bestimmt (s. R. G. WEIGEL[3] und H. M. BRANDT[4]), indem man ein herausgeblendetes paralleles Lichtbündel auf die Probe (Plättchen) fallen läßt und auf der Rückseite unter verschiedenen Winkeln zur Hauptlichtrichtung die *Lichtstärke* bzw. *Leuchtdichte* mißt (Abb. 5). Bei *Trübgläsern* ist als „Streuvermögen" festgesetzt das Verhältnis des Mittelwertes der Leuchtdichten unter 20 und 70° zur Leuchtdichte unter 5°. Es beträgt bei Trübgläsern im allgemeinen 0,60 bis 0,90, bei säuremattierten Gläsern unter 0,05, bei sandmattierten etwas über 0,05. Die Glasstärke ist bei den Messungen anzugeben.

Über die theoretischen Zusammenhänge, Kennzeichnung eines trüben Mediums durch 3 Ziffern, Berechnung der Gesamtdurchlässigkeit (Wirkungsgrad) einer Opalglaskugel aus Durchlässigkeit und Rückstrahlung siehe bei v. GÖLER[5]. Über Kennzeichnung lichtstreuender Gläser vgl. auch Fachausschußbericht Nr. 29 der Deutschen Glastechnischen Gesellschaft (1934).

---

[1] WEIGEL, R. G. u. W. OTT: Z. Instrumentenkde. Bd. 51 (1931) S. 1; Glastechn. Ber. Bd. 10 (1932) S. 307.
[2] Nach R. G. WEIGEL: Glastechn. Ber. Bd. 10 (1932) S. 334.
[3] WEIGEL, R. G.: Glastechn. Ber. Bd. 10 (1932) S. 307.
[4] BRANDT, H. M.: Siehe Fußnote 5, S. 657.
[5] GÖLER, V.: Glastechn. Ber. Bd. 9 (1931) S. 660.

δ) Optische Inhomogenitäten.

Für die qualitative Beurteilung einer Glastafel auf *Ebenheit der Oberfläche* wird ein Fadenkreuz (Fensterkreuz) betrachtet, entweder bei Durchsicht durch die Scheibe unter gleichzeitiger Neigung, oder indem man das Licht auf der Scheibe spiegeln läßt. Versuche zur quantitativen Bestimmung von Unebenheiten siehe bei F. WEIDERT[1]; mit einem Projektionsapparat wird ein Raster auf eine Wand entworfen und der Grad der Verzerrung bei Einschalten der Scheibe ausgewertet. J. REIL und W. LERCH[2] registrieren das Wandern je eines von der Vorder- bzw. Rückseite der Glastafel reflektierten Lichtpunktes während der Verschiebung der Meßanordnung längs der Scheibe und erhalten so ein leicht auswertbares Bild von der Oberflächengestalt des Glases.

Die normalen technischen Gläser sind aber auch *im Innern* nicht vollkommen homogen; sie zeigen bei genauer Untersuchung in der Regel *Blasen*, *Schlieren* und gelegentlich einmal *Steinchen* oder *Knoten*. Maßgebend ist in erster Linie die *Sichtbarkeit* dieser Fehler mit bloßem Auge: die Blasen sind meist zu klein oder zu gering an Zahl, als daß sie auffallen würden; die Schlieren sind normalerweise sehr fein und außerdem oft (z. B. bei Gußglas) durch die Art der Herstellung schichtenartig wie die Blätter eines Buches angeordnet, so daß man sie meist nur im Querschnitt erkennen kann.

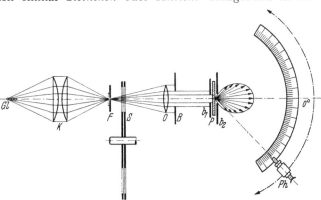

Abb. 5. Messung des Streuvermögens von Trubglasern. Nach R. G. WEIGEL.

Da die Schlieren fast immer entweder von aufgelöstem feuerfestem Material oder schlecht verschmolzenem Gemenge herrühren, haben das „Schlierenglas" und das „Mutterglas" verschiedene Zusammensetzung und damit verschiedene Ausdehnungskoeffizienten; ein schlieriges Glas ist also gespannt, was unter dem Spannungsprüfer oder dem Polarisationsmikroskop leicht zu erkennen ist. Diese Spannungen verschwinden auch bei sorgfältigster Kühlung nicht (Unterschied zu Kühlspannungen).

Bei Steinchen oder Knoten ist im Spannungsprüfer festzustellen, ob das Glas in deren Umgebung stark gespannt ist oder nicht; im letzteren Fall (z. B. bei Entglasungen, unverschmolzenen Sandkörnchen) besteht keine merklich erhöhte Bruchgefahr, während von (stark gespannten) Schamottesteinchen leicht Sprünge ausgehen. Untersuchung von Schlieren, Knoten, Steinchen siehe A. DIETZEL[3] und Fachausschußbericht der Deutschen Glastechnischen Gesellschaft Nr. 37. Besonders sei auch auf die zusammenfassende Behandlung der Glasfehler von H. JEBSEN-MARWEDEL[4] verwiesen.

d) Prüfung der elektrischen Eigenschaften.

Für Baugläser spielen die elektrischen Eigenschaften nur eine untergeordnete Rolle. Die Prüfungen sind entsprechend denen an Hochspannungsporzellanisolatoren durchzuführen.

[1] WEIDERT, F.: Glastechn. Ber. Bd. 17 (1939) S. 167.
[2] REIL, J. u. W. LERCH: Glastechn. Ber. Bd. 18 (1940) S. 113.
[3] DIETZEL, A.: Sprechsaal Bd. 66 (1933) S. 837.
[4] JEBSEN-MARWEDEL, H.: Glastechn. Fabrikationsfehler. Berlin: Julius Springer 1936.

B. Prüfung der mechanischen Eigenschaften der Baugläser.

Von **Ferdinand Kaufmann,** Stuttgart-Bad Cannstatt.

Das Bauglas steht mengenmäßig an der Spitze der Erzeugnisse der gesamten deutschen Glasindustrie [1]. 1936 wurden 114000 t Baugläser mit 20,3 Millionen m² hergestellt.

Es werden folgende Gläser verarbeitet [2], an die je nach dem Verwendungszweck verschiedene Anforderungen gestellt werden können:

I. Flachglas (Tafelglas).
    a) Fensterglas.
        1. geblasenes Glas,
        2. mechanisch hergestelltes Glas.
    b) Gußglas.
        1. Drahtglas,
        2. Rohglas,
        3. Ornament [3]- bzw. Zierglas [4].
    c) Spiegelglas.
        1. Spiegelrohglas,
        2. Spiegeldrahtglas.

II. Opakglas.
    a) Alabasterglas,
    b) Schwarzglas,
    c) farbiges Opakglas.
III. Preßglas.
    a) Glasdachziegel,
    b) Glasbausteine,
    c) Fußbodenplatten.

Bei der Verwendung als Baugläser sind folgende *mechanischen* Eigenschaften zu beachten:

1. Zugfestigkeit,
2. Druckfestigkeit,
3. Biegefestigkeit,
4. Schlagfestigkeit,

5. Dauerfestigkeit,
6. innere Spannungen,
7. Elastizität,
8. Abnützung,

9. Wetterbeständigkeit,
10. Feuerbeständigkeit,
11. Oberflächenhärte,
12. Abschreckfestigkeit.

Prüfverfahren.

Die Prüfverfahren sollen das Verhalten des Glases im Bauwerk zeigen. Es ist deshalb möglichst unmittelbar die im Bauwerk zu erwartende Widerstandsfähigkeit des Glases festzustellen. Dies ist im allgemeinen sehr umständlich und teuer. Deshalb sind Kurzverfahren entwickelt worden, die vergleichbare Festigkeitswerte geben.

Das Ziel der Prüfungen ist

1. die zulässigen Anstrengungen und damit die Widerstandsfähigkeit der Gläser im Bauwerk zu ermitteln;

2. Gütezahlen zu erhalten, die bei einem genau bestimmten Prüfverfahren mindestens erreicht werden müssen [5];

3. den Hersteller zu veranlassen, die Güte seiner Ware laufend zu überwachen und zu verbessern;

4. dem Käufer die Nachprüfung der gewährleisteten Eigenschaften zu ermöglichen.

1. Prüfung der Zugfestigkeit.

Reine Zugbeanspruchungen sind bei Baugläsern selten. Die Ermittlung der Zugfestigkeit hat jedoch grundsätzliche Bedeutung, weil der Bruch eines Glases

---

[1] Vgl. Maurach: Glastechn. Ber. Bd. 16 (1938) S. 251.

[2] Vgl. Bauplatz u. Werkstatt Bd. 2 (1935/36) S. 130.

[3] Ornamentglas = Prismenglas, Sonnenglas, Lichtstreuglas, Wellenglas, Waschbrettglas, Drahtornamentglas.

[4] Zierglas = Kathedralglas, Klarglas, Antikglas.

[5] Vgl. die Vorschriften für Sicherheitsglas DIN DVM 2302.

stets durch örtliche Überschreitung der Zugfestigkeit entsteht[1]. Dieses Prüfverfahren sei kurz erwähnt, weil die festigkeitsbestimmenden Einflüsse, die bei allen später aufgeführten Verfahren zu beachten sind, durch Zugversuche sehr deutlich gezeigt werden können und auch bereits auf diese Weise eingehend untersucht worden sind. Die Prüfung erfolgt meist an dünnen, ausgezogenen Stäben mit 1,4 mm Dmr. oder an Glasfäden, die an den Enden kugelförmig verdickt sind. Es ist schwierig, die Proben frei von inneren Spannungen herzustellen. Auch entstehen bei der Prüfung leicht Nebenspannungen. Die Versuchswerte haben infolgedessen einen größeren Streubereich, der jedoch kleiner ist als bei den anderen Prüfverfahren für Glas[2]. Die Versuchsanordnung nach SMEKAL zeigt Abb. 1[3].

Abb. 1. Prufverfahren nach SMEKAL.

Zugversuche mit größeren Probekörpern können nach dem von KRUG[4] angewandten Verfahren durchgeführt werden. Die Form der Zugstäbe ist aus Abb. 2[5] zu ersehen. Die Befestigung in den Spannköpfen erfolgte mit einer Mischung aus Magnesit und Chlormagnesiumlauge. Bei der Prüfung in einer normalen Zugmaschine ergab die Messung der Längsdehnung an zwei gegenüberliegenden Seiten, daß bei sorgfältigem Einbau der Probekörper mittige Belastung erhielt.

Die an den Bruchflächen sichtbaren Spiegel entstehen durch Fehlstellen. Je kleiner der Spiegel,

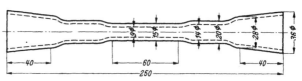

Abb. 2. Probekörper für Zugversuche.

desto höher die Festigkeit. Die spiegelnde Fläche verläuft senkrecht zur größten Zugspannung. Kerben an den Oberflächen werden am besten durch eine Vergütung (Schleifen, besser Ätzen oder Feuerpolitur) vermieden. Geschliffene Gläser haben größere Kerben als nichtgeschliffene Gläser. Größe der Probekörper, Behandlung der Oberfläche, Versuchstemperatur, Belastungsgeschwindigkeit und Art des umgebenden Mediums sind von Einfluß auf die Versuchswerte und deshalb sorgfältig zu beachten[6].

[1] FRÉMINVILLE, CH. DE: Rev. Métall. 1914 S. 980. — PRESTON, F. W.: J. Soc. Glass Technol. Bd. 10 (1926) S. 234; Bd. 11 (1927) S. 3. Ref. Glastechn. Ber. Bd. 4 (1926/27) S. 437; Bd. 5 (1927/28) S. 550. — SMEKAL: Glastechn. Ber. Bd. 13 (1935) S. 141 u. 222; Bd. 15 (1937) S. 259; Bd. 16 (1938) S. 146. Erg. exakt. Naturw. Bd. 15 (1936) S. 106. Handbuch der physikalischen und technischen Mechanik von AUERBACH-HORT, Bd. IV/2. 1931.

[2] HAMPTON u. GOULD: J. Soc. Glass Technol. Bd. 18 (1934) S. 194. Ref. Glastechn. Ber. Bd. 15 (1937) S. 73.

[3] REXER, E.: Glastechn. Ber. Bd. 16 (1938) S. 263.

[4] Vgl. H. J. KRUG: Das Festigkeitsverhalten spröder Körper bei gleichförmiger und ungleichförmiger Beanspruchung. Diss. Stuttgart 1938.

[5] KRUG: Wie Fußnote 4, S. 2, jedoch Abb. 14.

[6] Vgl. SMEKAL: Glastechn. Ber. Bd. 15 (1937) S. 259.

2. Prüfung der Druckfestigkeit.

Druckspannungen entstehen im Bauwerk bei Glasbausteinen durch unmittelbare Belastung; bei einbetonierten Gläsern durch Schwindspannungen und bei Biegebelastung in der Druckzone. Die Druckfestigkeit der Gläser ist verhältnismäßig hoch, bis zu 10000 kg/cm². Deshalb ist eine Zerstörung durch Überschreiten der Druckfestigkeit bei Gläsern selten.

Die Druckfestigkeit des Glases wird an Würfeln oder Prismen ermittelt, die zwischen ebenen, geschliffenen Stahlplatten bis zum Bruch belastet werden. Die Druckflächen müssen sorgfältig eben und parallel geschliffen sein, damit die ganze Querschnittsfläche gleichmäßig belastet ist. Wenn die Druckflächen des Glases und der Stahlplatten nicht sehr genau bearbeitet sind, oder wenn die Belastung nicht zentrisch wirkt, entstehen örtliche Überanstrengungen und man erhält wesentlich verminderte Druckfestigkeiten. Unter der Höchstlast berstet das Glas mit lautem Knall auseinander. Die Druckfestigkeit ist wegen der inneren Spannungen und der Fehlstellen von der Größe des Probekörpers abhängig[1].

Bei Glasbausteinen für Mauerwerk kann zunächst die Tragfähigkeit der einzelnen Steine durch unmittelbare Druckbelastung bestimmt werden. Die Druckkraft wirkt in der gleichen Richtung wie im Bauwerk. Die Druckflächen müssen sorgfältig eben und parallel geschliffen sein.

Bei der Prüfung der Glasbausteine im Verband wird eine Mauer hergestellt, wie es im Bauwerk üblich ist. Unten und oben wird eine Schicht aus fettem Zementmörtel aufgebracht, die gegen gehobelte Stahlplatten erhärtet, so daß ebene und parallele Druckflächen entstehen. Die Größe dieser Mauerwerkskörper sollte möglichst den Abmessungen im Bauwerk entsprechen.

Glasbausteine, die z. B. als Oberlichter in Betondecken eingebaut werden, prüft man am besten durch Beobachtung im Bauwerk, weil die möglichen Schwindspannungen des Betons nur schwer nachgeahmt werden können. Zu Vergleichsversuchen wäre es allerdings zweckmäßig, wenn eine Kurzprüfung entwickelt würde, die es ermöglichte, das Verhalten der Gläser im Bauwerk zu ermitteln, um über die günstigste Gestaltung der Glasbausteine versuchsmäßige Unterlagen zu erhalten.

3. Prüfung der Biegefestigkeit.

Am häufigsten werden die Baugläser, vor allem die Tafelgläser durch Biegung beansprucht. Das Eigengewicht, der Wind- und Schneedruck, sowie unmittelbare Belastung verschiedenster Art erzeugen meist Biegebeanspruchungen, gegen die das Glas wegen der dabei entstehenden Zugspannungen nur eine verhältnismäßig geringe Widerstandsfähigkeit hat. Für die Baugläser ist es besonders wichtig, die im Bauwerk zu erwartende Biegefestigkeit zu kennen. Ferner eignet sich der Biegeversuch als Werks- und Abnahmeprüfung für Tafelgläser.

Von den zahlreichen Verfahren zur Ermittlung der Biegefestigkeit sind diejenigen zu bevorzugen, die den Verhältnissen im Bauwerk entsprechen, so daß eine möglichst einfache Vorausbestimmung der Tragfähigkeit im Betrieb möglich ist. Das Prüfverfahren ist deshalb dem Verwendungszweck des Glases anzupassen. Es sind grundsätzlich folgende Prüfbedingungen zu beachten[2].

---

[1] Winkelmann u. Schott: Ann. Phys., Lpz. Bd. 51 (1894) S. 723. — Föppl: Sitzungsberichte der math.-physik. Klasse der K. B. Akademie der Wissenschaften München 1911, S. 516. — Graf: Glastechn. Ber. Bd. 3 (1925/26) S. 171. — Krug, H. J.: Wie Fußnote 4, S. 663, dort S. 28.

[2] Vgl. auch Graf: Glastechn. Ber. Bd. 13 (1935) S. 232; E. Albrecht: Glastechn. Ber. Bd. 13 (1935) S. 237.

1. Art der Auflagerung: Zweiseitig oder allseitig, eingespannt oder frei-aufliegend, harte oder weiche Auflagerflächen.

2. Art der Belastungsanordnung: Gleichmäßig verteilte, konzentrierte oder Streifenbelastung.

3. Belastungsgeschwindigkeit[1] langsam und gleichmäßig oder stufenweise bis zum Bruch, Dauerbeanspruchung durch ruhende oder wechselnde Belastung.

4. Dicke der Probekörper: Grundsätzlich werden die Gläser in der zur An-wendung kommenden Dicke geprüft.

5. Größe der Probekörper: Möglichst so groß wie die Gläser im Bauwerk eingebaut werden oder in vereinbarter Einheitsgröße für die Umrechnungs-werte für andere Plattengrößen bekannt oder noch festzustellen sind. Die Ein-heitsgröße kann auch bei Vergleichsversuchen mit verschiedenen Glassorten und bei Abnahmeversuchen angewandt werden. Die ermittelte Biegefestigkeit kann stets nur in Verbindung mit dem Prüfverfahren bewertet werden.

6. Beschaffenheit der Kanten: Bei zweiseitiger Auflagerung Schnittkanten mit Ritzseite in der Zug- oder Druckzone. Kanten geschliffen oder poliert.

7. Anzahl der Probekörper: Da besonders bei Baugläsern stets Unterschiede in den Festigkeiten auftreten, ist eine größere Zahl von Probekörpern als sonst üblich erforderlich, um einen genügend sicheren Mittelwert zu erhalten. Es sind mindestens 5 Probekörper der gleichen Art zu prüfen. Es sollte jedoch verlangt werden, daß der wahrscheinliche Fehler des Mittelwertes[2] nicht größer als $\pm 5\%$ ist. Wenn dies nicht erreicht ist, sind 10 oder auch 15 Probekörper zu prüfen[3]. Der wahrscheinliche Fehler ist stets anzugeben; ferner die Anzahl der Proben und der Größt- und Kleinstwert in der jeweiligen Versuchsreihe, weil diese Zahlen ein Maß für die Gleichmäßigkeit des geprüften Glases sind.

a) Prüfverfahren mit kleinen Probestäben.

Die Biegefestigkeit des Glases an sich wird oft an Glasstäben festgestellt, bei denen durch sorgfältige Kühlung und Behandlung der Oberfläche die inneren Spannungen und die äußeren Fehlstellen ausgeschaltet sind.

Durch amerikanische Gemeinschaftsversuche ist eine Vornorm ausgearbeitet worden[4]. Verwendet werden Rundstäbe mit 6,3 mm Dmr., Auflagerentfernung 17,5 mm, Belastung durch 2 Schneiden mit 5,08 mm Abstand. Belastungs-geschwindigkeit gleichbleibend. Gläser gut gekühlt, so daß Restspannung $\leq 1\%$ der Bruchspannung.

Bei englischen Versuchen[5] wurden Glasstreifen mit einem Diamanten aus Tafelglas geschnitten, Breite 8 mm, Länge 100 mm. Auflager: Messerschneiden mit 76 mm Abstand. Belastung in Auflagermitte durch einlaufenden Bleischrot. Bei unbearbeiteten und bei geschliffenen Kanten war die mittlere Biegefestig-keit etwa 570 kg/cm² (Schnittkanten in der Zugzone), bei feuerpolierten Kanten etwa 1100 kg/cm². Übertragung auf andere Streifenbreiten nach der Gleichung

$$\sigma = a + \frac{b}{d}$$

mit $d =$ Streifenbreite, a und $b =$ Konstanten.

---

[1] Vgl. THUM: Glastechn. Ber. Bd. 16 (1938) S. 267, der eine Festlegung der größten zulässigen Belastungsgeschwindigkeit fordert.

[2] Vgl. HAPPACH: Ausgleichsrechnung mit Hilfe der kleinsten Quadrate. Wien: J. B. Teubner 1928.

[3] HAMPTON u. GOULD: J. Soc. Glass Technol. Bd. 18 (1934) S. 194; Ref. Glastechn. Ber. Bd. 15 (1937) S. 73.

[4] Vgl. NAVIAS: J. Soc. Glass Technol. Bd. 20 (1936) Nr. 82, S. 530; Ref. Glastechn. Ber. Bd. 15 (1937) S. 471.

[5] Vgl. HOLLAND u. TURNER: J. Soc. Glass Technol. Bd. 18 (1934) S. 225; Bd. 20 (1936) S. 72 u. 279; Ref. Glastechn. Ber. Bd. 13 (1935) S. 329; Bd. 14 (1936) S. 290; Bd. 15 (1937) S. 270.

In Deutschland wird die Festigkeit des Glases an sich durch Zugversuche an Glasstäbchen mit 1,4 mm Dmr. ermittelt, vgl. unter Zugfestigkeit.

b) Prüfverfahren zur Ermittlung der Tragfähigkeit im Bauwerk.

Die Werkstoff-Forschung hat neben den physikalischen Untersuchungen das praktische Verhalten des Glases zu erkunden, um Schäden zu vermeiden und eine möglichst zweckmäßige Anwendung zu sichern. Dazu muß die Biegefestigkeit des Glases unter praktischen Verhältnissen bekannt sein. Die langjährige Anwendung des Glases hat im allgemeinen über Bewährung oder Nichtbewährung der meisten Glassorten bereits entschieden. Es ist jedoch für eine möglichst wirtschaftliche Ausnutzung und für die Weiterentwicklung dieses Werkstoffes erforderlich, die Biegefestigkeit näher zu bestimmen. Die Prüfverfahren ändern sich mit dem Verwendungszweck der Gläser. Einheitliche Verfahren sind für Baugläser noch nicht vereinbart [1]. Je mehr das Prüfverfahren den im Bauwerk auftretenden Verhältnissen entspricht, desto besser ist es. Im einzelnen sind folgende grundsätzliche Prüfungsarten bekannt geworden:

α) Prüfung der Tragfähigkeit von Glasdächern.

Glasplatten in den handelsüblichen Abmessungen wurden so auf eisernen Sprossen verlegt, wie es im Bauwerk üblich ist. Es entstanden 3 Felder, die gemeinsam durch Wasser bis zum Bruch belastet wurden [2]. Die Versuche ergaben bei ruhender Belastung die im Bauwerk zu erwartende Tragfähigkeit und Biegefestigkeit der Gläser.

β) Prüfung der Tragfähigkeit von Glasplatten in Eisenbetondecken [3].

Rohgläser verschiedener Stärke wurden in üblicher Weise in 12 cm dicke Eisenbetonplatten einbetoniert. Die Betonplatten waren mit 200 cm Stützweite allseitig aufgelagert. Die Glasplatten wurden durch eine Einzellast oder durch vier gleichmäßig verteilte Einzellasten beansprucht. Die Versuche ergaben Werte, die unmittelbar auf die Platten im Bauwerk übertragen werden konnten.

γ) Versuche mit Glaseisenbeton.

Es wurden Probekörper in bauplatzmäßigen Abmessungen hergestellt und dem Biegeversuch unterworfen. Diese Versuche gaben einen Einblick in das Zusammenwirken der einzelnen Bauteile, ermöglichten Angaben über die zulässigen Beanspruchungen und zeigten die Stellen, wo Verbesserungen erforderlich oder erwünscht sind. Ferner konnten Berechnungsunterlagen gegeben werden [4].

c) Kurzprüfungen zur Ermittlung der Biegefestigkeit von Glasplatten.

Die dritte und größte Gruppe der Prüfverfahren dient hauptsächlich der Aufgabe, einen Vergleichsmaßstab für die einzelnen Glassorten zu erhalten. Zur Auswahl aus verschiedenen Herstellungen, zur Beurteilung der Gleichmäßigkeit der Lieferungen, zur Nachprüfung der vorgeschriebenen Festigkeit

---

[1] Für Sicherheitsgläser besteht DIN DVM 2302.

[2] Vgl. Graf: Z. VDI Bd. 72 (1928) S. 566.

[3] Vgl. Graf: Beton u. Eisen Bd. 26 (1927) S. 77; Glastechn. Ber. Bd. 5 (1927/28) S. 183; Bd. 4 (1926/27) S. 332 u. 373. — Craemer: Beton u. Eisen Bd. 30 (1931) S. 68; Bd. 32 (1933) S. 362.

[4] Vgl. Graf: Glastechn. Ber. Bd. 4 (1926/27) S. 332 u. 373. — Craemer: Beton u. Eisen Bd. 30 (1931) S. 68; Bd. 32 (1933) S. 362.

usw. genügen Versuche an Proben, die aus größeren Tafeln herausgeschnitten worden sind.

α) Zweiseitig gelagerte Proben.

Sehr viele Versuche [1] sind mit zweiseitiger Auflagerung durchgeführt worden. Im Bauwerk ist diese Auflagerung hauptsächlich bei Glasdächern vorhanden. Es zeigte sich bald, daß die Prüfungsergebnisse von der Beschaffenheit der Längskanten abhängig waren. Durch mannigfaltige Bearbeitung dieser Kanten wurde versucht, die Kerbwirkung der Ränder aufzuheben. Das beste Ergebnis fand sich bei feuerpolierten Kanten [2]. Bei der im allgemeinen angewandten Belastung durch eine einzelne Last zwischen den Auflagern wird nur ein schmaler Streifen des Glases geprüft. Es ist besser, zwei Laststellen anzuordnen, so daß über eine größere Fläche ein gleich großes Biegemoment wirkt.

Die Breite der Probekörper ist von grundlegender Bedeutung. Mit zunehmender Breite nimmt bei gewöhnlichen Tafelgläsern die Biegefestigkeit ab [3]. Eine eindeutige Beziehung über den Einfluß der Breite ist noch nicht vorhanden, vor allem weil die Kerb-

Abb. 3. Einrichtung zum Prüfen von Glasern mit 20×20 cm Seitenlänge bei Biegebelastung. a Deckel, b Glasprobe.

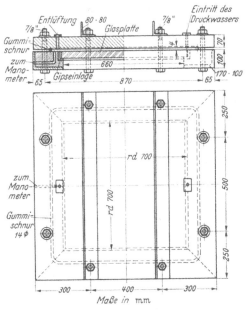

Abb. 4. Einrichtung zum Prüfen von Tafelglasern mit 70 ×70 cm Seitenlänge bei Biegebelastung.

---

[1] Vgl. GRAF: Glastechn. Ber. Bd. 6 (1928/29) H. 5, S. 158. —CRAEMER, H.: Glastechn. Ber. Bd. 8 (1930) S. 30. — ALBRECHT: Glastechn. Ber. Bd. 11 (1933) S. 58; Bd. 13 (1935) S. 237.

[2] Vgl. HOLLAND u. TURNER: J. Soc. Glass Technol. Bd. 18 (1934) Nr. 71, S. 225. Ref. Glastechn. Ber. Bd. 13 (1935) S. 329; Bd. 15 (1937) S. 270.

[3] Nach SMEKAL [vgl. Glastechn. Ber. Bd. 15 (1937) S. 282] ist die Zerreißfestigkeit des Glases an sich unabhängig vom Querschnitt. Die Unterschiede entstehen durch Fehler und Kerbwirkungen, die mit zunehmenden Plattenabmessungen größer werden. Für die Ermittlung der Tragfähigkeit von Glasscheiben muß allerdings der Einfluß der Plattengröße genau beachtet werden.

wirkungen an den Kanten noch nicht ganz ausgeschaltet werden konnten. Es sind Glasbreiten von 8 bis 870 mm geprüft worden[1].

β) Allseitig gelagerte Platten.

Der Einfluß der Glaskanten wird am einfachsten ausgeschaltet, wenn die Platten allseitig aufgelagert werden, weil dann die größten Biegespannungen in der Plattenmitte auftreten. Allerdings entsteht dann ein zweiachsiger Spannungszustand, was bei der Beurteilung der ermittelten Festigkeiten zu beachten ist[2]. Für Vergleichsversuche ist dieses Verfahren jedoch gut brauchbar. Weil die allseitige Auflagerung besonders für Fenster allgemein angewandt wird, können die ermittelten Festigkeiten zur Übertragung auf das Bauwerk benützt werden. Die Probekörper sind entweder kreisrund oder quadratisch.

Bei kreisrunden Proben betrug der Plattendurchmesser 20,2 cm und der Auflagerdurchmesser 20,0 cm[2]. Quadratische Platten sind mit 20 und 70 cm Seitenlänge bei 18 und 66 cm Auflagerentfernung geprüft worden[3] (vgl. Abb. 3 und 4). Bei den kleinen Platten war zwischen dem Auflager und dem Glas ein weicher Flachgummi eingelegt. Die großen Platten wurden wegen der Unebenheiten jeweils in ein Gipsbett gelegt, damit eine gleichmäßige Auflagerung vorhanden war. Bei geschliffenen Platten ist allerdings auch eine Gummizwischenlage brauchbar. Die Einrichtung für Platten mit 20 cm Seitenlänge ist für Vergleichs- und Abnahmeversuche und für Werkskontrollen besonders geeignet. Es wäre wünschenswert, wenn für Baugläser ein derartiges Kurzprüfverfahren einheitlich angewendet würde, damit genügend vergleichbare Unterlagen über die damit erreichbaren Festigkeiten gesammelt werden können, um sie zu Güteforderungen auszuwerten. Ferner könnten dann durch zusätzliche Versuche die Beziehungen zu den im Bauwerk möglichen Tragfähigkeiten ermittelt werden. Es ist dringend erforderlich, daß für die Baugläser eine bestimmte, nachprüfbare mechanische Festigkeit gewährleistet wird, wie dies bei fast allen anderen Baustoffen schon lange selbstverständlich ist[4].

4. Prüfung der Schlagfestigkeit.

Bei Baugläsern treten häufig schlagartige Beanspruchungen auf, gegen die das Glas eine möglichst hohe Widerstandsfähigkeit haben sollte. Im allgemeinen handelt es sich zwar lediglich um Biegebeanspruchungen mit hoher Belastungsgeschwindigkeit[5]. Es ist schwierig, Schlagversuche einheitlich durchzuführen, weil mit zunehmender Fallhöhe die kinetische Energie und gleichzeitig die Auftreffgeschwindigkeit steigt, und weil die vom Glas aufzunehmende Arbeit von der Nachgiebigkeit der Auflager und des Glases abhängt. Die dem Schlag entgegenwirkenden Trägheitsmomente sind von der Plattengröße und von der Glasdicke abhängig. Es kann sich deshalb bei Schlagversuchen nur um Vergleichsprüfungen handeln.

Es wurden unter anderem[6] Versuche mit quadratischen Glasplatten 5×5[7] und 20×20 cm[8] (vgl. Abb. 5) vorgeschlagen; in beiden Fällen mit einer Gummizwischenlage am Auflager. Als Fallgewichte werden kugelförmige Stahlkörper angewendet, jedoch auch Grammophonnadelspitzen[7]. Es wäre

[1] Vgl. die Fußnoten 1 bis 3, S. 667.

[2] Föppl, A.: Mitt. Techn. Lab. T. H. München Bd. 33 (1915) S. 26; Ref. Glastechn. Ber. Bd. 16 (1938) S. 175.

[3] Graf: Glas-Ind. Bd. 8 (1928) S. 191.

[4] Vgl. u. a. die Vorschriften für Sicherheitsglas nach DIN DVM 2301 bis 2303.

[5] Bartsch: Meßtechn. Bd. 14 (1938) S. 15.

[6] Vgl. Schmeer: Glastechn. Ber. Bd. 9 (1931) S. 544.

[7] Vgl. Okaya u. Ishiguro: Proc. Phys. Math. Soc. Japan Bd. 19 (1937) S. 53; Ref. Glastechn. Ber. Bd. 16 (1938) S. 175.

[8] Graf: Glas-Ind. Bd. 8 (1928) S. 191.

zweckmäßig, sich auf ein Verfahren zu einigen, damit möglichst vergleichbare Werte entstehen.

Für Sicherheitsgläser sind die Prüfverfahren zur Ermittlung der Schlagfestigkeit bereits weitgehend vereinheitlicht und zur internationalen Normung vorgeschlagen [1]. Diese Arbeiten zeigen, daß es sehr wohl möglich ist, für Gläser Mindestforderungen aufzustellen, die durch genormte Prüfverfahren nachgewiesen werden müssen. Die dort in kurzer Zeit geleistete Arbeit kann auch für Baugläser als vorbildlich gelten.

Für besondere Zwecke wird noch die Schußfestigkeit der Gläser ermittelt [2]. Interessant sind die bei Schußversuchen gefundenen Werte für die Geschwindigkeit der Bruchausbreitung von rd. 1500 m/s [3]. Bei Dauerschlagversuchen fand sich, daß das Glas — wie zu erwarten war — unterhalb der Elastizitätsgrenze unempfindlich ist gegen die Anzahl der Schläge [4].

5. Prüfung der Dauerfestigkeit.

Im Bauwerk werden die Gläser sehr häufig lang dauernden, gleichmäßigen Belastungen ausgesetzt, z. B. bei Dächern durch das Eigengewicht und durch Schneefall. Auch treten rasch wechselnde Belastungen auf, z. B. durch Windstöße, durch Erschütterungen usw. Es ist bekannt, daß mit zunehmender Belastungsdauer die Festigkeit der Gläser absinkt [5]. Entsprechende Versuche sind mit Glasstäbchen, Glasplatten und Flaschen ausgeführt worden. Entweder wurde die Belastungsgeschwindigkeit in weiten Grenzen geändert oder es wirkte eine ruhende Belastung über längere Zeit.

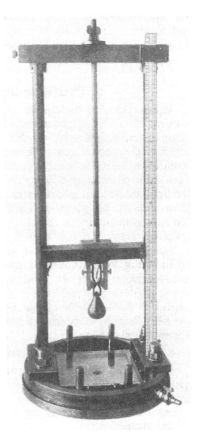

Abb. 5. Einrichtung zur Ermittlung der Schlagfestigkeit.

Glasröhrchen oder Glasstäbe sind auf 2 Schneiden gelegt und in der Mitte belastet worden. Am einfachsten ist das Anhängen von Gefäßen, die mit Wasser oder Schrot gefüllt sind. Es können bei dieser einfachen Anordnung viele Stäbe

[1] Vgl. DIN-Entwurf DVM 2301 Nov. 1934, DIN-Entwurf DVM 2303 Nov. 1934; vgl. Glastechn. Ber. Bd. 13 (1935) S. 93. — ASA Z. 26. 1. 1935; Ref. Glastechn. Ber. Bd. 15 (1937) S. 40. — VERSEN: J. Soc. Glass Technol. Bd. 20 (1936) Nr. 81, S. 454; Ref. Glastechn. Ber. Bd. 15 (1937) S. 247.

[2] Vgl. BODENBENDER: Sicherheitsglas, Verbundglas, Panzerglas, Hartglas, 1933; ferner Z. Sprengw. Bd. 29 (1934) S. 109; Sprechsaal Bd. 69 (1936) S. 328; Arch. Kriminol. Bd. 89 (1931) S. 139.

[3] Vgl. SCHARDIN u. STRUTH: Glastechn. Ber. Bd. 16 (1938) S. 219.

[4] VELTER: Z. VDI Bd. 70 (1926) S. 772.

[5] Vgl. BORCHARD: Glastechn. Ber. Bd. 13 (1935) S. 52. — APELT: Z. Phys., Lpz. Bd. 91 (1934) S. 336; Ref. Glastechn. Ber. Bd. 13 (1935) S. 63. — GRENET: Bull. Soc. Enc. Ind. nat. Paris 1899 S. 839; Ref. bei LE CHATELIER: Kieselsäure und Silikate, S. 247. Leipzig 1920. — GRAF: Die Dauerfestigkeit der Werkstoffe, S. 129. Berlin 1929. — PRESTON: Glass Ind. Bd. 15 (1934) S. 217; Ref. Glastechn. Ber. Bd. 13 (1935) S. 404.

gleichzeitig geprüft werden. Es ist jedoch darauf zu achten, daß durch Erschütterung der Gebäude oder durch brechende Probekörper keine zusätzlichen Beanspruchungen entstehen können.

Spiegelglasplatten mit 20×20 cm Seitenlänge wurden bei allseitiger Auflagerung in der in Abb. 3 dargestellten Einrichtung geprüft. Die gleichmäßig verteilte Belastung wurde durch Druckwasser aufgebracht. Der Druck blieb über längere Zeit in gleicher Höhe[1]. Der Wasserdruck kann durch einen Zylinder und Kolben mit unmittelbarer Gewichtsbelastung eingestellt werden. Brauchbar sind auch mehrstufige Reduzierventile, wenn sie sorgfältig überwacht werden. Versuche bei oftmals wiederholter Belastung sind noch nicht bekannt geworden [2].

6. Prüfung der inneren Spannungen.

Wenn das Glas nicht sehr sorgfältig gekühlt wird, entstehen innere Spannungen, die als Vorspannungen schon im Glas vorhanden sind, ehe die Betriebsspannungen aufgebracht werden (vgl. S. 657). Wenn die Vorspannungen mit den Betriebsspannungen gleichgerichtet sind, dann summieren sich die Werte, so daß die Gläser schon bei geringen Belastungen zerstört werden [3]. Weil das Glas unter Spannungen doppelbrechend wird, kann die Verteilung und Größe der Spannungen in polarisiertem Licht ermittelt werden. Die Zahl der Isochromaten ist bei gleicher Glasdicke der Größe der Spannung proportional [4]. Die tatsächliche Größe dieser Spannungen ist nur durch Messungen auf einer optischen Bank möglich (vgl. Bd. I, S. 572).

Für Baugläser genügt der einfache Vergleichsversuch ohne zahlenmäßige Bestimmung der Spannungen, da dadurch ein genügendes Maß für die Güte des Kühlvorgangs gewonnen werden kann. Ferner ist es bei der Werkskontrolle möglich, Gläser mit schlechter Kühlung vom Versand auszuschließen. Es sind zahlreiche Apparate für diesen Zweck gebaut worden [5]. Besonders wichtig sind diese Prüfungen bei Glasbausteinen und Drahtgläsern, die oft erhebliche innere Spannungen haben.

7. Prüfung der Elastizität.

Um das Zusammenwirken von Glasbausteinen im Eisenbeton zu erfassen, ferner um die Durchbiegung von Glasplatten unter dem Eigengewicht und unter der Nutzlast zu berechnen, ist es erforderlich, den Elastizitätsmodul des Glases zu kennen. Dabei ist zwischen der Druck-, Zug- und Biegeelastizität zu unterscheiden.

Die Druckelastizität wird am einfachsten an Prismen gemessen, die aus dem zu prüfenden Glas gegossen oder herausgeschnitten sind. Es wird wie beim

---

[1] Graf: Glastechn. Ber. Bd. 7 (1929/30) H. 4, S. 143; Bd. 13 (1935) H. 7, S. 232.

[2] Die Herzogenrather Sekuritwerke haben auf Ausstellungen eine Einrichtung gezeigt, bei der eine Glasplatte in Schwingungen versetzt wurde. Eine genaue Messung der eingeleiteten Momente war allerdings dabei nicht möglich.

[3] Wenn die inneren Spannungen bei der Kühlung der Gläser bewußt den Betriebsspannungen entgegengerichtet werden, kann die Tragfähigkeit wesentlich höher werden, wie dies z. B. bei dem vorgespannten Sekuritglas zu beobachten ist, vgl. v. Reis: Z. VDI Bd. 77 (1933) Nr. 23, S. 615. — Preston: Glass Ind. Bd. 15 (1934) Nr. 5, S. 85; Ref. Glastechn. Ber. Bd. 13 (1935) S. 287. — Polivka: Glastechn. Ber. Bd. 14 (1936) S. 246.

[4] Vgl. Föppl u. Neuber: Festigkeitslehre mittels Spannungsoptik, 1935. — Föppl: Grundlagen der Spannungsoptik, Ergebnisse der technischen Röntgenkunde, Bd. VI. Leipzig 1938.

[5] Unter anderem Gerät der Firma Askania-Werke A. G., Berlin-Friedenau Apparat Vitropolas; vgl. Glastechn. Ber. Bd. 14 (1936) S. 246. — Brillen der Firma Zeiß-Jena; vgl. Glastechn. Ber. Bd. 15 (1937) S. 295. — Preston: Glass Ind. Bd. 15 (1934) Nr. 5, S. 85; Ref. Glastechn. Ber. Bd. 13 (1935) S. 287. — Polivka: Glastechn. Ber. Bd. 14 (1936) S.246. — Bellingham: Glass Bd. 12 (1935) Nr. 1, S. 25; Ref. Glastechn. Ber. Bd. 13 (1935) S. 287. — Späte: Glastechn. Ber. Bd. 2 (1924/25) S. 1. — Gray, S. Mc. K.: Yonkers, N. Y.; Ref. Meßtechn. Bd. 14 (1938) S. 164.

Druckversuch belastet. An zwei Seitenflächen werden Dehnungsmesser angebracht, die die Änderung der Meßstrecke bei den einzelnen Laststufen angeben. Es können die gebräuchlichen Dehnungsmesser, die eine genügende Übersetzung haben, verwendet werden.

Die Zugelastizität hat für Baugläser keine praktische Bedeutung. Sie kann gleich der Biegeelastizität angenommen werden[1].

Die Biegeelastizität erhält man durch Messen der Einsenkungen beim Biegeversuch mit zwei Auflagern. Die Einsenkung muß dabei in bezug auf die Platte am Auflager bestimmt werden. Für die Messungen kann eine Meßuhr mit 0,01 mm Ablesegenauigkeit verwendet werden, wenn der entstehende Meßdruck berücksichtigt wird.

Zahlreiche und grundlegende Versuche ergaben für Baugläser Werte für E von 624 000 bis 856 000 kg/cm^2[*].

Nach Versuchen von BORCHARD soll bei Glas eine elastische Nachwirkung anzunehmen sein[2], so daß bei Elastizitätsversuchen die Dauer der Belastung zu beachten wäre. Im allgemeinen genügt es, die Instrumente solange auf den einzelnen Laststufen zu beobachten, bis keine meßbaren Formänderungen mehr auftreten. Bei lang dauernden Versuchen ist es schwierig, den Einfluß von Temperaturschwankungen zu vermeiden, so daß Fehler auftreten können, die größer sind als die zu beobachtende Nachwirkung. Es genügt im allgemeinen auf jeder Laststufe nach 3 min die Meßinstrumente abzulesen.

8. Prüfung der Abnützung.

Die Abnützung von Baugläsern ist besonders bei begehbaren Oberlichtern zu beachten.

Weil der Abnützungsvorgang durch ein Prüfverfahren nur schwer vollständig zu erfassen ist, muß man sich bei Glas, ebenso wie bei den meisten anderen Baustoffen, mit Vergleichsversuchen begnügen. Zur Verfügung stehen vor allem das Abschleifverfahren nach BÖHME sowie der Sandstrahlversuch.

Der Abschleifversuch kann ähnlich wie bei Gesteinen ausgeführt werden[3]. Die Anzahl der Schleifgänge kann verringert werden, wenn die Beanspruchung zu groß wird. Es ist darauf zu achten, daß die Glasprobe an den Rändern nicht absplittert. Besser ist es, wenn die Ränder vorher schräg angeschliffen werden.

Für den Sandstrahlversuch sind verschiedene Einrichtungen vorhanden. Eine Einigung auf ein Prüfverfahren ist noch nicht erfolgt. Die für Natursteine verwendete Einrichtung gibt andere Versuchswerte als z. B. das Gerät von Zeiß-Jena. Zu jedem Versuch sind möglichst Vergleichskörper zu prüfen, damit die ermittelten Werte mit den von anderen spröden Werkstoffen verglichen werden können[4]. Der Vergleich mit nachgiebigen Stoffen, z. B. Linoleum, gibt beim Sandstrahlversuch ein falsches Bild von dem wirklichen Widerstand gegen Abnützung.

9. Prüfung der Oberflächenhärte.

Es ist anzunehmen, daß der Abnützwiderstand der Gläser teilweise von der Oberflächenhärte abhängig ist. Beim Begehen von Gläsern können z. B. Sandkörner die Oberfläche einritzen. Es ist deshalb möglich, die Versuche zur

---

[1] Vgl. KRUG: Wie Fußnote 4, S. 663, dort S. 28.

[*] GRAF: Glastechn. Ber. Bd. 3 (1925/26) S. 153.

[2] Vgl. BORCHARD: Sprechsaal Bd. 67 (1934) Nr. 20, S. 297.

[3] Vgl. DIN DVM 2108, sowie S. 168 u. f.

[4] GRAF: Kristall-Spiegelglas 1927 S. 178. — MILLIGAN, H.: J. Amer. ceram. Soc. Bd. 19 (1936) Nr. 7, S. 187; Ref. Glastechn. Ber. Bd. 15 (1937) S. 317. — MOSSKWIN: Optiko-mechanitscheskaja Promyschlennost Bd. 7 (1937) Nr. 9, S. 1; Ref. Glastechn. Ber. Bd. 16 (1938) S. 240.

Bestimmung der Oberflächenhärte auch zur Beurteilung des Abnützwiderstandes zu verwenden. Eine gewisse Oberflächenhärte ist auch für Fenster erforderlich, damit das Glas nicht durch mechanische Beanspruchungen beim Putzen usw. Kratzer bekommt und matt wird.

Für Baugläser kommen vor allem folgende Verfahren in Betracht.

Ermittlung der Ritzhärte [1] durch Überführen einer gleichmäßig belasteten Diamantspitze über die Glasoberfläche. Die entstehende Rißbreite gibt ein Maß für die Härte. Das Ergebnis ist abhängig von der Sauberkeit der Oberfläche [2].

Kugeldruckversuche mit Stahlkugeln bei gegebenem Kugeldurchmesser und bestimmter Belastung [3]. Die Rißlast und der Durchmesser des kreisförmigen Risses können ein Maß für die Oberflächenhärte geben.

Ermittlung der Pendelhärte mit dem Pendelprüfer von Herbert [4].

Als Maß für die Oberflächenhärte wird die Abnahme der Schwingungsbreite eingesetzt. Für sehr dünne Glasscheiben ist das Verfahren angeblich nicht zu benützen, weil der Einfluß der Unterlage dann zu groß wird.

Für Baugläser scheint der Versuch zur Bestimmung der Ritzhärte am ehesten den praktischen Beanspruchungen zu entsprechen.

10. Prüfung der Wetterbeständigkeit.

Die Fenstergläser, mehr noch die Draht- und Rohgläser für Glasdächer sind weitgehend den Einflüssen der Witterung ausgesetzt. Die Bewährung im Bauwerk ist der beste Maßstab für die Wetterbeständigkeit. Im allgemeinen ist die chemische Widerstandsfähigkeit ausreichend (vgl. S. 652) [5]. Bei Drahtgläsern zeigen sich außerdem Zerstörungen, die infolge Rostens der Drahteinlage entstehen, besonders nahe den Rändern und bei Glasrissen. Die Umhüllung der Drahteinlagen ist häufig ungenügend, so daß Kapillaren vorhanden sind, die das Eindringen des Wassers ermöglichen.

Zur vergleichenden Prüfung empfiehlt es sich, die Gläser in gefärbtem Druckwasser zu lagern. Bei höheren Drücken dringt das Wasser an den Drähten entlang in das Glas ein und sammelt sich an den Kreuzungsstellen. Die Gläser mit der kleinsten Eindringtiefe werden die Korrosion des Drahtes nach innen am ehesten verhindern.

Eingehende Prüfverfahren auf Wetterbeständigkeit bestehen für Mehrschichtengläser zu Fahrzeugen. Bei diesen Verfahren wird jedoch hauptsächlich die Wetterbeständigkeit der Zwischenschichten geprüft [6].

11. Prüfung der Abschreckfestigkeit.

Neben dem chemischen Einfluß der Witterung besteht noch die physikalische Wirkung durch raschen Temperaturwechsel. Besonders bei Glasdächern können nach Sonnenbestrahlung und plötzlich auftretendem Regen große Wärmespannungen auftreten und Risse entstehen. Es ist deshalb eine möglichst große Abschreckfestigkeit der Bauteile aus Glas erwünscht (vgl. S. 655).

Bei amerikanischen Versuchen [7] wurden Probekörper aus Flachgläsern mit 76×76 mm Seitenlänge und 2,5 bis 25 mm Dicke in Wasser erwärmt und dann

---

[1] Gehlhoff u. Thomas: Z. techn. Phys. Bd. 7 (1926) S. 122.

[2] Rehbinder: Z. Phys. Bd. 72 (1931) H. 3/4, S. 191.

[3] Vgl. Graf: Glastechn. Ber. Bd. 6 (1928/29) S. 183.

[4] Vgl. Schmidt u. Elsner von Gronow: Glastechn. Ber. Bd. 14 (1936) S. 23.

[5] Vgl. Geffcken u. Berger: Glastechn. Ber. Bd. 16 (1938) S. 296. Die Verwendung des Glases zu Arzneiflaschen usw. zeigt, daß die chemische Widerstandsfähigkeit verhältnismäßig groß ist. Vgl. auch Abschn. XI, S. 652.

[6] Vgl. DIN DVM 2302. Zugehörige Versuche sind noch im Gang.

[7] Vgl. Wampler u. Watkins: Bull. Americ. ceram. Soc. Bd. 15 (1936) Nr. 7, S. 246; Ref. Glastechn. Ber. Bd. 15 (1937) S. 365.

in Eiswasser abgeschreckt. Die Temperaturdifferenz wurde gradweise erhöht, bis der Bruch eintrat. Andere Verfahren, bei denen Glasstäbe oder Hohlgefäße geprüft werden, sind für Baugläser weniger geeignet[1].

Es wird empfohlen, Platten mit 20×20 cm Seitenlänge zu prüfen, damit die Gläser eine große Oberfläche erhalten. Es genügt, wenn die Temperaturdifferenz in Stufen von 2 oder 3° gesteigert wird. Dabei ist sowohl der Übergang vom warmen ins kalte Wasser und der umgekehrte Vorgang zu beobachten.

Das kalte Wasser wird am besten auf einer Temperatur von 10° gehalten. Die Prüfungen in Eiswasser entsprechen nicht den praktischen Verhältnissen. Es ist möglich, daß die Beschaffenheit der Kanten und die Art des Eintauchens das Ergebnis beeinflussen. Die Einzelheiten der Versuchsdurchführung müssen noch untersucht und dann einheitlich geregelt werden.

12. Prüfung der Widerstandsfähigkeit im Feuer.

Bauglas wird bei Temperaturen von über 500° langsam weich und ist bei 900 bis 1000° bereits eine zähflüssige Masse[2]. Die physikalische Bestimmung des Verhaltens von Glas kann an Glasstäben erfolgen, deren Verformung bei steigender Temperatur gemessen wird[3].

Für das Verhalten der Baugläser bei einem Brand werden die Gläser einer festgelegten Feuerbeanspruchung ausgesetzt. Nach DIN 4102 ist der Brandraum so zu erhitzen, daß seine Temperatur nach der Einheitslinie verläuft. Die Gläser werden dann so wie es im Bauwerk üblich ist, in eine Versuchswand des Brandraumes eingebaut. Es wird beobachtet, wie lange und bis zu welchen Temperaturen das Glas den Durchgang des Feuers verhindert. Auf diese Weise werden einzelne Glasscheiben, Fensterverglasungen, Mauern und Decken aus Glasbausteinen usw. geprüft[4].

Die Temperaturen für die Feuerbeanspruchung sind auf Grund eingehender Brandbeobachtungen festgelegt worden und werden in Schweden, England und Amerika ähnlich angewandt[5].

Das Anspritzen der erhitzten Scheiben mit Löschwasser zeigt, ob die Gläser auch während der Feuerbekämpfung noch als Trennwand wirksam bleiben. Zur Schonung der Brandkammern wird meist die dem Feuer abgekehrte Seite angespritzt.

---

[1] Vgl. Abschn. XI A, S. 655.
[2] SCHWARTZ: Handbuch der Feuer- und Explosionsgefahr, 4. Aufl., S. 310. 1936. — WAGNER: Feuerschutz Bd. 8 (1928) S. 192. — NIEHAUS: Feuerschutz Bd. 13 (1933) S. 54 u. 73. — ALBRECHT: Feuerpolizei Bd. 35 (1933) S. 97.
[3] Vgl. SAWAI u. KUBO: J. Soc. Glass Technol. Bd. 21 (1937) S. 113; Ref. Glastechn. Ber. Bd. 16 (1938) S. 240.
[4] Vgl. A. SCHULZE: Z. VDI Bd. 78 (1934) S. 26. — SEDDON u. TURNER: J. Soc. Glass Technol. Bd. 17 (1933) S. 324.
[5] Vgl. SCHLYTER: Statens Provningsanstalt, Stockholm, Mitt. 66. A.S.T.M. 1933 II, S. 254.

XII. Anstrichstoffe.

Von HANS WAGNER, Stuttgart.

Unter *Anstrichstoffen* sind diejenigen Werkstoffe zu verstehen, die auf einen Untergrund wie Putz, Holz, Metall durch Streichen oder Spritzen aufgebracht werden, um daselbst eine Schicht zu erzeugen, welcher entweder der Verschönerung oder dem Schutze dient oder beide Zwecke zugleich erfüllt. Der Werkstoff enthält also unter allen Umständen einen Filmbildner. Der Film selbst, kann je nach Zweck durchsichtig, durchscheinend oder undurchsichtig, farblos oder gefärbt sein. Die Werkstoffe werden fast in allen Fällen flüssig aufgebracht und stellen in der einfachsten Form Lösungen der Filmbildner oder auch die Filmbildner selbst dar, sofern diese flüssig sind. Diesen Filmbildnern bzw. Lösungen wird vielfach ein weißer, schwarzer oder bunter Farbkörper zugesetzt. In diesem Fall erhalten wir eine „Anstrichfarbe", in der der Filmbildner bzw. dessen Lösung das „Bindemittel" darstellt. Anstrichfarben werden entweder fertig geliefert oder vor Gebrauch aus Farbkörper (Pigment) und Bindemittel bereitet. Für die Prüfung der Anstrichstoffe kommen daher nicht nur die gebrauchsfertigen Anstrichstoffe, sondern auch die Trockenfarben (Farbkörper, Pigmente) und die mit diesen zu verarbeitenden Bindemittel (Leime, Mischbinder, Öle und Lacke) in Betracht. Hieraus ergibt sich schon, daß das Gebiet äußerst umfangreich ist und die Prüfmethoden sehr vielfältig sind. Es ist deshalb auch kein Wunder, daß wir von einheitlichen, genormten Prüfmethoden noch weit entfernt sind und daß sich diese, soweit bestehend, in allererster Linie auf die chemische Prüfung der Anstrichstoffe und vornehmlich der Farbkörper beschränken.

Normung.

Die internationale Kommission der ISA ist erst im Begriff, sich mit der Beratung der Möglichkeit internationaler Normung der Anstrichstoffprüfung zu befassen. Die in einzelnen Ländern, vornehmlich USA., England und Deutschland bestehenden Normen beziehen sich, wie bereits gesagt, in erster Linie auf die chemische Prüfung, den quantitativen Nachweis der Einzelbestandteile für die Reinheitskontrolle. So bestehen amerikanische Standard Specifications über Bleifarben, Zinkfarben, Eisenfarben usw. Im deutschen Reich bestehen Normblätter, welche die Prüfmethoden und Lieferbedingungen umfassen wie folgt:

RAL 093 A 2 Haut-, Leder- und Knochenleim.
RAL 093 B Milchsäurekasein.
RAL 093 C Kaseinkaltleime.
RAL 280 A Vegetabilische Leime, Klebstoffe und Bindemittel.
RAL 840 Fassadenfarben.
RAL 840 A 2 Einfache Prüfung von Farben und Lacken.
RAL 840 B 2 Fahrzeuganstriche (Farbtonkarten).
RAL 840 C Fußbobenanstriche (Farbtonkarten).

RAL 844 B Bleimennige.
RAL 844 C 2 Zinkweiß und Zinkoxyd.
RAL 844 E Eisenocker.
RAL 844 R Sulfatbleiweiß.
RAL 844 H Titanweiß.
RAL 844 J Lithopone.
RAL 848 A Leinöl.
RAL 848 B Leinölfirnis.
RAL 848 C Terpentinöl.
RAL 848 E Lackbenzin.
RAL 848 F Einheitslackfirnis.
RAL 849 A Lackspachtel.

Für die *Prüfung* der Anstrichstoffe in technischer Hinsicht besteht bis jetzt nur ein unverbindlicher Entwurf „DVM"-Prüfverfahren für Anstrichfarben, veröffentlicht in Nr. 10 der zwanglosen Mitteilungen des DVM Berlin. Außerdem sind Normen für die „einfache Prüfung von Farben und Lacken" durch RAL 840 A 2 festgelegt. Auf dieses Blatt ist unten des öfteren Bezug genommen.

Normvorschriften für die Bestimmung der optischen, mechanischen, chemischen, anstrichtechnischen Eigenschaften bestehen im allgemeinen nicht. Auch die üblichen Methoden sind zum Teil stark umstritten, und es ist heute so, daß jede Organisation, die sich mit dauernden Anstrichstoffprüfung zu befassen hat, ihre eigenen Methoden gebildet hat, so in Deutschland die Reichsbahn, die Wehrmacht, das MPA Dahlem usw.

Zahlreiche Verfahren, wie die Farbtonmessung, die Korngrößenbestimmung, die Viskositätsmessung, die Zerreißfestigkeitsprüfung usw. gehören zur allgemeinen Werkstoffprüfung und sind in anderen Teilen dieses Werkes beschrieben. Hier sind sie nur insoweit aufgeführt, als sie für die Bedürfnisse der Anstrichtechnik eine besondere Umarbeitung erfahren haben. Aber auch bei den besonderen Methoden dieser Technik gestattete der Raum keine vollzählige Erwähnung und Beschreibung. Es konnte daher nur das besonders Kennzeichnende angeführt und im übrigen auf Literaturstellen hingewiesen werden.

Schrifttum.

Demgemäß ist auch das Schrifttum zerstreut und es besteht bis heute kein Buch, das die Prüfung der Anstrichstoffe in ihrem gesamten Umfang unter Berücksichtigung aller in Frage kommenden Werkstoffe umfaßt. Am umfassendsten ist das in englischer Sprache geschriebene Werk von HENRY A. GARDNER „Physical and chemical Examinations of Paints, Varnishes, Lacquers and Colors", das in achter Auflage erschienen ist. Von der vierten Auflage dieses Buches liegt eine deutsche Übersetzung von Dr. SCHEIFELE vor, die betitelt ist „Untersuchungsmethoden der Lack- und Farbenindustrie". An deutschen Werken sind zu nennen:

E. STOCK u. Mitarb.: Taschenbuch für die Farben- und Lackindustrie, 9. Aufl., 1940, in dem die wichtigsten Prüfmethoden beschrieben und die meisten der genannten RAL-Blätter abgedruckt sind.

WAGNER, H.: Die Körperfarben, 2. Aufl., Stuttgart 1939, worin vor allem die anstrichtechnischen Prüfmethoden für Farbkörper und angeriebene Farben eingehend beschrieben sind.

SEELIGMANN-ZIEKE: Handbuch der Lack- und Firnisindustrie, 4. Aufl., 1930, worin die Methoden der chemischen und mechanischen Lackprüfung eingehend behandelt sind.

LUNGE-BERL: Chemisch-technische Untersuchungsmethoden, 8. Aufl., 4. Bd., worin von J. F. SACHER vor allem die chemische Prüfung und quantitative Analyse der Anstrichstoffe beschrieben ist.

WILBORN, F. u. Mitarb.: Physikalische und technologische Prüfverfahren für Lacke und ihre Rohstoffe, Berlin 1941.

An bemerkenswerten Veröffentlichungen über Einzelgebiete sind noch zu nennen:

HÖPKE: Prüfung von Rostschutzfarben. DVM-Heft Nr. 79.

WAGNER u. Mitarb.: Mikrographie der Buntfarben, VDI-Verlag (die mikroskopische Prüfung von Anstrichstoffen behandelnd).

PETERS: Die Prüfung von Anstrichen für Heeresgut. Farbe u. Lack 1936, Heft 49—52. Bücher der Anstrichtechnik, 2. Bd., S. 72. Berlin: VDI-Verlag 1937. — Das Kurzprüfverfahren für Lackfarben. Hannover 1939.

BLOM, A. V.: Prüfung von Filmen und Folien, in HOUWINK, Chemie und Technologie der Kunststoffe, Leipzig 1939.

A. Die Prüfung von Trockenfarben (Farbkörpern, Pigmenten).

Beim Leimanstrich, beim Anstrich mit sog. Emulsionen oder Mischbindern, beim Ölanstrich und zum Teil auch beim Lackanstrich werden vorzugsweise Trockenfarben und Bindemittel gesondert bezogen und an der Arbeitsstelle miteinander gemischt. Es ist deshalb auch hier die Prüfung der Trockenfarben in Betracht zu ziehen.

1. Chemische Prüfung.

Die qualitativ und quantitativ chemische Untersuchung der Farbkörper zur Identitätsfeststellung und Reinheitsprüfung ist zu umfangreich, als daß sie hier beschrieben werden könnte. Es muß auf die oben erwähnten Arbeiten von Stock und Sacher verwiesen werden. Dagegen ist es oft von größter Wichtigkeit, Farbkörper auf ihr Verhalten gegenüber chemischen Einflüssen zu prüfen, wie sie von Bindemitteln oder von der Umgebung ausgehen können (Alkalität der Putze, Säuregehalt von Fluatisolierstoffen, Alkalität von Mischbindern und Leimen, Säuregehalt rauchgashaltiger Atmosphäre).

a) Reaktion.

Der Farbkörper selbst kann chemisch reagieren oder chemisch reagierende Verunreinigungen enthalten, wodurch Bindemittel zerstört, Untergründe und Farbschichten angegriffen werden können. Man kocht eine Probe des Farbkörpers mit destilliertem Wasser, filtriert und prüft die Lösung mit Lackmuspapier auf Säuregehalt (Rotfärbung) und Laugengehalt (Blaufärbung). Wenn nötig, kann der Gehalt an Säuren und Laugen titrimetrisch ermittelt werden (s. in Lunge-Berl).

Der Säuregrad ist von besonderer Bedeutung bei Rostschutzfarben. Säure ist in solchen schädlich, wogegen Laugen infolge passivierender Wirkung zum mindesten weniger gefährlich sind. Hoher Alkalitätsgrad ist daher weniger bedenklich, sogar erwünscht. Den Ausdruck findet dieser Grad in der Wasserstoffionenkonzentration, bzw. deren reziprokem Wert, der p_H, die sich auf verhältnismäßig einfache Weise annähernd bestimmen läßt. Für die annähernde Messung genügt die kolorimetrische Methode. Man bedient sich zweckmäßig des Universalindikatorpapiers von Merck. Über die exakten potentiometrischen Methoden mit Wasserstoff- und Chinhydronelektroden und nach der Leitfähigkeitsmethode s. Kordatzki, Taschenbuch der praktischen p_H-Messung. Da man bei den genannten Elektroden durch Reduktion oft ungenaue Werte erhält, ist für Farbkörper das Arbeiten mit Glaselektrode vorzuziehen. Hierfür haben Rossmann und Haug besondere Methoden ausgearbeitet[1]. Bezüglich der anzusetzenden Pigmentsuspensionen kann die Vorschrift von Hart als Norm gelten, wonach 5 g in 100 g destilliertem Wasser gelöst und nach 3 Tagen abfiltriert werden.

b) Echtheit gegen Chemikalien.

α) **Echtheit gegen Alkalien.** Auf die Farbkörper können die Alkalien frischer Kalk- und Zementputze ebenso schädigend wirken wie diejenigen, die in Pflanzenleimen und Mischbindern zuweilen enthalten sind. Im Falle des Vorliegens alkalischer Bindemittel (s. Abschn. B 1a) prüft man durch Vermischen von Bindemittel und Pigment in einem Gläschen und Stehenlassen über Nacht, wobei sich der Farbton nicht ändern darf (Vergleich mit einer frisch angerührten Probe).

---

[1] Rossmann und Haug: Fette u. Seifen Bd. 45 (1938) S. 563.

Kalkechtheit. Zur Ermittlung der Echtheit gegen das Alkali der Putze (gegen freien Ätzkalk) wird nach RAL 840 eine Probe der Trockenfarbe mit eingesumpftem Kalk in einem reinen Gefäß verrührt und bedeckt über Nacht stehen gelassen. Am anderen Tage wird eine frische Probe in derselben Weise angerührt und verglichen, ob sich der Farbton über Nacht verändert hat. Bei Farben, die hohen Ansprüchen für außen genügen sollen, muß der Farbton unverändert sein und auch das überstehende Kalkwasser darf nicht gefärbt sein. Ist das Kalkwasser in demselben Ton wie die Trockenfarbe gefärbt, so liegt die sog. „bedingte Kalkechtheit" vor, die bei weniger hohen Ansprüchen unter Umständen genügen kann.

Zementechtheit. Für die Zementechtheit kommt nicht nur die Echtheit gegen Kalk in Frage, sondern auch noch die „Ausblühechtheit". Man prüft nach RAL 840 derart, daß man normengemäßen Zement mit und ohne Farbe mit Wasser anrührt und auf Glas ausbreitet. Nach einem Tage werden die Kuchen unter Wasser gebracht und nach 6 Tagen an der Luft getrocknet. Die Kuchen dürfen nach dem Trocknen im Farbton nicht verändert sein und keine Ausblühungen zeigen. Bei Ausblühungen ist stets festzustellen, ob der ungefärbte Zementkuchen nicht auch Ausblühungen zeigt.

Wasserglasechtheit ist Bedingung beim Arbeiten mit Wasserglas als Bindemittel (KEIMsche Technik, Silin, Kiesin usw.). Nach RAL 840 wird durch Anrühren mit käuflichem Kaliwasserglas geprüft. Hierbei darf die Farbe nicht stocken und auf einer trockenen Putzplatte dürfen nach dem Trocknen des Anstrichs keine Ausblühungen auftreten. Nach 3 Tagen wird mit einem frischen Aufstrich auf Änderung des Farbtones verglichen. Zweckmäßig wird zum Vergleich auch eine Platte mit reinem Wasserglas gestrichen. Bei Ausblühungen ist stets festzustellen, ob die mit reinem Wasserglas gestrichene Putzplatte nicht auch Ausblühungen zeigt.

Zur Prüfung von Farben für Zementdachsteinplatten wird die Farbe trocken mit Zement 1:10 gemischt und in dünner Schicht auf noch feuchte Zementplatten (1 Zement, 3 Sand) aufgesiebt. Dann wird mit dem Spatel glatt gestrichen, so daß sich die Farbe ganz benetzt. Durch Schlagen auf den Rand der Form, in welcher die Platten sich befinden, tritt eine Verflüssigung der Farbschicht und eine Verbindung mit dem Untergrund ein. Nach dem Trocknen werden die Platten aus den Rahmen genommen und auf Ausblühungen, Farbtonveränderung usw. geprüft.

β) **Säureechtheit.** Eine Norm für die Prüfung besteht nicht. Zur Prüfung der Einwirkung von Fluaten bzw. den bei deren Umsetzung möglicherweise entstehenden Säuren wird eine frische Kalkputzplatte fluatiert und nach eintägiger Trocknung ein Anstrich mit dem zu prüfenden Farbkörper in dem zur Verwendung gelangenden Bindemittel aufgebracht. Nach 3 Tagen darf keine Farbtonänderung eingetreten sein. Zur Prüfung auf Rauchgasechtheit wird das mit Wasser befeuchtete Pigment in einen Glaskasten gebracht, in dem sich etwa 0,5 Vol.-% schweflige Säure befindet.

c) Echtheit gegen Lösungsmittel.

Diese ist zwar, streng genommen eine physikalische Eigenschaft, wird aber üblicherweise den Echtheiten gegen Chemikalien beigefügt. Es gibt hier grundsätzlich zwei bisher nicht genormte Prüfungsmöglichkeiten: die Löseprobe und die Überstreichprobe. Erstere ist exakter, die zweite anstrichtechnisch wichtiger.

α) **Wasserechtheit** muß von allen in der Leim- und Mischbindertechnik verwendeten Farbkörpern verlangt werden. Wasserlösliche Teerfarblacke schalten aus, da sie „durchschlagen" oder „bluten". Man prüft im Reagensglas, ob in destilliertem Wasser nach eintägigem Stehen Lösung eintritt. Meist ist das an der Färbung des Wassers erkennbar. In zweifelhaften Fällen gießt man die Lösung auf Filtrierpapier, wobei nach dem Trocknen etwaige Lösung am gefärbten Rand erkennbar ist. Die Überstreichprobe kann nur bei Mischbindern ausgeführt werden, die wasserecht auftrocknen. In diesem Fall streicht man mit der mit Mischbinder angeriebenen Farbe auf Karton, läßt trocknen und überstreicht dann mit weißer Mischbinderfarbe. Hiebei darf die Farbe des Grundes nicht in die weiße Farbe durchschlagen.

β) **Sprit- und Zaponechtheit.** Anstriche, die mit Sprit- oder Zaponlack überlackiert, mit Nitrozelluloseschutzüberzügen versehen oder mit Sprit- bzw. Nitrolackfarben überstrichen werden, dürfen in Sprit und Zaponlösungsmitteln (Azeton, Birnäther) nicht löslich sein. Man prüft, wie bei a) angegeben, durch die Löse- oder Überstreichprobe. Im ersten Fall werden die entsprechenden Lösungsmitteln verwendet, im zweiten Fall wird am einfachsten zunächst mit der zu prüfenden Farbe in Leimanreibung gestrichen und nach dem Trocknen ein Strich des entsprechenden Lacks bzw. einer weißen Lackfarbe darübergelegt.

γ) **Öl- und Kohlenwasserstoffechtheit.** Beim Gebrauch von Lacken, die kohlenwasserstoff-, d. h. benzin- oder benzollösliche Harzkörper enthalten, wird wie unter b) beschrieben, geprüft. Bei Ölfarben prüft man am sichersten mit der Überstreichprobe, wobei aber darauf zu achten ist, daß der Grundanstrich mit der zu prüfenden Farbe erst dann mit einem weißen Ölfarbstreifen überzogen werden darf, wenn er völlig getrocknet ist. Ölunechtheit ist an einer Verfärbung des weißen Streifens erkennbar.

2. Optische Prüfung.

Die Prüfung auf die optischen Eigenschaften, auf äußeres Aussehen, Farbton, Glanz, Deckfähigkeit und auf die Veränderung im Licht wird fast ausnahmslos im Anstrich selbst, also nicht am Trockenpigment vorgenommen. Man prüft höchstens das Farbpulver im Vergleich zu einem Muster durch Ausstreichen einer Probe mit dem Messer oder Spatel auf Papier. Doch ist diese Probe nur maßgebend, wenn man zudem eine Probe mit dem zu verwendenden Bindemittel betupft, da hiebei meist wesentliche Veränderungen vor sich gehen. Die genannten Proben sind daher erst unter Abschn. B beschrieben. Sehr wichtig für die wirtschaftliche Beurteilung eines Farbkörpers ist

a) das Misch- und Färbevermögen,

das oft irreführend als Ausgiebigkeit bezeichnet wird. Man versteht darunter den Grad der optischen Veränderung, den ein Farbkörper beim Mischen mit einem anderen, ihm unähnlichen oder entgegengesetzten erleidet. Man spricht von Mischvermögen bei Weiß- und Schwarzfarben und bestimmt dasselbe durch Abmischen mit Schwarz, Weiß oder Bunt und vom Färbevermögen bei Buntfarben und bestimmt dasselbe durch Abmischen mit Weiß.

Das Mischvermögen wird dadurch gemessen, daß man 20 g trockenes Weißpigment mit 0,1 g Gasruß oder 0,5 g Ultramarin stets gleicher Herkunft mischt, dann mit Öl pastos anreibt und bis zur Farbtonkonsistenz durchreibt. Dann wird aufgestrichen und sofort nach dem Trocknen im Photometer gemessen, und zwar, wenn Rußmischung vorliegt, ohne, wenn Ultramarinmischung vorliegt, mit gelbem Sperrfilter. Wird so der Weißgehalt der Mischung W_m festgestellt und hat das reine Pigment den Weißgehalt W_w, so ist das Mischvermögen $M = 100 - W_w + W_m$.

Zur Messung des Färbevermögens von Schwarz- und Buntpigmenten verfährt man analog. Bei Schwarzpigmenten verwendet man 0,5 g und 25 g Zinkweiß, bei Buntfarben 1 g Substanz und 20 g Zinkweiß. Bei Buntfarben muß mit komplementärem Sperrfilter gemessen werden. Das Weiß setzt man = 100. Dann ist $F = 100 - W_m$.

Die englische Standardmethode weicht etwas von obiger ab. Siehe Farbenzeitung 33, 2966, 1928. Über die amerikanische Methode siehe GARDNER-SCHEIFELE, S. 302.

b) Optische Messung

(s. unter B 2a).

3. Mechanische und allgemein-physikalische Prüfung.

Beim rein äußeren Vergleich von Trockenfarben fallen zwei Eigenschaften in erster Linie auf: das spezifische Gewicht und die Feinheit. Beide sind von ausschlaggebender Bedeutung, das erste mehr wirtschaftlich, die zweite mehr anstrichtechnisch.

a) Spezifisches Gewicht.

Zur einfachen, aber in den meisten Fällen durchaus hinreichenden Bestimmung des spezifischen Gewichtes verfährt man folgendermaßen:

Man füllt in eine tariertes enghalsiges Meßgefäß von 50 oder 100 cm³ Inhalt durch einen Trichter trockenes Farbpulver bis fast zur Marke und wägt. Dann gibt man so viel Wasser oder bei schwer benetzbaren Farben Isobutylalkohol von bekanntem spezifischen Gewicht zu, daß man die Farbe darin suspendieren kann, schüttelt gut durch und füllt bis zur Marke auf. Dann ist:

$$\text{Spez. Gew.} = \frac{\text{Farbgewicht}}{\text{Gefäßinhalt} - \dfrac{\text{Flüssigkeitsmenge}}{\text{spez. Gewicht der Flüssigkeit}}}$$

$$\text{also für Wasser} = \frac{\text{Farbgewicht}}{\text{Gefäßinhalt} - \text{Wassermenge}}$$

Für genaueres Arbeiten empfiehlt sich die in STOCK: Taschenbuch, S. 21 angegebene deutsche oder die noch peinlichere amerikanische pyknometrische Standardmethode[1].

b) Schüttgewicht, Stampfvolumen.

Vielfach begnügt man sich, festzustellen, welchen Raum eine bestimmte, locker aufgeschüttete Farbmenge einnimmt. Man wägt nach H. WOLFF 100 g Pigment auf einen Bogen Papier und schüttet sie langsam in einen trockenen Meßzylinder von 500 g Inhalt. Das Schüttgewicht ist dann = 100 × Volumen der Farbe in cm³. Weiterhin ist vorgeschlagen worden, das Schüttvolumen einer bestimmten Pigmentmenge in festgestampftem Zustand zu bestimmen, also nicht wie oben, die lose, sondern die gestampfte Schüttung. Dieser Wert ist weitgehend von der Art, Stärke und Dauer des Stampfens abhängig. Um hier einen Normwert zu erzielen, hat E. A. BECKER einen besonderen Stampfapparat konstruiert[2] (vgl .Abb. 1). „Eine durch Synchronmotor angetriebene Welle mit besonderer Nocke versetzt bei 250 n · min⁻¹ und 3 mm Hub den mit 100 g Pigment beschickten Zylinder mit Skala in stampfende Bewegung. Stampfdauer: 10 min."

c) Feinheit und Korngröße.

Zur Messung der Korngröße bedient man sich in der Anstrichtechnik der auch sonst üblichen Methoden, die in anderen Teilen dieses Werkes beschrieben

---

[1] Siehe GARDNER-SCHEIFELE, Untersuchungsmethoden der Lack- und Farbenindustrie, S. 130.
[2] BECKER, E. A.: Farben-Ztg. Bd. 41 (1936) S. 959. — WAGNER, H.: Körperfarben, S. 83.

sind. Im allgemeinen genügt jedoch die Feststellung eines „mittleren Kornes" und des Fehlens von gröberen Anteilen, die im Anstrich mit Ausnahme des Kalkanstriches unerwünscht sind. Man prüft auf ganz einfache Weise durch Zerreiben des Farbpulvers mit dem Finger auf einem rauhen Karton, wobei man rauhe und grobe Anteile spürt. Zur genauen Ermittlung von Grobanteilen

Abb. 1. Apparat zur Bestimmung des Stampfvolumens nach E. A. BECKER. Aufnahme Dr. BECKER.

bedient man sich der DIN-Prüfsiebe. Die zu prüfenden Pigmente werden mit Wasser und feinem Pinsel durch die Siebe hindurchgesiebt. Der Rückstand wird gewogen. Die Größenordnungen der DIN-Prüfsiebe sind:

Nr.	Maschen je qcm	Lichte Weite mm	Nr.	Maschen je qcm	Lichte Weite mm
40	1 600	0,15	80	6 400	0,075
50	2 500	0,12	100	10 000	0,06
60	3 600	0,10	110 E	12 100	0,0545
70	4 900	0,088	130 E	16 900	0,04

Als allgemeine Regel kann für Anstrichpigmente, besonders für Ölfarben gelten, daß sie auf dem 1000-Maschensieb nicht mehr als 0,5 % Rückstand hinterlassen dürfen. Nur bei Eisenglimmerfarben dürfen 0,5 % Rückstand auf dem 6400-Maschensieb verbleiben. (Reichsbahnvorschrift.) Bei Lackfarben für Heeresgut dient neuerdings sogar das 16900-Maschensieb als Norm. Für den Außenanstrich von Bauwerken genügt bei Putzanstrichen die Feinheit des 6400-Maschensiebes durchaus. Farben zum Durchfärben von Putzen, Kalk- und Zementmassen können aber noch wesentlich gröber sein. Eine Höchstgrenze läßt sich hier nicht angeben.

Von den bekannten, an anderer Stelle dieses Werkes beschriebenen Methoden zur Teilchengrößebestimmung werden in der Anstrichtechnik die optischen

(Trübungsmessung, Nephelometrie), mikrophotographischen (besonders die Auszählung in der Zeiß-Thomakammer bei einheitlichen Pigmenten), ganz besonders aber die Schlämm- und Sedimentationsverfahren gebraucht[1]. Von den Apparaten zur fraktionierten Schlämmung ist der in USA. gebräuchliche THOMPSON-Separator zu erwähnen[1]. Bei uns wird die Sedimentationsanalyse mit Auswertung nach der STOKESSCHEN Formel entweder in ganz einfacher Form in Maßzylindern, oder nach der Modifikation von A. V. BLOM in Schüttel-zylindern mit Methanol als Dispersionsmittel, zumeist aber in der hinlänglich bekannten und an anderer Stelle beschriebenen ,,Pipettenmethode" nach ANDREASEN durchgeführt[2]. Über die Aufstellung der Körnungskurve s. Fuß-note 1, sowie in GESSNER, Schlämmanalyse, Leipzig 1931.

4. Anstrichtechnische Eigenschaften.

a) Ölbedarf.

Für die wirtschaftliche Bewertung eines Farbkörpers und für die Ermittlung bestimmter Eigenschaften, wie Benetzbarkeit, Dispergierbarkeit, ist es wichtig, zu wissen, wieviel Öl ein Trockenpigment zur Anreibung benötigt. Der Wert ist abhängig von der Eigenart des Farbkörpers, von der Korngröße und von den Oberflächenkräften. Man versetzt 10 g Pigment in glasiertem Mörser tropfenweise mit Leinöl und verreibt mit dem Pistill. Wenn die erst bröckelige Masse am Pistill festklebt, so hat man den Punkt der sog. pastosen Anreibung. Man setzt dann weiter Öl zu und arbeitet durch, bis die Masse eine Konsistenz erhält, die sich nur gefühlsmäßig ermitteln läßt, und als die der praktischen Streichfähigkeit bezeichnet werden kann. Genauer ist die Bestimmung nach H. WAGNER, wobei zwischen Netzpunkt, Schmierpunkt und Fließpunkt unter-schieden wird. Man reibt 5 bis 10 g Substanz mit Leinöl auf der Glasplatte gut durch, bis die ganze Masse benetzt ist, was sich optisch leicht feststellen läßt. Die Masse ist dann krümelig und einheitlich verdunkelt. Dies ist der *Netzpunkt*. Nunmehr gibt man unter stetem Durcharbeiten vorsichtig Öl zu, bis eine völlig homogene, an gewölbten Stellen glänzende Masse entsteht. Dies ist der *Schmierpunkt*, der Punkt der pastosen Anreibung. Dann arbeitet man unter weiterem Ölzusatz durch, bis die Masse selbständig vom Spachtel abfließt und beim Ausziehen einer Spitze die Form verändert. Dies ist der *Fließ-punkt*. Der letztere liegt um 5 bis 20% unter dem Punkt der praktisch streich-fertigen Anreibung[3]. In USA gibt es verschiedene Methoden, die obigen nahe-kommen[4].

Der Netzpunkt ist allein gegeben durch die Oberflächengröße und die spe-zifischen Streuungsfelder. Er ist unabhängig vom Porenvolum. Beim Schmier-punkt ist das Adhäsionssystem erreicht. Beim Fließpunkt ist so viel Dispersions-mittel zugegen, daß das System unter dem Einfluß der als Scherkraft wirkenden Schwerkraft zu fließen beginnt. Während bei dieser Bestimmungsart bewußt Druck angewendet wird, arbeiten GARDNER-COLEMAN ohne Druck, lassen Öl zutropfen, und rühren nur leicht um, bis der ,,Sättigungspunkt" erreicht ist. Nach der USA-Standardmethode (Rub-out Method) wird Öl von Säurezahl 2 bis 4 aus einer Bürette zugefügt und mit Spatel bis zur Erreichung einer ,,steifen, kittartigen Masse" durchgearbeitet. Es liegt auf der Hand, daß diese Methoden verschiedene Werte liefert.

---

[1] Siehe hierüber WAGNER, H.: Körperfarben, S. 90f. — STOCK: Taschenbuch, S. 12.
[2] Siehe hierüber die Originalabhandlung ANDREASEN u. BERG: Angew. Chem., Bei-heft 14 (1925), oder in den genannten Werken.
[3] Siehe WAGNER, H.: Körperfarben, S. 436. — STOCK: Taschenbuch, S. 22.
[4] Siehe hierzu GARDNER-SCHEIFELE: S. 254.

Nach Wolff und Zeidler wird der „kritische" Ölbedarf als Viskositäts-
funktion aus den Turboviskositäten bestimmt. Über die hier gültige Formel
s. in der Originalabhandlung. Über die praktische Ausführung s. Stock, Taschenbuch, über Kritik und Auswertung s. besonders Houwink[1].

b) Trockenzeit.

Man prüft mit der nach 1. gewonnenen Fließpunkts- oder streichfertigen
Anreibung auf Glas in der unter B, 3, S. 691 beschriebenen Weise.

B. Die Prüfung von Bindemitteln und angeriebenen Farben.

Als Bindemittel für Anstrichstoffe sowie als selbständige Filmbildner kommen
in Frage:

Wäßrige Bindemittel: a) Mineralische: Kalk, Wasserglas, Fluate.

b) Organische: Leimstoffe (Tierleim, Kasein, Stärke- oder Pflanzenleime,
Zellstoffleime).

c) Mischbinder oder Emulsionen.

Nichtwäßrige flüchtige Bindemittel: Lösungen von Natur- oder Kunstharzen,
von Zellstoffabkömmlingen, von Kautschukstoffen, von Asphalt, Bitumen,
Wachskörpern in flüchtigen organischen Lösungsmitteln.

Nichtwäßrige nichtflüchtige Bindemittel: Trocknende Öle, fette Natur- und
Kunstharzöllacke, Mineralöle (Karbolineum).

Kombinationen, d. h. Mischungen bzw. Verbindungen der beiden letztgenannten Gruppen. Die chemische und technologische Prüfung dieser Stoffe
greift in Gebiete, die teilweise mit der Anstrichtechnik nur noch in loser Beziehung
stehen. Eine Beschreibung des Gesamtgebietes ergäbe ein mehrbändiges Werk,
das die Ergebnisse der Baustoff-, Leim-, Fett- und Öl-, Wachs-, Asphalt-, Mineral-
öl-, Kunststoffchemie zusammenfassen müßte. Hier sollen nur diejenigen Prüfmethoden beschrieben sein, die sich auf das spezielle Verhalten eines Bindemittels bzw. einer mit einem solchen verarbeitenden, gebrauchsfertigen Farbe
als Anstrichstoff beziehen und aus den verschiedenartigen Gebieten das
Gemeinsame herausziehen.

1. Chemische Prüfung.

a) Reaktion.

Die Ermittlung der Reaktion fertig angeriebener Farben ist im allgemeinen
weniger wichtig. Dagegen ist es von großer Bedeutung, diejenige eines Bindemittels zu kennen, das mit einer Trockenfarbe verarbeitet wird. Es wird mit
blauem Lackmuspapier auf Säure (Rotfärbung) und mit rotem auf Lauge
(Blaufärbung) geprüft. Im Falle alkalischer Reaktion können nur kalkechte
Farben verwendet werden. Über die Feststellung der p_H und die titrimetrische
Feststellung von Säure- und Alkaligehalt s. Abschn. A, 1a.

b) Chemische Echtheiten.

α) **Echtheit gegen Alkalien.** *Kalkechtheit.* Soferne wäßerige Farben
hierauf zu prüfen sind, verfährt man nach Abschn. A I, bα.

---

[1] Wolff, H.: Farben-Ztg. Bd. 34 (1929) S. 2667. — Stock: Taschenbuch, S. 23. —
Houwink: Elastizität und Plastizität S. 311.

Sodaechtheit. (Nach RAL 840 A 2). Man streicht Lack oder Farbe auf entrostetes Eisenblech und stellt nach 48stündigem Trocknen zur Hälfte in 5%ige Sodalösung bei 50°. Man beläßt 1 h. Dann wird abgespült und die Veränderung festgestellt.

β) **Echtheit gegen Säuren.** Nach RAL 840 A 2. Man stellt ein wie bei α) behandeltes Blech, das jedoch am Rand noch paraffiniert wurde, in Schwefelsäure spezifisches Gewicht 1,21. Nach 24 h wird beobachtet wie bei a).

c) Lösungsmittelechtheiten.

α) **Wasserechtheit.** Man streicht auf Glas oder entrostetes Eisen und bringt nach 24stündigem Trocknen in ausgekochtes Leitungswasser. Man prüft nach mindestens 24 h auf Veränderung des Anstriches (Blasenbildung, Quellung) oder Verfärbung des Wassers (nach RAL 840 A 2).

Die quantitative Ermittlung der Wasseraufnahme eines Anstrichfilmes, der sog. *Quellung* kann nach verschiedenen Verfahren gemessen werden. Siehe hierüber WAGNER, Körperfarben, S. 644. Vgl. auch Abschn. C, f.

β) **Durchschlagsechtheit,** d. h. Echtheit gegen Spritlack-, Nitrolack- und andere Lacklösungsmittel sowie Öle und Kohlenwasserstoffe. Man verfährt wie bei Abschn. A, 1 c angegeben. Die Überstreichprobe für Ölfarbe ist durch RAL 840 A 2 normiert. Der 3 Tage getrocknete Anstrich wird mit Zinkweißölfarbe überstrichen, wobei sich der Weißanstrich nicht verändern und nicht in seiner Trockenzeit beeinträchtigt sein darf.

d) Hitzeechtheit.

Da durch die Hitze meist chemische Veränderungen von Farbe und Bindemittel verursacht werden, kann man die Hitzeechtheit hierher rechnen. Man legt einen gut getrockneten Anstrich auf Glas oder Blech in einen Trockenschrank, der auf diejenige Temperatur gebracht wird, welche die Farbe aushalten soll. Man beläßt dort mindestens 24 h.

2. Optische Prüfung.

a) Farbvergleich. Farbton.

Das Aussehen eines Farbkörpers ist gekennzeichnet durch den Farbton einerseits und durch den Weiß-, Schwarz- und Buntgehalt andererseits (W. OSTWALD):

$$W(\text{eiß}) + S(\text{chwarz}) + B(\text{unt}) = 100.$$

Die Farbtonmessung kann durch Vergleich mit käuflichen Skalen, z. B. den 24 Farbmeßdreiecken von F. A. O. KRÜGER oder den Farbtonkarten von BAUMANN-PRASE in einer für die Praxis meist genügenden Weise erfolgen. Zur Ausführung genauerer Messungen arbeitet man nach dem Komplementärverfahren, d. h. man ermittelt denjenigen Farbton, der sich mit dem zu messenden zu neutralem Grau mischt. Hierfür benötigt man entweder den OSTWALDschen Polarisationsfarbenmischer (Pomi) oder ein Zeiss-Pulfrichsches Stufenphotometer. Das direkte Ablesen von Farbtönen geschieht mit dem OSTWALDschen Chrometer.

Einfacher ist die Feststellung des Weiß-, Schwarz- und Buntgehalts. Sie können exakt in jedem Photometer gemessen werden, wenn die nötigen bunten Paß- und Sperrfilter vorhanden sind (z. B. im oben genannten Stufenphotometer, in OSTWALDs Halbschattenphotometer oder auch in LANGEs lichtelektrischem Reflexionsphotometer). Die Messung kann aber auch mit meist hinreichender Genauigkeit durch Vergleich mit einer Grauleiter bekannten Weiß-

und Schwarzgehalt vorgenommen werden. Man betrachtet die zu prüfende Farbe am einfachsten im eben wischfesten Leimaufstrich durch ein gleichfarbenes Paßfilter und liest so $W + B$ ab, woraus sofort S errechnet werden kann. Dann betrachtet man durch ein komplementärfarbenes Sperrfilter. Der abgelesene Wert ist W, der Weißgehalt. Bei Weißpigmenten sind praktisch $W + S = 100$. Man benötigt also keine Farbfilter und liest direkt die Gesamtreflexion ab, die W, dem Weißgehalt, entspricht.

Zur ganz exakten Farbtonmessung hat sich zuerst in USA., dann auch bei uns mit sehr gutem Erfolg ein auf der Young-Helmholtzschen Dreifarbenlehre aufbauendes System entwickelt, das in USA. durch Hardy, in Deutschland durch Klughardt ausgebaut wurde und jetzt unter DIN 5033 genormt ist. Es erfordert besondere Apparate (s. Wagner, Körperfarben, S. 12).

b) Deckfähigkeit

ist die Fähigkeit eines Anstriches, in bestimmter Dicke den Untergrund unsichtbar machen; *Transparenz* ist die Fähigkeit, durchfallendes Licht bis zu bestimmter Schichtdicke durchzulassen. Sie sind bedingt durch das Lichtbrechungsverhältnis Pigment/Bindemittel und die Korngröße des Pigments. Nach Eders Formel ist

$$D = K \cdot \frac{(N - n)\, M}{d \cdot \varDelta},$$

worin N das Lichtbrechungsvermögen der Farbe, n dasjenige des Bindemittels, M das Molekulargewicht der Farbe, d deren Dichte und $\varDelta$ deren Korngröße. Diese molekulare Deckfähigkeit hat aber nur als Pigmentkonstante Bedeutung. In der Praxis wird der optische Begriff mit dem wirtschaftlichen vermengt und festgestellt, wieviel Quadratmeter Fläche man mit einer Farbe deckend streichen kann. Oder aber wird nur durch Anstrich ein empirischer Deckgrad ermittelt. Man verfährt am einfachsten nach RAL 840 A 2 derart, daß man eine Tafel mit magerer weißer Ölfarbe streicht, und in der Mitte einen schwarzen Streifen von Ölfarbe darüberlegt. Nach gutem Trocknen streicht man die ganze Tafel einmal, zwei Drittel 2mal und ein Drittel 3mal mit der zu prüfenden Farbe und stellt nach dem Trocknen fest, ob und bei welcher Schichtzahl der schwarze Streifen noch sichtbar ist. Durchweg sichtbar: ungenügend deckend, bei zweifachem Anstrich sichtbar: schlecht deckend, bei zweifachem Anstrich unsichtbar: genügend deckend, bei einfachem Anstrich unsichtbar: gut deckend.

In USA wird nach dem Vorschlag von Jacobsen und Reynolds als Anstrichgrund in schachbrettartiger Würfelung schwarz und grau bedrucktes Papier verwendet. Man streicht in technisch verarbeitbarer Konzentration bis zur Deckung (Kontrastauslöschung) und wägt. So läßt sich die Deckfähigkeit in m^2/kg feststellen.

Neben diesen mehr empirischen Verfahren sind zahlreiche Methoden ausgearbeitet, bei denen die Schichtdicke gemessen wird, bei der Kontrastauslöschung eintritt. Die Verfahren arbeiten teils im zurückgeworfenen, teils im durchgehenden Licht. Das aus USA. stammende Pfundsche Kryptometer ist auch bei uns eingebürgert (Hersteller H. Keyl). Eine Farbe wird mit Hilfe einer Glasdeckplatte und eines Metallkeils derart keilförmig ausgebreitet, daß diejenige Schichtdicke abgelesen werden kann, bei der die Deckfähigkeit der unendlich dicken Vergleichsschicht (Querrinne) erreicht wird. Ist K die Dickenzunahme je Längeneinheit, L die abgelesene Schichtdicke, Sm das spezifische Gewicht der angeriebenen Farbe, dann ist

$$D = \frac{1}{K \cdot L \cdot Sm}\ m^2/kg.$$

Die Verfahren nach BECK (Stratometer) und LOVIBOND (Tintometer) arbeiten im durchfallenden Licht. Weitere namhafte Deckfähigkeitsbestimmungen haben WOLSKI, F. SCHMIDT und F. MUNK ausgearbeitet. Hierüber, sowie über die Messung mittels Photozelle nach WAGNER und SCHIRMER und diejenige von A. V. BLOM s. in STOCK, Taschenbuch, S. 6 und WAGNER, Körperfarben S. 48, sowie WILBORN, Prüfverfahren.

c) Glanz.

Zur vergleichsmäßigen Glanzbestimmung verwendet man eine Musterskala, die vom völlig matten (tuchmatten) Leimanstrich über Mattglanz, Seidenglanz zum Hochglanz des Lackanstriches führt. Zur zahlenmäßigen Glanzfestlegung muß man sich der photometrischen Messung bedienen (vgl. Abschn. A 2 b), wobei man den Gesamtglanz in der Richtung der totalen Reflexion (Glanzrichtung) mißt und von diesen den Betrag abzieht, den man für die zerstreute Reflexion erhält. Für die exakte Glanzmessung sind zahlreiche Apparate gebaut[1]. Nennenswert ist der Apparat von HUNTER[1], bei dem die in gleicher Weise beleuchteten Halbkreise des Anstrichs und des schwarzen, polierten Bezugsspiegels verglichen werden. Von den vH spiegelnden Lichts, die direkt abgelesen werden können, wird der das diffuse Licht kennzeichnende Reflexionskoeffizient in Abzug gebracht. Da die Bildschärfe auf der spiegelnden Fläche auch ein Glanzmaß ist, hat HUNTER[2] auch einen Apparat zur Messung dieser Größe beschrieben.

d) Lichtechtheit.

Die Lichtechtheitsprüfung von Trockenfarben wird stets im Anstrich vorgenommen. Deshalb ist die Prüfung hier beschrieben. Man streicht, soferne eine gebrauchsfertige Farbe vorliegt, diese direkt auf geleimte Kartonstreifen. Trockenfarben werden mit demjenigen Bindemittel angerieben, mit dem sie verarbeitet werden und dann aufgestrichen. Die Aufstriche werden hinter Glas in mindestens 10 cm Entfernung der Lichtwirkung ausgesetzt. Zweckmäßig wird innerhalb bestimmter Zeiten, z. B. nach je 14 Tagen, ein Teil des Anstriches abgedeckt, so daß man eine Veränderungsskala erhält. Man vergleicht entweder mit einem Muster, das in derselben Weise belichtet worden war, oder mit einer ebenfalls mitbelichteten Normalskala. Für eine solche sind in den verschiedenen Ländern und in den verschiedenen Arbeitsgebieten die verschiedensten Vorschläge gemacht worden. Eine ganz befriedigende Lösung ist noch nicht gefunden, vor allem deshalb nicht, weil sich beispielsweise Öl- und Lackanstriche nicht gut mit Textilfärbungen vergleichen lassen. Dennoch geht man vielfach auf solche zurück, so auch bei der heute in Deutschland am meisten gebräuchlichen *Textilnorm*. Diese weist 8 Stufen auf, deren erste, I, die geringste und deren achte, VIII, die höchste Lichtechtheit bedeutet[3]. Will man die Lichtechtheit auf das Sonnenlicht bezüglich ausdrücken, so gibt man die Zahl der Sonnenstunden an, die bis zum Eintritt der Veränderung oder des Ausbleichens eingetreten sind. Die Sonnenstunde entspricht der Wirkung des Sonnenlichts bei völlig klarem Himmel, senkrecht auffallend, in Glaskasten in 2 m Entfernung von Glas Sommers zwischen 9 und 4, Winters zwischen 10 und 2 h. In sonnenarmer Zeit wird ein nach diesen Sonnenstunden geeichtes Blaupapier zum Vergleich herangezogen[4].

---

[1] WOLFF u. ZEIDLER: Farben-Ztg. Bd. 39 (1934) S. 385. — HUNTER, Farben-Ztg. Bd. 40 (1935) S. 536. Der letztere wird in USA. viel gebraucht. Siehe WAGNER: Körperfarben, S. 14.

[2] HUNTER: Farben-Ztg. Bd. 41 (1936) S. 919.

[3] Näheres s. „Verfahren, Normen und Typen zur Prüfung und Beurteilung von Färbungen", Verlag Chemie 1935.

[4] Siehe hierüber P. KRAIS: Z. angew. Chem. Bd. 24 (1911) S. 1302; Bd. 30 (1917) S. 299; ferner WAGNER: Körperfarben, S. 32.

Erwähnenswert ist auch der KALLABsche Belichtungsapparat, bei dem das Sonnenlicht auf die Belichtungsfläche konzentriert wird. Die Belichtung mit ultravioletten Strahlen (Quarzlampe) ergibt Fehlresultate. Von den zahlreichen Apparaten, die sich der künstlichen Belichtung bedienen, ist derjenige von J. F. H. CUSTERS nennenswert, der als Glühkörper eine gasgefüllte Wolframlampe verwendet[1]. Über Osram-Vitalux und andere deutsche Geräte s. WILBORN, Prüfverfahren.

3. Mechanische und allgemein-physikalische Prüfung.
Diese Gruppe ist die für die Praxis wichtigste.

a) Feinheit.
Die Feinheit einer Farbe, d. h. der in derselben enthaltenen Pigments wird in Analogie zu Abschn. A nach der Siebmethode ermittelt. Für Öl- und Lackfarben

Abb. 2. Fordbecher zur Bestimmung der Viskosität von Lacken und Farben. Aufnahme Dr. BECKER.

lautet die Vorschrift der Reichsbahn: Die mit Benzin verdünnte Farbe wird durch das vorgeschriebene Sieb gegeben, mit Benzin nachgewaschen, mit Benzol-Alkohol 9 : 1 5 min im Sieb ausgekocht und getrocknet. Farben für Fahrzeuge werden mit dem 10000-, für Stahlbauwerke mit dem 6400-, Aluminium-, Eisenglimmer- und Graphitfarben mit dem 3600- bzw. 1600-Maschensieb geprüft. Bei den letzteren Pigmenten ist mit einem feinen Haarpinsel zu arbeiten.

b) Konsistenz und Viskosität.
Unter *Konsistenz* ist die physikalische Form zu verstehen, in der ein Anstrichsystem vorliegt. Sie ist bestimmt durch die Fließgeschwindigkeit-Fließdruckkurve. Ist das Verhältnis konstant, so nennt man das System viskos, ist es inkonstant, so nennt man dasselbe plastisch[2].

Liegt ein ausgesprochen viskoses System vor, wie z. B. bei Klarlacken, so kann man sich mit der Viskositätsmessung in den bekannten Apparaten (ENGLER, vorzugsweise aber HÖPLER) begnügen. Doch zieht man hier wie bei viskosen pigmenthaltigen Dispersionen einfache Apparate zur Messung des Ausflußgeschwindigkeit vor, so das GE-Viskosimeter, das Viskosimeter nach E. STOCK und besonders den in USA. verbreiteten Fordbecher (Abb. 2). Dieser wird in Deutschland von H. KEYL in Dresden geliefert. Eine Normung desselben ist in Vorbereitung.

Klare Flüssigkeiten werden weiterhin im Kugelfallviskosimeter oder nach der Luftblasenmethode gemessen. Im letzten Fall vergleicht man mit Normalröhren bekannter Viskosität[3]. Auch die Ablaufproben sind nichts anderes als einfache Viskositätsmessungen, denen aber viele Fehler anhaften. Man bringt eine zu prüfende und eine Vergleichsfarbe unter 45° zum Ablaufen auf Glas- oder Metallplatte. Bei Lacken ist der Apparat von MALLISON-VOLLMANN gebräuchlich, während für den Pigmentvergleich die erweiterte Ablaufprobe nach WAGNER dient. Siehe Körperfarben S. 452.

[1] CUSTERS, J. F. H.: Chem. Fabrik Bd. 8 (1935) S. 103.
[2] Siehe WAGNER: Körperfarben, S. 446.
[3] Zum Beispiel nach GARDNER-HOLDT. Lieferant H. Keyl, Dresden.

Die Anstrichfarben sind indes keine wahren Flüssigkeiten. Sie haben eine Fließgrenze (f). Für sie gilt die Formel von BINGHAM:

$$\frac{d v}{d y} = \frac{\tau - f}{\eta} = \Phi\,(\tau - f).$$

worin v die Fließgeschwindigkeit, y der Verschiebungsweg, τ der Fließdruck, η die Viskosität, Φ die Fluidität. Die Konsistenz[1] solcher Systeme wird in sog. Plastometern gemessen. Üblich ist das von GARDNER stammende, von DROSTE verbesserte Mobilometer, bei dem ein Tauchkörper in einen Zylinder einsinkt. Es wird die Zeit gemessen, innerhalb der bei bestimmter Belastung der Körper zu einer bestimmten Tiefe einsinkt. Die „Steifigkeit" $1/m$ ist dann:

$$1/m = \frac{P - f}{v/t},$$

worin P der Einsinkdruck, f die Fließgrenze, v/t die Fließgeschwindigkeit in cm³/s. Beim DROSTESCHEN Pastenmesser[2] fällt ein Metallkegel aus bestimmter Höhe in die Paste. Ist K das Kegelgewicht, D die Einsinktiefe, V das verdrängte Volumen, so ist die Zähigkeit

$$Z = \frac{K \cdot D}{V}.$$

Im Kapillarplastometer von RHODES und WELLS[3] wird der Druck bestimmt, mit dem eine Farbe aus einem Kapillarrohr gepreßt wird. Ähnlich arbeitet das Plastometer von GREGORY, LAMPERT und RASWEILER[4].

Angeriebene Farben werden übrigens meist nach der Torsionsmethode bestimmt. Bei dieser wird der Reibungswiderstand gegenüber einem bewegten Pendel, Flügel oder Zylinder gemessen. Das COUETTESCHE Torsionsviskosimeter und das KEMPFSCHE Rotationsviskosimeter sind ganz zurückgedrängt durch

Abb. 3. Turboviskosimeter zur Bestimmung der Viskosität angeriebener Farben. Aufnahme Dr. BECKER.

das allgemein eingeführte Turboviskosimeter nach WOLFF-HÖPKE (vgl. Abb. 3). Die Viskosität wird hierbei ausgedrückt durch ein Gewicht g, das nach Erreichung

---

[1] Die Festlegung der im Bereich der Konsistenzmessung gebräuchlichen Ausdrücke erfolgt am besten in Anlehnung an BINGHAM wie folgt:

Konsistenz: diejenige Eigenschaft eines Materials, durch welche es einer beständigen Formänderung Widerstand leistet.

Plastizität: Eigenschaft, die ein Material befähigt, bei Anwendung von Druck ständig ohne Reißen deformiert zu werden.

Mobilität: Maß der Geschwindigkeit, mit der ein fester Körper deformiert wird (m).

Fluidität: Maß der Geschwindigkeit, mit der eine Flüssigkeit durch eine Scherspannung kontinuierlich deformiert wird (Φ).

Viskosität: reziproker Wert der Fluidität, Maß des Widerstandes gegen kontinuierliche Deformierung (η).

Fließgrenze (in USA. Yield value): Mindestwert der Scherspannung, die die kontinuierliche Deformierung hervorruft (f).

[2] DROSTE: Chem. Fabr. Bd. 7 (1934) S. 249. — Angew. Chem. Bd. 43 (1930) S. 100.

[3] RHODES u. WELLS: Farben-Ztg. Bd. 35 (1930) S. 1257.

[4] GARDNER, LAMPERT u. RASWEILER: Farben-Ztg. Bd. 35 (1930) S. 1880.

konstanter Geschwindigkeit in 10 s 1 m fällt[1]. Bei dieser Methode ist aber zu beobachten, daß der Wert von D ($=dv/dy$, sog. Geschwindigkeitsgradient) bei gegebenem τ immer mehr zunimmt, je länger das Rühren stattfindet. Das ist eine Folge der *Thixotropie*, einer reversiblen, isothermen Gel-Solumwandlung, die bei fast allen plastischen Systemen zu beobachten ist. Mit Rücksicht auf diese Erscheinung empfiehlt McMillen, bei Plastometermessungen etwa 2 min zu warten, bis die Bewegung vorüber ist.

c) Streichfähigkeit, Verlauf, Streichausgiebigkeit.

Von Konsistenz und Viskosität sind Streichfähigkeit und Verlauf abhängig, so daß die Messung der erstgenannten schon weitgehende Schlüsse zuläßt, die um so wichtiger sind, als sich Streichfähigkeit und Verlauf zahlenmäßig nur schwer bestimmen lassen. Nach RAL 840 A 2 wird die Streichfähigkeit wie folgt bestimmt:

1. Jeder gebrauchsfertige Anstrichstoff ist auf dem Untergrund zu prüfen, für den er bestimmt ist. Beispielsweise ist die Streichfähigkeit einer Rostschutzfarbe auf Eisenblech zu prüfen, die eines für Holz bestimmten Anstrichstoffes auf Holz, und zwar auf der Holzart, für die er verwendet werden soll. Überzugslacke, Schleiflacke und -farben sind auf dem in jedem einzelnen Falle in Frage kommenden Grundanstrich zu prüfen.

2. Der Grundanstrich muß frisch hergestellt, aber gut durchgetrocknet sein. Gehört zu den Überzugsanstrichstoffen eine bestimmte Grundfarbe, so ist diese Grundierung anzuwenden.

3. Die zur Feststellung der Streichfertigkeit gestrichene Fläche darf nicht zu klein sein. Die Größe der Tafeln ist dem Verwendungszweck anzupassen. Bei Anstrichstoffen für größere Flächen ist eine Tafel 50×25 cm angemessen.

4. Sollen zwei Anstrichstoffe miteinander verglichen werden, so müssen die Probeanstriche gleichzeitig vorgenommen werden. *Niemals darf man sich auf seine Erinnerung oder Erfahrung verlassen, wenn man nicht Täuschungen unterworfen sein will.*

5. Der *Pinsel* muß gut vorbereitet sein und allen Fachanforderungen entsprechen. Er darf weder alte Farbenreste, noch Öl, Lösungsmittel oder dgl. vom Reinigen her enthalten. Bei Vergleichen muß derselbe Pinsel nach gründlicher Reinigung und Austrocknen verwendet werden. Bei abgebundenem Pinsel muß ein ungefärbter Bindfaden verwendet werden. Der Pinsel ist vor dem Probeanstrich mehrmals mit dem betreffenden Anstrichstoff zu sättigen und auszustreichen.

6. Der Anstrichstoff soll sich leicht ausstreichen lassen, gleichmäßig aus dem Pinsel fließen und sich gut verschlichten (vertreiben, gleichmäßig verteilen) lassen. Bei Überzugslacken, Schleiflacken und Lackfarben sollen Pinselstriche nach dem Anstrich nicht mehr sichtbar sein, der Anstrichstoff muß also gut verlaufen.

Bei Lackfarben, besonders bei solchen mit hohem Glanz, darf allgemein nicht so leichte Streichfähigkeit erwartet werden wie bei Ölfarben. Sogenannte Gardinenbildung und sog. Laufen rühren oft nicht von schlechter Beschaffenheit des Lackes, sondern von unsachgemäßer Verarbeitung her, z. B. davon, daß mit zu vollem oder zu weichem Pinsel gestrichen wurde.

Vor Abgabe eines Urteils über fehlerhafte Beschaffenheit eines Anstrichstoffes ist die Prüfung zu wiederholen.

7. Die Anstriche dürfen weder in einem zu kalten, noch in einem zu warmen Raum ausgeführt werden. Zu niedrige Temperatur macht jede Farbe schwer streichbar. Deshalb müssen auch die Anstrichstoffe selbst ebenso wie die Probe-

---

[1] Siehe Wagner: Körperfarben, S. 451. — Höpke: Rostschutzfarbenprüfung, S. 9.

tafeln vor der Prüfung mehrere Stunden in dem Arbeitsraum gestanden haben. Bei zu hoher Temperatur können zum Beispiel Lacke und Lackfarben zu rasch antrocknen und daher zu schwer streichbar werden, während z. B. Ölfarben zu dünn erscheinen könnten, ohne daß ein Fehler des Anstrichstoffes vorliegt. Am besten wird bei Zimmertemperatur von etwa 20° gestrichen und getrocknet, falls nicht besondere Temperaturen vorgeschrieben sind.

Anstrichsysteme, die für *Spritz*anstrich dienen, werden in analoger Weise auf Spritzfähigkeit geprüft.

Bei Prüfung auf Spritzfähigkeit ist das zu prüfende Material entweder unverändert oder, falls nicht unmittelbar spritzbar (z. B. infolge Eindickens) mit der vom Fabrikanten des betreffenden Materials hergestellten Verdünnung eingestellt, zu spritzen. Der Spritzlack muß der betreffenden Spritzapparatur angepaßt sein. Die Prüfung muß in verschiedenen Abständen der Spritzpistole von der zu überziehenden Fläche wiederholt werden; der Abstand der Spritzpistole von der Fläche ist für das Zustandekommen eines einwandfreien Auftrages außerordentlich wichtig, er kann aber nicht allgemein angegeben werden, da er von der Art des Materials und der Art der Spritzvorrichtung abhängt.

Eine zum Spritzen bestimmte Farbe oder ein zum Spritzen bestimmter Lack muß für sich oder mit dem dafür bestimmten Verdünnungsmittel eingestellt, mit einer der üblichen Spritzvorrichtungen nach den vorstehenden Richtlinien einen gleichmäßigen, nicht narbigen und nicht laufenden Auftrag ergeben.

Die Raumtemperatur muß, soweit *nicht* besondere Anforderungen (z. B. Spritzfähigkeit im Freien) gestellt werden, etwa 20° C, jedoch nicht unter 18° C betragen. Alle verwendeten Apparaturen, das zu prüfende Material und die Gegenstände, die gespritzt werden sollen, müssen längere Zeit in dem Raum gestanden haben. Die sonstigen Eigenschaften der Spritzfarben und Spritzlacke können nach den bisherigen Verfahren geprüft werden.

Die zahlenmäßige Erfassung der Streichfähigkeit erfolgt durch Mobilometermessung (s. oben), wobei dieselbe zur Fließgeschwindigkeit in Beziehung gesetzt wird[1])

$$F = \frac{(v/t)^2}{2} \cdot 1/m + v/t \cdot p \quad \text{(nach Droste[1])},$$

worin v/t die Fließgeschwindigkeit, $1/m$ die Steifigkeit (s. oben), p die Fließgrenze. Hart und Cornthwale messen in einem Apparat, in dem ein Pinsel über eine halbkreisförmige Fläche läuft und mit bestimmter Belastung zum Schwingen gebracht wird, wodurch sich selbsttätig Schwingungskurven aufzeichnen[2].

Über die Theorie der Streichbarkeit darf auf die Arbeiten von Williamson[3] verwiesen werden, der zeigt, daß der Viskositätskoeffizient allein kein Maß hiefür ergibt. Er zieht die scheinbare Viskosität heran, die bei dem beim Streichen auftretenden Scherkraft gemessen werden soll[4].

Der Verlauf einer Farbe kann durch Verlaufenlassen auf einer Glasplatte, durch Zentrifugieren oder im Gardnerschen Fließmesser ermittelt werden. Man kann so die Größe der von einer Farbmenge eingenommenen Fläche, die Zeit des Verlaufens und die Art der gebildeten Oberfläche (rauh, glatt, eben, uneben, körnig, runzlig usw.) bestimmen. Der Gardnersche Fließmesser besteht aus einer mit konzentrischen Ringen versehenen Scheibe, auf der die Farbe durch Heben eines Messungszylinders zum Auslauf gebracht wird[5]. Für den

---

[1] Siehe Droste: Chem. Fabrik Bd. 7 (1934) S. 249.
[2] Hart u. Cornthwale: Farben-Ztg. Bd. 42 (1937) S. 508.
[3] Williamson: Farben-Ztg. Bd. 35 (1930) S. 2380.
[4] Siehe Houwink, S. 11.
[5] Siehe Gardner-Scheifele: S. 48.

Verlauf ist die durch eine Fließgrenze f gehemmte Oberflächenspannung σ heranzuziehen, was in der Formel von WARING zum Ausdruck kommt:

$$h = \frac{d^2 f}{8 \sigma},$$

worin h die Höhe und d die Breite der Pinselfurchen. Nach McMILLEN ist allerdings diese Gleichung nicht richtig, weil sie die kinetischen Verlaufsfaktoren nicht berücksichtigt[1].

Für die wirtschaftliche Beurteilung einer Anstrichfarbe ist die Bestimmung der *Streichausgiebigkeit*, häufig nur „Ausgiebigkeit" genannt, sehr wichtig. RAL 840 A 2 gibt dafür folgende Vorschriften:

1. Die Bestimmung der Ausgiebigkeit wird am besten mit der Bestimmung der Streichfähigkeit (a) und der Deckfähigkeit (e) verbunden. Nachdem man den Pinsel durch wiederholtes Sättigen mit dem Anstrichstoff und Ausstreichen gut vorbereitet hat, läßt man ihn in der Büchse mit Farbe und wiegt beides zusammen ab. Dann nimmt man den Probeanstrich vor und wiegt danach wieder Büchse mit Farbe und Pinsel zusammen.

2. Die Berechnung erfolgt, indem man die Größe der gestrichenen Fläche in Quadratzentimeter durch die zehnfache Zahl der Gramm des verbrauchten Anstrichstoffes dividiert. Das Ergebnis ist die Zahl der Quadratmeter, die mit 1 kg des Anstrichstoffes gestrichen werden kann.

Beispiel: Größe der Fläche 5000 cm², Menge des gebrauchten Anstrichstoffes 50 g. Demnach 5000 : 500 (50 · 10) = 10 m² je kg.

3. Bei der Bewertung eines Anstrichstoffes nach der Ausgiebigkeit sind aber neben dieser Eigenschaft noch andere für den jeweiligen Zweck wichtige zu beachten, deren Gesamtheit erst das Urteil über den Wert des Anstrichstoffes bestimmt. So sind z. B. Anstrichfarben, die einen schwer aufrührbaren Bodensatz haben, entsprechend geringer zu bewerten.

d) Absetzen und Eindicken.

Viele Anstrichfarben zeigen beim Stehen Konsistenzänderungen, wie Bildung eines zähen oder harten Bodensatzes, Entmischung in 2 ungleichartige Phasen, Gallertig-, Schleimig-, Dickwerden durch das ganze System. Diese Erscheinungen können chemische oder physikalische Ursachen haben und lassen sich nicht immer vermeiden. Besondere Prüfmethoden oder Vorschriften gibt es nur für Bleimennige. Bei diesen verlangt die *Reichsbahn* eine Lagerfähigkeit von 2 Monaten. Zur Kurzprüfung wird so verfahren, daß 100 cm³ der Farbe in einer Weißblechbüchse von 6 cm Durchmesser 8 h auf 80° C zu erwärmen sind. Nach dem Abkühlen auf 20° C muß sich die Probe restlos aufrühren und verstreichen lassen.

Auch bei der Prüfung anderer Farben kann man durch Erwärmen das Verdicken beschleunigen.

e) Trocknung.

Die Feststellung der Trockenzeit und Trockenart gehört zu den wichtigsten Feststellungen im Bereich der Öl- und Lackfarben. RAL 840 A 2 gibt dafür folgende Vorschriften:

Zur Prüfung der Trockenfähigkeit können von Anbeginn die gleichen Anstriche verwendet werden, die zur Prüfung auf Streichfähigkeit und Ausgiebigkeit gemacht werden.

---

[1] McMILLEN: Industr. Engng. Chem. Bd. 23 (1931) S. 676. — WARING: J. Rheology Bd. 2 (1931) S. 307.

1. Die *Trocknung* selbst muß unter *möglichst gleichbleibenden Bedingungen*, die dem Verwendungszweck des Anstrichstoffes angepaßt sind, vorgenommen werden, wobei Temperatur, Luftfeuchtigkeit, Luftbewegung und Belichtung eine große Rolle spielen.

2. Für die Vergleichsprobe gilt das unter II, a, 1 Gesagte.

3. Für die Praxis ist nachstehend beschriebene *Prüfung der Trocknung* durch einfache Betastung mit dem Finger ausreichend. Der Trocknungsprozeß muß in allen Stufen verfolgt werden. Man fährt zunächst ganz behutsam über den Anstrich und kann dabei folgende Stufen der Trocknung unterscheiden:

α) Anziehen (Antrocknen): Der Finger erfährt einen fühlbaren Widerstand.

β) Klebende Trocknung: Der Finger klebt beim Gleiten über die Oberfläche des Anstriches.

γ) Staubfreie Trocknung: Der Finger gleitet ohne Widerstand über den Anstrich.

Um die nun beginnende Stufe des Durchtrocknens festzustellen, streicht man von Zeit zu Zeit mit sich immer mehr steigendem Druck mit dem Finger über die Fläche. Der Anstrich gilt als durchgetrocknet, wenn der Finger keinen Widerstand mehr erfährt und außerdem bei stärkstem Druck ein Fingerdruck nicht mehr sichtbar ist. *Die Anforderungen an die Trocknung* eines Anstrichstoffes hängen durchaus ab von der Art desselben und von dem Verwendungszweck. Reine Ölfarben trocknen in manchen Farbtönen, z. B. rot und schwarz langsamer als in anderen (z. B. grau). Die Trockenfähigkeit dieser lang-

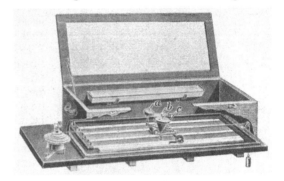

Abb. 4. I.G.-Trockenapparat nach Hopke.
a Regulierrad; *b* Laufwalze; *c* Sandgefäß.

sam trocknenden Ölfarben läßt sich nicht willkürlich erhöhen, ohne daß die Güte der Farbe darunter leidet. Ein übermäßiger Zusatz von Sikkativ würde zwar die Farbe zu rascherem Trocknen bringen, aber dafür auch ihre Beständigkeit verringern.

Die Anforderungen, die man billigerweise an Ölfarben stellen kann, sind, daß sie bei Lufttrocknung nach 24 h — rote und schwarze auch erst nach 48 h — durchgetrocknet sind. Eine ähnliche Trockenzeit wird man bei Lacken und Lackfarben verlangen können. Bei Fußbodenlacken und Fußbodenlackfarben wird die Durchtrocknung in der Regel innerhalb 24 h beendet sein. Bei feinsten Überzuglacken für außen kann dagegen die Durchtrocknung bis zu etwa dreimal 24 h dauern, wenn nicht ausdrücklich schnelltrocknende Lacke verlangt worden sind. Bei blanken Lacken ist auch die Helligkeit, und zwar in Substanz und im Anstrich, frisch gestrichen und auch nach einigen Tagen zu berücksichtigen.

Für die genauere Bestimmung der Trocknung legt man Schreibmaschinendurchschlagpapier auf den Anstrich und beschwert mit 20 g. Nach 2 min nimmt man ab und bestäubt die Fläche mit Ocker. Dieser Vorgang wird bis zum Ende der Prüfung wiederholt. Man kann 7 Trockengrade unterscheiden[1].

---

[1] Näheres über diese Methode s. Höpke: Prüfung von Rostschutzfarben, S. 11.

Zur genauen Messung wird in ausgedehntem Maß der I.G.-Trockenprüfer nach HÖPKE verwendet (Abb. 4). Derselbe gestattet die fortlaufende Kontrolle des Trockenvorgangs, auch über Nacht. An Hand des Eichstreifens ist es möglich, den Trockenvorgang kurvenmäßig zu erfassen. BLOM prüft den Trockenverlauf durch Andrücken eines Leders und Feststellung des Abreißgewichtes in g/cm². Der Apparat ist in der Dissertation GERET, Zürich 1931, beschrieben und in WAGNERs Körperfarben S. 638 abgebildet.

C. Prüfung von Anstrichschichten und Anstrichfilmen.

Die Prüfung von fertigen Anstrichschichten ist ein Bestandteil der Prüfung von Anstrichfarben und schließt sich daher fast immer an die unter A beschriebenen Methoden an. Das heißt man prüft die Anstrichstoffe nicht nur auf ihr Verhalten beim Aufstreichen und Verarbeiten, sondern auch nach erfolgter Verarbeitung. In diesem Fall stellt man sich besondere Probeanstriche auf Blech, Glas, Holz usw. in geeigneten Größen her. Vielfach ist aber auch ein fertiger Anstrich in der Praxis zu prüfen. Ist es möglich, ein Stück aus einem Brett, einer Blechtafel usw. herauszuschneiden, so geht die Prüfung genau wie bei der Prüfung von Anstrichstoffen vor sich. Ist aber der Anstrich für die Untersuchung nicht mitsamt dem Untergrund in einem geeigneten Handstück entfernbar, muß also die Prüfung an Ort und Stelle vorgenommen werden, so ist die Prüfung wesentlich erschwert und es gibt nur wenige Methoden, die zur Anwendung kommen können. Diese Art der Prüfung erfordert ganz besondere Erfahrung.

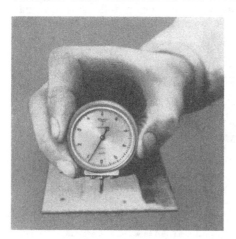

Abb. 5. Filmmeßgerat (Schichtdickenmesser) nach ROSSMANN (I.G.).
Aufnahme Forschungsinstitut fur Farbentechnik.

1. *Chemische Prüfung* kommt hier nur ausnahmsweise in Frage.

2. *Optische Prüfung.* In Frage kommen hier höchstens Deckfähigkeit und Lichtechtheit eines fertigen Anstriches. Sie werden genau wie bei Abschn. B 2 bestimmt.

a) Schichtdicke.

Sowohl zur Feststellung der Streichausgiebigkeit einer Farbe, als auch zur Beurteilung der Schutzwirkung ist es oft wichtig, die Schichtdicke zu kennen. Exakt läßt sie sich nur bei völlig glattem Untergrund von der Oberfläche her oder dann bestimmen, wenn man ein Stück Anstrichschicht abziehen kann. Im ersten Fall bedient man sich des ROSSMANNschen Schichtdickenmessers (I. G. Farbenindustrie), vgl. Abb. 5, im zweiten Fall des üblichen Mikrometers. In USA. wird der GARDNERsche Filmprüfer verwendet, der dem ROSSMANNschen ähnlich ist, jedoch keine unmittelbare Ablesung der Dicke gestattet. Die Schichtdicken der Anstrichstoffe sind sehr verschieden. Eine Norm kann nicht aufgestellt werden, doch sollte ein einmaliger Pinselanstrich im allgemeinen nicht unter 25 μ dick sein[1].

---

[1] Siehe hierüber WAGNER: Körperfarben, S. 459, 637. — Über die elkometrische Schichtdickenmessung siehe R. BÜLL: Z. VDI, Bd. 79 (1935) S. 133.

Nasse Filme werden mit dem PFUNDschen Filmprüfer gemessen[1], bei dem eine Konvexlinse in den Film gedrückt und nach deren Rückfederung der Durchmesser des entstandenen Farbflecks gemessen wird:

$$d = \frac{(2\,r)^2}{16\,K},$$

worin d die Schichtdicke, r der Radius des Flecks, K Krümmungsradius der Linse.

b) Elastizität.

Unter Elastizität wird in der Anstrichtechnik meist nicht das Rückfederungsvermögen verstanden, sondern die Biegsamkeit und Dehnbarkeit bzw. Zerreißfestigkeit der Filme. Die erste wird auf Blechen geprüft, die um Dorne von 2, 3, 5 und 10 mm in Winkeln von 90 und 180° gebogen werden (s. PETERS)[2].

Die Zerreißfestigkeit wird nach BLOM durch Dehnung genormter, mit Anstrichen versehener Eisenstäbe ausgeführt[3]. Man kann jedoch auch die Farbfilme für sich allein auseinanderziehen, wofür sich der von HÖPKE in Rostschutzfarbenprüfung S. 16 geschriebene Apparat und auch die in anderen Industrien üblichen Zerreißapparate eignen. Erwähnenswert sind noch der „Distensibility Tester" nach GARDNER-PARKS, bei dem die Filme mit Federkraft auseinandergezogen und Dehnung und Federspannung gemessen werden und der Rumpometer nach ZEIDLER-KEYL, bei dem der Film durch in einen Behälter einfließendes Wasser gedehnt wird[4].

Die Rückfederung wird nach W. KÖNIG[5] in einem *Elastometer* bestimmt, das auf GOLDENSTEIN und LASAREW zurückgeht. Bei diesem werden die Filme gedehnt, eine Zeitlang belassen und dann durch Aufhebung der Zugspannung wieder verkürzt. Die Elastizität L ist dann:

$$L = \frac{s_0 - s_1}{s_0}\,100,$$

wo s_0 die anfängliche Gesamtdeformation und s_1 die Restdeformation. Außerdem kann die Elastizität in einem Stoßelastometer durch Messung der Rückprallhöhe einer Kugel in einem Apparat bestimmt werden, der am selben Ort beschrieben ist.

Die Herstellung der Filme für den Zerreißversuch macht oft Schwierigkeiten. In Einzelfällen kann man sie auf Gelatinegrundlage gießen. Auch amalgamierte Zinnfolien können gebraucht werden[6].

Mit den Zerreißapparaten, vorzugsweise dem von HÖPKE beschriebenen, läßt sich auch die Dehnung messen und damit die *Spannungs-Dehnungskurve* aufstellen, auf deren Bedeutung für die Anstrichprüfung nicht besonders hingewiesen zu werden braucht. Die Kurven, die meist eine S-Form haben, lassen sich nach NELSON[7] einigermaßen durch die Formel

$$y = a\,x^n$$

ausdrücken, worin x die Spannung und y die Zugkraft ist. Eine Erklärung hierfür gibt HOUWINK[6].

Die Schwierigkeit der Filmherstellung hat dazu geführt, daß man heute meist Anstriche auf Unterlage prüft, und zwar durch Feststellung der Bruchdehnung in dem an anderer Stelle beschriebenen ERICHSEN-Apparat. Hierfür schlägt ROSSMANN[8] folgende Normen vor:

[1] Siehe GARDNER-SCHEIFELE: S. 93.
[2] Siehe a. HUSSE u. ZIEROLD: Farben-Ztg. Bd. 34 (1929) S. 334.
[3] Näheres s. BLOM: Angew. Chem. Bd. 41 (1928) S. 1178.
[4] GARDNER: Examination, S. 120. — ZEIDLER u. HESSE: Farben-Ztg. Bd. 45 (1940) S. 633.
[5] KÖNIG, W.: Farben-Ztg. Bd. 44 (1939) S. 83.
[6] HOUWINK: Elastizität und Plastizität. S. 316.
[7] NELSON: Proc. Amer. Soc. Test. Mat. Bd. 21 (1921) S. 1111; Bd. 23 I (1923) S. 290.
[8] ROSSMANN: Angew. Chem. Bd. 50 (1937) S. 854.

1. Verwendung glatter oder gleichmäßig gerauhter Tiefziehbleche von 1 mm.
2. Filmdicke muß den Verhältnissen der Praxis entsprechen.
3. Anstrichplatten müssen vor Prüfung bei 20° trocken gelagert werden.
4. Tiefungsgeschwindigkeit soll 10 s/mm Tiefung betragen.
5. Beobachtung der ersten Rißbildung soll mit 10mal vergrößernder Lupe erfolgen. Neue Gesichtspunkte für die Anstrichprüfung mit der Erichsen-Maschine bringen W. Röhrs und H. Niesen[1].

c) Härte.

Zur zahlenmäßigen Festlegung der Härte eines Anstrichfilms dienen die Ritzproben, bei denen die Fläche mit einer Stahlspitze oder einem breiten Stahldorn unter Gewichtsauflage geritzt werden. Ein einfacher Apparat, den sich jedermann selbst herstellen kann und der für grobe Messungen genügt, ist in Wagner, Taschenbuch der Farben- und Werkstoffkunde, 4. Aufl., S. 121 beschrieben und abgebildet. In der Lackindustrie wird fast ausnahmslos der Ritzhärteprüfer von Clemen verwendet, der von Hugo Keyl in Dresden hergestellt wird. Peters gebraucht zur Prüfung von Heeresfarben den Kempfschen Härteprüfer (Farbe und Lack 36,594). Weitere Apparate sind in Wagner, Körperfarben S. 639, beschrieben.

Den zahlenmäßigen Ausdruck dieser Verfahren ergibt allein die Belastung des Ritzers für eine bestimmte Schichtdicke. Daneben ergibt die Art der Kratzstriche Hinweise auf den Dehnbarkeitsgrad, wie sie unter d) beschrieben sind. Wird aber eine Kugelspitze derart über die Anstrichfläche bewegt, daß der Belastungspunkt ermittelt wird, bei dem die erste bleibende Verformung bemerkbar ist, so kann man die „elastische Kratzhärte" zahlenmäßig festlegen durch

$$H = (100 - s) \cdot K + G,$$

worin s die zurückgemessene Strecke, K der für die verschiedenen Meßbereiche geltende Multiplikator und G die Vorbelastung. Hierfür dient der Rossmannsche Kratzhärteprüfer, beschrieben in Stock, Taschenbuch S. 522.

Über die behelfsmäßige Härtebestimmung mit Bleistiften, z. B. nach Wilkinson-Wolff-Wilborn s. Stock, Taschenbuch, S. 521.

Zur nichtzahlenmäßigen Festlegung der Härte und für die Prüfung am Anstrichobjekt dient die unter d) beschriebene Schneideprobe.

d) Haftfähigkeit und Schneideprobe.

Als sehr aufschlußreiche, wenn auch nur gefühlsmäßige Probe, die sowohl über die Härte, als auch die Dehnbarkeit und Haftfähigkeit von Anstrichschichten auf glatten Untergründen Auskunft gibt, hat sich in letzter Zeit nach dem Vorgang von Peters die sog. Schneideprobe eingeführt. — Sie ergibt auch tatsächlich über die Festigkeitseigenschaften von Filmen ausgezeichnete Auskunft, wobei freilich zu berücksichtigen ist, daß man hier nicht einen wohl definierten Einzelwert, sondern Härte, Elastizität und Haftfähigkeit zugleich mißt. Man verwendet dazu eine in einen Halter eingespannte Rasierklinge, mit der die Anstrichfläche geritzt wird. Aus dem Widerstand gegen das Abschieben gewinnt man ein Maß der Härte und Haftfähigkeit, aus der Art der Schichtablösung ein solches für die Dehnbarkeit des Films. Man unterscheidet z. B. zwischen abschmierenden Filmen, als Span sich ablösenden Filmen, Filmen mit zerreißendem oder zerbröckelndem Span und Filmen, die mehr oder weniger stark zersplittern. Am günstigsten ist stets ein Anstrichstoff, der bei hoher

---

[1] Röhrs, W. u. H. Niesen: Farben-Ztg. Bd. 45 (1940) S. 551.

Härte und schwerer Ablösbarkeit vom Untergrund (Glasplatte) einen nicht zu weichen Span ergibt.

Durch den Abschiebeapparat von ROSSMANN, der von H. Keyl in Dresden hergestellt wird, ist auch die Rasierklingenmethode auf eine exakte Basis gestellt.

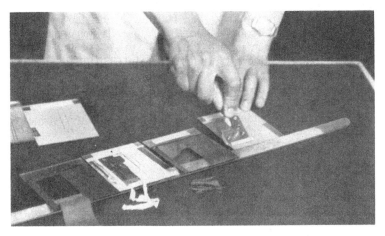

Abb. 6. Schneideprobe zur Ermittlung von Haftfähigkeit und Dehnbarkeit von Anstrichen mittels Glashobel. Aufnahme Forschungsinstitut für Farbentechnik.

Auf die den Anstrich tragende Grundplatte, die auf einem mit Federn bei verschiedener Zugspannung spannbaren Wagen aufgebracht ist, drückt mit be-

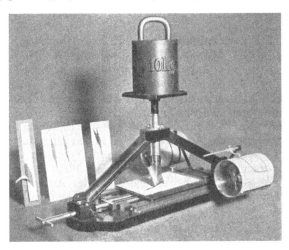

Abb. 7. Haftfähigkeits(Abschiebe)apparat nach ROSSMANN (I.G.). Aufnahme Dr. ROSSMANN.

stimmter Belastung eine eingespannte Rasierklinge. Mit Hilfe zweier Laufwerke bestimmterGeschwindigkeit wird der Verlauf der Abschiebung graphisch aufgezeichnet.

Aus der Haftkurve eines Filmes ergeben sich charakteristische Eigenschaften, die in folgenden Bezeichnungen zusammengefaßt werden:

1. Kritische Spalthaftfestigkeit $(H_k) = \dfrac{P_C - R_1}{F} = \dfrac{\mathrm{kg}}{\mathrm{cm^2}}$ (bei einer Abspalt-

geschwindigkeit $v = 1\ \mathrm{cm^2/s}$);

2. Dauerhaftkraft $(D_H) = \dfrac{P_D - R_2}{L} = \dfrac{kg}{cm}$;

3. Abspaltzeit $(T_H) = (D_1 - C_1)/60 = min$;

4. Haftschwund $(S_H) = (P_C - R_1) - (P_D - R_2) = kg/cm$.

P_C Federzugkraft, im Punkt C der Haftkurve auf den Wagen wirkend.

P_D Federzugkraft, im Punkt D der Haftkurve auf den Wagen wirkend.

R_1 Gesamtreibungswiderstand in der Bewegung als Scheitelpunkt der Reibungskurve im Blindversuch ermittelt.

R_2 Gesamtreibungswiderstand in der Ruhe, als Steighöhe der Reibungskurve ermittelt.

F Weg des Wagens in cm = abgespaltene Filmfläche in cm².

L Schnittbreite des Abspaltmessers in cm.

$D_1 - C_1$ Drehung der schnellgedrehten Trommel in cm = Abspaltzeit in s.

e) Abreibbarkeit, Schleifbarkeit, Abkreiden.

Lackflächen müssen für bestimmte Zwecke schleifbar sein. Man schleift naß mit Bimsmehl und Filz oder mit Schleifpapier[1]. Zweckmäßig ist die Verwendung des PETERSschen Scheuerblocks. Die Abreibbarkeit oder Scheuerfestigkeit wird ebenfalls durch Schleifen festgestellt, wobei nach PETERS[2] genormtes Schleifpapier mit 2 kg Belastung gebraucht wird. Es gibt auch einen Apparat für denselben Zweck, in dem Normensand der Zementindustrie auf die Anstrichfläche auffällt[3]. Der Apparat wird von H. Keyl hergestellt. Er ist genormt. Die Abreibefestigkeit wird durch Anzahl g Sand ausgedrückt, die nötig sind, um den Film bis auf den Grund durchzuschleifen. Der Abkreidegrad bewitterter Anstriche wird nach KEMPF durch Aufpressen von entwickeltem Gelatinepapier auf die Fläche mit besonderen Stempeln ermittelt[4].

f) Wasseraufnahme von Filmen (Quellung).

Außenanstrichfarben, besonders diejenigen, die für den letzten Anstrich dienen, sollen quellsichere Filme ergeben. Eine einfache Probe besteht darin, daß man Bleche mit der zu prüfenden Farbe streicht, die Rückseite mit einem wasserechten Lack schützt und dann die Bleche ins Wasser stellt und ihre Veränderung in bestimmten Zeiträumen beobachtet. Werden die Bleche mit und ohne Anstrich gewogen, so läßt sich die Wasseraufnahme quantitativ ermitteln. Nach ROSSMANN werden die Anstriche auf Al-Folien aufgewalzt und nach dem Trocknen in destilliertes Wasser gebracht, nach Quellung herausgenommen, zwischen Filtrierpapier gelegt, überwalzt, über einen Bleistift gerollt und gewogen. Die ausgezeichnete SCHEIBERsche Methode, bei der Anstriche auf Elektroden in Wasser getaucht werden, ist mehr eine Durchlässigkeits- als eine Quellungsmessung[5].

g) Wasserdurchlässigkeit von Filmen.

Ein dem Korrosionsschutz dienender Film muß wasserundurchlässig sein. Man kann die Wasserdurchlässigkeit an Bauteilen mit Hilfe elektrischer Apparate bestimmen, die im Falle der Wasserdurchlässigkeit Stromschluß ergeben. Der HERRMANNsche Apparat ist ebenso wie der JÄGERsche „Penetrator" wohl für die Bestimmung der Wasserdurchlässigkeit tauglich, erlaubt aber keine bindenden Schlüsse über den Korrosionszustand des Eisens unter dem Anstrich.

---

[1] Siehe STOCK: Taschenbuch, S. 520.   [2] PETERS: Prüfverfahren. Hannover 1939.

[3] PETERS: Siehe Farben-Ztg. Bd. 34 (1929) S. 1179.

[4] KEMPF: Siehe Farben-Ztg. Bd. 36 (1930) S. 30; Bd. 35 (1939) S. 2474.

[5] Siehe WAGNER: Körperfarben, S. 644. — Über die elkometrischen Quellungsmessungen siehe Wo. OSTWALD: Kolloid-Ztg. Bd. 70 (1935) S. 75 und HOUWINK: Kunststoffe, S. 501.

Diese Apparate sind also keine „Rostsucher". Die Durchlässigkeit allein kann man aber auf einfachere Weise durch Betupfen der Anstriche mit Lösungen ermitteln, welche an den Berührungspunkten mit dem Grundmetall (Poren) Metall ausscheiden (Kadmiumsulfat bei Zinkblech, Kupfersulfat bei Eisenblech)[1]. Neuerdings gewinnt das ursprünglich nur für Leichtmetalle dienende Verfahren von V. DUFFEK Bedeutung, bei dem durch anodische Wanderung an porigen Stellen von Anstrichen aus der wäßrigen Suspension von Farbstoffen Farbstoffteilchen ausgeschieden werden. Die Indikatoren werden von E. MERCK, Darmstadt, der Apparat wird von den Physikalischen Werkstätten Göttingen geliefert.

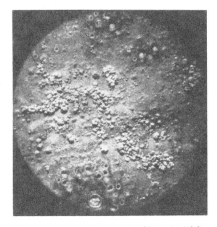

Abb. 8. Wasserdurchlässigkeitsprobe von Anstrichen auf Eisenblech durch Betupfen mit Kupfersulfat. Aufnahme Forschungsinstitut für Farbentechnik.

h) Feuer- bzw. Flammschutzwirkung.

Zur Prüfung von Anstrichstoffen auf Entflammung werden diese auf Holztafeln oder ein anderes, in Frage kommendes entzündbares Material aufgebracht und im Vergleich mit einem Normalanstrich (Wasserglas für Lasuranstrich, Wasserglas mit Kreide für Deckanstrich) durch Gasflammen entzündet. In der Lackindustrie ist ein besonderer Feuergefährlichkeitsprüfer im Gebrauch, bei dem eine Zündflamme gegen gestrichene Holzbrettchen bewegt wird. Es ergeben sich kennzeichnende Brennbilder. Siehe STOCK, Taschenbuch S. 543. Vgl. hierzu auch DIN 4102 Feuerschutzmittelprüfung; MOTZKUS: Zwangl. Mitt. Fachausschuß Anstrichtechn. 1937 Nr. 19 und besonders L. METZ: Holzschutz gegen Feuer, Berlin 1939.

i) Rostschutzprüfung.

Die sicherste Rostschutzprüfung ist der unter D 1 beschriebene Freilagerversuch. An seine Stelle kann behelfsmäßig die Kurzprüfung treten, die ebenfalls unter D beschrieben ist. Als weitere kennzeichnende Proben dienen:

Ölbedarf s. Abschn. A 4;

Trockenzeit s. Abschn. B 3 e;

Härte und Elastizität s. Abschn. C c;

Haftfähigkeit s. Abschn. C d;

Quellung s. Abschn. C f;

Wasserdurchlässigkeit s. Abschn. C g;

Reaktion und p_H s. Abschn. A 1 a.

Hierzu kommen noch Sonderproben, wie diejenige nach EVANS, die Rasierklingenprobe nach ROSSMANN, die Kurzprüfung nach KEMPF, die in WAGNER, Körperfarben, S. 458 f. beschrieben sind. Dort ist auch mitgeteilt, in welcher Weise die genannten Proben auszuwerten sind.

---

[1] Über die Prüfung auf Gas- und Dampfdurchlässigkeit s. HÖPKE: Rostschutzfarbenprüfung, S. 14. Daselbst auch kritische Bewertung der elektrischen Filmdurchlässigkeitsproben. — Über den Durchlässigkeitsnachweis mit Cu- bzw. Cd-Salzen s. WAGNER: Korr. Met. Bd. 8 (1932) S. 225.

Der Rostgrad von bewitterten Blechen wird nach der Skala DIN DVM 3210 festgelegt[1]:

R 0:   rostfrei,
R 1:   0,5 bis 1% Rost,
R 2:   etwa 5% Rost,
R 3:   etwa 15% Rost,
R 4:   30 bis 40% Rost,
R 5:   über 50% Rost.

Es erscheint aber zweckmäßig und oft unerläßlich, die Stufen R 6, R 7 mit 60, 70% Rost usw. bis R 10 mit völliger Bedeckung durch Rost anzufügen.

Anhang. Es darf nicht unerwähnt bleiben, daß die Ermittlung der Festigkeitseigenschaften nach den besonders unter b, c und d geschilderten Verfahren für die Anstrichbewertung und Deutung der Vorgänge des Trocknens, Alterns usw. von größter Wichtigkeit sind. So zeigt z. B. A. V. Blom[2], daß sich aus den meßbaren Filmeigenschaften Viskosität (bzw. Plastizität), Fluidität (bzw. Mobilität) und Elastizität (bzw. Strukturviskosität) durch Eintragen in ein Koordinatensystem die „Lebenslinie" eines Anstrichfilms ermitteln läßt, die vom feuchten Anstrich bis zum Punkt der Trocknung aufsteigt und bei der Alterung wieder abfällt. Da die meisten Filme pigmenthaltig sind, spielen hier aber auch die Grenzflächenkräfte zwischen Dispersoid und Sol bzw. Gel eine Rolle, deren Bestimmung auf anderem Wege erfolgen muß. Hier hilft die Sedimetrie weiter, besonders aber die Erforschung des Benetzungsvorganges. Auf diesem Gebiet hat sich besonders Blom verdient gemacht, doch ist es hier unmöglich, die Methoden zur Bestimmung der Benetzbarkeit, Benetzungswärme, des Randwinkels usw. in die Beschreibung einzubeziehen[2].

D. Freilagerung und Kurzprüfung. Beurteilung fertiger Anstriche.

1. Freilagerversuch.

Höpke (a. a. O.) schlägt mit Sandstrahl gereinigte Eisenbleche (Eisensorte St 37.21 nach DIN 1621) von 1000 mm Länge und 300 mm Breite vor, die auf

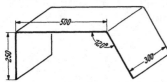

Abb. 9. Form und Dimensionen der Normaltafeln für die Freilagerversuche. Nach Höpke.

der einen Seite auf eine Strecke von 250 mm rechtwinkelig und an der anderen Seite auf 250 mm um 60° abgebogen sind. Die Tafeln werden so aufgestellt, daß die rechtwinkelig abgebogene Seite nach *N* und die schräg abgebogene nach Süden kommt. Auch für die verschiedenen Kurz- und Hilfsprüfungen gibt Höpke Dimensionen an, die sich an vielen Stellen, z. B. auch bei der Reichsbahn eingeführt haben[3].

Das wichtigste und sicherste Verfahren zur Prüfung von Anstrichstoffen ist der Freilagerversuch. Wenn es für die Ausführung solcher Versuche auch eine Norm noch nicht gibt, so sind doch verschiedene Vorschläge vorhanden, aus denen man ein verhältnismäßig klares Bild gewinnen kann. In dieser

---

[1] Siehe a. Höpke: Prüfung von Rostschutzfarben. VDM. Berlin 1929.

[2] In dieser Hinsicht sei verwiesen auf: Blom, A. V.: Filmbildung in Theorie und Praxis. Zürich 1930. — Geret, H.: Diss. Zürich 1931. — Houwink: Elastizität, Plastizität und Struktur der Materie. Dresden 1938. — Blom, A.V.: Prüfung von Filmen und Folien, Leipzig 1939.

[3] Siehe Höpke: Rostschutzfarben, S. 24, Abb. 12.

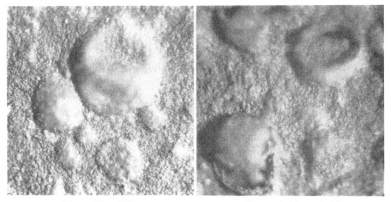

Abb. 10. Blasenbildung.   Abb. 11. Aufplatzende Blase.

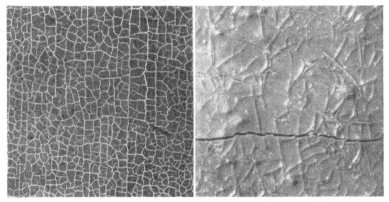

Abb. 12. Rißbildung.   Abb. 13. Riß- und Sprungbildung.

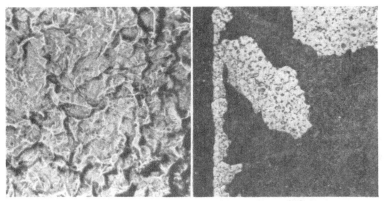

Abb. 14. Runzelbildung.   Abb. 15. Abplatzen.

Abb. 10 bis 15. Anstrichschäden. Aufnahmen Forschungsinstitut für Farbentechnik.
Nach WAGNER: Körperfarben.

Hinsicht sei verwiesen auf die Veröffentlichungen von SCHEIFELE[1], ferner von BLOM und vom American Exposure Test Co. Man bewittert im allgemeinen auf möglichst großen Tafeln, die im Winkel von 45° nach Süden aufgestellt werden. Man legt fest: Zeitpunkt und Dauer der Bewitterung, Wetterlage, Klima, Luftfeuchtigkeit, Luftbeschaffenheit, Art des Untergrundes, Art und Zahl der Aufträge, Stellung der Anstrichfläche, Anstrichalter beim Versuchsbeginn. Die Angaben der Beschädigungen beziehen sich auf folgende Fehler:

Änderung von Farbton und Glanz,
Abkreiden, Abwaschen,
Änderungen der Oberfläche (Adern-, Netzhautbildung usw.),
Riß- und Sprungbildung,
Blasenbildung,
Abschuppen, Abblättern, Abschälen.

Für die Bewertung der bewitterten Bleche bestehen folgende Normen bzw. Vorschläge:

Wert	Amer. Exposure Test Co.	A. V. BLOM
0	sehr schlecht, ganz zerstört	kein Schaden
1 2 3	schlecht, stark zerstört	sehr gering
4 5 6	mittel, mäßiger Schaden	geringer Schaden
7 8 9	gut, geringer Schaden	beträchtlich starker Schaden
10	vollkommen, kein Schaden	sehr starker Schaden

Im übrigen ist der Fachausschuß für Anstrichtechnik im Begriff, eine Systematisierung der Anstrichfehler durchzuführen. Diese ist für die Beurteilung der Freilagerversuche ebenso wichtig wie für die Bewertung und Begutachtung fertiger Anstriche am Bauwerk und gerade hier macht sich das Fehlen einer Norm besonders fühlbar. Der Anfang wurde von KEMPF gemacht (s. Abschn. C e), der ein Verfahren zur zahlenmäßigen Festlegung des Abkreidegrades ausgearbeitet hat. Für die übrigen Fehler bestehen aber noch nicht einmal einheitliche Begriffe.

2. Kurzprüfung.

Der Nachteil der Freilagerversuche, die lange Zeitdauer, wird durch die sog. *Kurzprüfung* zu vermeiden versucht. Die Kurzprüfung sucht die Wirkung der einzelnen Faktoren, die die Zerstörung der Anstriche im Wetter bedingen, durch Verstärkung innerhalb kürzerer Zeit hervorzurufen. Auch hier besteht keine Norm, ja, manche Kreise stehen dieser Methode durchaus ablehnend gegenüber[2]. Es darf aber doch als stillschweigende Übereinkunft aufgefaßt werden, daß man als Hauptfaktoren die Licht-, Wärme-, Kälte-, Wasser- und Schwefligsäurewirkung herausgreift und diese in verstärkter Form zur Einwirkung bringt, und zwar in stetem Wechsel. In USA hat sich hierfür das GARDNER-*Rad* eingeführt, bei dem die Anstriche sich auf rotierender Trommel befinden, die erst einen Sprühregen, dann eine Wärmekammer, dann Eiswasser und dann einen durch Uviollampe beleuchteten Belichtungsraum passieren. Der Apparat hat verschiedene Verbesserungen gefunden. Sehr beachtenswert

---

[1] SCHEIFELE: Farben-Ztg. Bd. 36 (1931) S. 1767; Bd. 40 (1935) S. 810; Bd. 43 (1938) S. 609. Über die Systematik der Anstrichschäden s. SCHEIFELE: wie oben angegeben. — WAGNER: Taschenbuch der Farbenkunde, 4. Aufl., S. 277.
[2] Vgl. PETERS: Angew. Chem. Bd. 51 (1938) S. 418.

ist auch der von Höpke a. a. O. beschriebene Wetterapparat. Die Reichsbahn hat einen Prüfgang, der sich zusammensetzt aus 15 h Wasserlagerung, 7 h Belichtung in Quarzlampe, 1 h Behandeln mit schwefliger Säure, 30 h Lagern in wasserdampfgesättigter Atmosphäre bei 30 bis 40°, 7 h Belichten. Ähnlich ist der Prüfgang von Wagner (Körperfarben, S. 457). Von einer Norm ist man noch weit entfernt und selbst in USA. ist man sich über die richtige Kurzprüfung noch nicht einig. Peters[1] bevorzugt daher eine Prüfung auf Einzeleigenschaften, die schon früher beschrieben sind, nämlich Härte, Dehnbarkeit, Haftfähigkeit, Tiefungstest mit der Erichsen-Maschine und sieht von einer Bewertung nach Kurzprüfungsmethoden ganz ab. Wagner wählt einen Mittelweg und bedient sich sowohl der Kurzprüfung als auch der Petersschen Proben[2].

Eine Abkürzung der Prüfzeit erreicht E. Rossmann durch Verringerung der Schichtdicke. Er trägt den Anstrich mittels Walze auf Rasierklingen, und bewässert und belichtet abwechselnd, wobei er sich einer Quecksilberlampe HGHSS000 (Osram) bedient, deren Wellenbereich erst ab 3000 Å beginnt. So erhält man nach 2 bis 3 Wochen bereits Resultate. Da aber der Pigmentdurchmesser oft den durchschnittlichen Schichtdurchmesser überschreitet, dürfte das Verfahren nur für feinstdisperse Pigmente geeignet sein.

3. Prüfung am Objekt. Schichtaufbau.

Für die Prüfung von Anstrichen am Objekt und an der Baustelle kommt zunächst die äußere Beurteilung etwaigen Schadens laut der oben aufgeführten Liste und die Bewertung nach obiger Skala in Frage. Von den im Obigen beschriebenen Proben können auch einige ausgeführt werden, wie z. B. die Ritzprobe zur Beurteilung von Härte, Elastizität und Haftfähigkeit, ferner bei Metallanstrichen die Durchlässigkeitsprobe. Für die Auswertung solcher Proben kann aber kein Schema, ja, nicht einmal ein eindeutiger Hinweis gegeben werden, vielmehr muß die Beurteilung ganz der Erfahrung überlassen bleiben. In strittigen Fällen wird es unumgänglich sein, Stücke der Anstrichschicht herauszunehmen und, möglichst mitsamt dem Untergrund, einer mikroskopischen Prüfung zu unterziehen. Hierüber ist die Literatur noch recht armselig[3].

Zur Beurteilung des *Schichtenaufbaues*, der bei Anstrichen oft sehr wichtig ist, wird man ohne Vergrößerung kaum auskommen. Es genügen meist starke Lupen oder Taschenmikroskope. Man löst ein Stück des Anstriches ab oder schneidet es samt Teilen des Untergrundes heraus und spannt es in den Stockschen Filmprüfer und betrachtet dann mit dem Vergrößerungsglas. Zweckmäßig wird eine Querfläche frisch angeschnitten. In den meisten Fällen kann man die einzelnen Schichten gut erkennen. Auch schadhafte Stellen lassen sich so sehr gut untersuchen und man kann feststellen, von welcher Schicht der Schaden ausgeht bzw. ob er aus dem Untergrund oder den Farbschichten stammt. Die einzelnen Schichten lassen sich bei artverschiedenem Aufbau dadurch trennen, daß man sie nacheinander in verschiedene Lösungsmittel, Wasser, Sodalösung, Sprit, Essigäther, Benzin, Benzol, Azeton einlegt. Kann man aus dem zu prüfenden Anstrich keine Probe entfernen, so versucht man die Einzelschichten mit den genannten Lösungsmitteln abzulösen und zu trennen. So kommt man oft auch zum Ziel.

Eine sichere Ermittlung muß aber dem Fachchemiker überlassen bleiben insbesondere da die meisten der heute üblichen Lacke keine einheitlichen Werkstoffe, sondern Kombinationen von Natur- und Kunstharzen unter sich und mit trocknenden Ölen darstellen.

---

[1] Peters: Das Kurzprüfverfahren für Lackfarben. Hannover 1939.
[2] Wagner: Körperfarben, S. 457.
[3] Hingewiesen sei auf Jäger, P.: Die mikroskopische Untersuchung von Farbanstrichen.

XIII. Die Prüfung von Papier und Pappe als Baustoff.

Von **Rudolph Korn**, Berlin.

Einleitung.

Papier findet im Bauwesen Verwendung als Tapete und als Unterlagspapier für Betonfahrbahndecken. Pappe, imprägniert mit Teer oder Bitumen, als Dachpappe und als Träger der Aufstriche bei der Verlegung von wasserdruckhaltenden Dichtungen. Die zu diesen Erzeugnissen zu verwendenden Roh- und Wollfilzpappen werden in diesem Abschnitt behandelt, die imprägnierten Pappen im Abschn. XV (Prüfung von Teer und Asphalt). Betreffs Faserstoffplatten, die ebenfalls zu den Baupappen zu rechnen sind, wird auf Abschn. XV, A, 2 und XV, B, 3 verwiesen.

A. Tapeten.
1. Eigenschaften.

Abgesehen von der äußeren Ausstattung und der dadurch erzielten ästhetischen Wirkung ist die Güte einer Tapete abhängig:

a) von der Güte des Rohpapiers,
b) von der Beschaffenheit des Farbaufstrichs und -drucks.

Zu a) Zur Herstellung von Tapeten werden Rohpapiere verschiedener durch Quadratmetergewicht, Stoffzusammensetzung und Festigkeit gekennzeichneter Wertstufen benutzt. Das Quadratmetergewicht schwankt zwischen etwa 50 und 250 g. Für die Stoffzusammensetzung ist der Gehalt an Holzschliff von besonderer Bedeutung, da Holzschliff nicht nur die Festigkeit des Papiers sondern infolge seiner großen Neigung zur Vergilbung auch die Lichtbeständigkeit der fertigen Tapete ungünstig beeinflußt. Für Tapeten höherer Wertstufen kommen deshalb nur ,,holzfreie", d. h. ohne Holzschliff gearbeitete Papiere in Betracht. Die Ansprüche, die hinsichtlich Festigkeit an Tapeten-Rohpapiere gestellt werden können, hängen von der Güte der verwendeten Rohstoffe ab; in jedem Falle muß das Papier aber so fest sein, daß es weder bei der Verarbeitung noch als fertige Tapete nach dem Aufbringen des Kleisters beim Aufkleben durch das eigene Gewicht abreißt. Dies ist jedoch nur zu erreichen, wenn das Papier eine entsprechende Leimfestigkeit besitzt, so daß es einem zu tiefen Eindringen der Streich- oder Druckfarbe sowie des Kleisters genügend Widerstand entgegensetzt. Durchschlagen des Kleisters gibt außerdem Anlaß zur Fleckenbildung auf der Tapete.

Zu b). Die Färbung von Tapeten setzt sich zusammen aus dem Grundton und dem aufgedruckten Muster. Der Grundton wird entweder durch Verwendung von weißem oder im Stoff gefärbtem Rohpapier (Naturelltapeten) oder durch Auftrag einer Deckfarbschicht (Streichgrundtapeten) erhalten. Der Aufdruck des Musters erfolgt im Leim- oder Öldruckverfahren ein- oder mehrfarbig.

Für die Beurteilung der so erhaltenen Gesamtfärbung ist in erster Linie der Grad der Lichtbeständigkeit von Wichtigkeit. Ferner sollen Tapeten möglichst wischfest sein, d. h. beim Reiben mit einem trockenen Tuch keine Farbe abgeben. Schließlich wird für bestimmte Zwecke auch Abwaschbarkeit verlangt.

Hieraus ergeben sich folgende Eigenschaften, die zu prüfen sind: Stoffzusammensetzung, Quadratmetergewicht, Festigkeit und Leimungsgrad des Rohpapiers; Lichtbeständigkeit, Wischfestigkeit und Abwaschbarkeit der fertigen Tapete.

2. Verfahren zur Prüfung des Rohpapiers.

a) Stoffzusammensetzung. Die Prüfung erfolgt auf mikroskopischem Wege durch Feststellung des Fasermaterials nach Art und Menge. Hierzu wird die Probe in einem Reagensglas mit einer 1%igen Natronlauge gekocht, durch kräftiges Schütteln in einen Faserbrei verwandelt und auf einem engmaschigen Drahtsieb (mindestens 900 Maschen pro cm[2]) ausgewaschen. Zum Einbetten der Präparate wird eine Chlorzinkjodlösung[1] benutzt, in der sich Hadernfasern (Baumwolle, Leinen, Hanf, Ramie) weinrot, Zellstoffe blau und verholzte Fasern (Holzschliff, Strohstoff, rohe Jute) gelb färben. Bei Papieren, die lediglich aus Mischungen von Zellstoff und Holzschliff bestehen, wird die Anfärbung des Faserbreies vor dem Mikroskopieren mittels einer Farbstofflösung von Brilliantkongoblau 2 RW und Baumwollbraun N vorgezogen, wobei sich Zellstoff blau bis blauviolett färbt, Holzschliff kastanienbraun. Diese von SCHULZE[2] entwickelte Färbung zeichnet sich durch weitgehende Beständigkeit aus, während die mit Chlorzinkjodlösung erhaltene Gelbfärbung des Holzschliffes sehr rasch einen grünlich-bläulichen Stich annimmt.

Mit Hilfe von färbenden Lösungen kann also nur eine Trennung der Faserstoffe nach bestimmten Gruppen herbeigeführt werden, eine weitere Unterscheidung der zu ein und derselben Gruppe gehörenden Faserarten ist nur auf Grund von morphologischen Merkmalen möglich[3]. Handelt es sich nur um die Feststellung, ob das zu untersuchende Papier „holzfrei" ist, so genügt eine makroskopische Prüfung durch Eintauchen der Probe in eine salzsaure Phloroglucinlösung[4], die Papier mit Holzschliff rot färbt. Zu berücksichtigen ist dabei, daß das Papier nicht Farbstoffe enthalten darf, die bei der Einwirkung von Säure in Rot umschlagen, wie z. B. Metanilgelb. Eine Vorprüfung der Probe mit Salzsäure allein gibt darüber Aufschluß.

Die Bestimmung, in welchen Anteilen die verschiedenen Faserarten vorhanden sind, erfolgt entweder durch Schätzung nach dem mikroskopischen Bilde oder durch Auszählen der Fasern getrennt nach Faserarten. Für letzteres Verfahren hat die American Society for Testing Materials, Philadelphia, eine Methode[5] veröffentlicht, die auf folgender Grundlage beruht: Der Faserbrei wird bis zu einer Stoffdichte von 0,1% verdünnt. Von dieser Suspension werden 4 Tropfen auf den Objektträger gebracht und nach dem Eintrocknen mit Chlorzinkjodlösung versehen. In das Okular des Mikroskopes wird ein Deckglas, auf dem ein Fadenkreuz angebracht ist, eingelegt. Dann wird der Objektträger unter dem Gesichtsfeld parallel zur Längskante bewegt und dabei jede Faser, die den Mittelpunkt des Fadenkreuzes passiert, gezählt. Dies geschieht bei jedem Präparat dreimal in Abständen von $^1/_4$, $^1/_2$ und $^3/_4$ der Breite des

---

[1] Die Herstellung der Chlorzinkjodlösung ist in HERZBERG: Papierprüfung, 7. Aufl., S. 152, beschrieben; die fertige Lösung ist bei der Firma Louis Schopper, Leipzig, zu beziehen.

[2] SCHULZE, B.: Eine neue Anfärbung für die mikroskopische Bestimmung des Holzschliff- und Zellstoffgehaltes von Papier. Papierfabrikant Bd. 30 (1932) S. 65.

[3] HERZBERG: Papierprüfung, 7. Aufl., S. 165 bis 186.

[4] Herstellung der Lösung: 1 g Phloroglucin wird in 50 cm[3] Alkohol gelöst, darauf werden 25 cm[3] konzentrierte Salzsäure hinzugegeben.

[5] American Society For Testing Materials: A.S.T.M. Designation: D 272—34, Standard Methode zur Bestimmung der Faserstoffzusammensetzung von Dachpappen.

Objektträgers. Erscheint ein und dieselbe Faser mehrmals unter dem Schnitt-
punkt des Fadenkreuzes, wird sie entsprechend oft gezählt. Bei Faserbündeln oder
Splittern von Holzschliff wird die Anzahl der Einzelfasern, aus denen sie bestehen,
geschätzt und in Anrechnung gebracht. Bei jeder Untersuchung sind drei
Objektträger mit mindestens je 300 Fasern auszuzählen und aus den Ergebnissen
die Mittelwerte zu bilden.

Nach GRAFF[1] wird eine größere Genauigkeit der Ergebnisse erzielt, wenn
die für jede Faserart gefundene Zahl mit einem Faktor multipliziert wird. Die
Faktoren für die verschiedenen Faserarten sind folgende:

Lumpenfasern 1,000   Laubholzzellstoff und Bastfasern . 0,550
Nadelholzzellstoff 0,800   Holzschliff 1,325

Die Zählmethoden sind sehr zeitraubend, ihre Genauigkeit hängt vom Mahl-
zustand des Stoffes ab. Je stärker die Fasern fibrilliert sind, desto größer werden
die Versuchsfehler.

Einfacher ist die Ermittlung der Stoffzusammensetzung durch Schätzung
nach dem mikroskopischen Bilde im Vergleich mit Stoffmischungen bestimmter
Zusammensetzung. Bei genügender Übung und Erfahrung kann hierbei eine
Genauigkeit der Ergebnisse von ±5% erreicht werden, die als ausreichend
anzusehen ist, da Schwankungen in der Zusammensetzung innerhalb 5% praktisch keinen Einfluß auf die Eigenschaften von Papier haben.

Für die Feststellung des Holzschliffgehaltes von Papieren, die außer Schliff nur
Holzzellstoff enthalten, bestehen auch chemische Verfahren[2]. Es handelt sich
dabei um Ligninbestimmungen, aus denen auf den Holzschliffgehalt geschlossen
wird. Da jedoch nicht nur Holzschliff Lignin enthält, sondern auch ungebleichte
Zellstoffe stets noch Ligninreste besitzen, werden letztere bei der Bestimmung
miterfaßt. Da ferner der Ligningehalt der einzelnen Zellstoffe verschieden ist
und das gleiche vom Holzschliff gilt, müssen hierfür bei der Umrechnung auf
Holzschliff Durchschnittswerte eingesetzt werden. Das hat zur Folge, daß genaue
Ergebnisse nur dann erhalten werden können, wenn der Ligningehalt des in
der Papierprobe enthaltenen Zellstoffes und Schliffes den Durchschnittswerten
sehr nahe kommt; andernfalls ist mit Fehlern zu rechnen, die weit größer sein
können, als bei der mikroskopischen Schätzung zu erwarten ist[3].

b) Quadratmetergewicht. Die Bestimmung ist durch DIN DVM 3411 genormt. Diese sowie alle mechanischen und physikalischen Prüfungen von Papier
sind bei 65% relativer Luftfeuchtigkeit und einer Temperatur von etwa 20°
auszuführen, nachdem die Proben unter den gleichen Bedingungen mindestens
12 h ausgelegen haben[4].

c) Festigkeit. Entsprechend der Beanspruchung des Rohpapiers bei der
Verarbeitung und der Tapete beim Ankleben ist für die Beurteilung der Festigkeit
der Zugversuch, insbesondere in der Maschinenrichtung des Papiers maßgebend.
Das Verfahren ist durch DIN DVM 3412 genormt.

d) Leimungsgrad. Eine Normung von Prüfverfahren zur Bestimmung des
Leimungsgrades ist bisher noch nicht erfolgt, befindet sich jedoch beim Deutschen
Verband für die Materialprüfungen der Technik in Vorbereitung. Am gebräuch-
lichsten ist die Federstrichmethode nach HERZBERG[5], die wie folgt ausgeführt

[1] GRAFF, H.: Die Umstände, die die Genauigkeit von Faseranalysen beeinflussen.
Paper Trade J. Bd. 101 (1935) Nr. 2, S. 36.
[2] HERZBERG: Papierprüfung, 7. Aufl., S. 214.
[3] KORN, R.: Kann der Holzschliffgehalt in Papier auf Bruchteile von Prozenten genau
ermittelt werden? Der Papierfabrikant Bd. 27 (1929) S. 142.
[4] KORN, R.: Die Bedeutung der Klimatisierung für die Papierprüfung. Wbl. Papierfabr. Bd. 70 (1939) S. 6, 33.
[5] HERZBERG: Papierprüfung, 7. Aufl., S. 87.

wird: Mit mehreren Handelstinten werden auf dem zu prüfenden Papier mit einer Ziehfeder Striche von verschiedener Breite gezogen unter Einhaltung von möglichst gleicher Geschwindigkeit, gleichem Druck und gleicher Neigung der Feder zum Papierblatt. Die Strichbreite wird, von $1/4$ mm anfangend, von Versuch zu Versuch um $1/4$ mm gesteigert. Es kann dann festgestellt werden, bis zu welcher Strichbreite das Papier leimfest ist, d. h. bis zu welcher Breite die Tintenstriche weder auslaufen noch durchschlagen.

Zur weiteren Vereinheitlichung der Methode schlägt NOLL[1] die Verwendung einer Farbstofftinte bestimmter Zusammensetzung als Normal-Prüftinte und zum Ziehen der Striche die Benutzung eines kleinen mit einer Ziehfeder verbundenen Fahrgestelles vor, das so angeordnet ist, daß die Feder mit stets gleichbleibendem Druck unter einem Winkel von 45° über das Papier gleiten kann.

Gegen die Anwendung von Tinte zur Bestimmung des Leimungsgrades von Papieren, die nicht zum Schreiben benutzt werden, läßt sich jedoch der Einwand erheben, daß in solchen Fällen die Prüfung nicht der praktischen Beanspruchung des Papiers entspricht. Zweckmäßigerweise müßte jeweils dasjenige Mittel angewendet werden, dessen Eindringen das zu prüfende Papier beim Gebrauch bzw. bei der Verarbeitung einen bestimmten Widerstand entgegensetzen soll. Dies würde jedoch eine Differenzierung von Prüfverfahren erfordern, die praktisch nicht durchführbar ist. Man ist deshalb zuerst in

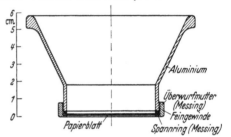

Abb. 1. Gerät für den Schwimmversuch nach NOLL und PREISS.

Amerika dazu übergegangen, den Leimungsgrad von Nicht-Schreibpapieren nach dem Grad der Wasserdurchlässigkeit zu beurteilen. Nach der amerikanischen Standardmethode (Dry-Indicator-Method)[2] wird aus der zu prüfenden Probe durch Hochbiegen der Ränder ein Schiffchen gebildet, auf dem eine Mischung von Puderzucker und einem wasserlöslichen Farbstoff aufgebracht wird. Das Schiffchen wird dann auf Wasser gesetzt und die für das Durchdringen des Wassers bis zum Farbstoffgemisch erforderliche Zeit bestimmt. Der Endpunkt des Versuches ist dadurch gekennzeichnet, daß das fast farblose Gemisch sich bei Aufnahme von Wasser durch die Lösung der Farbstoffteilchen intensiv färbt.

Um den Augenblick der Durchdringung noch schärfer erfassen zu können, ist von GRANT[3] der Vorschlag gemacht worden, einen fluoreszierenden Farbstoff, wie z. B. Rhodamin zu verwenden und den Versuch unter der Quarzlampe vorzunehmen. Auf gleichem Prinzip beruht die im Merkblatt 19 des Vereins der Zellstoff- und Papier-Chemiker und -Ingenieure veröffentlichte Methode nach NOLL und PREISS. Als Indikator wird hierbei eine Mischung von Fluoreszin mit kalzinierter Soda benutzt, die im trockenen Zustand unter der Quarzlampe schwarz erscheint, bei Wasseraufnahme jedoch intensiv hellgelb fluoresziert unter Bildung von Fluoreszin-Natrium. Vereinfacht ist die Versuchsausführung durch die Einführung einer aus Aluminium bestehenden, trichterförmigen Schwimmkammer, deren Boden durch die eingespannte Probe gebildet wird (Abb. 1).

---

[1] NOLL, A.: Über die Prüfung von Schreibpapieren mittels der Tintenstrichprobe. Papierfabrikant Bd. 36 (1938) S. 351.

[2] HERZBERG: Papierprüfung, 7. Aufl., S. 85.

[3] GRANT, J.: Die Anwendung von ultraviolettem Licht bei der Bestimmung der Wasserdurchlässigkeit von Papier. J. Soc. chem. Ind. Bd. 53 (1934) S. 349.

Trotz Anwendung von Indikatoren bleiben jedoch immer noch Schwierigkeiten hinsichtlich Feststellung des Versuchsendpunktes bestehen, die in folgendem liegen: Nur bei gut durchlässigen Papieren erfolgt die Durchdringung annähernd gleichzeitig und gleichmäßig über die ganze Fläche der Probe hinweg; bei wenig durchlässigen Papieren tritt das Wasser zunächst nur an einer einzigen Stelle durch und es dauert mitunter verhältnismäßig lange Zeit, bis andere Stellen folgen. Es entstehen dann Zweifel, wann der Versuch als beendet zu gelten hat. Ein Vorschlag von CODWISE[1] geht deshalb dahin, bei Beginn des Versuches gleichzeitig zwei Stoppuhren einzuschalten, von denen die eine gestoppt wird, wenn 25%, die zweite, wenn 70% der Prüffläche verfärbt sind. Das Abschätzen dieser Flächenanteile bringt jedoch ebenfalls subjektive Einflüsse mit sich, die die Genauigkeit der Methode ungünstig beeinflussen.

3. Verfahren zur Prüfung der Tapete.

Mit der Ausarbeitung von Lieferbedingungen und Prüfverfahren für Papiertapeten befaßt sich zur Zeit der Reichsausschuß für Lieferbedingungen beim Reichskuratorium für Wirtschaftlichkeit. In den bisher nur im Entwurf vorliegenden Bedingungen, die somit noch keine Gültigkeit haben, sind folgende Prüfverfahren vorgesehen.

a) Lichtbeständigkeit. Zur Prüfung auf Lichtbeständigkeit wird die Probe mit dem Lichtechtheitstyp VI der EK[2] hinter Glas belichtet und zwar so, daß beide zur Hälfte mit einem Karton abgedeckt werden. Die Belichtung soll in mindestens 2 cm Abstand vom Glas in Belichtungskästen mit Luftzutritt erfolgen. Dabei sind die zu prüfende Probe und der Lichtechtheitstyp so anzubringen, daß sie

1. nach Süden gerichtet,
2. unter einem Winkel von 45° gegen die Waagerechte geneigt,
3. vor Schattenwirkung geschützt,
4. von außergewöhnlichen Gasen und Dämpfen unbeeinflußt unter gleichen Bedingungen dem Tageslicht ausgesetzt werden.

Die Belichtung wird solange fortgesetzt, bis am Lichtechtheitstyp VI der EK ein merkliches Verschießen des unabgedeckten Teiles feststellbar ist.

Vor diesem Zeitpunkt darf bei Tapeten, die als „lichtbeständig" bezeichnet werden, kein merkliches Ausbleichen eintreten.

Hierzu ist folgendes zu bemerken: Da es absolut lichtechte Farbstoffe oder Färbungen nicht gibt, kann es sich bei Prüfungen auf Lichtechtheit immer nur um die Bestimmung des Lichtechtheitsgrades handeln. Bei Aufstellung von Gütenormen muß es dann einer Vereinbarung überlassen bleiben, von welchem Grenzwert an der zu normende Werkstoff im Handel als „lichtecht" oder „lichtbeständig" bezeichnet werden darf.

Hinsichtlich der Versuchsausführung ist zu berücksichtigen, daß das Ausbleichen von Farbstoffen nicht nur von der Intensität und Einwirkungsdauer des Lichtes, also von der wirksamen Lichtmenge abhängig ist, sondern auch vom Spektrum der Lichtquelle. Da nun für die Bewertung einer Färbung in bezug auf Lichtechtheit ihr Verhalten gegenüber natürlichem Tageslicht maßgeblich ist, die Intensität und Zusammensetzung des Tageslichtes in Abhängigkeit

---

[1] CODWISE: Prüfung von Papier auf Wasserdurchlässigkeit. Paper Trade J. Bd. 92 (1931) Nr. 10, S. 55.

[2] Echtheitskommission der Fachgruppe für Chemie der Farben und Textilindustrie im Verein Deutscher Chemiker.

von der Tages- und Jahreszeit sowie der Bewölkung jedoch sehr schwankt, liegt das Bestreben nahe, für die Prüfung ein künstliches Licht von konstanter Intensität und gleichem Spektrum wie das des mittleren Tageslichtes zu verwenden. Der Lichtechtheitsgrad einer Probe wäre dann bei Einhaltung gleicher Versuchsbedingungen durch die Belichtungsdauer bis zum Eintritt einer merklichen Veränderung der Färbung hinreichend gekennzeichnet[1]. Da es jedoch künstliche Lichtquellen, die den genannten Anforderungen bei genügender Wirtschaftlichkeit voll entsprechen, bisher nicht gibt, ist die Verwendung von natürlichem Tageslicht vorzuziehen. Wenn es nun auch bei Benutzung von Tageslicht mit Hilfe photoelektrischer Messungen möglich ist, die während der Belichtung der Probe angefallene Lichtmenge zu bestimmen[2], werden für die technische Prüfung zur Zeit noch einfachere Verfahren vorgezogen, die darin bestehen, daß gleichzeitig mit der zu prüfenden Probe Muster von verschiedenem genormtem Lichtechtheitsgrad mitbelichtet werden. Durch Vergleich kann dann festgestellt werden, welchem „Lichtechtheitstyp" die Probe entspricht. Für diese Zwecke haben sich bisher die von der deutschen Echtheitskommission (EK) genormten Typen am brauchbarsten erwiesen und sind deshalb auch als Vergleichsmuster bei der Prüfung von Tapeten gemäß des oben genannten RAL-Entwurfes vorgesehen; sie bestehen aus acht blauen Wollfärbungen, von denen die mit I bezeichnete den geringsten, die mit VIII bezeichnete den höchsten Lichtechtheitsgrad besitzt.

Ein anderes von KRAIS[3] entwickeltes Verfahren beruht darauf, daß die während der Belichtung der Probe eingefallene Lichtmenge auf indirektem Wege gemessen wird mit Hilfe eines „Normalmaßstabes", der wie folgt hergestellt wird: Auf Filtrierpapier wird ein Aufstrich von mit Viktoriablau B angefärbtem Kaolin aufgebracht und das Papier abschnittsweise verschieden lange Zeit ($^1/_4$ bis 6 h) der Juni-Mittagssonne ausgesetzt. Wird nun die zu prüfende Färbung bei Tageslicht von beliebiger Intensität bis zum Eintritt einer Veränderung belichtet, so können durch Vergleich eines gleichzeitig mitbelichteten Stückes des Viktoriablaupapiers mit dem Maßstab die „Normalbleichstunden" bestimmt werden, die zur Veränderung der Probe erforderlich gewesen sind. Nach Untersuchungen von SOMMER[4] hat sich auch dieses Verfahren als brauchbar erwiesen unter der Voraussetzung, daß die Herstellung und Eichung der Normalmaßstäbe von einer Zentralstelle aus einheitlich erfolgt. Nachteilig ist die leichte Ausbleichbarkeit des Viktoriablaupapiers; der Versuch erfordert deshalb insbesondere bei Prüfung von Färbungen höheren Lichtechtheitsgrades öfteres Auswechseln des mitbelichteten Normalbleichpapiers.

Außer den beschriebenen, für die technische Prüfung ausreichenden Verfahren sind noch verfeinerte Methoden zur Lichtechtheitsbewertung entwickelt worden[5], wie z. B. das nach ZIERSCH-SOMMER, bei dem durch Farbmessung die Verwendung des subjektiven Kriteriums des eben merklichen Ausbleichens der Probe umgangen wird.

---

[1] Gemäß den amerikanischen vom Bureau of Standards herausgegebenen Vorschriften (Wall Paper, Commercial Standard CS 16—29), darf die Probe keine Verfärbung zeigen, wenn sie 24 h lang den Strahlen einer Kohlenbogenlampe (Fadeometer) ausgesetzt wird.

[2] SOMMER, H. u. F.C. JACOBY: Lichtmengenmessung bei der Prüfung auf Lichtechtheit. Melliand Textilber. Bd. 13 (1932) S. 204.

[3] KRAIS, P.: Vorschlag zu einer maßstäblichen Bemessung der Lichtwirkung auf Farbstoffe nach „Bleichstunden". Z. angew. Chem. Bd. 24 (1911) S. 1302.

[4] SOMMER, H.: Beiträge zur Lichtechtheitsprüfung von Färbungen. Mschr. Textilind. Bd. 46 (1931) S. 25, 64, 99, 134, 177, 215, 250, 287.

[5] Einen Überblick über den gegenwärtigen Stand der Lichtechtheitsprüfung gibt PESTALOZZI in Zellstoff und Papier Bd. 17 (1937) S. 53.

b) Wischfestigkeit. Zur Prüfung auf Wischfestigkeit wird die Probe mit einem trockenen, weichen Baumwollappen mehrmals überrieben, wobei keine Farbabgabe an den Lappen erfolgen darf.

c) Abwaschbarkeit. Für die Beurteilung der Abwaschbarkeit ist in den oben genannten Lieferbedingungen ebenfalls eine Gebrauchswertprüfung vorgesehen; die Versuchsbedingungen sind jedoch noch nicht endgültig festgelegt.

B. Unterlagspapier für Betonfahrbahndecken.

1. Verwendung.

Gemäß der „Anweisung für den Bau von Betonfahrbahndecken"[1] ist auf das Planum eine Papierlage aufzubringen, die den Zweck hat, eine möglichst ebene Deckenunterlage zu erhalten und eine Verschmutzung des Betons zu verhindern.

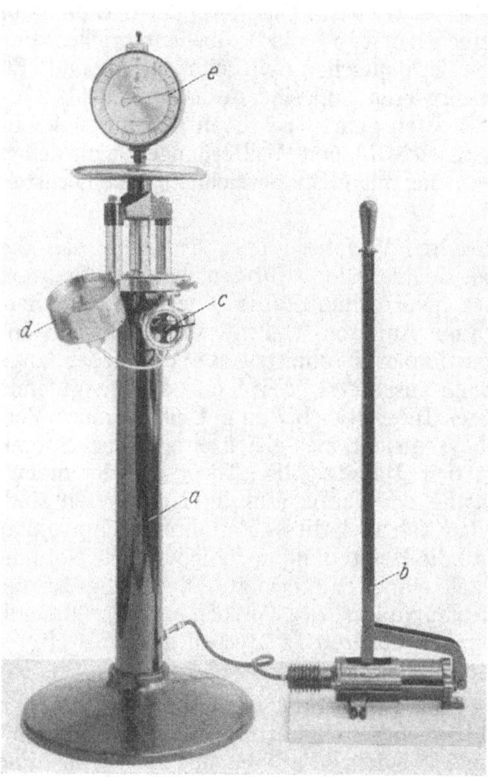

Abb. 2. Berstdruckprüfer Schopper-Dalén.

2. Eigenschaften.

Das Papier soll stark und steif genug sein, um Faltenbildungen bei windigem, feuchtem Wetter möglichst auszuschließen. Hierzu ist eine Schwere des Papiers von etwa 150 g/m² erforderlich und eine Wasserfestigkeit, die einem Berstdruck von mindestens 0,20 kg/cm² bei einer Prüffläche von 100 cm² entspricht, wenn das Papier unmittelbar nach 2stündiger Wasserlagerung geprüft wird.

3. Prüfverfahren.

Die Bestimmung des Quadratmetergewichtes erfolgt nach DIN DVM 3411; für die Durchführung der Berstdruckprüfung gilt nach Anordnung der Direktion der Reichsautobahnen DIN DVM 3412 sinngemäß.

Der Berstversuch dient zur Bestimmung des Widerstandes, den ein mit einer bestimmten Prüffläche als Membran kreisförmig eingespanntes Papierblatt einer einseitigen, gleichmäßig verteilten steigenden Druckbelastung bis zum Bersten entgegensetzt.

Zur Ausführung des Versuches ist ein Gerät zu verwenden, dessen Einspannvorrichtung so eingerichtet sein muß, daß die Prüffläche der Probe unmittelbar auf der als Abdichtung dienenden Gummischeibe aufliegt, um eine gleichmäßige Verteilung des Druckes auf die Prüffläche zu gewährleisten; andererseits müssen

---

[1] Berlin 1939, ausgearbeitet und herausgegeben von der Direktion der Reichsautobahnen im Einvernehmen mit dem Generalinspektor für das deutsche Straßenwesen.

Gummischeibe und Probe getrennt festgehalten werden, damit letztere während des Versuches nicht gleiten kann. Diesen Anforderungen entspricht der in Abb. 2 wiedergegebene Berstdruckprüfer nach SCHOPPER-DALÉN, bei dem der Druck durch komprimierte Luft erzeugt wird. Die Trag-

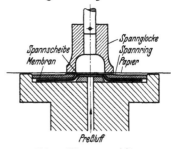

säule a dient zugleich als Luftbehälter und kann mittels einer Handpumpe b mit Luft bis 10 at Überdruck gefüllt werden. Die Luft wird durch das Ventil c unter die Gummimembran geleitet. Nach dem Zerbersten der Probe wird der benötigte Druck an dem mit Schleppzeiger versehenen Manometer d, die Flächendehnung am Wölbhöhenmesser e abgelesen. Der Bau der Einspannvorrichtung geht aus Abb. 3 hervor. Für die Versuchsgeschwin-

Abb. 3. Einspannvorrichtung zum Berstdruckprüfer SCHOPPER-DALÉN.

digkeit ist die Versuchsdauer maßgebend; die Zeit von Beginn der Belastung bis zum Bersten der Probe soll 20 ± 5 s betragen.

C. Rohdachpappe und Wollfilzpappe.

1. Verwendung.

Normengemäß[1] sind als Einlage für Teerdachpappen, nackte Teerdachpappen, Teersonderdachpappen und Teer-Bitumendachpappen Roh- und Wollfilzpappen zu verwenden; für Bitumendachpappen und nackte Bitumenpappen ausschließlich Wollfilzpappen. Letztere dienen außerdem als Unterlage für Linoleum u. dgl.

2. Eigenschaften.

Roh- und Wollfilzpappen, deren Eigenschaften durch DIN DVM 2117 und 2119 genormt sind, müssen in erster Linie eine gute Saugfähigkeit besitzen, um die Tränkmasse in genügender Menge rasch aufzunehmen; ferner müssen sie genügend fest sein, um der bei der Verarbeitung in der Längsrichtung der Pappe auftretenden Zugspannung standzuhalten. Festigkeit und Saugfähigkeit hängen im wesentlichen von der Art und Güte der verwendeten Rohstoffe ab. Die geeignetsten Rohstoffe sind Baumwolle, Jute und Wolle, die in Form von Lumpen oder Textilabfällen verarbeitet werden; in Wollfilzpappen sollen 15% Wolle nachweisbar sein[2]. Als Beimengung wird meist Altpapier verwendet, das hauptsächlich aus Zellstoff und Holzschliff besteht. Mineralische Füllstoffe dürfen unmittelbar nicht zugesetzt werden; in geringen Mengen gelangen sie als Bestandteil des Altpapiers in die Pappe. Durch Festlegung eines Höchstwertes für den Aschengehalt ist dem Anteil an Füllstoffen und sonstigen mineralischen Verunreinigungen, die aus ungenügend gereinigten Lumpen stammen können, eine Grenze gesetzt. Ferner enthalten die Vorschriften einen Höchstwert für den zulässigen Wassergehalt der Pappen, da hohe Feuchtigkeit dem Eindringen der Tränkmasse Widerstand bietet und zum Schäumen der Tränkmasse Anlaß gibt; beides führt zu einer Verminderung der Arbeitsgeschwindigkeit. Schließlich sollen die Pappen noch möglichst frei von Fremdkörpern sein, die Bildung von Löchern verursachen können.

Der Unterschied zwischen Roh- und Wollfilzpappen besteht darin, daß letztere infolge Verwendung besserer Rohstoffe, insbesondere wollhaltiger

---

[1] DIN VDM 2121, 2125, 2126, 2128, 2129, 2140.
[2] Der vorgeschriebene Wollgehalt ist während des Bestehens der Vornorm DIN VDM 2119 unverbindlicher Richtwert.

Lumpen, weicher, saugfähiger und reiner sind und eine gleichmäßigere Oberfläche besitzen als Rohpappen.

3. Prüfverfahren.

Nach DIN DVM 2118 ist zu prüfen auf: Stoffzusammensetzung, Wollgehalt, Anthrazenölaufnahme, Quadratmetergewicht, Festigkeit, Aschengehalt und Wassergehalt.

a) Stoffzusammensetzung. In dieser Hinsicht enthalten die Normen lediglich eine Vorschrift für die Vorbereitung der Pappe für die mikroskopische Prüfung, wonach die Probe in einem Reagensglas in Wasser[1] gekocht, durch kräftiges Schütteln in einen Faserbrei verwandelt und auf einem Sieb ausgewaschen wird. Betreffs der eigentlichen mikroskopischen Untersuchung wird auf das Buch „Herzberg", Papierprüfung verwiesen. Hierfür gilt das auf S. 703 Gesagte; die dort beschriebene Zählmethode ist in Amerika als Standardmethode für die Ermittlung der Stoffzusammensetzung von Dachpappen vorgesehen, in Deutschland erfolgt diese Bestimmung im allgemeinen nach der mikroskopischen Schätzung.

b) Wollgehalt. Wollhaare färben sich bei Einwirkung von Chlorzinkjod nicht einheitlich an, sondern behalten ihre ursprüngliche Färbung bei. Infolgedessen fällt die Ermittlung des Wollgehaltes auf mikroskopischem Wege meist ungenau aus. Eine sichere Bestimmung ist mittels eines chemischen Verfahrens möglich, das darauf beruht, daß die Pflanzenfasern durch Behandlung der Probe mit 80%iger Schwefelsäure in Lösung gebracht werden, während die Wolle ungelöst zurückbleibt. Nach diesem Verfahren kann der Wollgehalt auf etwa 1% genau ermittelt werden[2].

c) Anthrazenöl-Aufnahme. Die Saugfähigkeit von Roh- und Wollfilzpappen wird beurteilt nach der Menge Anthrazenöl, die die Probe nach 5 min Tauchzeit aufnimmt; sie ergibt sich aus dem Gewichtsunterschied der Probe vor und nach der Tränkung. Vor der zweiten Wägung muß das überschüssige Öl abgetropft sein. Genormt sind folgende Versuchsbedingungen, von denen die Ergebnisse abhängig sind: Spezifisches Gewicht des Anthrazenöls, Versuchstemperatur, Abmessungen der Probe und Abtropfzeit[3].

Nicht erfaßt durch diese Prüfung ist die Geschwindigkeit, mit der das Anthrazenöl von der Pappe aufgenommen wird. Diese Eigenschaft ist jedoch mit Rücksicht auf die bei der Tränkung der Pappe einzuhaltende Arbeitsgeschwindigkeit von wesentlicher Bedeutung, so daß eine Ergänzung der Normen nach dieser Richtung hin zweckmäßig sein dürfte.

Für die Prüfung käme eventuell ein Verfahren in Betracht, bei dem die Zeit bestimmt wird, die die Probe beim Schwimmen auf Anthrazenöl bis zur vollständigen Durchtränkung benötigt.

d) Quadratmetergewicht. Bestimmung nach DIN DVM 3411.

e) Zugfestigkeit. Bestimmung nach DIN DVM 3412.

---

[1] Eine Behandlung mit Natronlauge (vgl. S. 703) muß bei Roh- und Wollfilzpappen vermieden werden, da Wolle von Natronlauge gelöst bzw. bei Verwendung schwacher Konzentrationen angegriffen wird.

[2] Schulze, B.: Quantitative Bestimmung von Wolle in Roh- und Wollfilzpappen auf chemischem Wege. Zellstoff u. Papier Bd. 9 (1929) S. 610. — Korn, R. u. B. Schulze: Erfahrungen bei der Wollgehaltsbestimmung von Roh- und Wollfilzpappen. Zellstoff u. Papier Bd. 11 (1931) S. 206.

[3] Korn, R.: Prüfung von Rohpappen auf Anthrazenölaufnahme. Papierfabrikant Bd. 27 (1929) S. 765.

f) Der Aschengehalt wird durch Veraschen der Probe in den hierfür üblichen Vorrichtungen bestimmt.

g) Der Wassergehalt wird durch den Gewichtsverlust ermittelt, den die Probe durch Trocknen bei 100 bis 105° C bis zum gleichbleibenden Gewicht erleidet.

Weitere Literatur.

DIN DVM 2117 Vornorm: Rohpappe.

DIN DVM 2118: Rohdachpappe, Wollfilzpappe, Prüfverfahren.

DIN DVM 2119: Wollfilzpappe.

DIN VDM 3411: Prüfung von Papier, Quadratmetergewicht — Dicke — Raumgewicht.

DIN VDM 3412: Prüfung von Papier, Zugversuch — Berstversuch — Falzversuch.

HERZBERG, W.: Papierprüfung, 7. Aufl. Berlin 1932.

KLEMM, P.: Handbuch der Papierkunde, 3. Aufl., Leipzig 1923.

PESTALOZZI, S.: Bewertung der Lichtechtheit gefärbter Stoffe. Zellstoff u. Papier Bd. 17 (1937) S. 53.

Reichsautobahnen, Anweisung für den Bau von Betonfahrbahndecken. Berlin 1939.

United Staats Departement of Commerce, Bureau of Standards: Commercial Standard CS 16—29, Tapeten.

Verein der Zellstoff- und Papier-Chemiker und -Ingenieure. Merkbl. 19, Die Bestimmung der Leimfestigkeit bzw. Wasserdurchlässigkeit von Papieren.

XIV. Die Prüfung der Leime.

Von EDGAR MÖRATH, Berlin.

Einleitung.

Die Leimverbindungen sind berufen, eine noch weit größere Bedeutung als bisher im Holzbau zu erlangen, weil sie von allen üblichen Verbindungsarten (Bolzen-, Dübel-, Nagelverbindungen usw.) die größten Kräfte je Flächeneinheit der Verbindungsstelle zu übertragen gestatten und weil sie jede Schwächung der tragenden Glieder durch Durchbohren, Anfräsen oder mindestens Auseinanderdrängen der Holzfasern, wie bei der Nagelung, vermeiden.

Da in den letzten Jahren Leimstoffe entwickelt wurden, die im Gegensatz zu den bisher üblichen Naturerzeugnissen unbegrenzt widerstandsfähig gegen Einflüsse von Wasser und Angriffen von Kleinlebewesen sind, wird sich hier voraussichtlich eine ebenso große und in der Auswirkung vorteilhafte Umwälzung ergeben, wie sie im Stahlbau beim Ersatz der Nietung durch die Schweißung stattfand[1].

Es bilden sich schon Ansätze für die Anwendung der Leimungstechnik im Metallbau, wenn auch bisher erst in tastenden Versuchen für den Flugzeugbau, der ja stets der Pionier für kühne, neuzeitliche Konstruktionsgedanken war.

A. Einteilung der Leime.

Die Einteilung der Leime erfolgt in der Praxis meist nur in zwei Gruppen: „Warmleime" und „Kaltleime", wobei oft noch, namentlich in den Kreisen des Handwerks und der Möbelindustrie die völlig falsche Auffassung zu finden ist, daß Warmleime nur die Haut-, Leder- und Knochenleime seien, und Kaltleime die pulverförmigen Kasein-Kaltleime, oder eine Reihe ähnlich anzuwendender Leime auf der Basis von Pflanzeneiweiß oder Stärke. Man kann nun aber Warmleime durch Verflüssigung auf chemischem Wege kalt und Kaltleime, insbesondere Kaseinleim, in der Hitze anwenden, wobei eine wesentlich raschere Abbindung erzielt wird. Drittens ist eine wichtige Gruppe der Kunstharzleime von vornherein für beide Anwendungsarten entwickelt worden.

Auch die anderen, häufig zu findenden Gruppenbezeichnungsvorschläge, z. B. „Tierleim", sind abzulehnen, da man darunter nur die Haut-, Leder-, Knochen- und Fischleime verstand, während die meist bei dieser Einteilung ausgenommenen Kasein- und Blutalbuminleime ebenfalls tierischen Ursprungs sind.

Eine systematisch einwandfreie Einteilung der organischen Leime kann nur auf die Ausgangsstoffe wie folgt begründet werden[2].

---

[1] MÖRATH, E.: Neuere Klebstoffe und Klebverfahren. Kunststoffe Bd. 28 (1938) Nr. 1, S. 11.

[2] GERNGROSS, O. u. E. GOEBEL: Chemie und Technologie der Leim- und Gelatine-Fabrikation. Dresden und Leipzig: Theodor Steinkopff 1933.

I. Eiweiß-(Protein-)Leime.

   A. Tierische Eiweißleime.

      1. Glutinleime.

         a) Glutinwarmleime (RAL Nr. 093 A); Gelatineleime; Hautleim; Lederleim; Knochenleim; Mischleim.

         b) Glutinkaltleime. Flüssige Glutinleime. Fischleim. Durch Säuren und Salze verflüssigte Glutinleime (Syndetikon u. dgl.).

      2. Kaseinleime.

         a) Pulverförmige Kaseinkaltleime (RAL Nr. 093 C).

         b) Kaseinsperrholzleime.

         c) Flüssige Kaseinleime und Farbenbindemittel.

      3. Blutalbuminleime.

         a) Albuminbindemittel.

         b) Schwarzalbuminleim (Sperrholzleim).

   B. Pflanzeneiweißleime.

      1. Weizenkleberleime.

         a) Schusterpapp, fermentierter Kleber.

         b) Kleberkaltleim.

      2. Sojaeiweißleime.

         a) Sojamehlleim.

         b) Sojakaseinleim.

II. Vegetabilische (Stärke und Dextrin) Leime (RAL Nr. 280 A).

      1. Stärkekleister.

      2. Stärke-(Pflanzen)leime.

         a) Industrieleime.

         b) Malerleime.

      3. Dextrinkaltleime.

      4. Sonderklebstoffe auf vegetabilischer Grundlage.

III. Pflanzengummi- (Pflanzenleim-) Klebstoffe (Gummiarabikum, Traganth u. dgl. 1.)

IV. Naturharzleime aus

     Kanadabalsam, Schellack, Kolophonium und Kolophoniumsalzen („Harzleime"), Mastix, Sandarak, Dammarharz, Kopalarten usw.

V. Kautschukleime und Klebstoffe.

      1. Kautschuklösungen in organischen Lösungsmitteln.

      2. Latexklebemittel.

VI. Zelluloseesterleime und Klebstoffe.

      1. Zelluloid- und Nitrozelluloseesterlösungen.

      2. Azetylzellulose und andere Zelluloseester- und Zelluloseätherkleblacke.

VII. Kunstharzleime.

      1. Phenolformaldehyd-Kondensationsprodukte.

      2. Harnstoff- und Thioharnstofformaldehyd-Kondensationsprodukte.

      3. Polyvinylester, Polyakrylsäureester, Polystirolderivate.

      4. Phthalsäureanhydrid-Glyzerinkondensate.

      5. Melaminharze.

      3. Anilinharze.

VIII. Sulfitzelluloseablauge.

Aus der vorstehenden umfangreichen Liste können nur die Leime besprochen werden, die besondere Wichtigkeit erlangt haben.

B. Chemische Zusammensetzung und einfache Prüfverfahren der Leime.

1. Tierische Eiweißleime.

Die größte Gruppe der Leime besteht aus Eiweißkörpern, und zwar *Glutinen* und *Proteinen.* Sie unterscheiden sich von anderen, technisch wichtigen Eiweißkörpern wie Haaren, Wolle, Horn und Seide dadurch, daß sie ohne wesentlichen chemischen Abbau in Lösung gebracht werden können und beim Erstarren dieser Lösung festhaftende Gele von guten mechanischen Eigenschaften bilden, also eben verleimend wirken, kaum aber durch stark abweichende Zahlen in der Elementarzusammensetzung, die für die wichtigsten Beispiele in der folgenden Tabelle zusammengefaßt ist.

Zahlentafel 1. Elementarzusammensetzung von Kollagen, Glutin und den wichtigsten für die Herstellung von Klebstoffen dienenden Proteinen.

Bezeichnung des Proteins	Kohlen-stoff %	Wasser-stoff %	Stickstoff %	Schwefel %	Sauerstoff %	Phosphor %
Kollagen	50,75	6,47	17,86	—	24,92	0
Gelatine	50,52	6,81	17,53	1,8	25,15	0
Serumalbumin	52,9	7,1	16,0	0,76	22,3	0
Hämoglobin	55,7	7,0	17,4	0,42	20,1	0
Säurekasein	53,0	7,1	15,7	0,76	—	0,85
Weizenglutenin	52,34	6,83	17,49	1,03	—	0
Sojaglyzerin (Globulin)	52,12	6,93	17,53	0,79	—	—

Diese Eiweißstoffe, die in der Natur in ungeheuren Mengen vorkommen und als wesentliche Bestandteile aller tierischen und vieler pflanzlichen Lebewesen immer neu gebildet werden, haben einen Kohlenstoffgehalt von 50 bis 55%, einen charakteristischen Stickstoffgehalt von etwa 16 bis 18%, einen Wasserstoffgehalt von rund 7%, meist auch etwas Schwefel, aber nur bei den Phosphorproteiden (insbesondere Kasein), auch Phosphor. Die Eiweißkörper sind bekanntlich aus Aminosäuren aufgebaut, deren Besprechung im einzelnen hier zu weit führen würde.

a) Glutinleime.

α) Glutinwarmleime.

Die *Hautleime*[1, 2, 3, 4, 5] bilden sich aus dem in den leimgebenden Stoffen enthaltenen Kollagen durch Umwandlung in Glutin, welche nach der Kälkung, Wäsche usw. des Leimleders beim Ausschmelzen oder Siedeprozeß stattfindet.

Die *Knochenleime* werden aus dem Ossein, einer kollagenen Eiweißsubstanz der Tierknochen, gebildet, welche insbesondere bei ausgewachsenen Rindern in günstiger Menge und Verteilung vorhanden ist. Nach entsprechender Zerkleinerung und Trocknung der Knochen erfolgt das Entleimen derselben durch Kochen mit heißem Wasser, wobei die Anwendung höherer Drucke möglichst zu vermeiden ist, da durch sie neben der erwünschten Umwandlung des Osseins in Leim ein Abbau der im Wasser gelösten Leimsubstanz erfolgt.

Bei *Glutinleimen* gibt weder die helle Farbe noch der Grad der Durchsichtigkeit einen Maßstab für die Güte. Die Bruchfläche einer Tafel soll nicht gerade und glatt, sondern splitterig und muschelartig sein. Ferner sollen Tafelleime keine Flockenbildung aufweisen, während Blasen meist ohne Belang sind.

---

[1] BOGUE, R. H.: The Chemistry and Technology of Gelatin und Glue. New York: McGraw Hill Book Comp. Inc. 1922.

[2] Vgl. Fußnote 2, S. 712.

[3] RAL: Lieferbedingungen Nr. 093 A Glutinleime; Nr. 093 B Kasein; Nr. 093 C Kaseinleime; Nr. 280 A vegetabilische Leime.— Klebstoffe und Bindemittel. — Betriebsblatt Nr. 30a Anwendung und Behandlung von Glutinleim in holzverarbeitenden Betrieben. — Betriebsblatt Nr. 30 b Anwendung und Behandlung von Kaseinleim in holzverarbeitenden Betrieben. — Betriebsblatt Nr. 30c Anwendung und Behandlung von Blutalbuminleim in holzverarbeitenden Betrieben. — Betriebsblatt Nr. 30d Anwendung und Behandlung von Kunstharz-Leimen in holzverarbeitenden Betrieben. Berlin W 9, Mai 1939.

[4] SAUER, E.: Leim und Gelatine in LIESEGANG. Kolloidchemische Technologie. 2. Aufl. Dresden 1932.

[5] STADLINGER, H.: Spezialleim und Spezialgelatine. Gelatine, Leim, Klebstoffe S. 5. 1933.

Der Geruch des Leimes, namentlich beim Anhauchen, soll bei guten Hautleimen fast gar nicht bemerkbar sein, während Knochenleim schwach sauer riecht. Bei in der Fabrikation bereits zersetzten Leimen tritt hierbei schon ein kadaverartiger Geruch auf, der bei längerem Stehenlassen einer Lösung im Brutschrank bei 37° noch wesentlich deutlicher wird.

Ferner sollen die nicht als „schaumfrei" bezeichneten Leime praktisch fettfrei sein, d. h. der *Fettgehalt* der Hautleime beträgt 0,06 bis 0,5%, im Durchschnitt 0,2%, der der Knochenleime 0,25 bis 1,0%, im Durchschnitt 0,6%. Größere Mengen Fett erkennt man beim Auflösen an den sog. Fettaugen.

Der Wassergehalt wird durch Trocknen von fein gepulvertem Leim bei 110° bis zur Gewichtskonstanz ermittelt; er soll nicht über 17% betragen.

Der Aschengehalt wird durch Verbrennung in dünnwandigen Tiegeln festgestellt, die so lange bedeckt bleiben, bis keine brennbaren Dämpfe mehr entweichen und die nicht auf Temperaturen über 600° erhitzt werden dürfen. Haut- und Lederleime liefern dabei eine grau weißliche, nicht schmelzbare Asche, während die der Knochenleime meist geschmolzen ist und leicht Kohleteilchen festhält. Der Aschengehalt guter Haut- und Lederleime liegt meist unter 3%, der von Knochenleimen etwa bei 4%. Der Gehalt an Phosphorsäure deutet meist auf Knochenleim hin.

Der früher häufig geprüfte Hundertsatz der Wasseraufnahme liefert keinen sicheren Maßstab für die Güte des Leimes, doch kann man sagen, daß eine Tafel Leim von etwa 70 g innerhalb 24 h in Wasser von 15 bis 20° nicht zerfallen und zerfließen darf, sondern ihre scharfen Ränder so lange beibehalten muß, bis sie vollständig durchgequollen ist.

Die *Viskosität*[1] wird nach ENGLER in einer $17^3/_4$%igen nach SUHR gespindelten Lösung für Knochenleime bei 30° und für Hautleime bei 40° bestimmt. Die SUHRsche Leimspindel beruht auf der Annahme, daß die handelsüblichen, getrockneten Leime 15% Wasser und 1,5 Asche enthalten. Die Ablesung ergibt in 75° warmen Leimlösungen den direkten Prozentgehalt an handelsüblichem Leim. Für den Temperaturbereich von 60 bis 90° ist oberhalb der Prozentskala ein Korrekturthermometer angebracht, das die Prozente angibt, die über 75° zu den abgelesenen Prozenten zugezählt, unterhalb dieser Temperatur dagegen abgezogen werden müssen.

Die Viskosität ermöglicht eine überschlägige Einteilung nach folgender Tabelle:

Zähflüssigkeit der gebräuchlichsten Sorten Glutinleime.

Hautleime		Lederleim nach dem Magnesitverfahren aus Chromleder		Knochenleim	
Güte	Englergrad	Güte	Englergrad bei 40° C	Güte	Englergrad bei 30° C
schlecht	unter 2	geringwertige Ware	2,0 bis unter 2,2	geringwertiger Leim	2 bis unter 2,2
sehr gering	2 bis unter 3,0	gute Ware	2,2 bis 3,0 und mehr	Normalknochenleim	2,2 bis 2,5
gering	3,0 bis unter 3,5			sehr gute Ware	2,5 bis 2,8
gute Ware	4,5—5,0			Ausleseleim	über 2,8
sehr gute Ware	über 5,0 bis 7,0				
Ausleseware	über 7,0 bis 10,0				

[1] GOEBEL, E.: Die Bestimmung der Viskosität von tierischen Leimen. Chem.-Ztg. Bd. 62 (1938) S. 613—615.

Die Bestimmung der Gallertfestigkeit ist die älteste Methode der Qualitäts-
prüfung von Leimen und in Amerika seit dem Vorschlag von Peter Cooper,
1844, in Gebrauch. Es wurden für sie zahlreiche Meßgeräte erfunden, doch
zeigte es sich, daß sie nicht immer einen genauen Maßstab für die Güte dar-
stellten.

Da größere Mengen an Säuren oder Alkalien den Leim schädigen, prüft
man erst mit Lackmuspapier, dessen Rotfärbung einen Säuregehalt und dessen
Blaufärbung einen solchen an Alkali anzeigt.

Zur genauen Bestimmung verwendet man meist das kolorimetrische Verfahren, in dem man am einfachsten einen Universalindikator, z. B. den Universalindikator „Merck", in der Menge von 2 Tropfen zu 8 cm³ der zu untersuchenden
Lösung in einer Porzellanschale zusetzt, wonach die entstandene Färbung mit
einer Farbskala verglichen wird. Im allgemeinen haben Haut- oder Lederleime p_H-Werte von 6,8 bis 8, sind also schwach alkalisch, und Knochenleime
solche von 4,5 bis 6,5, schwachsauer.

Zur Prüfung des *Schäumens* werden 5 g des zerkleinerten Leimes in 40 cm³
Wasser gequollen, bei 60° geschmolzen, in einem mit Stopfen verschließbaren
Meßzylinder von 2,5 Dmr. mit 50 cm³ Wasser verdünnt und im Wasserbad
bei 50° erwärmt. Dann schüttelt man, bis der Schaum nicht mehr zunimmt,
läßt Schaum und Lösung absetzen und liest die Schaumhöhe ab, wenn die
Oberfläche der Lösung den Teilstrich 45 cm³ erreicht hat. Die Schaumhöhe
schwankt bei den verschiedenen Leimen zwischen 20 und 55 cm³. Leime mit
weniger als 25 cm³ Schaum sind als sehr gut zu bezeichnen.

β) *Glutinkaltleime.*

Die kaltlöslichen und sog. flüssigen *Glutinleime* können auf chemischem
oder physikalischem Wege hergestellt werden. Wenn auch die genauen Vorgänge dabei noch nicht bekannt sind, kann doch mit Sicherheit angenommen
werden, daß die Verflüssigungen auf einem Abbauprozeß des Glutinmoleküls
beruhen, ganz gleich, ob diese nun durch die Einwirkung von Säuren, sauren
Salzen oder durch die Druckverflüssigung im Autoklaven erfolgt.

Der *Fischleim* ist bereits im natürlichen Zustand dauernd flüssig, was auf
einen höheren Gehalt an Proteosen (fast 50%) und geringeren Gehalt an Protein
(etwa 32 gegen 80% bei Hautleimen und etwa 55% bei Knochenleimen) zurückzuführen sein dürfte. Er besitzt aber jedenfalls eine sehr gute Klebkraft und es
sind auch bereits Versuche gemacht worden, durch schonende Behandlung bei
der Herstellung das Gelatinierungsvermögen des Fischleimes zu erhöhen.

b) Kaseinleime.

Kasein[1, 2] wird aus der Kuhmilch, in der es sich zu etwa 3% befindet, nach
Abrahmung derselben gewonnen. Das Labkasein, das in einem Fermentierungs-
prozeß erhalten wird, kommt für Leime und Bindemittel nicht in Frage, sondern
nur sog. Säurekasein, welches aus der Magermilch durch Zusatz von Salz- oder
Essigsäure bis zu einem p_H-Wert von 4,6 gewonnen wird.

Das Milchsäurekasein für die Leimbildung ist weiß bzw. hellgelb bis butter-
gelb, grießförmig gemahlen und darf nur Spuren von dunkelbraunen Teilchen
aber nicht solche von rötlich brauner Farbe enthalten und muß frei von fremden
Stoffen irgendwelcher Art sein. Es riecht schwach milchartig, keineswegs
säuerlich, ranzig oder käseartig, und hat einen milden, nicht stark sauren
Geschmack.

---

[1] Vgl. Fußnote 3, S. 714.
[2] Sutermeister, E. u. E. Brühl: Das Kasein. Berlin: Julius Springer 1932.

Der Wassergehalt darf höchstens 12% betragen, im Durchschnitt 10%, der Aschengehalt maximal 4,4%, der Fettgehalt höchstens 3,3% und der Eiweißgehalt mindestens 86,7%, bezogen auf wasserfreies Kasein.

Zur Neutralisation von 1 g wasserfreiem Kasein dürfen höchstens 13,5 cm³ n/10-Natronlage verbraucht werden.

Zur Prüfung der Boraxlöslichkeit werden 15 g grobgrießig gemahlenes Kasein in einem Becherglas von 200 cm³ mit 60 cm³ reinem Wasser verrührt. Nach wenigstens 2stündigem Quellen wird unter gutem Rühren mit einem Glasstab eine heiße Lösung von 2,3 g Borax (etwa 15% der angewandten Kaseinmenge) in 15 cm³ Wasser hinzugesetzt und das Ganze unter ständigem Rühren innerhalb 10 min in einem Wasserbad von 50° erhitzt. Dabei muß das Kasein allmählich mehr und mehr anquellen und sich endlich fast vollkommen auflösen.

Labkasein löst sich unter diesen Verhältnissen nicht. Schlechtes Säurekasein wird unvollkommen gelöst unter Bildung von Klumpen, die nur anquellen, aber selbst bei sorgfältiger Verteilung nicht in Lösung gehen.

Zur Prüfung des Eiweißgehaltes wird 1 g Kasein mit 20 cm³ stickstofffreier konzentrierter Schwefelsäure unter Zufügung von 1 g Quecksilber oder Kupfersulfat ungefähr 15 min bis zur Lösung erhitzt. Dann werden 20 g stickstofffreies Kaliumsulfat hinzugegeben und weitergekocht. Nach eingetretener Entfärbung wird noch 15 min gekocht, die aufgeschlossene Masse mit 250 cm³ Wasser versetzt und abgekühlt. Danach werden 80 cm³ Natronlauge (spez. Gew. 1,30) und zur Ausfällung des Quecksilbers 25 cm³ einer wäßrigen Lösung von Kaliumsulfid (50 g Kaliumsulfid im Liter), ferner zur Verhütung des Stoßens etwas geraspeltes Zink zugesetzt. Der Kolben wird nun möglichst schnell mit dem Destillationsapparat verbunden und das Ammoniak vollständig abdestilliert, was etwa ½ h dauert.

Die gefundenen Prozente Stickstoff, multipliziert mit dem Kaseinfaktor 6,39, ergeben den Prozentgehalt an asche-, wasser-, fettfreiem Eiweiß im Kasein.

Ferner wird noch häufig der Gehalt an Stärke, Fett und Milchzucker untersucht.

Kaseinkaltleime dürfen nicht weniger als 50% handelsübliches Kasein mit höchstens 12% Wasser enthalten. Sie müssen bei sachgemäßem Verrühren mit der vom Lieferer angegebenen Menge Wasser eine gut streichbare, gleichmäßig cremeartige Masse ohne Knollen geben, die etwa 6 bis 8 h nach dem Anrühren gebrauchsfähig bleiben muß.

c) Blutalbuminleime.

Blutalbumin aus Rinderblut eignet sich für Verleimungszwecke am besten. Rinderblut besteht im Mittel aus 81% Wasser und 19% Trockenmasse, die etwa 10,3% Blutkörperchen (Hämoglobin), 6,5% Serumalbumin und Serumglobulin, 0,5% Fibrinogen und 1,7% Blutzucker, Cholesterin, Fett, Salze usw. enthält. Das in den Schlachthäusern anfallende Rinderblut gerinnt in etwa 1 h in flachen Schalen von rd. 10 l Inhalt. Der dabei entstehende gallertartige Blutkuchen aus Fibrin und Hämoglobin als feste Substanz wird zerkleinert und abtropfen gelassen. Das abtropfende Serum enthält die Eiweißstoffe Blutalbumin und etwas Serumglobulin gelöst und je nach der Dauer dieses Vorganges auch mehr oder weniger Blutfarbstoffe, wodurch es feuerrot bis schwarz wird.

Zur Gewinnung heller Albuminsorten sind mechanische Serumabscheider konstruiert worden, von denen der der Akt.-Ges. *Hering*, Nürnberg, der bekannteste ist.

Das Serum wird dann noch mittels Filterpressen gereinigt und sorgfältig getrocknet.

Der feste Blutanteil, der in den Abtropfschüsseln bzw. im Serumabscheider zurückbleibt, wird zur Erschöpfung der Reste mit Wasser weiter behandelt und liefert das sog. *Schwarzalbumin*, welches meistens für die Verleimungszwecke verwendet wird[1].

Dieses wird in trockenem Zustand in Form unregelmäßiger Blättchen oder als Pulver gehandelt und nach seiner Färbung als Hell-, Braun- oder Schwarzalbumin bezeichnet. Letzteres wird als billigstes meist zur Leimbereitung verwandt. Es muß frei von Geruch nach verfaultem Blut sein.

Der Grad der *Wasserlöslichkeit* erlaubt Rückschlüsse auf die Herstellungsweise und den Alterungsgrad des Albumins. Er wird nach der „Papierfiltermethode" so bestimmt, daß von einem fein gepulverten Durchschnittsmuster etwa 2,5 g auf der analytischen Waage genau abgewogen und in ein 250 cm³ Maßkölbchen gebracht werden. Man übergießt es mit 200 cm³ Wasser von 20 bis 30° C und läßt unter mehrfachem, vorsichtigen Umschütteln etwa 16 h stehen. Dann filtriert man durch ein bei 95 bis 100° bis zur Gewichtskonstanz getrocknetes und gewogenes, quantitatives Filter und spült mit Wasser unter vorsichtiger Anwendung der Saugpumpe so lange nach, bis alle auf dem Filter noch vorhandenen, löslichen Anteile ausgewaschen sind. Schließlich wird bei 95 bis 100° bis zur Gewichtskonstanz getrocknet. Der Gehalt an Wasserunlöslichem, auf die Einwaage bezogen, soll nicht größer als 5% sein.

Für die Holzverleimung bietet die Kalkhydratprobe gute Anhaltspunkte. Dazu stellt man zwei Lösungen her:

a) 10 g Blutalbumin werden in einer Porzellanschale mit 40 cm³ Wasser von 20 bis 30° übergossen und unter häufigem Umrühren 3 h stehen gelassen.

b) 1 g frisches, carbonat- und magnesiafreies Kalkhydratpulver wird mit 10 cm³ Wasser und unter Umrühren mit weiteren 40 cm³ Wasser versetzt.

Diese Kalkmilch b) wird hierauf unter beständigem Umrühren in die Albuminlösung a) gegossen, die nunmehr innerhalb 2 h sorgfältig auf ihre Konsistenz beobachtet wird, wobei alle Eigentümlichkeiten der Gallerte (sirupartig, dick, extraktähnlich usw.) unter Angabe der Zeit in Minuten im Prüfungsbuch niedergelegt werden.

Vereinbarungen über den Wassergehalt sind bisher noch nicht getroffen worden; doch liegt der Trockenverlust im allgemeinen zwischen 10 und 13%.

2. Pflanzeneiweißleime.

Die *Pflanzeneiweißleime*[1] werden entweder aus Weizenkleber oder Sojaeiweiß hergestellt. Der Weizenkleber, der zu etwa 10% im Weizenkorn vorkommt, besteht etwa zur Hälfte aus dem in Alkohol löslichen Gliadin und einem Gemenge von mindestens 2 Proteinen, die das Glutin bilden, welches ähnlich wie Kasein eine im Alkali lösliche Proteinsubstanz nicht genau geklärter Zusammensetzung ist.

In wesentlich größerem Umfange werden *Sojaleime*[2] hergestellt, und zwar in Amerika hauptsächlich als Sojamehl, da dort das Sojaöl einfach durch Verpressen gewonnen wird.

In Deutschland wird das Sojaöl vorwiegend durch die wesentlich erschöpfender arbeitende Extraktion gewonnen. Das verbleibende Sojaschrot, das nur wenig Öl enthält, wird mit verdünnten Alkalien extrahiert und aus dieser Lösung das Sojaeiweiß, das im Verhalten große Ähnlichkeit mit dem Milchkasein besitzt, beim isoelektrischen Punkt mit Säuren ausgefällt.

---

[1] Vgl. Fußnote 3, S. 714.
[2] LAUCKS, J. F. u. G. DAVIDSON: Uses and Limitations of Oil-Seed-Residue Glues. Furniture Mfr. 40, Nr. 2, S. 21—23. 2. 8. 33.

Für die Pflanzeneiweißleime sind noch keine einheitlichen Prüfungsmethoden ausgearbeitet worden.

· 3. Vegetabilische Leime.

Die *vegetabilen Stärke- und Dextrinleime*[1] bestehen aus polymeren Kohlehydraten der Formel $(C_6H_{10}O_5)_n$, die in der natürlichen Stärke in den zwei Hauptgruppen *Amylose* und *Amylopektin* vorhanden sind. Die Amylopektine, die gegenüber Alkalien, Salzsäure usw. widerstandsfähiger sind, stellen den den Kleister bildenden Anteil der Stärke dar.

Die weiteren Bestandteile, Wasser, Eiweiß, Fett und Mineralien sind für die Leimgewinnung ohne Bedeutung, mit Ausnahme des Gehaltes an Phosphorsäure, welche vollständig an das Amylopektin gebunden ist. Die Herstellung der technisch gebrauchten Kleister, pflanzlichen Dextrine und Stärkeleime beruht auf mehr oder minder weitgehenden Abbauprozessen durch chemische Einwirkung oder Druckerhitzung, die im Schema und durch die folgende Zahlentafel gezeigt werden.

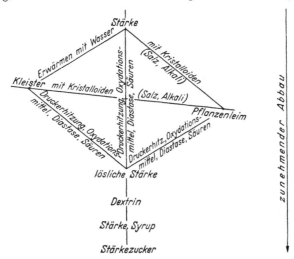

Sorten	Grenzzahlen fur	
	Wassergehalt %	wasserfreie Bindesubstanz %
1. Pflanzenleime:		
a) Industrieleime, alkalische und neutrale Pflanzenleime	75—85	25—15
b) Malerleime	75—85	25—15
2. Kaltleime:		
a) Alkalische Kaltleime (sog. Schnellbinder) . . .	40—55	60—45
b) Neutrale Kaltleime	30—40	70—60
3. Kleister:		
a) Buchbinderkleister	75—85	25—15
b) Bodenkleber	70—85	30—15
c) Tapetenkleister	75—85	25—15
4. Trockenleime	etwa 90	

Die Prüfverfahren für diese sehr zahlreiche Gruppe sind in den RAL-Lieferbedingungen 280 A festgelegt; wobei insbesondere auf die Wasserstoffionen-

[1] Vgl. Fußnote 3, S. 714.

konzentrationen und den Gehalt an trockner Bindesubstanz Wert gelegt wird. Grenzzahlen für einen Teil der wichtigsten Leime dieser Gruppe sind in der Zahlentafel S. 719 enthalten.

Wegen der Vielseitigkeit der vegetabilischen Leime sind bisher noch keine eindeutigen Beziehungen zwischen Klebkraft und Viskosität ermittelt worden, so daß man einstweilen von einer Empfehlung der Viskositätsbestimmung absehen muß.

Stärkeleime sind meist weiß und geben mit Jod-Jodkaliumlösung blaue bis violett dunkle Färbungen, die zugleich einen Anhaltspunkt für den bei der Herstellung des Stärkeleimes erzielten Abbau der Stärke ergeben, welche durch das Verhalten des Leimes in Substanz gegen FEHLINGsche Lösung ergänzt wird, wie es das folgende Schema angibt:

Probe	Verhalten zur Jod-Jodkaliumlösung	FEHLINGsche Lösung
Stärkekörner unverändert	Blaufärbung	keine Reduktion
Stärkekleister	Blaufärbung	keine Reduktion
Amylodextrine (lösliche Stärke)	blaue bis violette Färbung	keine Reduktion
Erythrodextrine (handelsübliche Dextrine)	rote bis rotbraune Färbung	geringes Reduktionsvermögen
Achroodextrine	keine Färbung	stärker reduzierend
Maltose	keine Färbung	stark reduzierend

4. Pflanzengummi.

Die Klebstoffe aus *Pflanzengummi und Pflanzenschleim*[1] sind Sekrete, die ebenso wie die Harze als natürliche Bestandteile der Gewebe oder in meist größerer Menge bei Verletzung derselben entstehen und dabei die Wunden schließen. Sie stehen den Pektinstoffen nahe, welche hauptsächlich Araban und Kalziummagnesiumsalze der Pektinsäure enthalten. Sie besitzen keine größere technische Bedeutung; selbst das früher stark verbreitete Gummiarabikum, welches ein Komplexsalz der Arabinsäure ist, ist weitgehend durch die billigeren und leichter beschaffbaren Dextrine verdrängt worden.

Ferner gehören in diese Gruppe Kirschgummi, Pflanzenschleime wie Gummitraganth, Agar-Agar usw.

5. Naturharzleime.

Die *natürlichen Harze*[1] werden in physiologische, die unter normalen Bedingungen entstehen, und pathologische, Harze eingeteilt, die sich auf Verwundungsreize hin bilden.

Ferner unterscheidet man rezente Harze, die zur Zeit gebildet und gewonnen werden, rezentfossile (gewisse Kopale) und fossile (Bernstein). Es handelt sich bei ihnen um sehr komplexe Mischungen von Harzalkoholen, Harzsäuren, Harzestern und Resenen, die gegen Alkalien unempfindlich sind.

In großem Umfange finden sie in der Papierfabrikation Anwendung, ferner bei der Herstellung von Harzkitten, z. B. Brauerpech, Schusterpech usw. und von Mischleimen aller Art.

Naturharzleime ergeben die Farbenreaktion nach LIEBERMANN-STORCH.

Die pulverisierte Probe wird dazu mit 70%igem Alkohol ausgekocht, in eine flache Porzellanschale filtriert und das Filtrat darin vom Rand her vorsichtig mit etwas Schwefelsäure vom spezifischen Gewicht 1,53 vermischt. Dabei tritt eine violettrote Färbung auf, die nach einiger Zeit wieder verschwindet.

---

[1] TSCHIRCH u. E. STOCK: Die Harze, die botanischen und chemischen Grundlagen und Kenntnisse über die Bildung, die Entwicklung und die Zusammensetzung der pflanzlichen Exkrete. 3. Aufl. Berlin: Gebr. Borntraeger 1932—1936.

Wenn man die Auskochung mit Azeton durchführt und sonst gleich verfährt, zeigt eine hellrote beständige Färbung, die nach dem Verschwinden der violetten Färbung von Kolophonium noch andauert, auf Kumaronharz und eine bläulich-grüne, langsam in grün umschlagende Färbung auf Vinylpolyvinylharz[1].

6. Kautschukklebstoffe.

Die *Kautschukklebstoffe*, die ähnlich wie die physiologischen Harze gewonnen werden, haben ebenfalls in der Leimtechnik noch keine sehr große Bedeutung erlangt, obwohl sie eine Reihe wertvoller Eigenschaften besitzen. Der insbesondere aus den verschiedenen *Hevea*-Arten gewonnene Milchsaft (Latex) ist eine Dispersion von Kautschukkohlenwasserstoffen $(C_5H_8)_x$ in einer wäßrigen Lösung, die geringe Mengen von Eiweiß, Harzen, Zucker und Mineralien enthält und neutrale bzw. ganz schwach alkalische Reaktion hat. Aus ihr koagulieren bei Ansäuerung, die meist durch Bakterienwirkung spontan eintritt, die tropfenförmigen Kautschukteilchen. Durch mechanisches Auswalzen, das sog. Mastizieren, werden die Kautschukteilchen zum Teil verletzt, wodurch eine Abnahme der elastischen Eigenschaften, aber eine starke Zunahme der klebenden Eigenschaften eintritt. Deshalb verwendet man für Kautschukkleblösungen meist vorgekneteten Kautschuk und paßt die Viskosität der Lösung dem Verwendungszweck zum Teil auch durch die Wahl des Lösungsmittels, welches die Viskosität stark beeinflußt, an. Die Kautschukklebmittel haben wohl in der Schuhindustrie, dagegen noch kaum im Bauwesen, Bedeutung erlangt, weshalb wir hier auf ihren sehr komplizierten chemischen Aufbau und ihre weitere Verarbeitung, Vulkanisation, nicht weiter eingehen.

7. Zelluloseester.

Die *Zelluloseesterklebstoffe* bauen entweder auf der Basis von Zelluloid, Nitrozellulose, Azetylzellulose oder Zelluloseäthern auf.

Die Zellulose- und Nitrozelluloseklebstoffe werden meist in der Schuhindustrie verwandt und besitzen zum Teil recht günstige Eigenschaften bezüglich Festigkeit, Geschmeidigkeit und Beständigkeit gegen Wasser und Kohlenwasserstoffe. Zum Teil werden sie auch zur Herstellung von sog. plastischem oder flüssigem Holz verwandt.

Die Azetylzelluloseabkömmlinge, die auch als Film hergestellt werden, geben gute wasserfeste Verleimungen. Auch Xanthogenate und Äther der Zellulose sind als Klebstoffe in Folien und in flüssiger Form versucht worden, doch haben sie für das Bauwesen keine Bedeutung erlangt.

8. Kunstharzleime.

Die *Kunstharzleime*[2] sind im Gegensatz dazu für unsere Leimversorgungsindustrie von der allergrößten Wichtigkeit geworden. Für das Bauwesen kommen in Deutschland hauptsächlich zwei Gruppen in Betracht. Die älteste ist die der Phenolformaldehydkondensationsprodukte, die durch gleichzeitige Anwendung von Hitze und Druck in den Resitzustand übergehen, in dem sie vollkommen widerstandsfähig gegen kaltes und kochendes Wasser, Kleinlebewesen, sonstige Witterungseinflüsse und die meisten chemisch angreifenden Lösungen sind.

Von ihnen hat der *Tegoleimfilm* der Th. Goldschmidt AG. Essen, die wertvolle Pionierarbeit auf diesem Gebiet leistete, umfangreiche Anwendung in

---

[1] FISCHER, EMIL J.: Laboratoriumsbuch für die organischen plastischen Kunstmassen. Halle: Wilhelm Knapp 1938.
[2] Vgl. Fußnote 1, S. 712.

der Sperr- und Schichtholz-, sowie Möbelindustrie gewonnen. In manchen Verwendungsgebieten bildet der Umstand, daß die Leimfugen auf 135 bis 140° erwärmt werden müssen, ein Hindernis. Dies ist z. B. wegen der geringen Wärmeleitfähigkeit des Holzes quer zur Faser bei sehr dickwandigen Bauteilen, Schwellen usw. der Fall.

In technisch sehr interessanter Weise hat das Tegowiroverfahren diese Lücke geschlossen, in dem es die nötige Abbindetemperatur in der Leimfuge selbst durch elektrischen Strom erzeugt. Dadurch wird die Feuchtigkeit an den Verbindungsflächen zurückgedrängt und die Möglichkeit geschaffen, auch nasses Holz mit Sicherheit zu verleimen, was bisher mit keinem anderen Verfahren möglich war.

Auch flüssige Phenol-Formaldehydvorkondensate werden — wenn auch nicht in so großem Umfange — zur Verleimung von Hölzern untereinander und mit anderen Baustoffen verwandt, wobei man durch Hinzugabe sog. Härter die Abbindetemperaturen herabsetzen kann. Bei abnehmender Dicke der zu verleimenden Furniere kommt die imprägnierende Wirkung zur Geltung, die sich sowohl in einer Erhöhung und Ausgleichung der Festigkeitseigenschaften, wie auch in einer Steigerung der Widerstandsfähigkeit gegen chemisch angreifende Lösungen und schließlich in einer starken Verminderung und Verzögerung der Quellungseigenschaften äußert. Die Verbindung dieser Wirkungen mit der Erhöhung der Festigkeitseigenschaften durch Verleimung des Holzes führte zu sehr interessanten Werkstoffen, die Leichtmetalle mit Vorteil ersetzen können und uns in manchen Fällen von der Einfuhr hochwertiger Überseehölzer unabhängig machen.

Die zweite wichtige Gruppe der Kunstharzleime ist die der Harnstoff- und Thioharnstoff-Formaldehydkondensationsprodukte, unter denen der *Kauritleim* der I.G. Farbenindustrie bei weitem an erster Stelle steht. Seine Abbindung erfolgt je nach der Zusammensetzung der sog. Härter (mehr oder minder stark dissoziierender saurer Salze) sowohl in der Hitze (und zwar bei der in der Sperrholzindustrie allgemein üblichen Preßtemperatur von 90 bis 100°) rasch oder aber bei gewöhnlicher Raumtemperatur langsamer. Er bietet daher die bestmögliche Anpassung an die Arbeitsweisen des Handwerkes und der Bauindustrie. Er ist wie die Phenol-Formaldehydkunstharzleime vollständig unempfindlich gegen die Einwirkung von Wasser, Witterungseinflüssen und Kleinlebewesen und bietet daher die Möglichkeit, die Vorteile der Holzverleimungen im Bau im größten Umfange anzuwenden. Dies ist von einigen Firmen des Holzingenieurbaues sowie bei der Herstellung größerer Hallen für den Reichsarbeitsdienst bereits mit bestem Erfolg geschehen.

Wo sich wegen der Größe und Form der Bauteile der benötigte Preßdruck nur schwierig gleichmäßig herstellen läßt, besteht die Möglichkeit, den Verleimungsdruck durch Nagelung zu erzielen. Dabei genügen etwa die Hälfte der Nägel, die für eine reine Nagelverbindung notwendig sind.

Die dritte Gruppe der Kunststoffleime besteht aus Polyvinyl- und Polyakrylsäurederivaten, die bisher noch keine große industrielle Bedeutung erlangen konnten.

Folien aus Polyvinylestern bieten bei durchaus befriedigender Trocken- und Naßfestigkeit den großen Vorteil einer hohen Plastizität und Biegefähigkeit, wodurch die so verleimten Sperrhölzer eine gesteigerte Arbeitsaufnahme erhalten. Man kann daher Sperrplatten, die aus mit Polyvinylesterfolien verleimten Furnieren bestehen, ohne weiteres bei verhältnismäßig geringem Druck einem Ziehverfahren unterwerfen und zu schwierigen Formteilen, wie z. B. Flugzeugtragflächen, Kugelkalotten, U-förmigen Profilen usw. pressen. Derart hergestellte Platten lassen sich bis zu 180° ohne Bruch zusammenbiegen. Es erschließen sich dadurch für die Massenherstellung der Flugzeugindustrie neue Konstruktionsmöglichkeiten, die eine eingehende Erforschung durchaus verdienen.

Die Glyptale, Kondensationsprodukte aus Phthalsäure und Glyzerin, bei denen mehrbasische Säuren als Kontaktstoffe verwendet werden, sind bei höheren Temperaturen bis 600° stabil und dienen in der Elektroindustrie als Bindemittel für Glimmer an Stelle von Naturharzen.

Im Beginn ihrer industriellen Verwendung stehen Kunstharzleime auf der Basis von Anilin- und Melaminharzen, die den Vorteil besitzen, daß sie ohne weitere Zusätze nur in Wasser eingerührt werden.

Für die Kunststoffleime sind bisher noch keine Einheitsuntersuchungsmethoden ausgearbeitet worden. Eine verhältnismäßig einfache Vorprüfung ergibt die langsame starke Erhitzung der bis zur Pulverform zerkleinerten Masse im Reagensglas:

1. Geruch nach Phenol oder Kresol und zugleich mehr oder weniger deutlich nach Formaldehyd weist auf Phenoplaste hin, eventuell bei schwarzen Massen auch auf einen Gehalt an Teerpech.

2. Geruch nach verbrannten Haaren oder Federn zeigt Eiweißleime an.

3. Geruch nach Ammoniak zeigt Harnstoffharze an.

4. Geruch nach Essigsäure zeigt Zelluloseazetate an.

5. Stechender Geruch nach Salzsäure Polyvinylchlorid und Chlorkautschuk.

6. Geruch nach Phthalsäureanhydrid (Vergleichsprobe mit reinem Phthalsäureanhydrid) und weißer kristallinischer Beschlag im oberen Teil des Reagensglases Glyptale.

7. Geruch nach Schwefelammonium beim Erwärmen mit verdünnter Salzsäure Thioharnstoffe.

Die weitere chemische Untersuchung der Kunststoffleime würde hier zu weit führen, doch sei nur noch darauf hingewiesen, daß der beste Nachweis der Harnstoff-Formaldehydkondensationsprodukte die quantitative Bestimmung des Stickstoffgehaltes nach KJELDAHL ist.

C. Prüfung der Verleimungen.

1. Chemische Prüfung.

Wesentlich schwieriger ist die Feststellung einer Leimsubstanz, wenn man nur eine fertig abgebundene verleimte Holzprobe vor sich hat. Das Verhalten kleiner Proben etwa in den Abmessungen der später zu besprechenden Sperrholzproben gegen kaltes und kochendes Wasser ergibt bereits wertvolle Anhaltspunkte:

Wenig widerstandsfähig gegen kaltes Wasser sind Stärkeleime, Glutinleime und Pflanzeneiweißleime.

Die Glutinleime ergeben dann auch die bekannte Xanthoproteinreaktion, die auch bei Kasein auftritt, nämlich die Gelbfärbung beim Übergießen mit konzentrierter Salpetersäure, die durch einen folgenden Zusatz von Alkali tief orangegelb wird.

Für die Durchführung dieser Farbreaktionen auf Holz ist eine große Erfahrung und ein Vergleich mit gleich verleimten Stücken derselben Holzart notwendig. Die Glutinleime ergeben dann noch beim Versetzen mit wenig Kupfersulfatlösung und überschüssiger starker Natronlauge die Biuretreaktion, nämlich blauviolette bis rotviolette Färbungen, kaum dagegen die MILLONsche Reaktion, die sehr stark bei Kasein und Sojaeiweiß eintritt.

Für Pflanzeneiweißleime sind bisher noch keine spezifischen Reaktionen bekannt geworden, die ihre Erkennung in dünner Schicht auf dem Holz einwandfrei sicherstellen.

Kaseinleime und insbesondere Blutalbuminleime sowie deren Gemische sind gegen kaltes Wasser lange widerstandsfähig, Blutalbuminleime auch gegen kurzes Kochen, doch gehen sie sämtlich bei längerer und wiederholter Einwirkung von Wasser auf[1]. Die meist sehr hellen Kasein- und Sojaeiweißverleimungen ergeben mit MILLONs Reagenz übergossen und über offener Flamme vorsichtig auf etwa 50 bis 80° erwärmt, eine charakteristische ziegelrote Färbung.

Blutalbuminleime sind meist durch eine rot- bis braunschwarze Färbung gekennzeichnet. Mit Wasserstoffsuperoxyd übergossen, ergeben sie durch Sauerstoffentwicklung eine deutliche Schaumbildung. Dabei muß allerdings beachtet werden, daß diese Schaumbildung auch bei anderen Leimen, die mit Ätzkalk angemacht sind, also insbesondere Kaseinleime, auftritt.

Ferner kann man durch Ausziehen mit Eisessig mit etwas wäßriger 70%iger Chloralhydratlösung die Guajakreaktion vorbereiten. Man überschichtet dazu den so hergestellten Auszug mit einigen Tropfen einer Lösung von 15 cm³ ozonisiertem Terpentinöl oder einigen Tropfen einer Lösung von 15 cm³ 3%igen Wasserstoffperoxyds in 25 cm³ Alkohol, 5 cm³ Chloroform und 1,5 cm³ Eisessig. Dabei tritt in der Berührungszone Blaufärbung auf. Bei mikrochemischer Arbeit kann man auch die TEICHMANNschen Häminkristalle auf dem Objektträger erzielen.

Wird die Einwirkung von Wasser abwechselnd mit Wiederantrocknen unbeschränkt und ohne Nachlassen der Verleimungsscherfestigkeit unter etwa 15 kg/cm² ertragen, so liegt eine Kunstharzverleimung vor.

Dabei kann man dann noch nach der Kochbeständigkeit die Phenol-Formaldehydkondensationsprodukte von den anderen Kunstharzleimen unterscheiden, da sie die größte Kochbeständigkeit besitzen.

2. Mechanische Untersuchung.

Die mechanische Untersuchung der Fugenfestigkeit oder Leimscherfestigkeit, die meist, wenn auch nicht ganz richtig, in der Praxis kurz als Leimfestigkeit bezeichnet wird, bildet nicht nur eine wesentliche Unterstützung der chemischen Prüfung, sondern hat auch dadurch einen großen praktischen Wert, da sie die Berechnungsgrundlagen für den Konstrukteur liefert, der mit verleimten Hölzern arbeitet.

Da bei diesen Prüfungen die Holzfestigkeit stets eine bedeutende Rolle mitspielt, können die Werte nicht ohne weiteres verglichen werden. Für Glutinleime sind im allgemeinen Hirnholzverleimungen üblich, die natürlich wesentlich höhere Werte liefern, als die für Kaltleim üblichen Sperrholzscherproben.

Die in Deutschland meist verbreitete Probe für Glutinleime wurde von RUDELOFF[2] angegeben. Dazu werden mindestens 5 Probekörper aus gesunden Rotbuchenbohlen von 185 mm ursprünglicher Länge auf 125 mm Breite und 50 mm Dicke ausgehobelt. Die Hirnenden werden dann paarweise mit der 30-, 35- und 40%igen Leimlösung nach Vorwärmung bestrichen, über Kreuz aufeinandergesetzt und 24 h lang mit einem spezifischen Preßdruck von 5 kg/cm²

---

[1] RENDLE, B. J. u. G. J. FRANKLIN: Note of Differentiation of Casein and Blood-Albumin-Glues in Plywood by Means of Microscope. Soc. Chem. Industry-J. (Trans- and Communications) Bd. 55 (1936) Nr. 16, S. 105.

[2] RUDELOFF, M.: Prüfung von Tischlerleim auf Bindekraft. Mitt. kgl. Mat.-Prüf.-Amt Berlin Bd. 36 (1918) S. 1—2.

belastet. Der Prüfraum wird während dieser Zeit auf 20° und einer relativen Luftfeuchtigkeit von max. 65% gehalten.

Mittels eigener Einspannklauen, deren Spannbolzen kugelig gelagert sind, werden nach 24 h die Proben zerrissen. Trotz peinlichst sorgfältiger Ausführung beträgt die Streuung des Verfahrens $\pm 10\%$. Wenn einzelne Werte mehr als 15% vom Mittelwert abweichen, so wird eine neue Reihe von 10 Einzelmessungen durchgeführt, die dann als maßgebend gilt. Die Fugenfestigkeit nach diesem Verfahren beträgt im Mittel:

bei Hautleimen:	bei Knochenleimen:
in 30%iger Lösung 55 bis 88 kg/cm²	in 30%iger Lösung von 47 bis 66 kg/cm²
in 35%iger Lösung 75 bis 99 kg/cm²	in 35%iger Lösung 62 bis 90 kg/cm²
in 40%iger Lösung 86 bis über 100 kg/cm²	in 40%iger Lösung 69 bis 100 kg/cm²

SAUER[1] schreibt eine Vereinfachung der RUDELOFFschen Probe vor, indem der Prüfkörper von $10 \times 10 \times 70$ mm, die mittels einer feinzahnigen Gehrungssäge halbiert und mit etwa 70° heißem Leim reichlich bestrichen werden, so aufeinandergepreßt wird, daß die vorher zerschnittenen Fasern ihre ursprüngliche Lage wieder einnehmen. Diese Prüfkörper werden in kleine Belastungspressen, deren Federdruck durch eine Stellschraube von 3 bis 10 kg/cm² gehalten werden, eingespannt und darin in einem Raum mit genau konstant gehaltener Luftfeuchtigkeit mindestens 12 h belastet. Es zeigt sich, daß die Dauer der Belastung bis zu 12 h ansteigende Festigkeitswerte ergibt, daß nach dieser Zeit aber ein weiterer Anstieg nicht mehr erfolgt. Die Lagerung der Prüfkörper erfolgt in einem Raum von 55% relativer Luftfeuchte.

Mit Hautleim von 35% und Knochenleim von 45%iger Lösung wurden folgende Fugenfestigkeiten erzielt:

Fugenfestigkeit und Viskosität von Handelssorten.

Nr.	Art des Leimes	Bezeichnung	Viskosität[2] Englergrade	Fugenfestigkeit[3] kg/cm²	
1	Hautleim	El.	4,34	158	
2		Gh.	4,54	156	
3		Sr.	4,80	159	
4		Nl. 3	7,60	195	bei 35%
5		Ls. B	9,58	170	
6		Nl. 2	9,87	184	
7		Ed. A	12,92	181	
8		Ls. C	17,22	167	
1	Knochenleim	Gh.	1,54	145	
2		Ms.	2,32	146	
3		F. 1	2,68	164	
4		Ml.	2,73	164	bei 40%
5		F. II	3,22	184	
6		Sl.	3,29	174	
7		Rg.	3,75	164	
8		K. 19	4,36	150	

Im Forest Products Laboratory in Madison wird eine Blockschermethode angewandt, bei der Ahornklötzchen mit einer Leimfuge von 4 Quadratzollen geprüft werden.

---

[1] SAUER, E. u. E. WILLACH: Über die Bestimmung der Fugenfestigkeit hochwertiger Leime. Kolloid-Z. Bd. 84 (1938) Heft 2, S. 205.
[2] Hautleim: 40° und 17³/₄%; Knochenleim: 30° und 17³/₄%.
[3] Mittel von 10 Einzelwerten.

Sehr weit verbreitet ist sowohl für Glutinleime als auch für andere Leime die ursprünglich in der Deutschen Versuchsanstalt für Luftfahrt für pulverförmige Kaseinkaltleime entwickelte geschäftete Zugprobe[1] (Abb. 1).

Dazu werden Kieferkernholzstreifen von 3 cm Breite und 1 cm Dicke in einem Schäftungsverhältnis 1:4 angewandt und nach Bestreichen mit der Leimlösung so aufeinandergepreßt, daß die Schäftungen sich decken und 12 h in einer Einspannvorrichtung, in der sich die Leimflächen nicht verschieben können, unter normalem Zwingendruck gehalten (∼5 kg/cm²). Die Proben werden dann 6 Tage in einem Raum von etwa 65% relativer Luftfeuchte und 20° gelagert, bevor sie zerrissen werden.

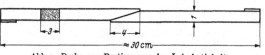

Abb. 1. Probe zur Bestimmung der Leimfestigkeit in der Schäftung.

Dabei muß die Scherfestigkeit in lufttrocknem Zustand 55 kg/cm², nach 24 h Lagerung unter Wasser von Raumtemperatur mindestens 20 kg/cm² und nach Wiederantrocknung mindestens 50 kg/cm² oder 90% der ursprünglichen Scherfestigkeit im lufttrocknen Zustand betragen.

Diese Prüfverfahren werden für den Fahr- und Flugzeugbau allgemein und auch von der „Association International des Registers", der in Deutschland der Germanische Lloyd angehört, verwandt.

Von den vielen weiteren Verfahren für die Leimfestigkeit hat sich nur noch die Sperrholzprüfung in großem Umfange eingeführt, die in Deutschland nach der „Anleitung zur Ermittlung der Leimfestigkeit und des Trockenheitsgrades von Sperrholzplatten" des „Forschungsinstituts für Sperrholz und andere Holzerzeugnisse, e. V." Berlin, durchgeführt wird[2].

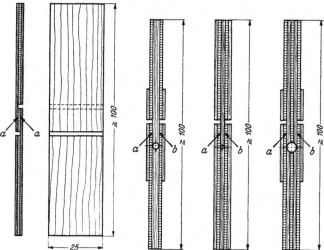

Abb. 2. Probe zur Bestimmung der Leimfestigkeit im Sperrholz.

Abb. 3. Proben zur Bestimmung der Leimfestigkeit in Sperrhölzern.

Danach werden von jeder Probeverleimung mindestens 6 Prüfstäbe in den Dimensionen 100×25 mm entnommen, die bei dreischichtigem Sperrholz bis zu 3 mm Gesamtdicke in der Mitte in einem Abstand von 10 mm Einschnitte durch je zwei Furnierschichten erhalten (Abb. 2).

Um die unsymmetrische Belastung bei dickeren Sperrplatten zu vermeiden, die zu zusätzlichen Biegungsbeanspruchungen führen würde, werden die Proben symmetrisch bis auf die Mittellage eingeschnitten und in einem Abstand von 10 mm durch die ganze Stärke der Mittellage durchbohrt (Abb. 3).

[1] Deutscher Luftfahrt-Ausschuß: Bauvorschriften für Flugzeuge. Vorschriften für die Festigkeit von Flugzeugen, Berlin-Adlershof, Heft 1. Dez. 1936.

[2] Forschungsinstitut für Sperrholz und andere Holzerzeugnisse, e. V.: Anleitung zur Ermittlung der Leimfestigkeit und des Trockenheitsgrades von Sperrholzproben. Berlin 1935.

Bei Tischlerplatten werden die Einlagen ausgestemmt und die Deckfurniere so eingeschnitten, daß nur eine tragende Fläche von insgesamt 5 cm² überbleibt (Abb. 4 und 5).

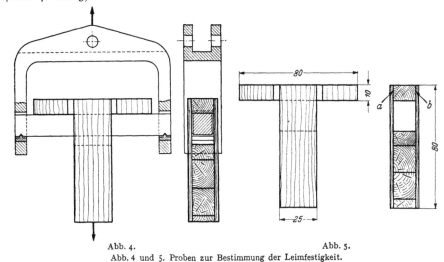

Abb. 4.   Abb. 5.
Abb. 4 und 5. Proben zur Bestimmung der Leimfestigkeit.

Für das Gütezeichen der Fachuntergruppe Sperrholz- und Holzfaserplattenindustrie[1] werden folgende Gruppen des Sperrholzes unterschieden, die nachstehend mit den vorgeschriebenen Mindestleimfestigkeiten angeführt sind:

	Leimfestigkeit kg/cm²
1. bei den Furnierplatten:	
Feuchtfeste Furnierplatten:	
in lufttrocknem Zustand	20
nach 48stündiger Einlagerung in kaltes Wasser.	7,5
Wasserfeste Furnierplatten:	
in lufttrocknem Zustand	20
nach 96stündiger Einlagerung in kaltes Wasser.	15
Kochfeste Furnierplatten	
in lufttrocknem Zustand	20
nach 1stündigem Kochen in nassem Zustand.	10
nach Wiederantrocknen innerhalb 72 h	15
2. bei den Tischlerplatten:	
Trockenfeste Tischlerplatten:	
in lufttrocknem Zustand	15
Feuchtfeste Tischlerplatten:	
in lufttrocknem Zustand	15
nach 48stündiger Einlagerung in kaltes Wasser.	5
Wasserfeste Tischlerplatten:	
in lufttrocknem Zustand	15
nach 96stündiger Einlagerung in kaltes Wasser.	10

Außerdem findet noch öfters eine Prüfung der Biegefähigkeit von verleimten Sperrplatten statt, die so durchgeführt wird, daß die Sperrplatten im lufttrocknen Zustand um halbkreisförmig abgerundete Holzkörper von jeweils um 10 mm abnehmendem Abmesser gebogen werden, bis Bruch eintritt.

---

[1] Fachuntergruppe Sperrholz- und Holzfaserplattenindustrie der Wirtschaftsgruppe Holzverarbeitende Industrie: Zeichensatzung für das Gütezeichen der Fachuntergruppe Sperrholz- und Holzfaserplattenindustrie. Forschungsinstitut für Sperrholz und andere Holzerzeugnisse, e. V. Berlin 1939.

3. Biologische Prüfung.

Für die Verwendung im Fahr- und Flugzeugbau, sowie unter ungünstigen klimatischen Verhältnissen (Tropen) hat sich noch die Prüfung der Widerstandsfähigkeit gegen die Einwirkung von Schimmelpilzen als wichtig erwiesen[1]. Dazu werden normale Sperrholzprüfkörper von $100 \times 25 \times 3$ mm benutzt, die bereits die Einschnitte durch je 2 Furnierlagen in 10 mm Abstand besitzen. Sie werden erst nach 8tägiger Lagerung im feuchtigkeitsgesättigten Raum geprüft, dann auf Schimmelkulturen von rohen Kartoffelscheiben gelegt, die sich in einem luftdicht abgeschlossenen Glaskasten über flachen Wasserbecken befinden, und jeweils an den angeschnittenen Stellen noch mit einer angeschimmelten Kartoffelscheibe bedeckt. Aus diesen Proben werden nach 14 Tagen, 4 Wochen und 6 Wochen gleich viele entnommen und in feuchtem Zustand zerrissen.

Dabei zeigte es sich, daß alle Naturleime (Glutinleime, Albumin, Kasein und Pflanzenleim) bereits nach 14 Tagen zerfallen waren, während nur die reinen Kunstharzleime oder solche mit einem geringen Zusatz von Streckungsmitteln, der gleichzeitig die Sprödigkeit dieser Verleimung wesentlich vermindert, nach 6 Wochen noch die ursprüngliche Festigkeit in feuchtem Zustand besaßen.

Für die Verleimung nicht genau bearbeiteter Holzteile spielt das Verhalten dicker Leimkörper bei der Austrocknung eine wichtige Rolle. Zur Prüfung dieses Verhaltens werden nach dem Vorschlag von Klemm Kuchen von 140 mm Dmr. und 10 mm Dicke hergestellt, die bei normaler Luftfeuchtigkeit bis zu 200 h weiter beobachtet werden[2].

Die Zusammenfassung dieser Prüfungsverfahren muß sich nach dem Verwendungszweck der einzelnen Verbindungen richten.

Weitere Literatur.

Alexander, J.: Glue and Gelatin. Chem. Catalog Co., New York 1923.

Blankenstein, C. (AWF): Leimen von Holz. Holzbearbeitung Bd. 3. Leipzig: Teubner 1937.

Bittner-Klotz: Furniere-Sperrholz-Schnittholz. Werkstattbücher Heft 76. Berlin: Julius Springer 1939.

Hermann, A. u. J. Koester: Aus der Praxis der Leimfestigkeitsprüfung von Sperrholzplatten. Masch.-Bau Betrieb Bd. 14 (1935) Nr. 5, S. 161—162.

Kraemer, O.: Aufbau und Verleimung von Flugzeugsperrholz. Luftf.-Forschg. Bd. 11 (1934) Nr. 2.

Krumin, P.: Einige Untersuchungen über Furnierverleimung mit Kasein und Albumin. Angew. Chem. Bd. 48 (1935) Nr. 14, S. 212—215.

Mörath, E.: Verleimung von Sperrholz. Chem.-Ztg. Bd. 62, Nr. 34 (1938) S. 293—294.

Mörath, E. u. H. Mertz: Untersuchungen über die günstigsten Bedingungen bei Leimverbindungen. Mitt. Fachaussch. Holzfragen Heft 14 (1936).

Ohl, F.: Organische Leime und Klebstoffe aus deutschen Rohstoffen. Gelatine, Leim, Klebstoffe Bd. 6 (1938) S. 111.

Rudeloff, M.: Untersuchungen von Tierleim. Mitt. kgl. Mat.-Prüf.-Amt, Berlin Bd. 37 (1919) S. 1—2.

Sauer, E.: Knochenleim. In Gerngross-Goebel S. 171—177. Kolloid-Z. Bd. 133 (1915).

Schulze, B. u. E. Rieger: Über den getrennten Nachweis von Tierleim und Kasein im Papier. Wbl. Papierfabr. Nr. 21 (1934) S. 871.

Teranes, S. R.: Methods of Testing Animal Glues. Wood-Woker Bd. 56 (1937) Nr. 3, S. 42.

Thiele: Leime und Gelatine. 22. Aufl. Leipzig 1922.

Wittka, F.: Protein und Leim aus Soja. Kunstdünger u. Leim Bd. 35 (1938) S. 113 bis 118.

---

[1] Mörath, E.: Eigenschaften und Verwendung von Kunstharzleimen. Holz als Roh- u. Werkstoff Bd. 1 (1937) Heft 1/2, S. 21.

[2] Klemm, H.: Neue Leimuntersuchungen mit besonderer Berücksichtigung der Kalt-Kunstharzleime. München und Berlin: R. Oldenburg 1938.

XV. Die Prüfung von Teer und Asphalt.

A. Prüfung der Steinkohlenteere und Steinkohlenteeröle als Baustoffe.

Von HEINRICH MALLISON, Berlin.

Einleitung.

Die Bedeutung des Steinkohlenteers und des Steinkohlenteeröls als Bau-Werkstoffe und im Bautenschutz ist in der letzten Zeit erheblich gewachsen, nicht nur als Folge der vervollkommneten Technik ihrer zweckdienlichen Herstellung und Anwendung, sondern auch weil es sich um Werkstoffe handelt, die einer einheimischen Rohstoffquelle, letzten Endes der Steinkohle entspringen. Ausgangsstoff für diese Werkstoffe ist der rohe Steinkohlenteer, wie er in den Kokereien und Gaswerken entfällt.

Rohteererzeugung Deutschlands (in 1000 t).

Jahr	Gasteer	Kokerei-teer	zusammen	Jahr	Gasteer	Kokerei-teer	zusammen	Jahr	Gasteer	Kokerei-teer	zusammen
1927	320	1187	1507	1931	289	911	1200	1935	250	1200	1450
1928	320	1240	1560	1932	240	760	1000	1936	265	1335	1600
1929	325	1425	1750	1933	240	910	1150	1937	299	1592	1891
1930	321	1209	1530	1934	240	1010	1250	1938	320	1700	2020

Das Steinkohlenteerpech macht rd. 50% des Teeres aus, und darum ist es von wirtschaftlicher Bedeutung, diesen Pechentfall nutzbringend zu verwerten. Als Hauptverwendungsgebiet für Pech sind die Steinkohlebrikettierung, der Teerstraßenbau und die Dachpappen- und Isolierindustrie zu nennen. Im Rahmen dieses Abschnittes werden die Prüfverfahren für Steinkohlenteer, Steinkohlenteerpech und Steinkohlenteeröl vom Gesichtspunkt der Bauindustrie und des Bautenschutzes mitgeteilt, die jeweils das Vorliegen eines zweckdienlichen Erzeugnisses gewährleisten.

1. Steinkohlenteer.

a) Straßenbau.

Mit dem Aufkommen des Kraftwagens setzte das Bedürfnis nach einem Bindemittel für den Straßenbau ein, das nicht nur die Staubbildung hintanzuhalten, sondern auch die Gesteine in der Straßendecke dauerhaft zu verbinden vermochte. Roher Steinkohlenteer ist für diesen Zweck wegen seines Wassergehaltes und seiner schwankenden Zähigkeit (Viskosität) unbrauchbar, überdies auch wegen seines Gehaltes an leichtflüchtigen oder wasserlöslichen Bestandteilen. Gerade diese Bestandteile, wie Benzole, Pyridin, Karbolsäure und Naphthalin, die bei der Straßenteerherstellung dem Rohteer entzogen werden, sind wichtige Rohstoffe für die chemische Großindustrie und den Motorenbetrieb. Unter einem „Straßenteer" versteht man demnach einen zubereiteten, praktisch wasserfreien und von unzweckmäßigen Bestandteilen befreiten Steinkohlenteer, dessen Zähigkeit auf den jeweiligen Straßenbauzweck eingestellt ist. Die Straßenteere sind durch die DIN-Vorschriften 1995 (Ausgabe 1938) genormt. Es handelt sich dabei in erster Linie um recht zähflüssige Teere (gegebenenfalls mit Bitumenzusatz), die im Straßenbau in heißem Zustande (80 bis 130°) zu Zwecken der Oberflächenteerung und des Deckenbaues Verwendung finden. Auch Kaltteer ist genormt, während Teeremulsion und Straßenöl nach Sonderverfahren geprüft und beurteilt werden. Die Vorschriften DIN 1995 für die Straßenteere finden sich in der folgenden Zahlentafel:

Zahlentafel 1. Straßenteer.

(Als Straßenteer gilt Steinkohlenteer ohne oder mit Bitumenzusatz[1]. Bei Kurzprüfungen sind die Prüfungen 1, 2 und 4 durchzuführen.)

	Bezeichnung					
	T 10/17	T 20/35	T 40/70	T 80/125	T 140/240	T 250/500
1. Zähigkeit im Straßenteer-konsistometer (10 mm-Düse) bei 30° s	10...17	20...35	40...70	80...125	rd. 140...240[2]	rd. 250...500[2]
bei 40° s					25...40	45...100
Tropfpunkt nach Ubbelohde °					rd. 25...29[2]	rd. 30...35[2]
2. Äußere Beschaffenheit .			gleichmäßig			
3. Bitumenmischprüfung .			siehe Prüfvorschrift			
4. Siedeanalyse bis 350°						
a) Wasser höchstens Gew.-% . .	0,5		0,5		0,5	0,5
b) Leichtöl (bis 170°) höchstens Gew.-% . .	1,0		1,0		1,0	1,0
c) Mittelöl (170 bis 270°) Gew.-%	9...17		2...12		1...8	1...6
d) Schweröl (270 bis 300°) Gew.-%	4...12		4...12		3...10	2...8
e) Anthracenöl (über 300°), umgerechnet, Gew.-%	14...27		16...30		17...27	15...25
f) Pechrückstand, umgerechnet auf 67° Erweichungspunkt K.S., Gew.-%	55...65		58...68		61...69	66...74
g) Erweichungspunkt K.S. des Pechrückstandes höchstens ° .	70		70		70	70
5. Phenole höchstens Raum-% . .	3		3		2	2
6. Naphthalin höchstens Gew.-% . . .	4		3		3	2
7. Rohanthracen höchstens Gew.-% . . .	3		3,5		3,5	4
8. Benzolunlösliches Gew.-%	5...14		5...16		5...18	5...18
9. Wichte bei 25° höchstens	1,22		1,23		1,24	1,25

---

[1] Straßenteer, der andere Stoffe auch nur in geringer Menge enthält, kann mit besonderem Hinweis angeboten werden.

[2] Maßgebend ist die Bestimmung der Zähigkeit im Straßenteerkonsistometer bei 40°. Die Zahlen für die Zähigkeit bei 30° und den Tropfpunkt sind nur zum Vergleich angegeben.

α) Straßenteer.

Wie alle zubereiteten (präparierten) Teere kann man die heiß anzuwendenden Straßenteere als aus Pech und Teeröl zusammengesetzt denken. Das Mengenverhältnis dieser beiden Bestandteile und die Beschaffenheit des Pechs und des Teeröles können verschieden sein. Hiervon hängt sowohl die Zähigkeit des Teeres als auch sein Verhalten auf der Straße ab, und dementsprechend ist auch die Normentafel für die Straßenteere abgefaßt (Zahlentafel 1).

Zähigkeit. Die Zähigkeit ist die wichtigste Eigenschaft des Straßenteers, und ihre zweckdienliche Messung erstes Erfordernis. Nachdem lange Zeit zahlreiche Geräte wie das Engler-Viskosimeter und die Spindeln nach LUNGE[1], HUTCHINSON[2] und E.P.C.[3] im Gebrauch waren, haben sich jetzt, nicht zuletzt dank der Bemühungen der Internationalen Straßenteerkonferenz, die für den Teerstraßenbau wichtigsten europäischen Länder auf die Benutzung des Straßenteerkonsistometers[4] — in England „B.R.T.A.-Viscometer", in Frankreich „viscosimètre international" genannt — geeinigt (Abb. 1). Als Maß für die Zähigkeit gilt die Zeit in Sekunden, die 50 cm³ Teer in diesem Gerät bei der Prüftemperatur zum Auslaufen benötigen. Als Prüftemperatur gelten in Deutschland 30° für die dünnflüssigeren und 40° für die zähflüssigen Teere.

Abb. 1. Straßenteerkonsistometer.

Für sehr zähflüssige Teere war früher die Bestimmung des Tropfpunktes nach L. UBBELOHDE[5] üblich, die jedoch jetzt für die Teere verlassen wurde, weil die Messung ungenau ist und auch kein eigentliches Zähigkeitsmaß liefert[6]. Lediglich für Vergleichszwecke sind in DIN 1995 für die zähflüssigsten Teere noch die Tropfpunktsspannen angegeben.

Hat so die Zähigkeitsfrage für die heiß anzuwendenden Teere in Deutschland und den meisten europäischen Ländern eine einfache Lösung gefunden, so ist doch darauf hinzuweisen, daß die Prüftemperaturen nicht in allen Ländern gleich sind. In Deutschland arbeitet man bei 30 und 40°, während in England auch die Temperaturen 35 und 60° üblich sind[7]. Hier ist noch ein Feld für Vereinheitlichungsbestrebungen gegeben.

[1] LUNGE-KÖHLER: Steinkohlenteer, 5. Aufl., Bd. 1, S. 534.
[2] Engl. Patent 22042; 1911.   [3] MALLISON, H.: Straßenbau Bd. 19 (1938) S. 541.
[4] MALLISON, H.: Asph. u. Teer Bd. 39 (1939) S. 125.   [5] DIN 1995, U. 2.
[6] Jahrbuch für den Straßenbau 1937/38, S. 158. Volk- und Reich-Verlag, Berlin.
[7] British Standard Specification for Tars for Road Purposes. British Engineering Standards Association, London 1930.

Amerika hat sich diesem Vorgehen nicht angeschlossen, sondern prüft die Straßenteere auf Zähigkeit mit dem Engler-Viskosimeter bei 40 und 50°, sowie mittels der Schwimmprüfung (Float-test)[1], bei der die Zeit in Sekunden gemessen wird, nach der ein mit dem Teer unten verschlossener Aluminium-Schwimmkörper in Wasser von 32 oder 50° untersinkt.

Ein von G. H. Fuidge[2] in England vorgeschlagenes Verfahren zur Kennzeichnung der Teere nach ihrer Äquiviskositätstemperatur sei erwähnt. Für den Teer soll zu seiner Kennzeichnung die Temperatur angegeben werden, bei der seine Zähigkeit gleich der eines Teers ist, dessen Ausflußzeit im Straßenteerkonsistometer 50 s bei 30° beträgt.

Die absolute Zähigkeit der Teere in Poisen oder Stokes kann man mit den Viskosimetern nach L. Ubbelohde[3] oder F. Höppler[4] bestimmen. E. O. Rhodes[5] und G. H. Klinkmann[6] veröffentlichten hierzu Umrechnungstafeln.

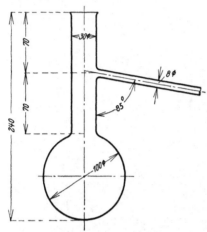

Abb. 2. Destillationskolben für Straßenteer (Länge des seitlichen Ansatzrohres 150 bis 200 mm).

Wassergehalt. Straßenteer wird praktisch wasserfrei geliefert. Die Bestimmung des Wassergehalts geschieht in bekannter Weise durch Destillation unter Xylolzusatz[7], gegebenenfalls unter Verwendung eines selbsttätig arbeitenden Gerätes.

Siedeanalyse. Die Siedeanalyse vermittelt einen Einblick in die chemische Zusammensetzung der Straßenteere und gibt einen Anhalt für die Beschaffenheit und Menge der darin enthaltenen Teeröle und des Peches. Vorgeschrieben ist die Verwendung eines gläsernen Destillationskolbens gemäß Abb. 2. 250 bis 300 g Straßenteer werden in dem Kolben abgewogen und mit einer Geschwindigkeit von 2 Tropfen je Sekunde abdestilliert. Bei den vorgeschriebenen Temperaturen werden die vorgelegten Meßzylinder gewechselt und gewogen. Die Destillation ist bei 350° beendet. Der Pechrückstand wird gewogen und auf seinen Erweichungspunkt nach Kraemer-Sarnow[8] geprüft. Das K.S.-Prüfverfahren ist in DIN 1995 beschrieben. Um den Gehalt des Straßenteeres an einem Pech vom Erweichungspunkt 67° festzustellen, wird eine entsprechende Umrechnung vorgenommen, für die die DIN-Vorschriften ein Beispiel geben. Die Teeröldestillate dienen nach grundsätzlich bekannten Prüfverfahren noch zur Feststellung des Gehaltes an Phenolen, Naphthalin und Rohanthracen.

Benzolunlösliches. Das Benzolunlösliche ist ein bedeutsamer Bestandteil des Straßenteeres. Es ist ein Gemisch hochmolekularer bis rußartiger Kohlen-

[1] Holde: Kohlenwasserstofföle und Fette, 7. Aufl., S. 413. Berlin: Julius Springer 1933.

[2] Soc. Chem. Ind., Apr. 17, 1936, Vol. LV, No. 16, Chem. Ind. Rev. S. 301—309; Standard Methods for Testing Tar and its Products, 2. Aufl., London 1938.

[3] Zur Viskosimetrie. Berlin: Verlag Mineralölforschung 1935.

[4] Chemiker-Ztg. Bd. 57, (1933) S. 62.

[5] Consistency Measurements in the Coal Tar Indusry, published by the Americ. Soc. for Testing Materials. Philadelphia Pa. 1938.

[6] Jahrbuch für den Straßenbau 1937/38, S. 147. Volk- und Reich-Verlag, Berlin.

[7] Schläpfer, P.: Z. angew. Chem. Bd. 17 (1904) S. 52. — DIN 1995 U 15.

[8] Chem. Ind. Kraemer u. Sarnow: Bd. 26 (1903) S. 55; Bd. 37 (1914) S. 220. — Petroleum, Berl., Bd. 7 (1911/12) S. 158. — DIN 1995 U 4.

stoffverbindungen[1]. Die Teerharze verleihen dem Teer Klebekraft, die rußartigen Bestandteile üben eine Füllerwirkung aus.

Wichte. Die Bestimmung der Wichte geschieht bei 25° mit der Spindel oder bei zähflüssigen Teeren mit dem Wägegläschen nach G. LUNGE[2].

Bitumenmischprüfung. Um festzustellen, ob ein Straßenteer gegebenenfalls der späteren Zumischung von Bitumen B 45[3] im Verhältnis 85% Teer: 15% Bitumen oder 70% Bitumen: 30% Teer zugänglich ist, ohne zu inhomogenen Mischungen zu führen, wird die Bitumenmischprüfung nach H. MALLISON durchgeführt[4]. Hierzu mischt man 80 g Straßenteer mit 20 g Bitumen B 45 in der Wärme und stellt fest, ob das Gemisch nach dem Abkühlen und 24stündigen Stehenlassen gleichmäßig aussieht und fadenziehend ist oder aber grieselig-inhomogen ist und keine Fäden ziehen läßt.

β) Straßenteer mit Bitumen.

Die Vorschriften DIN 1995 (Ausgabe 1938) für Straßenteer mit Bitumen (Zahlentafel 2) beziehen sich nur auf Mischungen von 85% Teer und 15% Bitumen B 45, da eine solche Zusammensetzung praktisch üblich ist. Bei Mischungen aus Straßenteer und Bitumen besteht eine sog. Mischungslücke; Mischungen, die zwischen 20 und 70% Bitumen enthalten, neigen zur Inhomogenität, gekennzeichnet durch eine grieselige, mitunter mit Ölabscheidung verbundene Beschaffenheit. Hier handelt es sich nicht um eine mechanische Trennung der Mischungspartner Teer und Bitumen, sondern um eine Ausflockung von Teerharzen durch Mineralöle des Bitumens, eine Störung des kolloidalen Aufbaues der beiden Bindemittel[5].

Zahlentafel 2. Straßenteer mit Bitumen[6].
(Bei Kurzprüfungen sind die Prüfungen 1, 2 und 4 durchzuführen.)

	Bezeichnung			
	BT 40/70	BT 80/125	BT 140/240	BT 250/500
1. Zähigkeit im Straßenteerkonsistometer (10 mm-Düse) bei 30° s . .	40...70	80...125	rd. 140...240[7]	rd. 250...500[7]
bei 40° s			25...40	45...100
Tropfpunkt nach Ubbelohde °...			rd. 25...29[7]	rd. 30...35[7]
2. Äußere Beschaffenheit		gleichmäßig		
3. Erhitzungsprüfung		siehe Prüfvorschrift		
4. Siedeanalyse bis 300°				
a) Wasser höchstens Gew.-% . . .	0,5		0,5	0,5
b) Leichtöl (bis 170°) höchstens Gew.-%	1,0		1,0	1,0
c) Mittelöl (170 bis 270°) Gew.-% .	7...15		1...11	1...7
d) Schweröl (270 bis 300°) Gew.-% .	3...11		3...11	2...9
e) Erweichungspunkt K.S. des Rückstandes höchstens °	45		45	45
5. Phenole höchstens Raum-% . . .	2,5		2,5	2
6. Naphthalin höchstens Gew.-% . . .	3,5		2,5	2,5
7. Wichte bei 25° höchstens	1,17		1,19	1,21

---

[1] MALLISON, H.: Asph. u. Teer Bd. 35 (1935) S. 1001. — ADAM, W. G., W. V. SHANNAN, J. S. SACH: A solvent Method for the Examination of Coal Tars. J. Soc. chem. Ind. Bd. 56 (1937) S. 413, T—422 T.
[2] LUNGE, G.: Z. angew. Chem. Bd. 7 (1894) S. 449; DIN 1995, U 1.
[3] Vorschriften für Straßenbaubitumen, DIN 1995.   [4] DIN 1995, U 20.
[5] MALLISON, H.: Asph. u. Teer Bd. 32 (1932) S. 375. — LI, E.: Diss. T. H. Berlin 1940.
[6] Diese Vorschriften gelten nur für Mischungen von 85 Gew.-% genormtem Straßenteer mit 15 Gew.-% Normenbitumen B 45.
[7] Maßgebend ist die Bestimmung der Zähigkeit im Straßenteerkonsistometer bei 40° Die Zahlen für die Zähigkeit bei 30° und den Tropfpunkt sind nur zum Vergleich angegeben.

Die genormten Straßenteere mit Bitumen müssen äußerlich gleichmäßig und teerartig sein; die Zähigkeit der einzelnen Sorten sind denen der Straßenteere angeglichen. Die Siedeanalyse weicht insofern von der der reinen Teere ab, als nur bis 300° destilliert wird. Der Erweichungspunkt des Rückstandes darf 45° nicht überschreiten. Die Bestimmungen des Rohanthracengehaltes und des Benzolunlöslichen fallen hier fort, während Phenole, Naphthalin und Wichte wie bei den reinen Teeren bestimmt werden.

Der Feststellung, ob ein Straßenteer mit Bitumen nicht nur im Lieferzustande homogen ist, sondern es bei der Beanspruchung beim Bau und auf der Straße auch bleibt, dient die Erhitzungsprüfung nach H. Mallison[1]. Nach dem Erhitzen des Bindemittels unter festgelegten Bedingungen wird geprüft, ob der weichpechartige Rückstand etwa eine deutliche Inhomogenität durch Auftreten einer Ölabscheidung zeigt.

Wichtig ist bei den Straßenteeren mit Bitumen die quantitative Analyse auf den Bitumengehalt. Genormt ist in Deutschland das Sulfonierungsverfahren, darauf beruhend, daß der Teer durch die Einwirkung von konzentrierter Schwefelsäure in der Wärme in wasserlösliche Sulfonsäuren übergeführt wird, während das Bitumen in wasserunlösliche Verbindungen übergeht[2]. Das Verfahren ist ein ausgesprochenes Konventionsverfahren und gibt nur dann richtige Ergebnisse, wenn es genau nach Vorschrift durchgeführt wird. Eine Abweichung von 2% nach unten und 5% nach oben ist für die Analyse zulässig. Das Verfahren genügt den praktischen Bedürfnissen.

Versuche zur Bitumenbestimmung unter Zuhilfenahme der verschiedenen Fluoreszenz von Teer und Bitumen in gelöster Form haben zu keinem Erfolge geführt[3]; dagegen konnte H. Walther[4] zeigen, daß eine recht genaue Analyse durch Messung der Dielektrizitätskonstante möglich ist. F. J. Nellensteyn und Kuipers[5] beschrieben ein Analysenverfahren, aufgebaut auf der unterschiedlichen Ausflockungsfähigkeit der beiden Bindemittel unter Verwendung von Lösungsmitteln verschiedener Oberflächenspannung. Das Verfahren ist in Holland und Dänemark eingeführt.

Sonstige Prüfverfahren für Straßenteere. Obgleich die Prüfung und Beurteilung der Straßenteere nach den Vorschriften DIN 1995 (Ausgabe 1938) den praktischen Erfordernissen genügt, seien einige Vorschläge und Verfahren gestreift, die der näheren, meist mehr physikalischen Prüfung dienen können.

Das Abbinden des Teeres auf der Straße beruht im wesentlichen auf einem Verdunsten leichter siedender Teerölanteile, verbunden mit einer Oxydation und Polymerisation. Mit der Glasplattenprüfung nach P. Herrmann[6] kann man einen Anhalt für die Abbindegeschwindigkeit bekommen. Eingehende Arbeiten auf diesem Gebiet haben auch J. G. Mitchell und D. G. Murdoch[7] durchgeführt, während Sabrou und Renaudie[8] einen sog. Alterungskoeffizienten aufstellten. H. Mallison[9] beschrieb ein Verfahren zur Untersuchung der Abbindegeschwindigkeit mit Hilfe eines Gleitlagergerätes, in dem der Teer als

[1] DIN 1995, U 21.

[2] Marcusson, J.: Die natürlichen und künstlichen Asphalte, 2. Aufl., S. 93. Leipzig: W. Engelmann 1931. — Mallison, H.: Verkehrstechnik Bd. 8 (1928) S. 121.

[3] Becker, W.: Asph. u. Teer Bd. 30 (1930) S. 87. — Teuscher, W.: Chem. Fabrik Bd. 3 (1930) S. 53.

[4] Walther, H.: Mitt. Dachpappenind. Bd. 11 (1938) S. 104.

[5] Nellensteyn, F. J. u. Kuipers: Chem. Weekblad Bd. 29 (1932) S. 291.

[6] Herrmann, P.: Veröffentlichungen des Hauptausschusses der Zentralstelle für Asphalt- und Teerforschung. Berlin: Allgemeiner Industrie-Verlag Knorre & Co. 1937. S. 163

[7] Mitchell, J. G. u. D. G. Murdoch: J. Soc. chem. Ind., Mai 1938.

[8] Sabrou u. Renaudie: Asph. u. Teer Bd. 34 (1934) S. 1009.

[9] Mallison, H.: Asph. u. Teer Bd. 38 (1938) S. 231.

Schmiermittel diente. Allgemein hat sich gezeigt, daß Teere aromatischer Natur eine größere Neigung zum Abbinden (französisch: sèchage; englisch: setting) aufweisen als Tieftemperaturteere und Schwelteere. Nach H. MALLISON kennzeichnen sich die letztgenannten Teere auch durch das Vorhandensein von Paraffinen im Teeröl, nachweisbar mit Hilfe von Dimethylsulfat. Ein Mittel zur Beurteilung von Straßenteeren ist nach F. J. NELLENSTEYN[1] die Zählung der Mikronen, d. h. der unlöslichen Teilchen im Teer, die zwar durch ein Filter gehen, aber unter dem Mikroskop noch gesehen und gezählt werden können; ein guter Straßenteer soll mindestens 10 Mill. Mikronen je mm³ enthalten. Das Prüfverfahren ist in Holland und Dänemark eingeführt, hat aber in Deutschland und anderen europäischen Ländern keinen Eingang gefunden.

Die Aufteilung des Teeres in verschiedenerlei Teerharze mit Hilfe verschiedener Lösungsmittel und die Beurteilung des praktischen Verhaltens des Teeres nach dem Ergebnis dieser Scheidung erfuhr durch W. G. ADAM und Mitarbeiter[2] eine Bearbeitung.

Die Prüfung der Haftfestigkeit der Straßenteere auf dem Gestein bei Wassereinwirkung ist von W. RIEDEL und H. WEBER[3], P. HERRMANN[4], J. OBERBACH[5], K. MOLL[6], A. R. LEE[7], B. KNIGHT[8], W. HARTLEB und SCHULZ[9] u. a. bearbeitet worden. H. MALLISON[10] hat die Einwirkung von Wasser auf Teersplitt untersucht und darauf aufmerksam gemacht, daß namentlich die Zähigkeit und die Strukturausbildung des Teeres für sein Verhalten gegenüber dem verdrängenden Einfluß des Wassers von Bedeutung sind.

γ) Kaltteer.

Unter Kaltteer (Zahlentafel 3) versteht man einen durch Zusatz eines leichtflüchtigen Lösungsmittels kaltflüssig gemachten, an sich zähflüssigen Straßenteer. Der Lösungsmittelgehalt beläuft sich auf etwa 15 bis 18%. Kaltteer dient insonderheit zur Herstellung von Teersplitt für Flick- und Bauzwecke auf der Straße. Die analytische Untersuchung und Beurteilung ist durch DIN 1995 (Ausgabe 1938) genormt und schließt sich der des Heißteeres sinngemäß an. Der Dünnflüssigkeit des Kaltteeres wegen wird die Zähigkeit im Straßenteerkonsistometer mit einer 4 mm-Düse bestimmt, außerdem bei 25°, um einem unzulässigen Verdunsten von Lösungsmittelanteilen vorzubeugen. Wichtig ist für den Kaltteer die Klebeprüfung, die der Feststellung dient, ob der Kaltteer in genügend kurzer Zeit sein Lösungsmittel durch Verdunstung zu verlieren und sein Klebevermögen praktisch zu entfalten vermag. Man mischt 5 g Kaltteer mit 100 g Basaltsplitt in flacher Schale, läßt 24 h an der Luft stehen und prüft den hinterbleibenden Teersplitt auf klebenden Zusammenhalt. Kaltteer ist seiner Natur nach feuergefährlich, so daß beim Umgehen mit ihm auf der Straße freies Feuer fernzuhalten ist.

In Deutschland ist nur *ein* dünnflüssiger, schnellabbindender Kaltteer genormt, mit dem sich alle für ihn in Frage kommenden technischen Aufgaben erfüllen lassen.

[1] NELLENSTEYN, F. J.: Asph. u. Teer Bd. 29 (1929) S. 504. — MALLISON. H.: Asph. u. Teer Bd. 30 (1930) S. 250. — NELLENSTEYN, F. J. u. R. LOMAN: Asfaltbitumen en Teer. Amsterdam: D. B. Centen 1932.

[2] ADAM, W. G.: J. Soc. chem. Ind. Bd. 56 (1937) S. 413.

[3] RIEDEL, W. u. H. WEBER: Asph. u. Teer. Bd. 33 (1933) S. 677.

[4] HERRMANN, P.: Asph. u. Teer Bd. 35 (1935) S. 905.

[5] OBERBACH, J.: Teer u. Bitum. Bd. 34 (1936) S. 271.

[6] MOLL, K.: Teer u. Bitum. Bd. 32 (1934) S. 231; 325.

[7] LEE, A. R.: J. Soc. chem. Ind. Bd. 55 (1936) Nr. 6, S. 23 T bis 29 T.

[8] KNIGHT, B.: Highways and Bridges, Januar 1938.

[9] HARTLEB, W. u. SCHULZ: Forschungsarb. Straßenbau Bd. 3 (1938).

[10] MALLISON, H. u. H. SCHMIDT: Asph. u. Teer Bd. 39 (1939) S. 51.

Zahlentafel 3. Kaltteer[1].
(Bei Kurzprüfungen sind die Prüfungen 1, 2 und 8 durchzuführen.)

1. Äußere Beschaffenheit.	gleichmäßig
2. Zähigkeit im Straßenteerkonsistometer (4 mm-Düse) bei 25° höchstens s	30
3. Siedeanalyse bis 350°	
a) Wasser höchstens Gew.-%	0,5
b) Leichtöl (bis 170°) Gew.-%	10 . . . 18
c) Mittelöl (170 bis 270°) höchstens Gew.-% . .	10
d) Schweröl und Anthracenöl (über 270°), umgerechnet, Gew.-%	16 . . . 32
e) Pechrückstand, umgerechnet auf 67° Erweichungspunkt K.S., Gew.-%	52 . . . 62
f) Erweichungspunkt K.S. des Pechrückstandes höchstens °	70
4. Phenole höchstens Raum-%	3
5. Naphthalin höchstens Gew.-%	3
6. Rohanthracen höchstens Gew.-%	3
7. Benzolunlösliches Gew.-%	4 . . . 16
8. Klebeprüfung	siehe Prüfvorschrift

δ) Teeremulsion.

Man unterscheidet Teer-in-Wasser- und Wasser-in-Teer-Emulsionen. Nur die erstgenannte Art hat praktische Bedeutung gewonnen. Teeremulsionen sind nicht genormt, ihre Untersuchung geschieht nach landläufigen Verfahren. Der Wassergehalt wird durch Destillation mit Xylol bestimmt; der Teer wird aus der Emulsion durch Abdestillieren des Wassers gewonnen und nach den Straßenteervorschriften untersucht. Teeremulsionen sollen gleichmäßig flüssig und lagerbeständig sein und müssen in Berührung mit dem Gestein auf der Straße möglichst bald brechen, d. h. unlöslichen, klebefähigen Teer ausscheiden. Näheres über die Untersuchung solcher bituminösen Emulsionen siehe auch DIN 1995. Die Brechbarkeit der Emulsionen kann nach H. WEBER und BECHLER [2] H. MALLISON [3], A. CAROSELLI [4] und G. H. KLINKMANN [5] geprüft werden. Vgl. auch die Verhandlungen des VII. und VIII. internat. Straßenkongresses in München 1934 und im Haag 1938 [6].

ε) Straßenöl.

Zur Wiederbelebung und Pflege verhärteter oder mürbe gewordener Straßen dient eine Behandlung mit Straßenöl [7], einem verhältnismäßig dünnflüssigen Öl, das im allgemeinen aus Steinkohlenteeröl mit Straßenteerzusatz besteht. Zur Bestimmung der Zähigkeit können die Viskosimeter nach ENGLER oder RÜTGERS [8] oder das Straßenteerkonsistometer (4 mm Düse) dienen, während die Siedeanalyse nach den Straßenteervorschriften erfolgen kann.

---

[1] Die Liefergefäße müssen einen deutlichen Hinweis auf die Leichtentzündlichkeit des Kaltteers tragen.

[2] WEBER, H. u. BECHLER: Asph. u. Teer Bd. 32 (1932) S. 45.

[3] MALLISON, H.: Erdöl u. Teer Bd. 4 (1928) S. 27.

[4] CAROSELLI, A.: Bitumen Bd. 6 (1936) S. 61.

[5] KLINKMANN, G. H.: Asph. u. Teer Bd. 33 (1933) S. 842. — Z. angew. Chem. Bd. 47 (1934) S. 556.

[6] Ber. Internat. Ständ. Verb. der Straßen-Kongr.: VII. Kongreß, München 1934. VIII. Kongreß, Haag 1938.

[7] FARNOW: Mitt. Auskunft- u. Beratungsstelle Teerstraßenbau, Essen, Nr. 4 (1935).

[8] MALLISON, H.: Chemiker-Ztg. Bd. 49 (1925) S. 392. — Teer u. Bitum. Bd. 26 (1928) S. 317. — DIN DVM 2137.

b) Bautenschutz.

Unter Bautenschutz versteht man die Vielheit von Maßnahmen zur Erhaltung eines Bauwerkes[1]. Es genügt aber nicht, das Bauwerk als solches in seinem Bestande zu erhalten, sondern es muß auch seiner Zweckbestimmung, also in seinem Gebrauchswert erhalten bleiben. Hierzu ist das Eindringen von Feuchtigkeit und Wasser in den Baukörper zu verhindern. Soweit die Bauten in der Erde stehen, es sich also um das Abhalten der Bodenfeuchtigkeit, des Grund- und Sickerwassers handelt, geschieht dies durch Abdichtungen (Isolierungen); der Fernhaltung des Niederschlagwassers (Tau, Regen und Schnee) dienen die Dachdeckungen.

α) Abdichtungen (Isolierungen).

Der Notwendigkeit, Gebäude, die zu Wohnzwecken dienen, vor dem Eindringen von Feuchtigkeit zu bewahren, haben die einzelnen Landesregierungen durch entsprechende Baupolizeiverordnungen Rechnung getragen. Diese mehrere Jahrzehnte alten Verordnungen beschränken sich auf die allgemeine Vorschrift, die Grund- und Kellermauern gegen das Aufsteigen oder seitliche Eindringen von Feuchtigkeit durch eine Abdichtung (Isolierung) zu schützen und Wohn- und Arbeitsräume, soweit sie nicht unterkellert sind, durch eine Isolierung vom Erdboden abzuschließen[2]. Als Abdichtungsstoffe dienen im wesentlichen abgekieste Teer-Isolierpappen, Teerdachpappen, beiderseitig besandet DIN DVM 2121, nackte Teerpappen DIN DVM 2126, nackte Bitumenpappen DIN DVM 2129, Klebemasse für Dachpappen DIN DVM 2138 und kaltflüssige Schutzanstrichmittel.

Mit dem Aufkommen der Technik der Grundwasserabsenkung und der Beton- und Eisenbetonbauweisen mußten die Gebäude gegen *drückendes* Wasser abgedichtet werden. Die Entwicklung dieser Technik hat durch die DIN 4031 einen vorläufigen Abschluß gefunden.

Zur Herstellung der wasserdruckhaltenden Dichtungen nach DIN 4031 werden nackte Teerpappen DIN DVM 2126, nackte Bitumenpappen DIN DVM 2129, Teerklebemasse für Dachpappen DIN DVM 2138 und Bitumenklebemassen benutzt.

Bei Ingenieur-Bauwerken, wie Tunneln, Brücken und Überführungen, handelt es sich in der Regel um das Abhalten von nicht unter Druck stehendem Sicker- und Oberflächenwasser. Für die Ausführung solcher Abdichtungen ist die von der Deutschen Reichsbahngesellschaft 1933 herausgegebene „Vorläufige Anweisung für die Abdichtung von Ingenieur-Bauwerken" (A.I.B.-Vorschriften) richtunggebend.

1. Teer-Isolierpappen. Teer-Isolierpappen werden vielfach mit Kies von 2 bis 5 mm Korngröße abgekiest geliefert. Sie sind nicht genormt, und es gibt keine behördlichen Prüfbestimmungen dafür. Sinngemäß müssen sie mindestens mit der gleichen Menge des gleichen Teererzeugnisses DIN DVM 2122 wie die beiderseitig gesandeten Teerdachpappen nach DIN DVM 2121 getränkt sein. Bei den grobabgekiesten Isolierpappen muß die Menge des Teererzeugnisses entsprechend größer sein.

2. Nackte Teerpappe. Nackte Teerpappen sind unbestreute, mit Teer getränkte Rohpappen oder Wollfilzpappen. Durch DIN DVM 2126 sind solche Teerpappen, hergestellt aus Rohpappe von den Gewichten 0,625 und 0,500 kg/m², genormt und werden danach als 625er und 500er nackte Teerpappen bezeichnet.

---

[1] GONELL, H.: Schutz von Bauwerken aus Beton gegen angreifende Wässer und Böden, S. 39. Vedag-Buch 1936.
[2] BEMME, A.: Die Ausführung und das Veranschlagen von Abdichtungen gegen Feuchtigkeit, Niederschlags- und Gebrauchswasser im Hochbau, S. 108. Vedag-Buch 1932.

Sie sind gewonnen durch Tränken von Rohpappe DIN DVM Vornorm 2117 oder Wollfilzpappe DIN DVM Vornorm 2119 mit Tränkmasse DIN DVM 2122.

Die Prüfung gemäß DIN DVM 2123 erstreckt sich physikalisch auf die Prüfung der Bruchlast, der Dehnung und der Kältebeständigkeit. Chemisch wird das Gewicht der darin enthaltenen Rohpappe je m² und der Gehalt an Tränkmasse (DIN DVM 2122) bestimmt. Die Prüfung der Tränkmassen für nackte Teerpappen (DIN DVM 2124) erstreckt sich auf Wassergehalt, Erweichungspunkt, Siedeverhalten und Naphthalingehalt.

Rohpappe und Wollfilzpappe werden nach DIN DVM 2118 auf Normengerechtheit geprüft. Die nach den Normen zu prüfenden Eigenschaften gelten nur zur Zeit der Lieferung.

Für wasserdruckhaltende Dichtungen ist die Verwendung von 625er nackter Teerpappe vorgeschrieben.

3. Teerklebemasse. Teerklebemasse ist gemäß DIN DVM 2138 ein Weichpech vom Erweichungspunkt 30 bis 50° nach K.S., das zum Aufstreichen auf die Pappe auf 100 bis 120° erhitzt wird. Geprüft wird gemäß DIN DVM 2139 auf Gehalt an Wasser, Asche, Naphthalin, Erweichungspunkt und Siedeverhalten.

Für wasserdruckhaltende Dichtungen soll der Erweichungspunkt der Klebemasse bei 35 bis 45° liegen. Ein Zusatz von Erdölasphalt oder Naturasphalt ist gestattet[1].

β) Schutzanstriche.

Anstrichmittel aus Steinkohlenteer dienen in weitem Umfange als Schutzmittel für Mauern und Betonflächen gegen den äußeren, zerstörenden Einfluß der Bodenfeuchtigkeit und für Eisen gegen Verrosten.

1. Mauerteer. Zum Mauer- und Betonschutz wird seit alters der sog. *Teergoudron* verwendet, eine heiß zu verarbeitende, weichpechartige Masse vom Erweichungspunkte K. S. rd. 40 bis 50°. H. Mallison[2] hat angeregt, dieses Erzeugnis künftig „Mauerteer" zu nennen. Die Prüfung des Mauerteers kann nach DIN DVM 2139 wie bei der Klebemasse geschehen.

2. Kaltflüssige Betonschutzmittel. Kaltflüssige Betonschutzmittel sind Weichpeche, die durch Zusatz leichtflüchtiger Lösungsmittel kalt streichbar gemacht sind und nach dem Verdunsten des Lösungsmittels ihre Klebe- und Dichtefähigkeit ausüben. Hier spielt daher die Verdunstungsgeschwindigkeit des Lösungsmittels eine Rolle. Genormte Prüfvorschriften gibt es für diese Mittel nicht, zumal die Zusammensetzung der Handelserzeugnisse recht unterschiedlich ist. Man kann sie gemäß den Vorschriften DIN DVM 2139 für Klebemasse und 2136 für Dachanstrichstoffe untersuchen.

3. Eisenlack. Eisenlack, auch Teerfirnis (bisweilen noch Black varnish genannt), ist eine Lösung von Steinkohlenteerpech in Rohbenzol und dient zum rostschützenden Anstrich von Eisenteilen aller Art, Eisengittern, Schiffswänden usw. Zur Prüfung streicht man den Eisenlack in dünner Schicht auf Weißblech oder verreibt vier Tropfen Eisenlack auf einem 50 cm² großen Blech mit dem Finger gleichmäßig und hängt das Blech an einem vor Sonnenlicht und Luftzug geschützten Orte bei Zimmertemperatur (rd. 20°) auf. Man prüft die Trockengeschwindigkeit und den Glanz der Oberfläche der Lackierung. Ein guter Eisenlack soll in $\frac{1}{2}$ bis 3 h klebfrei (Betupfen mit dem Finger) trocknen und eine blanke Lackierung liefern. Über die Zusammensetzung des Eisenlackes gibt

---

[1] Zur Einteilung und Bezeichnung der bituminösen Stoffe vgl. H. Mallison: Teer, Pech, Bitumen und Asphalt. Halle: W. Knapp 1926. — Ausschuß für Benennungen der Zentralstelle für Asphalt und Teerforschung, Asph. u. Teer Bd. 33 (1933) S. 353. — Zur Analyse von Gemischen von Teer mit Bitumen oder Naturasphalt: Vgl. S. 734.

[2] Mallison, H.: Teer u. Bitum. Bd. 34 (1936) S. 274.

eine Siedeanalyse und Untersuchung des Pechrückstandes Auskunft[1]. Man unterscheidet Spritzlacke und Streichlacke, schnell trocknend und langsam trocknend.

Als *Unterwasseranstrichmittel* für Eisen, z. B. von eisernen Schleusen in See- und Süßwasser, haben die Teererzeugnisse Bedeutung gewonnen[2]. Solche Anstriche müssen selbst unter schwierigsten Verhältnissen möglichst lange rostschützend wirken. Sie müssen also wasserundurchlässig sein, nicht zur Rißbildung oder zum Abblättern neigen, große chemische und mechanische Widerstandsfähigkeit besitzen und — soweit sie zeitweilig oder dauernd außerhalb des Wassers liegen — in weiten Grenzen temperaturunempfindlich sein. Auch sollen die Anstrichmittel unabhängig von den Witterungsverhältnissen gut und rasch verarbeitbar sein und möglichst schnell trocknen. Man unterscheidet kalt und heiß zu verarbeitende Anstrichmittel; Teer- und Pechlösungen eisenlackartiger Beschaffenheit dienen als Voranstrich, um ein dichtes, festes Haften des schützenden Deckaufstriches zu gewährleisten. Die Deckanstriche sind weichpechartige Teere, auch Gemische mit Bitumen, Naturasphalt oder mineralischen Füllstoffen; sie werden in 2 bis 5 mm Stärke auf den Voranstrich gestrichen. Die Prüfung dieser Anstrichmittel geschieht nach bereits erwähnten Verfahren auf Siedeanalyse, Erweichungspunkt, Mineralgehalt und Bitumen- oder Naturasphaltzusatz.

4. Kleineisenteer. Kleineisenteer, früher Oberbauschraubenteer genannt, wird zum Anstreichen der eisernen Schrauben verwendet, die die Eisenbahnschienen auf den Holzschwellen festhalten. Der Teer soll die Schrauben vor Rost schützen und auch ein Herausnehmen der Schrauben ohne Verletzung des Holzes gestatten. Es handelt sich um einen recht dickflüssigen präparierten Teer, für den verlangt wird, daß ein Aufstrich auf Eisen nach 72 h nur noch schwach klebend sein soll. Die Zähigkeit wird im Rütgers-Viskosimeter bei 50° bestimmt. Das Reichsbahnzentralamt hat die Absicht, Beschaffenheitsvorschriften im einzelnen für dieses Erzeugnis aufzustellen.

c) Dachdeckung.

1. Teerdachpappe. Man unterscheidet beiderseitig besandete und einseitig besandete Teerdachpappe[3], die durch DIN DVM 2121 und 2125 für die Rohpappengewichte 0,625, 0,500 und 0,333 kg/m² genormt sind und danach 625er, 500er und 333er Teerdachpappe heißen. Sie sind durch Tränken normengerechter Rohpappe (DIN DVM 2117) und Wollfilzpappe (DIN DVM 2119) mit normengerechter Tränkmasse (DIN DVM 2122) gewonnen. Der Gehalt an Tränkmasse muß bei der 625er Teerdachpappe mindestens 1,2 kg/m², bei der 500er Teerdachpappe mindestens 1,0 kg/m², bei der 333er Teerdachpappe mindestens 0,7 kg/m² betragen. Überdies werden die Teerdachpappen auf Wasserundurchlässigkeit, Bruchlast, Dehnung und Biegsamkeit nach DIN DVM 2123 geprüft. Die nach den Normen zu prüfenden Eigenschaften gelten nur zur Zeit der Lieferung.

Unter der Bezeichnung „Teer-Sonderdachpappen und Teer-Bitumendachpappen, beide mit beiderseitiger Sonderdeckschicht" (DIN DVM 2140; Prüfung gemäß DIN DVM 2123) sind Erzeugnisse im Handel, die sich von den gewöhnlichen Teerdachpappen durch das Vorhandensein einer beiderseitigen Sonderdeckschicht unterscheiden. Diese Deckschicht besteht aus einem weich-

---

[1] BERL-LUNGE: Chemisch-Technische Untersuchungsmethoden, Bd. IV, S. 352, 367 (1933).
[2] KINDSCHER, E.: Öl u. Kohle Bd. 11 (1935) S. 669.
[3] Es ist vorgesehen, die Normung für die einseitig besandete Teerdachpappe aufzugeben, da dieses Erzeugnis keine weitreichende Bedeutung gewonnen hat.

pechartigen Teer (gegebenenfalls mit bis zu 25% Bitumenzusatz), verstärkt und wetterbeständig gemacht durch Zusatz feinverteilter Füllstoffe, wie Schiefermehl, Asbestmehl oder Kalksteinmehl. Als Bestreuungsmittel dienen Mineralien wie Talkum, Glimmer, Feinsand, gebrochener Schiefer, Ziegel u. a.

Die für den Verbraucher wichtige Frage nach der Wetterbeständigkeit der Dachpappen findet durch die Normenuntersuchung noch keine ausreichende Beantwortung, weil diese Beständigkeit nicht nur von der quantitativen Zusammensetzung der Dachpappe, sondern auch von der Dicke und Geschlossenheit der Überzugsschicht abhängt und auch von dem ·Schutze, den die Überzugsschicht durch die mineralische Abdeckschicht erfährt. Hier werden beschleunigte Bewitterungsprüfungen, den Verhältnissen auf dem Dache möglichst angepaßt, in ihr Recht treten und die bisherigen Normenvorschriften vervollkommnen müssen. Für Amerika hat O. G. Strieter[1] eine Vorrichtung zur Bewitterung und ihre Anwendung beschrieben; H. W. Grieder und G. A. Fasold untersuchten die Haftfestigkeit der mineralischen Bestreuung durch Abreiben mittels einer Drahtbürste oder durch Reiben der Dachpappen gegeneinander (Funkhouser- und Carey-Gerät). Die Frage der auf diesem Gebiete bestehenden und ausreichenden Prüfverfahren und Geräte ist noch nicht beantwortet.

Falzbaupappen sind mit Steinkohlenteertränkmasse getränkte, schwalbenschwanzförmig gefalzte Rohpappen vom Rohpappengewicht 625 oder 500 g je m². Sie dienen als wasserundurchlässige Putzträger und schaffen durch ihre Hohlräume eine isolierende Luftschicht zwischen Mauerwerk und Putz. Handelsüblich sind eine engere und eine breitere Falzung. Prüfverfahren sind für Falzbaupappen nicht genormt; sie können in Anlehnung an die Untersuchung der Teerdachpappe geprüft werden.

2. Klebemasse. Für Klebemassen, die zum Zusammenkleben der Teerpappen mehrlagiger Pappdächer dienen, gelten die Normenvorschriften DIN DVM 2138. Die Prüfung erfolgt nach DIN DVM 2139. Vgl. auch S. 738.

3. Dachteer. Die Pflege von Dächern aus Teerdachpappe geschieht durch Ausstreichen mit einem heißen Teer, Dachteer genannt. Diese Teere sind durch DIN DVM 2136 „Dachanstrichstoffe, Steinkohlenteere" genormt. Die Normen verlangen eine flüssige, glatte und glänzende Beschaffenheit bei 20° und geben Vorschriften für das Siedeverhalten und den Gehalt an Wasser, Asche ·und Naphthalin. Die Viskosität wird mit dem Rütgers-Viskosimeter bestimmt und soll 20 bis 60 s bei 50° betragen.

Prüfung nach DIN DVM 2137[2].

2. Steinkohlenteeröl.

a) Holzimprägnierung mit Steinkohlenteeröl.

Für seine Verwendung als Baustoff bringt das Holz Festigkeit und Elastizität, leichte Bearbeitbarkeit, eine niedrige Wichte und eine geringe Leitfähigkeit für Wärme und Schall mit. Neben diesen guten Eigenschaften besitzt das Holz aber auch eine ungünstige Eigenschaft, seine verhältnismäßig schnelle Vergänglichkeit, soweit es der Witterung frei ausgesetzt ist. Da Fäulnis und Tierfraß die Gebrauchsdauer des im Freien verbauten Holzes oft außerordentlich verkürzen können, war es ein Erfordernis, seine Gebrauchsdauer durch geeigneten Schutz zu verlängern. Als bester und sicherster Schutz gegen

---

[1] Baruttschisky, J.: Mitt. Dachpappenind. Bd. 11 (1938) S. 50. — Snoke, H. R. u. B. E. Gellup: Beschleunigte Bewitterungsprüfungen von mineralbestreuten Asphaltschindeln. Asph. u. Teer Bd. 39 (1939) S. 211.

[2] Für genauere Untersuchungen vgl. auch Berl-Lunge: Chemisch-Technische Untersuchungsmethoden, 8. Aufl., Bd. IV, S. 239.

den Befall durch Schädlinge aller Art hat sich eine sachgemäße Behandlung des Holzes mit schwerem Steinkohlenteeröl erwiesen. Die Deutsche Reichsbahn und die Deutsche Reichspost schreiben für ihren Gesamtbedarf an Bahnschwellen, kiefernen Brückenhölzern und Telegraphenstangen die Imprägnierung mit Steinkohlenteeröl nach dem RÜPINGschen Sparverfahren vor. Die Vorschriften dieser beiden Verwaltungen, die für die Holzschutztechnik mit Steinkohlenteeröl richtunggebend gewesen sind, lauten wie folgt[1]:

„Das Teeröl muß reines Steinkohlenteerdestillat sein. Es muß bei $+20°$ ein Einheitsgewicht zwischen 1,04 und 1,15 haben, bei $+30°$ klar sein und beim Vermischen mit gleichen Raumteilen kristallisierbaren Benzols klar bleiben. Zwei Tropfen des Öls und auch der Mischung müssen von mehrfach zusammengefaltetem Filterpapier vollständig aufgesaugt werden, ohne mehr als Spuren, d. h. ohne einen deutlichen Flecken ungelöster Stoffe zu hinterlassen. Bei ununterbrochener Verdampfung dürfen bis $150°$ höchsten 3% (Raumteile), bis $200°$ im ganzen höchstens 10% (Raumteile), bis $235°$ im ganzen höchstens 20% (Raumteile) Teeröl übergehen.

Der Gehalt an sauren Bestandteilen (karbolsäureartigen Stoffen), die in Natronlauge vom Einheitsgewicht 1,15 löslich sind, muß mindestens 3% (Raumteile) betragen.

Der Wassergehalt des Teeröls darf bei der Anlieferung höchstens 1% (Raumteile) betragen.

Bei den angeführten Grenzwerten sind sämtliche Toleranzen einschließlich der unvermeidlichen Prüffehler eingerechnet."

Die Prüfung erstreckt sich auf diesem Gebiet auf die Untersuchung des Imprägnieröles auf seine richtige chemische Zusammensetzung und seine holzschützende Wirkung. Die Verfahren zur chemischen Analyse und Beurteilung des Imprägnieröles sind in den Vorschriften der Staatlichen Verwaltungen im einzelnen niedergelegt[2]. Die Prüfung auf fungizide und insektizide Wirkung ist von den Verwaltungen nicht vorgeschrieben, da das Verhalten des Teeröles in dieser Beziehung bekannt ist. Verfahren für diese Prüfung haben J. LIESE, F. PETERS, A. RABANUS, W. KRIEG und H. PFLUG[3] beschrieben. Das Prüfverfahren ist durch DIN DVM 2176 „Prüfung von Holzschutzmitteln, Mykologische Kurzprüfung (Klötzchenverfahren)" genormt.

b) Holzanstrich mit Karbolineum.

Unter der Bezeichnung Karbolineum kommt ein Anstrichöl zum Schutze des Holzes in den Handel, das aus besonders zubereitetem hochsiedendem Steinkohlenteeröl (Anthracenöl) besteht. Das Karbolineum findet bisweilen Nachahmung durch Teere, Mineralöle und Phenollaugen, denen aber bei weitem nicht die holzschützende Kraft des hochsiedenden Anthracenöles eigen ist.

Die *Verkaufsvereinigung für Teererzeugnisse* G. m. b. H., Essen, hat folgende Vorschriften für Karbolineum aufgestellt:

1. Als Karbolineum darf nur ein hochsiedendes Steinkohlenteeröl verwendet werden.

2. Bei der Destillation (Kupferkolben) dürfen bis $250°$ höchstens 10% überdestillieren.

---

[1] Deutsche Reichsbahngesellschaft, Techn. Lieferbedingungen für Steinkohlenteeröl zur Tränkung von Holzschwellen.

[2] Deutsche Reichsbahngesellschaft, Anweisung für die Prüfung des Steinkohlenteeröls zur Tränkung der Holzschwellen. Asph. u. Teer Bd. 39 (1939) S. 174.

[3] LIESE, J.: Methoden zur Prüfung von Pflanzen- und Vorratsschutzmitteln. XXVI, „Beitrag zur Holzschutzmittelprüfung gegen Hausbock", und XXVII, „Die Bestimmung der pilzwidrigen Eigenschaften eines Holzschutzmittels nach der Klötzchenmethode". LIESE, J.: Toximetrische Bestimmung von Holzkonservierungsmitteln. Z. angew. Chem., Beiheft 11 (1935); Auszug in Z. angew. Chem. Bd. 48 (1935) S. 21. — PETERS, F. W. KRIEG u. H. PFLUG: Toximetrische Prüfung von Steinkohlenteer-Imprägnieröl nach der Klötzchen-Methode. Chemiker-Ztg. Bd. 61 (1937) S. 275.

3. Der Flammpunkt, im offenen Tiegel gemessen, muß mindestens 100° betragen.

4. Wichte bei 20°: 1,08 bis 1,11.

5. Der Gehalt an sauren, in Natronlauge von der Wichte 1,15 löslichen, phenolartigen Bestandteilen darf höchstens 10% betragen.

6. Das Karbolineum muß bei 15° satzfrei sein.

7. Beim Vermengen mit der gleichen Volummenge Benzol, das dem Typ „Reinbenzol" des Benzolverbandes entsprechen muß, dürfen sich höchstens Spuren ungelöster Stoffe abscheiden. Werden zwei Tropfen des Karbolineums im Anlieferungszustande auf mehrfach zusammengefaltetes Filterpapier gegossen, so müssen sie von diesem völlig aufgesogen werden und dürfen höchstens Spuren von kohlenstoffartigen Rückständen hinterlassen.

8. Wassergehalt höchstens 1%.

Die Karbolineumvorschriften des *Deutschen Reichspostzentralamtes* lauten wie folgt:

Wichte: mindestens 1,10 bei 20°, satzfrei bei 20°, frei von ungelösten Stoffen, Destillat bis 150°: höchstens Spuren (Glasretorte)[1], Destillat bis 250°: höchstens 4%, saure Öle: höchstens 8%, Zähigkeit: mindestens 6° Engler bei 20°, Flammpunkt: mindestens 125° im offenen Tiegel.

Die Untersuchung erstreckt sich demgemäß auf die Ermittlung der Wichte, die mit der Spindel oder mit der WESTPHALschen Waage ausgeführt wird, die Bestimmung fester Ausscheidungen bei 15 oder 20°, die Siedeanalyse, bei der zugleich ein etwaiger Wassergehalt, der Gehalt an sauren Ölen, sowie die Natur des Destillationsrückstandes (ob ölig, kristallinisch oder pechartig) festgestellt wird, ferner die Bestimmung der Zähigkeit nach ENGLER und endlich die Ermittlung eines etwaigen Aschegehaltes sowie die Untersuchung der Asche.

Den Nachweis einer Verfälschung durch aliphatische Kohlenwasserstoffe (Mineralöle, Wassergasteer), kann man nach VALENTA und GRAEFE oder HOLDE[2] erbringen.

Im Handel finden sich auch „farbige Karbolineen", die aber nur dann als solche zu bezeichnen sind, wenn sie im wesentlichen aus Karbolineum gemäß obiger Kennzeichnung bestehen. Ein Anstrich mit farbigem Karbolineum ist lasierend und dringt in das Holz ein[3].

Die Eigenschaften und Gütevorschriften für Karbolineum erfuhren durch R. AVENARIUS und H. MALLISON eine zusammenfassende Darstellung[4].

---

[1] Im Einklang mit den Untersuchungsvorschriften für Imprägnieröl wird die veraltete Glasretorte durch den Glaskolben mit Siedeaufsatz ersetzt werden.

[2] BERL-LUNGE: Chemisch-technische Untersuchungsmethoden, 8. Aufl., Bd. IV, S. 295, 737, 939; Bd. II, S. 118.

[3] MALLISON, H.: Farbenchem. Bd. 1 (1930) S. 11.

[4] AVENARIUS, R. u. H. MALLISON: Mitt. Ver. Elektrizitätswerke Bd. 384 (1925) S. 190.

B. Prüfung der Bitumen.

Von WILHELM RODEL, Zürich.

1. Allgemeines.

a) Nomenklatur und Klassifikation der Asphalte und Bitumen.

α) Bisherige Entwicklung.

Mit Asphalt, Bitumen, Pech und Harz wurden schon im früheren Altertum in der Natur vorkommende, braune bis schwarze, brenn- und schmelzbare Stoffe von fester oder zähflüssiger Beschaffenheit bezeichnet. Für die Namengebung war in erster Linie die äußere Beschaffenheit der Stoffe und ihre Herkunft, weniger ihre Zusammensetzung maßgebend, was schon durch ältere Namen wie Erdpech und Bergteer belegt wird. Die Bezeichnung „Asphalt" leitet sich aus dem Griechischen, „Bitumen" aus der lateinischen Sprache ab. Parallel mit der wachsenden Bedeutung, die diese Stoffe für Industrie, Bauwesen und Gewerbe zufolge ihrer mannigfaltigen Anwendbarkeit erlangten, wurde auch die Kenntnis über Herkunft und Zusammensetzung erweitert. Neue Produkte mit ähnlichen physikalischen Eigenschaften kamen in neuerer Zeit hinzu; aber die alten Namen wurden beibehalten und oft in willkürlicher Kombination auch den neueren Produkten zugelegt. Die Folge war eine verworrene, unübersichtliche und vielfach falsche Bezeichnungsweise für die bituminösen Materialien. Die außerordentliche Bedeutung, die bituminöse Stoffe mit der Entwicklung des modernen Asphalt- und Teerstraßenbaues als Bindemittel gewonnen haben, ließ das Bedürfnis immer dringlicher erscheinen, klare Definitionen und wissenschaftlich richtige Bezeichnungen für diese Stoffe einzuführen und damit auch ihre gegenseitigen Beziehungen klarzustellen. Der Wunsch, nach Möglichkeit die überlieferten, in Handel und Technik eingebürgerten Bezeichnungen beizubehalten oder zu übernehmen, schuf weitere Schwierigkeiten, so daß eine einheitliche und verbindliche Nomenklatur der bituminösen Stoffe trotz der zahlreichen Ansätze und Anregungen, die mehr als drei Jahrzehnte zurückreichen und ein umfangreiches Schrifttum ergeben haben, bis heute noch nicht restlos verwirklicht werden konnte.

Im Hinblick auf die Tatsache, daß auch in Fachkreisen heute noch verschiedene Ausdrücke für ein und dasselbe Produkt bzw. der gleiche Ausdruck für verschiedene Produkte gebraucht werden, soll auch an dieser Stelle ein Überblick über die Entwicklung und den heutigen Stand der Nomenklaturfrage gegeben werden.

Auf dem Gebiete der Nomenklatur der bituminösen Stoffe haben insbesondere die Forscher DELANO[1], ENGLER und v. HÖFER[2], RICHARDSON[3], HOLDE[4],

---

[1] DELANO, W. H.: Twenty Years Practical Experiences of Natural Asphalt and Mineral Bitumen. London u. New York 1893. — MALO, L.: Guide pratique pour la fabrication et l'application de l'asphalte et des bitumes. Paris 1866.

[2] ENGLER, C. u. H. v. HÖFER: Das Erdöl Bd. I (1913) S. 35; Bd. II (1909) S. 50.

[3] RICHARDSON, CL.: On the Nature and Origine of Asphalt, 2. Aufl. Long Island City, N.Y. 1910.

[4] HOLDE, D.: Chem. Rev. Fett- u. Harzind. Bd. 7 (1900) Heft 1 u. 2; Bd. 9 (1902) S. 156. — C. Bd. I (1900) S. 440; Bd. II (1900) S. 1135. — Teer Bd. 25 (1927) S. 33.

Kovacs[5], Lunge[6], Marcusson[7], Holde und Marcusson[8], Mallison[9], Abraham[10], Graefe[11], Frank[12], Reeve und Hubbard[13], Suida[14] u. a., sowie verschiedene Fachvereinigungen gearbeitet.

Während schon Delano eine Trennung vornahm zwischen Asphalt, dem bituminösen Kalkstein und den daraus mit Lösungsmitteln ausziehbaren Anteilen, den Bitumen, benützte Engler für seine Systematik eher Vergleiche der bituminösen Stoffe auf chemischer Grundlage. Von größerer praktischer Bedeutung wurde der Vorschlag von Abraham, der seiner Klassifizierung der wichtigsten bituminösen Stoffe vier Kriterien zugrunde legte, nämlich ihre Herkunft, ihre physikalischen Eigenschaften, ihre Löslichkeit und ihre chemische Zusammensetzung. Er schuf den Begriff der bituminösen Stoffe und verstand darunter alle Stoffe, die natürlich vorgebildet oder unter pyrogener (Hitze- oder Feuer-) Einwirkung entstanden sind und die Bitumen oder Pyrobitumen enthalten oder diesen in ihren physikalischen Eigenschaften ähnlich sind.

Die Unterteilung der vier Gruppen von bituminösen Stoffen gliederte Abraham wie folgt:

Bitumen.

Erdöle (Petroleum) (nicht asphaltisches, halbasphaltisches und asphaltisches Erdöl).
Natürliche Mineralwachse (Ozokerit, Zeresin, Montanwachs).
Natürliche Asphalte (frei oder fast frei von begleitenden Mineralstoffen, und mineralstoffhaltige, wie Asphaltkalk).
Asphaltite (Gilsonit, Grahamit, Glanzpech).

Pyrobitumen.

Asphaltische Pyrobitumen (Elaterit, Wurtzilit, Albertit, Impsonit, pyrobituminöser Asphaltschiefer).
Nicht asphaltische Pyrobitumen (Torf, Braunkohle, Steinkohle, Anthrazit, Schieferkohle).

Pyrogene Destillate.

Pyrogene Wachse (rote Harze, feste Paraffine aus nichtasphaltischen und halbasphaltischen Erdölen, sowie aus Braunkohlenteer, Schieferkohlen- und Torfteer).
Teere (Kienteer, Hartholzteer, Torfteer, Braunkohlenteer, Schieferteer, alle Arten von Steinkohlenteer, Wassergasteer, Knochenteer).

Pyrogene Rückstände.

Pyrogene Asphalte (Rückstandöle, Spaltteere, geblasene Erdölasphalte, Rückstandasphalte, Säureasphalte, Wurtzilitasphalt).
Peche (Steinkohlenteerpech, Holzteerpech, Torfteerpech, Braunkohlenteerpech, Knochenteerpech, Harzpech, Fettpech, Naphtolpech, Anthrazenpech usw.).

Erdöle, Naturasphalte, Asphaltite und natürliche Mineralwachse erscheinen also nur als besondere Formen des Bitumens, die sich durch ihre Beschaffenheit, Löslichkeit und Schmelzbarkeit voneinander unterscheiden. Die Erdölasphalte sind als pyrogene Rückstände gekennzeichnet.

---

5 Kovacs, J.: Chem. Rev. Fett- u. Harzind. Bd. 9 (1902) S. 161.
6 Lunge, G.: Int. Verb. Mat.-Prüf. Technik, Kongreß Brüssel 1906.
7 Marcusson, J.: Die natürlichen und künstlichen Asphalte, 1931, S. 2.
8 Marcusson, J.: Die natürlichen und künstlichen Asphalte, 1931, Tabelle 26, S. 72.
9 Mallison, H.: Teer, Pech, Bitumen, Asphalt. Halle: W. Knapp 1926. — Teer Bd. 25 (1927) S. 213.
10 Abraham, H.: Asphalts and Allied Substances, 4. Ausg., S. 62. — Abraham, H. u. E. Brühl: Asphalte und verwandte Stoffe, 1939, S. 23, Tafel 3, S. 32/33.
11 Graefe, E.: Asphaltwirtschaft u. Peche; vgl. Fußnote 2, Bd. V, S. 397 ff., Aufl. 1919. — Asph. u. Teer Bd. 31 (1931) S. 877.
12 Frank, F.: Asphalt- u. Teerind.-Ztg. Bd. 27 (1927) S. 1014. — Int. Verb. Mat.-Prüf., Kongreß Zürich (1931), Bd. II, S. 27.
13 Reeve, C. S. u. P. Hubbard: Erste Mitt. Neu. Int. Verb. Mat.-Prüf. (N. I. V. M.) (1930), Bd. C, S. 163.
14 Suida, H. u. W. Janisch: Erste Mitt. N. I. V. M., Zürich (1930), Bd. C, S. 168. — Int. Kongreß Mat.-Prüf. Zürich (1931), Bd. II, S. 6.

Obwohl gewisse Vorteile die Klassifizierung von ABRAHAM auszeichnen, vermochte sich der Vorschlag nicht durchzusetzen. Die gewählten Bezeichnungen „pyrogen entstanden" und „Pyrobitumen" waren nicht in allen Teilen zutreffend und besonders im deutschen Sprachgebiet als unglücklich gewählt empfunden worden.

Während noch MARCUSSON die bituminösen Stoffe als Asphalte bezeichnete und sie in bezug auf ihre Herkunft einteilte in natürliche Asphalte einerseits, umfassend eigentliche Asphalte (Erdpeche), Asphaltite (Glanzpech) und Asphaltgesteine, sowie künstliche Asphalte andererseits, umfassend Erdölrückstände (Petrolasphalt, Ölasphalt), Teere und Peche, gingen alle späteren in den deutschen, englischen und französischen Sprachgebieten aufgestellten Definitionsvorschläge für Bitumen, Asphalt, Teer und Pech vom Grundsatz aus, eine scharfe Trennung auszuführen zwischen Asphalt und Bitumen, den natürlich vorkommenden organischen bituminösen Stoffen oder der daraus durch einfache Destillation erhaltenen Erzeugnisse auf der einen Seite, und Teer und Pech, den Produkten der destruktiven Destillation organischer Naturstoffe auf der anderen Seite.

Auf dieser Grundlage versuchte MALLISON, in einem Nomenklaturvorschlag sowohl der chemischen Zusammensetzung und der Eigenschaften der Stoffe, wie auch dem eingeführten Sprachgebrauch Rechnung zu tragen. Er unterschied zwischen Teeren und Pechen, also Produkten, die künstlich durch Zersetzungsdestillation organischer Naturstoffe erhalten werden und Bitumen, die in der Natur vorgebildet sind. Dabei unterteilte er letztere in größtenteils verseifbare Bitumen (Sapropelwachs, Montanwachs, fossile Harze) und in größtenteils unverseifbare Bitumen von flüssiger und fester Beschaffenheit (Erdöle mit seinen Destillations- und Raffinationsrückständen, genannt Erdölasphalt bzw. Erdölsäureasphalt, sowie Ozokerit und Asphalte, die ihrerseits wieder unterteilt werden in natürliche Asphalte, Asphaltite und Asphaltgesteine).

Das Kernproblem, welches sich bei einer Einteilung der bituminösen Stoffe stellt, gruppiert sich um die Frage, welche Bedeutung man der Bezeichnung „Bitumen" geben will; nämlich, ob darunter alle in der Natur sich findenden Kohlenwasserstoffe mit bestimmten Eigenschaften zu verstehen seien, oder ob auch Destillationsrückstände der Erdöle — die sog. Erdölasphalte — einzuschließen seien, oder, ob noch weiterfassend, auch künstlich durch destruktive Destillation erhaltene Kohlenwasserstoffgemische — Teere und Peche — als Bitumen zu bezeichnen wären, oder schließlich, als Bitumen nur diejenigen Anteile aufzufassen seien, die in Schwefelkohlenstoff löslich sind.

Anläßlich des 5. Kongresses des Internationalen Ständigen Verbandes der Straßenkongresse (Mailand 1926) wurde eine Kommission mit dem Auftrag betraut, die Fragen der Nomenklatur der bituminösen Stoffe zu studieren und Vorschläge auszuarbeiten, die für eine einheitliche, den Beziehungen gerecht werdende Bezeichnung als Grundlage dienen könnten.

Die von dieser Kommission ausgearbeiteten und in der Folge angenommenen Vorschläge[15], die der Bezeichnung „Bitumen" eine übergeordnete Stellung zuwiesen und den Begriff „Asphaltbitumen" einführten, dabei aber auch den grundsätzlichen Unterschied zwischen letzterem und Teer und Pech aufrechterhielten, lauteten für die wichtigsten Stoffe wie folgt:

Bitumen. Mischungen natürlicher oder pyrogener Kohlenwasserstoffe oder ihrer Verbindungen, oft begleitet von deren nichtmetallischen Derivaten, die gasförmig, flüssig oder halbfest sein können und die in Schwefelkohlenstoff vollständig löslich sind.

---

[15] Assoc. Intern. Perm. Congrès de la Route, Bull. Nr. 70 (1930). — Technisches Wörterbuch in 6 Sprachen. Paris 1931.

Asphaltbitumen. Ursprüngliche oder natürlich vorkommende, oder aus natürlichen Kohlenwasserstoffen zubereitete Bitumen oder ihrer natürlichen durch Destillation, Oxydation
oder Kracking entstandenen Derivate. Sie sind fest oder zähflüssig und enthalten wenig
flüchtige Bestandteile, haben besonders gute Klebe- oder Bindefähigkeit und sind in
Schwefelkohlenstoff praktisch löslich.

Asphalt. Natürliches oder Kunstprodukt, in welchem Asphaltbitumen als Bindemittel für
die inerten mineralischen Bestandteile dient.

Teer. Bituminöses Erzeugnis, klebrig oder flüssig, das aus der Zersetzung organischer
Stoffe durch Destillation herrührt. (Dem Wort „Teer" muß immer der Name des Stoffes
beigefügt werden, aus dem er gewonnen ist).

Pech. Schwarzer oder dunkelbrauner, fester oder halbfester Rückstand, schmelzbar und
teigartig, der nach teilweiser Verdampfung oder fraktionierter Destillation der Teere
oder teerartigen Erzeugnisse zurückbleibt.

β) Heutiger Stand der Nomenklatur.

Die vom Internationalen Ständigen Verband der Straßenkongresse vorgeschlagenen, vorstehend genannten Definitionen für Bitumen und Asphaltbitumen wurden stark diskutiert, sind aber doch in der Folge in einer Reihe von
Ländern von den Fachverbänden übernommen worden, in Europa z. B. in England, Dänemark, Holland[16]. In verschiedenen anderen Ländern, die keine offi-
zielle Stellung dazu bezogen haben, werden sie teils neben den früheren Ausdrücken angewendet. Dagegen vermochten sich diese Bezeichnungen in den
wichtigsten Produktions- und Konsumentengebieten, wie die Vereinigten
Staaten von Nordamerika und Deutschland, in wichtigen Belangen nicht durchzusetzen.

In den U.S.A., wo ein Teil der Definitionen, nicht aber diejenige für „Asphaltbitumen" angenommen wurden, gilt folgende abweichende Bezeichnung für
Asphalt[15]:

Asphalt. Feste oder halbfeste Stoffe von schwarzer oder dunkelbrauner Farbe, die allmählich durch Wärme flüssig werden und deren vorherrschende Bestandteile Bitumen
sind, die sich in der Natur in festem oder halbfestem Zustand befinden, oder durch
Raffinieren des Petroleums gewonnen oder aus der Verbindung der genannten Bitumen
entweder untereinander oder mit Petroleum und seinen Derivaten entstehen.

Erdöldestillationsrückstände und Naturasphalte, wie Trinidadasphalt, werden
daher in den USA. weiterhin mit Asphalt bezeichnet, nicht aber Asphaltkalke,
wie z. B. Asphaltkalk von Travers (Schweiz), Limmer oder Vorwohle usw. Für
Destillationsrückstände werden ferner auch die Bezeichnungen „Petroleum-
asphalt" und, soweit sie als Bindemittel im bituminösen Straßenbau verwendet
werden, „Asphalt-Zement" gebraucht.

In Deutschland ist die vom Internationalen Ständigen Verband der Straßenkongresse angenommene Definition für Bitumen abgelehnt worden, weil sie
unzulänglich und dadurch auch unzutreffend sei, da sie Stoffe einbeziehe, die
keinen Bitumencharakter mit Bindeeigenschaften aufweisen.

Die Zentralstelle für Asphalt- und Teerforschung hat daher im Benehmen
mit dem Deutschen Verband für die Materialprüfungen der Technik und dem
Deutschen Normenausschuß den nachstehenden Entwurf für ein Bezeichnungs-
schema für „Bitumen und verwandte Stoffe" ausgearbeitet[17], der weitgehend
auf den Mallisonschen Vorschlag zurückgreift, ihn aber durch die Angaben
von Löslichkeitseigenschaften ergänzt. „Bitumen" nimmt darin keine übergeordnete Stellung ein, sondern dient lediglich zur Bezeichnung einer Teilgruppe.
Die Gruppeneinteilung lautet wie folgt:

---

[16] Intern. Ständ. Verb. Straßenkongresse, VIII. Kongreß, Haag 1938, Bericht 37.
British Standard Glossary of Road Terms, B.S. Nr. 892 (1940); Highways & Bridges Bd. 6
(1940) Nr. 305, S. 6.
[17] Graefe, E.: Asph. u. Teer, Bd. 31 (1931) S. 877. — DIN DVM 4301: Erdöl u. Teer
Bd. 9 (1933) S. 237.

I. Bitumen (in der Natur vorgebildet):
  A. Bitumen, größtenteils löslich in Schwefelkohlenstoff und größtenteils verseifbar:
    Beispiele: Sapropelwachs, Montanwachs, fossile Harze.
  B. Bitumen, größtenteils löslich in Schwefelkohlenstoff und größtenteils unverseifbar:
    1. Ozokerit und Schwefelkohlenstofflösliches der Ozokeritgesteine;
    2. Erdöle und Erdöldestillationsrückstände von flüssiger, halbflüssiger oder fester
      schmelzbarer Form,
      a) Erdöle:
        α) paraffinisch,
        β) paraffinisch-asphaltisch,
        γ) asphaltisch;
      b) Erdöldestillationsrückstände:
        α) paraffinisch,
        β) paraffinisch-asphaltisch,
        γ) asphaltisch (Erdölasphalte);
      c) Schwefelkohlenstofflösliches der
        α) Asphaltite,
        β) natürlichen Asphalte,
        γ) Asphaltgesteine.
  C. Bitumen, größtenteils unlöslich in Schwefelkohlenstoff und größtenteils unverseifbar:
    Beispiele: Elaterit, Torf, Braunkohle, Ölschiefer.
II. Verwandte Stoffe:
  A. Teere und Peche (künstlich durch destruktive Destillation organischer Naturstoffe
    erhalten):
    1. Teere aller Art (Holz-, Torf-, Braunkohlen-, Schiefer-, Steinkohlen-, Öl-, Wasser-
      gas-, Fett-, Knochenteer);
    2. Peche (Destillationsrückstände aus den vorgenannten Teeren, Karbol- und
      Naphtolpech, Harzpech, Montanwachspech).
  B. Raffinationsrückstände (durch chemische Behandlung der Stoffe unter IA, IB
    und IIA entstanden).
    Beispiele: Säureharze aller Art.

Im Sinne dieser Nomenklatur werden heute in Deutschland im praktischen Gebrauche auf dem Gebiete des bituminösen Straßenbaues und der Isolierstoffe die Bezeichnungen „Asphalt" und „Bitumen" wie folgt angewendet[18]:

Asphalt. Natürliche oder künstliche Gemische von Bitumen und Mineralstoffen.
Bitumen. Die in Schwefelkohlenstoff löslichen Anteile der Naturasphalte und Asphalt-gesteine und die Erdöldestillationsrückstände.

In der Schweiz sind ähnlich lautende Definitionen eingeführt[19].

Im vorliegenden Abschnitt werden daher die in Deutschland und der Schweiz üblichen Definitionen angewendet.

b) Die Konstitution der Bitumen.

α) Chemische Gesichtspunkte.

Die Bitumen sind Gemische von meist hochmolekularen Kohlenwasser-stoffen und deren neutralen Derivaten. Als solche enthalten sie neben den Elementen Kohlenstoff und Wasserstoff wechselnde Mengen — bis zu einigen Prozenten — Schwefel und geringe Mengen Stickstoff, zuweilen auch Sauerstoff. Sie enthalten wenig Säuren, Anhydride oder Ester.

Die chemische Untersuchung der Bitumen erstreckt sich vornehmlich auf die Elementaranalyse, die über den molekularen Aufbau nichts aussagt. Zur Zerlegung in charakteristische Stoffgruppen bedient man sich seit den Arbeiten von PECKHAM und RICHARDSON physikalischer Verfahren, vor allem der Behandlung mit verschiedenen Lösungsmitteln, wobei aber keine chemisch reinen Körper isoliert und die verschiedenen Körperklassen nicht quantitativ und unverändert erfaßt werden können. RICHARDSON gelangte zu folgender Unterscheidung:

---

[18] Intern. Ständ. Verb. Straßenkongresse, VII. Kongreß, München 1934, Bericht 17.
[19] RODEL, W.: Straße u. Verkehr Bd. 23 (1937) S. 390. — VSS/SVMT: Richtlinien Baustoffe bitumin. Straßendecken, Bl. B/c/I/1, Ausg. Juli 1940.

Petrolene, die beim Erwärmen bis 180° C sich verflüchtigenden Anteile;
Malthene, die hierauf in Petroläther löslichen Stoffe;
Asphaltene, die anschließend in kaltem Tetrachlorkohlenstoff löslichen Körper;
Karbene, die nach den vorhergehenden Operationen in Schwefelkohlenstoff löslichen
Anteile.

Die Arbeiten von Eickmann und Holde[20], besonders aber von Marcusson und seinen Mitarbeitern[21], haben hier weiter geführt, wobei letztere eine Unterteilung in folgende Körpergruppen vornahmen:

> freie Asphaltogensäuren,
> innere Anhydride der Asphaltogensäuren,
> Asphaltene,
> Neutrale Erdölharze,
> Unveränderte ölige Anteile.

Diese und eine Reihe anderer in Vorschlag gebrachter Trennungsmethoden ergaben keine ganz befriedigenden Ergebnisse[22]. In jüngerer Zeit haben Pöll[23] und Maass[24] durch aufeinanderfolgende Behandlung mit selektiv wirkenden Lösungsmitteln oder Adsorptionsstoffen[25] diese Arbeitsmethoden verbessert. Pöll gelangte zu den als Erdölanteil, Erdölharz, Asphaltharz, Hartasphalt und Karbenen genannten Gruppen, und die von Maass[26-28] vorgeschlagene Verfahren führt zu den Hartasphalten, Weichasphalten (ungefähr den Asphaltharzen nach Pöll entsprechend), den öligen Anteilen (Erdölanteile) und den Harzen (Erdölharze, Ölharze).

β) Chemisch-physikalische Gesichtspunkte.

Bitumen sind nach den neueren Erkenntnissen als kolloide Systeme aufzufassen. Nellensteyn[29-32] bezeichnete sie als Kohlenstoffoleosole, welche als wichtigste Gruppen ein öliges Medium als äußere Phase und eine sog. Asphaltmizelle als disperse Phase enthalten. Diese besteht aus einem elementaren festen Kohlenstoffkern und adsorbierten Schutzkörpern. Da diese Schutzkörper eine flüssige Haut um den Kohlenstoffkern bilden, so verhalten sich Bitumen wie Emulsoide und nicht wie Dispersionen. Die Stabilität des ganzen Systems (Kohäsion) ist in erster Linie abhängig von den Beziehungen zwischen Mizelle und öligem Medium, d. h. von den herrschenden Beziehungen in den gemein-

---

[20] Eickmann, R. u. D. Holde: Mitt. Mat.-Prüf.-Amt Lichterfelde Bd. 25 (1906) S. 145.
[21] Marcusson, J.: Z. angew. Chem. Bd. 29 (1916) S. 346. — Marcusson u. Picard: Chem. Z. Bd. 48 (1924) S. 339.
[22] Rebstein, O.: Beitr. Kenntnis chemischer Zusammensetzung schweizerischer Bitumina, S. 7. Berlin: Allg. Industrie-Verlag 1928.
[23] Pöll, H.: Erdöl u. Teer Bd. 7 (1931) S. 350, 366. — Petroleum Bd. 28 (1932) Nr. 7, S. 1; Nr. 36, Beil. Asph. u. Straßenb. S. 2.
[24] Maass, W.: Petroleum Bd. 28 (1932) Nr. 21, S. 1. — Proc. World Petroleum Congress, London (1933), Bd. II, S. 557.
[25] Kamptner, H. u. E. Lutzenberger: Öl u. Kohle/Erdöl u. Teer Bd. 14 (1938) S. 69.
[26] Kamptner, H. u. W. Maass: Asph. u. Teer Bd. 38 (1938) S. 684 f.; Bd. 39 (1939) S. 679.
[27] Oberbach, J. u. Pauer: Über die Zusammensetzung von Erdölasphalten. Berlin: Allg. Industrie-Verlag 1936.
[28] Mannheimer, J.: Petroleum Bd. 28 (1932) Nr. 16, S. 4.
[29] Nellensteyn, F. J.: Chem. Weekblad Bd. 21 (1924) Nr. 4.
[30] Nellensteyn, F. J.: Intern. Kongreß Mat.-Prüf. Technik, Amsterdam (1927), Bd. II, S. 684.
[31] Nellensteyn, F. J.: J. Inst. Petr. Technol. Bd. 14 (1928) S. 134. — Asph. u. Teer Bd. 35 (1935) S. 200, 233, 281, 303. — Proc. Techn. Sess. Assoc. Asph. Pav. Techn. (Januar 1937), S. 78.
[32] Nellensteyn, F. J. u. R. Loman: Intern. Ständ. Verb. Straßenkongresse, VI. Kongreß, Washington 1930, Bericht Nr. 30. — Nellensteyn, F. J. u. B. J. Kerkhof: Intern. Ständ. Verb. Straßenkongresse, VII. Kongreß, München 1934, Bericht Nr. 31. — Nellensteyn, F. J. u. J. P. Kuipers: Koll.-Z. Bd. 47 (1929) S. 155.

samen Grenzflächen (Grenzflächenspannung). Durch Änderung der Oberflächenspannung des ganzen Systems werden auch die Grenzflächenspannungen verändert. So haben Lösungsmittel mit Oberflächenspannungen über 26 dyn/cm auf Bitumen lösende, solche unter 24 dyn/cm auf Lösungen von Bitumen fällende Wirkung.

PFEIFFER und VAN DOORMAAL [33-35] erweiterten die, NELLENSTEYNsche Auffassung dahin, daß das Medium aus Malthenen bestehe und die Asphaltmizelle aus Asphaltenen, hochmolekularen Kohlenwasserstoffen von überwiegend aromatischem oder hydroaromatischem Charakter mit verhältnismäßig niedrigem Wasserstoffgehalt.

Nach MACK [36, 37] sind die Asphaltene in den Asphaltharzen löslich. Die Löslichkeit der letzteren in den öligen Anteilen ist dagegen weitgehend abhängig von ihrer Natur. Nach dieser Betrachtungsweise wird die Viskosität der Bitumen maßgebend beeinflußt vom Asphaltengehalt, die elastischen und plastischen Eigenschaften durch den Grad der Ausflockung der Asphaltene, also auch vom Gehalt an Harzen und dem Lösungsvermögen der öligen Komponenten. KAMPTNER [38] formulierte die Beziehungen wie folgt: „Für das viskose oder plastische Verhalten der Erdölrückstände ist die Menge an Gesamtasphalt, das Verhältnis von Weichasphalt zu Hartasphalt und die Art der Aufnahme dieser Anteile in Harzöl maßgebend." Den Hartasphalten (Asphaltene) der Bitumen wird die Ursache der „Körperhaftigkeit", den Harzen die hohen Adsorptionskräfte (Klebefähigkeit) und den öligen Anteilen die stabilisierende Wirkung zugeschrieben.

c) Technisch wichtige Eigenschaften der Bitumen.

Die Bitumen sind harte, plastische oder zähflüssige Stoffe, die bei Temperatursteigerung allmählich in flüssigen Zustand übergehen und beim Abkühlen wieder zäher werden. Sie weisen in einem breiten Temperaturgebiet plastische, dehnbare Beschaffenheit auf, haben hochliegenden Flamm- und Brennpunkt und werden zum Teil erst bei niedrigen Temperaturen hart und spröde. Sie sind chemisch sehr widerstandsfähig und auch gegen Witterungseinflüsse in hohem Grade beständig. Diese Eigenschaften, verbunden mit der Möglichkeit, sie in verschiedener „Härte" in gleichmäßiger Beschaffenheit herzustellen, sichern ihnen eine umfassende Anwendbarkeit.

Die straßenbautechnisch wichtigsten Eigenschaften der Bitumen sind ihre Klebe- und Bindeeigenschaften, die sie auch bei Temperaturen unter dem Gefrierpunkt beizubehalten vermögen und die sich aus einem Zusammenwirken der Benetzungsfähigkeit von Gestein, der Haftfestigkeit auf der benetzten Oberfläche und ihrer Zähigkeit ergeben [39]. Im weiteren sind ihre mäßige Temperaturempfindlichkeit und die nur kleinen chemisch-physikalischen Änderungen zu erwähnen, die sie beim Aufschmelzen erleiden.

In anstrichtechnischer Hinsicht sind folgende Eigenschaften der Bitumen hervorzuheben: Wasserunempfindlichkeit, Wasserundurchlässigkeit, weitgehende Unempfindlichkeit gegen chemische Angriffe durch Laugen, Säuren und Salze, gute Löslichkeit in verschiedenen organischen Lösungsmitteln, gute Streich- und Spritzbarkeit und gute Haftfestigkeit an, Holz, Metall und Mauerwerk.

---

[33] PFEIFFER, J. P. u. P. M. VAN DOORMAAL: J. Inst. Petr. Technol. Bd. 22 (1936) S. 414. Koll.-Z. Bd. 76 (1936) S. 95.

[34] TRAXLER, R. N.: Chem. Reviews Bd. 19 (1936) S. 119.

[35] POTTER, F. M. u. A. R. LEE: Asph. u. Teer Bd. 39 (1939) S. 315.

[36] MACK, C.: Proc. Techn. Sess. Assoc. Asph. Pav. Techn. (Dez. 1933), S. 40.

[37] HOUWINK, R.: Elastizität, Plastizität und Struktur der Materie, S. 168.

[38] KAMPTNER, H. u. E. LUTZENBERGER: Öl u. Kohle/Erdöl u. Teer Bd. 14 (1938) S. 77.

[39] TEMME, TH.: Öl u. Kohle Bd. 2 (1934) S. 353.

d) Verwendungsbereich der Bitumen.

Bitumen finden als solche oder in bereits verarbeiteter Form in großem Ausmaß in Industrie, Bauwesen und Gewerbe als Bindemittel, Klebemittel, Dichtungsmittel, Isolierstoffe, Schutzanstriche usw. Anwendung.

Die Hauptmenge der Bitumen liefert die Erdölindustrie. Die Naturasphalte und natürlich vorkommende Bitumen stellen nur einen relativ kleinen Anteil des gesamten Bitumenbedarfes.

Bitumen wird bei der Destillation asphaltischer Rohöle als Rückstand erhalten. Heute wird diese Destillation fast ausschließlich in kontinuierlich arbeitenden Aggregaten im Vakuum durchgeführt (Röhren-Ofendestillation, Pipe-Still oder Tube-Still Asphalts), die eine möglichst schonende Aufarbeitung der Rückstände ermöglichen[40, 41]. Höher schmelzende Bitumen (sog. Hochvakuumbitumen) werden in ähnlicher Weise, aber unter besonders hohem Vakuum hergestellt. Besonders erwähnenswert sind die geblasenen oder oxydierten Bitumen[42-44] die beim Einleiten von Luft in die heißen asphalt- oder gemischtbasischen Erdöle erhalten werden.

Die Bitumen werden in verschiedenen Härten geliefert und ihre Konsistenz durch die Angabe der Penetration oder des Erweichungspunktes gekennzeichnet.

Rückstände von öliger Beschaffenheit werden als Straßenöle zur Staubbekämpfung, Bodenverfestigung und einfachster Behandlung der Straßenoberflächen verwendet. Bitumen mit Penetrationen von etwa 350 bis 5 werden im Straßen- und Wasserbau als Bindemittel, dann als Klebemassen, Vergußmassen, Rohrschutzmittel[45] usw., geblasene Bitumen vornehmlich für die Herstellung von Asphaltbitumenpappen, Isolierbahnen, Rohrschutzschichten[45] und in der Gummiindustrie, Hochvakuumbitumen für die Lackindustrie[46] und für elektrotechnische Zwecke[47] verwendet.

Bitumenemulsionen finden in mannigfaltiger Form im Straßen- und Erdbau als Bindemittel, im Hoch- und Tiefbau als Schutzanstriche und dann als Klebestoffe im Baugewerbe Verwendung.

Für besondere Verwendungszwecke im Straßenbau werden Bitumen durch Zusätze von geeigneten Lösungsmitteln (Öle) verflüssigt, d. h. auf bestimmte Viskosität verschnitten (Verschnittbitumen, Cut-Back-Asphalt).

Naturasphalte[48] mit hohem Gehalt an mineralischen Beimengungen werden meist in Form von Mastix als Zusätze mit anderen bituminösen Bindemitteln in erster Linie im Straßenbau und bei der Herstellung von Isolier- und Bodenbelägen im Baugewerbe verwendet.

Mineralstofffreie oder -arme, natürlich vorkommende, meist sehr hoch schmelzende Bitumen, genannt Asphaltite, werden fast ausschließlich in der Lackindustrie verbraucht.

[40] Goulston, W. W.: The Science of Petr. Bd. IV, S. 2690.

[41] Becker, W.: Straßenbau und Bitumen, S. 43.

[42] Pullar, H. B.: The Science of Petr. Bd. IV, S. 2700.

[43] Veröffentl. Hauptaussch. Zentralst. Asphalt- u. Teerforschung, S. 340 (Geschäftsjahr 1929).

[44] Nüssel, H. u. v. Piechowski: Bitumen Bd. 10 (1940) S. 13.

[45] Philipp, C.: Asph. u. Teer Bd. 40 (1940) S. 295, 308. — Becker, W.: Asph. u. Teer Bd. 40 (1940) S. 303. — Angew. Chem. Bd. 53 (1940) S. 82. — Gerlach, E.: Bitumen Bd. 3 (1933) S. 52. — Klas, H.: Bitumen Bd. 6 (1936) S. 18, 40. — Goos, G.: Bitumen Bd. 7 (1937) S. 175.

[46] Jackson, J. S.: Asph. u. Teer Bd. 40 (1940) S. 135. — J. Inst. Petr. Technol. Bd. 25 (1939) Nr. 184.

[47] Reiner, St.: Bitumen Bd. 10 (1940) S. 37. — Becker, W.: Bitumen Bd. 1 (1931) S. 136.

[48] Miller, J. S.: The Science of Petr. Bd. IV, S. 2710.

2. Probenahme und Probenvorbereitung.

a) Probenahme[49].

Die richtige Probenahme ist eine wichtige Voraussetzung für die sinnvolle Durchführung einer Untersuchung. Sie muß daher derart erfolgen, daß zur eigentlichen Untersuchung wirkliche Durchschnittsmuster zur Verfügung gestellt werden können. Diezur Entnahme dienenden Geräte sollen in sauberem und trockenem Zustande gebraucht werden.

α) Stoffe fester oder zäher Beschaffenheit

(Bitumen, Asphalte, Klebe- und Vergußmassen, Isoliermaterialien usw.).

Bei der Entnahme von Proben aus größeren Gebinden sollen nach erfolgter stückiger Zerteilung an verschiedenen Stellen im Innern, keinesfalls am Rande oder den oberen und unteren Partien, Probestücke entnommen und gegebenenfalls zu einer Durchschnittsprobe vereinigt werden. Bei mineralstoffhaltigen Materialien ist besonders darauf zu achten, daß nicht nur Proben aus dem möglichen Mischungs- oder Sedimentationsbereich gezogen werden. Aus Materialien, die sich im schmelzflüssigen Zustande befinden, dürfen Proben erst nach erfolgtem Umrühren gefaßt werden.

Bei Anlieferung von Materialien gleicher Art in einer großen Anzahl Gebinde soll die Probenahme sich auf etwa 10% der Gebinde, mindestens aber auf etwa 4% erstrecken.

Die Größe der Proben richtet sich nach dem Zwecke der Untersuchung. Für normale Untersuchungen reichen $1/_2$ bis 1 kg aus, für spezielle Untersuchungen sind die Probemengen zu erhöhen.

Die Proben werden in trockene, saubere, verschließbare Büchsen abgefüllt, eventuell auch in pergamentiertes Papier eingeschlagen.

β) Stoffe flüssiger oder plastischer Beschaffenheit

(Emulsionen, Verschnittbitumen, Lacke, geschmolzene Bitumen usw.).

Die Probenahme erfolgt nach Feststellung der homogenen Beschaffenheit mit geeigneten Probenehmern; Stechheber eignen sich nur bei dünnflüssiger Beschaffenheit der Probe und sind langsam einzutauchen. Gute Dienste leisten zylindrische Entnahmegefäße. Bei Anlieferung des zu untersuchenden Materials in Zisternenwagen, Fässern o. dgl. ist es empfehlenswert, verschiedene Einzelproben von je etwa 1 l während des Entleerens, z. B. nach $1/_4$, $1/_2$ und nach $3/_4$ Entleerung zu nehmen und zu einer Mittelprobe zu vereinigen, aus der nach erfolgtem Durchmischen die zur Untersuchung dienende Durchschnittsprobe von etwa 1 bis $1^1/_2$ l gefaßt wird.

Wird das zu untersuchende Material in vielen Einzelgebinden angeliefert, so soll die Probenahme sich ebenfalls auf etwa 10% der Gebinde erstrecken. Die gefaßten Proben können vereinigt und daraus eine Durchschnittsprobe hergestellt werden.

Bei Emulsionen oder anderen Stoffen, die sich entmischen können, ist vor der Probenahme der Faßinhalt durch Wälzen der Fässer und Durchrühren mit einem Rührstab durchzumischen.

Für normale Untersuchungen sollen $1/_2$ bis 1 kg des Materials übergeben werden. Es ist in saubere, trockene, fettfreie, dicht verschließbare Gefäße abzufüllen. Für Emulsionen sind Glasflaschen oder Blechdosen vorzuziehen.

---

[49] *Handbücher:* BIERHALTER u. Mitarb.: Wie prüft man Straßenbaustoffe? (1932) S. 34. – ABRAHAM, H. u. E. BRÜHL: Asphalte und verwandte Stoffe (1939) S. 560. Deutscher Normenausschuß DIN 1995, Teil I, Ausg. 1934.

γ) Dach- und Isolierpappen.

Bei Dach- und Isolierpappen sollen Abschnitte in der Größe 1×1 m bis
1×1,5 m aus den zu untersuchenden Bahnen entnommen werden. Diese sind
entweder in einem Holzverschlag ungefaltet aufzuspannen oder auf einen Holzstab sorgfältig aufzurollen, der bei längerer Lagerzeit aufrecht zu stellen ist.

b) Vorbereitung der Proben für die Untersuchung.

Durchschnittsmuster von etwa 500 g der unter 2a α) genannten schmelzbaren
Stoffen werden vor der Untersuchung vorsichtig auf Temperaturen, die etwa
80 bis 100° C über dem voraussichtlichen Erweichungspunkt liegen, aufgeschmolzen und durchgerührt. Das Aufschmelzen darf nicht auf offener Flamme
geschehen, sondern ist in geeigneten Heißluftbädern vorzunehmen und soll zeitlich möglichst kurz dauern, damit nicht etwa flüchtige bituminöse Anteile ver-
dampfen. Grobstückige Verunreinigungen können im Anschluß daran durch
Absieben auf einem feinen, vorgewärmten Maschensieb (etwa $^1/_2$ bis 1 mm
lichte Weite) abgetrennt werden. Enthalten die Materialien kleine Mengen von
Wasser, so wird das geschmolzene Material ausgerührt, bis das Wasser verdunstet ist.

Nichtschmelzbare Materialproben, z. B. künstliche Asphalte, werden gegebenenfalls im Trockenschrank leicht erwärmt, so daß sie mechanisch ohne
Zerstörung der einverleibten Stoffe zerteilt werden können.

Flüssige oder halbflüssige Materialien werden vor der Untersuchung durch
Schütteln oder Umrühren, gegebenenfalls unter Anwendung leichter Wärme
durchgemischt.

3. Untersuchungsverfahren.

a) Prüfung der Bitumen.

α) Allgemeines.

Die Prüfung der mineralstoffreien Bitumen, wie sie als Bindemittel im
Straßenbau, als Klebemassen, Imprägniermassen usw. Verwendung finden,
erstreckt sich auf Prüfungen allgemeiner Art, auf solche chemisch-physikalischer
Natur, wie etwa relativer und absoluter Viskositätsmessungen, auf chemische
und auf solche spezieller Art. Je nach dem Zweck der Untersuchungen werden
mehrere — z. B. bei umfassenden Prüfungen — oder nur einzelne der Untersuchungsmethoden — bei Kontrollanalysen — in Betracht zu ziehen sein.

β) Prüfungen allgemeiner Art.

Äußere Beschaffenheit. Vor Inangriffnahme der eigentlichen Untersuchung
wird die äußere Beschaffenheit des zu untersuchenden Materials festgestellt.
Es sind zu bestimmen: Aussehen, ob glänzend, glatt, matt, rauh oder körnig;
Konsistenz, ob flüssig, weich, plastisch, fest, hart oder spröde brechend; Geruch,
ob geruchlos oder welcher Art er ist und Geruch beim Erwärmen der Probe;
Farbe und Glanz, Strichfarbe auf unglasierten Porzellanscherben; Art des
Bruches, ob eben, muschelig, strahlig oder hackig; Gefüge des Bruches, ob gleichmäßig, unregelmäßig, fein oder grobkörnig, geschlossen oder porös. Die Angabe
der Härte nach der Mohrschen Skala ist im allgemeinen weniger wichtig.

Wichte. Die Kenntnis der Wichte gibt einen allgemeinen Anhaltspunkt
über die Beschaffenheit des Bitumens. Geblasene Bitumen haben in der
Regel kleineres spezifisches Gewicht als die durch Vakuumdestillation erhaltenen Bitumen. Mineralbeimengungen erhöhen die Wichte. Normalerweise wird es angegeben für eine Temperatur von 25° C und bezogen
auf das Gewicht des gleichen Volumens Wasser bei 25° C. Die Bestimmung

erfolgt nach einfachster Methode nach dem Schwimmverfahren, indem Tropfen von geschmolzenem Material, frei von Luftblasen, in wäßrige Lösungen gebracht werden, deren Wichte derart verändert wird, bis die Kügelchen in der Schwebe bleiben. Die Wichte der Lösung wird dann mit dem Aräometer bestimmt. Gute Annäherungswerte können durch die Wasserverdrängungsmethode erhalten werden.

Im allgemeinen verwendet man zylindrische Glasgefäße — Pyknometer — mit eingeschliffenem Stopfen oder aufgeschliffenem Deckel, deren Inhalt durch Auswägen mit destilliertem Wasser von 25° C bestimmt wird. Sie verbinden den Vorteil einer für normale Zwecke ausreichenden Genauigkeit mit der guten Reinigungsmöglichkeit. Das Bitumen wird im geschmolzenen Zustande eingebracht und gewogen. Hierauf wird mit destilliertem Wasser aufgefüllt und nach Einstellen in den Thermostaten zurückgewogen. Falls die Bestimmung nicht bei 25° C durchgeführt werden kann, müssen die Werte auf diese Temperatur umgerechnet werden. Allgemein erfolgt dies nach der Formel

$$d_{t_1} = d_{t_2} (1 + at),$$

worin bedeuten:

d_{t_1} bzw. d_{t_2} Wichte bei t_1 °C bzw. t_2 °C,
$\quad t$ Temperaturdifferenz $(t_2 - t_1)$ °C,
$\quad a$ kubischer Ausdehnungskoeffizient (für Bitumen etwa 0,0006).

Eine vielfach benutzte vereinfachte, additive Berechnung nach der Gleichung $d_{t_1} = d_{t_2} + at$, gibt nur angenäherte Werte und darf nur für eine begrenzte Temperaturdifferenz angewendet werden. Nimmt man das spezifische Gewicht von Bitumen zu 1,0 bis 1,05 und den Ausdehnungskoeffizienten zu 0,0006 bis 0,0007 an, so ergibt sich in der Wichte eine maximale Abweichung von ± 0,001, wenn die Bestimmungstemperaturen nicht mehr als ± 25° C von der vorgeschriebenen Prüftemperatur abweichen. Bei Einhaltung dieser Bedingung ist diese vereinfachte Berechnungsart also durchaus zulässig.

Für genaue Ermittlungen der Wichte, etwa im Zusammenhang mit Bestimmungen der absoluten Viskosität, müssen aber die Werte möglichst genau sein und zudem auf die Dichte des Wassers bei 4° C, unter gleichzeitiger Berücksichtigung des Ausdehnungskoeffizienten des Glases, reduziert werden[50-52]. Für die genaue Ermittlung der Wichte haben sich im Temperaturbereich von 120 bis 200° C die MOHRsche Waage, von 15 bis etwa 60° C Pyknometer bewährt.

Ausdehnungskoeffizient. Der kubische Ausdehnungskoeffizient wird aus der bei verschiedenen Temperaturen bestimmten Wichte nach der Formel

$$a = \frac{d_{t_1} - d_{t_2}}{d_{t_2}(t_2 - t_1)}$$

berechnet.

Für weniger genaue Ermittlungen kann der Ausdehnungskoeffizient unmittelbar aus dem Betrage des Schwindens des in einem Reagensglas oder Verbrennungsrohr auf eine bestimmte Schmelztemperatur gebrachten und dann langsam auf 25° C abgekühlten Probematerials berechnet werden[53]. Das Schwindvolumen kann mit Wasser oder Quecksilber ausgemessen und in Prozenten des Volumens im geschmolzenen bzw. erkalteten Zustand berechnet werden.

---

[50] Asph. u. Teer Bd. 29 (1929) S. 944.
[51] BLOKKER, P. C.: Angew. Chem. Bd. 52 (1939) S. 643; Bitumen Bd. 10 (1940) S. 8. — SAAL, R. N., W. HEUKELOM, P. C. BLOKKER: J. Inst. Petr. Technol. Bd. 26 (1940) S. 29—30.
[52] Industr. Engng. Chem., Anal. Edit. Bd. 12 (1940) S. 160.
[53] BROOME, D. C.: The Testing of bituminous Mixtures, S. 161. 1934. — ZIEGS, K.: Asph. u. Teer Bd. 29 (1929) S. 944. — BLOKKER, P. C.: Vgl. Fußnote 51.

γ) Chemisch-physikalische Prüfungen.

Für die Kennzeichnung und Bewertung der Bitumen dienen chemisch-physikalische Methoden, die sich aus einem gewissen Bedürfnis der Praxis heraus entwickelt haben. Sie bezwecken im allgemeinen die Bestimmung einer Temperatur für einen ganz bestimmten Viskositätsgrad oder die Ermittlung des Viskositätsgrades bei einer bestimmten Temperatur. Die für die einzelnen Prüfverfahren einzuhaltenden Arbeitsbedingungen sind durch Vereinbarung festgelegt und in ausführlicher Weise in Normenwerken niedergelegt worden[54], da es sich um konventionelle Methoden handelt. Bei jeder Untersuchung hat als erste Forderung zu gelten, daß die Arbeitsweise genau nach Vorschrift eingehalten wird. Jedes Abweichen beeinflußt in mehr oder weniger starkem Maße den Ausgang der Prüfung und verfälscht die Resultate, weil die Bitumen keine chemisch einheitlichen Körper sind, also z. B. keinen genauen Schmelzpunkt haben, sondern komplizierte Stoffgemische darstellen, deren Viskositätsänderung (Übergang vom festen zum tropfbar flüssigen Zustand) sich in einer breiten Temperaturzone als stetig verlaufender Erweichungsvorgang vollzieht.

Erweichungspunkt. Mit „Erweichungspunkt" bezeichnet man diejenige Temperatur, bei der eine Bitumenschicht bestimmter Dicke und von bestimmtem Durchmesser unter bestimmten Ausführungsvorschriften eine gegebene Überlast nicht mehr zu tragen vermag. Nach der Ausführungsform von Kraemer und Sarnow (K.S.)[55], Modifikation Barta[56], wird ein Glasring von 5 mm Höhe und 6 mm Dmr. mit geschmolzenem Bitumen plan gefüllt und dann mit Hilfe eines Gummischlauchstückes an einem Glasrohr gleichen Durchmessers befestigt und in ein Wasser- oder Glyzerinbad eingehängt. Hierauf werden 5 g Quecksilber auf die Bitumenschicht gegeben und die Temperatur des Wasserbades um 1° C je Minute gesteigert. Der Erweichungspunkt ist diejenige Temperatur, bei welcher das Quecksilber durch die Bitumenprobe durchfällt.

Bei sehr hoch schmelzenden Bitumen kann weder Wasser noch Glyzerin als Flüssigkeitsbad gebraucht werden. Es kann dann in ähnlicher Weise in Paraffinöl gearbeitet werden. Die gefüllten Glasringe müssen aber so an das Glasrohr angesteckt werden, daß an der Unterseite des Bitumens eine Luftschicht verbleibt, damit das Öl das Prüfmaterial nicht benetzt und aufweicht[57].

Die heute meist angewendete Methode zur Bestimmung des Erweichungspunktes ist diejenige mit Ring und Kugel (R. u. K.)[58], die höhere Kennziffern liefert als die Methode K.S. Grundsätzlich besteht das Verfahren darin, daß ein Metallring von 15,9 mm innerem Durchmesser und 6,4 mm Höhe mit Bitumen ausgegossen wird. Der überstehende Teil wird abgeschnitten und dann der gefüllte Ring auf 5° C gekühlt. Er wird hierauf in ein Becherglas mit Wasser von 5° C gebracht, das soweit gefüllt ist, daß das Wasserniveau 50 mm über dem Ring steht. Die Bitumenschicht wird hierauf mit einer Stahlkugel von 9,5 mm Dmr. zentrisch belastet und dann die Temperatur um 5° C je Minute gesteigert. Als Erweichungspunkt wird diejenige Temperatur bezeichnet, die erreicht wird, wenn die Spitze des nach unten austretenden Bitumenbeutels eine 25,4 mm unter dem Ring sich befindliche Platte berührt.

Bei härteren Bitumen, deren Erweichungspunkt über 80° C liegt, wird als Badflüssigkeit Glyzerin verwendet.

[54] Deutscher Normenausschuß: DIN 1995, Teil I u. II (1934, Teilneudruck 1938). — Amer. Soc. Test. Mater.: Book of the ASTM-Standards Bd. II (1933). — Inst. Petr. Technol.: Standard Methods for Testing Petroleum and its Products (1935). — VSS/SVMT: Richtlinien Baustoffe bit. Straßendecken.

[55] Kraemer, G. u. C. Sarnow: Chem. Ind. Bd. 26 (1903) S. 55. — Klinger, M.: Bd. 37 (1914) S. 220. — Petroleum Bd. 7 (1911/12) S. 158.

[56] Barta, L.: Chem Z. Bd. 30 (1906) S. 30. — DIN 1995 — U 4.

[57] Abraham, H.: Asphalt and allied Substances, S. 903.

[58] ASTM: D 36—26. — IPT: A 20. — DIN: 1995 — U 3.

Bei genauer Einhaltung der Anfangstemperatur und der Temperatursteigerung und bei Verwendung von ausgekochtem (luftfreiem) Wasser können gut reproduzierbare Werte erhalten werden.

Tropfpunkt. Es wird allgemein die Methode nach UBBELOHDE[59] angewendet. Das bituminöse Material wird in einen normierten Kupfernippel eingestrichen oder eingegossen und dieser in den unteren Hülsenteil des normierten Thermometers so eingeschoben, daß die Thermometerkugel in die Mitte der Masse zu liegen kommt. Das Thermometer mit Nippel wird in einem Luftbad derart erwärmt, daß die Temperatur um 1° C je Minute ansteigt. Die Temperatur, bei welcher der erste Tropfen abfällt, wird als Tropfpunkt bezeichnet.

Auf die einwandfreie Beschaffenheit des Nippels und speziell der Düsenöffnung (Beschädigungen), auf die Lage des eingesetzten Nippels und die genaue Temperaturführung, insbesondere nahe unterhalb des Tropfpunktes, muß vor allem geachtet werden.

Brechpunkt. Mit Brechpunkt wird diejenige Temperatur bezeichnet, bei welcher das Bitumen hart und spröde wird. Nach der Ausführungsform von FRAASS[60], die die schwer reproduzierbaren Verfahren für die Bestimmung des Erstarrungspunktes nach HERRMANN[61] und HOEPFNER-METZGER[62] fast vollständig verdrängt hat, wird das Bitumen in gleichmäßiger und vorgeschriebener dünner Schichtdicke auf ein Stahlblättchen aufgeschmolzen und dann das Stahlblech zusammen mit dem Bitumenfilm in einem Biegegerät eingesetzt, in welchem die Temperatur um etwa 1° C je Minute gesenkt wird. Von Grad zu Grad wird nun das Stahlblech mit dem Bitumen auf der äußeren Seite um einen gewissen Betrag gekrümmt und dann wieder entspannt. Als Brechpunkt wird diejenige Temperatur bezeichnet, bei der die Bindemittelschicht beim Biegen um den festgesetzten Betrag bricht.

Schwimmprüfung. In den USA. ist noch ein weiteres Verfahren in Anwendung, genannt Float-Test[63], das auch eine Art Erweichungspunkt ergibt und darin besteht, daß ein konisches Bodenmundstück einer flachen Metallschale mit Bitumen ausgegossen wird; nach Erkaltung wird die Schale mit dem Bodenstück auf Wasser von 50° C aufgesetzt, so daß sie schwimmt. Wenn der Bitumenpfropfen durch das Wasser erweicht ist, dringt Wasser in die Schale ein und bringt sie zum Sinken. Die Zeit vom Einsetzen der Schale in das Bad bis zum Durchbruch des Wassers wird in Sekunden gemessen.

Penetration. Unter Penetration[64] oder Eindringungstiefe versteht man die Strecke, ausgedrückt in $^1/_{10}$ mm, um die eine genormte, zugespitzte Nadel von bestimmten Abmessungen, unter einer Gesamtbelastung von 100 g (50 g Nadel mit Schaft + 50 g Zusatzgewicht) während 5 s bei einer Temperatur von 25° C in eine Bitumenschicht eindringt. Die Messungen können ergänzt werden durch Bestimmungen bei anderen Temperaturen, wie z. B. 10° C, 40° C, eventuell auch mit anderen Zusatzgewichten. Das Bitumen wird in ein Metallgefäß von etwa 55 mm Dmr. in schmelzflüssigem Zustand mindestens 20 mm bei härteren und mindestens 40 mm bei weicheren Bitumensorten eingefüllt[65], luftblasenfrei

[59] IPT: L. G. 11. — DIN: 1995 — U 2.

[60] FRAASS, A.: Asph. u. Teer Bd. 30 (1930) S. 367. — Bitumen Bd. 7 (1937) S. 152. — DIN: 1995 — U 5. — GOLDING, W. E. u. F. M. POTTER: Chemistry and Industry Bd. 53 (1934) S. 628.

[61] BIERHALTER u. Mitarb.: Wie prüft man Straßenbaustoffe? (1932) S. 47.

[62] HOEPFNER, K. A. u. A. METZGER: Asph. u. Teer Bd. 30 (1930) S. 208.

[63] ASTM: D 139—27. — GOODRICK, R. E. u. C. MINOR: Dep. Highway Laboratory Washington, Rep. Nr. 67 (1938).

[64] ASTM: D 5—25. — IPT: A 18. — DIN: 1995 — U 6.

[65] Dep. Highway Laboratory Washington, Rep. Nr. 63 (Febr. 1937); Mitt. Forschungsges. Straßenwesen Nr. 11 (1937).

gemacht und nach dem Erkalten in einem Wasserbad auf die Versuchstemperatur auf eine Genauigkeit von womöglich maximal $\pm 0,1°$ C eingestellt.

Die zu verwendenden Nadeln müssen die vorschriftsgemäßen Abmessungen
aufweisen, sollen blank· sein und der Nadelhalter soll in der Führung des Geräts· ohne merkliche Reibung gleiten. Empfehlenswert ist es, alle Bitumenproben in gleicher Weise für die Bestimmung vorzubereiten und im Hinblick
auf die Veränderungen, die das kolloidale Gefüge erleiden kann, auch die Dauer
des Einstellens in den Thermostaten möglichst bei allen Prüfungen gleich beizubehalten. Die maximale Dauer beträgt 3 h, die minimale 1 h.

Duktilität (Streckbarkeit). Mit Duktilität [66] bezeichnet man die Fadenlänge in Zentimetern, zu der sich ein Probekörper bestimmter Form mit 1 cm²
engstem Querschnitt in Wasser von 25° C und einer bestimmten horizontal
wirkenden Zugkraft ausziehen läßt. Die vierteilige Form wird auf einer mit
Glyzerin-Dextrin dünn bestrichenen Metallplatte zusammengestellt und dann
mit dem geschmolzenen Bitumen ausgegossen. Der Bitumenüberschuß wird mit
dem Messer abgetrennt und die Probe im Wasserthermostat genau auf die gewünschte Prüftemperatur eingestellt. Die Prüfung geschieht im Duktilometer
unter Wasser von Prüftemperatur mit einer Geschwindigkeit des Zugbalkens
von 5 cm je Minute.

Das Mittel von je 3 Versuchen wird angegeben. Die Duktilität kann auch bei
anderen Temperaturen bestimmt werden. Es ist immer darauf zu achten, daß
das Bitumen luftfrei in die Formen gefüllt wird, der Duktilometerboden sauber
und glatt ist, damit die dünnen Fäden nicht kleben bleiben, und daß beim Bestreben, die Wassertemperatur konstant zu halten, keine Wasserströmungen
quer zu den Zugrichtungen verursacht werden.

Gewichtsverlust und Veränderung beim Erhitzen. Es werden darunter
der Gewichtsverlust in Prozenten, der beim Erhitzen einer bestimmten Bitumenmenge in vorgeschriebenen Gefäßen während 5 h bei 163° C eintritt, und die
Änderung der chemisch-physikalischen Kennziffern (Erweichungspunkt, Penetration usw.) als Folge dieser Behandlung verstanden. Nach der deutschen
Arbeitsweise [67] wird ein weites, im Ofen nicht bewegtes und nach der amerikanischen und englischen Vorschrift [68] ein enges Gefäß, das im Ofen eine horizontal kreisende Bewegung ausführt, verwendet. Die Gewichtsverluste sind
nach DIN 1995 etwa doppelt so groß wie nach den beiden anderen Vorschriften.·

Die Bestimmung der chemisch-physikalischen Eigenschaften erfolgt nach
den vorbeschriebenen Verfahren.

Flamm- und Brennpunkt. Sie bezeichnen die Temperaturen des Bitumens,
bei denen bei Annäherung einer kleinen Zündflamme an die Oberfläche, die
entweichenden Dämpfe sich erstmals entzünden (entflammen) bzw. die Temperatur, bei welcher das zu prüfende Material auch nach Entfernung der Zündflamme selbständig und dauernd weiterbrennt.

Die Bestimmung erfolgt in Geräten mit offenem Tiegel; in Deutschland
nach Marcusson [69], in den USA. nach Cleveland [70].

Normengemäße Untersuchung. Ausblick. Die chemisch-physikalische Prüfung der Bitumen ist sowohl nach Art und Ausführung wie auch für Straßenbaubitumen hinsichtlich Umfang durch Vorschriften in vielen Ländern festgelegt
(vgl. unter anderem DIN 1995, Teil I und II).

Für die Kontrolluntersuchung eines für Straßenbauzwecke zu verwendenden
Bitumens können Penetration, Erweichungspunkt R. u. K. schon als ausreichend
gelten; dagegen müssen für weitere Untersuchungen Tropfpunkt, spezifisches

---

[66] ASTM: D 113—32 T. — IPT: A 19. — DIN: 1995 — U 7.
[67] DIN: 1995 — U 11.   [68] ASTM: D 6—33. — IPT: A 17.
[69] DIN: DVM 3661.   [70] ASTM: D 92—33.

Gewicht, Brechpunkt und besonders Duktilität, sowie Gewichtsverlust beim Erhitzen und die dabei auftretenden Änderungen unbedingt bestimmt werden.

Diese allgemeinen Gesichtspunkte gelten auch für eine bewertende Untersuchung von Bitumen, die für andere Zwecke als für den Straßenbau gebraucht werden.

Aus der Lage verschiedener Kennziffern, die einen bestimmten Viskositätsgrad bezeichnen, hat man wichtige Aufschlüsse über die qualitative Bewertung der Bitumen abgeleitet. So lassen sich beispielsweise aus dem Unterschied zwischen Brechpunkt und Tropfpunkt — auch als Gradspanne bezeichnet — oder zwischen Brechpunkt und den Erweichungspunkten usw., Anhaltspunkte gewinnen über die Temperaturempfindlichkeit des geprüften Materials. In neuerer Zeit hat man aus den Penetrationswerten und dem Erweichungspunkte R. u. K.[71] oder aus den Penetrationswerten bei verschiedenen Temperaturen und verschiedenen Nadelbelastungen[72], Temperaturempfindlichkeitsfaktoren berechnet. Es sei speziell an die Arbeiten von PFEIFFER und VAN DOORMAAL[73] erinnert, die mit Hilfe ihres Penetrationsindexes, der für Bitumen verschiedener Herstellungsweise verschieden lautet, eine Klassifikation der Bitumen vorgenommen haben.

Das Bestreben, die Bitumen nicht mit Hilfe verschiedener konventioneller Methoden, sondern möglichst nur nach einer oder wenigen Methoden ausreichend charakterisieren zu können, hat dazu geführt, die Viskositätsverhältnisse der Bitumen genauer zu studieren. HOEPFNER und METZGER[74, 75] haben versucht, die Bitumen und andere bituminöse Baustoffe nach Steifheits- oder Weichheitsgraden HM zu kennzeichnen. Sie teilten dazu den Temperaturbereich zwischen Tropfpunkt und Starrpunkt — nach einem speziellen Verfahren bestimmt und als Starrpunkt HM[75] bezeichnet — in 100 Grade und bestimmten die den Erweichungspunkten K.S. und R. u. K. zuzuordnenden Weichheitsgrade. Sie haben diese Weichheitsgrade auch im Gebiet oberhalb des Tropfpunktes angewendet und auch andere Kennziffern, wie etwa die Penetration aus den Beziehungen, die sich aus der jeweiligen Lage des Starr- und Tropfpunktes ergeben, abgeleitet. Spätere Untersuchungen haben gezeigt, daß dieses Verfahren keine genaue Wiedergabe der Viskositätsverhältnisse ermöglicht und höchstens in einem gewissen, begrenzten Bereich zu Kontrollzwecken benützt werden darf[76].

Die konventionellen Bestimmungsmethoden für einen bestimmten Viskositätsgrad werden auch in Zukunft ihren praktischen Wert beibehalten. Die genauen Viskositätsverhältnisse in Abhängigkeit zur Temperatur können aber nur durch Messung der Viskosität in absoluten Einheiten bestimmt werden. Sie ergeben eine einheitliche Vergleichsbasis und machen Umrechnungen von Viskositätsangaben, die in verschiedenen Relativ-Viskosimetern erhalten worden sind und die immer nur annähernd ausgeführt werden können, überflüssig. Es ist wohl gelungen, in befriedigender Weise einzelne Kennziffern wie Penetration oder Tropfpunkt in absoluten Viskositätseinheiten auszudrücken, aber für eine genaue Darstellung reichen sie nicht aus. Für die Bestimmung absoluter Viskositäten

---

[71] PFEIFFER, J. P. u. P. M. VAN DOORMAAL: Koll.-Z. Bd. 76 (1936) S. 95. — Petroleum Bd. 34 (1938) Nr. 29.

[72] JACKSON, J. S.: The Science of Petroleum, Bd. II, S. 1438. — HUBBARD, P.: The Science of Petroleum Bd. IV, S. 2732.

[73] Vgl. Fußnote 71. — BECKER, W.: Bitumen Bd. 7 (1937) S. 182.

[74] HOEPFNER, K. A.: Untersuchungen über die Viskosität bituminöser Stoffe und deren gesetzmäßige Zusammenhänge (Mitt. Straßenbauforschungsstelle, Ostpreußen a. d. T. H. Danzig). Berlin: C. Heymanns Verlag 1930. — Wasser- u. Wegebau-Z. Bd. 28 (1930) Nr. 12, 13, 14. — Asph. u. Teer Bd. 37 (1937) S. 675; Bd. 38 (1938) S. 66 ff.

[75] METZGER, H.: Starrpunkt und Viskosität bituminöser Stoffe. Diss. T. H. Danzig. Halle: Wilhelm Knapp 1931. (Kohle, Koks, Teer Bd. 22.)

[76] KLINKMANN, G. H.: Asph. u. Teer Bd. 35 (1935) S. 530.

sind verschiedene Instrumente verwendet worden, wie Couette-Viskosimeter[77], Kugelfall-Viskosimeter[78], Ostwald-Viskosimeter[79] u. a.[80].

Ubbelohde, Ullrich und Walther[81] haben gezeigt, daß die Viskositäts-temperaturkurven von Bitumen, wenn sie im Ubbelohde-Viskositätsblatt eingetragen werden, annähernd als Gerade erscheinen. Von amerikanischen Forschern ist dies für ein analoges Blatt (Koppers Viscosity-Temperatur Chart) bestätigt worden[82]. Anders kommt Zichner[83] zur Auffassung, daß Gerade erst dann entstehen, wenn im karthesischen Koordinatensystem auf der Ordinatenachse statt der absoluten kinematischen Viskositäten v als loglog $(v + 0.8)$ der Wert loglog $\left(\dfrac{v}{2.0}\right)$ (auf der Abszissenachse die absolute Temperatur als log $°$ C) aufgetragen wird.

Es ist damit zu rechnen, daß neben den rasch und mit einfachen Mitteln auszuführenden Bestimmungen der Penetration, des Erweichungs- und Brechpunktes und der Duktilität, wie auch der anderen genormten Bestimmungsmethoden, in Zukunft auch Bestimmungen der absoluten Viskosität bei verschiedenen Temperaturen für die Kennzeichnung eines Bindemittels in vermehrtem Maße herangezogen werden. Empfehlenswert ist die Bestimmung der Penetration bei verschiedenen Temperaturen (0 bis 40° C) und auch der Duktilität bei Temperaturen unter 25° C.

δ) Chemische Prüfungen.

Mineralische Anteile und Wasser. Mineralische Bestandteile werden — sofern es sich um grobe Verunreinigungen handelt — durch Aussieben, sonst aber vor allem durch Bestimmung des Veraschungsrückstandes erfaßt. Der Wassergehalt wird quantitativ durch Destillation mit Xylol (vgl. Abschn. 3, g, δ) bestimmt.

Löslichkeit. Der Gehalt an Bitumen wird durch Extraktion mit Schwefelkohlenstoff (CS_2) bestimmt, wozu sich das bekannte Gerät von Soxleth eignet. Die unlöslichen Anteile können auch durch Filtration durch Gooch-Tiegel oder durch Filtration durch Papierfilter, bestimmt werden. Verminderte Löslichkeit in Tetrachlorkohlenstoff (CCl_4) deutet auf eingetretene Störungen im kolloiden System durch Überhitzung hin; es ist daher vielfach angezeigt, neben einer Extraktion mit CS_2 auch eine mit CCl_4 auszuführen.

Inhomogenitäten in Bitumen, die auf Zumischungen von Wachsen, Säureharzen, Belichtung oder Überhitzung zurückzuführen sind, können mit der Fleckprüfung — genannt Spot Test — von Oliensis nachgewiesen werden[84].

Die Löslichkeit in Petroläther 60/80° gibt Anhaltspunkte über den Gehalt an Hartasphalt, d. h. Asphaltenen[85]. Auf die neueren Bestimmungsmethoden

[77] Saal, R. N. u. G. Koens: Bitumen Bd. 4 (1934) S. 17. — Saal, R. N.: J. Inst. Petr. Technol. Bd. 19 (1933) S. 176. — Proc. World Petroleum Congress, London 1933, Bd. II, Rep. Nr. 96. — Marschalkò, B. u. J. Barna: Int. Kongreß Mat.-Prüf. Technik, Amsterdam (1927) Bd. II, S. 415. — Lee, A. R. u. J. B. Warren: J. Scientif. Instruments Bd. 18 (1940) Nr. 3. — Csàgoly, J.: Asph. u. Teer Bd. 35 (1935) S. 667; Bd. 39 (1939) S. 21.

[78] Broome, D. C.: The Testing of bituminous Mixtures, S. 29. — Zichner, G.: Über die Viskosität und Kohäsion der bituminösen Bindemittel in Abhängigkeit von Temperatur. Diss. T. H. Dresden. Berlin: Allg. Industrie-Verlag 1937.

[79] Rhodes, E. O., E. W. Volkmann, C. T. Barker: Engng. News Rec. Bd. 115 (1935) S. 714.

[80] Ubbelohde, L.: Erdöl u. Teer Bd. 9 (1933) S. 123. — Greutert, J.: Bitumen Bd. 3 (1933) S. 51.

[81] Ubbelohde, L., Ch. Ullrich, C. Walther: Öl u. Kohle/Erdöl u. Teer Bd. 11 (1935) S. 684.

[82] Vgl. Fußnote 79. [83] Vgl. Fußnote 78.

[84] Oliensis, G. L.: Proc. Amer. Soc. Test. Mater. Bd. 33 (11) (1933) S. 713; Bd. 36 (11) (1936) S. 494. — Proc. Techn. Sess. Assoc. Asph. Pav. Technol. (Jan. 1935) S. 88.

[85] IPT: A 12.

von Hartasphalt, Weichasphalt, Harzen und öligen Anteilen wurde bereits in Abschn. 1 b, hingewiesen. Es sei besonders auf die Arbeiten von PÖLL und MAASS verwiesen[86].

Schwefel. Der gesamte Schwefelgehalt wird am besten durch Verbrennen in der kalorimetrischen Bombe und Überführen in Bariumsulfat[87] bestimmt. Nichtgebundener, etwa zugefügter Schwefel kann nach NICHOLSON[88] durch Verfärbung eines blanken Kupferstreifens bei 50° C oder nach GRAEFE nachgewiesen werden.

Paraffin. Die Bestimmung des Paraffingehaltes in Bitumen ist deshalb von besonderem Interesse, weil die Duktilität mit steigendem Gehalt zurückgeht, was sich besonders bei Temperaturen unter 25° C augenfällig zeigt. Bei Bitumen aus galizischen Erdölen konnte die duktilitätserniedrigende Wirkung anscheinend selbst bei relativ hohen Gehalten an Paraffin[89] zum Teil behoben werden. A. v. SKOPNIK gibt der Meinung Ausdruck, daß eine vollständige Eliminierung des Paraffins gar nicht erstrebenswert sei, weil kleine Gehalte von Paraffin die Benetzungsfähigkeit und Haftfestigkeit des Bitumens am Gestein günstig beeinflussen[90]. FUSSTEIG macht die schädliche Wirkung des Paraffins auf die Bitumeneigenschaften nicht von dessen absolutem Gehalt, sondern vom Verhältnis der Asphaltene zu den Harzen und zu Paraffin abhängig. GRAF[91] legt der Bestimmung der Art des Paraffins größere Bedeutung bei als der quantitativen Erfassung der effektiven Menge und bezeichnet die Anwesenheit von niedrigmolekularem Paraffin als schädlich.

Eine große Zahl von Arbeiten über Paraffin in Bitumen und dessen Bestimmung sind in den letzten Jahren erschienen[92]. Die bestehenden Prüfmethoden lassen sich nach der Art und Weise, wie die Bitumen vorbehandelt werden, in 3 Gruppen einteilen, nämlich:

a) Fällung der Asphaltene, Reinigen (Säureraffination) der erhaltenen Öle, Destillieren derselben und Bestimmung des Paraffinanteils im Destillat durch Ausfällen bei tiefer Temperatur.

b) Durchführung einer direkten Zersetzungsdestillation der Bitumen und Bestimmung des Paraffins in den erhaltenen Destillaten wie bei a.

c) Behandlung der Bitumen mit auswählend wirkenden Lösungs- und Adsorptionsmitteln, unter Ausschaltung von zersetzenden Destillationen.

GRAF hat nachgewiesen, daß bei der Destillation der Öle oder des Bitumens das Paraffin pyrogen zersetzt mit kleinerem Molekulargewicht erhalten wird als es im Bitumen vorliegt. Außerdem treten auch bei der Säureraffination und Ausfällung beträchtliche Paraffinverluste auf. Die Adsorptionsmethoden vermeiden pyrogene Zersetzungen und erfassen das Paraffin wie es im Bitumen

[86] Vgl. Fußnote 23 u. 24.   [87] IPT: A 4.
[88] NICHOLSON, V.: Proc. Techn. Sess. Assoc. Asph. Pav. Technol. (Jan. 1935) S. 72. — GRAEFE, E.: Z. angew. Chem. Bd. 29 (1916) S. 21.
[89] Intern. Ständ. Verb. Straßenkongresse: VII. Kongreß, München 1934, Bericht 32, S. 10. — FUSSTEIG, R.: Asph. u. Teer Bd. 35 (1935) S. 627.
[90] SKOPNIK, A. v.: Asph. u. Teer Bd. 40 (1940) S. 201.
[91] GRAF, W.: Untersuchungen über die Bestimmung und Charakterisierung des Paraffins in Asphalten. Diss. E. T. H. Zürich 1934.
[92] SUIDA, H. u. H. KAMPTNER: Asph. u. Teer Bd. 31 (1931) S. 669. — SUIDA, H. u. W. JANISCH: Asph. u. Teer Bd. 31 (1931) S. 503. — MÜLLER u. D. WANDYCZ: Asph. u. Teer Bd. 32 (1932) S. 708. — THOMAS, W. H. u. H. E. TESTER: Proc. World Petroleum Congress, London 1933, Bd. II, S. 547. — RIEHM: Proc. World Petroleum Congress, London 1933, Bd. II, S. 552. — MANNHEIMER, J.: Petroleum Bd. 28 (1932) Nr. 16, S. 1. — Proc. World Petroleum Congress London 1933, Bd. II, S. 553. — MAASS, W.: Proc. World Petroleum Congress, London 1933, Bd. II, S. 557. — KAMPTNER, H. u. W. MAASS: Asph. u. Teer Bd. 39 (1939) S. 683.

vorliegt, allerdings auch nicht in quantitativem Maße, gewährleisten aber bei genauer Einhaltung der Arbeitsbedingungen ziemlich gute Reproduzierbarkeit der Bestimmungen.

Normengemäße Untersuchung. Ausblick. Bei Bitumen für Straßenbauzwecke, als Klebemassen und für andere Verwendung wird bei umfassenderen Untersuchungen die Bestimmung der Löslichkeit in CS_2, der Asche und des Paraffingehaltes als notwendig erachtet. Schwefelbestimmungen, wie auch Bestimmung der Säurezahl werden etwa zur weiteren Charakterisierung und zur Prüfung auf Zusätze, wie z. B. von Naturasphalten, beibezogen.

Die zukünftige Entwicklung der chemischen Untersuchung der Bitumen wird sich in vermehrtem Maße den Trennungsmethoden durch selektive Löslichkeit und Adsorption zuwenden, um die Gehalte an Hart- und Weichasphalten, Harzen und öligen Anteilen erfassen zu können, die für die Gesamtheit der Erscheinungen bituminöser Stoffe von Bedeutung sind. Ähnliche Methoden werden für die Bestimmung des Paraffingehaltes herangezogen werden müssen.

ε) Besondere Prüfungen.

Als besondere Untersuchungsverfahren seien erwähnt die Bestimmung der spezifischen Wärme und Wärmeleitzahl[93], die Verfahren zur Bestimmung der Oberflächenspannung[94] und die mechanischen Prüfverfahren[95]. Alle diese Methoden bedürfen noch weiterer Abklärung durch systematische Forschungsarbeit. Besonders hinzuweisen ist auf die Bestimmung des Verhaltens bituminöser Bindemittel gegenüber Gesteinsmaterialien und der Haftfestigkeit, worüber zahlreiche Arbeiten[96] veröffentlicht wurden. Auch diese Frage bedarf noch weiterer systematischer Forschung.

b) Prüfung der Asphalte.

α) Chemisch-physikalische Prüfungen.

Bei schmelzbaren Asphalten erstreckt sich die chemisch-physikalische Prüfung auf die Bestimmungen des Erweichungspunktes K.S. oder R. u. K., der Penetration und eventuell des Brechpunktes und des spezifischen Gewichtes.

Bitumen enthaltende Massen für Straßenbauzwecke werden auf Raumgewicht, Wasseraufnahme im Vakuum und Quellung bei 28tägiger Wasserlagerung geprüft.

β) Chemische Prüfungen.

Bitumengehalt. Bei künstlichen oder natürlichen Asphalten steht die Bestimmung des Gehaltes an Bitumen im Vordergrund. Sie erfolgt durch Extraktion des zerkleinerten Probematerials mit Lösungsmitteln wie Chloroform, besser noch mit Schwefelkohlenstoff. Bei mineralstoffarmen und feinkörnigen

[93] LOCHMANN, C.: Petroleum Bd. 31 (1935) Nr. 38, S. 13. — GRAEFE, E.: Bitumen Bd. 5 (1935) S. 54. — BLOKKER, P. C.: Vgl. Fußnote 51.
[94] NELLENSTEYN, F. J.: Chem. Weekbl. Bd. 24 (1927) Nr. 5. — JÄGER: Chem. Weekbl. Bd. 24 (1927) S. 414. — NELLENSTEYN, F. J. u. ROODENBURG: Koll.-Chem. Beihefte Bd. 31 (1930) S.9. — SAAL, R.N.: Öl ü. Kohle Bd. 10 (1934) S.367. — LOMAN, R. u. N. P. ZWIKKER: Physica Bd. 1 (1934) S. 181.
[95] FLISTER, E.: Kittkraftbestimmungen, Beiträge zur Kenntnis der physikalischen Beschaffenheit bituminöser Straßenbaubindemittel. Diss. T. H. Berlin 1934. — RIEDEL,W. u. H. WEBER: Asph. u. Teer Bd. 33 (1933) S. 667, 693, 713, 729, 749, 793, 810. — RIEDEL, W.: Asph. u. Teer Bd. 34 (1934) S. 209, 429, 487, 924, 941, 961, 979. — NELLENSTEYN, F. J.: Proc. World Petroleum Congress, London 1933, Bd. II.
[96] RIEDEL, W.: Asph. u. Teer Bd. 36 (1936) S. 119 u. 191. — SUIDA, H., O. JEKEL u. K.HALLER: Asph.u.Teer Bd. 39 (1939) S. 253, 267, 283, 295. — GEISSLER, W.: Bitumen Bd. 4 (1934) S. 191. — VALTON, P. A.: Highways & Bridges Bd. 3 (1937) Nr. 163, S. 5.

Asphalten werden Mengen von 20 bis 100 g, bei Materialien, die viel und fein- bis grobkörnige Mineralstoffe enthalten, Mengen von 0,3 bis 2 kg extrahiert. Diese Materialproben werden vor der Zerkleinerung erwärmt.

Die Extraktion kann heiß oder kalt erfolgen. Bei kleinen Mengen wird sie in bekannter Weise nach SOXLETH (kalt bis warm) oder im Lösungsmitteldampf nach GRAEFE vorgenommen. Für größere Ansätze sind Verfahren von HOEPFNER und METZGER[97], SUIDA[98], WILSON[99] u. a. angegeben worden.

Die Bestimmung des Bitumens kann in verschiedener Weise erfolgen. Durch Zurückwägen der Mineralstoffe — wobei eventuell durchgelaufenes Material aus der Lösung durch Schleudern abgetrennt werden muß — und Einrechnung eines möglichen Feuchtigkeitsgehaltes, wird die Bitumenmenge als Differenz berechnet. Durch Eindampfen eines aliquoten Teiles der Bitumenlösung (z. B. mit Benützung der automatischen Bürettenmethode[100]) oder neuerdings auch durch kolorimetrische Vergleichsmessungen — z. B. in Photobitometer[101] — kann der Bitumengehalt der Lösung und damit auch des Asphalts sehr rasch bestimmt werden.

Gewinnung des Bitumens aus den Lösungen. Wo es sich nicht nur um die quantitative Gehaltsbestimmung handelt, sondern auch um eine möglichst unveränderte Gewinnung des Bitumens zur Bestimmung seiner chemisch-physikalischen Eigenschaften, soll die Extraktion zur Vermeidung möglicher photochemischer Veränderungen des Bitumens im Dunkeln erfolgen. Kalt-extraktion ist vorzuziehen. GREUTERT[102] schlägt vor, zwecks besserer Benetz-barkeit des Gesteins dem Schwefelkohlenstoff etwa 5% absoluten Alkohol beizumischen. Die noch vielfach gebräuchlichen Verfahren zur Rückgewinnung des Bitumens aus den Lösungen durch Abdestillieren des Lösungsmittels, er-geben Rückstände, deren Eigenschaften mit denjenigen des verwendeten Bi-tumens nicht ganz übereinstimmen, denn bei Behandlung des Bitumenrückstandes bei höherer Temperatur treten leicht Verhärtungen ein, die unter Umständen aber durch unvollständiges Austreiben des Lösungsmittels kompensiert werden können. Diese Verfahren sind daher für genaue Untersuchungen abzulehnen. SUIDA und Mitarbeiter haben Lösungen von Bitumen in Chloroform im Vakuum und bei gleichzeitigem Zuleiten von Kohlensäure ausgerührt und damit die Bitumen fast unverändert zurückgewonnen. GREUTERT empfiehlt, die letzten Lösungsmittelresten in der Destillationsapparatur bei hoher Temperatur, eben-falls in Kohlensäureatmosphäre und bei gut überwachter Temperaturführung auszutreiben.

γ) Mechanische Prüfungen[103].

Natürliche oder künstliche Asphalte für Straßenbauzwecke werden geprüft auf Druckfestigkeit[104], Zugfestigkeit und Dehnbarkeit, Biegefestigkeit[105], Stempel-druckfestigkeit[106], Stabilität[107], sowie Abnutzung vor dem Sandstrahl und auf der Schleifmaschine.

[97] HOEPFNER, K. A. u. A. METZGER: Schweiz. Z. Straßenw. Bd. 16 (1930) S. 171.
[98] SUIDA, H., R. BENIGNI u. W. JANISCH: Asph. u. Teer Bd. 31 (1931) S. 197. — SUIDA, H. u. H. HOFFMANN: Asph. u. Teer Bd. 37 (1937) S. 501.
[99] WILSON, D. M.: Chem. and Ind. Bd. 50 (1931) S. 599. — ABSON, G.: Proc. Amer. Soc. Test. Mater. Bd. 33 (11) (1933) S. 704. — CHALK, L. J.: Asph. u. Teer Bd. 38 (1938) S. 274.
[100] BROOME, D. C.: Vgl. Fußnote 78, S. 117.
[101] BROOME, D. C.: Vgl. Fußnote 78, S. 119.
[102] GREUTERT, J.: J. Inst. Petr. Techn. Bd. 18 (1932) S. 846. — Bitumen Bd. 3 (1933) S. 49. — KAMPTNER, H.: Bitumen Bd. 8 (1938) S. 84.
[103] BÖSENBERG, H.: Öl u. Kohle Bd. 2 (1934) S. 379. — BIERHALTER, W.: Bitumen Bd. 5 (1935) S. 102ff. — NEUMANN, E.: Asph. u. Teer Bd. 36 (1936) S. 377.
[104] Dänisches Straßenbaulaboratorium, Jahresbericht 1935. — ASTM: D 48—33. — DIN: 1996 — U 58.
[105] GREUTERT, J.: Bitumen Bd. 3 (1933) S. 125.   [106] DIN: 1996 — U 59.
[107] LONSDALE, T.: Asph. u. Teer Bd. 40 (1940) S. 65.

δ) *Normenprüfungen.*

Die deutschen Vorschriften — DIN 1995 und 1996 — verlangen für Bitumen enthaltende Massen[108] für Straßenbau und ähnliche Zwecke die Bestimmung des Raumgewichtes, der Druckfestigkeit vor und nach Wasserlagerung, der Wasseraufnahme, Quellung und in gewissen Fällen auf der Stempeleindrucktiefe. Die Prüfungen werden an normengemäß geformten Probestücken vorgenommen.

c) Prüfung der Verschnittbitumen.

α) *Chemisch-physikalische Prüfung.*

Die Verschnittbitumen stellen mehr oder weniger fließbare Lösungen von Bitumen in geeigneten Ölen — Teerölen oder Erdöldestillaten — dar. Die Prüfung erstreckt sich auf die Ermittlung der Eigenschaften der angelieferten Probe, auf die Natur der Verschnittöle und auf die Eigenschaften des bituminösen Rückstandes nach Abtrennung der Fluxmittel.

Die erste Gruppe umfaßt die Bestimmung des Aussehens, der Homogenität, des spezifischen Gesichtes, der Löslichkeit in Schwefelkohlenstoff und der Asche. Dazu kommen die Bestimmung der Viskosität, die im Engler-Viskosimeter oder im Straßenteerkonsistometer mit 4 mm Auslauföffnung bei 20 oder 25° C vorgenommen werden kann. Da gewisse Fluxöle leicht brennbar sind, ist die Bestimmung des Flammpunktes unerläßlich. Bei sehr niedrigen Entflammungstemperaturen wird der Apparat nach Abel[109], bei höheren Temperaturen der nach Pensky-Martens[110] benützt.

Material- und straßenbautechnisch von besonderer Bedeutung ist die Frage, welches der Anteil wirksamen Bindemittels in einem Verschnittbitumen ist und welche Beschaffenheit das in der Straßendecke, nach teilweiser Verdunstung der Verschnittöle zurückbleibende Bindemittel annimmt.

Für die Bestimmung des Gehaltes an verdunstbaren Verschnittölanteilen bzw. des Gehaltes an Bitumen, sind verschiedene Verfahren vorgeschlagen worden, so die Methode zur Bestimmung des Gewichtsverlustes bei 5stündigem Erhitzen auf 163° C, die Vakuumdestillation, die Destillation unter normalem Druck und schließlich die langsame Verdunstung aus dünnen Schichten bei normaler Temperatur. Wenn die Art des für die Herstellung des Verschnittbitumens verwendeten Ausgangsbitumens ermittelt werden soll, arbeitet man zweckmäßig nach der von Ziegs[111] vorgeschlagenen Vakuumdestillation. Die sog. ASTM-Destillation[112], bei der die Öle bis 300° C — Temperatur, gemessen im Blasenrückstand — abgetrieben werden, gibt brauchbare Auskunft über die voraussichtliche Beschaffenheit des in der Straßendecke verbleibenden Bindemittels. In dieser Hinsicht kann aber die zeitraubendere Methode der langsamen Verdunstung der Fluxmittel aus dünnen Aufstrichen als die aufschlußreichste bezeichnet werden.

Die nach dieser oder jener Methode erhaltenen Rückstände werden nach den unter 3a genannten chemisch-physikalischen Prüfmethoden charakterisiert. Die Destillate werden, wenn nötig, zur Feststellung ihres Charakters und ihrer Zusammensetzung nach den üblichen chemischen Methoden analysiert.

---

[108] Deutscher Normenausschuß: DIN 1996, 2. Ausg. (Nov. 1935).   [109] IPT: K 7.

[110] Mitt. techn. Vers.-Anst. Berlin Bd. 7 (1889) S. 64. — ASTM: D 93—36. — IPT: G. O. 7. — DIN: 1995 — U 31.

[111] Ziegs, C.: Bitumen Bd. 3 (1933) S. 191. — Bierhalter, W.: Bitumen Bd. 6 (1936) S. 129.

[112] ASTM: D 20—30; D 402. — IPT: C. B. 3. — DIN: 1995 — U 33.

β) Normenprüfungen.

In DIN 1995 sind die Untersuchungsverfahren für Verschnittbitumen zum Straßenbau festgelegt.

d) Prüfung der Mischungen von Bitumen und Teer.

α) Allgemeines.

Mischungen von Bitumen und Teer finden als Straßenbaubindemittel, in der Dachpappenindustrie und im Baugewerbe in großem Ausmaß Anwendung. Für Straßenbauzwecke stehen Mischungen mit einem Gehalt von 80 bis 85% genormtem Straßenteer und 20 bis 15% genormtem Bitumen, bei denen der Bitumenzusatz in erster Linie zur Erhöhung der Abbindegeschwindigkeit und zur Stabilisierung vorgenommen wird, im Vordergrund. Daneben werden aber auch Mischungen, in denen Bitumen mengenmäßig stark überwiegt, als Bindemittel im Straßenbau und für andere Zwecke sehr häufig angewendet.

Durch Zusätze von Bitumen zu Normenteeren wird deren Viskosität erhöht, durch Beigabe von Teer oder Teerölen (letztere z. B. für Verschnittbitumen) die Viskosität von Bitumen herabgesetzt.

Wie die Bitumen stellen auch die Teere zweiphasige kolloide Systeme dar, deren äußere Phasen, die für das gegenseitige Verhalten vorab maßgebend sind, chemisch sehr verschiedenen Charakter haben, indem die Bitumen aliphatische, die Teere aromatische Stoffgruppen enthalten. In kolloidchemischer Hinsicht bestehen Unterschiede in der Größe der Mizellen und in der kritischen Oberflächenspannung, die bei Teren höher ist als bei Bitumen.

Die Bitumen sind in den Teerölen, die das Medium im dispersen System der Teere darstellen, löslich, dagegen die Teere nicht im öligen Medium der Bitumen. Die gegenseitige vollständige Löslichkeit und homogene Mischbarkeit von Bitumen und Teer ist daher nicht für alle Mischungsverhältnisse von vornherein gewährleistet. MALLISON[113, 114, 115] hat als erster über Entmischungserscheinungen berichtet. SCHLÄPFER[116] u. a.[117] haben ebenfalls Koagulationserscheinungen festgestellt. Auf Grund dieser Beobachtungen ergibt sich, daß bei Mischungen von Bitumen und Teer mit etwa 35 bis 65% Bitumengehalt die Gefahr besteht, daß unvollständige Lösung bzw. Ausflockung (Koagulation) von Teerbestandteilen auftritt. Wie auch die Praxis lehrt, trifft diese Annahme nicht allgemein zu. MALLISON hat denn auch nachgewiesen, daß für das gegenseitige Verhalten von Teer und Bitumen die chemische Zusammensetzung beider Komponenten maßgebend ist[117a]. Die Gefahr einer Entmischung wird dadurch vermindert, daß man verhältnismäßig teerölreiche, d. h. wenig viskose Teere und relativ ölarme, harte Bitumen miteinander vermischt.

β) Chemisch-physikalische Prüfungen.

Die Prüfung von Mischungen von Bitumen und Teer, deren Bitumenanteil überwiegt, erfolgt im großen und ganzen nach den gleichen Grundsätzen wie bei den Bitumen. Die umfassende Prüfung erstreckt sich demnach auf Aussehen, Geruch, Homogenität einschließlich mikroskopischem Befund, Wichte, Erweichungs-

[113] MALLISON, H.: Straßenbau Bd. 19 (1928) S. 143. — Gas- u. Wasserfach Bd. 72 (1929) S. 145.
[114] MALLISON, H.: Asph. u. Teer Bd. 30 (1930) S. 45.
[115] MALLISON, H.: Proc. World Petroleum Congress, London 1933, Bd. II, S. 573.
[116] SCHLÄPFER, P.: Schweiz. Z. Straßenw. Bd. 15 (1929) S. 191.
[117] MACHT, F.: Asph. u. Teer Bd. 31 (1931) S. 325, 352, 417, 434. — Bitumen Bd. 1 (1931) S. 73. — Proc. World Petroleum Congress, London 1933, Bd. II, S. 581. — KLINKMANN, G. H.: Asph. u. Teer Bd. 31 (1931) S. 704, 726, 897, 914, 941, 963, 996, 1020, 1058, 1078, 1094, 1115, 1138, 1157.
[117a] LI, L.: Zur Kenntnis der Mischungen von Straßenteer und Bitumen. Diss. Techn. Hochschule Berlin 1940.

punkt, Tropfpunkt, Brechpunkt, Penetration, Viskosität (analog wie bei Teeren) und Löslichkeit in Schwefelkohlenstoff oder Benzol. Diese Prüfungen werden vor allem ergänzt durch qualitative und quantitative Bestimmungen des Teergehaltes.

In qualitativer Hinsicht kann die Anwesenheit von Teer aus dem charakteristischen Geruch beim Schmelzen des Bindemittels, aus der Fluoreszenz, die eintritt, wenn teerhaltige Produkte mit heißem Alkohol ausgezogen werden, dann aus Löslichkeitsversuchen oder auch aus der gelben Fluoreszenz beim Bestrahlen von Lösungen mit ultraviolettem Lichte[118] geschlossen werden. Für den Nachweis von Teer dient eine von Graefe[119] empfohlene Methode, die auf der Umsetzung der in den Teeren vorhandenen Phenole mit Diazobenzolchlorid zu Farbkörpern basiert. Auch andere Diazokörper können angewendet werden[120]. Diese Reaktion ist aber nicht spezifisch für Phenole, da auch phenolfreie Körper positive Reaktionen ergeben können. Einwandfrei erweist sich die Prüfung auf Phenole mit Hilfe des Millons Reagens[121] und der Teere durch die Anthrachinonprobe[122].

Die quantitative Bestimmung des Teergehaltes in Mischungen mit Bitumen erfolgt nach den Verfahren von Marcusson[123], Mallison[124], Hoepfner[125] durch die Behandlung der vom Benzolunlöslichen befreiten Mischung mit konzentrierter Schwefelsäure, wodurch die Teerbestandteile in wasserlösliche Produkte übergeführt werden. Die Methode ist analytisch brauchbar für Mischungen mit Bitumengehalten unter 30%, darüber hinaus dann, wenn die beiden Komponenten Teer und Bitumen einzeln ebenfalls der gleichen Beanspruchung unterworfen werden können, da auch die Bitumen von der Säure mehr oder weniger stark angegriffen werden, aber meist wasserunlösliche Additionsprodukte ergeben. Die zu hoch ausfallenden Resultate müssen korrigiert werden.

Nellensteyn und Kuipers[126, 127] haben ein Analysenverfahren auf Grund des kolloid- und chemisch-physikalischen Verhaltens ausgearbeitet, nach welchem die Teermizellen mit Schwefelkohlenstoff-Benzin, das Teermedium mit Anilin-Alkohol entfernt werden. Die Methode ist ziemlich umständlich und zeitraubend, ergibt aber selbst bei Mischungen mit hohem Bitumengehalt sehr gute Resultate.

Einen neuen Weg hat Walther[128] beschritten, mit der Bestimmung des Teer- bzw. des Bitumengehaltes durch Messung der Dielektrizitätskonstanten, die in Verbindung mit der Messung ihrer Temperaturabhängigkeit aufschlußreich sein kann.

Bitumenarme Mischungen sind in ihren Eigenschaften den Teeren nahestehend; sie werden in ähnlicher Weise untersucht wie die Teerprodukte[129].

Vor allem ist die Kenntnis der Viskositätseigenschaften wichtig. Die Viskosität wird üblicherweise im Straßenteerkonsistometer bestimmt. Außer

[118] Becker, W.: Asph. u. Teer Bd. 30 (1930) S. 87.

[119] Graefe, E.: Chem. Z. Bd. 30 (1906) S. 298. — DIN: 1995, S. 11.

[120] Graefe, E.: Laboratoriumsbuch für die Braunkohlenindustrie, S. 125. Halle: Wilhelm Knapp 1923.

[121] Chapin, R.: Industr. Engng. Chem. Bd. 12 (1920) S. 77. — Z. angew. Chem. Bd. 42 (1929) S. 722.

[122] DIN: 1995, S. 12.

[123] Marcusson, J.: Die natürlichen und künstlichen Asphalte, 1931, S. 107.

[124] Mallison, H.: Asph. u. Teer Bd. 30 (1930) S. 1183; Bd. 31 (1931) S. 598, 1193; Bd. 32 (1932) S. 375. — Verkehrstechnik Bd. 45 (1928) S. 121.

[125] Hoepfner, K. A. u. A. Metzger: Techn. Gem.-Bl. Bd. 31 (1928) S. 94.

[126] Nellensteyn, F. J. u. J. P. Kuipers: Wegen Bd. 6 (1930) S. 305. — Chem. Weekbl. Bd. 29 (1932) S. 291. — Bitumen Bd. 2 (1932) S. 133.

[127] Nellensteyn, F. J.: Proc. World Petroleum Congress, London 1933, Bd. II, S. 577.

[128] Walther, H.: Mitt. Dachpappenindustrie Bd. 11 (1938) S. 104; Bd. 12 (1939) S. 144 u. 157.

[129] Mallison, H.: Mitt. Dachpappenindustrie Bd. 12 (1939) S. 93, sowie DIN 1995.

Aussehen, homogener Beschaffenheit, Wichte, Unlöslichem in Benzol, erfolgt
eine Probedestillation wie bei den Straßenteeren, wobei aber, um Zersetzungen
zu vermeiden, die Destillation bei 300° C abgebrochen wird. Im einzelnen sei
auf den Abschnitt ,,Prüfung der Teere'' verwiesen.

γ) Normenprüfungen.

Die normengemäßen Untersuchungen von Mischungen von Bitumen und
Teer sind, soweit sie als Bindemittel im Straßenbau Verwendung finden, in
Anlehnung an die Untersuchungen von Bitumen und Teer festgelegt. Nach
den in Deutschland mit DIN 1995[130] und in der Schweiz[131] festgelegten Prüfverfahren erfolgt die Bestimmung des Bitumen- bzw. Teergehaltes durch Behandlung mit Schwefelsäure. In Holland, Dänemark, versuchsweise auch in
England[132], ist die NELLENSTEYNsche Methode eingeführt.

e) Prüfung von Fugenvergußmassen.

α) Allgemeines.

Fugenvergußmassen werden aus geeigneten Bitumen und verschiedenen
Füllstoffen mineralischer Natur, vielfach mit Faserstruktur zusammengesetzt.
Sie finden Verwendung für das Schließen der Fugen von Betonstraßendecken
oder anderen Plattenbelägen.

β) Chemisch-physikalische und chemische Prüfungen.

Die Untersuchung und Charakterisierung von Fugenvergußmassen und
anderen gefüllten Klebemassen erfolgt durch sinngemäße Anwendung der in
Abschn. 3 a und 3 b genannten Prüfverfahren.

Sie bezieht sich auf die Angabe des Aussehens, der Beschaffenheit, auf die
Bestimmung der Schmelzbarkeit, des Gehaltes an Bitumen und der Menge
und Natur der unlöslichen Füllstoffe. Die Ermittlung des Erweichungspunktes
kann bei diesen Materialien nicht nach den bereits bekannten Methoden K.S.
und R. u. K. vorgenommen werden, weil die faserhaltigen Füllstoffe die Bestimmung sehr beeinträchtigen würden. WILHELMI[133] hat auf dem Prinzipe der
R. u. K.-Methode eine Apparatur mit weiterem Ring entwickelt, die so bemessen
ist, daß sie mit dem genormten Verfahren gut vergleichbare Resultate ergibt.

Über die Standfestigkeit der Vergußmassen in der Wärme geben die von
NÜSSEL[134] empfohlene Fließprobe und weiterhin auch Fließproben in Fugen-
modellen, gute Anhaltspunkte.

γ) Mechanische Prüfungen.

Fugenvergußmassen für Betonstraßen sind in der Praxis ganz besonders
scharfen Beanspruchungen ausgesetzt, weil sie in der Kälte genügend geschmeidig
und schlagfest und in der Wärme genügend hart sein sollen, damit sie nicht
aus den Fugen ausgequetscht werden. Außerdem sollen sie gute Haftfestigkeit
an den Betonflächen aufweisen. Die Prüfmethodik[135, 136] hat diesen besonderen
Anforderungen Rechnung getragen.

---

[130] DIN 1995, Ausg. März 1934, Teilneudruck 1938.
[131] VSS/SVMT: Richtlinien für Baustoffe zu bituminösen Straßendecken, Ausgabe
Juli 1939.
[132] IPT: T.B.M. 26 (T).
[133] WILHELMI, R.: Bitumen Bd. 6 (1936) S. 135.
[134] NÜSSEL, H.: Bitumen Bd. 6 (1936) S. 116.
[135] Bituminöse Vergußmassen, Bitumen Sonderdruck 1936 (Bd. 6). — Schriftenreihe
der Forschungsgesellschaft für das Straßenwesen, 1936, Heft 5, S. 60f. — ,,Vorläufige
technische Lieferbedingungen für bituminöse Fugenvergußmassen'': Straße Bd. 6 (1939)
S. 503 f.; Mitt. Forschungsges. Straßenwesen 1938 S. 45.
[136] JACKSON, J. S.: Asph. u. Teer Bd. 40 (1940) S. 136.

Für die Bestimmung des Verhaltens in der Kälte gegen Schlag und Stoß werden Kugelfallprüfungen durchgeführt, bei welchen Massenkugeln bestimmter Größe (50 g) und bei einer Temperatur von — 10° C aus verschiedenen Höhen auf harte Unterlagen fallen gelassen werden. Gleichen Zwecken dient eine Schlagprüfung auf abgekühlte Kugeln mit einem in der Zementindustrie normierten Hammergerät. Die Bestimmung des Haftvermögens und der Dehnbarkeit wird bei Zugbelastung vorgenommen; die Proben bestehen aus zwei Betonkörpern, die mit Vergußmasse verbunden sind. Die Probekörper weisen häufig auch die Form von Zugachtern auf. Für die Ermittlung der Dehnungsfähigkeit ist auch eine Biegeprüfung in Vorschlag gebracht worden, die an abgekühltem, auf ein Drahtgewebe aufgeschmolzenem Material vorgenommen wird.

Für die Prüfung von Rohrschutzmassen ist auch eine Zertrümmerungsprüfung durch Aufschlagenlassen einer schweren Metallkugel auf eine aus dem bituminösen Material geformte Platte empfohlen worden[136].

δ) Normenprüfungen.

Die Prüfung von Fugenvergußmassen befindet sich noch im Entwicklungszustand, insbesondere was die mechanischen Prüfungen anbetrifft. In Deutschland ist die Prüfung durch die Herausgabe „vorläufiger technischer Lieferbedingungen für bituminöse Fugenvergußmassen"[137] zu einer gewissen Abklärung gelangt. Diese Vorschriften werden für den weiteren Ausbau der Prüfverfahren eine vorzügliche Grundlage sein.

f) Prüfung bitumenhaltiger elektrotechnischer Isoliermaterialien.

α) Allgemeines.

Bitumen und bituminöse Gemische finden in der Elektrotechnik wegen ihres geringen elektrischen Leitvermögens als Vergußmassen (Compounds), Imprägniermassen, Dichtungsmassen usw. auf dem Gebiete der Hoch- und Niederspannungsapparate und -installationen vielseitige Anwendung[138].

Die Prüfung derartiger Isolierstoffe hat sich auf drei Bereiche zu erstrecken, nämlich auf die Bestimmung ihrer Viskositätseigenschaften und des Verhaltens in der Wärme, auf ihre Reinheit und Zusammensetzung, sowie auf ihre elektrotechnisch wichtigen Eigenschaften.

β) Chemisch-physikalische Prüfungen.

Die chemisch-physikalische Charakterisierung und Untersuchung bezieht sich auf die Bestimmung des Erweichungspunktes, meist nach der R. u. K.-Methode, auf diejenige des Tropfpunktes, der Penetration, des Flammpunktes und des Gewichtsverlustes beim Erhitzen (Wärmebeständigkeit), sowie auf die Ermittlung der Gießfähigkeit. Diese soll darüber Auskunft erteilen, bei welcher Temperatur die Masse leichtflüssig und gießfähig ist, damit sie leicht in die Zwischenräume eindringen kann und das Entweichen der Luftblasen nicht hindert. Die Bestimmung erfolgt durch Messung der Auslaufzeit eines bestimmten Volumens der aufgeschmolzenen Masse in einem geeigneten Viskositätsapparat wie z. B. im Engler-Viskosimeter oder noch besser, im Straßenteerkonsistometer. Die Bestimmungstemperatur soll z. B. 80° C über dem Tropfpunkt liegen.

---

[137] Vgl. Fußnote 135.

[138] Stäger, H.: Elektrotechnische Isolierstoffe. Stuttgart 1931. — Vieweg, R.: Elektrotechnische Isolierstoffe. Berlin: Julius Springer 1937. — Demuth, W., H. Franz, K. Bergk: Die Materialprüfung der Isolierstoffe der Elektrotechnik. — Becker, W.: Bitumen Bd. 1 (1931) S. 136. — Sauvage, E.: Bull. techn. Soc. Mailleraye, Nr. 40, S. 2 (1933); Nr. 41, S. 10 (1933). — Fox, J. J. u. E. B. Wedmore: Proc. World Petroleum Congress, London 1933, Bd. II, S. 595. — Vieweg, R. u. E. Pfestorf: ETZ Bd. 57 (1936) S. 632. — Brislee, F. J. u. D. W. Cave: The Mining Electf. Eng. (1939) S. 62. — Bitumen Bd. 10 (1940) S. 54.

γ) Chemische Prüfungen.

Um die Isolierfähigkeit nicht zu beeinträchtigen, dürfen im allgemeinen bituminöse Isoliermaterialien keine körnigen Fremdstoffe, keine wasserlöslichen und keine korrodierenden Bestandteile enthalten. Die chemische Prüfung erstreckt sich somit generell auf die Bestimmung von Verunreinigungen durch Absieben des geschmolzenen Materials, Bestimmung der Asche und der schwefel-kohlenstofflöslichen bituminösen Anteile. Die Bestimmung von teerartigen Beimengungen erfolgt qualitativ mit der Diazoreaktion und kann auch aus der Anwesenheit von unlöslichen, rußartigen Bestandteilen geschlossen werden. Wasserlösliche, saure oder alkalische Bestandteile werden durch Behandlung mit Wasser ausgezogen und quantitativ bestimmt. Säure- und Verseifungszahl geben Aufschluß über die Anwesenheit korrodierend wirkender Stoffe.

δ) Verschiedene Prüfungen.

Zur Beurteilung der Eignung bituminöser Materialien als elektrotechnische Vergußmassen ist häufig auch die Bestimmung des spezifischen Gewichtes und des kubischen Ausdehnungskoeffizienten heranzuziehen. Dieser wird in ein-fachen Dilatometern aus dem Schwindmaß beim Abkühlen der Vergußmasse von Gießtemperatur auf Betriebstemperatur berechnet.

Damit bei Schwinderscheinungen durch Ablösen der Masse von den Wan-dungen sich keine schädliche Taschen und Hohlräume bilden können, wird gute Haftfestigkeit der Vergußmasse an den angrenzenden Körpern gefordert. Die Bestimmung der Haftfestigkeit erfolgt vielfach derart, daß dünne, auf Metall-streifen aufgeschmolzene Vergußmaterialschichten mit dem biegsamen Metall-streifen gefaltet oder auf einen Dorn aufgewickelt werden, wobei festgestellt wird, ob die Vergußmasse von der Unterlage abblättert. Weiterhin sind zylin-drische, nach oben sich verjüngende Gefäße, deren Innenwände glatt poliert sind, für die Vornahme dieser Prüfung empfohlen worden. Die Gefäße werden mit der heißen Vergußmasse gefüllt und es wird nach dem Erkalten durch Abheben der Wände festgestellt, ob sich beim Abkühlen die Vergußmasse von den Wänden unter Bildung von Hohlräumen abgetrennt hat.

SAUVAGE hat auch die Messung der Oberflächenspannung bzw. der Grenz-flächenspannungen von Vergußmassen in der Apparatur nach LECOMTE DE NOUY in den Kreis seiner Betrachtungen gezogen. Abschließende Urteile über diese Prüfungen können noch nicht gezogen werden.

Die elektrische Isolierfähigkeit von Vergußmassen wird durch die Bestimmung der Dielektrizitätskonstanten, der dielektrischen Verluste, der elektrischen Durchschlagsfestigkeit und der spezifischen elektrischen Leitfähigkeit ermittelt.

ε) Normenprüfungen.

Die auszuführenden Prüfungen und die an bituminöse Kabelausgußmassen zu stellenden Qualitätsanforderungen[139] haben in Deutschland in den VDE-Vorschriften ihren Niederschlag gefunden. In Holland, der Schweiz und anderen Ländern bestehen ähnliche, im einzelnen hinsichtlich Prüfart und den gestellten Forderungen, etwas abweichende Vorschriften.

---

[139] Verband Deutscher Elektrotechniker, Vorschriftenbuch, 22. Aufl. Berlin: ETZ-Verlag 1939: VDE 0351/1927, Vorschriften für die Bewertung und Prüfung von Vergußmassen für Kabelzubehörteile, Ausg. 1927. — Schweiz. Verb. Mat.-Prüf. Technik: SVMT, Komm. 19, Isoliermaterialien d. Elektrotechnik, A 1/2, Verguß- und Füllmassen (Compounds), Ausg. Mai 1932. — Holländ. Vorschriften: V 576/577 [vgl. GREUTERT: Bitumen Bd. 3 (1933) S. 126]. — BLOKKER, P. C.: Vgl. Fußnote 51.

g) Prüfung von Emulsionen.

α) *Allgemeines*[140].

Bitumenemulsionen vom Typus „Öl in Wasser-Emulsion", wie sie im Straßenbau verwendet werden, sind disperse Systeme, in welchen Wasser als äußere Phase und fein dispergiertes Bitumen in der Teilchengröße von weniger als 1 μ bis etwa 20 μ als disperse Phase zu betrachten sind. Emulsionen vom Typus „Wasser in Öl" haben meist pastenförmige Beschaffenheit und werden für Sonderzwecke als Klebemittel usw. verwendet. Außer Wasser und Bitumen enthalten die Emulsionen in kleinen Mengen Emulgierstoffe, die die Zerteilung des Bitumens in Wasser ermöglichen. In vielen Fällen sind auch kleine Mengen von physikalisch stabilisierend wirkenden Stoffen, den sog. Stabilisatoren, anwesend.

Die Emulsionen werden in verschiedener Beschaffenheit geliefert. Sie werden normalerweise auf einen Bitumengehalt von 50 bis 60% eingestellt und in dünnflüssiger oder ziemlich viskoser — für Spezialzwecke auch in pastenförmiger — Konsistenz geliefert. Die salbenartigen Emulsionstypen enthalten häufig auch mineralische, meist faserige Füllstoffe.

Das in Emulsionsform (Typ „Öl in Wasser") dispergierte Bindemittel erhält klebende Bindeeigenschaften dadurch, daß die Bitumenkügelchen durch äußere Einwirkung zum Zusammenfließen gebracht werden und das Wasser ausgeschieden wird. Man nennt diesen Vorgang das Brechen der Emulsion. Er kann durch chemische Einflüsse ausgelöst werden. In der Praxis aber vollzieht sich dieser Vorgang unter der Einwirkung von Wasserentzug bei der Berührung mit Gesteinsmaterial und durch Wasserverdunstung; daneben spielen aber auch chemische Vorgänge eine Rolle. Die Brechbarkeit der Emulsionen, die durch die Art der Emulgierung und die Zusätze beeinflußt werden kann, wird dem Verwendungszweck angepaßt. Man unterscheidet rasch brechende, langsam brechende und stabile Emulsionen. Die ersten koagulieren bei Berührung mit Gesteinsmaterial rasch, die letzteren können sogar mit feinkörnigem Gesteinsmaterial vermischt werden.

β) *Prüfungen allgemeiner Art.*

Es besteht eine sehr zahlreiche Literatur über die Untersuchung von Emulsionen[141].

Die zu untersuchende Probe wird nach Aussehen, Farbe, Geruch und Gleichmäßigkeit (Bodenkörper, überstehendes Wasser, flockige Ausscheidungen) charakterisiert. Die Wichte, die nahe bei 1 liegt, wird nach der Aräometermethode bestimmt. Aufschlußreich ist die Beurteilung des Dispersitätsgrades.

---

[140] Skopnik, A. v.: Vgl. Liesegang: Kolloidchem. Technologie, 2. Aufl. Dresden: Theodor Steinkopff 1932. — Schläpfer, P.: Schweiz. Z. Straßenw. Bd. 13 (1927) S. 169. — Weber, H.: Koll.-Z. Bd. 64 (1933) S. 237. — Clayton, W.: Technical Aspects of Emulsions (Chemical Publishing Co. N. Y., 1936). — Clayton, W., L. Farmer/Löb: Die Theorie der Emulsionen und deren Emulgierung. — Lange, O.: Technik der Emulsionen. Berlin: Julius Springer 1929. — Garner, F. H. u. Mitarb.: Modern Road Emulsions. — Temme, Th. u. A. Stellwaag: Bitumenemulsionen im Straßenbau. — Aladin/C. Philipp: Technisch verwendbare Emulsionen. — Wilkinson u. Forty: Bituminous Emulsions for use in Road Works. — Werth, van der: Asph. u. Teer Bd. 36 (1936) S. 383.

[141] Riis, A., P. le Gavrian, L. Meunier, E. Ohse, I. Vandone, H. Weber, L. Kirschbraun, L. McKesson, Techn. Comittee Road Emulsions: Proc. World Petroleum Congress, London 1933, Bd. II, S. 629—692. — Neumann, E.: Intern. Ständ. Verb. Straßenkongresse, München 1934, Bericht 17, S. 37. — Wace, E. G.: Proc. Techn. Sess. Assoc. Asph. Pav. Technol. Dez. 1937, S. 257. — Garner, F. H.: The Science of Petroleum, Bd. IV, S. 2706. — Suida, H. u. O. Jekel: Asph. u. Teer Bd. 38 (1938) S. 700. — Klinkmann, G. H.: Asph. u. Teer Bd. 38 (1938) S. 406, 419. — Radulesco, G.: Bitumen Bd. 9 (1939) S. 126. — Vellinger, E. u. R. Flavigny: Ann. off. Nation. Combust. liquides Bd. 7 (1932) S. 217.

Am raschesten ergibt die Beobachtung der Emulsion im Mikroskop darüber
Aufschluß. Besser ist die photographische Aufnahme in 250- bis 400facher
Vergrößerung der mit Gelatinelösung verdünnten und in eine Blutzählkammer
gebrachten Emulsionsprobe. HVIDBERG[142] und RIIS[143] haben dazu Verfahren ausgearbeitet. Durch direkte Beobachtung und Auszählung der vorhandenen Bitumenkügelchen in den einzelnen Feldern der Blutzählkammer und weiterer Berücksichtigung des Bitumengehaltes der Emulsion und des spezifischen Gewichtes
des Bitumens, kann der mittlere Teilchendurchmesser[144] berechnet werden.

γ) Chemisch-physikalische Prüfungen.

In den Vordergrund der Betrachtung sind ·die Straßenbauemulsionen und
damit auch die straßenbautechnisch wichtigen Eigenschaften zu stellen. Als
solche sind zu erwähnen die Homogenität, die Viskosität, die Lagerbeständigkeit, Kältebeständigkeit, Klebeprüfung und Brechbarkeit. Lager- und Kältebeständigkeit sind nur dann in Betracht zu ziehen, wenn die Emulsionen lange
gelagert werden sollen oder der Kälte ausgesetzt sein können.

Homogenität. Der mikroskopische Befund ergibt bereits einigen Aufschluß über Gleichmäßigkeit oder Ungleichmäßigkeit der Emulsion (feine gleichartige Verteilung, grobe Dispersion oder sprunghafte Änderungen in der Teilchengröße). Durch Absieben einer Emulsionsprobe mit einem mit Seifenlösung angefeuchteten, feinen Maschensieb wird der Siebrückstand bestimmt. Er ist ein
Ausdruck für die Gleichmäßigkeit der Emulsion.

Viskosität. Die Viskosität der Emulsionen wird meistens im ENGLER-
Viskosimeter bei 20° C nach Abtrennung eventuell anwesender, flockiger Bestandteile bestimmt.

Lagerbeständigkeit. Der Lagerungsversuch soll über die Lagerbeständigkeit
der Emulsionen Aufschluß erteilen. Er kann sich über einige Tage oder auch
über Monate erstrecken. Man gewinnt ein Maß für die Stabilität aus dem Betrage
des Absetzens oder Aufrahmens der Emulsionen und aus der Menge der koagulierten Bestandteile. Hohe Meßzylinder werden mit der gesiebten Emulsion
gefüllt und bei Zimmertemperatur ruhig stehen gelassen. Am Schlusse der Lagerdauer wird die Emulsion neuerdings abgesiebt und der Siebrückstand bestimmt.
Der Grad der Sedimentation kann aus der Höhe der überstehenden helleren
Wasserschicht abgelesen werden.

Kältebeständigkeit. Die Kältebeständigkeit wird beurteilt nach der Menge
der durch die Kälteeinwirkung — z. B. bei —5° C — koagulierten Bestandteile.
Die Emulsion wird vor der Prüfung abgesiebt und am Ende des Versuches
der Siebrückstand auf einem gleichen Siebe bestimmt.

Brechbarkeit. Das Verhalten der Emulsionen gegenüber Gesteinsmaterialien
muß bautechnisch als eine der wichtigsten Untersuchungen angesprochen werden,
da Erfolg und Mißerfolg bei der Verwendung von Emulsionen im Straßenbau
vielfach von der guten Anpassung ihrer Eigenschaften an den Verwendungszweck und das Arbeitsverfahren weitgehend abhängig sind. Rasch brechende
Emulsionen können z. B. bei der Ausführung von Tränkungen vorzeitig brechen,
so daß das Bindemittel nicht in die vorgesehene Tiefe einzudringen vermag;
langsam brechende Emulsionen können bei Oberflächenbehandlungen zu spät
brechen, so daß Bindemittelverluste durch Abfließen oder Wegschwemmen durch
Regen eintreten können.

---

[142] HVIDBERG, I.: Koll.-Z. Bd. 72 (1935) S. 274. — KLEINERT, H.: Asph. u. Teer Bd. 35
(1935) S. 194.
[143] RIIS, A.: Dänisches Straßenbaulaborat., Jahresbericht 1933/34.
[144] GARNER, F. H. u. Mitarb.: Vgl. Fußnote 140.

Es bestehen qualitative und quantitative Verfahren zur Bestimmung der Brechbarkeit bzw. Stabilität von Emulsionen[145].

Zu den qualitativen Prüfmethoden sind u. a. folgende Verfahren zu rechnen: Die Bestimmung der Mischbarkeit mit destilliertem oder Leitungswasser, wovon soviel zugefügt wird, bis das Bindemittel flockig ausfällt; das Vermischen mit trocknem oder feuchtem Gesteinsmaterial wie Splitt, Sand oder Portlandzement, wobei beobachtet wird, wie weit sich die Emulsion vermischen bzw. ob sich das Gesteinsmaterial durch die Emulsion benetzen und umhüllen läßt, oder, nach welcher Zeit die Emulsion gebrochen ist. Eine Anzahl weiterer Prüfmethoden sind vorgeschlagen worden. Sie geben zum Teil relativ gute orientierende Auskunft über die Stabilität einer Emulsion, lassen sich aber nicht quantitativ auswerten.

Eine gewisse Klassifizierung der Emulsionen hinsichtlich Stabilität läßt sich aus verschiedenen quantitativen Methoden, von denen einzelne im nachstehenden erwähnt seien, ableiten. Die Entemulgierungsprüfung von Myers[146] bestimmt die Stabilität dadurch, daß zu einer Emulsionsmenge eine bestimmte Menge Kalziumchloridlösung vorgeschriebener Konzentration zugegeben und die Menge des abgeschiedenen Bitumens bestimmt wird. Das Verfahren ist in analytischer Hinsicht von vielen Seiten ungünstig beurteilt worden, außerdem ebenfalls in straßenbautechnischer Hinsicht, weil ganz andere Bedingungen für die Brechung geschaffen werden, als sie bei der Brechung auf der Straße vorherrschen.

McKesson[147] hat die sog. Waschprüfung eingeführt. Zwei Drahtkörbe mit gleichen Mengen getrockneten Gesteinsmaterials werden kurze Zeit in die Emulsion eingehängt, dann herausgezogen, der eine sofort getrocknet und der andere nach Abtropfenlassen mit Wasser abgespült und dann ebenfalls getrocknet. Der Unterschied in der Gewichtszunahme dient als Maß für die Menge des vom Gesteinsmaterial ausgeschiedenen Bitumens und damit für die Brechbarkeit der Emulsion.

Weber und Bechler[148] haben einwandfrei feststellen können, daß die Brechbarkeit einer Emulsion häufig in maßgebender Weise vom Charakter des Gesteins beeinflußt wird. Sie lassen unter genau festgelegten Bedingungen einen Überschuß von Emulsion auf eine bestimmte Menge gebrochenen Gesteinsmaterials bestimmter Körnung einwirken und ermitteln nach Abgießen und sorgfältigem Auswaschen und Trocknen der Gesteinsprobe die auf Bitumenausflockung zurückzuführende Gewichtszunahme. Die vom Gestein abgeschiedene Bitumenmenge wird in Zerfallwertziffern ausgedrückt.

Klinkmann[149] bestimmt die Brechbarkeit in einer mit feinkörnigem Gesteinsmaterial angefüllten Glasbürette, genannt Stabilometer, in welche er unter bestimmten Bedingungen die Emulsion einlaufen und im Gesteinsmaterial hochsteigen läßt. Nach einer gewissen Zeit, die von der Stabilität der Emulsion abhängig ist, bricht die Emulsion und das Vordringen kommt zum Stillstand. Die eingedrungene Emulsionsmenge in Kubikzentimeter wird als Mineralbeständigkeitszahl angegeben. Als beste Ausführung wird die Bestimmung im Differentialstabilometer bezeichnet.

---

[145] Jekel, O.: Über den Zerfall bituminöser Straßenbauemulsionen (Österr. Petroleum-Institut, Veröffentlichung 10; Wien: Verlag für Fachliteratur 1938).

[146] McKesson, C. L.: The Canad. Eng. Bd. 61 (1931) S. 15. — Temme, Th.: Asph. u. Teer Bd. 31 (1931) S. 1053. — Neubronner, K.: Teer u. Bitumen Bd. 32 (1934) S. 211.

[147] McKesson, C. L.: Proc. Amet. Soc. Test. Mater. Bd. 31 (1931) S. 841.

[148] Weber, H. u. H. Bechler: Asph. u. Teer Bd. 32 (1932) S. 45, 69, 95, 109, 129, 149, 173. — Weber, H.: Asph. u. Teer Bd. 31 (1931) S. 333; Bd. 33 (1933) S. 480.

[149] Klinkmann, G. H.: Über den Zerfall bituminöser Emulsionen am Gestein Diss. 1936, Arbeitsgemeinschaft Bitumenind.). — Asph. u. Teer Bd. 33 (1933) S. 842. — Bitumen Bd. 5 (1935) S. 206. — Asph. u. Teer Bd. 35 (1935) S. 779; Bd. 36 (1936) S. 366; Bd. 40 (1940) S. 85, 95, 105, 125.

BLOTT und OSBORN[150] nehmen an, daß der Brechvorgang bei Emulsionen in erster Linie vom Wasserverlust abhängig ist. Nach einem auf dieser Grundlage ausgearbeiteten Verfahren, bezeichnet als „Lability-Test" wird der Gehalt an Wasser, den eine Emulsionsprobe bei Erreichung eines bestimmten Brechgrades noch enthält, bestimmt. Das Wasser wird durch Überleiten eines Luftstromes und Ausrühren vorsichtig abgedunstet und die Menge des ausgeflockten Bindemittels periodisch bestimmt. Der Wassergehalt der Endprobe wird bei 110° C ermittelt. Je kleiner der Wassergehalt gefunden wird, um so stabiler wird die Emulsion bezeichnet.

Neuerdings hat JEKEL[151] eine neue Bestimmungsmethode bekannt gegeben. Er bestimmt die von einer gegebenen Gesteinsmenge koagulierte Bitumenmenge und bezeichnet den auf den Bitumengehalt der Emulsion bezogenen prozentualen Anteil des abgeschiedenen Bitumens als Mischwert.

δ) Chemische Prüfungen.

Die chemische Prüfungen umfassen die Bestimmung der Asche, des Wasser- und Bitumengehaltes, des Alkali- und Emulgatorengehaltes.

Die Asche wird in bekannter Weise durch Verbrennen und Veraschen einer Emulsionsprobe bestimmt.

Wasser- und Bitumengehalt. Die Bestimmung des Bitumengehaltes kann auf indirektem oder direktem Wege erfolgen; indirekt durch Bestimmung des Wasser- und Aschengehaltes, woraus sich als Differenz das Bitumen berechnen läßt, direkt durch Ausfällung des Bindemittels oder sorgfältiges Abdampfen des Wassers.

Die Wasserbestimmung erfolgt allgemein durch Destillation einer abgewogenen Emulsionsprobe mit Xylol, wobei das Wasser mitgerissen wird und sich in einer kalibrierten Vorlage vom Xylol trennt und abgelesen werden kann. Verschiedene Ausführungsformen sind ausgearbeitet[152]. Aus der Differenz wird der Gehalt an Bitumen einschließlich Emulgator- und Stabilisatoranteile berechnet. Wird gleichzeitig eine Aschebestimmung angeschlossen, so ergibt die Differenz den Gehalt an reinem Bindemittel.

Der Trockenrückstand, ermittelt durch Verdunsten des Wassers aus niedrigen Schalen bei 110 oder 163° C, ergibt den Gehalt an Bitumen + nichtflüchtige Emulgatoranteile. In gleicher Weise liefert die Destillation ohne Xylolzugabe die Menge des Bitumens einschließlich Emulgatoranteilen.

Soll nicht nur der Bitumenanteil mengenmäßig bestimmt, sondern auch das für die Emulsion verwendete Bitumen chemisch-physikalisch charakterisiert werden, so ist das Bitumen frei von Emulgatoranteilen abzuscheiden. Dies geschieht nach der von MARCUSSON[153] vorgeschlagenen Methode durch Fällung des Bitumens mit Alkohol und Ausrühren des Alkohols, oder nach GREUTERT[154], der die Emulsion mit einem Gemisch von Alkohol und Azeton bricht, gleichzeitig aber das Bitumen mit Schwefelkohlenstoff in Lösung bringt. Das Lösungsmittel wird in Kohlensäureatmosphäre abdestilliert und das Bitumen in unveränderter Form zurückgewonnen. Bei der Aufarbeitung nach MARCUSSON werden selbst bei vorsichtigem Arbeiten die Eigenschaften des Bitumens verändert. Bei Kontrolluntersuchungen kann auch der Trockenrückstand charakterisiert werden.

[150] BLOTT, I. T. u. A. OSBORN: Proc. World Petroleum Congress, London 1933. — Intern. Ständ. Verb. Straßenkongresse: Bull. 24 (1935) S. 395. — SPIELMANN, P. E.: Roads & Road Constr. Bd. 12 (1934) Nr. 143, S. 374.

[151] JEKEL, O.: Vgl. Fußnote 145.

[152] ASTM: D 95—30. — IPT: A 14. — DIN: 1995 — U 15. — SUIDA, H. u. O. JEKEL: Vgl. Fußnote 141.

[153] MARCUSSON, J.: Asph. u. Teer Bd. 29 (1929) S. 510. — DIN: 1995 — U 23.

[154] GREUTERT, J.: Vgl. Fußnote 105, S. 51.

Alkali- und Emulgatorengehalt. Die Prüfung der Emulsion mit Lakmus-papier ergibt qualitative Auskunft. Die quantitative Erfassung des freien und gesamten Alkali kann zuverlässig nach der Methode von Weber und Bechler[155] bestimmt werden. Auch die pH-Messung kann für diese Untersuchung heran-gezogen werden.

Für die Bestimmung des Gehaltes an Emulgator haben Neubronner und Suida[156] Verfahren ausgearbeitet.

ε) *Normenprüfungen.*

Für die Bewertung von Straßenbauemulsionen werden heute folgende Prüfungen als notwendig erachtet: Bestimmung des Wassergehaltes, Ausführung von Siebversuchen, Prüfung auf Lagerbeständigkeit für kurze und lange Dauer, Frostbeständigkeit und Bestimmung der Viskosität und der Brecheigenschaften[157]. In einer Reihe von Ländern sind die an Straßenbauemulsionen zu stellenden Anforderungen festgelegt worden[158]. Sie berücksichtigen ganz oder teilweise die oben als unerläßlich bezeichneten Bestimmungsmethoden. Bei umfassenden Untersuchungen müssen auch die Eigenschaften des Bitumens der Gehalt an Alkali, eventuell auch die Menge und Art des Emulgators bestimmt werden.

h) Prüfung von bituminösen Lacken und Schutzanstrichstoffen.

α) *Allgemeines*[159].

Dünnflüssige, lackartige, bituminöse Produkte werden als Voranstrich-materialien und für Korrosionsschutzanstriche auf Metalle, Beton usw. ver-wendet. Die Prüfungen erstrecken sich auf die Bestimmung der Beschaffenheit des angelieferten Materials und auf die Eigenschaften des Anstrichfilms.

β) *Chemisch-physikalische Prüfungen.*

Die chemisch-physikalischen Prüfungen umfassen die Angabe des Aus-sehens, die Bestimmung über gleichmäßige Beschaffenheit, der Wichte und der Viskosität. Diese wird in den gebräuchlichen Viskosimetern wie im Engler-Vis-kosimeter durchgeführt. Die Bestimmung des Flammpunktes erfolgt im Abel-schen oder im Pensky-Martens-Apparat. Durch Aufstriche mit dem Pinsel auf Bleche (gegebenenfalls auch auf Mörtelplättchen) wird die Streichbarkeit und Gleichmäßigkeit, durch Auftragen mit Spritzpistole die Spritzbarkeit, und bei quantitativer Durchführung auch die Ausgiebigkeit und Deckfähigkeit beurteilt.

Der bituminöse Lackkörper, der nach Austreiben der Lösungsmittelanteile verbleibt, wird wie Bitumen auf Erweichungspunkt, Penetration, Duktilität und eventuell auch auf Gewichtsverlust bei 5stündigem Erhitzen auf 163° C und dadurch bedingte Veränderung des Erweichungspunktes und der Pene-tration untersucht.

---

[155] Weber, H. u. H. Bechler: Asph. u. Teer Bd. 32 (1932) S. 152. — Klinkmann, G. H.: Asph. u. Teer Bd. 39 (1939) S. 406. — Suida, H. u. O. Jekel: Vgl. Fußnote 141.
[156] Neubronner, K.: Asph. u. Teer Bd. 32 (1932) S. 393. — Suida, H. u. O. Jekel: Vgl. Fußnote 141.
[157] Intern. Ständ. Verb. Straßenkongresse: Bull. Nr. 102 (1935) S. 383.
[158] ASTM: D 397—401/34 T; Proc. Amer. Soc. Test. Mater. Bd. 35 (1935) S. 923. — DIN 1995. — British Stand. Instit.: Nr. 434—1935; Nr. 510—1933; Nr. 511—1933.
[159] Gartner, A. H.: Physical and Chemical Examination of Paints, Varnishes, Lac-quers and Colors. — Jordan, L. A.: The Science of Petroleum Bd. IV, S. 2747. — Ober-bach, J. u. Pauer: Teer u. Bitumen Bd. 32 (1934) S. 411. — Schuhmacher, E.: Bautechnik Bd. 11 (1933) Nr. 25. — Blom, A. V.: Bautenschutz Bd. 6 (1935) S. 59. — Adloff, K.: Bitumen Bd. 6 (1936) S. 107. — Klas, H. u. H. Steinrath: Bitumen Bd. 6 (1936) S. 18. — Brodersen: Bautechnik Bd. 14 (1936) S. 642, 674. — Ackermann, H.: Bautechnik Bd. 15 (1937) Nr. 9. — Platzmann, C. R.: Bitumen Bd. 7 (1937) S. 211. — Asph. u. Teer Bd. 40 (1940) S. 175. — Philipp, C.: Asph. u. Teer Bd. 37 (1937) S. 327, 508, 524; Bd. 40 (1940) S. 294. — Becker, W.: Bitumen Bd. 9 (1939) S. 140; Bd. 10 (1940) S. 1. — Asph. u. Teer Bd. 40 (1940) S. 303. — Temme, Th.: Asph. u. Teer Bd. 39 (1939) S. 258.

γ) Chemische Prüfungen.

Wichtig ist die Bestimmung des Gehaltes an Lösungsmittel und Lackkörper, sowie eventuell vorhandener Füllstoffe.

Die Lösungsmittel werden mit überhitztem Wasserdampf aus den Lacken abdestilliert und das Destillat in einer kalibrierten Bürette aufgefangen, wo sich Wasser und Lösungsmittel trennen. Das Wasser kann aus der Bürette kontinuierlich abgelassen und das Volumen der Lösungsmittel abgelesen werden.

Die abgetrennten Lösungsmittel werden auf Wichte geprüft und durch fraktionierte Destillation zerlegt und die verschiedenen Fraktionen nach den üblichen chemischen Analysenmethoden untersucht.

Der Destillationsrückstand wird getrocknet und kann nach den in Abschn. 3, a erwähnten Methoden weiter untersucht werden.

Mineralische Füllstoffe werden durch Veraschung und Löslichkeit in Schwefelkohlenstoff quantitativ bestimmt. Selbstverständlich müssen füllstoffhaltige Anstrichstoffe vor der Untersuchung durchgerührt und eventuell vorhandene Bodenkörper zerteilt werden.

Auf Blechen erzeugte Filme werden durch Eintauchen in Lösungen von Säuren, Alkalien und Salzen, sowie durch Einhängen in Meerwasser oder Rauchgaskammern auf chemische Widerstandsfähigkeit des Lackkörpers und auf Porosität geprüft. Die Wetterbeständigkeit kann durch langes, sich oft über Jahre erstreckendes Auslegen an Licht und Sonne erprobt werden. Es ist empfehlenswert, diese Prüfung unter verschiedensten klimatischen Bedingungen durchzuführen. Unterwasseranstriche werden abwechselnd in Luft, ruhendem und bewegtem Wasser geprüft. Für die laboratoriumsmäßige Durchführung von Bewitterungsversuchen sind eine Anzahl von Apparaturen[160] vorgeschlagen worden, in welchen die Anstriche wechselnd Wärme, Schlagregen, ultraviolettem Lichte, Regen, Bogenlicht und eventuell Kälte ausgesetzt werden können.

δ) Mechanische Prüfungen.

Probeanstriche auf Blechen werden nach erfolgter Trocknung auf Ritzhärte, Haftfestigkeit und Hitzebeständigkeit untersucht. Für die Bestimmung der Haftfestigkeit können Biegeproben herangezogen werden, die auch nach Ausführung des Hitzebeständigkeitsversuches zu wiederholen sind. Die Haftfestigkeit und Sprödigkeit des Filmes können auch durch Kugelaufschlagproben[161], die Härte auch durch Scheuerungsprüfung (z. B. Sandberieselung) bestimmt werden.

Wichtig sind auch Porositätsmessungen an den Filmen, die mit Hilfe elektrischer Widerstandsmessung, chemischer Umsetzungen mit der Metallunterlage (z. B. bei Aluminiumblechen oder -tellern) durchgeführt werden und schließlich auch aus dem Wasseraufnahmevermögen[162] und dem Ausfall der Bewitterungsprüfungen abgeleitet werden können.

ε) Normenprüfungen.

In den vorläufigen Anweisungen der Deutschen Reichsbahn[163] werden bei kaltflüssigen Anstrichmitteln folgende Prüfungen verlangt: Bestimmung des

---

[160] FRANK, F., G. BARR, H. STÄGER: Int. Verb. Mat.-Prüf., Kongreß Zürich 1931. — BLOM, A. V.: Int. Kongreß Mat.-Prüf. Technik, Kongreß Amsterdam 1927. — STRIETER, O. G.: Bur. Stand. J. Res., Bericht Nr. 197, Bd. 5 (1930). — DANGER, M. P.: Laborat. du Bâtiment et des Travaux Publics. Compte rend. S. 36 (1938).

[161] TEMME, TH.: Öl u. Kohle Bd. 4 (1936) Nr. 1. — Bitumen Bd. 6 (1936) S. 90.

[162] WALTHER, H.: Vedag-Jahrbuch Bd. 8 (1935) S. 131. — MALLISON, H.: Vedag-Jahrbuch Bd. 9 (1936) S. 144.

[163] Deutsche Reichsbahn: Vorläufige Anweisung für Abdichtung von Ingenieur-Bauwerken (AIB). Ergänzte Ausgabe 1938.

Bitumengehaltes, der Streichfähigkeit, des Trocknungsvermögens, der Biegsamkeit, Wärme- und Kältebeständigkeit, des Deckvermögens, der Wasserundurchlässigkeit und des Widerstandes gegen chemische Einwirkungen; bei heißflüssigen Mitteln werden der Bitumengehalt, der Erweichungspunkt, die Streichfähigkeit, die Biegsamkeit, die Wärme- und Kältebeständigkeit, auch die Wasserundurchlässigkeit und der Widerstand gegen chemische Einwirkungen verfolgt.

Die amerikanischen Vorschriften[164] schreiben die Prüfung der Eigenschaften der angelieferten Anstrichstoffe, die Bestimmung des Gehaltes an Lösungsmitteln bzw. Bitumen und der Natur der Lösungsmittel und des Bitumens vor, sehen aber ab von Gebrauchsprüfungen.

Die vom Schweiz. Verband für die Materialprüfungen der Technik herausgegebenen Richtlinienblätter[165] geben Hinweise für die Beschaffenheit und Prüfung von Anstrichstoffen und deren Hilfsmaterialien, ohne aber auf die bituminösen Anstrichstoffe im besonderen einzugehen. Streuli[166] hat gezeigt, daß im Rahmen der technologischen Prüfungen der Porositätsbestimmung, namentlich auch bei gefüllten Produkten, große Bedeutung beizumessen ist.

i) Prüfung von Dachpappen und Isolierplatten.

α) *Allgemeines.*

Dachpappen, hergestellt aus imprägnierten Wollfilz- oder Rohpappen und Isolierplatten, hergestellt aus imprägnierten Gewebeeinlagen, beide versehen mit beidseitigen, bituminösen Deckschichten, werden im Baugewerbe für Isolierungen gegen Eindringen von Tag- und Grundwasser in größtem Ausmaße angewendet[167]. Nackte Pappen, ohne Deckmassen versehene, imprägnierte Wollfilzpappen oder Gewebe, werden für die Herstellung mehrschichtiger Isolationen, die erst auf der Baustelle zusammengefügt werden, geliefert. Mit Deckmasse versehene Pappen können auch als einlagige Isolierungen angewendet werden. Vielfach werden aber mehrschichtige Isolierungen hergestellt, wobei die einzelnen Lagen mit bituminöser Klebemasse zusammengeklebt werden.

Die bituminöse Imprägniermasse, meist von geschmeidiger Beschaffenheit, erhöht die Widerstandsfähigkeit der Einlage gegen chemische und biologische Einwirkungen und begünstigt die Haftfestigkeit der Deckmasse. Das für die Deckmasse zu verwendende Bitumen wird in seinen chemisch-physikalischen Eigenschaften den zu erwartenden klimatischen Bedingungen, denen die Isolierung ausgesetzt wird, angepaßt. Die Deckmasse wird vielfach mit mineralischen Füllstoffen versehen, um die Wärmebeständigkeit bei Erhaltung guter Biegsamkeit heraufzusetzen.

Die Pappen werden in verschiedenen Dicken geliefert und nach ihrer Dicke in Millimeter, nach ihrem Gewicht in kg/10 m² bzw. kg/20 m² oder nach der Stärke der verwendeten Einlagen bezeichnet. Um das Aufrollen zu ermöglichen,

---

[164] ASTM: D 41—26; D 255—28.

[165] Schweiz. Verb. Mat.-Prüf. Technik: SVMT Komm. 15, Anstrichstoffe und deren Hilfsmaterialien.

[166] Streuli, R.: Materialtechnische Untersuchung über bituminöse lösungsmittelhaltige Kaltanstrichmassen. Diss. E.T.H. Zürich 1939.

[167] Elben: Die Fabrikation der teerfreien Dachpappe. Berlin: Allg. Industrie-Verlag 1934. — Malchow, W. u. H. Mallison: Die Industrie der Dachpappe. Halle: Wilh. Knapp 1929 — Graf, O. u. H. Goebel: Schutz der Bauwerke gegen chemische und physikalische Angriffe. Berlin: Wilh. Ernst & Sohn 1930. — Schultze, J./W. Sichardt: Grundwasser-Abdichtung. Berlin: Wilh. Ernst & Sohn 1931. — AIB: Vgl. Fußnote 163. — Spring, H.: Abdichtungen, Isolierungen im Bauwesen. Zürich 1930. — Alfeis, C.: Untersuchungen uber die Ursache der Zerstörung von Grundwasserisoliermaterialien. — Platzmann, C. R.: Bautenschutz Bd. 6 (1935) S. 12. — Peters, F.; H. Walther; W. Weisswange: Vedag-Jahrbuch Bd. 8 (1935) S. 119, 125, 148. — Malchow, H.; F. Kramer; I. Baruttschisky; H. Walther: Mitt. Dachpappenindustrie Bd. 11 (1938) S. 19, 28, 50, 152.

wird die Oberfläche mit feinem Sand oder talkumartigem, schuppigem Mineral abgestreut.

Die Prüfung hat sich auf die Bestimmung der chemisch-physikalischen Beschaffenheit der verwendeten bituminösen Stoffe und auf die mechanischen Eigenschaften zu erstrecken.

β) Chemisch-physikalische Prüfungen.

Sie umfassen die Angabe über Aussehen und Beschaffenheit der Probe, die Bestimmung des Gewichtes, der Dicke, der Art der verwendeten Abstreustoffe und der gleichmäßigen Durchtränkung und Überdeckung der Einlage. Durch Extraktion von Pappenabschnitten mit Benzol oder Schwefelkohlenstoff wird der Gehalt an löslichen bituminösen Anteilen (Imprägniermasse bzw. Imprägnier- + Deckmasse), Abstreu- und gegebenenfalls Füllmaterial, sowie Einlagen bestimmt. Zur Prüfung der Eigenschaften der Deckmasse wird das Abstreumaterial entfernt und die Deckmasse von der leicht angewärmten Pappe oder mit einem heißen Messer abgeschabt und in üblicher Weise auf Tropfpunkt, Erweichungspunkt, Brechpunkt usw. untersucht. Die Imprägniermasse kann aus den Pappen mit Deckschicht nicht mehr für sich allein isoliert werden. Die aus den Pappen freigelegten Einlagen werden auf Dicke, Gewicht und Zusammensetzung untersucht.

γ) Chemische Prüfungen.

Die bituminösen Stoffe werden auf Beimengung von Teer oder anderen organischen Stoffen nach den einschlägigen Methoden geprüft.

δ) Mechanische Prüfungen.

Die mechanischen Prüfungen umfassen die Bestimmung der Biegsamkeit bei gewöhnlicher und niedriger Temperatur, ausgeführt durch Biegen der Pappen um Dorne von 10 bis 30 mm Dmr., die Ermittlung der Wärme- und Kältebeständigkeit, der Zerreißfestigkeit und Dehnung 5 cm breiten Streifen, die in Längs- und Querrichtung aus der Pappe herausgeschnitten worden sind. Ferner wird der Widerstand gegen Pressung (Druckbelastung von 2 kg/cm²) und die Wasserdurchlässigkeit bestimmt. Für diesen Versuch werden Pappenausschnitte auf eine Metallplatte mit rechteckiger Öffnung gelegt und auf Drucke bis 5 at geprüft (Schlitzplattenversuch).

ε) Normenprüfungen.

In Deutschland sind die Anforderungen und der Umfang der Prüfungen für Dachpappen und Isolierplatten in den DIN-Vorschriften und in der AIB festgelegt. In den USA. sind nackte Dachpappen genormt[168].

Weiteres Schrifttum.

ABRAHAM, H.: Asphalts an Allied Substances, 4. Aufl. New York: D. van Nostrand Co. 1938.

ABRAHAM, H. u. E. BRÜHL: Asphalte und verwandte Stoffe. Halle: Wilhelm Knapp 1939. Americ. Soc. for Test. Materials: Book of the ASTM Standards, Bd. II, 1933.

Arbeitsgemeinschaft der Bitumen-Industrie, e. V., Berlin: Straßenbau und Bitumen 1934.

BERL-LUNGE: Chemisch-Technische Untersuchungsmethoden, 8. Aufl., Bd. IV. Berlin: Julius Springer 1933. — D'ANS, J.: Ergänzungswerk zur 8. Aufl., Bd. II, 1939.

BIERHALTER, W., K. KRÜGER, E. OHSE, A. v. SKOPNIK, K. STÖCKE: Wie prüft man Straßenbaustoffe? Berlin: Allg. Industrie-Verlag 1932.

BROOME, D. C.: The Testing of Bituminous Mixtures. London: Edw. Arnold & Co. 1934.

---

[168] AIB: Vgl. Fußnote 163. — Deutscher Normenausschuß: DIN DVM 2128, Asphaltbitumenpappen (teerfrei) mit beiderseitiger Asphaltbitumendeckschicht. — ASTM: D 226—27.

Deutscher Normenausschuß: DIN 1995, Vorschriften für die Probenahme und Beschaffenheit, sowie die Untersuchung von bituminösen Straßenbaubindemitteln, Teil I u. Teil II. Berlin: Beuth-Verlag, Ausg. 1934, Teilausg. 1938.

Dohse, K.: Studien über Straßenbau-Bitumen. Diss. T. H. Hannover 1930, gedruckt 1937.

Dunstan, A. E., A. W. Nash, B. T. Brooks, H. Tizard: The Science of Petroleum. London: Oxford University Press 1938.

Ellis, C.: The Chemistry of Petroleum Derivatives, Bd. II. London: Chapman & Hall, Ltd. 1934.

Engler, C. u. H. v. Höfer: Das Erdöl, Bd. I—V. Leipzig: S. Hirzel 1909—1919.

Fischer, E. J.: Die natürlichen und künstlichen Asphalte und Peche. Dresden und Leipzig: Theodor Steinkopff 1928. — Untersuchung von Asphalt- und Pechgemengen. Halle: Wilhelm Knapp 1932.

Garner, F. H., L. G. Gabriel, H. J. Prentice: Modern Road Emulsions, 2. Aufl. London. The Road Emulsions and Cold Bituminous, Roads Association Ltd., 1939. — Deutsche erweiterte Übersetzung: Temme, Th. u. A. Stellwaag: Bitumenemulsionen im Straßenbau. Berlin: Allg. Industrie-Verlag 1936.

Gavrian, P. le: Les Chausées Modernes, 2. Aufl. Paris: Libr. Baillères & Fils 1935.

Herrmann, P.: Untersuchungen über bituminöse Straßenbaustoffe (Forschungsarbeiten aus dem Straßenwesen, Bd. V. Berlin: Volk u. Reich-Verlag.

Holde, D.: Kohlenwasserstofföle und Fette, 7. Aufl. Berlin: Julius Springer 1933.

Houwink, R.: Elasticity, Plasticity and Structure of Matter. Cambridge: University Press 1937. — Deutsche Übersetzung: Houwink, R.: Elastizität, Plastizität und Struktur der Materie. Dresden und Leipzig: Theodor Steinkopff 1938.

Hubbard, Pr.: Asphalt, Pocket Reference for Higway Engineers. New York: The Asphalt Institute 1937. — Deutsche Übersetzung der 4. Aufl. 1929: Graefe, E.: Asphalt, Kleines Taschenbuch für den praktischen Straßenbauer. Berlin: Allg. Industrie-Verlag 1929.

Institut of Petroleum Technologists: Standard Methods for Testing Petroleum and its Products, 3. Aufl. 1935.

Internationaler Ständiger Verband der Straßenkongresse: Kongresse VI. 1930, VII. 1934, VIII. 1938.

Internationaler Kongreß für Materialprüfungen der Technik, Amsterdam 1927 bzw. für Materialprüfung, Zürich 1931.

Kerkhof, B. J.: Asphaltstraßen und Teerstraßen, 3. Aufl. Berlin: Julius Springer 1929.

Klinkmann, G. H.: Beitrag zur Kenntnis der Teer-Erdölbitumenmischungen für Straßenbau. Diss. Karlsruhe 1930.

Köhler, H. u. E. Graefe: Die Chemie und Technologie der natürlichen und künstlichen Asphalte, 1. Aufl. 1904, 2. Aufl. 1913. Braunschweig: F. Vieweg & Sohn.

Larrañaga, P. J. M.: Succesful Asphalt Paving London: Clay & Sons Ltd. 1926.

Lüer, H.: Beiträge zur Teerstraßenbauforschung, insbesondere über die Mischung von Teer und Asphalt. Berlin: Allg. Industrie-Verlag 1928. — Bitumen in der Praxis, 2. Aufl. Berlin: Allg. Industrie-Verlag 1938.

Marcusson, J.: Die natürlichen und künstlichen Asphalte, 2. Aufl. Leipzig: Engelmann 1931.

Nellensteyn, F. J. u. R. Loman: Asphaltbitumen en Teer. Amsterdam: D. B. Centen's Uitgevers Mij. N. V. 1932.

Neumann, E.: Neuzeitlicher Straßenbau, 2. Aufl. Berlin: Julius Springer 1932.

Peckham, S. F.: Report on the Reproduction, Technology and Uses of Petroleum and its Products 1882. — Solid Bitumens. New York and Chicago: The Myron C. Clark Publishing Co. 1909.

Reiner, W.: Handbuch der neuen Straßenbauweisen mit Bitumen, Teer und Portlandzement als Bindemittel. Berlin: Julius Springer 1929.

Philipp, C.: Technisch verwendbare Emulsionen, Bd. I, 2. Aufl. Berlin: Allg. Industrie-Verlag 1939.

Richardson, Cl.: The Modern Asphalt Pavement, 1. Aufl. 1905, 3. Aufl. 1910. New York: J. Wiley & Sons.

Schenk, R.: Die Prüfung von Straßenbaustoffen und neueren Straßendecken. Halle: Wilhelm Knapp 1932.

Schneider, Ed.: Moderner Straßenbau. Berlin: Allg. Industrie-Verlag 1928.

Spielmann, P. E.: Bituminous Substances. London: Edw. Arnold & Co. 1925.

Spielmann, P. E. u. E. J. Elford: Road Making and Administration. London: Edw. Arnold & Co. 1934.

Swoboda, J.: Der Asphalt und seine Anwendung. Hamburg: L. Voss 1904.

Ullmann, F.: Encyklopädie der technischen Chemie, 2. Aufl. Berlin und Wien: Urban & Schwarzenberg 1928.

Veröffentlichungen des Hauptausschusses der Zentralstelle für Asphalt- und Teerforschung. Berlin: Allg. Industrie-Verlag 1937.

Namenverzeichnis.

Sachverzeichnis.

Zusammengestellt von Oberingenieur FRITZ WEISE.

Handbuch der Werkstoffprüfung

In sechs Bänden

Herausgegeben unter besonderer Mitwirkung der Staatl. Materialprüfungsanstalten Deutschlands, der zuständigen Forschungsanstalten der Hochschulen, der Kaiser-Wilhelm-Gesellschaft und der Industrie, sowie der Eidgenössischen Materialprüfungsanstalt Zürich von **E. Siebel**, Stuttgart

Erster Band:

Prüf- und Meßeinrichtungen

Bearbeitet von zahlreichen Fachgelehrten

Herausgegeben von Professor Dr.-Ing. **E. Siebel**
Vorstand der Materialprüfungsanstalt an der Technischen Hochschule Stuttgart

Mit 763 Textabbildungen. XIV, 658 Seiten. 1940. RM 66.—, gebunden RM 69.—

Einleitung: Allgemeine Grundlagen der Werkstoffprüfung. Von Professor Dr.-Ing. Erich Siebel, Staatl. Materialprüfungsanstalt an der Technischen Hochschule Stuttgart. — **I. Prüfmaschinen für ruhende Belastung.** Von Professor Dipl.-Ing. Georg Fiek, Berlin-Dahlem, Staatl. Materialprüfungsamt. — **II. Untersuchung der Prüfmaschinen mit ruhender Belastung und der Nachprüfgeräte.** Von Professor Dipl.-Ing. Walter Ermlich, Berlin-Dahlem, Staatl. Materialprüfungsamt. — **III. Prüfmaschinen und Einrichtungen für stoßartige Beanspruchung.** Von Oberingenieur Dr.-Ing. habil. Ernst Lehr, Augsburg, Maschinenfabrik Augsburg-Nürnberg. — **IV. Prüfmaschinen für schwingende Beanspruchung.** Von Oberingenieur Dr.-Ing. habil. Ernst Lehr, Augsburg, Maschinenfabrik Augsburg-Nürnberg. — **V. Sondereinrichtungen.** Von Dipl.-Ing. Anton Eichinger, Düsseldorf, Kaiser-Wilhelm-Institut für Eisenforschung. — **VI. Meßverfahren und Meßeinrichtungen für Dehnungsmessungen.** Von Oberingenieur Dr.-Ing. habil. Ernst Lehr, Augsburg, Maschinenfabrik Augsburg-Nürnberg. — **VII. Spannungsoptische Messungen.** Von Professor Dr. phil. Ludwig Föppl, München. — **VIII. Verfahren und Einrichtungen zur röntgenographischen Spannungsmessung.** Von Professor Dr. Richard Glocker, Stuttgart, Kaiser-Wilhelm-Institut für Metallforschung. — **IX. Zerstörungsfreie Werkstoffprüfung.** Von Professor Dr.-Ing. Rudolf Berthold und Dr. phil. Otto Vaupel, Berlin-Dahlem, Reichs-Röntgenstelle beim Staatl. Materialprüfungsamt. — Namenverzeichnis. Sachverzeichnis.

Zweiter Band:

Die Prüfung der metallischen Werkstoffe

Bearbeitet von zahlreichen Fachgelehrten

Herausgegeben von Professor Dr.-Ing. **E. Siebel**
Vorstand der Materialprüfungsanstalt an der Technischen Hochschule Stuttgart

Mit 880 Textabbildungen. XVI, 744 Seiten. 1939. RM 66.—, gebunden RM 69.—

Einleitung: Physikalische Grundlagen des metallischen Zustands. Von Professor Dr.-Ing. U. Dehlinger, Zweites Physikalisches Institut der Technischen Hochschule und Kaiser-Wilhelm-Institut für Metallforschung, Stuttgart. — **I. Festigkeitsprüfung bei ruhender Beanspruchung.** Von Professor Dr.-Ing. e. h., Dr. phil. F. Körber und Dr.-Ing. A. Krisch, Kaiser-Wilhelm-Institut für Eisenforschung, Düsseldorf. — **II. Festigkeitsprüfung bei schlagartiger Beanspruchung.** Von Dr.-Ing. R. Mailänder, Fried. Krupp A.-G., Versuchsanstalt, Essen. — **III. Festigkeitsprüfung bei schwingender Beanspruchung.** Von Professor Dr. A. Thum, Materialprüfungsanstalt an der Technischen Hochschule Darmstadt. — **IV. Festigkeit bei hohen und tiefen Temperaturen. A. Zugversuche bei hohen Temperaturen.** Von Professor Dr.-Ing. A. Pomp, Kaiser-Wilhelm-Institut für Eisenforschung, Düsseldorf. — **B. Festigkeitsuntersuchung bei tiefen Temperaturen.** Von Dr.-Ing. Karl Bungardt, Essen. — **V. Härteprüfung.** Von Dipl.-Ing. Walter Hengemühle, Fried. Krupp A.-G., Probieranstalt, Essen. — **VI. Technologische Prüfungen.** Von Dr. phil. E. Damerow, Berlin, und Dipl.-Ing. W. Steurer, Stuttgart. — **VII. Prüfungen verschiedener Art. A. Verschleißprüfung.** Von Professor Dr.-Ing. E. Siebel, Materialprüfungsanstalt an der Technischen Hochschule Stuttgart. — **B. Prüfung von Lagerwerkstoffen.** Von Dr.-Ing. R. Hinzmann, Deutsche Lufthansa A.-G., Berlin. — **C. Die Prüfung der Zerspanbarkeit.** Von Professor Dr.-Ing. e. h. Friedr. Schwerd, Hannover — **D. Erosion und Kavitations-Erosion.** Von Dr. P. de Haller, Institut für Aerodynamik an der Eidgenössischen Technischen Hochschule Zürich. — **E. Korrosionsprüfungen metallischer Werkstoffe.** Von Professor Dr. A. Fry, Chemisch-Technische Reichsanstalt, Berlin. — **VIII. Physikalische Prüfungen.** Von Professor Dr. phil. F. Wever, Kaiser-Wilhelm-Institut für Eisenforschung, Düsseldorf. — **IX. Metallographische Prüfung.** Von Dr.-Ing. J. Schramm, Kaiser-Wilhelm-Institut für Metallforschung, Stuttgart. — **X. Grundsätzliches über die chemische Untersuchung der Metalle und ihrer Legierung.** Von Professor Dr. R. Fricke, Institut für anorganische Chemie an der Technischen Hochschule Stuttgart. — **XI. Spektralanalyse.** Von Professor Dr. W. Seith, Chemisches Institut der Westfälischen Wilhelms-Universität Münster. — **XII. Festigkeitstheoretische Untersuchungen.** Von Professor Dr.-Ing. W. Kuntze, Staatl. Materialprüfungsamt, Berlin-Dahlem. — Namenverzeichnis. Sachverzeichnis

Jeder Band ist einzeln käuflich.

In Vorbereitung:

Vierter Band: **Die Prüfung von Papier und Zellstoff.**
Fünfter Band: **Die Prüfung der Textilien.**
Sechster Band: **Die Prüfung von Kunststoffen.**

VERLAG VON JULIUS SPRINGER / BERLIN

Der Aufbau des Mörtels und des Betons. Untersuchungen über die zweckmäßige Zusammensetzung der Mörtel und des Betons. Hilfsmittel zur Vorausbestimmung der Festigkeitseigenschaften des Betons auf der Baustelle. Versuchsergebnisse und Erfahrungen aus der Materialprüfungsanstalt an der Technischen Hochschule Stuttgart. Von **Otto Graf.** Dritte, neubearbeitete Auflage. Mit 160 Textabbildungen. VIII, 151 Seiten. 1930. Gebunden RM 15.75

Der Beton. Herstellung, Gefüge und Widerstandsfähigkeit gegen physikalische und chemische Einwirkungen. Von Direktor Professor Dr. **Richard Grün,** Düsseldorf. Zweite, völlig neubearbeitete und erweiterte Auflage. Mit 261 Abbildungen im Text und auf zwei Tafeln sowie 90 Tabellen. XV, 498 Seiten. 1937. RM 39.—, gebunden RM 42.—

Materialauswahl für Betonbauten, unter besonderer Berücksichtigung der Wasserdurchlässigkeit. Versuche und Erfahrungen. Von Reg.-Baurat **H. Vetter** und Dr. **E. Rissel,** Heidelberg. Mit 40 Textabbildungen und 16 Zusammenstellungen. IV, 94 Seiten. 1933. RM 4.50

Chemie der Zemente. ⟨Chemie der hydraulischen Bindemittel.⟩ Von Priv.-Doz. Dr. **Karl E. Dorsch,** Karlsruhe. Mit 48 Textabbildungen. V, 277 Seiten. 1932. RM 23.50, gebunden RM 25.—

Erhärtung und Korrosion der Zemente. Neue physikalisch-chemische Untersuchungen über das Abbinde-, Erhärtungs- und Korrosionsproblem. Von Priv.-Doz. Dr. **Karl E. Dorsch,** Karlsruhe. Mit 76 Textabbildungen. IV, 120 Seiten. 1932. RM 13.50

Technologie des Holzes. Von Professor Dr.-Ing. **F. Kollmann,** Eberswalde. Mit 604 Textabbildungen und einer Tafel in 4 Blättern und einem Erläuterungsblatt. XVIII, 764 Seiten. 1936. RM 66.—, gebunden RM 69.—

Holzschutzmittel. Prüfung und Forschung. Herausgegeben vom Präsidenten des Staatlichen Materialprüfungsamts Berlin-Dahlem. ⟨Wissenschaftliche Abhandlungen der Deutschen Materialprüfungsanstalten, Erste Folge, Heft 5.⟩ Mit 76 Abbildungen im Text. IV, 66 Seiten. 1940. RM 13.60

Das Holz als Baustoff. Aufbau, Wachstum, Behandlung und Verwendung für Bauteile. Zweite, vollständig umgearbeitete Auflage des gleichnamigen Werkes von Gustav Lang unter Mitarbeit von Professor Otto Graf, Oberforstrat Dr. Harsch, Dr. Fritz Himmelsbach-Noël herausgegeben von Professor Dr.-Ing. e. h. **Richard Baumann,** Stuttgart. Mit 177 Textabbildungen. VIII, 169 Seiten. 1927. RM 14.85, gebunden RM 16.20

Mahlke-Troschel, Handbuch der Holzkonservierung. Unter Mitwirkung zahlreicher Fachleute herausgegeben von Oberbaurat Priv.-Doz. **Friedrich Mahlke,** Berlin. Zweite, völlig neubearbeitete Auflage. Mit 191 Abbildungen im Text. VII, 434 Seiten. 1928. Gebunden RM 26.10

Chemie für Bauingenieure und Architekten. Das Wichtigste aus dem Gebiet der Baustoff-Chemie in gemeinverständlicher Darstellung. Von Direktor Professor Dr. **Richard Grün,** Düsseldorf. Mit 58 Textabbildungen. IX, 144 Seiten. 1939. RM 9.60, gebunden RM 11.—